AF517909

# पर्यावरणीय प्रभाव आकलन की विवरण पुस्तिका:

## अवधारणा और अभ्यास

# HANDBOOK OF ENVIRONMENTAL IMPACT ASSESSMENT:

## CONCEPTS AND PRACTICE

**प्रो. डॉ. अर्जुन कुमार ए. राथी**

पूर्व प्रोफेसर, सीईपीटी विश्वविद्यालय, अहमदाबाद, भारत
पूर्व निदेशक (पर्यावरण), गुजरात सरकार, गांधीनगर, भारत

अनुवादक

**डॉ. कविता शाह**
प्रोफेसर, पर्यावरण एवं धारणीय विकास विभाग
पर्यावरण एवं धारणीय विकास संस्थान
काशी हिन्दु विश्वविद्यालय, वाराणसी, भारत

नई दिल्ली • जोधपुर

**जोधपुर**
5–ए, न्यू पाली रोड, पो. बो. नं. 91
**जोधपुर**–342001 राजस्थान (भारत)
E-mail: info@scientificpub.com
Website: www.scientificpubonline.com

**नई दिल्ली**
4806/24, अंसारी रोड़, दरिया गंज,
नई दिल्ली – 110 002 (भारत)

**पर्यावरणीय प्रभाव आकलन की विवरण पुस्तिका: अवधारणा और अभ्यास**
प्रो. डॉ. अर्जुन कुमार ए. राथी



ISBN: 978-93-6346-936-5 (H/B)
eISBN: 978-93-6346-899-3 (E/B)

भारत में मुद्रित

मेरी पत्नी आशा

और

मेरे व्यवसायिक बंधुवर को समर्पित

और

आपको भी, पाठक

इस उम्मीद से कि

अच्छी गुणवत्ता वाली ईआईए रिपोर्ट तैयार करने की आपकी समझ में सुधार होगा।

# प्रस्तावना

पर्यावरणीय प्रभाव आकलन (ईआईए) की अवधारणाओं और सिद्धांतों पर बड़ी मात्रा में साहित्य उपलब्ध है। ईआईए अब लगभग आधी सदी से किया जा रहा है और संख्या और गहराई के संदर्भ में, ईआईए अध्ययनों और ईआईए रिपोर्टों में अभूतपूर्व वृद्धि हुई है।

अंतर्राष्ट्रीय एजेंसियों द्वारा जारी विभिन्न रिपोर्टों और प्रोटोकॉल में पारिस्थितिकी तंत्र पर पर्यावरणीय प्रभाव के बारे में बढ़ती जागरूकता ने विभिन्न देशों में सरकारों को अपने पर्यावरण कानूनों को लगातार अध्यतन (अपडेट) करने के लिए प्रेरित किया है। भारत में, ईआईए को 1994 में विकास परियोजनाओं के लिए अनिवार्य किया गया था, 2006 में फिर से पुनर्रचित किया गया और 2020 में इसे पुनः दुरुस्त करने का प्रस्ताव है।

तीव्र आर्थिक विकास और रोजगार के अवसरों को बढ़ाने के लिए, उत्पादक क्षेत्र द्वारा विधिवत समर्थित विनिर्माण क्षेत्र को उभरती अर्थव्यवस्थाओं में महत्वपूर्ण भूमिका निभाने के लिए माना जाता है। यह अत्यंत महत्वपूर्ण है कि विकास परियोजनाओं के लिए अच्छी गुणवत्ता वाली ईआईए रिपोर्ट तैयार की जाए ताकि संधारणीयता विचारों के साथ निर्णय लेने की सुविधा मिल सके। यह स्वीकार किया जाता है कि विकासशील देशों में ईआईए रिपोर्ट तैयार करने और समीक्षा करने में लगे कई व्यवसायी को ईआईए के बारे में नहीं पढ़ाया गया था, जबकि वे विश्वविद्यालय के छात्र थे। इसके अलावा, जिन लोगों को विश्वविद्यालयों में पढ़ाया जा रहा है, उन्हें ईआईए रिपोर्ट की बारीकियों के बारे में पता नहीं होता है।

उपरोक्त पर विचार करते हुए, पुस्तक में ईआईए के बुनियादी पहलुओं, पर्यावरण के विभिन्न घटकों पर प्रभाव का आकलन और ग्रीनफील्ड के साथ-साथ ब्राउनफील्ड परियोजनाओं के लिए ईआईए रिपोर्ट तैयार करने की प्रक्रिया पर व्यावहारिक मार्गदर्शन को सम्मिलित करने का प्रयास किया गया है। जबकि एक विशिष्ट ईआईए रिपोर्ट में क्या सम्मिलित करने की आवश्यकता है, यह विस्तार से वर्णित है, अध्ययन के अपेक्षित आउटपुट पर प्रकाश डाला गया है, और यह कैसे किया जा सकता है, यह भी मोटे तौर पर वर्णित है।

हालांकि, यह देखते हुए कि प्रत्येक पर्यावरणीय घटक पर एक गहरी समझ की आवश्यकता होती है और उस पर विशाल साहित्य उपलब्ध है, पद्धतियों के विस्तार का प्रयास नहीं किया गया है। इसके अतिरिक्त, पुस्तक का उद्देश्य ईआईए मैनुअल के रूप में सेवा देना नहीं है, यद्यपि यह एक ईआईए परामर्श संगठन को, ईआईए रिपोर्ट तैयार करने में सहायक होगी। इस पर जोर देने की आवश्यकता नहीं है कि ईआईए, परियोजना-विशिष्ट अथवा स्थल-विशिष्ट है क्योंकि तदनुसार, ईआईए रिपोर्ट में पर्यावरणीय मुद्दों के कवरेज की गहराई परियोजना से परियोजना और स्थान से स्थान पर भिन्न होगी।

पुस्तक ईआईए के बुनियादी सिद्धांतों और मुख्य विशेषताओं और लेखक द्वारा जांच की गई कई ईआईए रिपोर्टों में देखी गई कमियों के विश्लेषण के आधार पर, एक परियोजना के लिए ईआईए कैसे आयोजित किया जाता है, और एक अच्छी गुणवत्ता वाली ईआईए रिपोर्ट कैसे तैयार की जाती है इसका वर्णन करती

है। पुस्तक में लंबे वर्णनात्मक पाठ के बजाय नंबरिंग और बुलेटों के रूप में प्रस्तुति है, जिससे यह आसानी से पठनीय है। ईआईए केस स्टडीज में, खनन, थर्मल पावर, पत्तन और बंदरगाहों, रासायनिक और संबंधित, सीमेंट, क्रॉस-कंट्री पाइपलाइनों, क्षेत्र विकास और निर्माण जैसी परियोजनाएँ शामिल हैं।

भले ही पुस्तक पर्यावरण नियमों और ईआईए ढांचे की अपनी चर्चा में भारतीय संदर्भ पर केंद्रित है, लेकिन वर्णित अवधारणाएं और तकनीक सार्वभौमिक रूप से लागू होती हैं। इसलिए यह हितधारकों की एक विस्तृत श्रृंखला के लिए बहुत उपयोगी होना चाहिए, जैसे ईआईए व्यवसायी और सलाहकारों, परियोजना प्रस्तावकों, ईआईए समीक्षा/ मूल्यांकन प्राधिकरणों और सक्षम अधिकारियों, विशेष रूप से उभरती अर्थव्यवस्थाओं में जहां प्रमुख विकास कार्य किए जा रहे हैं और जो आने वाले दशकों में जारी रहने की उम्मीद है। शिक्षाविदों के लिए व्यावहारिक पहलुओं को सीखने के लिए भी यह पुस्तक उपयोगी रहेगी। पुस्तक वित्तीय संस्थानों और बहुपक्षीय संस्थानों को वित्त पोषण के लिए प्रस्तावित परियोजनाओं के ईआईए रिपोर्ट तैयार करने के लिए भी उपयोगी होगी।

पर्यावरणीय प्रबंधन योजना के स्थान पर इस पुस्तक में पर्यावरणीय प्रबंधन कार्यक्रम शब्दावली को प्रस्तावित किया गया है, जिसे आम तौर पर ईआईए रिपोर्टों में अपनाया जाता है। मूलतः एक पर्यावरणीय प्रबंधन कार्यक्रम के कार्यान्वयन में एक परियोजना प्रस्तावक को सुविधा प्रदान करने की उम्मीद रहती है, जबकि एक योजना, जिसमें लंबे समय तक प्राप्त किए जाने वाले उद्देश्यों का एक सेट शामिल है और कार्यक्रमों के लिए संदर्भ निर्धारित करना है, बहुत हद तक वैचारिक, दार्शनिक या अमूर्त हो सकता है। पर्यावरणीय प्रबंधन कार्यक्रम एक कार्यान्वयन योग्य कार्यक्रम है जिसके लिए प्रस्तावक द्वारा बजट की प्रतिबद्धता है। यह ईआईए प्रक्रिया का सबसे महत्वपूर्ण आउटपुट है, विशेष रूप से विकासशील देशों के लिए, जहां ईआईए प्रक्रिया में अंतर्निहित कमजोरियां हैं और प्राथमिक रूप से विकास परियोजनाओं के माध्यम से आर्थिक विकास पर जोर दिया है।

ईआईए रिपोर्टों के निरंतर सुधार के लिए, ईआईए सलाहकारों को ईआईए अध्ययन करने और ईआईए रिपोर्ट तैयार करने के अलावा कुछ वर्षों के लिए सुझाए गए पर्यावरणीय प्रबंधन कार्यक्रम को लागू करने और संचालित करने का कार्य भी सौंपा जा सकता है। ईआईए रिपोर्ट की सहकर्मी समीक्षा की प्रणाली से भी ईआईए गुणवत्ता में सुधार होने की उम्मीद है।

ईआईए अनुसंधान और वैश्विक अनुभवों के माध्यम से प्राप्त नए ज्ञान के अनुसार खुद को बदलता रहेगा और यह इस उपकरण को अधिक से अधिक बहुमुखी और गतिशील बना देगा। इस प्रकार यह मान्यता प्राप्त है कि सामग्री में सुधार और पुस्तक के कवरेज का विस्तार करने के लिए हमेशा गुंजाइश होगी ताकि इसे विभिन्न उपयोगकर्ताओं के लिए अधिक उपयोगी बनाया जा सके।

पाठकों की टिप्पणी, आलोचना, सुझाव एवं प्रश्नों का स्वागत है। आप मुझसे इस ईमेल पर संपर्क कर सकते हैं drakarathi@gmail.com

प्रो. डॉ. ए के ए राथी

अहमदाबाद, भारत

6 जनवरी, 2024

# अनुवादक

"HANDBOOK OF ENVIRONMENTAL IMPACT ASSESSMENT: CONCEPTS AND PRACTICE" "पर्यावरणीय प्रभाव आकलन की विवरण पुस्तिका: अवधारणा और अभ्यास" का हिन्दी में अनुवाद एक सुखद अनुभव है। इस पुस्तक को अनुवाद करते समय विज्ञान में प्रयोग किए जानें वाले शब्दों को पाठकों के लिए हिन्दी में करने में जिससे वे विषय को सहज और सही रूप से समझ सकें, कई कठिनाइयां आई किन्तु यह यथासंभव प्रयास किया गया है कि सरल हिन्दी में इस विषय की समझ बढ़ाई जा सकें। हिन्दी अनुवाद में यद्यपि भारत सरकार द्वारा गजट में दी गई शब्दावली को ध्यान में रखा गया है फिर भी कुछ प्रचलित अंग्रेजी के शब्दों और संक्षेपण का यथावत प्रयोग किया गया है। यह पुस्तक अपनी तरह का एक अनूठा प्रयोग है जहाँ सैद्धांतिक और क्रियान्वित अनुभवों का अद्भुत मिश्रण है जो पाठकों को एक समग्र रूप में पर्यावरणीय प्रभाव आकलन को समझने का सुअवसर प्रदान करेगी। हमारे संज्ञान में संभवतः इस विषय पर इस प्रकार का अनुवाद प्रथम बार किया गया है जो सभी वर्गों के हितधारकों को लाभान्वित करेगा। पर्यावरण के पाठ्यक्रम की दृष्टि से भी यह पुस्तिका राजपत्र के महति उपयोग की होगी ऐसा विश्वास है।

वाराणसी, भारत
22 जनवरी, 2024

कविता शाह
एवं
डॉ. वशिष्ठ नारायण त्रिपाठी
पूर्व प्रोफेसर, हिन्दी विभाग
काशी हिन्दु विश्वविद्यालय

# अभिस्वीकृति

मैं गुजरात प्रदूषण नियंत्रण बोर्ड के पूर्व अध्यक्ष श्री के.वी. भानुजन का बहुत आभारी हूं कि उन्होंने पांडुलिपि की समीक्षा की और कई सुझाव दिए, जिससे पुस्तक को समृद्ध बनाने में मदद मिली है।

मेरे पोते आयुष और बेटे आशीष ने कुछ आंकड़े और टेबल बनाने और पांडुलिपि को संपादित करने में मेरी मदद की। मेरे बेटे अमर, भाई जगदीश और भतीजे सोमिल ने साहित्य से प्रिंट आउट, कुछ विशिष्ट जानकारी और दस्तावेज प्राप्त करने में मेरी मदद की। उनके योगदान की सराहना की जाती है। मेरे पोते अनुज और पोती अदिति पांडुलिपि टाइप करने के लिए बार-बार अपनी छोटी उंगलियों की पेशकश करने के लिए प्रशंसा के विशेष हकदार हैं।

मै प्रोफेसर वशिष्ठ त्रिपाठी का आभारी हूँ कि उन्होंने इस पुस्तक को हिन्दी में अनुवाद करने में बहुत रुचि दिखाई और प्रोफेसर कविता शाह को इसके अनुवाद के लिए प्रेरित किया I मैं प्रोफेसर कविता शाह का आभारी हूँ जिन्होंने अपनी विशेषज्ञता और अनुभव के आधार पर इस वृहद पुस्तक का अनुवाद किया इस टिप्पणी के साथ कि संभवतः हिन्दी में यह अपने तरीके की पहली पुस्तक है। कई व्यवसायी द्वारा दी गई मदद, और जिनके साथ मैंने बातचीत की है, उनका शुक्रिया करता हूँ। कृतज्ञता कई लेखकों, एजेंसियों और प्रकाशकों के लिए व्यक्त की जाती है जिनके संदर्भ पुस्तक में उद्धृत किए गए हैं। मैं श्री मदन मोहन धानुका का हृदय से आभारी हूँ जिन्होंने अनुवाद के लिए वित्तीय सहायता की।

मैं अपनी पत्नी आशा के सहयोग और धैर्य की सराहना करता हूं, जिन्हें मैंने लंबे समय तक काम करने के कारण कोविड-19 लॉकडाउन अवधि में भी अपने समय से वंचित रखा।

प्रो. डॉ. ए.के.ए. राथी

अहमदाबाद, भारत<br>
26 जनवरी, 2024

# विषय-सूची

**अध्याय 3: पर्यावरणीय प्रभाव आकलन: प्रक्रिया**

**Environmental Impact Assessment: Process**

**अध्याय 6: पर्यावरणीय प्रभाव आकलन का आयोजन**

**Conducting Environmental Impact Assessment**



**अध्याय 7: पर्यावरणीय प्रबंधन कार्यक्रम**

**Environmental Management Program**

# अनुदित शब्दावली
# Glossary of translated words

| | |
|---|---|
| Air dispersion | वायु प्रकीर्णन (डिस्पर्शन) |
| Base map | आधार मानचित्र |
| Baseline | आधारभूत |
| Best practice | सर्वोत्तम प्रणाली |
| Biodiversity | जैव विविधता |
| Biological diversity | जैविक विविधता |
| Cleaner production | स्वच्छ उत्पादन |
| Climate change | जलवायु परिवर्तन |
| Competent authority | सक्षम प्राधिकारी |
| Consideration of alternatives | विकल्पों पर विचार |
| Construction phase | निर्माण चरण |
| Consulting organization | परामर्श संगठन |
| Cultural | सांस्कृतिक |
| Description existing environment (Baseline) | मौजूदा पर्यावरण विवरण (आधारभूत) |
| Detailed project report | विस्तृत परियोजना रिपोर्ट |
| Documentation | प्रलेखन |
| Drainage | जल निकासी |
| Due diligence | उचित जांच-पड़ताल |
| Ecology | पारिस्थितिकी |
| Ecosystem | पारिस्थितिकी तंत्र |
| Energy project | ऊर्जा परियोजना |
| Environmental approval conditions | पर्यावरणीय अनुमोदन शर्तें |
| Environmental baseline monitoring | पर्यावरणीय आधारभूत निगरानी |
| Environmental compliance | पर्यावरणीय अनुपालन |
| Environmental components | पर्यावरणीय घटक |
| Environmental enhancement | पर्यावरणीय वृद्धि |
| Environmental management system | पर्यावरणीय प्रबंधन प्रणाली |

| | |
|---|---|
| Environmental monitoring | पर्यावरणीय निगरानी |
| Environmental regulation | पर्यावरणीय विनियम |
| Environmental settings | पर्यावरणीय समायोजन |
| Executive summary | कार्यकारी सारांश |
| Fauna | जीव |
| Field investigation | क्षेत्रीय जांच |
| Flora | वनस्पति |
| follow-up | अनुवर्ती |
| Fragile | नाज़ुक |
| Functional professionals | कार्यात्मक वृतिक |
| Green belt | हरित पट्टी |
| Habitat | आवास |
| Impact assessment/evaluation | प्रभाव आकलन/मूल्यांकन |
| Impact identification | प्रभाव पहचान |
| Impact prediction | प्रभाव पूर्वानुमान |
| Implementation | कार्यान्वयन |
| Indicators | अधिमानतः संकेतक |
| Insignificant impact | महत्वहीन प्रभाव |
| Land use/land cover | भूमि उपयोग/भूमि आवरण |
| Landscape | भू-दृश्य |
| Lifecycle phase | जीवनचक्र चरण |
| Linear project | रैखिक परियोजना |
| Manufacturing project | विनिर्माण परियोजना |
| Material flow diagram | सामग्री प्रवाह आरेख |
| Methodology | कार्यप्रणाली |
| Mitigation measures | शमन उपाय |
| Monitoring location | निगरानी स्थान |
| Multidisciplinary team | बहु-विषयक टीम |
| Occupational health and safety | व्यावसायिक स्वास्थ्य और सुरक्षा |
| Operation phase | संचालन चरण |
| Performance evaluation | प्रदर्शन मूल्यांकन |
| Plant layout | संयंत्र खाका |
| post-construction phase | निर्माण-बाद चरण |
| Post-operation phase | संचालन-बाद चरण |

| | |
|---|---|
| Pre-construction phase | निर्माण पूर्व चरण |
| Pre-feasibility | व्यवहार्यता पूर्व |
| Primary data | प्राथमिक डेटा |
| Proficiency improvement | दक्षता सुधार |
| Project description | परियोजना विवरण |
| Project lifecycle | परियोजना जीवनचक्र |
| Project proponent | परियोजना प्रस्तावक |
| Project-level | परियोजना– स्तरीय |
| Protected areas | संरक्षित क्षेत्र |
| Public consultation | सार्वजनिक परामर्श |
| Public hearing | सार्वजनिक/ जन सुनवाई |
| Qualitative form | गुणात्मक रूप |
| Quantitative form | मात्रात्मक रूप |
| Rainwater harvesting | वर्षा जल संचयन |
| Rare, endangered species | दुर्लभ, लुप्तप्राय प्रजाति |
| Reconnaissance survey | टोही सर्वेक्षण |
| Regional environmental assessment | क्षेत्रीय पर्यावरणीय आकलन |
| Rehabilitation and resettlement (R&R) | पुनर्वास और पुनर्स्थापन |
| Residual impact | अवशिष्ट प्रभाव |
| Resource conservation | संसाधन संरक्षण |
| Risk assessment | जोखिम आकलन |
| Runoff | जल अपवाह |
| Sampling | नमूनाकरण |
| Secondary data | द्वितीयक डेटा |
| Sectoral environmental assessment | क्षेत्रवार पर्यावरणीय आकलन |
| Sensitive receptors | संवेदनशील रिसेप्टर्स |
| Significant impact | महत्वपूर्ण प्रभाव |
| Social needs assessment | सामाजिक आवश्यकता आकलन |
| Socio-economic | सामाजिक-आर्थिक |
| Species | प्रजातियाँ |
| Stakeholders | हितधारक |
| Standard operating practice | मानक संचालन प्रणाली |
| Strategic environmental assessment | रणनीतिक पर्यावरणीय आकलन |

| | |
|---|---|
| Study area | अध्ययन क्षेत्र |
| Sustainability | धारणीयता |
| Sustainable development | धारणीय विकास |
| Terms of reference (TOR) | संदर्भ की शर्तें/सौंपे गए कृत्य |
| Top soil | शीर्ष मृदा |
| Treated wastewater | उपचारित अपशिष्ट जल |
| Uncertainty in impact predictions | प्रभाव पूर्वानुमानों में अनिश्चितता |
| Utilities flow chart | उपयोगिताएँ प्रवाह चार्ट |
| Valued ecosystems | मूल्यवान पारिस्थितिक तंत्र |
| Visual component | दृश्य घटक |
| Vulnerable | आघात योग्य/कमजोर |
| Water balance diagram | जल संतुलन आरेख |

अध्याय 1

# पर्यावरणीय प्रबंधन

पर्यावरणीय प्रबंधन एक बहुत व्यापक और विविध विषय है जिसे विभिन्न तरीकों से परिभाषित किया गया है। पर्यावरणीय प्रबंधन मात्र एक पर्यावरण के प्रबंधन का विषय नहीं है, वरन् मानव एवं उसके पर्यावरण के मध्य के पारस्परिक क्रियाओ के प्रबंधन के विषय में है, विशेष रूप से मानवजनित गतिविधियों का उनके सहायक वातावरणों पर प्रभाव (रॉस *एट ऑल*. 2010)।

पर्यावरणीय प्रबंधन, माल और सेवाओं की उत्पादन प्रक्रियाओं में अपशिष्ट, अपशिष्ट जल, वस्तु व सेवाओं के उत्पादन एवं परिवहन के कारण उत्सर्जन को कम करने में अतिरिक्त क्षमता प्रदान करता है, जिससे मनुष्य के स्वास्थ्य में सुधार एवं कल्याण होता है। यह पुन: उपयोग और रीसाइक्लिंग द्वारा बढ़ोतरी और विकास के पर्यावरणीय बोझ को कम करने में भी सहायक हो सकता है। हार्टमैन और वाचोन (2018) ने पाया कि "पर्यावरणीय प्रबंधन कॉर्पोरेट पर्यावरणीय प्रदर्शन से सकारात्मक रूप से संबंधित है; और पर्यावरणीय प्रबंधन और कॉर्पोरेट पर्यावरणीय प्रदर्शन के बीच सकारात्मक संबंधों को उद्योग की उदारता द्वारा सकारात्मक रूप से और उद्योग की गतिशीलता द्वारा नकारात्मक रूप से नियंत्रित किया जाता है।"

## 1.1 पर्यावरणीय प्रबंधन

पर्यावरणीय प्रबंधन अनिवार्य रूप से विकासात्मक गतिविधियों से उत्पन्न होने वाली बाह्यताओं को आंतरिक करना है, यानी प्रबंधन की नीतियों और प्रक्रियाओं में किसी उद्यम के कार्यों के पर्यावरणीय परिणामों की सूचित चिन्ताओ का अन्तःकरण करना है। एक पर्यावरणीय प्रबंधन कार्यक्रम नियमों और मानकों के अनुपालनो के पालन करने के लिए एक उपकरण है, तथा जब किसी परियोजना के कार्यान्वयन और संचालन जीवनचक्र के चरणों में अप्रत्याशित मुद्दे सामने आते हैं तब यह एक मार्गीय पाठ्यक्रम सुधार उपकरण भी है।

पर्यावरणीय प्रबंधन को गतिविधियों के एक सेट के रूप में परिभाषित किया जा सकता है जिसके माध्यम से एक संगठन अपने पर्यावरण के साथ पारस्परिक क्रियाओं पर जागरूकता और नियंत्रण बनाए रखता है। यह एक संगठन में अल्पकालिक और दीर्घकालिक पर्यावरणीय जिम्मेदारी का एक व्यवस्थित दृष्टिकोण है। अच्छे पर्यावरणीय प्रबंधन के लिए, निम्नलिखित जैसी मूलभूत सहायक गतिविधियां प्रभावी होनी चाहिए:

क) पर्यावरणीय मामलों के निष्पादन के बारे में जागरूकता विकसित करना और बनाए रखना जो एक संगठन के लिए महत्वपूर्ण है

ख) पर्यावरणीय निष्पादन की निगरानी और सुधार

विभिन्न संगठनों, उनके व्यवसाय के प्रकार और भौगोलिक स्थान के आधार पर, विशिष्ट पर्यावरणीय मामले/ मुद्दे हो सकते हैं जो उनके लिए अधिक महत्वपूर्ण हैं। उदाहरण के लिए, विभिन्न परियोजनाओं के लिए अधिक प्रासंगिक एवं महत्वपूर्ण पर्यावरणीय मुद्दे निम्नानुसार हो सकते हैं:

i. कोयले पर आधारित थर्मल पावर प्लांट - वायु उत्सर्जन और फ्लाई ऐश प्रबंधन
ii. सिरेमिक संयंत्र - वायु उत्सर्जन और अक्रिय ठोस अपशिष्ट प्रबंधन
iii. रासायनिक और पेट्रोकेमिकल संयंत्र - विषाक्त उत्सर्जन, अपशिष्ट जल, खतरनाक अपशिष्ट, विस्फोट और आग
iv. बंदरगाह - समुद्री जल की गुणवत्ता, उत्सर्जन और सामग्री हैंडलिंग और भंडारण के जोखिम
v. राजमार्ग - वाहन उत्सर्जन, शोर और दुर्घटनाएँ
vi. खनन - पारिस्थितिकी क्षरण, तलछट परिवहन, वायु उत्सर्जन और अपशिष्ट जल

### *1.1.1 पर्यावरणीय प्रबंधन और कॉर्पोरेट्स*

पर्यावरणीय प्रबंधन को एक उद्यम में व्यवसाय प्रबंधन का एक अभिन्न अंग माना जाता है। जबकि वित्तीय प्रबंधन, सामग्री प्रबंधन, उत्पादन प्रबंधन, विपणन प्रबंधन और मानव संसाधन विकास जैसे विषय वृत्तिक प्रबंधन स्कूलों में पाठ्यक्रम का हिस्सा हैं और निदेशक मंडल स्तर पर चर्चा के लिए व्यावसायिक संगठनों में एक अच्छी तरह से स्वीकृत एजेंडा हैं, पर्यावरणीय प्रबंधन को अभी तक योग्यतानुसार ध्यान नहीं मिला। जिससे संबंधित अधिकारियों से लागू पर्यावरण नियमों के अनुपालन की पुष्टि करने वाला प्रमाणपत्र अक्सर निदेशक मंडल की अधिकांश बैठकों के एजेंडे के लिए पर्याप्त होता है और यह औपचारिक रूप से बिना किसी चर्चा के बैठक के मिनट्स में नोट किया जाता है। बहुत से संगठन विनिर्माण, ऊर्जा और अवसंरचनात्मक परियोजनाओं की स्थापना के लिए पर्यावरणीय अनुमोदन की आवश्यकताओं को देश के तेज आर्थिक विकास में बाधा मानते हैं। निगमों का शीर्ष प्रबंधन, विशेष रूप से विकासशील अर्थव्यवस्थाओं में, लंबे समय में पर्यावरणीय स्थिरता से संबंधित मुद्दों के बजाय लाभप्रदता, शुद्ध मूल्य और निवेश पर वापसी के बारे में अधिक चिंतित प्रतीत होता है (राथी 2016, 2018 ए)।

इसके अलावा, भले ही धरणीयता प्रौद्योगिकी (नसरोलाही *एट ऑल.* 2020) से सकारात्मक रूप से प्रभावित होती है, लेकिन प्रौद्योगिकी को पर्यावरणीय प्रबंधन में सुधार के लिए एक प्रेरक शक्ति के रूप में अभी पहचाना जाना बाकी है। पर्यावरणीय रूप से सतत् विकास को बढ़ावा देने के लिए राष्ट्रीय स्तर पर उपयुक्त वित्तीय प्रणालियाँ अभी तक विकसित नहीं हुई हैं। वित्तीय क्षेत्र को हरित एजेंडे की ओर संरेखित करने, अत्यधिक प्रदूषण-संभावित क्षेत्रों में निवेश को प्रतिबंधित करने और हरित परियोजनाओं में निजी

निवेश को प्रोत्साहित करने के साथ ही किसी देश की वित्तीय प्रणालियों से पर्यावरणीय प्रबंधन एजेंडे को निगमों के बोर्ड स्तर पर लाने में मदद मिल सकती है।

### *1.1.2 अंकेक्षण (ऑडिट) और संसाधन प्रबंधन*

प्रबंधकों को आम तौर पर एक संगठन में संसाधन प्रबंधन की जिम्मेदारी सौंपी जाती है। मौजूदा प्रबंधन प्रथाओं के तहत, ऐसे संसाधनों में आम तौर पर वित्तीय, मशीनरी, सामग्री और मानव संसाधन शामिल होते हैं। तथापि, विनिर्माण और ऊर्जा क्षेत्रों में उत्पादन को बनाए रखने के लिए प्राकृतिक संसाधनों के इष्टतम उपयोग पर उतना ध्यान नहीं दिया जाता है जितना वह हकदार है। इसके अलावा, जबकि वित्तीय अंकेक्षण और लागत अंकेक्षण वित्तीय प्रबंधन के लिए अच्छी तरह से स्वीकृत उपकरण हैं और शेयरधारकों के हितों की सुरक्षा सुनिश्चित व नियोजित करने के लिए अनिवार्य हैं, पर्यावरण अंकेक्षण के संसाधन की प्रबंधन में सुधार के लिए एक उपकरण के रूप में उचित समझ और स्वीकार्यता की कमी है। पर्यावरण अंकेक्षण और सुरक्षा अंकेक्षण को अभी भी एक उद्यम पर वित्तीय बोझ के रूप में माना जाता है। प्रचुर मात्रा में व्यवसायी उपलब्ध है और वित्तीय अंकेक्षण और गुणवत्ता प्रबंधन प्रणाली ऑडिट करने के लिए काफी अच्छी तरह से स्थापित कार्यशैली हैं, लेकिन विकासशील अर्थव्यवस्थाओं में पर्यावरण अंकेक्षण को सही अर्थों में स्थापित किया जाना बाकी है।

पर्यावरणीय अंकेक्षणों का दायरा आमतौर पर पर्यावरण के भौतिक-रासायनिक घटकों पर लागू नियमों के अनुपालन को सत्यापित करने के लिए पर्यावरणीय निगरानी तक सीमित है। यह अनदेखा किया जाता है कि पर्यावरण ऑडिट रिपोर्ट, अन्य वस्तुओं के अतिरिक्त, कच्चे माल, उपयोगिताओं और ऊर्जा जैसे संसाधनों के उपयोग से संबंधित अक्षमताओं को उजागर कर सकती है, और इसलिए कम लागत की क्षमता प्रदान करती है। यदि पर्यावरण अंकेक्षण परीक्षकों को सत्य रूप से ऑडिट करने और प्रभावी सुधारात्मक उपायों और सक्रिय कार्यों का सुझाव देने के लिए अपनी क्षमता का निर्माण करने के लिए प्रोत्साहित किया जाए, तो पर्यावरण ऑडिट औद्योगिक के साथ-साथ सेवा संगठनों और बड़े पैमाने पर समाज को लाभान्वित करेगा। इसी तरह, ऊर्जा (विद्युत और थर्मल) अंकेक्षण से अक्षमताओं के प्रकट होने की संभावना है और इसलिए यह बिजली और ईंधन की बचत के साथ ही पर्यावरणीय गुणवत्ता में सुधार करने में मदद करते हैं। इसलिए, पर्यावरण अंकेक्षण एवं ऊर्जा अंकेक्षण को संसाधन प्रबंधन में सुधार के लिए प्रबंधन उपकरण के रूप में नियोजित किया जा सकता है, जिससे अंततः हरित उत्पादकता के साथ-साथ एक संगठन के निचले सतह में सुधार भी हो । इस तरह की प्रबंधन सुप्रथाएँ उद्योग के साथ-साथ लंबे समय में पर्यावरण के लिए एक जीत की स्थिति का अवसर प्रदान करती हैं (राथी 2001 ए)।

विकसित अर्थव्यवस्थाओं में व्यवसाय के अनुभव से पता चला है कि मात्र अनुपालन से परे जाने से कई लाभ और सहायता मिलती है जो व्यवसाय के निचले सतह को ऊपर लेकर आता है। उदाहरण के लिए, लागत में कमी के माध्यम से बढ़ी हुई लाभप्रदता, जैसे कि स्वच्छ उत्पादन प्रथाओं को अपनाने से, एक उद्यम की बैलेंस शीट में सुधार होता है, और एक ही समय में पर्यावरण संरक्षण में योगदान करते हुए

पर्यावरणीय रूप से जिम्मेदार व्यवसाय के रूप में बेहतर छवि बनाकर प्रतिस्पर्धी लाभ प्राप्त करने में भी मदद मिलती है। लंबे समय में प्रमुख लाभ संसाधन संरक्षण के माध्यम से धारणीयता की उपलब्धि और व्यवसाय के लिए पर्यावरणीय दायित्व के भविष्य के जोखिमों को कम करना है। इस प्रकार यह उम्मीद की जाती है कि यह केवल समय की बात है जब कारपोरेट जगत और व्यावसायिक उद्यमों के शेयरधारक, यहां तक कि विकासशील देशों में भी, यह महसूस करेंगे कि अच्छे पर्यावरणीय प्रबंधन और अच्छे वित्तीय प्रबंधन के बीच तालमेल है।

### *1.1.3 पर्यावरणीय प्रबंधन का दायरा*

पर्यावरणीय प्रबंधन का दायरा पर्यावरण अनुपालन प्रबंधन तक सीमित नहीं है। इसमें सभी प्रासंगिक, प्राकृतिक और मानव प्रक्रियाओं और उनके पारस्परिक व्यवहार बातचीत की पहचान और विश्लेषण मूल्यांकन की एक अंतः विषयी प्रक्रिया के रूप में एकीकृत पर्यावरणीय आकलन शामिल हैं, जो उचित स्थानिक और लौकिक पैमाने (ईईए 1995) पर पर्यावरणीय गुणवत्ता और संसाधनों की वर्तमान और भविष्य की स्थिति दोनों को निर्धारित करते हैं। पर्यावरणीय प्रबंधन उपयुक्त नीतियों और रणनीतियों के निर्माण और कार्यान्वयन की सुविधा प्रदान करता है (बोरसेमा और रिजन्डर्स 2009)।

परिचालन विनिर्माण और जीवाश्म ईंधन आधारित ऊर्जा परियोजनाओं के पर्यावरणीय प्रबंधन में दीर्घकालिक चुनौतियों का सामना करने के लिए सिस्टम (एनआरसी 2003) तैयार करने का एक तरीका शामिल होना चाहिए, जैसे कि समझ में सुधार:

i. संरचना-विषाक्तता संबंध
ii. पर्यावरणीय तनावों के जवाब में जैविक और भौतिक-रासायनिक परस्परता
iii. उत्सर्जित या निर्वहन किए गए मानवजनित रसायनों का भाग्य और उनका परिवहन
iv. जैव-रासायनिक चक्र
v. वायुमंडल में गैस-से-कण रूपांतरण
vi. कार्यात्मक जीनोमिक्स और रासायनिक प्रक्रियाएं जो जीव-पर्यावरण संबंधों को नियंत्रित करती हैं
vii. वास्तविक वातावरण में रासायनिक-जीन इंटरैक्शन
viii. लगातार जैविक उत्पाद; आदि।

नई रासायनिक प्रक्रियाओं के लिए हरित रसायन विज्ञान और धारणीय रसायन विज्ञान के नए दृष्टिकोणों की आवश्यकता है:

i. जैव-रासायनिक प्रक्रियाओं और चक्रों की बढ़ती समझ
ii. औद्योगिक पारिस्थितिकी में प्रगति - अपशिष्ट उपयोग के बारे में नए दृष्टिकोण
iii. पर्यावरण के अनुकूल सामग्री का विकास, जैसे जैव-अपघटन योग्य पैकेजिंग
iv. प्रदूषण की रोकथाम और अपशिष्ट प्रबंधन के लिए नए तरीके
v. हरित रसायन विज्ञान और बायोमास आधारित नई रासायनिक प्रक्रियाएं

vi. अज्ञात पर्यावरणीय मुद्दों को उजागर करना और उनके अंतर्निहित कारणों और तंत्रों की पहचान करना

vii. योगदान के लिए बेहतर मॉडलिंग और सिमुलेशन तकनीकों का विकास:
    क) पर्यावरण की मौलिक समझ
    ख) मौजूदा पर्यावरणीय समस्याओं का उपचार
    ग) भविष्य में पर्यावरणीय समस्याओं की रोकथाम
    घ) पर्यावरण का संरक्षण

इस प्रकार, कई क्षेत्रों में पर्यावरणीय प्रबंधन के लिए एक प्रणाली/ व्यवस्थित दृष्टिकोण की आवश्यकता है

i. ऐसी क्रियाएं जो तीन प्रमुख पर्यावरणीय सिंकों में से किसी को प्रभावित करती हैं, अर्थात् वायु, जल और मिट्टी, और जैविक प्रणालियां जिनके साथ वे पारस्परिक व्यवहार करते हैं, इस स्पष्ट समझ के साथ कि उनमें से प्रत्येक को अलग-अलग प्रबंधित करने से पर्यावरणीय समस्याओं को हल करने के बजाय एक माध्यम से दूसरे माध्यम में स्थानांतरित किया जाएगा; और

ii. प्रसंस्करण, विनिर्माण, हैंडलिंग, परिवहन, आदि से उत्पन्न होने वाले स्थानिक और अस्थायी पर्यावरणीय प्रभावों का प्रबंधन।

### *1.1.4 पर्यावरणीय प्रबंधन के लिए दृष्टिकोण*

यह याद किया जा सकता है कि विकसित अर्थव्यवस्थाओं में भी पर्यावरणीय प्रबंधन के दृष्टिकोण अनिवार्य रूप से 1970 के दशक तक एंड-ऑफ-पाइप नियंत्रण को अपनाकर पर्यावरणीय, बल्कि प्रदूषण से संबंधित समस्या पर प्रतिक्रिया करने तक सीमित थे। इसके बाद, पर्यावरणीय प्रबंधन ने धीरे-धीरे अपने दायरे को व्यापक बनाना शुरू कर दिया, जिसमें अधिक जोर निम्नलिखित पर दिया गया:

i. पर्यावरणीय समस्याओं की प्रत्याशा और रोकथाम जैसे सक्रिय उपाय

ii. स्थानीय से वैश्विक तक लोगों के आकांक्षी क्षितिज का विस्तार

iii. तत्काल और अल्पकालिक दृष्टिकोण से अगली पीढ़ी की जरूरतों की ओर स्थानांतरण

iv. पर्यावरणीय प्रदर्शन मूल्यांकन

पर्यावरणीय प्रबंधन के दृष्टिकोण में बदलाव कुछ प्रमुख आपदाओं से शुरू हुआ था, जिसमें 1976 में सेवेसो विस्फोट, 1984 में भोपाल त्रासदी, 1989 में एक्सॉन वाल्डेज़ तेल रिसाव आदि शामिल थे।

पर्यावरणीय प्रबंधन, विशेष रूप से बिजली उत्पादन और विनिर्माण क्षेत्रों के पारंपरिक स्रोतों की परियोजनाओं में क्लीनर उत्पादन (राथी 2001 ए, 2003), अपशिष्ट न्यूनीकरण, हरित रसायन विज्ञान, स्वच्छ प्रौद्योगिकियों का विकास (राथी और भानुजन 2004), और नवीकरणीय ऊर्जा का उपयोग और ऊर्जा दक्षता में वृद्धि शामिल है। इसलिए, यह निगमों के हित में होगा कि वे लागू पर्यावरणीय नियमों के

अनुपालन से परे जाएं और अपने पर्यावरणीय प्रदर्शन को बढ़ाने पर ध्यान केंद्रित करें, जो बदले में उनके वित्तीय प्रदर्शन में भी सुधार करेगा।

यह देखा जा रहा है कि उद्यमों की बढ़ती संख्या अपने संचालन को अधिक टिकाऊ बनाने की आवश्यकता को पहचान रही है, और विकसित अर्थव्यवस्थाओं में बड़े पैमाने पर सरकारें, स्टॉक एक्सचेंज, बाजार, निवेशक और समाज उद्यमों को अपने धारणीय लक्ष्यों, पर्यावरणीय प्रदर्शन और प्रभावों के बारे में पारदर्शी होने का आह्वान कर रही हैं। कई कंपनियों ने जी 4 धारणीयता रिपोर्टिंग दिशानिर्देशों (जीआरआई 2015) के बाद स्वेच्छा से स्थिरता की रिपोर्ट करना शुरू कर दिया है, तथा कई और शामिल होना चाहती हैं। एमआईटी (2012) द्वारा किए गए एक सर्वेक्षण से पता चला है कि 2000 से विकसित अर्थव्यवस्थाओं में कई संगठनों के प्रबंधन एजेंडे पर धारणीयता दिखाई देने लगी और इनमें से कई कंपनियां धारणीय गतिविधियों से लाभ कमा रही हैं।

### *1.1.5 पर्यावरण क्षरण की लागत*

यह पाया गया है कि विकासशील और अल्प विकसित अर्थव्यवस्थाओं में पर्यावरणीय गिरावट और पुरानी गरीबी के बीच एक मजबूत संबंध है (राथी 2001 बी)। विश्व बैंक की रिपोर्ट (2013) के अनुसार, भारत में पर्यावरण क्षरण की वार्षिक लागत लगभग 3.75 ट्रिलियन (80 बिलियन डॉलर) है, जो इसके सकल घरेलू उत्पाद के 5.7% के बराबर है। इसमें से, 3% को हवा में पार्टिकुलेट मैटर प्रदूषण के लिए जिम्मेदार ठहराया जाता है, जिसके परिणामस्वरूप वयस्कों के बीच पर्याप्त कार्डियोपल्मोनरी और क्रोनिक ऑब्सट्रक्टिव पल्मोनरी डीसीज़ मृत्यु दर लोड होता है, और 2.7% को स्वच्छ जल आपूर्ति की कमी के लिए, स्वच्छता और साफ-सफाई तथा प्राकृतिक संसाधनों की कमी को जिम्मेदार ठहराया जाता है, जिसके परिणामस्वरूप जलजनित बीमारियां होती हैं। अध्ययन में आगे कहा गया है कि भारत में 23% बाल मृत्यु दर को पर्यावरणीय गिरावट के लिए जिम्मेदार ठहराया जा सकता है। इस प्रकार विभिन्न स्तरों पर इन आंकड़ों से पर्यावरणीय प्रबंधन की आवश्यकता और महत्व पर गंभीर विचार महसूस किया जा सकता है।

## 1.2 धारणीयता और सतत् विकास

### *1.2.1 धारणीयता और स्थिरता के सिद्धान्त*

धारणीयता एक आदर्श स्थिति की एक अमूर्त अवधारणा है जिसमें मानव जाति और प्रकृति संतुलन में हैं। इसे क्लिफ्ट (2000) द्वारा “अस्तित्व की स्थिति” के रूप में परिभाषित किया गया है, जिसमें मानविकी के तकनीकी-आर्थिक कौशल को ग्रह द्वारा लगाए गए दीर्घकालिक पारिस्थितिक बाधाओं के भीतर तैनात किया जाता है, ताकि संसाधन प्रदान किए जा सकें और उत्सर्जन को अवशोषित किया जा सके और कल्याण प्रदान किया जा सके जिस पर मानव समाज जीवन की स्वीकार्य गुणवत्ता के लिए निर्भर करता है। बेन-एली (2005) ने स्थिरता को “आबादी और उसके पर्यावरण की वहन क्षमता के

बीच बातचीत की प्रक्रिया में एक गतिशील संतुलन" के रूप में परिभाषित किया है ताकि आबादी पर्यावरण की वहन क्षमता पर अपरिवर्तनीय प्रतिकूल प्रभाव पैदा किए बिना अपनी पूरी क्षमता व्यक्त करने के लिए विकसित हो सके, जिस पर वह निर्भर करता है। धारणीयता के सिद्धांत निम्नलिखित के संबंध में व्यक्त किए जाते हैं:

i. सामग्री डोमेन
ii. आर्थिक डोमेन
iii. जीवन का क्षेत्र
iv. सामाजिक डोमेन
v. आध्यात्मिक क्षेत्र

क्वेंटल एट *ऑल*. (2011) ने निम्नलिखित बुनियादी स्थिरता सिद्धांतों की पहचान की:

i. सीमा सिद्धांत जो यह सुनिश्चित करता है कि मानव अर्थव्यवस्था का पैमाना स्वस्थ जीवन समर्थन प्रणालियों के रखरखाव की अनुमति देने के लिए पर्याप्त कम है
ii. साधन और अंत सिद्धांत कि आर्थिक विकास अपने आप में एक अंत नहीं है, बल्कि एक साधन है जो उच्च-क्रम के लक्ष्यों को प्राप्त करने में मदद कर सकता है, जैसे कि मानव कल्याण, और स्वतंत्रता
iii. आवश्यकता सिद्धांत कि प्रत्येक मनुष्य और प्रत्येक प्रणाली की न्यूनतम आवश्यकताओं को स्वतंत्र रूप से संतुष्ट किया जाना चाहिए, न कि समग्र आधार पर
iv. जटिलता सिद्धांत कि सिस्टम कई स्थिर संतुलन और गैर-रैखिक व्यवहार के माध्यम से जटिल व्यवहार प्रदर्शित करते हैं, जो दहलीज़ तक पहुंचने पर भी गिर सकता है

पेट्स (1999) ने प्रमुख धारणीयता सिद्धांतों को निम्नानुसार माना:

i. पूर्वानुमान और रोकथाम
ii. सावधानी बरतें
iii. स्रोत और सिंक की सीमाओं के भीतर रहे
iv. प्राकृतिक पूंजी को वर्तमान स्तरों पर या उसके पास बनाए रखना
v. भूमि को अधिक गहन उपयोगों में परिवर्तित करने से बचें
vi. प्रदूषक से जुर्माना भरवाएँ

प्राकृतिक संसाधनों की उपलब्धता और पर्यावरणीय गुणवत्ता में सुधार, पर्यावरणीय धारणीयता (राथी 2018 बी) के लिए प्रमुख चुनौतियां हैं, जिससे समयबद्ध तरीके से विभिन्न हितधारकों द्वारा कई कार्यों की आवश्यकता होती है। एक सरल समझ में, धारणीयता अंततः यह सुनिश्चित करने के बारे में है कि वर्तमान में उपलब्ध संसाधन भविष्य की पीढ़ियों को लाभ देना जारी रखें।

### *1.2.2 धारणीयता (सतत्) विकास*

मेनसाह (2019) द्वारा धारणीय विकास पर साहित्य की समीक्षा की गई थी। किसी भी संगठन के लिए मुख्य बात लागू पर्यावरणीय नियमों के अनुपालन को सुनिश्चित करना है, और आम लक्ष्य सतत् विकास में योगदान दे रहा है, जिसे हमारे सामान्य भविष्य (डब्ल्यूसीईडी 1987) में परिभाषित किया गया है, जिसे ब्रंटलैंड कमीशन रिपोर्ट के रूप में भी जाना जाता है, "विकास जो भविष्य की पीढ़ियों की अपनी जरूरतों को पूरा करने की क्षमता से समझौता किए बिना वर्तमान की जरूरतों को पूरा करता है।"

भारत के सर्वोच्च न्यायालय (1996) ने अपने फैसले में कहा था कि "पारंपरिक अवधारणा कि विकास और पारिस्थितिकी एक-दूसरे के विरोधी हैं, अब स्वीकार्य नहीं है। ब्रंटलैंड रिपोर्ट द्वारा परिभाषित धारणीय विकास, इसका जवाब है। शीर्ष अदालत का मानना था कि एहतियाती सिद्धांत और प्रदूषक भुगतान सिद्धांत सतत् विकास की आवश्यक विशेषताएं हैं।"

सतत् विकास की एक मजबूत और उद्देश्यपूर्ण परिभाषा (मर्केल 1998) ने दी है "...... संसाधनों का उपयोग करके, जितनी तेजी से वे खुद को पुनर्जीवित कर सकते हैं और प्रदूषकों को प्राकृतिक संसाधनों की तुलना में अधिक हद तक जारी नहीं कर सकते हैं, उन्हें आत्मसात कर सकते हैं।"

विश्व बैंक (2019) के अध्यक्ष ने कहा कि "स्वच्छ पानी आर्थिक विकास के लिए एक महत्वपूर्ण कारक है। पानी की गुणवत्ता बिगड़ने से आर्थिक विकास रुक रहा है, स्वास्थ्य की स्थिति खराब हो रही है, खाद्य उत्पादन कम हो रहा है, और कई देशों में गरीबी बढ़ रही है। उनकी सरकारों को जल प्रदूषण से निपटने में मदद करने के लिए तत्काल कार्रवाई करनी चाहिए ताकि देश न्यायसंगत और पर्यावरणीय रूप से धारणीय तरीके से तेजी से बढ़ सकें।"

मानवता, जलवायु परिवर्तन, जल संसाधनों की कमी, वनस्पति की हानि, असमानता, असुरक्षा, भूख, अभाव और गरीबी जैसी चुनौतियों का सामना कर रही है। धारणीयता के सिद्धांतों का उपयोग इन मुद्दों को संबोधित करने के लिए किया जा सकता है, यह देखते हुए कि सतत् विकास का अंतिम लक्ष्य पर्यावरण, आर्थिक और सामाजिक पहलुओं (मेनसाह 2019) के बीच संतुलन प्राप्त करना है।

## 1.3 पर्यावरणीय विधान

3-14 जून 1992 को रियो डी जनेरियो में आयोजित पर्यावरण और विकास पर संयुक्त राष्ट्र सम्मेलन में अंतिम रूप दिए गए एजेंडा 21 में कहा गया था कि "मानवता को गरीबी, भूख, बीमारी और अशिक्षा की बिगड़ती स्थिति का सामना करना पड़ रहा है, और पारिस्थितिक तंत्र की निरंतर गिरावट, जिस पर मानवता की भलाई निर्भर करती है। पर्यावरण और विकास संबंधी चिंताओं के एकीकरण और उन पर अधिक ध्यान देने से बुनियादी जरूरतों की पूर्ति, सभी के लिए बेहतर जीवन स्तर, बेहतर संरक्षित और प्रबंधित पारिस्थितिक तंत्र और एक सुरक्षित, अधिक समृद्ध भविष्य होगा। इसके लिए पर्यावरण और विकास के सवालों के लिए एक संतुलित और एकीकृत दृष्टिकोण लेने की आवश्यकता है।"

पहले पृथ्वी शिखर सम्मेलन के बाद कई अंतरराष्ट्रीय सम्मेलन और प्रोटोकॉल हुए, जिसके कारण हस्ताक्षरकर्ता देशों को उपयुक्त पर्यावरणीय नियमों को कानून बनाने की आवश्यकता थी। विकसित देशों द्वारा गैर-टैरिफ व्यापार बाधाओं के रूप में कुछ पर्यावरण संबंधी शर्तें भी लगाई गईं, जिसने विकासशील देशों पर एक प्रभावी पर्यावरण नियामक व्यवस्था लागू करने के लिए दबाव डाला।

यह देखा जा सकता है कि संवैधानिक प्रावधानों के अलावा, भारत ने पर्यावरण के प्रबंधन और संरक्षण के लिए कानूनों का एक व्यापक सेट स्थापित किया है। अधिनियमों, नियमों और अधिसूचनाओं के रूप में भारत में प्रमुख पर्यावरण संबंधी कानून **तालिका 1.1** में संकलित किए गए हैं। न्यायालयों ने लोकतांत्रिक देशों में पर्यावरणीय विनियमों को तैयार करने और लागू करने में बहुत महत्वपूर्ण भूमिका निभाई है। भारत में पर्यावरणीय प्रबंधन अनिवार्य रूप से समय-समय पर अधिसूचित पर्यावरण कानून का जवाब देने और अनुपालन आवश्यकताओं को पूरा करने के उपाय के आसपास घूमता रहा है।

**तालिका 1.1 भारत में पर्यावरण विनियम**

| घटक | नियम |
|---|---|
| *वायु* | • वायु (प्रदूषण निवारण और नियंत्रण) अधिनियम, नियम और संशोधन, 1981, 1982, 1983, 1987 |
| | • परमाणु ऊर्जा अधिनियम, और संशोधन, 1982, 2015 |
| | • केंद्रीय मोटर वाहन नियम, 1989 |
| | • ऊर्जा संरक्षण अधिनियम, 2016 |
| | • भारतीय बॉयलर अधिनियम, और संशोधन, 1923, 2017 |
| | • मोटर वाहन (संशोधन) अधिनियम, 1988, 2019 |
| | • राष्ट्रीय परिवेशी वायु गुणवत्ता मानक, 2009 |
| | • स्थैतिक और मोबाइल दबाव वाहिकाओं (अप्रयुक्त) नियम, और संशोधन, 1981, 2016 |
| | • गैस सिलेंडर नियम और संशोधन, 2004, 2016 |
| *ध्वनि* | • राष्ट्रीय सड़क सुरक्षा और यातायात प्रबंधन बोर्ड विधेयक, 2010 |
| | • ध्वनि प्रदूषण (विनियमन और नियंत्रण) नियम, और संशोधन, 2000, 2006, 2010 |
| *जल* | • तटीय विनियमन क्षेत्र अधिसूचना, और संशोधन, 2008, 2011, 2019 |
| | • पर्यावरण (संरक्षण) नियम, 1991, 2019 |
| | • भारतीय मत्स्य पालन अधिनियम, 1897 |
| | • अंतर-राज्यीय जल विवाद अधिनियम, और संशोधन, 1956, 2019 |
| | • समुद्री मत्स्य पालन (विनियमन और प्रबंधन) अधिनियम, 2019 |
| | • मर्चेंट शिपिंग अधिनियम और संशोधन, 1958, 1970, 2015 |
| | • तेल क्षेत्र (विनियम और विकास) अधिनियम, और संशोधन, 1948, 1969 |

| घटक | नियम |
|---|---|
| | • नदी बोर्ड अधिनियम, 1956<br>• जल (प्रदूषण निवारण और नियंत्रण) अधिनियम, नियम और संशोधन, 1974, 1977, 1978, 1988<br>• जल (प्रदूषण निवारण और नियंत्रण) उपकरण अधिनियम, नियम और संशोधन, 1977, 1978, 2003 |
| *खतरनाक पदार्थ* | • अमोनियम नाइट्रेट नियम, और संशोधन, 2012, 2018<br>• विस्फोटक अधिनियम, नियम, 1884, 2008, 2019<br>• खतरनाक और अन्य अपशिष्ट (प्रबंधन और सीमा पार आंदोलन) नियम, 2016<br>• कीटनाशक अधिनियम, और संशोधन, 1968, 2019<br>• खतरनाक रासायनिक नियमों का निर्माण, भंडारण और आयात, 1989, 1994, 2000<br>• खान अधिनियम, 1952 के तहत तेल खान विनियम 1984 (ओएमआर)<br>• पेट्रोलियम अधिनियम, 1934<br>• तेल क्षेत्र (विनियमन और विकास) अधिनियम, 1948 के तहत पेट्रोलियम और प्राकृतिक गैस नियम, 1959<br>• पेट्रोलियम नियम, और संशोधन, 2002, 2018<br>• खतरनाक सूक्ष्म जीवों आनुवंशिक रूप से इंजीनियर जीवों और कोशिकाओं के निर्माण, उपयोग, आयात, निर्यात और भंडारण के लिए नियम, 1989<br>• जहाजों का पुनर्चक्रण अधिनियम, 2019 |
| *अपशिष्ट* | • बैटरी अपशिष्ट प्रबंधन नियम और संशोधन, 2001, 2020<br>• बायोमेडिकल अपशिष्ट प्रबंधन नियम और संशोधन, 1998, 2013, 2015, 2016<br>• बैटरी अपशिष्ट प्रबंधन नियम और संशोधन, 2001, 2020<br>• निर्माण और विध्वंस अपशिष्ट प्रबंधन नियम, 2016<br>• ई-अपशिष्ट प्रबंधन नियम और संशोधन, 2011, 2018<br>• फ्लाई ऐश अधिसूचना और संशोधन, 2009, 2015, 2016<br>• ठोस अपशिष्ट प्रबंधन नियम, 2016 शैक्षणिक अपशिष्ट प्रबंधन नियम और संशोधन, 1998, 2013, 2015, 2016 |
| *वनस्पति, और जीव* | • जैव विविधता अधिनियम, नियम, 2002, 2004<br>• वन (संरक्षण) अधिनियम और नियम, और संशोधन, 1980, 1981, 2003, 2017, 2018<br>• भारतीय वन अधिनियम और संशोधन, 1927, 1984, 2017, 2019<br>• राष्ट्रीय वन नीति (संशोधित), 1988<br>• पशु क्रूरता निवारण अधिनियम, नियम और संशोधन, 1960, 1978, 2001, 2017<br>• पादप किस्म एवं कृषक अधिकार संरक्षण अधिनियम, 2001 |

| घटक | नियम |
|---|---|
| | • वन्यजीव (संरक्षण) अधिनियम, नियम और संशोधन, 1972, 1973, 1991, 1995, 2002, 2014 |
| *भूमि उपयोग* | • पर्यावरण (सिटिंग इंडस्ट्रीज) नियम और संशोधन, 1999, 2016<br>• उद्योग (विकास और विनियमन) अधिनियम, और संशोधन, 1951, 1987<br>• मॉडल क्षेत्रीय और नगर नियोजन और विकास कानून, 1985, और टाउन एंड कंट्री प्लानिंग पर राज्य अधिनियमों में प्रावधान<br>• भारतीय विमानपत्तन आर्थिक नियामक प्राधिकरण अधिनियम और संशोधन, 2018, 2019 |
| *खनन* | • कोयला खान (संरक्षण और विकास) संशोधन अधिनियम, 1985, 2020<br>• कोयला खान (विशेष प्रावधान) अधिनियम, 2015<br>• ग्रेनाइट संरक्षण और विकास नियम, 1999<br>• खनिज रियायत नियम और संशोधन, 1960, 2016<br>• खनिज संरक्षण और विकास नियम, 1988<br>• खनिज कानून (संशोधन) अधिनियम, 2020<br>• खान और खनिज (विनियमन और विकास) अधिनियम और संशोधन, 1957, 1984, 2016<br>• खान बचाव नियम, 1985<br>• खान नियम, 1955<br>• राष्ट्रीय खनिज नीति, 2019<br>• खान अधिनियम, 1952 |
| *सामान्य* | • प्राचीन स्मारक और पुरातत्व स्थल और अवशेष अधिनियम और नियम, 1958, 2010, 2017<br>• आपदा प्रबंधन अधिनियम, 2005<br>• विद्युत अधिनियम, 2003, 2020<br>• पर्यावरण (संरक्षण) अधिनियम और नियम, 1986, 1991, 2019<br>• पर्यावरण लेखा परीक्षा अधिसूचना, और संशोधन, 1992, 1993<br>• पर्यावरणीय प्रभाव मूल्यांकन अधिसूचना, और संशोधन, 2006, 2015<br>• पर्यावरण मानक अधिसूचना, और संशोधन, 1993<br>• राष्ट्रीय पर्यावरण न्यायाधिकरण विधेयक, 1995<br>• राष्ट्रीय हरित अधिकरण अधिनियम, 2010<br>• राष्ट्रीय राजमार्ग अधिनियम, और संशोधन, 1956, 2017<br>• राष्ट्रीय पुनर्स्थापन और पुनर्वास नीति, 2007<br>• जन सुनवाई अधिसूचना, 1997<br>• सार्वजनिक देयता बीमा अधिनियम, नियम और संशोधन, 1991, 1992, 1993 |

| घटक | नियम |
|---|---|
| | • रासायनिक दुर्घटनाएं (आपातकालीन योजना, तैयारी और प्रतिक्रिया) नियम, 1996<br>• कारखाना अधिनियम और संशोधन, 1948, 1987, 2016 |

**स्रोत:** *विभिन्न स्रोतों से संकलित*

## 1.4 पर्यावरणीय प्रबंधन निर्णय के उपकरण

पर्यावरणीय प्रबंधन निर्णय उपकरण एक संगठन के भीतर और उसके आसपास पर्यावरणीय प्रबंधन में सुधार पर अच्छी तरह से सूचित निर्णय लेने के लिए एक संगठन की गतिविधियों के पर्यावरणीय परिणामों को पहचानने, मूल्यांकन करने और संबोधित करने की सुविधा प्रदान करते हैं। विशिष्ट आवश्यकताओं को पूरा करने के लिए कई उपकरण समय के साथ स्वतंत्र रूप से विकसित हुए हैं। विभिन्न उपकरणों के बीच कुछ अंतर और समानताएं हैं; सीमा अलग-अलग हो सकती है। कुछ उपकरण एक दूसरे के पूरक हैं। विभिन्न पर्यावरणीय प्रबंधन उपकरणों और सिस्टम इंजीनियरिंग विधियों के बीच समानताएं वर्णित हैं (एफईटी, एनडी)।

### *1.4.1 पर्यावरणीय प्रबंधन उपकरण*

निम्नलिखित सोलह दृष्टिकोण (एसईटीएसी 1993) मुख्य रूप से औद्योगिक निर्णय लेने के संदर्भ में उपयोग किए जाते हैं:

1. जीवनचक्र मूल्यांकन
2. जीवन के लिए डिजाइन
3. जीवनचक्र सोच
4. स्वच्छ प्रौद्योगिकी
5. पर्यावरणीय जोखिम मूल्यांकन
6. कुल गुणवत्ता प्रबंधन
7. पर्यावरणीय प्रभाव मूल्यांकन
8. औद्योगिक पारिस्थितिकी
9. पर्यावरण लेखा परीक्षा
10. पर्यावरणीय प्रदर्शन मूल्यांकन
11. पदार्थ प्रवाह विश्लेषण
12. उत्पाद लाइन विश्लेषण
13. ऊर्जा और सामग्री विश्लेषण
14. एकीकृत पदार्थ श्रृंखला प्रबंधन
15. कुल लागत मूल्यांकन
16. लागत-लाभ विश्लेषण

पेट्स (1999) ने निम्नलिखित प्राथमिक पर्यावरणीय प्रबंधन निर्णय उपकरणों के निर्णय लेने के संदर्भ और विशेषताओं का विस्तार से वर्णन किया:

1. पर्यावरणीय प्रभाव आकलन (ईआईए)
2. जोखिम आकलन (आरए)
3. प्रौद्योगिकी आकलन (टीए)
4. जीवनचक्र विश्लेषण (एलसीए)
5. लागत-लाभ आकलन (सीबीए)
6. पर्यावरण लेखा परीक्षा (ईएनए)
7. रणनीतिक पर्यावरणीय मूल्यांकन (एसईए)

प्रत्येक प्रबंधन उपकरण के कुछ फायदे हैं और इसकी प्रयोज्यता में कुछ सीमाएं हैं। इन पर्यावरणीय प्रबंधन उपकरणों की प्रासंगिकता और प्रयोज्यता उत्पाद और / या परियोजना विकास और कार्यान्वयन के विभिन्न चरणों में निर्णय लेने की आवश्यकताओं के साथ भिन्न होती है। उदाहरण के लिए

i. नीति, योजना और कार्यक्रम स्तरों पर रणनीतिक पर्यावरणीय आकलन
ii. पूर्व-परियोजना स्तर पर पर्यावरणीय प्रभाव आकलन
iii. जोखिम आकलन, पूर्व-परियोजना के साथ-साथ परियोजना संचालन स्तर पर पर्यावरणीय प्रभाव मूल्यांकन के समान
iv. किसी उत्पाद के विकास के चरणों के साथ-साथ परियोजना चरण में प्रौद्योगिकी आकलन और जीवनचक्र विश्लेषण
v. परियोजना संचालन स्तर पर पर्यावरणीय लेखा परीक्षा

इनमें से कुछ उपकरणों की प्रयोज्यता में कुछ ओवरलैप है। उदाहरण के लिए

क) नीति, योजना और कार्यक्रम स्तरों पर एसईए, सीबीए और आरए
ख) उत्पाद डिजाइन और विकास चरणों के मूल्यांकन पर एलसीए, टीए और आरए
ग) पूर्व-परियोजना चरण में ईआईए और आरए
घ) एक परियोजना के संचालन चरण में ईएनए और आरए

### *1.4.2 पर्यावरणीय प्रबंधन निर्णय उपकरणों का वर्गीकरण*

पर्यावरणीय प्रबंधन उपकरण निम्नानुसार वर्गीकृत किया जा सकता है:

1. प्रबंधन-आधारित उपकरण, अर्थात्
    i. पर्यावरणीय प्रबंधन प्रणाली (ईएमएस) (EMS)
    ii. कुल गुणवत्ता प्रबंधन (टीक्यूएम) (TQM)
    iii. पर्यावरण लेखा परीक्षा (ईएनए) (EnA)

iv. पर्यावरण अर्थशास्त्र
v. पर्यावरणीय प्रदर्शन मूल्यांकन
vi. कुल लागत लेखा
vii. पर्यावरण विनियम
viii. धारणीयता रिपोर्टिंग; आदि।

2. प्रक्रिया-आधारित उपकरण, अर्थात्
   i. प्रौद्योगिकी मूल्यांकन (टीए) (TA)
   ii. क्लीनर उत्पादन (सीपी) (CP)
   iii. क्लीनर टेक्नोलॉजी (सीटी) (CT)
   iv. अपशिष्ट न्यूनीकरण (डब्ल्यूएम) (WM)
   v. प्रदूषण निवारण (पीपी) (PP)
   vi. सर्वोत्तम उपलब्ध तकनीक (बैट) (BAT)
   vii. सर्वोत्तम उपलब्ध प्रौद्योगिकी अत्यधिक लागत को पूरा नहीं करती है (बैटनीक) (BATNEEC)
   viii. सर्वश्रेष्ठ व्यावहारिक पर्यावरण विकल्प (बीपीईओ) (BPEO)
   ix. सर्वश्रेष्ठ उपलब्ध प्रदर्शन नियंत्रण प्रौद्योगिकी (बैडसिटी) (BADCT)
   x. पारंपरिक प्रदूषण के लिए सर्वश्रेष्ठ नियंत्रण तकनीक (बीसीटी) (BCT)
   xi. सर्वोत्तम सर्वोत्तम पर्यावरणीय प्रथाएं (बीईपी) (BEP)
   xii. सर्वोत्तम इंजीनियरिंग प्रथाएं; आदि।

3. परियोजना/उत्पाद आधारित उपकरण, अर्थात्
   i. पर्यावरण के लिए डिजाइन
   ii. जीवनचक्र मूल्यांकन (एलसीए) (LCA)
   iii. इको-लेबलिंग
   iv. जोखिम आकलन (आरए) (RA)
   v. औद्योगिक पारिस्थितिकी
   vi. पर्यावरणीय प्रभाव आकलन (ईआईए) (EIA); आदि।

ईआईए के अतिरिक्त पर्यावरणीय प्रबंधन उपकरणों पर एक विस्तृत चर्चा इस पुस्तक के दायरे से परे है।

### *1.4.3 पर्यावरणीय प्रबंधन प्रणाली और व्यवसाय प्रबंधन*

ISO 14001: 2015 एक पर्यावरणीय प्रबंधन प्रणाली (ईएमएस) को परिभाषित करता है:

> "प्रबंधन प्रणाली का हिस्सा (उन उद्देश्यों को प्राप्त करने के लिए नीतियों और उद्देश्यों और प्रक्रियाओं को स्थापित करने के लिए एक संगठन के परस्पर संबंधित या अंतःक्रियात्मक तत्वों का

सेट) का उपयोग पर्यावरणीय पहलुओं का प्रबंधन करने, अनुपालन दायित्वों को पूरा करने और जोखिमों और अवसरों को संबोधित करने के लिए किया जाता है।"

ईएमएस उपरोक्त के माध्यम से पूरा करता है:

i. प्रथाओं और प्रदर्शन का निरंतर मूल्यांकन
ii. नीतियों और लक्ष्यों की स्थापना और रखरखाव
iii. प्रक्रियाओं की स्थापना
iv. जिम्मेदारियों का असाइनमेंट
v. एक व्यवस्थित प्रबंधन कार्यक्रम के भीतर संसाधनों का आवंटन
vi. प्रबंधन की समीक्षा

*इस प्रकार यह देखा जा सकता है कि ईएमएस के मूल तत्व अनिवार्य रूप से व्यवसाय प्रबंधन के समान हैं।*

ISO 14001 के अनुसार ईएमएस, सभी संगठनों पर उनके प्रकार, आकार और स्थान के बावजूद सार्वभौमिक रूप से लागू होता है। यद्यपि इसे स्वैच्छिक मानक के रूप में तैयार किया गया है, ISO 14001 को कुछ विशिष्ट विनिर्माण और ऊर्जा क्षेत्र की परियोजनाओं के लिए कुछ देशों में कुछ नियामक एजेंसियों द्वारा अनिवार्य बनाया जा रहा है।

## संदर्भ:

Ben-Eli, Michael. 2005. Sustainability: Definition and Five Core Principles. New York: The Sustainability Laboratory.

बेन-एली, माइकल, 2005, सस्टेनेबिलिटी: डेफिनिशन एंड फाइव कोर प्रिंसिपल्स, न्यूयॉर्क: द सस्टेनेबिलिटी लैबोरेट्री.

Boersema, J. J., and L. Reijnders, ed. 2009. Principles of Environmental Sciences. Springer Science + Business Media B.V.

बोएर्सेमा, जे. जे., और एल. रेइजेंडर्स, एड. 2009, प्रिंसिपल आफ एनवायर्नमेंटल साइंसेस, स्प्रिंगर साइंस + बिजनेस मीडिया बी.वी.

Clift, R. 2000. "Forum on Sustainability." Clean Products and Processes 2(1): 67.

क्लिफ्ट, आर. 2000, "फोरम आन सस्टेनबिलिटी", क्लीन प्रोडक्टस एंड प्रोसेस 2 (1): 67.

EEA, European Environmental Agency. 1995. A General Strategy or Integrated Environmental Assessment at the European Environmental Agency. Scoping Study prepd. by the National Institute for Public Health and the Environment (RIVM), Bilthoven, and the European Environmental Agency, Copenhagen.

ईईए, यूरोपियन एनवायर्नमेंटल एजेंसी, 1995, ए जनरल स्ट्रेटेजी आर इंटीग्रेटेड एनवायर्नमेंटल एसेसमेंट एट द यूरोपियन एनवायर्नमेंटल एजेंसी, स्कोपिंग स्टडी प्रीप्ड, बाय द नेशनल इंस्टीट्यूट फॉर पब्लिक हेल्थ एंड द एनवायर्नमेंट (आरआईवीएम), बिल्थोवेन एंड द यूरोपियन एनवायर्नमेंटल एजेंसी, कोपेनहेगन।

Fet, A. M. n.d. "Environmental Management Tools and Their Application– A Review with References to Case Studies." Accessed April 30, 2020.

फेट, ए. एम. एन. डी, "एनवायर्नमेंटल मैनेजमेंट टूल्स एंड दीयर एप्लिकेशन- ए रिव्यू विद रेफरेन्सेस टू केस स्टडीज", एक्सेस्सड 30 अप्रैल, 2020 http://www.iot.ntnu.no/users/fet/Publi-Forfatterskap/publikasjoner/Lisboa.pdf

GRI, Global Reporting Initiative. n.d. Accessed Aug 2, 2015. www.oas.org/dsd/publications/Unit

जीआरआई, ग्लोबल रिपोर्टिंग इनिशिएटिव. एक्सेस्सड तिथि 2 अगस्त 2015. www.oas.org/dsd/publications/Unit

Hartmann, J., and S. Vachon. 2018. "Linking Environmental Management to Environmental Performance: The Interactive Role of Industry Context." Business Strategy and the Environment 27: 359–374.

हार्टमैन, जे., एंड एस वाचोन, 2018 "लिंकिंग एनवायर्नमेंटल मैनेजमेंट टू एनवायर्नमेंटल पर्फार्मेंस: द इंटरैक्टिव रोल आफ इंडस्ट्री कान्टेक्स्ट". बिजनेस स्ट्रेटेजी एंड द एनवायर्नमेंट 27: 359-374.

Mensah, Justice. 2019. "Sustainable Development: Meaning, History, Principles, Pillars, and Implications for Human Action: The Literature Review." Cogent Social Sciences 5(1). 1653531.

मेनसाह, जस्टिस, 2019, "सस्टेनेबल डेवलपमेंट: मीनिंग, हिस्ट्री, प्रिंसिपल, पिलर्स, एंड इम्प्लीकेशन फार ह्यूमन एक्शन: द लिट्रेचर रिव्यू", कोजन्ट सोशल साइंसेस 5 (1). 1653531.

Merkel, A. 1998. "The Role of Science in Sustainable Development." Science 281: 336–337.

मर्केल, ए, 1998, "द रोल आफ साइंस इन सस्टेनेबल डेवलपमेंट", साइंस 281: 336-337.

MIT, Massachusetts Institute of Technology. 2012. "Sustainability Nears a Tipping Point." Research Report prepd. by MIT Sloan Management Review in Collaboration with the Boston Consulting Group. MIT Sloan Management Review 53(2): 69–72.

एमआईटी, मैसाचुसेट्स इंस्टीट्यूट ऑफ टेक्नोलॉजी 2012, "सस्टेनबिलिटी नीयर्स ए टिपिंग प्वाइंट", रिसर्च रिपोर्ट प्रिपेयर्ड, बाय एमआईटी स्लोन मैनेजमेंट रिव्यू इन कॉलेब्रेशन विथ द बोस्टन कंसल्टिंग ग्रुप, एमआईटी स्लोन मैनेजमेंट रिव्यू 53 (2): 69-72.

Nasrollahi, Zahra, H. M. Sadat, B. Saeed, and V. M. Taghvaee. 2020. "Environmental Pollution, Economic Growth, Population, Industrialization and Technology in Weak and Strong Sustainability using STIRPAT Model." Environment, Development and Sustainability 22(2): 1105–1122.

नसरोलाही, ज़हरा, एच. एम. सादात, बी. सईद और वी. एम. ताघवी 2020, "एनवायर्नमेंटल पॉल्यूशन, इकनॉमिक ग्रोथ, पॉपुलेशन इन वीक एंड स्ट्रॉन्ग सस्टेनेबिलिटी यूजिंग STIRPAT मॉडल", एनवायर्नमेंट, डेवलपमेंट एंड सस्टेंबिलिटी 22 (2): 1105-1122.

NRC, National Research Council. 2003. The Environment: Challenges for the Chemical Sciences in the 21st Century. Washington, D.C.: The National Academics Press.

एनआरसी, राष्ट्रीय अनुसंधान परिषद, 2003, द एनवायर्नमेंट: चैलेंजेस फॉर द केमिकल साइंसेज इन द 21st सेंचुरी, वाशिंगटन, डी.सी: द नेशनल एकेडमिक्स प्रेस.

Petts, J., ed. 1999. Handbook of Environmental Impact Assessment. London: Blackwell Science.

पेट्स, जे., एडिशन 1999, हैंडबुक ऑफ एनवायर्नमेंटल इंपैक्ट असेसमेंट, लंदन: ब्लैकवेल साइंस.

Quental, N., J. M. Lourenco, and F. N. da Silva. 2011. "Sustainability: Characteristics and Scientific Roots." Environment, Development and Sustainability 13: 257–276.

क्वेंटल, एन., जे.एम. लौरेंको और एफ.एन. दा सिल्वा, 2011, "सस्टेनेबिलिटी: कैरक्ट्रिस्टिक एंड साइंटिफिक रुट्स" एनवायर्नमेंट, डेवलपमेंट एंड सस्टेनेबिलिटी 13: 257-276.

Rathi, A. K. A. 2001a. "Cleaner Production for Industrial Pollution Abatement- Gujarat Experience." Chemical Engineering World 36(11): 58–68.

राथी, ए.के.ए. 2001 ए, "क्लीनर प्रोडक्शन फॉर इंडस्ट्रियल पॉल्यूशन एबटमेंट - गुजरात एक्सपीरियंस, केमिकल इंजीनियरिंग वर्ल्ड 36 (11): 58-68.

Rathi, A. K. A. 2001b. "Environmental Management: Some Issues and Policies." Indian Journal of Environmental Health 43(3):119–127.

राथी, ए.के.ए. 2001 बी. "एनवायर्नमेंटल मैनेजमेंट: सम इश्यूज एंड पॉलिसीज", इंडियन जर्नल ऑफ एनवायर्नमेंटल हेल्थ 43 (3): 119-127.

Rathi, A. K. A. 2003. "Promotion of Cleaner Production for Industrial Pollution Abatement in Gujarat" (India). Journal of Cleaner Production 11(5): 583–590.

राथी, ए.के.ए. 2003 "प्रमोशन ऑफ क्लीनर प्रोडक्शन फॉर इंडस्ट्रियल पॉल्यूशन एबटमेंट इन गुजरात" (इंडिया). जर्नल ऑफ क्लीनर प्रोडक्शन 11 (5): 583-590

Rathi, A. K. A., and K. V. Bhanujan. 2004. "Cleaner Technology Development- Some Practical Steps for Developing Countries." Journal of Environmental Science and Engineering 46(4): 257–260.

राथी, ए. के. ए. और के. वी. भानुजन 2004, "क्लीनर टेक्नोलॉजी डेवलपमेंट- सम प्रैक्टिकल स्टेप्स फॉर डेवलपमेंट कंट्रीज" जर्नल ऑफ एनवायर्नमेंटल साइंस एंड इंजीनियरिंग 46 (4): 257-260.

Rathi, A. K. A. 2016. Environmental Impact Assessment: A Practical Guide for Professional Practice. Ahmedabad: Akar Unlimited.

राथी, ए. के. ए. 2016, एनवायर्नमेंटल इंपैक्ट असेसमेंट: अ प्रैक्टिकल गाइड फॉर प्रोफेशनल प्रैक्टिस, अहमदाबाद: आकार अनलिमिटेड.

Rathi, A. K. A. 2018a. "Environmental Management in the Indian Context." Environmental Analysis & Ecology Studies 3(5): 1–4.

राथी, ए.के.ए. 2018 ए, "एनवायर्नमेंटल मैनेजमेंट इन द इंडियन कॉन्टैक्स्ट", एनवायर्नमेंटल एनालिसिस एंड इकोलॉजी स्टडीज 3 (5): 1-4.

Rathi, A. K. A. 2018b. "Indian Chemical Industry: Environmental Sustainability Challenges and Growth Opportunities." Chemical News 40(10): 24–28.

राथी, ए.के.ए. 2018 बी. "इंडियन कैमिकल इंडस्ट्री: एनवायर्नमेंटल सस्टेनेबिलिटी चैलेंजेज एंड ग्रोथ ऑपर्च्युनिटीस 40 (10): 24-28

Ross H., R. W. Carter, and J. Lynch. 2010. "The Mismanagement of Environmental Management." Australasian Journal of Environmental Management 17(3): 132–133.

रॉस एच., आर. डब्ल्यू. कार्टर, और जे. लिंच, 2010, द मिसमैनेजमेंट ऑफ एनवायर्नमेंटल मैनेजमेंट", ऑस्ट्रेलियन जर्नल ऑफ एनवायर्नमेंटल मैनेजमेंट 17(3): 132-133.

SETAC, Society of Environmental Toxicology and Chemistry, 1993. Guidelines for Lifecycle Assessment- A code of Practice. Brussels: Society of Environmental Toxicology and Chemistry.

SETAC, सोसायटी ऑफ एनवायर्नमेंटल टॉक्सिकोलॉजी एंड केमिस्ट्री, 1993, गाइडलाइंस फॉर लाइफसाइकिल असेसमेंट - ए कोड ऑफ प्रैक्टिस, ब्रसेल्स: सोसायटी ऑफ एनवायर्नमेंटल टॉक्सिकोलॉजी एंड केमिस्ट्री

Supreme Court of India. 1996. Vellore Citizens' Welfare Forum v/s Union of India. AIR 2715.

सुप्रीम कोर्ट ऑफ़ इंडिया, 1996. सिटीजन'स वेलफेयर फोरम v. यूनियन ऑफ़ इंडिया, AIR 2715.

WCED, World Commission on Environment and Development. 1987. Our Common Future. New York: World Commission on Environment and Development Secretariat, United Nations.

डब्ल्यूसीईडी, वर्ल्ड कमीशन ऑन एनवायर्नमेंट एंड डेवलपमेंट, 1987 आवर कॉमन फ्यूचर, न्यू यॉर्क: वर्ल्ड कमीशन ऑन एनवायर्नमेंट एंड डेवलपमेंट सेक्रेटेरियट, यूनाइटेड नेशंस.

World Bank. 2013. Diagnostic Assessment of Select Environmental Challenges in India. Washington, D.C.: Environment Department, World Bank.

विश्व बैंक, 2013, भारत में चुनिंदा पर्यावरणीय चुनौतियों का नैदानिक मूल्यांकन, वाशिंगटन, डी.सी: पर्यावरण विभाग, विश्व बैंक.

World Bank. 2019. Worsening Water Quality Reducing Economic Growth by a Third in Some Countries. Accessed April 12, 2020. www.worldbank.org › news › press-release › 2019/08/20.

विश्व बैंक, 2019, पानी की गुणवत्ता खराब होने से कुछ देशों में आर्थिक विकास एक तिहाई कम हो गया, अभिगमन तिथि 12 अप्रैल 2020, www.worldbank.org›news›प्रेस-विज्ञप्ति›2019/08/20.

अध्याय 2

# पर्यावरणीय प्रभाव आकलन (ईआईए) के मूल विषय

पर्यावरणीय आकलन सामान्यतः परियोजनाओं के पर्यावरणीय प्रभाव आकलन एवं उनके रणनीति मूल्यांकन (सैडलर, 1996) के लिए पदानुक्रम के विभिन्न स्तरों पर निर्णय लेने के लिए किया जाता है। जो इस प्रकार है-

1. *रणनीतिक पर्यावरणीय आकलन* उच्चतम स्तर पर किया जाता है जैसे कि नीति, योजना अथवा कार्यक्रम के स्तर पर। इसमें राष्ट्र स्तरीय, ऊर्जा नीति, औद्योगिक नीति या पर्यटन नीति और क्षेत्र स्तरीय, विकास योजनाओं का पर्यावरणीय आकलन भी समाहित है।
2. *क्षेत्रीय पर्यावरणीय आकलन* एक बड़े चिन्हित भौगोलिक क्षेत्र प्रदेश के लिए किया जाता है। इसमें विशेष निवेश वाले प्रदेश जिनमें एक से अधिक समान या विविध गतिविधियाँ प्रस्तावित होती है। रेलवे लाइन के दोनों तरफ या राजमार्ग या एक सीमांत क्षेत्र जैसे कि राष्ट्रीय राजधानी क्षेत्र में एक निश्चित चौड़ाई के सीमांत विकास के लिए गलियारों का विकास।
3. *क्षेत्रवार पर्यावरणीय आकलन* किसी परियोजना क्षेत्र के लिए किया जाता है। इसमें खनन, ऊर्जा, उद्योग अथवा रियल स्टेट क्षेत्र सम्मिलित है जिनका पर्यावरणीय आकलन राष्ट्रीय अथवा क्षेत्रीय स्तर पर किया जाता है।
4. *पर्यावरणीय प्रभाव आकलन* किसी विशेष स्थान पर प्रस्तावित परियोजना के लिए किया जाता है। इसमें सम्मिलित होने वाले EIA हैं जैसे, एक तीन मिलियन मीट्रिक टन प्रतिवर्ष की किसी निर्धारित स्थान पर सीमेंट परियोजना, 1000 मेगावाट (MW) की कोयले पर आधारित ताप विद्युत परियोजना जो कि किसी चिन्हित स्थान पर लगाना हो अथवा किन्हीं दो चिन्हित स्थानों को जोड़ने के लिए 4 – लेन की राजमार्ग परियोजना।

उपरोक्त संख्या 4 को परियोजना– स्तरीय EIA के रूप में संदर्भित किया जाता है जो की इस पुस्तक का मुख्य विषय है।

## 2.1 ईआईए: परिभाषा

ईआईए की कुछ परिभाषाएँ जो की साहित्य से ली गई है निम्नलिखित हैं –

- वाथर्न (1988) ने ईआईए को इस प्रकार परिभाषित किया है – ईआईए वह प्रक्रिया है जिसका अंतिम उद्देश्य निर्णयकर्ताओं को उनके कार्यों के संभावित परिणामों को इंगित करवाना है।

- UNECE (1991) द्वारा दी गई EIA की सरल परिभाषा है – "पर्यावरण पर नियोजित गतिविधियों के प्रभावों का आकलन करना"।
- DOE (1995) के अनुसार ईआईए "एक प्रक्रिया है जिसके द्वारा किसी परियोजना के पर्यावरणीय प्रभावों के बारे में जानकारी डेवलपर द्वारा एवं अन्य स्रोतों से एकत्रित किया जाता है"।
- पेट्स (1999) ने ईआईए को एक तकनीक या विधि बताया है जो किसी परियोजना के पर्यावरणीय प्रभावो को डेवलपर और अन्य स्रोतों से और इसमें लिये गये निर्णय से planning authority को बताता है की विकास की अनुमति दी जा सकती है *या नहीं*।
- द इंटरनेशनल एसोसिएशन ऑफ इम्पैक्ट असेस्मेन्ट (IAIA, 1999) ने ईआईए को परिभाषित किया है "मुख्य निर्णय एवं प्रतिबद्धताओं के पूर्व पहचानने, पूर्वानुमान, मूल्यांकन एवं विकास परियोजनाओं के जैवभौतिक, सामाजिक, और अन्य प्रासंगिक प्रभावों को कम करने की प्रक्रिया है"।
- ईआईए "वह उपकरण है, जिसका उपयोग किसी परियोजना के पर्यावरणीय, सामाजिक और आर्थिक प्रभाव देखने के लिए किया जाता है"।
- आईएसओ 14000:2015 पर्यावरण को इस प्रकार परिभाषित करता है – "वह परिवेश जिसमे एक संगठन संचालित होता है, जिसमे हवा, पानी, धरा, प्राकृतिक संसाधन, वनस्पति, जीव-जन्तु, मनुष्य और उनके अंर्तसबंध सम्मिलित है"।

उपरोक्त परिभाषाओं में यह देखा जा सकता है की EIA अनिवार्यतः: विकासात्मक प्रस्तावों के पर्यावरणीय प्रभाव के मूल्यांकन की एक व्यवस्थित प्रक्रिया है जिसके निष्कर्ष का संज्ञान निर्णय लेने वाले प्राधिकरण लेते है की प्रस्तावित विकास कार्य को हरी बत्ती दी जाए या नहीं।

ईआईए के अध्ययन और ईआईए रिपोर्ट की तैयारी के संदर्भ में EIA प्रक्रिया निम्नलिखित चरणों में होती है

1. स्क्रीनिंग (छटनीकरण)
2. स्कोपिंग (दायरा)
3. विकल्पों पर विचार
4. पर्यावरणीय आधारभूत स्थितियों की स्थापना
5. ईआईए और शमन के उपाय
6. पर्यावरणीय प्रबंधन *कार्यक्रम
7. ईआईए रिपोर्ट का प्रारूप
8. जनभागीदारी
9. अंतिम ईआईए रिपोर्ट
10. ईआईए रिपोर्ट की समीक्षा और निर्णय
11. निर्णय का संप्रेषण (चाहे अनुमोदित हो या अस्वीकृत)

*ईआईए में आमतौर पर इसके लिए "योजना" शब्द के स्थान पर इसका उपयोग किया जाता है।

किसी भी परियोजना को पर्यावरण अनुमोदन मिलने के बाद ही कार्यान्वित किया जा सकता है। परियोजना कार्यान्वयन के दौरान और बाद में शामिल महत्वपूर्ण चरण है:

i. पर्यावरणीय निगरानी
ii. पर्यावरणीय प्रबंधन कार्यक्रम का कार्यान्वयन के उपरांत आगे की कार्यवाही और पर्यावरणीय स्वीकृति को शर्तों के अनुरूप अनुपालन करना

ईआईए प्रक्रिया की एक सामान्यीकृत प्रक्रिया प्रवाह, संशोधित UNEP (2002), **चित्र 2.1** में दी गई है।

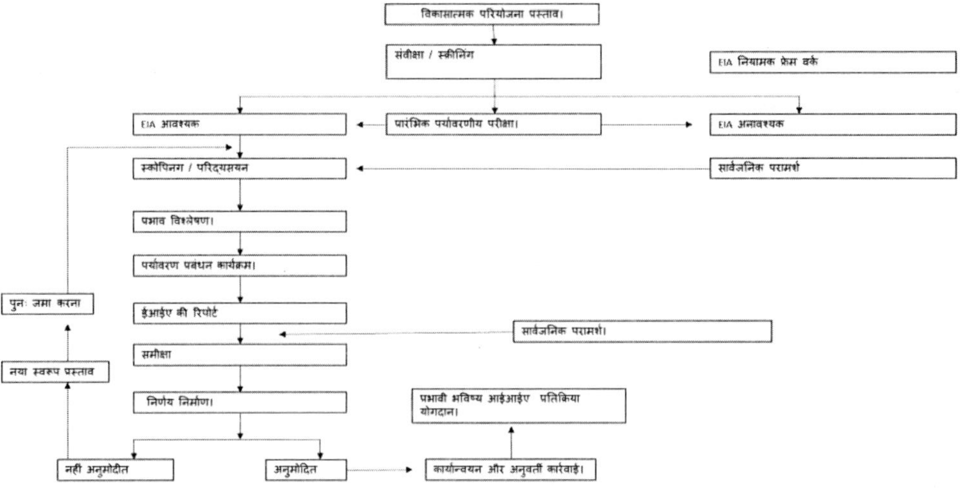


**चित्र 2.1 ईआईए प्रक्रिया का सामान्यीकृत प्रवाह चार्ट**

(**स्रोत:** *UNEP, 2002 से संशोधित*)

## 2.2 ईआईए के उद्देश्य

ईआईए के व्यापक उद्देश्यों में निम्नलिखित सम्मिलित हैं:-

1. प्रस्तावित मानवजनित गतिविधियों से पर्यावरणीय प्रभाव का पूर्वानुमान और आकलन
2. ईआईए की निर्णय लेने में एक उपकरण के रूप में उपयोगिता को समझना
3. पर्यावरण, आर्थिक और सामाजिक संतुलन जिसे अन्य शब्दावली के अनुसार 3 Ps – पृथ्वी, लाभ और लोग कहते है
4. सतत् विकास को बढ़ाने के लिए ईआईए की क्षमता का उपयोग करना

ईआईए के उद्देश्य (आईएआईए, 1999) निम्नलिखित हैं

1. यह सुनिश्चित करना की पर्यावरणीय विचार स्पष्ट रूप से संबोधित हो एवं विकास निर्णय प्रक्रिया में शामिल किए जाए
2. महत्वपूर्ण बायोफीजीकल, सामाजिक और अन्य प्रासंगिक विकास प्रस्तावों के प्रभाव की प्रतिकूलता का अनुमान लगाकर उससे बचना, कम करना या फिर उसकी कमियों को पूरी करना
3. प्राकृतिक प्रणालियों और पारिस्थितिक प्रक्रियाओं की उत्पादकता और क्षमता की रक्षा करना जो उनके कार्यों को बनाए रखती है
4. सतत विकास को बढ़ावा देना और संसाधन उपयोग का उचित प्रयोग तथा प्रबंधन के सुअवसर देना

## 2.3 ईआईए के सिद्धांत

बैरेट और थेरिवेल (1991) ने एक आदर्श ईआईए प्रणाली का सुझाव दिया जो कि -

i. उन सभी परियोजनाओं पर लागू होगा जिसमें महत्वपूर्ण पर्यावरणीय प्रभावों का कारण बनने की और महत्वपूर्ण पर्यावरणीय प्रभावों को संबोधित करने की क्षमता हो
ii. प्रस्तावित परियोजना के विकल्पों की तुलना करना (साइट को विकसित न् करने की संभावना सहित), प्रबंधन तकनीक और शमन के उपाय
iii. एक स्पष्ट पर्यावरणीय प्रभाव बयान (ईआईए) निकल कर आए जो की संभावित प्रभावों के महत्व को बताए और इस क्षेत्र के विशेषज्ञों को भी उसकी विशिष्ट विशेषताएँ बता सके
iv. जिसमें व्यापक सार्वजनिक भागीदारी हो और कठोर प्रशासनिक समीक्षा प्रक्रियाओं से गुजरे
v. इस तरह से समयबद्ध हो की निर्णय लेने के लिए आवश्यक सूचनाएँ दें
vi. प्रवर्तनीय हो
vii. निगरानी और प्रतिक्रियाओं को शामिल करें

IAIA (1999) ने निगरानी और प्रतिक्रियाओं को शामिल करने के लिए बुनियादी सिद्धांतों और ऑपरेटिंग सिद्धांतों का सुझाव दिया जो ईआईए अध्ययन करते समय पालन किया जाना चाहिए। *बुनियादी सिद्धांत* ईआईए के सभी चरणों पर लागू होते हैं और *ऑपरेटिंग सिद्धांत* बताते हैं की बुनियादी सिद्धांतों को कैसे ईआईए प्रक्रिया के मुख्य चरणों और विशिष्ट गतिविधियों पर लागू किया जाना चाहिए। जैसे की स्क्रीनिंग, स्कोपिंग, पर्यावरणीय प्रभाव का चिन्हीकरण और विकल्पों का आकलन। बुनियादी सिद्धांतों के अनुसार ईआईए को

i. उद्देश्यपूर्ण—प्रक्रिया को निर्णय लेने के लिए जानकारी देनी चाहिए और पर्यावरण का उचित स्तर में संरक्षण और सामुदायिक कल्याण का परिणाम होना चाहिए

ii. कठोर—प्रक्रिया को 'सर्वोत्तम साध्य' विज्ञान, और उन कार्यप्रणाली और तकनीकों को जांच कर नियोजित करना चाहिए जो समस्याओं के समाधान के लिए उपयुक्त होना चाहिए
iii. व्यावहारिक—प्रक्रिया का परिणाम सूचना और वह आउटपुट जो समस्या-समाधान में सहायता करें और जो परियोजना समर्थकों द्वारा लागू करने के लिए स्वीकार्य होना चाहिए
iv. प्रासंगिक—विकास के लिए योजना और निर्णय लेने हेतु प्रक्रिया को पर्याप्त विश्वसनीय और उपयोगी जानकारी प्रदान करना चाहिए
v. लागत प्रभावी—उपलब्ध सूचना, समय, संसाधन और कार्यप्रणाली के भीतर ईआईए प्रक्रिया को उद्देश्य प्राप्त करना चाहिए
vi. कुशल—समर्थकों और सहभागियों पर समय और वित्त के संदर्भ में प्रक्रिया को न्यूनतम लागत का बोझ लागू करना चाहिए
vii. केंद्रित—प्रक्रिया को महत्वपूर्ण पर्यावरणीय प्रभाव और प्रमुख मुद्दे, यानी मामले निर्णय लेने में जिन पर विचार करने की आवश्यकता है उन पर ध्यान केंद्रित करना चाहिए
viii. अनुकूली—प्रस्ताव की वास्तविकताएँ, मुद्दे और परिस्थितियों की अखंडता से समझौता किए बिना समीक्षा के अधीन सीखे गए पाठों को शामिल करते हुए प्रक्रिया, और पुनरावृत्त बनें प्रस्ताव के जीवनचक्र के दौरान प्रक्रिया को समायोजित किया जाना चाहिए
ix. सहभागी—प्रक्रिया को उचित और इच्छुक लोगों को अवसर प्रदान करना चाहिए और प्रभावित जनता को सूचित व शामिल कर उनके इनपुट और चिंताओं का दस्तावेज़ीकरण और निर्णय लेने में स्पष्ट रूप से सम्बोधन करना चाहिए
x. अंतर्विषय—प्रक्रिया को यह सुनिश्चित करना चाहिए कि उपयुक्त तकनीकों और प्रासंगिक विशेषज्ञ बायोफिजिकल और सामाजिक-आर्थिक विषयक नियोजित कर तथा यदि प्रासंगिक हो तो पारंपरिक ज्ञान का उपयोग किया जाए
xi. विश्वसनीय—प्रक्रिया व्यावसायिकता, कठोरता, निष्पक्षता, और संतुलन के साथ किया जाना चाहिए और स्वतंत्र जाँच और सत्यापन के अधीन होना चाहिए
xii. एकीकृत—प्रक्रिया को सामाजिक, आर्थिक और बायोफिजिकल विषयों के अंत: संबंधी पहलूओं को संबोधित करना चाहिए
xiii. पारदर्शी—प्रक्रिया-स्पष्ट ईआईए के लिए आवश्यकताओं की आसानी से समझ; सूचना को सार्वजनिक करना सुनिश्चित करना; निर्णय लेने मे उपयोग मे आने वाले कारकों की पहचान करे; और सीमाओ और कठिनाइयों को स्वीकार करना चाहिए
xiv. व्यवस्थित—प्रक्रिया का परिणाम पूर्ण होना चाहिए, जिसमे पर्यावरण प्रभावितों के बारे में सभी प्रासंगिक जानकारी पर विचार, प्रस्तावित विकल्पों और उनके प्रभाव, और निगरानी के लिए आवश्यक उपाय और अवशिष्ट प्रभावों की जांच की जा सके।

"ईआईए *ऑपरेटिंग सिद्धांतों*" के अनुसार, लागू किया जाना चाहिए:

क) प्रस्तावित गतिविधि के जीवनचक्र में जितनी जल्दी हो सके निर्णय ले

ख) उन सभी विकास प्रस्तावों के लिए जो संभावित महत्वपूर्ण प्रभाव ला सकते हैं

ग) बायोफिजिकल प्रभावों और प्रासंगिक सामाजिक-आर्थिक के लिए कारक, स्वास्थ्य, संस्कृति, लिंग, जीवन शैली, आयु सहित, और अवधारणा के अनुरूप संचयी प्रभाव और धारणीय विकास के सिद्धांत

घ) एक प्रस्ताव से प्रभावित समुदाय और उद्योग की भागीदारी और इनपुट प्रदान करने के लिए प्रस्ताव, साथ ही इच्छुक जनता अंतरराष्ट्रीय स्तर पर सहमत उपायों और गतिविधियों का अनुसरण कर रही है।

ईआईए प्रक्रिया को विशेष रूप से निम्नलिखित के लिए प्रदान करना चाहिए:

i. स्क्रीनिंग—यह निर्धारित करने के लिए कि प्रस्ताव ईआईए के अधीन होना चाहिए या नहीं, और यदि हाँ, तो किस स्तर पर।

ii. स्कोपिंग—मुद्दों और पर्यावरणीय प्रभाव की पहचान करने के लिए जो महत्वपूर्ण होने के साथ ईआईए के सौपें गए कृत्यों की संभावना को स्थापित करता है।

iii. विकल्पों की परीक्षा—पर्यावरण की दृष्टि से ठोस व पसंदीदा विकल्प जो प्रस्ताव के उद्देश्यों को प्राप्त करे।

iv. प्रभाव विश्लेषण—संभावना की पहचान करने और पूर्वानुमान करने के लिए पर्यावरण, सामाजिक और अन्य संबंधित प्रस्ताव का प्रभाव

v. शमन और प्रभाव प्रबंधन—उन उपायों को स्थापित करना जिनसे बचना, कम करना, या प्रतिकूल पर्यावरण प्रभावों का पूर्वानुमान करना तथा इन्हें उपयुक्त रूप मे पर्यावरणीय प्रबंधन योजना या प्रणाली मे शामिल करना

vi. महत्व का मूल्यांकन—सापेक्ष निर्धारित करने के लिए अवशिष्ट प्रभावों का महत्व और स्वीकार्यता, अर्थात प्रभाव जो शमन लागू करने के बाद भी बने रहते हैं

vii. पर्यावरणीय प्रभाव विवरण (ईआईए) तैयार करना या ईआईए रिपोर्ट—स्पष्ट रूप से और निष्पक्ष रूप से प्रस्ताव के प्रभाव, प्रस्तावित शमन उपाय, प्रभावों का महत्व और चिंताएँ, और इस प्रस्ताव से प्रभावित समुदाय का दस्तावेज करना

viii. ईआईए की समीक्षा—यह निर्धारित करने के लिए क्या रिपोर्ट अपने संदर्भ के शर्तों को पूरा करती है, प्रस्ताव का एक संतोषजनक आकलन प्रदान करता है और आवश्यक जानकारी देता है निर्णय लेने के लिए

ix. निर्णय लेना—प्रस्ताव को स्वीकार या अस्वीकार करने के लिए, और इसके कार्यान्वयन के लिए नियम और शर्तें स्थापित करना

x. जांच करना-

क) सुनिश्चित करें कि पर्यावरणीय नियम और शर्तें प्राप्त होती हो
ख) विकास के प्रभावों और कार्यान्वित शमन उपायों की प्रभावशीलता की निगरानी के पैमाने
ग) भविष्य मे आवेदन और शमन को मजबूत करने के पैमाने
घ) पर्यावरणीय मूल्यांकन लेखापरीक्षा और प्रक्रिया करना, जहां पर्यावरणीय प्रबंधन अनुकूलन करने की आवश्यकता है

## 2.4 ईआईए के विकास की पृष्ठभूमि

एक समय था जब मानवता को विकासात्मक परियोजनाओं के उपक्रम द्वारा आर्थिक विकास या यथास्थिति बनाए रखते हुए पर्यावरण संरक्षण मे से किसी एक को चुनना था। एक अवधि मे बढ़ती जनसंख्या के साथ आर्थिक विकास को पूरा करने के लिए अपरिहार्य माना गया, और बाद मे जीवन को और अधिक आरामदायक बनाने के लिए। हालांकि, पर्यावरणविदों ने आशंका व्यक्त करते हुए हमेशा यह निश्चित स्थिति ले ली कि विकास परियोजनाओं से पर्यावरण को नुकसान होगा जो लंबे समय में लोगों के लिए हानिकारक होगी । इस प्रकार, आर्थिक विकास और पर्यावरण संरक्षण के बीच संघर्ष था। यह टकराव ईआईए जैसे प्रबंधन उपकरण के साथ हल किया गया। इस प्रकार ईआईए की कल्पना 1960 के दशक के अंत में एक औजार के रूप में की गई थी जो निर्णय लेने में सहायता के लिए उपकरण पारिस्थितिक चिंता है कि कोई भी विकासात्मक गतिविधि होगी और पर्यावरण के लिए अपूरणीय क्षति का कारण बनता है, और चुनौतीपूर्ण है। हर पर्यावरणीय समस्या के लिए केंद्रित तकनीकी दृष्टिकोण के तकनीकी समाधान थे। एक संघर्ष संकल्प अक्सर चुनौतियां खड़ी करता है और इन चुनौतियों से निपटने की जरूरत है उन्हें अवसरों में परिवर्तित करके और उपयुक्त रणनीतियाँ अपनाकर।

विकसित, विकासशील और अल्पविकसित अर्थव्यवस्थाओं द्वारा अपनाए जाने वाले दृष्टिकोण अलग अलग हैं, इन चुनौतियों का सामना करने के लिए स्पष्ट कारण उनकी संबंधित प्राथमिकताओं में अंतर हैं। परंतु, विकासशील और अल्प विकसित देशों में जब बड़ी आबादी बेहतर आर्थिक विकास स्तर की दहलीज प्राप्त करें तब एक बार मतभेद कम हो जाने की संभावना है बेहतर जीवन स्तर, और जीवन गुणवत्ता प्राप्त होगी।

## 2.5 ईआईए का ऐतिहासिक विकास

यूएस राष्ट्रीय पर्यावरण नीति अधिनियम (एनईपीए 1969) ने एक विधायी रूप में प्रभाव मूल्यांकन प्रक्रिया के पहले औपचारिक समावेश का प्रतिनिधित्व किया (ओ'रिओर्डन और सेवेल 1981)। नेपा ने मांगा:

i. निर्णय लेने में पर्यावरणीय मूल्यों पर विचार

ii. इस उद्देश्य के लिए एक व्यवस्थित अंतर्विषयी दृष्टिकोण का उपयोग

iii. विस्तृत विवरण

 क) प्रस्तावों का पर्यावरणीय प्रभाव प्रमुख संघीय कार्रवाई हेतु

 ख) कोई प्रतिकूल प्रभाव जिसे टाला नहीं जा सकता है

 ग) प्रस्तावित कार्रवाई के विकल्प

iv. जनता के लिए बयान उपलब्ध कराना

इस प्रक्रिया को ईआईए के रूप में जाना जाने लगा। नेपा के तहत, संघीय एजेंसियों को प्रस्तावित विकास के पर्यावरणीय प्रभावों का एक बयान प्रस्तुत करना आवश्यक था और इसे जनता के लिए जारी करें, यह प्रदर्शित करने के लिए कि ये विचार कैसे मान्यता प्राप्त थे इसको संबोधित किया गया। यह कथन एजेंसियों को जनता के प्रति जवाबदेही के लिए लागू किया गया तंत्र था, परंतु नेपा की मूल आवश्यकता प्रासंगिक पर्यावरण का अच्छी तरह से स्थापित मूल्यांकन, परियोजना प्रस्तावों के प्रभाव, और इनका उपयोग परियोजना में किया जाना तथा एजेंसियों के निर्णय लेने की प्रक्रिया के लिए था। संयुक्त राज्य अमेरिका का अनुकरण कर ऑस्ट्रेलिया, कनाडा, स्वीडन और न्यूजीलैंड, ने शुरुआती दौर मे 1973-1974 मे अपनाया। कोलंबिया, फ्रांस, फिलीपींस, नीदरलैंड और ब्राजील ने प्रभाव के मूल्यांकन प्रक्रियाओं को कुछ रूपों मे औपचारिक प्रक्रियाओ या कानून में 1970 के दशक के अंत और 1980 के दशक की शुरुआत में शामिल किया।

ईआईए प्रक्रिया 1980 के दशक के मध्य के बाद शुरू हुई जब ईआईए पर निर्देश (सीईसी 1985) ने बुनियादी सिद्धांतों की स्थापना हुई तथा सभी सदस्य राज्यों के लिए प्रक्रियात्मक आवश्यकताएं और विश्व बैंक ने प्रमुख विकास के लिए 1989 में ईआईए को अपनाया। विश्व बैंक ने प्रमुख विकास परियोजनाओं के लिए 1989 मे ईआईए को अपनाया। विश्व बैंक का व्यापक दस्तावेज (1991) विशेष रूप से विकासशील देशों के उद्देश्य से था। यह विश्व बैंक की पर्यावरणीय मूल्यांकन की आवश्यकताओं को पूरा करता था जिसके तहत उधारकर्ता देश को विश्व बैंक की देखरेख में एक ईआईए करना था (सैडलर 1996)। OECD द्वारा (1994) मे अंतरराष्ट्रीय द्विपक्षीय सहायता के लिए प्रक्रियात्मक दिशानिर्देश जारी किए गए थे। UNEP (1995) ने कम गोपनीयता की वकालत की और परियोजना, योजना और योजना में ईआईए का एकीकरण विकास चक्र, और दाता एजेंसियों ने प्रचारित किया कि ईआईए कैसे अपने स्वयं के निर्णयों को प्रभावित किया। इससे ईआईए की प्रभावशीलता और सुधार में मदद मिली। ईआईए प्रक्रिया में जनभागीदारी का महत्व (विश्व बैंक 1995, एनआरसी 2008) और पर्यावरण के निरंतर प्रबंधन और निगरानी कार्यान्वयन को मान्यता दी गई। इसके बाद कई देशों में ईआईए का तेजी से विकास हुआ और इन्होंने इसे अपने देश में विधायी ढांचा और संस्थागत रूप दिया।

भारत में, नदी घाटी परियोजनाएं किसके दायरे में आई? 1977 में पर्यावरण के दृष्टिकोण से देखी गई जिसके बाद इसे प्रमुख सार्वजनिक क्षेत्र की परियोजनाओ के साथ जोड़ा गया लेकिन पर्यावरण मंजूरी अनिवार्य कर दी गई (MOEF 1994)। ईआईए को लागू करने में प्राप्त अनुभव के आधार पर भारत में,

ईआईए ढ़ाचे पर अधिक व्यापक कानून अधिसूचित किया गया (MOEF 2006)। कई अधिसूचना में संशोधन को ध्यान में रखना, अदालतों के समय समय पर आदेश और इसे लागू करने में और अनुभव से कानून का नया मसौदा हाल ही में अधिसूचित किया गया है (MOEF 2020)।

यूरोपीय संघ में, एक पर्यावरणीय मूल्यांकन (EU 2005) को एक ऐसी प्रक्रिया माना जाता है जो यह सुनिश्चित करती है कि निर्णय लेने से पहले निर्णयों के पर्यावरणीय निहितार्थों को ध्यान में रखा जाता है। यह यूरोपीय संघ द्वारा सुझाया गया (2014) कि ईआईए की गुणवत्ता और सामग्री में सुधार किया जाना चाहिए और ईआईए रिपोर्ट को जनता के लिए अधिक समझने योग्य बनाया जाना चाहिए, विशेष रूप से पर्यावरण प्रस्ताव के विकल्प और वर्तमान स्थिति का आकलन।

ईआईए को एक और बढ़ावा मिला (मॉर्गन 2012) समस्याओं के वैश्विक समुदाय द्वारा मान्यता के साथ

i. जलवायु परिवर्तन
ii. जैव विविधता का नुकसान
iii. मीठे पानी के स्रोतों और पानी की गुणवत्ता के लिए खतरा
iv. समुद्री क्षेत्रों को नुकसान
v. वैश्विक पर्यावरण परिवर्तन के अन्य रूप

ईआईए, या पर्यावरणीय मूल्यांकन जैसा कि इसे यूके में संदर्भित किया जाता है, कई अंतरराष्ट्रीय सम्मेलनों, प्रोटोकॉल सहित समझौते में मान्यता प्राप्त है जिनमे निम्नलिखित शामिल हैं:

1. इंटरनेशनल महत्व के वेटलैंड्स पर कन्वेंशन, 1971
2. संकटग्रस्त जंगली जीवों और वनस्पतियों की प्रजातियों पर अन्तर्राष्ट्रीय कन्वेन्शन (CITES), 1973
3. प्रवासी जंगली जानवरों की प्रजातियों के संरक्षण पर कन्वेंशन, 1979
4. यूरोपीय वन्यजीव और प्राकृतिक आवास के संरक्षण पर कन्वेंशन, 1979
5. समुद्र के कानून पर संयुक्त राष्ट्र सम्मेलन, 1982
6. सीमा पार के संदर्भ में ईआईए पर कन्वेंशन, 1991
7. अंटार्कटिक संधि का पर्यावरण संरक्षण पर प्रोटोकॉल, 1991
8. जैविक विविधता पर कन्वेंशन, 1992
9. सूचना, जनता की पर्यावरणीय मामलों में भागीदारी तथा निर्णय लेने और न्याय तक की पहुँच पर कन्वेंशन, 1998

यह विश्वास करना उचित लग सकता है कि ईआईए अब सार्वभौमिक रूप से पर्यावरणीय प्रबंधन के लिए एक प्रमुख साधन के रूप में मान्यता प्राप्त और व्यापक रूप से प्रदेश में अंतरराष्ट्रीय पर्यावरण कानून निर्णय समर्थन उपकरण के रूप में स्वीकार्य है। प्रभाव मूल्यांकन दुनिया भर में अभ्यास परियोजना में इसके उपयोग पर हावी है, प्रमुख परियोजनाओं पर विशेष जोर देता है (वुड, 2003) कई कानूनित

ईआईए प्रक्रियाओं संचयी प्रभाव गतिविधियाँ का उल्लेख जो प्रस्तावित विशेषताओं में से एक है और जिन पर विचार करने की आवश्यकता है। लेकिन व्यवहार में, उसे अक्सर संबोधित नहीं किया जाता है या अपर्याप्त रूप से संभाला जाता है (डुइनकर और ग्रेग 2006, गुन एंड नोबल 2011)। इन पहलों से प्रमुख विकास परियोजनाओं को ईआईए मूल्यांकन और संबंधित आकलन, और परियोजना में स्थिरता को बढ़ावा देने की उम्मीद है । हालांकि, पर्यावरणीय मूल्यांकन की प्रभावशीलता का अंतर्राष्ट्रीय अध्ययन (सैडलर 1996) ने ईआईए अभ्यास के मुद्दे पर, निष्कर्ष निकाला कि पिछले दो दशकों मे "कई पद्धतियों और प्रशासनिक प्रगति के बावजूद ईआईए में, कई देशों में प्रक्रिया को मजबूत करने के लिए अभी भी गुंजाइश है। अव्यवस्थित और लागत प्रभावी उपाय प्रक्रिया को बेहतर बनाने में चार प्रमुख क्षेत्रों में मदद कर सकते हैं," अर्थात्:

i. स्कोपिंग
ii. महत्व का मूल्यांकन (ADB 1994, कैंटर और कैंटी 1993)
iii. पर्यावरणीय मूल्यांकन रिपोर्ट की समीक्षा
iv. निगरानी और अनुवर्ती

पर्यावरणीय मूल्यांकन रक्षोपाय के नीतिगत उद्देश्य (विश्व बैंक 1999) पर्यावरण और सामाजिक सुदृढ़ता और स्थिरता निवेश परियोजनाओं को सुनिश्चित करने में मदद करने के लिए हैं। निर्णय लेने की प्रक्रिया में परियोजनाओं के पर्यावरणीय और सामाजिक पहलू के एकीकरण का समर्थन करने के लिए सुरक्षा नीतियों के केंद्र में, लोगों और पर्यावरण की रक्षा के प्रयास, चरम गरीबी को समाप्त करना और समृद्धि को स्थायी रूप से बढ़ावा देना व साझा करना मुख्य लक्ष्य हैं।

सस्टेनेबिलिटी फ्रेमवर्क (IFC 2006), द्वारा अपनाया गया अंतर्राष्ट्रीय वित्त निगम, विश्व बैंक समूह का हिस्सा, और 2012 में अपडेट किया गया, इसमें पर्यावरण और सामाजिक स्थिरता, नीतियां शामिल हैं जो बताता है कि कैसे IFC अपनी प्रतिबद्धता को धारणीय विकास और प्रदर्शन मे इसकि भूमिका को लागू करता है। निजी क्षेत्र के वित्तीय के संबंध में संस्थानों, IFC, कई प्रमुख बैंकों के साथ, लॉन्च किया गया ईआईए के उपयोग पर दिशानिर्देश प्रदान करने वाले भूमध्य रेखा सिद्धांत संस्थानों द्वारा प्रमुख परियोजना वित्त पोषण निर्णयों के संबंध में। भूमध्य रेखा सिद्धांत इस प्रकार हैं:

सिद्धांत 1 - समीक्षा और वर्गीकरण

सिद्धांत 2 - पर्यावरण और सामाजिक मूल्यांकन

सिद्धांत 3 - लागू पर्यावरण और सामाजिक मानकों

सिद्धांत 4 - पर्यावरण और सामाजिक प्रबंधन प्रणाली और भूमध्य रेखा सिद्धांत कार्य योजना

सिद्धांत 5 - हितधारक जुड़ाव

सिद्धांत 6 - शिकायत तंत्र

सिद्धांत 7 - स्वतंत्र समीक्षा

सिद्धांत 8 - अनुबंध

सिद्धांत 9 - स्वतंत्र निगरानी और रिपोर्टिंग

सिद्धांत 10 - रिपोर्टिंग और पारदर्शिता

यह देखा जा सकता है कि इन सिद्धांतों के केंद्र में ईआईए की प्रक्रिया। ओईसीडी (OECD) देशों के समूह ने द्वीपक्षीय निधिकरण के लिए पर्यावरण और सामाजिक मूल्यांकन प्रक्रियाओं को अपनाया (ओईसीडी 2007) । मूल्यांकन पर मार्गदर्शन (OECD 2010) परंपरा से परे जाने के लिए भी जारी किया गया (ईआईए तैयार करते समय)।

## 2.6 पर्यावरणीय प्रभाव के ई, आई और ए को समझना मूल्यांकन

पर्यावरणीय प्रभाव मूल्यांकन में तीन शब्द शामिल हैं, अर्थात *पर्यावरण, प्रभाव और मूल्यांकन।* यह महत्वपूर्ण है कि इन तीनों में से प्रत्येक पर गहन समझ विकसित की जाए

i. ईआईए अध्ययन करने और ईआईए तैयार करने में शामिल प्रस्तावित विकास परियोजनाओं के लिए रिपोर्ट
ii. ईआईए रिपोर्ट की समीक्षा से संबंधित
iii. पर्यावरणीय अनुमोदन देने पर निर्णय लेना

यह उन्हें उनकी संबंधित भूमिकाएं और जिम्मेदारियां सुनिश्चित करेगा जिससे की वह पूर्ण न्याय करने मे सक्षम हो ।

### *2.6.1 पर्यावरणीय*

सामान्य तौर पर पर्यावरणीय प्रबंधन के महत्व की सराहना करने के लिए विशेष रूप से ईआईए के लिए *पर्यावरण* शब्द का अर्थ और दायरा, समझना आवश्यक है, यानी संबंधित पर्यावरण । कुछ स्रोतों से प्राप्त "पर्यावरण" का अर्थ और परिभाषा इस प्रकार हैं:

i. मेरियम-वेबस्टर की कॉलेजिएट डिक्शनरी पर्यावरण को परिभाषित करती है वह भौतिक, रासायनिक और जैविक कारक (जैसे पौधे, जानवर, मनुष्य) का समूह जो एक जीव या एक पारिस्थितिक समुदाय पर कार्य करते हैं और अंततः इसके स्वरूप और उत्तरजीविता का निर्धारण करते हैं
ii. पर्यावरण संरक्षण अधिनियम (MOEF 1986) पर्यावरण को परिभाषित करता है जल, वायु और भूमि सहित वह अंतर्संबंध जो *पर्यावरण* और जल, वायु, भूमि, और मनुष्य, अन्य जीवित जीव, पौधे, सूक्ष्म जीव और संपत्ति के मध्य व्याप्त है

iii. *पर्यावरण* की व्यापक अवधारणा (कैंटर 1996) इसमें शामिल हैं भौतिक-रासायनिक, जैविक, सांस्कृतिक और पूर्ण पर्यावरण के सामाजिक-आर्थिक घटक।

iv. *पर्यावरण* की व्यापक परिभाषा यूरोपीय निर्देश (CEC 1997) में दी गई है जिसमे शामिल हैं

   1. मनुष्य, जीव और वनस्पति
   2. मिट्टी, पानी, हवा, जलवायु और परिदृश्य
   3. भौतिक संपत्ति और सांस्कृतिक विरासत
   4. ऊपर 1, 2 और 3 में परस्पर-संबंध

v. संयुक्त राज्य अमेरिका द्वारा विकसित ईआईए पाठ्यक्रम मॉड्यूल यूनाइटेड नेशंस यूनिवर्सिटी (UNU 2007) *पर्यावरण* वह अजैविक एवं जैविक घटकों के मध्य जटिल अंतर्संबंधों का एक जटिल जाल जो पृथ्वी पर सभी जीवन को बनाए रखते हैं, जिसमें मानव के सामाजिक और स्वास्थ्य पहलू शामिल हैं

vi. *पर्यावरण* में सभी संस्थाएं, प्राकृतिक या मानव निर्मित, स्वयं के लिए बाह्य, और उनके अंतर्संबंध शामिल हैं, जो अभी या शायद भविष्य में मानव जाति को मूल्य प्रदान करते हैं। पर्यावरण संबंधी चिंताओं के गिरावट का संबंध मनुष्यों के कार्यों से है (MOEF 2012)।

ऊपर से देखा जाए तो पर्यावरण में कई जैविक और अजैविक घटकों के बीच की परस्पर क्रिया शामिल है जो **चित्र 2.2** में दिखाया गया है। यह बहुत स्पष्ट रूप से दर्शाता है कि एक पर्यावरणीय घटक अन्य घटकों को प्रभावित करता है, और अन्य घटकों से भी प्रभावित होता है। इस प्रकार, कोई भी पर्यावरणीय घटक कभी भी अकेला नहीं रह सकता या स्टैंड-अलोन तत्वों के रूप में माना जाता है। पर्यावरण की जटिलता इस प्रकार स्पष्ट हो जाता है, इसलिए इसकी उचित समझ, प्रशंसा और व्याख्या की आवश्यकता होती है जब ईआईए आयोजित करना या इससे संबंधित पर्यावरणीय मामलों पर कोई निर्णय लेना हो।

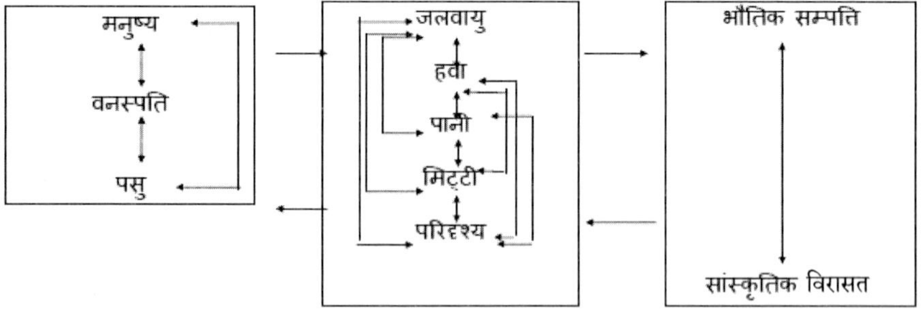


**चित्र 2.2 घटकों का पर्यावरण संपर्क**

### *2.6.2 प्रभाव*

आईएसओ 14001: 2015 पर्यावरणीय प्रभाव को पर्यावरण परिवर्तन के रूप में परिभाषित करता है, चाहे प्रतिकूल हो या लाभकारी, पूर्ण रूप या आंशिक रूप से किसी एक संगठन की गतिविधियों, उत्पादों के परिणामस्वरूप, या सेवाएं जो पर्यावरण के साथ इंटरैक्ट कर सकती हैं। कैंटर (1996) ने "इफेक्ट" और "इम्पैक्ट "जैसे शब्दों पर समानार्थी विचार किया । पेट्स (1999) ने "इम्पैक्टस" को सार्वजनिक स्वास्थ्य, कल्याण पर पर्यावरणीय गुणवत्ता, जैव विविधता, और आर्थिक उत्पादन के प्रभाव के रूप में वर्णित किया।

पर्यावरण में होने वाले प्रत्येक परिवर्तन के लिए प्रस्तावित विकास गतिविधियों में से कोई भी, एक सरल प्रश्न पूछ सकता है, "तो क्या हुआ यदि यह परिवर्तन होता है? जवाब इस प्रश्न के लिए मानव स्वास्थ्य और कल्याण, और / या पारिस्थितिकी तंत्र का उस प्रभाव का खुलासा करेगा जो हो सकता है। उदाहरण के लिए एक परियोजना के लिए निर्माण से संबंधित गतिविधियां धूल पैदा कर सकती हैं (पार्टिकुलेट मैटर) उत्सर्जन और इस तरह से कार्बन उत्सर्जन अपने परिवेश में परिवेशी वायु की गुणवत्ता में परिवर्तन का कारण बनता है। वायु गुणवत्ता मापदंडों में देखे गए परिवर्तन को निम्नलिखित के रूप में माना जा सकता है: परिवेशी हवा के गुण पर निर्माण से संबंधित गतिविधियों का प्रभाव। यदि वायु गुणवत्ता में परिवर्तन, यानि बढ़े हुए कणों को अस्थमा से पीड़ित व्यक्ति में सांस फूलने को बढ़ावा देने की क्षमता है जो उस हवा के संपर्क में आते हैं (बढ़ती गुणवत्ता वाली) या पेड़-पौधे का विकास अवरुद्ध कर रही हो, और सड़क पर वाहन चलाने वाले लोगों के लिए दृश्यता खराब हो रही है तो, इसे मानव स्वास्थ्य, वृक्षारोपण और मानव कल्याण पर क्रमशः निर्माण से संबंधित गतिविधियों के कारण प्रभाव के रूप में माना जा सकता है । इसी तरह, परियोजना से संबंधित गतिविधियों से वायुमंडलीय तापमान में वृद्धि हुई है जिसे ग्लोबल वार्मिंग कहा जाता है, तो इसे भी एक प्रभाव के रूप में माना जाता है। ग्लोबल वार्मिंग के परिणामस्वरूप, उदाहरण के लिए समुद्र के स्तर में वृद्धि, भू-भाग के जलप्लावन के कारण निवासियों का विस्थापन, मिट्टी, भूजल, भूमि उपयोग/ भूमि कवर पर प्रभाव के रूप में माना जाता है साथ ही सामाजिक-आर्थिक पहलू परियोजना से संबंधित गतिविधियों के कारण भी।

*संक्षेप में, स्थानिक और लौकिक विशेषताओं में परिवर्तन (वाथर्न 1988) के बिना स्थिति की तुलना में प्रस्तावित गतिविधियां, यानी सामान्य परिदृश्य में व्यापार, अथार्त जीवित प्राणियों में परिवर्तन और उसका परिणाम और/या पर्यावरण के कोई भी घटक का परिणाम उनके प्रभावों के रूप में माना जाता है। किन्ही बड़ी विशिष्ट परियोजनाओं से उत्पन्न होने वाले पर्यावरणीय प्रभाव का विनिर्माण क्षेत्र संभावनाओं का जटिल जाल* ***चित्र 2.3*** *में दर्शाया गया है।*

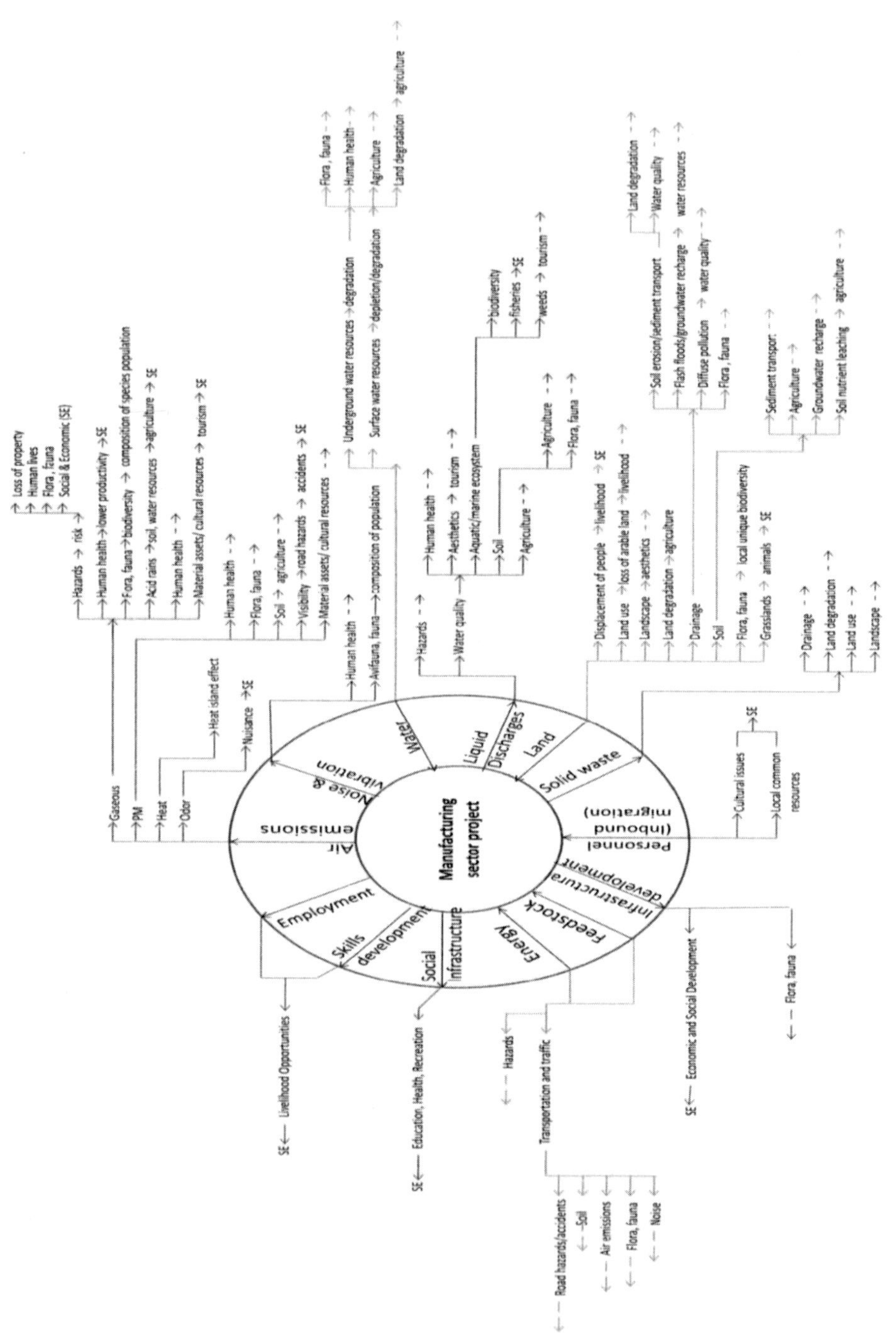


**चित्र 2.3 पर्यावरणीय प्रभावों की संभावनाओ का जटिल जाल**

उपरोक्त समझ के साथ, प्रस्तावित परियोजना के पूरे जीवन चक्र के दौरान की जाने वाली विभिन्न गतिविधियों के प्रभाव, जिसमें पूर्व-निर्माण जैसे कई चरण शामिल हैं, निर्माण, संचालन और पोस्ट-ऑपरेशन को निम्नानुसार वर्गीकृत किया जा सकता है:

1. *हानिकारक या लाभकारी प्रभाव* विभिन्न व्यक्तियों या पर्यावरण के घटकों पर जैसे भूस्वामी अपनी भूमि खो रहे हों और, इसलिए, उनकी आजीविका के साधन, या लोगों को रोजगार कम मिल रहा है।
2. स्वाभाविक रूप से *प्रतिवर्ती या अपरिवर्तनीय प्रभाव* जैसे एक छोटी अवधि के लिए अचानक मामूली उत्सर्जन से वनस्पति को नुकसान पहुँचाता है और जो कुछ समय बाद ठीक हो सकता है, परंतु एक बड़ा उत्सर्जन लंबी अवधि में वनस्पति को नष्ट करता है।
3. उपयुक्त पर्यावरणीय प्रबंधन के हस्तक्षेप से *संशोधन योग्य* या अपूरणीय प्रभाव जैसे प्रजातियों का स्थानान्तरण या प्रतिपूरक वनीकरण, या उपयोग की जाने वाली भूमि पर दुर्लभ प्रजातियों का निर्माण और अन्य बुनियादी ढाँचे के कारण नुकसान।
4. *अल्पकालिक या दीर्घकालिक प्रभाव* जैसे जोखिम परियोजना उत्सर्जन से राहगीरों को मतली होना, या निवासियों को गंभीर बीमारियाँ होना।
5. *अस्थायी या स्थायी प्रभाव* जैसे किसी व्यक्ति द्वारा दूषित पानी के कारण एक बार दस्त हो जाना जो ठीक हो सकती है, या, जमा होने वाली भारी धातुओं से दूषित पानी का नियमित सेवन से मानव शरीर में गंभीर बीमारियों का होना।
6. *आवधिक या निरंतर प्रभाव* जैसे उत्सर्जन से सामयिक या आंतरायिक संचालन से क्षति, या फिर निरंतर संचालन से।
7. *प्रत्यक्ष (प्राथमिक) या अप्रत्यक्ष (द्वितीयक) प्रभावों* की तरह जैसे विषाक्त पदार्थों के संपर्क में आने पर, एक व्यक्ति बीमार हो जाता है, या एक गर्भवती महिला या स्तनपान कराने वाली मां बीमार हो जाती है और उसका बच्चा भी बीमार हो जाता है।
8. *एकल या संचयी प्रभाव* जैसे व्यक्तिगत परियोजना के प्रभाव, या आसपास के क्षेत्र में कई परियोजनाओं से किसी निश्चित समय पर, या एक अवधि में प्रभाव।
9. विस्फोटों की एक श्रृंखला की तरह *स्थानिक या लौकिक प्रभाव* एक अवधि के दौरान किसी दिए गए स्थान पर स्रोत, से दूर विभिन्न स्थानों पर संपत्ति को नष्ट करना या विभिन्न आवृत्ति, अवधि और विस्फोटों के कारण प्रभाव।
10. *स्थानीय या सीमा पार प्रभाव* जैसे शोर द्वारा आस-पास की आबादी (स्थानीय) को प्रभावित करना, या वायु उत्सर्जन अथवा तेल फैलाव जो लंबी दूरी तक यात्रा करते हैं और पड़ोसी देश की आबादी को प्रभावित करते हैं।

**तालिका 2.1** पर्यावरणीय प्रभावों के वर्गीकरण को दर्शाती है। लोहानी (1997) ने एक परियोजना के संभावित प्रभावों के वर्गीकरण का सुझाव दिया, यानी परियोजना गतिविधि का प्रत्येक संयोजन और एक पर्यावरणीय पैरामीटर के प्रभाव मैट्रिक्स में निम्नानुसार रखा:

**तालिका 2.1 पर्यावरणीय प्रभावों का प्रारूप विज्ञान**

| श्रेणी | प्रभाव |
|---|---|
| प्रकार | भौतिक, रासायनिक, जैविक, स्वास्थ्य, सामाजिक, आर्थिक |
| प्रकृति | प्रत्यक्ष, अप्रत्यक्ष, संचयी, लाभकारी (सकारात्मक), हानिकारक (नकारात्मक) |
| परिमाण या तीव्रता | उच्च, मध्यम, निम्न |
| विस्तार/स्थान | स्थानीय, क्षेत्रीय, सीमा पार, वैश्विक |
| समय | तत्काल, विलंबित, पूर्व निर्माण, निर्माण, संचालन के दौरान, और पोस्ट-ऑपरेशन चरण |
| अवधि | अस्थायी, स्थायी, अल्पकालिक, दीर्घकालिक, आंतरायिक, निरंतर |
| संभावना | संभावना-कम, मध्यम या उच्च, अनिश्चित, अज्ञात |
| प्रतिवर्तीता | प्रतिवर्ती, अपरिवर्तनीय |
| फैलाव | स्थानिक, लौकिक |
| महत्व | महत्वपूर्ण, महत्वहीन |

**स्रोत:** *"पर्यावरणीय प्रभाव आकलन से संशोधित प्रशिक्षण संसाधन मैनुअल" 2002*

i. *कोई प्रभाव नहीं*: परियोजना गतिविधियों का मूल्यांकन द्वारा कोई प्रभाव नहीं होगा यदि परियोजना गतिविधि भौतिक रूप से अंतरिक्ष या समय में हटा दी गई है।

ii. *महत्वपूर्ण प्रभाव*: प्रभाव महत्वपूर्ण बताया जाता है यदि किसी परियोजना गतिविधि में किसी पर्यावरण पैरामीटर को प्रभावित करने की क्षमता है। निम्नलिखित मानदंड यह निर्धारित करने के लिए प्रयोग किया जाता है कि क्या दिया गया प्रभाव महत्वपूर्ण है:

   क) प्रभाव का स्थानिक पैमाना, उदाहरण साइट, स्थानीय, क्षेत्रीय, राष्ट्रीय या सीमा पार।

   ख) प्रभाव का समय क्षितिज, उदाहरण कम, मध्यम, या दीर्घकालिक।

   ग) पर्यावरण पैरामीटर मे लाए गए परिवर्तन का परिमाण, उदाहरण, कम, मध्यम, या अधिक।

   घ) स्थानीय मानव आबादी के लिए महत्व, उदाहरण उपभोग के लिए मछली, पीने के लिए पानी, कृषि उत्पादन के लिए भूमि, आदि।

   ङ) राष्ट्रीय या अंतर्राष्ट्रीय प्रोफ़ाइल, उदाहरण उष्णकटिबंधीय वर्षावन, कोई भी दुर्लभ या लुप्तप्राय प्रजाति, नामित स्थल, आदि।

iii. *महत्वहीन (नगण्य) प्रभाव*: यदि कोई प्रभाव होता है लेकिन महत्व के मानदंडों को पूरा नहीं करता है, तो इसे *महत्वहीन* की श्रेणी में रखा जाता है।

iv. *अज्ञात प्रभाव*: परियोजना गतिविधि का मूल्यांकन प्रभाव अज्ञात होगा जब—
   क) परियोजना गतिविधि की प्रकृति और स्थान अनिश्चित है।
   ख) अध्ययन क्षेत्र में पर्यावरण पैरामीटर का होना अनिश्चित है।
   ग) स्थानिक पैमाना जिस पर प्रभाव हो सकता है अज्ञात है।
   घ) प्रभाव का समय पैमाना अज्ञात है।
   ङ) प्रभाव की भयावहता का अनुमान नहीं लगाया जा सकता है

v. *प्रभाव को कम करना*: एक परियोजना गतिविधि का प्रभाव कम होना तब कहा जाता है जब पर्यावरणीय पैरामीटर कम हो और उसका प्रभाव रोका या स्वीकार्य स्तर तक कम किया जा सकता है।

vi. *अवशिष्ट प्रभाव*: प्रभाव को अवशिष्ट कहा जाता है यदि यह कम करने के बावजूद रहता है शमन उपाय को लागू करने के बाद भी।

यह सराहना की जा सकती है कि प्रतिकूल पर्यावरणीय प्रभाव

i. मनुष्य के स्वास्थ्य पर जल्दी पहचाना जा सकता है और उसे तुरंत कम करने के लिए कुछ सुधारात्मक उपाय किए जा सकते हैं।
ii. पारिस्थितिकी तंत्र पर क्षति कुछ समय के पश्चात पहचानी जाती है, संभवतः अपूरणीय क्षति पहले ही हो चुकी होती है।
iii. वैश्विक वातावरण पर नहीं देखा जा सकता है, लेकिन बहुत समय बाद केवल महसूस किया जा सकता है और तब उपरोक्त का पता चलता है।

उपरोक्त पर्यावरणीय प्रभावों के प्रकारों का पता लगाने में शामिल *टाइमस्केल* में अंतर से इसे निम्नलिखित से समझा जा सकता है:

क) रुग्णता और मृत्यु दर का अध्ययन मानव स्वास्थ्य पर संभवतः कुछ वर्षों की अवधि में प्रभाव प्रकट करते हैं
ख) कुछ प्रजातियों की हानि संभवतः कुछ दशकों के अंतराल में उन्हें संकटग्रस्त, दुर्लभ, या लुप्तप्राय बना रही हैं, पारिस्थितिकी तंत्र पर प्रभाव प्रकट करता है
ग) ग्लोबल वार्मिंग से संबंधित पर्यावरण के वैश्विक प्रभाव को महसूस किया जाता है, संभवतः कुछ सदियों में

*इस प्रकार यह देखा जा सकता है कि मानव पर पर्यावरणीय प्रभावों का पता लगाने में प्राणी, पारिस्थितिक तंत्र और वैश्विक पर्यावरण की समयावधि परिमाण के क्रम से बढ़ती है। यह पारिस्थितिकी तंत्र के विभिन्न घटकों की समझ को पूरी तरह से, विकसित करने की प्रासंगिकता पर प्रकाश डालता है और पारिस्थितिकी तंत्र के घटकों पर पर्यावरण की उचित पहचान और मूल्यांकन प्रभाव के प्रस्तावित परियोजना से संबंधित गतिविधियों के कारण*

### *2.6.3 मूल्यांकन*

मूल्यांकन में पहचान, अनुमान और आकलन शामिल हैं। पर्यावरणीय प्रभावों के आकलन में निम्नलिखित बुनियादी चरण शामिल हैं:

i. प्रभावों की पहचान
ii. प्रभावों का पूर्वानुमान या अनुमान
iii. प्रभावों का मूल्यांकन या आकलन

प्रस्तावित परियोजना के *पूरे जीवनचक्र में गतिविधियों* के कारण पर्यावरणीय घटक के विभिन्न मापदंडों में परिवर्तन हो सकता है । कई तरीके और उपकरण ऐसे परिवर्तन के अनुमान करने के लिए मॉडल और सॉफ्टवेयर सहित उपलब्ध हैं। आमतौर पर यह माना जाता है कि महत्वपूर्ण परिवर्तन या प्रभावों के महत्वपूर्ण परिणाम या प्रभाव होंगे। इस प्रकार, पर्यावरणीय विशेषताओं और ईआईए में परिवर्तन का आकलन अंतर-परिवर्तनीय के रूप में माना जा सकता है। प्रभावों के मूल्यांकन में अनिवार्य रूप से शामिल हैं:

i. अनुमानित पर्यावरणीय परिस्थितियों की तुलना, यानी जो परियोजना से संबंधित गतिविधियों से उत्पन्न होते हैं, और वह प्रेरित विकास जिसकी परिकल्पना निकट भविष्य में प्रस्तावित परियोजना के आसपास के क्षेत्र में की गई है
   क) पर्यावरण पैरामीटर के मौजूदा मूल्य, यानी "कोई प्रोजेक्ट नहीं" परिदृश्य के तहत।
   ख) ऐसे मापदंडों के अनुमेय मान लागू नियम के अनुसार।
ii. किस हद तक परिणामी पर्यावरण स्थिति स्वीकार्य है, इसका मूल्यांकन ।
iii. प्रभावों पर निर्णय लेना।

प्रस्तावित परियोजना से संबंधित गतिविधियां के कारण परियोजना के संपूर्ण जीवनचक्र में भौतिक-रासायनिक, जैविक और सामाजिक पर्यावरण के गुण-धर्म में अलग-अलग संभावित परिवर्तनों की पहचान और पूर्वानुमान ईआईए के पहले दो कदम हैं। इस तरह के सहसंबंध के लिए साहित्य की अच्छी मात्रा उपलब्ध है, मानव स्वास्थ्य और उसके परिणामों के साथ परिवर्तन पारिस्थितिकी तंत्र। ईआईए के परिणामों का आकलन है की पर्यावरणीय विशेषताओं में अनुमानित परिवर्तन भौतिक-रासायनिक, जैविक और सामाजिक वातावरण के तहत विभिन्न परिदृश्य, सामान्य और असामान्य संचालन, और आकस्मिक, साहित्य, मानक उपकरण, तकनीक का उपयोग करते हुए, और अनुभव के द्वारा।

यह माना जा सकता है कि एक परियोजना के पूरे जीवनचक्र में जिसमें विभिन्न चरण शामिल हैं, अर्थात् पूर्व-निर्माण, निर्माण, संचालन और रखरखाव, और पूर्ण होने के बाद पोस्ट-ऑपरेशन, जिसके पुनर्स्थापना, विध्वंस, या विघटन, जैसा कि लागू हो शामिल है। ऐसी गतिविधियाँ विभिन्न प्रकार और मात्रा मे परिवर्तनों का कारण बनती हैं और सहवर्ती पर्यावरणीय प्रभाव देती है । यह आवश्यक है ऐसी सभी गतिविधियों की पहचान करें और संबंधित महत्वपूर्ण पर्यावरणीय प्रभाव का आकलन करें

अधिमानतः नियतात्मक मॉडल का उपयोग करके, जहां संभव हो। इसके अतिरिक्त, एक परियोजना शुरू होने में कुछ अनुमानित प्रेरित विकास निकट भविष्य, जैसे पांच साल या उससे अधिक में होने की संभावना है। परियोजना प्रकार और आकार के आधार पर, और कुछ अन्य विकास जो हो सकते हैं जिनका अनुमान लगाना मुश्किल है। प्रेरित विकास से महत्वपूर्ण प्रभाव जिसमें भूमि उपयोग / भूमि कवर शामिल हैं, क्षेत्रीय विकास योजनाओं को ध्यान में रखते हुए, संभाव्य मॉडल का उपयोग करके पहचानना और अनुमान लगाना आवश्यक है, साथ ही बनाई गई मान्यताओं का दस्तावेजीकरण बहुत स्पष्ट रूप से किया जाय। वही लागू पर्यावरण नियामक व्यवस्थाओं को ईआईए अध्ययन करने वालों को जानना चाहिए।

यह स्वीकार करने की आवश्यकता है कि किसी भी पूर्वानुमान में सदैव कुछ हद तक अनिश्चितता अंतर्निहित होती है। प्रभाव मूल्यांकन में अनिश्चितता कई कारणों से उत्पन्न हो सकती है (लोहानी 1997) निम्नलिखित कारकों सहित:

i. सिद्धांत, व्याख्यात्मक प्रतिमान और बुनियादी समझ की कमी
ii. पर्यावरणीय परमेटेरों की बदलती पर्यावरण की स्थिति में अपर्याप्त निगरानी
iii. नमूनाकरण और विश्लेषणात्मक त्रुटियां
iv. परियोजना के स्थान की आधारभूत पर्यावरणीय आंकड़ों की उपलब्धता में कमी
v. नियोजित मॉडल पूरी तरह से वास्तविकता के अनुरूप नहीं हो सकते हैं क्योंकि चारों पर विचार न कर पाना इसको सीमित करता है और उन्हें सरल बनाने की आवश्यकता है
vi. प्रौद्योगिकी या प्रस्तावित सामग्री की नवीनता
vii. कर्मचारियों के कौशल सेटस
viii. निहित विविधताओं का होना, और जटिल प्राकृतिक प्रणालियों में स्टोकेस्टिक घटनाएँ
ix. पारिस्थितिक अनुसंधान में नियंत्रण और प्रतिकृति समस्याएं; आदि।

## 2.7 जोखिम आकलन

ऐसी स्थितियों में जहां कई अनिश्चितताएं शामिल हैं, आम तौर पर, एक *पर्यावरणीय जोखिम मूल्यांकन* ईआईए के स्थान पर किया जाता है उदाहरण के लिए, एक जोखिम आकलन घटनाओं या स्थितियों जैसे लीक और फैलाव, आंदोलन, और पर्यावरण में प्रदूषकों के भाग्य, दुर्घटनाएं, खुराक और प्रतिक्रियात्मक संबंध (जानवरों के अध्ययन पर आधारित), मानव व्यवहार में त्रुटियां, उपकरण या संरचनात्मक विफलताएं, और मौसम और तूफान की घटनाएं।

ईआईए की तरह, जोखिम आकलन (आरए) भी एक प्रमुख और व्यापक नियोजित पर्यावरणीय तकनीक है पर्यावरण के अनुकूल विकास के लिए। एक आरए में खतरों की पहचान और संबंधित जोखिमों का आकलन शामिल है। ईआईए की तरह, आरए को 1970 के दशक में प्राथमिक फोकस

मानव स्वास्थ्य और पारिस्थितिकी के साथ स्थापित किया गया था। ढांचे में, ईआईए और आरए दोनों समान और कभी-कभी अतिव्यापी प्रक्रियाओं के रूप में विकसित हुए हैं (एसेज़ यू.के. 2018) और निर्णय लेने में सहायता के लिए पर्याप्त आधार प्रदान करने के लिए (एंड्रयूज 1995)।

### *2.7.1 पर्यावरणीय जोखिम आकलन*

आरए मुख्य रूप से एक प्रक्रिया के रूप में विकसित किया गया था विभिन्न प्रकार के विकास से जुड़े जोखिम के विश्लेषण के लिए (ग्लासन *एट ऑल*. 2005), प्रकृति के लक्षण वर्णन पर विचार करते हुए और रासायनिक संदूषकों (US EPA 2016) और उनके गुणों से मनुष्यों और पारिस्थितिक रिसेप्टर्स के लिए स्वास्थ्य जोखिमों की भयावहता, जैसे वायु और जल प्रदूषण, खतरनाक पदार्थ, खतरनाक अपशिष्ट और विषाक्त जोखिम जो पर्यावरण में मौजूद व्यापक रूप से स्वीकृत जोखिम प्रबंधन दृष्टिकोण में उपयोग की जाने वाली अवधारणाएं, सिद्धांत और उपकरण को DEAT (2006) द्वारा संक्षेपित किया गया है। राथी (2018) ने एक विशिष्ट नई रासायनिक उद्योग परियोजना के लिए ईआईए अध्ययन में जोखिम आकलन के घटकों का वर्णन किया।

एक पर्यावरणीय जोखिम आकलन (ईआरए, ERA) में मानवीय स्वास्थ जोखिम आकलन एवं पारिस्थितिकीय जोखिम आकलन निहित है जो सतत् एवं धारणीय विकास के लक्ष्यों को पूरा करने में योगदान देते हैं (UNEP 1999), ERAs एवं पर्यावरणीय जोखिम प्रबंधन का अवलोकन कैलो (1997) द्वारा किया गया है। ईआईए के समान ही ईआरए भी वर्तमान मे प्रचलित पर्यावरणीय समायोजन एवं भविष्य के समायोजन का अनुमान विशिष्ट परिदृश्यों मे तकनीकी सहायता प्रदान करती है। मात्रात्मक जोखिम आकलन में, पारिस्थितिकी तंत्र जोखिम आकलन रणनीतियाँ (गुर्जर और मोहन 2002) का आकलन यह सुनिश्चित करने के लिए आकलन किया जाता है कि इससे जुड़े जोखिम रासायनिक संदूषकों के लिए पारिस्थितिक तंत्र के जोखिम के लिए है लागू नियामक में निर्धारित मानकों की सीमाओं के भीतर रहें। हालांकि, अच्छी तरह से स्थापित मात्रात्मक प्रणाली के अभाव में एक प्रस्तावित गतिविधि से उत्पन्न जोखिमों को समझने के लिए (निकोल और चैडेस 2017, स्यूटर 2006) वर्णनात्मक तरीके जैसे ईआईए (पेट्स 1999) आम तौर पर कार्यान्वित किए जाते हैं। चूंकि आरए अच्छी तरह से परिभाषित नियामक मुद्दे और औपचारिक मात्रात्मक का उपयोग विशिष्ट अवांछित घटनाओं की संभावना के विश्लेषण के लिए करता है यह ईआईए की तुलना में अधिक केंद्रित है (स्यूटर *एट ऑल*. 1987), जूलियस और फातुमा (2013) ने आपदा जोखिम आकलन के घटकों का वर्णन किया, जिनके स्रोत, जोखिम और प्रभावों के आकलन में शामिल हैं, और एकीकृत जोखिम लक्षण वर्णन भी, तथा ईआईए उपकरण का अवलोकन दिया जो आपदा के बाद की सेटिंग्स में उपयोग किए जाते हैं। प्रभावकारी पर्यावरणीय जोखिम प्रबंधन (CYP 1998) एक सतत सहभागी और भविष्योन्मुख प्रक्रिया है जो भविष्य में परियोजना से संबंधित गतिविधियों से संभावित प्रभावों का अनुमान लगाता है। हालांकि, फ्लाईबर्ग (2003) को व्यवहार में जोखिम आकलन पर आपत्ति थी।

### *2.7.2 जोखिम मूल्यांकन पद्धति*

आरए पद्धति (IGFDP 2013, मुरलीकृष्ण और मनिकम 2017) में रिस्क स्कूपिंग और प्रारंभिक रिस्क आकलन, विस्तृत जोखिम आकलन, जोखिम प्रबंधन, और संचार जैसे सोपान शामिल हैं। एक विस्तृत आरए (पोपोव *एट ऑल*. 2016) में खतरों की पहचान, जोखिम व घटना की संभावना का अनुमान, नुकसान की गंभीरता या परिणाम, और जोखिम का आकलन निहित है। आरए के मुख्य घटक हैं समस्या का सूत्रीकरण, जोखिम का आकलन, पहचान, आकलन, उपलब्ध प्रबंधन विकल्प, और जोखिम प्रबंधन (क्रैनफील्ड विश्वविद्यालय 1998)।

आरए और ईआईए प्रक्रियाओं के चरणों में समानताएं हैं (एडुल्जी 1999), उदाहरण-

i. आरए में खतरे की पहचान के समानांतर है ईआईए में स्क्रीनिंग और स्कूपिंग।।
ii. जोखिम अनुमान के बराबर है पर्यावरणीय प्रभाव अनुमान।
iii. जोखिम आकलन के निर्धारण के बराबर है प्रभाव का महत्व।
iv. जोखिम प्रबंधन और नियंत्रण सहित जोखिम में कमी बराबर है शमन प्रभाव के।

EIA और ERA में समानताएं और अंतर (ADB 1997a) को निम्नलिखित मूलभूत प्रश्नों और उनके प्राप्त उत्तर के आधार पर असामान्य जोखिम किस प्रकार ईआईए में संबोधित किए जाएंगे से समझा जा सकता है:

i. किसी प्रोजेक्ट में क्या गलत हो सकता है?
ii. मानव स्वास्थ्य और पर्यावरण के लिए क्या प्रतिकूल परिणाम हो सकते हैं?
iii. प्रतिकूल के परिमाण की सीमा क्या है?
iv. इन परिणामों की कितनी संभावना है?

एक विशिष्ट ईआईए उपरोक्त i और ii को संबोधित करता है और कुछ हद तक iii के लिए एक गुणात्मक संकेत देता है। लेकिन ये सारे सवाल, विशेष रूप से iii और iv को शर्तों में एक विशिष्ट ईआरए में संबोधित किए जाते है। मात्रात्मक शर्तें इस प्रकार, अनिश्चितता को स्पष्ट रूप से एक ईआरए में संबोधित किया जाता है (ब्रूक्स 2001), जबकि पर्यावरणीय प्रभाव अनुमान ईआईए में नियतात्मक हैं।

## 2.8 पर्यावरणीय प्रबंधन कार्यक्रम

पर्यावरणीय प्रभावों के प्रबंधन का तंत्र, अवशिष्ट प्रभाव सहित, पर्यावरणीय प्रभाव का पूर्वानुमान में अनिश्चितता, पर्यावरण अनुपालन निगरानी, पर्यावरण प्रदर्शन आकलन, पर्यावरण वृद्धि, आदि का विस्तृत विवरण पर्यावरणीय प्रबंधन कार्यक्रम में होने की आवश्यकता है, और अध्याय 7 इस विषय को समर्पित है।

*उपरोक्त 2.6, 2.7 और 2.8 को ध्यान में रखते हुए, यह अत्यंत महत्वपूर्ण है कि तैयारी में लगे पेशेवर, साथ ही ईआईए रिपोर्ट की समीक्षा, और निर्णय लेने वाले प्राधिकरण भी पर्यावरणीय अनुमोदन प्रदान करने के संबंध में:*

*i.* *निम्नलिखित बुनियादी संबंधित शब्दों की गहन समझ विकसित करें पर्यावरण, पर्यावरणीय मुद्दे, पर्यावरणीय प्रभाव, पर्यावरणीय प्रभाव आकलन, महत्वपूर्ण प्रभावों का निर्धारण, पर्यावरणीय जोखिम आकलन, और पर्यावरणीय प्रबंधन कार्यक्रम*

*ii.* *उपरोक्त पर उनके दृष्टिकोण को विस्तृत करें*

*iii.* *इन पहलुओं के प्रति संवेदनशील बनें*

*तभी ईआईए कवायद उद्देश्यों की पूर्ति में और अधिक सार्थक और प्रभावी हो सकती है।*

यह महसूस किया जा सकता है कि पर्यावरणीय प्रभाव आकलन, के समग्र ढांचे का एक अभिन्न अंग है पर्यावरणीय प्रबंधन, जिसे वैश्विक स्वीकृति प्राप्त हुई है। भविष्य में प्रस्तावित विकासात्मक गतिविधियों से संभावित पर्यावरणीय प्रभावों को ध्यान में रखते हुए। यह माना जाता है कि पर्यावरण संसाधनों के स्रोत और अपशिष्ट के निपटान के लिए सिंक दोनों के रूप में कार्य करता है जैसा कि **चित्र 2.4** में दिखाया गया है । ऐसे में, विकास परियोजनाओं के लिए दूसरों के बीच संसाधन संरक्षण के साथ-साथ अपशिष्ट न्यूनीकरण के लिए प्रभावी कदम उठाना भी जरूरी है।

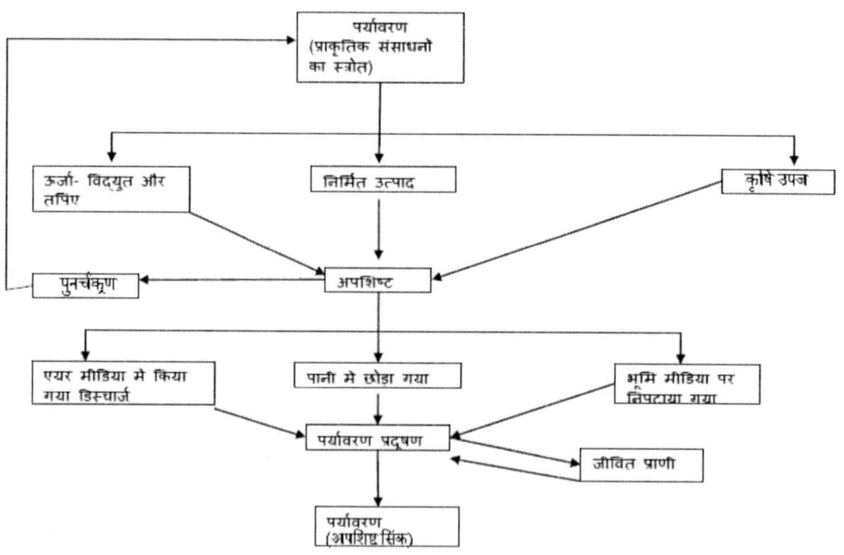


**चित्र 2.4 पर्यावरण: स्त्रोत्र और सिंक**

## 2.9 ईआईए में जोखिम आकलन का एकीकरण

प्रभाव आकलन के रुझानों में इसे और अधिक असरदार बनाने के लिए एकीकृत दृष्टिकोण पर फोकस बढ़ रहा है (वेंकले 2004)। ईआईए की जोखिम अवधारणा पर यूरोपीय संघ का गहरा निर्देश निहित है। कई जोखिम-संबंध शब्द, जैसे "परिमाण और प्रभाव की जटिलता," "प्रभाव की संभावना," और "प्रभाव की अवधि, आवृत्ति, और प्रतिवर्तीता" का उपयोग निर्देश में किया गया है (AIRSSP 2005)। कई शोधकर्ताओं ने आरए का प्रयोग विकास परियोजनाओं के प्रभाव आकलन में किया (AIRSSP 2005; ज़वाडस्कास 2010)। ADB (1997) के अनुसार, बुनियादी प्रश्न जिनका उत्तर ईआईए के माध्यम से असामान्य जोखिम का सम्बोधन करने की अवश्यकता है:

i. किसी प्रोजेक्ट में क्या गलत हो सकता है?
ii. मानव स्वास्थ्य और पर्यावरण के लिए क्या प्रतिकूल परिणाम हो सकते हैं?
iii. प्रतिकूल परिणाम के परिमाण की सीमा क्या है?
iv. इन परिणामों की कितनी संभावना है?

जबकि ऊपर i और ii, और गुणात्मक रूप से कुछ हद तक iii, एक विशिष्ट ईआईए में संबोधित किए गए हैं, इन सभी प्रश्नों, विशेष रूप से iii और iv, को एक विशिष्ट पर्यावरणीय जोखिम आकलन (ERA) में संबोधित किया गया है। एक ईआईए में एक ईआरए अनिवार्य रूप से पारिस्थितिक, सामाजिक और आर्थिक मुद्दे पर आरए के संबंधित तरीकों और जोखिम प्रबंधन तकनीकों का अनुप्रयोग है (इलियट और थॉमस 2009, हेएट 2010) जो वैज्ञानिक अध्ययनों की स्कोपिंग में सहायता के लिए, प्रभाव आकलन की प्राथमिकता में प्रबंधकीय हस्तक्षेप के लिए, पर्यावरण, सामाजिक, और पर्यावरण का एकीकृत आकलन व आर्थिक पहलू, और अनिश्चितता का प्रबंधन। वही ईआईए में आरए को शामिल करने के कुछ संभावित फायदे हैं (ब्रिजेट 2010) जैसे-

i. ईआईए अध्ययन करने वाली अंतःविषयी टीमों का सरकार द्वारा एकीकृत सोच के लिए प्रोत्साहन
ii. जोखिम में कमी पर ध्यान केंद्रित करने का अवसर जैसे अपशिष्ट न्यूनीकरण, प्रदूषण जैसी गतिविधियाँ का रोकथाम, और शमन उपाय
iii. आपातकालीन प्रतिक्रिया को शामिल करना एवं उस पर अधिक ध्यान तथा दुर्घटनाओं और संबंधित पर्यावरणीय गड़बड़ी की स्थिति में उपाय

ईआईए में आरए के ऐतिहासिक विकास का एक सिंहावलोकन ब्रिजेट (2010) द्वारा दिया गया। आरए और ईआईए के एकीकरण की आवश्यकता उत्पन्न होती है क्योंकि ईआईए में सभी प्रभावों का पर्याप्त रूप से आकलन नहीं किया जाता है (ज़ेलेनाकोवा और ज़विजाकोवा 2017)। आरए, के रूप में किया गया ईआईए (DEAT 2006) का यह हिस्सा, उन विशिष्ट प्रभावों का अनुमान लगता है जिनका आकलन उनमे व्याप्त उच्च्च स्तर की अनिश्चितता के कारण आसान नहीं है। कुछ सोधकर्ताओं द्वारा प्रयुक्त शब्द "अनिश्चितता" को व्यापक बनाने की आवश्यकता है जो मूल्यों और विश्वासों को

परिचालित करने के लिए जो पर्यावरणीय आकलन (ईए) को जटिल और अस्पष्ट स्थितियों में प्रभावित करते हैं (डंकन 2013, बॉन्ड *एट ऑल*. 2015)।

EIA के एक भाग के रूप में RA के कार्यान्वन का दिशा निर्देश है (विश्व बैंक 1991, ADB 1997b), तथा इसका परियोजना विकास व कार्यान्वन प्रणाली (केजोरवेन 1998) में एकीकरण भी । आपदा जोखिम आकलन जैसे – स्त्रोत का आकलन, खुलासा व प्रभाव तथा एकीकृत जोखिम निरूपण, जूलियस और फातूमा (2013) द्वारा दिया गया है । EIA उपकरण के अवलोकन के साथ जिनका प्रयोग आपदा के बाद की सेटिंग में है । EA का कार्य और अधिक सुदृढ़ किया जा सकता है (गोरे और फिशर 2014)। आपदा- जोखिम- प्रबंधन संबंधित विकास योजना के विभिन्न पहलुओं का आपदा के पूर्ण एवं उपरांत के कार्यों का EA द्वारा एकीकरण । यह EA को आपदा के उपरांत निर्णय लेने (रियो *एट ऑल*. 2014), और आपदा पुनरावृति से बचाव (गोरे और फिशर 2014) को अपनाने में सहयोगी है। महत्वपूर्ण खतरे, संभावित स्त्रोत्र, एवं पर्यावरणीय मुद्दे से संभावित आपदा, विरोध एवं आपदा के प्रभाव और उनके घटाव के लिए RA की EIAs में एक सार्थक भूमिका होनी चाहिए (कैली 2019)।

यह देखते हुए कि आरए साहित्य में इंजीनियरिंग का प्रभुत्व है, जो आम तौर पर मौजूद पारिस्थितिक तंत्र का ध्यान नहीं रखता है एंगलर *एट ऑल*. (2018) ने एक लचीलापन-आधारित जोखिम के लिए एक वैचारिक मॉडल प्रस्तावित किया और प्रभाव आकलन। ज़ेलेनाकोवा (2020) ने एक सामान्य पद्धति निर्माण गतिविधियों के लिए विकसित किया और प्रभाव आकलन के लिए एक दृष्टिकोण प्रदान किया पर जोखिमों का आकलन और आकलन के लिए पूर्व निर्धारित, परिभाषित, और निष्पक्ष रूप से उचित संकेतक और मानदंडो के माध्यम से जो तनाव / प्रभाव के संभावित परिणामों का निर्धारण ईआईए के तहत पर्यावरण और स्वास्थ्य के लिए करता है ।

AGIP KCO (2004) ने प्रभाव तीव्रता के आधार पर एक दृष्टिकोण प्रस्तावित किया, स्थानिक प्रभाव पैमाने, और लौकिक प्रभाव जिनका ईआईए प्रक्रिया में आकलन किया गया आरए को ईआईए में एकीकृत करने के लिए । वहीं जोखिम-आधारित दृष्टिकोणों के व्यापक उपयोग को स्वीकार किया जाता है पर्यावरणीय जोखिमों को अधिक सटीक रूप में परिभाषित करने में और पर्यावरणीय प्रबंधन में प्रमुख मुद्दों पर ध्यान केंद्रित करने के लिए, निगरानी सहित (ज़ेलेनाकोवा *एट ऑल*. 2017) एक जोखिम-आधारित दृष्टिकोण के कई संभावित फायदे हैं (निकोल और चैडेस 2017), अर्थात् बेहतर पूर्वानुमान और कारण और प्रभाव की मान्यता, संवेदनशील विश्लेषण, निरंतर सीखना, उपयुक्त संसाधन आवंटन, आदि। जोखिम आधारित तकनीक अपनाते समय, एक रूढ़िवादी दृष्टिकोण (अराफुरा संसाधन 2016) में सुझाव घटना की संभावना सर्वाधिक बुरी परिणाम वाले परिदृश्य में क्षमता का आकलन, परियोजना गतिविधियों और उचित प्रभाव परिणाम इकट्ठा करने से। इसके लिए एक संरचित जोखिम प्रबंधन ढांचा में ऑस्ट्रेलिया ईआईए प्रक्रिया के आकलन और अनुपालन चरण में इनका सुझाव और बेसियन बिलिफ़ नेटवर्क समग्र ईआईए जोखिम का पूर्वानुमान करने के लिए एक जोखिम मॉडल के रूप में प्रस्तावित है (निकोल *एट ऑल*. 2014, 2015) । ईआईए में अधिकांश शोध ईआईए के सिद्धांत,

अभ्यास और समीक्षा और वर्णनात्मक ईआईए विधियों के अनुप्रयोग पर केंद्रित है और वास्तविक प्रणालियों और विकास परियोजनाओं में पूर्वानुमान की सहायता के तरीकों पर कम ध्यान दिया गया है।

## संदर्भ


ADB, Asian Development Bank. 1994. *Environmental Impact Assessment Training Program*. Manila: Office of the Environment, Asian Development Bank.

ADB, एशियन विकास बैंक, 1994, पर्यावरणीय प्रभाव मूल्यांकन प्रशिक्षण कार्यक्रम, मनीला: पर्यावरण कार्यालय, एशियन विकास बैंक।

ADB, Asian Development Bank. 1997a. "Risk and Uncertainty in EIA." In *EIA for Developing Countries in Asia: Overview*, vol 1, edited by B. Lohani, *et al.*, 5-1–5-45. Manila: Office of the Environment, Asian Development Bank.

ADB, एशियन विकास बैंक, 1997a, "रिस्क एंड अनसर्टेंटी इन EIA" इन EIA फॉर डेवलपिंग कंट्रीज इन एशिया: अवलोकन, खंड 1, बी लोहानी द्वारा संपादित, *एट अल*, 5-1-5-45, मनीला: पर्यावरण कार्यालय, एशियन विकास बैंक।

ADB, Asian Development Bank. 1997b. Risk and uncertainty in EIA. In: Lohani B. et al.: EIA for developing countries in Asia Overview, vol. 1: 5-1 – 5-45. Manila: Asian Development Bank.

ADB, एशियन विकास बैंक, 1997 b. रिस्क एंड अनसर्टेंटी इन EIA, इन: लोहनी B, *एट आल.*: EIA फॉर डेवलपिंग कंट्रीज इन एशिया, अवलोकन, खंड. 1: 5-1 – 5-45। मनीला: एशियन विकास बैंक।

Agip KCO, 2004. Methodological aspects of environmental and socio-economic impact assessment. Accessed Jul 4, 2019. https://www.unece.org/fileadmin/DAM/env/eia/documents/CentralAsiaGuidelines/Annex%204%20-%20English.pdf. Andrews, R.N.C. 1995. "Environmental Impact Assessment and Risk Assessment: Learning from Each Other." In *Environmental Impact Assessment: Theory and Practice*, edited by P. Wathern. Abingdon-on-Thames: Routledge.

AGIP KCO, 2004, "मेथोडोलॉजिकल एस्पेक्ट्स ऑफ एनवायर्नमेंटल एंड सोशियो- इकनॉमिक इंपैक्ट असेसमेंट, अभिगमन 4 जुलाई, 2019 https://www.unece.org/fileadmin/DAM/env/eia/documents/CentralAsiaGuidelines/Annex%204%20-%20 English.pdf Andrews, R.N.C. 1995, "एनवायर्नमेंटल इंपैक्ट असेसमेंट एंड रिस्क असेसमेंट लर्निंग फ्रॉम ईच अदर",पी वाथेर्न एबिंगडन-ऑन-थेम्स: रूटलेज द्वारा संपादित इन एनवायर्नमेंटल इंपैक्ट असेसमेंट: थ्योरी एंड प्रैक्टिस।

AIRSSP, Austrian Institute for Regional Studies and Spatial Planning. 2005. (IMP) 3 Policy Options. Accessed Oct 1, 2020. https://ec.europa.eu/environment/archives/eia/eia-studies-and-reports/pdf/D5_2-IMP3-FinalReport.pdf.

AIRSSP, क्षेत्रीय अध्ययन और स्थानिक योजना के लिए ऑस्ट्रियाई संस्थान, 2005, (IMP) 3 नीति विकल्प, अभिगमन तिथि 1 अक्टूबर 2020. https://ec.europa.eu/environment/archives/eia/eia-studies-and-reports/pdf/D5_2-IMP3-FinalReport.pdf.

Angler, D. G., Allen, C. R., Garmestani, A., Pope, K. L., Twidwells, D., Bundschuh, M. 2018. "Resilience in environmental risk and impact assessment: concepts and measurement." Bulletin of Environmental Contamination and Toxicology 101: 543-548.

एंगलर, डी.जी., एलन, सी.आर., गार्मेस्तानी, ए., पोप, के.एल., ट्विडवेल्स, डी., बंडशुह, एम. 2018, "पर्यावरणीय जोखिम और प्रभाव मूल्यांकन में लचीलापन: अवधारणाएं और माप, पर्यावरण संदूषण और विष विज्ञान का बुलेटिन 101: 543-548।

Arafura Resources. 2016. Nolans project environmental impact statement. Accessed Apr 4, 2019. https://www.arultd.com/images/EIS/DOCUMENTS/Volume1/Nolans_EIS_Chapter_5_LOW_RES_web.pdf.

अराफुरा संसाधन, 2016 नोलन परियोजना पर्यावरणीय प्रभाव वक्तव्य, अभिगमन तिथि 4 अप्रैल, 2019. https://www.arultd.com/images/EIS/DOCUMENTS/Volume1/Nolans_EIS_Chapter_5_LOW_RES_web.pdf.

Barrett, B. F. D., and Therivel, R. 1991. *Environmental Policy and Impact Assessment in Japan*. New York: Routledge, Chapman, and Hall.

बैरेट, बी.एफ.डी., और थेरिवेल, आर. 1991, जापान में पर्यावरणीय नीति और प्रभाव मूल्यांकन। न्यूयॉर्क: रूटलेज, चैपमैन और हॉल।

Bond, A., Morrison-Saunders, A., Gunn, J., Pope, J., Retief, F. 2015. "Managing uncertainty, ambiguity and ignorance in impact assessment by embedding evolutionary resilience, participatory modeling and adaptive management." J. Environmental Management 151: 97-104.

बॉन्ड, ए., मॉरिसन-सॉन्डर्स, ए., गुन, जे., पोप, जे., रेटिफ, एफ. 2015. "विकासवादी लचीलापन, भागीदारी मॉडलिंग और अनुकूली प्रबंधन को एम्बेड करके प्रभाव मूल्यांकन में अनिश्चितता, अस्पष्टता और अज्ञानता का प्रबंधन। पर्यावरणीय प्रबंधन 151: 97-104।

Bridget, J. (ed.). 2010. Risk assessment in EIA. Accessed Apr 20, 2019. https://www.iaia.org/wiki-details.php?id=22.

ब्रिजेट, जे (सं.), 2010, ईआईए में जोखिम मूल्यांकन, अभिगमन तिथि 20 अप्रैल 2019. https://www.iaia.org/wiki-details.php?id=22

Brookes, A. 2001. "Shared and Integrative Methods: Environmental Risk Assessment and Risk Management." In *Methods of Environmental Impact Assessment*, 2nd edn., edited by P. Morris, and R. Therivel, 351–364. London: Spon Press.

ब्रूक्स, ए, 2001, "साझा और एकीकृत तरीके: पर्यावरणीय जोखिम मूल्यांकन और जोखिम प्रबंधन। पर्यावरणीय प्रभाव मूल्यांकन के तरीकों में, दूसरा संस्करण, पी मॉरिस और आर थेरिवेल द्वारा संपादित, 351-364, लंदन: स्पोन प्रेस।

Calow, P., ed. 1997. *Handbook of Environmental Risk Assessment and Management*. Oxford: Blackwell Science.

कैलो, पी., एड. 1997, हैंडबुक ऑफ़ एनवायर्नमेंटल रिस्क एसेसमेंट एंड मैनेजमेंट, ऑक्सफोर्ड: ब्लैकवेल साइंस।

Canter, L. W. 1996. *Environmental Impact Assessment*, 2nd edn. New York: McGraw-Hill.

कैंटर, एल. डब्ल्यू. 1996, एनवायर्नमेंटल इंपैक्ट एसेसमेंट, दूसरा संस्करण। न्यूयॉर्क: मैकग्रा-हिल।

Canter, L. W., and G. A. Canty. 1993. "Impact Significance Determination- Basic Considerations and Sequenced Approach." *Environmental Impact Assessment Review* **13**(5): 275–298.

कैंटर, एल डब्ल्यू, और जी ए कैंटी, 1993 "इंपैक्ट सिग्निफिकेंस डिटरमिनेशन- बेसिक कंसीडरेशन एंड सीक्वेंस्ड एप्रोच", पर्यावरणीय प्रभाव मूल्यांकन समीक्षा 13 (5): 275-298।

Catlow, J., and C. G. Thirlwall. 1976. *Environmental Impact Analysis*. Department of the Environment Research Report no. 11. London: Department of the Environment.

कैटलो, जे, और सी. जी. थिरलवाल, 1976, पर्यावरणीय प्रभाव विश्लेषण। पर्यावरण अनुसंधान विभाग की रिपोर्ट संख्या 11, लंदन: पर्यावरण विभाग।

Calow, P., ed. 1997. *Handbook of Environmental Risk Assessment and Management*. Oxford: Blackwell Science.

कैलो, पी., एड. 1997, हैंडबुक ऑफ़ एनवायर्नमेंटल रिस्क एसेसमेंट एंड मैनेजमेंट, ऑक्सफोर्ड: ब्लैकवेल साइंस।

CBD, Convention on Biodiversity. n.d. "What is Impact Assessment?" Accessed Apr 10, 2020. https://www.cbd.int/impact/whatis.shtml.

CBD, जैव विविधता पर सम्मेलन, "व्हाट इस इंपैक्ट एसेसमेंट?" अभिगमन तिथि 10 अप्रैल 2020 https://www.cbd.int/impact/whatis.shtml

CEC, Commission of the European Communities. 1985. Directive 85/337/EEC.

CEC, यूरोपीय समुदायों का आयोग, 1985, निर्देश 85/337/ईईसी।

CEC, Commission of the European Communities. 1997. Directive 97/11/EC.

CEC, यूरोपीय समुदायों का आयोग, 1997, निर्देश 97/11/ईसी।

Cranfield University. 1998. "Guidelines for Environmental Risk Assessment and Management." Accessed May 2, 2019. https://assets.publishing.service.gov.uk/government/uploads/system/uploads/attachment_data/file/69450/pb13670-green-leaves-iii-1111071.pdf.

क्रैनफील्ड विश्वविद्यालय, 1998, "पर्यावरणीय जोखिम मूल्यांकन और प्रबंधन के लिए दिशानिर्देश" (पीडीएफ). अभिगमन तिथि 2 मई 2019. https://assets.publishing.service.gov.uk/government/uploads/system/uploads/attachment_data/file/69450/pb13670-green-leaves-iii-1111071.pdf

CYP, Cross Yara Partnership. 1998. "Environmental Risk and Impact Assessment." Accessed May 1, 2019. https://metrotunnel.vic.gov.au/__data/assets/pdf_file/0004/229963/MM-REPORT-20180316-Amendment-G~onmental-Risk-Assessment-Rev-C.pdf.

CYP, क्रॉस यारा साझेदारी। "पर्यावरणीय जोखिम और प्रभाव मूल्यांकन" (पीडीएफ). अभिगमन तिथि 1 मई 2019. https://metrotunnel.vic.gov.au/_data/assets/pdf_file/0004/229963/MM-REPORT-20180316-Amendment-G~onmental-Risk-Assessment-Rev-C.pdf

DEAT, Department of Environmental Affairs and Tourism. 2006. *Risk Management*. Integrated Environmental Management Information Series 23. Pretoria: Department of Environmental Affairs and Tourism.

DEAT, पर्यावरण मामलों और पर्यटन विभाग। 2006, जोखिम प्रबंधन, एकीकृत पर्यावरणीय प्रबंधन सूचना श्रृंखला 23. प्रिटोरिया: पर्यावरण मामलों और पर्यटन विभाग।

DEAT, Department of Environmental Affairs and Tourism. 2006. Risk management. Integrated environmental management information series 23. Pretoria: DEAT.

DEAT, पर्यावरण मामलों और पर्यटन विभाग। 2006, जोखिम प्रबंधन, एकीकृत पर्यावरणीय प्रबंधन सूचना श्रृंखला 23. प्रिटोरिया: DEAT

Department of Health. 2010. Health risk assessment (scoping) guidelines. A health risk assessment process for risk assessor for use within the scoping stages of environmental health and impact assessments. Perth: Government of Western Australia.

स्वास्थ्य विभाग, 2010. स्वास्थ्य जोखिम मूल्यांकन (स्कोपिंग) दिशानिर्देश, पर्यावरणीय स्वास्थ्य और प्रभाव आकलन के स्कोपिंग चरणों के भीतर उपयोग के लिए जोखिम मूल्यांकनकर्ता के लिए एक स्वास्थ्य जोखिम मूल्यांकन प्रक्रिया, पर्थ: पश्चिमी ऑस्ट्रेलिया की सरकार।

DOE, Department of Environment. 1995. *Preparation of Environmental Statements for Planning Projects that Require Environmental Assessment: A Good Practice Guide*. London: HMSO.

DOE, पर्यावरण विभाग, 1995 "पर्यावरणीय मूल्यांकन की आवश्यकता वाली परियोजनाओं की योजना के लिए पर्यावरणीय विवरणों की तैयारी: ए गुड प्रैक्टिस गाइड, लंदन: HMSO

Duinker, P. N., and L. A. Greig. 2006. "The Impotence of Cumulative Effects Assessment in Canada: Ailments and Ideas for Redeployment." *Environmental Management* **37**(2): 153–161.

डुइनकर, पी.एन., और एल.ए.ग्रेग, 2006, "कनाडा में संचयी प्रभाव मूल्यांकन की नपुंसकता: पुन: तैनाती के लिए बीमारियां और विचार, पर्यावरणीय प्रबंधन 37 (2): 153-161।

Duncan, R. 2013. "Opening new institutional spaces for grappling with uncertainty: a constructivists perspective." Environmental Impact Assessment Review 38: 151-154.

डंकन, आर, "अनिश्चितता से जूझने के लिए नए संस्थागत स्थान खोलना: एक रचनात्मक परिप्रेक्ष्य। पर्यावरणीय प्रभाव मूल्यांकन समीक्षा 38: 151-154।

Eduljee, G. 1999. "Risk Assessment." In *Handbook of Environmental Impact Assessment*, edited by J. Petts, 3-9. Oxford: Blackwell.

एडुल्जी, जी. 1999. "जोखिम मूल्यांकन" हैंडबुक ऑफ एनवायर्नमेंटल इम्पैक्ट असेसमेंट में, जे पेट्स द्वारा संपादित, 3-9, ऑक्सफोर्ड: ब्लैकवेल।

Elliot, M., Thomas, I. 2009. Environmental Impact Assessment in Australia: theory and practice. Alexandria NSW: The Federation Press.

इलियट, एम., थॉमस, आई. 2009, ऑस्ट्रेलिया में पर्यावरणीय प्रभाव मूल्यांकन: सिद्धांत और अभ्यास। अलेक्जेंड्रिया एनएसडब्ल्यू: फेडरेशन प्रेस

Essays U.K. 2018. "Risk Assessment and Environmental Impact Assessment." Accessed Apr 4, 2019. https://www.ukessays.com/essays/environmental-studies/risk-assessment-and-environmental-impact-assessment.php?vref=1.

एसेज़ यू.के. 2018 "जोखिम मूल्यांकन और पर्यावरणीय प्रभाव मूल्यांकन" पर निबंध। अभिगमन तिथि 4 अप्रैल 2019. https://www.ukessays.com/essays/environmental-studies/risk-assessment-and-environmental-impact-assessment.php?vref=1

EU, European Union. 2005. "Environmental Assessment." Accessed Dec 14, 2015. www.ec.europa.eu/environment/eia.

EU, यूरोपीय संघ, 2005. "पर्यावरणीय मूल्यांकन" अभिगमन तिथि 14 दिसम्बर 2015. www.ec.europa.eu/environment/eia

EU, European Union. 2014. Directive *2014/52/EU* of the European Parliament and of the Council, Amendment of the *Directive 2011/92/EU.*

EU, यूरोपियन संघ, 2014, यूरोपीय संसद और परिषद के निर्देश 2014/52/ EU, निर्देश 2011/92 / यूरोपीय संघ का संशोधन

Flyberg, B. 2003. *Megaprojects and Risk: Anatomy of Risk*. Cambridge: Cambridge University Press.

फ्लाईबर्ग, बी, 2003 मेगाप्रोजेक्ट्स एंड रिस्क: एनाटोमी ऑफ रिस्क, कैम्ब्रिज: कैम्ब्रिज यूनिवर्सिटी प्रेस

Fischer, T. B. 2014. "Disaster and risk management: the role of environmental assessment." J. Environmental Assessment and Policy Management 16 (3): 1401003.

फिशर, टी. बी. 2014, "डिजास्टर एंड रिस्क मैनेजमेंट: द रोल ऑफ एनवायर्नमेंटल असेसमेंट" पर्यावरणीय मूल्यांकन और नीति प्रबंधन 16 (3): 1401003।

Glasson, J., R. Therivel, and A. Chadwick. 2005. *Introduction to Environmental Impact Assessment*, 3rd edn. New York: Routledge.

ग्लासन, जे., आर. थेरिवेल और ए. चैडविक, 2005 इंट्रोडक्शन टू एनवायर्नमेंटल इंपैक्ट असेसमेंट, तीसरा संस्करण, न्यूयॉर्क: रूटलेज।

Gore, T., Fisher, T. B. 2014. "Uncovering the factors that can support and impede post-disaster EIA practice in developing countries: the case of Aceh Province, Indonesia." Environmental Impact Assessment Review 44: 67-75.

गोर, टी., फिशर, टी. बी. 2014, "उन कारकों को उजागर करना जो विकासशील देशों में आपदा के बाद EIA अभ्यास का समर्थन और बाधा डाल सकते हैं: Aceh प्रोविंस इंडोनेशिया", इंडोनेशिया का मामला, पर्यावरणीय प्रभाव मूल्यांकन समीक्षा 44: 67-75।

Gurjar, B. R., and M. Mohan. 2002. "Environmental Risk Analysis: Problems and Perspectives in Different Countries." *Risk: Health, Safety & Environment* **13**(1):1–30.

गुर्जर, बी.आर., और एम. मोहन, 2002 "पर्यावरणीय जोखिम विश्लेषण: विभिन्न देशों में समस्याएं और परिप्रेक्ष्य" (पीडीएफ). जोखिम: स्वास्थ्य, सुरक्षा और पर्यावरण 13 (1): 1-30।

Gunn, J., and B. Noble. 2011. "Conceptual and Methodological Challenges to Integrating SEA and Cumulative Effects Assessment." *Environmental Impact Assessment Review* **31**(2): 154–160.

गुन, जे, और बी नोबल, 2011, "SEA और संचयी प्रभाव मूल्यांकन को एकीकृत करने के लिए वैचारिक और पद्धतिसंबंधी चुनौतियां। पर्यावरणीय प्रभाव मूल्यांकन समीक्षा 31 (2): 154-160।

Hyett, D. 2010. Environmental risk assessment in environmental impact assessment-optional or mandatory? Proceedings of the IAIA10 conference on the role of impact assessment in transitioning to the green economy. 30th Annual Meeting of IAIA held on April 6-11, Geneva. Accessed Apr 4, 2019. https://conferences.iaia.org/2010/pdf/reviewed_papers/Environmental%20Risk%20Assessment%20in%20EIA.pdf.

हेएट, डी, 2010 पर्यावरणीय प्रभाव मूल्यांकन में पर्यावरणीय जोखिम मूल्यांकन—वैकल्पिक या अनिवार्य? हरित अर्थव्यवस्था में संक्रमण में प्रभाव मूल्यांकन की भूमिका पर आईएआईए 10 सम्मेलन की कार्यवाही। आईएआईए की 30वीं वार्षिक बैठक 6-11 अप्रैल, जिनेवा में आयोजित की गई। अभिगमन तिथि 4 अप्रैल 2019. https://conferences.iaia.org/2010/pdf/reviewed_papers/Environmental%20Risk%20Assessment%20in%20EIA.pdf

IAIA, International Association for Impact Assessment. 1999. *Principles of Environmental Impact Assessment Best Practices*. In Cooperation with Institute of Environmental Assessment (IEA), Lincoln. Fargo: IAIA International Headquarters.

IAIA, इंटरनेशनल एसोसिएशन फॉर इम्पैक्ट असेसमेंट, 1999, पर्यावरणीय प्रभाव मूल्यांकन के सिद्धांत सर्वोत्तम प्रथाएं। पर्यावरणीय मूल्यांकन संस्थान (IEA), लिंकन के सहयोग से, फ़ार्गो: IAIA अंतर्राष्ट्रीय मुख्यालय

IFC, International Finance Corporation. 2006. "Sustainability Framework." Accessed Dec 14, 2015. www.ifc.org/sustainability.

IFC, अंतर्राष्ट्रीय वित्त निगम, 2006, "स्थिरता ढांचा" अभिगमन तिथि 14 दिसम्बर 2015, www.ifc.org/sustainability

IGFDP, Ichthys Gas Field Development Project, 2013. "Draft Environmental Impact Statement—Risk Assessment Methodology." Accessed May 1, 2019. https://www.inpex.com.au/media/2408/draft-environmental-impact-statement-08-chapter-6-risk-assessment-methodology.pdf.

IGFDP, इचथिस गैस फील्ड विकास परियोजना, 2013, "मसौदा पर्यावरणीय प्रभाव विवरण—जोखिम मूल्यांकन पद्धति, अभिगमन तिथि 1 मई, 2019 https://www.inpex.com.au/media/2408/draft-environmental-impact-statement-08-chapter-6-risk-assessment-methodology.pdf

Julius, A. A., Fatuma, M. A. 2013. Risk analysis, environmental impact assessment and social impact assessment toolkit. Accessed Apr 13, 2019. https://www.academia.edu/4054433/Risk_Analysis_Environmental_Impact_Assessment_And_Social_Impact_Assessment_Toolkit.

जूलियस, ए.ए., फातुमा, एम.ए. 2013, रिस्क एनालिसिस, पर्यावरणीय प्रभाव मूल्यांकन और सामाजिक प्रभाव मूल्यांकन टूलकिट, 13, 2019 को एक्सेस किया गया। https://www.acadmedia.edu/4054433/Risk_Analyse_Environmental_Impact_Assessment_And_Social_Impact_Assessment_Tool

Kelly, C. 2019. Disaster, conflict, and impact assessment: making this better rather than worse. IAIA disaster, conflict and impact assessment webinar held on 2019 Dec 19. Accessed Oct 4, 2020. https://www.iaia.org/webinar-details.php?ID=23.

केली, सी. 2019, आपदा, संघर्ष और प्रभाव मूल्यांकन: इसे बदतर के बजाय बेहतर बनाना। IAIA आपदा, संघर्ष और प्रभाव मूल्यांकन वेबिनार 2019 दिसंबर 19 को आयोजित किया गया, 4 अक्टूबर, 2020 को एक्सेस किया गया, https://www.iaia.org/webinar-details.php?I D=23।

Kjorven, O. 1998. Environmental risk assessment in development programs: the experience of the World Bank. In: Calow P. (ed.). Handbook of environmental risk assessment and management. Oxford: Blackwell Science

केजोरवेन, ओ. 1998, विकास कार्यक्रमों में पर्यावरणीय जोखिम मूल्यांकन: विश्व बैंक का अनुभव, इन: कैलो पी. (सं.). हैंडबुक ऑफ एनवायर्नमेंटल रिस्क असेसमेंट एंड मैनेजमेंट ऑक्सफ़ोर्ड: ब्लैकवेल साइंस

Lohani, B., J. W. Evans, R. R. Everitt, H. Ludwig, R. A. Carpenter, and S. L. Tu. 1997. *Environmental Impact Assessment for Developing Countries in Asia- Overview*, vol. 1. Manila: Office of the Environment, Asian Development Bank.

लोहानी, बी., जे. डब्ल्यू. इवांस, आर. आर. एवरिट, एच. लुडविग, आर. ए. कारपेंटर, और एस. एल. टू, 1997, एशिया में विकासशील देशों के लिए पर्यावरणीय प्रभाव आकलन—अवलोकन, खंड. 1, मनीला: पर्यावरण कार्यालय, एशियाई विकास बैंक।

MOEF, Ministry of Environment and Forests. 1986. *The Environment (Protection) Act*. New Delhi: Ministry of Environment and Forests.

MOEF, पर्यावरण और वन मंत्रालय, 1986, पर्यावरण (संरक्षण) अधिनियम, नई दिल्ली: पर्यावरण और वन मंत्रालय।

MOEF, Ministry of Environment and Forests. 1994. *Environmental Impact Assessment Notification*. New Delhi: Ministry of Environment and Forests.

MOEF, पर्यावरण और वन मंत्रालय, 1994, पर्यावरणीय प्रभाव आकलन अधिसूचना नई दिल्ली: पर्यावरण और वन मंत्रालय।

MOEF, Ministry of Environment and Forests. 2006. *Environmental Impact Assessment Notification*. New Delhi: Ministry of Environment and Forests.

MOEF, पर्यावरण और वन मंत्रालय, 2006, पर्यावरणीय प्रभाव आकलन अधिसूचना, नई दिल्ली: पर्यावरण और वन मंत्रालय।

MOEF, Ministry of Environment and Forests. 2012. *Draft Concept Paper on Institutionalizing Corporate Environmental Responsibility*. New Delhi: Ministry of Environment and Forests.

MOEF, पर्यावरण और वन मंत्रालय, 2012, कॉर्पोरेट पर्यावरणीय उत्तरदायित्व को संस्थागत बनाने पर मसौदा संकल्पना पत्र, नई दिल्ली: पर्यावरण और वन मंत्रालय

MOEF, Ministry of Environment and Forests. 2020. *Draft Environmental Impact Assessment Notification*. New Delhi: Ministry of Environment and Forests.

MOEF, पर्यावरण और वन मंत्रालय, 2020, मसौदा पर्यावरणीय प्रभाव आकलन अधिसूचना। नई दिल्ली: पर्यावरण और वन मंत्रालय।

Morgan, R.K. 2012. "Environmental Impact Assessment: The State of the Art." *Impact Assessment and Project Appraisal* **30**(1): 5–14.

मॉर्गन, आर.के. 2012, "एनवायर्नमेंटल इंपैक्ट असेसमेंट: द स्टेट ऑफ द आर्ट" प्रभाव आकलन और परियोजना मूल्यांकन 30(1): 5-14.

Munn, R. E., ed. 1979. *Environmental Impact Assessment*, 2nd edn. Chichester: John Wiley & Sons.

मुन्न, आर. ई., एड. 1979, एनवायर्नमेंटल इंपैक्ट असेसमेंट, दूसरा संस्करण, चिचेस्टर: जॉन विली एंड संस।

Muralikrishna, I.V., and V. Manickam. 2017. "Environmental Risk Assessment." In *Environmental Management: Science and Engineering for Industry*, 135–152. Oxford: Butterworth-Heinemann.

मुरलीकृष्ण, आई.वी., और वी. मनिकम, 2017, "एनवायर्नमेंटल रिस्क असेसमेंटसी" पर्यावरणीय प्रबंधन में: उद्योग के लिए विज्ञान और इंजीनियरिंग, 135-152, ऑक्सफोर्ड: बटरवर्थ-हेनमैन।

Nicol S., and I. Chadès. 2017. "A Preliminary Approach to Quantifying the Overall Environmental Risks Posed by Development Projects During Environmental Impact Assessment." *PLoS ONE* **12**(7): e0180982.

निकोल एस., और आई. चैडेस, 2017, "पर्यावरणीय प्रभाव आकलन के दौरान विकास परियोजनाओं द्वारा उत्पन्न समग्र पर्यावरणीय जोखिमों की मात्रा निर्धारित करने के लिए एक प्रारंभिक दृष्टिकोण।" प्लस वन 12(7): e0180982.

Nicol, S., Evans, M., Chades, I., Whitten, S., Wolfe, N., Rough, T. 2014. Developing a risk-based approach to environmental compliance and monitoring. Brisbane: CSIRO.

निकोल, एस., इवांस, एम., चाडेस, आई., व्हिटेन, एस., वोल्फ, एन., रफ, टी. 2014, पर्यावरण अनुपालन और निगरानी के लिए जोखिम-आधारित दृष्टिकोण विकसित करना, ब्रिस्बेन: CSIRO

Nicol, S., Chades, I., Twigg, C., Rough, T. 2015. A risk calculator to support outcome-based regulation of projects likely to have an impact on matters of national environmental significance. Brisbane: CSIRO.

निकोल, एस., चाडेस, आई., ट्विग, सी., रफ, टी. 2015, राष्ट्रीय पर्यावरणीय महत्व के मामलों पर प्रभाव डालने वाली परियोजनाओं के परिणाम-आधारित विनियमन का समर्थन करने के लिए एक जोखिम कैलकुलेटर, ब्रिस्बेन: CSIRO

NRC, National Research Council. 2008. *Public Participation in Environmental Assessment and Decision-making*. Washington, D.C.: National Academies Press.

एनआरसी, राष्ट्रीय अनुसंधान परिषद, 2008, वाशिंगटन, डी.सी.: राष्ट्रीय अकादमियाँ पर्यावरणीय मूल्यांकन और निर्णय लेने में सार्वजनिक भागीदारी प्रेस।

ECD, Organization for Economic Cooperation and Development. 1994. *Towards Coherence in Environmental Assessment*, vol II. Procedural Guidelines, Results of the Projects on Coherence of Environmental Assessment for International Bilateral Aid. Submitted to the DAC Working Group on Development Assistance and Environment. Paris: Environment Directorate, Organization for Economic Cooperation and Development.

OECD, आर्थिक सहयोग और विकास संगठन। 1994, टुवर्ड्स कोहरेंस इन एनवायर्नमेंटल असेसमेंट, खंड II। प्रक्रियात्मक दिशानिर्देश, अंतर्राष्ट्रीय द्विपक्षीय सहायता के लिए पर्यावरणीय मूल्यांकन की सुसंगतता पर परियोजनाओं के परिणाम, विकास सहायता और पर्यावरण पर DAC कार्य समूह को प्रस्तुत किया गया, पेरिस: पर्यावरण निदेशालय, आर्थिक सहयोग और विकास संगठन।

OECD, Organization for Economic Cooperation and Development. 2007. *Environmental and Social Assessment Procedures*. Paris: Environment Directorate, Organization for Economic Cooperation and Development.

ओईसीडी, आर्थिक सहयोग और विकास संगठन, 2007, पर्यावरणीय मूल्यांकन में सुसंगतता की ओर, खंड II, प्रक्रियात्मक दिशानिर्देश, अंतर्राष्ट्रीय द्विपक्षीय सहायता के लिए पर्यावरणीय मूल्यांकन की सुसंगतता पर परियोजनाओं के परिणाम। विकास सहायता और पर्यावरण पर डीएसी कार्य समूह को प्रस्तुत किया गया। पेरिस: पर्यावरण निदेशालय, आर्थिक सहयोग और विकास संगठन।

OECD, Organization for Economic Cooperation and Development. 2010. *Guidance on Sustainability Impact Assessment*. Paris: Environment Directorate, Organization for Economic Cooperation and Development.

OECD, आर्थिक संगठन सहयोग एवं विकास. 2010, स्थिरता प्रभाव निदेशालय, आर्थिक सहयोग और विकास संगठन पर मार्गदर्शन, आकलन। पेरिस: एनवायर्नमेंट डायरेक्टरेट, आर्गेनाइजेशन फॉर इकनॉमिक कॉपरेशन एंड डेवलपमेंट

O'Riordan, T., and W. R. D. Sewell. 1981. *Project Appraisal and Policy Review*. Chichester: John Wiley & Sons.

ओ'रिओर्डन, टी., और डब्ल्यू. आर. डी. सेवेल, 1981. परियोजना मूल्यांकन और नीति समीक्षा। चिचेस्टर: जॉन विली एंड संस।

Petts, J., ed. 1999. *Handbook of Environmental Impact Assessment*. London: Blackwell Science.

पेट्स, जे., एड. 1999. हैंडबुक ऑफ़ एनवायर्नमेंटल इंपैक्ट असेसमेंट, लंदन: ब्लैकवेल साइंस.

Popov, G., B. K. Lyon, and B. Hollcroft, ed. 2016. *Risk Assessment: A Practical Guide to Assessing Operational Risks*. Chichester: John Wiley & Sons Inc.

पोपोव, जी., बी.के. ल्योन, और बी. हॉलक्रॉफ्ट, एड. 2016, जोखिम मूल्यांकन: परिचालन जोखिमों का आकलन करने के लिए एक व्यावहारिक मार्गदर्शिका, चिचेस्टर: जॉन विली एंड संस

Rathi, A. K. A. 2018. "Risk Assessment for New Chemical Projects Seeking Environmental Clearance." In *Safety & Security in Chemical Industries*. Annual

Technical Volume of Chemical Engineering Division Board, vol 2, edited by P. Deshpande, 40–46. Kolkata: The Institution of Engineers (India).

राथी, ए.के.ए. 2018. "रिस्क असेसमेंट फॉर न्यू केमिकल प्रोजेक्ट्स सीकिंग एनवायर्नमेंटल क्लियरेंस", रासायनिक उद्योगों में सुरक्षा एवं संरक्षा में। केमिकल इंजीनियरिंग डिवीजन बोर्ड का वार्षिक तकनीकी खंड, खंड 2, पी. देशपांडे द्वारा संपादित, 40–46, कोलकाता: इंस्टीट्यूशन ऑफ इंजीनियर्स (भारत)।

Ryo, T., Gore, T., Fischer, T. B. 2014. "Policy integration of environmental assessment and disaster management." Environmental Assessment and Policy Management 16 (3): 1450028.

रियो, टी., गोर, टी., फिशर, टी.बी. 2014, "पर्यावरणीय मूल्यांकन और आपदा प्रबंधन का नीति एकीकरण।" पर्यावरणीय मूल्यांकन और नीति प्रबंधन 16 (3): 1450028।

Sadler, B. 1996. *Environmental Assessment in a Changing World*. Final Report of the International Study of the Effectiveness of Environmental Assessment. Ottawa: International Association for Impact Assessment and Canadian Environmental Assessment Agency.

सैडलर, बी. 1996, पर्यावरणीय बदलती दुनिया में मूल्यांकन, प्रभाव आकलन के लिए पर्यावरण एसोसिएशन और कनाडाई पर्यावरणीय मूल्यांकन ओटावा: अंतरराष्ट्रीय एजेंसी की प्रभावशीलता के अंतर्राष्ट्रीय अध्ययन की अंतिम रिपोर्ट आकलन

Suter, G. W, L. W. Barnthouse, and R. V. O'Neill. 1987. "Treatment of Risk in Environmental Impact Assessment." *Environmental Management* **11**(3): 295–303.

स्यूटर, जी. डब्ल्यू., एल. डब्ल्यू. बार्नथाऊस, और आर. वी. ओ'नील 1987, "पर्यावरणीय प्रभाव आकलन में जोखिम का उपचार", पर्यावरणीय प्रबंधन 11(3): 295-303.

Suter, G. W. 2006. *Ecological Risk Assessment*, 2nd edn. Boca Raton: CRC Press.

स्यूटर, जी.डब्ल्यू. 2006, इकोलॉजिकल रिस्क असेसमेंट, दूसरा संस्करण। बोका रैटन: सीआरसी प्रेस।

UNECE, United Nations Economic Commission for Europe. 1991. *Policies and Systems of Environmental Impact Assessment*. Geneva: United Nations Economic Commission for Europe.

UNECE, संयुक्त राष्ट्र आर्थिक यूरोप के लिए आयोग, 1991, पर्यावरणीय प्रभाव आकलन की नीतियां और प्रणालियाँ, जिनेवा: यूरोप के लिए संयुक्त राष्ट्र आर्थिक आयोग।

US EPA, US Environmental Protection Agency. 2016. "Risk Assessment." Accessed May 2, 2019. https://www.epa.gov/risk.

US EPA, यूएस पर्यावरण संरक्षण एजेंसी 2016, 2 मई को एक्सेस किया गया "रिस्क असेसमेंट", https://www.epa.gov/risk।

UNEP, United Nations Environment Program. 1995. "Environmental Management Tools." *Industry and Environment* **18**: 2–3.

UNEP, संयुक्त राष्ट्र पर्यावरणीय प्रबंधन उपकरण, 1995, "एनवायर्नमेंटल मैनेजमेंट टूल्स" इंडस्ट्री एंड एनवायर्नमेंट 18:2-3.

UNEP, United Nations Environment Program. 1999. *Technical Workbook on Environmental Management Tools for Decision Analysis*. Geneva: Division of Technology, Industry and Economics, United Nations Environment Program.

यूएनईपी, संयुक्त राष्ट्र पर्यावरण कार्यक्रम 1999. निर्णय विश्लेषण के लिए पर्यावरणीय प्रबंधन उपकरणों पर तकनीकी कार्यपुस्तिका, जिनेवा: डिवीज़न ऑफ़ टेक्नोलॉजी इंडस्ट्री एंड इकोनॉमिक्स यूनाइटेड नेशन एनवायर्नमेंट प्रोगाम

UNEP, United Nations Environment Program. 2002. *Environmental Impact Assessment Training Resource Manual*, 2nd edn. Geneva: Division of Technology, Industry and Economics, United Nations Environment Program.

UNEP, यूनाइटेड नेशन एनवायर्नमेंट प्रोगाम 2002, एनवायर्नमेंटल इंपैक्ट एसेसमेंट ट्रेनिंग रिसोर्स मैन्युअल, दूसरा एडिशन जेनेवा डिवीज़न ऑफ़ टेक्नोलॉजी इंडस्ट्री एंड इकोनॉमिक्स यूनाइटेड नेशन एनवायर्नमेंट प्रोग्राम

UNU, United Nations University. 2007. *EIA Course Module*. Accessed Dec 15, 2015. www.eia.unu.edu/course.

UNU, यूनाइटेड नेशन यूनिवर्सिटी, 2007, *EAI कोर्स मॉडल, अभिगमन*, 15 दिसंबर, 2015 www.eia.unu.edu/course.

Vanclay, F. 2004. "The triple bottom line and impact assessment: how do TBL, EIA, SIA, SEA and EMS relate to each other?" J. Environmental Assessment and Policy Management 6(3): 265-288.

वैंक्ले, एफ. 2004, "ट्रिपल बॉटम लाइन और प्रभाव मूल्यांकन: TBL, EIA, SIA, SEA और EMS एक दूसरे से कैसे संबंधित हैं?" जे. पर्यावरणीय मूल्यांकन और नीति प्रबंधन 6(3): 265-288.

Wathern, P., ed. 1988. *Environmental Impact Assessment: Theory and Practice*. London: Unwin Hyman.

वाथर्न, पी., एड. 1988, एनवायर्नमेंटल इंपैक्ट एसेसमेंट थिअरी एंड प्रैक्टिस, लंदन: अनविन हाइमन

Wood, C. M. 2003. *Environmental Impact Assessment: A Comparative Review*, 2nd edn. New Jersey: Prentice-Hall.

वुड,सी.एम, 2003, एनवायर्नमेंटल इंपैक्ट एसेसमेंट: ए कंपैरेटिव रिव्यू, सेकंड एडिशन, न्यू जर्सी: प्रैन्टिस हाल

World Bank. 1991. *Environmental Assessment Source Book*. Technical Paper no. 139. Washington, D.C.: World Bank.

विश्व बैंक, 1991, एनवायर्नमेंटल असेसमेंट सोर्स बुक, टेक्निकल पेपर नंबर 139, वाशिंगटन, डी सी.: विश्व बैंक

World Bank. 1995. *Environmental Assessment Challenges and Good Practice*. Paper no. 18. Environmental Management Series. Washington, D.C.: World Bank.

विश्व बैंक 1995, एनवायर्नमेंटल असेसमेंट चैलेंजिस एंड गुड प्रैक्टिस, पेपर नंबर 18, एनवायर्नमेंटल मैनेजमेंट सीरीज, वॉशिंगटन, डी सी.: विश्व बैंक

World Bank. 1999. *Safeguard Policies- Environmental Assessment*. Washington, D.C.: World Bank.

विश्व बैंक 1999, सेफगार्ड पॉलिसीज- एनवायर्नमेंटल एसेसमेंट, वाशिंगटन, डी.सी.: विश्व बैंक

World Bank. 1991b. Environmental assessment sourcebook. Technical paper no. 154. Washington, DC: WB.

विश्व बैंक, 1991 बी, एनवायर्नमेंटल असेसमेंट सोर्सबुक, टेक्निकल पेपर नंबर 154, वॉशिंगटन, डीसी.: विश्व बैंक

Zavadskas, E. K. 2010. "Risk assessment of construction projects." J. Civil Engineering and Management 16 (1): 33-46.

ज़वाडस्कास, ई.के. 2010, "रिस्क असेसमेंट ऑफ़ कंस्ट्रक्शन प्रोजेक्ट्स", जे. सिविल इंजीनियरिंग और प्रबंधन 16 (1): 33-46

Zeleňáková, M., Zvijáková, L. 2017. Risk analysis within environmental impact assessment of proposed construction activity. Environmental Impact Assessment Review 62: 76-89.

ज़ेलेनाकोवा, एम., ज़विजाकोवा, एल. 2017, प्रस्तावित निर्माण गतिविधि के पर्यावरणीय प्रभाव मूल्यांकन के भीतर जोखिम विश्लेषण, पर्यावरणीय प्रभाव आकलन समीक्षा 62: 76-89।

Zeleňáková, M., Zvijáková, L., Peptenatu, D., Pintilii, R. 2017. Risk analysis within environmental impact assessment- a review. Surveying Geology & Mining Ecology Management 17, International Multidisciplinary Scientific GeoConference held at Sofia.

ज़ेलेनाकोवा, एम., ज़विजाकोवा, एल., पेप्टेनातु, डी., पिंटिलि, आर. 2017, पर्यावरणीय प्रभाव मूल्यांकन के भीतर जोखिम विश्लेषण- एक समीक्षा, भूविज्ञान और खनन पारिस्थितिकी प्रबंधन का सर्वेक्षण 17, अंतर्राष्ट्रीय वैज्ञानिक सोफिया में बहुविषयक जियो कॉन्फ्रेंस आयोजित।

Zeleňáková, M., Labant, S., Zvijáková, L., et al. 2020. "Methodology for environmental assessment of proposed activity using risk analysis." Environmental Impact Assessment Review 80: 106333.

ज़ेलेनाकोवा, एम., लैबेंट, एस., ज़विजाकोवा, एल., एट अल, 2020, "मेथाडोलॉजी फॉर एनवायर्नमेंटल असेसमेंट ऑफ़ प्रपोज्ड एक्टिविटी यूज़िंग रिस्क एनालिसिस" पर्यावरणीय प्रभाव आकलन समीक्षा 80: 106333

अध्याय 3

# पर्यावरणीय प्रभाव आकलन: प्रक्रिया

पर्यावरणीय प्रभाव आकलन (ईआईए) प्रक्रिया में मोटे तौर पर निम्नलिखित चार चरण होते हैं (पेट्स 1999):

1. (पूर्व-ईआईए) कार्रवाई परिभाषा
2. ईआईए रिपोर्ट तैयार करना
3. ईआईए रिपोर्ट की समीक्षा और पर्यावरण अनुमोदन पर निर्णय लेना
4. परियोजना के प्रत्येक जीवनचक्र चरण में अनुपालन निगरानी और प्रदर्शन लेखा परीक्षा के लिए ईआईए अनुवर्ती कार्रवाई

चरण 4 के लिए डिजाइन, यानी ईआईए अनुवर्ती, अध्याय 7, "पर्यावरणीय प्रबंधन कार्यक्रम" में वर्णित है। चरण 3, यानी ईआईए समीक्षा, अध्याय 10, "ईआईए रिपोर्ट की समीक्षा" में उल्लिखित है। चरण 2, यानी "ईआईए रिपोर्ट तैयार करना", चार अध्यायों में विस्तृत है, अर्थात अध्याय 5, "ईआईए की तैयारी," अध्याय 6, "ईआईए का संचालन," अध्याय 7, "पर्यावरणीय प्रबंधन कार्यक्रम," और अध्याय 8, "ईआईए रिपोर्ट का मसौदा तैयार करना," और अध्याय 9, "ईआईए केस स्टडीज" में प्रबलित किया गया है । इस अध्याय में, चरण 1, यानी कार्रवाई की परिभाषा में मुख्य रूप से ईआईए प्रक्रिया के निम्नलिखित तीन महत्वपूर्ण उप-चरण शामिल हैं:

i. स्क्रीनिंग - क्या ईआईए आवश्यक है
ii. स्कोपिंग - ईआईए रिपोर्ट का कवरेज, अगर स्क्रीनिंग से पता चलता है कि ईआईए की आवश्यकता है
iii. विकल्पों पर विचार

## 3.1 स्क्रीनिंग

स्क्रीनिंग ईआईए प्रक्रिया की कारवाई की परिभाषा का पहला प्रमुख उप-चरण है। स्क्रीनिंग का उद्देश्य यह निर्धारित करना है की क्या प्रस्तावित परियोजना के लिए ईआईए किए जाने की आवश्यकता है (या नहीं)।

### *3.1.1 जाँच (स्क्रीनिंग) कौन और कब करता है?*

स्क्रीनिंग करना परियोजना प्रस्तावक की प्राथमिक जिम्मेदारी है। व्यवहार में, यह आम तौर पर एक परियोजना प्रस्तावक द्वारा ईआईए सलाहकार के परामर्श से और कभी-कभी सक्षम प्राधिकारी के साथ भी किया जाता है। कुछ ईआईए ढांचों में, सक्षम प्राधिकारी जाँच (स्क्रीनिंग) करता है। परियोजना वित्तीय संस्थाओं समेत विश्व बैंक और बहुपक्षीय संस्थाओं के पास प्रस्तुत किये गए परियोजना प्रस्तावों के पर्यावरणीय प्रभाव आकलन का मानदंड है। परियोजना विकास के प्रारंभिक चरण में जांच की जानी चाहिए ताकि परियोजना प्रस्तावक और अन्य प्रतिभागियों को भी पर्यावरणीय प्रभाव आकलन और प्रक्रिया को पूरा करने में समय और खर्च के बारे में पता चल सके।

### *3.1.2 स्क्रीनिंग के तरीके*

स्क्रीनिंग में उपयोग की जाने वाली विधियाँ निर्देशात्मक या विवेकाधीन हो सकती हैं जैसा कि नीचे वर्णित है।

i. निर्देशात्मक विधि लागू ईआईए नियामक ढांचे में दिए गए मानदंडों पर विचार करती है, जो हो सकता है

   क) परियोजनाओं/ गतिविधियों की एक समग्र सूची (सीमा के साथ या बिना) जिसके लिए एक ईआईए की आवश्यकता होती है

   ख) परियोजनाओं/ गतिविधियों की एक बहिष्करण सूची जिसके लिए ईआईए की आवश्यकता नहीं होती है क्योंकि उनके पर्यावरणीय प्रभावों को नगण्य माना जाता है, या इन्हें लागू विनियमन द्वारा छूट दी जाती है, उदाहरणार्थ रक्षा से संबंधित परियोजनाएं

   लागू ईआईए विनियमन आम तौर पर स्क्रीनिंग की आवश्यकता और पालन की जाने वाली प्रक्रिया को निर्दिष्ट करता है। उदाहरण के लिए, भारत में विनियमन (MOEF 2006) में एक अनुसूची है जिसमें श्रेणी ए और श्रेणी बी के रूप में वर्गीकृत परियोजनाओं की एक सूची है, जिसके लिए पूर्व पर्यावरणीय मंजूरी की आवश्यकता है। ये प्रस्ताव इनके लिए हो सकते हैं

   क) नई परियोजनाएं

   ख) मौजूदा परियोजना (परियोजनाओं) का विस्तार और/ या आधुनिकीकरण

   ग) निर्दिष्ट सीमा से परे मौजूदा विनिर्माण सुविधा में अनुमोदित उत्पाद-मिश्रण में कोई परिवर्तन

   इसके अलावा, यह सक्षम प्राधिकारी द्वारा बी1 और बी2 श्रेणियों के रूप में श्रेणी बी परियोजनाओं की आगे की स्क्रीनिंग के तंत्र को निर्दिष्ट करता है। प्रस्तावित नया विनियमन (MOEF 2020) परियोजनाओं को ए, बी1 और बी2 श्रेणियों के रूप में वर्गीकृत करता है।

ii. *विवेकाधीन* पद्धति प्रस्तावों की मामला-दर-मामला जांच के मानदंड पर विचार करती है ताकि यह पता लगाया जा सके कि प्रस्तावित गतिविधियों के लिए ईआईए की आवश्यकता है या नहीं। यह विधि तब लागू की जाती है जब स्क्रीनिंग और/या प्रस्तावित परियोजनाओं के बारे में नियामक आवश्यकता बहुत विशिष्ट नहीं है—

क) सूचीबद्ध सीमा के ठीक नीचे हो
ख) अस्पष्ट या अनिश्चित पर्यावरणीय प्रभाव हैं

विषय अनुसार स्क्रीनिंग सांकेतिक दिशानिर्देशों और स्थापित मानदंडों को लागू करके की जाती है। ईआईए किए जाने की आवश्यकता है या नहीं यह निर्धारित करने में यह परियोजना के प्रस्तावकों और सक्षम प्राधिकारी के विवेक को अधिक महत्व देता है।

*स्क्रीनिंग प्रक्रिया का परिणाम* निम्नलिखित में से कोई भी हो सकता है:

1. किसी ईआईए की आवश्यकता नहीं है
2. एक सीमित ईआईए की आवश्यकता होती है, जिसे आम तौर पर प्रारंभिक मूल्यांकन कहा जाता है।
3. एक पूर्ण ईआईए आवश्यक है।
4. आगे के अध्ययन, जिसे आम तौर पर प्रारंभिक पर्यावरणीय मूल्यांकन (आईई), IEE कहा जाता है, ईआईए के स्तर को निर्धारित करने के लिए आवश्यक है

साहित्य में उपलब्ध स्क्रीनिंग विधियों में शामिल हैं:

1. सूचियाँ
2. दहलीज
3. मानदंड
4. मेट्रिसेस
5. प्रारंभिक पर्यावरणीय मूल्यांकन

इन विधियों का संक्षेप में वर्णन नीचे किया गया है:

I. सूचियाँ

कुछ परियोजनाओं में अनुभव के आधार पर

1. महत्वपूर्ण पर्यावरणीय प्रभाव, या
2. नगण्य या न्यूनतम पर्यावरणीय प्रभाव,

परियोजनाओं के अंतर्गत सूचीबद्ध है

1. एक सकारात्मक या समावेशी सूची (महत्वपूर्ण संभावित प्रभाव वाली परियोजनाएं), और
2. एक नकारात्मक या अनन्य सूची (नगण्य या न्यूनतम पर्यावरणीय प्रभाव वाली परियोजनाएं)

श्रेणी ए परियोजनाओं के लिए पूर्ण ईआईए की आवश्यकता होती है, और उनके संभावित महत्वपूर्ण प्रतिकूल पर्यावरणीय प्रभावों पर विचार किया जाता है:

1. श्रेणी ए परियोजनाओं के लिए पूर्ण ईआईए की आवश्यकता होती है, और उनके संभावित महत्वपूर्ण प्रतिकूल पर्यावरणीय प्रभावों पर विचार किया जाता है
   i. गंभीर, यानी
      क) अपरिवर्तनीय
      ख) कमजोर जातीय अल्पसंख्यकों को प्रभावित करना
      ग) अनैच्छिक पुनर्वास शामिल है
      घ) सांस्कृतिक विरासत स्थलों को प्रभावित करना
   ii. विविध
   iii. अभूतपूर्व
   iv. प्रस्तावित सुविधाओं के लिए भौतिक कार्य किए जाने के लिए प्रस्तावित स्थल की तुलना में व्यापक क्षेत्र को प्रभावित करना
2. यह देखते हुए कि संभावित प्रतिकूल पर्यावरणीय प्रभाव श्रेणी ए परियोजनाओं की तुलना में कम महत्वपूर्ण होने की संभावना है श्रेणी बी परियोजनाओं को आम तौर पर सीमित ईआईए की आवश्यकता होती है, उदाहरणार्थ
   i. कुछ प्रभावों के अपरिवर्तनीय होने की संभावना है
   ii. प्रभाव साइट-विशिष्ट हैं
   iii. शमन उपायों को श्रेणी ए परियोजनाओं की तुलना में अधिक तत्परता से तैयार किया जा सकता है

   उपयुक्त न्यूनीकरण और पर्यावरणीय प्रबंधन उपायों की पहचान की जानी चाहिए और ऐसी परियोजनाओं के परियोजना डिजाइन में शामिल किया जाना चाहिए।
3. *श्रेणी सी* परियोजनाओं को ईआईए की आवश्यकता नहीं है, यह देखते हुए कि संभावित पर्यावरणीय प्रभाव न्यूनतम या प्रतिकूल नहीं होने की संभावना है।

*सूची पद्धति* का उपयोग करना बहुत सरल है लेकिन इस पद्धति की कमजोरी यह है कि समान सामान्य प्रकृति की व्यक्तिगत परियोजनाएं भी आकार, लेआउट, प्रक्रिया या प्रौद्योगिकी में भिन्न हो सकती हैं और इसलिए विभिन्न पर्यावरणीय प्रभाव हो सकते हैं। सूची पद्धति की अंतर्निहित कमजोरी को दूर करने के लिए, विश्व बैंक और अंतर्राष्ट्रीय अनुभव सुझाव देते हैं कि परियोजनाओं के लिए तैयार की गई सूचियों को प्रस्तावों की जांच में लचीले ढंग से उपयोग किया जाना चाहिए। प्रस्तावित परियोजना स्थान और इसकी पर्यावरणीय पतिस्थिति, और परियोजना के प्रकार और पैमाने के आधार पर, परियोजना को पुर्नवर्गिकृत करना पड़ सकता है यदि यह

1. संवेदनशील और मूल्यवान पारिस्थितिक तंत्र, विरासत, या सांस्कृतिक संसाधनों के आसपास प्रस्तावित है
2. गंभीर रूप से प्रदूषित क्षेत्र में प्रस्तावित है (MOEF 2006)

3. प्रभावों की क्षमतासंचयी है
4. उन लोगों को विस्थापित करता है जो विशेष रूप से कमजोर हैं और जिनका पुनर्वास करना मुश्किल है

II. दहलीज (निश्चित सीमा)

कुछ विनियामक ढांचे के तहत, ईआईए की आवश्यकता तब होती है जब परियोजनाएं पूर्व निर्धारित सीमा से अधिक हो जाती हैं, उदाहरण के लिए:

1. आकार
2. पूंजीगत लागत
3. आउटपुट
4. खनन और क्षेत्र विकास जैसी परियोजनाओं के लिए प्रस्तावित भूमि का क्षेत्र

MOEF (2006) के अनुसार निश्चित सीमा से अधिक परियोजनाओं के लिए ईआईए आवश्यक है, उदाहरण के लिए:

i. >5 हेक्टेयर (ha) के लीज़ अनुबंध क्षेत्र वाली खनन परियोजनाएं
ii. >5 मेगावाट (MW) की क्षमता वाली थर्मल पावर परियोजनाएं
iii. >25000 मीट्रिक टन प्रति वर्ष (mtpa) की क्षमता वाली कोक ओवन परियोजनाएं
iv. >5000 मीट्रिक टन प्रति दिन (एमटीपीडी) की गन्ना पेराई की क्षमता वाला चीनी उद्योग
v. पत्तन और बंदरगाह >10000 mtpa मछली लैंडिंग के लिए
vi. उपनगर और क्षेत्र विकास परियोजनाएं जिनमें >50 हेक्टेयर (ha) भूमि, या >150,000 वर्ग मीटर (sq m) निर्मित क्षेत्र शामिल है

इन निश्चित सीमाओं को संशोधित करने का प्रस्ताव है (MOEF 2020)।

जबकि थ्रेसहोल्ड विधि का उपयोग करना सरल है, इसकी कमजोरियां हैं कि

1. अलग अलग परियोजनाएँ जिनकी एक ही निश्चित सीमा है उनका प्रस्तावित स्थान के आधार पर अलग-अलग पर्यावरणीय प्रभाव हो सकता है
2. निश्चित सीमा के ठीक नीचे एक परियोजना के प्रभाव कम या महत्वहीन हो यह आवश्यक नहीं है
3. ईआईए की आवश्यकता को बायपास करने के लिए परियोजना के प्रस्तावकों द्वारा जो कई परियोजनाओ का प्रस्ताव इसका दुरुपयोग किया जा सकता है। ठीक इस निश्चित सीमा के नीचे कर सकते हैं

III. मानदंड

मानदंड में निम्नलिखित शामिल हो सकते हैं:

1. संबंधित परियोजनाओं की विशेषताएँ,
   i. प्रारूप, उदाहरण: रासायनिक, धातुकर्म, या ऑटोमोबाइल
   ii. पानी की खपत
   iii. अपशिष्ट उत्पादन
   iv. खतरनाक पदार्थों का उपयोग या उत्पादन, आदि
2. आकार से संबंधित परियोजनाओं की विशेषताएं, उदाहरण सूक्ष्म, लघु, मध्यम या बड़ा
3. प्राकृतिक संसाधनों का उपयोग, उदाहरण: भूमि, जल-गहनता, ऊर्जा-गहनता
4. संवेदनशील क्षेत्र मानदंड, उदाहरण: राष्ट्रीय उद्यान, वन्यजीव अभ्यारण्य जैसे आसपास के संरक्षित क्षेत्रों से दूरी
5. प्राप्त करने वाले वातावरण का चरित्र, उदाहरण: पारिस्थितिक रूप से संवेदनशील या नाजुक, प्रभावों को आत्मसात करने की क्षमता
6. रखरखाव और भंडारण में दुर्घटनाओं का जोखिम, उदाहरण: ज्वलनशील, विषाक्त, खतरनाक पदार्थ
7. सार्वजनिक हित का परिभाषा उदाहरण: प्राकृतिक सुंदरता, विशिष्ट स्थानीय विशेषताएं, या कारक

स्क्रीनिंग मानदंड निम्नलिखित के आधार पर लागू किए जा सकते हैं:

1. परियोजना का स्थान- प्रस्तावित स्थान और इसके आसपास के पर्यावरण की संवेदनशीलता के संबंध में:
   i. मौजूदा भूमि उपयोग, अर्थात आवासीय, वाणिज्यिक, औद्योगिक या मिश्रित
   ii. प्रदूषण स्तर
   iii. प्राकृतिक संसाधनों की पुनर्योजी क्षमता
   iv. प्राकृतिक वातावरण की आत्मसात क्षमता, अर्थात
      क) वन, आर्द्रभूमि, तटीय क्षेत्र और पहाड़
      ख) संरक्षित क्षेत्र जैसे राष्ट्रीय उद्यान और वन्यजीव अभयारण्य
   v. ऐतिहासिक, सांस्कृतिक और पुरातात्विक महत्व के क्षेत्र
   vi. घनी आबादी
2. संभावित पर्यावरणीय प्रभावों के लक्षण और संबंध
   i. पर्यावरणीय प्रभावों की सीमा, ध्यान में रखते हुए
      क) संवेदनशील क्षेत्र
      ख) जनसंख्या का आकार

ii. पर्यावरणीय प्रभावों की भयावहता और जटिलता
iii. पर्यावरणीय प्रभावों की संभावना
iv. पर्यावरणीय प्रभावों की अवधि, आवृत्ति और प्रत्यावर्तन

मानदंड पद्धति को परियोजना स्थानों के चयन के लिए और रणनीतिक पर्यावरणीय आकलन दृष्टिकोण में भी लागू किया जा सकता है

IV. मैट्रिक्स

मैट्रिक्स पद्धति का उपयोग आम तौर पर प्रमुख परियोजनाओं के लिए किया जाता है। इसमें अनिवार्य रूप से दो जांच सूची का संयोजन शामिल है

1. एक धुरी पर पर्यावरणीय घटक, और
2. दूसरी पर परियोजना संबंधी गतिविधियाँ

इसका उपयोग परियोजना गतिविधियों से संबंधित पर्यावरणीय परिणामों और जांच के लिए उनके मध्य अंतःक्रिया को सहसंबंधित करने के लिए किया जाता है

1. महत्वपूर्ण प्रभाव
2. कोई महत्वपूर्ण प्रभाव नहीं

V. आरंभिक पर्यावरणीय मूल्यांकन

आरंभिक पर्यावरणीय मूल्यांकन (IEE) या प्रारंभिक पर्यावरणीय आकलन अनिवार्य रूप से प्रस्तावित गतिविधियों से उत्पन्न होने वाले संभावित महत्वपूर्ण प्रतिकूल पर्यावरणीय प्रभावों (UNU 2007) की प्रारंभिक जांच है:

i. मानव स्वास्थ्य और सुरक्षा
ii. हवा और पानी की गुणवत्ता
iii. दुर्लभ या लुप्तप्राय प्रजाति
iv. संरक्षित क्षेत्र
v. नाजुक या मूल्यवान पारिस्थितिक तंत्र
vi. जैविक विविधता
vii. स्थानीय आबादी की जीवन शैली और आजीविका, आदि।

स्क्रीनिंग पर EC (1996) के दिशा-निर्देशों का उद्देश्य उन कारकों की एक विस्तृत श्रृंखला को ध्यान में रखना है जो स्क्रीनिंग के निर्णयों को प्रभावित तो कर सकते हैं परंतु विस्तृत जांच को प्रोत्साहित किए बिना। आईई के लिए आवश्यक प्रश्नावली जांच सूची **तालिका 3.1** में पुन: प्रस्तुत की गई है (ERM

2001ए)। आईई के आधार पर, परियोजना के लिए निम्न की आवश्यकता होगी या नहीं, इस पर एक उपयुक्त निर्णय लिया जा सकता है:

i. पर्यावरणीय प्रभाव आकलन
ii. केवल एक आरंभिक पर्यावरणीय मूल्यांकन और एक पर्यावरणीय प्रभाव आकलन नहीं
iii. ऊपर i और ii में से कोई नहीं

प्रारंभिक पर्यावरणीय मूल्यांकन पद्धति के लिए परियोजना के बारे में जानकारी के साथ-साथ प्रस्तावित स्थान की पर्यावरणीय समायोजन और संभावित पर्यावरणीय प्रभावों की बुनियादी समझ की आवश्यकता होती है। आरंभिक पर्यावरणीय मूल्यांकन प्रस्तावित परियोजना के संभावित पर्यावरणीय प्रभावों का निष्कर्ष इस प्रकार निकाल सकता है:

i. महत्त्वहीन
ii. महत्वपूर्ण लेकिन कम करने योग्य
iii. महत्वपूर्ण लेकिन कम करने योग्य हो सकता है या नहीं भी हो सकता है
iv. महत्वपूर्ण और सार्वजनिक चिंता के साथ महत्वपूर्ण

यह पर्यावरणीय प्रभावों और/या अनिश्चित प्रभावों के बारे में अनिश्चितता भी प्रकट कर सकता है।

**तालिका 3.1: स्क्रीनिंग के लिए प्रश्नावली चेकलिस्ट**

| कारक मार्गदर्शन के लिए विचाराधीन प्रश्न | हां/नहीं/पता नहीं, संक्षिप्त वर्णन | क्या इसका कोई महत्वपूर्ण प्रभाव होने की संभावना है?- हां/नहीं/पता नहीं, क्यों? |
|---|---|---|
| I संक्षिप्त परियोजना विवरण | | |
| 1. क्या परियोजना के निर्माण, संचालन, या सेवामुक्ति (decommissioning) में ऐसे कार्य शामिल होंगे जो इलाके में भौतिक परिवर्तन (स्थलाकृति, भूमि उपयोग, जल निकायों में परिवर्तन, आदि) का कारण बनेंगे? | | |
| 2. क्या परियोजना के निर्माण या संचालन में भूमि, पानी, सामग्री या ऊर्जा जैसे प्राकृतिक संसाधनों का उपयोग होगा, विशेष रूप से ऐसे संसाधन जो गैर-नवीकरणीय या कम आपूर्ति में हैं? | | |

| कारक मार्गदर्शन के लिए विचाराधीन प्रश्न | हां/नहीं/पता नहीं, संक्षिप्त वर्णन | क्या इसका कोई महत्वपूर्ण प्रभाव होने की संभावना है?- हां/नहीं/पता नहीं, क्यों? |
|---|---|---|
| 3. क्या परियोजना में ऐसे पदार्थों या सामग्रियों का उपयोग, भंडारण, परिवहन, प्रबंधन या उत्पादन शामिल होगा जो मानव स्वास्थ्य या पर्यावरण के लिए हानिकारक हो सकते हैं या मानव स्वास्थ्य के लिए वास्तविक या कथित जोखिमों के बारे में चिंता पैदा कर सकते हैं? | | |
| 4. क्या परियोजना निर्माण या संचालन या सेवामुक्ति के दौरान ठोस अपशिष्ट का उत्पादन करेगी? | | |
| 5. परियोजना हवा में प्रदूषक या कोई खतरनाक, विषाक्त, या हानिकारक पदार्थ छोड़ेगी? | | |
| 6. क्या परियोजना शोर और कंपन या प्रकाश, ऊष्मा ऊर्जा, या विद्युत चुम्बकीय विकिरण का कारण बनेगी? | | |
| 7. क्या परियोजना से जमीन या पानी के प्रदूषकों को जमीन पर या सतह के पानी, भूजल, तटीय जल, या समुद्र में छोड़े जाने से भूमि या पानी के दूषित होने का जोखिम होगा? | | |
| 8. क्या परियोजना के निर्माण या संचालन के दौरान दुर्घटनाओं का कोई जोखिम होगा जो मानव स्वास्थ्य या पर्यावरण को प्रभावित कर सकता है? | | |
| 9. क्या परियोजना के परिणामस्वरूप सामाजिक परिवर्तन होंगे, उदाहरण के लिए, जनसांख्यिकीय, पारंपरिक जीवन शैली, रोजगार में? | | |

| कारक मार्गदर्शन के लिए विचाराधीन प्रश्न | हां/नहीं/पता नहीं, संक्षिप्त वर्णन | क्या इसका कोई महत्वपूर्ण प्रभाव होने की संभावना है?- हां/नहीं/पता नहीं, क्यों? |
|---|---|---|
| 10. क्या कोई अन्य कारक हैं जिन पर विचार किया जाना चाहिए जैसे परिणामी विकास जो पर्यावरणीय प्रभाव या संचयी प्रभावों की संभावना को जन्म दे सकता है इलाके में अन्य मौजूदा या नियोजित गतिविधियों के साथ? | | |
| 11. क्या स्थान पर या उसके आस-पास कोई ऐसा क्षेत्र है जो अपनी पारिस्थितिकी, परिदृश्य, सांस्कृतिक या अन्य मूल्य के लिए अंतरराष्ट्रीय, राष्ट्रीय या स्थानीय कानून के तहत संरक्षित है, जो परियोजना से प्रभावित हो सकता है? | | |
| 12. क्या स्थान पर या उसके आस-पास कोई अन्य क्षेत्र हैं जो उनकी पारिस्थितिकी के कारणों से महत्वपूर्ण या संवेदनशील हैं उदाहरण आर्द्रभूमि, जलमार्ग या अन्य जल निकाय, तटीय क्षेत्र, पहाड़, जंगल, या जंगल, जो परियोजना से प्रभावित हो सकते हैं? | | |
| 13. क्या स्थान पर या उसके आस-पास कोई ऐसा क्षेत्र है जिसका उपयोग जीवों या वनस्पतियों की संरक्षित, महत्वपूर्ण या संवेदनशील प्रजातियों द्वारा किया जाता है उदाहरण प्रजनन, घोंसले के शिकार, चारा, आराम, ओवरविन्टरिंग, प्रवासन के लिए, जो परियोजना से प्रभावित हो सकते हैं? | | |
| 14. क्या उस स्थान पर या उसके आस-पास कोई अंतर्देशीय, तटीय, समुद्री या भूमिगत जल है जो परियोजना से प्रभावित हो सकता है? | | |
| 15. क्या स्थान पर या उसके आस-पास उच्च परिदृश्यया प्राकृतिक मूल्य के कोई क्षेत्र या विशेषताएं हैं जो परियोजना से प्रभावित हो सकती हैं? | | |

| कारक मार्गदर्शन के लिए विचाराधीन प्रश्न | हां/नहीं/पता नहीं, संक्षिप्त वर्णन | क्या इसका कोई महत्वपूर्ण प्रभाव होने की संभावना है?- हां/नहीं/पता नहीं, क्यों? |
|---|---|---|
| 16. क्या उस स्थान पर या उसके आस-पास कोई मार्ग या सुविधाएं हैं जो जनता द्वारा मनोरंजन या अन्य सुविधाओं तक पहुंचने के लिए उपयोग की जाती हैं, जो परियोजना से प्रभावित हो सकती हैं? | | |
| 17. क्या उस स्थान पर या उसके आसपास कोई परिवहनमार्ग हैं जो भीड़भाड़ के लिए अतिसंवेदनशील है या जो पर्यावरणीय समस्याओं का कारण बन सकता है, जो परियोजना से प्रभावित हो सकता है? | | |
| 18. क्या परियोजना किसी ऐसे स्थान पर है जहां बहुत से लोगों को इसके दिखाई देने की संभावना है? | | |
| 19. क्या स्थान पर या उसके आस-पास ऐतिहासिक या सांस्कृतिक महत्व के कोई क्षेत्र या विशेषताएं हैं जो परियोजना से प्रभावित हो सकते हैं? | | |
| 20. क्या परियोजना पहले से अविकसित क्षेत्र में स्थित है जहां हरित क्षेत्र भूमि का नुकसान होगा? | | |
| 21. क्या स्थान पर या उसके आसपास मौजूदा भूमि का उपयोग हैं उदाहरण घर, उद्यान, अन्य निजी संपत्ति, उद्योग, वाणिज्य, मनोरंजन, सार्वजनिक खुली जगह, सामुदायिक सुविधाएं, कृषि, वानिकी, पर्यटन, खनन, या उत्खनन जो परियोजना से प्रभावित हो सकते हैं? | | |
| 22. क्या उस स्थान पर या उसके आस-पास भविष्य के भूमि उपयोग की कोई योजना है जो परियोजना से प्रभावित हो सकती है? | | |

| कारक मार्गदर्शन के लिए विचाराधीन प्रश्न | हां/नहीं/पता नहीं, संक्षिप्त वर्णन | क्या इसका कोई महत्वपूर्ण प्रभाव होने की संभावना है?- हां/नहीं/पता नहीं, क्यों? |
|---|---|---|
| 23. क्या स्थान पर या उसके आस-पास कोई ऐसा क्षेत्र है जो घनी आबादी वाला या निर्मित है, जो परियोजना से प्रभावित हो सकता है? | | |
| 24. क्या स्थान पर या उसके आस-पास कोई ऐसा क्षेत्र है जो संवेदनशील भूमि उपयोगों द्वारा कब्जा कर लिया गया है उदाहरण अस्पताल, स्कूल, पूजा स्थल, सामुदायिक सुविधाएं, जो परियोजना से प्रभावित हो सकते हैं? | | |
| 25. क्या स्थान पर या उसके आस-पास कोई ऐसा क्षेत्र है जिसमें महत्वपूर्ण, उच्च गुणवत्ता वाले या दुर्लभ संसाधन हैं, उदाहरण भूजल, सतही जल, वानिकी, कृषि, मत्स्य पालन, पर्यटन, खनिज, जो परियोजना से प्रभावित हो सकते हैं? | | |
| 26. क्या स्थान पर या उसके आस-पास कोई ऐसा क्षेत्र है जो पहले से ही प्रदूषण या पर्यावरणीय क्षति के अधीन है उदाहरण जहां मौजूदा कानूनी पर्यावरण मानकों को पार किया जाता है, जो परियोजना से प्रभावित हो सकते हैं? | | |
| 27. क्या परियोजना स्थान भूकंप, अवतलन, भूस्खलन, कटाव, बाढ़, या भीषण अथवा प्रतिकूल जलवायु परिस्थितियों के लिए अतिसंवेदनशील है, उदाहरण तापमान व्युत्क्रम, कोहरे, तेज हवाएं, जो परियोजना को पर्यावरणीय समस्याएं पेश करवा सकती हैं? | | |
| II EIA की आवश्यकता को इंगित करते हुए परियोजना और उसके स्थान की विशेषताओं का सारांश | | |

**स्रोत:** *ERM (2001a) से पुन: प्रस्तुत*

### *3.1.3 स्क्रीनिंग विधियों का अनुप्रयोग*

उपरोक्त स्क्रीनिंग विधियों में से प्रत्येक की कमजोरियों या सीमाओं को ध्यान में रखते हुए, हाइब्रिड दृष्टिकोण का पालन करने की सलाह दी जाती है, अर्थात प्रभावी स्क्रीनिंग के लिए एक से अधिक तरीकों का उपयोग करना। कई बार विवेक का भी इस्तेमाल करना पड़ सकता है।

## 3.2 स्कोपिंग

स्कोपिंग ईआईए प्रक्रिया की कार्रवाई परिभाषा का दूसरा प्रमुख उप-चरण है जो केवल तभी लागू होता है जब स्क्रीनिंग प्रक्रिया ने निष्कर्ष निकाला है कि प्रस्तावित परियोजना के लिए ईआईए को पूरा करने की आवश्यकता है। स्कोपिंग का उद्देश्य प्रस्तावित ईआईए अध्ययन के विस्तृत दायरे का निर्धारण करना है।

### *3.2.1 स्कोपिंग क्या है?*

स्कोपिंग प्रमुख पर्यावरणीय मुद्दों की पहचान करने की प्रक्रिया है, अर्थात

i. उन पर्यावरणीय मुद्दों की पहचान करना जिनकी ईआईए में संबोधित करने के लिए प्रासंगिक और महत्वपूर्ण होने की संभावना है
ii. उन मुद्दों का उन्मूलन जो कम चिंता का विषय हैं

ईआईए प्रक्रिया में स्कोपिंग एक अत्यंत महत्वपूर्ण चरण (UNU 2007) है क्योंकि इससे यह सुनिश्चित करने में मदद मिलती है कि

i. ईआईए अध्ययन महत्वपूर्ण प्रभावों पर केंद्रित हैं
ii. गैर-महत्वपूर्ण या अनावश्यक जांच-पड़ताल पर समय और पैसा बर्बाद नहीं हो रहा है

स्कोपिंग (ERM 2001b) के लिए आवश्यक सूचना **तालिका 3.2** में पुन: प्रस्तुत की गई है। स्कोपिंग मुख्य रूप से सामग्री और सीमा को निर्धारित करता है, अर्थात, पर्यावरणीय जानकारी की व्यापकता और गहराई जिसे एकत्र करने और ईआईए अध्ययन करने और ईआईए रिपोर्ट में उपयुक्त मुद्दों को संबोधित करने में उपयोग करने की आवश्यकता है। स्कोपिंग प्रक्रिया का विशिष्ट आउटपुट ईआईए अध्ययन के लिए संदर्भ की शर्तें (टीओआर) स्थापित करना और ईआईए रिपोर्ट तैयार करना है। स्कोपिंग परियोजना प्रस्तावक को स्पष्ट दिशा देता है कि वास्तव मे अपेक्षित क्या है, और ईआईए अध्ययन में कितना समय और लागत लगेगी। अनुभव से पता चला है कि संदर्भ की शर्तें (टीओआर) एक लचीला दस्तावेज होना चाहिए। टीओआर में कुछ बदलावों की आवश्यकता हो सकती है जब आगे की जानकारी उपलब्ध हो जाती है, नए मुद्दे सामने आते हैं, या ईआईए अध्ययन आयोजित करते समय कुछ मुद्दों का महत्व कम हो जाता है।

## तालिका 3.2 स्कोपिंग के लिए आवश्यक जानकारी

I. परियोजना प्रस्तावक का संपर्क विवरण
   1. कंपनी का नाम
   2. कंपनी का डाक पता, टेलीफोन और ई-मेल विवरण
   3. डाक पता, टेलीफोन और ई-मेल विवरण के साथ संपर्क व्यक्ति का नाम

II. परियोजना की विशेषताएं
   1. प्रस्तावित परियोजना का संक्षिप्त विवरण
   2. परियोजना प्रस्तावित करने के कारण
   3. निर्माण के दौरान अस्थायी रूप से आवश्यक किसी भी भूमि सहित विकास की सीमा को दर्शाने वाला एक योजना
   4. विकास का भौतिक रूप (नक्शा, भवन, अन्य संरचनाएं, निर्माण सामग्री, आदि)
   5. आकार, क्षमता, थ्रूपुट, इनपुट और आउटपुट सहित मुख्य प्रक्रियाओं का विवरण
   6. कोई नई पहुँच व्यवस्था या मौजूदा सड़क लेआउट में परिवर्तन
   7. निर्माण, संचालन और कमिशनिंग चरणों, और बहाली और जहां उपयुक्त हो बाद में उपयोग के लिए करने वाले कार्य व कार्यक्रम
   8. निर्माण पद्धति
   9. निर्माण और संचालन में प्रयुक्त संसाधन (सामग्री, अपशिष्ट, ऊर्जा, आदि)
   10. अन्य मौजूदा/योजनाबद्ध परियोजनाओं के साथ संबंध
   11. जिन विकल्पों पर विचार किया जा रहा है, उनके बारे में जानकारी ली जा रही है
   12. शमन उपायों के बारे में जानकारी जिन पर विचार किया जा रहा है
   13. अन्य गतिविधियाँ जो परियोजना के परिणामस्वरूप आवश्यक हो सकती हैं (जैसे नई सड़कें, कुल निकासी, नई जल आपूर्ति का प्रावधान, बिजली का उत्पादन या संचारण, आवास में वृद्धि, और सीवेज निपटान)
   14. परियोजना के लिए आवश्यक किसी अन्य पर्मिट (अनुज्ञा पत्र) का विवरण

III. परियोजना का स्थान
   1. आस-पास की भौतिक, प्राकृतिक और मानव निर्मित सुविधाओं के सापेक्ष परियोजना का स्थान दर्शाते मानचित्र और तस्वीरें
   2. साइट पर और उसके आस-पास मौजूदा और भविष्य में नियोजित भूमि उपयोग
   3. ज़ोनिंग या भूमि उपयोग नीतियां
   4. संरक्षित क्षेत्र या सुविधाएँ
   5. संवेदनशील इलाके
   6. किन्हीं वैकल्पिक स्थानों का विवरण जिन पर विचार किया गया है

IV. संभावित प्रभाव के लक्षण
   1. निम्नलिखित कारकों पर विचार करते हुए परियोजना के संभावित प्रभावों का संक्षिप्त विवरण

i. लोगों पर प्रभाव, मानव स्वास्थ्य, जीव और वनस्पति, मिट्टी, भूमि उपयोग, भौतिक संपत्ति, जल गुणवत्ता और जल विज्ञान, वायु गुणवत्ता, जलवायु, शोर और कंपन, परिदृश्य और दृश्य पर्यावरण, ऐतिहासिक और सांस्कृतिक विरासत संसाधन और उनके मध्य की अंतःक्रिया
ii. प्रभावों की प्रकृति (अर्थात प्रत्यक्ष या अप्रत्यक्ष/द्वितीयक, लघु, मध्यम या दीर्घकालिक, स्थायी या अस्थायी, सकारात्मक या नकारात्मक, संचयी)
iii. प्रभाव की सीमा (भौगोलिक क्षेत्र, प्रभावित जनसंख्या/आवास/प्रजातियों का आकार)
iv. प्रभाव का परिमाण और जटिलता
v. प्रभाव की संभावना
vi. प्रभाव की अवधि, आवृत्ति और प्रत्यावर्तन
vii. महत्वपूर्ण प्रतिकूल प्रभावों को कम करने, टालने या ऑफसेट करने के लिए परियोजना के डिजाइन में शमन को शामिल किया गया है
viii. प्रभाव की सीमा के परे की प्रकृति

**स्रोत:** *ERM 2001b से पुनरुत्पादित*

### *3.2.2 स्कोपिंग के प्रमुख उद्देश्य*

स्कोपिंग के प्रमुख उद्देश्यों में शामिल हैं

i. ईआईए अध्ययन में संबोधित किए जाने वाले महत्वपूर्ण पर्यावरणीय मुद्दों पर ध्यान देना
ii. लौकिक, स्थानिक, पारिस्थितिक तंत्र, सामाजिक, न्यायिक और विषय संबंधी मामलों के संबंध में ईआईए के लिए स्पष्ट सीमाएं निर्धारित करना
iii. पर्यावरण आधार रेखा और अन्य जानकारी के संग्रह के लिए आवश्यकताओं को निर्धारित करना
iv. विस्तार से अध्ययन किए जाने वाले महत्वपूर्ण प्रभावों और कारकों को निर्दिष्ट करना
v. निर्णय लेने के लिए आवश्यक जानकारी पर ध्यान केंद्रित करना
vi. ईआईए अध्ययन के लिए संदर्भ की शर्तें स्थापित करना
vii. एक प्रभावी और कुशल ईआईए प्रक्रिया के लिए आधार प्रदान करना

### *3.2.3 स्कोपिंग प्रक्रिया*

स्कोपिंग प्रक्रिया परियोजना से संबंधित गतिविधियों की पहचान करने के लिए प्रस्तावित परियोजना की समीक्षा के साथ शुरू होती है, जिनकी भौतिक-रासायनिक, जैविक और/या सामाजिक पर्यावरण पर प्रमुख प्रभाव पैदा करने की संभावना है, अर्थात इनका निर्धारण करना

i. परियोजना के संपूर्ण जीवनचक्र में प्रस्तावित या शामिल विस्तृत गतिविधियाँ
ii. इनमें से प्रत्येक गतिविधि कहाँ, कब, कैसे और कितने समय के लिए होगी
iii. क्या ये गतिविधियाँ स्थायी अथवा अस्थायी होंगी, निरंतर या रुक-रुक कर होंगी।
iv. प्रत्यक्ष और अप्रत्यक्ष पर्यावरणीय परिवर्तन जो इन गतिविधियों के कारण होने की संभावना है, और पर्यावरण के साथ-साथ लोगों पर उनके संभावित प्रभाव
v. लागू नियम

स्कोपिंग प्रक्रिया में सम्मिलित बुनियादी चरणों में निम्नलिखित शामिल हैं:

i. पर्यावरणीय मुद्दों और चिंताओं की एक विस्तृत श्रृंखला की विस्तृत सूची तैयार करना
ii. उनके सापेक्ष महत्व और महत्व का मूल्यांकन
iii. प्रमुख मुद्दों की एक संक्षिप्त सूची बनाना
iv. आगे के मूल्यांकन के लिए प्रमुख मुद्दों को पर्यावरणीय प्रभाव श्रेणियों में संगठित करना
v. ईआईए के लिए टीओआर की स्थापना, जिसमें सूचना की आवश्यकताएं, अध्ययन दिशानिर्देश और अपनाई जाने वाली कार्यप्रणाली शामिल हैं

### *3.2.4 मार्गदर्शन के सिद्धांत*

स्कोपिंग प्रक्रिया के लिए मार्गदर्शक सिद्धांतों (UNU 2007) में निम्नलिखित शामिल हैं:

i. स्कोपिंग को एक बार की गतिविधि या घटना के बजाय एक प्रक्रिया के रूप में पहचानना
ii. एक व्यवस्थित दृष्टिकोण लेना
iii. ईआईए रिपोर्ट की तैयारी को सुविधाजनक बनाने के लिए परिणामों का दस्तावेजीकरण
iv. नई जानकारी और हितधारकों द्वारा उठाए गए अन्य मुद्दों पर प्रतिक्रिया देना
v. प्रारंभिक स्कोपिंग के पूरा होने के बाद भी पर्यावरणीय प्रभावों का पूर्वानुमान करने के लिए आवश्यक अतिरिक्त जानकारी के लिए खुला होना
vi. एकत्र की जाने वाली सूचनाओं की सीमा को निर्धारित करना और एकत्रित सूचनाओं की संवीक्षा (scrutiny) केंद्रित तरीके से करना
vii. स्कोपिंग को एक लचीली, अनुकूली और पुनरावृत्त प्रक्रिया के रूप में मानते हुए, आमतौर पर प्रारंभिक परामर्श, साहित्य खोजों, परियोजना स्थल के दौरे और आरंभिक /प्रारंभिक क्षेत्र सर्वेक्षण (IEEM 2006) पर आधारित करना

### *3.2.5 स्कोपिंग के तरीके*

उन्नति के क्रम में साहित्य में वर्णित स्कोपिंग विधियों में निम्नलिखित शामिल हैं:

1. चेकलिस्ट
2. मैट्रिसेस
3. घटक संपर्क तकनीक
4. नेटवर्क
5. ओवरले नक्शे
6. एनालॉग्स

इन विधियों का संक्षेप में वर्णन नीचे किया गया है:

### 1. चेकलिस्ट

चेकलिस्ट विधियाँ विशिष्ट विशेषताओं या पहलुओं की सूची पर आधारित होती हैं जो प्रस्तावित परियोजना से प्रभावित हो सकती हैं, उदाहरण

i. आबादी
ii. वनस्पति, पशुवर्ग
iii. हवा, पानी, मिट्टी
iv. स्थापत्य और ऐतिहासिक विरासत
v. परिदृश्य और स्थलाकृति
vi. नामित साइट और नीतियाँ
vii. दुर्घटनाओं का खतरा

"चेकलिस्ट" पद्धति की कमजोरी यह है कि इससे अप्रत्यक्ष या द्वितीयक प्रभावों की पहचान करना स्वाभाविक रूप से बहुत सरल है और इस प्रकार सभी महत्वपूर्ण प्रभावों की पहचान करने में मदद नहीं कर सकता है। अन्य प्रकार की चेकलिस्ट वर्णनात्मक प्रश्नावली चेकलिस्ट (ERM 2001b) हो सकती हैं। एक चेकलिस्ट निर्देशात्मक नहीं है (पेट्स 1999) और स्कोपिंग करने के लिए एक गाइड के रूप में मानी जा सकती है।

### 2. मेट्रीसेस

एक साधारण मैट्रिक्स में दो चेकलिस्ट के संयोजन से गठित कोशिकाएं होती हैं। किसी विशेष गतिविधि के प्रभाव के आधार पर, एक कोशिका प्रभाव के स्तर से भर जाती है, अर्थात उच्च, निम्न, या नगण्य प्रभाव, चाहे सकारात्मक, नकारात्मक, या अज्ञात। यह विधि पर्यावरण की विभिन्न विशेषताओं पर विभिन्न परियोजना गतिविधियों के प्रभाव को गुणात्मक तरीके से मानती है। **चित्र 3.1** थर्मल पावर प्रोजेक्ट के लिए एक विशिष्ट स्कोपिंग मैट्रिक्स दिखाता है। स्कोरिंग प्रणाली का उपयोग करके अनुमानित प्रभावों की मात्रा निर्धारित की जा सकती है, अर्थात प्रभावों को एक अंक देकर, मान लीजिए 0 से +/- 5 के पैमाने पर। लियोपोल्ड मेट्रिसेस विशेषज्ञों से प्राप्त स्कोरिंग पर विचार करते हैं। इस पद्धति में कुछ कमियां हैं, जैसे:

i. प्रभाव की घटना की संभावना प्रत्येक सेल में इंगित नहीं की गई है
ii. उपलब्ध डेटा मात्रात्मक या गुणात्मक हो सकता है
iii. अप्रत्यक्ष या द्वितीयक प्रभाव नहीं दिखाए जा सकते
iv. वजन के असाइनमेंट के अभाव में विभिन्न प्रभावों का महत्व परिलक्षित नहीं होता है
v. मैट्रिक्स स्वयं महत्व निर्धारित करने में सहायता नहीं करता है

### 3. घटक संपर्क तकनीक

इस पद्धति को द्वितीयक प्रभावों को शामिल करने के लिए विकसित किया गया था। इसके लिए पारिस्थितिक तंत्र के घटकों और उनकी अंतःक्रियाओं की गहन समझ की आवश्यकता है। पर्यावरण को घटकों की एक सूची के रूप में प्रतिरूपित किया गया है, जो लिंकेज के आधार पर द्वितीयक प्रभावों को आरंभ करने की क्षमता के क्रम में रैंक किया गया है, अर्थात उनके बीच निर्भरता की श्रृंखला। इस पद्धति का दोष यह है कि इसके लिए पारिस्थितिक तंत्र के घटकों और उनकी अंतःक्रियाओं की गहन समझ की आवश्यकता होती है।

| ACTIVITIES ↓ \ EFFECTS → | **Air quality - PM** | **Air quality - Gaseous** | **Noise** | **Odor** | Traffic | **Water- resources** | **Water- quality** | **Soil** | **Drainage pattern** | LU in core zone | LU in buffer zone | **Landscape/ asthetics** | **Agriculture** | **Pasture** | **Ecology - flora** | **Ecology - fauna, avifauna** | **Aquatic/ marine ecosystem** | Wetlands | **Socio-economic** | Displacement | Livelihood | Health | Nuisance | Infrastructural dev | Social development | Employment | Local economy | Cultural | Material assets | **Risk** | **Occupational health** |
|---|---|---|---|---|---|---|---|---|---|---|---|---|---|---|---|---|---|---|---|---|---|---|---|---|---|---|---|---|---|---|---|
| **Preconstruction** | | | | | | | | | | | | | | | | | | | | | | | | | | | | | | | |
| Land acquisition | | | | | | | | | | | | | | | | | | | | ✓ | ✓ | | | | | | | | | | |
| Construction materials sourcing (**offsite**) | ✓ | | ✓ | | | | ✓ | ✓ | ✓ | | | ✓ | | ✓ | ✓ | ✓ | ✓ | ✓ | | | | | ✓ | | | ✓ | ✓ | | | | ✓ |
| **Construction** | | | | | | | | | | | | | | | | | | | | | | | | | | | | | | | |
| Site development | ✓ | | ✓ | | | | ✓ | ✓ | ✓ | ✓ | | ✓ | | | ✓ | ✓ | ✓ | ✓ | | | | | ✓ | | | ✓ | | | | | |
| Transportation | ✓ | ✓ | ✓ | | ✓ | | | ✓ | | | | | | | | | | | | | | | ✓ | ✓ | | ✓ | ✓ | ✓ | | ✓ | |
| Construction power | ✓ | ✓ | ✓ | | | | | | | | | | | | | | | | | | | | | | | | | | | | |
| Construction water | | | | | | ✓ | ✓ | ✓ | ✓ | | | | | | | | | | | | | | | | | | | | | | |
| Labor camp | ✓ | ✓ | | ✓ | | ✓ | ✓ | | ✓ | | | | | | | | | | | | ✓ | | | | | | ✓ | ✓ | | | |
| Excavation | ✓ | | | | | | ✓ | ✓ | ✓ | | | ✓ | | | ✓ | ✓ | ✓ | ✓ | | | | | ✓ | | | ✓ | | | | | |
| Roads | ✓ | ✓ | ✓ | ✓ | ✓ | | ✓ | ✓ | ✓ | ✓ | ✓ | ✓ | | | ✓ | ✓ | ✓ | ✓ | | | ✓ | | ✓ | ✓ | | ✓ | ✓ | ✓ | ✓ | | |
| Foundations | | | ✓ | | | | | | ✓ | | | | | | | | | | | | | | | | | | | | | | |
| Piling | | | ✓ | | | | ✓ | | | | | | | | | | ✓ | ✓ | | | | | ✓ | | | | | | | | |
| Buildings / Structures | ✓ | | ✓ | | | ✓ | ✓ | ✓ | ✓ | ✓ | | ✓ | | | | | ✓ | ✓ | | | | | | | | ✓ | ✓ | ✓ | | | |
| Waste disposal of: | | | | | | | | | | | | | | | | | | | | | | | | | | | | | | | |
| excavated material | ✓ | ✓ | ✓ | | ✓ | | ✓ | ✓ | ✓ | ✓ | ✓ | ✓ | | | | | | ✓ | | | | | | | | ✓ | | | | | |
| other wastes | ✓ | ✓ | ✓ | ✓ | ✓ | | ✓ | ✓ | ✓ | ✓ | ✓ | ✓ | | | | | | ✓ | | | | | ✓ | | | ✓ | | | | | |
| Wastewater disposal | | | | ✓ | | | ✓ | ✓ | ✓ | | | | ✓ | ✓ | ✓ | ✓ | ✓ | ✓ | | | | | | | | | | | | | |
| Cables, piping laying | ✓ | | | | | | ✓ | ✓ | ✓ | | | | | | ✓ | ✓ | | | | | | | | | | ✓ | | | | | |
| Equipment transportation | ✓ | ✓ | ✓ | | ✓ | | | ✓ | | | | | | | | | | | | | | | ✓ | ✓ | | ✓ | | | ✓ | ✓ | |
| Equipment installation | ✓ | ✓ | ✓ | | | | | | | ✓ | | ✓ | | | | | | | | | | | | | | ✓ | | | | ✓ | ✓ |
| Site clearance | ✓ | | | | | | ✓ | ✓ | ✓ | | | ✓ | | | | | ✓ | ✓ | | | | | ✓ | | | ✓ | | | | | |
| **Operation** | | | | | | | | | | | | | | | | | | | | | | | | | | | | | | | |
| Coal handling and storage | ✓ | | ✓ | | ✓ | | ✓ | ✓ | ✓ | ✓ | | | ✓ | ✓ | ✓ | | ✓ | | | | | ✓ | ✓ | | | ✓ | ✓ | ✓ | | ✓ | |
| Coal pulverization | ✓ | | ✓ | | | | | | | | | | ✓ | ✓ | ✓ | | | | | | | | | | | | | | | ✓ | ✓ |
| Fuel combustion | ✓ | ✓ | ✓ | ✓ | | | | ✓ | | | | | ✓ | ✓ | ✓ | ✓ | ✓ | | | | | | ✓ | | | | | | ✓ | ✓ | |
| Fly ash handling, storage and disposal | ✓ | | ✓ | | | | | ✓ | | | | ✓ | ✓ | ✓ | ✓ | | | | | | | | ✓ | | | ✓ | ✓ | | ✓ | | |
| Bottom ash handling, storage and disposal | ✓ | | ✓ | | | ✓ | ✓ | ✓ | ✓ | ✓ | | ✓ | ✓ | ✓ | ✓ | | ✓ | ✓ | | | | | ✓ | | | ✓ | ✓ | | | ✓ | |
| Water sourcing, storage and distribution | | | | | | ✓ | | ✓ | ✓ | ✓ | | | | | | | | ✓ | | | | ✓ | | | | | | | | | |
| Demin water plant | | | | | | | ✓ | | | | | | | | | | ✓ | ✓ | | | | | | | | | | | | | |
| Cooling tower | | | ✓ | | | | ✓ | | | | | | | | | | ✓ | ✓ | | | | | | | | | | | | | |
| Power generation | | | ✓ | | | | | | | | | | | | | | | | | | | | | | | | | | | ✓ | ✓ |
| Wastewater disposal | | | | | | | ✓ | ✓ | ✓ | | | | ✓ | ✓ | ✓ | ✓ | ✓ | ✓ | | | | | | | | | | | | | |
| Township wastewater disposal | | | | ✓ | | | ✓ | ✓ | ✓ | | | | ✓ | ✓ | ✓ | ✓ | ✓ | ✓ | | | | ✓ | ✓ | | | | | | | | |
| Township waste disposal | | | | ✓ | | | ✓ | ✓ | ✓ | ✓ | ✓ | ✓ | | | | ✓ | ✓ | ✓ | | | | ✓ | ✓ | | | | | | | | |
| Maintenance | | | | | | | ✓ | ✓ | | | | | | | | | ✓ | | | | | | | | | | | | | | |
| Steam venting | | | ✓ | | | | | | | | | | | | | | | | | | | | | | | | | | | | |
| Soot blowing | ✓ | | ✓ | | | | | | | | | | | | | | | | | | | | | | | | | | | | |
| Transportation | ✓ | ✓ | ✓ | | ✓ | | ✓ | | | | | | | | ✓ | ✓ | | | | | | ✓ | ✓ | ✓ | | ✓ | ✓ | ✓ | ✓ | ✓ | |
| Power transmission | | | | | | | ✓ | ✓ | | ✓ | ✓ | ✓ | ✓ | ✓ | | | ✓ | ✓ | | | ✓ | | | ✓ | | ✓ | | | | ✓ | |
| Green belt development | | | | | | ✓ | ✓ | ✓ | | ✓ | | ✓ | | | | | | | | | | | | | | ✓ | | | | | |
| Greening project premises | | | | | | ✓ | ✓ | ✓ | ✓ | ✓ | | ✓ | | | | | | | | | | | | | | ✓ | | | | | |
| Rain water harvesting | | | | | | ✓ | ✓ | ✓ | ✓ | | | | | | | | | | | | | | | | | | | | | | |
| Induced developments | | | | | | ✓ | ✓ | ✓ | ✓ | | ✓ | ✓ | ✓ | ✓ | ✓ | ✓ | ✓ | ✓ | | | ✓ | | | ✓ | ✓ | ✓ | ✓ | ✓ | ✓ | | |
| Social infrastructure | | | | | | | | ✓ | ✓ | | ✓ | | | | | | | | | | | | | | ✓ | ✓ | ✓ | ✓ | ✓ | | |
| **Post-operation/ Decommissioning** | | | | | | | | | | | | | | | | | | | | | | | | | | | | | | | |
| Dismantling infrastructure | ✓ | ✓ | ✓ | ✓ | | | ✓ | ✓ | ✓ | ✓ | | ✓ | | | | | ✓ | | | | ✓ | | ✓ | | | ✓ | | | | ✓ | |
| Transportation | ✓ | ✓ | ✓ | | ✓ | | | | | | | | | | | | | | | | | | ✓ | | | ✓ | ✓ | | | ✓ | |
| Site restoration | ✓ | | ✓ | | | | ✓ | ✓ | ✓ | ✓ | | ✓ | | | ✓ | ✓ | ✓ | ✓ | | | | | | | | ✓ | | | | | |

**चित्र 3.1: थर्मल पावर प्रोजेक्ट के लिए स्कोपिंग (संभावित प्रभाव) मैट्रिक्स**

4. नेटवर्क

नेटवर्क विधि घटकों के मध्य की परस्पर क्रिया का उन्नत स्वरूप है । यह मानता है कि पर्यावरण में संबंधों का एक जटिल जाल (पेट्रस 1999) शामिल है, जो अनुमान के साथ द्वितीयक प्रभावों की पहचान की अनुमति देता है:

i. आकार
ii. महत्व
iii. संभावना

यह पद्धति समुदाय के विशेष वर्गों पर प्रत्यक्ष या उच्च-क्रम के प्रभावों का पता लगाने में मदद करती है। हालाँकि, इसमें कमियाँ हैं कि यह संबंधों के परिमाण या किसी परिवर्तन की सीमा को स्थापित नहीं करता है। इसके अलावा, इसमें काफी समय लगता है और पर्यावरण में विभिन्न समुदायों के विस्तृत ज्ञान की आवश्यकता होती है।

5. ओवरले (Overlay) मैपिंग

ओवरले मैपिंग में कई विषयगत मानचित्रों का सुपरइम्पोजिशन शामिल है। इस पद्धति का व्यापक रूप से पर्यावरण नियोजन में उपयोग किया जाता है, विशेष रूप से बड़े क्षेत्र के विकास और रैखिक परियोजनाओं के लिए, उदाहरण- उपनगर, औद्योगिक क्षेत्र, सड़कें, रेलवे और क्रॉस-कंट्री पाइपलाइन, और विकल्पों की तुलना करने के लिए भी। भौगोलिक सूचना प्रणाली (GIS) ने विभिन्न सूचनाओं के समावेश के साथ पर्यावरण नियोजन को और सुगम बनाया है। इस पद्धति की सीमाएं यह हैं कि इसमें पर्यावरणीय प्रभावों की घटना की संभावना शामिल नहीं है, और द्वितीयक प्रभाव नहीं दिखाए गए हैं। इसके अलावा, यह प्रतिवर्ती और अपरिवर्तनीय प्रभावों के बीच अंतर नहीं करता है।

6. एनालॉग्स

एनालॉग्स का उपयोग अन्य क्षेत्रों या समान पर्यावरणीय सेटिंग्स वाले देशों में समान परियोजनाओं के अनुभवों को आकर्षित करने के लिए किया जाता है। हालांकि, यह सुनिश्चित करने की जरूरत है कि संभावित प्रभावों के लिए एक ठोस सादृश्य तैयार किया जाए।

### *3.2.6 स्कोपिंग में हितधारकों की भागीदारी*

कुछ ईआईए ढांचे में, दायरे के लिए सार्वजनिक परामर्श अनिवार्य हो सकता है लेकिन भारतीय विनियम (MOEF 2006, 2020) में ऐसा प्रावधान नहीं है। कुछ परियोजना प्रस्तावक दायरे के स्तर पर स्वेच्छा से जनता से परामर्श कर सकते हैं। स्कोपिंग प्रक्रिया आम तौर पर उन हितधारकों के साथ संपर्क का पहला बिंदु है जो परियोजना से प्रभावित होने या उसमें रुचि रखने की संभावना रखते हैं। सार्वजनिक परामर्श से विकल्पों पर विचार भी किया जा सकता है। स्कोपिंग स्टेज पर सार्वजनिक परामर्श परियोजना के प्रस्तावक के लिए एक महत्वपूर्ण अवसर प्रदान करता है:

i. प्रस्तावित परियोजना और ईआईए प्रक्रिया के बारे में जनता को सूचित करना
ii. उनकी चिंताओं को समझें
iii. उचित स्कोपिंग के लिए ऐतिहासिक जानकारी एकत्र करें
iv. निर्णय लेने में जनता की भागीदारी की भूमिका और योगदान निर्धारित करें
v. जनता को साथ लेकर चलें
vi. जनता के साथ विश्वसनीयता बनाएँ
vii. *उन* के बजाय *हम* की भावना पैदा करें

अनुभव से पता चलता है कि जहां स्कोपिंग हितधारकों और जनता से इनपुट को स्वीकार करता है, भले ही यह हमेशा उन्हें समायोजित न करे, इसके माध्यम से लाभ प्राप्त होते हैं:

i. गलतफहमियों और महंगी गलतियों से बचना
ii. सभी महत्वपूर्ण मुद्दों की कवरेज सुनिश्चित करना
iii. निर्णय लेने सहित ईआईए प्रक्रिया को और अधिक स्वीकार्यता प्राप्त कराना

स्कोपिंग परामर्श (ERM 2001बी) में विशिष्ट सुप्रथाओं में निम्नलिखित गतिविधियां शामिल हैं:

i. परियोजना में रुचि रखने वाले संगठनों और व्यक्तियों की एक अद्यतन सूची तैयार करना
ii. स्कोपिंग में उनकी मदद का अनुरोध करने के लिए सोशल मीडिया सहित उचित माध्यमों का उपयोग करके प्रत्येक इच्छुक व्यक्ति से संपर्क करना।
iii. पत्रक या ब्रोशर के रूप में उन्हें परियोजना के बारे में ऑनलाइन जानकारी भेजना
iv. पुस्तकालयों, धार्मिक स्थलों, स्थानीय स्वशासन के कार्यालयों, डाकघरों, बैंकों आदि जैसे सामान्य स्थानों पर मुद्रित सूचना को व्यापक रूप से उपलब्ध कराना।
v. सभी प्रतिक्रियाओं का मिलान और विश्लेषण करना और पर्यावरण अध्ययन की योजना बनाने में उन्हें ध्यान में रखना
vi. उत्तरदाताओं के साथ संचार करना, उनके बहुमूल्य इनपुट या फीडबैक की सराहना करना
vii. समुदाय-आधारित संगठनों (सीबीओ) और स्थानीय गैर-सरकारी संगठनों (एनजीओ) के नेतृत्व कर्त्ताओं के साथ व्यक्तिगत बैठकें आयोजित करना
viii. स्थानीय हित के आधार पर समय-समय पर संरचित और असंरचित समूह बैठकों का आयोजन करना
ix. रिकॉर्डिंग और ईआईए अध्ययन में परामर्श प्रक्रिया के दौरान उनके द्वारा व्यक्त किए गए विचारों को शामिल करना

### *3.2.7 स्कोपिंग का महत्व*

एक व्यवस्थित रूप से की गई स्कोपिंग:

i. ईआईए के लिए महत्वपूर्ण मुद्दों पर प्रकाश डाला जाता है
ii. एक व्यापक और अच्छी गुणवत्ता वाली ईआईए रिपोर्ट तैयार करने की संभावना बढ़ जाती है
iii. एक अकेंद्रित अध्ययन और बहुत बड़ी रिपोर्ट की समस्या से बचने में मदद करता है, जिसके परिमाणस्वरूप देरी और लागत कम लगती है
iv. यह सुनिश्चित करने में मदद करता है कि संसाधनों को उस जानकारी को एकत्र करने के लिए लक्षित किया गया है जो निर्णय लेने के लिए आवश्यक है, और अत्यधिक अध्ययन और अनावश्यक विश्लेषण करने में बर्बाद नहीं करता है

यह देखते हुए स्कोपिंग के महत्व (डौघर्टी और हॉल 1995) को इस प्रकार मान्यता दी जा सकती है:

i. प्रारंभिक चरण में समस्याओं को इंगित करता है, महंगे विस्तृत कार्य किए जाने से पहले निवारक और स्रोत न्यूनीकरण उपायों को शामिल करने के लिए परियोजना में उपयुक्त डिजाइन परिवर्तनों को सक्षम करता है
ii. यह सुनिश्चित करने में मदद करता है कि विस्तृत अनुमान का कार्य केवल महत्वपूर्ण मुद्दों के लिए किया जाए, यह देखते हुए कि ईआईए का उद्देश्य सभी पर्यावरणीय प्रभावों पर विस्तृत अध्ययन करना नहीं है और यह कि ईआईए रिपोर्ट समय व संसाधनों और धन के भीतर तैयार की जानी है

### *3.2.8 स्कोपिंग कब और कौन करता है?*

लागू ईआईए ढांचे के आधार पर, दायरे के संचालन की जिम्मेदारी निम्नलिखित में से किसी के साथ हो सकती है:

i. परियोजना प्रस्तावक
ii. सक्षम प्राधिकारी
iii. स्कोपिंग उद्देश्य के लिए स्थापित विशेषज्ञों का एक स्वतंत्र पैनल

निर्माण परियोजनाओं को छोड़कर, पर्यावरणीय अनुमोदन की आवश्यकता वाली विकास परियोजनाओं के लिए टीओआर निम्नलिखित के आधार पर सक्षम प्राधिकारी (MOEF 2006, 2020) द्वारा निर्धारित किए जाते हैं:

i. परियोजना प्रस्तावक द्वारा निर्धारित आवेदन प्रपत्रों में दी गई जानकारी
ii. परियोजना प्रस्तावक द्वारा प्रस्तावित टीओआर (स्वेच्छा से)
iii. सक्षम प्राधिकारी के एक उप-समूह द्वारा किया गया साइट का दौरा, जहां आवश्यक हो

देरी को कम करने, मनमानेपन को दूर करने और ईआईए प्रक्रिया को पारदर्शी बनाने के लिए भारत में टीओआर का क्षेत्र-विशिष्ट मानकीकरण किया गया है (MOEF 2015)। परिणामस्वरूप, पर्यावरण अनुमोदन प्राप्त करने के लिए सक्षम प्राधिकारी के साथ प्रस्तावित परियोजना के सफल ऑनलाइन पंजीकरण के तुरंत बाद ईआईए अध्ययन शुरू किया जा सकता है। इसके अलावा, स्वचालित मानक टीओआर जारी करने का प्रस्ताव है (MOEF 2019, 2020) औद्योगिक सम्पदा या पार्कों में प्रस्तावित सभी परियोजनाओं या गतिविधियों के पंजीकरण के एक सप्ताह के भीतर, और मौजूदा परियोजनाओं के सभी विस्तार प्रस्तावों के लिए पहले से पर्यावरणीय मंजूरी है।

आमतौर पर, स्कोपिंग स्क्रीनिंग प्रक्रिया के पूरा होने के बाद शुरू होती है। हालाँकि, ये दो चरण कभी-कभी कुछ हद तक ओवरलैप हो सकते हैं। अनिवार्य रूप से, स्कोपिंग यह निर्धारित करने के लिए प्रारंभिक पर्यावरणीय मूल्यांकन को आगे बढ़ाता है कि कौन से पर्यावरणीय मुद्दे और पर्यावरणीय प्रभाव महत्वपूर्ण हैं और उनके आगे के अध्ययन की आवश्यकता है।

### *3.2.9 स्कोपिंग विधियों का अनुप्रयोग*

चयनित स्कोपिंग पद्धति से यह सुनिश्चित करने की अपेक्षा की जाती है कि यह सभी संभावित पर्यावरणीय मुद्दों को कैप्चर करती है। हालाँकि, यह सराहना की जा सकती है कि किसी भी स्कोपिंग विधि का उपयोग इन पर निर्भर करता है

i. सूचना की उपलब्धता और सटीकता
ii. जानकारी का विश्लेषण और व्याख्या करने वाले वृत्तिक के कौशल
iii. स्कोपिंग प्रक्रिया में पारदर्शिता

## 3.3 विकल्पों पर विचार

विकल्पों पर विचार करना EIA प्रक्रिया की कार्रवाई परिभाषा का तीसरा प्रमुख उपचरण है। विकल्पों की पहचान और विश्लेषण और एक स्पष्ट आधार प्रदान करने वाले पसंदीदा विकल्पों का औचित्य किसी भी ईआईए (जेनेलेटी 2014, राथी 2021) के आवश्यक तत्व हैं और एक अभिनव और समस्या-समाधान उपकरण के रूप में ईआईए की उपयोगिता के लिए मौलिक हैं (अबजा *एट ऑल*. 2004)।

पूरे विश्व में, ईआईए नियामक ढांचे में घोषित उद्देश्यों को पूरा करने के लिए वैकल्पिक दृष्टिकोणों को शामिल करने वाले विकल्पों पर विचार करने की सामान्य कमी और चयनित विकल्पों के लिए वैकल्पिक डिजाइन (स्टाइनमैन 2001, CEAA 2007) के कारण अधिक पर्यावरणीय रूप से ठोस निर्णय लेने की सुविधा के लिए सीमित प्रावधान हैं। भारत में प्रचलित ईआईए अभ्यास (MOEF 2006) और यहां तक कि प्रस्तावित में (MOEF 2020), यह देखा गया है कि ईआईए प्रक्रिया में "विकल्पों पर विचार" को सतही रूप से संबोधित किया जाता है, विशेष रूप से निजी क्षेत्र की

परियोजनाओं के लिए, जहां विकल्पों के विश्लेषण की कम आवश्यकता होती है तुलनात्मक सार्वजनिक क्षेत्र की परियोजनाओं के लिए।

यह महसूस किया जा सकता है कि विकल्प अक्सर आर्थिक, तकनीकी और नियामक विचारों से प्रभावित होते हैं। हालांकि, ईआईए पर्यावरणीय मानदंडों पर विचार करते हैं और यह सुनिश्चित करते हैं कि नियामक आवश्यकताओं को पूरा किया जाए। यदि किसी दिए गए स्थान पर प्रस्तावित परियोजना से पर्यावरण के कुछ घटकों पर प्रतिकूल प्रभाव पड़ने की संभावना है, तो परियोजना के विकल्पों और/या स्थान के लिए पहले विचार करने की आवश्यकता है और इसके लिए इन विकल्पों के मूल्यांकन के लिए विभिन्न दृष्टिकोणों का पालन किया जाना चाहिए और आर्थिक और सामाजिक विकास के साथ-साथ पर्यावरण संरक्षण सुनिश्चित करना है।

### *3.3.1 विकल्पों पर क्या विचार है?*

विकल्प विभिन्न हैं जिनमें दृष्टिकोण, स्थान, संरेखण और प्रस्तावित परियोजना के वांछित उद्देश्य को प्राप्त करने के लिए विचार किया गया है, जबकि इसकी आवश्यकता और योग्यता को स्पष्ट रूप से परिभाषित किया गया है (EWT 2014)। कैनेडियन प्रणाली (वुड 1995) वैकल्पिक साधनों को संदर्भित करती है जो तकनीकी और आर्थिक रूप से व्यवहार्य हैं। एक परियोजना को पूरा करने के "वैकल्पिक साधन" एक समान तकनीकी चरित्र या विधियों के तरीके हैं जो कार्यात्मक रूप से समान हैं। उदाहरण के लिए, एक बड़े विकास के बजाय विभिन्न स्थानों पर कई छोटे विकास और/या मौजूदा सुविधाओं का विस्तार। इनके विकल्प एक ही उद्देश्य को प्राप्त करने के लिए एक पूरी तरह से अलग मार्ग का उपयोग करते हुए, एक ही लक्ष्य को प्राप्त करने के कार्यात्मक रूप के भिन्न तरीके हैं। उदाहरण के लिए, परमाणु ऊर्जा स्टेशन के निर्माण के विकल्प अन्य बिजली संयंत्रों से बिजली का संचरण, जलविद्युत परियोजना का निर्माण, नवीकरणीय संसाधनों का उपयोग, ऊर्जा का संरक्षण, आदि हो सकते हैं।

### *3.3.2 विकल्पों पर विचार का महत्व*

एक विकास परियोजना के लिए विकल्पों पर विचार एक ईआईए अध्ययन का एक महत्वपूर्ण घटक है जो सबसे उपयुक्त विकल्प का चयन करता है जो पर्यावरणीय संसाधनों के लिए कम से कम हानिकारक है। यह ठोस निर्णय लेने के लिए अत्यंत महत्वपूर्ण है, और यह सार्वजनिक भागीदारी बढ़ाने और पारदर्शिता में सुधार (IAIA 2015) द्वारा बेहतर शासन और धारणीयता के लिए महत्वपूर्ण है। विकल्प "पर्यावरणीय प्रभाव वक्तव्य के दिल है" (CEQ 2012)।

### *3.3.3 विकल्पों के विश्लेषण का स्कोप*

विकल्पों के विश्लेषण के दायरे (स्कोप) में परियोजना जीवनचक्र के अपस्ट्रीम चरण और प्रस्तावित परियोजना की एक व्यवस्थित तुलना शामिल हैं (विश्व बैंक 1999, IFC 1998)।

i. उनके संभावित पर्यावरणीय प्रभावों के संदर्भ में प्रस्तावित परियोजना डिजाइन, साइट, प्रौद्योगिकी और परिचालन विकल्प

ii. पूंजी और आवर्ती लागत
iii. स्थानीय परिस्थितियों में उपयुक्तता
iv. संस्थागत, प्रशिक्षण और निगरानी की आवश्यकताएँ

हालांकि, विकल्पों के विश्लेषण की गहराई टीओआर पर निर्भर करेगी।

### *3.3.4 विकल्पों पर कब विचार करें?*

**चित्र 3.2** में दर्शाए अनुसार विकल्पों का व्यापक विश्लेषण सुनिश्चित करने के लिए परियोजना पहचान प्रक्रिया (परियोजना विकसित करने से पहले) में विकल्पों की पहचान (विश्व बैंक 1996) को एकीकृत करना आवश्यक है। यह आमतौर पर एक परियोजना के पूर्व-व्यवहार्यता चरण में किया जाता है, और इसमें टोही दौरे और प्रारंभिक जांच भी शामिल हो सकती है।

विकल्पों पर विचार करना सबसे अधिक उपयोगी होने की संभावना है जब ईआईए को परियोजना चक्र के आरंभ में किया जाता है (डेसमंड 2007)। भारत में, अधिकांश परियोजनाओं के लिए, प्रौद्योगिकी और स्थान सहित परियोजनाओं पर प्रमुख निर्णय लेने के बाद, ईआईए को कमीशन किया जाता है। नतीजतन, ईआईए रिपोर्ट से हमेशा परियोजना प्रस्तावक द्वारा परियोजना विन्यास के साथ-साथ स्थान पर पहले से लिए गए निर्णयों को सही ठहराने की अपेक्षा की जाती है। यह माना जाता है कि एक अवधि में जब ईआईए प्रक्रिया आगे परिपक्व होती है और धारणीयता के मुद्दे और संचयी प्रभाव अधिक महत्व प्राप्त करते हैं, तो स्कोपिंग अभ्यास विकल्पों के उद्देश्यपूर्ण विचार पर जोर देगा।

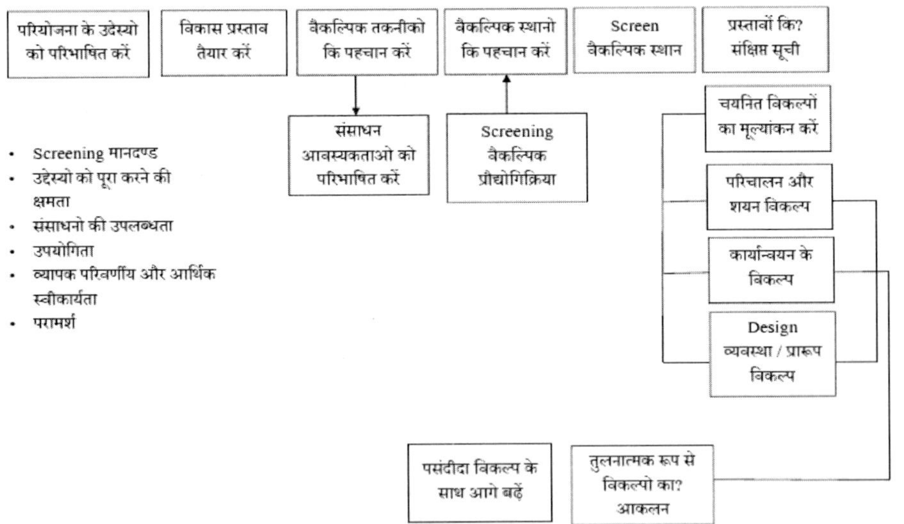


**चित्र 3.2 विकल्पों के विश्लेषण मे चरण**

(**स्रोत:** *विश्व बैंक 1996*)

### *3.3.5 विकल्पों के प्रकार*

विकास परियोजना के लिए विचार किए जाने वाले कुछ विशिष्ट विकल्प हैं:

i. परियोजना का प्रकार और पैमाना
ii. प्रक्रियाओं या प्रौद्योगिकी को नियोजित किया जाना
iii. परियोजना स्थल
iv. कार्यान्वयन पद्धति
v. अनुसूची बनाना आदि

कैंटर (1996) द्वारा दी गई परियोजनाओं के लिए विकल्पों की विशिष्ट श्रेणियों में शामिल हैं:

1. परियोजना विकल्प
2. परियोजना आकार के विकल्प
3. परियोजना स्थल विकल्प
4. चयनित परियोजना के लिए डिजाइन विकल्प
5. किसी दिए गए डिज़ाइन के लिए निर्माण और संचालन विकल्प
6. परियोजना निर्माण और संचालन के लिए समय के विकल्प
7. कोई भी परियोजना या कार्रवाई विकल्प नहीं

राथी (2016) द्वारा इनका वर्णन नीचे किया गया है।-

1. *परियोजना विकल्प:* प्रस्तावित विकास के मूल उद्देश्यों को पूरा करने के लिए कुछ परियोजनाओं के लिए वैकल्पिक विभिन्न परियोजनाएं संभव हो सकती हैं। उदाहरण के लिए,
   i. लंबी दूरी का परिवहन रेल या सड़क जैसी परियोजनाओं द्वारा किया जा सकता है, और शहरी परिवहन के लिए सिटी बस या मेट्रो रेल परियोजनाओं पर विचार किया जा सकता है
   ii. परमाणु या पारंपरिक या गैर-पारंपरिक संसाधनों पर आधारित परियोजनाओं से ऊर्जा उत्पादन प्राप्त किया जा सकता है
2. *परियोजना आकार विकल्प*: परियोजना के आकार को इस स्तर तक कम करना संभव हो सकता है कि इसके प्रभावों को कम किया जा सके, जैसे कि विभिन्न स्थानों पर छोटी परियोजनाएँ या किसी अवधि में मौजूदा परियोजना में चरण-वार परिवर्तन करना। यह कुछ परियोजनाओं के लिए संभव हो सकता है जैसे कि विनिर्माण क्षेत्र से संबंधित, बिजली उत्पादन, भंडारण, रियल एस्टेट विकास, आदि। उदाहरण के लिए,
   i. चरण 1 में 6-लेन राजमार्ग या 4-लेन राजमार्ग बनाना और चरण 2 में इसे 6-लेन तक विस्तारित करना
   ii. चरण 1 में 1320 मेगावाट ताप विद्युत परियोजना या 440 मेगावाट और चरण 2 में 440x2 मेगावाट स्थापित करना

iii. एक स्थान पर 3 मिलियन एमटीपीए का सीमेंट संयंत्र स्थापित करना या तीन अलग-अलग स्थानों पर 1 मिलियन एमटीपीए के तीन सीमेंट संयंत्र स्थापित करना

हालांकि, कुछ योजनाओं के लिए यह संभव नहीं हो पाता है जहाँ या तो पूरी परियोजना शुरू की जाए या कोई भी नहीं-

i. एक नदी/क्रीक पर एक रेल या सड़क पुल
ii. रेल या सड़क क्रॉसिंग पर एक फ्लाईओवर
iii. पोर्ट टर्मिनल से रिफाइनरी साइट तक कच्चे तेल के परिवहन के लिए एक पाइपलाइन
iv. उत्पादन के स्थान से लक्ष्य उपभोक्ता (उपभोक्ताओं) आदि तक विद्युत संचरण।

3. *परियोजना स्थल विकल्प*: ये मानव आवास, लोगों के विस्थापन, यदि कोई हो, दुर्लभ और लुप्तप्राय प्रजातियों के आवासों से निकटता आदि पर आधारित हैं। यह परियोजनाओं के लिए संभव हो सकता है जैसे

i. उत्पादन
ii. ऊर्जा उत्पादन
iii. अचल संपत्ति का विकास

लेकिन इनके लिए संभव नहीं हो सकता है

i. संसाधन आधारित परियोजनाएं जैसे खनन और ऑन/ऑफशोर तेल और गैस की खोज और उत्पादन, पिटहेड थर्मल पावर प्रोजेक्ट, इत्यादि।
ii. किसी दिए गए स्थल आदि के लिए प्रस्तावित कुछ विशिष्ट ढांचागत परियोजनाएं।

4. *डिजाइन के विकल्प*

वैकल्पिक तकनीकों, फीडस्टॉक्स, ऊर्जा के स्रोतों, भंडारण आदि का उपयोग करके किसी दिए गए स्थल पर प्रस्तावित परियोजना के लिए इनकी आवश्यकता होती है। उदाहरण के लिए,

i. *प्रौद्योगिकियां*: अलवणीकरण के लिए झिल्ली या थर्मल प्रक्रियाएं, कोयला आधारित थर्मल पावर परियोजनाओं के लिए पारंपरिक या सुपरक्रिटिकल तकनीक, रेल/सड़क क्रॉसिंग पर मिट्टी से भरे या संरचना-समर्थित फ्लाईओवर
ii. *फीडस्टॉक्स*: ताप विद्युत परियोजनाओं के लिए कोयला, प्राकृतिक गैस, या भट्ठी का तेल, इस्पात उत्पादन के लिए अयस्क या धातु स्क्रैप, कागज निर्माण के लिए लकड़ी की लुगदी, खोई, या रद्दी कागज, और एसिटिक एसिड निर्माण के लिए इथेनॉल या मेथनॉल
iii. *ऊर्जा के स्रोत*: जीवाश्म ईंधन या नवीकरणीय संसाधनों या आउटसोर्सिंग शक्ति का उपयोग करके कैप्टिव बिजली उत्पादन
iv. *भंडारण*: नगरपालिका के पानी के लिए ओवरहेड, सतही, या उप-सतह भंडारण, या बाद के दो पेट्रोलियम उत्पादों के लिए
v. *मेट्रो रेल की रूटिंग*: सतह, उप-सतह, या ऊंचा रेल नेटवर्क या विभिन्न हिस्सों के लिए इनका संयोजन

vi. *सामग्री संचालन*: कन्वेयर बेल्ट, रेल ट्रॉलियां, या खदानों से सीमेंट संयंत्र तक चूना पत्थर के परिवहन के लिए ट्रक, और खानों से कोयले को पिट हेड थर्मल पावर परियोजनाओं तक ले जाने के लिए ट्रक

vii. *निर्माण की सामग्री*: पेट्रोकेमिकल परियोजनाओं में उपकरणों के लिए पुलों, स्टेनलेस स्टील, या क्लैडेड-कार्बन स्टील के लिए स्टील या कंक्रीट संरचनाएं, और ऑटोमोबाइल में धातु या प्लास्टिक

viii. *खुली या बंद (इनडोर) सुविधाएं*: आकाश के लिए या रासायनिक परियोजना के लिए एक इमारत के भीतर संरचनाओं और उपकरणों की स्थापना

5. किसी दिए गए डिज़ाइन के लिए *निर्माण और संचालन विकल्प*, उदाहरण के लिए,
   i. साइट पर निर्माण (सीटू में) या पूर्व-तनाव और पूर्व-निर्मित संरचनात्मक निर्माण वस्तुओं का उपयोग करना
   ii. दुकान के फर्श में साइट पर निर्माण या निर्माण और फिर साइट पर परिवहन
   iii. क्षैतिज या लंबवत भंडारण टैंक
   iv. केंद्रीकृत नियंत्रण या स्थानीय रूप से माउंटेड इंस्ट्रूमेंटेशन से स्वचालित प्रक्रिया संचालन
   v. सामग्री हैंडलिंग सिस्टम में स्वचालन या मैन्युअल रूप से संचालित
   vi. साइट पर इन्वेंट्री का उच्च या निम्न स्तर, आदि।

6. *समय के विकल्प*: ये परियोजना निर्माण और संचालन से संबंधित हैं जैसे निर्माण से संबंधित गतिविधियों को शेड्यूल करना। उदाहरण के लिए,
   i. परियोजना के लिए प्रस्तावित भूमि पर खड़ी फसलों की कटाई के बाद निर्माण गतिविधियों को हाथ में लेना
   ii. आसपास के क्षेत्रों में क्रमशः अद्वितीय स्थानीय प्रजातियों और दुर्लभ और लुप्तप्राय प्रजातियों के फूल और प्रजनन अवधि के दौरान साइट को गतिविधियों से बचाना
   iii. पूरे दिन या तीन-शिफ्ट मे संचालन, आदि।

7. *परियोजना या कार्रवाई को कोई विकल्प नहीं*: यह सराहना की जा सकती है कि प्रस्तावित स्थल पर परियोजना स्थापित नहीं करना भी एक विकल्प है जो विचार करने योग्य है। प्रस्तावित परियोजना शुरू नहीं होने की स्थिति में क्या हो सकता है, इसके अनुसार अनुमानित परिदृश्य तैयार किया जाता है, और पर्यावरण, सामाजिक और आर्थिक प्रभावों के लिए अन्य परियोजना विकल्पों की तुलना की जाती है। उदाहरण के लिए, यदि दो पहचाने गए शहरों के बीच प्रस्तावित राजमार्ग के लिए किसी परियोजना विकल्प पर विचार नहीं किया जाता है, अर्थात यदि प्रस्तावित राजमार्ग का निर्माण नहीं किया गया है, तो यह संभव हो सकता है कि
   i. प्रस्तावित हाईवे कॉरिडोर में आर्थिक गतिविधियों का एहसास नहीं हो सकता है
   ii. मौजूदा रेल नेटवर्क पर दबाव बढ़ सकता है और यात्रियों के साथ-साथ मालगाड़ियों की संख्या भी बढ़ानी पड़ सकती है

iii. यदि आस-पास जलमार्ग हों तो जल परिवहन विकसित किया जा सकता है
iv. हवाई संपर्क विकसित किया जा सकता है या मौजूदा संपर्क को उन्नत करना पड़ सकता है, आदि।

### *3.3.6 विकल्पों पर विचार करने की पद्धति*

प्रस्तावित परियोजना के लिए विकल्पों की निर्धारण एक जटिल प्रक्रिया है जिसमें विभिन्न हितधारकों द्वारा लिए जाने वाले निर्णयों की एक विस्तृत श्रृंखला शामिल है जैसे परियोजना द्वारा मामूली निर्णय, तकनीकी टीम, और परियोजना प्रस्तावक और/या सक्षम प्राधिकारी द्वारा महत्वपूर्ण निर्णय (IAIA 2015)। जॉन्स (1999) ने विकल्पों पर विचार करने के लिए निम्नलिखित छह कदम प्रस्तावित किए:

i. प्रस्तावित परियोजना के उद्देश्य और आवश्यकता को परिभाषित करना
ii. घोषित उद्देश्य को पूरा करने के लिए उचित विकल्पों की एक श्रृंखला विकसित करना
iii. परियोजना के उद्देश्यों से संबंधित स्क्रीनिंग विकल्प
iv. विस्तृत विश्लेषण के लिए शॉर्टलिस्टिंग विकल्प
v. ईआईए रिपोर्ट में विकल्पों के विश्लेषण का दस्तावेजीकरण, यानी प्रत्येक विकल्प के पर्यावरणीय प्रभावों की पहचान, अनुमान और मूल्यांकन
vi. पसंदीदा विकल्प की सिफारिश करना

सैडलर (1996) ने पाया कि मौजूदा ईआईए ढांचे में उपयुक्त प्रावधानों के माध्यम से विकासशील देशों में नीति, अभ्यास और प्रदर्शन के मोर्चों पर ईआईए ढांचे में आमूल-चूल सुधार की आवश्यकता थी और विकल्पों के एक उद्देश्य और कठोर विश्लेषण के लिए इसका कार्यान्वयन भी। टीओआर को विशेष रूप से संभावित विवादास्पद, और बड़ी परियोजनाओं, और पारिस्थितिक रूप से संवेदनशील क्षेत्रों के आसपास प्रस्तावित परियोजनाओं के लिए उचित विकल्पों की एक विस्तृत श्रृंखला पर विचार करने पर जोर देने की आवश्यकता है।

इसलिए विकल्पों पर विचार करने की पद्धति को निम्नलिखित बुनियादी पहलुओं पर विचार करने की आवश्यकता है:

#### परियोजना विकल्पों की पहचान

विकल्प जटिल हैं और खोजे जाने के बजाय विकल्पों के कई सेट उत्पन्न करने की आवश्यकता है (ग्रेगरी *एट ऑल*. 2012)। खंडीय और क्षेत्रीय पर्यावरणीय आकलन (विश्व बैंक 1993, 1999) का उपयोग एक व्यापक ढांचे के विकास की सुविधा के लिए जिसके भीतर व्यक्तिगत परियोजना प्रस्ताव हो सकते हैं परियोजना विकल्पों (विश्व बैंक 1996) को स्क्रीन करने के लिए किया जा सकता है, भले ही ये सीमित डेटा पर आधारित हों । उदाहरण के लिए, क्षेत्रीय पर्यावरणीय आकलन भूमि उपयोग/भूमि कवर, हवाई अड्डे, बांधों और औद्योगिक क्षेत्र परियोजनाओं के लिए पारिस्थितिक और सामाजिक पहलुओं

जैसे विचारों के आधार पर परियोजना स्थान विकल्पों को स्क्रीन करने में मदद कर सकता है; पत्तन और बंदरगाह परियोजनाओं के लिए तटीय संसाधन और सामाजिक पहलू; थर्मल पावर परियोजनाओं के लिए एयरशेड, फीडस्टॉक और जल संसाधन; आदि।

विकल्पों का व्यापक विश्लेषण करने के लिए विकल्पों की पहचान और पूर्व-परियोजना पहचान प्रक्रिया को एकीकृत करने के लिए टोही सर्वेक्षण सहित प्रारंभिक जांच की आवश्यकता हो सकती है (विश्व बैंक 1996)। प्रमुख बुनियादी ढांचा परियोजनाओं के लिए विकल्पों की पहचान करते समय जटिल और परस्पर संबंधित कारकों पर विचार किया जाना चाहिए (IEMA 2014)। अलग-अलग शासनों (गोंजालेज *एट ऑल.* 2013) के तहत विकल्पों की अलग-अलग परिभाषाओं और व्याख्याओं के बावजूद, सभी को चरणबद्ध विश्लेषण और निर्णय लेने की आवश्यकता होती है ताकि इन्हें आगे ले जाया जा सके या फिर रोक दिया जाए परियोजना की शुरुआत से लेकर पर्यावरण अनुमोदन प्राप्त करने तक। पर्यावरणीय दृष्टिकोण से उचित विकल्पों के चयन का आधार स्पष्ट रूप से उल्लेख करने की आवश्यकता है, और किसी अन्य विकल्प का चयन, यदि पसंद किया जाता है, तो उसे पूरी तरह से उचित ठहराया जाना चाहिए।

### उचित विकल्पों का सृजन

विकल्प जो प्रासंगिक हैं, और मुद्दों और भागीदारी से प्रेरित हैं, और जहां स्पष्ट रूप से किए गए ट्रेड-ऑफ के साथ बहु-उद्देश्य केंद्र में हैं, उन्हें उचित विकल्प कहा जाता है (डेसमंड 2007)। ईआईए में इस तरह के पहचाने गए उचित विकल्पों के आकलन पर निर्णय कर्ताओं द्वारा सवाल उठाया जा सकता है। उचित विकल्पों का विवरण इस प्रकार सटीक और सही होना चाहिए।

वैकल्पिक पहलू का अर्थ है कि पर्यावरणीय प्रभावों के संदर्भ में उचित विकल्प, परियोजना प्रस्तावक द्वारा प्रस्तावित योजना से भिन्न होना चाहिए। इसी कारण से, स्ज़ोपिन्स्की (2017) एक उचित विकल्प का शून्य (आधार रेखा) संस्करण पर विचार नहीं करता है (अर्थात परियोजना का क्रियांवन नहीं कर रहा है) क्योंकि इसमें पर्यावरणीय प्रभाव शामिल नहीं हैं। हालांकि, कोई परियोजना परिदृश्य एक विकल्प नहीं माना जाता है (कैंटर 1996), विशेष रूप से संयुक्त राज्य अमेरिका और यूरोपीय संघ के ईआईए ढांचे में। आर्थिक मानदंड विशिष्ट विकल्प के चयन को न्यायोचित ठहराने वाले तत्व के रूप में काम कर सकते हैं, लेकिन ईआईए रिपोर्ट में एक उचित विकल्प के विश्लेषण से बचने को उचित नहीं ठहराते। वैकल्पिक होने के लिए, विकल्प को आम तौर पर स्थानिक या तकनीकी शर्तों, या आर्थिक या सामाजिक मानदंडों में भिन्न होना चाहिए। किसी दिए गए प्रकार की परियोजना के लिए एक उचित विकल्प (स्ज़ोपिंस्की 2017) केवल अमूर्त, सैद्धांतिक या भ्रामक नहीं हो सकता है, अर्थात यह अनिवार्य रूप से, एक ही स्थान पर, केवल मामूली तकनीकी अंतर के साथ एक ही परियोजना नहीं हो सकती है।

### विकल्प और हितधारक भागीदारी

आम सहमति बनाने के अलावा जानकारी प्राप्त करने में विकल्पों की पहचान और विश्लेषण के दौरान हितधारकों की भागीदारी फायदेमंद हो सकती है (विश्व बैंक 1996) । विकल्पों के विश्लेषण को पारदर्शी, संतुलित और हितधारकों के विचारों के प्रति उत्तरदायी होने की आवश्यकता है। वैकल्पिक विश्लेषण के प्रमुख घटक विश्लेषण पद्धति को विकल्पों पर चर्चा बढ़ाने और सार्वजनिक भागीदारी में सुधार करने में उपयोगी पाए गए (कामिजो और हुआंग 2016, 2017)।

### विकल्पों का तुलनात्मक आकलन

तुलनात्मक विश्लेषण का उद्देश्य यथार्थवादी और उचित विकल्पों के गुणों और दोषों को स्पष्ट रूप से परिभाषित करना है, जिससे निर्णयकर्ताओं और जनता को विकल्पों के बीच चयन करने का स्पष्ट आधार मिल सके। तुलनात्मक आकलन को निष्पक्ष रूप से अंतर स्पष्ट करना चाहिए, और एक धुरी पर निर्णय मानदंड (आर्थिक, तकनीकी, पर्यावरण, और सामाजिक) के साथ प्रत्येक विकल्प के लिए गुणात्मक या मात्रात्मक जानकारी को सारांशित करने वाली तालिका या मैट्रिक्स का उपयोग तथा दूसरी धुरी पर जितने भी विकल्प संभव हो उनको लेना चाहिए (विश्व बैंक 1996)।

कई विकल्पों की तुलना के लिए स्केलिंग, रेटिंग या रैंकिंग चेकलिस्ट को लागू किया जा सकता है । सामान्य परियोजना प्रगति, पूर्व-संचालन और संचालन गतिविधियों, और पोस्ट-ऑपरेशन आवश्यकताओं (US ऊर्जा विभाग 2004) को शामिल करने के लिए प्रत्येक अनुशंसित वैकल्पिक आवश्यकताओं का विवरण व प्रत्येक विश्लेषित विकल्प, जिसमें कोई कार्रवाई नहीं है, को निष्पक्ष रूप से वर्णित करने की आवश्यकता है, तत्वों या गतिविधियों के स्पष्ट स्पष्टीकरण पर ध्यान केंद्रित करते हुए, समान अवधि का उपयोग करते हुए, और पूर्वाग्रह के किसी भी रूप से परहेज, इस तरह से करते हुए कि विकल्पों के बीच अंतर स्पष्ट रहें। तुलनात्मक आकलन के लिए, वैकल्पिक स्थानों की विभिन्न विशेषताओं और पहलुओं (DEAT 2006) सहित विस्तृत जांच करना आवश्यक है:

i. परियोजना जीवनचक्र पर प्रत्यक्ष, अप्रत्यक्ष और संचयी प्रभाव
ii. शमन के उपाय
iii. पूंजी और परिचालन लागत
iv. शारीरिक, कानूनी, या संस्थागत बाधाएँ
v. नीति और कानूनी आवश्यकताओं का अनुपालन

## *3.3.7 विकल्पों पर विचार कौन करता है?*

विकल्पों पर विचार आमतौर पर परियोजना प्रस्तावक द्वारा किया जाता है (जॉन्स 1999)। ऐसे मामले में, विकल्प का चयन मुख्य रूप से तकनीकी और वित्तीय विचारों पर आधारित हो सकता है। ईआईए टीम लीडर कुछ क्षेत्रीय विशेषज्ञ, और संबंधित कार्यात्मक पेशेवरों को यह सुनिश्चित करने की

आवश्यकता है कि टीओआर के अनुपालन में पर्यावरणीय विचारों पर विधिवत विचार किया जाए (राथी 2016, 2017)। यदि पर्यावरणीय और सामाजिक प्रभाव मोटे तौर पर चयनित विकल्प के समान पाए जाते हैं और परियोजना प्रस्तावक द्वारा प्रस्तावित किए जाते हैं, तो परियोजना प्रस्तावक के प्रस्ताव को और आगे प्रभाव आकलन के लिए लिया जा सकता है।

## संदर्भ

Abaza, H., R. Bisset, and B. Sadler. 2004. *Environmental Impact Assessment and Strategic Environmental Assessment: Towards an Integrated Approach*, 1st edn. Geneva: United Nations Environment Program.

अबज़ा, एच., आर. बिसेट, और बी. सैडलर 2004, एनवायर्नमेंटल इंपैक्ट एसेसमेंट एंड स्ट्रैटेजिक एनवायर्नमेंटल असेसमेंट: टुवर्ड्स ऐन इंटीग्रेटेड अप्रोच, पहला संस्करण जिनेवा: संयुक्त राष्ट्र पर्यावरण कार्यक्रम।

Canter, L. W. 1996. *Environmental Impact Assessment*, 2nd edn. New York: McGraw-Hill.

कैंटर, एल.डब्ल्यू. 1996, एनवायर्नमेंटल इंपैक्ट एसेसमेंट, दूसरा संस्करण, न्यूयॉर्क: मैकग्रा-हिल।

CEAA, Canadian Environmental Assessment Agency. 2007. "Addressing "Need for," "Purpose of," "Alternatives to" and "Alternative Means" under the "Canadian Environmental Assessment Act." Accessed Sep 9, 2018. <https://www.canada.ca/en/environmental-assessment-agency/news/2007/11/addressing-need-purpose-alternatives-alternative-means-under-canadian-environmental-assessment-act.html>.

CEAA, कनाडाई पर्यावरणीय मूल्यांकन एजेंसी। 2007, "कनाडाई पर्यावरणीय मूल्यांकन अधिनियम के तहत "आवश्यकता," "उद्देश्य," "विकल्प" और "वैकल्पिक साधन" को संबोधित करना, 9 सितंबर, 2018 को एक्सेस किया गया। <https://www.canada.ca/en/environmental-Assessment-agency/news/2007/11/addressi ng-need- Purpose-alternatives-alternative-m eans-under-canadian-environmental-assess ment-act. html>.

CEQ, Council on Environmental Quality, 2012. *Alternatives Including the Proposed Action*. 40 Code of Federal Regulations 1502.14. Washington, DC: US Government Publishing Office.

CEQ, पर्यावरण गुणवत्ता परिषद, 2012, प्रस्तावित कार्रवाई सहित विकल्प, 40 कोड, संघीय विनियम संहिता 1502.14., वाशिंगटन, डीसी: अमेरिकी सरकार प्रकाशन कार्यालय।

Desmond, M. 2007. "Decision Criteria for the Identification of Alternatives in Strategic Environmental Assessment." *Impact Assess Project Appraisal* **25**(4): 259–269.

डेसमंड, एम. 2007, "रणनीतिक पर्यावरणीय मूल्यांकन में विकल्पों की पहचान के लिए निर्णय मानदंड," प्रभाव आकलन परियोजना मूल्यांकन 25(4): 259-269।

DEAT, Department of Environmental Affairs and Tourism. 2006. *Assessment of Alternatives and Impacts*. Integrated Environmental Management Series. Guideline 5. Pretoria: Department of Environmental Affairs and Tourism.

DEAT, पर्यावरण मामले और पर्यटन विभाग। 2006 विकल्पों और प्रभावों का आकलन, एकीकृत पर्यावरणीय प्रबंधन श्रृंखला, दिशानिर्देश 5, प्रिटोरिया: पर्यावरण मामले और पर्यटन विभाग।

Dougherty, T. C., and A. W. Hall. 1995. *Environmental Impact Assessment of Irrigation and Drainage Projects*. FAO Irrigation and Drainage. Paper no. 53. Rome: Food and Agriculture Organization, United Nations.

डौघर्टी, टी.सी., और ए.डब्ल्यू. हॉल, 1995. सिंचाई और जल निकासी परियोजनाओं का पर्यावरणीय प्रभाव आकलन, FAO सिंचाई और जल निकासी, पेपर नं. 53, रोम: खाद्य एवं कृषि संगठन, संयुक्त राष्ट्र.

Duarte, C. G., and L. E. Sánchez. 2020. "Addressing significant impacts coherently in environmental impact statements." *Environmental Impact Assessment Review* **67**: 106373.

डुआर्टे, सी.जी., और एल.ई. सांचेज़, 2020, "ऐड्रेसिंग सिग्निफिकेंट इंपैक्ट कोहेरेंटली इन एनवायर्नमेंटल इंपैक्ट स्टेटमेंट्स", पर्यावरणीय प्रभाव आकलन समीक्षा 67: 106373.

EC, European Commission. 1996. *Environmental Impact Assessment: Guidance on Screening*. Brussels: Directorate General for Environment, Nuclear Safety and Civil Protection, European Commission.

EC, यूरोपीय आयोग, 1996, पर्यावरणीय प्रभाव आकलन: स्क्रीनिंग पर मार्गदर्शन, ब्रुसेल्स: पर्यावरण, परमाणु सुरक्षा और नागरिक सुरक्षा महानिदेशालय, यूरोपीय आयोग।

ERM, Environmental Resources Management. 2001a. *Guidance on EIA-Screening*. Prepd. for The European Communities. Edinburgh: Environmental Resources Management.

ERM, पर्यावरण संसाधन प्रबंधन, 2001a. EIA-स्क्रीनिंग पर मार्गदर्शन, तैयारी यूरोपीय समुदायों के लिए, एडिनबर्ग: पर्यावरण संसाधन प्रबंधन।

ERM, Environmental Resources Management. 2001b. *Guidance on EIA-Scoping*. Prepd. for The European Communities. Edinburgh: Environmental Resources Management.

ERM, पर्यावरण संसाधन प्रबंधन, 2001बी, EIA-स्कोपिंग पर मार्गदर्शन, तैयारी यूरोपीय समुदायों के लिए. एडिनबर्ग: पर्यावरण संसाधन प्रबंधन।

EWT, Endangered Wildlife Trust. 2014. "EIA Toolkit, A Guide to the EIA Process." Accessed Jul 6, 2018. <https://www.eia.org.za/assessmentalternative.html>.

EWT, लुप्तप्राय वन्यजीव ट्रस्ट, 2014, "EIA टूलकिट, EIA प्रक्रिया के लिए एक गाइड", 6 जुलाई, 2018 को एक्सेस किया गया। <https://www.eia.org.za/assessmentalternative.html>।

Geneletti, D. 2014. "Integration of Impact Assessment Types Improves Consideration of Alternatives." *Impact Assessment and Project Appraisal* **32**(1): 17–18.

जेनेलेटी, डी. 2014, "प्रभाव आकलन प्रकारों का एकीकरण विकल्पों पर विचार में सुधार करता है।" प्रभाव आकलन और परियोजना मूल्यांकन 32(1): 17-18.

Gregory, R., L. Failing, G. Harstone, T. Long, D. McDaniels, and D. Ohlson. 2012. *Structured Decision-making: A Practical Guide to Environmental Management Choices*. Oxford: Wiley-Blackwell.

ग्रेगरी, आर., एल. फेलिंग, जी. हार्स्टोन, टी. लॉन्ग, डी. मैकडैनियल्स, और डी. ओहल्सन, 2012, संरचित निर्णय-निर्माण: पर्यावरणीय प्रबंधन विकल्पों के लिए एक व्यावहारिक मार्गदर्शिका। ऑक्सफोर्ड: विले-ब्लैकवेल।

González, A., R. Therivel, J. Fry, and W. Foley. 2013. *Developing and Assessing Alternatives in Strategic Environmental Assessment*. Prepd. for Environmental Protection Agency. EPA Research Report no. 157. Johnstown Castle: Environmental Protection Agency (Ireland).

गोंजालेज, ए., आर. थेरिवेल, जे. फ्राई, और डब्ल्यू. फोले, 2013, रणनीतिक पर्यावरणीय मूल्यांकन में विकल्पों का विकास और मूल्यांकन, तैयारी पर्यावरण संरक्षण एजेंसी के लिए, EPA अनुसंधान रिपोर्ट संख्या 157 जॉनस्टाउन कैसल: पर्यावरण संरक्षण एजेंसी (आयरलैंड)।

IAIA, International Association for Impact Assessment. 2015. *Alternatives in Project EIA*. FASTIPS, no. 11. Fargo: International Association for Impact Assessment Headquarters.

IAIA, इंटरनेशनल एसोसिएशन फॉर इम्पैक्ट असेसमेंट, 2015, प्रोजेक्ट EIA में विकल्प फास्टिप्स, नंबर 11, फ़ार्गो: इंटरनेशनल एसोसिएशन फॉर इम्पैक्ट असेसमेंट मुख्यालय।

IEEM, Institute of Ecology and Environmental Management. 2006. *Guidelines for Ecological Impact Assessment in United Kingdom*. Hampshire: Institute of Ecology and Environmental Management. Accessed Dec 10, 2015. www.cieem.net/screening-and-scoping.

IEEM, इंस्टिट्यूट ऑफ़ इकोलॉजी एंड एनवायर्नमेंटल मैनेजमेंट, 2006, गाइडलाइंस फॉर इकोलॉजी इंपैक्ट एसेसमेंट इन यूनाइटेड किंगडम, हेमिस्फीयर: इंस्टिट्यूट ऑफ़ इकोलॉजी एंड एनवायर्नमेंटल मैनेजमेंट, अभिगमन 10 दिसंबर, 2015 www.cieem.net/screening-and-scoping.

IEMA, Institute of Environmental Management and Assessment. 2014. *Reasonable Alternatives*. Lincoln: Institute of Environmental Management and Assessment.

IEMA, पर्यावरणीय प्रबंधन और मूल्यांकन संस्थान, 2014, उचित विकल्प, लिंकन: पर्यावरणीय प्रबंधन और मूल्यांकन संस्थान।

IFC, International Finance Corporation. 1998. *Environmental Assessment*. OP 4.01. Washington, DC: International Finance Corporation.

IFC, इंटरनेशनल फाइनेंस कॉरपोरेशन, 1998, एनवायर्नमेंटल एसेसमेंट ओ.पी.4.01, वाशिंगटन, डी.सी. इंटरनेशनल फाइनेंस कॉरपोरेशन

Jones, C. E. 1999. "Screening, Scoping and Consideration of Alternatives." In *Handbook of Environmental Impact Assessment*, vol. 1, edited by J. Petts, 201–228. Oxford: Blackwell Science.

जॉन्स, सी.ई., 1999, "स्क्रीनिंग स्कोपिंग एंड कंसीडरेशन ऑफ़ अल्टरनेटिव्स", इन हैंडबुक ऑफ़ एनवायर्नमेंटल इंपैक्ट एसेसमेंट वॉल्यूम-1 जे.पीट्स द्वारा संपादित, 201-228, ऑक्सफोर्ड: ब्लैकवेल साइंस

Kamijo, T., and G. Huang. 2016. "Improving the Quality of Environmental Impact Assessment Reports: Effectiveness of Alternatives Analysis and Public Involvement in JICA Supported Projects." *Impact Assessment and Project Appraisal* **34**(2): 143–151.

कामिजो, टी., और जी. हुआंग, 2016, “पर्यावरणीय प्रभाव आकलन रिपोर्ट की गुणवत्ता में सुधार: जेआईसीए समर्थित परियोजनाओं में वैकल्पिक विश्लेषण और सार्वजनिक भागीदारी की प्रभावशीलता।” प्रभाव आकलन और परियोजना मूल्यांकन 34(2): 143-151।

Kamijo, T., and G. Huang. 2017. “Enhancing the Discussion of Alternatives in EIA Using Principle Component Analysis Leads to Improved Public Involvement.” *Environmental Impact Assessment Review* **65**: 63–74.

कामिजो, टी., और जी. हुआंग, 2017, “सिद्धांत घटक विश्लेषण का उपयोग करके विकल्पों की चर्चा को बढ़ाने से सार्वजनिक भागीदारी में सुधार होता है।” पर्यावरणीय प्रभाव आकलन समीक्षा 65: 63-74.

MOEF, Ministry of Environment and Forests. 2006. *Environmental Impact Assessment Notification*. New Delhi: Ministry of Environment and Forests.

MOEF, पर्यावरण और वन मंत्रालय, 2006, पर्यावरणीय प्रभाव आकलन अधिसूचना, नई दिल्ली: पर्यावरण और वन मंत्रालय।

MOEF, Ministry of Environment and Forests. 2015. *Standard Terms of Reference (TOR) for EIA/EMP Report for Projects/Activities Requiring Environmental Clearance under EIA Notification 2006*. New Delhi: Ministry of Environment and Forests.

MOEF, पर्यावरण मंत्रालय और वन, 2015, EIA/EMP रिपोर्ट के लिए मानक संदर्भ शर्तें (TOR), EIA के अंतर्गत परियोजनाएं/गतिविधियां पर्यावरणीय मंजूरी अधिसूचना 2006 की आवश्यकता, नई दिल्ली: पर्यावरण और वन मंत्रालय।

MOEF, Ministry of Environment and Forests. 2019. *Automatic Standard TOR*. New Delhi: Ministry of Environment and Forests.

MOEF, मिनिस्ट्री ऑफ़ एनवायर्नमेंट एंड फॉरेस्ट 2019 ऑटोमेटिक स्टैंडर्ड TOR, नई दिल्ली: मिस्ट्री ऑफ़ एनवायर्नमेंट एंड फॉरेस्ट

MOEF, Ministry of Environment and Forests. 2020. *Draft Environmental Impact Assessment Notification*. New Delhi: Ministry of Environment and Forests.

MOEF, मिनिस्ट्री ऑफ़ एनवायर्नमेंट एंड फॉरेस्ट 2020, ड्राफ्ट एनवायर्नमेंटल इंपैक्ट एसेसमेंट नोटिफिकेशन, नई दिल्ली: मिनिस्ट्री ऑफ़ एनवायर्नमेंटल एंड फॉरेस्ट

Petts, J., ed. 1999. *Handbook of Environmental Impact Assessment*. London: Blackwell Science.

पेट्स, जे., एड. 1999, हैंडबुक ऑफ़ एनवायर्नमेंटल इंपैक्ट एसेसमेंट, लंदन: ब्लैकवेल साइंस।

Rathi, A. K. A. 2016. *Environmental Impact Assessment: A Practical Guide for Professional Practice*. Ahmedabad: Akar Unlimited.

राथी, ए.के.ए. 2016, पर्यावरणीय प्रभाव आकलन: प्रैक्टिकल गाइड फॉर प्रोफेशनल प्रैक्टिस, अहमदाबाद: अकर अनलिमिटेड.

Rathi, A. K. A. 2017. “Evaluation of Project-Level Environmental Impact Assessment and SWOT Analysis of EIA Process in India.” *Environmental Impact Assessment Review* **67**: 31–39.

राथी, ए.के.ए. 2017, "भारत में परियोजना-स्तरीय पर्यावरणीय प्रभाव आकलन और EIA प्रक्रिया का SWOT विश्लेषण का मूल्यांकन", पर्यावरणीय प्रभाव आकलन समीक्षा 67: 31-39।

Rathi, A.K.A. 2021. "Is "Consideration of Alternatives" in Project Level Environmental Impact Assessment Studies in Developing Countries an Eyewash: An Indian Case-Study." *Journal of Environmental Planning and Management* **65(3): 418–440**.

राथी, ए.के.ए. 2021, "इज "कंसीडरेशन ऑफ़ अल्टरनेटिव" इन प्रोजेक्ट लेबल एनवायर्नमेंटल इंपैक्ट एसेसमेंट स्टडीज इन डेवलपिंग कंट्रीज ऐन ऑयवाश: एन इंडियन केस स्टडी" जर्नल ऑफ़ एनवायर्नमेंटल प्लानिंग एंड मैनेजमेंट 65(3): 418-440।

Sadler, B. 1996. *Environmental Assessment in a Changing World: Evaluating Practice to Improve Performance*. Final Report of the International Study of the Effectiveness of Environmental Assessment. Ottawa: IAIA and Canadian Environmental Assessment Agency.

सेटलर बी 1996, एनवायर्नमेंटल एसेसमेंट इन ए चेंजिंग वर्ल्ड: इवेलुएटिंग प्रैक्टिस टू इंप्रूव परफॉर्मेंस फाइनल रिपोर्ट ऑफ़ द इंटरनेशनल स्टडी ऑफ़ द इफेक्टिवेनेस ऑफ एनवायर्नमेंटल असेसमेंट, ओटावा: IAIA एंड कनाडा एनवायर्नमेंटल असेसमेंट एजेंसी

Steinemann, A. 2001. "Improving Alternatives for Environmental Impact Assessment." *Environmental Impact Assessment Review* **21**: 3–21.

स्टाइनमैन, ए. 2001, "इंप्रूविंग अल्टरनेटिव्स फॉर एनवायर्नमेंटल इंपैक्ट एसेसमेंट" एनवायर्नमेंटल इंपैक्ट एसेसमेंट रिव्यू 21: 3–21

Szopiński, W. 2017. "What is a "Reasonable Alternative" for a Development Project." Accessed Jul 15, 2018. <http://www.codozasady.pl/en/what-is-a-reasonable-alternative-for-a-development-project/>.

स्ज़ोपिंस्की, डब्ल्यू. 2017, "व्हाट इस ए रीजनेबल अल्टरनेटिव्स फॉर ए डेवलपमेंट प्रोजेक्ट", अभिगमन 15 जुलाई, 2018 http://www.codozasady.pl/en/what-is-a-reasonable-alternative-for-a-development-project/>।

UNU, United Nations University. 2007. *EIA Course Module*. Accessed Dec 15, 2015. www.eia.unu.edu/course.

UNU, यूनाइटेड नेशन यूनिवर्सिटी 2007, EIA कोर्स मॉडल, अभिगमन 15 दिसंबर 2015 www.eia.unu.edu/course।

US Department of Energy. 2004. *Recommendations for the Preparation of Environmental Assessments and Environmental Impact Statements*, 2nd edn. Washington, DC: Office of NEPA Policy and Compliance.

US, ऊर्जा विभाग, 2004, रिकमेंडेशन फॉर द प्रिपरेशन ऑफ़ एनवायर्नमेंटल एसेसमेंट एंड एनवायर्नमेंटल इंपैक्ट स्टेटमेंट, दूसरा संस्करण। वाशिंगटन, डीसी: NEPA नीति और अनुपालन कार्यालय।

Wood, C. 1995. *Environmental Impact Assessment: A Comparative Review*. Harlow: Longman Group Ltd.

वुड, सी. 1995, एनवायर्नमेंटल इंपैक्ट एसेसमेंट: ए कंपैरेटिव रिव्यू, हार्लो: लोंगमैन ग्रुप लिमिटेड

World Bank. 1993. *Environmental Screening*. Environmental Impact Assessment Source Book. Update no. 2. Washington, D.C.: Environment Department, World Bank.

विश्व बैंक. 1993, एनवायर्नमेंटल स्क्रीनिंग एनवायर्नमेंटल इंपैक्ट एसेसमेंट सोर्स बुक, अपडेट नंबर-2, वॉशिंगटन, डीसी.: एनवायरमेंट डिपार्टमेंट विश्व बैंक

World Bank. 1996. *Analysis of Alternatives in Environmental Assessment*. Environmental Assessment Source Book. Update no. 17. Washington, DC: Environment Department, World Bank.

विश्व बैंक. 1996, एनालिसिस ऑफ अल्टरनेटिव्स इन एनवायर्नमेंटल एसेसमेंट, सोर्स बुक, अपडेट नंबर 17 वॉशिंगटन, डी.सी.: एनवायरमेंट डिपार्मेंट वर्ल्ड बैंक

World Bank. 1999. *Environmental Assessment Source Book*. Washington, DC: Environment Department, World Bank.

विश्व बैंक. 1999, एनवायर्नमेंटल असेसमेंट सोर्सबुक, वॉशिंगटन, डी.सी.: एनवायरमेंट डिपार्मेंट, विश्व बैंक

अध्याय 4

# पर्यावरणीय प्रभाव आकलन: कार्यप्रणाली और तकनीक

एक पर्यावरणीय प्रभाव मूल्यांकन (ईआईए, EIA) में अनिवार्य रूप से तीन चरण होते हैं, जैसे:

1. प्रभाव की पहचान
2. प्रभाव का पूर्वानुमान, या अनुमान
3. प्रभाव विश्लेषण,आकलन, या मूल्यांकन यह निर्धारित करने के लिए कि क्या प्रभाव महत्वपूर्ण हैं

किसी दिए गए स्थान पर प्रस्तावित परियोजना के लिए ईआईए पर पूर्ण अध्ययन करने के लिए, उपयुक्त ईआईए पद्धतियों को अपनाना आवश्यक है।

## 4.1 ईआईए प्रणालियाँ और तकनीक

कैंटर (1996) द्वारा दी गई कई ईआईए पद्धतियों को साहित्य में वर्णित किया गया है, और नीचे चित्रित किया गया है:

1. * एनालॉग
2. केस स्टडीस
3. * चेकलिस्ट (सरल, भारीयता, स्केलिंग)
4. * विशेषज्ञ राय- पेशेवर निर्णय, डेल्फी, अनुकूली पर्यावरणीय मूल्यांकन, सिमुलेशन मॉडलिंग
5. विशेषज्ञ प्रणाली (प्रभाव पहचान, पूर्वानुमान, मूल्यांकन, निर्णय लेना)
6. साहित्य की खोज
7. * द्रव्यमान संतुलन
8. * मैट्रिक्स और इंटरैक्शन आरेख (सरल, स्टेप्ड, भारीयता, स्कोरिंग)
9. * नेटवर्क (प्रभावी वृक्ष एवं श्रृंखलाएँ)
10. *ओवरले मैपिंग (जीआईएस)
11. तस्वीरें और फोटोमोंटेज
12. *गुणात्मक मॉडलिंग (वैचारिक)
13. *मात्रात्मक मॉडलिंग (मीडिया, पारिस्थितिकी तंत्र, दृश्य, पुरातात्विक, सिस्टम विश्लेषण)

14. जोखिम आकलन
15. परिदृश्य
16. ट्रेंड एक्स्ट्रापोलेशन
17. कारक विश्लेषण का उपयोग कर पर्यावरण सूचकांक
18. अनौपचारिक रूप से (विशेषज्ञ की राय, जनमत सर्वेक्षण, डेल्फी)

* अक्सर प्रयोग की जाने वाली विधियाँ एवं तकनीक (फिशर और झा-ठाकुर 2008)

उपरोक्त विधियों में से अधिकांश प्रभाव पहचान के लिए सबसे उपयुक्त हैं। कुछ अक्सर उपयोग की जाने वाली विधियों को संक्षेप में नीचे वर्णित किया गया है:

### *1. एनालॉग*

एनालॉग का उपयोग अन्य क्षेत्रों या देशों में समान तरह की परियोजनाओं के अनुभवों से निकले निष्कर्षों का उपयोग करने के लिए किया जाता है। प्रस्तावित परियोजना के संभावित प्रभावों का एक ठोस सादृश्य सुनिश्चित करने के लिए पर्यावरणीय निगरानी डेटा का उपयोग करना आवश्यक है।

### *2. चेकलिस्ट*

चेकलिस्ट एक संरचित प्रारूप में पर्यावरणीय कारकों की एक साधारण सूची से लेकर एक गणिती मॉडल संमलित तक की लिस्टिंग हो सकती है। ये प्रभाव पहचान के मजबूत संकेतक हैं। जो चेक्लिस्ट नियोजित की जा रही है उसमें निम्न शामिल हैं:

i. सरल चेकलिस्ट - पर्यावरणीय कारकों की सूची होना, बिना विशिष्ट डेटा आवश्यकताओं, मापदंडों के माप, या प्रभाव मूल्यांकन के
ii. वर्णनात्मक चेकलिस्ट - मापदंडों के माप और प्रभाव मूल्यांकन पर जानकारी के साथ पर्यावरणीय कारकों की एक सूची होना
iii. भारीयता प्रकार की चेकलिस्ट जिसमें पर्यावरणीय मापदंडों को महत्व देने के लिए भार सौंपा जाता है। एक भारांक सूचकांक की गणना जो परियोजना विकल्पों की तुलना करने में मदद करें।
iv. स्केलिंग प्रकार चेकलिस्ट जिसमें सूचीबद्ध प्रभावों को गंभीरता या परिमाण के क्रम में रैंक किया जाता है। स्केलिंग तकनीक का उपयोग विभिन्न विकल्पों के प्रभावों की तुलना करने के लिए किया जाता है।

चेकलिस्ट के लाभों में शामिल हैं:

i. मूल्यांकन के लिए प्रासंगिक पर्यावरणीय कारकों की पहचान करने में सरलता
ii. मूल्यांकन प्रक्रिया के प्रारंभिक चरणों के दौरान प्रभावों पर विचार करना
iii. सामूहिक ज्ञान और निर्णय का प्रतिनिधित्व

iv. भारीयता और स्केलिंग प्रकार की चेकलिस्टों से प्रभावों के परिमाण और महत्व के आधार पर प्रभावों की पहचान करना

हालाँकि, इस विधि में निम्न सहित कुछ सीमाएँ हैं:

i. ये बहुत सामान्य हैं और प्रभावों की पहचान गुणात्मक है
ii. प्रत्यक्ष रूप से कारण और प्रभाव के मध्य संबंध स्थापित नहीं होते हैं
iii. पर्यावरणीय घटकों के बीच परस्पर निर्भरता, संबंध या सहक्रियाशीलता परिलक्षित नहीं होती है
iv. पर्यावरणीय परिस्थितियों में भिन्नताओं का वर्णन नहीं होता
v. विशिष्ट डेटा आवश्यकताओं को नहीं बताया गया है
vi. भारीयता और स्केलिंग प्रकार की चेकलिस्ट व्यक्तिपरक हैं

### *3. विशेषज्ञ की राय*

इस पद्धति में आमतौर पर प्रश्नावली का उपयोग करके संरचित तरीके से प्रस्तावित परियोजना के प्रभावों पर प्रासंगिक क्षेत्रों में मान्यता प्राप्त विशेषज्ञों की राय मांगना संमलित है। व्यक्तियों से राय मांगी जा सकती है या सापेक्ष प्रभावों के आधार पर विकल्प विकसित करने के लिए विशेषज्ञों के साथ बैठकें या कार्यशालाएं आयोजित की जा सकती हैं। इस पद्धति का लाभ यह है कि अध्ययन कम अवधि में पूरा किया जा सकता है। हालांकि, इसमें व्यक्तिपरक निर्णय शामिल है क्योंकि मान्यता प्राप्त विशेषज्ञों के दृष्टिकोण भिन्न हो सकते हैं।

### *4. मास बैलेंस*

मास बैलेंस गणना मौजूदा और प्रस्तावित परियोजना गतिविधियों के परिणामस्वरूप होने वाली हालत और स्थितियों के विश्लेषण को संदर्भित करती है। ये ज्यादातर वायु उत्सर्जन, और पानी, ठोस और खतरनाक अपशिष्ट निर्वहन का अनुमान लगाने में उपयोग किए जाते हैं। यह विधि विनिर्माण क्षेत्र की परियोजनाओं के लिए विशेष रूप से उपयोगी है जो अच्छी तरह से स्थापित और व्यावसायिक रूप से सिद्ध विनिर्माण प्रौद्योगिकी को नियोजित करने का प्रस्ताव करती हैं, जिसके लिए विनिर्माण प्रक्रिया पर पूरी जानकारी उपलब्ध है।

### *5. मैट्रिक्स और इंटरैक्शन आरेख*

इस विधि में, प्रस्तावित परियोजना के प्रत्येक जीवनचक्र चरण से जुड़ी गतिविधियों को एक अक्षीय धुरी के साथ सूचीबद्ध किया जाता है, और पर्यावरणीय घटकों को दूसरी धुरी पर। मैट्रिक्स कोशिकाओं में इनपुट या तो गुणात्मक या मात्रात्मक हो सकते हैं। मैट्रिसेस दो प्रकार की होती हैं:

i. सरल इंटरैक्शन मैट्रिसेस
ii. महत्व-नियत मैट्रिसेस

सबसे सरल मैट्रिक्स केवल इसके परिमाण या महत्व के किसी भी संदर्भ के बिना प्रभाव की घटना को इंगित करते हैं। अधिक परिष्कृत मैट्रिक्स में, जैसे महत्व-नियत मैट्रिक्स, प्रभाव के परिमाण और महत्व के मात्रात्मक अनुमानों का समग्र प्रभाव स्कोर प्राप्त करने के लिए किसी एक भारीयता योजना के साथ जोड़ा जाता है।

मैट्रिसेस विधि के फायदों में शामिल हैं:

i. परियोजना गतिविधि और एक पर्यावरणीय घटक के बीच संबंधों का एक दृश्य विवरण
ii. परियोजना के प्रत्येक जीवनचक्र चरण में गतिविधियों के लिए प्रभाव की पहचान
iii. समग्र साइट—विशिष्ट प्रभावों की पहचान

लियोपोल्ड मैट्रिक्स, पीटरसन मैट्रिक्स और घटक इंटरैक्शन मैट्रिक्स सहित मैट्रिसेस का उपयोग आमतौर पर ईआईए अध्ययनों में किया जाता है। घटक इंटरैक्शन तकनीक को द्वितीयक प्रभावों की प्रारंभिक जांच की संरचना के लिए विकसित किया गया था। तकनीक घटक इंटरैक्शन मैट्रिक्स पर आधारित है, जिसे पहली बार पर्यावरणीय मूल्यांकन (रॉस 1974) के लिए सहायता के रूप में वर्णित किया गया था।

### *6. नेटवर्क*

एक नेटवर्क आरेख, जिसे एक वृक्ष सदृश्य दिखाया गया है, उसे प्रभाव वृक्ष कहा जाता है, जो विभिन्न स्तरों पर कारण और प्रभाव के मध्य संबंधों को दिखलाता एवं वर्णित करता है। दूसरे की स्थिति पर एक कारक की सापेक्ष निर्भरता को प्राथमिक और माध्यमिक प्रभावों के लिए विभिन्न तीरों की चौड़ाई और ऊंचाइयों द्वारा इंगित किया जा सकता है। इनका उपयोग सिस्टम में संरचना, प्रमुख तत्वों और इंटरैक्शन की पहचान करने के लिए किया जाता है, उदाहरण के लिए निर्णय फ़्लोचार्ट और नकारात्मक और सकारात्मक प्रतिक्रिया लूप के साथ लूप विश्लेषण।

नेटवर्क की विधि के लाभ:

i. गतिविधियों और प्रभावों के बीच बातचीत प्रदर्शित की जाती है
ii. प्रत्यक्ष और अप्रत्यक्ष प्रभावों पर विचार किया जाता है

इस विधि की सीमाएं यह हैं कि यह:

i. अपने सरलीकृत रूप से परे उपयोग किए जाने पर बहुत जटिल हो जाता है
ii. व्यक्तिपरक है

### *7. ओवरले मैपिंग*

ओवरले मैपिंग तकनीक, जिसे पहले टाउन प्लानिंग अध्ययनों के लिए विकसित किया गया था, पर्यावरणीय विशेषताओं या विषयों (जैसे बायोफिज़िकल, सामाजिक, सौंदर्य) के मानचित्रों के एक सेट पर आधारित है, जो परियोजना स्थल के पर्यावरण के समग्र लक्षण वर्णन के लिए एक ही पैमाने पर

तैयार किया गया है। प्रभावित पर्यावरणीय विशेषताओं को ध्यान में रखते हुए प्रभावों की पहचान की जा सकती है। प्रत्येक पैरामीटर पर विचार करने के लिए, एक पारदर्शी ओवरले शीट तैयार की जाती है और विभिन्न रंगों में तैयार की गई विभिन्न शीटों को मिलाकर और आधार मानचित्र पर दर्शाया जाता है, परिणामी समग्र शीट, स्थानिक पहलुओं और कई घटकों को प्रदर्शित करती है, जिससे विशिष्ट या समग्र प्रभाव एकत्र किए जा सकते हैं।

पारंपरिक पारदर्शी शीट के स्थान पर, जानकारी का उपयोग भौगोलिक सूचना प्रणाली (जीआईएस) प्लेटफॉर्म पर किया जा सकता है और कंप्यूटर सॉफ्टवेयर का उपयोग करके विश्लेषण किया जा सकता है। एक जीआईएस का उपयोग विभिन्न पैमानों पर भी तैयार किए गए मानचित्रों को एकीकृत करने और विभिन्न विशेषताओं या विषयों को दिखाने वाले विभिन्न प्रकार के मानचित्रों को हटाकर नए नक्शे उत्पन्न करने के लिए किया जा सकता है। उदाहरण के लिए, वनस्पति और मिट्टी के नक्शे को हटाकर, भूमि उपयुक्तता पर एक नया नक्शा उत्पन्न करना है और प्रस्तावित परियोजनाओं के प्रभाव का अध्ययन करना।

ओवरले मैपिंग विधि के यह फायदे हैं कि यह विधि:

i. सरल
ii. उपयोगकर्ता के अनुकूल
iii. प्रस्तावित कार्यकलापों के लिए उपयुक्त स्थलों की पहचान में लागू होने योग्य

इस विधि की बाधाओं में निम्न बातें शामिल हैं:

i. नक्शे अति सरल हो जाते हैं
ii. पारंपरिक मानचित्र ओवरले पर्यावरणीय कारकों के बीच विशिष्ट अंतर्संबंधों को सामने नहीं लाते हैं
iii. प्रभावों की संभावना या अवधि पर विचार किए बिना केवल प्रत्यक्ष प्रभावों को संबोधित किया जाता है
iv. समय के माध्यम से पारिस्थितिकी तंत्र की गतिशीलता को प्रभावी ढंग से वर्णित नहीं किया जा सकता है

### *8. गुणात्मक मॉडलिंग*

गुणात्मक मॉडल वर्णनात्मक तरीकों को संदर्भित करते हैं जिसमें परियोजना गतिविधियों के प्रभावों को समझने के लिए प्रासंगिक जानकारी का उपयोग किया जाता है जिसमें विभिन्न पर्यावरणीय घटकों में परिवर्तन करने की क्षमता होती है। यह विधि आम तौर पर पेशेवर निर्णय पर आधारित है।

### *9. मात्रात्मक मॉडलिंग*

ये गणितीय मॉडल हैं जिनका उपयोग विशेष रूप से एक अवधि में पर्यावरणीय मीडिया या संसाधनों में अपेक्षित परिवर्तनों का पूर्वानुमान करने के लिए किया जाता है। ये सरलीकृत से लेकर थ्री- डाइमेंशनल कंप्यूटर-आधारित अधिक जटिल मॉडल तक हैं। ऐसे मॉडलों के लिए व्यापक डेटा इनपुट की अक्सर आवश्यकता होती है और मॉडल में कई धारणाएं अंतर्निहित होती हैं। मात्रात्मक मॉडलिंग सबसे प्रभावी है जब अपेक्षित डेटा उपलब्ध होता है, और पर्यावरणीय कारक आसानी से मात्रात्मक होते हैं, जिससे इनमें से प्रत्येक के लिए गणितीय मूल्य का निर्धारण संभव होता है।

### *10. विधियों का संयोजन*

एक विशेष पर्यावरणीय घटक में प्रत्याशित परिवर्तन एक बड़े भौगोलिक क्षेत्र में और समय के साथ अलग-अलग गंभीरता पर कई परस्पर संबंधित घटकों में परिवर्तन की एक श्रृंखला को प्रेरित कर सकता है। कंप्यूटर-एडेड कार्यप्रणाली मैट्रिक्स, नेटवर्क, ओवरले और विश्लेषणात्मक मॉडल के संयोजन का उपयोग करती है। उदाहरण के लिए, एक हाइब्रिड विधि (वाथर्न 1984), एक मैट्रिक्स और एक नेटवर्क के संयोजन का उपयोग पारिस्थितिकी तंत्र के घटकों पर द्वितीयक प्रभावों की पहचान करने के लिए करती है। यह विधि उन गतिविधियों और कारण कारकों पर विचार करती है जो परिवर्तनों को प्रेरित करने की संभावना रखते हैं, और एक विशेष कारण कारक के परिणाम की जांच कारण-स्थिति-प्रभाव श्रृंखला के माध्यम से की जाती है।

### *11. अन्य अनौपचारिक तरीके*

अन्य *अनौपचारिक* तरीकों में आम तौर पर विशेषज्ञों की एक बहु-विषयक टीम का गठन शामिल होता है जो अपनी-अपनी विशेषज्ञता से संबंधित क्षेत्रों में संभावित प्रभावों के व्यापक क्षेत्रों की पहचान करते हैं। समग्र पर्यावरणीय मापदंडों, जैसे वायु गुणवत्ता, जल निकासी, वनस्पतियों और जीवों, लोगों के विस्थापन, आदि, जो प्रस्तावित गतिविधियों से प्रभावित होने की संभावना है, को दीर्घकालिक या अल्पकालिक प्रभाव, या प्रभावों की रिवर्सिबिलिटी या अपरिवर्तनीयता जैसे विचारों के आधार पर सूचीबद्ध किया जाता है। इन तरीकों में, विशेषज्ञ अपने अनुभव के आधार पर एक सहज ज्ञान युक्त दृष्टिकोण पर भरोसा करते हैं और एक गुणात्मक आधारित व्यापक पर्यावरणीय मूल्यांकन करते हैं। जब अत्यधिक अनुभवी व्यक्ति ईआईए अध्ययन करने में शामिल होते हैं, तो ईआईए पद्धतियां आम तौर पर अनौपचारिक होती हैं (जैन *एट ऑल*. 2004)

अन्य *अनौपचारिक* तरीकों में जनमत सर्वेक्षण, वृत्तिक राय, डेल्फी विधियां, आदि शामिल हैं। इन तरीकों का उपयोग करना बहुत आसान है। हालाँकि, इन विधियों की कमियों में निम्नलिखित शामिल हैं:

i. विशिष्ट मापदंडों पर प्रभाव मूल्यांकन नहीं किया जाता है

ii. कारण-प्रभाव संबंध स्थापित नहीं होता है

iii. इस बात का कोई आश्वासन नहीं है कि सभी प्रासंगिक प्रभावों का व्यापक रूप से अध्ययन किया जाता है
iv. विभिन्न विशेषज्ञों या विशेषज्ञ समूहों द्वारा उपयोग किए जाने वाले मानदंड सुसंगत नहीं हो सकते हैं
v. यह कम सक्षम है क्योंकि सबसे अच्छे विशेषज्ञ सम्भवतः शामिल नहीं हो सकते हैं

## 4.2 कार्यप्रणाली की आवश्यकताएं

ईआईए के लिए कार्यप्रणाली या पद्धतियों के संयोजन का चयन करते समय, यह सुनिश्चित करने की आवश्यकता है कि चयनित पद्धति उपयुक्त है और यह ईआईए अध्ययन को प्रभावी ढंग से संचालित करने के लिए सभी आवश्यक पहलुओं को ध्यान में रखती है। चयनित पद्धति को कुछ आवश्यकताओं (जैन एट *ऑल*. 2004), को पूरा करना चाहिए, जिनकी चर्चा नीचे की गई है-

### *4.2.1 प्रभाव पहचान*

प्रभाव की पहचान शुरू में परियोजना से संबंधित गतिविधियों से प्रत्यक्ष प्रभावों की पहचान करने के लिए एक आसान असाइनमेंट प्रतीत हो सकती है, यानी जिनके प्रभाव पैदा करने वाले कारक के साथ प्रथम क्रम मे संबंध हैं। उदाहरण के लिए, साइट निकासी गतिविधियों के परिणामस्वरूप वनस्पति का नुकसान। लेकिन इस तरह के प्रत्यक्ष प्रभाव, कई प्रभावों की एक सीमित तस्वीर प्रदान करते हैं (बिसेट 1984) जो विशेष रूप से बड़ी परियोजनाओं के परिणामस्वरूप हो सकते हैं। इस प्रकार, प्रभाव की पहचान के लिए एक पद्धति में एक तंत्र होना चाहिए जो जटिल पर्यावरणीय संबंधों पर विचार करता है कि यह सुनिश्चित हो कि:

i. प्रभावों, प्रत्यक्ष और अप्रत्यक्ष दोनों की व्यापक रूप से पहचान हो जैसे।
   क) भौतिक-रासायनिक
   ख) पारिस्थितिक
   ग) सामाजिक-सांस्कृतिक
   घ) दृश्य और सौंदर्य
   ङ) संसाधन आधार
   च) प्रेरित विकास जिसमें पैटर्न को बदलने की क्षमता है
      - भूमि उपयोग
      - संसाधन की खपत
      - ऊर्जा का उपयोग
      - जनसंख्या और जनसांख्यिकी
      - व्यवसाय
      - सामाजिक समानता, आदि।

ii. विभिन्न पर्यावरणीय घटकों और उनकी विशेषताओं पर विशिष्ट प्रभावों की पहचान की जाए जैसे कि-
    क) विभिन्न वायु गुणवत्ता से संबंधित मापदंडों के लिए हवा
    ख) जल संसाधन स्थिरता और विभिन्न जल गुणवत्ता से संबंधित मापदंडों के लिए पानी
    ग) भूमि उपयोग/भूमि आवरण, परिदृश्य और मृदा से संबंधित मापदंडों के लिए भूमि
    घ) स्थलीय, जलीय, तटीय और समुद्री वनस्पतियों और जीवों के लिए पारिस्थितिकी जिसमें पक्षिजात और उनके अंतर्संबंध शामिल हैं
iii. परियोजना से संबंधित प्रभावों की पहचान की जाती है, यानी वह प्रभाव जिन्हें प्रस्तावित परियोजना और संबंधित गतिविधियों के लिए स्पष्ट रूप से जिम्मेदार ठहराया जा सकता है। इनमें परियोजना-विशिष्ट प्रभाव भी शामिल होंगे जैसे कि एक जल निकाय का रंगीन हो जाना जिसमे रंजक निर्माण इकाइयों से उत्पन्न रंगीन अपशिष्ट जल का निर्वहन हो रहा हो।
iv. परियोजना के प्रत्येक जीवनचक्र चरण में प्रभावों की अवधि और समय की पहचान की जाती है, अर्थात निरंतर, गैर-निरंतर और आवधिक गतिविधियों से उत्पन्न होने वाले प्रभावों की आवृत्ति और अवधि की पहचान की जाती है।
v. प्रभाव की पहचान प्रासंगिक आंकड़ों के आधार पर की जाती है; इस तरह से डेटा की आवश्यकता को सामने लाया जाता है।

प्रस्तावित गतिविधियों से प्रभाव की पहचान मुख्य रूप से निम्नलिखित के आधार पर की जाती है:

i. चेकलिस्ट, मैट्रिक्स, नेटवर्क, या ओवरले मैपिंग जैसी तकनीकों का उपयोग करके एक स्कोपिंग प्रक्रिया
ii. समान गतिविधियों और केस स्टडीज के लिए साहित्य खोज;
iii. समान गतिविधियों के लिए पेशेवरों का अनुभव या प्रदर्शन
iv. व्यावसायिक निर्णय (IMA 2006) की जानकारी के आधार पर
    क) परियोजना के प्रत्येक जीवनचक्र चरण में गतिविधियों की प्रत्याशित प्रकृति और अवधि;
    ख) संसाधन उपयोग
    ग) सामान्य और असामान्य संचालन, और गैर-परिचालन और आकस्मिक स्थितियों के तहत उत्पन्न उत्सर्जन और निर्वहन।

### *4.2.2 प्रभाव पूर्वानुमान*

प्रभाव पूर्वानुमान पद्धति के लिए एक तंत्र की आवश्यकता होती है जो यह सुनिश्चित करता है कि:

i. प्रभाव परिमाण या गंभीरता का पूर्वानुमान पर्यावरण के विभिन्न घटकों के अनुसार की जाए
ii. विभिन्न घटकों पर प्रभावों को निर्धारित करने के लिए विशिष्ट पर्यावरणीय मापदंडों, मापने योग्य संकेतकों, या सूचकांकों का उपयोग किया गया हो

iii. एक व्यक्तिपरक के अपितु एक उद्देश्य प्रभाव पूर्वानुमान की जाए, और पेशेवर निर्णयों का उपयोग केवल वहां किया जाए जहां उद्देश्य भविष्यवाणियां संभव नहीं होती हो
iv. यह विश्वसनीय रूप से प्रभावों की एक विस्तृत श्रृंखला का पूर्वानुमान करने के लिए अनुकूल हो
v. प्रतिलिपि प्रस्तुत करने योग्य परिणाम सुनिश्चित करने के लिए मान्य पूर्वानुमान मॉडल का उपयोग किया गया हो
vi. इसमें शामिल अनिश्चितता, ली गई धारणाएं और वह धारणाएं जो पूर्वानुमान विधियों या नियोजित मॉडलों में अंतर्निहित हैं, स्पष्ट रूप से बताई गई हो।

### *4.2.3 प्रभाव आकलन*

प्रभाव आकलन पद्धति की आवश्यकता है:

i. अनुमानित प्रभावों के महत्व का स्पष्टता से निर्धारित करना
ii. महत्व के निर्धारण में अनिश्चितता या विश्वास की डिग्री का आकलन करना
iii. प्रभाव महत्व निर्धारित करने के लिए की गई मान्यताओं या उपयोग किए गए मानदंडों को शामिल करना
iv. किसी भी प्रभाव की पहचान करना जिसमें जोखिम की कम संभावना है लेकिन गंभीर परिणाम या हानि की संभावना है
v. एक तंत्र जो पर्यावरण के विभिन्न घटकों पर प्रभावों को एकत्र कर एक समग्र प्रभाव देता है
vi. सार्वजनिक भागीदारी के लिए एक तंत्र जो प्रभाव के महत्व का निर्धारण कर सके

निम्नलिखित जानकारी प्रभावों के महत्व को स्थापित करने, और प्रभाव विश्लेषण या मूल्यांकन का आधार है:

i. लागू नियामक ढांचे का ज्ञान
ii. पर्यावरणीय आधारभूत जानकारी
iii. अनुमानित प्रभावों के प्रकार और प्रकृति
iv. भविष्यवाणियों में विश्वास का स्तर
v. कार्यान्वयन अधीन परियोजना संबंधी कार्यकलापों और प्रस्तावित परियोजना के निकट कार्यान्वयन के लिए अनुमोदित कार्यकलापों का विवरण
vi. क्षेत्र की वहन क्षमता

महत्व के निर्धारण में बैटले चेकलिस्ट का भी उपयोग किया जा सकता है। प्रभावों का महत्व अध्याय 5 में वर्णित है।

## 4.3 कार्यप्रणाली चयन

प्रभाव मूल्यांकन के तरीके अलग-अलग हो सकते हैं

i. परियोजना क्षेत्र, यानी विनिर्माण क्षेत्र की परियोजना के लिए उपयोग की जाने वाली विधि एक अवसंरचनात्मक परियोजना के लिए उपयोग की जाने वाली विधि से अलग होगी।
ii. पर्यावरणीय घटक, अर्थात् भौतिक-रासायनिक पर्यावरण के लिए उपयोग की जाने वाली विधि, पारिस्थितिक पर्यावरण या सामाजिक पर्यावरण के लिए उपयोग की जाने वाली विधि से अलग होगी।

कार्यप्रणाली चयन निम्नलिखित सहित कई कारकों (UNEP 2002) पर निर्भर करेगा:

i. परियोजना का प्रकार और आकार
ii. विकल्पों के प्रकार पर विचार किया जा रहा है
iii. संभावित प्रभावों की प्रकृति
iv. प्रभाव पहचान विधियों की उपलब्धता
v. प्रभाव पूर्वानुमान विधियों की उपलब्धता
vi. प्रभाव पहचान और पूर्वानुमान विधियों के उपयोग में ईआईए टीम का कौशल और अनुभव

तथापि, यह सराहनीय है कि ईआईए टीम लीडर द्वारा चुनी गई पद्धति अंततः ईआईए अध्ययन करने के लिए आवंटित संसाधनों की उपलब्धता द्वारा नियंत्रित होगी, अर्थात:

i. भागीदारी, विशेषज्ञता और कौशल के स्तर के लिए उपयुक्त मानव संसाधन
ii. डेटा खरीद और उत्पादन, और सॉफ्टवेयर उपयोग के लिए वित्तीय संसाधन
iii. अध्ययन पूरा करने के लिए उपलब्ध समय

यह चेतावनी दी जा सकती है कि ईआईए एक अंतिम साधन है, वरन् अपने आप में एक अंत नहीं है, और अन्य विश्लेषणात्मक तरीको की तरह इसमे भी यह जोखिम है कि एक तकनीक के साथ व्यस्तता के फलस्वरूप उद्देश्य पर केंद्रित ध्यान की अवहेलना हो सकती है (कैल्डवेल 1998)।

## 4.4 प्रभाव पूर्वानुमान और आकलन/मूल्यांकन

सकारात्मक और नकारात्मक प्रभावों के लिए प्रभाव का पूर्वानुमान, उनकी गंभीरता या परिमाण के संदर्भ में, आम तौर पर मात्रात्मक शब्दों और / या गुणात्मक शब्दों के द्वारा की जाती है। पर्यावरणीय प्रभावों का गुणात्मक आकलन आम तौर पर पारिस्थितिक, सामाजिक और दृश्य और सौंदर्य पहलुओं से संबंधित प्रभावों के लिए नियोजित किया जाता है। फिर भी, इन पहलुओं के गणितीय मॉडलिंग के आधार पर मात्रात्मक आकलन का उपयोग बढ़ रहा है।

### *4.4.1 मात्रात्मक रूप*

वायु उत्सर्जन और अपशिष्ट जल निर्वहन में विशिष्ट प्रदूषकों की सांद्रता की तुलना में आसानी के लिए यह संख्यात्मक मूल्यों में व्यक्त की जाती है:

i. लागू विनियमों में निर्दिष्ट संगत अनुमेय उत्सर्जन और निर्वहन सांद्रता के साथ
ii. संबंधित पर्यावरणीय बेसलाइन सांद्रता के साथ
iii. विचार किए गए विकल्पों में से कोई एक

भौतिक-रासायनिक वातावरण से संबंधित मापदंडों का पूर्वानुमान और उन्हे व्यक्त करने के अतिरिक्त, अर्थात् वायु, शोर, पानी और अपशिष्ट जल, और मिट्टी को मात्रात्मक शब्दों में, तथा जोखिम मूल्यांकन को भी मात्रात्मक शब्दों में व्यक्त किया जाता है। मात्रात्मक गणितीय मॉडल के उपयोग के विशिष्ट उदाहरण हैं:

i. वायु प्रकीर्णन (डिस्पर्शन) मॉडल, आइसोप्लेथ के रूप में बॉयलर स्टैक जैसे बिंदु स्रोत से अलग-अलग दूरी पर जमीनी स्तर पर प्रदूषण और प्रदूषकों की सांद्रता का पूर्वानुमान और उन्हे व्यक्त करने के लिए
ii. ध्वनि पूर्वानुमान मॉडल, आइसोप्लेथ के रूप में पंप जैसे शोर के स्रोतों से विभिन्न दूरी पर परिवेश ध्वनि के स्तर का पूर्वानुमान और उसे व्यक्त करने के लिए
iii. हाइड्रोजियोलॉजिकल मॉडल, किसी दिए गए सतही स्रोत से भारी धातुओं जैसे जल प्रदूषकों के रिसाव के कारण विभिन्न दूरी पर जलभृतों में प्रदूषकों की सांद्रता का पूर्वानुमान करने और उनको व्यक्त करने के लिए

*वायु प्रकीर्णन (डिस्पर्शन) मॉडलिंग सबसे व्यापक रूप से प्रचलित है और नीचे विस्तार से वर्णित है।*

#### वायु प्रकीर्णन (डिस्पर्शन) मॉडलिंग

हवा में उत्सर्जित प्रदूषकों को बड़े पैमाने पर वायु-प्रवाह द्वारा लंबी दूरी पर ले जाया जाता है और छोटे पैमाने पर वायु-प्रवाह अथवा विक्षोम द्वारा फैलाया जाता है, जिससे प्रदूषक परिवेशी हवा के साथ मिश्रित हो जाते हैं और हवा की गुणवत्ता बदल जाती हैं। वायु द्वारा प्रकीर्णन (डिस्पर्शन) एक बहुत ही जटिल प्रक्रिया है क्योंकि वायुमंडलीय प्रवाह मे विभिन्न आकारों के भंवर की उपस्तिथि रहती है। वायु प्रकीर्णन (डिस्पर्शन) मॉडल ऐसे उपकरण हैं जो जमीनी स्तर के वायु उत्सर्जन को एक अवधि और अंतराल के एक बिंदु, कई बिंदुओं, रेखा या क्षेत्र स्रोतों से सांद्रता का पूर्वानुमान करने के लिए नियोजित होते हैं। वायुमंडलीय प्रकीर्णन (डिस्पर्शन) मॉडलिंग का उपयोग विभिन्न वायुमंडलीय परिस्थितियों में वायु प्रदूषकों के परिवहन और प्रकीर्णन (डिस्पर्शन) का पूर्वानुमान करने के लिए किया जाता है। मुख्य रूप से यह एक:

i. वायुमंडल में प्रदूषकों के परिवहन, प्रकीर्णन (डिस्पर्शन) और परिवर्तन को नियंत्रित करने वाले भौतिकी और रसायन विज्ञान का गणितीय सिमुलेशन है

ii. निम्नलिखित जानकारी का उपयोग करके वायु प्रदूषक की डाउनविंड एकाग्रता की गणना करने का साधन है:

क) उत्सर्जित प्रदूषक की विशेषताएं

ख) प्रदूषक उत्सर्जन दर

ग) उत्सर्जन स्रोत की विशेषताएं

घ) स्थानीय स्थलाकृति

ङ) अध्ययन क्षेत्र का मौसम विज्ञान

च) प्रदूषक की परिवेश या पृष्ठभूमि मे संकेन्द्रण

इसके लिए स्त्रोत्र सामर्थ्य मे मौसम संबंधी मापदंडों, स्थलाकृति, इलाके की विशेषताओं, स्टैक विवरण, आदि के साथ किसी दिए गए स्रोत के प्रत्येक प्रदूषक के इनपुट डेटा की आवश्यकता होती है। वायु प्रकीर्णन (डिस्पर्शन) मॉडलिंग वायुमंडलीय प्रक्रियाओं को निर्धारित करने के लिए गणितीय योगों का भी उपयोग करता है जो एक स्रोत से उत्सर्जित प्रदूषक को फैलाते हैं। उत्सर्जन और मौसम संबंधी इनपुट के आधार पर, प्रकीर्णन (डिस्पर्शन) मॉडल का उपयोग चयनित डाउनविंड रिसेप्टर स्थानों पर संकेन्द्रण का पूर्वानुमान करने के लिए किया जा सकता है। पर्यावरण पर प्रदूषक उत्सर्जन के प्रभाव को निर्धारित करने के लिए ऐसे मॉडल का व्यापक रूप से उपयोग किया जाता है।

वायु प्रकीर्णन (डिस्पर्शन) मॉडल पर चर्चा करने से पहले, *वायु प्रदूषकों के प्रकीर्णन (डिस्पर्शन) को नियंत्रित करने वाली वायुमंडलीय घटनाओं* को समझना आवश्यक है। पृथ्वी के वायुमंडल का तापमान और दबाव ऊंचाई के साथ बदलता है। ट्रोपोस्फीयर में, जो पृथ्वी की सतह से 8-18 किलोमीटर (km) वायुमंडल की सबसे निचली परत है, वहाँ ऊंचाई के साथ तापमान कम हो जाता है, और हवा का तेजी से ऊर्ध्वाधर मिश्रण होता है। जब वायुमंडल अस्थिर होता है, तो हवाएं अशांत और तेज होती हैं, और इस प्रकार का मौसम वायु प्रदूषकों को अनियमित रूप से फैलाने का कारण बनता है। वायुमंडलीय विज्ञान से संबंधित कुछ शब्दावली नीचे वर्णित हैं।

### 1. एयर पार्सल

एयर पार्सल वायु का एक काल्पनिक शरीर है जिस पर वायुमंडलीय हवा की बुनियादी गतिशीलता और थर्मोडायनामिक गुणों को लागू किया जा सकता है। एयर पार्सल समान गुणों को बनाएँ रखने के लिए पर्याप्त छोटा है। यह एक स्रोत से वायु उत्सर्जन का अंश है। एक स्रोत से उत्सर्जित होने के बाद एक वायु पार्सल की गति और वायुमंडल में इसका प्रकीर्णन (डिस्पर्शन) कई कारकों पर निर्भर करता है, जैसे वायु पार्सल का तापमान, वायुमंडलीय तापमान, घनत्व, हवा, आर्द्रता, वायुमंडल की स्थिरता, ऊर्ध्वाधर घनत्व स्तरीकरण, और उछाल, मिश्रण ऊंचाई, आदि।

### 2. ऊर्ध्वाधर घनत्व स्तरीकरण और उछाल

ऊंचाई पर तापमान में परिवर्तन, वायुमंडलीय स्थिरता के पीछे मुख्य कारण है, जो वायु प्रकीर्णन (डिस्पर्शन) का एक महत्वपूर्ण कारक है। एक स्रोत से वायुमंडल में निकलने वाले उत्सर्जन का मिश्रण इस पर निर्भर करता है

i. वायुमंडलीय अशांति या स्थिरता जो यह निर्धारित करती है कि अपने स्रोत से दूर जाते हुए प्रदूषित हवा का एक पार्सल कितनी शीघ्रता से फैलता है
ii. गुबार की चौड़ाई
iii. मिश्रण की ऊंचाई

*स्थिरता* के संदर्भ में, वातावरण स्थिर, अस्थिर या तटस्थ हो सकता है। *वायुमंडलीय स्थिरता* को 6-7 श्रेणियों में वर्गीकृत किया गया है: ए से एफ/ए बहुत अस्थिर है, एफ/जी बहुत स्थिर है, और डी, एक तटस्थ स्थिति है। श्रेणी ए अक्सर उत्सर्जन के अधिक तेजी से प्रकीर्णन (डिस्पर्शन) और श्रेणी एफ/जी के साथ तापमान में गिरावट और उत्सर्जन के संभावित संचय से जुड़ा होता है (पेट्स 1999)। स्थिरता वर्ग, जिसे आम तौर पर पास्क्विल और गिफोर्ड स्थिरता वर्गों (पास्क्विल और स्मिथ 1982) के रूप में जाना जाता है, को ए से एफ, या 1 से 6 के रूप में वर्णित किया गया है, और **तालिका 4.1** में चित्रित किया गया है:

1. बेहद अस्थिर (ए)
2. मध्यम अस्थिर (बी)
3. थोड़ा अस्थिर (सी)
4. तटस्थ (डी)
5. थोड़ा स्थिर (ई)
6. मध्यम स्थिर (एफ)

**तालिका 4.1 पास्क्विल स्थिरता श्रेणियाँ**

| सतही हवा की गति, m/s | दिन के समय सूर्यताप | | | रात की स्थिति * | |
|---|---|---|---|---|---|
| | *तेज* | *मध्यम* | *मामूली* | *अल्पसंख्यक बादल या >4/8 कम बादल* | *< = 3/8 बादल* |
| <2 | A | A-B | B | | |
| 2-3 | A-B | B | C | E | F |
| 3-4 | B | B-C | C | D | E |
| 4-6 | C | C-D | D | D | D |
| >6 | C | C | D | D | D |

**स्रोत:** *"गुड प्रैक्टिस गाइड फॉर एयर डिस्पर्शन मॉडलिंग" 2004 से पुनः प्रस्तुत.*

पास्क्विल-गिफोर्ड स्थिरता वर्ग: A- बहुत अस्थिर, B- मध्यम अस्थिर, C- थोड़ा अस्थिर, D- तटस्थ**, E- थोड़ा स्थिर, F- मध्यम रूप से स्थिर।

* मेघावरण की मात्रा को स्थानीय स्पष्ट क्षितिज के ऊपर आकाश के उस अंश के रूप में परिभाषित किया जाता है जो बादलों से ढका होता है।
** दिन या रात में घने मेघावरण छाए रहने पर लागू

*स्थिरता वर्गों* का अनुमान इस आधार पर लगाया जाता है:

क) दिन के लिए सतह की हवा की गति (जमीन के स्तर से 10 मीटर ऊपर मापी जाती है) के साथ संयुक्त सौर विकिरण का इन्सिडेन्स
ख) मेघावरण का कार्य और रात के समय हवा की गति

*दिन के अलग-अलग समय पर विभिन्न स्थिरता की स्थितियाँ प्रबल होती है, जैसे:*

i. अधिकतम अस्थिरता, हल्की हवाओं और उच्च या मध्यम सौर विकिरण द्वारा अपेक्षाकृत अधिक पसंद की जाती है
ii. तटस्थ वर्ग, तेज हवाओं और कम विकिरण, तथा रात में मेघावरण की स्थिति से अधिक प्रभावित होती है।
iii. स्थिर वर्ग, रात के समय होता है, जिसमें मध्यम हवाएं और साफ अथवा हल्के मेघावरण की स्थिति रहती है

दिन के दौरान, वायुमंडलीय हवा का तापमान आम तौर पर जमीनी के स्तर से ऊपर की ऊंचाई में वृद्धि के साथ कम हो जाता है जैसा कि **चित्र 4.1** में रेखांकन से दर्शाया गया है। यह ग्राफ 2013-2015 तक अहमदाबाद-दिल्ली-अहमदाबाद, अहमदाबाद-हैदराबाद-अहमदाबाद और मुंबई-सिंगापुर सेक्टरों में विमान में यात्रा करते समय लेखक द्वारा विभिन्न ऊंचाई पर दर्ज तापमान के आधार पर तैयार किए गए हैं। ऊंचाई के साथ तापमान के प्लॉट में, एक सीधी रेखा (ऊर्ध्वाधर तापमान प्रोफ़ाइल की ढलान) जमीनी स्तर से ऊंचाई में वृद्धि के साथ तापमान में कमी की दर है, जिसे *एडियाबेटिक लैप्सदर* कहा जाता है, जिसे 0.54-0.75 0C प्रति 100 मीटर (m) की रेंज मे देखा जाता है।

### 3. मिक्सिंग (मिश्रण) ऊंचाई

मिश्रण ऊंचाई वायुमंडलीय परत की मोटाई है जिसमें वायु प्रदूषकों का जोरदार ऊर्ध्वाधर मिश्रण होने की उम्मीद है। मिश्रण ऊंचाई वायु प्रदूषकों के प्रकीर्णन (डिस्पर्शन) के लिए ऊपरी सीमा निर्धारित करती है। ढेर से निकलने वाले वायु प्रदूषक मिश्रण ऊंचाई तक मिश्रित हो जाएंगे लेकिन इससे ऊपर नहीं। इसके ऊपर बहुत स्थिर वायुमंडलीय परिस्थितियों के कारण मिश्रण ऊंचाई के ऊपर की ओर कोई हवा की गति नहीं है। मिश्रण मुख्य रूप से जमीनी स्तर पर परिवेशी हवा के तापमान, हवा की गति और वायुमंडलीय स्थिरता द्वारा नियंत्रित होता है। दिन के एक निश्चित समय में मिश्रण की ऊंचाई का अनुमान सतह परिवेश के तापमान और ऊर्ध्वाधर तापमान प्रोफ़ाइल से लगाया जा सकता है। मिश्रण की ऊंचाई दैनिक और मौसमी रूप से भिन्न होती है और परियोजना स्थल की स्थलाकृति से भी प्रभावित होती है। आम तौर पर, *उष्णकटिबंधीय जलवायु में, मिश्रण की ऊंचाई रात में सबसे कम और दोपहर में अधिकतम पाई*

*जाती है, और सर्दियों में कम और गर्मियों में अधिक होती है।* निचले वायुमंडल में अशांत मिश्रण बढ़ती ऊंचाई के साथ वायु घनत्व में परिवर्तन से निकटता से संबंधित है। जैसा कि **चित्र 4.2**, मे देखा गया है। दिन के दौरान विकिरण हीटिंग में परिवर्तन और रात के दौरान जमीन के ठंडा होने के कारण वायु घनत्व में परिवर्तन होता है, जिसके परिणामस्वरूप स्थिर, तटस्थ या अस्थिर वायुमंडलीय स्थिति उत्पन्न होती है।

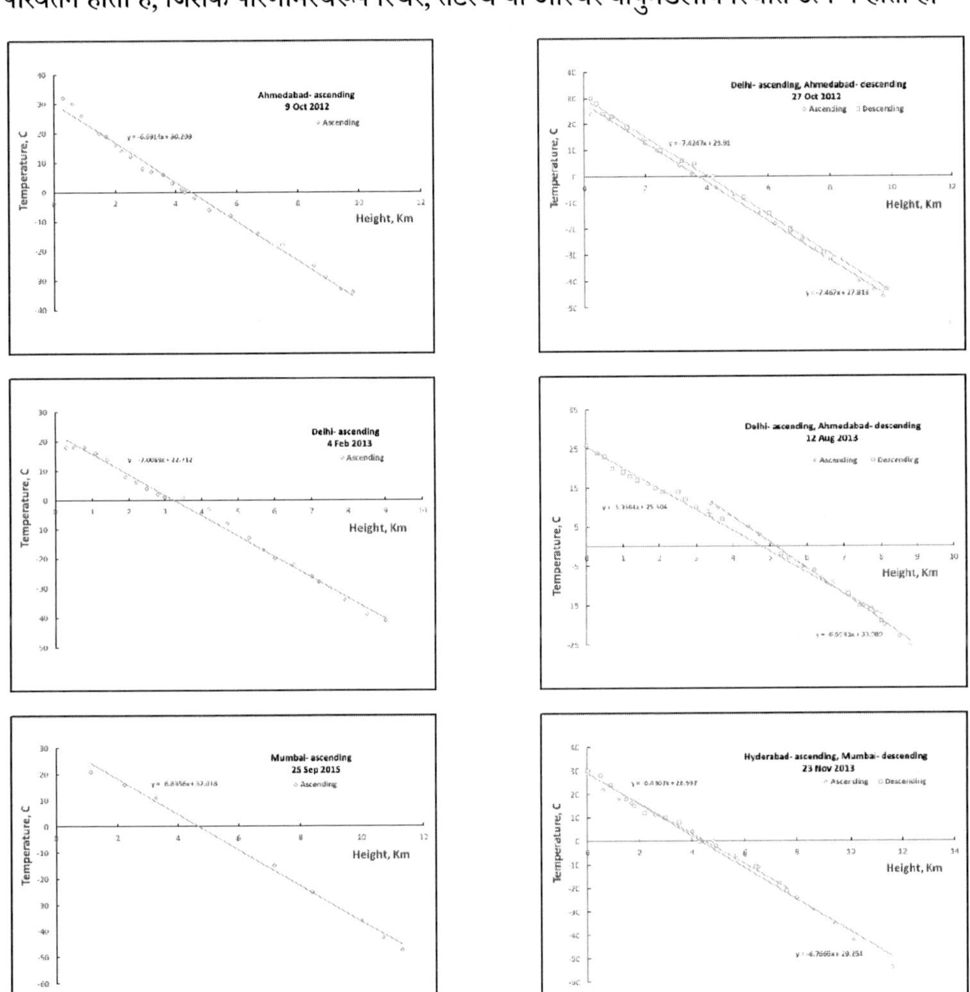


**चित्र 4.1 ऊर्ध्वाधर तापमान प्रोफ़ाइल**

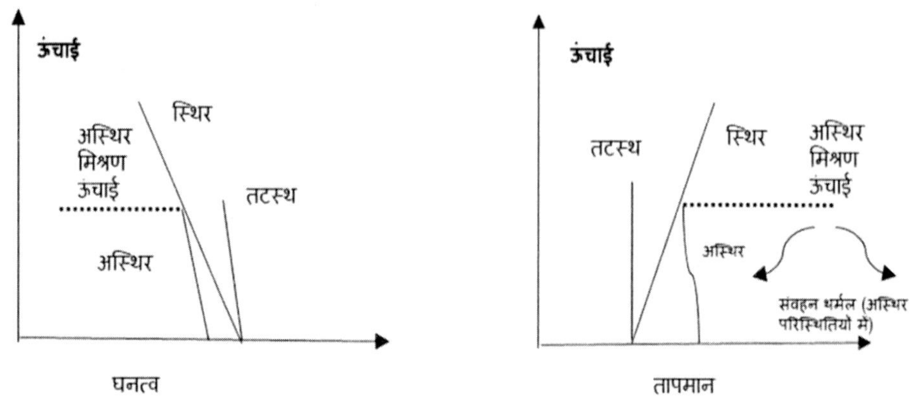


**चित्र 4.2 विभिन्न वायुमंडलीय परिस्थितियों में ऊर्ध्वाधर तापमान और घनत्व प्रोफाइल**
(**स्रोत:** *अमेरिकन इंस्टीट्यूट ऑफ केमिकल इंजीनियर्स 1995*)

*तटस्थ* वायुमंडलीय स्थितियां तब होती हैं जब वायुमंडल में कुल तापीय धारिता (एंथेलपी) ऊंचाई के साथ निकट-स्थिर होती है, यानी जमीन और वायुमंडल के बीच गर्मी हस्तांतरण बहुत छोटा होता है। तटस्थ स्थितियां तब विकसित होती हैं जब आकाश में मेघावरण रहता हैं और मौसम हवादार होता है। इन स्थितियों के तहत, हवा का घनत्व और तापमान दोनों ऊंचाई के साथ थोड़ा कम हो जाते हैं। *अस्थिर* स्थितियां दिन में होती हैं जब पृथ्वी की सतह सूर्य द्वारा संवहन के माध्यम से गर्म होती है। गर्म पृथ्वी की सतह वायुमंडल को नीचे से गर्म करती है, जिससे अस्थिर घनत्व स्तरीकरण मे अस्थिरता आती है।

गर्म हवा के लंबे ऊर्ध्वाधर स्तंभों में एडियाबेटिक रूप से बढ़ने और विस्तार करने के साथ, क्षणिक तापिक थर्मल होते हैं। यह वृद्धि एक मिश्रण ऊंचाई तक जारी रहती है जहां थर्मल के अंदर का वायु घनत्व आसपास के वायु घनत्व के बराबर होता है। यह मिश्रण ऊंचाई *औसत तापमान व्युत्क्रमण* की ऊंचाई भी है। अस्थिर वातावरण में थर्मल संवहन ऊर्ध्वाधर दिशा में उच्च मिश्रण दर की ओर जाता है और इसलिए ढेर से निकलने वाले प्रदूषकों का तेजी से विलयन होता है। रात में, पृथ्वी की सतह और आकाश के बीच विकिरण शीतलन होता है। ठंडी पृथ्वी की सतह, चालन और संवहन के माध्यम से वायुमंडल को निचली सतह से ठंडा करती है जिससे हवा का घनत्व बढ़ती ऊंचाई के साथ कम हो जाता है। इसके परिणामस्वरूप एक स्थिर ऊर्ध्वाधर तापमान और घनत्व प्रोफ़ाइल बनती है। स्थिर स्तरीकरण, वायुमंडल में सीमित ऊर्ध्वाधर मिश्रण दर की ओर ले जाता है। इस प्रकार, शांत और स्थिर रूप से स्तरीकृत स्थितियों में प्रदूषकों के विलयन की दर अस्थिर परिस्थितियों की तुलना में बहुत कम है। *स्थिर घनत्व स्तरीकरण* अस्थिर वायुमंडलीय परिस्थितियों में औसत तापमान, व्युत्क्रम की ऊंचाई से ऊपर भी होता है। अस्थिर मिश्रण ऊंचाई को अक्सर ऊर्ध्वाधर घनत्व प्रोफ़ाइल (एआईसीएचई 1995) के ढलान में उलटा या परिवर्तन द्वारा चिह्नित किया जाता है। ऊंचाई के साथ वायुमंडलीय तापमान बढ़ने पर

तापमान व्युत्क्रमण से वायुमंडल की स्थिरता काफी प्रभावित होती है। तापमान व्युत्क्रमण से वायुमंडलीय स्थिति बहुत *स्थिर* हो जाती है और वायु पार्सल गिर जाता है। खराब वायु प्रकीर्णन (डिस्पर्शन) के कारण, जमीनी स्तर पर प्रदूषकों का संचय होता है।

प्लूम वृद्धि के विपरीत, वायुमंडल के पास प्लूम और स्टैक के बीच के कारण प्लूम गिर सकता है। इसे *प्लूम डाउनवॉश* कहा जाता है। *प्लूम डाउनवॉश* से जमीनी स्तर पर वायु प्रदूषकों का संकेंद्रण बढ़ सकता है।

### वायु प्रदूषण प्रकीर्णन (डिस्पर्शन) मॉडल का वर्गीकरण

कई वायु प्रकीर्णन (डिस्पर्शन) मॉडल उपलब्ध हैं और इन्हें चार सामान्य वर्गों में वर्गीकृत किया जा सकता है, (टैन 2014) अर्थात्:

i. गॉसियन मॉडल
ii. संख्यात्मक मॉडल
iii. सांख्यिकीय मॉडल
iv. भौतिक मॉडल

कई वायु प्रकीर्णन (डिस्पर्शन) मॉडल मुफ्त प्रयोग के लिए यूएस ईपीए वेबसाइटों पर उपलब्ध हैं। यूरोपियन टॉपिक सेंटर (1996) ने वायु प्रदूषण प्रकीर्णन (डिस्पर्शन) मॉडल को मोटे तौर पर निम्नानुसार वर्गीकृत किया:

1. प्लूम वृद्धि
2. गॉसियन
3. अर्ध-अनुभवजन्य
4. यूलेरियन
5. लैग्रेंजियन
6. रासायनिक मॉड्यूल
7. रिसेप्टर
8. स्टोकेस्टिक

प्रकीर्णन (डिस्पर्शन) मॉडल, चाहे गॉसियन प्लूम मॉडल या उन्नत मॉडल हो आम तौर पर लागू होते हैं जब-

i. उत्सर्जन स्रोतों को अच्छी तरह से पहचाना जाता है, जो कई हो सकते हैं
ii. उत्सर्जन स्रोत बिंदु, रेखा या क्षेत्र स्रोत हैं
iii. पर्यावरणीय प्रभाव स्थान, यानी रिसेप्टर्स निर्दिष्ट हैं
iv. अवांछित प्रभावों के सबसे खराब स्थिति परिदृश्यों पर ध्यान केंद्रित किया गया है

यह पहचानने की आवश्यकता है कि विभिन्न मॉडलों का उपयोग करके समान परिणाम प्राप्त नहीं किए जा सकते हैं। परिणामों में विचलन के संभावित कारण हो सकते हैं:

i. इसमें निहित मान्यताओं के कारण प्रत्येक मॉडल की सीमाएँ
ii. प्रत्येक मॉडल की मौसम संबंधी डेटा आवश्यकता की सीमा
iii. डेटा इनपुट जो सटीक या प्रासंगिक नहीं है
iv. टिप्पणियों में अनिश्चितताएं
v. प्रेक्षित और प्रतिरूपित आंकड़ों दोनों के प्रतिनिधित्व में अनिश्चितताएं आदि।

*वायुमंडलीय मॉडल वायु गुणवत्ता मूल्यांकन अध्ययन के लिए महत्वपूर्ण हैं लेकिन उनकी सीमाओं को अच्छी तरह से समझा जाना चाहिए और ध्यान में रखा जाना चाहिए। सबसे उपयुक्त मॉडल तय करने के लिए विचार किए गए प्रमुख मुद्दे (NIWAR 2004) हैं:*

क) प्रकीर्णन (डिस्पर्शन) की जटिलता, उदाहरण के लिए इलाके और मौसम विज्ञानी प्रभाव
ख) प्राप्त करने वाले पर्यावरण की संवेदनशीलता सहित प्रभावों के संभावित पैमाने और महत्व, उदाहरण: मानव स्वास्थ्य और सुविधा के प्रभाव।

विभिन्न मॉडलों की विशेषताओं (NIWAR 2004) की समझ *गॉसियन प्लूम मॉडल* या एक *उन्नत मॉडल* का उपयोग करने के बारे में उपयुक्त निर्णय लेने में मदद करती है।

*i. गॉसियन प्लूम मॉडल*

गॉसियन वायुप्रकीर्णन (डिस्पर्शन) मॉडल गैर-प्रतिक्रियाशील वायु प्रदूषकों के प्रभाव का अनुमान लगाने के लिए सबसे व्यापक रूप से उपयोग किए जाते हैं। गॉसियन प्लूम मॉडल का उपयोग एक विशिष्ट वायुमंडलीय स्थिति के तहत एक बिंदु स्रोत से उत्पन्न डाउनविंड प्रदूषक संकेन्द्रण का पूर्वानुमान करने के लिए किया जा सकता है। गॉसियन प्लूम मॉडल

क) आमतौर पर केवल निकट-क्षेत्र (स्रोत से 10 km के भीतर) गणना पर लागू होता है।
ख) "प्रकाश बीम" को अनंत तक शूट करता है और प्लूम को स्रोत से रिसेप्टर तक यात्रा करने पर विचार नहीं करता है।
ग) उन्नत मॉडल के विपरीत वायुमंडलीय रसायन विज्ञान के विस्तृत तंत्र को संबोधित करने का प्रयास किए बिना SOx और NOx रसायनिक क्रिया को एक साधारण घातीय क्षय के रूप में मानते हैं जो SOx, NOx, कार्बनिक रसायन विज्ञान और जलीय-चरण रसायन विज्ञान और द्वितीयक एरोसोल उत्पादन से निपट सकते हैं
घ) ओसीडी (OCD) और डीआईएसपीएमओडी (DISPMOD) मॉडल के अपवाद के साथ उलटा ब्रेक-अप फ्यूमिगेशन घटनाओं को मॉडल करने में असमर्थ हैं। एक स्क्रीन 3 (SCREEN-3) मॉडल का उपयोग फ्यूमिगेशन घटनाओं के प्रारंभिक मूल्यांकन के लिए किया जा सकता है

ङ) स्थिर रात के ठहराव की घटनाओं को सटीक रूप से मॉडल करने की संभावना कम है

च) मौसम में अभिक्षेत्रीय एकरूपता मानता है

छ) सीटीडीएम (CTDM) और एडीएमएस 3 (ADMS 3) मॉडल को छोड़कर स्थलाकृति के कारण प्लूम चैनलिंग की अनुमति नही देता है

ii. गॉसियन प्लूम आईएससीएसटी 3 (ISCST3) मॉडल में वर्तमान में गैसों और कणों के गीले और शुष्क जमाव की मॉडलिंग के लिए कैलपफ (CALPUFF) के समान एल्गोरिदम हैं

iii. गॉसियन प्लूम ऑस्प्लम (AUSPLUME) और एईआरएमओडी (AERMOD) मॉडल में कण जमाव का अनुमान लगाने के लिए एक क्रूड प्रतिबिंब गुणांक एल्गोरिदम है

*उन्नत मॉडल में*,

क) एक प्रदूषक के परिवहन और प्रकीर्णन (डिस्पर्शन) पर इलाके और तटीय क्षेत्रों के प्रभावों को अधिक यथार्थवादी तरीके से अनुकरण किया जा सकता है

ख) समुद्री हवाओं, ढलान और घाटी के प्रवाह, या अन्य मौसम संबंधी घटनाओं के कारण गैर-समान मौसम संबंधी स्थितियों को संबोधित किया जा सकता है

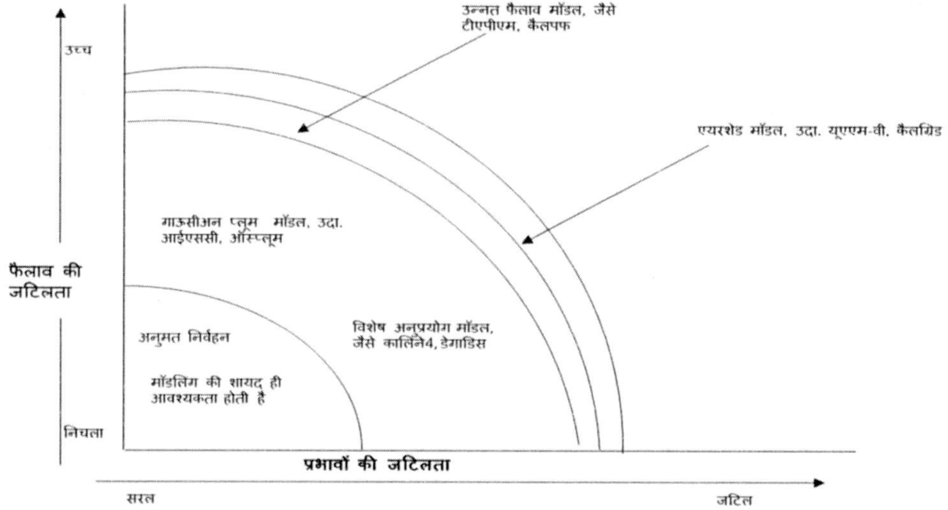


**चित्र 4.3 विशिष्ट फैलाव मॉडल की प्रयोज्यता**

(**स्रोत:** *NIWAR, 2004*)

## वायु प्रदूषण प्रकीर्णन (डिस्पर्शन) मॉडल की विशेषताएं

विशिष्ट परिस्थितियों में विभिन्न वायु प्रकीर्णन (डिस्पर्शन) मॉडल के अनुशंसित अनुप्रयोगों को **चित्र 4.3** में दर्शाया गया है। इन मॉडलों की विशेषताओं पर नीचे चर्चा की गई है।

## 1. गॉसियन प्लूम मॉडल

गॉसियन प्लूम मॉडल का व्यापक रूप से उपयोग किया जाता है, क्योंकि मुख्य रूप से ये

i. उपयोग करने मे सरल हैं
ii. अच्छी तरह से समझा जा सकता है
iii. सरल मौसम संबंधी डेटा की आवश्यकता रखता हैं

*रूढ़िवादी परिणाम अक्सर इन मॉडलों से संक्षिप्त (<100 m) या निम्न-स्तरीय स्रोतों के लिए रिपोर्ट किए जाते हैं, और इन मॉडलों के द्वारा जमीनी स्तर की सांद्रता की कमी का पूर्वानुमान करने के बजाय ज़्यादा का पूर्वानुमान करने की अधिक संभावना है। यह उत्सर्जन स्रोतों या निम्न-स्तरीय स्रोतों से कम दूरी पर वायु गुणवत्ता मूल्यांकन में कुछ हद तक सुरक्षा सीमा प्रदान करता है।* इनको गॉसियन प्लूम मॉडल की निम्नलिखित बुनियादी विशेषताओं से समझा जा सकता है:

i. यह किसी बिंदु स्रोत से उत्सर्जन के लिए एक सामग्री संतुलन मॉडल है
ii. यह एक सांख्यिकीय मॉडल है जो 15 मिनट या उससे अधिक की अवधि में प्रदूषक के संकेंद्रण के गॉसियन वितरण को दर्शाता है।
iii. गॉसियन प्लूम सूत्र स्थिर-अवस्था स्थितियों की धारणा से लिया गया है, अर्थात गॉसियन प्लूम प्रकीर्णन (डिस्पर्शन) सूत्र, समय को एक चर के रूप में नहीं मानते हैं।
iv. प्रदूषकों के तात्कालिक परिवहन पर प्रभावी ढंग से विचार करते हुए, स्रोत से रिसेप्टर तक प्रकीर्णन (डिस्पर्शन) के दौरान मौसम संबंधी स्थितियों को स्थिर माना जाता है।
v. उत्सर्जन और मौसम संबंधी स्थितियां घंटे-दर-घंटे भिन्न हो सकती हैं, लेकिन प्रत्येक घंटे में मॉडल गणना पहले या बाद के घंटों से स्वतंत्र होती है (स्थिर-अवस्था शब्द का मतलब यह नहीं समझा जाना चाहिए कि स्थितियां पूरे दिन समान हैं)। इस गणितीय व्युत्पत्ति के कारण, गॉसियन प्लूम मॉडल को *स्थिर-अवस्था प्रकीर्णन (डिस्पर्शन) मॉडल* के रूप में जाना जाता है।
vi. गॉसियन मॉडल में, हवा की गति को स्थिर माना जाता है या औसत हवा की गति का उपयोग किया जाता है, और उत्सर्जन स्रोत को निरंतर तथा स्थिर माना जाता है। जब हवा परिवर्तनशील होती है या उत्सर्जन स्रोत स्थिर नहीं होता है, तो *गॉसियन पफ मॉडल* का प्रयोग होता है। प्लूम मॉडल के विपरीत, पफ मॉडल कम हवा की गति की स्थिति के लिए काम करते हैं, और विंड रोज़ के साथ संयोजन करके समय के साथ हवा की दिशाओं के परिवर्तन को भी संभाल सकते हैं।

हालांकि, यह सराहनीय है कि व्यवहार में,

i. प्लूम विशेषताएं समय के साथ बदलती हैं क्योंकि ये उत्सर्जन और मौसम संबंधी स्थितियों पर निर्भर हैं

ii. स्थिर-अवस्था प्रकीर्णन (डिस्पर्शन) मॉडल एक एफ्लक्स दर और मौसम संबंधी स्थितियों से प्रत्येक घंटे के लिए संकेंद्रण की गणना करते हैं जो मॉडलिंग डोमेन में समान होते हैं, जिससे औसत संकेंद्रण प्रति घंटा हो जाती है।

iii. प्लूम सूत्र शांत परिस्थितियों में टूट जाता है क्योंकि इसमें भाजक में समान हवा की गति होती है। इस प्रकार, मॉडल के लिए न्यूनतम स्वीकार्य हवा की गति निर्दिष्ट करना सामान्य है।

सॉफ्टवेयर AUSPLUME और ISCST3 मुख्य रूप से उन क्षेत्रों में प्रभावों की गणना के लिए विकसित किए गए थे जिनके पास *समतल इलाके* हैं। इन मॉडलों में स्थिर-अवस्था की धारणा का उपयोग किया जाता है।

अधिक उन्नत एईआरएमओडी (AERMOD) और सीटीडीएमप्लस (CTDMPLUS) सॉफ्टवेयर का उपयोग *जटिल इलाके* के लिए किया जाता है। AERMOD एक "निकट-क्षेत्र, स्थिर-अवस्था "दिशानिर्देश मॉडल है। यह स्थिरता वर्गों के असतत सेट के बजाय अशांति और प्रकीर्णन (डिस्पर्शन) गुणांक को निरंतरता के रूप में परिभाषित करने के लिए सीमा परत समानता सिद्धांत का उपयोग करता है। इस मॉडल में, ऊंचाई के साथ अशांति की भिन्नता विभिन्न रिलीज ऊंचाइयों से प्रकीर्णन (डिस्पर्शन) के बेहतर उपचार की अनुमति देती है। इसके अलावा, अस्थिर स्थितियों के लिए प्रकीर्णन (डिस्पर्शन) गुणांक गैर-गॉसियन हैं जो उच्च संकेंद्रण का प्रतिनिधित्व करते हैं और जिन्हें संवहनी परिस्थितियों में स्टैक के करीब देखा जा सकता है।

सीटीडीएमप्लस (CTDMPLUS) एक अमेरिकी ईपीए नियामक मॉडल है जो विशेष रूप से जटिल इलाकों में लंबे बिंदु स्रोतों के लिए विकसित किया गया है, एक स्थिर-अवस्था प्लूम मॉडल है जिसमें जटिल इलाके की विशेषताओं के आसपास ऊर्ध्वाधर फैलाव और वायु प्रवाह के अधिक प्रत्यक्ष रूप से यथार्थवादी विवरण को प्राप्त करने के लिए सक्षम एल्गोरिदम होते हैं। CTSCREEN, CTDMPLUS का एक स्क्रीनिंग संस्करण है।

*भारत में सबसे सरल और सबसे व्यापक रूप से उपयोग किए जाने वाले सॉफ़्टवेयर में से एक, अर्थात्* ISCST3, स्थिर-अवस्था गॉसियन मॉडल, निम्नलिखित को ध्यान में रखता है:

i. स्रोत, एफ्लक्स वेग और स्टैक गैस तापमान से उत्सर्जन दरों पर प्रति घंटा डेटा
ii. धीरे-धीरे प्लूम वृद्धि
iii. उत्प्लावकता प्रेरित प्रकीर्णन (डिस्पर्शन)
iv. ऊंचे इलाके से प्लूम प्रतिबिंब सहित इलाके की जटिलता
v. स्टैक-टिप डाउनवॉश
vi. बिल्डिंग डाउनवॉश
vii. उच्च व्युत्क्रमण का आंशिक प्रवेश

प्लूम प्रकीर्णन (डिस्पर्शन) मॉडल का चयन करते समय *स्थिर-अवस्था गॉसियन मॉडल* की सीमाओं के अंदर निम्नलिखित सादगी की उपयोगिता के साथ तौला जाना चाहिए:

i. *कार्य-कारण प्रभाव*: गॉसियन प्लूम मॉडल मानते हैं कि प्रदूषक सामग्री को तुरंत एक सीधी रेखा (प्रकाश की किरण की तरह) में रिसेप्टर्स तक ले जाया जाता है, भले ही ये स्रोत से दूर जहाँ परिवहन समय में कई घंटे या उससे अधिक हो सकते हैं। इसका मतलब है कि प्लूम मॉडल उन कार्य-कारण प्रभावों के लिए जिम्मेदार नहीं हो सकते हैं, जो स्रोत से कुछ किलोमीटर से अधिक की दूरी पर रिसेप्टर्स के लिए महत्वपूर्ण हो सकते हैं।

ii. *कम हवा की गति*: गॉसियन प्लूम मॉडल स्थिर-अवस्था प्लूम समीकरण की विपरीत हवा की गति निर्भरता के कारण कम हवा की गति या शांत परिस्थितियों के दौरान "टूट जाते हैं", जो उनकी उपयोगिता को सीमित करता है। ये मॉडल आमतौर पर 0.5 या 1 मीटर (m) / सेकंड (s) (डिफ़ॉल्ट मूल्यों के रूप में) की न्यूनतम हवा की गति निर्धारित करते हैं और कभी-कभी इसके नीचे इनपुट डेटा को अधिलेखित या अनदेखा करते हैं।

iii. *सीधी रेखा प्रक्षेप पथ*: गॉसियन प्लूम मॉडल स्थान के कारण होने वाली हवा को मोड़ने या बढ़ने के लिए जिम्मेदार नहीं होते हैं, और इस तरह विकसित क्षेत्रों में, ये मॉडल आमतौर पर स्थिर परिस्थितियों के दौरान इलाके के प्रभाव को अधिक महत्व दे सकते हैं। हालांकि, CTDM और SCREEN, इस समस्या को संबोधित करते हैं।

iv. *स्थानिक रूप से समान मौसम संबंधी स्थितियां*: गॉसियन स्थिर-अवस्था मॉडल मानते हैं कि वायुमंडल पूरे मॉडलिंग डोमेन में समान है और स्रोत और रिसेप्टर के बीच परिवहन और प्रकीर्णन (डिस्पर्शन) की स्थिति अपरिवर्तित रहती है। वास्तव में, एक समान स्थिति शायद ही कभी वायुमंडल में होती है। जल निकाय, पहाड़ियां, और अन्य भूभाग विशेषताएं, भूमि उपयोग में अंतर, सतह की विशेषताओं, सतह की नमी, जैसे सिंचित या असिंचित कृषि क्षेत्र और वर्षा, आदि सीमा परत की संरचना में असमानता पैदा करता है, जो प्रदूषकों के परिवहन और प्रकीर्णन (डिस्पर्शन)को प्रभावित करता है। इसके अतिरिक्त, संवहनी स्थितियों, जो असमान मौसम संबंधी स्थितियों का कारण बनती हैं, उनपर भी विचार नहीं किया जाता है। इसके फलस्वरूप, संवहनी परिस्थितियों में ऊंचे स्टैक (>100 m) से निकट क्षेत्र में कम उत्सर्जन की भविष्यवाणियां रिपोर्ट हो जाती हैं। हालांकि, एईआरएमओडी (AERMOD) एक अपवाद है क्योंकि इसमें विशेष रूप से विकसित "ऐड-ऑन" संभाव्यता घनत्व फ़ंक्शन निहित है।

v. *पूर्व समय का उत्सर्जन विस्मृत होता है*: प्रत्येक घंटे की जमीनी स्तर की संकेंद्रण की गणना में, गॉसियन प्लूम मॉडल में पिछले घंटे के दौरान उत्सर्जित प्रदूषकों की कोई स्मृति नहीं होती है। इस सीमितता का महत्व शहरी क्षेत्रों में प्रदूषकों के प्रातः कालीन व्युत्क्रम ब्रेक-अप, धूम्रीकरण और दैनिक रीसाइक्लिंग के उपयुक्त अनुकरण में होता है।

### 2. उन्नत प्रकीर्णन (डिस्पर्शन) मॉडल

जब गॉसियन प्लूम मॉडल को इसकी सीमाओं के कारण किसी अनुप्रयोग के लिए अनुचित पाया जाता है, और एक पूर्ण पफ मॉडल के लिए मौसम संबंधी डेटा सेट उपलब्ध नहीं होता है, तो एकल-बिंदु मौसम संबंधी डेटा सेट के साथ एक उन्नत मॉडल आमतौर पर प्रयोग मे जाता है। उन्नत मॉडल ज्यादातर अनुशंसित हैं जब:

i. मौसम संबंधी स्थितियां मॉडलिंग डोमेन में भिन्न होती हैं, और इस प्रकार एक स्थिर-अवस्था मॉडल के साथ संगत नहीं होती हैं
ii. स्रोत या रिसेप्टर्स जटिल इलाके में स्थित हैं, जो मौसम संबंधी के साथ-साथ प्लूम फैलाव की विशेषताओं को प्रभावित करते हैं
iii. प्रदूषक शांत परिस्थितियों में जमा होते हैं या हवा की दिशा बदलने के साथ फिर से प्रसारित होते हैं
iv. कम हवा की गति या शांत स्थिति की अवधि का अक्सर अनुभव किया जा रहा है
v. प्रदूषक प्रजातियों के बीच रासायनिक परिवर्तन होते हैं
vi. आवश्यक मौसम संबंधी डेटा उपलब्ध है

सबसे अधिक उपयोग किए जाने वाले उन्नत प्रकीर्णन (डिस्पर्शन) मॉडल में से एक कैलपफ (CALPUFF) *पफ प्रकीर्णन (डिस्पर्शन) मॉडल*, जिसे यूएस ईपीए द्वारा प्रदूषकों के लंबी दूरी (>50 km) परिवहन से जुड़े अनुप्रयोगों के लिए उपयोग किए जाने वाले दिशानिर्देश मॉडल के रूप में समर्थित किया गया है। इसका उपयोग 50 km की दूरी तक जटिल प्रवाह और *गैर-स्थिर-अवस्था स्थितियों* से जुड़ी स्थितियों में केस-टू-केस आधार पर फेंस-लाइन प्रभावों के लिए किया जा सकता है। कैलपफ एक बहु-परत, बहु-प्रजाति, गैर-स्थिर-अवस्था का एक पफ प्रकीर्णन (डिस्पर्शन) मॉडल है जो प्रदूषक परिवहन पर समय- और स्थान-भिन्न मौसम संबंधी स्थितियों के प्रभावों का अनुकरण कर सकता है (स्काइर एट *ऑल*. 2000) यह विभिन्न प्रकार के प्रभावों को ध्यान में रखता है जैसे:

i. मौसम संबंधी स्थितियों की स्थानिक परिवर्तनशीलता
ii. कार्य-कारण प्रभाव
iii. विभिन्न स्थानिक रूप से भिन्न भूमि सतहों पर शुष्क जमाव और फैलाव
iv. प्लूम फ्यूमिगेशन
v. कम हवा की गति मे फैलाव
vi. प्रदूषक परिवर्तन
vii. आद्रता निष्कासन

*उन्नत मॉडल की सीमाएँ*

उन्नत प्रकीर्णन (डिस्पर्ज़न) मॉडल, गॉसियन प्लूम मॉडल की अपेक्षा में अधिक परिष्कृत हैं और अधिक यथार्थवादी परिणाम उत्पन्न करने की उम्मीद देते हैं। फिर भी, उन्नत मॉडल के परिणामों को स्वचालित रूप से सरल गॉसियन प्लूम मॉडल से प्राप्त परिणामों से बेहतर नहीं माना जाना चाहिए। उदाहरण के लिए, उन्नत मॉडल के विपरीत, प्लूम मॉडल में बिल्डिंग डाउनवॉश एल्गोरिदम जैसी एक अतिरिक्त सुविधा होती है। जहां उन्नत मॉडल गॉसियन प्लूम मॉडल की तुलना में बेहतर परिणाम नहीं दे सकते हैं, उनमें शामिल कुछ अन्य उदाहरण हैं:

i. एक स्थानीय स्रोत के करीब ग्रिड-पॉइंट मॉडल
ii. गैर-संवहनी परिस्थितियों में निकट-क्षेत्र रिसेप्टर्स
iii. 1 m/s से अधिक हवा की गति के लिए निकट-क्षेत्र रिसेप्टर्स

**3. विशिष्ट स्थितियों के लिए मॉडलिंग**

*i. एयर शैड मॉडलिंग*

मानक प्रकीर्णन (डिस्पर्ज़न) मॉडल, चाहे गॉसियन प्लूम या पफ, पूरे क्षेत्र के लिए पर्यावरणीय प्रभाव मूल्यांकन के लिए व्यवहार में उपयुक्त नहीं हो सकते हैं, विशेषतः शहरी क्षेत्र में सभी स्रोतों से हो रही उत्सर्जन के लिए। ऐसे अनुप्रयोगों के लिए, एयर शैड मॉडल आमतौर पर नियोजित होते हैं। बिंदु, रेखा या क्षेत्र स्रोतों से प्रदूषकों के प्लूम को ट्रैक करने के बजाय, एक एयर शेड मॉडल पूरे अध्ययन क्षेत्र को कोशिकाओं और मॉडलों की एक श्रृंखला में विभाजित करता है ताकि यह ट्रैक किया जा सके कि प्रदूषकों को हवा द्वारा एक सेल से दूसरे सेल में ले जाने से क्या होता है। मॉडल में कुछ मीटर से लेकर कई किलोमीटर तक परिवर्तनीय ग्रिड आकार होते हैं और आवश्यकताओं के आधार पर कुछ मिनटों से लेकर कई वर्षों तक का समय चरण होता हैं। एयर शैड मॉडल इस बात का ध्यान रख सकते हैं कि वायुमंडल की ऊर्ध्वाधर संरचना में क्या हो रहा है और इस प्रकार ग्रिड बॉक्स में कई परतें होती हैं, अधिकाशतः परिवर्तनशील गहराईयों के साथ यह मॉडल, वायुमंडल में होने वाले प्रदूषकों के रासायनिक परिवर्तनों को भी संज्ञान मे लेते है ।

मॉडल का उपयोग पूरे क्षेत्र की वायु गुणवत्ता विशेषताओं की जांच करने के लिए किया जाता है, जिसमें क्षेत्र की सभी प्रासंगिक विशेषताएं शामिल होती हैं। क्षेत्र या एयर शैड को एप्लिकेशन द्वारा परिभाषित किया गया है। इस तरह के मॉडल का एक और अधिक सामान्य अनुप्रयोग शहरी एयर शैड के लिए है, शहर के उत्सर्जन का पूर्वानुमान करने के लिए जो कुछ किलोमीटर से दसियों किलोमीटर तक फैला हुआ है, अर्थात ये प्रदूषक कहां जा रहे हैं और इनका शहर की वायु गुणवत्ता और इसके आसपास पर क्या प्रभाव पड़ता है।

*ii. यातायात उत्सर्जन मॉडलिंग*

सड़क परियोजनाओं से उत्सर्जन दरों का अनुमान लगाना स्वाभाविक रूप से जटिल है क्योंकि कई चरों पर उनकी निर्भरता है जैसे

i. ड्राइविंग चक्र, जैसे प्रारंभ, तेजी, स्थिर गति, गति कम करना और सुस्त गति
ii. सड़क मार्ग की स्थिति, जैसे इलाका, गलियों की संख्या, मिट्टी, डामर, या कंक्रीट की सतह, और स्पीड ब्रेकर
iii. वाहन बेड़े की संरचना, जैसे दो या तीन पहिया वाहन, यात्री कार, बसें, हल्के, मध्यम या भारी वाणिज्यिक वाहन, और बड़े बहु-धुरा वाहन गैसोलीन, डीजल, प्राकृतिक गैस या एलपीजी जैसे विभिन्न ईंधन का उपयोग करने वाले हैं
iv. यातायात का आयतन जैसे वाहनों की संख्या- मुक्त प्रवाह या जमाव।

किसी एक वाहन से प्रदूषकों का एक अच्छी तरह से मिश्रित क्षेत्र निम्न के संयोजन से उत्पन्न होता है

i. थर्मल टर्बुलेंस (प्रकीर्णन (डिस्पर्शन)) से
   1. गर्म सड़क की सतहें
   2. उत्प्लावन वाहन निकास प्लूम, और
ii. यांत्रिक टर्ब्युलेन्स से
   1. पवन प्रवाह अशांति
   2. अन्य वाहनों से प्रेरित अशांति

कैलिफ़ोर्निया परिवहन विभाग और अमेरिकी संघीय राजमार्ग एजेंसी द्वारा सड़क यातायात उत्सर्जन का आकलन करने के लिए विकसित कैलिन-4 (CALINE-4) सॉफ्टवेयर, गॉसियन फैलाव समीकरण पर आधारित है और यह सड़क मार्ग पर प्रकीर्णन (डिस्पर्शन) को चिह्नित करने के लिए एक मिश्रण-क्षेत्र अवधारणा को नियोजित करता है। इसके लिए डेटा इनपुट की आवश्यकता होती है जैसे:

i. प्रति घंटा मौसम संबंधी स्थितियां
ii. लाइन-सोर्स उत्सर्जन दर (वाहन की गति, वाहन बेड़े की संरचना)
iii. वाहनों की संख्या (यातायात की मात्रा)
iv. सड़क मार्ग विन्यास (मुक्त प्रवाह,जमाव)
v. रिसेप्टर्स के स्थान

गॉसियन प्लूम मॉडल होने के नाते, कैलिन 4 में अन्य स्थिर-अवस्था गॉसियन प्लूम मॉडल के समान सीमाएं हैं।

*iii. तटीय फ्यूमिगेशन मॉडलिंग*

तटीय फ्यूमिगेशन (धूम्रीकरण) के संभावित प्रभाव पर विचार तब प्रासंगिक होता है जब समुद्र तट पर स्थित एक बड़ा उत्सर्जन स्रोत होता है। यह देखा जा सकता है कि तटीय तटरेखा पर स्थित एक ऊँचे स्टैक के लिए और भूमि की ओर एक प्लूम उत्सर्जित करने के लिए, प्लूम स्थिर सीमा परत में निहित हो जाता है और भूमि पर बढ़ती थर्मल आंतरिक सीमा परत द्वारा बाधित होता है। भूमि की सतह के सौर ताप के साथ इस सीमा परत की ऊँचाई बढ़ जाती है। भूमि पर संवहनी मिश्रण तेजी से ऊँचाई पर विद्यमान प्रदूषकों को जमीन पर ला सकता है, जिससे स्थानीय उच्च स्तर जमीनी संकेंद्रण हो सकता है। कभी-कभी तटीय धूम्रीकरण कई घंटों तक बना रह सकता है और वह भी एक ही स्थान पर।

डीआईएसपीएमओडी (DISPMOD) पश्चिमी ऑस्ट्रेलिया पर्यावरण संरक्षण विभाग द्वारा विकसित एक स्थिर-अवस्था गॉसियन प्लूम मॉडल, और ओसीडी (OCD), एक यूएसईपीए (USEPA) मॉडल, में थर्मल आंतरिक सीमा परत प्रभावों को मॉडल करने के लिए एल्गोरिदम शामिल हैं और तटीय फ्यूमिगेशन मॉडलिंग के लिए नियोजित किया जा सकता है। अन्य स्थिर-अवस्था मॉडल थर्मल आंतरिक सीमा परत में उच्च जमीनी स्तर के संकेंद्रण का अनुकरण नहीं कर सकते हैं। तटीय धूम्रीकरण के प्रभावों को गॉसियन प्लूम मॉडल का उपयोग करके अनुकरण किया जा सकता है, जैसे कि डीआईएसपीएमओडी (DISPMOD), ओसीडी (OCD), एडीएमएस 3 (ADMS 3), या स्क्रीन 3 (SCREEN 3); या एक उन्नत मॉडल जैसे कि कैलपफ (CALPUFF), जो इस विशिष्ट प्रभाव को संभाल सकता है।

*iv. दृश्यता मॉडलिंग*

दृश्यता, इसका माप है कि लोग कितनी दूर तक देख सकते हैं जैसे आकाश का रंग क्या है, इसे एक सुविधा मूल्य माना जाता है न की स्वास्थ्य के लिए खतरा। दृश्यता कैसे प्रभावित होती है, इसका पूर्वानुमान जटिल है क्योंकि इसमें प्रदूषकों के प्रकीर्णन (डिस्पर्शन) का अनुमान शामिल है, और जिस तरह से वे वायुमंडल में प्रतिक्रियाओं द्वारा रूपांतरित होते हैं, तथा लोगों की दृश्यता की समझ। कैलपफ (CALPUFF) और प्लुव्यू (PLUVIEW), यूएसईपीए मॉडलों को क्षेत्रीय दृश्यता मॉडलिंग और एकल प्लूम के दृश्य प्रभाव की गणना के लिए नियोजित किया जा सकता है। एकल प्लूम के दृश्य प्रभाव की गणना के लिए एफओजी (FOG) मॉडल को कैलपफ (CALPUFF) मॉडल में निर्मित किया गया है।

*v. आकस्मिक रिलीज मॉडलिंग*

आकस्मिक रिलीज के परिणामस्वरूप छोटी अवधि के लिए भी प्रदूषकों का अत्यधिक जमीनी स्तर का संकेंद्रण हो सकता है। पाइपलाइन या भंडारण टैंक का विनाशकारी टूटना, या भंडारण टैंक या सड़क टैंकर से छलकाव कुछ सेकंड से कुछ मिनटों तक रिस सकता है। गैस या तरल पदार्थ सील के इर्द-गिर्द, पाइप जोड़ों, वाल्व, दरारों, या उपकरण या पाइपिंग में छेद के आसपास से रिसाव कर सकते हैं। दबाव-राहत-वाल्व या रप्चर डिस्क (Rupture disc) से गैसों और तरल पदार्थ दोनों का उच्च-दबाव मे

निकालना संभव है, साथ ही तरल पदार्थ का वाष्प-तरल मिश्रण में फ्लैश के साथ रिसाव संभव है। 10-30 मिनट तक चलने वाली रिलीज को एक छोटी निरंतर रिलीज के रूप में वर्णित किया जा सकता है। आकस्मिक रिलीज की मॉडलिंग आपातकालीन प्रतिक्रिया तैयारियों के लिए उपयोगी है। मॉडल आउटपुट का उपयोग प्रभावित क्षेत्रों और संभावित रूप से प्रभावित लोगों का अनुमान लगाने के लिए किया जाता है। आकस्मिक रिलीज के मॉडलिंग के लिए निम्न दोनों के उपयोग की आवश्यकता होती है

क) स्रोत उत्सर्जन मॉडल

ख) परिवहन और प्रकीर्णन (डिस्पर्शन) मॉडल

घनी गैसों से जुड़े आकस्मिक रिलीज को आमतौर पर इस्तेमाल किए जाने वाले प्लूम या पफ मॉडल द्वारा मॉडलिंग नहीं किया जा सकता है। DEGADIS + (US EPA 1998), SLAB (एर्मक 1990), AUSTOX (रॉस 1994, रॉस और कौत्सेंको 1993) को घने गैसों की आकस्मिक रिहाई मॉडलिंग के लिए उपयुक्त मॉडल माना जाता है। जब एक तात्कालिक रिलीज या उत्प्लावन सामग्री का विस्फोट होता है, तो कैलपफ जैसे पफ मॉडल का भी उपयोग किया जा सकता है।

*vi. नमक और भाप प्रभाव: शीतलन टावर*

भाप प्रभाव शीतलन टावरों से भाप के गुबार दिखाई देते हैं, जो अक्सर थर्मल पावर स्टेशनों और पेट्रोलियम रिफाइनरियों में देखे जाते हैं। भूतापीय शीतलन टावरों द्वारा जारी प्लूम से फॉगिंग हो सकती है। मॉडलिंग को मोटर चालकों, विमान आदि को प्रभावित करने वाले प्लूम के कारण दृश्यता पहलुओं का पूर्वानुमान करने के लिए नियोजित किया जाता है। लवण युक्त भाप प्लूम के कारण नमक के प्रभाव के परिणामस्वरूप लंबे समय में क्षरण के बढ़ने वनस्पति और संरचनाओं पर हानिकारक प्रभाव पड़ता है। एक प्लूम के दृश्य विस्तार मॉडलिंग में उत्सर्जन और पर्यावरणीय स्थितियों के एक विशेष सेट के तहत प्लूम पथ, लंबाई और त्रिज्या की गणना, तरल पानी की मात्रा जैसे मापदंडों का आकलन और प्लूम और पर्यावरण के बीच तापमान अंतर शामिल है। एटकूल (ATCOOL), एक मानक फॉगिंग मॉडल, का उपयोग ऊंचाई और दूरी डाउनविंड के साथ कूलिंग टॉवर प्लूम मापदंडों की भिन्नता की गणना करने के लिए किया जाता है। एफओजी (FOG) के एल्गोरिदम को कैलपफ (CALPUFF) मॉडल में शामिल किया गया है, और इसे कई बिंदु स्रोतों से जल वाष्प उत्सर्जन के परिवहन और प्रसार का अनुकरण करने के लिए डिज़ाइन किया गया है।

### *4.4.2 गुणात्मक रूप*

जहां भी मात्रात्मक रूप से पर्यावरणीय प्रभावों की अभिव्यक्ति मुश्किल होती है,और इस प्रकार निर्णय लेने में प्रभावों के गुणात्मक मूल्यांकन में पूर्वाग्रह और व्यक्तिपरकता को कम करने के लिए उपयुक्त तकनीकों का उपयोग किया जाता है । रेटिंग या रैंकिंग तकनीकों का उपयोग व्यवस्थित गुणात्मक आकलन और अभिव्यक्ति के लिए किया जा सकता है जिसमें निम्न शामिल हैं:

i. लिकर्ट स्केल (बिजनेस डिक्शनरी, एन.डी)
ii. लियोपोल्ड मैट्रिक्स (लियोपोल्ड *एट ऑल*. 1971)
iii. बैटेले पर्यावरणीय मूल्यांकन प्रणाली (बीईईएस)
iv. महत्व पैमाने का मैट्रिक्स
v. उपरोक्त iii और iv में उल्लिखित तकनीकों का संयोजन (गोयल और देशपांडे 2001)।

मैट्रिसेस का उपयोग लाभकारी और हानिकारक दोनों प्रभावों के मूल्यांकन में काफी प्रभावी है। लियोपोल्ड *एट ऑल*., द्वारा विकसित मैट्रिक्स पर आधारित इंटरैक्शन मैट्रिक्स विधि का व्यापक रूप से पर्यावरणीय प्रभावों के मूल्यांकन के लिए उपयोग किया जाता है।

### लिकर्ट स्केल

इसका नाम इसके आविष्कारक, रेंसिस लिकर्ट, एक संगठनात्मक व्यवहार मनोवैज्ञानिक के नाम पर रखा गया है। लिकर्ट स्केल विधि गुणात्मक डेटा को मात्रात्मक मूल्य प्रदान करती है ताकि इसे सांख्यिकीय विश्लेषण के लिए उत्तरदायी बनाया जा सके। प्रत्येक संभावित विकल्प को एक संख्यात्मक मान सौंपा जाता है और मूल्यांकन या जांच के अंत में सभी प्रतिक्रियाओं के लिए एक औसत आंकड़ों की गणना की जाती है। लिकर्ट तराजू में आमतौर पर पांच संभावित विकल्प होते हैं, जैसे बहुत अधिक, उच्च, मध्यम, निम्न और बहुत कम लेकिन कभी-कभी ये दस या उससे भी अधिक तक जा सकते हैं। अंतिम औसत स्कोर मूल्यांकन के समग्र स्तर का प्रतिनिधित्व करता है।

### बैटले पर्यावरणीय मूल्यांकन प्रणाली

बैटले पर्यावरणीय मूल्यांकन प्रणाली (बीईईएस), 1972 में बैटले कोलंबस प्रयोगशालाओं (डी एट ऑल. 1973) में एक अंतःविषयी टीम द्वारा विकसित किया गया जो ईआईए आयोजित करने के लिए एक पद्धति है। यह पर्यावरण गुणवत्ता संकेतकों के पदानुक्रमित मूल्यांकन पर आधारित है। प्रणाली चार-स्तरीय वर्गीकरण पर आधारित है, जिसमें चार स्तर शामिल हैं:

स्तर I: श्रेणियाँ

स्तर II: घटक

स्तर III: पैरामीटर

स्तर IV: माप

प्रत्येक श्रेणी (स्तर I) को कई घटकों में विभाजित किया गया है, प्रत्येक घटक (स्तर II) को कई मापदंडों में, और प्रत्येक पैरामीटर (स्तर III) को एक या अधिक मापों (स्तर IV) में विभाजित किया गया है।

कुल 78 मापदंडों के लिए, बीईईएस को कुल 4 श्रेणियों और 18 घटकों की पहचान करता है:

i. पारिस्थितिकी
   क) प्रजातियां और आबादी
   ख) आवास और समुदाय
   ग) पारिस्थितिक तंत्र

ii. प्रदूषण
   क) पानी
   ख) हवा
   ग) भूमि
   घ) शोर

iii. सौंदर्यविषयक (Aesthetics)
   क) भूमि
   ख) हवा
   ग) पानी
   घ) बायोटा
   ङ) मानव निर्मित वस्तुएं
   च) संरचना

iv. मानव हित
   क) शिक्षा और वैज्ञानिक पैकेज
   ख) ऐतिहासिक पैकेज
   ग) संस्कृतियां,
   घ) मूड या वातावरण
   ङ) जीवन चक्र

प्रत्येक पैरामीटर को एक महत्व इकाई सौंपी जाती है और, सामूहिक रूप से, महत्व इकाइयों को एक घटक के लिए "पैरामीटर महत्व इकाइयां" कहा जाता है। बीईईएस का उपयोग किसी परियोजना के प्रभावों का मूल्यांकन और विकल्पों की तुलना करने के लिए भी किया जा सकता है।

### लियोपोल्ड मैट्रिक्स

लियोपोल्ड मैट्रिक्स पर्यावरणीय प्रभावों को संक्षेप में प्रस्तुत करने और रैंक करने और उन प्रभावों पर ध्यान केंद्रित करने का एक सरल तरीका प्रदान करता है जिनका प्रभाव सर्वाधिक माना जाता है। मैट्रिक्स प्रारूप का लाभ यह है कि यह गतिविधियों, कारकों और संबंधित प्रभावों की पूरी श्रृंखला पर विचार करता है। लियोपोल्ड मैट्रिक्स को 1971 में अधिकांश प्रकार की निर्माण परियोजनाओं से जुड़े

पर्यावरणीय प्रभावों के आकलन के लिए डिज़ाइन किया गया था। 100 विभिन्न परियोजना गतिविधियों को एक धुरी पर और 88 पर्यावरणीय विशेषताओं और स्थितियों के एक साथ सूचीबद्ध किया गया था, जिसमें अन्य के साथ बायोफिज़िकल और सामाजिक-आर्थिक वातावरण के पहलू भी शामिल है। इसमें कारण-प्रभाव संबंधों के बारे में गुणात्मक और मात्रात्मक जानकारी का उपयोग भी शामिल है। लियोपोल्ड मैट्रिक्स में,

i. *अंतःक्रिया का परिमाण*, अर्थात् व्यापकता या पैमाने को 1 (छोटे परिमाण के लिए) से 10 (बड़े परिमाण के लिए) या 1 से 5 तक का मान निर्दिष्ट करके वर्णित किया जाता है, जिसमें 3 के पास का मान मध्यवर्ती विस्तार के प्रभावों का प्रतिनिधित्व करता है। "परिमाण" के लिए संख्यात्मक मानों का निर्धारण उपलब्ध तथ्यों और आंकड़ों के उद्देश्य आकलन के आधार पर किया जाता है।
ii. *महत्व का पैमाना* 1 (बहुत कम अंतःक्रिया) से 10 (बहुत महत्वपूर्ण अंतःक्रिया) तक होता है। "महत्व" के लिए संख्यात्मक मूल्यों का असाइनमेंट, ईआईए टीम और / या ईआईए टीम द्वारा परामर्श किए गए विशेषज्ञों के व्यक्तिपरक निर्णय के आधार पर किया जाता है।

जहां तक संभव हो, "परिमाण" के लिए एक संख्यात्मक मान का निर्धारण तथ्यात्मक जानकारी पर आधारित है। लेकिन "महत्व" के लिए एक संख्यात्मक मूल्य का असाइनमेंट ईआईए टीम के व्यक्तिपरक दृष्टिकोण के लिए कुछ जगह रखता है। लियोपोल्ड मैट्रिक्स दृष्टिकोण काफी लचीला है (लोहानी *एट ऑल.* 1997) अध्ययन की प्रकृति और दायरे के आधार पर, निर्दिष्ट गतिविधियों और पर्यावरणीय वस्तुओं की कुल संख्या बढ़ या घट सकती है। यह लियोपोल्ड मैट्रिक्स की आकर्षक विशेषताओं में से एक है। तकनीकी रूप से, इसका दृष्टिकोण है -

i. प्रभावों की पहचान करने के लिए एक सकल स्क्रीनिंग तकनीक है
ii. प्रभावित वस्तुओं और उनके कारणों के दृश्य प्रदर्शन द्वारा प्रभावों को समझाने के लिए एक मूल्यवान उपकरण है
iii. गहरी अंतर्दृष्टि प्रदान कर सकता है और उन पंक्तियों और स्तंभों को सारांशित करके प्रभावों की आगे की व्याख्या में सहायता कर सकता है जिन्हें इंटरैक्शन (अंतःक्रिया) के रूप में नामित किया गया है
iv. परियोजना जीवनचक्र के प्रत्येक चरण के दौरान प्रभावों की पहचान करने के लिए भी नियोजित किया जा सकता है, अर्थात् निर्माण, संचालन और पोस्ट-ऑपरेशन

*लियोपोल्ड मैट्रिक्स के उपयोग का एक उदाहरण अध्याय 6 के अंत में दिया गया है।*

## संदर्भ


AIChE, American Institute of Chemical Engineers. 1995. *Understanding Atmospheric Dispersion of Accidental Releases*. New York: Centre for Chemical Process Safety, American Institute of Chemical Engineers.

AIChE, अमेरिकन इंस्टीट्यूट ऑफ केमिकल रिलीज, 1995, अंडरस्टैंडिंग एटमॉस्फेरिक डिस्पर्शन का एक्सीडेंटल रिलिजिस, न्यूयॉर्क: सेंटर फॉर केमिकल प्रोसेस सेफ्टी, अमेरिकन इंस्टीट्यूट ऑफ केमिकल इंजीनियर्स।

Bisset, R. 1984. "Methods for Assessing Direct Impacts." In *Perspectives on Environmental Impact Assessment: Proceedings of the Annual WHO Training Courses on EIA*, University of Aberdeen, edited by B. D. Clark, A. Gilad, R. Bisset, and P. Tomlinson, 95–212. Dordrecht: D. Reidel Publishing Company.

बिसेट, आर. 1984, "मेथड्स फॉर असेसिंग डायरेक्ट इंपैक्ट्स" प्रभाव मूल्यांकन पर पर्यावरणीय परिप्रेक्ष्य में: EIA पर वार्षिक WHO प्रशिक्षण पाठ्यक्रम की कार्यवाही, एबरडीन विश्वविद्यालय, बी डी क्लार्क, ए गिलाद, आर बिसेट और पी टॉमलिंसन द्वारा संपादित, 95-212। डॉर्ड्रेक्ट: डी. रीडेल पब्लिशिंग कंपनी।

Business Dictionary. n.d. *LIKERT Scale*. Accessed May 1, 2015. www.businessdictionary.com.

बिजनेस डिक्शनरी, रा, लाइकेर्ट स्केल, 1 मई, 2015 को अभिगमन किया गया। www.businessdictionary.com.

Caldwell, L. K. 1998. "Implementing Policy Through Procedure: Impact Assessment and the National Environmental Policy Act (NEPA)." In *Environmental Methods Review: Retooling Impact Assessment for the New Century*, edited by A. L. Porter, and J. J. Fittipaldi, 8–14. Fargo, ND, USA: The Press Club.

कैल्डवेल, एल.के. 1998, "प्रक्रिया के माध्यम से नीति कार्यान्वयन: प्रभाव मूल्यांकन और राष्ट्रीय पर्यावरण नीति अधिनियम (NEPA)।" इन एनवायर्नमेंटल मेथड्स रिव्यू: रीटूलिंग इंपैक्ट असेसमेंट फॉर द न्यू सेंचुरी, ए.एल. पोर्टर और जे.जे. फिटिपाल्डी द्वारा संपादित, 8-14, फ़ार्गो, एनडी, यूएसए: द प्रेस क्लब।

Canter, L. W. 1996. *Environmental Impact Assessment*, 2nd edn. New York: McGraw-Hill.

कैंटर, एल.डब्ल्यू. 1996, एनवायर्नमेंटल इंपैक्ट एसेसमेंट, दूसरा संस्करण, न्यूयॉर्क: मैकग्रा-हिल।

Dee, N., J. K. Baker, N. L. Drobny, K. M. Duke, I. Whitman, and D. C. Fahringer. 1973. "An Environmental Evaluation System for Water Resource Planning." *Water Resources Research* **9**(3): 523–535.

डी, एन., जे.के. बेकर, एन.एल. ड्रोबनी, के.एम. ड्यूक, आई. व्हिटमैन, और डी.सी. फाहिंगर, 1973, "जल संसाधन योजना के लिए एक पर्यावरणीय मूल्यांकन प्रणाली," जल संसाधन अनुसंधान 9(3): 523-535.

Ermak, D. L. 1990. *SLAB: A Denser-than-Air Atmospheric Dispersion Model*. UCRL-99882. Livermore: Lawrence Livermore National Laboratory.

एर्मक, डी. एल. 1990, स्लैब: ए डेंसर-दैन-एयर एटमॉस्फेरिक डिस्पर्शन मॉडल, UCRL-99882, लिवरमोर:लॉरेंस लिवरमोर नेशनल लेबोरेटरी

European Topic Centre. 1996. *Ambient Air Quality, Pollutant Dispersion and Transport Models*. Copenhagen: European Environmental Agency.

यूरोपियन टॉपिक सेंटर, 1996, एम्बियेंट एयर क्वालिटी, पोल्यूटेंट डिस्पर्शन एंड ट्रांसपोर्ट मॉडल्स, कोपनहेगन: यूरोपियन एनवायर्नमेंटल एजेंसी

Fischer, Thomas. B., and U. Jha-Thakur. 2008. *Environmental Assessment Lecturers' Handbook*. Promotion of European Education for Third Country Audience. Brussel: European Commission.

फिशर, थॉमस, बी और यू झा-ठाकुर 2008, एनवायर्नमेंटल असेसमेंट लेक्चरर्स हैण्डबुक प्रमोशन का यूरोपीय एजुकेशन फॉर थर्ड कंट्री ऑडियंस, ब्रुसेल: यूरोपियन कमीशन

Goyal, S. K., and V. A. Deshpande. 2001. "Comparison of Weight Assignment Procedures in Evaluation of Environmental Impacts." *Environmental Impact Assessment Review* **21**: 553–563.

गोयल, एस.के. और वी. ए. देशपांडे, 2001, "कंपैरिजन ऑफ वेट असाइनमेंट प्रोसीजर इन इवैल्यूएशन ऑफ एनवायर्नमेंटल इंपैक्ट्स," एनवायर्नमेंटल इंपैक्ट एसेसमेंट रिव्यू 21:553–563

IMA, Institute of Marine Affairs. 2006. *Environmental Impact Assessment for the Establishment of an Industrial Estate at Chaltham, Trinidad*. Submitted to the National Energy Corporation of Trinidad and Tobago Limited, Carenage.

IMA, इंस्टिट्यूट ऑफ़ मरीन अफेयर्स, 2006, एनवायर्नमेंटल इंपैक्ट एसेसमेंट फॉर द इस्टैब्लिशमेंट ऑफ़ एन इंडस्ट्रियल एस्टेट एट काल्थम, त्रिनिदाद, सबमिटेड टू द नेशनल एनर्जी कॉर्पोरेशन ऑफ़ त्रिनिदाद एंड टोबैगो लिमिटेड कैरेंज।

Jain, R. K., L. Urban, G. S. Stacey, and H. E. Balbach. 2004. *Environmental Assessment*, 2nd edn. New York: McGraw-Hill Professional.

जैन, आर.के., एल. अर्बन, जी.एस. स्टेसी, और एच.ई. बलबैक, 2004, एनवायर्नमेंटल एसेसमेंट, दूसरा संस्करण, न्यूयॉर्क: मैकग्रा-हिल प्रोफेशनल।

Leopold, L. B., F. E. Clarke, B. B. Manshaw, and J. R. Balsley. 1971. *A Procedure for Evaluating Environmental Impacts*. U.S. Geological Survey Circular no. 645. Washington, D.C.: Government Printing Office.

लियोपोल्ड, एल.बी., एफ.ई. क्लार्क, बी.बी. मैनशॉ, और जे.आर. बाल्स्ले, 1971, पर्यावरणीय प्रभावों के मूल्यांकन के लिए एक प्रक्रिया, अमेरिकी भूवैज्ञानिक सर्वेक्षण परिपत्र संख्या. 645. वाशिंगटन, डी.सी.: सरकारी मुद्रण कार्यालय।

Lohani, B., J. Warren Evans, Robert R. Everitt, Harvey Ludwig, Richard A. Carpenter, and Shih-Liang Tu. 1997. *Environmental Impact Assessment for Developing Countries in Asia: Overview*, vol 1-. Manila: Office of the Environment, Asian Development Bank.

लोहानी, बी., जे. वॉरेन इवांस, रॉबर्ट आर. एवरिट, हार्वे लुडविग, रिचर्ड ए. कारपेंटर, और शिह-लिआंग टू, 1997, एनवायर्नमेंटल इंपैक्ट एसेसमेंट फॉर डेवलपिंग कंट्रीज इन एशिया: अवलोकन, खंड 1,मनीला: पर्यावरण कार्यालय, एशियाई विकास बैंक।

NIWAR, National Institute of Water and Atmospheric Research. 2004. *Good Practice Guide for Air Dispersion Modeling*. Wellington: Ministry for the Environment.

NIWAR, राष्ट्रीय जल और वायुमंडलीय अनुसंधान संस्थान, 2004, गुड प्रैक्टिस गाइड फॉर और डिप्रेशन मॉडलिंग, वेलिंगटन: पर्यावरण मंत्रालय।

Pasquill, F., and F. B. Smith. 1982. *Atmospheric Diffusion*, 3rd edn. Chichester: Ellis Horwood.

पास्क्विल, एफ., और एफ.बी. स्मिथ, 1982, एटमॉस्फेयर डिफ्यूजन, तीसरा संस्करण। चिचेस्टर: एलिस होरवुड

Petts, J., ed. 1999. *Handbook of Environmental Impact Assessment*. London: Blackwell Science.

पेट्स, जे., एड. 1999, हैंडबुक ऑफ़ एनवायर्नमेंटल इंपैक्ट एसेसमेंट, लंदन: ब्लैकवेल साइंस।

Ross, J. H. 1974. *Quantitative Aids to Environmental Impact Assessment.* Occasional Paper no. 3. Ottawa: Environment Canada Lands Directorate.

रॉस, जे.एच. 1974, क्वानटिटेटिव ऐड टू एनवायर्नमेंटल इंपैक्ट एसेसमेंट, समसामयिक पेपर नं. 3. ओटावा: पर्यावरण कनाडा भूमि निदेशालय।

Ross, D. G. 1994. *Evaluation of the AUSTOX Emergency Preparedness and Response Model*. Proceedings of the 12th International Clean Air Conference held at Perth.

रॉस, डी.जी. 1994, इवेलुएशन आफ द AUSTOX एमरजैंसी प्रिपेयर्डनेस एंड रिस्पांस मॉडल, पर्थ में आयोजित 12वें अंतर्राष्ट्रीय स्वच्छ वायु सम्मेलन की कार्यवाही।

Ross, D. G., and G. Koutsenko. 1993. *AUSTOX*, version 1.1. *Emergency Response and Preparedness Model*. Technical Description. CAMM Report no. 11/93. Melbourne: Centre for Applied Mathematical Modeling, Monash University.

रॉस, डी. जी., और जी. कौत्सेंको, 1993, ऑस्टॉक्स, संस्करण 1.1. आपातकालीन प्रतिक्रिया और तैयारी मॉडल। तकनीकी विवरण, CAMM रिपोर्ट नं. 11/93, मेलबर्न: एप्लाइड गणितीय मॉडलिंग केंद्र, मोनाश विश्वविद्यालय।

Scire, J. S., F. R. Robe, M. E. Fernau, and R. J. Yamartino. 2000. *A User's Guide for the CALPUFF Dispersion Model*, version 5. Concord: Earth Tech Inc.

स्काइर, जे.एस., एफ.आर. रॉब, एम.ई. फर्नाउ, और आर.जे. यामार्टिनो, 2000, CALPUFF फैलाव मॉडल के लिए एक उपयोगकर्ता गाइड, संस्करण 5, कॉनकॉर्ड: अर्थ टेक इंक. सभी अधिकार सुरक्षित।

Tan, Z. 2014. *Air Pollution and Greenhouse Gases*. Singapore: Springer

टैन, जेड. 2014. वायु प्रदूषण और ग्रीनहाउस गैसें। सिंगापुर: स्प्रिंगर

UNEP, United Nations Environment Program. 2002. *Environmental Impact Assessment Training Resource Manual*, 2nd edn. Geneva: Division of Technology, Industry and Economics, United Nations Environment Program.

UNEP,संयुक्त राष्ट्र पर्यावरण कार्यक्रम, 2002, एनवायर्नमेंटल इंपैक्ट एसेसमेंट ट्रेनिंग रिसोर्सेस मैन्युअल, दूसरा संस्करण। जिनेवा: प्रौद्योगिकी, उद्योग और अर्थशास्त्र प्रभाग, संयुक्त राष्ट्र पर्यावरण कार्यक्रम।

US EPA, United States Environmental Protection Agency. 1998. *A Dispersion Model for Elevated Dense Gas Jet Chemical Releases*. EPA-450/4-88-006a. Research Triangle Park: Office of Air and Radiation, US Environmental Protection Agency.

US EPA, यूनाइटेड स्टेट्स पर्यावरण संरक्षण एजेंसी 1998, ए डिस्पिरेशन मॉडल फार एलिवेटेड डेंस गैस जेट केमिकल रिलिजेस ईपीए-450/4-88-006a, रिसर्च ट्रायंगल पार्क: वायु और विकिरण कार्यालय, अमेरिकी पर्यावरण संरक्षण

Wathern, P. 1984. "Methods for Assessing Indirect Impacts." In *Perspectives on Environmental Impact Assessment: Proceedings of the Annual WHO Training Courses on EIA*, University of Aberdeen, edited by B. D. Clark, A. Gilad, R. Bisset, and P. Tomlinson, 213–231. Dordrecht: D. Reidel Publishing Company.

वाथर्न, पी. 1984, "मेथड्स फॉर एक्सेसिंग इनडायरेक्ट इंपैक्ट्स" EIA पर वार्षिक WHO प्रशिक्षण पाठ्यक्रमों की कार्यवाही पर परिप्रेक्ष्य में, एबरडीन विश्वविद्यालय, बी.डी. क्लार्क, ए. गिलाड, आर. बिसेट, और पी. टॉमलिंसन द्वारा संपादित, 213 -231. डॉर्ड्रेक्ट: डी. रीडेल पब्लिशिंग कंपनी।

अध्याय 5

# पर्यावरणीय प्रभाव आकलन के लिए तैयारी

"पर्यावरण," "प्रभाव" और "आकलन" और पिछले अध्यायों में वर्णित पर्यावरणीय प्रभाव आकलन (ईआईए) प्रक्रियाओं, विधियों और तकनीकों की पूरी तरह से समझ विकसित करने के बाद, यह आवश्यक है कि एक ईआईए वृत्तिक, ईआईए के महत्वपूर्ण पहलुओं को पहचानें। प्रस्तावित विकास परियोजना के लिए ईआईए अध्ययन करते समय व्यवस्थित रूप से अपने कार्यों की योजना बनाने में इसे महत्वपूर्ण माना जाता है। यह अध्याय ईआईए के निर्माण खंडों का वर्णन करता है, जिसकी समझ ईआईए वृत्तकों को अधिक आत्मविश्वास के साथ ईआईए अध्ययन करने और ईआईए के तत्काल उद्देश्यों (UNEP 2002) को पूरा करने के लिए एक पूर्ण और अच्छी गुणवत्ता वाली ईआईए रिपोर्ट तैयार करने में सशक्त बनाएगी।

ईआईए के दीर्घकालिक उद्देश्यों को पूरा करने के संदर्भ में किसी न किसी रूप में 100 से अधिक देशों में अभ्यास की जा रही ईआईए प्रक्रिया की प्रभावशीलता पर चर्चा, इस पाठ के दायरे से परे है। पाठ का उद्देश्य अनिवार्य रूप से उन पहलुओं पर ध्यान केंद्रित करने का लक्ष्य रखता है जिन्हें विकास परियोजना के लिए ईआईए रिपोर्ट तैयार करने और ईआईए के अल्पकालिक उद्देश्यों को पूरा करने की दिशा में योगदान देने में महत्वपूर्ण माना जाता है।

## 5.1 ईआईए के लक्ष्य और उद्देश्य

ईआईए के मूल सिद्धांतों पर अध्याय 2 में चर्चा की गई है। हालांकि, ईआईए रिपोर्ट तैयार करते समय और ईआईए अध्ययन करते समय, उद्देश्यों को मोटे तौर पर तत्काल और अंतिम (UNEP 2002) के रूप में वर्गीकृत किया जाता है, और निम्नानुसार पुनर्लेखित किया जा सकता है:

i. ईआईए रिपोर्ट का *तत्काल* (अल्पकालिक) उद्देश्य जो प्रस्तावित विकास परियोजना के संभावित महत्वपूर्ण पर्यावरणीय प्रभावों और जोखिमों की पहचान करके निर्णय लेने की प्रक्रिया को सूचित करना है।
ii. ईआईए रिपोर्ट का *अंतिम* (दीर्घकालिक) उद्देश्य जो यह सुनिश्चित करके धारणीय विकास को बढ़ावा देता है कि प्रस्तावित विकास परियोजना महत्वपूर्ण संसाधनों और पारिस्थितिक कार्यों या समुदायों और उन पर निर्भर लोगों की भलाई, जीवन शैली और आजीविका को कमजोर नहीं करती है।

ईआईए के *तात्कालिक उद्देश्य* मुख्य रूप से निम्नलिखित हैं:

क. परियोजना के पर्यावरण डिजाइन में सुधार

ख. सुनिश्चित करना कि संसाधनों का उचित और प्रभावी ढंग से उपयोग किया जाए

ग. परियोजना के संभावित प्रभावों को कम करने के लिए उपयुक्त उपायों की पहचान करना

घ. परियोजना को लागू करने के लिए पर्यावरणीय नियम और शर्तों को निर्धारित करने के साथ ही सूचित निर्णय लेने की सुविधा प्रदान करना

ईआईए के *अंतिम उद्देश्य* मुख्यों का लक्ष्य है:

क. मानव स्वास्थ्य और सुरक्षा की रक्षा करना

ख. अपरिवर्तनीय परिवर्तनों और पर्यावरण को गंभीर क्षति से बचना

ग. मूल्यवान संसाधनों, प्राकृतिक क्षेत्रों और पारिस्थितिकी तंत्र घटकों की सुरक्षा करना

घ. परियोजना के सामाजिक पहलुओं को बढ़ाना

ईआईए को यह सुनिश्चित करने की आवश्यकता (EU 2014) है कि

i. पर्यावरण संरक्षण में सुधार हुआ है

ii. संसाधन दक्षता में वृद्धि हुई है

iii. धारणीय विकास का समर्थन किया गया है

यह देखा जा सकता है कि इक्कीसवीं सदी में भी, "पर्यावरण" शब्द की धारणा अमीरों और वंचितों के बीच भिन्न होती है। "पर्यावरण" को अक्सर विनिर्माण और ऊर्जा क्षेत्रों द्वारा "प्रदूषण" का पर्याय माना जाता है, विशेष रूप से विकासशील अर्थव्यवस्थाओं में जहां प्रमुख जोर विनिर्माण और सूक्ष्म, लघु और मध्यम स्तर के उद्यमों पर है, जो तेजी से आर्थिक विकास के माध्यम से अधिक रोजगार पैदा करने के प्रमुख उद्देश्यों के साथ हैं। शहरीकरण की तेजी से विकास और अवसंरचनात्मक परियोजनाओं पर एक प्रमुख ध्यान देने के साथ, यह धीरे-धीरे महसूस किया जा रहा है कि "प्रदूषण" केवल "पर्यावरण" का एक उप-समूह है (राथी 2009)।

आम तौर पर कई ईआईए प्रणालियों में अपनाई गई "पर्यावरण" की व्यापक समझ में सम्मिलित हैं:

i. मानव स्वास्थ्य और सुरक्षा

ii. वनस्पति, जीव, पारिस्थितिक तंत्र और जैविक विविधता

iii. हवा, पानी, मिट्टी, जलवायु और परिदृश्य

iv. भूमि, प्राकृतिक संसाधनों और कच्चे माल का उपयोग

v. संरक्षित क्षेत्र और वैज्ञानिक, ऐतिहासिक और सांस्कृतिक महत्व के नामित स्थल

vi. विरासत, मनोरंजन, और विलासिता की संपत्ति

vii. परियोजना से प्रभावित लोगों की आजीविका, जीवन शैली और कल्याण

व्यावहारिक उद्देश्यों के लिए, ईआईए रिपोर्ट का *प्राथमिक उद्देश्य* प्रस्तावित परियोजना के पर्यावरणीय परिणामों और संबंधित गतिविधियों के बारे में जानकारी प्रदान करना है

क. निर्णय कर्ताओं को परियोजना कार्यान्वयन के साथ आगे बढ़ने के लिए हरी झंडी देने (*या नहीं*) पर एक सुविचारित निर्णय पर पहुंचने में सक्षम बनाना, यानी पर्यावरणीय विचारों से प्रस्तावित परियोजना को अनुमोदन देना है अथवा नहीं

ख. बड़े पैमाने पर जनता को प्रस्तावित परियोजना और इसके परिणामों के बारे में अच्छी तरह से सूचित करना

इस प्रकार यह आवश्यक है कि जिस व्यक्ति को ईआईए रिपोर्ट तैयार करने की जिम्मेदारी सौंपी गई है, जिसे इस पाठ में ईआईए टीम लीडर के रूप गें नामित किया गया है, यह सुनिश्चित करता है कि तथ्यों और वृत्तिक निर्णय के आधार पर एक पूर्ण और अच्छी गुणवत्ता वाली रिपोर्ट सीमित आवंटित संसाधनों, अर्थात् समय और बजट के भीतर तैयार की जाए। इसलिए, ईआईए अध्ययन करने और ईआईए रिपोर्ट तैयार करने के लिए भौतिक, रासायनिक, जैविक और सामाजिक विज्ञान और प्रौद्योगिकी द्वारा समर्थित एक अच्छे प्रबंधकीय दृष्टिकोण का पालन किया जाता है। एक परियोजना के लिए एक विशिष्ट ईआईए रिपोर्ट में आम तौर पर पर्यावरण के प्रमुख घटकों का आकलन शामिल होने की उम्मीद है, अर्थात्:

i. वायु गुणवत्ता आकलन
ii. शोर आकलन
iii. जल आकलन
iv. मृदा, भूमि उपयोग/भू-आवरण, सौंदर्य या दृश्य, और भू-दृश्य आकलन (ठोस और खतरनाक अपशिष्ट प्रबंधन के साथ)
v. पारिस्थितिक और जैव विविधता आकलन
vi. सामाजिक, आर्थिक और सांस्कृतिक आकलन

उपरोक्त के अलावा, कई ईआईए फ्रेमवर्क जोखिम आकलन को ईआईए रिपोर्ट के अभिन्न अंग मानते हैं।

## 5.2 परियोजना विकास और साइट चयन

एक बार जब कोई परियोजना प्रस्तावक एक विकासात्मक परियोजना स्थापित करने में निवेश करने का निर्णय लेता है, तो एक पूर्व-व्यवहार्यता रिपोर्ट अक्सर तैयार की जाती है जिसमें निम्न प्रारंभिक जानकारी होती है:

i. परियोजना का प्रकार और आवश्यकता
ii. उत्पाद और क्षमता या सेवा (ओं) और आकार
iii. प्रौद्योगिकी और इसका स्रोत, चाहे व्यावसायिक रूप से सिद्ध हो या न हो

iv. प्रमुख निविष्टियों की आवश्यकता-फीडस्टॉक, एडिटिव्स, यूटिलिटीज, आदि
v. प्रमुख उप-उत्पाद, साइड-उत्पाद, और अपशिष्ट उत्पन्न होना
vi. ऑफ-साइट सुविधाएं
vii. बुनियादी ढांचों की आवश्यकता
viii. निधियों की आवश्यकता
ix. जोखिम, आदि शामिल हैं।

इसके बाद, कुछ संभावित स्थलों को शॉर्टलिस्ट करने के लिए कुछ प्रारंभिक अध्ययन किए जाते हैं जहां परियोजना स्थित हो सकती है। सबसे उपयुक्त साइट पर पहुंचने के लिए शॉर्टलिस्ट की गई साइटों का मूल्यांकन विभिन्न विचारों के अनुसार किया जाता है। परियोजना स्थल चयन में जाने वाले विचारों में आम तौर पर आर्थिक, सामाजिक, राजनीतिक और पर्यावरणीय पहलू शामिल होते हैं। कुछ औद्योगिक संवर्धन और विकास एजेंसियां, विशेष रूप से विकासशील देशों में, विनिर्माण और ऊर्जा क्षेत्र की परियोजनाओं के लिए साइट चयन के लिए दिशानिर्देश या मानदंड तैयार करती हैं और कुछ विशिष्ट लक्षित क्षेत्रों में निवेश आकर्षित करने के लिए चंद औद्योगिक क्षेत्रों, सम्पदा या पार्कों को विकसित करती हैं। परियोजना स्थल चयन के लिए आम तौर पर विचार किए जाने वाले कुछ प्रमुख कारकों में भूमि, पानी, ऊर्जा, फीडस्टॉक, प्रशिक्षित जनशक्ति, भौतिक और सामाजिक बुनियादी ढांचे, बाजारों तक पहुँच, सरकार से वित्तीय और राजकोषीय प्रोत्साहन आदि शामिल हैं। यह देखते हुए कि किसी परियोजना के लिए एक साइट का चयन करना एक परियोजना प्रस्तावक का एक निवेश निर्णय है जिसका भविष्य में प्रभाव होगा (मेहता 2012) के विचारों के आधार, तकनीकी और वित्तीय विश्लेषण सर्वोत्तम स्थान का चयन करने के लिए बेहद महत्वपूर्ण है:

i. राजनीतिक वातावरण
ii. साइट का बुनियादी ढांचा - बिजली, पानी, गैस
iii. स्थानीय बुनियादी ढांचा - कुशल जनशक्ति, सामान्य अपशिष्ट प्रबंधन सुविधाएं, और आपातकालीन प्रतिक्रिया केंद्र, सड़कों, वायु, अंतर्देशीय जलमार्ग, या समुद्र के माध्यम से कनेक्टिविटी
iv. पड़ोस-उद्योग, कच्चे माल से निकटता; और भविष्य में विस्तारशीलता को ध्यान में रखते हुए भूमि-प्रकार और उपलब्धता, आदि।
v. स्थानिक नियोजन, नियम; आदि।

विशिष्ट दिशानिर्देश (NTEPA 2013, CPCB 2000, 2003A, 2003B) खतरनाक अपशिष्ट प्रबंधन परियोजनाओं के लिए सुरक्षित लैंडफिल सुविधाओं और नगरपालिका ठोस अपशिष्ट प्रबंधन सुविधाओं जैसी विशिष्ट प्रकार की परियोजनाओं का पता लगाने के लिए उपलब्ध हैं। भारत में केंद्रीय प्रदूषण नियंत्रण बोर्ड द्वारा ज़ोनिंग एटलस (CPCB, ND) विकसित करने में जर्मन तकनीकी सहयोग (GTZ) के समर्थन से एक पहल की गई थी। इसमें विभिन्न स्थानों के आधार मानचित्रों पर लगाए गए

संवेदनशीलता मानचित्रों का विकास शामिल था ताकि परियोजना प्रस्तावकों को अपनी परियोजनाओं का पता लगाने के लिए सबसे उपयुक्त साइटों की पहचान करने में सुविधा मिल सके। हालांकि, यह परियोजना प्रस्तावकों के साथ-साथ निर्णय लेने वाले अधिकारियों के लिए स्वीकार्य नहीं था, मुख्य रूप से इसमें शामिल क्षेत्राधिकार के मुद्दों और ऐसे कई स्थानों पर तेजी से हो रहे विकास के कारण बदलती जमीनी वास्तविकताओं को देखते हुए एटलस को अपडेट रखने के लिए एक उपयुक्त तंत्र स्थापित करने की कमी के कारण।

इसके अलावा, यह माना जा सकता है कि एक परियोजना प्रस्तावक परियोजना की पूंजी की लागत को कम करने और निवेश पर रिटर्न को अधिकतम करने के प्रमुख विचार के साथ ऊपर हाइलाइट किए गए कारकों को अधिक वजन देकर एक साइट का चयन करना चाहता है। परियोजना वित्तपोषण एजेंसियां प्रस्तावित परियोजना की तकनीकी-आर्थिक व्यवहार्यता के आधार पर केवल अच्छे लाभ की संभावना के साथ निर्णय लेती हैं। संक्षेप में, एक परियोजना की लागत-प्रभावशीलता को परियोजना प्रस्तावकों, उधारदाताओं के साथ-साथ निवेशकों के लिए अधिक महत्वपूर्ण माना जाता है। परियोजना स्थल चयन में पर्यावरणीय विचार आम तौर पर लागू पर्यावरणीय नियमों और/या वित्त पोषण एजेंसियों, जैसे विश्व बैंक, एशियाई विकास बैंक और अन्य बहुपक्षीय एजेंसियों की आवश्यकताओं के कारण आवश्यक होते हैं।

ईआईए अध्ययन, जब लगन से किया जाता है, तो प्रत्येक साइट पर प्रस्तावित परियोजना से संबंधित गतिविधियों के पर्यावरणीय परिणामों की जांच करके शॉर्टलिस्ट किए गए लोगों में से एक, उपयुक्त साइट का चयन करने में मदद करता है। वह स्थान जहां परियोजना पर कम से कम पर्यावरणीय परिणामों का अनुमान लगाया जाता है, वह उस परियोजना को लगाने के लिए पर्यावरणीय दृष्टिकोण से सबसे उपयुक्त माना जाता है, और इसे जनता द्वारा भी बेहतर स्वीकृति मिलने की उम्मीद होती है। ईआईए अध्ययन के परिणाम के लिए परियोजना डिजाइन में कुछ संशोधनों की आवश्यकता हो सकती है, जिससे परियोजना प्रस्तावक को परियोजना को अधिक पर्यावरणीय रूप से मजबूत बनाने और जनता के लिए इसकी स्वीकार्यता में सुधार करने के लिए पूंजी और/या आवर्ती लागतों की ओर कुछ अतिरिक्त लागत उठानी पड़ सकती है। ईआईए अध्ययनों का महत्व इस एहसास से स्पष्ट हो जाता है कि प्रस्तावित स्थल और प्रस्तावित विकासात्मक परियोजना का एक समग्र दृष्टिकोण लिया जाता है, और परियोजना के मूल उद्देश्यों को प्रभावित किए बिना परियोजना के डिजाइन में शामिल करने के लिए आवश्यक अतिरिक्त पर्यावरणीय उपायों का सुझाव दिया जाता है।

## 5.3 निर्देश निबंधन (टीओआर)

सक्षम प्राधिकारी द्वारा विनिर्दिष्ट विचारार्थ विषयों (टीओआर) का अनुपालन करने के लिए ईआईए रिपोर्ट की आवश्यकता होती है ताकि यह सुनिश्चित किया जा सके कि निर्धारित पहलुओं पर विधिवत ध्यान दिया गया है। ईआईए रिपोर्ट के लिए टीओआर आम तौर पर उस प्राधिकरण द्वारा दिया जाता है

जो ईआईए रिपोर्ट की समीक्षा करता है। वैकल्पिक रूप से, टीओआर को ईआईए परामर्श संगठन द्वारा तैयार किया जा सकता है और परियोजना प्रस्तावक द्वारा अनुमोदन प्राप्त करने के लिए सक्षम प्राधिकारी (MOEF 2006) को प्रस्तावित किया जा सकता है। MOEF (2015) ने विभिन्न परियोजना क्षेत्रों की ईआईए रिपोर्टों को समय पर तैयार करने की सुविधा के लिए मानक टीओआर प्रकाशित किया है; उदाहरण के लिए, थर्मल पावर परियोजनाओं के लिए मानक टीओआर **बॉक्स 5.1** में पुन: प्रस्तुत किया गया है। यह देखा जा सकता है कि परियोजना विशेषताओं के आधार पर निर्धारित मानक टीओआर, साइट-विशिष्ट विशेषताओं और अन्य स्थानीय कारकों को ध्यान में नहीं रखते हैं। सक्षम प्राधिकारी को टीओआर प्रस्तावित करने के लिए, इस प्रकार यह आवश्यक है कि परियोजना-विशिष्ट के साथ-साथ साइट-विशिष्ट कारकों को ध्यान में रखा जाए। इसे पूरा करने के लिए, ईआईए परामर्श संगठनों को परियोजना कॉन्फ़िगरेशन और शॉर्टलिस्ट की गई साइटों और उनके परिवेश की पर्यावरणीय सेटिंग्स की काफी अच्छी समझ विकसित करने की आवश्यकता है, विशेष रूप से:

i. लागू विनियामक व्यवस्था
ii. भूमि उपयोग/भू-आवरण और स्थलाकृति
iii. जल संसाधन
iv. जलवायु परिस्थितियाँ
v. आवास-मानव, वनस्पतियों और जीवों सहित पक्षिवृंद-स्थलीय, जलीय, आर्द्रभूमि और समुद्री

**बॉक्स 5.1: थर्मल पावर प्लांट परियोजनाओं के लिए पर्यावरणीय प्रभाव आकलन अध्ययन करने के लिए मानक विचारार्थ विषय और ईआईए/ईएमपी रिपोर्ट में शामिल की जाने वाली जानकारी**

1. प्रस्तावित परियोजना को इसकी बेहतर पहचान और संदर्भ के लिए अन्य सरकारी विभागों आदि को प्रस्तुत नाम के अनुरूप एक अद्वितीय नाम दिया जाएगा।
2. परियोजना की संभावित दीर्घकालिक योजनाओं को निर्दिष्ट करने वाला एक दृष्टि पत्र तैयार किया जाएगा और प्रस्तुत किया जाएगा।
3. विस्तार परियोजनाओं के लिए पिछले चरणों की पर्यावरणीय और सीआरजेड मंजूरी में निर्धारित शर्तों के लिए एमओईएफ और सीसी के क्षेत्रीय कार्यालय द्वारा विधिवत प्रमाणित नवीनतम अनुपालन रिपोर्ट प्रस्तुत की जाएगी।
4. परियोजना प्रस्तावक को पर्यावरण, पारिस्थितिक और आर्थिक विचारों के आधार पर न्यूनतम तीन संभावित स्थलों की पहचान करने और पारिस्थितिकी और पर्यावरण पर न्यूनतम प्रभाव रखने वाली एक उपयुक्त साइट चुनने की आवश्यकता है। इस संबंध में साइटों की एक विस्तृत तुलना प्रस्तुत की जाएगी।
5. प्रस्तावित स्थल (साइटों) की हालिया तस्वीरों के साथ प्रासंगिक विवरण को दर्शाते हुए परियोजना का एक कार्यकारी सारांश प्रदान किया जाएगा। जन सुनवाई के दौरान उठाए गए मुद्दों और लिखित

अभ्यावेदनों (यदि कोई हो) के साथ-साथ समयबद्ध कार्य योजना और उन्हें संबोधित करने के लिए बजटीय आवंटन, प्रस्तावित प्रत्येक कार्रवाई के खिलाफ सारणीबद्ध रूप में प्रदान किए जाएंगे।

6. संयंत्र के परिसर के भीतर सौर ऊर्जा का दोहन, विशेष रूप से उपलब्ध छतों और अन्य उपलब्ध क्षेत्रों में, तैयार किया जाएगा और विस्तार परियोजनाओं के लिए, कार्यान्वयन की स्थिति भी प्रस्तुत की जाएगी।
7. प्रस्तावित स्थल (पौधे की सीमा) के भौगोलिक निर्देशांक (WGS 84), जिसमें टोपोशीट (1: 50,000 स्केल) और क्षेत्र के आईआरएस उपग्रह मानचित्र के साथ राख तालाब का स्थान शामिल है, प्रस्तुत किया जाएगा। जल निकाय/नाला (प्राकृतिक जलमार्ग)/नदी के एचएफएल के संबंध में संयंत्र स्थल और राख तालाब की ऊंचाई और समुद्र से उच्च ज्वार के स्तर को निर्दिष्ट किया जाएगा यदि साइट उनके निकट स्थित है।
8. संयंत्र क्षेतर्, राख तालाब, ग्रीन बेल्ट, बुनियादी ढांचे, सड़कों आदि के विभाजन को इंगित करने वाली एक लेआउट योजना प्रदान की जाएगी।
9. परियोजना के लिए भूमि आवश्यकताओं को अनुकूलित किया जाएगा और, किसी भी मामले में, समय-समय पर सीईए द्वारा निर्दिष्ट से अधिक नहीं। भूमि की आवश्यकता का मद-वार विवरण प्रदान किया जाएगा।
10. प्रस्तावित स्थल के राजस्व रिकॉर्ड और राज्य सरकार के रिकॉर्ड के अनुसार वर्तमान भूमि उपयोग (भूमि वर्ग सहित) प्रस्तुत किया जाएगा। कोयला परिवहन प्रणाली, पाइपलाइन बिछाने, आरओडब्ल्यू, ट्रांसमिशन लाइनों आदि सहित अधिग्रहित की जाने वाली भूमि के बारे में जानकारी विशेष रूप से प्रस्तुत की जाएगी। भूमि अधिग्रहण और मुकदमा, यदि कोई हो, तो उसकी सहीस्थिति प्रदान की जानी चाहिए।
11. यदि परियोजना में वन भूमि शामिल है, तो आवेदन की तारीख, आवेदन के लिए आवेदन करने वाले क्षेत्र और आवेदन पंजीकरण संख्या सहित विवरण, एफसीए के तहत डायवर्सन के लिए और इसकी वर्तमान स्थिति, प्रासंगिक दस्तावेजों की प्रतियों के साथ प्रदान की जानी चाहिए।
12. समयबद्ध कार्य योजना के साथ, भूमि अधिग्रहण और आर एंड आर योजना तैयार की जानी चाहिए और ईआईए रिपोर्ट में संबोधित की जानी चाहिए।
13. अध्ययन क्षेत्र में जल निकासी, फसल पैटर्न, जल निकायों (आर्द्रभूमि, नदी प्रणाली, धारा, नाले, तालाब, आदि), निकटतम बस्तियों (गांवों), खाड़ियों, मैंग्रोव, नदियों, जलाशयों आदि के स्थान को इंगित करने वाली उपग्रह इमेजरी और प्रमाणित टोपोशीट प्रदान की जाएगी।
14. परियोजना स्थल के 10 km के भीतर किसी भी राष्ट्रीय उद्यान, अभयारण्य, हाथी/बाघ अभयारण्य (मौजूदा और साथ ही प्रस्तावित), प्रवासी मार्गों/वन्यजीव गलियारे, यदि कोई हो, का स्थान निर्दिष्ट किया जाएगा और राज्य के मुख्य वन्यजीव वार्डन या उसके द्वारा अधिकृत अधिकारी द्वारा विधिवत प्रमाणित मानचित्र पर चिह्नित किया जाएगा।
15. भारतीय सर्वेक्षण के 1:50,000 पैमाने पर एक टोपोशीट द्वारा समर्थित अध्ययन क्षेत्र की स्थलाकृति, साथ ही 1:25,000 पैमाने का बड़े पैमाने पर नक्शा, और इस बारे में विशिष्ट जानकारी प्रदान की जाएगी कि साइट को भरने की आवश्यकता है या नहीं। उस स्थिति में, भरने का विवरण, आवश्यक भरण सामग्री की मात्रा, और इसके स्रोत, परिवहन, आदि प्रस्तुत किए जाएंगे।

16. अध्ययन क्षेत्र में भूमि उपयोग पैटर्न पर एक विस्तृत अध्ययन किया जाएगा जिसमें उपलब्ध सामान्य संपत्ति संसाधनों (जैसे चराई और सामुदायिक भूमि, जल संसाधन, आदि) की पहचान शामिल है और इसके संरक्षण और प्रबंधन के लिए एक कार्य योजना तैयार की जाएगी। यदि चराई भूमि का अधिग्रहण शामिल है, तो यह सुनिश्चित किया जाएगा कि चराई भूमि के समान क्षेत्र का अधिग्रहण और विकास किया जाना चाहिए और एक विस्तृत योजना प्रस्तुत की जानी चाहिए।
17. प्रस्तावित साइट (मिट्टी के प्रकार सहित) का एक खनिज मानचित्र और जानकारी (यदि उपलब्ध हो) कि साइट संभावित खनन योग्य जमा खनिज पर स्थित नहीं है, प्रस्तुत की जाएगी।
18. भारत सरकार की नवीनतम फ्लाई ऐश उपयोग अधिसूचना के अनुसार फ्लाई ऐश उपयोग योजना का विवरण अन्य उपयोगों सहित अनुबंध पक्षों के साथ फर्म समझौतों/ समझौता ज्ञापन आदि के साथ प्रस्तुत किया जाएगा। इस योजना में निचली राख के निपटान विधि/तंत्र को भी शामिल किया जाएगा।
19. पानी की आवश्यकता को अनुकूलित किया जाएगा (शुष्क फ्लाई ऐश और शुष्क तल राख निपटान प्रणाली, एयर-कूल्ड कंडेनसर, शून्य निर्वहन की अवधारणा जैसे उपायों को अपनाकर) और किसी भी मामले में सीईए द्वारा समय-समय पर निर्धारित से अधिक नहीं, पानी के स्रोत और जल संतुलन आरेख के विवरण के साथ प्रस्तुत किया जाना चाहिए। गणना किए गए जल संतुलन के विवरण में बहिःस्राव के पुन: उपयोग और पुन: परिचालन को ध्यान में रखा जाएगा।
20. स्थल के पार से गुजरने वाले जल निकाय/नाला (यदि कोई हो) को यथासंभव विरुद्ध नहीं किया जाना चाहिए। यदि किसी नदि/नाले को मोड़ने का प्रस्ताव है, तो यह सुनिश्चित किया जाएगा कि डाइवर्ज़न क्षेत्र के प्राकृतिक जल निकासी के पैटर्न को न छेड़ें। प्रस्तावित डाइवर्ज़न का विवरण राज्य के संबंधित विभाग द्वारा प्रस्तुत और विधिवत अनुमोदित किया जाएगा।
21. यह भी सुनिश्चित किया जाएगा कि संयंत्र की सीमा से न्यूनतम 500 m की दूरी पर स्थित नदी प्रणाली/धाराओं आदि के एचएफएल से रखी जाए और साइट की सीमा भी रेलवे ट्रैक और राष्ट्रीय राजमार्गों से 500 m दूर स्थित होनी चाहिए।
22. भू और सतही जल व्यवस्थाओं पर प्रभाव का आकलन करने के लिए प्रतिष्ठित संस्थान/संगठन के माध्यम से क्षेत्र का जल-वैज्ञानिक अध्ययन किया जाएगा। विशिष्ट शमन उपायों की व्याख्या की जाएगी और इसके कार्यान्वयन के लिए एक समयबद्ध कार्य योजना प्रस्तुत की जाएगी।
23. जल की प्रस्तावित निकासी/उपचारित अपशिष्ट जल के नदी/समुद्र आदि में निर्वहन के कारण नदी/मुहाना/समुद्र के मात्स्यिकी सहित पारिस्थितिकीय प्रभावों पर विस्तृत अध्ययन किया जाएगा और ईआईए रिपोर्ट के साथ प्रस्तुत किया जाएगा। समुद्री प्रभाव आकलन अध्ययन की आवश्यकता के मामले में, खुले समुद्र से पानी की खींच और निर्वहन की गहराई के साथ ही सेवन और आउटफॉल का स्थान स्पष्ट रूप से निर्दिष्ट किया जाएगा।
24. पानी के स्रोत और इसकी स्थिरता, यहां तक कि कम बारिश के मौसम में भी, पानी की निकासी से उत्पन्न पारिस्थितिक प्रभावों के विवरण के साथ प्रदान की जाएगी और अन्तर्राज्यीय हिस्सों (यदि कोई हो) को ध्यान में रखा जाएगा। प्रस्तावित परियोजना के अनुप्रवाह में अन्य प्रतिस्पर्धी स्रोतों की जानकारी और सक्षम प्राधिकारी से अपेक्षित मात्रा में पानी की उपलब्धता के संबंध में प्रतिबद्धता के साथ पानी के दृढ़ आवंटन को दर्शाने वाले एक पत्र/दस्तावेज के साथ प्रदान किया जाएगा।

25. वर्षा जल संचयन और संयंत्र में इसके प्रस्तावित उपयोग के लिए एक विस्तृत योजना प्रस्तुत की जाएगी।
26. लगभग शून्य निर्वहन अवधारणा की व्यवहार्यता की गंभीर रूप से जांच की जाएगी और इसका विवरण प्रस्तुत किया जाएगा।
27. परियोजना में अन्य जल संरक्षण उपायों के साथ एकाग्रता चक्रों (COC) के अनुकूलन को निर्दिष्ट किया जाएगा।
28. राख तालाब के पानी के पुनर्परिसंचरण और इसके कार्यान्वयन के लिए एक योजना प्रस्तुत की जाएगी।
29. अभिलेखों के उचित रखरखाव के साथ नियमित रूप से पानी की गुणवत्ता की निगरानी करने के लिए एक विस्तृत योजना तैयार की जाएगी। कार्यप्रणाली और निगरानी बिंदुओं की पहचान (सतह/भूजल के प्रवाह की दिशा में संयंत्र और जल निकासी के बीच) व विवरण प्रस्तुत किया जाएगा। यह सुनिश्चित किया जाएगा कि निगरानी किए जाने वाले पैरामीटर में भारी धातुएं भी शामिल हों। पीजोमीटर का उपयोग करके भूजल तालिका की दीर्घकालिक निगरानी के लिए एक प्रावधान ईआईए में शामिल किया जाएगा, विशेष रूप से अध्ययन क्षेत्र से।
30. संयंत्र स्थल के आसपास 10 km के क्षेत्र का एक सामाजिक-आर्थिक अध्ययन एक प्रतिष्ठित संस्थान/एजेंसी के माध्यम से किया जाएगा जिसमें स्थानीय समुदायों की आजीविका पर प्रभाव का विस्तृत आकलन शामिल होगा।
31. परियोजना में अंतिम रोजगार के लिए परियोजना से संबंधित कौशल में प्रशिक्षण के लिए स्थानीय रोजगार योग्य युवाओं की पहचान करने हेतु एक कार्य योजना तैयार की जाएगी और परियोजना के निर्माण और संचालन चरणों के दौरान संख्याओं को निर्दिष्ट किया जाएगा।
32. यदि क्षेत्र में जनजातीय आबादी है, तो यह सुनिश्चित किया जाएगा कि आदिवासियों के अधिकार अच्छी तरह से संरक्षित हैं। परियोजना प्रस्तावक तदनुसार देश के कानून के विभिन्न प्रावधानों के तहत जनजातीय मुद्दों की पहचान करेगा।
33. वित्तीय प्रतिबद्धता के गतिविधियों-वार विवरण के साथ एक विस्तृत CSR योजना तैयार की जाएगी। सीएसआर घटक की पहचान आवश्यकता-आधारित आकलन अध्ययन और जन सुनवाई के मुद्दों पर विचार करते हुए की जाएगी। धारणीय आय पैदा करने वाले उपाय जो समाज के प्रभावित वर्ग के उत्थान में मदद कर सकते हैं, जो लोगों के पारंपरिक कौशल के अनुरूप हैं, उनकी पहचान की जाएगी। सामुदायिक विकास गतिविधियों और आय पैदा करने वाले कार्यक्रमों के लिए एक अलग बजट निर्दिष्ट किया जाएगा।
34. सीएसआर योजनाएं तैयार करते समय, यह सुनिश्चित किया जाएगा कि पहचान की गई योजनाओं के लिए एक अंतर्निहित निगरानी तंत्र मौजूद है और इस क्षेत्र में प्रतिष्ठित निकटतम सरकारी संस्थान से वार्षिक, सामाजिक लेखा परीक्षा आयोजित करने के लिए एक तंत्र तैयार किया जाएगा। परियोजना प्रस्तावक समय-समय पर योजना के कार्यान्वयन की स्थिति के लिए एक कार्य योजना भी प्रदान करेगा और इसे किसी भी सरकारी योजना (योजनाओं) के साथ जोड़ देगा। विस्तार परियोजनाओं के मामले में पूर्व में किए गए सीएसआर विवरण स्पष्ट रूप से बताए जाने चाहिए।
35. एक आर एंड आर योजना, जैसा कि लागू होती हो, तैयार की जाएगी जिसमें क्षेत्र के जिन लोगों के प्रभावित होने की संभावना है उनके अधिकारों और आजीविका की रक्षा के लिए तंत्र को ध्यान में रखा जाएगा। सामाजिक-आर्थिक सर्वेक्षणों के आधार पर जनसंख्या की विस्तृत जनगणना के बाद आर एंड

आर योजना तैयार की जाएगी ताकि यह पता लगाया जा सके कि परियोजना में आने वाली भूमि पर कौन निर्भर थे, साथ ही साथ उनके स्वामित्व वाली भूमि पर कौन लोग निर्भर थे।

36. अध्ययन क्षेत्र में व्यावसायिक स्वास्थ्य और पर्यावरणीय मूल के स्थानिक रोगों का आकलन किया जाएगा और इसे कम करने के लिए एक कार्य योजना तैयार की जाएगी।
37. कार्य संबंधी स्वास्थ्य खतरों की पहचान सहित श्रमिकों के लिए व्यावसायिक स्वास्थ्य और सुरक्षा उपाय तैयार किए जाएंगे। कंपनी पूर्णकालिक योग्य डॉक्टरों को संलग्न करेगी जो व्यावसायिक स्वास्थ्य में प्रशिक्षित हैं। श्रमिकों की स्वास्थ्य निगरानी आवधिक अंतराल पर की जाएगी और स्वास्थ्य रिकॉर्ड बनाए रखा जाएगा। गैर-अनुकूल वातावरण में काम करने के कारण उनके स्वास्थ्य पर संभावित प्रतिकूल प्रभावों के कारण श्रमिकों के लिए एक जागरूकता कार्यक्रम चलाया जाएगा और व्यक्तिगत उपकरणों के उपयोग, इत्यादि जैसे एहतियाती उपाय प्रदान किए जाएंगे। दो से तीन वर्षों के अंतराल पर किए गए विभिन्न स्वास्थ्य उपायों के प्रभाव की समीक्षा जहां भी आवश्यक हो, एक उत्कृष्ट अनुवर्ती कार्य योजना के साथ आयोजित की जाएगी।
38. नवीनतम MOEF और सीसी अधिसूचना के अनुसार एक पूर्ण मौसम स्थल-विशिष्ट मौसम विज्ञान और AAQ डेटा (मानसून के मौसम को छोड़कर) एकत्र किया जाएगा और निगरानी की तारीखों को दर्ज किया जाएगा। एएक्यू के लिए कवर किए जाने वाले मापदंडों में $PM_{10}$, $PM_{2.5}$, $SO_2$, $NO_x$, CO और Hg शामिल होंगे। निगरानी स्टेशनों के स्थान को अपविंड दिशा, प्रमुख डाउनविंड दिशा, अन्य प्रमुख दिशाओं, निवास और संवेदनशील रिसेप्टर्स को ध्यान में रखते हुए तय किया जाना चाहिए। ऐसे स्थान पर अपविंड और प्रमुख डाउनविंड दिशा में कम से कम एक निगरानी स्टेशन होना चाहिए जहां अधिकतम जमीनी स्तर की संकेन्द्रण होने की संभावना है।
39. विस्तार परियोजना के मामले में, वायु गुणवत्ता निगरानी स्टेशनों पर यथा निर्धारित प्रासंगिक मापदंडों के लिए प्रति वर्ष 104 पर्यवेक्षण के वायु गुणवत्ता निगरानी डेटा को एएक्यू मानकों (वार्षिक औसत के साथ-साथ 24 घंटे) के अनुपालन का आकलन करने के लिए प्रस्तुत किया जाएगा।
40. अध्ययन क्षेत्र में मौजूदा और प्रस्तावित उद्योगों की एक सूची प्रस्तुत की जाएगी।
41. क्षेत्र के पर्यावरण पर मौजूदा और प्रस्तावित परियोजनाओं के हैंडलिंग और परिवहन सहित उत्सर्जन के सभी स्रोतों के संचयी प्रभावों का विस्तार से आकलन किया जाएगा। उपयोग किए गए मॉडल और मॉडलिंग के लिए उपयोग किए जाने वाले इनपुट डेटा का विवरण भी प्रदान किया जाएगा। वायु गुणवत्ता आकृति को एक स्थान मानचित्र पर प्लॉट किया जाना चाहिए जो परियोजना स्थल के स्थान, आस-पास निवास और संवेदनशील रिसेप्टर्स, यदि कोई हो, को दर्शाता है। विंड रोज़ और आइसोप्लेथ को स्थान मानचित्र पर भी दिखाया जाना चाहिए। संचयी अध्ययन में पानी, मिट्टी और सामाजिक-अर्थशास्त्र पर प्रभाव भी शामिल होना चाहिए।
42. कोयले की रेडियोधर्मिता और भारी-धातु की जांच की जाएगी और प्रयोगशाला रिपोर्टों के साथ प्रस्तुत की जाएगी।
43. ईंधन विश्लेषण प्रदान किया जाएगा। सहायक ईंधन, यदि कोई हो, तो उसकी मात्रा, गुणवत्ता, भंडारण, आदि का विवरण भी प्रस्तुत किया जाना चाहिए।

44. आवश्यक ईंधन की मात्रा, इसके स्रोत और विशेषताओं, और पुष्टि किए गए ईंधन लिंकेज को प्रमाणित करने के लिए दस्तावेजी साक्ष्य प्रस्तुत किए जाएंगे। कोयले में राख की मात्रा के संबंध में मंत्रालय की दिनांक 02.01.2014 की अधिसूचना का अनुपालन किया जाएगा। विस्तार परियोजनाओं के लिए, उक्त अधिसूचना के लिए मौजूदा इकाइयों का अनुपालन भी प्रस्तुत किया जाएगा।
45. प्रस्तावित संयंत्र तक स्रोत (पोर्ट हैंडलिंग सहित) से ईंधन तक के परिवहन का ब्यौरा और परिवेशी एएक्यू (AAQ) पर इसके प्रभाव का उपयुक्त आकलन प्रस्तुत किया जाएगा। यदि परिवहन में लंबी दूरी होती है तो यह सुनिश्चित किया जाएगा कि साइट पर रेल परिवहन का पहले आकलन किया जाए। स्रोत पर वैगन लोडिंग अधिमानतः साइलो/कन्वेयर बेल्ट के माध्यम से होगी।
46. आयातित कोयले, अंतर्देशीय परिवहन, बंदरगाह हैंडलिंग और रेल आंदोलन पर आधारित प्रस्तावों की जांच की जाएगी और विवरण प्रस्तुत किए जाएंगे। बंदरगाह और रेल प्राधिकरणों का अनुमोदन प्रस्तुत किया जाएगा।
47. निर्माण चरण के दौरान श्रम बल के साथ-साथ परिचालन चरण के दौरान ट्रक ड्राइवरों सहित श्रमिकों को स्वच्छता, ईंधन, टॉयलेट, चिकित्सा सुविधाओं और सुरक्षा आदि जैसी बुनियादी सुविधाओं के बारे में विवरण प्रदान किए जाएंगे। इन्हें पर्याप्त रूप से पूरा किया जाना चाहिए और फिर विवरण प्रस्तुत किया जाना चाहिए।
48. ईएमपी समयबद्ध तरीके से इसके कार्यान्वयन की मद-वार लागत के साथ परियोजना के कारण प्रतिकूल प्रभावों को कम करता है।
49. ईंधन के भंडारण और उपयोग के कारण आग और विस्फोट के मुद्दों सहित जोखिम आकलन अध्ययन के साथ ही एक आपदा प्रबंधन योजना (DMP) की जानी चाहिए। इसमे किसी भी समय पर साइट पर भंडारण की अधिकतम सूची को सदैव रखना चाहिए। जोखिम रूपरेखा को संयंत्र लेआउट मानचित्र पर प्लॉट किया जाना चाहिए, जिसमें स्पष्ट रूप से दिखाया गया हो कि दुर्घटना होने की स्थिति में प्रस्तावित गतिविधियों में से कौन सी प्रभावित होगी। उसी के आधार पर प्रस्तावित सुरक्षा उपाय प्रदान किए जाने चाहिए। आग के खतरों से बचाव के उपाय भी प्रदान किए जाने चाहिए। योजनाओं की दक्षता की जांच करने के लिए समय-समय पर मॉक ड्रिल उपयुक्त रूप से किए जाएंगे।
50. इस प्रकार तैयार किए गए डीएमपी में संभावित आग/सुनामी/चक्रवात/तूफानी लहरों/भूकंपों आदि के विरुद्ध यथा लागू उपाय शामिल होंगे। यह सुनिश्चित किया जाएगा कि डीएमपी में ऑन-साइट और ऑफ-साइट दोनों योजनाएं शामिल हैं, जो संभावित आपदाओं के विवरण के साथ पूरी होती हैं, और विशेष रूप से कार्य के लिए पहचाने गए कर्मियों का उल्लेख करेंगी। विभिन्न संभावित आपदाओं के लिए योजना का एक छोटा संस्करण अंग्रेजी और स्थानीय दोनों भाषाओं में तैयार किया जाएगा और व्यापक रूप से प्रसारित किया जाएगा।
51. उचित चौड़ाई (50 से 100 m) की देशी प्रजातियों की ग्रीन बेल्ट को बढ़ाने के लिए एक विस्तृत योजना प्रस्तुत की जाएगी और जिसमें लगभग 80% की अच्छी उत्तरजीविता दर के साथ प्रति हेक्टेयर 2000 से 2500 पेड़ों के घनत्व के साथ पौधे लगाए जाएंगे, जो की सीमा के आसपास कम से कम 3 स्तर में शामिल होंगे। पेड़ की परत के नीचे एक झाड़ीदार परत धूल के लिए एक प्रभावी छलनी के रूप में काम करेगी और $CO_2$ और अन्य गैसीय प्रदूषकों के लिए सिंक करेगी और इसलिए एक स्तरीकृत ग्रीन बेल्ट

विकसित किया जाना चाहिए। विस्तार परियोजनाओं के मामले में एनआरएसए रिपोर्टों सहित समय-समय पर फोटोग्राफिक साक्ष्य बनाए और प्रस्तुत किए जाने चाहिए।

52. ग्रीन बेल्ट के अलावा, कार्बन सिंक के रूप में, निकट के जिला वन विभाग के साथ परामर्श करके अवक्रमित वनों के ब्लॉकों की पहचान करके अतिरिक्त वृक्षारोपण के लिए एक योजना तैयार की जाएगी। इसके अनुसरण में, परियोजना प्रस्तावक वित्तीय आवंटन के साथ समयबद्ध कार्य योजनाएं तैयार करेगा और प्रत्येक छह महीने में कार्यान्वयन की स्थिति मंत्रालय को प्रस्तुत करेगा।

53. कॉर्पोरेट पर्यावरण नीति

    i. क्या कंपनी के पास अपने निदेशक मंडल द्वारा अनुमोदित एक अच्छी तरह से निर्धारित पर्यावरण नीति है? यदि हां, तो इसे ईआईए रिपोर्ट में विस्तृत किया जा सकता है।

    ii. क्या पर्यावरण नीति में मानक परिचालन प्रक्रियाओं/प्रणालि के लिए यह निर्धारित किया गया है कि पर्यावरणीय अथवा वन मानदण्डों/शर्तों के किसी उल्लंघन/विचलन को ध्यान में रखा जा सके? यदि हां, तो इसे ईआईए में विस्तृत किया जा सकता है।

    iii. पर्यावरणीय मुद्दों से निपटने और पर्यावरणीय मंजूरी की शर्तों के अनुपालन को सुनिश्चित करने के लिए कंपनी की पदानुक्रमित प्रणाली या प्रशासनिक आदेश क्या है? इस प्रणाली का विवरण दिया जा सकता है।

    iv. क्या कंपनी के पास अनुपालन प्रबंधन प्रणाली है जिसमें पर्यावरणीय मानदंडों के अनुपालन/उल्लंघन के साथ अनुपालन की स्थिति की सूचना कंपनी के सीएमडी और निदेशक मंडल और/या शेयरधारकों या हितधारकों को दी जाती है? इस रिपोर्टिंग तंत्र को ईआईए रिपोर्ट में विस्तृत किया जाना चाहिए।

    उपर्युक्त सभी विवरणों को ईआईए रिपोर्ट और समिति के समक्ष प्रस्तुतीकरण में पर्याप्त रूप से रेखांकित किया जाना चाहिए।

54. किसी भी न्यायालय, न्यायाधिकरण आदि में परियोजना के संबंध में लंबित या अन्यथा मुकदमेबाजी का विवरण अनिवार्य रूप से प्रस्तुत किया जाएगा।

*तटीय आधारित ताप विद्युत संयंत्र परियोजनाओं (टीपीपी) के लिए अतिरिक्त टीओआर:*

थर्मल पावर प्लांट परियोजनाओं में उल्लिखित टीओआर के अलावा, निम्नलिखित का सख्ती से पालन किया जाएगा (जैसा कि लागू हो):

i. रामसर कन्वेंशन के अनुसार आर्द्रभूमि की परिभाषा को पूरा करने वाले निचले इलाकों की पहचान की जाएगी और प्रस्तावित स्थल के संबंध में स्पष्ट रूप से सीमांकन किया जाएगा।

ii. यदि साइट दलदली क्षेत्रों और बैकवाटर के करीब स्थित है, तो इन क्षेत्रों को साइट से बाहर रखा जाना चाहिए और परियोजना की सीमा सीआरजेड लाइन से दूर होनी चाहिए। किसी भी अधिकृत एजेंसी से एक प्रमाणित सीआरजेड मानचित्र प्रस्तुत किया जाएगा।

iii. क्षेत्र की प्राकृतिक जल निकासी को न्यूनतम व्यवधान पहुँचे यह सुनिश्चित कर मृदा की सतह समतल करनी चाहिए। यदि किन्ही छोटी नहरों को मोड़ना है, तो डायवर्ज़न डिजाइन ऐसा होना चाहिए कि डायवर्ट की गई नहरें न केवल संयंत्र क्षेत्र के जल को, बल्कि आसपास के क्षेत्रों से बाढ़ के पानी की मात्रा भी एकत्र करें और

दलदली क्षेत्रों/प्रमुख नहरों में छोड़ दें जो एक खाड़ी में प्रवेश करती हैं। प्रमुख नहरों को बदला नहीं जाना चाहिए, बल्कि उनके तटबंधों को मजबूत किया जाना चाहिए और गाद निकाली जानी चाहिए।

iv. स्थलों के समतलीकरण के लिए जहां तक संभव हो, अतिरिक्त मिट्टी का उत्पादन स्थल के भीतर ही इस प्रकार किया जाना चाहिए कि क्षेत्र की प्राकृतिक जल निकासी प्रणाली संरक्षित और बेहतर हो।

v. दलदली क्षेत्र जो बड़ी मात्रा में बाढ़ का पानी रखते हैं, उनकी पहचान करने की आवश्यकता है और उन्हें बाधित नहीं किया जाएगा।

vi. उचित उपचार के बिना क्रीक, नहर प्रणालियों, बैकवाटर्स, दलदली क्षेत्रों और समुद्रों में कोई अपशिष्ट नहीं छोड़ा जाना चाहिए। जहां भी संभव हो, आउटफॉल को पहले गार्ड तालाब में संशोधित किया जाना चाहिए और फिर केवल गहरे समुद्र (10 से 15 m गहराई) में छोड़ दिया जाना चाहिए। इसी तरह, मछली का सेवन के लिए एकत्रीकरण गहरे समुद्र से होना चाहिए और किसी भी मामले में एस्टुरीन क्षेत्र से नहीं। डिसेलिनाइजेशन प्लांट्स (यदि कोई हो) से निकलने वाली ब्राइन को पर्याप्त पतला किए बिना समुद्र में नहीं छोड़ा जाना चाहिए।

vii. यदि मैंग्रोव अध्ययन क्षेत्र में मौजूद हैं तो मैंग्रोव संरक्षण और पुनरूज्जन योजना तैयार की जाएगी और समयबद्ध कार्यान्वयन के ब्यौरे के साथ एक कार्य योजना विनिर्दिष्ट की जाएगी।

viii. ईएमपी बजट में से परियोजना प्रस्तावकों द्वारा एक सामान्य ग्रीन एंडोमेंट फंड बनाया जाना चाहिए। इससे अर्जित ब्याज का उपयोग क्षेत्र में हरित आवरण के विकास और प्रबंधन के लिए किया जाना चाहिए।

ix. विभिन्न सामाजिक-आर्थिक स्तरों पर मात्स्यिकी पर पड़ने वाले प्रभाव का आकलन किया जाएगा।

x. सीएसआर अनुदानों से एक बंदोबस्ती मछुआरा कल्याण निधि का सृजन किया जाना चाहिए जिससे न केवल मछली उतरने वाले प्लेटफार्मों/मछली पकड़ने के बंदरगाह/शीतागार के लिए सुविधाओं का सृजन करके उनके जीवन की गुणवत्ता में वृद्धि की जा सके, वस् समुद्र विषमताओ, उष्णकटिबंधीय चक्रवातों के कारण ड्यूटी पर तूफान में लापता मछुआरों जैसी आपातकालीन स्थितियों के मामले में भी राहत प्रदान की जा सके और तूफ़ान, आदि।

xi. जहां भी लागू हो, सुनामी आपातकालीन प्रबंधन योजना तैयार की जाएगी और निर्माण कार्य शुरू होने से पहले प्रस्तुत की गई योजना।

xii. परियोजना स्थलों में और उसके आसपास समुद्री जल के साथ मिट्टी, जमीन और सतह के पानी (नहरों और गांव के तालाबों) का कोई संदूषण नहीं होना चाहिए। दूसरे शब्दों में, पाइपलाइनों से रिसाव के लिए आवश्यक निवारक उपाय, जैसे कि आउटफॉल और सेवन की पाइपलाइनों के साथ समुद्र और सतह आरसीसी चैनलों में निर्वहन से पहले आउटफॉल के उपचार के लिए उपयोग किए जाने वाले गार्ड तालाब की परत को अपनाया जाना चाहिए। यह सिर्फ इसलिए है क्योंकि परियोजना की सीमाओं के आसपास के क्षेत्र धान की खेती के लिए उपयोग की जाने वाली उपजाऊ कृषि भूमि हो सकती है।

**स्रोत:** *EIA अधिसूचना (2006) के तहत पर्यावरणीय मंजूरी की आवश्यकता वाली परियोजना गतिविधियों के लिए EIA/EMP रिपोर्ट के लिए मानक संदर्भ शर्तों (TOR) से पुन: प्रस्तुत किया गया है, और इसमें व्याकरण संबंधी सुधार शामिल हैं।*

उपरोक्त जानकारी प्रामाणिक स्रोतों से प्राप्त की जाती है, और प्रासंगिक और अद्यतन रिकॉर्ड, जैसे भूमि उपयोग/भूमि कवर से संबंधित जानकारी नवीनतम उपग्रह छवियों या गूगल अर्थ, नवीनतम सर्वेक्षण मानचित्रों और अद्यतन विकास योजनाओं से विकसित मानचित्रों से प्राप्त की जानी है, इसके बाद साइट का एक टोही सर्वेक्षण किया जाता है।

एक अच्छी तरह से तैयार टीओआर यह सुनिश्चित करने के लिए एक लंबा रास्ता तय करता है कि महत्वपूर्ण मुद्दों और विकल्पों को पकड़ा जाता है और हितधारकों की चिंताओं को परियोजना जीवनचक्र के प्रारंभिक चरण में ही पहचाना जाता है। टीओआर अनिवार्य रूप से विशिष्ट जानकारी एकत्र करने और ध्यान खोए बिना मुद्दों से निपटने की गहराई पर निर्णय लेने के लिए एक रोड मैप निर्धारित करता है, और ईआईए अध्ययन आयोजित करने और एक व्यापक ईआईए रिपोर्ट तैयार करते समय महत्वपूर्ण मुद्दों के मूल्यांकन और प्राथमिकता की सुविधा प्रदान करता है।

परियोजना से संबंधित गतिविधियों और पर्यावरण सेटिंग्स की पूरी तरह से समझ ही ईआईए परामर्श संगठन के लिए सहायक होगी:

क. आगे की तारीख में विस्तृत स्कोपिंग की तैयारी

ख. एक प्रस्ताव के लिए परियोजना प्रस्तावक के अनुरोध के जवाब में ईआईए आयोजित करने के लिए काम और वाणिज्यिक प्रस्ताव के विस्तृत दायरे वाली एक अच्छी तरह से तैयार प्रस्ताव को प्रस्तुत करना

एक परियोजना प्रस्तावक आम तौर पर ईआईए अध्ययन को ईआईए परामर्श संगठन या एक एजेंसी और/या मानदंडों के आधार पर विशिष्ट अध्ययन प्रदान करता है:

i. सक्षम प्राधिकारी द्वारा यथा निर्धारित पात्रता और प्रत्यायन मानदंडों की पूर्ति
ii. विशेषज्ञता
iii. ट्रैक रिकॉर्ड
iv. प्रतिष्ठा
v. संसाधनशीलता
vi. समान तरह की परियोजनाओं में अनुभव
vii. वाणिज्यिक पहलू शुल्क और अन्य व्यय शामिल हों
viii. ईआईए रिपोर्ट वितरण अवधि

## 5.4 ईआईए टीम लीडर

सक्षम प्राधिकारी के लिए टीओआर तैयार करते समय या ईआईए रिपोर्ट तैयार करने के लिए निर्धारित टीओआर को आगे बढ़ाने के लिए, ईआईए परामर्श संगठन को एक टीम लीडर नियुक्त करना होगा जिसे सभी ईआईए-संबंधित कार्यों के लिए समग्र जिम्मेदारी सौंपी जाएगी। एक ऐसे व्यक्ति के लिए

अलग-अलग शब्दावली का उपयोग किया जाता है जो ईआईए अध्ययन करने और ईआईए रिपोर्ट तैयार करने का समग्र प्रभारी है, जैसे ईआईए टीम लीडर, ईआईए समन्वयक (QCI 2015), परियोजना प्रबंधक/टीम लीडर (विश्व बैंक 1991), आदि। एक ईआईए टीम लीडर से अपेक्षा की जाती है कि उसमें परिपक्वता की अच्छी डिग्री की परिपक्वता के अतिरिक्त प्रस्तावित विकास परियोजना के बेहतर पहलुओं और प्रस्तावित परियोजना स्थल के बुनियादी पर्यावरणीय घटकों की भावना को समझने की क्षमता और अनुभव हासिल हो। औरों के मध्य, एक ईआईए टीम लीडर को यह आवश्यक है:

i. पर्यावरणीय प्रबंधन उपकरणों की व्यापक समझ
ii. ईआईए की एक स्पष्ट अवधारणा
iii. विनियामक ढांचे का गहन ज्ञान जिसके लिए पर्यावरणीय अनुमोदन प्राप्त करने के लिए ईआईए रिपोर्ट तैयार करने की आवश्यकता होती है
iv. समकालीन वैश्विक पर्यावरणीय विकास से परिचित हो
v. प्रस्तावित परियोजना के बेहतर पहलुओं की गहन समझ
vi. पर्यावरण के भौतिक-रासायनिक, जैविक और सामाजिक घटकों और उनके महत्व को सराहना, विशेष रूप से प्रस्तावित परियोजना स्थल और उसके परिवेश की

इस तरह की अंतर्दृष्टि ईआईए टीम लीडर को पर्यावरणीय मुद्दों की पहचान करने में सक्षम बनाती है जिन्हें ईआईए रिपोर्ट में उपयुक्त रूप से अध्ययन, विश्लेषण और संबोधित करने की आवश्यकता है। *जबकि ईआईए टीम लीडर एक प्रबंधक के रूप में कार्य करता है और परियोजना प्रस्तावक और अन्य हितधारकों सहित कई एजेंसियों के साथ समन्वय करके ईआईए प्रक्रिया को चलाता है, वह बहु-विषयक कार्यात्मक वृत्तकों से मिलकर अपनी ईआईए टीम के लिए एक दोस्त, दार्शनिक और मार्गदर्शक होने की उम्मीद करता है।* एक बहु-विषयक ईआईए टीम का गठन किया जाना आवश्यक है क्योंकि ईआईए भौतिक को संबोधित करता है-पर्यावरण के रासायनिक, जैविक और सामाजिक-आर्थिक पहलू, प्रत्येक को अलग विशेषज्ञता की आवश्यकता होती है। *इसके अलावा, यह देखते हुए कि ईआईए टीम लीडर सीमित संसाधनों के साथ ड्राइवर की सीट पर कब्जा करता है, उससे उम्मीद की जाती है कि वह बाद में इसे शुरू करने और प्रबंधित करने के लिए एक सावधानी पूर्वक कार्य योजना विकसित करेगा।*

ईआईए अध्ययन करने के लिए परियोजना प्रस्तावक से कार्य आदेश प्राप्त करने पर, ईआईए टीम लीडर जल्दी से निम्नलिखित के साथ खुद को परिचित करता है:

i. टीओआर, चाहे सक्षम प्राधिकारी द्वारा जारी या अनुमोदित किया गया हो
ii. पृष्ठभूमि की जानकारी
iii. लागू विनियामक ढांचा
iv. परियोजना विन्यास
v. परियोजना स्थल और उसका परिवेश, आदि।

उपरोक्त पर पर्याप्त डेस्क अनुसंधान करने के बाद, ईआईए टीम लीडर कुछ प्रमुख कार्यात्मक वृत्तकों के साथ परियोजना स्थल का एक टोही सर्वेक्षण करता है, जिसे शुरू में किए गए डेस्क अनुसंधान से एकत्र किए गए ज्ञान और जमीनी वास्तविकताओं का प्रत्यक्ष अनुभव प्राप्त करने के अपने अनुभव के आधार पर चुना जाता है। इस तरह के सर्वेक्षण से उसे उपयुक्त टीओआर तैयार करने में मदद मिलती है, वहीं परियोजना प्रस्तावक द्वारा सक्षम प्राधिकारी को प्रस्ताव देने और उसकी मंजूरी प्राप्त करने के लिए इनकी आवश्यकता होती है। टोही सर्वेक्षण के बाद ईआईए अध्ययन के लिए एक विस्तृत कार्य योजना तैयार की जाती है, जिसमें विस्तृत गतिविधियां और प्रत्येक प्रमुख गतिविधियों के लिए समय सीमा और बजट का आवंटन शामिल होता है। ईआईए टीम लीडर अन्य कार्यों के लिए संसाधनों की योजना और बजट भी बनाता है जैसे "विकल्पों पर विचार करने के लिए विशेषज्ञों की सेवाओं का लाभ उठाना," अतिरिक्त अध्ययन करना, सार्वजनिक सुनवाई में मसौदा ईआईए रिपोर्ट पर प्रस्तुति देने में परियोजना प्रस्तावक की मदद करना, ईआईए रिपोर्ट की समीक्षा करने वाले सक्षम प्राधिकारी को अंतिम ईआईए रिपोर्ट पर प्रस्तुति देना, परियोजना प्रस्तावक को सलाहकार सेवाओं की पेशकश करना, आदि।

### *5.4.1 एक ईआईए टीम लीडर के कार्य*

ईआईए टीम लीडर की समग्र जिम्मेदारी अनिवार्य रूप से निम्नलिखित को शामिल करती है:

i. परियोजना प्रस्तावक द्वारा दी गई पृष्ठभूमि की जानकारी और डेस्क अनुसंधान से एकत्र की गई जानकारी पर उचित परिश्रम करना
ii. पूर्व-व्यवहार्यता रिपोर्ट या व्यवहार्यता रिपोर्ट अथवा विस्तृत परियोजना रिपोर्ट, जो भी उपलब्ध हो, और परियोजना प्रस्तावक और अन्य स्रोतों से प्राप्त जानकारी के आधार पर परियोजना और विस्तृत परियोजना से संबंधित गतिविधियों की गहन समझ विकसित करना
iii. लागू नियमों पर जानकारी संकलित करना और वैधानिक आवश्यकताओं को समझना
iv. पर्यावरण के विभिन्न घटकों के लिए अद्यतन और प्रामाणिक डेटा का उपयोग करके उपयुक्त आधार मानचित्रों का विकास, रिसेप्टर्स को दर्शाते हुए करना
v. तैयार किए गए आधार मानचित्रों पर कोर जोन और बफर जोन से युक्त अध्ययन क्षेत्र का परिसीमन करना
vi. अध्ययन क्षेत्र में संवेदनशील पर्यावरणीय मुद्दों की पहचान करना
vii. टीओआर में निर्धारित हाइड्रोजियोलॉजिकल, तटीय और समुद्री पर्यावरणीय आकलन, पर्यावरणीय जोखिम आकलन, पुनर्वास और पुनर्स्थापन (आर एंड आर) कार्यक्रमों आदि जैसे विशेष अध्ययन करने के लिए विशेषज्ञ एजेंसियों या संस्थानों के चयन में परियोजना प्रस्तावक की सहायता करना, और इन अध्ययनों को आयोजित करना
viii. ईआईए टीम के सदस्यों और विशेषज्ञ एजेंसियों या संस्थानों से प्राप्त रिपोर्टों को संकलित और मिलान करना
ix. ईआईए टीम के सदस्यों के काम का पर्यवेक्षण, विशेष रूप से

क. वर्तमान पर्यावरण सेटिंग्स की स्थापना, यानी उत्पन्न होने वाले उचित रूप से व्याख्या किए गए डेटा का उपयोग करके पर्यावरणीय आधारभूत स्थितियां, यानी प्राथमिक डेटा के साथ-साथ विभिन्न स्रोतों से एकत्र किए गए या खरीदे गए डेटा, यानी द्वितीयक डेटा के उचित विश्लेषण और मिलान के बाद

ख. भौतिक-रासायनिक, जैविक और सामाजिक वातावरण पर संभावित परिवर्तनों की पहचान, और परियोजना जीवनचक्र के प्रत्येक चरण में शामिल परियोजना से संबंधित गतिविधियों के विवरण के आधार पर प्रभाव

ग. जहां तक संभव हो मात्रात्मक शब्दों में प्रभावों का पूर्वानुमान या आकलन, और परियोजना के प्रत्येक जीवनचक्र चरण में प्रभावों का आकलन या विश्लेषण

घ. आकलन किए गए प्रभावों को महत्व देना

ङ. स्थापित महत्वपूर्ण प्रभावों में से प्रत्येक के अनुरूप विशिष्ट, व्यावहारिक और कार्यान्वयन योग्य शमन उपायों का प्रस्ताव करना

च. सर्वोत्तम व्यावहारिक शमन उपायों को अपनाने के बाद महत्वपूर्ण अवशिष्ट पर्यावरणीय प्रभावों की स्थापना, अर्थात वे प्रभाव जो यद्यपि निम्न स्तर हैं परंतु अभी भी बने हुए हैं,

x. एक पर्यावरणीय प्रबंधन कार्यक्रम (ईएमपीजी) को डिजाइन करना, जिसे आम तौर पर एक पर्यावरणीय प्रबंधन योजना (ईएमपी) के रूप में जाना जाता है, जिसमें ईएमपीजी को लागू करने के लिए एक प्रशासनिक ढांचा शामिल है, और प्रभाव प्रबंधन, अवशिष्ट प्रभाव प्रबंधन, पर्यावरणीय निगरानी, पर्यावरण अनुपालन प्रबंधन, लेखा परीक्षा, और ईएमपीजी की प्रबंधन समीक्षा, और पर्यावरण और सामाजिक वृद्धि कार्यों के तंत्र शामिल हैं।

xi. मसौदा ईआईए रिपोर्ट तैयार करना

xii. मसौदा ईआईए रिपोर्ट का एक कार्यकारी सारांश तैयार करना

xiii. मसौदा ईआईए रिपोर्ट को समीक्षा के लिए परियोजना प्रस्तावक को भेजना, और विशेष रूप से परिचय और परियोजना विवरण अध्यायों पर सहमति प्राप्त करना, और सुझाए गए प्रभाव शमन उपायों और पर्यावरणीय प्रबंधन कार्यक्रम के कार्यान्वयन पर प्रतिबद्धता, और आवश्यक संसाधनों का आवंटन

xiv. ईआईए ढांचे में निर्दिष्ट अधिकृत एजेंसी द्वारा आयोजित सार्वजनिक सुनवाई को सुविधाजनक बनाने में परियोजना प्रस्तावक की सहायता करना

xv. अंतिम ईआईए रिपोर्ट तैयार करना, जिसमें जन सुनवाई की कार्यवाही, जन सुनवाई से उत्पन्न होने वाले कार्य बिंदु और हितधारकों की टिप्पणियां शामिल हैं

xvi. सक्षम प्राधिकारी द्वारा अंतिम ईआईए रिपोर्ट की समीक्षा को सुविधाजनक बनाने में परियोजना प्रस्तावक को सहायता प्रदान करना

कार्य योजना, जिसे आम तौर पर बार चार्ट के रूप में दर्शाया जाता है, की निगरानी आवधिक समीक्षा तंत्र तैयार करके की जाती है, और समय-समय पर अपडेट की जाती है। यदि आवश्यक माना जाता है और संसाधनों की अनुमति दी जाती है, तो परियोजना निगरानी उपकरण, जैसे महत्वपूर्ण पथ विधि (सीपीएम), और परियोजना प्रबंधन सॉफ्टवेयर जैसे एमएस प्रोजेक्ट, आदि को भी विभिन्न गतिविधियों और संसाधन उपयोग की प्रभावी निगरानी के लिए ईआईए टीम लीडर द्वारा नियोजित किया जा सकता है।

ईआईए टीम लीडर असाइनमेंट की पूरी अवधि के दौरान परियोजना प्रस्तावक के साथ घनिष्ठ समन्वय स्थापित करता है:

i. भविष्य में किसी भी गलतफहमी और दोषारोपण के खेल से बचें
ii. आवश्यक जानकारी का समय पर और मुक्त प्रवाह सुनिश्चित करें
iii. उन्हें लागू नियामक आवश्यकताओं पर पोस्ट रखें
iv. उन्हें शामिल पर्यावरणीय मुद्दों के बारे में सूचित रखें
v. उन्हें कार्य की प्रगति पर अपडेट रखें
vi. प्रस्तावित प्रभाव न्यूनीकरण कार्यक्रम, पर्यावरणीय प्रबंधन कार्यक्रम और आवश्यक बजट के आवंटन पर उनका समर्थन और प्रतिबद्धता प्राप्त करें

*ईआईए टीम लीडर, यूं तो परियोजना प्रस्तावक द्वारा कमीशन की गई प्रस्तावित परियोजना की ईआईए रिपोर्ट के मुख्य वास्तुकार हैं, फिर भी यह सुनिश्चित करने की आवश्यकता है कि परियोजना प्रस्तावक पूरे दिल से ईआईए रिपोर्ट का स्वामित्व लें।*

## 5.5 ईआईए कार्यात्मक पेशेवर

ईआईए कार्यात्मक वृत्तकों के रूप में नामित बहु-विषयक ईआईए टीम के सदस्यों को आम तौर पर विभिन्न अवधियों के असाइन किए गए ईआईए अध्ययन से संबंधित कार्यों को पूरा करने के लिए पर्याप्त ज्ञान और अनुभव होने की उम्मीद रहती है:

i. वायु पर्यावरण वृत्तक: वायु प्रदूषण निगरानी (परिवेशी वायु के साथ-साथ स्टैक उत्सर्जन), मौसम संबंधी पहलुओं, प्रासंगिक वायु फैलाव सॉफ्टवेयर का उपयोग करके प्रभाव का पूर्वानुमान, वायु प्रदूषण की रोकथाम, स्रोत नियंत्रण सहित वायु प्रदूषण नियंत्रण तकनीक, उपयुक्त शमन उपायों का सुझाव, और वायु पर्यावरण के लिए प्रबंधन कार्यक्रम में ज्ञान और व्यावहारिक कार्य अनुभव
ii. शोर पर्यावरण वृत्तक: शोर और कंपन निगरानी में ज्ञान और व्यावहारिक कार्य अनुभव, प्रासंगिक सॉफ्टवेयर का उपयोग करके प्रभाव का पूर्वानुमान, स्रोत नियंत्रण सहित शोर नियंत्रण तकनीक, उपयुक्त शमन उपायों का सुझाव, और शोर वातावरण के लिए प्रबंधन कार्यक्रम
iii. जल पर्यावरण वृत्तक: जल संसाधनों की निगरानी में ज्ञान और व्यावहारिक कार्य अनुभव- सतह और भूजल, और पानी और अपशिष्ट जल की गुणवत्ता, हाइड्रोजियोलॉजिकल अध्ययन,

प्रासंगिक हाइड्रोडायनामिक और परिवहन मॉडल का उपयोग करके प्रभाव का पूर्वानुमान, जल प्रदूषण की रोकथाम, औद्योगिक और नगरपालिका अपशिष्ट जल के लिए अपशिष्ट जल उपचार तकनीक, जल संरक्षण उपाय, वर्षा जल संचयन, उपयुक्त शमन उपायों का सुझाव, और जल पर्यावरण के लिए प्रबंधन कार्यक्रम

iv. ठोस और खतरनाक अपशिष्ट प्रबंधन वृत्तक: निर्माण, विनिर्माण, खनन और बिजली उत्पादन जैसी विभिन्न गतिविधियों से कचरे के लक्षण वर्णन और पृथक्करण में ज्ञान और कार्य का अनुभव; बड़ी मात्रा में औद्योगिक कचरे, औद्योगिक खतरनाक कचरे और घरेलू, वाणिज्यिक और ई-कचरे सहित नगरपालिका स्रोतों से कचरे का परिवहन, उपचार और निपटान; अपशिष्ट न्यूनीकरण तकनीक, अपशिष्ट उपयोग, उपयुक्त उपायों का सुझाव, और भूमि पर्यावरण के लिए प्रबंधन कार्यक्रम

v. भूमि उपयोग/भूमि कवर और मृदा पर्यावरण वृत्तक: रिमोट सेंसिंग मानचित्रों, जीआईएस, भूमि उपयोग/भूमि कवर वर्गीकरण, परिदृश्य और भूमि उपयोग योजना, उपयुक्त तकनीकों का उपयोग करके भूमि और भूमि उपयोग/ भूमि कवर पर प्रभावों का पूर्वानुमान में ज्ञान और व्यावहारिक अनुभव; मिट्टी की निगरानी और लक्षण वर्णन, मिट्टी की उत्पादकता पर प्रभावों का पूर्वानुमान, दूषित और अवक्रमित मिट्टी का उपचार, मिट्टी के कटाव का नियंत्रण, उपयुक्त शमन और संरक्षण उपायों का सुझाव देना, और भूमि पर्यावरण के लिए प्रबंधन कार्यक्रम

vi. जैविक/पारिस्थितिक पर्यावरण वृत्तक: स्थलीय, जलीय, आर्द्रभूमि और समुद्री आदि पारिस्थितिक तंत्रों के लिए पुष्प और जीव, जैव विविधता से संबंधित अध्ययनों के लिए क्षेत्र सर्वेक्षण/जांच करने का ज्ञान और अनुभव, विभिन्न माध्यमिक स्रोतों, दुर्लभ और लुप्तप्राय प्रजातियों और आवासों से एकत्र किए गए आंकड़ों का मिलान, जैव विविधता सूचकांक, पारिस्थितिक प्रभाव आकलन, उपयुक्त शमन और संरक्षण उपायों का सुझाव देना, और पारिस्थितिक पर्यावरण के लिए प्रबंधन कार्यक्रम

vii. सामाजिक पर्यावरण वृत्तक: भूमि अधिग्रहण और परियोजना प्रभावित व्यक्तियों के पुनर्वास और पुनर्स्थापन पर नीतियों का ज्ञान, क्षेत्र सर्वेक्षण और जांच करने में ज्ञान और अनुभव, और सामाजिक-आर्थिक अध्ययन, सामाजिक-आर्थिक और सांस्कृतिक प्रभाव आकलन, सामाजिक आवश्यकताओं के आकलन, उपयुक्त उपायों का सुझाव देना, और सामाजिक पर्यावरण के लिए प्रबंधन कार्यक्रमों के लिए केंद्रित समूह चर्चा

viii. जोखिम आकलन वृत्तक: खतरे की पहचान, परिणाम विश्लेषण, उचित सॉफ्टवेयर का उपयोग करके जोखिम आकलन, जोखिम शमन उपायों का सुझाव देने और ऑन-साइट और ऑफ-साइट आपातकालीन प्रतिक्रिया कार्यक्रमों की तैयारी में ज्ञान और व्यावहारिक अनुभव

यह भी माना जा सकता है कि ईआईए टीम लीडर भी एक कार्यात्मक वृत्तक के रूप में काम कर सकता है।

## 5.6 गुणवत्ता प्रबंधन प्रणाली

यह देखते हुए कि एक संगठन में काम करने वाले वृत्तक, विशेष रूप से विकासशील देशों में, परिवर्तनशील हैं, यानी वे अक्सर अपनी नौकरी बदलते हैं, अतः एक सिस्टम-उन्मुख कार्य संस्कृति, एक व्यक्ति-उन्मुख कार्य संस्कृति की तुलना में ईआईए परामर्श संगठन के लिए अधिक फायदेमंद हो सकती है। इसे विस्तृत प्रक्रियाओं (QCI 2015) के साथ एक मजबूत गुणवत्ता प्रबंधन प्रणाली (क्यूएमएस) को अपनाकर हासिल किया जा सकता है। ईआईए परामर्श संगठन के एक अच्छी तरह से तैयार क्यूएमएस से सक्षम प्राधिकरण, परियोजना प्रस्तावक और अन्य हितधारकों को आश्वासन देकर अपनी ईआईए टीमों द्वारा तैयार ईआईए रिपोर्टों में मूल्य जोड़ने की उम्मीद है कि एक सुसंगत और व्यवस्थित दृष्टिकोण का पालन किया जाता है और ईआईए रिपोर्ट तैयार करने के हर चरण में मानक पद्धतियों को अपनाया जाता है। इसके अलावा, क्यूएमएस एक अवधि में तैयार की गई ईआईए रिपोर्टों की गुणवत्ता में निरंतर सुधार की सुविधा प्रदान करता है।

ईआईए प्रक्रिया की विशिष्ट आवश्यकताओं को ध्यान में रखते हुए, यह तब व्यावहारिक हो सकता है जबकि ईआईए परामर्श संगठन द्वारा ISO 9001 मानक के अनुसार ईआईए से संबंधित आवश्यकताओं को क्यूएमएस में स्पष्ट रूप से बताया गया हो। विस्तृत प्रक्रियाओं और विस्तृत प्रारूपों के साथ क्यूएमएस के रूप में औपचारिक रूप से प्रलेखित सिस्टम-उन्मुख कार्य संस्कृति की आवश्यक विशेषताओं में आम तौर पर निम्नलिखित शामिल होंगे:

I. ISO 9001 मानक के अनुसार बुनियादी आवश्यकताओं को पूरा करने के लिए:
   1. *गुणवत्ता नीति*, जिसमें एक स्पष्ट नीति कथन है जो दर्शाता है:
      i. संगठन द्वारा प्रदान की जाने वाली सेवाएं
      ii. हितधारकों की संतुष्टि पर ध्यान केंद्रित करना, इस पूरी समझ के साथ कि ईआईए रिपोर्ट के लिए प्रमुख हितधारक सक्षम प्राधिकारी है
      iii. निरंतर सुधार के लिए प्रतिबद्धता
      iv. शीर्ष प्रबंधनकर्ताओं द्वारा आवधिक समीक्षा का तंत्र
      v. कर्मचारियों में गुणवत्ता नीति का संचार अत्यंत महत्वपूर्ण है ताकि वे नीति की पूरी समझ और सराहना विकसित कर सकें।
   2. *दस्तावेजों और अभिलेखों का नियंत्रण*, जिसमें निम्नलिखित के लिए सिस्टम और प्रक्रियाएं शामिल हैं:
      i. दस्तावेजों के साथ-साथ रिकॉर्ड की पहचान, अनुमोदन, अद्यतन, भंडारण और पुनर्प्राप्ति, और अप्रचलित दस्तावेजों के साथ-साथ रिकॉर्ड को नष्ट करना
      ii. कार्य फ्लोचार्ट आदि के साथ शामिल व्यक्तियों की भूमिकाएं और जिम्मेदारियां

3. *प्रदर्शन मूल्यांकन और समीक्षा*, जिसमें सिस्टम और प्रक्रियाएं शामिल हैं:
    i. परिणाम-उन्मुख लक्ष्य तय करना और ईआईए टीम के सदस्यों के प्रदर्शन का मूल्यांकन करना, प्रत्येक ईआईए अध्ययन के लिए कर्मचारियों और बाहरी वृत्तकों का समर्थन करना
    ii. वृत्तकों की पहचान, प्रतिधारण, प्रदर्शन मूल्यांकन और कौशल वृद्धि
    iii. संगठन के विभिन्न कार्यों की आवधिक आंतरिक लेखा परीक्षा की योजना बनाना और आयोजित करना
    iv. लेखा परीक्षा निष्कर्षों का विश्लेषण करना और सुधारात्मक और निवारक तंत्र स्थापित करने सहित प्रभावी कार्रवाई सुनिश्चित करना
    v. शीर्ष प्रबंधन की अध्यक्षता में प्रबंधन समीक्षा समिति की आवधिक बैठकों में निम्नलिखित मामलों की समीक्षा:
        क. आंतरिक और बाहरी लेखा परीक्षा और किसी भी अन्य स्रोतों से लाई गई गैर-अनुरूपता और टिप्पणियां
        ख. ऊपर दिए गए क. पर की गई या प्रस्तावित प्रभावी कार्रवाई
        ग. अतिरिक्त संसाधन की आवश्यकता
        घ. विनियामक व्यवस्था, दिशानिर्देशों, और मान्यता या प्रमाणन प्रक्रियाओं में नए विकास
        ङ. शिकायतों के साथ-साथ हितधारकों से प्राप्त प्रतिक्रिया
        च. किए गए प्रत्येक ईआईए अध्ययन से सीखने का सारांश
    vi. ईआईए रिपोर्ट की गुणवत्ता आश्वासन, आदि।
4. *आउटसोर्स किए गए काम*, जिसमें सिस्टम और प्रक्रियाएं शामिल हैं:
    i. विशिष्ट कार्य को आउटसोर्स करने की आवश्यकता स्थापित करना
    ii. संभावित एजेंसियों की पहचान और उनकी क्षमता आकलन
    iii. आउटसोर्स किए गए कार्य के उत्पादन की गुणवत्ता आश्वासन और उपयुक्तता, आदि।
5. *शिकायतें और अपील*, जिसमें निम्नलिखित के लिए सिस्टम और प्रक्रियाएं शामिल हैं:
    i. हितधारकों के लिए अग्रिम संचार
    ii. शिकायतों से निपटने और शिकायतों के निवारण के लिए एक तंत्र
    iii. सुधारात्मक और निवारक उपाय सुनिश्चित करना, और संबंधित शिकायतकर्ताओं को प्रेषित करना, आदि।

II. भले ही ये ISO 9001 मानक में अंतर्निहित हैं, यह देखते हुए कि सभी ईआईए टीम के सदस्यों को क्यूएमएस मानक की बारीकियों की गहरी समझ नहीं हो सकती है ईआईए प्रक्रिया की विशिष्ट आवश्यकताओं को पूरा करने के लिए:

1. *अध्ययन क्षेत्र* में आधारभूत डेटा उत्पादन, जिसमें सिस्टम और प्रक्रियाएं शामिल हैं:

A. *प्राथमिक डेटा* उत्पादन में शामिल हैं:

i. अध्ययन क्षेत्र के लिए प्रत्यक्ष ज्ञान और अनुभव प्राप्त करने के लिए संबंधित कार्यात्मक वृत्तकों द्वारा एक टोही सर्वेक्षण

ii. प्रस्तावित परियोजना के लिए विशिष्ट मापदंडों के मापन सहित डेटा आवश्यकताओं की पहचान

iii. नमूना स्थानों का चयन और निगरानी स्टेशनों/नेटवर्क की स्थापना

iv. मोबाइल के साथ-साथ ऑफ-साइट प्रयोगशालाओं में नमूना संरक्षण, परिवहन और विश्लेषण

v. स्थल पर प्रयुक्त निगरानी और विश्लेषणात्मक उपकरणों/तकनीकों का अंशांकन

vi. भौतिक-रासायनिक विश्लेषण के लिए यदि आवश्यक हो तो बाहरी प्रयोगशालाओं का चयन और इसके लिए टीओआर तैयार करना

vii. प्रयोगशाला मैनुअल का पालन सुनिश्चित करना:

क. उपकरणों और तकनीकों का अंशांकन

ख. मानक विश्लेषणात्मक तरीके

ग. ग्लासवेयर, संदर्भ मानक सामग्री, और उपभोग्य सामग्री

घ. अप्रयुक्त नमूनों और समाप्त हो चुके उपभोग्य सामग्रियों की नमूना प्राप्ति, भंडारण और निपटान

ङ. नमूनाकरण और विश्लेषणात्मक रिकॉर्ड का दस्तावेज नियंत्रण

च. रिसाव, आग और व्यावसायिक खतरों के लिए सुरक्षा और आपातकालीन प्रतिक्रिया योजना

छ. हाउसकीपिंग

ज. तकनीशियनों के कौशल में वृद्धि, आदि।

(उपरोक्त सभी प्रयोगशाला के लिए सुनिश्चित करने की आवश्यकता है चाहे वह ईआईए परामर्श संगठन से संबंधित हो, यानी आंतरिक और/या आउटसोर्स किए गए, यानी बाहरी रूप से संबंधित हो)

viii. साइट पर सृजित किए जा रहे डेटा और ऑफ-साइट प्रयोगशालाओं से प्राप्त डेटा की गुणवत्ता का आश्वासन जिसमें डेटा का सत्यापन भी शामिल है

ix. स्थलीय, जलीय, आर्द्रभूमि और समुद्री पारिस्थितिक तंत्र, पक्षिवृंद आदि के लिए प्रासंगिक जैविक-संबंधित डेटा उत्पन्न करने के लिए प्रोटोकॉल

x. प्रासंगिक सामाजिक-आर्थिक और सांस्कृतिक डेटा उत्पन्न करने के लिए प्रोटोकॉल जैसे:

क. घरेलू डेटा

ख. भौतिक और सामाजिक बुनियादी ढांचे सहित ग्राम-स्तरीय सामाजिक-आर्थिक डेटा

ग. सांस्कृतिक संसाधन

घ. परियोजना से प्रभावित व्यक्ति

ङ. सामाजिक आवश्यकता आकलन करने के लिए डेटा

च. केंद्रित समूह चर्चाओं आदि के आधार पर जानकारी

xi. आवधिक समीक्षा, विश्लेषण, और प्राथमिक डेटा की व्याख्या, जब यह उत्पन्न किया जा रहा है, आदि।

B. अध्ययन क्षेत्र के लिए *द्वितीयक डेटा* संग्रह या खरीद, इसके मिलान, और प्रासंगिकता, प्रामाणिकता और विश्वसनीयता के लिए व्याख्या सहित:

i. भौतिक-रासायनिक डेटा आवश्यकता की पहचान करना और पहचाने गए प्रासंगिक और विश्वसनीय स्रोतों से इसे प्राप्त करना

ii. प्रासंगिक और विश्वसनीय स्रोतों से स्थलीय, जलीय, आर्द्रभूमि और समुद्री पारिस्थितिक तंत्र, पक्षिवृंद आदि के लिए प्रासंगिक जैविक-संबंधित डेटा एकत्र करने के लिए कार्यप्रणाली

iii. अध्ययन क्षेत्र में जनसांख्यिकी, आजीविका, भौतिक और सामाजिक बुनियादी ढांचे, सांस्कृतिक संसाधनों, सामाजिक आवश्यकता आकलन आदि के लिए डेटा आवश्यकताओं सहित प्रासंगिक सामाजिक-आर्थिक डेटा एकत्र करने और सार्वजनिक परामर्श आयोजित करने के लिए कार्यप्रणाली।

iv. स्रोत, आयु, प्रासंगिकता और डेटा का सत्यापन

v. आवधिक समीक्षा, विश्लेषण, और द्वितीयक डेटा की व्याख्या, जबकि इसे एकत्र और संकलित किया जा रहा है, आदि।

2. *पर्यावरणीय प्रभाव की पहचान, पूर्वानुमान और आकलन*, जिसमें सिस्टम और प्रक्रियाएं शामिल हैं:

i. निर्माण पूर्व, निर्माण, संचालन और ऑपरेशन के बाद परियोजना जीवनचक्र के प्रत्येक चरण में शामिल सभी गतिविधियों पर उचित सावधानी, जैसे कि डिकमीशनिंग, विध्वंस, बंद, या पुनर्वास

ii. विभिन्न परिदृश्यों, जैसे सामान्य और असामान्य संचालन और आकस्मिक कार्यों पर उचित परिश्रम

iii. विभिन्न पर्यावरणीय घटकों के मापदंडों की पहचान जिसके लिए मॉडल, सॉफ्टवेयर या तकनीकों का उपयोग प्रभाव भविष्यवाणियों के लिए किया जाना है

iv. अंतर्निहित मान्यताओं और डिफ़ॉल्ट मूल्यों की पूरी समझ के साथ उनकी उपयुक्तता और प्रयोज्यता के साथ प्रासंगिक मान्य मॉडल या सॉफ्टवेयर की उपलब्धता सुनिश्चित करना

v. एक ईआईए या विश्लेषण का संचालन करना

vi. महत्वपूर्ण प्रभावों का निर्धारण करना और संबंधित शमन उपायों का प्रस्ताव करना

vii. महत्वपूर्ण अवशिष्ट प्रभावों की स्थापना और तदनुरूपी अवशिष्ट प्रभाव प्रबंधन कार्यक्रम का सुझाव देना

viii. विभिन्न परिदृश्यों के अंतर्गत प्रभावित अथवा संवेदनशील क्षेत्रों के मानचित्रण सहित आकलन किए गए प्रभावों की प्रस्तुति एवं रिपोर्टिंग जैसा कि ऊपर ii में दिया गया है

3. *नियामक ढांचे और दिशानिर्देशों का अनुपालन*, और अपडेट प्राप्त करना, जिसमें सिस्टम और प्रक्रियाएं शामिल हैं:

i. नए विनियमों और मौजूदा विनियमों में संशोधन, न्यायालयों और अन्य प्राधिकरणों द्वारा सुनाए गए प्रासंगिक निर्णयों की व्याख्या, अंतर्राष्ट्रीय प्रोटोकॉल, आदि सहित नियामक व्यवस्था में परिवर्तन।

ii. ईआईए रिपोर्टों पर समय-समय पर की गई टिप्पणियां और सक्षम प्राधिकारी द्वारा लिए गए निर्णय

iii. ईआईए नियामक ढांचे के अनुसार शामिल अन्य संगठनों या एजेंसियों की आवश्यकताएं

iv. राष्ट्रीय और अंतर्राष्ट्रीय एजेंसियों के दिशानिर्देश, जैसे विश्व बैंक, एशियाई विकास बैंक, यूरोपीय संघ, अमेरिकी पर्यावरण संरक्षण एजेंसी, अन्य बहुपक्षीय वित्त पोषण एजेंसियां, आदि।

v. ईआईए प्रक्रिया पर होने वाले वैश्विक विकास, आदि।

एक परामर्श संगठन के लिए जहां ईआईए से संबंधित कार्य मुख्य व्यवसायिक कार्य नहीं है और ईआईए रिपोर्ट अपेक्षाकृत छोटे नामित ईआईए सेल द्वारा तैयार की जाती है या जहां ईआईए कई व्यावसायिक कार्यों में से एक है, ईआईए सेल अपना क्यूएमएस तैयार कर सकता है जो संगठन के शीर्ष क्यूएमएस के साथ एकीकृत हो जाता है। जैसा कि ऊपर बताया गया है इस तरह के क्यूएमएस विशिष्ट ईआईए-संबंधित आवश्यकताओं को संबोधित करेंगे जो ISO 9001 मानक में स्पष्ट रूप से उल्लिखित नहीं हैं और ISO 9001 मानक के अनुसार बुनियादी आवश्यकताओं को पूरा करने के लिए सिस्टम और प्रक्रियाओं पर शीर्ष क्यूएमएस के प्रासंगिक वर्गों के संदर्भ होंगे।

## 5.7. ईआईए रिपोर्ट की संरचना

प्रत्येक प्राधिकरण या एजेंसी अपने द्वारा आवश्यक ईआईए रिपोर्ट की संरचना निर्धारित करती है, और एक परियोजना प्रस्तावक को उस संरचना का अनुपालन करते हुए ईआईए रिपोर्ट प्रस्तुत करने की आवश्यकता होती है। यद्यपि प्रारूपों में कुछ अंतर हैं, कुछ एजेंसियों द्वारा निर्धारित संरचनाओं में कई समानताएं भी देखी जा सकती हैं:

I. *भारतीय विनियमों* (MOEF 2006) द्वारा निर्धारित ईआईए प्रक्रिया और ईआईए रिपोर्ट की सामान्य संरचना:

1. परिचय
   i. रिपोर्ट का उद्देश्य
   ii. परियोजना और परियोजना प्रस्तावक की पहचान
   iii. प्रकृति, आकार, परियोजना के स्थान और देश और क्षेत्र के लिए इसके महत्व का संक्षिप्त विवरण
   iv. अध्ययन का दायरा - किए गए नियामक स्कोपिंग का विवरण (टीओआर के अनुसार)
2. परियोजना का विवरण
   i. परियोजना के उन पहलुओं का एक संक्षिप्त विवरण (एक परियोजना व्यवहार्यता अध्ययन के आधार पर), जहाँ पर्यावरणीय प्रभाव पैदा करने की संभावना है
   ii. परियोजना का प्रकार
   iii. परियोजना की आवश्यकता
   iv. स्थान (सामान्य स्थान, विशिष्ट स्थान, परियोजना सीमा और परियोजना साइट लेआउट दिखाने वाले नक्शे)
   v. ऑपरेशन का आकार या परिमाण (परियोजना द्वारा या उसके लिए आवश्यक संबद्ध गतिविधियों सहित)
   vi. अनुमोदन और कार्यान्वयन के लिए प्रस्तावित अनुसूची
   vii. प्रौद्योगिकी और प्रक्रिया विवरण
   viii. परियोजना विवरण जिसमें परियोजना लेआउट, परियोजना के घटकों आदि को दर्शाने वाले चित्र और व्यवहार्यता, चित्रों के योजनाबद्ध प्रतिनिधित्व शामिल हैं जो ईआईए के लिए महत्वपूर्ण जानकारी देते हैं
   ix. पर्यावरण मानकों, पर्यावरण परिचालन स्थितियों, या अन्य ईआईए आवश्यकताओं को पूरा करने के लिए परियोजना में शामिल शमन उपायों का विवरण (जैसा कि दायरे के अंतर्गत आवश्यक है)

x. प्रौद्योगिकी विफलता के जोखिम के संबंध में नई और अप्रमाणित प्रौद्योगिकी का आकलन

3. पर्यावरण का विवरण
   i. अध्ययन क्षेत्र, अवधि, घटक और पद्धति
   ii. मूल्यवान पर्यावरणीय घटकों के लिए एक आधार रेखा की स्थापना (जैसा कि दायरे में पहचाना गया है)
   iii. सभी पर्यावरणीय घटकों के लिए आधार मानचित्र
4. प्रत्याशित पर्यावरणीय प्रभाव और शमन उपाय
   i. परियोजना स्थान, संभावित दुर्घटनाओं, परियोजना डिजाइन, परियोजना निर्माण, नियमित संचालन, अंतिम विघटन, या पूरी परियोजना के पुनर्वास के कारण जांच किए गए पर्यावरणीय प्रभावों का विवरण
   ii. पहचाने गए प्रतिकूल प्रभावों को कम करने और/या कम करने के उपाय
   iii. पर्यावरणीय घटकों की अपरिवर्तनीय और असाध्य प्रतिबद्धताएं
   iv. प्रभावों के महत्व का आकलन (महत्व निर्धारित करने के लिए मानदंड, महत्व निर्दिष्ट करना)
   v. न्यूनीकरण उपाय
5. विकल्पों का विश्लेषण (प्रौद्योगिकी और साइट)
   (यदि स्कोपिंग अभ्यास के परिणामस्वरूप विकल्पों की आवश्यकता होती है)
   i. प्रत्येक विकल्प का विवरण
   ii. प्रत्येक विकल्प के प्रतिकूल प्रभावों का सारांश
   iii. प्रत्येक विकल्प के लिए प्रस्तावित शमन उपाय
   iv. विकल्प का चयन
6. पर्यावरणीय निगरानी कार्यक्रम
   i. माप पद्धतियों, आवृत्ति, स्थान, डेटा विश्लेषण, रिपोर्टिंग शेड्यूल, आपातकालीन प्रक्रियाओं, विस्तृत बजट और खरीद अनुसूची सहित शमन उपायों की प्रभावशीलता की निगरानी के तकनीकी पहलू
7. अतिरिक्त अध्ययन
   i. सार्वजनिक परामर्श
   ii. जोखिम आकलन
   iii. सामाजिक प्रभाव आकलन
   iv. आर एंड आर कार्य योजनाएं
8. परियोजना के लाभ
   i. भौतिक बुनियादी ढांचे में सुधार

ii. सामाजिक बुनियादी ढांचे में सुधार
iii. रोजगार क्षमता-कुशल, अर्ध-कुशल और अकुशल
iv. अन्य मूर्त लाभ

9. पर्यावरणीय लागत और लाभ विश्लेषण (यदि स्कोपिंग चरण में अनुशंसित किया जाता है)
10. पर्यावरणीय प्रबंधन योजना
    i. ईआईए द्वारा अनुमोदन के बाद यह सुनिश्चित करने के प्रशासनिक पहलुओं का विवरण कि शमन उपायों को लागू किया जाता है और उनकी प्रभावशीलता की निगरानी की जाती है
11. सारांश और निष्कर्ष (यह ईआईए रिपोर्ट का सारांश होगा)
    i. परियोजना के कार्यान्वयन के लिए समग्र औचित्य
    ii. प्रतिकूल प्रभावों को कैसे कम किया गया है, इसकी व्याख्या
12. सलाहकारों का प्रकटीकरण
    i. उनके संक्षिप्त रिज्यूमे के साथ लगे हुए सलाहकारों के नाम और प्रदान की गई परामर्श की प्रकृति

प्रस्तावित अधिसूचना (MOEF 2020) प्रत्येक अध्याय में वर्णित की जाने वाली विस्तृत सामग्री को निर्दिष्ट करती है।

ईआईए रिपोर्ट का सारांश, दस ए4 आकार के पृष्ठों में संघनित, जिसमें निम्नलिखित सामग्री हो, भी आवश्यक है:

i. परियोजना विवरण
ii. पर्यावरण का विवरण
iii. प्रत्याशित पर्यावरणीय प्रभाव और शमन उपाय
iv. पर्यावरणीय निगरानी कार्यक्रम
v. अतिरिक्त अध्ययन
vi. परियोजना लाभ
vii. पर्यावरणीय प्रबंधन योजना

II. *एशियाई विकास बैंक* (ADB 1993, 2003) द्वारा सुझाए गए ईआईए रिपोर्ट के लिए प्रारूप निम्नानुसार है:

1. परिचय
2. परियोजना का विवरण
3. पर्यावरण का विवरण
4. प्रत्याशित पर्यावरणीय प्रभाव और शमन उपाय
5. विकल्प
6. लागत-लाभ विश्लेषण

7. संस्थागत आवश्यकता और पर्यावरणीय निगरानी कार्यक्रम
8. सार्वजनिक भागीदारी
9. निष्कर्ष

III. लोहानी *एट ऑल.* (1997) ने सुझाव दिया कि ईआईए रिपोर्ट में निम्नलिखित सामग्री होनी चाहिए:

कार्यकारी सारांश

1. परिचय
2. परियोजना का विवरण
3. पर्यावरण का विवरण
4. प्रत्याशित पर्यावरणीय प्रभाव और शमन उपाय
5. विकल्प
6. पर्यावरणीय निगरानी
7. अतिरिक्त अध्ययन
8. पर्यावरणीय प्रबंधन योजना और पर्यावरणीय प्रबंधन कार्यालय
9. सारांश और निष्कर्ष
10. अनुलग्नक

IV. *विश्व बैंक* (1999ए) द्वारा निर्धारित परियोजना-विशिष्ट पर्यावरणीय मूल्यांकन निम्नानुसार है:

1. कार्यकारी सारांश: महत्वपूर्ण निष्कर्षों और अनुशंसित कार्यों की संक्षिप्त चर्चा
2. नीति, कानूनी और प्रशासनिक ढांचा: ईआईए के भीतर नीति, कानूनी और प्रशासनिक ढांचे की चर्चा
3. परियोजना विवरण: परियोजना के भौगोलिक, पारिस्थितिक, सामाजिक और अस्थायी संदर्भ का संक्षिप्त विवरण, जिसमें परियोजना द्वारा आवश्यक कोई भी ऑफ-साइट निवेश शामिल हैं (जैसे समर्पित पाइपलाइन, पहुँच सड़क, बिजली संयंत्र, पानी की आपूर्ति, आवास, और कच्चे माल और उत्पाद भंडारण सुविधाएं)
4. बेसलाइन डेटा: अध्ययन क्षेत्र के आयामों का आकलन और प्रासंगिक भौतिक, जैविक और सामाजिक-आर्थिक स्थितियों का विवरण, जिसमें परियोजना शुरू होने से पहले प्रत्याशित कोई भी परिवर्तन शामिल है। परियोजना क्षेत्र के भीतर वर्तमान और प्रस्तावित विकास गतिविधियों (जो परियोजना से सीधे जुड़ी नहीं) को भी ध्यान में रखा जाना चाहिए
5. पर्यावरणीय प्रभाव: प्रस्तावित परियोजना से होने वाले सकारात्मक और नकारात्मक प्रभावों की पहचान और आकलन। शमन उपायों, और वह सभी अवशिष्ट नकारात्मक प्रभाव जिसे कम नहीं किया जा सकता है, उनकी पहचान की जानी चाहिए। पर्यावरण संवर्धन के अवसरों का पता लगाया जाना चाहिए। उपलब्ध आंकड़ों की सीमा और गुणवत्ता, प्रमुख डेटा अंतराल और भविष्यवाणियों से जुड़ी अनिश्चितताओं की

पहचान/अनुमान लगाया जाना चाहिए। जिन विषयों पर अधिक ध्यान देने की आवश्यकता नहीं है, उन्हें निर्दिष्ट किया जाना चाहिए

6. विकल्पों का विश्लेषण: उनके संभावित पर्यावरणीय प्रभावों के संदर्भ में प्रस्तावित निवेश डिजाइन, साइट, प्रौद्योगिकी और परिचालन विकल्पों की व्यवस्थित तुलना; पूंजी और आवर्तक लागत; स्थानीय परिस्थितियों में उपयुक्तता; और संस्थागत, प्रशिक्षण और निगरानी आवश्यकताएं। प्रत्येक विकल्प के लिए, पर्यावरणीय लागत और लाभों को यथासंभव निर्धारित किया जाना चाहिए, और जहां संभव हो वहां आर्थिक मूल्यों को जोड़ा जाना चाहिए। परियोजना डिजाइन के लिए प्रस्तावित विकल्प के चयन का आधार बताया जाना चाहिए
7. शमन योजना: व्यवहार्य और लागत प्रभावी उपायों की पहचान जो संभावित रूप से महत्वपूर्ण प्रतिकूल पर्यावरणीय प्रभावों को स्वीकार्य स्तर तक कम कर सकते हैं, और संभावित पर्यावरणीय प्रभावों का अनुमान; पूंजी और आवर्तक लागत; और उन उपायों की संस्थागत, प्रशिक्षण और निगरानी आवश्यकताएं। योजना (कभी-कभी "कार्य योजना" या "पर्यावरण शमन या प्रबंधन योजना" के रूप में जाना जाता है) को प्रस्तावित कार्य और कार्यक्रमों का विवरण प्रदान करना चाहिए। इस तरह के विवरण यह सुनिश्चित करने में मदद करते हैं कि प्रस्तावित पर्यावरणीय कार्य कार्यान्वयन के दौरान इंजीनियरिंग और अन्य परियोजना संबंधित गतिविधियों किस चरण में हैं। यदि शमन उपाय व्यवहार्य या लागत प्रभावी नहीं हैं तब योजना में प्रतिपूरक उपायों पर विचार करना चाहिए
8. पर्यावरणीय प्रबंधन और प्रशिक्षण: साइट पर या एजेंसी और मंत्रालय स्तर पर पर्यावरण इकाइयों के अस्तित्व, भूमिका और क्षमता का आकलन। इन निष्कर्षों के आधार पर, ऐसी इकाइयों की स्थापना और/या विस्तार, और कर्मचारियों के प्रशिक्षण के बारे में सिफारिशें की जानी चाहिए, इस बिंदु पर की ईआईए सिफारिशों को लागू किया जा सकता है
9. पर्यावरणीय निगरानी योजना: निगरानी के प्रकार की विशिष्टता, यह कौन करेगा, इसकी लागत कितनी होगी, और अन्य इनपुट (जैसे क्या प्रशिक्षण) आवश्यक हैं)
10. परिशिष्ट

V. वर्ल्ड बिजनेस काउंसिल फॉर सस्टेनेबल डेवलपमेंट (WBCSD) के सीमेंट सस्टेनेबिलिटी इनिशिएटिव (CSI 2005) पर टास्क फोर्स ने पर्यावरण और सामाजिक प्रभाव आकलन (ईएसआईए) रिपोर्ट के लिए निम्नलिखित संक्षिप्त दिशानिर्देश तैयार किए:

कार्यकारी सारांश

1. तरीके और प्रमुख मुद्दे
2. विधायी ढांचा
3. परामर्श प्रक्रिया
4. सामाजिक और पर्यावरणीय आधार रेखा

5. विकल्पों पर विचार
6. महत्वपूर्ण सामाजिक और पर्यावरणीय प्रभावों का पूर्वानुमान और मूल्यांकन
7. शमन या ऑफसेट उपाय
8. पर्यावरण और सामाजिक प्रबंधन और निगरानी योजनाएं

VI. यूरोपीय संघ (EU 2014) ने सात प्रमुख क्षेत्रों को निर्धारित किया है जो ईआईए रिपोर्ट में आवश्यक हैं, अर्थात्:

1. परियोजना का विवरण
   i. वास्तविक परियोजना और साइट का विवरण
   ii. परियोजना को इसके प्रमुख घटकों में विभाजित करें, अर्थात निर्माण, संचालन, डीकमीशनिंग
   iii. प्रत्येक घटक के लिए, पर्यावरणीय अशांति के सभी स्रोतों को सूचीबद्ध करें
   iv. प्रत्येक घटक के लिए, सभी इनपुट और आउटपुट सूचीबद्ध किए जाने चाहिए, जैसे वायु प्रदूषण, शोर, जल विज्ञान
2. विकल्प जिन पर विचार किया गया है
   i. विचार किए गए विकल्पों की जांच करें
3. पर्यावरण का विवरण
   i. पर्यावरण के सभी पहलुओं की सूची जो विकास से प्रभावित हो सकते हैं (यह खंड स्थानीय विशेषज्ञों की मदद से सबसे अच्छा किया जाता है)
4. पर्यावरण पर महत्वपूर्ण प्रभावों का विवरण
   i. महत्वपूर्ण शब्द यहां महत्वपूर्ण है क्योंकि परिभाषा भिन्न हो सकती है
   ii. "महत्व" को परिभाषित किया जाना चाहिए
   iii. यहां उपयोग की जाने वाली सबसे लगातार विधि लियोपोल्ड मैट्रिक्स का उपयोग है
   iv. एक मैट्रिक्स एक उपकरण है जिसका उपयोग संभावित इंटरैक्शन की व्यवस्थित परीक्षा में किया जाता है
5. शमन
   i. यह वह स्थान है जहां ईआईए सबसे उपयोगी है
   ii. एक बार धारा 4 पूरी हो जाने के बाद, यह स्पष्ट है कि प्रभाव सबसे बड़ा कहां है
   iii. इस जानकारी का उपयोग करके, नकारात्मक प्रभावों से बचने के तरीके विकसित किए जाने चाहिए
   iv. इस अनुभाग के साथ डेवलपर के साथ सबसे अच्छा काम करना क्योंकि वे परियोजना को सबसे अच्छा जानते हैं
6. गैर-तकनीकी सारांश (ईआईएस)
   i. ईआईए सार्वजनिक डोमेन में है और निर्णय लेने की प्रक्रिया में उपयोग किया जाता है

   ii. जानकारी जनता के लिए उपलब्ध होनी चाहिए
   iii. सारांश में शब्दजाल या जटिल आरेख शामिल नहीं हों
   iv. इसे सूचित व्यक्ति द्वारा समझा जाना चाहिए
7. तकनीकी कठिनाइयों की कमी
   i. यह खंड ज्ञान में कमजोरी के किसी भी क्षेत्र को सलाह देने के लिए है
   ii. इसका उपयोग भविष्य के अनुसंधान के क्षेत्रों पर ध्यान केंद्रित करने के लिए किया जा सकता है
   iii. कुछ डेवलपर्स ईआईए को खराब पर्यावरणीय प्रबंधन के लिए एक प्रारंभिक ब्लॉक के रूप में देखते हैं

भले ही विभिन्न एजेंसियां अपनी आवश्यकताओं को पूरा करने के लिए ईआईए रिपोर्ट के प्रारूपों की विभिन्न संरचनाओं को निर्दिष्ट करती हैं, सामग्री समान दिखाई देती है और किसी भी ईआईए रिपोर्ट के लिए निचली रेखा आवश्यक रूप से संबंधित नियामक शासन या परियोजना वित्तपोषण एजेंसी की विशिष्ट आवश्यकताओं को पूरा करते हुए परियोजना स्थान पर लागू वैधानिक आवश्यकताओं का अनुपालन सुनिश्चित करती है, पत्र में भी और आत्मा में भी।

## 5.8 कार्यकारी सारांश

### *5.8.1 कार्यकारी सारांश क्या है?*

एक रिपोर्ट के कार्यकारी सारांश (Business Dictionary 1997) को "एक प्रस्ताव के संक्षिप्त लेकिन व्यापक सारांश" के रूप में परिभाषित किया गया है, जो इसके प्रमुख बिंदुओं पर प्रकाश डालता है और आम तौर पर बाहरी दर्शकों के लिए अनुकूलित होता है। यह एक लंबी रिपोर्ट को इस तरह से सारांशित करता है कि पाठक इसे पढ़े बिना सामग्री के एक बड़े निकाय से तेजी से परिचित हो सकते हैं। एक सार के विपरीत जो अकादमिक अनुसंधान में व्यापक रूप से उपयोग किया जाता है, और उन लोगों द्वारा पढ़ा जाने वाला एक संक्षिप्त बयान है, जिन्हें यह तय करने की आवश्यकता है कि मुख्य दस्तावेज़ को पढ़ना है या नहीं, "एक कार्यकारी सारांश" एक संक्षिप्त रूप है जिसे लंबे दस्तावेज़ के बजाय पढ़ा जा सकता है।

### *5.8.2 ईआईए रिपोर्ट का कार्यकारी सारांश*

यह "महत्वपूर्ण निष्कर्षों और अनुशंसित कार्यों की संक्षिप्त चर्चा" (World Bank 1999ए) है, जो ईआईए ढांचे, प्रमुख प्रभावों और प्रभावों को संबोधित करने के लिए कार्यान्वयन के लिए आवश्यक कार्य बिंदुओं (DEAT 2004) की नियामक शर्तों को पूरा करने के लिए प्रस्तावित परियोजना के लिए ईआईए के प्रमुख निष्कर्षों (एमटीआर) पर प्रकाश डालता है। भारत में ईआईए विनियमन (MOEF 2006) निर्धारित करता है कि ईआईए रिपोर्ट का सारांश, एक परियोजना विवरण, पर्यावरण का विवरण,

प्रत्याशित पर्यावरणीय प्रभाव और शमन उपायों, पर्यावरणीय निगरानी कार्यक्रम, अतिरिक्त अध्ययन, परियोजना लाभ और एक पर्यावरणीय प्रबंधन योजना के साथ, दस ए4 आकार के पृष्ठों तक संघनित किया जाए। इसे क्षेत्रीय भाषा में अनुवादित करने और परामर्श के लिए सार्वजनिक डोमेन में उपलब्ध करने की आवश्यकता है।

"यह देखते हुए कि ईआईए का उपयोग निर्णय लेने की प्रक्रिया में किया जाता है, एक गैर-तकनीकी सारांश (Wood 1995), विशेष भाषा या जटिल आंकड़ों को शामिल किए बिना, सूचित व्यक्ति (EU 2014), और इच्छुक और/या प्रभावित समुदाय के सदस्यों के लिए सुलभ और समझने योग्य होना चाहिए" (WBCSD 2005)। इसमें परियोजना का अवलोकन, विकल्पों पर विचार, निर्माण अनुसूची, संभावित पर्यावरणीय प्रभाव, प्रस्तावित शमन उपाय, पर्यावरणीय निगरानी और पर्यावरणीय प्रबंधन कार्यक्रम (राथी 2017) शामिल होना चाहिए, और रिपोर्ट की समग्र रूपरेखा (Glasgow Calidonium University 1993) देने वाले एक स्टैंड-अलोन दस्तावेज़ के रूप में काम करने में सक्षम होना चाहिए। यह सुझाए गए शमन उपायों के बाद परियोजना के अवशिष्ट प्रभावों को इंगित करके समाप्त होना चाहिए, इसके बाद परियोजना की पर्यावरणीय व्यवहार्यता (WBCSD 2016) पर एक समग्र निष्कर्ष निकालना चाहिए।

### *5.8.3 ईआईए रिपोर्ट के कार्यकारी सारांश की तैयारी*

ईआईए टीम लीडर (राथी 2017) ईआईए रिपोर्ट के प्रत्येक अध्याय में एकरूपता, स्थिरता, पूर्णता, भाषा के सुचारू प्रवाह और सामग्री के तार्किक अनुक्रमण को सुनिश्चित करते हुए विभिन्न कार्यात्मक वृत्तकों से प्राप्त रिपोर्टों को संकलित और मिलान करके मसौदा ईआईए रिपोर्ट तैयार किया है। इसके बाद, कार्यकारी सारांश तैयार किया जाता है, मसौदा ईआईए रिपोर्ट की सामग्री के आधार पर, और अंतिम ईआईए रिपोर्ट तैयार करने के बाद ठीक किया जाता है, और आम तौर पर ईआईए रिपोर्ट के पहले अध्याय के सामने रखा जाता है। भारत में ईआईए समीक्षा तंत्र (राथी 2017, पाणिग्रही और अमीरपु 2012) में केंद्रीय या राज्य स्तरों पर विशेषज्ञ मूल्यांकन समितियों द्वारा ईआईए रिपोर्टों की समीक्षा शामिल है, जिसमें विभिन्न पृष्ठभूमि और विशेषज्ञता के साथ अंशकालिक नामित सदस्य होते हैं, जो आम तौर पर सीधे ईआईए से संबंधित नहीं होते हैं। इन समितियों को पर्यावरणीय अनुमोदन प्राप्त करने के लिए कई परियोजना प्रस्ताव मिलते हैं। समिति के सदस्य गंभीर समय के दबाव में और प्रत्येक ईआईए रिपोर्ट की पूरी तरह से समीक्षा करने में सक्षम नहीं हो सकते हैं। नतीजतन, अक्सर, वे केवल कार्यकारी सारांश के आधार पर ईआईए रिपोर्ट के मुख्य निकाय में निहित जानकारी पर राय बनाने की संभावना रखते हैं। अन्य हितधारक भी केवल ईआईए रिपोर्ट के इस हिस्से को पढ़ सकते हैं। इस प्रकार, कार्यकारी सारांश को छोटा रखा जाना चाहिए, अधिमानतः सात पृष्ठों (सैडलर और मैककेब 2002) से कम, बहुत बड़ी परियोजनाओं को छोड़कर जहां यह थोड़ा लंबा हो सकता है। इसी समय, यह देखते हुए कि ईआईए रिपोर्ट (राथी 2016) की तैयारी में बहुत सारे संसाधन जाते हैं, एक कार्यकारी सारांश को हितधारकों के एक व्यापक वर्ग के लिए गैर-तकनीकी तरीके से जटिल सामग्री का संक्षिप्त, सरल और

सटीक रूप से वर्णन करना चाहिए (सैडलर और मैककेब 2002) अधिमानतः 214 के साथ। तालिकाओं, ग्राफ़, मानचित्रों और आरेखों की सहायता, विस्तृत ईआईए रिपोर्ट के प्रमुख निष्कर्षों को स्पष्ट रूप से उजागर करती है, अर्थात्:

i. आवश्यक परियोजना विशेषताएं, साइट और अध्ययन क्षेत्र की महत्वपूर्ण और अद्वितीय पर्यावरणीय विशेषताएं
ii. विकल्पों पर विचार किया गया (राथी 2017) https://www.wbcsd.org/Projects/Cement-Sustainability-Initiative/Resources/Guidelines-for-Environmental-and-Social-Impact-Assessment-ESIA
iii. संदर्भ की शर्तें
iv. प्रमुखपर्यावरणीय मुद्दों और इनमें से प्रत्येक मुद्दे को हल करने का प्रस्ताव (लोहानी और अन्य 1997), और लागू नियमों के अनुपालन को प्राप्त करने का प्रस्ताव
v. विवादास्पद मुद्दे और सार्वजनिक परामर्श के परिणाम (राथी 2016)
vi. एक स्पष्ट और संघनित रूप में एक पर्यावरणीय प्रभाव कथन जिसमें शामिल हैं:
    क. पर्यावरण अध्ययन क्षेत्र के विभिन्न घटकों का मौजूदा परिदृश्य
    ख. महत्वपूर्ण पर्यावरणीय प्रभावों का आकलन, सुझाए गए शमन उपाय, और अवशिष्ट प्रभावों का प्रबंधन
    ग. अतिरिक्त/विशेष अध्ययनों के निष्कर्षों का सार
    घ. पर्यावरणीय प्रबंधन तंत्र सहित एक पर्यावरणीय प्रबंधन कार्यक्रम, परियोजना के प्रत्येक जीवनचक्र चरण के लिए एक पर्यावरणीय निगरानी कार्यक्रम, अनुपालन प्रबंधन, पर्यावरणीय वृद्धि, लेखा परीक्षा और प्रबंधन समीक्षा, आदि।
vii. अन्य महत्वपूर्ण मामले (सैडलर और मैककेब 2002) जिनका पर्यावरणीय अनुमोदन देने के निर्णय पर असर पड़े
viii. समग्र निष्कर्ष: पर्यावरण पर प्रभाव, शमन उपायों के बाद अवशिष्ट प्रभाव, प्राकृतिक संसाधनों की हानि, प्राकृतिक संसाधनों की दीर्घकालिक वृद्धि, आदि।

## 5.9 परियोजना का विवरण

प्रस्तावित परियोजना के एक विशिष्ट विवरण में निम्नलिखित जानकारी शामिल है, जो संबंधित दस्तावेजों के साथ विधिवत समर्थित है:

i. परियोजना का प्रकार और इसके आकार या क्षमता के संदर्भ, उदाहरण के लिए:
    क. धातु, हाइड्रोकार्बन, सीमेंट और रसायनों जैसी परियोजनाओं के लिए उत्पादन (टन भार)
    ख. डिस्टिलरी और अपशिष्ट जल उपचार सुविधाओं जैसी परियोजनाओं के लिए आउटपुट (वॉल्यूमेट्रिक)

ग. खनन और हाइड्रोकार्बन अन्वेषण परियोजनाओं जैसे प्राकृतिक संसाधनों को निकालने के लिए प्रस्तावित भूमि क्षेत्र

घ. बंदरगाहों, रसद और अपशिष्ट प्रबंधन सुविधाओं जैसी परियोजनाओं के लिए प्रस्तावित भूमि क्षेत्र के साथ-साथ संभाली जाने वाली सामग्री का टन भार

ङ. विद्युत उत्पादन क्षमता (मेगावाट)

च. हवाई अड्डों, औद्योगिक सम्पदाओं और टाउनशिप जैसी अवसंरचनात्मक परियोजनाओं के लिए प्रस्तावित भूमि क्षेत्र

छ. निर्माण परियोजनाओं के लिए निर्मित क्षेत्र

ज. रेलवे, सड़कों, सिंचाई नहरों और क्रॉस-कंट्री पाइपलाइनों जैसी रैखिक परियोजनाओं के लिए गलियारा (लंबाई और चौड़ाई) उपयोग के अधिकार और रास्ते के अधिकार के लिए चौड़ाई

ii. सामान्य रूप से देश और विशेष रूप से क्षेत्र के लिए परियोजना की आवश्यकता और महत्व

iii. क्षेत्र को उजागर करने वाला देश का मानचित्र, उप-क्षेत्र को उजागर करने वाला क्षेत्र का अभिवर्धित मानचित्र, परियोजना स्थल को उजागर करने वाले उप-क्षेत्र का अभिवर्धित मानचित्र और परियोजना स्थल की प्रमुख योजना

iv. अक्षांश और देशांतर द्वारा परिभाषित, परियोजना स्थल और लेआउट

v. विधिवत सीमांकित कोर जोन और बफर जोन के साथ मौजूदा और प्रस्तावित भूमि उपयोग/भूमि कवर मानचित्र

vi. विकल्पों पर विचार किया गया, प्रस्तावित प्रौद्योगिकी का चयन, जिसमें स्पष्ट उल्लेख है कि क्या प्रस्तावित तकनीक व्यावसायिक रूप से सिद्ध है और पहले से ही कहीं उपयोग में है या इसे साबित किया जाना बाकी है

vii. परियोजना जीवनचक्र के प्रत्येक चरण में शामिल प्रमुख गतिविधियाँ, जैसे पूर्व-निर्माण, निर्माण, संचालन और रखरखाव, और ऑपरेशन के बाद जिसमें डीकमीशनिंग, विध्वंस, बंद या पुनर्वास शामिल हो। ऐसी गतिविधियाँ जिनमें पर्यावरण के विभिन्न घटकों पर प्रभाव डालने की क्षमता होती है, उन्हें वर्णित करने की आवश्यकता होती है, सभी इनपुट के साथ-साथ आउटपुट धाराओं को दिखाने वाले प्रवाह पत्रकों या प्रवाह चार्ट के साथ समर्थित किया जाना चाहिए, चाहे ये गतिविधियाँ निरंतर, आंतरायिक या सामयिक हों, मात्रा के साथ-साथ इनपुट की सोर्सिंग और उत्पाद (ओं), उप-उत्पादों और साइड-उत्पादों की निकासी, और विभिन्न प्रकार के कचरे का उपचार और निपटान

viii. प्रदूषण के संभावित स्रोतों का विवरण: वायु, जल, मिट्टी और भूमि, और उपकरणों में अंतर्निहित डिजाइन प्रावधान और प्रणालियां, जैसे कोयला आधारित थर्मल पावर परियोजनाओं में इलेक्ट्रोस्टैटिक प्रेसिपिटेटर, सीमेंट परियोजनाओं में धूल संग्रह प्रणाली, और स्रोत से निकलने

वाले प्रदूषण को कम करने के लिए रासायनिक, उर्वरक और पेट्रोकेमिकल परियोजनाओं में अवशोषण कॉलम या स्क्रबर, और पर्यावरणीय अनुपालन का पता लगाने का प्रस्ताव कैसे है

ix. सर्वोत्तम नियंत्रण प्रौद्योगिकी और सर्वोत्तम पर्यावरणीय प्रथाओं को अपनाने के दर्शन के अनुरूप, प्रस्तावित प्रदूषण नियंत्रण उपायों का विवरण, और लागू नियमों के अनुपालन की विशेष रूप से पुष्टि करने का प्रस्ताव

x. परियोजना के प्रत्येक जीवनचक्र चरण में वार्षिक या मासिक प्रदूषक भार उत्सर्जन और डिस्चार्ज किया गया, जिसमें वायु उत्सर्जन, अपशिष्ट जल निर्वहन और ठोस और अर्ध-ठोस अपशिष्ट निपटान में प्रत्येक प्रदूषक शामिल है

xi. मात्राओं के साथ उपयोगिता की आवश्यकता और इन्हें कैसे प्राप्त किया जाएगा, चाहे साइट पर उत्पन्न किया जाए या आउटसोर्स किया जाए, उदाहरण के लिए क्या बिजली, भाप और/या अक्रिय गैस किसी ईंधन का उपयोग करके साइट पर उत्पन्न की जाएगी, आउटसोर्स की जाएगी या विक्रेताओं से खरीदी जाएगी।

xii. परियोजना से संबद्ध गतिविधियां और अवसंरचनात्मक आवश्यकताएं, जैसे कैप्टिव विद्युत उत्पादन, भंडारण टर्मिनल, और फीडस्टॉक, उपयोगिताओं, उत्पादों आदि के परिवहन के लिए पाइपलाइनें, पास के राजमार्ग से जुड़ने के लिए सड़कें, या पास के रेलवे नेटवर्क से जुड़ने के लिए रेलवे साइडिंग आदि।

xiii. मुख्य रूप से निर्माण चरण में रेत, मिट्टी, पत्थर और बजरी जैसी प्राकृतिक निर्माण सामग्री, और ईंट, सीमेंट, स्टील, बिटुमेन, सिरेमिक और कांच जैसी अन्य निर्माण सामग्री की आवश्यकता, उनकी मात्रा और सोर्सिंग के साथ, और खुदाई सामग्री, निर्माण मलबे, सड़कों की खुदाई से प्रयुक्त डामर जैसे कचरे का निपटान, और अतिरिक्त निर्माण सामग्री, आदि।

xiv. बार चार्ट या नेटवर्क आरेख के रूप में परियोजना कार्यान्वयन अनुसूची, प्रमुख गतिविधियों की अवधि और परियोजना स्थल पर काम शुरू करने की शून्य तिथि दिखाती है

xv. पर्यावरण को सुधारने के लिए परियोजना डिजाइन में अंतर्निहित प्रावधान और प्रणालियां, जैसे हरित रसायन विज्ञान, स्वच्छ उत्पादन, अपशिष्ट उपयोग, संरक्षण उपाय, ग्रीनहाउस गैसों के उत्सर्जन में कमी, आदि।

xvi. प्रस्तावित परियोजना के एकीकृत होने की स्थिति में शामिल गतिविधियां उदाहरण के लिए, भीतरी इलाकों में प्रस्तावित पेट्रोलियम रिफाइनरी परियोजना, और आयातित कच्चे तेल के आधार पर, परियोजना से संबंधित गतिविधियों में कच्चे तेल की अपतटीय हैंडलिंग, तटवर्ती पर परिवहन, भंडारण, हैंडलिंग और अन्य सुविधाओं वाला एक तटवर्ती टर्मिनल, क्रॉस-कंट्री पाइपलाइन के माध्यम से टर्मिनल से परियोजना स्थल तक कच्चे तेल का परिवहन शामिल हो सकता है। परियोजना स्थल पर बूस्टर स्टेशन, रिफाइनिंग और संबद्ध सुविधाएं, क्रॉस-कंट्री पाइपलाइनों और/या रेल या सड़क परिवहन आदि के माध्यम से परिष्कृत उत्पादों की निकासी, भले ही गतिविधियां विभिन्न क्षेत्रों में कई स्थानों पर की जा सकती हैं। इसी प्रकार, भीतरी इलाकों

में प्रस्तावित और आयातित लौह अयस्क और कोक पर आधारित एक एकीकृत इस्पात परियोजना, या भीतरी इलाकों में प्रस्तावित और आयातित कोयले आदि पर आधारित एक थर्मल पावर परियोजना के लिए, इसमें शामिल सभी गतिविधियों को शामिल करने की आवश्यकता है। ऐसी कुछ एकीकृत परियोजनाओं के लिए, कैप्टिव बंदरगाह या जेटी और संबद्ध तट-आधारित सुविधाओं का विकास भी परियोजना का अभिन्न अंग हो सकता है। तदनुसार, इन्हें वर्णित करने की आवश्यकता है।

संक्षेप में, प्रस्तावित परियोजना के सभी पहलुओं पर विचार करने और परियोजना को इसकी समग्रता में वर्णित करने की आवश्यकता है, जिसमें परियोजना जीवनचक्र के विभिन्न चरणों में की जाने वाली सभी गतिविधियाँ और सभी परस्पर संबंधित या संबद्ध गतिविधियों को शामिल किया गया है जिन्हें संबंधित स्थानों पर परियोजना का अभिन्न अंग माना जाता है। लागू विनियम, उदाहरण के लिए वायु उत्सर्जन (MOEF 1982, 2009), शोर (MOEF 2000ए), अपशिष्ट जल निर्वहन (MOEF 1975, 1988), अपशिष्ट निपटान (MOEF 2016ए, 2016बी, 2016सी) आदि से संबंधित हैं। इसे उजागर करने की जरूरत है।

*ब्राउनफील्ड परियोजनाओं* के मामले में, प्रस्तावित परियोजना के लिए उपरोक्त जानकारी के अलावा, इस बात का भी उल्लेख किया जाता है कि क्या मौजूदा सुविधाओं ने अच्छी प्रथाओं को अपनाया है, जैसे ISO 9001: 2015 मानक के अनुसार क्यूएमएस जैसी प्रबंधन प्रणाली, ISO 14001: 2015 मानक के अनुसार एक पर्यावरणीय प्रबंधन प्रणाली, ISO 45001: 2018 मानक के अनुसार एक व्यावसायिक स्वास्थ्य और सुरक्षा प्रणाली, आदि।

## 5.10 पर्यावरण का विवरण (पर्यावरणीय आधारभूत स्थितियों की स्थापना)

### *5.10.1 पर्यावरणीय आधारभूत स्थितियों की आवश्यकता*

पर्यावरण के विवरण को अध्ययन क्षेत्र के वर्तमान पर्यावरण परिदृश्य की पूरी और स्पष्ट तस्वीर देने की आवश्यकता है, यानी प्रस्तावित परियोजना स्थल पर किसी भी निर्माण से संबंधित गतिविधियों के शुरू होने से पहले पर्यावरण की स्थिति का विवरण। इस तरह की जानकारी बाद में यह निर्धारित करने में उपयोगी होगी कि परियोजना से संबंधित गतिविधियों के शुरू होने के बाद पर्यावरणीय घटकों के किसी भी पैरामीटर में देखे गए परिवर्तनों को परियोजना के लिए किस हद तक जिम्मेदार ठहराया जा सकता है। स्थापित पर्यावरणीय आधारभूत स्थिति पर भरोसा करने में एक अंतर्निहित धारणा है कि पर्यावरणीय परिस्थितियां पूरी तरह से स्थापित हैं और बेसलाइन स्थिति स्थापित करने के समय मौसम संबंधी स्थितियां परियोजना जीवनचक्र पर समान रहती हैं। भले ही ये धारणाएं पूरी तरह से अच्छी नहीं हो सकती हैं, लेकिन परियोजना के लिए कुछ पर्यावरणीय मापदंडों में कुछ बदलाव करना संभव होना चाहिए।

*पर्यावरणीय आधारभूत अध्ययन अनिवार्य रूप से एक संदर्भ बिंदु प्रदान करते हैं जिसके खिलाफ परियोजना से संबंधित गतिविधियों के कारण पर्यावरणीय परिवर्तनों की विशेषताओं और मापदंडों का पूर्वानुमान, विश्लेषण और आकलन किया जाता है, और महत्वपूर्ण प्रभाव स्थापित किए जाते हैं।*

स्पष्टता विकसित करने की आवश्यकता है ताकि पर्यावरणीय आधारभूत स्थितियों को स्थापित करने का उद्देश्य अध्ययन क्षेत्र में मूल्यवान पर्यावरणीय घटकों पर प्रामाणिक और प्रासंगिक जानकारी उत्पन्न करना और/या संकलित करना है, जो अल्पकालिक और दीर्घकालिक दोनों में परियोजना से संबंधित गतिविधियों के कारण कुछ बदलाव से गुजरने की संभावना है, न कि भविष्य में बहुउद्देशीय उपयोग के लिए एक प्रकार का डेटा बैंक बनाना। इस प्रकार यह आवश्यक है कि ध्यान उस जानकारी को कैप्चर करने पर रहे जो प्रासंगिक, उपयुक्त, प्रामाणिक और विश्वसनीय है।

### *5.10.2 पर्यावरणीय आधारभूत स्थितियों के लिए जानकारी*

पर्यावरणीय आधारभूत स्थितियों पर डेटा उत्पन्न करने के लिए एक विस्तृत निगरानी नेटवर्क स्थापित करना आम तौर पर इससे पहले होता है

i. सुनियोजित डेस्क कार्य
ii. ईआईए टीम लीडर के परामर्श से संबंधित कार्यात्मक वृत्तकों द्वारा अध्ययन क्षेत्र का एक टोही सर्वेक्षण
iii. टिप्पणियों और निष्कर्षों का उचित प्रलेखन
iv. पिछले आंकड़ों का संग्रह और मिलान
v. पिछले डेटा का प्रवृत्ति विश्लेषण और व्याख्या

पर्यावरणीय आधारभूत स्थितियों को स्थापित करने के लिए, अध्ययन क्षेत्र के लिए निम्नलिखित जानकारी आवश्यक है:

क. पर्यावरण के भौतिक-रासायनिक, जैविक और सामाजिक-आर्थिक घटकों की वर्तमान पर्यावरणीय स्थितियां
ख. पहचान किए गए मूल्यवान पर्यावरणीय घटकों के विभिन्न मापदंडों के पिछले रुझानों को समझने के लिए ऐतिहासिक डेटा, यानी भौतिक-रासायनिक, जैविक और सामाजिक-आर्थिक वातावरण के मौलिक तत्व जो प्रस्तावित गतिविधियों के कारण बदल सकते हैं, और भविष्य के रुझानों को प्रोजेक्ट करने के लिए
ग. प्रत्याशित पर्यावरणीय परिस्थितियां, कार्यान्वयन के तहत परियोजनाओं, कार्यान्वयन के लिए अनुमोदित, और अध्ययन क्षेत्र में अन्य निकट परियोजनाओं पर विचार करते हुए, जो प्रस्तावित परियोजना से पहले या साथ ही अपनी गतिविधियों को शुरू कर सकती हैं

बेसलाइन परिदृश्य, जिसे "पर्यावरण सूची" (Canter 1996) के रूप में संदर्भित किया जाता है, भौतिक-रासायनिक, जैविक, सांस्कृतिक और सामाजिक-आर्थिक वातावरण के लिए वर्णनकर्ताओं की एक चेकलिस्ट से संकलित किया जाता है। आधारभूत पर्यावरण परिदृश्य स्थापित करने में शामिल बुनियादी कार्य इस प्रकार हैं:

i. टीओआर में निर्धारित दूरी तक परियोजना स्थान और उसके परिवेश से युक्त अध्ययन क्षेत्र का परिसीमन
ii. अध्ययन क्षेत्र का टोही सर्वेक्षण
iii. पर्यावरण के प्रत्येक मूल्यवान घटक की वर्तमान स्थिति को परिभाषित करना
iv. उपरोक्त जानकारी को अद्यतन आधार मानचित्रों पर स्थानांतरित करना

क्षेत्र की निगरानी करते समय-समय पर डेटा का विश्लेषण और व्याख्या किए जाने की आवश्यकता है। विभिन्न स्रोतों से एकत्र किए गए द्वितीयक आंकड़ों को एकत्र किया जाना आवश्यक है, यह देखते हुए कि पहले किए गए अध्ययनों की समय सीमा और उद्देश्य अलग-अलग हो सकते हैं। एक समय श्रृंखला में विभिन्न पर्यावरणीय घटकों से जुड़े चर और कारण कारकों की गहन और गहरी समझ विकसित करने के लिए संकलित डेटा की व्याख्या बहुत महत्वपूर्ण है। द्वितीयक डेटा के संग्रह या खरीद के लिए उपयोग किए जाने वाले स्रोतों के साथ-साथ डेटा की प्रासंगिकता और प्रामाणिकता का पता कैसे लगाया गया था, इसे भी ठीक से प्रलेखित किया जाना है।

### *5.10.3 अध्ययन क्षेत्र*

कोर ज़ोन और बफर ज़ोन से मिलकर अध्ययन क्षेत्र, आम तौर पर निम्नलिखित विचारों के आधार पर निर्धारित किया जाता है:

i. सक्षम प्राधिकारी द्वारा निर्धारित टीओआर
ii. लागू विनियम
iii. परियोजना से संबंधित गतिविधियों के भौतिक-रासायनिक, जैविक और/या सामाजिक-आर्थिक परिणामों की क्षमता
iv. परियोजना स्थल और उसके परिवेश की पर्यावरणीय संवेदनशीलता
v. परियोजना का प्रकार और आकार

जब अनुमोदन प्राप्त करने के लिए सक्षम प्राधिकारी को टीओआर प्रस्तावित किया जाता है, तो अध्ययन क्षेत्र पर परियोजना स्थल के परिवेश में पहचाने गए मूल्यवान पर्यावरणीय घटकों में परियोजना से संबंधित गतिविधियों के कारण होने वाले परिवर्तनों की सीमा के आधार पर विचार किया जाता है, अर्थात्:

i. *भौतिक-रासायनिक घटक*: वायु गुणवत्ता, शोर स्तर, जलवायु, जल संसाधन और सतह, जमीन और समुद्री जल की गुणवत्ता, मिट्टी, भूविज्ञान, जल भूविज्ञान, स्थलाकृति, भूमि उपयोग /भूमि आवरण परिदृश्य, भूकंप विज्ञान, आदि

ii. *पारिस्थितिक घटक*: स्थलीय, जलीय, तटीय, आर्द्रभूमि और समुद्री पारिस्थितिक तंत्र, पक्षिवृन्द, प्रवासी जीव, और प्रवासी मार्ग और गलियारे, राष्ट्रीय उद्यानों, वन्यजीव अभयारण्यों, जंगलों आदि जैसे नामित संरक्षण क्षेत्रों, दुर्लभ और लुप्तप्राय प्रजातियों और नाजुक आवास; आदि।

iii. *सामाजिक-आर्थिक घटक*: मानव बस्तियां, जनसंख्या, जनसांख्यिकी और व्यवसाय; आर्थिक गतिविधियाँ-उद्योग, कृषि, पर्यटन और सेवाएं; भौतिक अवसंरचनात्मक सुविधाएं-सड़कें, रेलवे, हवाई अड्डे, बंदरगाह, बिजली और पानी की आपूर्ति, जल निकासी, सीवेज और ठोस अपशिष्ट प्रबंधन; पारंपरिक भूमि उपयोग; सामाजिक अवसंरचनात्मक सुविधाएं-स्कूल, अस्पताल, सांस्कृतिक और मनोरंजक; ऐतिहासिक, पुरातात्विक, विरासत और सांस्कृतिक स्मारक; आदि।

अध्ययन क्षेत्र के परिसीमन पर निर्णय का आधार उपयुक्त रूप से प्रलेखित है। यह माना जा सकता है कि अध्ययन क्षेत्र की सीमा का पर्यावरणीय आधारभूत स्थितियों को स्थापित करने के लिए संसाधनों की आवश्यकता पर असर पड़ेगा।

### *5.10.4 विचारार्थ विषय*

सक्षम प्राधिकारी द्वारा दिए गए टीओआर से अपेक्षा की जाती है कि वह पर्यावरण के विवरण के लिए विचार किए जाने वाले मूल्यवान पर्यावरणीय घटकों के प्रासंगिक विशिष्ट पहलुओं और मापदंडों को निर्धारित करेगा। ईआईए टीम लीडर यह भी सुनिश्चित करता है कि संबंधित कार्यात्मक वृत्तक प्रासंगिक माने जाने पर किसी भी अतिरिक्त पहलुओं और मापदंडों की पहचान करने का प्रयास करते हैं।

### *5.10.5 पर्यावरण आधारभूत निगरानी*

बेसलाइन निगरानी अनिवार्य रूप से भौतिक-रासायनिक घटकों के मापदंडों का एक बारम्बार माप है जिन्हें महत्वपूर्ण माना जाता है और परियोजना जीवन चक्र के प्रत्येक चरण में की जाने वाली गतिविधियों के कारण हवा, पानी, मिट्टी और/या भूमि उपयोग/भूमि कवर की गुणवत्ता में परिवर्तन करने की क्षमता है। पूर्व-पहचाने गए स्थानों पर पर्यावरणीय मापदंडों के माप पर दोहराए जाने वाले अवलोकन को समय की पूर्व निर्धारित अवधि के लिए दर्ज किया जाता है। इसी तरह, पारिस्थितिक और सामाजिक-आर्थिक घटकों के लिए, बेसलाइन निगरानी में अनिवार्य रूप से उनकी वर्तमान स्थिति पर प्रतिनिधि और तथ्यात्मक जानकारी का संग्रह शामिल है।

मुख्य रूप से बेसलाइन डेटा उत्पादन या संग्रह की योजना बनाने से पहले, यानी प्राथमिक डेटा या द्वितीयक डेटा क्रमशः, टीओआर, परियोजना से संबंधित गतिविधियों और साइट की अनूठी विशेषताओं को ध्यान में रखते हुए विस्तृत स्कोपिंग की जाती है:

क. अध्ययन क्षेत्र और अध्ययन के लिए वैधानिक, स्थानिक, लौकिक, पारिस्थितिकी तंत्र, सामाजिक और क्षेत्राधिकार जैसे विचारों के आधार पर स्पष्ट सीमाएं निर्धारित करें

ख. प्रमुख मुद्दों और पर्यावरणीय घटकों की पहचान करें जिनके संभावित प्रभाव हो सकते हैं

ग. ईआईए के लिए विस्तृत जानकारी की जरूरतों की पहचान करना और पर्यावरणीय निगरानी सहित एक पर्यावरणीय प्रबंधन कार्यक्रम तैयार करना

स्कोपिंग बेसलाइन निगरानी की निम्न सुविधा प्रदान करता है

i. डेटा उत्पादन और संग्रह के लिए योजना, और उसी का विश्लेषण और व्याख्या
ii. महत्वपूर्ण पर्यावरणीय मुद्दों पर ध्यान केंद्रित करना
iii. प्रासंगिक और प्रबंधनीय मापदंडों का चयन करना
iv. उपलब्ध संसाधनों का इष्टतम उपयोग

प्रासंगिक पर्यावरणीय आधारभूत स्थितियों को वास्तविक और व्यापक रूप से स्थापित करने के लिए बेसलाइन पर्यावरणीय विशेषताओं (एमओईएफ ए, एन.डी, एमओईएफ बी, एनडी) की निगरानी के लिए आमतौर पर मानक दिशानिर्देशों और व्यापक रूप से स्वीकृत पद्धतियों का पालन किया जाता है। जैसा कि पहले वर्णित है, आदर्श रूप से, मौजूदा पर्यावरण को एक समय श्रृंखला में विभिन्न पर्यावरणीय घटकों पर ऐतिहासिक जानकारी की विस्तृत समीक्षा और प्रवृत्ति विश्लेषण करके सबसे अच्छा समझा जा सकता है, जो क्षेत्र निगरानी या जांच शुरू करने और योजना बनाने से पहले माध्यमिक स्रोतों से उपलब्ध है।

### *5.10.6 आधारभूत डेटा का प्रतिनिधित्व*

आधारभूत स्थिति को पर्यावरणीय संकेतकों और/या पर्यावरणीय सूचकांकों (Canter 1996) की मदद से वर्णित किया जा सकता है। पर्यावरण संकेतकों के निम्नलिखित प्रारंभिक सेट (OECD 1991, 2004) का उपयोग बेसलाइन पर्यावरण का वर्णन करने के लिए किया जा सकता है, जहां लागू हो:

*1. जैवभौतिक पर्यावरणीय संकेतक*

i. $CO_2$ उत्सर्जन
ii. ग्रीनहाउस गैस उत्सर्जन
iii. $SO_2$ उत्सर्जन
iv. $NO_x$ उत्सर्‌जन
v. जल संसाधनों का उपयोग
vi. नदी की गुणवत्ता
vii. अपशिष्ट जल उपचार
viii. भूमि उपयोग में परिवर्तन
ix. संरक्षित क्षेत्र

x. नाइट्रोजन युक्त उर्वरकों का उपयोग
xi. वन संसाधनों का उपयोग
xii. उष्णकटिबंधीय लकड़ी में व्यापार
xiii. खतरे वाली प्रजातियां
xiv. मछली पकड़ना
xv. अपशिष्ट उत्पादन
xvi. नगरपालिका अपशिष्ट
xvii. औद्योगिक दुर्घटनाएं
xviii. जनता की राय

2. *सामाजिक और आर्थिक पर्यावरण संकेतक*

xix. आर्थिक गतिविधियों में वृद्धि
xx. ऊर्जा तीव्रता
xxi. ऊर्जा आपूर्ति
xxii. औद्योगिक उत्पादन
xxiii. परिवहन रुझान
xxiv. निजी ईंधन की खपत
xxv. जनसंख्या

प्रासंगिक डेटा का एक ग्राफिकल, सचित्र, और/या सारणीबद्ध प्रतिनिधित्व, अधिमानतः इस क्रम में, उचित व्याख्या के साथ, ईआईए रिपोर्ट की आसानी से समीक्षा करते हुए अध्ययन क्षेत्र में पिछले रुझानों और पर्यावरणीय स्थितियों को समझने में सक्षम प्राधिकारी की सुविधा प्रदान करेगा।

### *5.10.7 चलती आधार रेखा की अवधारणा*

यह संभावना है कि पर्यावरणीय आधारभूत स्थितियां, जो एक बार स्थापित की जाती हैं, परियोजना के संचालन चरण शुरू होने पर मान्य हो सकती हैं या नहीं भी हो सकती हैं। प्रस्तावित परियोजना के आकार और इसके कार्यान्वयन की अवधि, अध्ययन क्षेत्र की प्रकृति और वहां होने वाले अन्य विकास के आधार पर बेसलाइन स्थितियां सभी या कुछ पर्यावरणीय घटकों के लिए कुछ बदलाव से गुजर सकती हैं। उदाहरण के लिए, बड़े बांधों, प्रमुख बंदरगाहों, एकीकृत इस्पात, पेट्रोलियम शोधन और पेट्रोकेमिकल्स जैसे बड़े औद्योगिक परिसरों और मेगा बिजली परियोजनाओं में लंबी अवधि होती है, शायद विकासशील देशों में तीन साल या उससे अधिक के क्रम में। जब तक ऐसी परियोजना का संचालन चरण शुरू होता है, तब तक कुछ अन्य परियोजनाओं को परियोजना स्थान या अध्ययन क्षेत्र के आसपास के क्षेत्र में लागू किए जाने की संभावना होती है, और प्रेरित विकास और अन्य विकास भी होते हैं। इस प्रकार, प्रस्तावित परियोजना के संचालन चरण की शुरुआत के समय आधारभूत परिदृश्य इसकी निर्माण गतिविधियों को शुरू करने से पहले स्थापित से काफी अलग हो सकता है। इसलिए, लंबी

अवधि की परियोजनाओं के लिए, "नो प्रोजेक्ट" (प्रस्तावित परियोजना के बिना जिसके लिए ईआईए आयोजित किया जा रहा है) विकल्प के लिए पर्यावरण की स्थिति, यानी यथार्थवादी बेसलाइन परिदृश्य का पूर्वानुमान निगरानी बेसलाइन डेटा पर रुझानों पर विचार करके की जानी चाहिए, जैसा कि **चित्र 5.1** में दर्शाया गया है। यह एक गतिशील/स्थानांतरण/विकसित पर्यावरणीय आधार रेखा की अवधारणा है।

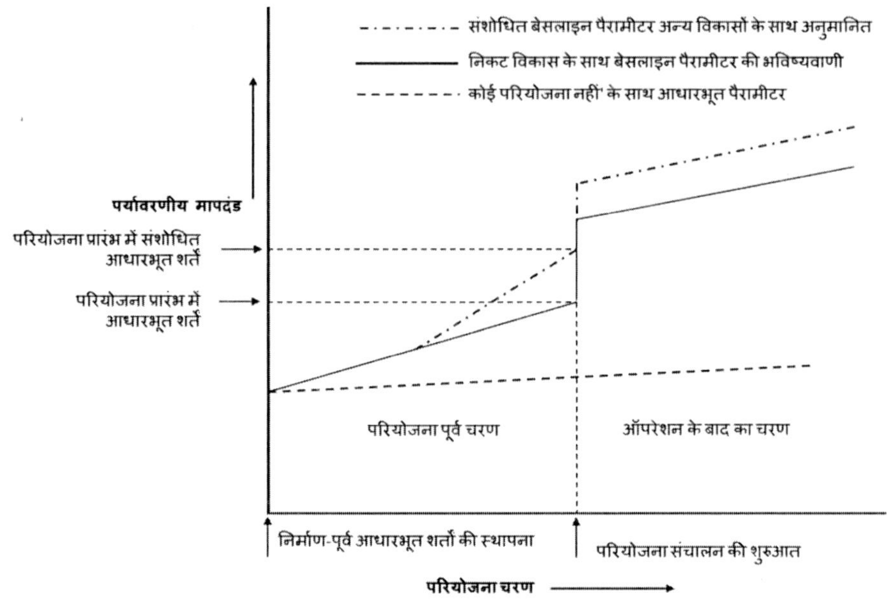


**चित्र 5.1 आधारभूत स्थितियों का पूर्वानुमान**

### *5.10.8 यथार्थवादी आधारभूत स्थितियों की स्थापना*

अध्ययन क्षेत्र में विभिन्न पर्यावरणीय घटकों की आधारभूत स्थितियों को आदर्श रूप से विभिन्न मौसमों में स्थापित किया जा सकता है ताकि उनकी स्थिति को पकड़ा जा सके जब ये घटक अधिकतम तनाव में हों, उदाहरण के लिए:

i. सर्दियों में *वायु वातावरण* जब वायु प्रदूषकों का फैलाव सबसे कम होता है
ii. गर्मियों में *पानी, मिट्टी और पारिस्थितिक वातावरण* जब पानी की उपलब्धता दुर्लभ होती है और पानी की गुणवत्ता अपेक्षाकृत खराब होती है (यह बर्फ पिघलने या ग्लेशियरों से पानी प्राप्त करने वाले क्षेत्रों के लिए प्रासंगिक नहीं होगा), और मिट्टी में नमी की मात्रा कम होती है, जिससे वनस्पतियों और जीवों के विकास और अस्तित्व पर तनाव पड़ता है
iii. मानसून से पूर्व और बाद की अवधि में *भूमि उपयोग/भूमि आवरण* और वनस्पतियां जब इन घटकों की स्थिति में अधिकतम अंतर देखा जा सकता है

इन मौसमी परिस्थितियों के तहत, पर्यावरणीय आधारभूत स्थितियों से प्रत्येक पर्यावरणीय घटकों के लिए एक प्रकार के सबसे खराब स्थिति को प्रतिबिंबित करने की उम्मीद है, जो प्रभाव आकलन और प्रभावों के महत्व के निर्धारण के लिए एक रूढ़िवादी आधार बना सकता है। प्रस्तावित साइट के लिए प्रासंगिक ऐतिहासिक (द्वितीयक) डेटा, यदि प्रामाणिक स्रोतों से प्राप्त किया जाता है, जिसमें रुझानों का विश्लेषण किया जाता है और उपयुक्त रूप से व्याख्या की जाती है, तो यथार्थवादी या सबसे संभावित आधारभूत परिदृश्य की पहचान करने में बहुत उपयोगी हो सकता है।

एक मौसम में पर्यावरण के सभी घटकों के लिए पर्यावरणीय आधारभूत निगरानी करके यथार्थवादी आधारभूत स्थितियों को स्थापित करने की सीमाओं को ईआईए रिपोर्ट में स्पष्ट रूप से उजागर करने की आवश्यकता है।

## 5.11 ईआईए और शमन उपाय

यह महसूस किया जा सकता है कि विकासात्मक परियोजनाओं के परिणामस्वरूप आम तौर पर पर्यावरण पर प्रत्यक्ष और अप्रत्यक्ष दोनों प्रभाव होते हैं, मुख्य रूप से निम्नलिखित से उत्पन्न होते हैं:

i. निर्माण गतिविधियाँ
ii. परिवहन से संबंधित गतिविधियाँ
iii. माल की हैंडलिंग, भंडारण और खपत
iv. विद्युत उत्पादन
v. उत्पादन प्रक्रियाएं
vi. जल और निर्माण सामग्री सहित प्राकृतिक संसाधनों का उपयोग
vii. परियोजना से संबंधित और अवसंरचनात्मक विकास गतिविधियों के लिए उपयोग की जाने वाली भूमि
viii. उत्खनन, निर्माण, खनन, औद्योगिक और नगरपालिका अपशिष्ट का निपटान
ix. खनिजों और हाइड्रोकार्बन का निष्कर्षण
x. सेवाओं का उपयोग, आदि।

यह पहचानना असामान्य नहीं हो सकता है कि कभी-कभी, विकास के अप्रत्यक्ष प्रभाव प्रत्यक्ष प्रभावों की तुलना में बहुत अधिक होते हैं। यह आमतौर पर एक विशिष्ट ईआईए अध्ययन का संचालन करते समय माना जाता है। उदाहरण के लिए, हवाई अड्डों, शिपयार्ड, एकीकृत धातुकर्म परिसरों, पेट्रोलियम शोधन, पेट्रोकेमिकल परिसरों और जीवाश्म ईंधन आधारित मेगा पावर परियोजनाओं जैसी परियोजनाओं को बहुत लंबी अवधि के लिए राष्ट्रीय और अंतरराष्ट्रीय स्तर पर अध्ययन क्षेत्र से परे दूरगामी परिणाम पाए गए हैं (शेफर्ड और ओर्टोलानो 1996)।

"पर्यावरणीय प्रभाव आकलन और शमन उपाय" अनिवार्य रूप से प्रभाव कारण श्रृंखला की पूरी समझ और स्थापना को दर्शाते हैं, जिसे **चित्र 5.2**, में दर्शाया गया है। मुख्य रूप से निम्नलिखित से मिलकर बनता है:

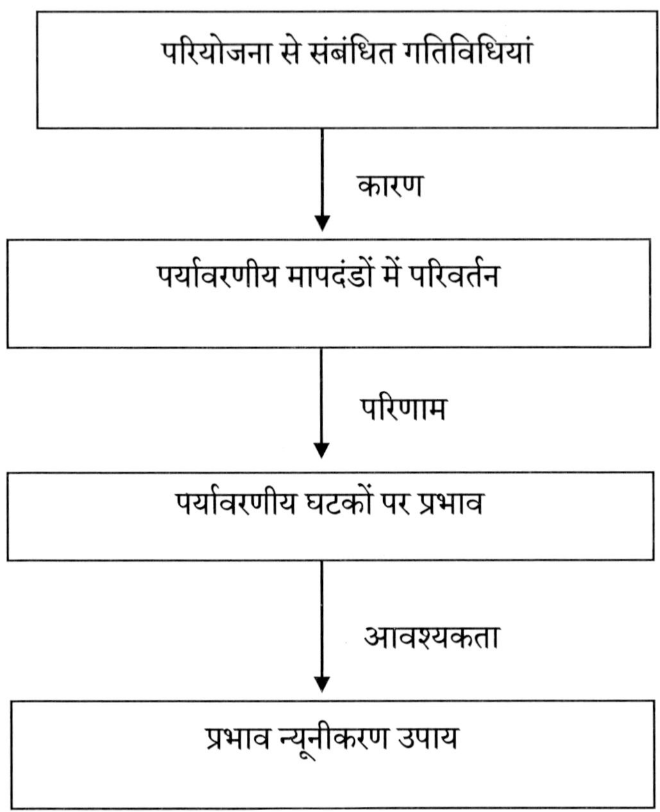


**चित्र 5.2 प्रभाव कारण श्रृंखला**

i. परियोजना जीवनचक्र के विभिन्न चरणों में किए गए निर्माण, परिवहन, विनिर्माण और बिजली उत्पादन जैसी परियोजना से संबंधित गतिविधियां

ii. ऐसी गतिविधियों के कारण भौतिक-रासायनिक पर्यावरणीय मापदंडों के स्तर में परिवर्तन, जैसे कोयला आधारित थर्मल पावर प्लांट बॉयलरों से उत्सर्जन के कारण परिवेशी हवा में सल्फर ऑक्साइड (SOx), नाइट्रोजन ऑक्साइड (NOx), और पार्टिकुलेट मैटर (PM) के स्तर में वृद्धि, और निर्माण संबंधी गतिविधियों के कारण PM

iii. कुछ पर्यावरणीय मापदंडों के स्तर में वृद्धि के कारण पर्यावरणीय घटकों पर प्रभाव, उदाहरण के लिए हवा की गुणवत्ता में गिरावट जिससे लोगों में श्वसन रोग होते हैं, इस प्रकार मानव स्वास्थ्य प्रभावित होते हैं

iv. इन प्रभावों को अनुमेय स्तरों के भीतर रखने के लिए पर्यावरणीय प्रभाव शमन उपाय, उदाहरण के लिए PM को रोकने के लिए बैग फिल्टर और स्क्रबर जैसे वायु प्रदूषण नियंत्रण उपायों को शामिल करना और औद्योगिक ढेर से पर्यावरण में हवा उत्सर्जित होने से पहले क्रमशः गैसीय प्रदूषकों को अवशोषित करना।

### *5.11.1 पर्यावरणीय प्रभाव आकलन चरण*

ईआईए में शामिल चार बुनियादी और तार्किक चरण इस प्रकार हैं:

*चरण 1:* परियोजना जीवनचक्र के प्रत्येक चरण में शामिल प्रमुख परियोजना-संबंधी गतिविधियों को पहचानें और उनका वर्णन करें, जैसे कि प्रत्येक विकल्प के लिए पूर्व-निर्माण, निर्माण, संचालन और पोस्ट-ऑपरेशन

*चरण 2:* विभिन्न पर्यावरणीय मापदंडों में परिवर्तन का पूर्वानुमान करें और महत्वपूर्ण परिवर्तनों को उजागर करें; विभिन्न परियोजना-संबंधित गतिविधियों के कारण होने वाले ऐसे परिवर्तनों की अनिश्चितताओं के मामलों में घटना और परिमाण या गंभीरता की संभावना का पूर्वानुमान करें

*चरण 3:* इस तरह के महत्वपूर्ण परिवर्तनों से मानव स्वास्थ्य और कल्याण, पारिस्थितिक तंत्र और संरचनाओं और गुणों पर प्रभावों का आकलन करें

*चरण 4:* पर्यावरणीय प्रभावों को एक स्वीकार्य स्तर तक रोकने और/या कम करने के लिए उपयुक्त शमन उपायों का प्रस्ताव करना क्योंकि प्रतिकूल या अस्वीकार्य प्रभावों को सहन नहीं किया जाएगा; लागू विनियमों के अनुपालन को सुनिश्चित करने के लिए नियमित निगरानी का प्रस्ताव, और उनकी प्रभावकारिता और दक्षता निर्धारित करने के लिए लागू शमन उपायों के प्रदर्शन मूल्यांकन; और अतिरिक्त या पूरक उपायों का प्रस्ताव करें, यदि कोई हो

यह दोहराया जा सकता है कि किसी दिए गए स्थान पर प्रस्तावित परियोजना के लिए ईआईए रिपोर्ट का मुख्य उद्देश्य परियोजना से संबंधित गतिविधियों से उत्पन्न होने वाले सभी महत्वपूर्ण प्रभावों की पहचान करना है जो परियोजना जीवनचक्र के प्रत्येक चरण में किए जाएंगे, और परिहार या रोकथाम के पदानुक्रम का पालन करते हुए उपयुक्त, विशिष्ट और कार्यान्वयन योग्य शमन उपायों का सुझाव देना है। न्यूनतमीकरण या कमी, और स्वीकार्य स्तरों के भीतर प्रभावों को रोकने के लिए नियंत्रण, और मुआवजा। उचित तकनीकों और उपकरणों की मदद से पर्यावरण के भौतिक-रासायनिक, पारिस्थितिक और सामाजिक-आर्थिक घटकों पर प्रभावों का पूर्वानुमान की जाती है। प्रत्येक पर्यावरणीय घटक के विभिन्न मापदंडों के अनुमानित स्तर परियोजना के संबंधित जीवनचक्र चरण में पर्यावरणीय स्थिति और उसके परिणामों को निर्धारित करते हैं। इसलिए, यह महत्वपूर्ण है कि "पर्यावरणीय प्रभाव आकलन और शमन उपायों" पर अध्याय की तैयारी में पर्याप्त समय और प्रयास निर्देशित किए जाएं ताकि पर्यावरणीय प्रभावों की कुल और व्यापक तस्वीर पेश की जा सके और अनुमानित और आकलन किए गए प्रतिकूल

प्रभावों की परिमाण या गंभीरता को स्वीकार्य स्तर तक कम करने के लिए संबंधित शमन उपाय किए जा सकें। इस उद्देश्य के लिए, *यह जरूरी है कि ईआईए अध्ययन शुरू करने से पहले, ईआईए टीम का प्रत्येक सदस्य ईआईए में शामिल बुनियादी शब्दों की पूरी तरह से समझ विकसित करता है, जैसे पर्यावरण, पर्यावरणीय प्रभाव, पर्यावरणीय प्रभाव आकलन, महत्वपूर्ण प्रभाव, पर्यावरणीय प्रभाव शमन, और पर्यावरणीय प्रबंधन कार्यक्रम, ईआईए के उद्देश्यों के अलावा, जैसा कि पिछले अध्यायों में वर्णित है।*

### *5.11.2 ईआईए के लिए एक वैचारिक दृष्टिकोण*

Pets (1999) और Canter (1996) से संशोधित ईआईए रिपोर्ट की तैयारी के लिए वैचारिक दृष्टिकोण, जिसमें भौतिक-रासायनिक वातावरण, यानी हवा, शोर, पानी, मिट्टी और भूमि वातावरण, और पारिस्थितिक के साथ-साथ सामाजिक-आर्थिक वातावरण के लिए सात-चरण पद्धति शामिल है, निम्नानुसार प्रस्तावित है:

*चरण 1:* प्रस्तावित परियोजना के जीवनचक्र के प्रत्येक चरण में परियोजना से संबंधित प्रत्येक गतिविधि से जुड़े पर्यावरणीय मुद्दों की पहचान

*चरण 2:* प्रस्तावित स्थल पर प्रस्तावित परियोजना से संबंधित गतिविधियों के लिए लागू कानूनों और विनियमों की पहचान, और चरण 1 में पहचाने गए परियोजना से संबंधित गतिविधियों के लिए उपलब्ध प्रासंगिक मानक और दिशानिर्देश

*चरण 3:* प्रत्येक मूल्यवान पर्यावरणीय घटकों के लिए मौजूदा पर्यावरणीय परिस्थितियों का विवरण, चरण 1 में पहचाने गए पर्यावरणीय मुद्दों पर ध्यान केंद्रित करना

*चरण 4:* चरण 3 में वर्णित पर्यावरणीय घटकों पर चरण 1 में पहचाने गए पर्यावरणीय मुद्दों के पर्यावरणीय प्रभावों का पूर्वानुमान

*चरण 5:* चरण 4 में आकलन किए गए प्रतिकूल प्रभावों को रोकने के लिए उचित शमन उपायों की पहचान

*चरण 6:* चरण 4 में अनुमानित प्रभावों के महत्व का आकलन, और चरण 2 में दी गई जानकारी को ध्यान में रखते हुए चरण 5 में सुझाए गए शमन उपायों की प्रभावशीलता

*चरण 7:* सुझाए गए शमन उपायों के कार्यान्वयन और संचालन के लिए एक उपयुक्त पर्यावरणीय प्रबंधन कार्यक्रम का डिजाइन, अवशिष्ट प्रभाव प्रबंधन, पर्यावरणीय निगरानी, और चरण 5 और 6 में कार्यान्वित शमन उपायों का प्रदर्शन मूल्यांकन, और पर्यावरणीय वृद्धि के उपाय

*यह देखते हुए कि उनके कार्यान्वयन और निगरानी के तंत्र के बिना शमन उपायों का केवल सुझाव पर्याप्त नहीं है, पर्यावरणीय प्रबंधन कार्यक्रम को पर्यावरणीय प्रभाव आकलन रिपोर्ट तैयार करने के लिए वैचारिक दृष्टिकोण का एक अभिन्न अंग माना जाता है*, जैसा कि **चित्र 5.3** में दिखाया गया है।

इस बात पर जोर देने की आवश्यकता है कि कार्यान्वयन के कार्यक्रम के साथ-साथ आकलन किए गए प्रत्येक महत्वपूर्ण प्रभाव के लिए सामान्य शमन उपायों के बजाय विशिष्ट उपायों का सुझाव दिया जाना है, अर्थात्:

i. इसमें शामिल समय सीमा
ii. कार्यान्वयन के लिए जिम्मेदारी
iii. निधियों की आवश्यकता

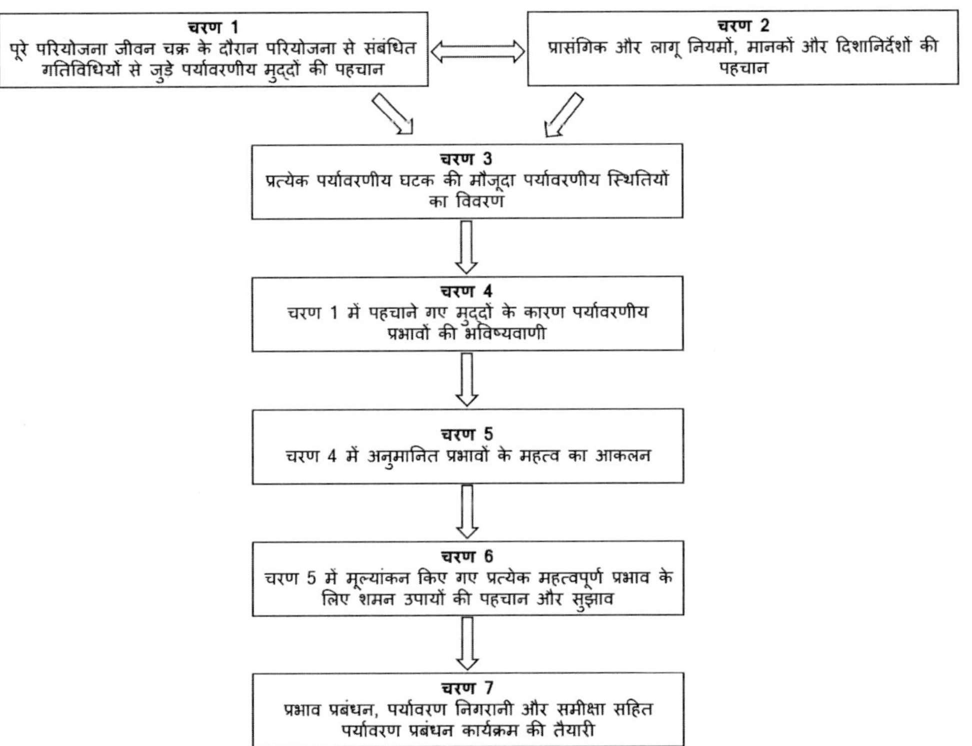


**चित्र 5.3 ईआईए रिपोर्ट तैयार करने के लिए वैचारिक दृष्टिकोण**

(**स्रोत:** *Pets 1999 और Canter 1996 से संशोधित*)

इसके अलावा, *शमन उपायों को रोकथाम, स्रोत पर कमी, रिसेप्टर्स पर कमी और प्रभावों के मुआवजे की प्राथमिकता के पदानुक्रम या क्रम में प्रस्तावित करने की आवश्यकता* है। यह हर समय ध्यान में रखा जाना चाहिए कि किसी भी परियोजना से संबंधित गतिविधि को पूरा करने के लिए मुख्य बात यह है कि हर समय लागू नियमों में से प्रत्येक का अनुपालन सुनिश्चित किया जाए। इस प्रकार यह जरूरी है कि एक प्रभावी पर्यावरणीय प्रबंधन कार्यक्रम तैयार किया जाए।

### *5.11.3 प्रौद्योगिकी और प्रक्रिया डिज़ाइन*

एक अच्छी तरह से कल्पना की गई परियोजना की एक अच्छी तरह से तैयार परियोजना रिपोर्ट में आम तौर पर मुख्य डिजाइन विशेषताएं शामिल होती हैं जैसे:

क. सर्वोत्तम उपलब्ध प्रौद्योगिकी जो अत्यधिक लागत को शामिल नहीं करती है (BATNEEC)
ख. सर्वश्रेष्ठ पारंपरिक (प्रदूषण) नियंत्रण प्रौद्योगिकी (BCT)
ग. सर्वोत्तम इंजीनियरिंग प्रणालीओं और सर्वोत्तम पर्यावरणीय प्रणालीओं (BEEP)

जैसा कि परियोजना के मूल डिजाइन में निहित है, प्रक्रिया, उपकरण और संबद्ध सुविधाओं की विस्तृत इंजीनियरिंग के साथ पर्याप्त सुरक्षा मार्जिन अज्ञात के लिए जिम्मेदार है। उदाहरण के लिए

i. ठोस जीवाश्म ईंधन आधारित थर्मल पावर परियोजनाओं के लिए, इलेक्ट्रोस्टैटिक प्रेसिपिटेटर (ईएसपी) विश्व स्तर पर स्वीकृत सर्वोत्तम प्रथाओं के अनुसार संयंत्र के अभिन्न घटक हैं। इस प्रकार ऐसी परियोजनाओं के मूल डिजाइन में ईएसपी को शामिल किया जाएगा कि पर्यावरणीय अनुमोदन प्राप्त करने के लिए अनिवार्य आवश्यकता है या नहीं। इसलिए, ईएसपी जैसे उपकरणों को फीडस्टॉक/ईंधन के रूप में ठोस जीवाश्म ईंधन के उपयोग का प्रस्ताव देने वाली बड़ी थर्मल पावर और सीमेंट परियोजनाओं के लिए वायु गुणवत्ता प्रभावों के लिए शमन उपायों के रूप में सुझाया नहीं जाना चाहिए।
ii. नाइट्रेशन, सल्फोनेशन, या क्लोरीनेशन जैसी प्रतिक्रियाओं से जुड़ी रासायनिक विनिर्माण परियोजनाओं के लिए जो क्रमशः $NO_x$, $SO_2$, या हाइड्रोक्लोरिक एसिड वाष्प के रूप में गैसीय उत्सर्जन उत्पन्न करते हैं, उपयुक्त सॉल्वैंट्स या क्षारीय समाधानों का उपयोग करके स्क्रबिंग या अवशोषण प्रणाली बुनियादी प्रक्रिया डिजाइन का अभिन्न अंग है, न कि शमन उपायों के रूप में।
iii. ज्वलनशील पदार्थों को संभालने वाली रिफाइनरी और पेट्रोकेमिकल परियोजनाओं में, कम्प्रेसर और पंपों को अच्छी इंजीनियरिंग प्रथा के अनुसार डबल मैकेनिकल सील और लौ-प्रूफ मोटर्स के रूप में निर्दिष्ट किया जाता है, न कि शमन उपायों के रूप में।
iv. उन्नत बहु-चर नियंत्रण और ऑनलाइन अनुकूलन, प्रक्रिया नियंत्रण और स्वचालन, प्रदर्शन नियंत्रण, इंटरलॉक, ऑनलाइन विश्लेषक, वीडियो निगरानी और असामान्य स्थितियों की प्रारंभिक पहचान और चेतावनी प्रदान करने के लिए उपकरण निगरानी, लीक डिटेक्शन सिस्टम, आदि। बड़े निरंतर प्रक्रिया उद्योगों के मूल डिजाइन के अभिन्न अंग हैं, न कि शमन उपायों के रूप में

*इस प्रकार, ईएसपी, प्राथमिक स्क्रबर, डबल मैकेनिकल सील, लौ-प्रूफ मोटर्स, उन्नत इंस्ट्रूमेंटेशन आदि का सुझाव देना शमन उपायों के रूप में बड़ी विनिर्माण परियोजनाओं के लिए, और प्रदूषण नियंत्रण उपकरण के रूप में ऐसी प्रक्रिया उपकरणों पर विचार करना इक्कीसवीं सदी में आदिम दिखाई दे सकता है। हालांकि, लंबे समय तक विभिन्न परिचालन परिदृश्यों के तहत ऐसी प्रणालियों की परिचालन क्षमता*

*का पता संबंधित कार्यात्मक वृत्तकों और ईआईए टीम लीडर द्वारा लगाया जाना चाहिए, उदाहरण के लिए पर्यावरण में वायु उत्सर्जन का पूर्वानुमान करना, परिवेशी वायु गुणवत्ता में परिवर्तन और उसके प्रभाव। तदनुसार, अतिरिक्त, पूरक प्रणालियों, या वायु प्रदूषण नियंत्रण उपकरणों को शमन उपायों के रूप में ऐसी अंतर्निहित प्रणालियों के साथ श्रृंखला में स्थापित करने के लिए सुझाव दिया जा सकता है ताकि उत्सर्जन के कारण प्रभाव, यहां तक कि असामान्य परिचालन परिस्थितियों में भी, महत्वहीन या स्वीकार्य स्तर तक कम हो जाएं।*

इस प्रकार ईआईए टीम लीडर को इस बारे में एक रेखा खींचने की आवश्यकता है कि ईआईए किस हद तक प्रक्रिया से संबंधित पहलुओं को शामिल करेगा, जो बुनियादी प्रक्रिया इंजीनियरिंग और संयंत्र संचालन मैनुअल के अभिन्न अंग हैं, जो विशेष रूप से बड़ी परियोजनाओं के लिए सर्वोत्तम इंजीनियरिंग प्रथाओं के अनुरूप हैं। यह सराहना की जा सकती है कि अच्छी प्रौद्योगिकी और प्रक्रिया इंजीनियरिंग का मुख्य उद्देश्य प्रक्रिया क्षमता में सुधार करना और संसाधन संरक्षण और अपशिष्ट न्यूनीकरण, ऑपरेटिंग मापदंडों के अनुकूलन और उपयुक्त नियंत्रण जैसी तकनीकों का उपयोग करके विनिर्माण लागत में कटौती करना है, जो उत्सर्जन और निर्वहन को कम करने में भी मदद करता है। इसके अलावा, एक विशिष्ट ईआईए टीम को प्रौद्योगिकी से संबंधित पहलुओं में विशेषज्ञता नहीं हो सकती है। इस प्रकार, ईआईए टीम लीडर को प्रक्रियाओं को समझने के लिए अनुभवी वृत्तकों से परामर्श करने की आवश्यकता है, बिना महीन विवरण में जाए, और ईआईए के लिए प्रासंगिक पूरी जानकारी इकट्ठा करें, अर्थात् निम्नलिखित:

i. सामान्य, असामान्य और आकस्मिक परिदृश्यों के तहत विभिन्न स्रोतों से उत्सर्जन और निर्वहन के प्रकार और मात्रा
ii. उपकरणों की क्षमता जो स्रोत पर ऐसे उत्सर्जन और निर्वहन को कम करने की प्रक्रिया का अभिन्न अंग हैं
iii. समकालीन सर्वोत्तम क्षेत्रीय तकनीकी और इंजीनियरिंग प्रथाएं

### *5.11.4 प्रभाव आकलन*

प्रभाव आकलन में मुख्य रूप से परियोजना के प्रत्येक जीवनचक्र चरण में किए जाने वाले प्रस्तावित परियोजना से संबंधित गतिविधियों से उत्पन्न पर्यावरण के विभिन्न घटकों पर प्रभावों की पहचान, पूर्वानुमान या अनुमान, विश्लेषण और आकलन शामिल है। प्रभाव मुख्य रूप से परियोजना के प्रकार, परियोजना से संबंधित गतिविधियों और नियोजित की जाने वाली प्रथाओं और अध्ययन क्षेत्र में प्रत्येक पर्यावरणीय घटकों की आधारभूत पर्यावरणीय स्थितियों पर निर्भर करते हैं। पर्यावरणीय घटकों में वायु, शोर, पानी, मिट्टी, भूमि उपयोग/ भूमि कवर, पारिस्थितिक और सामाजिक-आर्थिक/सांस्कृतिक वातावरण शामिल हैं।

जैसा कि पहले चर्चा की गई है, चेकलिस्ट, मैट्रिसेस, नेटवर्क, ओवरले और/या विशेषज्ञ प्रणालियों जैसे औपचारिक तरीकों का उपयोग आम तौर पर प्रभाव पहचान के लिए कार्यात्मक वृत्तकों द्वारा किया जाता है, यह मानते हुए कि इनमें से प्रत्येक विधि के कुछ फायदे हैं और साथ ही कुछ सीमाएं भी हैं। इस तरह के अभ्यास के लिए अनुभवी वृत्तकों द्वारा कई तरीकों और वृत्तक निर्णय का उपयोग प्रभावों की उचित पहचान सुनिश्चित करने में महत्वपूर्ण है।

परियोजना से संबंधित गतिविधियों के विवरण और पर्यावरणीय मापदंडों के आधारभूत मूल्यों के आधार पर, प्रत्येक कार्यात्मक वृत्तक विभिन्न पर्यावरणीय मापदंडों में संभावित परिवर्तनों की पहचान करता है जो संबंधित पर्यावरणीय घटकों पर पर्यावरणीय प्रभाव पैदा कर सकते हैं और परिणामी पर्यावरणीय प्रभावों का पूर्वानुमान करते हैं। परियोजना से संबंधित प्रत्येक गतिविधि के लिए संभावित प्रभावों का पूर्वानुमान की जाती है, जिसमें परियोजना के प्रत्येक जीवनचक्र चरण में लगातार, समय-समय पर या कभी-कभी प्रदर्शन किया जाता है। उदाहरण के लिए, एक विनिर्माण क्षेत्र की परियोजना में परियोजना से संबंधित गतिविधियों में विनिर्माण प्रक्रियाएं, सामग्री हैंडलिंग, परिवहन, भंडारण, रखरखाव आदि शामिल हैं। विभिन्न परिदृश्यों के तहत परियोजना जीवनचक्र के संचालन चरण में, जैसे सामान्य और आकस्मिक असामान्य संचालन और प्रभावों का पूर्वानुमान के लिए, उचित मानक पद्धतियों और उचित तकनीकों सहित विधिवत मान्य गणितीय मॉडल या सॉफ्टवेयर (एमओईएफ सी, एन.डी.) को उपलब्ध गणितीय, सांख्यिकीय या सिस्टम-आधारित तकनीकों और उपकरणों से नियोजित किया जाता है। पर्यावरणीय प्रभाव भविष्यवाणियों के लिए कुछ विशिष्ट और आमतौर पर उपयोग किए जाने वाले सॉफ़्टवेयर **बॉक्स 5.2** और **तालिका 5.1** में चित्रित किए गए हैं।

**बॉक्स 5.2: प्रभाव पूर्वानुमान के लिए उपयोग किए जाने वाले विश्लेषणात्मक तरीकों और ढांचे के आकलन की प्रासंगिकता और विश्वसनीयता के लिए मार्गदर्शन**

| **नमूना** | **अनुप्रयोग** | **टिप्पणियां** |
|---|---|---|
| *1. शोर वातावरण* | | |
| एफएचडब्ल्यूए (संघीय राजमार्ग प्रशासन) | राजमार्गों पर वाहनों की आवाजाही के कारण शोर का प्रभाव | |
| ध्वनिप्रो | औद्योगिक परिसर (कई ध्वनि स्रोतों) और यातायात में शोर स्रोतों के एक समूह के कारण प्रभाव का पूर्वानुमान के लिए | |
| संघीय विमानन प्रशासन ईपीए | • अर्धगोलाकार ध्वनि तरंग प्रसार मॉडल | |

| **नमूना** | **अनुप्रयोग** | **टिप्पणियां** |
|---|---|---|
| | • एकल शोर स्रोत के कारण पूर्वानुमानित प्रभाव | |
| संयुक्त राज्य वायु सेना | हवाई अड्डे और रेलमार्ग पर यातायात के प्रभाव का पूर्वानुमान करने के लिए | |
| *2. जल पर्यावरण* | | |
| QUAL-II E | • पवन प्रभाव महत्वहीन है, ऊर्ध्वाधर फैलाव प्रभाव धाराओं पर महत्वपूर्ण रूप से लागू होता है<br>• आवश्यक डेटा- डीऑक्सीजेनेशन गुणांक, कार्बोनेशियस, नाइट्रोजनस और बेंटिक पदार्थों के लिए पुन: वातन गुणांक, विघटित ऑक्सीजन की कमी<br>• पानी की गुणवत्ता मापदंडों को उत्पन्न करने के लिए उत्कृष्ट<br>• निलंबित और संलग्न शैवाल की प्रकाश संश्लेषक और श्वसन दर<br>15 घटकों तक मापा गया पैरामीटर किसी भी संयोजन में अनुकरण किया जा सकता है, जैसे अमोनिया, नाइट्राइट, नाइट्रेट, फॉस्फोरस, कार्बोनेशियस बीओडी, बेंटिक ऑक्सीजन की मांग, डीओ, कोलीफॉर्म, रूढ़िवादी पदार्थ और तापमान | स्थिर-अवस्था या गतिशील मॉडल |
| DOSAG-3, यूएसईपीए | • धाराओं और नहर के लिए जल गुणवत्ता सिमुलेशन मॉडल<br>एक सामान्य जल गुणवत्ता मॉडल | स्थिर अवस्था |
| एक्सप्लोर-I, यूएसईपीए | एक नदी बेसिन जल गुणवत्ता मॉडल | गतिशील, सरल हाइड्रोडायनामिक्स |
| एचएसपीएफ, यूएसईपीए | हाइड्रोलॉजिकल सिमुलेशन मॉडल | गतिशील, सरल हाइड्रोडायनामिक्स |

| नमूना | अनुप्रयोग | टिप्पणियां |
|---|---|---|
| रिसीव-II, यूएसईपीए | जल गुणवत्ता प्रबंधन के लिए एक सामान्य गतिशील योजना मॉडल | |
| स्टैनफोर्ड वाटरशेड मॉडल | • ऐतिहासिक वर्षा डेटा की आपूर्ति के बाद धारा प्रवाह का अनुकरण करता है<br>हाइड्रोलॉजिकल चक्र के प्रमुख घटकों को अवरोधन, सतह निरोध, ओवरलैंड प्रवाह, प्रवाह, भूजल, वाष्पोत्सर्जन और चैनल प्रवाह, तापमान, टीडीएस, डीओ, कार्बोनेशियस बीओडी कोलीफॉर्म, शैवाल, ज़ोप्लांकटन, नाइट्राइट, नाइट्रेट, अमोनिया, फॉस्फेट और रूढ़िवादी पदार्थों का रूटिंग अनुकरण किया जा सकता है | |
| Hydrocomp मॉडल | • दीर्घकालिक मौसम विज्ञान और अपशिष्ट जल लक्षण वर्णन डेटा का उपयोग धारा प्रवाह और धारा जल गुणवत्ता का अनुकरण करने के लिए किया जाता है | समय निर्भर (गतिशील) |
| स्टॉर्मवाटर मैनेजमेंट मॉडल (SWMM) | • अपवाह को ओवरलैंड प्रवाह से, सतह चैनलों के माध्यम से और सीवर नेटवर्क के माध्यम से मॉडलिंग किया जाता है; संयुक्त और अलग-अलग सीवर दोनों को मॉडलिंग किया जा सकता है।<br>यह मॉडल तूफान का पानी या संयुक्त सीवर निर्वहन के पानी की गुणवत्ता के प्रभावों को अनुकरण करने में भी सक्षम बनाता है। यह मॉडल व्यक्तिगत वर्षा की घटनाओं के परिणामस्वरूप रन-ऑफ का अनुकरण करता है | समय निर्भर |

| नमूना | अनुप्रयोग | टिप्पणियां |
|---|---|---|
| बैटेल जलाशय मॉडल | • जलनिकाय को प्रवाह की दिशा के साथ खंडों में विभाजित किया गया है और प्रत्येक खंड को कई क्षैतिज परतों में विभाजित किया गया है। यह मॉडेल तापमान का उत्कृष्ट सिमुलेशन एवं पानी की गुणवत्ता मापदंडों की सही पूर्वानुमान के लिए जाना जाता है। | 2-आयामी बहु-खंड मॉडल |
| टीआईडीईपी (अशांत प्रसार तापमान मॉडल जलाशय) | • थर्मल एक्सचेंज स्थिरांक के गहराई नगण्य गुणांक के साथ क्षेत्र के परिवर्तन के लिए ऊर्ध्वाधर अशांत प्रसार स्थिरांक का क्षैतिज तापमान समरूपता गुणांक<br>आवश्यक डेटा: हवा की गति, हवा का तापमान, वायु आर्द्रता, पूर्ण आने वाली विकिरण, सतह के पानी का तापमान, गर्मी विनिमय गुणांक, और ऊर्ध्वाधर विक्षोम विलयन गुणांक | स्थिर अवस्था मॉडल<br>मॉडल तापमान, डीओ, कुल और बेंटिक बीओडी, फाइटोप्लांकटन, ज़ोप्लांकटन, कार्बनिक और अकार्बनिक नाइट्रोजन, फॉस्फोरस, कोलीफॉर्म बैक्टीरिया, विषाक्त पदार्थों और हाइड्रोडायनामिक स्थितियों का अनुकरण करता है |
| बायोलेक | • मॉडल एक झील से संभावित मछली उत्पादन का अनुमान लगाता है | |
| मुहाना मॉडल/मुहाना गतिशील मॉडल | • समुद्र के ज्वार, हाइड्रोलॉजिकल प्रवाह और हवा की कार्रवाई से ज्वार और धाराओं के निर्वहन का उत्तेजित उथले, लंबवत मिश्रित मुहानों में अनुकरण करता है<br>• मुहानों में ज्वार, धाराओं का अनुकरण करता है | गतिशील मॉडल |
| गतिशील जल गुणवत्ता मॉडल | • हाइड्रोडायनामिक मॉडल बे-डेल्टा मॉडल से प्राप्त जानकारी का उपयोग करके रूढ़िवादी या गैर-रूढ़िवादी गुणवत्ता घटकों के बड़े पैमाने पर परिवहन का अनुकरण करता है, जो आम तौर | गतिशील मॉडल |

| नमूना | अनुप्रयोग | टिप्पणियां |
|---|---|---|
| | पर उपयोग किया जाने वाला कार्यक्रम है।<br>• रूढ़िवादी या गैर-रूढ़िवादी प्रकार के 10 स्वतंत्र गुणवत्ता मापदंडों तक और बीओडी-डीओ युग्मित संबंध को संभाला जा सकता है | |
| एचईसी-2 | • प्रिज्मिक और गैर-प्रिज्मिक चैनलों दोनों में स्थिर, धीरे-धीरे अलग-अलग प्रवाह के लिए पानी की सतह प्रोफाइल की गणना करता है | |
| एसएमएस | • झील परिसंचरण,लवण जल अंतर्वेधन, सतह जल प्रोफ़ाइल का अनुकरण करता है | सतह जल मॉडलिंग प्रणाली - हाइड्रोडायनामिक मॉडल |
| आरएमए2 | • प्रवाह वेग और पानी की सतह की ऊंचाई की गणना करता है | हाइड्रोडायनामिक विश्लेषण मॉडल |
| आरएमए2 | • छह गैर-अंतःक्रियात्मक घटकों को मॉडल करने के लिए प्रभावी-प्रसार समीकरणों को हल करता है | घटक परिवहन मॉडल |
| एसईडी2डी-डब्ल्यूईएस | • तलछट के परिवहन का अनुकरण करता है | तलछट परिवहन मॉडल |
| एचआईवीईएल2डी | • उप-महत्वपूर्ण और सुपरक्रिटिकल प्रवाह विश्लेषण का समर्थन करता है | 2-आयामी हाइड्रोडायनामिक मॉडल |
| माइक-II, डीएचआई | • ज्वारनदमुख, नदियों, सिंचाई प्रणालियों, चैनलों और अन्य जल निकायों में प्रवाह, पानी की गुणवत्ता और तलछट परिवहन के अनुकरण का समर्थन करता है | वृत्तक  इंजीनियरिंग सॉफ्टवेयर पैकेज |

| नमूना | अनुप्रयोग | टिप्पणियां |
|---|---|---|
| *3. भूमि पर्यावरण* | | |
| डिजिटल विश्लेषण तकनीक | • भूमि उपयोग/भूमि कवर वितरण प्रदान करता है | |
| मिट्टी उपयुक्तता मानदंड के लिए रैंकिंग विश्लेषण<br>प्रभावित सूक्ष्म वनस्पति/सूक्ष्म जीव | • विकासात्मक/संरक्षण गतिविधियों के लिए उपयुक्तता मानदंड प्रदान करता है | विभिन्न पैरामीटर जैसे गहराई, बनावट, ढलान, कटाव की स्थिति, भू-आकृति विज्ञान, बाढ़ के खतरे, जीडब्ल्यू क्षमता, भूमि उपयोग, आदि। उपयोग किए जाते हैं |
| *4. जैविक पर्यावरण* | | |
| वनस्पति | | |
| नमूना प्लॉट विधियाँ | • घनत्व और सापेक्ष घनत्व-प्रति इकाई क्षेत्र में व्यक्तियों की प्रजातियों की औसत संख्या<br>• घनत्व और सापेक्ष प्रभुत्व- वह सापेक्ष डिग्री जिस पर एक प्रजाति अपनी सरासर संख्या, आकार, थोक या जैव-द्रव्यमान द्वारा एक समुदाय पर हावी होती है<br>• आवृत्ति और सापेक्ष आवृत्ति महत्व मूल्य-<br>• एक क्षेत्र में या एक समुदाय के भीतर पौधे का फैलाव | क्वाड्रंट सैंपलिंग तकनीक सभी प्रकार के पौधों के समुदायों में और जलमग्न, सेसिले (आधार पर संलग्न), या गतिहीन पौधों के अध्ययन के लिए लागू होती है |
| | सापेक्ष घनत्व, सापेक्ष प्रभुत्व और सापेक्ष आवृत्ति का औसत | आमतौर पर स्वीकृत भूखंड आकार:<br>$0.1\ m^2$ - काई, लाइकेन, और अन्य चटाई जैसे पौधे<br>$1.0\ m^2$ - घास सहित जड़ी-बूटियों की वनस्पति<br>$10\text{-}20\ m^2$ - झाड़ियों और पौधों के लिए 3 मीटर (म) तक लंबा, और<br>$100\ m^2$ - पेड़ समुदायों के लिए |

| नमूना | अनुप्रयोग | टिप्पणियां |
|---|---|---|
| सही और लाइन इंटरसेप्ट विधियां | • कवर-अनुपात प्रत्येक प्रजाति द्वारा इंटरसेप्ट की गई लाइन की कुल मात्रा और लाइन इंटरसेप्ट की कुल लंबाई का अनुपात<br>• सापेक्ष प्रभुत्व- एक प्रजाति के कुल व्यक्तियों और सभी प्रजातियों के कुल व्यक्तियों का अनुपात | ये विधियां वनस्पति संक्रमण क्षेत्रों के तेजी से आकलन की अनुमति देती हैं और स्थापित करने के लिए न्यूनतम समय या उपकरण की आवश्यकता होती है<br>दो या दो से अधिक वनस्पति स्तर का एक साथ नमूना लिया जा सकता है |
| प्लॉटलेस सैंपलिंग विधियां | • पौधे का माध्य बिन्दु-पौधे से माध्य बिन्दु की दूरी<br>• प्रत्येक पौधे का औसत क्षेत्र - प्रत्येक पौधे का औसत क्षेत्र<br>• घनत्व और सापेक्ष घनत्व<br>• प्रभुत्व और सापेक्ष प्रभुत्व<br>• महत्व मूल्य | वनस्पति माप सीमाओं वाले क्षेत्र में निर्धारित होने के बजाय बिंदुओं से निर्धारित किए जाते हैं<br>इस विधि का उपयोग घास के मैदान और खुली झाड़ी और पेड़ समुदायों में किया जाता है<br>यह प्लॉट विधि की तुलना में अधिक तेजी से और व्यापक नमूने के लिए अनुमति देता है<br>बिंदु–चतुर्थांश विधि आमतौर पर जंगल और जंगलों में उपयोग की जाती है |
| पशु | | |
| प्रजातियों की सूची विधियाँ | पशुओं के समुदाय की सूची जिन्हें प्रत्यक्ष देख सकते हैं | प्रजातियों के सामान्य और वैज्ञानिक नामों को प्रस्तुत करती हैं ताकि क्षेत्र के जीव संसाधनों को सूचीबद्ध किया जा सके |
| सीधे संपर्क के तरीके | पशुओं के समुदाय की सूची जिन्हें प्रत्यक्ष देख सकते हैं | इस विधि में जानवरों का संग्रह, अध्ययन और रिहाई शामिल है |
| गणना सूचकांक विधियां (मार्गीय और हवाई गणना विधियां) | • ड्राइव गिनती<br>• अस्थायी गणना<br>• प्रशिक्षित पर्यवेक्षकों के आगे जानवरों को भेजकर उनका अवलोकन | गणना सूचकांक जानवरों की आबादी का अनुमान प्रदान करते हैं और संकेतों, कॉल या ट्रेलसाइड गिनती, या सड़क के किनारे की गिनती से प्राप्त होते हैं |

| नमूना | अनुप्रयोग | टिप्पणियां |
|---|---|---|
| | • काल गणना- समय के कुछ निर्दिष्ट अंतराल के दौरान एक निश्चित बिंदु से गुजरने वाले सभी जानवरों की गिनती | ये अनुमान, हालांकि पूर्ण जनसंख्या की संख्या प्रदान नहीं करते हैं, एक क्षेत्र में विभिन्न प्रजातियों का एक सूचकांक प्रदान करते हैं I इस तरह के सूचकांक मौसमों के मध्य या साइटों या आवासों के बीच तुलना की अनुमति देते हैं |
| हटाने की विधियाँ | जनसंख्या का आकार- पकड़ी गई प्रजातियों की संख्या | हटाने की विधियो का उपयोग छोटे स्तनधारियों की जनसंख्या का अनुमान प्राप्त करने के लिए किया जाता है, जैसे कि रॉडेंट्स की चारा स्नैप ट्रैप के माध्यम से |
| चिन्हित करें और पुनः प्राप्त करें | जनसंख्या आकार अनुमान (M) - मूल रूप से चिह्नित प्रजातियों की संख्या (T), पुनः प्राप्त चिह्नित जानवरों की संख्या (t), और जनगणना के दौरान पकड़े गए जानवरों की कुल संख्या (n) N = nT/ | इसमें आबादी के एक हिस्से पर कब्जा करना और बाद की तारीख में आबादी में पकड़े गए चिह्नित और कुल जानवरों के अनुपात का नमूना लेना शामिल है |
| *5. सामाजिक आर्थिक वातावरण* | | |
| बहिर्वेशन विधि | एक अनुमान की जाती है जो अतीत और वर्तमान सामाजिक-आर्थिक आंकड़ों के अनुरूप होती है, उदाहरण के लिए वर्तमान रुझानों के रैखिक बहिर्वेशन के आधार पर एक अनुमान | |
| सहज ज्ञान युक्त पूर्वानुमान (डेल्फी तकनीक) | डेल्फी तकनीक का उपयोग पर्यावरणीय प्राथमिकताओं को निर्धारित करने और समूह मे आम सहमति प्राप्त करने की प्रक्रिया के माध्यम से सहज भविष्यवाणियां करने के लिए किया जाता है | निराधार कल्पना<br>विचार मंथन<br>ह्यूरिस्टिक प्रोग्रामिंग<br>डेल्फी आम सहमति |

| नमूना | अनुप्रयोग | टिप्पणियां |
|---|---|---|
| प्रवृत्ति बहिर्वेशन और सहसंबंध | वर्तमान प्रवर्ति का विश्लेषण करके भविष्यवाणियां प्राप्त की जा सकती हैं। सामाजिक-आर्थिक पूर्वानुमान बनाने का एक सटीक तरीका नहीं है क्योंकि अंतर्निहित भौतिक, जैविक और सामाजिक कारकों के कुछ ज्ञान के बिना भविष्य में एक समय श्रृंखला की व्याख्या या विस्तार नहीं किया जा सकता है | प्रवर्तियों की सफलता की पूर्वगामी घटनाएँ सहसंबंध और प्रतिगमन |
| रूपक और उपमाएँ | कहीं और प्राप्त अनुभव का उपयोग सामाजिक-आर्थिक प्रभावों का पूर्वानुमान करने के लिए किया जाता है | विकास<br>ऐतिहासिक<br>सिमुलेशन<br>सामान्य ज्ञान<br>पूर्वानुमान |
| परिदृश्य | परिदृश्य डेटा एक सामान्य ज्ञान पूर्वानुमान हैं। प्रत्येक परिदृश्य तार्किक रूप से एक संभावित भविष्य के मॉडल पर बनाया गया है जिसके लिए प्रगति और परिणाम के रूप में विश्वसनीयता क्रमांक अपरिभाषित रहता है | सामान्य ज्ञान |
| गतिशील मॉडलिंग (इनपुट-आउटपुट मॉडल) | तैयार उत्पाद की लागत के साथ कच्चे माल के रूपांतरण के लिए आवश्यक सभी इनपुट पर विचार करने के बाद समाज को शुद्ध आर्थिक लाभ का पूर्वानुमान करता है | |
| मानक तरीके | वांछित सामाजिक-आर्थिक लक्ष्य निर्दिष्ट किए जाते हैं और सामाजिक पर्यावरण को पूर्व समय अन्तराल मे देखने  का प्रयास किया जाता है ताकि यह जांचा जा सके ताकि मौजूदा या नियोजित संसाधन और पर्यावरणीय कार्यक्रम लक्ष्यों को पूरा करने के लिए पर्याप्त हैं या नहीं | • रूपात्मक विश्लेषण प्रौद्योगिकी स्कैनिंग प्रासंगिक मानचित्रण<br>• कार्यात्मक व्यूह<br>• ग्राफिक मॉडल<br>• मिशन नेटवर्क और कार्यात्मक व्यूह निर्णय पेड़ और प्रासंगिकता पेड़ मैट्रिक्स विधियों परिदृश्य |

| नमूना | अनुप्रयोग | टिप्पणियां |
|---|---|---|
| *6. वायु पर्यावरण* | | |
| आई एस सी एस टी 3<br>ISCST 3<br>(औद्योगिक स्रोत कॉम्प्लेक्स शॉर्ट टर्म) | • बिंदु, क्षेत्र और लाइन स्रोतों के लिए उपयुक्त<br>• फ्लैट या रोलिंग इलाके के लिए लागू<br>• 50 km तक की परिवहन दूरी मान्य है<br>• वार्षिक औसत अवधि के लिए 1 घंटे की गणना करता है | • 99 स्रोतों तक ले सकते हैं<br>• कार्टेशियन या ध्रुवीय समन्वय प्रणाली में 600 रिसेप्टर्स पर एकाग्रता की गणना करता है<br>• रिसेप्टर ऊंचाई ले सकते हैं<br>• इनपुट के रूप में स्रोत डेटा, मौसम विज्ञान और रिसेप्टर डेटा की आवश्यकता होती है |
| पीटीएमएएक्स<br>PTMAX | • एकल बिंदु स्रोत के लिए लागू स्क्रीनिंग मॉडल<br>• हवा की गति और स्थिरता वर्ग के कार्य के रूप में अधिकतम संकेंद्रता घटना की सर्वाधिक संकेंद्रण और दूरी की गणना करता है | • स्रोत विशेषताओं की आवश्यकता है<br>• कोई मेट डेटा आवश्यक नहीं है<br>• मुख्य रूप से परिवेशी वायु निगरानी नेटवर्क डिजाइन के लिए उपयोग किया जाता है |
| पीटीडीआईएस<br>PTDIS | • एकल बिंदु स्रोत के लिए लागू स्क्रीनिंग मॉडल<br>• प्रचलित मौसम संबंधी स्थितियों के लिए अल्पकालिक प्रदूषक संकेंद्रण और इसकी घटना की गणना करता है | • स्रोत विशेषताओं की आवश्यकता है<br>• औसत मेट डेटा (हवा की गति, तापमान, स्थिरता वर्ग, आदि) आवश्यक है<br>• मुख्य रूप से एक स्रोत के संभावित प्रभाव को देखने के लिए उपयोग किया जाता है |
| एम पी टी ई आर<br>MPTER<br>(वैकल्पिक टेरेन समायोजन के साथ मल्टी-पॉइंट-सोर्स गॉसियन मॉडल) | • बिंदु, क्षेत्र और लाइन स्रोतों के लिए उपयुक्त<br>• फ्लैट या रोलिंग इलाके के लिए लागू<br>• 50 km तक की परिवहन दूरी मान्य है<br>• वार्षिक औसत अवधि के लिए 1 घंटे की गणना करता है<br>• इलाके का समायोजन संभव है | • 250 स्रोतों तक ले सकते हैं<br>• 10 km तक 180 रिसेप्टर्स पर एकाग्रता की गणना करता है<br>• स्रोत डेटा, मौसम संबंधी डेटा और रिसेप्टर निर्देशांक की आवश्यकता है |

| नमूना | अनुप्रयोग | टिप्पणियां |
|---|---|---|
| सीटीडीएम प्लस<br>(जटिल टेरेन फैलाव मॉडल) | • बिंदु स्रोत स्थिर-अवस्था मॉडल एकल पहाड़ी/ पहाड़ियों की सरणी में प्रति घंटा औसत संकेंद्रण का अनुमान लगा सकता है | • अधिकतम 40 ढेर ले सकता है और अधिकतम 400 रिसेप्टर्स पर संकेंद्रण की गणना करता है<br>• शांत मेट शर्तों का अनुकरण नहीं करता है<br>• पहाड़ी ढलानों को 15 डिग्री से अधिक नहीं माना जाता है<br>• स्रोत, मेट और इलाके की विशेषताओं और रिसेप्टर विवरण की आवश्यकता होती है |
| यूएएम (UAM,अर्बन एयर शेड मॉडल) | • 3-डी ग्रिड संख्यात्मक सिमुलेशन मॉडल<br>• $NO_x$ और VOCs के परिणामस्वरूप 1 या 2 दिनों तक चलने वाली अल्पकालिक एपिसोडिक स्थितियों के तहत $O_3$ संकेंद्रण की गणना करता है<br>• महत्वपूर्ण $O_3$ समस्याओं वाले एकल शहरी क्षेत्र के लिए उपयुक्त | |
| रैम RAM (ग्रामीण एयर शेड मॉडल) | • 1 घंटे से 1 दिन के औसत समय के लिए अपेक्षाकृत स्थिर प्रदूषकों की संकेंद्रण की गणना के लिए स्थिर-अवस्था गॉसियन प्लूम मॉडल<br>• ग्रामीण और शहरी सेटिंग में बिंदु और क्षेत्र स्रोतों के लिए लागू | • समतल इलाके के लिए उपयुक्त<br>• परिवहन दूरी 50 km से कम |
| सी आर ई एस टी ई आर<br>CRESTER | • ग्रामीण या शहरी सेटिंग में एकल बिंदु स्रोत के लिए लागू<br>• 1 घंटे, 3 घंटे, 24 घंटे और वार्षिक औसत समय के लिए उच्चतम और द्वितीय उच्चतम संकेंद्रण की गणना करता है | • एक समय पर 19 स्टैक लिए जा सकते हैं<br>• शांत और उच्च वेग उत्सर्जन के लिए अनुपयुक्त<br>• ऊंची इमारतों या स्थलाकृतिक विशेषताओं का हिसाब नहीं देता है |

| नमूना | अनुप्रयोग | टिप्पणियां |
|---|---|---|
| | • प्रत्येक औसत समय के लिए पूरे वर्ष के लिए 50 उच्चतम सांद्रता को सारणीबद्ध करता है | • 180 रिसेप्टर्स पर संकेंद्रण की गणना करता है, गोलाकार विंग पांच डाउनविंड रिंग पर 36 रेडियल की दूरी पर<br>• स्रोत और मेट डेटा की आवश्यकता है |
| ओसीडी (अपतटीय और तटीय प्रकीर्णन (डिस्पर्शन) मॉडल) | • तटीय क्षेत्रों की वायु गुणवत्ता पर बिंदु स्रोतों से अपतटीय उत्सर्जन के प्रभाव को निर्धारित करता है<br>• पानी के प्लूम परिवहन और प्रकीर्णन (डिस्पर्शन) के साथ-साथ प्लूम के तटरेखा को पार करने पर होने वाले परिवर्तनों को शामिल करता है<br>• ओवर वॉटर स्रोतों के लिए सबसे उपयुक्त जहां तटवर्ती रिसेप्टर्स न्यूनतम तट ऊंचाई से नीचे हैं | • स्रोत उत्सर्जन डेटा की आवश्यकता है<br>• अपतटीय और तटवर्ती स्थानों पर प्रति घंटा डेटा की आवश्यकता होती है जैसे पानी-हवा के तापमान सापेक्ष आर्द्रता पानी की सतह का तापमान, आदि। |
| एफडीएम (आशुलोपी धूल मॉडल) आशुलोपी उत्सर्जन के अनुमान के लिए | • आशुलोपीधूल स्रोतों से उत्सर्जन के लिए उपयुक्त<br>• स्रोत एक बिंदु, क्षेत्र या रेखा हो सकता है (121 स्रोतों तक)<br>• कण आकार वर्गीकरण अधिकतम 20 आकारों की आवश्यकता होती है<br>• 1 घंटे, 3 घंटे, 8 घंटे, 24 घंटे या वार्षिक औसत अवधि के लिए सांद्रता (संकेंद्रण) की गणना करता है | • धूल स्रोत कण आकार, क्षेत्र स्रोतों, स्रोत ऊंचाई और भौगोलिक विवरण के लिए स्रोत समन्वय की आवश्यकता होती है<br>• अधिकतम 1200 रिसेप्टर्स पर संकेंद्रण की गणना कर सकते हैं<br>• पूर्ण डेटा की आवश्यकता होती है (हवा की दिशा, गति, तापमान, मिश्रण ऊंचाई, और स्थिरता वर्ग)<br>• उत्प्लावन बिंदु स्रोतों को शामिल नहीं करता है, इसलिए कोई प्लूम वृद्धि एल्गोरिथ्म नहीं है |

| नमूना | अनुप्रयोग | टिप्पणियां |
|---|---|---|
| आर टी डी एम<br>RTDM<br>(रफ टेरेन डिफ्यूजन मॉडल) | • अनुमान है कि जीएलसी एक या अधिक सह-स्थित बिंदु स्रोतों के आसपास के क्षेत्र में जटिल/खुरदरा (या सपाट) इलाका है<br>• परिवहन दूरी अधिकतम 15 किमी तक<br>• 15 किमी से 50 किमी तक स्क्रीनिंग मॉडल के रूप में इस्तेमाल किया जा सकता है<br>• 1 से 24 घंटे या वार्षिक औसत सांद्रता के लिए गणना करता है | • 35 सह-स्थित बिंदु स्रोतों तक ले सकते हैं<br>• स्रोत डेटा और प्रति घंटा मेट डेटा आवश्यक है<br>• अधिकतम 400 रिसेप्टर्स पर संकेंद्रण की गणना करता है<br>• केवल गैर-प्रतिक्रियाशील गैसों के लिए उपयुक्त<br>• इसमें गुरुत्वाकर्षण प्रभाव या ह्रास तंत्र जैसे बारिश /धुलाई, शुष्क जमाव शामिल नहीं हैं |
| सीडीएम<br>(जलवायु प्रकीर्णन (डिस्पर्शन) मॉडल) | • यह एक शहरी क्षेत्र में किसी भी जमीनी स्तर के रिसेप्टर पर दीर्घकालिक (मौसमी या वार्षिक) अंकगणितीय औसत प्रदूषक संकेंद्रण निर्धारित करने के लिए एक जलवायु संबंधी स्थिर-अवस्था जीपीएम है | • एक शहरी क्षेत्र, समतल इलाके में बिंदु और क्षेत्र स्रोतों के लिए उपयुक्त<br>• 50 km से कम परिवहन दूरी के लिए मान्य<br>• दीर्घकालिक औसत: एक महीने से एक वर्ष या उससे अधिक |
| पी एल यू वी यू ई -II<br>PLUVUE-II<br>(प्लूम दृश्यता मॉडल) | • अच्छी तरह से परिभाषित बिंदु स्रोतों से उत्सर्जित प्रदूषकों के कारण दृश्यता हानि का आकलन करने के लिए लागू<br>• प्लूम के कारण दृश्य सीमा में कमी और वायुमंडलीय मालिनिकरण की गणना करता है<br>• परिवहन, वायुमंडलीय प्रसार, रासायनिक रूपांतरण, ऑप्टिकल प्रभाव, बिंदु स्रोत उत्सर्जन के सतह जमाव का पूर्वानुमान करता है | • स्रोत विशेषताओं, मेट डेटा और रिसेप्टर समन्वय और ऊंचाई की आवश्यकता होती है<br>• वायुमंडलीय एरोसोल (पृष्ठभूमि और उत्सर्जित) विशेषताओं की आवश्यकता होती है, जैसे घनत्व, कण आकार<br>• $SO_4^-$, $NO_3$, $NO_x$, $NO_2$, $O_3$, $SO_2$ की पृष्ठभूमि प्रदूषक सांद्रता और $SO_2$, $NO_2$ और एरोसोल के जमाव वेगों की आवश्यकता होती है, |

| नमूना | अनुप्रयोग | टिप्पणियां |
|---|---|---|
| मीसो-पफ II (मेसो स्केल पफ मॉडल) | • गॉसियन, परिवर्तनीय प्रक्षेपवक्र, पफ सुपरपोजिशन मॉडल को क्षेत्रीय पैमाने पर परिवहन, प्रसार, रासायनिक परिवर्तन और निष्कासन तंत्र में स्थानिक और अस्थायी भिन्नताओं के लिए डिज़ाइन किया गया है<br>• प्लूम को असतत पफ की एक श्रृंखला के रूप में मॉडलिंग किया जाता है और प्रत्येक पफ को स्वतंत्र रूप से ले जाया जाता है<br>• शहरी क्षेत्रों में बिंदु और क्षेत्र स्रोतों के लिए उपयुक्त<br>• क्षेत्रीय पैमाने पर मॉडल | • एक साथ पांच प्रदूषकों को मॉडल कर सकते हैं ($SO_2$, $SO_4$, $NO_x$, $HNO_3$, और $NO_3$)<br>• स्रोत विशेषताओं की आवश्यकता है<br>• 20 बिंदु स्रोत या 5 क्षेत्र स्रोत ले सकते हैं<br>• स्थान, प्रभावी ऊंचाई, प्रारंभिक पफ आकार, क्षेत्र स्रोत के लिए उत्सर्जन आवश्यक है<br>• अधिकतम 180 असतत रिसेप्टर्स और 1600 (40 x 40) ग्रिड रिसेप्टर्स पर प्रदूषक संकेंद्रण की गणना करता है<br>• क्लाउड कवर (मेघावरण) और दिन में दो बार ऊपरी-वायु डेटा (दबाव, तापमान, ऊंचाई, हवा की गति, दिशा) सहित प्रति घंटा सतह डेटा की आवश्यकता होती है |

**स्रोत:** *एमओईएफ वेबसाइट envfor.nic.in/divisions/IASS/EIA/Annex5 से पुन: प्रस्तुत*

## तालिका 5.1 उपयोग में पर्यावरणीय प्रभाव पूर्वानुमान सॉफ्टवेयर

1. वायु पर्यावरण
    - i. आईएससी-एसटी3 औद्योगिक स्रोत परिसर अल्पकालिक (यूएस ईपीए द्वारा अनुमोदित)
    - ii. आईएससी-एलटी3
    - iii. आईएससी-एईआरएमओडी व्यू, गॉसियन प्लूम एयर फैलाव
    - iv. कैलीन4, लाइन स्रोत
    - v. एक्यू के लिए पाल-पॉइंट के साथ-साथ लाइन स्रोत
    - vi. एफडीएम-पलायक धूल स्रोत
    - vii. आरटीडीएम, रफ टेरेन डिफ्यूजन मॉडल, जीएलसी देते हुए
    - viii. सी-फ्यूम, तटीय वायु फैलाव मॉडल (टीसीई द्वारा विकसित)

ix. लैंड जीईएम संस्करण 3.02, लैंडफॉल गैस उत्सर्जन मॉडल
x. TRAZER
xi. FLUIDYN
xii. कैलपफ
xiii. पवन निगरानी पर्यावरण डब्ल्यूएम251- दृश्य पवन गुलाब प्लॉट

2. जल पर्यावरण
i. हाइड्रोडायनामिक और पानी की गुणवत्ता के लिए माइक 21
ii. हाइड्रोडायनामिक के लिए नदी सीएडी
iii. हाइड्रोडायनामिक सिमुलेशन के लिए एचईसी-आरएएस
iv. पानी की गुणवत्ता मापदंडों के लिए क्वाल-II, स्थिर-राज्य या गतिशील मॉडल
v. DOSAGE-3, यूएसईपीए: (1-डी) रिसीव-II यूएसईपीए उत्पन्न जल गुणवत्ता मॉडल
vi. विज़ुअल मोटफ्लो, यूडी संदूषण
vii. रॉकवेल कंपनी के मॉडल
viii. MODFLOW
ix. हाइड्रोजियोएनालिस्ट

3. शोर
i. यूके डीओई ट्रैफिक शोर मॉडल
ii. CORTN
iii. यूएस एफएचडब्ल्यूए यातायात शोर मॉडल
iv. आरआईएस 90
v. ध्वनि
vi. शोर प्रबंधक
vii. साउंडप्लान (जियोनॉइज़)

4. समुद्री पर्यावरण
i. GENESIS, दीर्घकालिक तटरेखा परिवर्तन
ii. माइक-21 एसटी, तलछट परिवहन
iii. एनएसडब्ल्यू, तरंग प्रसार
iv. एचडी, हाइड्रोडायनामिक/प्रवाह मॉडेल
v. पीए, निपटाए गए ड्रेज्ड सामग्री के फैलाव के लिए कण विश्लेषण

5. भूमि उपयोग
i. Google Earth प्रो-लाइसेंस प्राप्त संस्करण (Google Earth की तुलना में बेहतर रिज़ॉल्यूशन, जल निकासी पैटर्न और 10 साल के एलयू मानचित्र देता है)
ii. ईआरडीए कल्पना वृत्तक संस्करण 9.2- आरएस और जीआईएस
iii. आईजीआईएस (आरएस और जीआईएस)

6. खतरनाक पदार्थ
i. COSHH, खतरों और खतरनाक पदार्थों की पहचान

7. जोखिम/परिणाम विश्लेषण
   i. अलोहा
   ii. पीएचएएसटी, संभावित नियंत्रण परिदृश्यों का परिणाम विश्लेषण (डीएनवी टेक्निका)
   iii. पीएचएएसटी सूक्ष्म, जोखिम और परिणाम विश्लेषण
   iv. एसएएफईटीआई, जोखिम और परिणाम विश्लेषण
   v. एचएएमएस-जीपीएस, जोखिम आकलन
   vi. बिंदु स्रोत और ठोस लौ विकिरण मॉडल संस्करण 1805.0
   vii. अमेरिकी परमाणु नियामक आयोग: आग से उज्ज्वल गर्मी प्रवाह का अनुमान

**स्रोत:** *विभिन्न स्रोतों से संकलित*

#### 5.11.4.1 ईआईए टीम लीडर की भागीदारी

ईआईए टीम लीडर को संबंधित कार्यात्मक वृत्तकों के साथ निकटता से जुड़े होने की आवश्यकता है, विशेष रूप से प्रभावों का पूर्वानुमान के महत्वपूर्ण चरण के दौरान यह सुनिश्चित करने के लिए कि उपयुक्त मॉडल या सॉफ्टवेयर का चयन किया जाता है, चयनित पूर्वानुमान मॉडल की सीमाएं स्पष्ट रूप से ज्ञात हैं, और मॉडल या सॉफ्टवेयर द्वारा लिए गए डिफ़ॉल्ट मान और अंतर्निहित धारणाएं, यदि कोई हैं, स्पष्ट रूप से समझ में आती हैं। मॉडल या सॉफ्टवेयर के आउटपुट, उचित व्याख्या के बाद, संबंधित कार्यात्मक वृत्तकों के बीच साझा करने की आवश्यकता है उनके द्वारा उचित उपयोग के लिए। उदाहरण के लिए, अनुमानित पानी और मिट्टी के मापदंड, जल निकासी पैटर्न और भूमि उपयोग/भूमि कवर में परिवर्तन पर जानकारी पारिस्थितिक पर्यावरण के साथ-साथ सामाजिक पर्यावरण कार्यात्मक वृत्तकों द्वारा आवश्यक होगी। पारिस्थितिक और सामाजिक घटकों पर प्रभावों का पूर्वानुमान या अनुमान उचित मानक तकनीकों और वृत्तक निर्णय का उपयोग करके लगाया जाता है।

प्रत्येक पर्यावरणीय घटक के लिए, प्रत्येक पैरामीटर के अनुमानित मूल्य, संबंधित निगरानी बेसलाइन मान, और संबंधित लागू नियमों द्वारा निर्धारित अनुमेय मूल्यों का उपयोग उन विशिष्ट स्थानों पर प्रभाव मूल्यांकन के लिए किया जाता है जहां बेसलाइन निगरानी की गई थी। महत्वपूर्ण मापदंडों के अनुमानित मूल्यों को बेसलाइन मूल्यों और रिसेप्टर्स पर जानकारी रखने वाले संबंधित आधार मानचित्रों पर मैप किया जाता है। तदनुसार प्रभाव क्षेत्रों को उपयुक्त रूप से चित्रित और उजागर किया जाता है। प्रत्येक प्रभाव के महत्व के पूर्वानुमानित स्थापित करने का अभ्यास तब सावधानीपूर्वक किया जाता है।

#### 5.11.4.2 यथार्थवादी प्रभाव आकलन

विनियमन (MOEF 2006) एक मौसम में पर्यावरणीय आधारभूत डेटा के संग्रह को निर्धारित करता है। ईआईए परामर्श संगठनों द्वारा अपनाई गई प्रचलित प्रथा में, मानसून के मौसम के अलावा किसी अन्य मौसम के लिए टीओआर प्राप्त करने के तुरंत बाद पर्यावरणीय आधारभूत डेटा उत्पादन किया जाता है। एकत्र किए गए डेटा का उपयोग प्रभाव आकलन के लिए किया जाता है। सक्षम प्राधिकारी एक मौसम में

एकत्र किए गए पर्यावरणीय आधारभूत डेटा का उपयोग करके पर्यावरण के विभिन्न घटकों पर किए गए प्रभाव आकलन के आधार पर पर्यावरण अनुमोदन पर निर्णय लेती हैं। यह ध्यान रखना उचित हो सकता है कि मौसम संबंधी स्थितियों में भिन्नताएं किसी दिए गए मौसम में भी देखी जाती हैं, जो आम तौर पर 3-4 महीनों की फैली होती हैं जैसा कि एक दशक या उससे भी अधिक के ऐतिहासिक आंकड़ों का विश्लेषण करके देखा जा सकता है। मौसम संबंधी परिवर्तन न केवल एक मौसम से दूसरे मौसम में बल्कि अस्थायी पैमाने पर एक विशेष मौसम के भीतर, उष्णकटिबंधीय और समशीतोष्ण मौसम की स्थिति वाले क्षेत्रों में भी होते हैं। इस प्रकार, सख्ती से बोलते हुए, एक मौसम में पर्यावरणीय आधारभूत डेटा के आधार पर आकलन किए गए प्रभाव आने वाले समय में उस विशेष मौसम के लिए भी उचित नहीं हो सकते हैं, और उन पर्यावरणीय प्रभावों का सही प्रतिबिंब नहीं हो सकते हैं जिनके अधीन रिसेप्टर्स विभिन्न मौसमों में होंगे, यहां तक कि निकट भविष्य में भी। भारतीय ईआईए नियमों का पालन करते हुए वर्तमान में किए जा रहे प्रभाव आकलन अध्ययनों में एक बड़ी सीमा है, खासकर जब से पर्यावरणीय आधारभूत स्थिति स्थापित करने में ऐतिहासिक डेटा के प्रवृत्ति विश्लेषण पर जोर नहीं दिया गया है। आदर्श रूप से, प्रभाव आकलन प्रामाणिक ऐतिहासिक डेटा के कठोर प्रवृत्ति विश्लेषण पर आधारित होना चाहिए, जैसा की पहले चर्चा की गई थी और मौसम में उत्पन्न प्राथमिक डेटा संबंधित पर्यावरणीय घटकों के लिए सबसे खराब स्थिति को दर्शाता है।

प्रमुख परियोजनाएँ और परियोजना गतिविधियाँ जो किसी भी पर्यावरणीय घटक को प्रभावित करने की उच्च क्षमता रखते हैं, प्रामाणिक प्रकाशित स्रोतों सभी मौसमों को कवर करने के लिए कम से कम एक वर्ष में फैले पर्यावरणीय बेसलाइन डेटा उत्पादन, एक दशक के प्रासंगिक मौसम संबंधी डेटा के पिछले रुझानों के कठोर विश्लेषण के अलावा वांछनीय हो सकता है। विभिन्न मापदंडों के मूल्यों में भिन्नताओं की सीमा का पता लगाने की आवश्यकता है और पर्यावरणीय प्रभावों का पूर्वानुमान के लिए सबसे खराब स्थिति पर विचार किया जाना चाहिए। यह विभिन्न पर्यावरणीय घटकों की पर्यावरणीय आधारभूत स्थितियों में मौसमी भिन्नताओं की बेहतर समझ देगा और इस तरह यथार्थवादी पर्यावरणीय प्रभाव आकलन के करीब पहुँच सकता है।

उन मामलों में जहां टीओआर में निर्दिष्ट किसी एक मौसम में उत्पन्न सभी पर्यावरणीय घटकों के लिए प्राथमिक डेटा के आधार पर ईआईए की अनुमति दी जाती है, पिछले डेटा का गहन विश्लेषण, जैसा कि ऊपर चर्चा की गई है, प्रासंगिक होगा। एक सीज़न के लिए एकत्र किए गए पर्यावरणीय बेसलाइन प्राथमिक डेटा तब एक प्रकार की नमूना क्षेत्र जांच के रूप में काम कर सकते हैं।

सबसे खराब स्थिति पर आधारित ईआईए में परियोजना प्रस्तावकों के लिए एक अतिरिक्त पूंजीगत लागत शामिल हो सकती है क्योंकि बेहतर शमन उपायों को शामिल करना पड़ सकता है। हालांकि, वृद्धिशील लागत, जो परियोजना लागत के लिए एक मामूली अतिरिक्त हो सकती है, मानव कल्याण और पर्यावरण संरक्षण के हित में लायक हो सकती है, विशेष रूप से प्रमुख परियोजनाओं और पर्यावरणीय रूप से संवेदनशील क्षेत्रों की निकटता में। ऐसी प्रमुख परियोजनाओं में मेगा थर्मल पावर,

हाइड्रोइलेक्ट्रिक पावर, बांध, पेट्रोलियम रिफाइनरियां और पेट्रोकेमिकल कॉम्प्लेक्स, प्राथमिक धातुकर्म परिसर, मेगा सीमेंट, बड़े औद्योगिक पार्क या विनिर्माण क्षेत्र की परियोजनाओं, हवाई अड्डों और बंदरगाहों के लिए प्रस्तावित एस्टेट शामिल हो सकते हैं।

यह देखते हुए कि एक परियोजना का परिचालन जीवनचक्र काफी लंबा है, और यह कि परियोजनाएं कई वर्षों में विभिन्न मौसमों के माध्यम से संचालित होती हैं पर्यावरणीय प्रभावों का एक यथार्थवादी आकलन, ईआईए रिपोर्टों की गुणवत्ता में वृद्धि करेंगी। यह पर्यावरण अनुमोदन पर निर्णय लेते समय सक्षम प्राधिकारी के आत्मविश्वास स्तर को भी बढ़ाएगा, खासकर जब

i. विचाराधीन परियोजना प्रमुख पर्यावरणीय प्रभावों के लिए जाना जाता है
ii. प्रस्तावित परियोजना स्थल और/या इसके आसपास पारिस्थितिक रूप से नाजुक और पर्यावरणीय रूप से संवेदनशील हैं
iii. पर्यावरणीय प्रभावों का पूर्वानुमान करने में कई अनिश्चितताएं हैं और कई अज्ञात शामिल हैं
iv. प्रस्तावित परियोजना के लिए सार्वजनिक प्रतिरोध तीव्र है

### 5.11.4.3 प्रभाव आकलन: वायु पर्यावरण

#### वायु प्रभाव आकलन की आवश्यकता

वायु पर्यावरण के प्रभाव का आकलन करने से पहले, संबंधित कार्यात्मक वृत्तकों को Canter (1996) द्वारा दी गई वायु प्रदूषण की परिभाषा को बहुत स्पष्ट रूप से समझने की आवश्यकता है: "एक या एक से अधिक संदूषकों की बाहरी वातावरण में उपस्थिति, या उसके संयोजन, इतनी मात्रा में और ऐसी अवधि में जो, मानव स्वास्थ्य, पौधे या पशु जीवन, या संपत्ति (सामग्री) के लिए हानिकारक हो सकते हैं, या जो अनुचित रूप से जीवन, या संपत्ति, या व्यवसाय के संचालन के आरामदायक आनंद में हस्तक्षेप करता है।

वायु गुणवत्ता जीवन की गुणवत्ता का एक संकेतक है और यह सीधे दीर्घकालिक स्वास्थ्य समस्याओं से जुड़ा हुआ है। वायु उत्सर्जन या वायु गुणवत्ता आकलन के प्रभाव आकलन के महत्व को कुछ अध्ययनों से समझा जा सकता है, जिनसे पता चला है कि वायु प्रदूषक कई मौतों और जीडीपी में नुकसान के लिए जिम्मेदार हैं, खासकर विकासशील देशों में। World Bank (2013) की रिपोर्ट से पता चलता है कि वायु प्रदूषण भारतीय सकल घरेलू उत्पाद के 3% नुकसान के लिए जिम्मेदार है। इसमें से, आउटडोर और इनडोर वायु प्रदूषण का प्रभाव क्रमशः 1.7% और 1.3% है। युवा और उत्पादक शहरी आबादी के लिए आउटडोर और इनडोर वायु प्रदूषण की उच्च लागत को मुख्य रूप से पार्टिकुलेट मैटर ($PM_{2.5}$ और $PM_{10}$) प्रदूषण को उच्च जोखिम के लिए जिम्मेदार ठहराया जाता है, जिसके परिणाम स्वरूप वयस्कों के बीच पर्याप्त कार्डियोपल्मोनरी और क्रोनिक ऑब्सट्रक्टिव पल्मोनरी डिजीज मृत्यु दर लोड होता है। इसी तरह की स्थिति कई विकासशील और अल्प विकसित अर्थव्यवस्थाओं में प्रचलित है। इस प्रकार, मौजूदा परिवेशी वायु गुणवत्ता में संभावित परिवर्तनों का पूर्वानुमान करके परियोजना से संबंधित गतिविधियों से वायु प्रदूषकों के योगदान का मूल्यांकन करने के लिए परियोजना से संबंधित

गतिविधियों का एक एयर ईआईए बेहद महत्वपूर्ण हो जाता है। लागू विनियमों में निर्धारित स्वीकार्य स्तर तक उत्सर्जन को कम करने के लिए प्रभावी निवारक, साथ ही नियंत्रण उपायों का प्रस्ताव किया जाना है। एक वायु प्रभाव मूल्यांकन में अनिवार्य रूप से स्रोत उत्सर्जन जैसे महत्वपूर्ण चर की पहचान, पूर्वानुमान और आकलन शामिल है, और विभिन्न स्रोतों से उत्सर्जन के परिणामस्वरूप परिवेशी वायु गुणवत्ता में संभावित परिवर्तन।

### वायु प्रदूषण के स्रोत

यह देखा जा सकता है कि अवसंरचनात्मक परियोजनाओं के लिए, खुदाई, सामग्री हैंडलिंग, निर्माण, ऊर्जा के उपयोग और परिवहन सहित कई गतिविधियों से वायु प्रभाव उत्पन्न हो सकता है। जबकि विनिर्माण और ऊर्जा क्षेत्र की परियोजनाओं के लिए, निर्माण से संबंधित गतिविधियाँ, इनपुट (फीडस्टॉक, एडिटिव्स, ईंधन, उपयोगिताओं, आदि), विनिर्माण प्रक्रियाओं, सामग्री हैंडलिंग, परिवहन, भंडारण, अपशिष्ट आदि से वायु प्रभाव उत्पन्न हो सकता है। कुछ विशिष्ट उत्सर्जन स्रोतों से उत्सर्जित कुछ प्रमुख प्रदूषकों को **तालिका 5.2** में चित्रित किया गया है।

**तालिका 5.2 विशिष्ट उत्सर्‌जन स्रोत और संबद्ध प्रमुख प्रदूषक**

| स्रोत | प्रदूषक |
|---|---|
| पशु संबंधी स्रोत | $CH_4$, $NH_3$, $N_2O$ |
| क्लोर-क्षार उद्योग | $Cl_2$ |
| कोयला खदान | $CH_4$ |
| निर्माण | PM, $PM_{10}$, $PM_{2.5}$ |
| हाइड्रोकार्बन / विलायक स्रोत (वीओसी) | VOC |
| लैंडफिल | $CH_4$, $NH_3$ |
| खनन, उत्खनन, सीमेंट, सिरेमिक | PM, $PM_{10}$, $PM_{2.5}$ |
| मोटर वाहन, विमान, जहाज | $NO_x$, $SO_x$, CO, VOC, $PM_{10}$, $PM_{2.5}$ |
| पेंट | VOCs |
| थर्मल पावर प्लांट | $NO_x$, $SO_x$, $CO_2$, PM, $PM_{10}$, $PM_{2.5}$ |
| सीवेज उपचार संयंत्र | $H_2S$ |
| धातुकर्म संयंत्र | $NO_x$, $SO_x$, $CO_2$, PM, $PM_{10}$, $PM_{2.5}$ |
| अपशिष्ट जल उपचार संयंत्र | $VOC_s$ |

**स्रोत:** *"हैंडबुक ऑफ एनवायर्नमेंटल इम्पैक्ट असेसमेंट" 1996 से संशोधित*

पहले कदम में, संभावित वायु उत्सर्जन के सभी स्रोतों की पहचान करने की आवश्यकता है। परियोजना से संबंधित गतिविधियों के प्रकार के आधार पर ऐसे स्रोतों में निम्नलिखित शामिल हो सकते हैं:

i. परिवहन स्रोत, जैसे मोटर वाहन, सामग्री हैंडलिंग उपकरण, विमान, रेलवे, (समुद्री) जहाजों, रेल, सड़क टैंकर, आदि।
ii. स्थिर स्रोतों में ईंधन दहन, जैसे जीवाश्म ईंधन से चलने वाले बिजली संयंत्र, औद्योगिक बॉयलर और भट्टियां, औद्योगिक और घरेलू डीजल उत्पादन सेट, वाणिज्यिक, संस्थागत, घरेलू स्रोत, आदि।
iii. पेट्रोलियम शोधन, रसायन और पेट्रोकेमिकल उद्योग, तरल परिवहन, थोक भंडारण, खाद्य प्रसंस्करण उद्योग, धातुकर्म उद्योग, वस्त्र प्रसंस्करण, खनिज प्रसंस्करण, फाउंड्री, खनन आदि के मामले में औद्योगिक उत्सर्जन और प्रक्रिया हानि।
iv. ठोस अपशिष्ट उपचार और निपटान, जैसे खुले में जलाना, अपशिष्ट का भस्मीकरण- औद्योगिक, अस्पताल और नगरपालिका अपशिष्ट, लैंडफिल, नगरपालिका और खतरनाक कचरे के लिए अन्य सुविधाएं आदि।
v. औद्योगिक अपशिष्ट जल शोधन संयंत्र, सीवेज उपचार संयंत्र आदि।
vi. विविध गतिविधियां या घटनाएं, जैसे डीजल संचालित जल पंपिंग, कृषि अपशिष्ट या अवशेष जलाना, आकस्मिक विस्फोट और आग, निर्माण गतिविधियां, खुले क्षेत्र में घरेलू चूल्हे (कोयला या लकड़ी जैसे ठोस ईंधन का उपयोग करके देशी स्टोव), फीडस्टॉक, उत्पादों, खनिजों, ईंधन, अपशिष्ट, जंगल की आग-नियंत्रित और अनियंत्रित आदि का खुला भंडारण।

**वायु प्रदूषण के स्रोतों की श्रेणियाँ**

यह देखते हुए कि वायु प्रदूषण के विभिन्न स्रोतों की अलग-अलग उत्सर्जन विशेषताएं हैं, उत्सर्जित वायु प्रदूषक परिवहन और फैलाव के दौरान अलग-अलग व्यवहार करती हैं, उत्सर्जन के सभी स्रोतों पर जानकारी एकत्र करना आवश्यक है, जिन्हें ऊपर चित्रित किया गया है, और इन्हें वर्गीकृत किया गया है:

i. बिंदु स्रोत, जैसे ढेर, फ्लू, फ्लेयर्स, आदि।
ii. क्षेत्र स्रोत, उदाहरण के लिए एक चित्रित क्षेत्र में कई (छोटे) स्रोत, टैंक फार्म, आदि।
iii. मोबाइल (रैखिक) स्रोत, जैसे मोटर वाहन, रेलवे, सड़क/रेल टैंकर, और परिवहन किए जा रहे पदार्थ, विमान, जहाज, आदि।
iv. पलायक स्रोत, जैसे उपकरण और पाइपलाइनों से अनियंत्रित रिसाव, सामग्री हैंडलिंग, खुला भंडारण, अपशिष्ट जल उपचार सुविधाएं, कच्ची भूमि सतहें, आदि।

**वायु गुणवत्ता में स्थानिक और अस्थायी भिन्नताएं**

मौसम संबंधी स्थितियों में मौसमी भिन्नताओं के अलावा, किसी दिए गए स्थान पर विशेष रूप से दिन के दौरान प्रति घंटा भिन्नताएं भी देखी जाती हैं। सामान्य तौर पर, गर्मियों में वायु प्रदूषकों का परिवहन और फैलाव, और अन्य मौसमों में दिन के वक्त, सर्दियों और रात की तुलना में बहुत अधिक पाया जाता है। यह बताता है कि किसी दिए गए स्रोत से वायु प्रदूषक का फैलाव, लगातार एक ही प्रवाह दर के साथ

प्रदूषकों के एक सेट का उत्सर्जन करता है, दिन और मौसम में अलग-अलग रहेगा। इस प्रकार, उत्सर्जन के स्रोत से एक निश्चित दूरी पर हवा की गुणवत्ता हर समय समान नहीं होगी, भले ही वायु प्रदूषक एक ही द्रव्यमान प्रवाह दर पर और एक पहचाने गए स्रोत से समान परिस्थितियों में उत्सर्जित होते हैं। यह किसी दिए गए स्रोत से उत्सर्जित होने वाले वायु प्रदूषकों के कारण वायु गुणवत्ता में स्थानिक और अस्थायी भिन्नताओं की व्याख्या करता है।

प्रस्तावित परियोजना को कार्यात्मक वृत्तक द्वारा अच्छी तरह से अध्ययन करने की आवश्यकता है, जिसे परियोजना के प्रत्येक जीवनचक्र चरण में वायु उत्सर्जन के कारण सभी प्रक्रियाओं के साथ-साथ गतिविधियों (चाहे निरंतर, चक्रीय, या आवधिक) के लिए वायु पर्यावरण पर प्रभाव आकलन करने का कार्य सौंपा गया है। उत्सर्जन के स्रोतों में अंतर्निहित मानक नियंत्रण उपाय शामिल हैं, जिन्हें विशिष्ट उपकरणों के डिजाइन का अभिन्न अंग माना जाता है, उदाहरण के लिए कोयला आधारित थर्मल पावर प्लांट में बॉयलरों के लिए इलेक्ट्रोस्टैटिक प्रेसिपिटेटर की पहचान की जाती है और इन स्रोतों से उत्सर्जन का अनुमान लगाया जाता है। विभिन्न प्रकार के स्रोतों से उत्सर्जित वायु प्रदूषकों के फैलाव को नियंत्रित करने वाले कारक, और वायु फैलाव मॉडलिंग अध्याय 4 में वर्णित हैं। तदनुसार वायु गुणवत्ता का पूर्वानुमान की जाती है, और वायु उत्सर्जन को नियंत्रित करने के लिए पारंपरिक या विशिष्ट नियंत्रण उपायों का प्रस्ताव किया जाता है और इस प्रकार लागू नियमों के अनुपालन को सुनिश्चित करने के लिए वायु प्रभावों को कम किया जाता है।

#### 5.11.4.4 शोर वातावरण

अमेरिकी EPA (1972) शोर को किसी भी ध्वनि के रूप में परिभाषित करता है जो अवांछनीय है क्योंकि यह भाषण और सुनवाई में हस्तक्षेप करता है, और सुनवाई को नुकसान पहुंचाने के लिए पर्याप्त तीव्र है, या अन्यथा कष्टप्रद है। आम तौर पर, "ए-भारित ध्वनि-स्तर" पैमाना शोर के लिए उपयुक्त है क्योंकि मानव कान सभी आवृत्तियों की ध्वनियों के लिए समान रूप से प्रतिक्रिया नहीं देता है, मध्यम आवृत्तियों की तुलना में कम और उच्च आवृत्तियों पर ध्वनियों का पता लगाने में कम कुशल होता है। मानव कान 500-4000 हर्ट्ज की आवृत्ति सीमा में सबसे अधिक संवेदनशील होता है। आमतौर पर ध्वनि स्तर की निगरानी के लिए ए-भार नेटवर्क वाले ध्वनि-स्तर मीटर, डीबीए (dBA) में शोर स्तर रीडिंग को व्यक्त करते हुए, उपयोग किया जाता है। निरंतर शोर (लंबी अवधि और कम तीव्रता वाले शोर), साथ ही आवेग शोर (कम अवधि और उच्च तीव्रता वाले शोर), को अलग से विभेदित करने और ध्वनि के स्तर का पूर्वानुमान करने के लिए आवश्यक होती है।

शोर आमतौर पर कंपन के साथ होता है। शोर कंपन पैदा कर सकता है और कंपन भी शोर पैदा कर सकता है। कंपन को इसकी आवृत्ति और विस्थापन का आयाम या त्वरण या वेग के आयाम के संदर्भ में वर्णित किया जा सकता है।

### 5.11.4.5 जल पर्यावरण

पृथ्वी पर जीवन को बनाए रखने के लिए पानी महत्वपूर्ण है। जबकि पानी एक नवीकरणीय संसाधन है, यह परिमित और निरंतर गति में है। विश्व बैंक के अध्यक्ष (2019) ने कहा कि "स्वच्छ पानी आर्थिक विकास के लिए एक महत्वपूर्ण कारक है। पानी की गुणवत्ता बिगड़ने से आर्थिक विकास रुक रहा है, स्वास्थ्य की स्थिति खराब हो रही है, खाद्य उत्पादन कम हो रहा है, और कई देशों में गरीबी बढ़ रही है। उनकी सरकारों को जल प्रदूषण से निपटने में मदद करने के लिए तत्काल कार्रवाई करनी चाहिए ताकि देश न्यायसंगत और पर्यावरणीय रूप से टिकाऊ तरीके से तेजी से बढ़ सकें। विश्व बैंक (2013) ने अनुमान लगाया कि स्वच्छ जल आपूर्ति, सफाई और स्वच्छता तक पहुँच की कमी और प्राकृतिक जल संसाधनों की कमी से भारत को अपने वार्षिक सकल घरेलू उत्पाद का 2.7% नुकसान होता है। पांच साल से कम उम्र के बच्चों में बीमारियों का एक महत्वपूर्ण हिस्सा इन कारकों के कारण होता है। इसी तरह की स्थिति कई एशियाई और अफ्रीकी देशों में प्रचलित है। इस प्रकार, एक पानी ईआईए बेहद महत्वपूर्ण है। इसमें परियोजना से संबंधित गतिविधियों की पहचान करना शामिल है, जिनमें मौजूदा जल संसाधनों और/या जल प्रदूषण और/या गिरावट का कारण बनने की क्षमता है, इसके परिणामी प्रभावों का मूल्यांकन, और जल पर्यावरण पर प्रभावों को स्वीकार्य स्तर तक कम करने के लिए प्रभावी निवारक और नियंत्रण उपायों के लिए सुझाव।

पानी की गुणवत्ता के पैरामीटर और स्रोत, और दूषित पदार्थों और संबंधित चिंताओं के वर्ग (मेटकाफ और एडी 2003), पानी से संबंधित मापदंडों की निगरानी की समझ और महत्व में सुधार करने में मदद करते हैं। क्षेत्र नमूनाकरण और संदूषकों की निगरानी, और जल गुणवत्ता संकेतक और नमूनाकरण और निगरानी मापदंडों के लिए मानदंड, आदि लेहर (2005) और मेटकाफ और एडी (2003) द्वारा वर्णित हैं। आम तौर पर, तापमान, पीएच, घुलित ऑक्सीजन, चालकता और मैलापन जैसे पानी से संबंधित मापदंडों को साइट पर मापा जाता है। ऑफ-साइट प्रयोगशाला में मापे जाने वाले मापदंडों में आम तौर पर शामिल हैं:

i. *भौतिक:* तापमान, रंग, गंध, मैलापन, तेल और गैस, और कुल ठोस (निलंबित ठोस और विघटित-वाष्पशील और निश्चित ठोस)
ii. *रसायन:* कार्बनिक- कार्बनिक यौगिकों को बीओडी, सीओडी और टीओसी, वाष्पशील कार्बनिक यौगिकों, कार्बोहाइड्रेट, फिनोल, कीटनाशकों, प्रोटीन, तेल और ग्रीस, और दुर्दम्य कार्बनिकों के रूप में व्यक्त किया जाता है
iii. *रासायनिक:* अकार्बनिक-पीएच, कठोरता, सोडियम, क्लोराइड, सल्फेट्स, क्षारीयता, अम्लता, भारी धातु, और पोषक तत्व, जैसे नाइट्रोजन (कार्बनिक, अमोनिया, नाइट्राइट और नाइट्रेट), फॉस्फेट, और पोटेशियम
iv. *गैसीय:* घुलित हाइड्रोजन सल्फाइड, अमोनिया और मीथेन
v. *जैविक:* सूक्ष्म जीव, कोलीफॉर्म, रोगजनकों, वायरस, फाइटोप्लांकटन और ज़ोप्लांकटन

### 5.11.4.6 भूमि पर्यावरण

**मिट्टी**

एक क्षेत्र में मिट्टी प्रणाली लाखों वर्षों में विकसित होती है और प्राकृतिक पर्यावरणीय कारकों के साथ-साथ मानवजनित कारकों लोगों से प्रभावित होती है। भारतीय मिट्टी का वर्गीकरण मृदा वर्गीकरण और रासायनिक संपत्ति के आधार पर कृषि और सहकारिता विभाग (DSC 2011) द्वारा दिया गया है। कण आकार व्यास के आधार पर, मिट्टी को इस प्रकार वर्गीकृत किया गया है:

i. मिट्टी (< 0.002 mm)
ii. गाद (0.002-0.02 mm)
iii. महीन रेत (0.02-0.2 mm)
iv. मोटे रेत (0.2-2 mm)

प्रभाव आकलन अध्ययन के लिए मिट्टी के अजैविक और जैविक पहलुओं को अच्छी तरह से समझने की आवश्यकता है। "अजैविक" इन से संबंधित है:

i. क्वार्ट्ज और कोलिनाइट जैसे मिट्टी के घटक
ii. हाइड्रोलिसिस और रेडॉक्स प्रतिक्रियाओं जैसी प्रक्रियाएं
iii. तापमान, सापेक्ष आर्द्रता और लवणता जैसे कारक जो प्रकृति में अकार्बनिक हैं और बनने या जीवन की अनुपस्थिति में प्ररूपण में सक्षम हैं

हालांकि, अल्पविकसित मिट्टी में भी जीव और कार्बनिक घटक होते हैं, और प्रक्रियाएं अनिवार्य रूप से एक दूसरे पर परस्पर प्रभाव डालती हैं और परिवर्तन का कारण बनती हैं, अकार्बनिक भी प्रभावित होते हैं। "बायोटिक" जीवन और जीवित जीवों से संबंधित है। मिट्टी के घटक और मिट्टी की प्रक्रियाएं आम तौर पर बायोमास और कार्बनिक प्रक्रियाओं के प्रभाव के लिए सीधे असाइन की जाती हैं। कार्बनिक मिट्टी वह है जिसमें खनिज घटक पर कार्बनिक घटक प्रमुख है। बायोटिक क्षमता (चेसवर्थ 2008) एक गड़बड़ी के बाद पुनर्प्राप्त और पुनर्जीवित करने के लिए एक प्रणाली की क्षमता का एक सूचकांक है।

यह अत्यंत महत्वपूर्ण है कि मिट्टी की उर्वरता, इष्टतम विकास को सुविधाजनक बनाने के लिए पर्याप्त मात्रा में पौधे के पोषक तत्वों की आपूर्ति करने के लिए मिट्टी की क्षमता के संदर्भ में परिभाषित की जाती है, और एक फसल की उपज क्षमता, परियोजना से संबंधित गतिविधियों से प्रभावित नहीं होती है। मिट्टी को निम्नलिखित रासायनिक विशेषताओं के आधार पर रेट किया जाता है:

i. pH:
   क. < 4.5- अत्यंत अम्लीय मिट्टी
   ख. > 9- अत्यंत क्षारीय

- ग. 6.1-6.5- थोड़ा अम्लीय
- घ. 6.6- तटस्थ
- ङ. 7-7.5- थोड़ा क्षारीय

ii. चालकता, डीएस /m (dS/m):

- क. 0-1- अच्छी मिट्टी
- ख. 1-2- खराब बीज उद्भव
- ग. >2- कुछ फसलों के लिए हानिकारक

iii. कार्बनिक कार्बन, %:

- क. <0.2- बहुत कम
- ख. > 1.0- बहुत अधिक
- ग. 0.4-0.6- मध्यम

iv. नाइट्रोजन (N) उपलब्ध, किलोग्राम (kg)/हेक्टेयर (ha):

- क. < 140- बहुत कम
- ख. >701- बहुत अधिक
- ग. 281-420 मध्यम

v. फॉस्फोरस ($P_2O_5$) उपलब्ध, kg/ha:

- क. < 7- बहुत कम
- ख. >35- बहुत अधिक
- ग. 13-22 मध्यम

vi. पोटेशियम ($K_2O$) उपलब्ध, kg/ha:

- क. < 120- बहुत कम
- ख. >360- बहुत अधिक
- ग. 181-240- मध्यम

मिट्टी को *उपजाऊ* माना जाता है यदि इसके कार्बनिक कार्बन और N, $P_2O_5$, और $K_2O$ सामग्री क्रमशः 0.75% और 560, 57 और 337 किलोग्राम / हेक्टेयर से अधिक है। मिट्टी को *खराब उर्वरता* माना जाता है यदि इसकी कार्बनिक कार्बन, और N, $P_0O_5$, और $K_2O$ सामग्री क्रमशः 0.5% से कम है, और 280, 23, और 133 किलोग्राम / हेक्टेयर है। ऊपर दी गई श्रेणियों के बीच कार्बनिक कार्बन और पोषक तत्वों वाली मिट्टी को *मध्यम उर्वरता* का माना जाता है। मृदा लवणता वर्गीकरण सारणी 5-3 में दिया गया है।

**तालिका 5.3 मृदा लवणता वर्गीकरण**

| मिट्टी के लक्षण | पीएच | ईसी * | ESP@ | एसएआर # |
|---|---|---|---|---|
| खारा | < 8.5 | >4 | <15 | <13 |
| खारा क्षार | >8.5 | >4 | >15 | >13 |
| क्षार (सोडिक) | >8.5 | <4 | >15 | >13 |

**स्रोत:** *"मिट्टी और पानी के नमूना विश्लेषण के लिए प्रयोगशाला परीक्षण प्रक्रिया" 2009*
*विद्युत चालकता, dS/m, @ एक्सचेंजेबल सोडियम प्रतिशत, #सोडियम अवशोषण अनुपात

### भूमि उपयोग/भूमि कवर, परिदृश्य

परियोजना के प्रकार और आकार के आधार पर, मिट्टी, भूमि उपयोग/भूमि कवर के साथ-साथ परिदृश्य में परिवर्तन हो सकते हैं:

i. परियोजना से संबंधित सुविधाओं के लिए स्थल विकास और निर्माण और परियोजना सीमाओं के भीतर संबद्ध अवसंरचनात्मक सुविधाओं का विकास
ii. परियोजना सीमाओं से परे अध्ययन क्षेत्र में विकसित की गईं भौतिक और सामाजिक अवसंरचनात्मक सुविधाएं
iii. एक अवधि में अध्ययन क्षेत्र में प्रेरित विकास हो रहा है
iv. परियोजना स्थल और अध्ययन क्षेत्र में मौजूदा जल निकासी पैटर्न में हो रहे परिवर्तन
v. अपशिष्ट प्रबंधन सुविधाएं

इस तरह के परिवर्तनों के प्रभाव और उसके प्रभावों की पहचान, अनुमान और मूल्यांकन करने की आवश्यकता है, और प्रभावों को स्वीकार्य स्तर तक कम करने और पर्यावरणीय वृद्धि के लिए उपयुक्त उपाय सुझाए गए हैं।

### 5.11.4.7 पारिस्थितिक पर्यावरण

पारिस्थितिक प्रणालियों की विशेषता है निर्भरता, प्रतिस्पर्धा और पारस्परिकता जैसे घटकों के बीच विभिन्न प्रकार के अंतर्संबंध। इसलिए इस तरह की अंतर-निर्भरता को पूरी तरह से समझना और महत्वपूर्ण पर्यावरणीय चर और महत्वपूर्ण पारिस्थितिक प्रक्रियाओं की पहचान और वर्णन करना महत्वपूर्ण है जो अध्ययन क्षेत्र में मौजूद पारिस्थितिक प्रणालियों की संरचना और कामकाज को नियंत्रित करते हैं। जैव विविधता की परिभाषा "सभी स्रोतों से जीवित जीवों के बीच परिवर्तनशीलता है, जिसमें अन्य बातों के साथ-साथ, स्थलीय, समुद्री और अन्य जलीय पारिस्थितिक तंत्र और पारिस्थितिक परिसर शामिल हैं, जिनका वे हिस्सा हैं; इसमें प्रजातियों के भीतर, प्रजातियों और पारिस्थितिक तंत्र के बीच विविधता शामिल है" (CBD 2005) और इसे बहुत स्पष्ट रूप से समझने की आवश्यकता है।

विश्व बैंक (2014) द्वारा परिभाषित महत्वपूर्ण आवासों पर स्पष्टता विकसित करना भी आवश्यक है, "उच्च जैव विविधता मूल्य वाले क्षेत्रों, जिनमें शामिल हैं:

i. अत्यधिक खतरे वाले आवासों की उपस्थिति
ii. प्रकृति संरक्षण के लिए अंतर्राष्ट्रीय संघ (IUCN) द्वारा सूचीबद्ध लुप्तप्राय या गंभीर रूप से लुप्तप्राय प्रजातियां
iii. भौगोलिक रूप से प्रतिबंधित प्रजातियां
iv. प्रवासी या सामूहिक प्रजातियां
v. विशेषताएं जो i से iv में ऊपर वर्णित जैव विविधता विशेषताओं की व्यवहार्यता को बनाए रखने के लिए महत्वपूर्ण हैं"

इसके अलावा, IUCN रेड लिस्ट (IUCN 2004) में सूचीबद्ध प्रजातियों के अलावा अन्य प्रजातियों के लिए महत्वपूर्ण पर्यावासों का निर्धारण भी विशेषज्ञों और स्थानीय आबादी के परामर्श से संबंधित कार्यात्मक वृत्तक द्वारा किया जाना अपेक्षित है, जो भारत जैसे देशों में राष्ट्रीय या क्षेत्रीय रूप से *गंभीर रूप से लुप्तप्राय* या *लुप्तप्राय* के रूप में सूचीबद्ध प्रजातियों के आधार पर हैं, जिन्होंने IUCN मार्गदर्शन का पालन किया है या *संरक्षित* या *प्रतिबंधित* के रूप में वर्गीकृत प्रजातियां।

पारिस्थितिक संसाधनों के प्रकार और अध्ययन क्षेत्र में उनकी स्थिति के बारे में जानकारी प्रकाशित साहित्य, अभिलेखों और पारिस्थितिकी के विभिन्न पहलुओं पर काम करने वाले विभिन्न संस्थानों से आवश्यक है, जैसे कि भारतीय वनस्पति सर्वेक्षण, जूलॉजिकल सर्वे ऑफ इंडिया, नेशनल इंस्टीट्यूट ऑफ ओशनोग्राफी, सेंट्रल मरीन फिशरीज रिसर्च इंस्टीट्यूट, फॉरेस्ट सर्वे ऑफ इंडिया, IUCN (n.d.), और अन्य संबंधित सरकारी एजेंसियां, और विश्वविद्यालय। अधिकांश जानकारी आम तौर पर एक क्षेत्राधिकार या एक बड़े क्षेत्र के लिए उपलब्ध है। जबकि जिस क्षेत्र में परियोजना स्थल प्रस्तावित है, उसके वैश्विक स्तर और मैक्रो-स्तर पर जानकारी व्यापक परिप्रेक्ष्य को समझने में उपयोगी है, ऐसी जानकारी ईआईए अध्ययन के लिए सीमित प्रासंगिकता हो सकती है। इसलिए, अध्ययन क्षेत्र के लिए सूक्ष्म-स्तरीय जानकारी पर ध्यान केंद्रित करने की आवश्यकता है, और उपलब्ध स्रोतों से ऐसी जानकारी निकालने और अध्ययन क्षेत्र या आस-पास के क्षेत्रों में किए गए विशिष्ट अध्ययनों की तलाश करने के प्रयास किए जाने की आवश्यकता है।

पारिस्थितिक प्रभाव आकलन परियोजना से संबंधित गतिविधियों के आधार पर किया जाता है, और अध्ययन क्षेत्र में वनस्पतियों और जीवों के विभिन्न पहलुओं पर पर्यावरण के भौतिक-रासायनिक घटकों, जैसे हवा, पानी, मिट्टी, भूमि उपयोग/भूमि कवर, जल निकासी पैटर्न और परिदृश्य में अनुमानित परिवर्तनों का प्रभाव।

#### 5.11.4.8 सामाजिक वातावरण

व्यापक समुदाय के सामाजिक कल्याण में सुधार, विशेष रूप से अध्ययन क्षेत्र में, वर्तमान में सामाजिक आकलन (राष्ट्रीय पर्यावरण आयोग 2011) के उद्देश्य के रूप में स्वीकार किया जाता है। सामाजिक वातावरण के आकलन की आवश्यकता ने समय के साथ महत्व प्राप्त किया है। विश्व बैंक, एशियाई विकास बैंक, अंतर्राष्ट्रीय मुद्रा कोष, संयुक्त राष्ट्र विकास कार्यक्रम, यूरोपीय संघ, और अधिकांश बहुपक्षीय वित्त पोषण एजेंसियों, साथ ही वित्तीय संस्थानों, बैंकों और निजी दाताओं, वित्तपोषण के लिए प्रस्तावित परियोजनाओं के किसी प्रकार के सामाजिक आकलन को अनिवार्य करते हैं। इसलिए, अध्ययन क्षेत्र में मानव पर्यावरण से संबंधित सही और पूर्ण जानकारी होना बेहद महत्वपूर्ण है (ICGPSIA 1994, 2003)। अध्ययन क्षेत्र के लिए प्रामाणिक और प्रासंगिक जानकारी प्रकाशित साहित्य, रिकॉर्ड और सामाजिक विज्ञान और अर्थशास्त्र के विभिन्न पहलुओं पर काम करने वाले विभिन्न संस्थानों से प्राप्त करना आवश्यक है। माध्यमिक डेटा स्रोतों में जनगणना डेटा, जिला गजेटियर और सरकारी एजेंसियों के अन्य प्रकाशन, सांख्यिकी ब्यूरो, विश्वविद्यालय, टाटा इंस्टीट्यूट ऑफ सोशल साइंसेज और सरदार पटेल इंस्टीट्यूट ऑफ सोशल एंड इकोनॉमिक रिसर्च जैसे संस्थान और मीडिया आदि शामिल हो सकते हैं।

जबकि अध्ययन क्षेत्र को शामिल करने वाले राज्य या जिले जैसे बड़े प्रशासनिक या क्षेत्राधिकार इकाइयों के सामाजिक और आर्थिक पहलुओं पर जानकारी एक सामान्यीकृत अवलोकन दे सकती है, यह अध्ययन क्षेत्र के लिए विशेष रूप से प्रासंगिक नहीं हो सकती है। इसलिए, अध्ययन क्षेत्र के बारे में विशिष्ट जानकारी निकालने का प्रयास करना आवश्यक है। यदि उपलब्ध जानकारी दिनांकित है, तो वर्तमान परिदृश्य के अनुरूप डेटा का अनुमान लगाने के लिए समय श्रृंखला में उपलब्ध डेटा के बहिर्वेशन जैसी कुछ मानक तकनीकों का उपयोग किया जा सकता है। अनुमानित सूचना की पुष्टि करने के लिए नमूना सर्वेक्षण किए जाने हैं। इसके अलावा, भूमि खोने वालों सहित परियोजना प्रभावित व्यक्तियों के पुनर्वास और पुनर्स्थापन के लिए विशिष्ट अध्ययन किए जाते हैं।

#### 5.11.4.9 जोखिम आकलन

जोखिम आकलन कुछ ईआईए ढांचे के तहत ईआईए रिपोर्ट का एक अभिन्न घटक है, जिसमें भारत में प्रचलित रिपोर्ट भी शामिल है। हाइड्रोकार्बन अन्वेषण, उत्पादन और प्रसंस्करण, और पेट्रोकेमिकल परियोजनाओं के लिए, अलग-अलग विस्तृत मात्रात्मक जोखिम आकलन रिपोर्ट तैयार करने की आवश्यकता होती है। एक विशिष्ट ईआईए रिपोर्ट में जोखिम आकलन के कवरेज में खतरे की पहचान, विश्वसनीय आकस्मिक परिदृश्यों का विश्लेषण, प्रभाव पूर्वानुमान, परिणाम विश्लेषण, जोखिम आकलन या मूल्यांकन, जोखिम शमन और आपातकालीन प्रतिक्रिया तैयारी शामिल हैं।

जोखिम आकलन से जुड़े दो बुनियादी शब्दों, अर्थात् खतरा और जोखिम को अलग करना आवश्यक है। एक खतरा (McDonald 2004) एक अंतर्निहित भौतिक या रासायनिक विशेषता है जिसमें लोगों,

संपत्ति और/या पर्यावरण को नुकसान पहुंचाने की क्षमता है। रासायनिक प्रक्रियाओं में, यह खतरनाक सामग्रियों, परिचालन स्थितियों और कुछ अनियोजित घटनाओं का संयोजन है जिसके परिणामस्वरूप दुर्घटना हो सकती है। जोखिम खतरों का परिणाम है, जिसे आमतौर पर किसी घटना की संभावना और गंभीरता के संयोजन के रूप में परिभाषित किया जाता है, यानी यह कितनी बार हो सकता है और जब ऐसा होता है तो यह कितना बुरा होता है।

जोखिम आकलन के लिए शर्त प्रस्तावित तकनीक की सीमाओं और अध्ययन क्षेत्र में सामाजिक और राजनीतिक विचारों की गहरी समझ होनी चाहिए। यह मुख्य रूप से निम्नलिखित बुनियादी और तार्किक प्रश्नों को उचित रूप से संबोधित करने से संबंधित है:

i. परियोजना से संबंधित किसी भी गतिविधि के कारण क्या गलत हो सकता है?
ii. यह कितनी बार गलत हो सकता है और जब यह गलत हो जाता है, तो यह कब तक रहता है?
iii. पर्यावरण के विभिन्न घटकों पर उपरोक्त के परिणाम क्या हैं?

जोखिम आकलन में ऊपर दिए गए प्रश्नों के उत्तर प्राप्त करने के लिए निम्नलिखित प्रमुख कदम शामिल हैं:

i. चेकलिस्ट, प्रारंभिक जोखिम विश्लेषण, क्या होगा, और (HAZOP) जैसी तकनीकों का उपयोग करके खतरे की पहचान
ii. दोष वृक्ष विश्लेषण, घटना वृक्ष विश्लेषण और फैलाव मॉडलिंग जैसी तकनीकों का उपयोग करके जोखिम विश्लेषण
iii. ALOHA और PHAST जैसे प्रासंगिक सॉफ्टवेयर का उपयोग करके परिणाम विश्लेषण

आकलन किए गए जोखिमों के आधार पर, जोखिम शमन के लिए उपयुक्त उपाय प्रस्तावित किए गए हैं, जिसमें जोखिम की रोकथाम, जोखिम में कमी, आपातकालीन तैयारी के माध्यम से जोखिम नियंत्रण, ऑन-साइट और ऑफ-साइट दोनों, और उपयुक्त बीमा पॉलिसियों के माध्यम से पर्याप्त जोखिम कवर बीमा शामिल है (राथी 2018, 2019)।

## 5.12 प्रभावों के महत्व को स्थापित करना

एक ईआईए परियोजना के विभिन्न जीवनचक्र चरणों में किए जाने वाले प्रस्तावित कई परियोजना-संबंधित गतिविधियों के कारण कई प्रभावों को उजागर करने की संभावना है। यदि आवश्यक हो, तो ईआईए टीम लीडर और अन्य विशेषज्ञों के परामर्श से संबंधित कार्यात्मक वृत्तकों द्वारा प्रत्येक प्रभाव का गहराई से मूल्यांकन करने की आवश्यकता है, और प्रभावों के महत्व, अध्याय 2 में पेश किया गया शब्द स्थापित किया गया है। महत्वपूर्ण प्रभाव, यानी वे प्रभाव जो अध्ययन क्षेत्र में किसी भी पर्यावरणीय घटक पर गंभीर या महत्वपूर्ण होने का आकलन किया जाता है, उन्हें केवल विचार करने और प्राथमिकता देने की आवश्यकता होती है। उद्देश्य यह सुनिश्चित करना है कि उनसे निपटने के दौरान ध्यान न खो जाए और परियोजना के साथ-साथ कार्यान्वयन के लिए प्रभावी शमन उपायों का प्रस्ताव किया

जाए। प्रभावों के महत्व की स्थापना तब आसान हो जाती है जब अनुमानित प्रभावों की मात्रा निर्धारित की जाती है और आकलन किया जाता है। उन मामलों के लिए जहां निर्धारक मॉडल प्रभाव आकलन के लिए नियोजित नहीं हैं, और गुणात्मक प्रभाव आकलन किया जाता है, प्रभावों के महत्व को स्थापित करने के लिए मैट्रिसेस जैसी उपयुक्त तकनीकों का उपयोग किया जाता है, जैसा कि अध्याय 4 में चर्चा की गई है। किसी भी मामले में, लागू नियमों में निर्धारित स्वीकार्य स्तरों से अधिक किसी भी प्रभाव को महत्वपूर्ण प्रभाव माना जाता है।

### *5.12.1 महत्वपूरण प्रभाव*

परियोजना से संबंधित गतिविधियों से उत्पन्न होने वाले संभावित प्रभावों को मुख्य रूप से ईआईए प्रक्रिया के स्कोपिंग चरण में पहचाना जाता है। यह ध्यान में रखा जाना चाहिए कि जो प्रभाव काफी गंभीर हैं, जिन्हें महत्वपूर्ण प्रभाव कहा जाता है, उन पर केवल विचार किया जाना है। इस प्रकार, ध्यान केवल महत्वपूर्ण प्रभावों की पहचान पर होना चाहिए। परियोजना के विस्तृत डिजाइन से परियोजना से संबंधित गतिविधियों के और विवरण प्राप्त करने के लिए, प्रभाव आकलन अध्ययनों के दौरान प्रभाव की पहचान और पूर्वानुमान को और बेहतर बनाया जाता है। महत्व का अंतिम परीक्षण प्रभाव आकलन या मूल्यांकन चरण के बाद ही अधिक आत्मविश्वास के साथ किया जा सकता है।

प्रभाव महत्व निम्न के संदर्भ में व्यक्त किया जा सकता है:

क. प्रभाव विशेषताएं, अर्थात् प्रकार, परिमाण, सीमा, अवधि, आदि प्रभाव के बारे में, और
ख. प्रभाव महत्व, यानी प्राकृतिक संसाधन हानि, पर्यावरणीय संसाधनों की गिरावट या कमी, आदि।

कार्यात्मक संबंध को तदनुसार निम्नानुसार दर्शाया जा सकता है:

*प्रभाव महत्व = f (एफ) (प्रभाव विशेषताएं, प्रभाव महत्व)*

यह स्वीकार किया जा सकता है कि महत्व के मानदंड और मानक आम तौर पर प्रलेखित नहीं होते हैं, हालांकि नियामक मानकों को उत्सर्जन, निर्वहन और निपटान के लिए या तो वायु उत्सर्जन, अपशिष्ट जल निर्वहन और अपशिष्ट निपटान के मापदंडों के लिए एकाग्रता-आधारित या लोड-आधारित मानकों के रूप में निर्दिष्ट किया जाता है। पहले वर्णित पर्यावरणीय प्रभावों का पूर्वानुमान और आकलन करने की प्रक्रिया में शामिल अनिश्चितताओं को और बढ़ा दिया गया है:

क. विभिन्न स्रोतों से प्राप्त बहुत सारे डेटा का उपयोग
ख. विभिन्न पृष्ठभूमि के वृत्तकों की भागीदारी

पहले निर्धारित किए गए प्रभावों का महत्व बदलने की संभावना है, या महत्व को निर्धारित करने की प्रक्रिया पर फिर से विचार करने की आवश्यकता है यदि यह बाद में पाया जाता है कि

i. उपयोग किया गया डेटा प्रतिनिधि, प्रासंगिक या प्रामाणिक नहीं था
ii. बनाई गई धारणाएं उचित नहीं थीं

iii. प्रयुक्त पूर्वानुमान मॉडल या सॉफ्टवेयर उपयुक्त नहीं था

पारिस्थितिक, सामाजिक, आर्थिक और सांस्कृतिक प्रभावों के महत्व को निर्धारित करने के लिए, आम तौर पर व्यक्तिपरक मानदंडों का उपयोग किया जाता है, जिसके परिणामस्वरूप प्रभाव आकलन कुछ हद तक व्यक्तिपरक हो जाता है। इस तरह के गुणात्मक आकलनों में आम तौर पर देखी गई त्रुटियों और कमियों को निवासियों, सामाजिक समूहों, गैर सरकारी संगठनों, सीबीओ और डोमेन विशेषज्ञों सहित विभिन्न हितधारकों के साथ व्यापक परामर्श करके काफी हद तक कम किया जा सकता है।

### *5.12.2 महत्व निर्धारित करने का आधार*

प्रभावों के महत्व का विश्लेषण **चित्र 5.4** में चित्रित रूप में किया गया है। आकलन किए गए प्रभावों के महत्व को निर्धारित करने के लिए एक औपचारिक व्यवस्थित प्रक्रिया का पालन करने की आवश्यकता है। UNEP (2002) ने प्रभावों के महत्व का मूल्यांकन करने के लिए प्रमुख संदर्भ बिंदुओं के रूप में निम्नलिखित सिद्धांतों का सुझाव दिया है:

i. पर्यावरण मानकों, दिशानिर्देशों और उद्देश्यों
ii. सार्वजनिक चिंता का स्तर, विशेष रूप से स्वास्थ्य और सुरक्षा जैसे मुद्दों पर
iii. वैज्ञानिक और वृत्तक साक्ष्य
    क. मूल्यवान संसाधन स्टॉक और पारिस्थितिक कार्यों का नुकसान या व्यवधान
    ख. सामाजिक मूल्यों, जीवन की गुणवत्ता और आजीविका पर नकारात्मक प्रभाव
    ग. भूमि और संसाधन उपयोग के अवसरों को रोकना

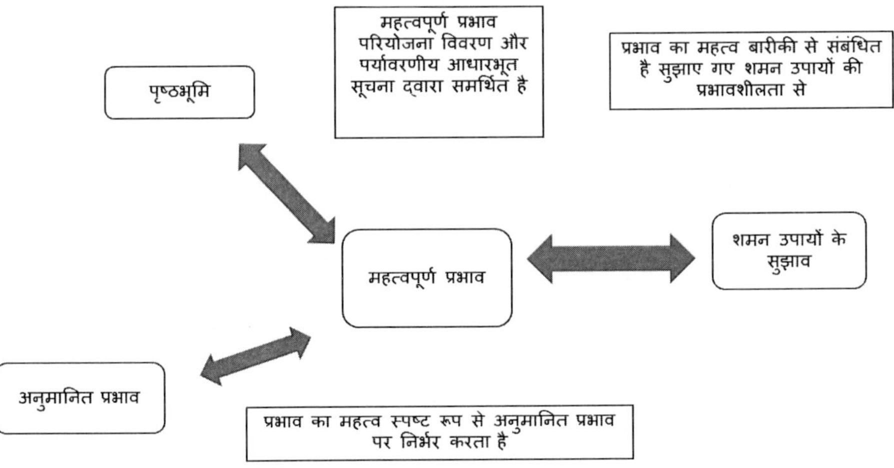


**चित्र 5.4 महत्वपूर्ण प्रभावों को व्यवस्थित रूप से संबोधित करना**
(**स्रोत:** *Duarte and Sanchez 2020*)

महत्व के लिए निम्नलिखित मानदंड (UNEP 2002) को अपनाया जा सकता है:

i. मूल्यांकन किए गए प्रतिकूल प्रभाव महत्वपूर्ण हैं या नहीं, इसका आकलन करने के लिए मानदंड
    क. पर्यावरणीय हानि या गिरावट
    ख. पर्यावरणीय परिवर्तन से प्रत्यक्ष या अप्रत्यक्ष रूप से उत्पन्न सामाजिक प्रभाव
    ग. पर्यावरण मानकों, दिशानिर्देशों, उद्देश्यों या लक्ष्यों के अनुरूप न होना
    घ. जोखिम की संभावना और स्वीकार्यता
ii. प्राकृतिक संसाधनों, पारिस्थितिक कार्यों, या निर्दिष्ट क्षेत्रों पर प्रतिकूल प्रभावों का मूल्यांकन करने के लिए मानदंड।
    क. प्रजातियों की विविधता में कमी
    ख. पौधे या पशु आवास की कमी या विखंडन
    ग. खतरे वाली, दुर्लभ या लुप्तप्राय प्रजातियों का नुकसान
    घ. पारिस्थितिक अखंडता, लचीलापन या स्वास्थ्य की हानि, उदाहरण:
        - खाद्य श्रृंखला का विघटन
        - प्रजातियों की आबादी में गिरावट
        - शिकारी-शिकार संबंधों में परिवर्तन
iii. बायोफिज़िकल परिवर्तनों के परिणामस्वरूप होने वाले प्रतिकूल सामाजिक प्रभावों का मूल्यांकन करने के लिए मानदंड, अर्थात्
    क. मानव स्वास्थ्य और सुरक्षा के लिए खतरा, उदाहरण के लिए लगातार या विषाक्त उत्सर्जन
    ख. व्यावसायिक रूप से मूल्यवान या स्थानीय रूप से महत्वपूर्ण प्रजातियों या स्रोतों में गिरावट, जैसे मछली, जंगल, खेत, या घास के मैदान
    ग. उन क्षेत्रों या पर्यावरणीय घटकों का नुकसान जिनके पास सांस्कृतिक, मनोरंजक या सौंदर्य मूल्य है
    घ. लोगों का विस्थापन
    ङ. कार्यबल की आमद के कारण समुदायों का विघटन
    च. मौजूदा सेवाओं, परिवहन और बुनियादी ढांचे पर दबाव

कैंटर और कैंटी (1993) ने सुझाव दिया कि (प्रतिकूल) प्रभावों के महत्व का निर्धारण निम्नलिखित पहलुओं के आधार पर किया जा सकता है:

क) दुर्लभ या लुप्तप्राय प्रजातियों का नुकसान
ख) प्रजातियों की विविधता में कमी
ग) महत्वपूर्ण या उत्पादक आवास का नुकसान
घ) मूल निवासियों द्वारा पारंपरिक उद्देश्यों के लिए भूमि और संसाधनों के वर्तमान उपयोग की हानि
ङ) प्राकृतिक परिदृश्य का परिवर्तन

च) मानव स्वास्थ्य पर विषाक्तता प्रभाव
छ) वर्तमान और भविष्य की जरूरतों को पूरा करने के लिए नवीकरणीय संसाधनों की क्षमता में कटौती
ज) भविष्य के संसाधन उपयोग या उत्पादन का पृथक्करण

### *5.12.3 महत्व का निर्धारण*

महत्व के निर्धारण को स्थानीय परिदृश्य, प्राथमिकताओं और जरूरतों, और गतिशील स्थिति में उनकी बदलती प्रकृति को स्पष्ट रूप से प्रतिबिंबित करने की आवश्यकता है जिसमें लोगों की आकांक्षाएं बढ़ती रहती हैं। इस उद्देश्य के लिए, एशियाई विकास बैंक (ADB 1994) ने एक परियोजना के पर्यावरणीय महत्व का आकलन करने के लिए निम्नलिखित प्रश्न उठाने की वकालत की है:

i. क्या परियोजना बहुमूल्य, अपूरणीय जैव विविधता, या अन्य संसाधनों में अनुचित नुकसान पैदा करेगी?
ii. क्या परियोजना दुर्लभ संसाधनों के उपयोग में अनुचित तेजी लाएगी और दीर्घकालिक लाभ पर अल्पकालिक लाभ का पक्ष लेगी?
iii. क्या यह परियोजना राष्ट्रीय ऊर्जा को अनुचित स्तर तक प्रतिकूल रूप से प्रभावित करेगी?
iv. क्या इस परियोजना से लुप्तप्राय प्रजातियों को अनुचित खतरा होगा?
v. क्या यह परियोजना अवांछित ग्रामीण-से-शहरी प्रवास को अनुचित स्तर तक तेज करेगी?
vi. क्या यह परियोजना जनसंख्या के गरीब और समृद्ध क्षेत्रों के बीच आय के अंतर को बढ़ाएगी?

अतिरिक्त प्रश्न जो पूछे जा सकते हैं:

vii. क्या यह परियोजना कार्बन डाइऑक्साइड, ओजोन की कमी या जलवायु परिवर्तन जैसे वैश्विक प्रभावों में योगदान देगी?
viii. क्या इस परियोजना का राष्ट्रीय वित्त पर प्रभाव पड़ेगा, उदाहरण के लिए घरेलू जल विद्युत परियोजनाएं आयातित तेल या गैस पर निर्भरता को कम करती हैं?

व्यवहार में, आकलन किए गए प्रभावों के महत्व की स्थापना पर निर्णय लेते समय निम्नलिखित कारकों पर विचार किया जाता है:

i. भौतिक-रासायनिक मापदंडों के लिए लागू नियामक पर्यावरण मानक
ii. वन संरक्षण और वन्यजीव संरक्षण पर लागू विनियम
iii. भूमि अधिग्रहण, और पुनर्वास और पुनर्स्थापन विनियमों पर लागू नियम
iv. भूमि उपयोग पर लागू नियम या दिशानिर्देश
v. अनुमानित प्रभावों की प्रकृति और परिमाण
vi. अनुमानित प्रभावों के मूल्यों में विश्वास
vii. प्राप्त करने वाले पर्यावरण का चरित्र

viii. प्रभावित पर्यावरण का लचीलापन
ix. अध्ययन क्षेत्र में जैव विविधता
x. अध्ययन क्षेत्र में विरासत संसाधन
xi. समान पर्यावरणीय सेटिंग्स के तहत मूल्यवान संसाधन स्टॉक और पारिस्थितिक कार्यों के नुकसान या व्यवधान पर उपलब्ध जानकारी
xii. विस्थापन, आजीविका, स्वास्थ्य, सामाजिक मूल्यों, जीवन शैली पर सार्वजनिक चिंता का स्तर, पर्यावरण, सामान्य संसाधन, पारंपरिक भूमि उपयोग, आदि।
xiii. पर्यावरणीय जोखिम
xiv. शमन की क्षमता
xv. अवशिष्ट प्रभावों का महत्व

प्रस्तावित परियोजना से संबंधित गतिविधियों से उत्पन्न होने वाले महत्वपूर्ण पर्यावरणीय प्रभावों की स्थापना पर एक उपयुक्त निर्णय लेने के बाद, निम्नलिखित बातों पे ध्यान केंद्रित किया जाएगा

क) महत्वपूर्ण प्रभावों को कम करने के लिए विशेष रूप से उपयुक्त शमन और उपचारात्मक उपायों का प्रस्ताव करना
ख) अवशिष्ट प्रभावों के महत्व का मूल्यांकन करना, अर्थात सुझाए गए शमन उपायों को लागू करने के बाद भी परिकल्पित प्रभाव

## 5.13 शमन उपाय

### *5.13.1 शमन उपायों को क्यों शामिल किया जाए?*

जबकि लागू नियमों की आवश्यकताओं को पूरा करने के लिए शमन उपाय आवश्यक हैं, मानव, वनस्पतियों और जीवों, प्राकृतिक संसाधनों, विरासत, सांस्कृतिक संसाधनों और संरचनाओं के स्वास्थ्य और कल्याण के लिए जोखिम को न्यूनतम व्यावहारिक स्तर तक कम करने पर जोर दिया जाना चाहिए। इस उद्देश्य के लिए, यह आवश्यक है कि परियोजना डिजाइनों में सर्वोत्तम उपलब्ध प्रौद्योगिकी (बीएटी), सर्वोत्तम पर्यावरण प्रथाओं (बीईपी), और सर्वोत्तम इंजीनियरिंग और परिचालन प्रथाओं को अपनाया जाए। परियोजना विवरण अध्याय को विशेष रूप से इन पहलुओं को भी उजागर करना चाहिए। ईआईए टीम लीडर को यह सुनिश्चित करने के लिए आवश्यक क्षेत्रीय तकनीकी विशेषज्ञता जुटाने की आवश्यकता है कि इन्हें परियोजना डिजाइन में शामिल किया गया है, यह देखते हुए कि एक विशिष्ट ईआईए टीम में ऐसी प्रवीणता नहीं हो सकती है।

परियोजना जीवनचक्र के निर्माण और संचालन चरणों में प्रभावों के लिए शमन उपायों का प्रस्ताव करने के अलावा, नीचे चित्रित कुछ परियोजनाओं के अन्य चरणों को भी शमन के लिए विचार करने की आवश्यकता है:

i. खनन, और तेल और गैस परियोजनाओं के लिए पूर्व-निर्माण चरण, जिसमें पूर्वेक्षण, अन्वेषण, और विशिष्ट भूकंपीय अध्ययन शामिल हैं
ii. बंद करने का चरण, जिसमें विघटन या विध्वंस या परित्याग शामिल है, और ऑपरेशन चरण के पूरा होने पर उचित बहाली, अर्थात् विनिर्माण और ऊर्जा क्षेत्र की परियोजनाओं को बंद करना या ध्वस्त करना
    क. अचल संपत्ति और अवसंरचनात्मक परियोजनाओं के लिए नवीकरण या पुनर्निर्माण के लिए मौजूदा संरचनाओं का विध्वंस
    ख. सड़क उन्नयन के लिए मौजूदा सड़कों को ध्वस्त करना, और नए पुलों के निर्माण के लिए पुराने पुलों का विध्वंस
    ग. अपशिष्ट लैंडफिल सुविधाओं के लिए बंद करना और बाद में रखरखाव और निगरानी
    घ. साइट के परित्याग से पहले खनन, और तेल और गैस परियोजनाओं की बहाली, आदि।

यह देखते हुए कि विभिन्न जीवनचक्र चरणों में की गई परियोजना से संबंधित गतिविधियों से विभिन्न प्रकार के संभावित प्रभाव महसूस किए जाएंगे, शमन उपायों को परियोजना चरण-वार प्रलेखित किया जाना चाहिए। यह फिर से जोर दिया जा सकता है कि सुझाए गए प्रत्येक विशिष्ट शमन उपाय को आकलन किए गए विशिष्ट महत्वपूर्ण प्रभाव के अनुरूप होना चाहिए, और विभिन्न परिचालन परिदृश्यों के तहत इसकी दक्षता निर्धारित और प्रलेखित है।

### *5.13.2 शमन उपायों के उद्देश्य*

शमन उपायों (विश्व बैंक 1999 बी) का प्राथमिक उद्देश्य प्रतिकूल पर्यावरणीय प्रभावों को खत्म करना, ऑफसेट करना या कम करना है। शमन के उद्देश्य, प्राथमिकता के अनुमानित क्रम में, संक्षेप में नीचे वर्णित हैं:

i. परिहार, यानी उन परियोजनाओं या गतिविधियों से बचना जिनके परिणामस्वरूप प्रतिकूल प्रभाव पड़ सकता है और पर्यावरण के प्रति संवेदनशील माने जाने वाले कुछ प्रकार के संसाधनों या साइटों से बचना। परियोजना प्रौद्योगिकी चयन चरण में लागू होने पर यह दृष्टिकोण सबसे प्रभावी है।
ii. रोकथाम, यानी नकारात्मक पर्यावरणीय प्रभावों की घटना को रोकने और/या हानिकारक पर्यावरणीय और सामाजिक प्रभावों वाली ऐसी घटना को रोकने के उद्देश्य से मापना। परियोजना के बुनियादी डिजाइन चरण में अपनाए जाने पर यह दृष्टिकोण सबसे प्रभावी होता है।
iii. संरक्षण, यानी किसी भी भविष्य के कार्यों को रोकना जो पर्यावरणीय संसाधन या विशेषता पर प्रतिकूल प्रभाव डाल सकता है। यह आमतौर पर परियोजना की तत्काल आवश्यकताओं से परे चयनित संसाधनों को कानूनी सुरक्षा प्रदान करके प्राप्त किया जाता है। क्षेत्र विकास योजना तैयार करने के चरण में अपनाए जाने पर यह दृष्टिकोण सबसे प्रभावी होता है।
iv. न्यूनीकरण, अर्थात स्वीकार्य सीमाओं के भीतर अवशिष्ट पर्यावरणीय प्रभावों को सीमित करना या प्रतिकूल प्रभावों की डिग्री, सीमा, परिमाण या अवधि को कम करना। यह दृष्टिकोण आम तौर पर

परियोजना के विस्तृत डिजाइन चरण में अपनाया जाता है और इसमें परियोजना के कुछ तत्वों को कम करने, स्थानांतरित करने या फिर से डिजाइन करने जैसे उपाय शामिल हो सकते हैं।

v. पुनर्वास, यानी प्राकृतिक आवासों या जल स्रोतों जैसे प्रभावित संसाधनों की मरम्मत या वृद्धि करना, खासकर जब जनता पहले के विकास में प्रस्तावित शमन उपायों के बारे में संदेह करती है, जिसके परिणामस्वरूप कुछ संसाधनों का महत्वपूर्ण क्षरण हुआ। परियोजना के कार्यान्वयन के दौरान अधिमानतः इस दृष्टिकोण को अपनाया जाता है।

vi. बहाली, यानी प्रभावित संसाधनों को पहले, और संभवतः अधिक स्थिर और उत्पादक स्थिति में बहाल करना, आमतौर पर "पृष्ठभूमि या प्राचीन" स्थिति। यह दृष्टिकोण परियोजना जीवनचक्र के संचालन चरण के तुरंत बाद अपनाया जाता है, उदाहरण के लिए खनन परियोजनाओं के लिए।

vii. क्षतिपूर्ति, अर्थात विकास के लिए खोए गए संसाधनों की भरपाई के लिए किसी अन्य स्थान पर प्रभावित संसाधनों का निर्माण, वृद्धि या सुरक्षा। यह दृष्टिकोण आम तौर पर परियोजना जीवनचक्र के निर्माण चरण को शुरू करने से पहले अपनाया जाता है, उदाहरण के लिए परियोजना के लिए वन भूमि का उपयोग करने के बदले में किसी अन्य स्थान पर प्रतिपूरक वनीकरण।

### *5.13.3 शमन का पदानुक्रम*

न्यूनीकरण उपायों का प्रस्ताव करते समय, परियोजना जीवनचक्र के प्रारंभिक चरण में ही पर्यावरणीय प्रभावों से बचाव और रोकथाम को सर्वोच्च प्राथमिकता देना वांछनीय होगा, और प्रभावित संसाधनों की बहाली और खोए हुए संसाधनों के मुआवजे को कम से कम प्राथमिकता देना चाहिए, जो आम तौर पर परियोजना जीवनचक्र के संचालन या ऑपरेशन के बाद के चरण में किया जाता है। UNEP (2002) से संशोधित शमन के तत्वों को कार्रवाई के लिए एक अनुमानित पदानुक्रम में व्यवस्थित किया जाता है और उदाहरणों के साथ नीचे चर्चा की जाती है:

i. जहां तक संभव हो, इस तरह के उपायों को अपनाकर प्रतिकूल प्रभावों से बचें:
   क. उन गतिविधियों को शुरू न करना जिनमें प्रमुख प्रतिकूल प्रभावों की संभावना है
   ख. पर्यावरण के प्रति संवेदनशील स्थलों से बचना
   ग. खतरनाक पदार्थों के उपयोग और उत्पादन से बचना
   घ. रासायनिक पदार्थों के निर्माण के लिए स्वच्छ प्रौद्योगिकियों, क्लीनर उत्पादन तकनीकों और हरित रसायन विज्ञान को नियोजित करना
   ङ. सर्वोत्तम उपलब्ध प्रौद्योगिकियों और सर्वोत्तम इंजीनियरिंग और परिचालन प्रथाओं का उपयोग करना
   च. स्वाभाविक रूप से सुरक्षित डिजाइनों का उपयोग करना
   छ. रैखिक विकास परियोजनाओं को फिर से संरेखित करना, आदि।

ii. निम्नलिखित उपायों को अपनाकर प्रतिकूल प्रभावों को यथोचित व्यावहारिक (ALARP) स्तरों तक कम या कम करना:
   क. परियोजना के आकार या पैमाने को कम करना

ख. वैकल्पिक बैठक

ग. सर्वोत्तम नियंत्रण प्रौद्योगिकी और सर्वोत्तम इंजीनियरिंग और परिचालन प्रथाओं का उपयोग करना

घ. उन्नत प्रक्रिया नियंत्रण और इंस्ट्रूमेंटेशन को नियोजित करना

ङ. उचित योजना

iii. प्रतिकूल अवशिष्ट पर्यावरणीय प्रभावों का उपचार जो अपरिहार्य हैं और शमन कार्यों द्वारा आगे कम नहीं किए जा सकते हैं, इस तरह के उपायों को अपनाकर:

क. पर्यावास वृद्धि के माध्यम से प्रभावित स्थल का पुनर्वास

ख. विनिर्माण और ऊर्जा क्षेत्र की परियोजनाओं के निर्माण चरण के बाद और खनन, और तेल और गैस की खोज और उत्पादन जैसी परियोजनाओं के संचालन चरण के बाद प्रभावित स्थल की बहाली

ग. समान संसाधन मूल्यों को किसी अन्य स्थान पर प्रतिस्थापित करना, उदाहरण के लिए पौधों का स्थानांतरण, जानवरों का स्थानांतरण, और प्रतिपूरक वनीकरण

iv. निम्नलिखित उपायों के माध्यम से अवशिष्ट पर्यावरणीय प्रभावों की क्षतिपूर्ति:

क. मौद्रिक मुआवजा, यानी भूमि के नुकसान या किसी विशेष सुविधा के लिए भुगतान

ख. कानूनी प्रतिबद्धता, अर्थात पुनर्वास और पुनर्स्थापन योजनाओं के लिए धन जमा करना, और भविष्य में पर्यावरणीय घटकों के संभावित संदूषण या क्षरण के मामले में साइट उपचार

ग. पर्यावरण में वृद्धि के लिए स्वैच्छिक उपाय करना, परियोजना प्रभावित व्यक्तियों को रोजगार प्रदान करना, स्थानीय व्यक्तियों की रोजगार क्षमता में सुधार करने के लिए उनका कौशल विकास करना, भौतिक और सामाजिक अवसंरचना में सुधार आदि।

*शमन को प्रत्येक चरण के माध्यम से वैचारिक योजना से लेकर पूरे परियोजना जीवनचक्र में शामिल गतिविधियों की योजना का एक अभिन्न घटक होना चाहिए।* प्रत्येक महत्वपूर्ण प्रभाव की गंभीरता को स्वीकार्य स्तर तक लाने के लिए उचित, विशिष्ट, पर्याप्त, प्रभावी, व्यावहारिक और कार्यान्वयन योग्य शमन उपायों का सुझाव दिया जाना है। इस बात पर फिर से जोर दिया जा सकता है कि प्रभावों के शमन के लिए पदानुक्रम, निम्नानुसार, का पालन करने की आवश्यकता है:

1. प्रभावों के कारण कारकों की रोकथाम
2. स्रोत पर नियंत्रण
3. रिसेप्टर्स पर नियंत्रण
4. उपचारात्मक या मुआवजा तंत्र

इन्हें आगे निम्नानुसार समझाया गया है:

i. स्रोत पर निवारक उपायों को अपनाकर *प्रतिकूल पर्यावरणीय प्रभावों* से बचना, सर्वोत्तम उपलब्ध प्रौद्योगिकियों को अपनाना, जैसे बीएटीएनईसी, सर्वोत्तम इंजीनियरिंग के साथ-साथ परिचालन

प्रथाओं, वैकल्पिक फीडस्टॉक, आदि को अपनाना विनिर्माण, ऊर्जा और संबद्ध क्षेत्र की परियोजनाओं के लिए। उदाहरण के लिए, क्लोर-क्षार का उत्पादन करने के लिए झिल्ली कोशिका प्रौद्योगिकी, थर्मल पावर प्लांट के लिए कोयले के स्थान पर ईंधन के रूप में प्राकृतिक गैस, ऊर्जा के नवीकरणीय स्रोत आदि।

ii. स्रोत पर कुशल और प्रभावी नियंत्रण उपायों को अपनाकर *प्रतिकूल पर्यावरणीय प्रभावों* को व्यावहारिक स्तर तक कम करना, जैसे अधिकतम प्राप्त करने योग्य नियंत्रण प्रौद्योगिकी (MACT) (US EPA 1990) को अपनाना, सर्वोत्तम व्यवहार्य पर्यावरणीय विकल्पों सहित सर्वोत्तम पर्यावरणीय प्रथाओं, मानक संचालन प्रक्रियाओं (एसओपी), शोर के स्रोतों के आसपास उपयुक्त बाड़े आदि। उदाहरण के लिए, स्रोत से निकलने वाले शोर को कम करने के लिए आकार में कमी की प्रक्रियाओं जैसे कि पल्वराइजिंग, टर्बाइन के आसपास बाड़े और डीजल उत्पन्न करने वाले सेट से पार्टिकुलेट मैटर के उत्सर्जन को कम करने के लिए बैग फिल्टर

iii. राजमार्गों और रेल के दोनों ओर बाधाओं का प्रस्ताव करके *रिसेप्टर्स पर प्रभावों* को नियंत्रित करना ताकि राजमार्गों और रेलवे की परियोजनाओं से रिसेप्टर्स को शोर प्रसार में बाधा डाली जा सके, शोर जोखिम की तीव्रता को कम करने के लिए मानव रिसेप्टर्स को इर्मफ और ईयरप्लग प्रदान किए जा सकें, आदि।

iv. परियोजना के लिए वन भूमि के उपयोग के बदले किसी अन्य स्थान पर क्षतिपूरक वनीकरण, आदि के रूप में परियोजना प्रभावित व्यक्तियों को नकद, नकद सहायता, नौकरी, वैकल्पिक आवास और/या स्वास्थ्य देखभाल सुविधाओं के रूप में मुआवजा प्रदान करके अपरिहार्य प्रतिकूल अवशिष्ट *पर्यावरणीय प्रभावों की मध्यस्थता* या क्षतिपूर्ति करना।

यह सराहना की जा सकती है कि कॉर्पोरेट सामाजिक जिम्मेदारी (सीएसआर) की अवधारणा पर्यावरणीय प्रभावों के शमन से पूरी तरह से अलग है। सीएसआर का उद्देश्य जीवन की गुणवत्ता में सुधार और पर्यावरण को बढ़ाने के लिए बड़े पैमाने पर जनता के साथ परियोजना संगठन के मुनाफे को साझा करना है। सीएसआर परियोजनाओं पर तभी लागू होता है जब वे चालू हो जाते हैं और लाभ कमाना शुरू कर देते हैं। शमन उपायों के लिए बजट या व्यय परियोजना की पूंजीगत लागत का एक घटक है क्योंकि शमन उपायों को परियोजना के साथ-साथ कार्यान्वित करने की आवश्यकता है और परियोजना के संचालन शुरू होने पर चालू होना चाहिए। इस प्रकार, सीएसआर से संबंधित गतिविधियों को पर्यावरणीय प्रभाव शमन उपायों के साथ भ्रमित नहीं किया जाना चाहिए।

## 5.14 अवशिष्ट पर्यावरणीय प्रभाव

अवशिष्ट पर्यावरणीय प्रभाव वे हैं जो व्यवहार्य, लागत प्रभावी और व्यावहारिक शमन उपायों को लागू करने के बाद भी बने रहते हैं, जैसा कि संशोधित प्रवाह आरेख (RSK और ERM 2002), **चित्र 5.5** में दिखाया गया है विभिन्न पर्यावरणीय सेटिंग्स में लगातार अवशिष्ट प्रभावों की तुलना करना अक्सर

मुश्किल होता है। आम तौर पर, संबंधित कार्यात्मक वृत्तकों को परिचालन परियोजनाओं के लिए उनके सीमित जोखिम के साथ अवशिष्ट प्रभावों का आकलन करना मुश्किल हो सकता है। इस प्रकार ईआईए टीम लीडर को उन विशेषज्ञों को शामिल करने की आवश्यकता है जिनके पास अवशिष्ट पर्यावरणीय प्रभावों का आकलन करने के लिए परियोजना से संबंधित गतिविधियों और व्यापक अनुभव की बहुत गहरी समझ है, अधिमानतः समान गतिविधियों या परियोजनाओं के साथ काम का अनुभव।

अवशिष्ट पर्यावरणीय प्रभावों के महत्व का स्तर प्रभाव परिणाम मानदंडों के आधार पर निर्धारित किया जाता है, जैसा कि **तालिका 5.4** में दर्शाया गया है। मानदंड लागू नियमों, प्रत्यक्ष और अप्रत्यक्ष प्रभावों, स्थानिक और अस्थायी प्रभावों और प्रतिवर्ती और अपरिवर्तनीय प्रभावों सहित कई पहलुओं को ध्यान में रखते हैं। विचार किए गए पर्यावरणीय गुणों में वायु गुणवत्ता, शोर, यातायात, जल संसाधन और पानी की गुणवत्ता, मिट्टी, परिदृश्य, पारिस्थितिकी और सामाजिक और सांस्कृतिक पहलू शामिल हैं। प्रत्येक अवशिष्ट पर्यावरणीय प्रभाव के लिए, 1 और 5 के बीच एक संभावना रैंकिंग, और 1 और 5 के बीच परिणाम या गंभीरता रैंकिंग सौंपी गई है। महत्व को लाभकारी, निम्न, मध्यम और उच्च के रूप में स्थान दिया गया है। मध्यम और उच्च स्तर के अवशिष्ट पर्यावरणीय प्रभावों को पर्यावरणीय प्रबंधन कार्यक्रम में और अधिक विचार करने की आवश्यकता है।

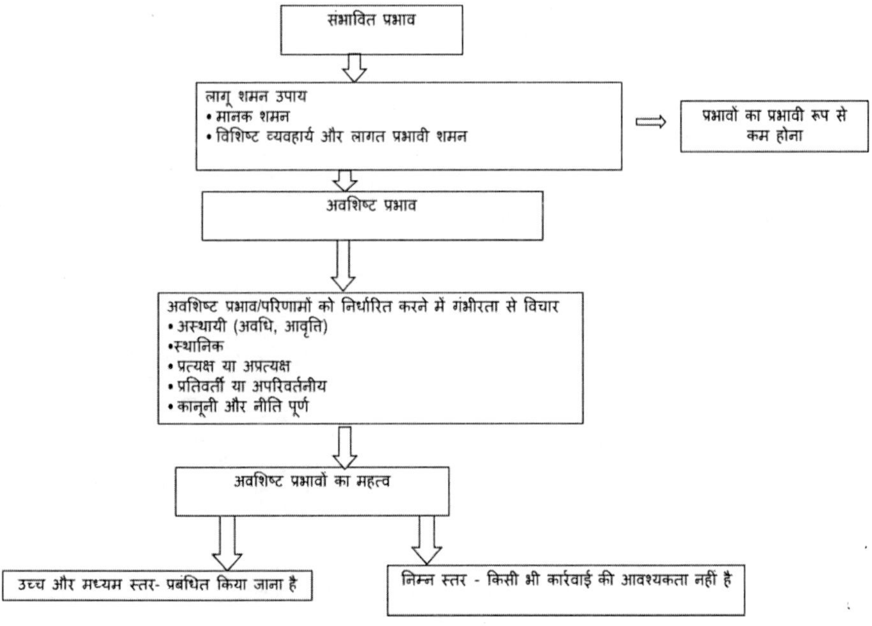


**चित्र 5.5 अवशिष्ट प्रभाव- महत्व का प्रवाह पत्रक**

(**स्रोत:** *"बीटीसी तेल पाइपलाइन के लिए पर्यावरण और सामाजिक प्रभाव आकलन रिपोर्ट, अज़रबैजान", 2002*)

**तालिका 5.4 अवशिष्ट पर्यावरणीय प्रभावों का महत्व स्तर**

| Likelihood | | | | | |
|---|---|---|---|---|---|
| 5 | L | M | M | H | H |
| 4 | L | L | M | M | H |
| 3 | L | L | M | M | M |
| 2 | L | L | L | L | M |
| 1 | L | L | L | L | M |
| | 1 | 2 | 3 | 4 | 5 |
| | Consequence/Severity | | | | |

**स्रोत:** *"बीटीसी तेल पाइपलाइन, अज़रबैजान के लिए पर्यावरण और सामाजिक प्रभाव आकलन रिपोर्ट" 2002*

| संभावना की रैंकिंग | | गंभीरता की रैंकिंग | |
|---|---|---|---|
| ***रैंकिंग*** | ***घटना की संभावना की परिभाषा*** | ***रैंकिंग*** | ***परिणाम की गंभीरता की परिभाषा*** |
| 1 | सामान्य परिचालन स्थितियों के तहत असंभव घटना लेकिन असाधारण परिस्थितियों में हो सकती है | 1 | बहुत कम |
| 2 | घटना की संभावना नहीं है लेकिन सामान्य परिचालन स्थितियों के तहत कुछ समय में हो सकता है | 2 | कम (L) |
| 3 | सामान्य परिचालन स्थितियों के तहत कुछ समय में संभावित घटना | 3 | मध्यम (M) |
| 4 | सामान्य परिचालन स्थितियों के तहत बहुत संभावना है | 4 | उच्च (H) |
| 5 | सामान्य परिचालन स्थितियों के तहत घटना | 5 | बहुत अधिक |

## 5.15 विकल्पों पर विचार

विचार किए गए पहलुओं और विकल्पों की परीक्षा परियोजना के प्रकार, स्थान और समय और बजट की उपलब्धता पर निर्भर करेगी। पसंदीदा विकल्प के चयन के लिए उपयोग किए जाने वाले आधार और सकारात्मक पहलुओं को अनुकूलित करने और नकारात्मक पहलुओं को कम करने के लिए विकल्पों का चयन करने की प्रक्रिया को पारदर्शिता के लिए स्पष्ट रूप से प्रलेखित किया जाना चाहिए।

विकल्पों के विचार के विवरण पर अध्याय 3 में चर्चा की गई है। संबंधित कार्यात्मक वृत्तकों के साथ ईआईए टीम लीडर आगे के मूल्यांकन के लिए कुछ व्यवहार्य विकल्पों को शॉर्टलिस्ट करता है, आमतौर पर, 3-5 या टीओआर में निर्दिष्ट के रूप में। परियोजना के प्रत्येक जीवनचक्र चरण में पर्यावरणीय प्रभावों की पहचान किए गए प्रत्येक विकल्प के लिए अनुमान लगाया जाता है, और व्यवहार्य शमन उपायों पर विचार किया जाता है। विकल्पों का व्यापक रूप से प्राकृतिक संसाधन

आवश्यकताओं, पर्यावरणीय प्रभावों, अवशिष्ट प्रभावों, परियोजना लागत और सार्वजनिक स्वीकृति के लिए मूल्यांकन किया जाता है। इस तरह के विवरण का वर्णन और सारांश किया गया है।

*वैकल्पिक अभ्यास के विचार का आउटपुट* आम तौर पर एक मैट्रिक्स के रूप में दर्शाया जाता है, जिसे **तालिका 5.5** में चित्रित किया गया है। पर्यावरणीय दृष्टिकोण से सबसे अच्छा विकल्प विस्तृत ईआईए के लिए चुना गया है, जिसे अध्याय 6 में वर्णित किया गया है। सर्वोत्तम विकल्प के चयन के लिए उपयोग किए जाने वाले आधार का औचित्य वर्णित है।

### तालिका 5.5 विकल्पों पर विचार का सारांश

| निर्णय कारक | विकल्पों पर विचार | | |
|---|---|---|---|
| | 1 | 2 | 3 |
| *प्राकृतिक संसाधन की आवश्यकता* | | | |
| *आर्थिक दक्षता* | | | |
| • परियोजना के लाभ | | | |
| • वापसी की दर/वापसी अवधि | | | |
| *पर्यावरणीय प्रभाव* | | | |
| • वायु गुणवत्ता | | | |
| • पानी की मात्रा, गुणवत्ता | | | |
| ◦ सतह | | | |
| ◦ मैदान | | | |
| • शोर | | | |
| • मिट्टी, भूमि और भूमि उपयोग | | | |
| ◦ मिट्टी का प्रकार और गुणवत्ता | | | |
| ◦ भूमि उपयोग, जल निकासी पैटर्न | | | |
| • पारिस्थितिकी प्रणालियों | | | |
| ◦ प्रजातियों और आवास विविधता और गुणवत्ता | | | |
| ◦ खतरे में या लुप्तप्राय प्रजातियां और आवास | | | |
| ◦ पक्षिवृंद सहित प्रवासी जीव | | | |
| • खतरे और जोखिम | | | |
| ◦ मानव स्वास्थ्य जोखिम | | | |
| ◦ आग और विस्फोट | | | |
| *सामाजिक-आर्थिक पहलू* | | | |
| • प्रभावित आबादी | | | |
| • लोगों का विस्थापन | | | |
| • आय का स्तर और स्रोत | | | |

| **निर्णय कारक** | **विकल्पों पर विचार** | | |
|---|---|---|---|
| | **1** | **2** | **3** |
| • सांस्कृतिक संसाधन | | | |
| • भौतिक और सामाजिक बुनियादी ढांचा | | | |
| *सार्वजनिक स्वीकृति* | | | |

**स्रोत:** *"पर्यावरणीय प्रभाव आकलन" 1996 से संशोधित*

*वैकल्पिक परियोजनाओं, डिजाइन, प्रौद्योगिकी, निर्माण और संचालन के विवरण आदि के बारे में जानकारी यह आम तौर पर ईआईए टीम द्वारा परियोजना प्रस्तावक से प्राप्त किया जाता है। ईआईए टीम लीडर को सर्वोत्तम विकल्प पर पहुंचने के लिए विकल्पों और पर्यावरणीय मूल्यांकन के विभिन्न पहलुओं के गहन विश्लेषण के लिए कुछ क्षेत्रीय और पर्यावरण विशेषज्ञों को भी शामिल करने की आवश्यकता है।*

## 5.16 पर्यावरणीय प्रबंधन कार्यक्रम

राथी (2016, 2019) में समझाया गया एक पर्यावरणीय प्रबंधन कार्यक्रम (ईएमपीजी) को आमतौर पर पर्यावरणीय प्रभाव आकलन (ईआईए) रिपोर्टों में पर्यावरणीय प्रबंधन योजना (ईएमपी) के रूप में संदर्भित किया जाता है। इसे रिपोर्ट का एक अभिन्न और महत्वपूर्ण घटक माना जाता है जैसा कि ईआईए के वैचारिक ढांचे में उजागर किया गया है। एक पर्यावरणीय प्रबंधन कार्यक्रम (ईएमपीजी), इस पुस्तक में उपयोग की जाने वाली शब्दावली, साहित्य में उपयोग किए जाने वाले "ईआईए फॉलो-अप के डिजाइन" शब्द के समान है (झा-ठाकुर *एट ऑल.* 2009) कुछ ईआईए ढांचे में, ईआईए रिपोर्ट को "पर्यावरणीय प्रभाव आकलन और पर्यावरणीय प्रबंधन योजना रिपोर्ट" के रूप में संदर्भित किया जाता है।

### *5.16.1 पर्यावरणीय प्रबंधन कार्यक्रम क्या है?*

ईएमपीजी अनिवार्य रूप से एक रोड मैप है जो बताता है कि प्रमुख तत्वों, जैसे शमन उपायों, कार्यान्वयन और निगरानी कार्यक्रम, लागत अनुमान (Floroeu 2012), संसाधन आवश्यकताओं और संस्थागत व्यवस्थाओं को यह सुनिश्चित करने के लिए शामिल किया जाता है कि परियोजना प्रस्तावक परियोजना के साथ पर्यावरणीय प्रबंधन उपायों को लागू करेगा (ADB 2012, DEAT 2004ए, MOEF 2012) ताकि पर्यावरण के विभिन्न घटकों पर नकारात्मक प्रभाव, जैसे भौतिक-रासायनिक, पारिस्थितिक और सामाजिक-आर्थिक, परियोजना जीवनचक्र के समाप्त या कम से कम हो जाते हैं। प्रत्येक चरण में, और सभी पक्षों को लाभ सबसे अधिक लागत प्रभावी तरीके से अधिकतम किया जाता है (CDB 2005)। प्रबंधन नीति और नीति कार्यान्वयन, प्रदर्शन की आवश्यकता और रिपोर्टिंग (एबॉट पॉइंट 2005) के तंत्र को स्पष्ट रूप से बताया गया है। परियोजना के लिए कानूनी आवश्यकताओं को परिभाषित किया गया है और ईएमपी के लिए नियामक परमिट और लाइसेंस की पहचान की गई है (Aquasure 2011)। यह एक अधिक व्यवस्थित और स्पष्ट दस्तावेज

भी बनाता है जिसका उपयोग सक्षम प्राधिकारी द्वारा पर्यावरण अनुमोदन शर्तों (Bru and Lee 1996) को तैयार करने में किया जा सकता है।

ईएमपीजी अनिवार्य रूप से एक रोड मैप है जो दूसरों के बीच, वर्णन करता है कि अध्याय में प्रस्तावित प्रभाव शमन उपायों, "प्रभाव आकलन और शमन उपायों" को परियोजना के प्रत्येक जीवनचक्र चरण में आवश्यक माने जाने वाले अन्य उपायों के साथ कैसे लागू करने का प्रस्ताव है। परियोजना के प्रत्येक चरण के लिए ईएमपीजी, अर्थात् निर्माण-पूर्व, निर्माण, संचालन और ऑपरेशन के बाद अलग-अलग तैयार किया जाना आवश्यक है। शमन उपायों, पर्यावरणीय निगरानी और सामाजिक उत्थान, पर्यावरणीय वृद्धि आदि के लिए गतिविधियों के संचालन के लिए मानक संचालन प्रक्रियाओं और प्रथाओं पर जोर दिया गया है। एक उचित रूप से डिजाइन किए गए ईएमपीजी का प्रभावी कार्यान्वयन और संचालन केवल यह सुनिश्चित करने में मदद कर सकता है कि परियोजना से संबंधित गतिविधियों से उत्पन्न पर्यावरणीय प्रभावों को स्वीकार्य सीमाओं के भीतर रखा जाता है।

प्रभावों का पूर्वानुमान में निहित कई अनिश्चितताओं के कारण, विशेष रूप से बड़ी ग्रीनफील्ड परियोजनाओं के लिए, जैसा कि पहले वर्णित है, और उचित ईआईए की कमी के कारण, यह संभावना है कि

i. कुछ प्रभावों की पहचान नहीं हो पाती है
ii. कुछ परियोजना गतिविधियों के वास्तविक प्रभाव अनुमानित स्तरों से अधिक होते हैं
iii. सुझाए गए शमन उपाय पर्याप्त या प्रभावी नहीं हैं
iv. अप्रत्याशित और गंभीर प्रभाव कुछ कारकों के कारण महसूस किए जाते हैं जैसे
    क. डिजाइन, विस्तृत इंजीनियरिंग और/या परियोजना कार्यान्वयन में विचलन
    ख. कुछ उपकरणों और उपकरणों की खराबी
    ग. फीडस्टॉक और/या ईंधन की गुणवत्ता में भिन्नता
    घ. सूक्ष्म मौसम विज्ञान आदि में प्रमुख भिन्नताएं।

इस प्रकार, अन्य पहलुओं के अलावा, एक ईएमपीजी में शामिल हैं:

क. प्रभाव भविष्यवाणियों, अप्रत्याशित स्थितियों और प्राकृतिक आपदाओं में सीमाओं को पूरा करने के लिए एक आकस्मिक कार्यक्रम
ख. मिट्टी और जल निकायों का उपचार जो बड़े आकस्मिक रिसाव और/या निर्वहन से प्रभावित होने की संभावना
ग. उत्सर्जन और निर्वहन से प्रभावित पुष्प प्रजातियों की बहाली
घ. प्रभावित फसलों के साथ-साथ जनसंख्या के लिए मुआवजे का प्रावधान

### *5.16.2 पर्यावरणीय प्रबंधन कार्यक्रम की आवश्यकता क्यों है?*

सक्षम प्राधिकारी को प्रस्तावित 95% से अधिक परियोजनाओं को आम तौर पर पर्यावरणीय अनुमोदन प्रदान किया जाता है, मुख्य रूप से ईआईए के आधार पर, और ईआईए रिपोर्टों में प्रलेखित शमन उपायों का सुझाव दिया जाता है। हालांकि, पर्यावरणीय अनुमोदन हमेशा सामान्य और साथ ही परियोजना और साइट-विशिष्ट स्थितियों की एक लंबी सूची के साथ होते हैं। किसी परियोजना के लिए पर्यावरणीय अनुमोदन प्राप्त करने पर, पर्यावरण अनुमोदन शर्तों के अनुपालन के लिए कार्यक्रम, और आंतरिक रिपोर्टिंग के तंत्र के साथ-साथ बाहरी एजेंसियों को रिपोर्टिंग के पहले तैयार किए गए ईएमपीजी में शामिल करने की आवश्यकता होती है। जबकि पर्यावरण अनुमोदन शर्तों का अनुपालन केवल तभी संभव है जब ईआईए रिपोर्ट में शामिल सावधानीपूर्वक डिज़ाइन किए गए पर्यावरणीय प्रबंधन कार्यक्रम का उचित कार्यान्वयन, परिचालन, निगरानी, लेखा परीक्षा, समीक्षा और अद्यतन हो, यह ईआईए प्रक्रिया की कुछ कमियों को भी दूर कर सकता है। *इस प्रकार एक ईएमपीजी को ईआईए प्रक्रिया का सबसे महत्वपूर्ण परिणाम माना जाता है, खासकर विकासशील देशों के लिए जहां ईआईए प्रक्रिया मजबूत नहीं है, और आर्थिक विकास पर्यावरणीय विचारों सहित अन्य प्राथमिकताओं को ओवरराइड करता है।*

जबकि अनुमोदित परियोजना कार्यान्वयन के अधीन है और बाद में संचालन और/या ऑपरेशन के बाद, यह ईएमपीजी का परिचालन, और आवधिक लेखा परीक्षा और प्रबंधन समीक्षा है जो ईआईए (सैडलर 1996) के मूल उद्देश्यों को प्राप्त करने में मदद करती है, अर्थात्:

i. प्राकृतिक प्रणालियों और पारिस्थितिक प्रक्रियाओं की उत्पादकता और क्षमता का संरक्षण जो उनके कार्यों को बनाए रखते हैं
ii. धारणीय विकास को बढ़ावा देना
iii. संसाधन उपयोग और प्रबंधन के अवसरों का अनुकूलन

यह देखते हुए कि एक उचित रूप से निष्पादित ईएमपीजी अनुमोदित परियोजना की दीर्घकालिक पर्यावरणीय स्थिरता की रक्षा कर सकता है, इसे परियोजना अवधारणा, योजना, डिजाइन, निर्माण, संचालन और पोस्ट-ऑपरेशन चरणों के माध्यम से प्रस्तावित परियोजना के पूरे जीवनचक्र में शामिल सभी गतिविधियों के साथ एकीकृत करने की आवश्यकता है।

## 5.17 अन्य पहलू

### *5.17.1 उपेक्षित प्रभाव*

जबकि एक परियोजना की प्रमुख गतिविधियों को आम तौर पर उनके संभावित प्रभावों के लिए माना जाता है, कुछ गतिविधियां ऐसी हो सकती हैं जिन्हें अनदेखा किया जाता है, संभवतः ज्ञान की कमी के कारण। उदाहरण के लिए, ब्लास्टिंग जैसी परियोजना गतिविधियां, जो खनिजों और हाइड्रोकार्बन की

पूर्वेक्षण के लिए की जाती हैं, को अल्पकालिक संचालन माना जाता है। ब्लास्टिंग के पर्यावरणीय प्रभाव, उदाहरण के लिए मिट्टी की सतह पर मौजूद *माइक्रोफ्लोरा और माइक्रोफौना* पर, आम तौर पर मान्यता प्राप्त नहीं है और इसलिए ऐसे प्रभावों को नजरअंदाज कर दिया जाता है।

इसी तरह, सौर ऊर्जा परियोजनाओं के प्रभाव *माइक्रोएन्वायरमेंट* पर प्रभावों को नहीं पहचानते हैं, और 25-30 वर्षों के पैनलों के जीवनचक्र के पूरा होने पर सौर पैनलों में उपयोग किए जाने वाले कांच के निपटान के प्रभावों को पहचानते हैं। इस्तेमाल किए गए ग्लास को आम तौर पर निष्क्रिय माने जाने वाले किसी भी अन्य ग्लास की तरह लैंडफिल में निपटाने का प्रस्ताव है, भले ही इसमें एंटीमनी सहित भारी धातुएं होती हैं, जिनमें जल संसाधनों को बाहर निकालने और प्रदूषित करने की प्रवृत्ति होती है।

इसके अलावा, एक *परियोजना के निर्माण चरण* में प्रभाव अक्सर अस्थायी और नगण्य माना जाता है, और कोई शमन उपाय प्रस्तावित नहीं किए जाते हैं, भले ही यह चरण कई महीनों या उससे भी अधिक समय तक चल सकता है। यह स्वीकार करने की आवश्यकता है कि एक परियोजना के निर्माण चरण में गतिविधियां निम्नलिखित के साथ होती हैं

i. हवा में पार्टिकुलेट मैटर और अन्य गैसों में वृद्धि
ii. उच्च शोर उत्सर्जन स्तर
iii. परिवहन और यातायात
iv. स्थानीय जल निकासी पैटर्न में परिवर्तन
v. परियोजना स्थल पर बड़ी संख्या में प्रवासी कार्यबल की उपस्थिति, आदि

जिनमें निम्नलिखित कारण बनने की क्षमता है:

क) स्थानीय निवासियों के लिए स्वास्थ्य संबंधी खतरे
ख) स्थानीय लोगों की पारंपरिक गतिविधियों का उपद्रव, असुविधा और व्यवधान
ग) यातायात की भीड़ और यातायात का विपथन
घ) वर्षा के दौरान जलभराव और अचानक बाढ़
ङ) धूल से लेपित होने वाली वनस्पतियों और फसलों की अवरुद्ध वृद्धि
च) स्थानीय संसाधनों और सामाजिक अशांति आदि पर जोर देना।

*विकासशील देशों में प्रमुख विनिर्माण और बिजली परियोजनाओं और अवसंरचनात्मक परियोजनाओं में शायद 3-4 साल की निर्माण अवधि शामिल है। ऐसी परियोजनाओं की निर्माण गतिविधियों के प्रभावों को अस्थायी नहीं माना जा सकता है, जिनके नगण्य पर्यावरणीय प्रभाव होते हैं।* ईआईए टीम लीडर को विस्तृत परियोजना कार्यान्वयन अनुसूची का उल्लेख करने की आवश्यकता है और निर्माण से संबंधित गतिविधियों की यथार्थवादी अवधि का आकलन करने में इसी तरह की परियोजनाओं के अनुभव का उपयोग करने की आवश्यकता है ताकि निर्माण चरण में प्रभावों को अस्थायी या अल्पकालिक और महत्वहीन, या महत्वपूर्ण लेकिन कम करने योग्य के रूप में वर्गीकृत किया जा सके

या नहीं। इसलिए, निर्माण चरण में शुरू की जाने वाली गतिविधियों के उचित प्रभाव आकलन के बाद उपयुक्त विशिष्ट शमन उपायों को शामिल किया जाना चाहिए, विशेष रूप से मेगा थर्मल पावर, परमाणु ऊर्जा, एकीकृत इस्पात, रिफाइनरियों और पेट्रोकेमिकल्स, बांधों, क्षेत्र विकास आदि और फ्लाईओवरों, सड़कों को चौड़ा करने, बाईपास सड़कों, पुलों, टाउनशिप, जल आपूर्ति और जल निकासी आदि जैसी परियोजनाओं के लिए खासकर शहरी क्षेत्रों में।

### *5.17.2 प्रभाव पूर्वानुमानों में अनिश्चितता को संबोधित करना*

यह स्वीकार करने की आवश्यकता है कि कोई भी भविष्यवाणियां हमेशा अंतर्निहित अनिश्चितता के तत्व से जुड़ी होती हैं, विशेष रूप से ग्रीनफील्ड परियोजनाओं के लिए निम्नलिखित सहित विविध कारकों के कारण:

i. बेसलाइन डेटा की गुणवत्ता, पूर्णता और प्रतिनिधित्व, और परियोजना के परिचालन के समय इसकी प्रासंगिकता
ii. परियोजनाओं को छोड़कर प्रस्तावित परियोजना के ब्यौरे की उपलब्धता का अभाव, अवसंरचनात्मक, जिनके लिए ईआईए को आम तौर पर विस्तृत परियोजना रिपोर्ट (डीपीआर) तैयार करने के बाद चालू किया जाता है।
iii. प्रस्तावित प्रौद्योगिकी की पेचीदगियों का सीमित ज्ञान यदि यह अप्रमाणित है, खासकर विनिर्माण क्षेत्र के लिए
iv. गणितीय मॉडलो को सरल बनाने के लिए बनाई गई धारणाएं ताकि उनका उपयोग करने में आसानी हो सके
v. कारण और प्रभाव संबंधों का सीमित ज्ञान
vi. कई अज्ञात कारकों के कारण जटिल पारिस्थितिक तंत्र का अधूरा ज्ञान
vii. अध्ययन क्षेत्र में होने वाली अन्य विकासात्मक गतिविधियों के विवरण के बारे में जानकारी का अभाव
viii. जलवायु परिवर्तन के कारण मौसम संबंधी स्थितियों में अप्रत्याशित भिन्नताएं होती हैं

प्रभाव भविष्यवाणियों में अनिश्चितता को संबोधित करने के लिए, UNEP (2002) द्वारा सुझाए गए निम्नलिखित दृष्टिकोण अपनाए जा सकते हैं:

क. अनिश्चितता के प्रसार को चित्रित करने के लिए सबसे अच्छी और सबसे खराब स्थिति की भविष्यवाणियां
ख. प्रभाव भविष्यवाणियों के लिए आत्मविश्वास सीमा संलग्न करना
ग. अनुमानित प्रभावों के परिमाण में छोटे परिवर्तनों के प्रभाव को निर्धारित करने के लिए संवेदनशीलता विश्लेषण

## 5.18 एक ईआईए अध्ययन का आउटपुट

एक विशिष्ट प्रभाव आकलन अध्ययन का आउटपुट स्पष्ट रूप से निम्नलिखित को उजागर करने की उम्मीद है:

i. प्रस्तावित परियोजना के प्रत्येक जीवनचक्र चरण के लिए पर्यावरण के प्रत्येक घटक पर पहचाने गए और अनुमानित प्रभावों का सारांश, अधिमानतः सारणीबद्ध रूप में।

ii. उपरोक्त से स्थापित महत्वपूर्ण प्रभावों का सारांश और परियोजना के प्रत्येक जीवनचक्र चरण के लिए अलग से सारणीबद्ध किया गया है, साथ ही प्रत्येक महत्वपूर्ण प्रभाव के लिए प्रस्तावित विशिष्ट शमन उपायों के साथ, उस स्तर का उल्लेख है जिस तक प्रत्येक महत्वपूर्ण प्रभाव को कम किए जाने की उम्मीद है।

iii. उपरोक्त ii के आधार पर अवशिष्ट प्रभावों का सारांश, सारणीबद्ध रूप में, और प्रत्येक के महत्व की स्थापना।

iv. आधार मानचित्रों पर संवेदनशील क्षेत्रों पर प्रभाव का चित्रण, वायु प्रदूषकों के आधारभूत एकाग्रता स्तरों को दर्शाता है, वायु प्रदूषकों, जहरीली गैसों, रिसेप्टर्स और तापमान के एकाग्रता स्तरों का आकलन करता है।

## संदर्भ

Abbot Point. 2005. Draft Voluntary Environmental Assessment Coal Terminal X110 Expansion. Accessed Dec 8, 2017.

एबॉट प्वाइंट, 2005, स्वैच्छिक पर्यावरणीय मूल्यांकन मसौदा कोयला टर्मिनल X110 विस्तार, 8 दिसंबर, 2017 को अभिगमन किया गया। www.ghd.com/X110Expansion/pdf/15_s5_emp.pdf.

ADB, Asian Development Bank. 1993. *Environmental Assessment Requirements and Environmental Review Procedures of the Asian Development Bank*. Manila: Office of the Environment, Industry and Environment, Asian Development Bank.

ADB, एशियन विकास बैंक, 1993, पर्यावरणीय मूल्यांकन आवश्यकताएँ और पर्यावरण समीक्षा प्रक्रियाएँ एशियाई विकास बैंक, मनीला: पर्यावरण, उद्योग और पर्यावरण कार्यालय, एशियन विकास बैंक।

ADB, Asian Development Bank. 1994. *Environmental Impact Assessment Training Program*. Manila: Office of the Environment, Asian Development Bank.

ADB, एशियन विकास बैंक, 1994, पर्यावरणीय प्रभाव आकलन प्रशिक्षण कार्यक्रम, मनीला: पर्यावरण कार्यालय, एशियन विकास बैंक।

ADB, Asian Development Bank. 2003. *Environmental Assessment Guidelines*. Manila: Office of Environment, Industry and Environment, Asian Development Bank.

ADB, एशियन विकास बैंक, 2003, पर्यावरणीय मूल्यांकन दिशानिर्देश, मनीला: पर्यावरण, उद्योग और पर्यावरण कार्यालय, एशियन विकास बैंक।

ADB, Asian Development Bank. 2012. Environment Safeguards: A Good Practice Sourcebook Draft Working Document. Manila: Office of Environment, Industry and Environment, ADB.

ADB, एशियन विकास बैंक, 2012, एनवायर्नमेंटल सेफगार्ड्स: अ गुड प्रैक्टिस सोर्सबुक ड्राफ्ट वर्किंग डॉक्यूमेंट मनीला: पर्यावरण, उद्योग और पर्यावरण कार्यालय, ADB

Aquasure. 2011. D&C Environment Management Plan of Victorian Desalination Project. Accessed Feb 25, 2018.

एक्वाश्योर, 2011, विक्टोरियन डिसेलिनेशन प्रोजेक्ट की डी एंड सी पर्यावरणीय प्रबंधन योजना, 25 फरवरी 2018 को अभिगमन किया गया https://www.aquasure.com.au/environmental-management-plan.

Brew, D., and N. Lee. 1996. "Reviewing the Quality of Donor Agency Environmental Assessment Guidelines." *Project Appraisal* **11**(2): 79–84.

ब्रू, डी., और एन. ली, 1996, "दाता एजेंसी पर्यावरणीय मूल्यांकन दिशानिर्देशों की गुणवत्ता की समीक्षा", परियोजना मूल्यांकन 11(2): 79-84.

Business Dictionary. 1997. Definition of executive summary. Accessed June 15, 2018.

बिजनेस डिक्शनरी, 1997, कार्यकारी सारांश की परिभाषा, 15 जून 2018 को अभिगमन किया गया। http://www.businessdictionary.com/definition/executive-summary.html.

Canter, L. W. 1996. Environmental Impact Assessment. 2nd edn. New York: McGraw-Hill.

कैंटर, एल.डब्ल्यू. 1996, एनवायर्नमेंटल इंपैक्ट असेसमेंट, दूसरा संस्करण. न्यूयॉर्क: मैकग्रा-हिल।

Canter, L. W., and G. A. Canty. 1993. "Impact Significance Determination- Basic Considerations and Sequenced Approach." *Environmental Impact Assessment Review* **13**(5): 275–298.

कैंटर, एल. डब्ल्यू., और जी. ए. कैंटी, 1993, "प्रभाव महत्व निर्धारण- बुनियादी विचार और अनुक्रमित दृष्टिकोण," पर्यावरणीय प्रभाव आकलन समीक्षा 13(5): 275-298.

CBD, Convention on Biological Diversity. 2005. Biodiversity in Impact Assessment. Information Document. version 5. Montreal: Secretariat of Convention on Biological Diversity.

CBD, जैविक विविधता पर कन्वेंशन, 2005, प्रभाव आकलन में जैव विविधता, सूचना दस्तावेज़. संस्करण 5, मॉन्ट्रियल: जैविक विविधता पर कन्वेंशन का सचिवालय,

Chesworth, W., ed. 2008. *Encyclopedia of Soil Science*. Dordrecht: Springer.

चेसवर्थ, डब्ल्यू., एड. 2008, मृदा विज्ञान विश्वकोश, डॉर्ड्रेक्ट: स्प्रिंगर।

CSI, Cement Sustainability Initiative. 2005. Geneva: The World Business Council for Sustainable Development.

CSI, सीमेंट स्थिरता पहल, 2005, जिनेवा: द वर्ल्ड बिजनेस सतत विकास परिषद।

CPCB, Central Pollution Control Board. 2000. *Criteria for Hazardous Waste Landfills*. HAZWAMS/17/ 2000. Delhi: Central Pollution Control Board.

CPCB, केंद्रीय प्रदूषण नियंत्रण बोर्ड, 2000, खतरनाक अपशिष्ट लैंडफिल के लिए मानदंड, HAZWAMS/17/2000, दिल्ली: केंद्रीय प्रदूषण नियंत्रण बोर्ड

CPCB, Central Pollution Control Board. 2003a. *Guidelines for Conducting EIA: Site Selection for Common Hazardous Waste Management Facilities*. HAZWAMS/ 25/2003. Delhi: Central Pollution Control Board.

CPCB, केंद्रीय प्रदूषण नियंत्रण बोर्ड, 2003a, EIA के संचालन के लिए दिशानिर्देश: सामान्य खतरनाक अपशिष्ट प्रबंधन के लिए साइट चयन, HAZWAMS/25/2003, दिल्ली: केंद्रीय प्रदूषण नियंत्रण बोर्ड

CPCB, Central Pollution Control Board. 2003b. *Guidelines for the Selection of Site for Landfilling*. Delhi: Central Pollution Control Board.

CPCB, केंद्रीय प्रदूषण नियंत्रण बोर्ड, 2003बी, लैंडफिलिंग के लिए स्थल के चयन के लिए दिशानिर्देश, दिल्ली: केंद्रीय प्रदूषण नियंत्रण बोर्ड।

CPCB, Central Pollution Control Board. n.d. *Zoning Atlas for Siting Industries Zones* Accessed May 1, 2015.

CPCB, केंद्रीय प्रदूषण नियंत्रण बोर्ड, साइटिंग इंडस्ट्रीज ज़ोन के लिए ज़ोनिंग एटलस, 1 मई, 2015 को अभिगमन किया गया। www.cpcb.nic.in/Env_Planning.

DAC, Department of Agriculture and Cooperation. 2011. *Methods Manual- Soil Testing in India*. New Delhi: Ministry of Agriculture.

DAC, कृषि और सहकारिता विभाग, 2011, मैनुअल विधियां- भारत में मृदा परीक्षण, नई दिल्ली: कृषि मंत्रालय।

DEAT, Department of Environmental Affairs and Tourism. 2004. *Environmental Impact Reporting*. Integrated Environmental Management Information Series 15. Pretoria: Department of Environmental Affairs and Tourism.

DEAT, पर्यावरण मामले और पर्यटन विभाग, 2004, पर्यावरणीय प्रभाव रिपोर्टिंग, एकीकृत पर्यावरणीय प्रबंधन सूचना श्रृंखला 15, प्रिटोरिया: पर्यावरण मामले और पर्यटन विभाग।

DEAT, Department of Environmental Affairs and Tourism. 2004a. *Environmental Management Plans*. Integrated Environmental Management Information Series 12. Pretoria: Department of Environmental Affairs and Tourism.

DEAT, पर्यावरण मामले और पर्यटन विभाग, 2004a, पर्यावरणीय प्रबंधन योजनाएँ, पर्यावरण मामलों का एकीकृत पर्यावरणीय प्रबंधन विभाग और सूचना शृंखला 12. प्रिटोरिया: पर्यावरण मामले और पर्यटन विभाग

DEAT, Department of Environmental Affairs and Tourism. 2006. *Assessment of Alternatives and Impacts*. Integrated Environmental Management Series. Guideline 5. Pretoria: Department of Environmental Affairs and Tourism.

DEAT, पर्यावरण मामले और पर्यटन विभाग, 2006, विकल्पों और प्रभावों का आकलन, एकीकृत पर्यावरणीय प्रबंधन श्रृंखला, दिशानिर्देश 5, प्रिटोरिया: पर्यावरण मामले और पर्यटन विभाग

Duarte, C.G., and L.E. Sánchez. 2020. "Addressing significant impacts coherently in environmental impact statements." *Environmental Impact Assessment Review* 82: 106373.

डुआर्टे, सी.जी., और एल.ई. सांचेज़. 2020, "पर्यावरणीय प्रभाव कथनों में महत्वपूर्ण प्रभावों को सुसंगत रूप से संबोधित करना" पर्यावरणीय प्रभाव आकलन समीक्षा 82: 106373

EU, European Union. 2014 Directive *2014/52/EU* of the European Parliament and of the Council, Amendment of the *Directive 2011/92/EU.*

EU, यूरोपियन संघ, यूरोपियन संसद और परिषद के 2014 निर्देश 2014/52/ईयू, निर्देश 2011/92/ईयू में संशोधन।

Floroiu, R. 2012. *Environmental (and Social) Impact Assessment Instrument*. Presentation in World Bank Safeguard Workshop Training held in May-June 2012. Accessed Mar 15, 2018. https://slideplayer.com/slide/8055387/.

फ्लोरोइउ, आर, 2012, पर्यावरण (और सामाजिक) प्रभाव आकलन उपकरण, मई-जून 2012 में आयोजित विश्व बैंक सुरक्षा कार्यशाला प्रशिक्षण में प्रस्तुति, 15 मार्च, 2018 को अभिगमन किया गया। https://slideplayer.com/slide/8055387/।

Glasgow Caledonian University. 1993. Executive Summary and Conclusion. Accessed June 17, 2018.

ग्लासगो कैलेडोनियन विश्वविद्यालय, 1993, कार्यकारी सारांश और निष्कर्ष, 17 जून 2018 को अभिगमन किया गया। https://www.gcu.ac.uk/library/smile/writingandnumeracy/executive summaryandconclusion/.

ICGPSIA, Inter-organizational Committee on Guidelines and Principles for Social Impact Assessment. 1994. "Guidelines and Principles for Social Impact Assessment." *Impact Assessment* **12**(2): 107–152.

आईसीजीपीएसआईए, सामाजिक प्रभाव मूल्यांकन के लिए दिशानिर्देशों और सिद्धांतों पर अंतर-संगठनात्मक समिति, 1994, "सामाजिक प्रभाव आकलन के लिए दिशानिर्देश और सिद्धांत" प्रभाव आकलन 12(2): 107-152.

ICGPSIA, Inter-organizational Committee on Guidelines and Principles for Social Impact Assessment. 2003. "Guidelines and Principles for Social Impact Assessment in the USA." *Impact Assessment and Project Appraisal* **21**(3): 231–250.

आईसीजीपीएसआईए, सामाजिक प्रभाव मूल्यांकन के लिए दिशानिर्देशों और सिद्धांतों पर अंतर-संगठनात्मक समिति, 2003, "संयुक्त राज्य अमेरिका में सामाजिक प्रभाव आकलन के लिए दिशानिर्देश और सिद्धांत" प्रभाव आकलन और परियोजना मूल्यांकन 21(3): 231-250।

IUCN, International Union for Conservation of Nature. 2004. *Red List of Threatened Species*. Accessed Jan 23, 2016.

आईयूसीएन, अंतर्राष्ट्रीय संघ, प्रकृति का संरक्षण, 2004, संकटग्रस्त प्रजातियों की लाल सूची। http://www.redlist.org 23 जनवरी 2016 को अभिगमन किया गया।

IUCN, International Union for Conservation of Nature. n.d. *World Data Base on Protected Areas*. Accessed Jan 23, 2016.

आईयूसीएन, अंतरराष्ट्रीय संघ के लिए, प्रकृति का संरक्षण, संरक्षित क्षेत्रों पर विश्व डेटा बेस, https://www.iucn.org/theme/protected-areas/our-work/world-database-protected-areas. 23 जनवरी 2016 को अभिगमन किया गया।

Jha-Thakur, U., T.B. Fischer, A. Rajvanshi. 2009. "Reviewing Design Stage of Environmental Impact Assessment Follow-up: Looking at the Open-Cast Coal Mines in India." *Impact Assessment and Project Appraisal* **27**(1): 33–44.

झा-ठाकुर, यू., टी. बी. फिशर, ए. राजवंशी, 2009, "पर्यावरणीय प्रभाव आकलन अनुवर्ती के डिजाइन चरण की समीक्षा: भारत में ओपन-कास्ट कोयला खदानों को देखते हुए।" प्रभाव आकलन और परियोजना मूल्यांकन 27(1): 33-44.

Lehr, J., ed. 2005. *Water Encyclopaedia: Water Quality and Resource Development*. New Jersey: John Wiley & Sons.

लेहर, जे., एड. 2005, जल विश्वकोश: जल गुणवत्ता और संसाधन विकास, न्यू जर्सी: जॉन विली एंड संस।

Lohani, B., J. Warren Evans, Robert R. Everitt, Harvey Ludwig, R. A. Carpenter, and Shih-Liang Tu. 1997. *Environmental Impact Assessment for Developing Countries in Asia*. Volume 1- Overview. Manila: Office of the Environment, Asian Development Bank.

लोहानी, बी., जे. वॉरेन इवांस, रॉबर्ट आर. एवरिट, हार्वे लुडविग, आर. ए. कारपेंटर, और शिह-लिआंग टू 1997, एनवायर्नमेंटल इंपैक्ट असेसमेंट फॉर डेवलपिंग कंट्रीज इन एशिया,आकलन, खंड 1- सिंहावलोकन, मनीला: पर्यावरण कार्यालय, एशियाई विकास बैंक।

Macdonald D. 2004. *Practical Industrial Safety, Risk Assessment, and Shutdown Systems*. Cambridge: Elsevier Science & Technology Books.

मैकडोनाल्ड डी. 2004, व्यावहारिक औद्योगिक सुरक्षा, जोखिम मूल्यांकन, और शटडाउन सिस्टम, कैम्ब्रिज: एल्सेवियर विज्ञान और प्रौद्योगिकी पुस्तकें।

Mehta, P. 2012. *Defining the* Right Set-up for an Industrial Plant. Accessed May 5, 2015.

मेहता, पी. 2012, एक औद्योगिक संयंत्र के लिए सही सेट-अप को परिभाषित करना, 5 मई 2015 को अभिगमन किया गया। www.moneycontrol.com

Metcalf & Eddy. 2003. *Wastewater Engineering, Treatment and Reuse*. 4th edn. New York: McGraw-Hill.

मेटकाफ और एडी, 2003, वेस्टवाटर इंजीनियरिंग, ट्रीटमेंट एंड रियूज, चौथा संस्करण, न्यूयॉर्क: मैकग्रा-हिल।

MOEF, Ministry of Environment and Forests. 1975. *The Water (Prevention and Control of Pollution) Rules*. New Delhi: Ministry of Environment and Forests.

MOEF, पर्यावरण और वन मंत्रालय, 1975, जल (प्रदूषण की रोकथाम और नियंत्रण) नियम, नई दिल्ली: पर्यावरण और वन मंत्रालय।

MOEF, Ministry of Environment and Forests. 1982. *The Air (Prevention and Control of Pollution) Rules*. New Delhi: Ministry of Environment and Forests.

MOEF, पर्यावरण और वन मंत्रालय, 1982, वायु (प्रदूषण की रोकथाम और नियंत्रण) नियम। नई दिल्ली: पर्यावरण और वन मंत्रालय।

MOEF, Ministry of Environment and Forests. 1988. *The Environment (Protection) Rules*. MOEF. New Delhi: Ministry of Environment and Forests.

MOEF, पर्यावरण और वन मंत्रालय, 1988, पर्यावरण (संरक्षण) नियम, एमओईएफ, नई दिल्ली: पर्यावरण और वन मंत्रालय।

MOEF, Ministry of Environment and Forests. 2000a. *The Noise Pollution (Regulation and Control) Rules*. New Delhi: Ministry of Environment and Forests.

MOEF, पर्यावरण और वन मंत्रालय, 2000a, ध्वनि प्रदूषण (विनियमन और नियंत्रण) नियम, नई दिल्ली: पर्यावरण और वन मंत्रालय।

MOEF, Ministry of Environment and Forests. 2006. *Environmental Impact Assessment Notification*. New Delhi: Ministry of Environment and Forests.

MOEF, पर्यावरण और वन मंत्रालय, 2006, पर्यावरणीय प्रभाव आकलन अधिसूचना, नई दिल्ली: पर्यावरण और वन मंत्रालय।

MOEF, Ministry of Environment and Forests. 2009. *National Ambient Air Quality Standards Notification*. New Delhi: Ministry of Environment and Forests.

MOEF, पर्यावरण और वन मंत्रालय, 2009, राष्ट्रीय परिवेशी वायु गुणवत्ता मानक अधिसूचना, नई दिल्ली: पर्यावरण और वन मंत्रालय।

MOEF, Ministry of Environment and Forests. 2012. Environmental Management Plan. Accessed Dec 8, 2017. www.moef.gov.in/citizen/specinfo/emp.html.

MOEF, पर्यावरण और वन मंत्रालय, 2012, पर्यावरणीय प्रबंधन योजना, 8 दिसंबर, 2017 को अभिगमन किया गया।

MOEF, Ministry of Environment and Forests. 2015. *Standard Terms of Reference (TOR) for EIA/EMP Report for Projects/Activities Requiring Environmental Clearance Under EIA Notification, 2006*. New Delhi: Ministry of Environment and Forests.

MOEF, पर्यावरण और वन मंत्रालय, 2015, अधिसूचना, 2006 के तहत पर्यावरणीय मंजूरी की आवश्यकता वाली परियोजनाओं/गतिविधियों के लिए ईआईए/ईएमपी रिपोर्ट के लिए मानक संदर्भ शर्तें (टीओआर), नई दिल्ली: पर्यावरण और वन मंत्रालय।

MOEF, Ministry of Environment and Forests. MOEF. 2016a. *Construction and Demolition Waste Management Rules*. New Delhi: Ministry of Environment and Forests.

MOEF, पर्यावरण और वन मंत्रालय, एमओईएफ, 2016a. निर्माण एवं विध्वंस अपशिष्ट प्रबंधन नियम, नई दिल्ली: पर्यावरण और वन मंत्रालय।

MOEF, Ministry of Environment and Forests. MOEF. 2016b. *Solid Waste Management Rules*. New Delhi: Ministry of Environment and Forests.

MOEF, पर्यावरण और वन मंत्रालय, एमओईएफ, 2016b, ठोस अपशिष्ट प्रबंधन नियम, नई दिल्ली: पर्यावरण और वन मंत्रालय।

MOEF, Ministry of Environment and Forests. 2016c. *Hazardous and Other Wastes (Management and Transboundary Movement) Rules*. New Delhi: Ministry of Environment and Forests.

MOEF, पर्यावरण और वन मंत्रालय, 2016c, खतरनाक और अन्य अपशिष्ट (प्रबंधन और सीमापार संचालन) नियम, नई दिल्ली: पर्यावरण और वन मंत्रालय।

MOEF, Ministry of Environment and Forests. 2000. *Draft Environmental Impact Assessment Notification*. New Delhi: Ministry of Environment and Forests.

MOEF, पर्यावरण और वन मंत्रालय, 2000, मसौदा पर्यावरणीय प्रभाव आकलन अधिसूचना, नई दिल्ली: पर्यावरण और वन मंत्रालय।

MOEFa, Ministry of Environment and Forests. n.d. *Baseline Environmental Components and Attributes*. Accessed January 2, 2015.

MOEFa, पर्यावरण और वन मंत्रालय, एन.डी. *आधारभूत पर्यावरणीय घटक और गुण*, 2 जनवरी 2015 को अभिगमन किया गया www.envfor.nic.in/divisions/iass/eia/Annex 4.

MOEFb, Ministry of Environment and Forests. n.d. *Methods of Monitoring and Analysis*. Accessed January 2, 2015.

MOEFb, पर्यावरण और वन मंत्रालय, एन.डी. निगरानी और विश्लेषण के तरीके, 2 जनवरी 2015 को अभिगमन किया गया। www.moef.nic.in/sites/default/files/Methods of Monitoring and Analysis.

MOEFc, Ministry of Environment and Forests. n.d. *Guidance for Assessment Relevance and Reliability of Analytical Methods and Framework Used for Impact Prediction*. Accessed January 2, 2015.

MOEFc, पर्यावरण और वन मंत्रालय, एन.डी., प्रभाव का पूर्वानुमान के लिए प्रयुक्त विश्लेषणात्मक तरीकों और ढांचे की प्रासंगिकता और विश्वसनीयता के आकलन के लिए मार्गदर्शन, 2 जनवरी 2015 को अभिगमन किया गया। www.envfor.nic.in/divisions/iass/eia/Annex5.

National Environment Commission. 2011. *Environment Management Tools and Techniques- A Learning Experience*. Thimpu: National Environment Commission Secretariat (Bhutan).

राष्ट्रीय पर्यावरण आयोग, 2011, पर्यावरणीय प्रबंधन उपकरण और तकनीक- एक सीखने का अनुभव, थिम्पू: राष्ट्रीय पर्यावरण आयोग सचिवालय (भूटान)।

NTEPA, Northern Territory Environment Protection Authority. 2013. *Guidelines for the Siting, Design and Management of Solid Waste Disposal Sites*. Australia: Northern Territory Environment Protection Authority.

NTEPA, उत्तरी क्षेत्र पर्यावरण संरक्षण प्राधिकरण, 2013, ठोस अपशिष्ट निपटान स्थलों की साइटिंग, डिज़ाइन और प्रबंधन के लिए दिशानिर्देश, ऑस्ट्रेलिया: उत्तरी क्षेत्र पर्यावरण संरक्षण प्राधिकरण।

OECD, Organization for Economic Cooperation and Development. 1991. *Environmental Indicators: Development, Measurement and Use*. Paris: Environment Directorate, Organization for Economic Cooperation and Development.

OECD, आर्थिक सहयोग और विकास संगठन, 1991, पर्यावरण संकेतक: विकास, माप और उपयोग, पेरिस: पर्यावरण निदेशालय, आर्थिक सहयोग और विकास संगठन।

OECD, Organization for Economic Cooperation and Development. 2004. *Key Environmental Indicators*. Paris: Environment Directorate, Organization for Economic Cooperation and Development.

OECD, आर्थिक संगठन सहयोग एवं विकास, 2004, प्रमुख पर्यावरण संकेतक, पेरिस: पर्यावरण निदेशालय, आर्थिक सहयोग और विकास संगठन।

Panigrahi, J. K., and Amirapu, S. 2012. "An Assessment of EIA System in India." *Environmental Impact Assessment Review* **35**: 23–36.

पाणिग्रही, जे.के., और अमीरापु, एस. 2012., "भारत में ईआईए प्रणाली का एक आकलन", पर्यावरणीय प्रभाव आकलन समीक्षा 35: 23-36।

Petts, J., ed. 1999. *Handbook of Environmental Impact Assessment*. London: Blackwell Science.

पेट्स, जे., एड. 1999. हैंडबुक ऑफ़ एनवायर्नमेंटल इंपैक्ट असेसमेंट, लंदन: ब्लैकवेल साइंस.

QCI, Quality Council of India. 2015. *Scheme for Accreditation of EIA Consultant Organization*. Version 3. New Delhi: National Accreditation Board for Education and Training, Quality Council of India.

QCI, भारतीय गुणवत्ता परिषद, 2015, ई आई ए, सलाहकार संगठन की मान्यता के लिए योजना, संस्करण 3, नई दिल्ली: राष्ट्रीय शिक्षा और प्रशिक्षण प्रत्यायन बोर्ड, भारतीय गुणवत्ता परिषद।

Rathi, A. K. A. 2009. *Environmental Management and Industrial Development*. Ahmedabad: Akar Unlimited.

राथी, ए.के.ए. 2009, पर्यावरणीय प्रबंधन और औद्योगिक विकास, अहमदाबाद: आकार अनलिमिटेड.

Rathi, A. K. A. 2016. *Environmental Impact Assessment: A Practical Guide for Professional Practice*. Ahmedabad: Akar Unlimited.

राथी, ए.के.ए. 2016, पर्यावरणीय प्रभाव आकलन: व्यावसायिक अभ्यास के लिए एक व्यावहारिक मार्गदर्शिका, अहमदाबाद: अकर अनलिमिटेड.

Rathi, A. K. A. 2017. "Evaluation of Project-Level Environmental Impact Assessment and SWOT Analysis of EIA Process in India." *Environmental Impact Assessment Review* **67**: 31–39.

राथी, ए.के.ए. 2017, "भारत में परियोजना-स्तरीय पर्यावरणीय प्रभाव आकलन और ईआईए प्रक्रिया का एसडब्ल्यूओटी विश्लेषण का मूल्यांकन", पर्यावरणीय प्रभाव आकलन समीक्षा 67: 31-39।

Rathi, A. K. A. 2018. "Risk Assessment for New Chemical Projects seeking Environmental Clearance." In *Safety & Security in Chemical Industries*. Annual

Technical Volume of Chemical Engineering Division Board. Volume 2, edited by P. Deshpande, 40–46. Kolkata: The Institution of Engineers (India).

एस राथी, ए.के.ए. 2018, "पर्यावरण मंजूरी चाहने वाली नई रासायनिक परियोजनाओं के लिए जोखिम मूल्यांकन", रासायनिक उद्योगों में सुरक्षा एवं संरक्षा में, केमिकल इंजीनियरिंग डिवीजन बोर्ड की वार्षिक तकनीकी मात्रा, खंड 2, पी. देशपांडे द्वारा संपादित, 40-46, कोलकाता: इंस्टीट्यूशन ऑफ इंजीनियर्स (भारत)।

Rathi, A. K. A. 2019. "Development of Environmental Management Program in Environmental Impact Assessment Reports and Evaluation of its Robustness: An Indian Case Study." *Impact Assessment and Project Appraisal* **37**(5): 421–436.

राथी, ए.के.ए. 2019, "पर्यावरणीय प्रभाव आकलन रिपोर्ट और इसकी मजबूती के मूल्यांकन में पर्यावरणीय प्रबंधन कार्यक्रम का विकास: एक भारतीय केस स्टडी", प्रभाव आकलन और परियोजना मूल्यांकन 37(5): 421-436।

RSK & ERM. 2002. *Environmental and Social Impact Assessment Report on Baku – Tbilisi – Ceyhan Oil Pipeline Azerbaijan*. Prepd. for BP. Accessed Jan 10, 2017.

आरएसके और ईआरएम, 2002, बाकू त्बिलिसी-सेहान तेल पाइपलाइन अज़रबैजान पर पर्यावरण और सामाजिक प्रभाव आकलन रिपोर्ट, तैयारी बीपी के लिए, 10 जनवरी, 2017 को अभिगमन किया गया। https://www.ebrd.com/work-with-us/projects/esia/baku-tbilisi-ceyhan-(btc)-pipeline.html.

Sadler, B., and M. McCabe. 2002. *Environmental Impact Assessment Training Resource Manual*. Geneva: Division of Technology, Industry and Economics, United Nations Environment Program.

सैडलर, बी., और एम. मैककेबे, 2002, पर्यावरणीय प्रभाव आकलन प्रशिक्षण संसाधन मैनुअल, जिनेवा: प्रौद्योगिकी, उद्योग और अर्थशास्त्र प्रभाग, संयुक्त राष्ट्र पर्यावरण कार्यक्रम

Shepherd, A., and L. Ortolano. 1996. "Strategic Environmental Assessment for Sustainable Urban Development." *Environmental Impact Assessment Review* 16 (4-6): 321–335.

शेफर्ड, ए., और एल. ऑर्टोलानो, 1996, "सतत शहरी विकास के लिए रणनीतिक पर्यावरणीय आकलन" पर्यावरणीय प्रभाव आकलन समीक्षा 16 (4-6): 321-335।

UNEP, United Nations Environment Program. 2002. *Environmental Impact Assessment Training Resource Manual*. 2nd edn. Geneva: Division of Technology, Industry and Economics, United Nations Environment Program.

UNEP, संयुक्त राष्ट्र पर्यावरण कार्यक्रम. 2002, पर्यावरणीय प्रभाव आकलन प्रशिक्षण संसाधन मैनुअल, दूसरा संस्करण, जिनेवा: प्रौद्योगिकी, उद्योग और अर्थशास्त्र प्रभाग, संयुक्त राष्ट्र पर्यावरण कार्यक्रम।

US EPA, Unites States Environmental Protection Agency. 1972. *Noise Control Act*. Washington D.C.: Office of Noise Abatement and Control, Unites States Environmental Protection Agency.

US EPA, यूनाइट्स स्टेट्स एनवायर्नमेंटल प्रोटेक्शन एजेंसी, 1972, शोर नियंत्रण अधिनियम, वाशिंगटन डी.सी.: शोर निवारण और नियंत्रण कार्यालय, संयुक्त राज्य पर्यावरण संरक्षण एजेंसी।

US EPA, United States Environmental Protection Agency. 1990. *Clean Air Act Amendments*. Research Triangle: Office of Air Quality Planning and Standards, United States Environmental Protection Agency.

US EPA, यूनाइटेड स्टेट्स पर्यावरण संरक्षण एजेंसी, 1990, स्वच्छ वायु अधिनियम संशोधन, अनुसंधान त्रिभुज: वायु गुणवत्ता योजना और मानक कार्यालय, संयुक्त राज्य पर्यावरण संरक्षण एजेंसी।

WBCSD, World Business Council for Sustainable Development. 2005. *Environmental and Social Impact Assessment (ESIA) Guidelines*. Geneva: World Business Council for Sustainable Development.

WBCSD, सतत विकास के लिए विश्व व्यापार परिषद, 2005, पर्यावरण और सामाजिक प्रभाव आकलन (ईएसआईए) दिशानिर्देश, जिनेवा: सतत विकास के लिए विश्व व्यापार परिषद।

WBCSD, World Business Council for Sustainable Development. 2016. *Guidelines for Environmental and Social Impact Assessment*. Geneva: World Business Council for Sustainable Development.

WBCSD, सतत विकास के लिए विश्व व्यापार परिषद, 2016, पर्यावरण और सामाजिक प्रभाव आकलन के लिए दिशानिर्देश, जिनेवा: सतत विकास के लिए विश्व व्यापार परिषद।

Wood C. 1995. *Environmental Impact Assessment: A Comparative Review*. Harlow: Longman Group Ltd.

वुड सी. 1995, पर्यावरणीय प्रभाव आकलन: एक तुलनात्मक समीक्षा, हार्लो: लॉन्गमैन ग्रुप लिमिटेड

World Bank. 1991. *Environmental Assessment Sourcebook*. Paper no. 139. Washington, DC: Environment Department, World Bank.

विश्व बैंक, 1991, पर्यावरण असेसमेंट सोर्सबुक, पेपर नं. 139, वाशिंगटन, डी.सी.: पर्यावरण विभाग, विश्व बैंक.

World Bank. 1999a. *Environmental Assessment Sourcebook.* Washington, DC: Environment Department, World Bank.

विश्व बैंक, 1999a, पर्यावरणीय आकलन स्रोतपुस्तिका, वाशिंगटन, डीसी: पर्यावरण विभाग, विश्व बैंक।

World Bank. 1999b. *Environmental Management Plans*. Environmental Assessment Sourcebook. Update no. 25. Washington, DC: Environment Department, World Bank.

विश्व बैंक, 1999बी, पर्यावरणीय प्रबंधन योजनाएँ, पर्यावरणीय आकलन स्रोतपुस्तिका, अपडेट नं. 25, वाशिंगटन, डीसी:पर्यावरण विभाग, विश्व बैंक.

World Bank. 2013. *Diagnostic Assessment of Select Environmental Challenges in India*. Washington, D.C.: Environment Department, World Bank.

विश्व बैंक, 2013, भारत में चुनिंदा पर्यावरणीय चुनौतियों का नैदानिक मूल्यांकन, वाशिंगटन, डी.सी.: पर्यावरण विभाग, विश्व बैंक।

World Bank. 2014. *Environmental and Social Framework: Setting Standards for Sustainable Development*. Draft for Consultation. Washington, D.C.: Environment Department, World Bank.

विश्व बैंक, 2014, पर्यावरण और सामाजिक ढांचा: सतत विकास के लिए मानक निर्धारित करना, परामर्श हेतु ड्राफ्ट, वाशिंगटन, डी.सी.: पर्यावरण विभाग, विश्व बैंक।

World Bank. 2019. *Worsening Water Quality Reducing Economic Growth by a Third in Some Countries*. Accessed Apr 12, 2020.

विश्व बैंक, 2019, जल की गुणवत्ता में गिरावट, कुछ देशों में आर्थिक विकास में एक तिहाई की कमी। www.worldbank.org › news › press-release › 2019/08/20. 12 अप्रैल, 2020 को अभिगमन किया गया।

## अध्याय 6

# पर्यावरणीय प्रभाव आकलन का आयोजन

पर्यावरणीय प्रभाव को स्वीकार्य स्तर तक लाने हेतु पर्यावरणीय प्रभाव आकलन (ईआईए) आयोजित करना एवं विशिष्ट शमन उपायों का सुझाव देना तथा दिए गए स्थान पर विकास योजना के पर्यावरणीय अनुमोदन के लिए एक ईआईए रिपोर्ट तैयार करना ही ईआईए के मूल में है।

ईआईए शुरू करने से पहले, यह पहचानना आवश्यक है कि पर्यावरण गतिशील है, जिसमें एक एकीकृत प्राकृतिक और सामाजिक प्रणालियों का समूह सम्मिलित है, और यह की, ईआईए परियोजना से संबंधित गतिविधियों एवं जटिल प्रक्रियाओं के प्रभावों का विश्लेषण करने के लिए एक तकनीक है। पूर्ण विकसित ईआईए के मूलभूत अंगों को समझने के उपरान्त जो पूर्व के अध्यायों में वर्णित है, हमें निम्नलिखित पर ध्यान देना चाहिए:

i. सौंपे गए कृत्य (टीओआर) के लिए निर्धारित ईआईए रिपोर्ट तैयार करना
ii. अध्ययन क्षेत्र में परियोजना स्थान और उसके आसपास का क्षेत्र
iii. परियोजना का प्रकार और विस्तृत परियोजना से संबंधित परियोजना जीवनचक्र के प्रत्येक चरण में शामिल गतिविधियाँ

यह अध्याय ईआईए वृतिकों को प्रस्तावित परियोजनाओं के ईआईए के अध्ययन के लिए सक्षम करेगा और सक्षम प्राधिकारी से पर्यावरण अनुमोदन प्राप्त करने के लिए एक रिपोर्ट तैयार करेगा जो लागू ईआईए व्यवस्था में निर्दिष्ट है, उदाहरण के लिए MOEF (2006, 2020)।

## 6.1 ईआईए टीम लीडर

ईआईए टीम लीडर सक्षम प्राधिकारी द्वारा निर्धारित टीओआर का अध्ययन करता है, प्रस्तावित परियोजना स्थल पर डेस्क अनुसंधान करता है, और साथ ही निम्नलिखित परियोजना प्रस्तावक से बुनियादी दस्तावेज प्राप्त करता है और इनका पूर्ण तरह से अध्ययन करता है:

क. परियोजना का विस्तृत विवरण
ख. सामग्री, उपयोगिताओं प्रवाह आरेख एवं प्रवाह चार्ट
ग. विनिर्माण और ऊर्जा परियोजनाओं के मामले में संयंत्र का खाका, एवं रैखिक परियोजनाओं के मामले में संरेखण

घ. पूर्व व्यवहार्यता, व्यवहार्यता, या विस्तृत परियोजना रिपोर्ट के रूप में परियोजना रिपोर्ट को उपलब्ध करना

परियोजना की विशेषताओं और परियोजना स्थल की एकत्रित जानकारी के आधार पर डेस्क अनुसंधान किया जाता है, ईआईए टीम लीडर परियोजना स्थल की पर्यावरणीय परिस्थिति की प्रारंभिक समझ विकसित करने के लिए परियोजना स्थल का संयुक्त पैमाइश का सर्वेक्षण करने के लिए कुछ प्रमुख कार्यात्मक वृतिकों का चयन करता है। इसके बाद, परियोजना में शामिल जटिलताओं को समझने के प्रयास किए जाते हैं ताकि उन सभी परियोजना-संबंधी गतिविधियों की पहचान की जा सके जिनमें पर्यावरणीय परिवर्तन करने की क्षमता है, जिससे पर्यावरणीय प्रभावों की पहचान की जा सकती है। कार्यात्मक वृतिकों की एक बहु-विषयक ईआईए टीम की संरचना तदनुसार तय की जाती है। उनमें से प्रत्येक को काम सौंपने के लिए कार्यात्मक वृतिकों का चयन करते समय, ईआईए टीम लीडर यह सुनिश्चित करता है कि कार्यात्मक वृतिकों के पास निम्न हो-

i. पर्यावरणीय घटक संबंधित बुनियादी बातों की बुनियादी समझ
ii. कार्यात्मक क्षेत्र संबंधित वर्तमान विकास का ज्ञान
iii. लागू नियमों का ज्ञान, और प्रासंगिक अंतर्राष्ट्रीय प्रोटोकॉल एवं इससे संबंधित कार्यात्मक क्षेत्र की संधियाँ
iv. क्षेत्र की निगरानी करने में अपेक्षित अनुभव और जांच
v. परियोजना से संबंधित गतिविधियों के पहलुओं की पूरी व बेहतर समझ विकसित करने की क्षमता जो उनके संबंधित कार्यात्मक क्षेत्रों के पर्यावरणीय घटकों में संभावित परिवर्तन का कारण बन सकती है
vi. प्रभावों की पहचान और अनुमान करने में अपेक्षित अनुभव
vii. ईआईए का संचालन करने और महत्वपूर्ण प्रभावों को निर्धारित करने की प्रवीणता
viii. निर्धारित किए गए प्रत्येक महत्वपूर्ण प्रभाव के लिए विशिष्ट शमन उपायों का प्रस्ताव करने की क्षमता, और संबंधित पर्यावरणीय घटकों के लिए पर्यावरणीय निगरानी कार्यक्रम सहित एक पर्यावरणीय प्रबंधन कार्यक्रम, आदि।

परियोजना के प्रकार और आकार, परियोजना स्थल की पर्यावरणीय परिस्थिति, टीओआर एवं चयनित कार्यात्मक वृतिकों की विशेषज्ञता के आधार पर, एक से अधिक कार्यात्मक वृतिकों को किसी दिए गए पर्यावरणीय घटक पर अध्ययन में संलग्न होना पड़ सकता है। उदाहरण के लिए,

i. स्थलीय वनस्पतियों, स्थलीय जीवों, जलीय बायोटा, तटीय और समुद्री जीवों, पक्षिजात आदि से संबंधित अध्ययन के लिए जैविक पर्यावरण को विभिन्न वृतिकों की आवश्यकता हो सकती है
ii. सतही जल, भूजल, अपशिष्ट जल आदि से संबंधित अध्ययन के लिए जल पर्यावरण को विभिन्न वृतिकों की आवश्यकता हो सकती है

iii. भूमि उपयोग/भूमि आवरण, परिदृश्य, मृदा, औद्योगिक खतरनाक अपशिष्ट निपटान, नगरपालिका ठोस अपशिष्ट निपटान से संबंधित अध्ययन के लिए भूमि के पर्यावरण को विभिन्न वृतिकों की आवश्यकता हो सकती है; आदि।

ईआईए परामर्श संगठन के भीतर उपलब्ध विशेषज्ञता के स्तर के आधार पर, अपेक्षित विशेषज्ञता वाले संभावित बाहरी स्रोतों की पहचान की जाती है और ईआईए टीम के भीतर उपलब्ध विशेषज्ञता को पूरक के रूप में संलग्न किया जाता है। ईआईए टीम में पर्यावरण वृतिकों के अतिरिक्त, परियोजना के प्रकार और आकार, टीओआर और अध्ययन क्षेत्र की पर्यावरणीय संवेदनशीलता के आधार पर, ईआईए टीम लीडर को कुछ वृतिकों को संलग्न करना पड़ सकता है जिनके पास गतिविधियों के एक विशिष्ट समूह या किसी विशिष्ट कार्यों के लिए परियोजना क्षेत्र या परियोजना की अच्छी समझ एवं अनावृति है। उदाहरण के लिए

i. भूकंप विज्ञानी नव-विवर्तनिक गतिविधि के स्तर का मूल्यांकन करते हैं, सक्रिय भ्रंशो की पहचान करते हैं और भ्रंशो की संरचना आदि के लिए, विशेष रूप से प्रमुख जलाशयों, भूमिगत खनन, तेल/गैस की खोज, बड़े विनिर्माण, ऊर्जा एवं अवसंरचनात्मक परियोजनाओं के लिए
ii. भू-तकनीकी वृतिकों को जमीनी अस्थिरता के क्षेत्रों का मूल्यांकन करना एवं भू-खतरों से बचने के लिए उपयुक्त निर्माण तकनीकों की सलाह देना, विशेष रूप से भूमिगत खनन और तेल/गैस की खोज, जल संसाधन, बड़े विनिर्माण, ऊर्जा, बुनियादी ढांचे एवं तटीय क्षेत्रों में की जाने वाली परियोजनाओं के लिए
iii. किसी विशिष्ट क्षेत्र या परियोजना में विशेषज्ञता और अनुभव रखने वाले वृतिक, उदाहरण विनिर्माण, जैसे पेट्रोलियम, धातुकर्म, सीमेंट या रसायन, ऊर्जा यानि थर्मल पावर, पनबिजली या परमाणु ऊर्जा, और बुनियादी ढांचा, जैसे जल संसाधन, सड़कें, बंदरगाह, या हवाई अड्डे, आदि।
iv. बंदरगाहों, सीमेंट, पेट्रोलियम शोधन, धातुकर्म, और सीमेंट जैसी परियोजनाओं के लिए अवसंरचनात्मक या परिवहन योजना, यातायात प्रबंधन में विशेषज्ञता, अनुभव रखने वाले रसद, परिवहन वृतिक, जिसमें सड़क, रेल या जल परिवहन, शहरी परिवहन, राजमार्गों के माध्यम से सामग्री के बड़े टन भार का भंडारण और परिवहन शामिल है
v. निर्माण और उपनगर परियोजनाओं के लिए नगर नियोजन एवं क्षेत्रीकरण नियमों के बाद भवन योजना तैयार करने, ग्रीन बिल्डिंग सामग्री का उपयोग करने, ग्रीन बिल्डिंग संरचना करने में विशेषज्ञता और अनुभव रखने वाले वास्तुशिल्पीय वृतिक
vi. औद्योगिक संपदा, एकीकृत उपनगर, शहरी क्षेत्रों में प्रस्तावित परियोजनाओं आदि जैसे क्षेत्र विकास परियोजनाओं के लिए क्षेत्रीय या शहरी नियोजन और पर्यावरण नियोजन में विशेषज्ञता एवं अनुभव रखने वाले नियोजन वृतिक
vii. विशिष्ट पूर्वानुमान मॉडल या सॉफ्टवेयर के उपयोग में विशेषज्ञता रखने वाले वृतिक

viii. वह वृतिक जिनकी विशेषज्ञता का उपयोग विकल्पों के विकास और विश्लेषण के लिए किया जा सकता है ताकि विस्तृत ईआईए आयोजित करने के लिए सर्वोत्तम विकल्प का चयन किया जा सके

इसके अतिरिक्त, परियोजना की जटिलताओं, अध्ययन क्षेत्र की पर्यावरणीय संवेदनशीलता, ईआईए टीम के पास उपलब्ध विशेषज्ञता की सीमाओं और प्रस्तावित परियोजना के बारे में सार्वजनिक आशंकाओं आदि के आधार पर, ईआईए टीम लीडर विशिष्ट मुद्दों पर उनकी सलाह लेने और ईआईए टीम द्वारा किए गए कार्यों की सहकर्मी समीक्षा के लिए कुछ सलाहकारों या विशेषज्ञों को नियुक्त करने पर भी विचार कर सकता है, जो व्यक्ति या संस्थान हो सकते हैं।

ईआईए टीम लीडर लागू टीओआर के साथ-साथ उनकी संबंधित भूमिकाओं की स्पष्ट समझ को सुनिश्चित करने के लिए प्रत्येक सौंपे गए कार्य का समन्वय और समीक्षा करता है एवं समय-समय पर समग्र कार्यभार की निगरानी करने के लिए कार्यात्मक वृतिकों और बाहरी विशेषज्ञों के साथ व्यक्तिगत व सामूहिक नियमित बैठकें करता है।

## 6.2 कार्यात्मक वृतिक

प्रत्येक कार्यात्मक वृतिक कार्यों का विवरण देता है और इस तरह से सौंपे गए काम के बारे में एक विस्तृत कार्य योजना तैयार करता है जो समग्र उद्देश्य और ईआईए टीम लीडर द्वारा दिए गए कार्यक्रम में फिट बैठता हो। नियुक्त किए गए पर्यावरणीय घटक से संबंधित काम के लिए, प्रत्येक कार्यात्मक वृतिक निम्नलिखित सहित शामिल गतिविधियों के लिए पूरी जिम्मेदारी लेता है:

i. अध्ययन क्षेत्र से पूरी तरह परिचित होना
ii. परियोजना विन्यास की समग्र समझ विकसित करना, और सौंपे गए कार्य खंड के बेहतर पहलुओं की पूरी तरह से समझ
iii. इसमें शामिल पेचीदगियों को समझना एवं सौंपे गए काम को समय पर पूरा करने के लिए सावधानीपूर्वक योजना बनाना
iv. टीओआर, अध्ययन क्षेत्र की पर्यावरणीय परिस्थिति और परियोजना से संबंधित गतिविधियों के आधार पर काम की विस्तृत व्यापकता
v. अध्ययन क्षेत्र पर सामान्य एवं विशिष्ट जानकारी, प्रासंगिक मानचित्र, परियोजना से संबंधित गतिविधियों और लागू नियामक ढांचे आदि पर विशिष्ट जानकारी जैसी सूचना, आवश्यकताओं की पहचान करना
vi. ईआईए परामर्श संगठन की गुणवत्ता प्रबंधन प्रणाली (QMS) का पालन करते हुए, परियोजना और नियुक्त किए गए पर्यावरणीय घटक के वर्तमान परिदृश्य के बारे में आवश्यक जानकारी इकट्ठा करने के लिए एक कार्य योजना है, जिसमें निम्नलिखित को सम्मिलित किया जा सकता है, उदाहरण

क. मापदंडों की पहचान और प्राथमिक डेटा उत्पन्न करने के लिए एक निगरानी योजना तैयार करना

ख. डेटा के प्रामाणिक द्वितीयक स्रोतों की पहचान, डेटा का संग्रह और मिलान

ग. डेटा की अखंडता और गुणवत्ता आश्वासन सुनिश्चित करना

घ. विभिन्न मापदंडों पर डेटा का संकलन, विश्लेषण एवं व्याख्या

vii. नमूने और निगरानी स्थानों एवं पर्यावरणीय आधारभूत मापदंडों के मापित मूल्यों को दर्शाने वाले आधार मानचित्रों की तैयारी, सारणीबद्ध और/या चित्रात्मक रूप में उत्पन्न आधारभूत डेटा का प्रतिनिधित्व करना, आधारभूत डेटा की व्याख्या पर एक संक्षिप्त लेखन तैयार करना, लंबी अवधि के लिए संकलित प्रामाणिक ऐतिहासिक डेटा के आधार पर महत्वपूर्ण मापदंडों के व्यवहार संबंधी रुझानों को दर्शाते हुए एक चित्रात्मक प्रतिनिधित्व प्रदान करना। एक दशक या उससे भी अधिक कहें, पूर्व-परियोजना पर्यावरण आदि की स्थिति की पूरी समझ विकसित करना, एवं अध्याय "पर्यावरण का विवरण" के लिए एक उपयुक्त लेखन तैयार करना

viii. सभी गतिविधियों की पहचान, जिसमें मुख्य गतिविधियां शामिल हैं जो विनिर्माण और संबद्ध गतिविधियों से अभिन्न हैं जैसे कि उपयोगिताओं, सामग्री हैंडलिंग, भंडारण, परिवहन, आदि से संबंधित, और परियोजना जीवनचक्र के अन्य चरणों में गतिविधियां जो निर्दिष्ट पर्यावरणीय घटक के किसी भी पैरामीटर में परिवर्तन करने की क्षमता रखती हैं

ix. परियोजना के प्रत्येक जीवनचक्र चरण में संभावित महत्वपूर्ण पर्यावरणीय मुद्दों की पहचान

x. विभिन्न परिदृश्यों के तहत पहचान की गई गतिविधियों के कारण संभावित पर्यावरणीय प्रभावों की पहचान, जैसे सामान्य और असामान्य संचालन, स्टार्ट-अप एवं संचालन का आकस्मिक शटडाउन

xi. आधार मानचित्रों पर पर्यावरणीय मापदंडों के अनुमानित मूल्यों का मानचित्रण, जिनकी जांच, आधारभूत मापदंडों को दर्शाते हुए संबंधित निगरानी और नमूना स्थानों पर "पर्यावरण का विवरण" अध्याय में की है

xii. उचित तकनीकों, नियतात्मक या संभाव्य मॉडल, और/या सॉफ्टवेयर का उपयोग करके पर्यावरणीय प्रभावों की अनुमान या आकलन, एवं पर्यावरणीय प्रभावों का आकलन जिसमें शामिल हैं:

क. महत्वपूर्ण पर्यावरणीय प्रभावों का निर्धारण

ख. प्रत्येक निर्धारित महत्वपूर्ण प्रभावों के अनुरूप विशिष्ट शमन उपायों का सुझाव देना

ग. अवशिष्ट पर्यावरणीय प्रभावों का आकलन करना जो सुझाए गए शमन उपायों को लागू करने के बाद भी रह सकते हैं, और इन्ही के अनुसार अवशिष्ट प्रभाव प्रबंधन कार्यक्रम का सुझाव दे सकते हैं

xiii. उपरोक्त के आधार पर "प्रभाव आकलन और शमन उपाय" अध्याय के लिए एक उपयुक्त लेखन तैयार करना

xiv. महत्वपूर्ण मापदंडों एवं लागू नियमों में निर्दिष्ट लोगों के लिए एक पर्यावरणीय निगरानी कार्यक्रम तैयार करना, और संबंधित पर्यावरणीय घटकों के लिए पहले से पहचाने गए परियोजना विशिष्ट पैरामीटर एवं मुद्दे

xv. पर्यावरणीय प्रबंधन कार्यक्रम के लिए इनपुट तैयार करना जिसे ईआईए टीम लीडर प्रत्येक कार्यात्मक वृतिक और विशेष एजेंसियों से प्रभावी आकलन पर प्राप्त रिपोर्टों, निर्धारित महत्वपूर्ण प्रभावों, सुझाए गए संबंधित शमन उपायों, अवशिष्ट प्रभावों, पर्यावरणीय निगरानी, आदि के आधार पर इनके द्वारा तैयार किया जाता है

इस बात पर जोर दिया जा सकता है कि कार्यात्मक वृतिकों में से कोई भी अलगाव या अखंडनीय विभागों में काम नहीं कर सकता है। प्रत्येक कार्यात्मक वृतिक को इस तथ्य की पूरी सराहना करने की आवश्यकता है कि पर्यावरणीय घटक परस्पर संबंधित एक-दूसरे पर निर्भर हैं, न कि अकेले। उदाहरण के लिए, पारिस्थितिक प्रभाव आकलन वृतिक केवल हवा, शोर, पानी, मृदा और भूमि उपयोग/भूमि आवरण पर काम करने वाले कार्यात्मक वृतिकों से प्राप्त प्रासंगिक जानकारी को ध्यान में रखते हुए सौंपे गए काम के साथ न्याय करने में सक्षम होंगे। इस प्रकार एक पूर्ण और व्यापक ईआईए की आवश्यकता है कि ईआईए टीम लीडर कार्यात्मक वृतिकों के मध्य सूचना के मुक्त प्रवाह को सुनिश्चित करे, और उनके बीच नियमित परस्पर क्रिया की सुविधा प्रदान करे।

परियोजना की जटिलता, परियोजना स्थल की संवेदनशीलता और इसमें शामिल विशिष्ट पर्यावरणीय मुद्दों के आधार पर, ईआईए टीम लीडर को कुछ कार्यात्मक वृतिकों के साथ अधिक निकटता से शामिल होना पड़ सकता है। प्रत्येक कार्यात्मक वृतिक द्वारा आवधिक रिपोर्ट तैयार करने का तंत्र, आवधिक समीक्षा बैठकों के दौरान उनकी प्रतिक्रिया, एवं विचार-विमर्श के प्रलेखन ईआईए टीम लीडर को समग्र कार्यभार, शेड्यूल, बजट की निगरानी करने में मदद करते हैं:

क. उचित समन्वय

ख. एक कार्यात्मक वृतिक से दूसरे में सूचना का निर्बाध प्रवाह

ग. ईआईए टीम की उचित समझ एवं सुचारू कामकाज

घ. प्रत्येक कार्यात्मक वृतिकों का अच्छा प्रदर्शन

ङ. एक पूर्ण और अच्छी गुणवत्ता वाली ईआईए रिपोर्ट

च. ईआईए अध्ययन का समय पर पूरा होना

## 6.3 किक-ऑफ मीटिंग

ईआईए टीम को जिन मुद्दों को स्पष्टीकरण की आवश्यकता है, और व्यापक पहलुओं को ईआईए रिपोर्ट में खुद को परिचित करने के बाद संबोधित किया जाना है उन पर परियोजना प्रस्तावक से आवश्यक अतिरिक्त जानकारी की पहचान करने के लिए त्वरित डेस्क कार्य करने की आवश्यकता है:

a. टीओआर
b. परियोजना प्रस्तावक एवं अन्य स्रोतों से प्राप्त विवरण के आधार पर परियोजना विन्यास
c. डेस्क अनुसंधान एवं अध्ययन क्षेत्र के पैमाइश के सर्वेक्षण की मदद से परियोजना स्थल की पर्यावरणीय परिस्थिति, जिसमें टीओआर, लागू नियमों, या परियोजना से संबंधित गतिविधियों एवं परियोजना स्थल की पर्यावरणीय संवेदनशीलता से प्रत्याशित संभावित प्रभावों के आधार पर तय किए गए परियोजना स्थान और उसके परिवेश शामिल हैं

जानकारी की आवश्यकता में निम्न शामिल हो सकते हैं:

i. लागू नियामक व्यवस्था और प्रस्तावित स्थल पर परियोजना पर लागू नियम
ii. परियोजना जीवनचक्र में शामिल चरण, जैसे पूर्व निर्माण (भूकंपीय, भूवैज्ञानिक, भू-तकनीकी जांच, आदि), निर्माण, संचालन और पोस्ट ऑपरेशन (बंद, बहाली, विघटन या विध्वंस), और प्रत्येक चरण की अवधि
iii. परियोजना कार्यान्वयन के लिए निर्माण अनुसूची और पद्धति
iv. प्रत्येक चरण में परियोजना से संबंधित गतिविधियों पर अतिरिक्त विवरण और स्पष्टीकरण
v. विनिर्माण प्रक्रिया पर अतिरिक्त विवरण और स्पष्टीकरण
vi. निर्माण, सामग्री हैंडलिंग, भंडारण एवं परिवहन आदि के लिए अपनाई जाने वाली प्रस्तावित प्रथाएं
vii. फीडस्टॉक, एडिटिव्स, ईंधन और स्नेहक, पैकेजिंग सामग्री आदि सहित सभी इनपुट की विशेषताएं। नियंत्रित, संग्रहीत, संबंधित इन्वेंट्री स्तरों और सोर्सिंग को संभालने, संग्रहीत करने का प्रस्ताव है
viii. सभी मध्यवर्ती, उत्पादों की विशेषताएं और मात्रा, जिसमें साइड-उत्पाद एवं उप-उत्पाद शामिल हैं, साथ ही संबंधित इन्वेंट्री स्तरों और निकासी के साथ उनका उत्पादन, संभालने और संग्रहीत करने के लिए प्रस्तावित किया गया है
ix. प्रत्याशित उत्सर्जन, निर्वहन, निपटान, अस्वीकृति, रिसाव, रिसाव आदि का विवरण। परियोजना के प्रत्येक जीवनचक्र चरण में विभिन्न स्रोतों से, और इन्हें कैसे प्रबंधित किया जाना प्रस्तावित है; आदि।

परियोजना प्रस्तावक को परियोजना स्थल की पर्यावरणीय स्थितियों, ईआईए रिपोर्ट में अध्ययन और संबोधित किए जाने वाले संभावित मुद्दों से अवगत कराया जाना चाहिए। इस उद्देश्य के लिए, और विस्तृत अध्ययन के लिए बॉल रोलिंग सेट करने के लिए, ईआईए टीम लीडर को अपने कार्यात्मक वृतिकों के साथ परियोजना प्रस्तावक के प्रमुख कर्मियों के साथ एक बैठक करने की आवश्यकता होती है। यह संभावना है कि सभी वांछित जानकारी परियोजना की पूर्व-व्यवहार्यता रिपोर्ट या व्यवहार्यता रिपोर्ट में आसानी से उपलब्ध नहीं हो, और परियोजना प्रस्तावक को ईआईए टीम द्वारा मांगी गई अतिरिक्त जानकारी एकत्र करनी पड़ सकती है। कभी-कभी, विशेष रूप से अवसंरचनात्मक

परियोजनाओं में, एक विस्तृत परियोजना रिपोर्ट उपलब्ध हो सकती है जिसमें प्रस्तावित परियोजना और संबंधित अवसंरचनात्मक सुविधाओं पर विस्तृत जानकारी होती है।

किक-ऑफ बैठक में, निम्नलिखित पहलुओं की व्यापक समझ पर पहुंचने के लिए कई मामलों पर चर्चा की जानी है:

i. सूचना का आदान-प्रदान
ii. टीओआर के अनुपालन में ईआईए अध्ययन आयोजित करने के संबंध में कार्य की अनुसूची
iii. लागू विनियमों में उल्लिखित तंत्र का पालन और मानक संचालन प्रक्रियाओं का पालन करते हुए ईआईए रिपोर्ट का मसौदा तैयार करना
iv. संचार का तरीका
v. नियमित परस्पर क्रिया की आवृत्ति
vi. परियोजना प्रस्तावक और ईआईए टीम की जिम्मेदारी और दायित्व
vii. रिपोर्टिंग तंत्र; आदि।

किक-ऑफ बैठक और बाद की बैठकों के विचार-विमर्श का दस्तावेजीकरण करने की एक औपचारिक प्रणाली को अपनाने से ईआईए टीम और परियोजना प्रस्तावक को विभिन्न लोगों की भूमिकाओं और जिम्मेदारियों पर स्पष्टता विकसित करने में मदद मिलती है, और एक अच्छा संचार नेटवर्क स्थापित होता है। यह सुचारू और सौहार्दपूर्ण कामकाज की सुविधा प्रदान करता है, जो एक लंबा रास्ता तय करता है

क. अच्छी गुणवत्ता वाली ईआईए रिपोर्ट को समय पर पूरा करने का आश्वासन देना
ख. बाद में किसी भी गलतफहमी या दोषारोपण से बचाव

जब परियोजना प्रस्तावक मांगी गई कुछ जानकारी प्रदान करने में असमर्थता व्यक्त करता है, तो ईआईए टीम को यह पता लगाना होगा कि अन्य स्रोतों से उस जानकारी को कैसे देखा जाए। ऐसा करते समय, यह सुनिश्चित करने की आवश्यकता है कि सूचना अंतराल को पाटने के संदर्भ में की गई धारणाएं, एवं जानकारी के लिए खोजे गए स्रोत, ईआईए रिपोर्ट में प्रलेखित एवं बताए गए हैं।

## 6.4 परियोजना का विवरण

ईआईए टीम लीडर, संबंधित कार्यात्मक वृतिकों के परामर्श से, किक-ऑफ बैठक के दौरान परियोजना प्रस्तावक से प्राप्त दस्तावेजों और जानकारी का उचित परिश्रम करता है, एवं बाद में परियोजना प्रस्तावक की टीम से स्पष्टीकरण, यदि कोई हो, मांगता है। परियोजना से संबंधित जानकारी और सहायक दस्तावेजों को संकलित किया जाता है एवं परियोजना विवरण को अध्याय 5 में उल्लिखित इस तरह से तैयार किया जाता है कि यह परियोजना से संबंधित और संबद्ध गतिविधियों से पर्यावरणीय प्रभावों की पहचान करने में सक्षम बनाता है।

*"परियोजना का विवरण" अध्याय पर परियोजना प्रस्तावक का समर्थन प्राप्त करना विवेकपूर्ण हो सकता है, यह सुनिश्चित करने के लिए कि ईआईए टीम ने परियोजना एवं परियोजना से संबंधित गतिविधियों और लागू नियमों की पूरी समझ विकसित की है।*

## 6.5 पर्यावरणीय आधारभूत स्थितियों की स्थापना (पर्यावरण का विवरण)

प्रत्येक कार्यात्मक वृतिक, ईआईए टीम लीडर के परामर्श से, परियोजना स्थल पर परियोजना से संबंधित गतिविधियों के शुरू होने से पहले चित्रित अध्ययन क्षेत्र में पर्यावरण की स्थिति को समझने एवं वर्णन करने के लिए डेटा एकत्र करने के लिए एक विस्तृत योजना बनाता है। डेटा में अनिवार्य रूप से शामिल हैं:

i. द्वितीयक डेटा, यानी ऐतिहासिक डेटा जिसे प्रकाशित स्रोतों से एकत्र करना आवश्यक है
ii. प्राथमिक डेटा, यानी वह डेटा जिसे फील्ड मॉनिटरिंग करके उत्पन्न किया जाना आवश्यक है

अध्ययन क्षेत्र में यथार्थवादी आधारभूत पर्यावरणीय स्थितियों को स्थापित करने के लिए, यह सुनिश्चित किया जाना चाहिए कि एकत्र किए गए माध्यमिक डेटा और उत्पन्न प्राथमिक डेटा दोनों प्रासंगिक, प्रतिनिधि और प्रामाणिक हैं।

### *6.5.1 आधारभूत डेटा*

प्राथमिक डेटा उत्पन्न करने के लिए, स्थापित क्यूएमएस और मानक दिशानिर्देशों के आधार पर एक निगरानी नेटवर्क बनाया गया है। संबंधित पर्यावरणीय घटकों के पूर्वनिर्धारित भौतिक-रासायनिक मापदंडों (टीओआर और परियोजना के आधार पर) की क्षेत्र निगरानी के लिए एक नमूना योजना तैयार की जाती है, जिसमें शामिल हैं:

i. नमूना स्थानों का चयन
ii. नमूने की अवधि
iii. नमूना लेने की आवृत्ति
iv. नमूना करण पद्धति

पारिस्थितिक और सामाजिक घटकों के लिए आधारभूत डेटा उत्पन्न करने में क्षेत्र की जांच के लिए क्यूएमएस के अनुरूप विशिष्ट प्रोटोकॉल का पालन किया जाता है। खतरों के प्रचलित स्रोतों और अध्ययन क्षेत्र में जोखिम प्रबंधन तंत्र के बारे में भी जानकारी एकत्र की जाती है।

चयनित नमूना स्थानों को आधार मानचित्रों पर चिह्नित किया गया है। बैठक शुरू होने के बाद सुनियोजित क्षेत्र का दौरा करके अध्ययन क्षेत्र की पूरी तरह से समझ विकसित करने एवं जमीनी हकीकत को जानने के बाद, कुछ नमूना स्थानों को ठीक करना पड़ सकता है। नमूनाकरण, नमूना संरक्षण, परियोजना स्थल से ऑफ-साइट प्रयोगशाला तक नमूना परिवहन, परियोजना स्थल पर नमूना विश्लेषण के साथ-साथ ऑफ-साइट, नमूना निपटान और विनाश आदि के लिए मानक दिशानिर्देशों एवं अच्छी तरह से स्वीकृत मानक

पद्धतियों का पालन करके हर बार नई पद्धति को फिर से तैयार करने से बचा जाता है। यह संसाधनों की बचत करता है और डेटा की विश्वसनीयता सुनिश्चित करने में भी मदद करता है। नमूनाकरण और विश्लेषणात्मक तरीकों ने सावधानीपूर्वक पालन करने की सलाह दी है (मेटकाफ और एडी 2003, एपीएचए 1998)। नियोजित प्रत्येक विश्लेषणात्मक विधि के लिए न्यूनतम पहचान स्तर या सीमाएं विशेष रूप से प्रलेखित की जानी हैं। *किसी भी नमूना कार्यक्रम के लिए निचली रेखा यह सुनिश्चित करना है कि एकत्र किया गया डेटा प्रतिनिधि, प्रतिलिपि प्रस्तुत करने योग्य, रक्षात्मक* है।

जब प्राथमिक डेटा उत्पन्न किया जाता है, इसकी निगरानी की पूरी अवधि में समय-समय पर विश्लेषण एवं व्याख्या की जाती है, और तदनुसार, नमूना स्थानों, नमूनों की संख्या, नमूना आवृत्ति आदि में जहां भी आवश्यक हो उपयुक्त परिवर्तन किए जाते हैं। प्राथमिक डेटा उत्पादन के लिए अध्ययन क्षेत्र में नमूनाकरण और निगरानी स्थानों का चयन उचित एवं उपयुक्त रूप से प्रलेखित किया जाना आवश्यक है।

पर्यावरणीय आधारभूत परिदृश्य विकसित करते समय, यह पता लगाने की आवश्यकता है कि:

i. मानक उपकरण, मशीनों और सामग्री का उपयोग किया जाता है
ii. कुशल वृतिक एवं तकनीशियन शामिल हैं
iii. निर्धारित प्रारूपों के साथ मानक संचालन प्रक्रियाओं का पालन किया जाता है
iv. क्यूएमएस का पालन किया जाता है, आदि।

उपरोक्त *प्रदर्शनीय* होना चाहिए, और पर्यावरणीय *आधारभूत डेटा की प्रामाणिकता, प्रासंगिकता, सत्यापन और उपयुक्तता स्थापित करने के लिए बाद में आवश्यक होने पर दस्तावेजी साक्ष्य को सत्यापन के लिए भी संरक्षित* करने की आवश्यकता है। इस उद्देश्य के लिए, निम्नलिखित का व्यापक प्रलेखन महत्वपूर्ण है:

i. विभिन्न भौतिक-रासायनिक मापदंडों पर प्राथमिक आधारभूत डेटा उत्पादन के लिए अपनाई जाने वाली पद्धतियां, उदाहरण के लिए:
   क. प्रासंगिक और प्रामाणिक डेटा की पीढ़ी सुनिश्चित करना
   ख. डेटा का सत्यापन
   ग. नमूने और निगरानी के लिए प्रामाणिकता स्थापित करने के लिए जीपीएस से प्राप्त निर्देशांक का उल्लेख करने वाले स्थानों का चयन
   घ. उपयोग किए गए निगरानी उपकरण और उपकरणों की उपयुक्तता
   ङ. नमूना स्थानों पर नमूनों का विश्लेषण
   च. नमूना संरक्षण और ऑफ-साइट प्रयोगशाला में परिवहन
   छ. ऑफ-साइट प्रयोगशाला में नमूनों के विश्लेषण में शामिल एजेंसियां और तकनीशियन
   ज. विश्लेषणात्मक तरीके और प्राप्त परिणामों के रिकॉर्ड का रखरखाव
   झ. टिप्पणियों की रिपोर्ट करना

ञ. नमूना करण और परियोजना स्थल पर विश्लेषण में शामिल तकनीशियनों की तारीखों और नामों के साथ मानक प्रारूपों में फ़ील्ड डेटा शीट का रिकॉर्ड नियंत्रण, एवं किए गए फील्डवर्क का समर्थन करने के लिए जीपीएस-लोडेड कैमरों से ली गई तस्वीरें; आदि।

ii. *द्वितीयक आधारभूत डेटा* संग्रह या विभिन्न भौतिक रासायनिक मापदंडों के लिए खरीद के लिए अपनाई जाने वाली पद्धतियां, उदाहरण के लिए:

क. यह सुनिश्चित करना कि एकत्र किया गया डेटा अध्ययन क्षेत्र के लिए प्रासंगिक है

ख. द्वितीयक डेटा के लिए खोजे गए स्रोतों की प्रामाणिकता सुनिश्चित करना, डेटा की आयु, डेटा का मिलान, और अध्ययन क्षेत्र के लिए इसकी प्रासंगिकता एवं उपयुक्तता

ग. डेटा का सत्यापन

iii. पारिस्थितिक पहलुओं पर आधारभूत डेटा स्थापित करने के लिए प्रोटोकॉल और पद्धतियों का पालन किया जाता है, जैसे:

क. दुर्लभ, लुप्तप्राय प्रजातियों और आवासों की पहचान - सार्वभौमिक, राष्ट्रीय एवं साथ ही स्थानीय

ख. द्वितीयक डेटा एकत्र करने के लिए खोजे गए स्रोतों की प्रामाणिकता सुनिश्चित करना, डेटा की आयु, डेटा का मिलान, और अध्ययन क्षेत्र के लिए इसकी प्रासंगिकता एवं उपयुक्तता

ग. द्वितीयक डेटा का सहारा लेने पर नमूना सर्वेक्षण किया जाता है

घ. डेटा का सत्यापन

ङ. विभिन्न पारिस्थितिक तंत्रों में वनस्पतियों, जीवों, पक्षिजात की प्रजातियों और आवासों के विभिन्न पहलुओं पर फील्ड जांच करते समय किए गए फील्ड डेटा शीट एवं नोट्स का रिकॉर्ड नियंत्रण, जैसे कि स्थलीय, जलीय, तटीय और समुद्री, आर्द्रभूमि, जैसा कि लागू हो, और जीपीएस-लोडेड कैमरों से ली गई तस्वीरों के साथ समर्थित फील्डवर्क, आदि।

यह स्वीकार करने की आवश्यकता है कि जैव विविधता केवल निर्दिष्ट संरक्षित क्षेत्रों तक ही सीमित नहीं है और गैर-संरक्षित क्षेत्रों में भी समृद्ध जैव विविधता हो सकती है। तदनुसार, विभिन्न विशेषज्ञता वाले वृतिकों के एक समूह द्वारा अध्ययन क्षेत्र में पारिस्थितिक अध्ययन व्यवस्थित रूप से किए जाते हैं। इसके अलावा, जैव विविधता की महत्वपूर्ण विशेषताओं, अर्थात् बहुतायत, भिन्नता, वितरण, और प्रस्तावित परियोजना से संबंधित गतिविधियों के साथ कार्यात्मक संबंध निर्धारित करने के लिए क्षेत्र अध्ययन लंबी अवधि एवं विभिन्न मौसमों में आयोजित किए जाते हैं। *पारिस्थितिक-संबंधित पहलुओं पर एकत्र किए गए डेटा को अध्ययन क्षेत्र के लिए विशिष्ट एवं ईआईए के लिए प्रासंगिक होना चाहिए, यह देखते हुए कि आम तौर पर एक क्षेत्राधिकार क्षेत्र, यानी राज्य या जिले के लिए उपलब्ध डेटा सदैव अध्ययन क्षेत्र के लिए विशिष्ट प्रासंगिकता की नहीं हो सकती है।*

iv. सामाजिक-आर्थिक और सांस्कृतिक पहलुओं पर आधारभूत डेटा स्थापित करने के लिए प्रोटोकॉल एवं पद्धतियों का पालन किया जाता है, जैसे:

क) द्वितीयक डेटा एकत्र करने के लिए खोजे गए स्रोतों की प्रामाणिकता सुनिश्चित करना, डेटा की आयु, डेटा का मिलान, अध्ययन क्षेत्र के लिए इसकी प्रासंगिकता और उपयुक्तता

ख) द्वितीयक डेटा का सहारा लेने पर नमूना सर्वेक्षण किया जाता है

ग) यदि इसकी वर्तमान प्रासंगिकता स्थापित करने के प्रयास के लिए या भविष्य के अनुमान बनाने के लिए आवश्यक हो, तो दिनांकित डेटा का बहिर्वेशन, आदि।

घ) डेटा का सत्यापन

ङ) सामाजिक-आर्थिक, संस्कृति, सार्वजनिक परामर्श एवं सामाजिक आवश्यकता आकलन के विभिन्न पहलुओं पर फील्ड जांच करते समय तैयार किए गए डेटा शीट, प्रश्नावली, नोट्स का नियंत्रित रिकॉर्ड, और जीपीएस-लोडेड कैमरों से ली गई तस्वीरों के साथ समर्थित फील्डवर्क; आदि।

जनगणना और अन्य अभिलेखों से सभी प्रकार के सामाजिक-आर्थिक आंकड़ों को एकत्र एवं प्रस्तुत करना सामाजिक और आर्थिक अध्ययन के लिए अनावश्यक हो सकता है। प्रस्तावित परियोजना से संबंधित गतिविधियों के संदर्भ में यह महत्वपूर्ण है कि एकत्र किए गए डेटा लोगों, उनकी जनसांख्यिकी, व्यवसायों, आजीविका के स्रोतों, जीवन शैली, रीति-रिवाजों, संस्कृतियों आदि की काफी गहरी समझ को दर्शाते हैं। *सामाजिक-संबंधित पहलुओं पर एकत्र किए गए डेटा को अध्ययन क्षेत्र के लिए विशिष्ट और ईआईए के लिए प्रासंगिक होना चाहिए, यह देखते हुए कि आम तौर पर एक क्षेत्राधिकार क्षेत्र, यानी राज्य या जिले के लिए उपलब्ध डेटा अध्ययन क्षेत्र के लिए विशिष्ट प्रासंगिकता के नहीं हो सकते है।*

ब्राउनफील्ड परियोजनाओं के लिए, अर्थात् एक ही स्थान पर मौजूदा परियोजनाओं का विस्तार या विविधीकरण, प्रचालन परियोजना के लिए परियोजना प्रस्तावक से मॉनीटर किए गए आंकड़ों के साथ-साथ सांविधिक प्राधिकरणों और गैर-सरकारी संगठनों सहित तृतीय पक्षों की निगरानी रिपोर्ट, यदि कोई हो, प्राप्त किया जाता है। यह द्वितीयक डेटा के रूप में कार्य करता है, और उचित परिश्रम के बाद, यह ऊपर वर्णित ग्रीनफील्ड परियोजनाओं के लिए पर्यावरणीय आधारभूत स्थितियों को स्थापित करने के लिए प्राथमिक डेटा उत्पादन की योजना बनाने में उपयोगी हो जाता है। संबंधित लागू नियमों के अनुपालन के स्तर पर टिप्पणियों का दस्तावेजीकरण किया जाता है।

## *6.5.2 पर्यावरणीय घटकों की आधारभूत निगरानी*

प्रस्तावित परियोजना स्थान पर ध्यान केंद्रित करने के साथ चित्रित अध्ययन क्षेत्र में पर्यावरणीय आधारभूत स्थितियां, आम तौर पर नीचे वर्णित विभिन्न पर्यावरणीय घटकों के लिए स्थापित की जाती हैं।

### 6.5.2.1 वायु वातावरण

वायु पर्यावरण के लिए आधारभूत अध्ययन में अनिवार्य रूप से निम्नलिखित जानकारी एकत्र करना शामिल है:

i. अध्ययन क्षेत्र में बिंदु स्रोतों, क्षेत्र स्रोतों, रैखिक स्रोतों और पलायक स्रोतों सहित वायु उत्सर्जन के प्रमुख स्रोत
ii. परियोजना स्थान के सापेक्ष उनके संबंधित स्थान
iii. परिवेशी वायु गुणवत्ता
iv. स्थानीय मौसम संबंधी स्थितियां
v. संवेदनशील रिसेप्टर्स

*ग्रीनफील्ड परियोजनाओं* के लिए वायु पर्यावरण आधारभूत अध्ययन में मोटे तौर पर निम्नलिखित गतिविधियां शामिल हैं:

i. वायु उत्सर्जन के मौजूदा प्रमुख स्रोतों, परियोजना स्थान के संदर्भ में उनके सापेक्ष स्थानों और उत्सर्जित होने वाले वायु प्रदूषकों का सर्वेक्षण करना
ii. अनुमोदित विकास योजनाओं के अनुसार औद्योगिक, वाणिज्यिक और आवासीय क्षेत्रों या क्षेत्रों को दर्शाते हुए अद्यतन भूमि उपयोग मानचित्र प्राप्त करना
iii. प्रदूषकों के फैलाव को प्रभावित करने वाली स्थानीय स्थलाकृति और भौतिक स्थितियों की पहचान
iv. परियोजना के स्थान, या निकटतम उपलब्ध स्थान के लिए विशिष्ट मौसम संबंधी मापदंडों पर पिछले 5-10 वर्षों की जानकारी प्राप्त करना
v. परिवेशी वायु गुणवत्ता पर पिछले 5-10 वर्षों के डेटा प्राप्त करना, परियोजना स्थान, या निकटतम उपलब्ध स्थान के लिए विशिष्ट
vi. संवेदनशील रिसेप्टर्स की पहचान और मानचित्रण, यानी परियोजना स्थान के संदर्भ में परियोजना से संबंधित गतिविधियों और उनके सापेक्ष स्थानों से उत्पन्न उत्सर्जन के संपर्क में आने की संभावना वाले रिसेप्टर्स। ऐसे रिसेप्टर्स हो सकते हैं, जैसे:
   क) आवासीय क्षेत्र
   ख) स्कूल
   ग) अस्पताल
   घ) स्वास्थ्य रिसॉर्ट
   ङ) पारिस्थितिक रूप से संवेदनशील क्षेत्र
   च) वन्यजीव अभयारण्य
   छ) राष्ट्रीय उद्यान
   ज) वायु प्रदूषण के प्रति संवेदनशील अधिसूचित कृषि और बागवानी
   झ) वन और वृक्षारोपण

ञ) बायोस्फीयर रिजर्व

ट) पुरातात्विक स्मारक

ठ) धार्मिक, ऐतिहासिक और दर्शनीय पर्यटक आकर्षण, या कोई मूल्यवान स्थान; आदि।

vii. टीओआर के आधार पर तय किए गए मापदंडों के लिए विशेष रूप से संवेदनशील स्थानों पर परिवेशी वायु गुणवत्ता को लागू नियमों के अनुरूप मापना । एमओईएफ (2009) परिवेशी वायु गुणवत्ता के लिए $SO_2$, $NO_2$, $PM_{10}$, $PM_{2.5}$, O3, Pb, CO, $NH_3$, बेंजीन, बेंजोपाइरीन, As और Ni के रूप में मापदंडों को निर्दिष्ट करता है। निगरानी स्टेशनों का एक अच्छी तरह से डिज़ाइन किया गया नेटवर्क पूर्व निर्धारित स्थानों पर प्राथमिक डेटा उत्पन्न करने में मदद करता है

viii. हवा की गति, हवा की दिशा, शुष्क बल्ब तापमान, गीले बल्ब तापमान, वर्षा, सौर विकिरण और मेधावरण जैसे स्थानीय जलवायु एवं मौसम संबंधी मापदंडों को मापना

परिवेशी वायु गुणवत्ता (CPCB, 2003) पर आधारभूत डेटा संग्रह के लिए दिशानिर्देशों एवं विभिन्न मापदंडों के मैनुअल नमूने और विश्लेषण (CPCB, 2011) के लिए दिशानिर्देशों का पालन किया जा सकता है। $SO_2$, $NO_2$, $O_3$, CO, बेंजीन, वाष्पशील कार्बनिक यौगिकों और धातुओं जैसे प्रदूषकों के लिए Barocliff (1992) द्वारा सुझाई गई वायु गुणवत्ता निगरानी तकनीकों पर विचार किया जा सकता है। हालांकि, निगरानी पृष्ठभूमि की जानकारी के संग्रह से पहले होती है, जिसमें शामिल हैं:

क. वायु प्रदूषण के प्रमुख स्रोतों का स्थान और इन स्रोतों से निकलने वाले पूर्व-पहचाने गए वायु प्रदूषक

ख. स्थानीय (सूक्ष्म) मौसम संबंधी डेटा

ग. स्थलाकृति और इलाके

घ. परिवेशी वायु की गुणवत्ता पर पिछले 5-10 वर्षों का ऐतिहासिक डेटा

ङ. जनसंख्या का स्वास्थ्य और जनसांख्यिकी

परिवेशी वायु गुणवत्ता निगरानी की योजना बनाने के लिए पृष्ठभूमि की जानकारी का उपयोग एक आधार के रूप में किया जाता है, जबकि यह सुनिश्चित किया जाता है कि टीओआर का अनुपालन किया गया है। परिवेशी वायु गुणवत्ता को आदर्श रूप से रिसेप्टर्स के आसपास के क्षेत्र में जमीन के स्तर से 1.5 मीटर की ऊंचाई पर मापा जाता है। हालांकि, क्षेत्र का व्यावहारिक ज्ञान इन निगरानी स्टेशनों को कहाँ नियुक्त किया जाए इसका अंतिम निर्णय प्रभावित करेंगा, जैसे:

क. एक सुरक्षित एवं उपयुक्त स्थान की उपलब्धता

ख. निर्बाध बिजली आपूर्ति की उपलब्धता

ग. बाधाएं

घ. उत्सर्जन के अन्य स्रोतों से हस्तक्षेप, आदि।

### वायु पर्यावरण आधारभूत स्थितियों को स्थापित करने के लिए विचार

पूर्व निर्धारित अवधि और मौसम संबंधी मापदंडों पर परिवेशी वायु गुणवत्ता के वांछित मापदंडों को मापकर वायु पर्यावरण के लिए आधारभूत स्थितियों को स्थापित करते समय निम्नलिखित पहलुओं पर विचार करने की आवश्यकता है:

i. पृष्ठभूमि की जानकारी एवं कारकों के आधार पर निगरानी स्टेशनों के चयन के लिए टीओआर पर विचार करते हुए नेटवर्क संरचना की निगरानी:
   क) रिसेप्टर्स की संख्या और प्रकार
   ख) स्थान तक पहुँच
   ग) स्थान की प्रतिनिधिता और सुरक्षा
   घ) निरंतर बिजली की आपूर्ति की उपलब्धता
   ङ) प्रमुख उत्सर्जन के मौजूदा स्रोतों से हस्तक्षेप और वायु प्रवाह में बाधाएं
   च) स्थलाकृतिक और मौसम संबंधी कारक
   छ) प्रदूषकों को किस आधार पर मापा जाना चाहिए?
      - परियोजना जीवनचक्र के प्रत्येक चरण में विभिन्न स्रोतों से प्रत्याशित प्रदूषक
      - नमूने की अवधि
      - हवा के वेग में दैनिक और मौसमी भिन्नताओं को ध्यान में रखते हुए नमूना आवृत्ति, आदि।

ii. क्षेत्र निगरानी और विश्लेषणात्मक कार्य के लिए अच्छी तरह से प्रशिक्षित जनशक्ति, निगरानी, परीक्षण और संबद्ध बुनियादी ढांचे के लिए उपकरण और उपकरणों के लिए पूंजी, जनशक्ति, ग्लासवेयर, उपभोग्य सामग्रियों, बिजली, रखरखाव, अंशांकन, नमूनों के परिवहन, सहायता सुविधाओं आदि के लिए आवर्ती व्यय सहित संसाधन आवश्यकताएं।

iii. मानक ग्लासवेयर और उपकरण, अभिकर्मकों, उपभोग्य सामग्रियों आदि का उपयोग करके मानक निरंतर नमूनाकरण एवं माप विधियां।

iv. परियोजना स्थान-विशिष्ट स्थानीय मौसम संबंधी पैरामीटर, जिसमें तापमान, सापेक्ष आर्द्रता, हवा की गति, हवा की दिशा, विभिन्न महीनों में प्रमुख हवा की दिशा और वर्षा शामिल हैं।

v. एक पूरी तरह से सुसज्जित ऑफ-साइट (दूर स्थित) प्रयोगशाला, जिसमें प्रासंगिक प्रमाणीकरण या मान्यता है, और क्षेत्र में एक मोबाइल प्रयोगशाला; दोनों मानक प्रक्रियाओं, विश्लेषणात्मक पद्धतियों और अभ्यास को अपनाते हैं।

vi. निगरानी किए गए डेटा की गुणवत्ता आश्वासन

vii. डेटा और डेटा प्रबंधन का प्रतिनिधित्व सहित
   क) मानक प्रारूपों का उपयोग
   ख) इसकी शुद्धता और पुनरावृत्ति सुनिश्चित करने के लिए डेटा का सत्यापन

ग) दैनिक आधार पर डेटा का संकलन

घ) संबंधित कार्यात्मक वृतिकों द्वारा डेटा की व्याख्या की आवृत्ति

ङ) संबंधित विशेष मापदंडों के कार्यक्रम की निगरानी में आवश्यक परिवर्तनों को शामिल करने का एक तंत्र, जैसे

- नमूना स्थान
- नमूनाकरण की अवधि
- नमूनाकरण की आवृत्ति, आदि।
- सारणीबद्ध और आरेखीय रूप में डेटा निरूपण, आदि।.

*प्रस्तावित परियोजना के लिए विशिष्ट मापदंडों की पहचान की जाती है एवं विशेष रूप से निगरानी की जाती है, भले ही ये टीओआर में दिखाई न दें।*

ब्राउनफील्ड परियोजनाएं

ब्राउनफील्ड परियोजनाओं के लिए, संबंधित कार्यात्मक क्षेत्र के वृतिक:

परियोजना प्रस्तावक की ओर से ऑपरेटिंग प्रोजेक्ट(ओं) के लिए पिछले निगरानी डेटा प्राप्त करें, जैसे वायु प्रदूषण के स्रोत, स्टैक उत्सर्जन, परिवेशी वायु गुणवत्ता, रिसेप्टर्स, आदि।

यदि उपलब्ध हो तो, वैधानिक प्राधिकरणों और तीसरे पक्षों द्वारा निगरानी किए गए स्टैक उत्सर्जन एवं परिवेशी वायु गुणवत्ता पर परियोजना प्रस्तावक से रिपोर्ट प्राप्त करें।

प्रचालन परियोजनाओं के लिए उत्सर्जन के सभी स्त्रोतों की पहचान करना और ग्रीनफील्ड परियोजनाओं के लिए ऊपर वर्णित पद्धति का अनुसरण करते हुए प्रमुख स्त्रोतों के ढेर से होने वाले उत्सर्जनों के लिए आधारभूत निगरानी करना, चाहे वे प्रचालन परियोजनाओं के लिए स्त्रोत पर उत्सर्जन का पता लगाने के लिए निरंतर या आवधिक रूप से संचालित हों।

i. ग्रीनफील्ड परियोजनाओं के लिए ऊपर वर्णित पद्धति का पालन करते हुए, ऑपरेटिंग प्रोजेक्ट (ओं) सहित अध्ययन क्षेत्र में संवेदनशील स्थानों और रिसेप्टर्स पर परिवेशी वायु गुणवत्ता की निगरानी करना।

ii. मौजूदा परियोजना (परियोजनाओं) के पर्यावरणीय अनुमोदन प्राप्त करने के लिए तैयार की गई ईआईए रिपोर्ट (ओं) को प्राप्त करना और वायु पर्यावरण की आधारभूत स्थितियों पर उप-अध्याय का अध्ययन करना।

iii. वायु पर्यावरण के लिए पर्यावरणीय अनुमोदन शर्तों के अनुपालन की पुष्टि करें

उपरोक्त के आधार पर, ऊपर 1 और 2 पर दी गई जानकारी पर उचित सावधानी काम मे ली जाती है, और इसकी तुलना ऊपर 3 और 4 पर निगरानी किए गए डेटा के साथ की जाती है, यानी उत्पन्न

प्राथमिक डेटा और लागू नियामक मानकों के साथ। वायु पर्यावरण पर लागू विनियमन के अनुपालन की स्थिति का वर्णन किया गया है उपरोक्त 5 और 6 पर साथ ही अवलोकन भी वर्णित हैं।

**वायु परिवेश के लिए आधारभूत शर्तों को स्थापित करना**

वायु परिवेश की आधारभूत शर्तों की स्थापना से आउटपुट विधिवत दस्तावेज में आम तौर पर निम्नलिखित सम्मिलित किया जाता है :

i. चयनित निगरानी स्थानों का औचित्य
ii. जिस अवधि के दौरान वायु पर्यावरण के लिए आधारभूत निगरानी आयोजित की गई थी
iii. वायु पर्यावरण आधारभूत डेटा एकत्र करने के लिए उपयोग की जाने वाली पद्धति का विवरण
iv. मौसम संबंधी डेटा का सारणीकरण, यानी निकटतम स्थान के साथ-साथ प्राथमिक डेटा के लिए एकत्र किए गए द्वितीयक डेटा, जिसमें वर्षा, तापमान, हवा की गति, हवा की दिशा, विभिन्न महीनों में प्रमुख हवा की दिशा, मिश्रण ऊंचाई और स्थिरता वर्ग शामिल हैं।
v. पिछले 5-10 वर्षों के ऐतिहासिक डेटा का एक चित्रात्मक प्रतिनिधित्व, मौसम संबंधी डेटा और परिवेशी वायु गुणवत्ता में भिन्नताओं को दर्शाता है, और प्रवृत्ति विश्लेषण
vi. टीओआर के अनुपालन में चयनित निगरानी स्थानों पर परिवेशी वायु गुणवत्ता संबंधी पैरामीटरों पर प्राथमिक आंकड़ों का सारणीकरण, लागू विनियमों के अनुसार न्यूनतम, अधिकतम और औसत मूल्यों एवं तदनुरूपी अनुमेय मूल्यों पर प्रकाश डालना
vii. निगरानी स्थानों और संबंधित निगरानी परिवेशी वायु गुणवत्ता से संबंधित मापदंडों, उत्सर्जन के मौजूदा (प्रमुख) स्रोतों के सापेक्ष स्थानों और आधार मानचित्रों पर संवेदनशील रिसेप्टर्स का मानचित्रण।

यह देखते हुए कि एक विशिष्ट क्षेत्र में समय के साथ हवा की गति और दिशा दोनों बदल जाती हैं, व्याख्या में आसानी और ईआईए रिपोर्ट में वायु पर्यावरण के लिए आधारभूत डेटा के अच्छे प्रतिनिधित्व के लिए, हवा की गति, दिशा और तीव्रता से युक्त हवा से संबंधित जानकारी को एक चित्रात्मक रूप में दर्शाया जाता है जिसे *पवन गुलाब आरेख* कहा जाता है। यह एक विशिष्ट स्थान पर आने वाली दिशा, गति और हवा की तीव्रता को सारांशित करता है। यह ध्यान दिया जा सकता है कि हवा की चिह्नित दिशा वह दिशा है जिधर से हवा चलती है। विभिन्न स्थानों पर 24-घंटे की निगरानी करते समय, कभी-कभी यह संभावना होती है कि निगरानी का डेटा एक निश्चित पैरामीटर (ओं) के मूल्यों में कुछ असामान्य वृद्धि या गिरावट दिखा सकते हैं। इस तरह की भिन्नताओं को समझाया जा सकता है यदि क्षेत्र निगरानी डेटा शीट निरंतर निगरानी चक्र के दौरान ऐसी असामान्य परिस्थियों या घटनाओं, यदि कोई हो, को रिकॉर्ड करती है। उपयुक्त रूप से प्रतिनिधित्व किए गए, मॉनिटर किए गए डेटा की ठीक से व्याख्या की जाती है और संक्षेप में चर्चा की जाती है।

#### 6.5.2.2 शोर पर्यावरण

शोर पर्यावरण के लिए आधारभूत अध्ययन में अनिवार्य रूप से शोर उत्सर्जन और कंपन के प्रमुख स्रोतों पर जानकारी एकत्र करना शामिल है, चाहे निरंतर, आंतरायिक या आवधिक, परियोजना स्थान, परिवेश शोर स्तर एवं अध्ययन क्षेत्र में संवेदनशील रिसेप्टर्स के संदर्भ में उनके स्थान। *ग्रीनफील्ड परियोजनाओं* के लिए आधारभूत अध्ययन में शोर पर्यावरण शामिल हैं:

i. शोर उत्पादन की आवधिकता के साथ-साथ शोर के सभी मौजूदा प्रमुख स्रोतों की पहचान करना।
   क. निरंतर शोर, उदाहरण के लिए औद्योगिक संचालन, निर्माण और यातायात से
   ख. आंतरायिक शोर, जैसे खनन में विस्फोट से, और औद्योगिक वेंटिंग
   ग. आवधिक शोर, उदाहरण के लिए सायरन से

ii. संवेदनशील रिसेप्टर्स और उनके सापेक्ष स्थानों की पहचान

iii. भूमि उपयोग पर जानकारी का संग्रह, अर्थात् आवासीय, वाणिज्यिक और औद्योगिक क्षेत्र

iv. स्थलाकृति और इलाके पर जानकारी का संग्रह

ऊपर ii, iii और iv पर जानकारी पहले से ही वायु पर्यावरण के लिए आधारभूत स्थितियों को स्थापित करने के लिए एकत्र की गई होती हैं। चूंकि ध्वनि के स्तर को मापने के लिए संवेदनशील रिसेप्टर्स प्रमुख विचार हैं, इसलिए शोर के लिए निगरानी स्थान हमेशा वही होंगे जो परिवेशी वायु गुणवत्ता निगरानी के लिए चुने गए हैं। प्रस्तावित गतिविधियों के आधार पर मौजूदा स्मारकों, सांस्कृतिक संसाधनों और अन्य संरचनाओं में कंपन स्तरों की निगरानी के लिए स्थानों का उपयुक्त रूप से चयन किया जाना आवश्यक है। आधारभूत डेटा उत्पादन के लिए निगरानी स्टेशनों का चयन रेलवे, राजमार्गों, खनन और अवसंरचनात्मक परियोजनाओं जैसी परियोजनाओं के लिए तत्परता से किया जाना चाहिए, जिसमें ब्लास्टिंग ऑपरेशन, पाइलिंग से जुड़े निर्माण, आदि शामिल हैं क्योंकि उत्पन्न शोर और कंपन में शोर और कंपन की उत्पत्ति के स्रोत से परे स्थित रिसेप्टर्स को भी प्रेषित या प्रचारित करने की क्षमता होती है।

आधारभूत शोर स्तर की निगरानी के लिए, परिवेशी वायु गुणवत्ता निगरानी की तर्ज पर जमीन के स्तर से 1.5 मीटर की ऊंचाई पर पूर्व-पहचाने गए रिसेप्टर्स के आसपास के क्षेत्र में परिवेशी शोर स्तर को आम तौर पर मापा जाता है। टीओआर के आधार पर, दिन (0600 से 2200 बजे) और रात के समय (2200 से 0600 बजे) के दौरान हैंड-हेल्ड साउंड-लेवल मीटर का उपयोग करके दिए गए स्थानों पर स्पॉट शोर की निगरानी की जाती है, या परिष्कृत ध्वनि-स्तर मीटर का उपयोग करके 24 घंटे के लिए निरंतर निगरानी की जाती है जो आधे घंटे की अवधि में हर 30 सेकंड में दर्ज किए गए ध्वनि-स्तर माप को एकीकृत करते हैं।

ब्राउनफील्ड परियोजनाएं

ब्राउनफील्ड परियोजनाओं के लिए, संबंधित कार्यात्मक क्षेत्र के वृतिक

i. ऑपरेटिंग प्रोजेकूट के लिए पिछले निगरानी डेटा प्राप्त करें, जैसे शोर एवं कंपन के स्रोत, परियोजना प्रस्तावक से परिवेश शोर का स्तर

ii. यदि कोई हो, सांविधिक प्राधिकरणों और तीसरे पक्षों द्वारा किए गए शोर के स्तर की निगरानी पर परियोजना प्रस्तावक रिपोर्टों से रिपोर्ट प्राप्त करना
iii. ऑपरेटिंग प्रोजेक्ट के लिए शोर एवं कंपन के सभी प्रमुख स्रोतों की पहचान करें, चाहे वे लगातार या आवधिक रूप से संचालित हों, और ऑपरेटिंग प्रोजेक्ट (ओं) के लिए स्रोत पर उत्पन्न शोर के स्तर का पता लगाने के लिए शोर के स्रोतों से 1 मीटर की दूरी पर शोर और कंपन के लिए आधारभूत निगरानी का संचालन करना
iv. ग्रीनफील्ड परियोजनाओं के लिए ऊपर वर्णित पद्धति का पालन करते हुए, ऑपरेटिंग प्रोजेक्ट (ओं) सहित अध्ययन क्षेत्र में संवेदनशील स्थानों और रिसेप्टर्स पर परिवेशी शोर के स्तर और परियोजना से संबंधित गतिविधियों के आधार पर कंपन स्तर की निगरानी करना
v. प्रचालन परियोजना के लिए पर्यावरणीय अनुमोदन प्राप्त करने के लिए तैयार की गई ईआईए रिपोर्ट प्राप्त करना और शोर पर्यावरण की आधारभूत स्थितियों पर उप-अध्याय का अध्ययन करना
vi. शोर पर्यावरण के लिए पर्यावरणीय अनुमोदन शर्तों के अनुपालन की जाँच करना

उपरोक्त के आधार पर, ऊपर दिए गए i और ii पर जानकारी पर उचित परिश्रम किया जाता है, और इनकी तुलना ऊपर iii और iv पर निगरानी किए गए डेटा के साथ की जाती है, यानी उत्पन्न प्राथमिक डेटा और लागू नियामक मानकों के साथ। शोर पर्यावरण पर लागू विनियमन के अनुपालन की स्थिति का वर्णन किया गया है। उपरोक्त v और vi पर अवलोकन भी वर्णित हैं।

**शोर और कंपन परिवेश के लिए आधारभूत शर्तों को स्थापित करना**

शोर और कंपन परिवेश की आधारभूत शर्तों की स्थापना से आउटपुट विधिवत दस्तावेज में आम तौर पर निम्नलिखित सम्मिलित किया जाता है :

i. चयनित निगरानी स्थानों का औचित्य
ii. वह अवधि जिसके दौरान शोर और कंपन स्तरों के लिए आधारभूत निगरानी आयोजित की गई थी
iii. शोर पर्यावरण आधारभूत डेटा एकत्र करने के लिए उपयोग की जाने वाली पद्धति का विवरण
iv. टीओआर के अनुपालन में चयनित निगरानी स्थानों पर परिवेशी शोर स्तरों के लिए उत्पन्न प्राथमिक डेटा का सारणीकरण, लागू विनियमों के अनुसार दिन और रात के लिए न्यूनतम, अधिकतम एवं औसत या समकक्ष मूल्यों और तदनुरूपी अनुमेय मूल्यों पर प्रकाश डालना
v. निगरानी स्थानों का मानचित्रण एवं तदनुरूपी निगरानी परिवेश शोर और कंपन स्तर, शोर और कंपन के मौजूदा (प्रमुख) स्रोतों के सापेक्ष स्थान, और आधार मानचित्रों पर संवेदनशील रिसेप्टर्स

व्याख्या में आसानी एवं ईआईए रिपोर्ट में शोर वातावरण के लिए आधारभूत डेटा के अच्छे प्रतिनिधित्व के लिए, जहां तक संभव हो एक चित्रात्मक फॉर्म का उपयोग किया जा सकता है। विभिन्न स्थानों पर 24-घंटे की निगरानी करते समय, कभी-कभी निगरानी किए गए डेटा की संभावना शोर या कंपन स्तर के निगरानी मूल्यों में कुछ असामान्य वृद्धि या गिरावट दिखाती है। इस तरह की भिन्नताओं को समझाया

जा सकता है यदि क्षेत्र निगरानी डेटा शीट निरंतर निगरानी चक्र के दौरान ऐसी असामान्य परिस्थितियों या घटनाओं, यदि कोई हो, को रिकॉर्ड करती है। उपयुक्त रूप से प्रतिनिधित्व किए गए मॉनिटर किए गए डेटा की ठीक से व्याख्या की जाती है और संक्षेप में चर्चा की जाती है। क्षेत्र के दौरे और निगरानी के दौरान देखी गई अनूठी विशेषताएं, यदि कोई हों, का वर्णन किया गया है। आधारभूत अध्ययन की सीमाएं, यदि कोई हों, स्पष्ट रूप से उल्लिखित हो।

#### 6.5.2.3 जल पर्यावरण

*ग्रीनफील्ड परियोजनाओं* के लिए आधारभूत अध्ययन में अनिवार्य रूप से विभिन्न मौसमों में पानी की उपलब्धता और पानी की गुणवत्ता के लिए सतह एवं भूजल दोनों जल संसाधनों पर जानकारी का संग्रह शामिल है। इसमें अध्ययन क्षेत्र के उन सभी जल निकायों की पहचान करना भी शामिल है जो परियोजना से संबंधित किसी भी गतिविधि से प्रभावित होने की क्षमता रखते हैं। अध्ययन क्षेत्र के लिए एकत्र की जाने वाली आधारभूत जानकारी में मुख्य रूप से शामिल हैं:

i. पानी के सेवन, प्रमुख उपयोगकर्ताओं, और पानी के प्रमुख उपयोगों के लिए

ii. मौजूदा स्रोतों का दोहन किया जा रहा है

iii. अपशिष्ट जल उत्पादन के मौजूदा (प्रमुख) स्रोत, अपशिष्ट जल को दिए जा रहे उपचार के प्रकार एवं स्तर के साथ-साथ उपचार सुविधाएं और विभिन्न सुविधाओं से उपचारित अपशिष्ट जल के निपटान के तरीके। ज्वार, धाराओं और पानी की गुणवत्ता के लिए मुहाने, तटीय एवं समुद्री जल यदि ये प्रस्तावित परियोजना से संबंधित गतिविधियों में से किसी से प्रभावित होने की संभावना है

iv. मौजूदा जल अपवाह पैटर्न और वाटरशेड/ड्रेनेज बेसिन/कैचमेंट क्षेत्र

v. विभिन्न मौसमों में प्रवाह भिन्नताओं के साथ सतही जल प्रवाह पर प्रवृत्ति विश्लेषण और तदनुरूपी जल गुणवत्ता, एक दशक या उससे भी अधिक समय के प्रामाणिक पिछले आंकड़ों के आधार पर

vi. एक दशक या उससे अधिक के प्रामाणिक पिछले आंकड़ों के आधार पर, विभिन्न मौसमों में भूजल उपलब्धता, जल स्तर और संबंधित जल गुणवत्ता का प्रवृत्ति विश्लेषण

जब परियोजना स्थान के लिए द्वितीयक डेटा उपलब्ध नहीं होता है, तो अपस्ट्रीम एवं डाउनस्ट्रीम स्थानों या आस-पास के स्थानों के डेटा को प्राप्त किया जाता है, विश्लेषण किया जाता है, और उपयुक्त तकनीकों का उपयोग करके व्याख्या की जाती है, और परियोजना स्थान पर प्रचलित स्थिति का अनुमान लगाने के लिए बहिर्वेशन या प्रक्षेपों का सहारा लिया जाता है।

संवेदनशील जल संसाधनों, अवक्रमित जल संसाधनों, खोजे गए नए जल संसाधनों और विवादास्पद मुद्दों, यदि कोई हो, पर जानकारी एकत्र करने के अलावा, अतीत में निम्नलिखित घटनाओं की महत्वपूर्ण घटनाओं पर जानकारी एकत्र करना आवश्यक है:

i. पानी की कमी

ii. बाढ़

iii. अत्यधिक शैवाल या खरपतवार खिलते हैं

iv. थर्मल डिस्चार्ज जो जल निकायों में स्तरीकरण का कारण बनता है

v. मछली मारना, आदि।

सार्वभौमिक हाइड्रोलॉजिकल चक्र और स्थानीय हाइड्रोलॉजिकल चक्र को ध्यान में रखते हुए, **चित्र 6.1** का अध्ययन, विश्लेषण और वर्णन किया जाना है ताकि जल पर्यावरण की समग्र स्थिति के सही एवं यथार्थवादी परिदृश्य की पूरी समझ को प्रतिबिंबित किया जा सके, खासकर जब प्रस्तावित परियोजना जल-गहन हो।

टीओआर एवं स्थानीय परिस्थितियों के आधार पर, प्राथमिक डेटा उत्पादन के लिए निगरानी और नमूने के लिए स्थानों का चयन किया जाता है। नदी या धारा जल निगरानी के लिए, गहराई, वेग, पुन: वातन दर, क्षय दर आदि के आधार पर एक समान पहुँच पर पहुँचने के लिए नदियों या धाराओं का अनुक्रमिक विभाजन किया जाता है। जिन जल निकायों से परियोजना से संबंधित गतिविधियों की आवश्यकता को पूरा करने के लिए पानी निकाला जाना प्रस्तावित है, और जिनमें परियोजना से शोधित अपशिष्ट जल को एक बिंदु स्रोत के रूप में निर्वहन करने का प्रस्ताव है, उन जल निकायों की विभिन्न मौसमों में सावधानीपूर्वक निगरानी की जाती है।

क) जल प्रवाह दर और संबंधित जल गुणवत्ता

ख) अनुप्रवाह गतिविधियाँ

ग) अनुप्रवाह उपयोग और पानी के उपयोगकर्ता

घ) जलीय बायोटा, आदि।

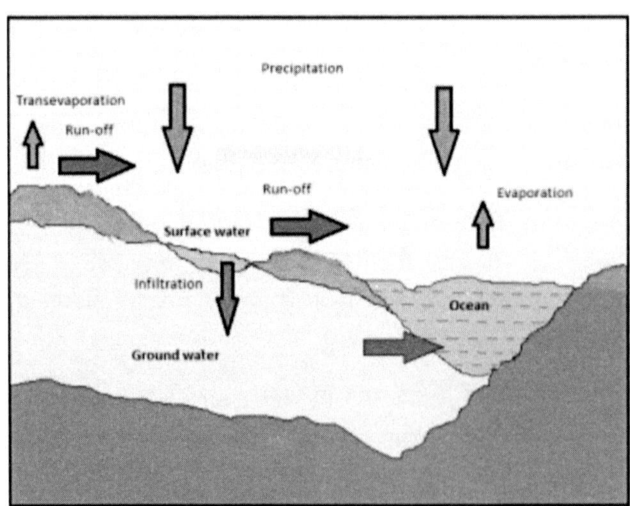


**1) सार्वभौमिक हाइड्रोलॉजिकल चक्र**

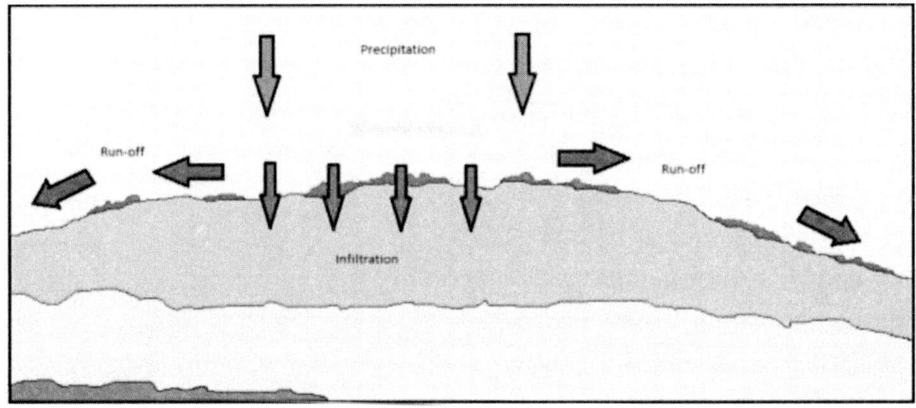


2) **तार्किक जल विज्ञान-पूर्व परियोजना**

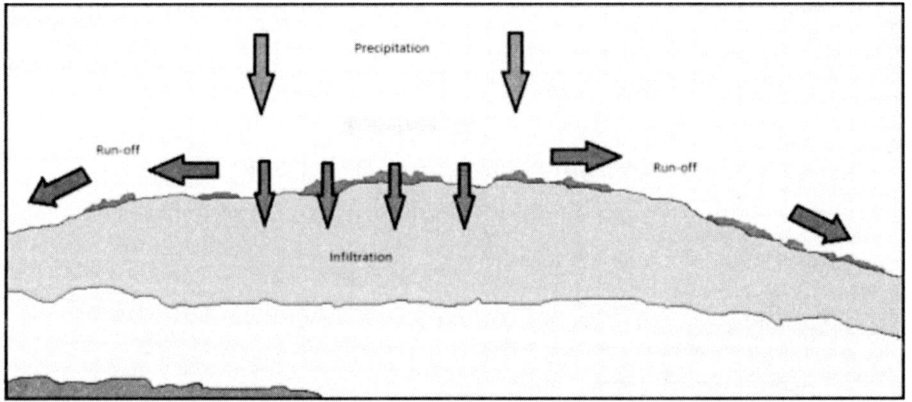


**चित्र 6.1 हाइड्रोलॉजिकल चक्र**

**जल परिवेश के आधारभूत शर्तों को स्थापित करने के लिए योग्य विचार**

सीपीसीबी (2008) से संशोधित निम्नलिखित मानक दिशानिर्देशों का पालन किया जा सकता है:

i. नेटवर्क संरचना की निगरानी, पृष्ठभूमि की जानकारी और टीओआर पर विचार करते हुए, चयन के लिए
   - क. पैरामीटर (भौतिक-रासायनिक और जैविक) मापा जाना है
   - ख. नमूना स्थान
   - ग. माप की आवृत्ति

ii. नमूनाकरण के लिए मानक पद्धतियां, चाहे ग्रैब, समग्र और/या एकीकृत नमूनाकरण, नमूनों की प्रतिनिधिता सुनिश्चित करना, नमूनों के लिए कंटेनरों का चयन करना, नमूना संरक्षण और परिवहन, आदि।

iii. एकत्रित पानी के नमूनों के ऑन-साइट विश्लेषण के लिए उपयुक्त किट

iv. मानक ग्लासवेयर और उपकरण, अभिकर्मकों, उपभोग्य सामग्रियों आदि का उपयोग करके नमूनों के विश्लेषण के लिए प्रासंगिक प्रमाणन या मान्यता प्राप्त ऑफ-साइट प्रयोगशाला। भौतिक, रासायनिक और जैविक मापदंडों के लिए, मानक विश्लेषणात्मक विधियों और प्रथाओं (APHA 1998) का पालन करते हुए

v. निगरानी डेटा के लिए गुणवत्ता आश्वासन प्रणाली

vi. निगरानी और विश्लेषणात्मक कार्य के लिए अच्छी तरह से प्रशिक्षित जनशक्ति सहित संसाधन आवश्यकताएं, निगरानी, परीक्षण, संबद्ध उपकरण और उपकरणों के लिए पूंजीगत खर्चों को पूरा करने के लिए धन के साथ-साथ जनशक्ति, ग्लासवेयर, उपभोग्य सामग्रियों, बिजली के लिए आवर्ती व्यय, रखरखाव, अंशांकन, परिवहन, आदि।

vii. डेटा एवं डेटा प्रबंधन का प्रतिनिधित्व सहित

 क. मानक प्रारूपों का उपयोग

 ख. इसकी शुद्धता और पुनरावृत्ति सुनिश्चित करने के लिए डेटा का सत्यापन

 ग. दैनिक आधार पर डेटा का संकलन

 घ. संबंधित कार्यात्मक वृतिकों द्वारा डेटा की व्याख्या की आवधिकता

 ङ. विशेष मापदंडों के कार्यक्रम की निगरानी में आवश्यक परिवर्तनों को शामिल करने का तंत्र, उदाहरण

 - नमूना स्थान
 - नमूने की अवधि
 - नमूनाकरण की आवृत्ति, आदि।

 च. सारणीबद्ध और चित्रात्मक रूप में डेटा प्रतिनिधित्व; आदि।

*प्रस्तावित परियोजना के लिए विशिष्ट मापदंडों की पहचान की जाती है और विशेष रूप से निगरानी की जाती है, भले ही ये टीओआर में दिखाई न दें।*

अध्ययन क्षेत्र में तटीय और समुद्री क्षेत्रों के लिए, जो किसी भी परियोजना से संबंधित गतिविधियों के कारण प्रभावित होने की संभावना रखते हैं, तटीय और साथ ही समुद्री जल की गुणवत्ता की निगरानी की जाती है। मुहाना पर जानकारी एकत्र की जाती है, जिसमें इसका प्रकार, ज्वारीय चक्र, मिश्रण पैटर्न, पानी की गुणवत्ता, प्राथमिक उत्पादकता आदि शामिल है।

Shanon Weaver Index (1948) द्वारा दर्शाए गए प्लैंकटन की विविधता को प्रदर्शित करने वाले पानी की प्राथमिक जैविक उत्पादकता को इस समझ के साथ मापा जाता है कि 6 का मूल्य स्वच्छ पानी को दर्शाता है और प्रदूषण के स्तर में वृद्धि के परिणामस्वरूप इस मूल्य में कमी आती है।

ब्राउनफील्ड परियोजनाएं

ब्राउनफील्ड परियोजनाओं के लिए, संबंधित कार्यात्मक क्षेत्र के वृतिक

i. परियोजना प्रस्तावक द्वारा प्रलेखित पिछले निगरानी डेटा प्राप्त करें:
   क. जल की गुणवत्ता के साथ-साथ दोहन किए जा रहे जल संसाधनों की स्थिति
   ख. मौजूदा परियोजनाओं में पानी के उपयोगकर्ताओं को उनके जल उपयोग पैटर्न के साथ
   ग. विभिन्न उपयोगकर्ताओं और गतिविधियों से उत्पन्न अपशिष्ट जल, चाहे निरंतर या आवधिक, और उसकी विशेषताएं
   घ. दिए गए उपचार का प्रकार एवं स्तर, चाहे व्यक्तिगत रूप से और/या केंद्रीय सुविधा में
   ङ. उपचारित अपशिष्ट जल का निर्वहन किया जा रहा है और इसकी विशेषताएं
   च. उपचारित अपशिष्ट जल प्राप्त करने वाले जल निकाय की जल प्रवाह दर और पानी की गुणवत्ता
ii. सांविधिक प्राधिकारियों और तृतीय पक्षों द्वारा किए गए निर्वहन अपशिष्ट जल और उसके सिंक की निगरानी पर परियोजना प्रस्तावक से रिपोर्ट प्राप्त करना, यदि कोई हो।
iii. अपशिष्ट जल उपचार सुविधाओं के प्रदर्शन लेखा परीक्षा पर परियोजना प्रस्तावक से रिपोर्ट प्राप्त करना
iv. जल लेखा परीक्षा पर परियोजना प्रस्तावक से रिपोर्ट प्राप्त करना
v. ग्रीनफील्ड परियोजनाओं के लिए वर्णित पद्धति का उपयोग करते हुए, ऑपरेटिंग प्रोजेक्ट (ओं) सहित अध्ययन क्षेत्र में निम्नलिखित की निगरानी करना:
   क. जल की आवश्यकता को पूरा करने के लिए जल संसाधनों का दोहन किया जा रहा है - प्रवाह दर और गुणवत्ता
   ख. जल उपयोगकर्ता, विभिन्न उपयोगकर्ताओं और गतिविधियों से उत्पन्न अपशिष्ट जल - प्रवाह दर और गुणवत्ता, चाहे निरंतर या आवधिक
   ग. अपशिष्ट जल का सिंक- प्रवाह दर और गुणवत्ता
vi. जल नेटवर्क और जल उपयोग की लेखा परीक्षा करना, परिचालन परियोजना (परियोजनाओं) की अपशिष्ट जल उपचार सुविधा का प्रदर्शन और पर्याप्तता लेखा परीक्षा करना
vii. प्रचालन परियोजना (परियोजनाओं) का पर्यावरणीय अनुमोदन प्राप्त करने के लिए तैयार की गई ईआईए रिपोर्ट प्राप्त करना और जल पर्यावरण की आधारभूत स्थितियों पर उप-अध्याय का अध्ययन करना
viii. जल पर्यावरण के लिए पर्यावरणीय अनुमोदन शर्तों के अनुपालन की जाँच करें

उपर्युक्त के आधार पर, उपर्युक्त i-iv पर दी गई जानकारी पर उचित सावधानी बरती जाती है, ऊपर v-vi पर निगरानी किए गए डेटा के साथ तुलना की जाती है, अर्थात उत्पन्न प्राथमिक डेटा और लागू

नियामक मानकों के साथ। जल पर्यावरण पर लागू विनियमन के अनुपालन की स्थिति का वर्णन किया गया है। उपर्युक्त vii और viii पर टिप्पणियों का भी वर्णन किया गया है।

**जल परिवेश के लिए आधारभूत शर्तों को स्थापित करना**

जल परिवेश की आधारभूत शर्तों की स्थापना से आउटपुट विधिवत दस्तावेज में आम तौर पर निम्नलिखित सम्मिलित किया जाता है:

i. चयनित नमूनाकरण और निगरानी स्थानों का औचित्य
ii. जिस अवधि के दौरान पानी के पर्यावरण के लिए आधारभूत निगरानी आयोजित की गई थी
iii. जल पर्यावरण आधारभूत डेटा एकत्र करने के लिए उपयोग की जाने वाली पद्धति का विवरण
iv. जल उपलब्धता एवं संबंधित गुणवत्ता पर द्वितीयक स्रोतों से प्राप्त पिछले आंकड़ों का सारणीबद्ध तथा चित्रात्मक रूपों में प्रतिनिधित्व, और प्रवृत्तियों का विश्लेषण।
v. सतह एवं भूजल संसाधनों की उपलब्धता पर एकत्र किए गए निगरानी डेटा का सारणीकरण, विविधताओं के साथ, और संबंधित गुणवत्ता से संबंधित
    क. भौतिक-रासायनिक विशेषताएं, विभिन्न मापदंडों के न्यूनतम, अधिकतम और औसत मूल्यों और लागू नियमों के अनुसार संबंधित अनुमेय मूल्यों को उजागर करती हैं।
    ख. फेकल कोलीफॉर्म, कुल कोलीफॉर्म सामग्री और शैनन वीवर विविधता सूचकांक सहित जैविक विशेषताएं
vi. निगरानी आंकड़ों का सारणीकरण- जल निकायों के लिए एकत्र की गई प्रवाह दर एवं गुणवत्ता जिसमें उपचारित अपशिष्ट जल को निर्वहन करने का प्रस्ताव है।
vii. प्रस्तावित परियोजना के सापेक्ष विशिष्ट स्थानों के साथ आधार मानचित्र पर निम्नलिखित जानकारी का मानचित्रण:
    क. पानी की उपलब्धता और पानी की गुणवत्ता के साथ जल निकाय
    ख. जल संसाधनों का दोहन जल की आवश्यकता को पूरा करने के साथ-साथ इनसे पानी की निकासी और मौसमी परिवर्तनों के साथ इसकी गुणवत्ता को पूरा करने के लिए प्रस्तावित है
    ग. अपशिष्ट जल उपचार सुविधाएं
    घ. उपचारित अपशिष्ट जल निपटान के लिए सिंक

व्याख्या में आसानी और ईआईए रिपोर्ट में आधारभूत डेटा के अच्छे प्रतिनिधित्व के लिए, जहां तक संभव हो एक चित्रात्मक फॉर्म का उपयोग किया जाता है। विभिन्न स्थानों पर 24-घंटे की निगरानी करते समय, कभी-कभी निगरानी किए गए डेटा में कुछ मापदंडों के मूल्यों में कुछ असामान्य वृद्धि या गिरावट दिखाई देती है। इस तरह की भिन्नताओं को समझाया जा सकता है यदि फील्ड मॉनिटरिंग डेटा शीट निगरानी चक्र के दौरान ऐसी असामान्य स्थितियों या घटनाओं, यदि कोई हो, को रिकॉर्ड करती है। उपयुक्त रूप से प्रतिनिधित्व किए गए मॉनिटर किए गए डेटा की ठीक से व्याख्या की जाती है और संक्षेप

में चर्चा की जाती है। क्षेत्र के दौरे और निगरानी के दौरान देखी गई अनूठी विशेषताएं, यदि कोई हों, का वर्णन किया गया है। आधारभूत निगरानी की सीमाएं, यदि कोई हों, स्पष्ट रूप से उल्लिखित हैं।

#### 6.5.2.4 भूमि (मृदा, भूमि उपयोग/भूमि कवर, परिदृश्य और दृश्य) पर्यावरण

अध्ययन क्षेत्र के लिए भूमि उपयोग/भूमि आवरण के बारे में जानकारी आम तौर पर सरकारी एजेंसियों द्वारा तैयार किए गए सर्वेक्षण मानचित्रों और विकास योजनाओं से प्राप्त की जाती है। हालांकि, आमतौर पर यह देखा जा सकता है कि ऐसे नक्शे दिनांकित होते हैं क्योंकि अद्यतन होने वाले विकास के साथ तालमेल नहीं रखता है। इस प्रकार, तेजी से चौतरफा विकास के कारण परिवर्तन, जो एक नियमित घटना है, विशेष रूप से विकासशील देशों में, ऐसे मानचित्रों पर दिखाई नहीं दे सकता है। अध्ययन क्षेत्र के भूमि उपयोग/भूमि आवरण पर काफी अच्छी जानकारी Google Earth से प्राप्त की जा सकती है। राष्ट्रीय सुदूर संवेदन एजेंसी जैसी संबंधित सरकारी एजेंसियों से प्राप्त नवीनतम रिमोट सेंसिंग मानचित्रों से मृदा, भूमि उपयोग/भूमि आवरण, भूवैज्ञानिक विशेषताओं और स्थलाकृति पर वर्तमान, सटीक और प्रामाणिक जानकारी प्राप्त की जा सकती है। दलदल, मडफ्लैट्स और बीहड़ों जैसे दुर्गम क्षेत्रों के लिए, रिमोट सेंसिंग सिनॉप्टिक कवरेज तथा जानकारी के लिए एकमात्र सटीक और वास्तविक समय डेटा स्रोत हो सकता है।

**मृदा**

मृदा की पर्यावरणीय आधारभूत स्थितियों को स्थापित करने के लिए, मृदा के गुण जो पौधे के पोषक तत्वों की उपलब्धता को निर्धारित करते हैं और इसलिए मृदा की उर्वरता, जैसे मृदा का रंग, मृदा की गहराई, थोक घनत्व, क्षेत्र क्षमता, मृदा pH, मृदा की अम्लता, क्षारीयता तथा लवणता, केशन-विनिमय क्षमता, मृदा कार्बनिक पदार्थ एवं नाइट्रोजन चक्र को इकट्ठा करने की आवश्यकता होती है।

मृदा पर प्राथमिक डेटा संग्रह के लिए, उपयुक्त नमूना स्थानों का चयन किया जाता है, और मानक पद्धतियों (IARI 1999, सिंह और अन्य 2005, IRD 2009) का उपयोग करके नमूना करण और नमूना विश्लेषण किया जाता है। निम्नलिखित मृदा मापदंडों को आम तौर पर मापा/अनुमानित किया जाता है:

i. *भौतिक:* मृदा और बनावट का प्रकार, थोक घनत्व, कण आकार वितरण, सरंध्रता, पारगम्यता, जल धारण क्षमता, मृदा की नमी सामग्री, हाइड्रोलिक चालकता, और तटीय आकृति विज्ञान
ii. *रासायनिक:* पीएच, विद्युत चालकता, केशन-विनिमय क्षमता, विनिमय योग्य पिंजर, सोडियम अवशोषण अनुपात, कार्बनिक कार्बन, सोडियम, कैल्शियम, मैग्नीशियम, भारी धातु, पोषक तत्व, अर्थात् नाइट्रोजन (एन), फास्फोरस (पी), और पोटेशियम (के)
iii. *जैविक:* सूक्ष्म जीव

मानक मृदा वर्गीकरण मानदंडों का उपयोग करके पिछले डेटा और निगरानी किए गए डेटा के प्रवृत्ति विश्लेषण की उचित व्याख्या की जाती है।

**भूमि उपयोग/भूमि आवरण**

कोर ज़ोन और बफर ज़ोन के लिए अलग से निम्नलिखित जानकारी प्राप्त की जाती है:

i. *भूमि उपयोग*, यानी वह उद्देश्य जिसके लिए भूमि को उपयोग के लिए नामित किया गया है, जैसे आवासीय, वाणिज्यिक, औद्योगिक, परिवहन, उपयोगिता सुविधाएं, संचार, आदि
ii. *भूमि आवरण*, अर्थात् पृथ्वी पर पाए जाने वाले बायोफिज़िकल पहलू, जैसे कृषि, वन, घास का मैदान, आर्द्रभूमि, बंजर भूमि, पानी, आदि
iii. अपशिष्ट प्रबंधन सुविधाएं, यदि कोई हो
iv. जल निकासी पैटर्न, आदि।

रिमोट सेंसिंग से प्राप्त जानकारी की जमीनी सच्चाई या सत्यापन के लिए जीपीएस और जीपीएस सक्षम कैमरों का उपयोग करके कुछ स्थानों की फील्ड जांच की जाती है। एक भौगोलिक सूचना प्रणाली (जीआईएस) का उपयोग स्थानिक, यानी स्थान डेटा, और विशेषताओं, यानी किसी दिए गए स्थान डेटा की विशेषताओं का प्रतिनिधित्व करने के लिए किया जा सकता है।

**परिदृश्य और दृश्य वातावरण**

परिदृश्य को भूमि और/या पानी के पारिस्थितिक रूप से महत्वपूर्ण बड़े क्षेत्र के रूप में परिभाषित किया गया है जिसमें प्राकृतिक समुदायों के भौगोलिक रूप से अलग-अलग संयोजन शामिल हैं। मौजूदा विशिष्ट और साथ ही सामान्य परिदृश्य पर आधारभूत जानकारी विभिन्न तरीकों या स्रोतों का उपयोग करके प्राप्त की जाती है, जैसे:

i. फील्ड जांच के दौरान दृष्टिगत रूप से
ii. हवाई तस्वीरें और/या जीपीएस-सक्षम कैमरों से ली गई तस्वीरें
iii. निम्नलिखित विशेषताओं के लिए रिमोट सेंसिंग मानचित्र:
    क. स्थलाकृति, आकृति, ढलानों का टूटना, लकीरें, घाटियां, वाटरशेड, जल निकासी लाइनें, जल निकाय आदि सहित भू-आकृति
    ख. भूमि उपयोग पैटर्न और मुख्य वनस्पति आवरण सहित भूमि आवरण
    ग. दिन और रात के समय भिन्नताएं
    घ. पत्ती आवरण में मौसमी भिन्नताएं - कम से कम एवं साथ ही अधिकतम पत्ती कवर अवधि
    ङ. परियोजना स्थान एवं परियोजना स्थल की परिस्थिति, निर्मित पर्यावरण, तटीय विशेषताओं, उपस्थिति आदि सहित परिदृश्य चरित्र

च. ऐतिहासिक और वास्तुशिल्प स्मारक, धार्मिक एवं सांस्कृतिक स्थल आदि (जिसका विवरण सामाजिक एवं सांस्कृतिक वातावरण के तहत चर्चा की जानी है), और वन्यजीव (जिसका विवरण पारिस्थितिक पर्यावरण के तहत चर्चा की जानी है)

ब्राउनफील्ड परियोजनाएं

ब्राउनफील्ड परियोजनाओं के लिए, संबंधित कार्यात्मक वृतिक

i. परियोजना प्रस्तावक से मृदा, भूमि उपयोग/भूमि आवरण, भू-दृश्य और अपशिष्ट प्रबंधन पर पिछली निगरानी डेटा प्राप्त करना
ii. सांविधिक प्राधिकरणों अथवा तृतीय पक्षों द्वारा किए गए अपशिष्ट प्रबंधन पद्धतियों और सुविधाओं की निगरानी के संबंध में परियोजना प्रस्तावक से रिपोर्ट प्राप्त करना
iii. ग्रीनफील्ड परियोजनाओं के लिए ऊपर वर्णित पद्धति का अनुसरण करते हुए परिचालन परियोजनाओं सहित अध्ययन क्षेत्र में मृदा, भूमि उपयोग/भूमि आवरण, भू-दृश्य एवं अपशिष्ट प्रबंधन प्रथाओं और सुविधाओं के लिए आधारभूत निगरानी करना
iv. प्रचालन परियोजना का पर्यावरणीय अनुमोदन प्राप्त करने के लिए तैयार की गई ईआईए रिपोर्ट प्राप्त करना
v. मृदा, भूमि उपयोग/भूमि आवरण, परिदृश्य के लिए आधारभूत स्थितियों पर उप-अध्याय का अध्ययन करना।

उपर्युक्त के आधार पर, उपर्युक्त i और ii पर दी गई जानकारी पर उचित जांच-पड़ताल की जाती है, और इनकी तुलना ऊपर iii पर निगरानी किए गए डेटा के साथ की जाती है, अर्थात उत्पन्न प्राथमिक डेटा और लागू नियामक मानकों के साथ। लागू नियमों के अनुपालन की स्थिति का वर्णन किया गया है। उपरोक्त iv और v पर अवलोकन भी वर्णित हैं।

**मृदा, भूमि उपयोग/भूमि आवरण, और भू-दृश्य और दृश्य परिवेश के लिए आधारभूत शर्तों को स्थापित करना**

मृदा, भूमि उपयोग/भूमि आवरण, और भू-दृश्य और दृश्य परिवेश की आधारभूत शर्तों की स्थापना से आउटपुट विधिवत दस्तावेज में आम तौर पर निम्नलिखित सम्मिलित किया जाता है:

i. वह अवधि जिसके दौरान आधारभूत निगरानी आयोजित की गई थी
ii. आधारभूत डेटा एकत्र करने में उपयोग की जाने वाली पद्धति का विवरण
iii. चयनित नमूना स्थानों पर मृदा का औचित्य
iv. मृदा गुणवत्ता मापदंडों के साथ आधार मानचित्र पर मृदा नमूना स्थानों का मानचित्रण
v. मृदा वर्गीकरण, उर्वरता और उत्पादकता को दर्शाते हुए मृदा की विशेषताओं का सारणीकरण

vi. संदूषित मृदाओं, अवक्रमित एवं अनुत्पादक मृदाओं तथा लवणता में वृद्धि अथवा प्रवेश आदि से प्रभावित मृदाओं के बारे में सूचना का मानचित्रण
vii. कोर जोन और बफर जोन में अलग-अलग भूमि उपयोग/भूमि आवरण दिखाने वाले आधार मानचित्र
viii. प्रत्येक प्रयोजन और विशेषताओं के लिए क्षेत्र का उल्लेख करते हुए एक सारणीबद्ध रूप में भूमि उपयोग/भूमि आवरण पर विवरण, प्रतिशत में भी व्यक्त किया गया है, और मुख्य क्षेत्र और बफर जोन में अपनाई जाने वाली अपशिष्ट प्रबंधन सुविधाओं और प्रथाओं के लिए भूमि उपयोग का विशिष्ट वर्गीकरण भी है
ix. कोर ज़ोन और बफर ज़ोन में जल निकासी पैटर्न का मानचित्रण और विवरण
x. कोर ज़ोन और बफर ज़ोन में दृश्य सुविधाओं और अनूठी विशेषताओं का विवरण
xi. उन स्थानों का मानचित्रण जहां जमीनी सत्यापन किया गया था

व्याख्या में आसानी और डेटा के अच्छे प्रतिनिधित्व के लिए, जहां तक संभव हो एक चित्रात्मक फॉर्म का उपयोग किया जाता है। उपयुक्त रूप से प्रतिनिधित्व किए गए मॉनिटर किए गए डेटा की ठीक से व्याख्या की जाती है और संक्षेप में चर्चा की जाती है। क्षेत्र की जांच और निगरानी के दौरान देखी गई अनूठी विशेषताएं, यदि कोई हों, का वर्णन किया गया है। आधारभूत निगरानी की सीमाएं, यदि कोई हों, स्पष्ट रूप से बताई गई हैं।

#### 6.5.2.5 पारिस्थितिक पर्यावरण

पारिस्थितिक या जैविक पर्यावरण पर आधारभूत अध्ययन का उद्देश्य पारिस्थितिक संसाधनों पर प्रासंगिक और अद्यतन जानकारी एकत्र करना है, विशेष रूप से उन संसाधनों की पहचान पर जो किसी भी परियोजना से संबंधित गतिविधियों के कारण प्रभावित होने की संभावना है। टीओआर के आधार पर, द्वितीयक डेटा एकत्र और मिलान किया जाता है, और/या प्राथमिक डेटा उत्पन्न करने के लिए फील्ड जांच की जाती है। इसमें मुख्य रूप से निम्नलिखित जानकारी एकत्र करना शामिल है, जिसमें वनस्पतियों के साथ-साथ जीवों की दुर्लभ और लुप्तप्राय प्रजातियों पर विशेष ध्यान दिया गया है, अच्छी तरह से स्थापित और स्वीकृत मानक पद्धतियों का उपयोग करते हुए (क्रेब्स 1999, ब्रोवर और जार 1998, एडवर्ड्स 2010):

क. प्रजातियां और उनके टैक्सोनोमिक पहलू
ख. आवास
ग. पर्यावरणीय चर को प्रभावित करना

**द्वितीयक डेटा**

दुर्लभ, खतरे वाली और लुप्तप्राय प्रजातियों के साथ-साथ आवासों पर द्वितीयक डेटा, प्रामाणिक स्रोतों से प्राप्त किया जाता है, जबकि यह सुनिश्चित किया जाता है कि डेटा अध्ययन क्षेत्र के लिए प्रासंगिक है,

न कि राज्य या जिले जैसे प्रशासनिक या क्षेत्राधिकार क्षेत्र की मैक्रो-स्तरीय जानकारी। दुर्लभ, खतरे वाली और लुप्तप्राय प्रजातियों और आवासों का वर्गीकरण मानक वर्गीकरण (IUCN 2004, MOEF 1995) के आधार पर प्रलेखित किया गया है। स्थानीय प्रजातियां जो लुप्तप्राय और खतरे में हैं, उनकी भी पहचान की जाती है, भले ही इनका आईयूसीएन में उल्लेख न हो।

अध्ययन क्षेत्र या उसके आसपास के क्षेत्र में आने वाले स्थान, उच्च संरक्षण की स्थिति वाले, विशेष रूप से सूचीबद्ध हैं, जैसे:

i. राष्ट्रीय उद्यान
ii. वन्यजीव अभयारण्य
iii. राष्ट्रीय समुद्री उद्यान
iv. नामित वन
v. नामित आर्द्रभूमि
vi. अंतर्राष्ट्रीय महत्व के रामसर आर्द्रभूमि अंतरराष्ट्रीय स्तर पर नामित बायोस्फीयर रिजर्व

यह माना जा सकता है कि जबकि नामित साइटों को उच्च पारिस्थितिक मूल्य के लिए जाना जाता है, इसका मतलब यह नहीं है कि गैर-नामित साइटें इस तरह के मूल्य से रहित हैं। केवल आधारभूत अध्ययन ही ऐसे गैर-निर्दिष्ट स्थलों के पारिस्थितिक महत्व को सामने ला सकते हैं। इसके अलावा, कुछ प्रजातियों और पर्यावासों के संरक्षण और विकास के लिए संबंधित अधिकृत एजेंसियों द्वारा अध्ययन क्षेत्र में किए गए या प्रस्तावित प्रबंधकीय हस्तक्षेप, यदि कोई हों, को अच्छी तरह से समझने के बाद प्रलेखित किया जाता है, यह देखते हुए कि ऐसे हस्तक्षेपों का अक्सर प्रजातियों और आवासों की संरचना पर महत्वपूर्ण प्रभाव पड़ता है।

### प्राथमिक डेटा के लिए फील्ड जांच

प्राथमिक डेटा उत्पादन के लिए क्षेत्र अध्ययन, जिसमें आवास, व्यक्तिगत प्रजातियों और समूहों की पहचान करने के लिए विस्तृत जांच शामिल है, आमतौर पर व्यापक डेस्क अनुसंधान और ऐसे अध्ययनों के लिए विस्तृत योजना से पहले होते हैं। विस्तृत क्षेत्र जांच के लिए उपयुक्त मौसम का चयन किया जाना चाहिए (वाथरन 1988)। रमेश (2008) द्वारा समीक्षा की गई वन्यजीव अध्ययन संरचना और डेटा संग्रह के लिए पालन किए जाने वाले प्रोटोकॉल पर उपलब्ध साहित्य का उपयोग निम्नानुसार किया जा सकता है:

I. लक्ष्य और क्षेत्र विधियाँ
    i. सूची और स्थानिक वितरण
    ii. बहुतायत का अनुमान
        क. रैन्डम नमूनाकरण
        ख. व्यवस्थित नमूनाकरण

ग. प्रतिकृति और छद्म प्रतिकृतियां

घ. प्लॉट विधियां

ङ. बिंदु विधियां

च. लाइन विधियां

iii. निगरानी

iv. पारिस्थितिकी और व्यवहार

II. परिदृश्य इकोलॉजी

III. डेटा विश्लेषण और व्याख्या

क्षेत्र की जांच के लिए रैन्डम नमूने का सांख्यिकीय निर्धारण यह सुनिश्चित करते हुए प्रलेखित किया जाता है कि नमूना आकार प्रजातियों और उनके वितरण के आधार पर निर्धारित किया जाता है। जैविक विविधता पर डेटा, जीवित जीवों और जैविक समुदायों की विविधता और परिवर्तनशीलता का एक संकेतक है, जिसमें वे रहते हैं, और विविधता सूचकांक (इज़साक और पप्प 2000) के रूप में व्यक्त किया जाता है, जो वितरण और बहुतायत को दर्शाता है, विभिन्न स्रोतों से संकलित किया जाता है और इसके लिए एकत्र किया जाता है:

i. वनस्पति: पेड़, झाड़ियाँ, जड़ी-बूटियाँ और पर्वतीय, स्थानिक और विदेशी प्रजातियाँ, और दुर्लभ पौधों की प्रजातियाँ

ii. जीव: उभयचर, स्तनधारी, सरीसृप, और दुर्लभ जीव प्रजातियां

iii. पक्षिजात: पक्षियों की देशी, प्रवासी और दुर्लभ प्रजातियां

iv. जलीय जीव: फाइटोप्लांकटन, जूप्लांकटन, बेंटिक, और मछली, कोरल, मैंग्रोव और दुर्लभ जलीय जीवों सहित अन्य जलीय और समुद्री जीवन

v. महत्वपूर्ण पर्यावरणीय चर

प्रजातियों की प्रचुरता और विविधता पर जानकारी आम तौर पर जैव विविधता सूचकांकों के संदर्भ में वर्णित की जाती है, जैसे शैनन इंडेक्स, सिम्पसन इंडेक्स, और सोरेनसन का गुणांक (जैव विविधता सूचकांक, छात्र हैंडआउट, शैनन और वीवर 1948 और 1963, सिम्पसन 1949)। जलीय और समुद्री पारिस्थितिक तंत्र की प्राथमिक उत्पादकता, पानी की गुणवत्ता पर जांच से प्राप्त, आमतौर पर शैनन वीवर इंडेक्स के संदर्भ में व्यक्त की जाती है।

**विस्तृत जांच**

जलाशयों, खनन और क्षेत्र विकास जैसी बड़ी परियोजनाओं के लिए ईआईए में, आधारभूत अध्ययनों में विभिन्न स्तरों अर्थात् प्रजातियों, आनुवंशिक और पारिस्थितिकी तंत्र पर पारिस्थितिक जैव विविधता की स्थापना भी शामिल होगी। US EPA (कैंटर 1996) के पारिस्थितिक निगरानी और आकलन

कार्यक्रम द्वारा परिभाषित निम्नलिखित पारिस्थितिक संसाधन श्रेणियों पर जानकारी अध्ययन क्षेत्र के लिए एकत्र की जानी आवश्यक है:

i. तटीय जल के पास
ii. अंतर्देशीय सतह जल
iii. आर्द्रभूमि
iv. वन बनाम शुष्क भूमि कृषि-पारिस्थितिकी तंत्र

टीओआर, परियोजना के प्रकार और परियोजना स्थल के आधार पर, स्थलीय और जलीय पारिस्थितिक तंत्रों में मौजूद आसानी से पहचाने जाने योग्य प्रजातियों की पूरी श्रृंखला पर विस्तृत जांच करने का निर्णय लिया जाता है, जिसमें वनस्पति, स्तनधारी, निचले और संवहनी पौधे, अकशेरुकी, उभयचर, सरीसृप, मछली और अन्य जलीय जानवर, सरीसृप, उभयचर, पक्षिजात शामिल हैं आदि। उच्च प्रजातियों के अलावा और जो बेहतर पारिस्थितिक संकेतक हैं। क्षेत्रीय और स्थानीय पारिस्थितिक तंत्र और प्रजातियों से संबंधित जैव विविधता का आकलन करने के लिए संबंधित विषयों के वृतिकों द्वारा अध्ययन किए जाते हैं।

ईआईए के लिए उपयोगी मानी जाने वाली निम्नलिखित जानकारी भी एकत्र की जाती है:

i. विभिन्न वनस्पतियों के फूलने का मौसम
ii. विभिन्न जीवों के प्रजनन काल
iii. स्वदेशी पक्षियों के घोंसले की अवधि
iv. प्रवासी पक्षियों और उनके प्रवासी मार्गों की प्रजनन अवधि
v. बड़े जानवरों के प्रवासी मार्ग
vi. विशिष्ट प्रकार के समुद्री जीवों के प्रजनन और प्रजनन अवधि, आदि।

क्षेत्र की जांच में नियोजित *विभिन्न पद्धतियों की अंतर्निहित कमजोरियों* को रिपोर्ट में पहचानने और उजागर करने की आवश्यकता है। इसके अलावा, निम्नलिखित की तरह आधारभूत अध्ययनों की सीमाओं को भी सामने लाया जाना चाहिए:

क. थोड़े समय में किए गए सर्वेक्षण
ख. किए गए सतही सर्वेक्षण
ग. अलग-अलग क्षेत्रों का दौरा बिल्कुल नहीं किया गया या सिर्फ एक बार दौरा किया गया
घ. मौसमी पहलुओं को ध्यान में नहीं रखा गया
ङ. छोटे क्षेत्रों को चित्रित नहीं किया गया
च. महत्वपूर्ण क्षेत्रों और दुर्लभताओं की अनुपस्थिति
छ. कई सर्वेक्षणकर्ता समान मानक प्रोटोकॉल और पद्धतियों का पालन किए बिना शामिल हैं; आदि।

ब्राउनफील्ड परियोजनाएं

ब्राउनफील्ड परियोजनाओं के लिए, संबंधित कार्यात्मक वृतिक

i. परियोजना प्रस्तावक से पारिस्थितिकी के विभिन्न पहलुओं पर पिछली निगरानी डेटा प्राप्त करना
ii. ग्रीनफील्ड परियोजनाओं के लिए ऊपर वर्णित पद्धति का अनुसरण करते हुए प्रचालन परियोजना सहित अध्ययन क्षेत्र में आधारभूत निगरानी और जांच करना
iii. प्रचालन परियोजना (परियोजनाओं) का पर्यावरणीय अनुमोदन प्राप्त करने के लिए तैयार की गई ईआईए रिपोर्ट प्राप्त करना और पारिस्थितिक पर्यावरण की आधारभूत स्थितियों पर उप-अध्याय का अध्ययन करना
iv. पारिस्थितिक पर्यावरण के लिए पर्यावरणीय अनुमोदन शर्तों के अनुपालन की पुष्टि करना

उपर्युक्त के आधार पर, उपरोक्त i पर दी गई जानकारी पर उचित सावधानी बरती जाती है, और इसकी तुलना ऊपर दिए गए ii पर निगरानी किए गए डेटा के साथ की जाती है, अर्थात उत्पन्न प्राथमिक डेटा और लागू नियामक मानकों के साथ। पारिस्थितिक पर्यावरण पर लागू विनियमन के अनुपालन की स्थिति का वर्णन किया गया है। उपर्युक्त iii और iv पर टिप्पणियों का भी वर्णन किया गया है।

**पारिस्थितिक परिवेश के लिए आधारभूत शर्तों को स्थापित करना**

पारिस्थितिक या जैविक परिवेश की आधारभूत शर्तों की स्थापना से आउटपुट विधिवत दस्तावेज में आम तौर पर निम्नलिखित सम्मिलित किया जाता है :

i. वनस्पतियों और जीवों पर एकत्र किए गए द्वितीयक डेटा: प्रजातियां, और निवास स्थान के साथ सूचना के स्रोत, और रुझानों का विश्लेषण
ii. वह अवधि जिसके दौरान क्षेत्र की निगरानी और जांच की गई थी
iii. द्वितीयक डेटा एकत्र करने के लिए उपयोग की जाने वाली पद्धतियों का विवरण
iv. वनस्पतियों और जीवों की दुर्लभ, खतरे वाली और लुप्तप्राय प्रजातियों की सूची उनकी आबादी और वर्गीकरण के साथ, और आधार मानचित्र पर उनका मानचित्रण
v. चयनित नमूनाकरण और निगरानी स्थानों का औचित्य
vi. आधार मानचित्र पर नमूनाकरण और निगरानी स्थानों का मानचित्रण
vii. आधार मानचित्र पर परियोजना स्थान के सापेक्ष उनके स्थानिक वितरण के साथ उच्च संरक्षण स्थिति वाले स्थानों का मानचित्रण
viii. सूचना के द्वितीयक स्रोतों, विधिवत निर्दिष्ट, और प्राथमिक डेटा के आधार पर विभिन्न प्रजातियों की लिस्टिंग, अलग-अलग
    क. वनस्पति: पेड़ों, झाड़ियों, जड़ी-बूटियों, और पर्वतारोहियों, घास के मैदान, मीठे पानी, तटीय और समुद्री जीवों, फसलों, बागवानी, सामाजिक वानिकी, औषधीय पौधों आदि सहित प्राकृतिक वनस्पति

ख. जीव: स्तनधारियों, सरीसृपों, और उभयचरों, मीठे पानी और समुद्री जीवों सहित स्थलीय, उनकी आबादी के साथ पक्षिजात, प्रवासी जीव, प्रवासी मार्ग, और वन्यजीवों के गलियारे आदि।

ix. प्रजातियों की सूची जो बेहतर पारिस्थितिक संकेतक हैं

x. महत्वपूर्ण पर्यावरणीय चर और महत्वपूर्ण पारिस्थितिक प्रक्रियाएं जो पारिस्थितिक तंत्र की संरचना और कामकाज को नियंत्रित करती हैं

xi. विभिन्न आवासों की स्थिति का विवरण

डेटा की व्याख्या संक्षेप में वर्णित है। क्षेत्र के दौरे और निगरानी के दौरान देखी गई अनूठी विशेषताएं, यदि कोई हों, का वर्णन किया गया है। पारिस्थितिक आधारभूत अध्ययन की कमजोरियां या सीमाएं, यदि कोई हों, तो स्पष्ट रूप से बताई गई हैं।

#### 6.5.2.6 सामाजिक वातावरण

यह देखते हुए कि सामाजिक और आर्थिक वातावरण के विभिन्न पहलुओं पर विभिन्न स्रोतों से आम तौर पर भारी मात्रा में डेटा उपलब्ध है, आधारभूत अध्ययन को सामाजिक, आर्थिक और सांस्कृतिक प्रभाव आकलन और सामाजिक आवश्यकताओं के आकलन के लिए उपयोग की जाने वाली जानकारी एकत्र करने पर ध्यान केंद्रित करने के साथ योजनाबद्ध करने की आवश्यकता है।

जानकारी में आम तौर पर अध्ययन क्षेत्र में रहने वाली आबादी के जनसांख्यिकीय, आजीविका, सांस्कृतिक, विरासत और आर्थिक पहलू शामिल होंगे। शैक्षिक सुविधाओं, स्वास्थ्य देखभाल, जल आपूर्ति, तरल और ठोस अपशिष्ट निपटान, तूफानी जल निकासी, आजीविका के साधन, आय, रोजगार की संभावना, वाणिज्यिक सुविधाओं, सुरक्षा, अग्नि संरक्षण, मनोरंजन, परिवहन, धार्मिक और सांस्कृतिक सुविधाओं, सामाजिक सेवाओं आदि जैसे सामाजिक मुद्दों पर विशिष्ट जानकारी एकत्र किया जाना आवश्यक है।

आधारभूत अध्ययन के लिए, डेटा की परस्पर क्रिया या संग्रह के लिए हितधारकों की एक विस्तृत श्रृंखला से संपर्क किया जाता है, जैसे:

i. लोग: व्यक्ति, समूह और समुदाय जो परियोजना से प्रत्यक्ष या अप्रत्यक्ष रूप से प्रभावित होने के संभावित जोखिम में हैं

ii. परियोजना प्रस्तावक, परियोजना वित्तपोषण एजेंसियां और परियोजना लाभार्थी

iii. क्षेत्रीय और राष्ट्रीय स्तर पर स्थानीय स्व-शासन और नियामकों सहित सरकारी एजेंसियां

iv. गैर-सरकारी संगठन (एनजीओ), गैर-लाभकारी संगठन (एनपीओ), समुदाय-आधारित संगठन (सीबीओ), और शिक्षाविदों और मीडिया जैसे अन्य हित समूह

v. अन्य जैसे अवसंरचनात्मक सहायता प्रदाता, संभावित पड़ोसी, अंतर्राष्ट्रीय संगठन, आदि।

अच्छी तरह से संरचित फोकस समूह चर्चाएं, संभावित परियोजना प्रभावित व्यक्तियों और अन्य हितधारकों के साथ बैठकें, प्रमुख मुखबिर साक्षात्कार, आदि। कुछ जानकारी प्राप्त करने में मदद कर सकता है जो सामाजिक आवश्यकता आकलन के लिए उपयोगी हो सकता है।

सामाजिक-आर्थिक डेटा उत्पादन और संग्रह की सीमा निम्नलिखित पर निर्भर करेगी:

i. TOR
ii. परियोजना का प्रकार और आकार
iii. परियोजना स्थल की परिस्थिति
iv. परियोजना प्रभावित व्यक्तियों (पीएपी) की आजीविका और जीवन शैली पर प्रभाव की
v. प्रस्तावित परियोजना पर लोगों की क्षमता और सीमा की धारणाएं

अध्ययन क्षेत्र में जनसंख्या की एक अच्छी समझ नीचे हाइलाइट किए गए विभिन्न पहलुओं पर जानकारी एकत्र करके और इसे ठीक से दस्तावेज करके विकसित की जाती है:

i. लोगों के जीवन का तरीका, वे कैसे:
   क. लाइव
   ख. काम
   ग. रीक्रिएट
   घ. दिन-प्रतिदिन के आधार पर एक दूसरे के साथ परस्पर क्रिया करें
ii. उनकी संस्कृति:
   क. साझा विश्वास
   ख. रीति-रिवाज और परंपराएं
   ग. नैतिकता और मूल्य
iii. उनका समुदाय:
   क. इसकी एकजुटता
   ख. स्थिरता
   ग. चरित्र
   घ. सेवाएं और सुविधाएं
iv. उनका पर्यावरण:
   क. भोजन की उपलब्धता और गुणवत्ता
   ख. पानी की उपलब्धता और गुणवत्ता
   ग. हवा की गुणवत्ता
   घ. स्वच्छता सुविधाएं
   ङ. शोर और धूल जोखिम

च. सुरक्षा और सुरक्षा के बारे में भय
छ. संसाधनों तक पहुँच और नियंत्रण

जब अध्ययन क्षेत्र के लिए विशिष्ट प्रामाणिक डेटा उपलब्ध नहीं होता है, तो परियोजना और परियोजना स्थल के प्रकार और आकार के आधार पर क्षेत्र सर्वेक्षण और जांच करनी पड़ सकती है। अच्छी तरह से स्थापित और स्वीकृत प्रोटोकॉल का उपयोग परिवारों, और गांव/बस्ती स्तरों पर सामाजिक और अवसंरचनात्मक सुविधाओं पर डेटा एकत्र करने के लिए किया जाता है।

फील्ड जांच

प्राथमिक सर्वेक्षण (ASI 2010) जिसमें घरेलू सामाजिक जनसांख्यिकीय सर्वेक्षण, घरेलू स्वास्थ्य और पोषण सर्वेक्षण और अध्ययन क्षेत्र में सामाजिक-सांस्कृतिक सर्वेक्षण शामिल हैं, निम्नलिखित जानकारी एकत्र करने के लिए किया जाता है:

i. *घरेलू सामाजिक-जनसांख्यिकीय सर्वेक्षणों* में निम्नलिखित पर जानकारी का संग्रह शामिल है:
   क. लक्षित समूह और प्रभावित क्षेत्र
   ख. पीएपी
   ग. आयु और लिंग संरचना
   घ. प्रजनन और मृत्यु दर प्रोफ़ाइल
   ङ. इन-और आउट-माइग्रेशन प्रोफाइल
   च. स्तर और आय और व्यय के स्रोत
   छ. आय पैदा करने वाले स्रोतों तक पहुँच
ii. परिवारों के *घरेलू स्वास्थ्य* और *पोषण सर्वेक्षणों* में निम्नलिखित पर जानकारी का संग्रह शामिल है:.
   क. स्वास्थ्य
   ख. स्वच्छता
   ग. पोषण
   घ. स्वच्छता प्रोफाइल
iii. *सामाजिक-सांस्कृतिक सर्वेक्षणों* में शामिल हैं:
   क. समुदाय से जुड़े संस्थागत समर्थन के रूप में मौजूदा सामाजिक समर्थन प्रणाली की जांच करना
   ख. सामुदायिक संरचना को बनाए रखने में रिश्तेदारी, पड़ोस और सामान्य सांस्कृतिक-असर परंपरा जैसे सिद्धांतों की भूमिकाओं का आकलन करना ताकि यह अनुमान लगाया जा सके कि परियोजना के कारण इन कार्य सिद्धांतों में से कितना प्रभावित होने वाला है

ग. मौजूदा सांस्कृतिक संसाधनों की पहचान करना और परियोजना के कारण उनके महत्व के क्रमिक नुकसान का आकलन करना।

एकत्र किए जाने वाले सांस्कृतिक संसाधनों की जानकारी में आम तौर पर नामित विश्व धरोहर स्थलों और राष्ट्रीय विरासत स्थलों के अलावा ऐतिहासिक, पुरातात्विक, धार्मिक, भूवैज्ञानिक और पर्यावरणीय संसाधन शामिल होते हैं। अध्ययन क्षेत्र और आसपास के क्षेत्र में ऐसे संसाधनों पर जानकारी डेटा के प्रामाणिक माध्यमिक स्रोतों से एकत्र की जाती है। यदि प्रस्तावित परियोजना स्थान कुछ ज्ञात सांस्कृतिक संसाधनों के करीब है, तो ईआईए टीम लीडर द्वारा सांस्कृतिक संसाधनों की पहचान करने के लिए विशिष्ट जांच करने के लिए उपयुक्त वृतिकों को लगाया जाता है जो अभी तक प्रलेखित नहीं हैं, संभवतः क्योंकि ये अच्छी तरह से ज्ञात नहीं हैं या अध्ययन नहीं किया गया है।

ब्राउनफील्ड परियोजनाएं

ब्राउनफील्ड परियोजनाओं के लिए, संबंधित कार्यात्मक वृतिक

i. परियोजना प्रस्तावक से विभिन्न सामाजिक-आर्थिक पहलुओं पर पिछली निगरानी जानकारी प्राप्त करें
ii. ग्रीनफील्ड परियोजनाओं के लिए ऊपर वर्णित पद्धति का अनुसरण करते हुए प्रचालन परियोजना सहित अध्ययन क्षेत्र में आधारभूत निगरानी और क्षेत्र जांच करना
iii. प्रचालन परियोजना (परियोजनाओं) का पर्यावरणीय अनुमोदन प्राप्त करने के लिए तैयार की गई ईआईए रिपोर्ट प्राप्त करना और सामाजिक-आर्थिक वातावरण की आधारभूत स्थितियों पर उप-अध्याय का अध्ययन करना
iv. सामाजिक-आर्थिक पहलुओं के लिए पर्यावरणीय अनुमोदन शर्तों के अनुपालन की पुष्टि करे

उपर्युक्त के आधार पर, उपरोक्त i पर दी गई जानकारी पर उचित सावधानी बरती जाती है, और इसकी तुलना ऊपर दिए गए ii पर निगरानी किए गए डेटा के साथ की जाती है, अर्थात उत्पन्न प्राथमिक डेटा और लागू नियामक मानकों के साथ। सामाजिक-आर्थिक पहलुओं पर लागू नियमों के अनुपालन की स्थिति का वर्णन किया गया है। उपर्युक्त iii और iv पर टिप्पणियों का भी वर्णन किया गया है।

**सामाजिक-आर्थिक परिवेश के लिए आधारभूत शर्तों को स्थापित करना**

सामाजिक-आर्थिक परिवेश की आधारभूत शर्तों की स्थापना से आउटपुट विधिवत दस्तावेज में आम तौर पर निम्नलिखित सम्मिलित किया जाता हैं:

i. सूचना के स्रोतों के साथ एकत्र किए गए द्वितीयक डेटा, और पिछले रुझानों का विश्लेषण।
ii. वह अवधि जिसके दौरान आधारभूत निगरानी और क्षेत्र सर्वेक्षण किए गए थे
iii. आधारभूत डेटा एकत्र करने के लिए नियोजित पद्धति का विवरण
iv. जनसंख्या, जनसांख्यिकीय संरचना और कौशल

v. आय का वर्तमान पैटर्न, आजीविका के स्रोत, और कृषि, निर्माण, उद्योग और स्व-नियोजित के रूप में वर्गीकृत आबादी के रोजगार
vi. नमूना सर्वेक्षण के लिए बस्तियों के चयन के लिए एक औचित्य जब कवरेज 100% नहीं है, समुदाय के आकार, जनसांख्यिकी, जातीय समूहों और भेद्यता जैसे कारकों को ध्यान में रखते हुए।
vii. पेयजल आपूर्ति, स्वच्छता सुविधाएं और ठोस अपशिष्ट प्रबंधन
viii. विद्युत आपूर्ति, जल, स्वच्छता, सड़क, परिवहन आदि जैसी मौजूदा भौतिक अवसंरचनात्मक सुविधाओं और शैक्षिक, स्वास्थ्य, मनोरंजक, सांस्कृतिक सेवाओं आदि के लिए सामाजिक अवसंरचनात्मक सुविधाओं की स्थिति विवरण में दी गई है
ix. आधार मानचित्रों पर बस्तियों का मानचित्रण, और उन स्थानों पर प्रकाश डालना जहां क्षेत्र जांच की गई थी
x. आधार मानचित्रों पर सांस्कृतिक संसाधनों का मानचित्रण
xi. प्रस्तावित विकासात्मक गतिविधियों पर लोगों का दृष्टिकोण और धारणाएं
xii. उस स्थान पर असुरक्षित जनसंख्या के प्रतिकूल रूप से प्रभावित होने की संभावना है
xiii. पीएपी और भूस्वामियों की जमीन खोना

डेटा की व्याख्या संक्षेप में वर्णित है। क्षेत्र के दौरे और निगरानी के दौरान देखी गई अनूठी विशेषताएं, यदि कोई हों, का वर्णन किया गया है। सामाजिक आर्थिक आधारभूत अध्ययन की कमजोरियां या सीमाएं, यदि कोई हों, स्पष्ट रूप से बताई गई हैं।

#### 6.5.2.7 जोखिम आकलन

टीओआर, परियोजना के प्रकार और परियोजना की पर्यावरणीय परिस्थिति के आधार पर, मौजूदा गतिविधियों पर जानकारी एकत्र की जाती है जिसमें खतरे की संभावना होती है, और प्रचलित ऑफसाइट आपातकालीन प्रतिक्रिया योजना जिसे आपदा प्रबंधन योजना, पारस्परिक सहायता तंत्र आदि के रूप में संदर्भित किया जाता है। अध्ययन क्षेत्र में डेस्क अनुसंधान और पैमाइश के सर्वेक्षण किए जाते हैं ताकि उपयोग की जा रही तकनीक की समग्र स्थिति, अपनाई जा रही प्रथाओं और खतरे की संभावना का उचित विचार प्राप्त किया जा सके।

i. प्रमुख चल रही गतिविधियां और संचालन
ii. ज्वलनशील, विस्फोटक, विषाक्त, रेडियोधर्मी, संक्षारक, प्रतिक्रियाशील, या जैविक रूप से सक्रिय पदार्थों का उपयोग किया जा रहा है और/या मध्यवर्ती, उत्पादों, अपशिष्ट, आदि के रूप में उत्पादित किया जा रहा है
iii. परिवहन के तरीके, भंडारण के प्रकार, और ऐसे पदार्थों की सूची
iv. सामग्री हैंडलिंग प्रथाएं
v. यातायात, पार्किंग, और सड़क की स्थिति
vi. हाउसकीपिंग प्रथाएं; आदि।

उपरोक्त के आधार पर, सामान्य रूप से अध्ययन क्षेत्र में मौजूदा गतिविधियों की जोखिम क्षमता, और विशेष रूप से परियोजना स्थान की निकटता को मैप किया गया है।

ब्राउनफील्ड परियोजनाएं

ब्राउनफील्ड परियोजनाओं के लिए, संबंधित कार्यात्मक वृतिक

i. परियोजना प्रस्तावक की ओर से प्रचालन परियोजनाओं के बारे में पूर्व सूचना प्राप्त करना जैसे दुर्घटनाओं का इतिहास, निकट चूक, अर्थात् वे दुर्घटनाएं जो लगभग घटित हुई थीं लेकिन नहीं हुई थीं, आंतरिक और बाहरी लेखा परीक्षा की सुरक्षा लेखा परीक्षा रिपोर्ट, कार्यरत कार्मिकों के लिए आयोजित सुरक्षा संबंधी प्रशिक्षण कार्यक्रम, किए गए मॉक ड्रिल, आदि
ii. सांविधिक प्राधिकरणों और तीसरे पक्षों, यदि कोई हो, द्वारा की गई निगरानी या निरीक्षण पर परियोजना प्रस्तावक से रिपोर्ट प्राप्त करें
iii. ऑपरेटिंग प्रोजेक्ट (ओं) में जोखिम प्रबंधन और हाउसकीपिंग प्रथाओं से संबंधित मामलों की स्थिति पर कुछ मूल्यवान जानकारी प्राप्त करने के लिए एक वॉक-थ्रू सुरक्षा ऑडिट करें
iv. ग्रीनफील्ड परियोजनाओं के लिए ऊपर वर्णित पद्धति का अनुसरण करते हुए उपयोग किए जा रहे और/या उत्पादित खतरनाक पदार्थों, संबंधित इन्वेंट्री और भंडारण स्थितियों और हैंडलिंग प्रथाओं के बारे में जानकारी एकत्र करने पर परिचालन परियोजना (परियोजनाओं) सहित अध्ययन क्षेत्र में आधारभूत अध्ययन करना
v. प्रचालन परियोजना (परियोजनाओं) का पर्यावरणीय अनुमोदन प्राप्त करने के लिए तैयार की गई ईआईए रिपोर्ट प्राप्त करना और जोखिम आकलन से संबंधित आधारभूत स्थितियों पर उप-अध्याय का अध्ययन करना
vi. जोखिम प्रबंधन के लिए पर्यावरणीय अनुमोदन शर्तों के अनुपालन की पुष्टि करें

उपर्युक्त i, ii, और iii पर उचित परिश्रम किया जाता है, और iv पर दी गई जानकारी के साथ तुलना की जाती है, अर्थात उत्पन्न प्राथमिक डेटा और लागू नियामक आवश्यकताओं के साथ। सुरक्षा और जोखिम से संबंधित पहलुओं पर लागू नियमों के अनुपालन की स्थिति का वर्णन किया गया है। उपरोक्त v और vi पर टिप्पणियों का वर्णन किया गया है।

**जोखिम आकलन के लिए आधारभूत शर्तों को स्थापित करना**

जोखिम की संभावनाओं के लिए आधारभूत शर्तों की स्थापना से आउटपुट विधिवत दस्तावेज में आम तौर पर निम्नलिखित सम्मिलित किया जाता है:

i. वह अवधि जिसके दौरान आधारभूत डेटा एकत्र किया गया था
ii. आधारभूत जानकारी एकत्र करने के लिए नियोजित पद्धति का विवरण

iii. खतरनाक पदार्थों की सूची और अध्ययन क्षेत्र में पालन किए जा रहे हैंडलिंग और भंडारण प्रथाओं का अवलोकन
iv. मौजूदा (प्रमुख) जोखिम संभावित गतिविधियों का विवरण और अध्ययन क्षेत्र में जोखिम क्षमता का विवरण, और आधार मानचित्रों पर इसका मानचित्रण
v. आपदा प्रबंधन योजना सहित अध्ययन क्षेत्र में ऑफ-साइट जोखिम प्रबंधन के लिए मौजूदा संस्थागत ढांचे का विवरण

उपयुक्त रूप से प्रतिनिधित्व किए गए आधारभूत डेटा की ठीक से व्याख्या की जाती है और संक्षेप में चर्चा की जाती है। क्षेत्र यात्राओं के दौरान देखी गई अनूठी विशेषताएं, यदि कोई हों, का वर्णन किया गया है। जोखिम आकलन आधारभूत डेटा एकत्र करने की सीमाएं, यदि कोई हों, स्पष्ट रूप से उल्लिखित हैं।

## 6.6 विभिन्न पर्यावरणीय घटकों पर ईआईए और शमन उपाय

प्रस्तावित परियोजना के प्रत्येक जीवनचक्र चरण में विभिन्न पर्यावरणीय घटकों का ईआईए मुख्य रूप से निम्नलिखित के आधार पर चित्रित अध्ययन क्षेत्र के लिए किया जाता है:

i. टीओआर
ii. "परियोजना पर विवरण" अध्याय में वर्णित परियोजना से संबंधित गतिविधियों से उत्सर्जन, निर्वहन और जोखिम
iii. परियोजना में संसाधन उपयोग, अध्याय "परियोजना पर विवरण" में वर्णित है
iv. "पर्यावरणीय आधारभूत स्थितियों की स्थापना" अध्याय में विस्तृत आधारभूत पर्यावरणीय स्थितियां
v. लागू नियम अध्याय "परिचय" में विस्तृत

### *6.6.1 वायु प्रभाव आकलन और शमन उपाय*

वायु प्रभाव आकलन का मुख्य उद्देश्य यह सुनिश्चित करना है कि प्रस्तावित परियोजना लागू होने के बाद भी वायु गुणवत्ता लागू नियमों में निर्धारित स्वीकार्य स्तर के भीतर बनी रहे। वायु गुणवत्ता को परिभाषित करने के लिए, वायु गुणवत्ता सूचकांक भी आठ प्रदूषकों के आधार पर विकसित किया गया है, जैसे कण पदार्थ ($PM_{10}$, $PM_{2.5}$), नाइट्रोजन डाइऑक्साइड ($NO_2$), सल्फर डाइऑक्साइड ($SO_2$), कार्बन मोनोऑक्साइड (CO), ओजोन ($O_3$), अमोनिया ($NH_3$), और सीसा (Pb)।

#### 6.6.1.1 वायु प्रदूषकों के प्रभाव

परिवेशी हवा में वायु प्रदूषक मानव स्वास्थ्य, मृदा, सतह के पानी, वनस्पतियों और जीवों के लिए जोखिम पैदा करने की क्षमता रखते हैं। वायु प्रदूषकों के व्यावसायिक स्वास्थ्य प्रभावों को WHO (2010) द्वारा

वर्णित किया गया है। ग्लोबल बर्डन ऑफ डिजीज स्टडी 2017 में, इस बात पर प्रकाश डाला गया था (IHME 2018) कि सूक्ष्म कणों के लंबे समय तक संपर्क में रहने से 2015 में वैश्विक स्तर पर 4.2 मिलियन समयपूर्व मृत्यु और जीवन के 103 मिलियन स्वस्थ वर्षों का नुकसान हुआ। चीन और भारत में पीएम 2.5 के कारण होने वाली असामयिक मृतकों की संख्या क्रमशः 1,108,100 और 1,090,400 थी। इसके अलावा, भारत ने दुनिया में ओजोन से संबंधित मृत्यु की सबसे अधिक संख्या दर्ज की, और ओजोन के कारण होने वाली मृत्यु में पार्टिकुलेट मैटर से संबंधित मृत्यु की तुलना में वृद्धि की बहुत अधिक दर दिखाई दे रही है। यह बताया जा सकता है कि ओजोन श्वसन समस्याओं को बढ़ाता है, विशेष रूप से पुरानी प्रतिरोधी फेफड़ा जनित रोग।

वायु प्रदूषण के कुछ विशिष्ट प्रतिकूल स्वास्थ्य प्रभावों में निम्नलिखित शामिल हैं:

i. श्वसन रोग
ii. फेफड़ों की कार्यप्रणाली में कमी
iii. अस्थमा के दौरे
iv. श्वसन लक्षण: क्रोनिक ऑब्सट्रक्टिव पल्मोनरी डिजीज, क्रोनिक ब्रोंकाइटिस
v. प्रतिबंधित गतिविधि
vi. दवा के उपयोग में वृद्धि
vii. अस्पताल में प्रवेश में वृद्धि
viii. आपातकालीन कक्ष के दौरे में वृद्धि
ix. अकाल मृत्यु

कई अध्ययनों ने निष्कर्ष निकाला है कि प्रदूषित क्षेत्रों में रहने वाले लोग कम प्रदूषण वाले क्षेत्रों में रहने वाले लोगों की तुलना में अधिक बार या लंबी अवधि के लिए बीमार हो जाते हैं। वायु प्रदूषण के उच्च स्तर के संपर्क में आने को समय से पहले मृत्यु दर से भी जोड़ा गया है। हालांकि, यह सराहना की जा सकती है कि जीवित प्राणियों पर संभावित स्वास्थ्य प्रभावों और वायु प्रदूषण के संपर्क में आने के बीच एक जटिल संबंध है क्योंकि इसमें कई चर शामिल हैं, जैसे:

i. दिखाई गई आबादी की आयु और सामान्य स्वास्थ्य
ii. वायु प्रदूषण के प्रकार और प्रदूषकों की प्रकृति
iii. अनावृति का स्तर या अवधि
iv. दिखाए गए व्यक्तियों की व्यक्तिगत संवेदनशीलता
v. आबादी की गतिविधि का स्तर ऊंचा हो रहा है; आदि।

इस जटिलता के कारण, वायु प्रदूषकों के प्रभावों को आम तौर पर शोधकर्ताओं द्वारा पर्यावरणीय जोखिम के संदर्भ में वर्णित किया जाता है, जिसे मृत्यु दर और रुग्णता (WHO 2002) के माध्यम से व्यक्त किया जाता है। वायु प्रदूषक, जैसे $SO_2$, $NO_X$, और $O_3$ पौधों की शारीरिक प्रक्रियाओं को बदल

सकते हैं, और इस तरह पत्ती के छल्ली को नुकसान पहुंचाकर और स्टोमेटा चालकता को प्रभावित करके विकास पैटर्न को प्रभावित कर सकते हैं। वन्यजीवों पर वायु प्रदूषण का प्रभाव मनुष्यों की तरह है। वनस्पतियों और जीवों पर विभिन्न वायु प्रदूषकों के प्रभावों (Pets 1999) पर चर्चा की गई है। वनस्पति के लिए वायु गुणवत्ता पर राष्ट्रीय परिवेशी वायु गुणवत्ता मानक (MOEF 2009) और WHO (1995) दिशानिर्देश विभिन्न वायु प्रदूषकों की अनुमेय सांद्रता सीमाओं के लिए उपलब्ध हैं। आकलन के आधार पर, मनुष्यों, वनस्पतियों और जीवों पर वायु उत्सर्जन के प्रभाव, अल्पकालिक और दीर्घकालिक दोनों, का वर्णन करने की आवश्यकता है। भौतिक और रासायनिक संदूषण, संक्षारण, आदि के संभावित प्रभाव, मनुष्यों और अन्य जीवित प्राणियों, वनस्पतियों, मृदा, जल निकायों, इमारतों और संरचनाओं आदि की दृश्यता, स्वास्थ्य पर पलायक उत्सर्जन के कारण, इनका भी वर्णन किया जाना है।

#### 6.6.1.2 वायु प्रदूषण पूर्वानुमान मॉडलिंग

परिवेशी वायु में प्रत्येक वायु प्रदूषक की सांद्रता का अनुमान उत्सर्जन, स्रोत स्थानीय वायुमंडलीय मौसम संबंधी जानकारी, यानी हवा की गति और दिशा, सापेक्ष आर्द्रता और वायुमंडलीय अशांति और साहित्य से उपलब्ध उत्सर्जन कारकों पर एकत्र किए गए स्थानीय या सूक्ष्म मौसम संबंधी डेटा से संबंधित जानकारी का उपयोग करके की जाती है। विचार किए जाने वाले वायु उत्सर्जन टीओआर में निर्दिष्ट हैं, परियोजना-विशिष्ट पैरामीटर थर्मल पावर प्लांट (MOEF 1998), पेट्रोकेमिकल्स (MOEF 2012), सीमेंट (MOEF 2014), आदि जैसे विशिष्ट नियमों द्वारा शासित, और कोई भी अन्य पैरामीटर जिन्हें महत्वपूर्ण माना जाता है।

किसी दिए गए प्रदूषक की सांद्रता के अनुमानित मूल्यों की गुणवत्ता और सटीकता, और मॉडलिंग प्रक्रिया से प्राप्त उसका प्रभाव क्षेत्र, कई कारकों पर निर्भर करता है, सबसे महत्वपूर्ण निम्नलिखित हैं:

क) भविष्यवाणियों के लिए उपयोग किए जाने वाले मॉडल की उपयुक्तता
ख) सटीक स्रोत से संबंधित जानकारी की उपलब्धता
ग) सटीक सूक्ष्म मौसम संबंधी डेटा की उपलब्धता

वायु प्रदूषण का अनुमान निम्नानुसार पांच-चरण मॉडलिंग प्रक्रिया का पालन करके किया जाता है:

*चरण 1:* उत्सर्जन के स्रोत और परियोजना स्थल की पर्यावरणीय परिस्थिति के आधार पर एक उपयुक्त वायुमंडलीय प्रकीर्णन (डिस्पर्शन) मॉडल का चयन करना

*चरण 2:* डेटा इनपुट सहित

i. टीओआर में निर्दिष्ट प्रदूषकों की सांद्रता की पृष्ठभूमि
ii. मौसम संबंधी स्थितियां/पैरामीटर
iii. स्रोत डेटा, अर्थात्
    क. परियोजना स्थल का विवरण

ख. उत्सर्जन दर

iv. मॉडल विकल्प, अर्थात्

क. रिसेप्टर ग्रिड

ख. फैलाव पैरामीटर

v. स्थानीय स्थलाकृतिक विशेषताएं

*चरण 3:* चयनित वायुमंडलीय प्रकीर्णन (डिस्पर्शन) मॉडल के लिए फैलाव गणना सहित डेटा प्रोसेसिंग

*चरण 4:* स्रोत से विभिन्न दूरी पर चयनित प्रदूषक की जमीनी स्तर की सांद्रता का अनुमान सहित डेटा आउटपुट

*चरण 5:* अनुमानित प्रभाव या कमजोर क्षेत्र में आने वाले रिसेप्टर्स पर संभावित पर्यावरणीय और स्वास्थ्य प्रभावों के आकलन सहित डेटा विश्लेषण।

*वायु प्रकीर्णन (डिस्पर्शन) मॉडलिंग के लिए आवश्यक डेटा* में शामिल हैं:

i. स्रोत डेटा से संबंधित जानकारी जैसे स्रोत और उत्सर्जन दरों का लक्षण वर्णन, यानी प्रत्येक उत्सर्जन स्रोत से वायुमंडलीय हवा में जारी किए जाने वाले किसी विशेष प्रदूषक का प्रकार और मात्रा, विस्तृत प्रवाह शीट और फ्लोचार्ट से प्राप्त, प्रक्रियाओं का विवरण, और परियोजना से संबंधित गतिविधियों का विवरण, "परियोजना का विवरण" के तहत प्रलेखित है

ii. चयनित निगरानी स्थान पर परिवेशी वायु में प्रत्येक प्रदूषक की पृष्ठभूमि सांद्रता स्तर जैसा कि "वायु पर्यावरण के लिए आधारभूत स्थितियों की स्थापना" के तहत प्रलेखित किया गया है

iii. मौसम संबंधी पैरामीटर निम्नानुसार प्रलेखित हैं "वायु पर्यावरण के लिए आधारभूत स्थितियों की स्थापना"

स्टैक की ऊंचाई

बिंदु स्रोतों से परिवेशी हवा में निकलने वाले वायु उत्सर्जन का प्रभावी फैलाव ऊंचे स्टैक होने से प्राप्त किया जा सकता है। हवा से संबंधित नियम आम तौर पर दहन प्रक्रियाओं से उत्पन्न उत्सर्जन के बिंदु स्रोतों के लिए न्यूनतम स्टैक ऊंचाइयों को निर्दिष्ट करते हैं। विभिन्न प्रकार के संचालन, साथ ही उद्योगों के लिए स्टैक ऊंचाइयों की गणना आसानी से की जा सकती है (स्टैक हाइट कैलकुलेटर, एनडी)। जीवाश्म ईंधन का उपयोग करके दहन प्रक्रियाओं से उत्सर्जन के लिए स्टैक ऊंचाई, चाहे तरल पदार्थ या ठोस, आमतौर पर विनिर्माण क्षेत्र और थर्मल पावर परियोजनाओं में उपयोग किए जाते हैं, आमतौर पर $SO_2$ की अधिकतम उत्सर्जन दर के आधार पर निर्धारित किए जाते हैं। गैसीय ईंधन जिसमें $NO_x$ उत्सर्जन और कोई $SO_2$ उत्सर्जन नहीं हो ऐसे मामले में मुख्य विचार स्थानीय डाउन-ड्राफ्ट प्रभावों से बचना है। $SO_2$ उत्सर्जन के विभिन्न स्तरों के लिए स्टैक ऊंचाइयों का निर्धारण करने के लिए नोमोग्राफ

(टीआरसी 2009) उपलब्ध हैं। लगभग 10 किलोग्राम (कि)/घंटा (घं) के निम्न स्तर $SO_2$ उत्सर्जन की स्टैक ऊंचाई की गणना निम्नलिखित सूत्र का उपयोग करके की जाती है:

$$H = 14\ Q^{0.3}$$

जहाँ

H - स्टैक ऊंचाई है, मीटर (m), Q - $SO_2$ उत्सर्जन दर, कि/घंटा (kg/hr) है

#### 6.6.1.3 स्रोत डेटा से संबंधित जानकारी

निम्नलिखित पांच मुख्य प्रकार के उत्सर्जन स्रोत, जिन्हें आमतौर पर वायु प्रकीर्णन (डिस्पर्शन) मॉडलिंग में माना जाता है, को स्रोत से संबंधित डेटा के साथ पहचाना जाता है:

i. *बिंदु स्रोत* (उदाहरण के लिए एक छोटे से उद्घाटन जैसे स्टैक, फ्लेयर और वेंट से उत्सर्जन):
   - क. स्थान
   - ख. प्रदूषकों की प्रकृति
   - ग. प्रदूषकों की उत्सर्जन दर (पारंपरिक नियंत्रण उपायों के बिना और उनके साथ, यदि कोई हो)
   - घ. गैस फ्लक्स वेग
   - ङ. गैस फ्लक्स तापमान
   - च. स्रोत आकृति विज्ञान और आंतरिक आयाम
   - छ. रिलीज ऊंचाई

ii. *क्षेत्र स्रोत* (उदाहरण के लिए एक बड़े सतह क्षेत्र वाले स्रोत से उत्सर्जन जैसे लैंडफिल सुविधा, दूषित स्थल, एक बड़े क्षेत्र में ठोस पदार्थों का खुला भंडारण, तालाब, टैंक और लैगून जैसी बड़ी तरल सतह, और किसी दिए गए क्षेत्र में बड़ी संख्या में स्रोत):
   - क. स्रोत स्थान
   - ख. स्रोत आयाम
   - ग. उत्सर्जन दर (पारंपरिक नियंत्रण उपायों के बिना और उनके साथ, यदि कोई हो)
   - घ. रिलीज ऊंचाई

iii. *लाइन स्रोत*, यानी वॉल्यूम स्रोतों की एक श्रृंखला (उदाहरण के लिए एक लंबा और संकीर्ण स्रोत जैसे कि एक चलती वाहन, और कन्वेयर बेल्ट):
   - क. स्थान
   - ख. मात्रा आयाम
   - ग. उत्सर्जन दर (मानक नियंत्रण उपायों के बिना और साथ, यदि कोई हो)
   - घ. रिलीज ऊंचाई

iv. आयतन स्रोत (उदाहरण के लिए भारी फैलाव स्रोत जैसे कि एक इमारत के भीतर से निकलने वाले उत्सर्जन):

   क. स्थान
   ख. आयतन आयाम
   ग. प्रदूषकों की प्रकृति

v. *पलायक स्रोत* (जैसे पाइप जोड़ों, वाल्व, सील और उद्घाटन से रिसाव, खुले भंडारण, और खुले में किए गए संचालन):
   क. स्थान
   ख. आकार
   ग. प्रदूषकों की प्रकृति

#### 6.6.1.4 पूर्वानुमान मॉडल का चयन

अनुमानों के लिए उपयुक्त मॉडल आम तौर पर स्रोतों के प्रकार, उत्सर्जित होने वाले प्रदूषकों, परिचालन परिदृश्यों, मौसम संबंधी स्थितियों और समय के पैमाने के आधार पर चुने जाते हैं। उदाहरण के लिए, एक ईआईए के लिए

क. लंबे समय तक, उदाहरण के लिए अपने लंबे जीवनचक्र के विभिन्न चरणों में उत्सर्जन के साथ एक परियोजना के ईआईए के लिए दीर्घकालिक मॉडल नियोजित किए जाते हैं

ख. थोड़े समय में अचानक रिलीज के लिए, उदाहरण के लिए भंडारण टैंक, पाइपलाइनों, या सुरक्षा राहत वेंट से आकस्मिक रिलीज के लिए अल्पकालिक मॉडल नियोजित किए जाते हैं

वायु प्रदूषकों के फैलाव का अनुमान करने के लिए उपलब्ध मॉडलों पर अध्याय 4 में चर्चा की गई थी। दी गई परिस्थितियों, अंतर्निहित मान्यताओं, अंतर्निहित डिफ़ॉल्ट मूल्यों, सीमाओं आदि के तहत इसकी उपयुक्तता के लिए वायु प्रकीर्णन (डिस्पर्शन) मॉडलिंग की एक अच्छी समझ विकसित करने की आवश्यकता है। सबसे उपयुक्त मॉडल का चयन करने के लिए एक उपयुक्त मॉडल का चयन अधिक आत्मविश्वास हासिल करने में मदद करता है कि उत्सर्जन के स्रोत से अलग-अलग दूरी पर इच्छित मापदंडों की अनुमानित सांद्रता यथार्थवादी या रूढ़िवादी है। किसी विशेष मॉडल का चयन करने के लिए उपयोग किए जाने वाले मानदंडों को ठीक से प्रलेखित किया जाना आवश्यक है।

#### 6.6.1.5 पलायक उत्सर्जन

पलायक उत्सर्जन का आकलन करने के लिए, परियोजना से संबंधित गतिविधियों से सभी संभावित स्रोतों की पहचान की जाती है। पलायक उत्सर्जन के विशिष्ट स्रोतों में निर्माण गतिविधियां, कच्ची भूमि की सतह, परिवहन, उपकरण और पाइपिंग, सामग्री हैंडलिंग, भंडारण, स्पिल और रिसाव आदि शामिल हो सकते हैं। इन स्रोतों से प्रत्याशित भगोड़ा उत्सर्जन निरंतर, आवधिक या सामयिक हो सकता है, और धूल या कण पदार्थ, गैसों या वाष्प के रूप में हो सकता है। परिवेशी हवा में पलायक उत्सर्जन की सांद्रता का अनुमान करने के लिए उपयुक्त मॉडल अपनाए जा सकते हैं। मॉडल एक सरल समीकरण का उपयोग

करके उत्सर्जन कारक और किसी विशेष गतिविधि के कार्यान्वयन के स्तर के आधार पर प्रदूषक की रिहाई की दर की गणना करते हैं:

प्रदूषक की रिहाई की दर, मात्रा/समय = गतिविधि की दर, गतिविधि/समय x उत्सर्जन कारक, प्रदूषक/गतिविधि की मात्रा

यह सुनिश्चित करने की आवश्यकता है कि साहित्य (US EPA 1995) में उपलब्ध उत्सर्जन कारकों के यथार्थवादी मूल्यों को निर्माण और संचालन प्रथाओं पर उचित विचार करके विभिन्न गतिविधियों के लिए लिया जाता है, और हाउसकीपिंग को उस स्थान पर अपनाया जाता है जहां परियोजना प्रस्तावित है।

#### 6.6.1.6 वायु प्रकीर्णन (डिस्पर्शन) अनुमान मॉडल का आउटपुट

वायु प्रकीर्णन (डिस्पर्शन) मॉडलिंग से प्राप्त वायु प्रदूषक की अनुमानित सांद्रता, जो कई उत्सर्जन स्रोतों को ध्यान में रखती है, परियोजना स्थान से अलग-अलग दूरी पर परिवेशी हवा में उस प्रदूषक के मौजूदा संकेंद्र स्तरों में प्रगतिशील वृद्धि है। किसी प्रदूषक की अनुमानित परिणामी सांद्रता/संकेन्द्रण किसी दिए गए स्थान पर निगरानी की गई आधारभूत संकेन्द्रण में इसकी अनुमानित प्रगतिशील संकेन्द्रण को जोड़कर प्राप्त की जाती है। उत्सर्जन स्रोत से अलग-अलग दूरी पर इच्छित प्रदूषकों की ऐसी अनुमानित सांद्रता को सांद्रता आकृति के रूप में दर्शाया जाता है, जिसे आइसोप्लेथ कहा जाता है। एक आइसोप्लेथ एक प्रदूषक के स्थानिक वितरण का प्रतिनिधित्व करता है, यानी विचाराधीन उत्सर्जन स्रोतों से अलग-अलग दूरी पर प्रदूषक की अनुमानित जमीनी स्तर सांद्रता (जीएलसी), जो इस बात का संकेतक है कि प्रदूषक परिवेशी हवा में कैसे फैलते हैं। प्रत्येक प्रदूषक के लिए प्रभाव क्षेत्रों को लागू विनियम में निर्धारित संबंधित अनुमेय सीमा संकेंद्रण को ध्यान में रखते हुए आधार मानचित्रों पर चित्रित किया गया है। यह अनुमान लगाया गया है कि प्रभाव क्षेत्रों में आने वाले रिसेप्टर्स विभिन्न वायु प्रदूषकों के ऐसे जीएलसी के संपर्क में आएंगे। आधार मानचित्र जिस पर प्रत्येक प्रदूषक के आइसोप्लेथ प्लॉट किए जाते हैं, उन्हें प्रत्येक स्थान पर निम्नलिखित जानकारी को चित्रित करना चाहिए जहां पर्यावरणीय आधारभूत निगरानी की गई थी:

क. अनुमानित GLCs

ख. संबंधित आधारभूत मान

ग. अनुमानित प्रभाव क्षेत्रों में रिसेप्टर्स

वायु प्रकीर्णन (डिस्पर्शन) मॉडलिंग अभ्यास को और अधिक सार्थक बनाने के लिए, प्रत्येक प्रदूषक के लिए नक्शे एक उपयुक्त बढ़े हुए आकार में इस तरह से तैयार किए जाते हैं कि निम्नलिखित विवरण बहुत स्पष्ट रूप से दिखाई देते हैं:

i. विभिन्न निगरानी स्थानों पर मापा गया प्रदूषक का आधारभूत जीएलसी

ii. विचाराधीन स्रोतों से उत्सर्जन के कारण विभिन्न दूरी पर उस प्रदूषक के प्रगतिशील जीएलसी का अनुमान किया गया, जिसमें प्रत्येक आधारभूत निगरानी स्थान भी शामिल है

iii. विचाराधीन उत्सर्जन स्रोत से उत्सर्जित प्रदूषक की अनुमानित अधिकतम सांद्रता वाले स्थान की दूरी और दिशा
iv. प्रभाव क्षेत्र की सीमा, यानी स्रोत के आसपास का क्षेत्र
v. अनुमानित प्रभाव क्षेत्र में रिसेप्टर्स, जिनके उस प्रदूषक के संपर्क में आने और प्रभावित होने की उम्मीद है

#### 6.6.1.7 ब्राउनफील्ड परियोजनाएं

i. ब्राउनफील्ड परियोजनाओं के लिए, संबंधित कार्यात्मक वृतिकों का प्रस्तावित वायु प्रभाव आकलन और शमन उपायों के लिए ऑपरेटिंग प्रोजेक्ट (ओं) की ईआईए रिपोर्ट (ओं) का अध्ययन करना
ii. उपयोग किए गए पूर्वानुमान मॉडल या सॉफ्टवेयर की सत्यता की जांच करना, अनुमान और धारणाएं, और किए गए वायु पर्यावरणीय प्रभाव आकलन की सटीकता और पूर्णता, और ऑपरेटिंग प्रोजेक्ट (ओं) के लिए नियोजित नियंत्रण और अन्य शमन उपायों का प्रदर्शन आकलन, प्रस्तावित परियोजना के लिए एकत्र की गई आधारभूत पर्यावरणीय वायु की जानकारी का उपयोग करते हुए
iii. ऊपर दिए गए i और ii पर अवलोकनों का दस्तावेजीकरण, और नीचे iv के लिए इन पर विचार करना
iv. उपरोक्त को ध्यान में रखते हुए ग्रीनफील्ड परियोजनाओं के लिए ऊपर वर्णित पद्धति का पालन करते हुए प्रस्तावित परियोजना के लिए एक वायु प्रभाव आकलन करना

#### 6.6.1.8 प्रभाव का महत्व

यह समझना आवश्यक है कि किसी दिए गए स्थान पर प्रत्येक प्रदूषक की सांद्रता में अनुमानित प्रगतिशील वृद्धि महत्वपूर्ण है या नहीं। प्रभावों के महत्व की स्थापना अध्याय 5 में वर्णित की गई थी। एक वायु प्रदूषक की सांद्रता में वृद्धि के महत्व की तुलना करके यह निर्धारित किया जा सकता है कि -

क. किसी दिए गए स्थान पर अनुमानित प्रगतिशील सांद्रता और उस स्थान पर संबंधित स्थापित आधारभूत सांद्रता क्या है
ख. लागू नियमों या मानकों में निर्दिष्ट अनुमेय सांद्रता के साथ परिणामी सांद्रता है या नहीं -

किसी दिए गए स्थान पर वायु प्रदूषक की सांद्रता में अनुमानित परिवर्तन और इसलिए इसके पर्यावरणीय प्रभाव को निम्नलिखित स्थितियों में से किसी के तहत महत्वपूर्ण माना जा सकता है:

क. आधारभूत सांद्रता अनुमेय सांद्रता के काफी करीब है
ख. सांद्रता में अनुमानित प्रगतिशील वृद्धि आधारभूत सांद्रता में काफी हद तक जुड़ती है
ग. अनुमानित परिणामी सांद्रता अनुमेय सांद्रता के काफी करीब या उससे अधिक है

उदाहरण के लिए, वायु प्रदूषक $NO_X$ पर विचार करें जिसके लिए औद्योगिक, आवासीय, ग्रामीण और अन्य क्षेत्रों में परिवेशी हवा में अनुमेय 24-घंटे औसत सांद्रता 80 माइक्रोग्राम (μg)/क्यूबिक मीटर ($m^3$) के रूप में निर्दिष्ट है (MOEF 2009) । प्रभावों के महत्व का निर्धारण निम्नलिखित उदाहरणों द्वारा समझाया गया है:

i. मान लें कि उत्सर्जन के स्रोत से 1 किमी की दूरी पर स्थित एक रिसेप्टर पर, NOx की आधारभूत सांद्रता की निगरानी (जैसा कि टीओआर में निर्दिष्ट) 50 $\mu g/m^3$ के रूप में की गई थी, और प्रगतिशील सांद्रता को 35 $\mu g/m^3$ के रूप में अनुमान लगाई गई है, यानी उस रिसेप्टर पर अनुमानित परिणामी सांद्रता 85 $\mu g/m^3$ है। चूंकि 85 $\mu g/m^3$ की अनुमानित सांद्रता 80 $\mu g/m^3$ के निर्धारित नियामक मानक से अधिक है, इसलिए परियोजना से संबंधित गतिविधियों से $NO_x$ उत्सर्जन का प्रभाव महत्वपूर्ण माना जाएगा।
ii. एक अन्य स्थान पर जहां $NO_x$ की आधारभूत सांद्रता की निगरानी 72 $\mu g/m^3$ के रूप में की गई थी, और सांद्रता में प्रगतिशील वृद्धि का अनुमान 4 $\mu g/m^3$ के रूप में की गई है, अर्थात उस रिसेप्टर पर अनुमानित परिणामी सांद्रता 76 $\mu g/m^3$ है। NOx उत्सर्जन के प्रभाव को महत्वपूर्ण माना जाएगा, प्रगतिशील वृद्धि के बावजूद क्योंकि आधारभूत सांद्रता स्वयं निर्दिष्ट अनुमेय मानक का 90% है।
iii. एक अन्य स्थान पर जहां NOx की आधारभूत सांद्रता की निगरानी 32 $\mu g/m^3$ के रूप में की गई थी, और प्रगतिशील सांद्रता का अनुमान 16 $\mu g/m^3$ के रूप में की गई है, अर्थात रिसेप्टर पर अनुमानित परिणामी सांद्रता 48 $\mu g/m^3$ है, जो 80 $\mu g/m^3$ के निर्दिष्ट मानक से बहुत कम है। हालांकि, NOx उत्सर्जन के प्रभाव को महत्वपूर्ण माना जाएगा क्योंकि आधारभूत सांद्रता में 50% की वृद्धि का अनुमान किया गया है, एक निश्चित राशि।
iv. एक अन्य स्थान पर जहां आधारभूत सांद्रता की निगरानी 40 $\mu g/m^3$ के रूप में की गई थी, और प्रगतिशील सांद्रता 4 $\mu g/m^3$ के रूप में अनुमानित है, यानी रिसेप्टर पर अनुमानित परिणामी सांद्रता 44 $\mu g/m^3$ है। NOx उत्सर्जन के प्रभाव को महत्वहीन माना जाएगा क्योंकि आधारभूत सांद्रता (अपर्याप्त) पर सिर्फ 10% की वृद्धि होगी, और यह भी कि 44 $\mu g/m^3$ की परिणामी सांद्रता किसी भी तरह से 80 $\mu g/m^3$ के अनुमत मानक के करीब नहीं है।

उपरोक्त चित्र संबंधित कार्यात्मक वृतिकों के लिए प्रत्येक प्रदूषक की अनुमानित सांद्रता के महत्व को निर्दिष्ट करने पर उपयुक्त निर्णय लेने में सहायक हो सकते हैं। इसे परिवेशी हवा में एक विशेष प्रदूषक की सांद्रता में वृद्धि के कारण अनुमानित प्रभावों के महत्व को निर्दिष्ट करने के समान माना जा सकता है। प्रत्येक प्रदूषक की अनुमानित सांद्रता के संपर्क की समय अवधि के अतिरिक्त आयाम, और अनुमानित प्रभाव क्षेत्रों में संवेदनशील रिसेप्टर्स के प्रकार और संख्या की उपस्थिति को भी अध्याय 5 में चर्चा के अनुसार महत्व देने पर विवेकपूर्ण निर्णय लेने में उचित विचार की आवश्यकता होती है।

#### 6.6.1.9 शमन उपाय (न्यूनीकरण उपाय)

महत्वपूर्ण प्रभावों का निर्धारण करने के बाद, प्रत्येक वायु प्रदूषक के उत्सर्जन स्तर को लागू विनियमों में निर्दिष्ट अनुमेय सांद्रता से काफी कम स्तर तक कम करने और स्वच्छ हवा सुनिश्चित करने के लिए उपयुक्त विशिष्ट शमन उपाय प्रस्तावित हैं (WHO 1999)। परियोजना के प्रत्येक जीवनचक्र चरण में शमन उपायों का सुझाव देते समय, स्रोत पर उत्सर्जन के उत्पादन के परिहार पहलुओं को सर्वोच्च प्राथमिकता देते हुए एक व्यावहारिक दृष्टिकोण अपनाया जाता है, और कम से कम मुआवजे के पहलुओं के लिए, पदानुक्रम निम्नानुसार है:

i. स्रोत से उत्सर्जन के उत्पादन से बचें
ii. स्रोत पर उत्सर्जन को कम करने के लिए नियंत्रण
iii. संचरण मार्ग नियंत्रण
iv. रिसेप्टर नियंत्रण
v. प्रभावित रिसेप्टर्स को मुआवजा

स्रोत पर वायु प्रदूषकों के उत्पादन से बचने के लिए, परियोजना प्रस्तावक द्वारा उपयुक्त प्रक्रिया प्रौद्योगिकियों को नियोजित करने की आवश्यकता है। ईआईए टीम की भूमिका इस पहलू तक सीमित हो सकती है। हालांकि, संबंधित ईआईए कार्यात्मक वृतिक और ईआईए टीम लीडर नीचे दिए गए उपायों का प्रस्ताव करके स्रोत पर विशिष्ट उत्सर्जन को नियंत्रित करने और कम करने में महत्वपूर्ण सक्रिय भूमिका निभा सकते हैं।

i. *स्रोत पर कण पदार्थ* के उत्सर्जन को नियंत्रित करने और कम करने के उपायों में शामिल हो सकते हैं, जैसे:
   क. उपयुक्त प्रौद्योगिकियों को अपनाना
   ख. पाउडर के स्थान पर दानेदार ठोस पदार्थों का उपयोग
   ग. कुशल धूल नियंत्रण प्रणालियों के साथ एकीकृत लीक-प्रूफ, संलग्न, यंत्रीकृत और स्वचालित हैंडलिंग सिस्टम को अपनाना
   घ. सर्वाधिक विपरीत स्थिति के लिए डिजाइन किए गए चक्रवात, बैग फिल्टर, बैफल चैंबर, निपटान कक्ष, या गीले स्क्रबर जैसे नियंत्रण उपकरणों को शामिल करना
   ङ. ऋणात्मक दबाव में संचालन करना, धूल संग्रह के लिए एक कुशल प्रणाली के साथ एकीकृत करना
   च. सामग्री हैंडलिंग और भंडारण के लिए सर्वोत्तम प्रणालीओं और मानक संचालन प्रणालीओं को अपनाना
   छ. सामग्री प्रसंस्करण और हैंडलिंग सिस्टम का पूर्वानुमानित रखरखाव
   ज. हवा की दिशाओं को ध्यान में रख कर, खुले भंडारण के लिए उपयुक्त पवन अवरोध प्रदान करना

झ. कच्ची भूमि सतहों के लिए मृदा स्थिरीकरण और वनस्पति कवर में वृद्धि करना

ञ. कच्ची भूमि की सड़कों की कार्पेटिंग

ii. *स्रोत पर गैसों और वाष्पों* के उत्सर्जन को नियंत्रित करने और कम करने के उपायों में शामिल हो सकते हैं, जैसे:

क. विनिर्माण प्रक्रिया, परिवहन के साथ-साथ भंडारण, और संबंधित इन-बिल्ट सिस्टम के लिए उपयुक्त ऑपरेटिंग मापदंडों का चयन करना

ख. डाइऑक्सिन जैसी गैसों के नियंत्रण के लिए भस्मीकरण गैसों को ठंडा करना

ग. सल्फर युक्त ईंधन का डीसल्फ़्यूराइजेशन

घ. घूर्णन उपकरण में पारंपरिक ग्रंथियों के स्थान पर उपयुक्त यांत्रिक सील

ङ. वेंट गैसों या वाष्पों का दो-चरण में शीतलन- ठंडे और उसके बाद शीतित विलायक से

च. एक बंद निकाय में पुनःप्राप्ति के एक लाभकारी प्रयोजन के लिये उपयुक्त विलायक के साथ अवशोषित या स्क्रबिंग करना।

छ. एक उपयुक्त अधिशोषक पर अधिशोषण और उसके बाद एक लाभकारी आशय से पुनः प्राप्त करना

ज. उपयुक्त स्क्रबिंग सिस्टम के साथ नकार दबाव में संचालन करना

झ. तरल पदार्थ और गैसों की हैंडलिंग और भंडारण के लिए सर्वोत्तम प्रथाओं और मानक संचालन प्रक्रियाओं को अपनाना

ञ. उपकरण और पाइपिंग का पूर्वानुमानित रखरखाव

ट. यातायात नियंत्रण

वायु प्रदूषकों के मार्ग संचरण के नियंत्रण के लिए, पानी के पर्दे, छिड़काव प्रणाली आदि जैसे उपयुक्त अवरोधों की स्थापना। वायु उत्सर्जन स्रोतों और रिसेप्टर्स के बीच सुझाव दिया जा सकता है। रिसेप्टर्स के करीब विशिष्ट प्रजातियों के बहुत घने वृक्षारोपण भी कुछ हद तक रिसेप्टर्स तक पहुंचने वाले उत्सर्जन को रोकने में मदद कर सकते हैं। रिसेप्टर नियंत्रण उपायों में उजागर मनुष्यों द्वारा व्यक्तिगत सुरक्षा उपकरणों का उपयोग शामिल हो सकता है। हालांकि, यह वनस्पतियों, जीवों और संरचनाओं जैसे अन्य रिसेप्टर्स के लिए सहायक नहीं होगा।

#### 6.6.1.10 वायु पर्यावरण प्रभाव आकलन का आउटपुट

वायु पर्यावरण प्रभाव आकलन अध्ययन के आउटपुट में आम तौर पर निम्नलिखित शामिल होते हैं:

i. प्रत्येक बिंदु स्रोत से उत्सर्जन का विवरण जिसमें वेगात्मक बाहरी प्रवाह, बाह्य प्रवाह तापमान, उत्सर्जित किए जाने वाले प्रदूषक, पारंपरिक वायु प्रदूषण नियंत्रण उपायों के बिना और उसके साथ, स्टैक ऊंचाई, स्टैक व्यास, आदि

ii. पारंपरिक वायु प्रदूषण नियंत्रण उपायों के बिना और उनके साथ पलायक स्रोतों सहित अन्य स्त्रोतों में से प्रत्येक से होने वाले उत्सर्जन का ब्यौरा

iii. पवन गुलाब आरेख

iv. पिछले आंकड़ों के आधार पर मौसम संबंधी मापदंडों का प्रवृत्ति विश्लेषण

v. प्रभाव की पहचान के लिए उपयोग की जाने वाली पद्धतियां, भविष्यवाणियों के लिए वायु फैलाव मॉडल का चयन करना, विभिन्न वायु प्रदूषकों के सांद्रता स्तरों में अनुमानित परिवर्तनों को महत्व देना, आदि।

vi. आइसोप्लेथ्स का मानचित्रण, अर्थात् टीओआर में विनिदष्ट प्रत्येक वायु प्रदूषक के भू-स्तर की सांद्रता (जीएलसी) के अनुमानित स्थानिक वितरण को दर्शाने वाली संकेंद्रण आकृति और सामान्य और असामान्य परिचालन स्थितियों, प्रभाव क्षेत्रों और रिसेप्टर्स के तहत परियोजना विशिष्ट पैरामीटर

vii. विभिन्न स्त्रोतों से पलायक उत्सर्जनों का आकलन

viii. निगरानी किए गए स्थानों पर परिवेशी हवा में प्रत्येक वायु प्रदूषक की आधारभूत सांद्रता और आधार मानचित्रों पर उन स्थानों पर संबंधित अनुमानित सांद्रता का मानचित्रण

ix. सांद्रता में महत्वपूर्ण परिवर्तन होने का अनुमान करने वाले उत्सर्जनों से बचने या रोकने के लिए विशिष्ट शमन उपायों का सुझाव दिया

x. विशशमन शमन उपायों के सुझाव, विभिन्न स्रोतों से प्राप्त वायु प्रदूषकों की सांद्रता में अनुमानित महत्वपूर्ण परिवर्तन लेने के लिए जिससे उनका star लागू वियनमों के स्तर से बहोत नीचे लाया जा सके

xi. रिसेप्टर्स पर पलायन उत्सर्जन सहित उत्सर्जन का प्रभाव, यानी मनुष्यों, वनस्पतियों और जीवों, संरचनाओं और गुणों के स्वास्थ्य पर, और संबंधित विशिष्ट शमन उपायों का सुझाव दिया गया

xii. सुझाए गए न्यूनीकरण उपायों को शामिल करने के बाद भी प्रत्येक वायु प्रदूषक की अवशिष्ट सांद्रता की परिकल्पना की गई है

xiii. सामान्य और साथ ही असामान्य परिचालन स्थितियों के तहत पलायन उत्सर्जन सहित सभी प्रकार के स्रोतों से पर्यावरण में उत्सर्जित होने वाला वायु प्रदूषण भार प्रत्येक वायु प्रदूषक के किलो/दिन के रूप में व्यक्त किया जाता है

#### 6.6.1.11 गंध से परेशानी

गंध से परेशानी, जिसे गंध से विचलन के रूप में भी जाना जाता है, एक आम मुद्दा है लेकिन अक्सर हल करना मुश्किल होता है। इसे पूरी समझ के साथ संबोधित करने की आवश्यकता है कि कई पदार्थों में अद्वितीय विशिष्ट गंध होती है और अधिकांश पदार्थ और उनके जटिल मिश्रण बहुत कम सांद्रता में मौजूद होने पर गंधयुक्त होते हैं। उदाहरण के लिए, अमोनिया, बेंजीन, $SO_2$, और $NO_2$ के गंध सीमा स्तर क्रमशः 0.1-11.6, 1.5-108, 0.02- 2.0 और 9x10-5 मिलीग्राम (मिलीग्राम)/ इसके अलावा,

व्यक्तिगत गंधकों और उनके मिश्रण के बीच कोई सरल संबंध मौजूद नहीं है। तरलीकृत पेट्रोलियम गैस (एलपीजी) की बॉटलिंग जैसे कुछ कार्यों में, एलपीजी के रिसाव का पता लगाने के लिए विशेष रूप से मर्कैप्टेन जैसे गंधक जोड़े जाते हैं। गंध के लिए शारीरिक, साथ ही मनोवैज्ञानिक प्रतिक्रियाएं, उजागर लोगों के बीच भिन्न पाई जाती हैं। कई गंधक अपने संबंधित हानिकारक सांद्रता स्तरों से बहुत नीचे सांद्रता स्तर पर बोधगम्य होते हैं। उदाहरण के लिए, हाइड्रोजन सल्फाइड का रिपोर्ट किया गया गंध सीमा स्तर 0.15 भाग प्रति बिलियन (पीपीबी) है, जबकि विषाक्तता की इसकी सीमा 10 भाग प्रति मिलियन (पीपीएम) है। फिर भी, गंध और उनके स्वास्थ्य प्रभावों के बीच कथित संबंध बना हुआ है।

**शमन उपाय**

उपरोक्त को ध्यान में रखते हुए, अन्य नियंत्रण उपायों पर स्रोत पर गंध को नियंत्रित करने के लिए प्राथमिकता के अनुसार गंध उपद्रव को कम करने के लिए उपयुक्त शमन उपायों का प्रस्ताव करना आवश्यक हो जाता है, जिसमें आम तौर पर गंध को छिपाने के लिए कुछ रसायनों का उपयोग शामिल होता है।

स्रोत पर शमन उपायों में शामिल हो सकते हैं:

क. ऐसे गंधयुक्त पदार्थों के उत्पादन से बचने के लिए उत्पादों और प्रक्रियाओं में उपयुक्त परिवर्तनों को शामिल करना

ख. लीक-प्रूफ सिस्टम स्थापित करना और निवारक रखरखाव प्रथाओं को अपनाना

ग. उपयुक्त वैक्यूम सिस्टम को शामिल करके ऋणात्मक दबाव में संचालन और गतिविधियों को अंजाम देना, कुशल अवशोषण या सोखना प्रणालियों के साथ एकीकृत

घ. विशिष्ट गंध वाले पदार्थों की उत्पत्ति को दबाने वाली प्रक्रियाओं में कुछ रसायनों का उपयोग करना, उदाहरण के लिए गंधयुक्त हाइड्रोजन सल्फाइड के उत्पादन को दबाने के लिए सीवेज उपचार संयंत्रों में कास्टिक सोडा का उपयोग

अन्य गंध नियंत्रण उपायों के लिए गंधयुक्त गैसों और वाष्पों के संग्रह की आवश्यकता हो सकती है, और इन्हें उपयुक्त के माध्यम से निर्देशित किया जा सकता है:

क. गंधयुक्त कार्बनिक यौगिकों को तोड़ने के लिए बायो-फिल्टर बेड

ख. गंध पैदा करने वाले पदार्थों को सोखने के लिए सक्रिय कार्बन बेड

ग. इन पदार्थों को एक उपयुक्त विलायक (ओं) में अवशोषित करने के लिए स्क्रबर

घ. इन पदार्थों के भस्मीकरण के लिए दहन कक्ष

यदि उपरोक्त शमन उपायों को अपनाने के बाद भी गंध की समस्या बनी रहने की उम्मीद है, तो निम्नलिखित का सहारा लेना पड़ सकता है:

क. उपयुक्त पानी के पर्दे स्थापित करना

ख. संयंत्र खाका में उपयुक्त परिवर्तनों को शामिल करना
ग. वायुमंडल में बेहतर फैलाव के लिए लंबे ढेर के माध्यम से गंधयुक्त गैसों और वाष्पों को बाहर निकालना

**गंध प्रभाव आकलन का आउटपुट**

गंध प्रभाव आकलन अध्ययन के आउटपुट में आम तौर पर शामिल हैं:

क. अनुमानित सांद्रता के स्तर और गंध के स्रोतों के साथ गंध पदार्थों को सूचीबद्ध करना
ख. प्रत्येक स्रोत से प्रत्येक गंध पदार्थ की गंध की रोकथाम और नियंत्रण के लिए विशिष्ट शमन उपायों का सुझाव दिया

### *6.6.2 शोर प्रभाव आकलन और शमन उपाय*

#### 6.6.2.1 शोर और कंपन के प्रभाव

उच्च शोर का स्तर मनुष्यों के लिए असुविधा का कारण बनता है और वनस्पति और जानवरों को भी प्रभावित करता है। मध्यम उच्च शोर के प्रभावों में शामिल हो सकते हैं:

i. श्रवण हानि या अस्थायी या स्थायी बहरापन
ii. शारीरिक समस्याएं जैसे थकान, जलन, अनिद्रा, बीमारी और पाचन विकार
iii. मनोवैज्ञानिक और समाजशास्त्रीय गड़बड़ी जैसे भाषण हस्तक्षेप, झुंझलाहट, सांद्रता की कमी, नींद में हस्तक्षेप और मानसिक स्वास्थ्य
iv. फसलों की खराब गुणवत्ता
v. विभिन्न जीवों के बीच सामान्य प्रजनन पैटर्न में व्यवधान (Canter 1996), उनके आवासों में गड़बड़ी या क्षति, और जीवों का प्रवास

मध्यम उच्च कंपन के प्रभावों में शामिल हो सकते हैं:

क. मनुष्यों की उंगलियों में रीढ़, हड्डियों, रक्त वाहिकाओं और नसों को शारीरिक क्षति
ख. मनोवैज्ञानिक गड़बड़ी
ग. संरचनात्मक क्षति और संरचनाओं और इमारतों की नींव का कमजोर होना
घ. आवासों में अशांति, और जीवों का प्रवास

#### 6.6.2.2 शोर और कंपन के स्रोतों की पहचान

परियोजना से शोर और कंपन के सभी स्रोत और परियोजना के विभिन्न जीवनचक्र चरणों में संबद्ध गतिविधियों, चाहे निरंतर, आवधिक या यहां तक कि सामयिक हो, की पहचान संभावित शोर और कंपन स्तरों के साथ की जाती है जो स्रोत पर उत्पन्न होने की परिकल्पना की गई है। शोर पैदा करने वाले

उपकरणों को मोटे तौर पर घूर्णन, पारस्परिक, कंपन, प्रभाव और प्रवाह मीटरिंग उपकरणों के रूप में वर्गीकृत किया जा सकता है।

शोर के विशिष्ट स्रोत, परियोजना से संबंधित गतिविधियों के प्रकार और नियोजित उपकरणों के आधार पर, निम्नानुसार हो सकते हैं:

i. स्थिर घूर्णन उपकरण जिसमें धातु की सतह चलती है जो पंप, कंप्रेसर, ब्लोअर, पंखा, टरबाइन, भाप इंजन, ब्लेंडर, मिक्सर, आंदोलनकारी, आदि जैसे तरल पदार्थों से संपर्क करती है।
ii. बॉयलर, भट्ठी और आंतरिक दहन इंजन आदि जैसे दहन स्रोत।
iii. हथौड़ा, पंच, रॉक ड्रिल, ढेर ड्राइवर, आदि जैसे प्रभाव उपकरण।
iv. धातु से धातु संपर्क जैसे गियर, बेयरिंग, धातु काटना, और आकार देना, आदि।
v. इलेक्ट्रो-मैकेनिकल डिवाइस जैसे मोटर्स, जनरेटर, वेल्डिंग, आदि।
vi. गैस या वाष्प धाराएं जैसे वायु अंतहग्रही, जेट, वेंट, वायवीय परिवहन प्रणाली, आदि।
vii. नलिकाओं, पाइप, वाल्व, पैमाइश उपकरणों आदि जैसे सीमित धातु स्थानों में तरल पदार्थ ले जाना।
viii. शाफ्ट की तरह असंतुलित घूमने वाले हिस्से
ix. हाइड्रोलिक प्रेस की तरह हाइड्रोलिक उपकरण
x. प्रिंटिंग प्रेस की तरह प्रेस
xi. स्टील और कागज जैसी मिलें
xii. क्रशर और ग्राइंडर जैसे आकार कम करने वाले उपकरण
xiii. कन्वेयर और लिफ्ट जैसे सामग्री वाहक उपकरण
xiv. एयर कंडीशनिंग और पूर्वशीतलन उपकरण
xv. विद्युत ट्रांसफार्मर और रेक्टिफायर
xvi. कॉम्पैक्टर, लोडर, स्क्रैपर, पेवर, ट्रक आदि जैसे अर्थमूविंग उपकरण।
xvii. सामग्री हैंडलिंग उपकरण जैसे क्रेन, कंक्रीट मिक्सर, कंक्रीट पंप, आदि।
xviii. वस्त्र धागा तैयार करना, कताई, बुनाई, आदि।
xix. एक वाइब्रेटर, और एक मिक्सर द्वारा सामग्री बनाना
xx. मोटर वाहन
xxi. रेलवे
xxii. विमान
xxiii. धमाका और विस्फोट
xxiv. रखरखाव गतिविधियां जैसे सफाई और कालिख शूट हटाना (shoot blowing)
xxv. औद्योगिक सायरन
xxvi. सार्वजनिक पता प्रणाली, आदि

शोर के स्रोत कंपन के स्रोत भी हो सकते हैं। कंपन के कुछ विशिष्ट प्रमुख स्रोत निम्नानुसार हो सकते हैं:

i. रेलवे
ii. वायुयान
iii. मोटर वाहन
iv. उच्च गति वाइब्रेटर और वाइब्रेटरी कन्वेयर बनाम उच्च गति रोटरी उपकरण
v. हाइड्रोलिक उपकरण
vi. हैवी ड्यूटी प्रेस
vii. मिल्स
viii. डीजल उत्पादन सेट
ix. अर्थमूविंग उपकरण
x. एयर कंडीशनिंग और पूर्वशीतलन उपकरण
xi. धमाका और विस्फोट
xii. ढेर, आदि।

स्रोत पर उत्पन्न शोर और कंपन की जानकारी, यानी उपकरण या मशीनरी से 1 मीटर की दूरी पर, जबकि यह संचालन में है, आम तौर पर ऐसे उपकरणों और साहित्य के निर्माताओं से प्राप्त की जाती है। **तालिका 6.1** कुछ उपकरणों और संचालन के शोर स्तर को दर्शाती है (लियू *एट ऑल* 1997). उपकरण निर्माता आम तौर पर अनुशंसित प्रकार की नींव पर संचालन और स्थापना की आदर्श स्थितियों के तहत उत्पन्न शोर और कंपन स्तर को निर्दिष्ट करते हैं। निरंतर शोर के स्रोतों के अलावा, कुछ परिचालनों, या गतिविधियों, या स्थितियों से उत्पन्न होने वाले आंतरायिक और आवधिक शोर के स्रोतों, जैसे खनिजों के खनन में धमाका, विस्फोट, औद्योगिक अलार्म, सुरक्षा राहत वेंट, ठोस जीवाश्म ईंधन का उपयोग करके थर्मल पावर प्लांट में कालिख उड़ाना, सफाई और रखरखाव की भी पहचान की जाती है। ऐसे स्रोतों से उत्पन्न शोर और कंपन का प्रसार मुख्य रूप से संयंत्र खाका, मृदा की विशेषताओं, भूमि उपयोग/भूमि कवर, स्थलाकृति और स्रोतों के संदर्भ में रिसेप्टर्स के सापेक्ष स्थान पर निर्भर करता है।

**तालिका 6.1 विशिष्ट स्रोतों से शोर का स्तर**

| **शोर स्रोत*** | **शोर का स्तर,** dBA |
|---|---|
| *उद्योग-प्रधान* | |
| एयर कंप्रेसर | 85-115 |
| एयर-कूल्ड कंडेनसर | 90-105 |
| बॉयलर में हवा के लिए पंखे | 85-90 |
| बॉयलर फीडवाटर पंप | 95-105 |

| **शोर स्रोत*** | **शोर का स्तर,** dBA |
|---|---|
| कूलिंग टावर (छोटे) | 80-85 |
| कूलिंग टावर (बहुत बड़े) | 120-130 |
| डीजी सेट | 90-95 |
| फोर्स्ड ड्राफ्ट फैन | 90-100 |
| गैस टरबाइन | 90-95 |
| पम्प | 55-105 |
| भाप (उच्च दबाव) पाइपिंग दीवार | 90-100 |
| स्टीम वाल्व | 70-105 |
| ट्रांसफॉर्मर | 80-90 |
| *निर्माण और खनन* | |
| बुलडोजर (3) | 85-105 |
| कंक्रीट मिक्सर | 75-85 |
| अभ्यास | 85-90 |
| जैकहैमर | 80-100 |
| पाइल ड्राइवर (चोटी) | 95-105 |
| रॉक ड्रिल (जंबो) | 120 |
| *परिवहन* | |
| डीजल ट्रक | 85-95 |
| डंपर (15) | 75-90 |
| फ्रन्ट लोडर | 75-85 |
| पेलोडर | 80-100 |
| यात्री के लिए कार (8) | 70-80 |
| ट्रैक्टर-ट्रेलर (15) | 90-95 |
| *कोयले की तैयारी* | |
| प्राथमिक क्रेशर | 90-95 |
| बॉल मिल | 90-95 |
| कोयला कन्वेयर | 95-100 |
| *गृहस्थी* | |
| रसोई ग्राइंडर | 90-95 |

* चित्रों में आंकड़े रिसेप्टर्स से दूरी हैं, m

**स्रोत:** *कई स्रोतों से संकलित*

### 6.6.2.3 शोर के स्तर का पूर्वानुमान

विभिन्न स्रोतों से उत्पन्न शोर दूर स्थानों पर स्थित रिसेप्टर्स तक फैल जाता है। रिसेप्टर्स पर शोर के स्तर का अनुमान विभिन्न प्रकार के शोर के लिए उपयुक्त मॉडल या सॉफ्टवेयर का उपयोग किया जाता है, जैसे:

i. निरंतर शोर, यानी कम तीव्रता और लंबी अवधि का शोर जैसे कि औद्योगिक मशीनरी जैसे पंप, और टर्बाइन
ii. आवेग शोर, यानी विस्फोट से उच्च तीव्रता और छोटी अवधि का शोर, और हाइड्रोलिक उपकरण
iii. विमानन से संबंधित शोर

**बिंदु स्रोत शोर उत्सर्जन**

बिंदु स्रोत उत्सर्जन से शोर स्तर का अनुमान (Canter 1996), गोलाकार तरंगों की एक प्रणाली में प्रसार, जिसे "ध्वनि के ज्यामितीय क्षीणन" के रूप में जाना जाता है, समीकरण द्वारा वर्णित है:

$$Lp_2 = Lp_1 - 20 \log (r_2/r_1)$$

जहां

$Lp_2$ दूरी $r_2$ पर शोर का स्तर है

$Lp_1$ दूरी $r_1$ पर शोर है

यह समीकरण दर्शाता है कि स्रोत से बढ़ती दूरी के साथ शोर का स्तर कम हो जाता है।

एक निरंतर शोर स्रोत के लिए, औसत ध्वनि स्तर समकक्ष ध्वनि स्तर है, जिसे $L_{eq}$ के रूप में व्यक्त किया जाता है। यह एक निरंतर ध्वनि स्तर है, जो किसी दिए गए स्थिति और समय में, उसी अवधि में वास्तविक समय-भिन्न ध्वनि द्वारा की गई ध्वनि ऊर्जा को व्यक्त करता है। जब बिंदु स्रोत *एकाधिक शोर* स्रोत पास स्थित होते हैं, तो स्रोत पर *संचयी शोर* का अनुमान डेसिबल मानों (लियू et al 1997) को जोड़कर लगाया जाता है, जिसे **तालिका 6.2** में पुन: प्रस्तुत किया गया है।

उदाहरण के लिए, पास में रखे गए दो पंपों के लिए, जिनका ऑपरेटिंग शोर स्तर 90 dBA और 86 dBA है, यानी 4 dBA का अंतर, जब दोनों पंप चालू होते हैं तो संचयी शोर स्तर 91.5 dBA के रूप में अनुमानित होता है, यानी तालिका में सुझाए गए 1.5 dBA को 90 dBA के उच्च ध्वनि स्तर में जोड़कर। 80 dBA के शोर स्तर वाले दो पंपों में से प्रत्येक के लिए, संचयी शोर स्तर 83 dBA के रूप में अनुमानित है, यानी तालिका में सुझाए गए 3 dBA को 80 dBA के ध्वनि स्तर में जोड़कर।

**तालिका 6.2 संचयी शोर का आकलन करने के लिए आवश्यक जोड़ के मूल्य**

| दो मूल्यों के बीच अंतर, dBA | उच्च स्तर में अतिरिक्त जोड़, dBA |
|---|---|
| 0 | 3.0 |
| 1 | 2.5 |
| 2 | 2.0 |
| 3 | 2.0 |
| 4 | 1.5 |
| 5 | 1.0 |
| 6 | 1.0 |
| 7 | 1.0 |
| 8 | 0.5 |
| 9 | 0.5 |
| 10 | 0 |

**स्रोत:** *"पर्यावरण इंजीनियर्स हैंडबुक" 1997 से पुन: प्रस्तुत*

कई शोर स्रोतों से उत्पन्न शोर स्तर का अनुमान समीकरण से लगाया जाता है:

$$Lp = 10 \log [10^{Lp1/10} + 10^{Lp2/10} + 10^{Lp3/10} + \ldots\ldots + 10^{Lpn/10}]$$

जहां

Lp परिणामी शोर स्तर है,

Lp1 और Lpn क्रमशः स्रोत 1 और स्रोत एन से शोर स्तर हैं

**लाइन-स्रोत शोर उत्सर्जन**

बेलनाकार या अर्ध-बेलनाकार तरंगों की एक प्रणाली में प्रसार करने वाले लाइन-स्रोत उत्सर्जन से शोर स्तर का अनुमान समीकरण द्वारा वर्णित है:

शोर स्तर 2 = शोर स्तर 1 - 10 लॉग $(r_2/r_1)$

स्रोत से अलग-अलग दूरी पर अनुमानित शोर के स्तर को आइसोप्लेथ के रूप में प्लॉट किया जाता है, जो वायु प्रदूषकों की जमीनी स्तर की सांद्रता का प्रतिनिधित्व करने के लिए तैयार किए गए हैं, ताकि शोर आकृति और शोर प्रभाव क्षेत्र का चित्रात्मक प्रतिनिधित्व प्राप्त किया जा सके। नोमोग्राफ (कैंटर 1996) का उपयोग राजमार्गों पर यातायात से शोर के स्तर का अनुमान लगाने के लिए किया जा सकता है।

#### 6.6.2.4 शोर प्रभाव आकलन

शोर प्रभाव आकलन मुख्य रूप से निम्न के आधार पर किया जाता है:

i. रिसेप्टर्स पर अनुमानित शोर का स्तर
ii. रिसेप्टर्स की संवेदनशीलता या भेद्यता
iii. लागू नियमों में निर्दिष्ट अनुमेय शोर स्तर

#### 6.6.2.5 ब्राउनफील्ड परियोजनाएं

ब्राउनफील्ड परियोजनाओं के लिए, संबंधित कार्यात्मक वृतिक

i. प्रस्तावित ध्वनि प्रभाव आकलन और शमन उपायों के लिए प्रचालन परियोजना की ईआईए रिपोर्ट (ओं) का अध्ययन करना
ii. प्रस्तावित परियोजना के लिए एकत्र की गई आधारभूत शोर पर्यावरण जानकारी का उपयोग करते हुए, उपयोग किए गए पूर्वानुमान मॉडल या सॉफ्टवेयर, और/या किए गए अनुमानों और मान्यताओं, किए गए शोर पर्यावरणीय प्रभाव आकलन की सटीकता और पूर्णता, और ऑपरेटिंग परियोजना के लिए नियोजित नियंत्रण और अन्य शमन उपायों के प्रदर्शन मूल्यांकन की जांच करें
iii. उपर्युक्त i और ii पर अवलोकनों को दस्तावेज करें, और नीचे iv के लिए इन पर विचार करें
iv. उपरोक्त iii को ध्यान में रखते हुए ग्रीनफील्ड परियोजनाओं के लिए ऊपर वर्णित पद्धति का पालन करते हुए प्रस्तावित परियोजना के लिए ध्वनि प्रभाव आकलन करना

#### 6.6.2.6 प्रभाव का महत्व

शोर प्रभाव को महत्वपूर्ण माना जाता है यदि औद्योगिक, वाणिज्यिक, आवासीय या "साइलेंस ज़ोन" में स्थित रिसेप्टर्स पर अनुमानित शोर का स्तर लागू नियमों (MOEF 2000 ए) में निर्दिष्ट सीमा से अधिक है, अलग-अलग दिन और रात के लिए। कार्य वातावरण में व्यावसायिक जोखिम के लिए अनुमेय शोर स्तर कारखाना (संशोधन) अधिनियम (MOLE 1987) जैसे लागू नियमों में निर्दिष्ट किए गए हैं, जो आम तौर पर अमेरिकी व्यावसायिक सुरक्षा और स्वास्थ्य प्रशासन (ओएसएचए, एन.डी.) द्वारा अनुशंसित शोर स्तरों पर आधारित होते हैं। यह देखा जा सकता है कि कोई भी पर्यावरणीय विनियम भारत में कार्य वातावरण में अनुमेय कंपन स्तरों को निर्दिष्ट नहीं करता है। हालांकि, कंपन (BS 6472: 1984, BS 6472-1: 2008, ISO 2631-1: 1997) के लिए मानव प्रतिक्रिया का आकलन करने के लिए मार्गदर्शन का उपयोग वृतिक निर्णय के साथ 400 के साथ का अनुमान और आकलन प्रक्रिया (कैंटर 1996) में किया जा सकता है। विशिष्ट परियोजना से संबंधित गतिविधियों और कंपन के संपर्क में आने वालों के आधार पर कंपन स्तरों के महत्व को निर्धारित करते समय विवेकपूर्ण निर्णय लिए जाते हैं।

वायु प्रभावों के महत्व के बारे में चित्रों में बताई गई मूल अवधारणा को शोर प्रभावों पर भी लागू किया जा सकता है। अवशिष्ट शोर प्रभावों को शोर स्तर में प्रगतिशील वृद्धि के आधार पर और लागू नियमों द्वारा निर्धारित अनुमेय मूल्यों के प्रतिशत के रूप में संवेदनशील रिसेप्टर्स पर अनुमानित शोर के स्तर पर भी रैंक किया जा सकता है।

#### 6.6.2.7 शमन उपाय

महत्वपूर्ण प्रभावों का निर्धारण करने के बाद, शोर और कंपन के स्तर को कम करने के लिए उपयुक्त विशिष्ट शमन उपाय प्रस्तावित किए गए हैं। प्राथमिकता के क्रम में ध्वनि प्रभावों का शमन निम्नलिखित उपायों द्वारा पूरा किया जा सकता है:

i. स्रोत पर शोर और कंपन का *उन्मूलन या न्यूनीकरण* इंजीनियरिंग तकनीकों और प्रथाओं द्वारा प्राप्त किया जा सकता है, जैसे:
   - क. विशिष्ट संरचना विशेषताओं के आधार पर उपकरणों का चयन जो कम शोर उत्पन्न करते हैं
   - ख. उपकरण के लिए उचित नींव
   - ग. प्रक्रिया प्रतिस्थापन, उदाहरण के लिए प्रभाव द्वारा किए गए रिवेटिंग या धातु बनाने के बजाय वेल्डिंग
   - घ. मशीन प्रतिस्थापन, जैसे गियर के बजाय बेल्ट ड्राइव, और धातु गियर के स्थान पर नायलॉन गियर
   - ङ. रोटर, पंखे और मोटर्स जैसे घूर्णन उपकरणों की गति को कम करना
   - च. ग्राम नज़दीकी पाइपों/नाली में नियंत्रित हवा, गैसों और तरल पदार्थों के दबाव और प्रवाह को कम करना
   - छ. बेयरिंग के उचित स्नेहन द्वारा घर्षण प्रतिरोध को कम करना, और शाफ्ट और युग्मन के संरेखण और संतुलन
   - ज. स्रोत पर शोर क्षीणन उपकरण जैसे मफलर और साइलेंसर
   - झ. निवारक रखरखाव
   - ञ. शोर रिसाव को कम करने के लिए टर्बाइन जैसे उपकरणों के लिए उचित ध्वनिकी के साथ साउंडप्रूफ बाड़े
   - ट. अलगाव और नमी कंपन भागों
   - ठ. उचित संयंत्र खाका

ii. प्रदान करके शोर और *कंपन के संचरण या प्रसार पथ* को नियंत्रित करना:
   - क. उपयुक्त ध्वनिक पृथक्करण
   - ख. क्यूबिकल या इमारत की दीवारों, छत और फर्श पर उपयुक्त शोषक सामग्री जहां स्रोत रखा गया है
   - ग. स्रोत के चारों ओर उपयुक्त बाड़े जैसे डीजी सेट

घ. स्रोत और रिसेप्टर्स के बीच भौतिक बाधाएं शोर के प्रसार के मार्ग में बाधा के रूप में कार्य करती हैं, उदाहरण के लिए राजमार्गों और रेलवे के दोनों ओर बाधाएं, और उपयुक्त भूनिर्माण

ङ. मीडिया में अलगाव प्रदान करना या खाई जैसे उपाय करके कंपन के प्रसार का मार्ग प्रदान करना

iii. *रिसेप्टर्स के अंत में नियंत्रण*, आम तौर पर परियोजना परिसर के भीतर, द्वारा:

क. कार्य पुनर्निर्धारण के माध्यम से जोखिम को सीमित करना

ख. रिमोट कंट्रोल ऑपरेशन

ग. अच्छी तरह से डिज़ाइन किए गए व्यक्तिगत सुरक्षा उपकरण जैसे एरमुफ और ईयरप्लग प्रदान करना

घ. शोर आश्रय प्रदान करना

एक बार परियोजना के लिए उपयुक्त घूर्णन उपकरण और उनके प्रतिष्ठानों के लिए माउंटिंग का चयन उचित परिश्रम के साथ किया जाता है, तो गतिविधियों को निर्धारित करने और ऐसे उपकरणों के संचालन और रखरखाव दोनों के लिए मानक संचालन प्रक्रियाओं का पालन करने, उत्पन्न शोर और कंपन के प्रसार का नियंत्रण और रिसेप्टर्स पर नियंत्रण के लिए मानक संचालन प्रक्रियाओं का पालन करने पर अधिक जोर देने के लिए शमन उपायों की आवश्यकता होती है। उदाहरण के लिए:

i. निर्माण जैसी परियोजना गतिविधियों का इस प्रकार से निर्धारण करना कि ये आस-पास की दुर्लभ और लुप्तप्राय प्रजातियों के पहचाने गए प्रजनन चक्र, चिंता की प्रमुख प्रजातियों और प्रवासी पक्षिजात के साथ ओवरलैप न हों

ii. नियंत्रित ब्लास्टिंग को अपनाना, उदाहरण के लिए शोर, कंपन और वायु उत्सर्जन के स्तर को कम करने के लिए खनन में डेटोनेटर की मदद से ब्लास्टिंग, और धूल का उपद्रव

iii. खनन में विस्फोट जैसी गतिविधियों का समय निर्धारित करना, और गतिविधियों को निर्माण आदि जैसे चयनित दिन के घंटों तक सीमित करना

iv. राजमार्ग और रेलवे परियोजनाओं से आस-पास की बस्तियों तक पहुंचने वाले शोर के स्तर को कम करने के लिए अच्छी तरह से डिज़ाइन किए गए अवरोध स्थापित करना

#### 6.6.2.8 शोर पर्यावरणीय प्रभाव आकलन का आउटपुट

शोर ईआईए अध्ययन के आउटपुट में आम तौर पर शामिल हैं:

i. शोर और कंपन के स्रोतों के साथ-साथ शोर के स्तर, और प्रत्येक स्रोत पर कंपन स्तर, स्थिर और साथ ही मोबाइल का विवरण

ii. प्रभाव की पहचान, शोर पूर्वानुमान मॉडल या सॉफ्टवेयर का चयन, अनुमानित शोर स्तरों के महत्व को स्थापित करने और कंपन स्तर के लिए अपनाई गई पद्धतियां

iii. आइसोप्लेथ का मानचित्रण, यानी शोर स्तर आकृति सामान्य और साथ ही असामान्य परिचालन स्थितियों, प्रभाव क्षेत्रों और रिसेप्टर्स के तहत शोर के स्तर के अनुमानित स्थानिक वितरण को दर्शाती है
iv. निगरानी किए गए स्थानों पर परिवेशी शोर के आधारभूत स्तरों का मानचित्रण और आधार मानचित्रों पर उन स्थानों पर संबंधित अनुमानित स्तर
v. स्रोतों पर उत्पन्न शोर की रोकथाम और न्यूनीकरण के लिए विशिष्ट उपाय सुझाए
vi. शोर और कंपन को कम करने के लिए विशिष्ट उपायों का सुझाव दिया, जो दिन और रात के लिए अनुमानित महत्वपूर्ण परिवर्तनों में से प्रत्येक के लिए लागू वैधानिक विनियमों (भी निर्दिष्ट किए जाने वाले) में निर्धारित अनुमेय स्तर से काफी नीचे के स्तर तक विशिष्टशोर और कंपन को कम करने के लिए विशिष्ट उपायों का सुझाव दिया, जो दिन और रात के लिए अनुमानित महत्वपूर्ण परिवर्तनों में से प्रत्येक के लिए लागू वैधानिक विनियमों (भी निर्दिष्ट किए जाने वाले) में निर्धारित अनुमेय स्तर से काफी नीचे के स्तर तक विशिष्ट हैं।
vii. शोर और कंपन के कारण मनुष्यों, वनस्पतियों और जीवों, संरचनाओं और गुणों के स्वास्थ्य पर प्रभाव, और संबंधित विशिष्ट शमन उपायों का सुझाव दिया गया
viii. सुझाए गए शमन उपायों को शामिल करने के बाद भी अवशिष्ट शोर स्तर की परिकल्पना की गई है
ix. सुझाए गए व्यक्तिगत सुरक्षा उपकरण

### *6.6.3 जल प्रभाव आकलन और न्यूनीकरण उपाय*

जल प्रभाव आकलन का मुख्य उद्देश्य यह सुनिश्चित करना है

क) परियोजना से संबंधित गतिविधियों के लिए पानी की आवश्यकता को पूरा करने के लिए दोहन किए जाने वाले प्रस्तावित जल संसाधनों की स्थिरता
ख) परियोजना से संबंधित गतिविधियों से प्रदूषक किसी भी जल संसाधन में अपना रास्ता नहीं ढूंढते हैं और उन्हें दूषित करते हैं

#### 6.6.3.1 जल के प्रभाव

पृथ्वी पर जीवन को बनाए रखने के लिए पानी महत्वपूर्ण है। भले ही पृथ्वी का लगभग 70% पानी से ढका हुआ है, पृथ्वी के ताजे पानी का 1% से भी कम सुलभ है। 2015 में दुनिया में कुल 1.8 मिलियन मौतें अपर्याप्त उपलब्धता और पानी की खराब गुणवत्ता के कारण हुई। बढ़ती आबादी और शहरीकरण की तेज गति दुनिया के कई क्षेत्रों में जल संसाधनों और पानी की गुणवत्ता पर दबाव डाल रही है।

पानी की खराब गुणवत्ता में बीमारी फैलने की संभावना है। 80% रोग जलजनित हैं; इनमें टाइफाइड, पैराटाइफाइड बुखार, हैजा, पेचिश, पीलिया, अमीबियासिस, मलेरिया, एन्सेफलाइटिस, पोलियोमाइलाइटिस, हेपेटाइटिस और गैस्ट्रोइंटेस्टाइनल और त्वचा संक्रमण शामिल हैं। पानी में रासायनिक प्रदूषकों की एक विस्तृत श्रृंखला कई स्वास्थ्य मुद्दों का कारण बन सकती है, कैंसर से हार्मोन

व्यवधान से लेकर परिवर्तित मस्तिष्क समारोह तक। रसायन और भारी धातुएं जलीय जीवन के लिए विषाक्त हैं और जीवों के जीवन काल और प्रजनन करने की उनकी क्षमता को प्रभावित करती हैं, जिससे खाद्य श्रृंखला में अपना रास्ता बना लेते हैं क्योंकि परभक्षी शिकार खाते हैं।

#### 6.6.3.2 जल उपयोगकर्ताओं और अपशिष्ट जल के स्रोतों की पहचान

परियोजना से संबंधित गतिविधियों के प्रकार के आधार पर, जल उपयोगकर्ताओं, और उन उद्देश्यों की पहचान की जाती है जिनके लिए पानी की आवश्यकता होती है। इनमें शामिल हो सकते हैं:

i. विनिर्माण प्रक्रियाएं
ii. जल उपचार, भाप उत्पादन
iii. उपकरण और पाइपिंग धुलाई
iv. फर्श की सफाई और धोना
v. बॉयलर फीडवाटर मेकअप
vi. बॉयलर राख हैंडलिंग
vii. धूल नियंत्रण
viii. कोयले पर स्प्रे
ix. शमन
x. एक बार ठंडा होने के माध्यम से
xi. कूलिंग टॉवर वाटर मेकअप
xii. आर्द्रीकरण
xiii. प्रयोगशाला
xiv. अपशिष्ट जल उपचार संयंत्र
xv. आग की तैयारी
xvi. रखरखाव
xvii. पीने
xviii. खाना पकाने
xix. धोने
xx. घरेलू
xxi. स्वच्छता
xxii. बागवानी
xxiii. लैंडस्केपिंग
xxiv. गैर-मानसून अवधि के दौरान ग्रीनबेल्ट का विकास, आदि।

इसी तरह, अपशिष्ट जल उत्पादन के स्रोतों की पहचान की जाती है, जिसमें शामिल हो सकते हैं:

i. विनिर्माण प्रक्रियाएं और संचालन
ii. जल शोधन सुविधा
iii. बॉयलर
iv. कूलिंग टॉवर
v. गैस और वाष्प स्क्रबर या अवशोषक
vi. उपकरण, पाइपिंग, और फर्श धोने
vii. तरल अपशिष्ट
viii. रिसाव और रिसाव
ix. प्रयोगशाला
x. सीवेज, आदि।

### 6.6.3.3 प्रभाव आकलन

जल स्थिरता और जल प्रभाव आकलन के लिए, परियोजना के प्रत्येक जीवनचक्र चरण में प्रस्तावित प्रत्येक गतिविधि के लिए निम्नलिखित जानकारी एकत्र की जाती है और/या अनुमान लगाया जाता है:

i. अग्निशमन सहित विभिन्न प्रयोजनों के लिए उपयोग किए जाने वाले प्रस्तावित जल की मात्रा और प्रत्याशित वाष्पीकरण हानि, रिसाव, उठाईगिरी आदि शामिल हैं।
ii. प्रत्येक ऑपरेशन या गतिविधि से उत्पन्न उपयोग किए गए पानी और अपशिष्ट जल की मात्रा और विशेषताएं, चाहे निरंतर या आवधिक; विभिन्न निर्वहन धाराओं से अलग-अलग अपशिष्ट जल धाराओं या अपशिष्ट जल संग्रह के लिए प्रस्तावित उपचार और एक केंद्रीय सुविधा में उपचार; उपचारित अपशिष्ट जल का पुन: उपयोग और पुनर्चक्रण, और उपचारित अपशिष्ट जल के निपटान का तरीका
iii. विभिन्न कार्यों या गतिविधियों से उत्पन्न अन्य तरल कचरे की मात्रा और विशेषताएं, चाहे वह निरंतर या आवधिक हो जैसे लीचेट, सीवेज, धुलाई, रिसाव, रखरखाव, आकस्मिक रिलीज, अग्निशमन, आदि, प्रस्तावित उपचार, और उपचारित अपशिष्ट जल के निपटान का तरीका।
iv. i-iii पर उपरोक्त जानकारी का समेकन और प्रतिनिधित्व एक फ्लोचार्ट के रूप में जाना जाता है जिसे जल संतुलन आरेख के रूप में संदर्भित किया जाता है, जिसमें अनुमानित वाष्पीकरण हानि और रिसाव सहित पानी और अपशिष्ट जल की सभी धाराओं को दिखाया जाता है।
v. स्थल विकास, भवनों, सड़कों और अन्य अवसंरचनाओं के निर्माण, और खुले चैनलों, खुले भंडारण, खुले प्लेटफार्मों आदि के कारण वर्षा से प्रत्याशित अपवाह में परिवर्तन, **चित्र 6.1** में दर्शाया गया है।

vi. परियोजना के प्रत्येक जीवनचक्र चरण में परियोजना से संबंधित गतिविधियों के लिए पानी की सोर्सिंग के लिए दोहन किए जाने वाले प्रस्तावित जल संसाधनों की स्थिति, भले ही इनमें से कुछ स्रोत अध्ययन क्षेत्र से परे स्थित हों।

vii. जल निकायों की स्थिति जिसमें उपचारित अपशिष्ट जल को प्रवाहित करने का प्रस्ताव है

**I. सतह का पानी: पानी की गुणवत्ता का पूर्वानुमान**

आधारभूत सूचना और परियोजना संबंधी कार्यकलापों के आधार पर जल की मात्रा और गुणवत्ता से संबंधित मुद्दों की पहचान की जाती है। सतही जल धाराओं की गुणवत्ता पर प्रभाव का अनुमान करने के लिए (पेट्स 1999) यह बताया -

i. सतही जल धाराओं की धारा प्रवाह दर, वेग और तापमान पर निगरानी किए गए भौतिक आंकड़ों सहित आधारभूत डेटा, जो परियोजना से संबंधित गतिविधियों से प्रभावित होने की संभावना है, की जांच की जाती है।

ii. आधारभूत डेटा संग्रह के दौरान महत्वपूर्ण स्थितियों की घटनाओं को देखा और प्रलेखित किया जाता है, जैसे कि कम प्रवाह, जो कमजोर पड़ने की क्षमता को प्रभावित करता है, और उच्च तापमान, जो घुलित ऑक्सीजन (DO) के स्तर को कम करता है।

iii. जल निकायों की आत्मसात क्षमता (जिसमें उपचारित अपशिष्ट जल को प्रवाहित करने का प्रस्ताव है) का अनुमान बीओडी और पोषक तत्वों जैसे पारंपरिक प्रदूषकों के परिवहन का निर्धारण करके लगाया जाता है। कार्बनिक प्रदूषण लोडिंग और प्राकृतिक पुन: वातन के कारण ऑक्सीजन की कमी का आकलन करने के लिए शास्त्रीय डीओ मॉडल एक ऑक्सीजन सैग वक्र (मेटकाफ और एडी 2003) के रूप में धारा के विभिन्न हिस्सों के लिए तैयार किया गया है।

iv. अपशिष्ट जल में विषाक्त पदार्थ जो कम मात्रा में जारी होने पर भी महत्वपूर्ण परिवर्तन पैदा कर सकते हैं, की पहचान की जाती है। यह माना जाता है कि कुछ विषाक्त पदार्थ प्रवाह के साथ धाराओं में ले जाया जा सकता है, लेकिन कुछ निलंबित ठोस पदार्थों का हिस्सा बन सकते हैं और जल निकाय के बिस्तर में स्थिर तलछट के रूप में बस सकते हैं। इनका बिस्तर में एक लंबा निवास समय हो सकता है, जिसके परिणामस्वरूप बहुत लंबी अवधि में प्रभाव पड़ता है, जो कुछ मामलों में वर्षों तक चल सकता है।

उन जल निकायों में प्रदूषकों के प्रवाह पैटर्न और स्थानिक वितरण का अनुमान करने के लिए मॉडल उपलब्ध हैं जिनमें अपशिष्ट जल का निर्वहन किया जाना प्रस्तावित है। एक जल निकाय में पानी की गुणवत्ता जैसे बहती धारा, यानी अपशिष्ट जल का सिंक, विभिन्न मौसमों के लिए प्रवाह दिशा में अलग-अलग दूरी पर का अनुमान की जाती है। इसके बाद, पानी के पर्यावरण पर प्रभाव का अनुमान किया जाता है।

पानी की गुणवत्ता का अनुमान करने का सबसे सरल तरीका बुनियादी द्रव्यमान हस्तांतरण सिद्धांतों का उपयोग करना है। उदाहरण के लिए, बहने वाली धारा की पानी की गुणवत्ता जिसमें अपशिष्ट जल को पाइपलाइन के माध्यम से छोड़ा जाता है, जिसे एक बिंदु स्रोत से निर्वहन माना जाता है, मूल समीकरण से का अनुमान किया जा सकता है:

Cf = (Ci Qi + Cs Qs)/ (Qi + Qs)

जहां

Cf = प्रदूषक की सांद्रता, अपशिष्ट जल निर्वहन के अनुप्रवाह में धारा में मिलीग्राम (mg)/लीटर (L)

Ci = प्रदूषक की सांद्रता, अपशिष्ट जल धारा में mg/L

Cs = प्रदूषक की सांद्रता, अपशिष्ट जल निर्वहन के अपस्ट्रीम धारा में mg/L

Qi = अपशिष्ट जल निर्वहन दर, $m^3$/hr

Qs = धारा प्रवाह दर, अपशिष्ट जल निर्वहन के अपस्ट्रीम $m^3$/घंटा

उपरोक्त समीकरण में एक अंतर्निहित धारणा धारा की पूरी चौड़ाई या क्रॉस-सेक्शन में होने वाले अपशिष्ट जल का तात्कालिक और पूर्ण मिश्रण है। बहने वाली धारा में प्रदूषकों की गति या परिवहन की दर का अनुमान समीकरण का उपयोग करके धारा प्रवाह के वेग से लगाया जाता है:

Vs = (Qi + Qs)/As

जहां

Vs = धारा प्रवाह का वेग, अपशिष्ट जल निर्वहन के नीचे की ओर मीटर(m)/घंटा (घ.)

As = धारा के समकक्ष पार-अनुभागीय क्षेत्र, $m^2$ अपशिष्ट जल निर्वहन के डाउनस्ट्रीम में

क्वाल जैसे मॉडलों को बिंदु स्रोतों से सतह जल धाराओं में छोड़े गए प्रदूषकों के प्रवाह और सांद्रता का अनुमान करने के लिए लागू किया जा सकता है। यह पहचानने की आवश्यकता है कि एक बहती धारा में एक प्रदूषक का भाग्य इस पर निर्भर करता है:

क. परिवहन प्रक्रियाएं, अर्थात् वायुमंडलीय, मृदा और जलीय वातावरण के बीच रसायनों का वितरण

ख. परिवर्तन प्रक्रियाएं, यानी प्रचलित परिस्थितियों में प्रदूषकों के रासायनिक परिवर्तन

पानी की आवश्यकता को पूरा करने के लिए प्रस्तावित नदी या अन्य सतह धाराओं में प्रवाह का आकलन विशेष रूप से गर्मियों के लिए किया जाता है जब इसके दुबला होने की उम्मीद होती है। हालांकि, बर्फ से लदे पहाड़ों से निकलने वाली नदियों के लिए, लीन अवधि सर्दियों की होगी। दुबला प्रवाह की कमजोर पड़ने की क्षमता और प्रदूषकों के परिवहन की दर का अनुमान लगाया जाता है, और जलीय जीवों पर आत्मसात क्षमता और प्रभावों का आकलन किया जाता है।

### II. प्रदूषण के बिखरे हुए स्रोत

अक्सर यह देखा गया है कि जल प्रदूषण के फैलाव (गैर-बिंदु) स्रोतों के कारण जल निकायों पर प्रभाव पर्याप्त हो सकता है। इसलिए, प्रसार स्रोत प्रदूषण लोडिंग, यानी तलछट के साथ-साथ पोषक तत्व परिवहन में परिवर्तन का अनुमान लगाना आवश्यक है, जो सीधे परियोजना से संबंधित गतिविधियों और प्रेरित विकास सहित अन्य गतिविधियों के कारण भूमि उपयोग पैटर्न में परिवर्तन से जुड़ा हुआ है। फैलाव प्रदूषकों के स्रोत जो वर्षा या प्रवाह के परिवर्तित जल निकासी को पूरा कर सकते हैं, उनमें निम्नलिखित शामिल हो सकते हैं:

i. खुले में संग्रहीत पदार्थ जैसे खनिज, और जीवाश्म ईंधन
ii. खुले में संग्रहीत अपशिष्ट जैसे स्लड, स्लैग, और राख
iii. फीडस्टॉक, एडिटिव्स और स्नेहक की प्रयुक्त या दूषित पैकेजिंग सामग्री
iv. सामग्री हैंडलिंग, रिसाव और आकस्मिक रिसाव से रिसाव
v. सामग्री ले जाने से
vi. रखरखाव और मरम्मत सुविधाएं
vii. गड्ढे, और सेप्टिक टैंक भिगोएं।
viii. खनन का बोझ डंप
ix. उर्वरकों और कीटनाशकों को ढेर किया जाता है, और/या कृषि क्षेत्रों में लगाया जाता है
x. पशु खाद
xi. सड़क के किनारे का कचरा
xii. निचले इलाकों में फेंका जाने वाला कचरा
xiii. भूमि से भरे अपशिष्ट
xiv. दूषित मृदा
xv. अपरदित मृदा

पानी की गुणवत्ता का अनुमान करने के लिए सबसे सरल तरीका बुनियादी द्रव्यमान हस्तांतरण सिद्धांतों का अनुप्रयोग है। उदाहरण के लिए, एक बहती धारा में पानी की गुणवत्ता जिसमें फैलने वाले स्रोतों से प्रदूषकों को जांच के तहत धारा के विस्तार में कई बिंदुओं के माध्यम से अपना रास्ता खोजने की संभावना है, समीकरण से अनुमान लगाया जा सकता है:

$$C_f = (C_1Q_1 + C_2Q_2 + C_3Q_3 + \ldots\ldots + C_sQ_s)/(Q_1 + Q_2 + Q_3 + \ldots\ldots + Q_s)$$

$$= (\sum C_iQ_i + C_sQ_s)/(\sum Q_i + Q_s), \ i = 1 \text{ से } n$$

जहां

$C_f$ = प्रदूषक की सांद्रता (औसत), प्रदूषण के फैलाव स्रोतों की प्रविष्टियों के अनुप्रवाह धारा खंड में mg/L

$C_s$ = प्रदूषक की सांद्रता, प्रदूषण के फैलाव स्रोतों की प्रविष्टियों के अपस्ट्रीम में mg/L

$Q_s$ = धारा प्रवाह दर, प्रदूषण के प्रसार स्रोतों की प्रविष्टियों के प्रतिप्रवाह $m^3/hr$

$C_i$ = प्रदूषक की सांद्रता, धारा में mg/L धारा i में प्रदूषण का एक फैलाव स्रोत ले जाने वाली धारा खंड

$Q_i$ = प्रवाह दर, फैलाव प्रदूषण स्रोत धारा का $m^3/h$ i धारा खंड i में प्रवेश करना एक विसारित स्रोत का प्रतिनिधित्व करता है

प्रदूषण के फैलाने वाले स्रोतों की मात्रा और भौतिक-रासायनिक विशेषताएं आम तौर पर बुनियादी मृदा की विशेषताओं से संबंधित होती हैं। यह माना जा सकता है कि किसी दिए गए स्थान से निर्माण सामग्री को हटाने से स्थानीय हाइड्रोलॉजिकल चक्र और मृदा के क्षरण पैटर्न में परिवर्तन होता है, जिससे प्रदूषण के प्रसार स्रोत पैदा होते हैं। कई फैलाने वाले स्रोतों से प्रदूषक अंततः पास के जल निकायों में और यहां तक कि बहते सतही जल धाराओं के माध्यम से आगे भी पहुँच जाते हैं, जिससे पानी की गुणवत्ता में गिरावट आती है, और अध्ययन क्षेत्र से परे स्थानों पर भी डाउनस्ट्रीम जल उपयोगकर्ताओं और जलीय जीवों के लिए खतरा पैदा होता है।

परियोजना से संबंधित किसी भी कार्यकलाप के साथ-साथ प्रेरित विकासात्मक कार्यकलापों के कारण भूमि उपयोग/भूमि आच्छादन और जल निकासी पद्धति में परिवर्तन का अनुमान लगाया जाना है। जांच के तहत सतह धारा खंड में पानी के प्रवाह और इसकी विशेषताओं में परिवर्तन का अनुमान किया जाता है। अपवाह परिवर्तन, यानी कुल प्रवाह के साथ-साथ प्रवाह दरों में परिवर्तन, भूमि उपयोग, मृदा के प्रकार, वाटरशेड के आकार और धारा की लंबाई पर जानकारी का उपयोग करके अनुमान लगाया जाता है।

भूमि और मृदा के प्रभावों के तहत वर्णित सार्वभौमिक मृदा हानि समीकरण (यूएसएलई) का उपयोग मृदा के नुकसान के कारण उत्पन्न तलछट का अनुमान लगाने और जल धाराओं में ले जाने के लिए किया जाता है। प्रवाह पैटर्न के साथ-साथ प्रदूषण के फैलाने वाले स्रोतों से प्रदूषकों के स्थानिक वितरण का अनुमान करने के लिए मॉडल उपलब्ध हैं। फैलाने वाले स्रोतों से प्रदूषण भार का अनुमान उन समीकरणों का उपयोग करके लगाया जाता है जो पानी के अपवाह और अंतःस्रवण, और तलछट की गति का अनुमान करते हैं, यानी पानी में घुलने या निलंबित प्रदूषकों के साथ तलछट का परिवहन, या तलछट से जुड़ा होता है। प्रदूषण के फैलाने वाले स्रोतों के कारण जल पर्यावरण और जलीय पारिस्थितिक तंत्र पर पड़ने वाले प्रभावों की तदनुसार का अनुमान की जाती है।

**III. ऊष्मीय प्रदूषण**

एक्चुअरीज सहित जल निकायों पर थर्मल प्रदूषण के प्रभाव का आकलन किया जाना है, विशेष रूप से जलीय और समुद्री पारिस्थितिक तंत्र के लिए क्योंकि थर्मल प्रदूषण में क्षमता है:

i. पानी में घुलित ऑक्सीजन की मात्रा कम हो जाती है और इसलिए ऑक्सीजन-संवेदनशील प्रजातियां प्रभावित होती हैं
ii. तापमान में परिवर्तन के प्रति संवेदनशील जलीय जीवों को प्रभावित करना
iii. मछली के प्रजनन पैटर्न को बदलना
iv. कई जीवों के प्रजनन चक्र को बाधित करना
v. जलमग्न और साथ ही तैरने वाली वनस्पति पैटर्न और अन्य जीवों में परिवर्तन का कारण बनता है
vi. मछली के प्रवास का कारण बनता है; आदि।

ऊपर उल्लिखित प्रभावों के परिणामस्वरूप निवास स्थान में संशोधन होता है, और कुछ प्रजातियों की कमी या प्रवास के कारण प्रजातियों की संरचना में बदलाव होता है, जो एक विशेष खंड में जलीय जैव विविधता को प्रभावित करता है। थर्मल प्रदूषण का अनुमान करने का सबसे सरल तरीका बुनियादी गर्मी हस्तांतरण सिद्धांतों का उपयोग करना है। सीई थर्म जैसे मॉडल का उपयोग थर्मल डिस्चार्ज से जल निकायों में तापमान का अनुमान करने के लिए किया जा सकता है।

### IV. भूजल

भूजल की कमी के साथ-साथ प्रदूषण भी प्रमुख चिंता का कारण है क्योंकि भूजल कई स्थानों पर दोहन किया जाने वाला प्रमुख जल संसाधन है। अपशिष्ट जल और फैलाने वाले प्रदूषकों के लीचेट मृदा के क्षेत्र में चले जाते हैं और भूजल को दूषित करते हैं। डिफ्यूज़ स्रोतों का प्रबंधन करना मुश्किल है, जो सतह पर या नीचे हो सकते हैं, या कभी-कभी उन स्थानों पर जो परियोजना के अधिकार क्षेत्र से परे हैं। इसके अलावा, दूषित भूजल को फिर से व्यवस्थित करना मुश्किल है, मुख्य रूप से क्योंकि

क) प्रदूषण स्रोतों को अलग करने या समाप्त करने में आने वाली कठिनाइयों की संख्या
ख) संदूषण और उसके स्रोतों की शुरुआत और पता लगाने के बीच एक लंबा समय बीत जाता है
ग) सतह के पानी के विपरीत भूजल जलभृतों की आत्म-शुद्धि और आत्मसात क्षमता की कमी

इस प्रकार, भूजल संदूषण के संभावित स्रोतों की उचित पहचान आवश्यक है। भूजल में प्रदूषकों की सांद्रता के अनुमान के लिए, व्यक्तिगत प्रदूषणकारी स्रोतों के साथ-साथ जलभृतों के भीतर दूषित पदार्थों के परिवहन के लिए मॉडल उपलब्ध हैं (बियर और वेरुइज 1987)। हाइड्रोजियोलॉजिकल परिस्थिति (कैंटर 1996) के आधार पर किसी दिए गए क्षेत्र में भूजल संदूषण की क्षमता का मूल्यांकन करने के लिए एक जलभृत-भेद्यता मानचित्रण तकनीक, अर्थात् कठोर (भूजल की गहराई, पुनर्भरण दर, जलभृत मीडिया, मृदा मीडिया, स्थलाकृति, वाडोज क्षेत्र का प्रभाव, जलभृत की हाइड्रोलिक चालकता) का उपयोग किया जा सकता है। SWAT (मृदा, जल आकलन उपकरण) का उपयोग प्रदूषण के गैर-बिंदु स्रोतों के कारण प्रभाव का अनुमान करने के लिए किया जा सकता है, जिसमें विभिन्न मौसमों की हाइड्रोजियोलॉजिकल जानकारी की आवश्यकता होती है।

जब परियोजना और संबद्ध सुविधाओं की पानी की आवश्यकता को पूरा करने के लिए भूजल का दोहन करने का प्रस्ताव किया जाता है, तो भूजल की कमी पर प्रभाव एक प्रमुख चिंता का विषय बन जाता है और उपयोग के तहत आस-पास के कुओं के पुनर्भरण में परिवर्तन के साथ-साथ का अनुमान करना आवश्यक है। प्रत्येक कुएं की सुरक्षित उपज का अनुमान लगाया जाता है, यानी वह स्थिति जब एक कुआँ सूख नहीं जाता है और आस-पास के कुएं भी प्रतिकूल रूप से प्रभावित नहीं होते हैं ताकि यह सुनिश्चित हो सके कि पानी की निकासी के दौरान जल स्तर बनाए रखा जाए। भूजल संसाधनों पर प्रभाव आकलन जटिल और जटिल है, हालांकि भूजल की कमी के अनुमान के लिए कुछ मॉडलों का उपयोग किया जा सकता है। भूजल प्रभाव आकलन के लिए सबसे सरल दृष्टिकोण संशोधित डार्सी समीकरण का उपयोग है:

$$Q = 2\pi KD\,(h_2 - h_1)/\ln\,(r_2/r_1)$$

जहां

$Q$ = कुएं से प्रवाह दर, $m^3/s$

$K$ = हाइड्रोलिक चालकता, m/s

$D$ = जलभृत की गहराई, m

$h_1, h_2$ = बिंदु 1 और 2 पर जल स्तर, m

$r_1, r_2$ = पंप किए गए कुएं से दूरी, m

परियोजना से संबंधित गतिविधियों के कारण स्थानीय जल विज्ञान में होने वाले परिवर्तनों का अनुमान विशेष रूप से अवसंरचनात्मक परियोजनाओं के लिए की जानी चाहिए जहां जल निकासी पैटर्न में बदलाव की उम्मीद है। इस तरह के परिवर्तनों से कुछ क्षेत्रों में बाढ़ आ सकती है क्योंकि अतिरिक्त सतही जल प्रवाह होता है, और सतह के पानी के प्रवाह में कमी के कारण कुछ अन्य क्षेत्रों में कम भूजल पुनर्भरण होता है। यह स्थिति तब और अधिक स्पष्ट होती है जब रेलवे, राजमार्ग, पृथ्वी समर्थित फ्लाईओवर और सिंचाई नहरों जैसी रैखिक परियोजनाएं बीच में एक बाधा पैदा करके एक क्षेत्र को विभाजित करती हैं।

तटीय क्षेत्रों के पास भूजल निकासी के प्रभाव का आकलन यह सुनिश्चित करने के लिए महत्वपूर्ण है कि यह लवणता के प्रवेश का कारण नहीं बनता है, और इसके निर्वाह के लिए।

*यह माना जा सकता है कि मृदा, भूमि उपयोग/भूमि आवरण, स्थलीय और जलीय पारिस्थितिकी, और पर्यावरण के सामाजिक घटकों पर प्रभाव सामान्य रूप से जल पर्यावरण प्रभावों से बहुत निकटता से जुड़े हुए हैं, और विशेष रूप से जल निकासी पैटर्न में परिवर्तन के परिणामस्वरूप।*

### V. समुद्री जल

तटीय और समुद्री जल और मुहानों पर प्रभावों का अनुमान करना आवश्यक है, यह देखते हुए कि एक्चुअरी समुद्री जीवों के लिए स्पॉनिंग और नर्सरी ग्राउंड के रूप में काम करते हैं, और समुद्री पारिस्थितिकी तंत्र की उत्पादकता में अत्यंत महत्वपूर्ण भूमिका निभाते हैं। एक मुहाना के पास प्रस्तावित परियोजना से संबंधित गतिविधियों और/या समुद्री आउटफॉल के उपयोग से जुड़ी गतिविधियों की पहचान की जाती है और मुहाना में स्तरीकरण या परिसंचरण पर उनके प्रभाव का अनुमान लगाया जाता है। एक मुहाना में एक प्रदूषक का निवास समय, यानी एक मुहाना का फ्लशिंग समय, मुहाना के प्रकार, मुहाना की क्षमता और ज्वारीय चक्र और मिश्रण पैटर्न में इसके अंदर और बाहर बहने के आधारभूत डेटा से निर्धारित किया जाता है, और मुहाना में छोड़े गए अपशिष्ट जल की प्रवाह दर। एक मुहाना में एक प्रदूषक की सांद्रता को बड़े पैमाने पर द्रव्यमान अंतरण सिद्धांतों का उपयोग करके अनुमान किया जाता है। मुहाना में अपशिष्ट जल निर्वहन के प्रभाव का आकलन उपलब्ध मॉडलों का उपयोग करके किया जा सकता है।

यदि समुद्री जल को परियोजना से संबंधित गतिविधियों के लिए प्राप्त किया जाना है, तो समुद्री पारिस्थितिकी तंत्र पर पानी के सेवन के प्रभावों का भी आकलन किया जाता है।

### VI. जल संसाधन और प्रमुख अवसंरचनात्मक परियोजनाएं

वैश्विक अनुभव से पता चला है कि बड़े जलाशय, बांध और कुछ बुनियादी ढांचा परियोजनाएं कई प्रमुख पर्यावरणीय मुद्दों (ADB 1993) का सामना करती हैं, जिनका सावधानीपूर्वक आकलन करने की आवश्यकता है। विशिष्ट मुद्दों में जलमग्न क्षेत्र में आबादी का पुनर्वास, वाटरशेड का अतिक्रमण, ऐतिहासिक या सांस्कृतिक संसाधनों पर अतिक्रमण, वाटरशेड का क्षरण, नौवहन को रोकने के लिए गाद, भूजल जल विज्ञान, मूल्यवान मछली प्रजातियों का प्रवास, खनिज संसाधनों का जलप्लावन और जलमग्न क्षेत्रों की बाढ़ से उत्पन्न विशिष्ट समस्याएं आदि शामिल हैं।

### 6.6.3.4 ब्राउनफील्ड परियोजनाएं

ब्राउनफील्ड परियोजनाओं के लिए, संबंधित कार्यात्मक वृतिक

i. प्रस्तावित प्रभाव आकलन और शमन उपायों के लिए मौजूदा परियोजना (परियोजनाओं) की ईआईए रिपोर्ट का अध्ययन करें
ii. प्रस्तावित परियोजना के लिए एकत्र की गई आधारभूत जल पर्यावरणीय जानकारी का उपयोग करते हुए, उपयोग किए गए पूर्वानुमान मॉडल या सॉफ्टवेयर, किए गए अनुमानों और मान्यताओं की सत्यता और किए गए जल पर्यावरणीय प्रभाव आकलन की सटीकता और पूर्णता, और ऑपरेटिंग परियोजना के लिए नियोजित नियंत्रण और अन्य शमन उपायों के प्रदर्शन मूल्यांकन की जांच करें

iii. उपरोक्त i और ii पर टिप्पणियों का दस्तावेजीकरण करें, और नीचे iv के लिए इन पर विचार करें

iv. उपर्युक्त iii को ध्यान में रखते हुए ग्रीनफील्ड परियोजनाओं के लिए ऊपर वर्णित पद्धति का अनुसरण करते हुए प्रस्तावित परियोजना के लिए जल प्रभाव आकलन करना

#### 6.6.3.5 प्रभाव का महत्व

जल पर्यावरण प्रभावों का महत्व परियोजना सुविधा से निर्वहन किए जाने वाले प्रदूषक की अनुमानित सांद्रता की तुलना करके स्थापित किया जाता है

क) लागू विनियमों में निर्दिष्ट अनुमेय सांद्रता

ख) प्राप्त धारा में आधारभूत सांद्रता

ग) प्राप्त धारा की अनुमानित सांद्रता

घ) प्राप्त करने वाली धाराओं के लिए निर्दिष्ट अनुमेय सांद्रता, यदि कोई हो

वायु प्रभाव आकलन के तहत दिए गए चित्रों का उपयोग जल प्रभावों के महत्व को स्थापित करने के लिए भी किया जा सकता है। सामान्य तौर पर, अनुमानित प्रभावों की तीव्रता, और उनके प्रभावित हित और परिणाम, प्रभावों के महत्व को निर्धारित करते हैं। इसके अलावा, सार्वजनिक स्वास्थ्य, दुर्लभ और लुप्तप्राय प्रजातियों और आवासों, आर्द्रभूमि, जलीय और समुद्री पारिस्थितिक तंत्र, मृदा और सौंदर्यशास्त्र पर अनुमानित प्रभावों को महत्वपूर्ण माना जाता है। स्थानीय आबादी के प्रत्यक्ष अनुभव को ध्यान में रखते हुए, सार्वजनिक परामर्श से दोहन किए जाने वाले जल संसाधनों और स्थानीय जल विज्ञान पर आकलन किए गए प्रभावों के महत्व को स्थापित करने में मदद मिल सकती है। जल संसाधनों के साथ-साथ पानी की गुणवत्ता पर आकलन किए गए प्रभावों को महत्व देने के लिए वृतिक निर्णय का प्रयोग करना पड़ सकता है।

जल संसाधनों, सतह और भूजल दोनों पर अवशिष्ट प्रभावों को क्रमशः धारा प्रवाह में प्रगतिशील कमी और जल स्तर की बहाली के लिए आवश्यक पुनःपूर्ति समय के आधार पर रैंक किया जा सकता है। सतही जल पर अवशिष्ट जल गुणवत्ता प्रभावों को प्राप्त जल निकाय में संबंधित जल गुणवत्ता संबंधी पैरामीटर की अनुमानित सांद्रता में प्रगतिशील वृद्धि के आधार पर रैंक किया जा सकता है, और लागू विनियमों में निर्दिष्ट अनुमेय सांद्रता के प्रतिशत के रूप में निर्वहन धारा में संबंधित जल गुणवत्ता पैरामीटर की अनुमानित सांद्रता पर भी रैंक किया जा सकता है।

#### 6.6.3.6 शमन उपाय

परियोजना के प्रकार और आकार, परियोजना स्थान की पर्यावरणीय परिस्थिति और आकलन या मूल्यांकन किए गए महत्वपूर्ण प्रभावों के आधार पर, परियोजना के विभिन्न जीवनचक्र चरणों में जल पर्यावरण प्रभावों के लिए निम्नलिखित जैसे विशिष्ट शमन उपायों का सुझाव दिया जा सकता है:

i. प्रभावी उपचार के लिए अपशिष्ट जल धाराओं का पृथक्करण

ii. केन्द्रीकृत और/अथवा विकेन्द्रीकृत उपचार के लिए उपयुक्त अपशिष्ट जल शोधन स्कीमें, लागू विनियमों (MOEF 1975, 1988) में विनिदष्ट मानकों का अनुपालन सुनिश्चित करना
iii. प्रभावी अपशिष्ट जल उपचार के लिए कुछ अपशिष्ट जल धाराओं से कतिपय प्रदूषकों की वसूली या उन्हें हटाना।
iv. विभिन्न जल गुणवत्ता मापदंडों (CPCB 2008) की आवश्यकता वाले जल के निर्दिष्ट सर्वोत्तम उपयोगों पर विचार करते हुए विशिष्ट उपयोगों के लिए उपचारित अपशिष्ट जल का पुनर्चक्रण और पुन: उपयोग, **तालिका 6.3** में प्रदर्शित किया गया है।

**तालिका 6.3 सतह का उपयोग-आधारित वर्गीकरण**

| भारत में पानी | | |
|---|---|---|
| **भिहित सर्वर्क्षेष्ठ उपयोग** | **कक्षा** | **श्रेणी** |
| पारंपरिक उपचार के पूर्व कीटाणुशोधन के उपरांत पीने के पानी का स्रोत | A | 1. कुल कोलीफॉर्म जीव (MPN/100 ml) <50<br>2. पीएच 6.5 और 8.5 के बीच<br>3. घुलित ऑक्सीजन ≥ 6 mg/L<br>4. BOD (5 दिन 20°C) <2 mg/L |
| बाहरी स्नान (संगठित) | B | 1. कुल कोलीफॉर्म जीव (MPN/100 ml) <500<br>2. pH 6.5 और 8.5 के बीच<br>3. घुलित ऑक्सीजन ≥ 5 mg/L<br>4. BOD (5 दिन 20°C) <3 mg/L |
| पारंपरिक उपचार और कीटाणुशोधन के उपरांत पीने के पानी का स्रोत | C | 1. कुल कोलीफॉर्म जीव (MPN/100 ml) <5000<br>2. pH < 6 से 9<br>3. घुलित ऑक्सीजन ≥ 4 mg/L<br>4. BOD (5 days 20°C) <3 mg/L |
| वन्य जीवन और मत्स्य पालन का प्रजनन करना | D | 1. pH 6.5 से 8.5 के बीच<br>2. घुलित ऑक्सीजन ≥4 mg/L<br>3. अमोनिया मुक्त (N के रूप में) <1.2 mg/L |
| सिंचाई, औद्योगिक शीतलन, नियंत्रित अपशिष्ट निपटान | E | 1. pH 6.0 से 8.5 के बीच<br>2. विद्युत चालकता (25°C पर) 2250 μ mhos/cm (अधिकतम)<br>3. सोडियम अवशोषण अनुपात 26 (अधिकतम)<br>4. बोरान 2 mg/L (अधिकतम) |

**स्रोत:** *"जल गुणवत्ता प्रबंधन के लिए दिशानिर्देश" 2008*

v. समय पर सुधारात्मक उपाय करने के लिए प्रभावी उपचार और वास्तविक समय की निगरानी सुनिश्चित करने के लिए अपशिष्ट जल उपचार सुविधा में उपकरण और प्रक्रिया नियंत्रण

vi. अपर्याप्त रूप से उपचारित अपशिष्ट जल को अपशिष्ट जल उपचार सुविधा की वांछित इकाई में वापस रीसायकल करने के प्रावधान के साथ पर्याप्त आकार का गार्ड तालाब

vii. तलछट परिवहन को रोकने के लिए विशिष्ट उपाय, विशेष रूप से परियोजना जीवनचक्र के निर्माण चरण में

viii. लीचेट नियंत्रण के उपाय

ix. खतरनाक अपशिष्ट सुरक्षित लैंडफिल सुविधा, या अन्य कचरे के भंडारण और लैंडफिल से लीचेट संग्रह, और अपशिष्ट जल उपचार सुविधा तक परिवहन

x. उपचारित अपशिष्ट जल का निपटान, उदाहरण के लिए डिफ्यूज़र के माध्यम से समुद्र में गहराई से निर्वहन करना ताकि निर्वहन बिंदु पर उच्च सांद्रता से बचने के लिए पर्याप्त मिश्रण सुनिश्चित किया जा सके

xi. अपवाह जल प्रवाह प्रबंधन

xii. मौजूदा जल निकासी पैटर्न को बनाए रखने के लिए निर्बाध जल प्रवाह के लिए पुलिया और ह्यूम पाइप प्रदान करना, विशेष रूप से रैखिक अवसंरचनात्मक परियोजनाओं के मामले में

xiii. सर्वोत्तम प्रबंधन प्रथाओं (बीएमपी) का उपयोग करके प्रदूषण के फैलाव स्रोतों को कम करना

xiv. जल प्रदूषण की रोकथाम के लिए चल रहे उपाय

xv. पानी के उपयोग के साथ-साथ अपशिष्ट जल उत्पादन को कम करना

xvi. वैकल्पिक स्थायी जल संसाधनों का विकास

xvii. प्रमुख जल संसाधनों और अवसंरचनात्मक परियोजनाओं के लिए ऊपर लाए गए पर्यावरणीय मुद्दों के लिए उपयुक्त विशिष्ट शमन उपाय

#### 6.6.3.7 जल पर्यावरणीय प्रभाव आकलन का आउटपुट

जल प्रभाव आकलन के आउटपुट में आम तौर पर निम्नलिखित शामिल होते हैं:

i. जल संतुलन आरेख सभी धाराओं की प्रवाह दरों, अर्थात् जल उपयोगकर्ताओं, वाष्पीकरण, रिसाव, और जल आपूर्ति नेटवर्क में अन्य नुकसान, और प्रक्रियाओं और गतिविधियों सहित विभिन्न स्रोतों से अपशिष्ट जल उत्पादन को दर्शाता है।

ii. विभिन्न स्रोतों से उत्पन्न अपशिष्ट जल की विशेषताएं यदि इन्हें अलग-अलग उपचारित करने का प्रस्ताव है, और/या केंद्रीय उपचार सुविधा को भेजे गए मिश्रित अपशिष्ट जल की

iii. आधार मानचित्रों पर निगरानी किए गए स्थानों पर जल गुणवत्ता मापदंडों के आधारभूत मूल्यों का मानचित्रण उन स्थानों पर संबंधित अनुमानित मूल्यों के साथ।

iv. लागू विनियमों में विनिर्दिष्ट अनुमेय स्तरों तक अपशिष्ट जल के विभिन्न घटकों की सांद्रता को कम करने के लिए अपशिष्ट जल उपचार योजना का सुझाव दिया गया (उल्लेख किया जाना है)

v. प्रदूषण के फैलाने वाले स्रोतों की पहचान की, प्रसार प्रदूषकों को प्राप्त करने वाले सतह के पानी में पानी की गुणवत्ता के स्थानिक वितरण का पूर्वानुमान, और प्रदूषण की रोकथाम और कमी के लिए विशिष्ट उपाय
vi. उपचारित अपशिष्ट जल प्राप्त करने वाले सतही जल में जल की गुणवत्ता के अनुमानित स्थानिक वितरण का अनुमान
vii. प्रत्येक स्रोत के लिए विशिष्ट अपशिष्ट जल उत्पादन की रोकथाम और कमी के लिए सुझाए गए उपाय-संचालन और गतिविधि
viii. पहचाने गए उपयोगों के लिए उपचारित अपशिष्ट जल के पुनर्चक्रण और पुन: उपयोग के लिए विशिष्ट उपाय सुझाए
ix. जल प्रदूषण भार को सामान्य परिचालन स्थितियों के तहत पर्यावरण में छोड़ा जाना चाहिए, जैसे कि प्रत्येक जल प्रदूषक के लिए kg/d

### *6.6.4 भूमि (भूमि और मृदा, भूमि उपयोग/भूमि आवरण, भू-दृश्य और दृश्य) प्रभाव आकलन और शमन उपाय*

एक परियोजना विभिन्न उद्देश्यों के लिए भूमि के एक टुकड़े का उपयोग करती है, जिसमें निम्नलिखित शामिल हो सकते हैं:

क) विभिन्न प्रयोजनों के लिए भवनों का निर्माण
ख) संरचनाएं और अन्य भौतिक अवसंरचनात्मक सुविधाएं
ग) परिचालन सुविधाएं
घ) सामाजिक अवसंरचनात्मक सुविधाएं
ङ) कच्चे माल और ईंधन का भंडारण
च) पानी और अपशिष्ट जल का भंडारण और उपचार
छ) खतरनाक और अन्य ठोस कचरे का भंडारण और उपचार
ज) खुले उपयोग, फुटपाथ
झ) वृक्षारोपण, लॉन; आदि।

इन परियोजना से संबंधित गतिविधियों में भूमि पर्यावरण पर प्रभाव डालने की क्षमता है, जिसमें परिवर्तन शामिल हो सकते हैं

क. भूमि और मृदा की विशेषताएं
ख. भूमि उपयोग/भूमि आवरण
ग. परिदृश्य और दृश्य पर्यावरण की विशेषताएं
घ. जल निकासी पैटर्न

### 6.6.4.1 भूमि प्रभाव पैदा करने वाली गतिविधियों की पहचान

भूमि पर्यावरण पर संभावित प्रभाव पैदा करने वाली गतिविधियों की पहचान करने की आवश्यकता है। परियोजना के आकार और प्रकार के आधार पर, गतिविधियों में शामिल हो सकते हैं:

i. परियोजना स्थल तक आस-पास या यहां तक कि दूर के स्थानों से रेत, बजरी और मृदा जैसी निर्माण सामग्री की खुदाई, हैंडलिंग, भंडारण और परिवहन
ii. खुदाई, समतलीकरण, हैंडलिंग, भंडारण और पृथ्वी का निपटान
iii. परियोजना से संबंधित सुविधाओं का निर्माण
iv. आवास और अन्य सामाजिक अवसंरचनात्मक सुविधाओं का निर्माण
v. जल संसाधनों से पानी प्राप्त करने के लिए नहरों, चैनलों या पाइपलाइनों का निर्माण, और परियोजना स्थल पर पानी का भंडारण
vi. परिवहन और भंडारण सहित दूर के स्थानों से फीडस्टॉक, ईंधन और अन्य इनपुट की सोर्सिंग के लिए रसद से संबंधित बुनियादी ढांचा
vii. दूर के स्थानों पर उत्पादों को निकालने के लिए रसद से संबंधित बुनियादी ढांचे, जिसमें परिवहन और भंडारण शामिल है
viii. अनुमोदित सुविधाओं के लिए उपचारित अपशिष्ट जल, और खतरनाक और अन्य ठोस कचरे का परिवहन और निपटान
ix. पदार्थों की हैंडलिंग, परिवहन और भंडारण, जो स्पिलेज और लीचिंग और आकस्मिक रिसाव का कारण बन सकता है; आदि।

उपर्युक्त के आधार पर, किए गए अनुमानों का दस्तावेजीकरण करते समय भूमि, मृदा और भूमि उपयोग/भूमि आवरण पर संभावित परिवर्तनों और इसलिए प्रभावों का अनुमान लगाया जा सकता है।

प्रेरित प्रभाव

निकट भविष्य में परियोजना स्थान के आसपास के क्षेत्र में होने वाले प्रेरित विकास के प्रभावों का आकलन करने के लिए, निम्नलिखित जानकारी की पूरी तरह से जांच की जाती है:

i. उपलब्ध संसाधन
ii. पिछले विकास पैटर्न
iii. विकास योजनाएं
iv. परियोजना द्वारा उत्पन्न किए जाने वाले विकास संबंधी अवसर
v. विकास जो आसपास के क्षेत्रों में समान भू-राजनीतिक स्थिति और सामाजिक-आर्थिक आधार आदि के साथ हुए हैं।

यह देखते हुए कि प्रभाव आकलन में बहुत अधिक व्यक्तिपरकता शामिल है, सरल तर्क और सामान्य ज्ञान का उपयोग आम तौर पर किया जाता है, एक पूर्ण समझ के साथ कि

i. भूमि परिमित है
ii. भूमि के कई वैकल्पिक और प्रतिस्पर्धी उपयोग हैं
iii. मृदा उत्पादक है
iv. मृदा और भूवैज्ञानिक प्रणालियों को लाखों वर्षों में विकसित किया जाता है और ये परियोजना से संबंधित गतिविधियों से प्रतिकूल रूप से प्रभावित हो सकते हैं

### 6.6.4.2 भूमि और मृदा से संबंधित प्रभाव

परियोजना से संबंधित गतिविधियाँ, मुख्य रूप से एक परियोजना के निर्माण चरण में, हमेशा निम्नलिखित से संबंधित मृदा की विशेषताओं (कैंटर 1996) में परिवर्तन का कारण बनती हैं:

i. खुदाई के कारण मृदा भौतिकी (मृदा की संरचना), बारहमासी वनस्पति को हटाना, और संघनन
ii. रासायनिक असंतुलन, विषाक्तता, लवणता, और पोषक तत्वों के अति-निष्कासन के कारण मृदा रसायन विज्ञान (मृदा के घटक)
iii. बढ़ी हुई विषाक्तता के कारण मृदा के जीव, और सूक्ष्म जीवों की कमी
iv. त्वरित क्षरण और पोषक तत्वों के अति प्रयोग के कारण समय (परिवर्तन की दर)

**प्रभाव की पहचान**

भूमि और मृदा पर पड़ने वाले प्रभावों में निम्न शामिल हो सकते हैं:

क) विभिन्न प्रयोजनों के लिए उपयोग की जा रही प्राकृतिक भूमि
ख) उत्खनित उप-मृदा के साथ ऊपरी मृदा का संदूषण और अन्य सामग्रियों का भंडारण
ग) मृदा का क्षरण और तलछट को जलमार्गों में ले जाया जा रहा है
घ) भूमि का संदूषण
ङ) मृदा संघनन के कारण मृदा या भूमि की उत्पादकता या उर्वरता में गिरावट, और मृदा संदूषण
च) खुदाई के कारण मृदा या ऊपरी मृदा का नुकसान
छ) मृदा की नमी के स्तर में परिवर्तन
ज) अम्लीय वर्षा के कारण मृदा की अम्लता में वृद्धि
झ) भूमि का जलभराव हो जाना
ञ) तटवर्ती तेल और गैस निष्कर्षण, भूमिगत खनन, और भूजल की अत्यधिक निकासी जैसी गतिविधियों से भूमि धंसना।

### मृदा के नुकसान का अनुमान

सार्वभौमिक मृदा हानि समीकरण (यूएसएलई), वर्षा और परिदृश्य की बुनियादी विशेषताओं के साथ मृदा के क्षरण को सहसंबंधित करता है, आमतौर पर मृदा के नुकसान की गणना के लिए उपयोग किया जाता है। वेस्टमैन (1985) ने मृदा के नुकसान के समीकरण की प्रस्तुति में कई शोधकर्ताओं के काम को संक्षेप में प्रस्तुत किया, जो झील जैसे जल निकाय में तलछट इनपुट की गणना करने में उपयोगी है, और/या एक बहती धारा की विशिष्ट पहुँच। यूएसएलई का सबसे सरल प्रतिनिधित्व नीचे दिया गया है:

A = R K (L/S) C P

जहां

A = वार्षिक औसत मृदा हानि, $g/m^2$/वर्ष

R = वार्षिक वर्षा कारक K = मृदा अपरदनशीलता, $g/m^2$

L/S = लंबाई से खड़ी ता कारक

C = भूमि आवरण (वानस्पतिक और प्रबंधन) कारक, जो एक अच्छी तरह से प्रबंधित वुडलैंड के लिए .001 से लेकर बिना कवर

P = कटाव नियंत्रण या प्रबंधन अभ्यास कारक के लिए 1.0 तक होता है, जो प्रभावी कंटूरिंग के लिए .001 से होता है। कटाव नियंत्रण की अनुपस्थिति के लिए 1.0 तक जुताई वाली भूमि के लिए टेरेसिंग, और अन्य कटाव नियंत्रण

मृदा पर प्रमुख प्रभाव आम तौर पर एक परियोजना के निर्माण चरण में होते हैं। मृदा पर पड़ने वाले प्रभाव, खुदाई की जाने वाली पृथ्वी की मात्रा, हटाई जाने वाली ऊपरी मृदा, सड़कों के उन्नयन के लिए खुदाई किए जाने वाले कचरे वाले डामर, उत्पन्न होने वाले निर्माण मलबे आदि। परियोजना की निर्माण आवश्यकताओं और नियोजित किए जाने वाले निर्माण प्रथाओं के आधार पर अनुमान लगाने की आवश्यकता है।

### प्रभाव का महत्व

भूमि पर पड़ने वाले प्रभावों का महत्व निम्नलिखित कारकों के आधार पर स्थापित किया जा सकता है:

i. परियोजना और संबद्ध गतिविधियों के लिए उपयोग की जाने वाली प्रस्तावित उत्पादक भूमि की सीमा
ii. प्रेरित विकास की सीमा प्रत्याशित
iii. मृदा अपरदन या निक्षेपण की सीमा का अनुमान
iv. भू-भाग और/या भू-भाग की उत्पादकता में कमी की सीमा के बेकार होने का अनुमान की गई है
v. स्थल पर और परिवहन के दौरान फैलाव से प्रत्याशित मृदा संदूषण
vi. लवणता के प्रवेश की क्षमता

सार्वजनिक परामर्श और वृतिक निर्णय स्थापित महत्व की पुष्टि करने में मदद कर सकते हैं।

#### 6.6.4.3 भूमि उपयोग/भूमि आवरण

अध्ययन क्षेत्र में भूमि उपयोग/भूमि आवरण पर पड़ने वाले प्रभावों का अनुमान लगाया जा सकता है या एक-दूसरे पर निम्नलिखित विषयगत मानचित्रों को हटाकर अनुमान किया जा सकता है:

i. कोर जोन और बफर जोन की नवीनतम उपग्रह छवियों से तैयार किए गए भूमि उपयोग/भूमि आवरण मानचित्र।
ii. सर्वेक्षण मानचित्र और विकास योजनाओं, Google Earth मानचित्र, और स्थानीय भूमि आवरण में अधिसूचित परिवर्तनों वाले नवीनतम रिकॉर्ड जैसे अद्यतन राजस्व रिकॉर्ड के आधार पर वर्तमान भूमि उपयोग के नक्शे तैयार किए गए हैं।
iii. कोर जोन में प्रस्तावित परियोजना से संबंधित सुविधाओं के खाका मानचित्र, और बफर जोन में प्रत्याशित अवसंरचनात्मक सुविधाएं और प्रेरित विकास।
iv. वर्तमान जल निकासी पैटर्न के नक्शे और प्रस्तावित परियोजना स्थल विकास, निर्माण और अवसंरचनात्मक विकास के कारण स्थानीय स्थलाकृति में परिवर्तन से गुजरने का अनुमान है।

भूमि उपयोग/भूमि आवरण में परिवर्तन से निम्नानुसार प्रभाव पड़ सकते हैं:

क. मृदा के संघनन के कारण बढ़ी हुई सतह अपवाह से बाढ़, और मृदा में पानी के अंतःस्त्रवण में कमी, और भूमि उपयोग में परिवर्तन
ख. प्राकृतिक जल निकासी पैटर्न में व्यवधान जिससे मृदा की नमी के स्तर में परिवर्तन होता है और जलभृतों का पुनर्भरण होता है

प्रभाव का महत्व जल निकासी पैटर्न आदि में अनुमानित परिवर्तनों पर निर्भर करेगा।

#### 6.6.4.4 परिदृश्य और दृश्य प्रभाव

यह देखते हुए कि परिदृश्य एक संसाधन है, परिदृश्य पर प्रभाव का आकलन करने की आवश्यकता है। परिदृश्य पर प्रभाव आम तौर पर इस बात पर निर्भर करता है कि प्रस्तावित निर्मित पर्यावरण अध्ययन क्षेत्र की विशेषताओं के साथ कितने प्रभावी ढंग से एकीकृत है जैसे

i. भूमि प्रपत्र
ii. चट्टान के रूप
iii. पानी के रूप जैसे कि झील
iv. धाराएँ
v. नदी के किनारे और समुद्र तट
vi. वनस्पति, आदि।

परिदृश्य के मूल्यांकन के लिए उपयोग किए जाने वाले मानदंडों में आम तौर पर शामिल हैं:

i. मनभावन पैटर्न और महत्वपूर्ण सौंदर्य कारकों पर आधारित प्राकृतिक गुणवत्ता
ii. एक अप्रभावित चरित्र
iii. विशिष्ट और साथ ही सामान्य पात्रों के आधार पर जगह की भावना
iv. दृष्टिकोण और परिदृश्य में परिवर्तन
v. ऐतिहासिक, पुरातात्विक, वास्तुकला, सांस्कृतिक और धार्मिक विशेषताओं के आधार पर संरक्षण हित

सौंदर्यशास्त्र और दृश्य प्रभाव आकलन पूरी सराहना के साथ किया जाता है कि सौंदर्यशास्त्र और दृश्य गुणवत्ता पर कोई सार्वभौमिक रूप से स्वीकृत परिभाषा या मानदंड नहीं हैं। परिदृश्य और दृश्य प्रभाव आकलन अनिवार्य रूप से इनके द्वारा नियंत्रित होते हैं:

क. परियोजना स्थान और उसके स्थानीय परिदृश्य के चरित्र पर संभावित प्रभाव
ख. प्रस्तावित विकास को समायोजित करने के लिए परिदृश्य की क्षमता और इसके बाद होने वाले परिवर्तनों का पालन करने की संभावना
ग. परियोजना स्थान में और उसके आसपास के लोगों और संपत्तियों पर विकास के विशिष्ट प्रभाव

**प्रभाव का महत्व**

निष्पक्ष रूप से महत्व को मापने के लिए मानदंडों के एक मानक सेट की अनुपस्थिति में, महत्व की डिग्री प्रभावित परिदृश्य के चरित्र, गुणवत्ता या मूल्य जैसे बुनियादी तत्वों से प्रभावित हो सकती है, और परियोजना के प्रत्येक जीवनचक्र चरण में प्रस्तावित गतिविधियों के परिणामस्वरूप उत्पन्न होने वाले परिवर्तन। उदाहरण के लिए

क) औद्योगिक, अवसंरचनात्मक और अचल संपत्ति परियोजनाओं में निर्माण अवधि में खुदाई और नई संरचनाओं की स्थापना शामिल है, जिसका मौजूदा परिदृश्य पर स्थायी प्रभाव पड़ेगा
ख) खनन और ठोस अपशिष्ट निपटान परियोजनाएं अपने संचालन अवधि के दौरान मौजूदा परिदृश्य को प्रभावित करेंगी, और उसके बाद एक नया परिदृश्य विकसित किया जा सकता है।
ग) राजमार्गों, क्रॉस-कंट्री पाइपलाइनों, और जल संसाधन परियोजनाओं का निर्माण अवधि के दौरान मौजूदा परिदृश्य पर प्रमुख प्रभाव पड़ेगा, और उसके बाद एक नया परिदृश्य उभरेगा।

प्रचलित परिदृश्य या तो एक अद्वितीय परिदृश्य हो सकता है, जो अनिवार्य रूप से एक गैर-नवीकरणीय परिदृश्य संसाधन है जिसमें परियोजना से संबंधित गतिविधियों से प्रतिकूल और अपरिवर्तनीय रूप से प्रभावित होने की क्षमता है, या एक सामान्य परिदृश्य, जो परिवर्तन से गुजरेगा लेकिन संशोधनों के साथ या बिना फिर से विकसित किया जा सकता है। किसी स्थान के महत्व पर पहुंचने और सौंदर्यशास्त्र, परिदृश्य और दृश्य दृष्टिकोण से इसके महत्व को स्थापित करने पर आम सहमति का निर्माण आमतौर

पर जनता के साथ-साथ वृतिकों को शामिल करके किया जाता है। अवशिष्ट प्रभाव, यदि कोई हो, के आधार पर रैंक किया जा सकता है, उदाहरण के लिए बदले गए दृष्टिकोणों का प्रतिशत, परिदृश्य में परिवर्तन की सीमा, आदि।

#### 6.6.4.5 ब्राउनफील्ड परियोजनाएं

ब्राउनफील्ड परियोजनाओं के लिए, संबंधित कार्यात्मक वृतिक

i. प्रस्तावित भूमि प्रभाव आकलन और न्यूनीकरण उपायों के लिए प्रचालन परियोजनाओं की ईआईए रिपोर्ट (ओं) का अध्ययन करें
ii. प्रस्तावित परियोजना के लिए एकत्र की गई आधारभूत भूमि पर्यावरणीय जानकारी का उपयोग करते हुए, उपयोग किए गए पूर्वानुमान मॉडल या सॉफ्टवेयर, किए गए अनुमानों और मान्यताओं की सत्यता और भूमि ईआईए की सटीकता और पूर्णता और संचालन परियोजना के लिए नियोजित शमन उपायों के प्रदर्शन मूल्यांकन की जांच करें।
iii. ऊपर दिए गए i और ii पर टिप्पणियों का दस्तावेजीकरण करें, और नीचे iv के लिए इन पर विचार करें।
iv. उपर्युक्त को ध्यान में रखते हुए ग्रीनफील्ड परियोजनाओं के लिए ऊपर वर्णित पद्धति का पालन करते हुए प्रस्तावित परियोजना के लिए भूमि प्रभाव आकलन करना

#### 6.6.4.6 अपशिष्ट प्रबंधन

परियोजना से संबंधित गतिविधियों से उत्पन्न अपशिष्ट, मुख्य रूप से परियोजना के संचालन जीवनचक्र चरण में, चाहे तरल, ठोस, या घोल रूप में खतरनाक या गैर-खतरनाक, उपयुक्त उपचार और निपटान के लिए पहचान और मात्रा निर्धारित करने की आवश्यकता है। ऐसे कचरे में आमतौर पर निम्नलिखित शामिल हो सकते हैं:

i. तरल अपशिष्ट जैसे
   क. प्रक्रिया अवशेष
   ख. उपयोग किए गए या दूषित औद्योगिक तेल, स्नेहक, एसिड और सॉल्वैंट्स
   ग. ऑफ-विनिर्देश और समाप्त उत्पाद
   घ. भस्म और गैर-भस्म पदार्थ, आदि।
ii. ठोस अपशिष्ट जैसे
   क. खुदाई की गई मृदा, चट्टानों, कंक्रीट, डामर, आदि सहित निर्माण मलबे और विध्वंस अपशिष्ट।
   ख. निर्माण अपशिष्ट जैसे धातु स्क्रैप, वेल्डिंग रॉड, कार्यशाला से अपशिष्ट, आदि।
   ग. दहनशील और गैर-दहनशील पदार्थ
   घ. पैकेजिंग सामग्री जैसे बैग, बक्से, बैरल, आदि।

ङ. अतिरिक्त निर्माण और निर्माण सामग्री जैसे रेत, समुच्चय, ईंट, लकड़ी, स्टील, पेंट, आदि।

च. घरेलू अपशिष्ट

छ. खतरनाक अपशिष्ट

ज. बिजली और इलेक्ट्रॉनिक्स अपशिष्ट

झ. उपयोग किए गए कंटेनर और उपकरण

ञ. खाद्य, सौंदर्य प्रसाधन और दवा उद्योग से ऑफ-विनिर्देश और समाप्त उत्पाद

ट. खनन से अतिभार और जुर्माना

ठ. धातुकर्म उद्योग से स्लैग

ड. थर्मल पावर प्रोजेक्ट्स से फ्लाई ऐश और बॉटम राख

ढ. पेट्रोलियम रिफाइनिंग से उत्प्रेरक और अधिशोषक, रासायनिक, और पेट्रोकेमिकल उद्योग

ण. कपड़ा उद्योग से धागा, कपड़े, रंजक और पिगमेंट सिरेमिक और ग्लास उद्योग से क्रूसिबल, विट्रस और निष्क्रिय कचरे का उपयोग किया जाता है

त. विविध स्रोतों से अपशिष्ट

iii. कीचड़ की तरह

क. प्रक्रिया अवशेष

ख. रासायनिक उद्योग से दूषित लौह ऑक्साइड और कैल्शियम लवण

ग. तेल अन्वेषण अपशिष्ट

घ. जल उपचार और अपशिष्ट जल उपचार से प्राथमिक और द्वितीयक कीचड़; आदि।

अकार्बनिक अपशिष्टों को चिन्हित निचले इलाकों में निपटाया जा सकता है, लेकिन जैविक और जहरीले कचरे को पूर्व-उपचारित करने और अनुमोदित सुरक्षित लैंडफिल सुविधाओं में निपटान करने और/या भस्म करने की आवश्यकता होती है।

#### 6.6.4.7 भूमि पर्यावरण के लिए शमन उपाय

परियोजना की अवस्थिति, परियोजना के प्रकार और आकार तथा परिकल्पित महत्वपूर्ण प्रभावों के आधार पर परियोजना के प्रत्येक जीवनचक्र चरण के लिए भूमि और मृदा, भूमि उपयोग/भूमि आवरण और परिदृश्य के लिए विशिष्ट शमन उपाय प्रस्तावित किए गए हैं। कुछ विशिष्ट शमन उपायों को निम्नानुसार चित्रित किया गया है:

i. भूमि को अधिक गहन उपयोगों में बदलने से बचना

ii. अपरिहार्य हानियों की क्षतिपूत करना।

iii. सामग्री के भंडारण, निर्माण क्षेत्र के अलगाव और मृदा, निर्माण मलबे और उपयोग किए गए डामर जैसी उत्खनित या विध्वंस सामग्री के उपयुक्त निपटान सहित निर्माण के लिए सर्वोत्तम इंजीनियरिंग और पर्यावरणीय प्रथाओं (BEEP) को अपनाना।

iv. कच्चे माल, ईंधन और कचरे की हैंडलिंग और भंडारण के लिए सर्वोत्तम इंजीनियरिंग प्रथाओं और मानक संचालन प्रक्रियाओं को अपनाना ताकि स्पिल को कम किया जा सके
v. अच्छा हाउसकीपिंग; आदि।

**मृदा**

vi. हटाए गए ऊपरी मृदा को सावधानीपूर्वक हटाने, संरक्षण और बाद में उपयोग
vii. मृदा के कटाव और तलछट परिवहन के लिए विशिष्ट नियंत्रण उपाय, मुख्य रूप से परियोजना जीवनचक्र के निर्माण चरण में।
viii. तेजी से बढ़ती घास और वनस्पति कवर का रोपण
ix. खुली सतहों का फुटपाथ
x. दूषित मृदा का उपचार, आदि।

**भूमि उपयोग/भूमि आवरण**

xi. परियोजना स्थान का चयन इस तरह से किया जाए कि जहां तक संभव हो कृषि भूमि को अन्य उद्देश्यों में व्यापक रूपांतरण से बचा जा सके या कम से कम किया जा सके।
xii. चयनित परियोजना स्थल पर वैकल्पिक परियोजना डिजाइनों पर विचार करना
xiii. अचानक बाढ़, और तलछट परिवहन, और निर्बाध भूजल पुनर्भरण सुनिश्चित करना जैसा कि पहले मौजूद था; आदि।

**परिदृश्य**

xiv. परिदृश्य पहलुओं की पहचान, और परियोजना के शुरुआती चरणों से ही परिदृश्य को परियोजना संरचना के अभिन्न अंग के रूप में मानना
xv. निर्माण के दौरान बाड़ लगाने, बाधाओं और दीवारों जैसे अलगाव उपाय प्रदान करना, बड़ी संरचनाओं के लिए उपयुक्त रंगों का चयन करना, उपयुक्त वृक्षारोपण आदि। प्रतिकूल प्रभावों को कम करने या नियंत्रित करने के लिए, चाहे वह अस्थायी हो या स्थायी
xvi. नए परिदृश्यों का निर्माण या तो ऑन-या ऑफ-साइट, आदि।

**अपशिष्ट प्रबंधन**

xvii. कचरे का पृथक्करण और संसाधन के रूप में कचरे के उपयोग की खोज
xviii. थर्मल उपचार-भस्मीकरण, गैसीकरण या प्लाज्मा-सहायता प्राप्त पायरोलिसिस, और/या जैविक उपचार जैसी उपयुक्त पूर्व-उपचार तकनीकों पर विचार करके लैंडफिल में निपटाए जाने वाले कचरे की मात्रा में कमी - बायोगैस उत्पादन के साथ एनारोबिक
xix. उपयुक्त लाइनरों, गैस वेंटिंग सिस्टम और बंद होने पर शीर्ष कवर के साथ सुरक्षित लैंडफिल साइटें, इसके बाद भूनिर्माण

xx. विशिष्ट अपशिष्ट न्यूनीकरण उपाय और अपशिष्ट प्रबंधन के लिए सर्वोत्तम प्रथाओं को अपनाना, आदि।

यह माना जा सकता है कि मृदा, भूमि उपयोग/भूमि आवरण, और परिदृश्य पर प्रभाव अक्सर पानी, पारिस्थितिक और सामाजिक-आर्थिक वातावरण के साथ एक मजबूत संबंध होता है। इसके बाद, संबंधित पर्यावरणीय घटकों में शमन उपायों पर विचार किए जाने की आवश्यकता है।

### 6.6.4.8 मृदा और भूमि पर्यावरणीय प्रभाव आकलन का उत्पादन

मृदा और भूमि ईआईए के उत्पादन में आम तौर पर शामिल हैं:

क) मृदा की विशेषताओं के साथ आधार मानचित्र पर मृदा की गुणवत्ता निगरानी स्थानों का मानचित्रण

ख) ऊपरी मृदा हटाने, संरक्षण और उपयोग

ग) मृदा अपरदन को न्यूनतम करने के लिए विशिष्ट शमन उपाय

घ) अनुत्पादक, लवणीय, अवक्रमित आदि मृदा सहित भूमि और मृदा पर्यावरण पर अनुमानित प्रभाव

ङ) कोर जोन में विभिन्न गतिविधियों/प्रयोजनों के लिए प्रस्तावित भूमि उपयोग

च) बेस मैप्स पर स्थानों का मानचित्रण जहां रिमोट सेंसिंग से व्याख्या की गई जानकारी को सत्यापित करने के लिए जमीनी सत्यापन किया गया था

छ) कोर जोन और बफर जोन के लिए अलग-अलग भूमि उपयोग/भूमि आवरण मानचित्र, जल निकासी पैटर्न जैसे अनुमानित परिवर्तन दिखाते हैं

ज) एलसी, और जल निकासी पैटर्न पर प्रभाव

झ) अद्वितीय और सामान्य परिदृश्य का विवरण

ञ) परिदृश्य पर अनुमानित अपरिवर्तनीय और प्रतिवर्ती प्रभाव

ट) भूमि और मृदा, एलयू/एलसी, और परिदृश्य, और प्रचलित जल निकासी पैटर्न पर प्रभाव को कम करने के लिए शमन उपाय

ठ) निर्माण, खतरनाक, औद्योगिक और घरेलू कचरे सहित कचरे के स्रोतों का विवरण उनके लक्षण वर्णन और सूची के साथ

ड) प्रत्येक प्रकार के कचरे के लिए अपशिष्ट भंडारण और उपचार, परिवहन और निपटान के तरीके के लिए सुझाई गई योजना

ढ) अपशिष्ट उत्पादन और अपशिष्ट उपयोग की रोकथाम और कमी के लिए सुझाए गए विशिष्ट शमन उपाय

ण) अपशिष्ट भार का निपटान प्रत्येक अपशिष्ट के किग्रा/दिन के रूप में किया जाना चाहिए

### *6.6.5 पारिस्थितिक प्रभाव आकलन और शमन उपाय*

एक पारिस्थितिक प्रभाव आकलन में अनिवार्य रूप से पारिस्थितिक संसाधनों की पहचान शामिल है जो जोखिम में हैं, परियोजना से संबंधित गतिविधियों के कारण स्थलीय और जलीय वनस्पतियों, और जीवों, पक्षिजात और समुद्री जीवों पर प्रभावों का पूर्वानुमान, और संभावित प्रभावों से बचने या कम करने के लिए परियोजना संरचना में शामिल करने के लिए उचित शमन उपायों का प्रस्ताव करना, और अपरिहार्य माने जाने वाले नुकसान की भरपाई के उपाय, और पारिस्थितिक संसाधनों का संरक्षण।

#### 6.6.5.1 प्रभाव पैदा करने वाली विशेषताओं की पहचान

पारिस्थितिक प्रभाव परियोजना से संबंधित किसी भी गतिविधि के कारण होने वाले परिवर्तनों के परिणामस्वरूप हो सकते हैं, जिनमें निम्नलिखित शामिल हैं:

क) वायु गुणवत्ता: उत्सर्जन
ख) पानी की गुणवत्ता: निर्वहन
ग) जल संसाधन: कमी या गिरावट
घ) शोर, और कंपन स्तर
ङ) मृदा की गुणवत्ता: मृदा का निम्नीकरण और अपरदन
च) भूमि उपयोग/भूमि कवर: परियोजना अवसंरचना
छ) जल निकासी प्रतिरूप: परियोजना अवसंरचना
ज) प्रजातियां और पर्यायवास: समाप्त करना, सम्मिलित करना या बाधित करना

पर्यावरण के भौतिक-रासायनिक घटकों में परिवर्तन के परिणामस्वरूप पारिस्थितिक प्रभावों को निम्नलिखित सरल उदाहरणों द्वारा समझा जा सकता है:

i. वायु गुणवत्ता वनस्पति और निर्भर जीवों को प्रभावित करती है
ii. जल की मात्रा, धारा प्रवाह के साथ-साथ जल की गुणवत्ता जलीय बायोटा और जीवों को प्रभावित करती है
iii. मृदा की विशेषताएं, पानी की उपलब्धता, पानी की गुणवत्ता, जल निकासी पैटर्न, आदि। वनस्पति को प्रभावित करता है, और वनस्पतियों और जीवों को प्रभावित करता है, जिसमें पक्षिजात भी शामिल है
iv. भूमि उपयोग वनस्पति को प्रभावित करता है और वनस्पतियों और जीवों को प्रभावित करता है
v. शोर और कंपन जीवों को परेशान करते हैं, जिसके परिणामस्वरूप उनका प्रवास होता है

अध्ययन क्षेत्र में मौजूद व्यक्तिगत पारिस्थितिक तंत्र के लिए, प्रभावित करने वाले जैविक और/या अजैविक कारकों की पहचान करने की आवश्यकता है। परियोजना से संबंधित किसी भी गतिविधि के कारण इन कारकों में होने वाले परिवर्तनों का अनुमान किया जाता है, और पारिस्थितिक तंत्र पर उनके

प्रभाव का आकलन किया जाता है। प्रजातियों और पारिस्थितिक संबंधों में प्रमुख घटकों की पहचान और परियोजना से संबंधित गतिविधियों से इन प्रमुख घटकों को किस हद तक प्रभावित किया जा सकता है, पारिस्थितिक प्रभावों का आकलन करने में बहुत महत्वपूर्ण हैं। मॉडल का उपयोग मूल्यवान पारिस्थितिकी तंत्र घटकों पर प्रभावों का अनुमान करने के लिए किया जाता है। उदाहरण के लिए, घास के मैदानों पर एक प्रभाव आकलन (PETS 1999) प्रमुख अजैविक पर्यावरणीय चर में परियोजना और संबद्ध गतिविधियों के कारण होने वाले परिवर्तनों का अनुमान करके किया जाता है, जैसे:

क. मृदा का pH
ख. मृदा में कार्बनिक पदार्थ
ग. मृदा में पोषक तत्वों का स्तर, विशेष रूप से नाइट्रेट सामग्री
घ. जल तालिका, आदि।

विशिष्ट परियोजना से संबंधित गतिविधियाँ जो पर्यावरण के भौतिक-रासायनिक घटकों में परिवर्तन का कारण बनती हैं, जिससे पारिस्थितिक प्रभाव होते हैं, नीचे चित्रित किए गए हैं:

i. बांधों, जलाशयों और चेक डैम जैसी परियोजनाओं में शामिल पानी को रोकने से ऐसी परियोजनाओं के डाउनस्ट्रीम में धारा प्रवाह में कमी आती है, और इसलिए जलीय और समुद्री जीवों और मछलियों की जैव विविधता कम हो जाती है।
ii. बंदरगाहों और पर्यटन जैसे समुद्र के किनारे परियोजनाओं के लिए निर्माण गतिविधियां तटीय और समुद्री जल में मैलापन में वृद्धि का कारण बनती हैं, जो समुद्री जल और मछली पकड़ने की प्राथमिक उत्पादकता को कम करती हैं, और बेंथोस और कोरल को नष्ट या नीचा दिखाती हैं।
iii. भूमि-आधारित गतिविधियों से तलछट परिवहन बंदरगाहों और बंदरगाहों के पास पानी में मैलापन बढ़ाता है और गाद का निपटान करता है, जिसके परिणामस्वरूप बार-बार ड्रेजिंग की आवश्यकता होती है, जिसके परिणामस्वरूप बेंथोस का विनाश होता है, और समुद्री जल और मछली पकड़ने की प्राथमिक उत्पादकता में कमी आती है।
iv. तटीय जल में भूमि-आधारित गतिविधियों से अपशिष्ट जल का निर्वहन तटीय जल में तापमान और प्रदूषकों की सांद्रता में वृद्धि का कारण बनता है, जिसके परिणामस्वरूप कोरल का विरंगीकरण और क्षरण, प्रजनन का विनाश और मुहानों में समुद्री बायोटा के प्रजनन और प्रजनन आवास का विनाश होता है, और मछली के स्टॉक में कमी आती है।
v. शिपिंग, ऑफशोर हैंडलिंग, अपतटीय हाइड्रोकार्बन उत्पादन, परिवहन, और बंदरगाह टर्मिनलों पर भंडारण आदि से पेट्रोलियम उत्पादों का रिसाव। समुद्री प्रदूषण का कारण बनता है और परिणामस्वरूप मछली और पक्षियों की मृत्यु होती है, और बेंथोस का विनाश होता है, आदि।
vi. तटीय जल और/या अन्य जल निकायों में छोड़े गए अनुपचारित या अनुचित रूप से उपचारित नगरपालिका अपशिष्ट जल यूट्रोफिकेशन और ऐल्गल ब्लूम का कारण बनता है, जिससे पानी में घुलित ऑक्सीजन सामग्री कम हो जाती है, जो समुद्री और/या जलीय जीवों को नष्ट कर देती है।

vii. थर्मल पावर प्लांट, पेट्रोलियम रिफाइनरियों, रासायनिक और पेट्रोकेमिकल परियोजनाओं आदि से उत्सर्जन। पौधे की पत्तियों की सतहों को कोट करते हैं और/या पौधे की पत्तियों को नुकसान पहुंचाते हैं, जिसके परिणामस्वरूप वनस्पति की वृद्धि दर में कमी आती है और/या कुछ वनस्पतियों का विनाश होता है।

viii. निर्माण गतिविधियों और भूमि उपयोग में परिवर्तन प्रदूषण फैलाने में योगदान करते हैं, जिसके परिणामस्वरूप पानी की गुणवत्ता में गिरावट आती है, जिससे जलीय और समुद्री जीवों पर प्रतिकूल प्रभाव पड़ता है।

ix. विकास परियोजनाओं की विभिन्न गतिविधियों के लिए भूमि के उपयोग से स्थलीय आवासों को हटा दिया जाता है और स्थलीय प्रजातियों और आवासों का विनाश होता है।

x. थर्मल पावर प्लांट, निर्माण, विनिर्माण, रेलवे और राजमार्गों जैसी परियोजनाओं से शोर और कंपन स्तर बढ़ता है, जो जीवों की परिपक्वता और प्रजनन चक्र को बाधित करता है, और पक्षिजात और अन्य जीवों का विस्थापन होता है।

xi. राजमार्ग, रेलवे और नहरों जैसी रैखिक परियोजनाएं आवासों को विभाजित करती हैं, वन्यजीवों, शिकार और शिकारियों के आंदोलन या प्रवास को प्रभावित करती हैं।

### 6.6.5.2 प्रभाव आकलन

निम्नलिखित प्रतिकूल प्रभावों के लिए एक प्रभाव आकलन किए जाने की आवश्यकता है जो आम तौर पर जैविक प्रणाली (कैंटर 1996) द्वारा सामना किए जाते हैं:

क) प्राकृतिक जैविक चरित्र हानि
ख) जीवों की परिपक्वता और प्रजनन
ग) जलीय बायोटा विविधता
घ) मछली का जनसंख्या घनत्व
ङ) वन्यजीव प्रजनन और घोंसले के शिकार स्थल
च) वृक्ष कैनोपी
छ) घास का मैदान उत्पादकता
ज) पोषक तत्वों की आपूर्ति
झ) पौधे उत्पादकता
ञ) पर्यावास परित्याग
ट) प्रजाति विविधता

कुछ विशिष्ट प्रभाव विशेषताएं जो आम तौर पर पारिस्थितिक प्रभाव भविष्यवाणियों के लिए उपयोग की जाती हैं, वे इस प्रकार हैं:

i. खाद्य श्रृंखला: शाकाहारी जानवरों को प्रभावित करने वाली कुछ घास और वनस्पति का नुकसान और इसलिए मांसाहारी

ii. पर्यावास: जीवों की प्रजातियों का विनाश, और गरीब आवासों का परित्याग

iii. व्यक्तिगत प्रजातियां: वायु गुणवत्ता, पानी की उपलब्धता और गुणवत्ता, तापमान और शोर के स्तर में परिवर्तन का प्रभाव

   क. प्रजातियों के मात्रात्मक परिवर्तन - बहुतायत और समग्र वितरण

   ख. प्रजातियों की आनुवंशिक संरचना पर गुणात्मक प्रभाव, जिससे उनके दीर्घकालिक अस्तित्व और व्यवहार संबंधी विशेषताओं पर संभावित खतरा पैदा होता है

iv. जलीय और समुद्री प्रजातियां: प्राथमिक उत्पादकता का नुकसान, यानी फाइटोप्लांकटन और जूप्लांकटन, मछली पकड़ने में कमी, मैंग्रोव का नुकसान, कोरल का विनाश, आदि।

परियोजना से संबंधित गतिविधियों के प्रभावों का एक केंद्रित आकलन, जो वृतिकों द्वारा आयोजित किया जाता है, जो अपने संबंधित विषयों में जानकार हैं, अनुभवी और अपने पेशे के लिए प्रतिबद्ध हैं, इन प्रभावों पर भी विचार करेंगे:

क) वनस्पतियों का फूल

ख) जीवों का प्रजनन

ग) पक्षियों के घोंसले

घ) पक्षिजात के प्रवासी मार्ग

ङ) वन्यजीवों के प्रवासी मार्ग

च) जलीय और समुद्री पारिस्थितिकी तंत्र की उत्पादकता

छ) जैव विविधता, आदि।

पारिस्थितिक प्रभाव आकलन अक्सर मुश्किल होता है क्योंकि पौधों के समुदायों, जीवों के समुदायों और अजैविक कारकों के बीच परस्पर क्रिया की जटिलताओं के ज्ञान की कमी होती है। कुछ पारिस्थितिक प्रभाव अधिकांश ऑन-साइट प्रत्यक्ष प्रभावों की तरह स्पष्ट हो सकते हैं, विशेष रूप से वे जो आम तौर पर साइट विकास और निर्माण संबंधी गतिविधियों से जुड़े होते हैं। ये आसानी से पहचाने जाने योग्य हैं, उदाहरण के लिए वनस्पति और जीवों का नुकसान जो उस वनस्पति पर निर्भर है, और जीवों का प्रवास। लेकिन ये प्रभाव बड़े नहीं होने चाहिए। अप्रत्यक्ष ऑफ-साइट प्रभाव दीर्घकालिक में बहुत अधिक महत्वपूर्ण हो सकते हैं इसका अनुमान करना कहीं अधिक कठिन हो सकता है।

जैव विविधता के लिए प्रमुख खतरे आवास हानि, नुकसान और/या उनके परिवर्तन या विखंडन हैं। ईआईए अध्ययनों, वर्तमान प्रथाओं, संभावित पूर्वानुमान उपकरणों, और जैव विविधता आकलन के दृष्टिकोण में विखंडन प्रभावों और जैव विविधता के अनुमान के लिए पारिस्थितिक मॉडल गोंटियर एवं अन्य (2006) द्वारा दिए गए हैं। आर्थिक सहयोग और विकास संगठन (ओईसीडी 2004) ने इस बात

पर प्रकाश डाला है कि प्रजातियों का एक महत्वपूर्ण हिस्सा न केवल संरक्षित क्षेत्रों के अंदर निवास स्थान परिवर्तन या नुकसान से बल्कि कृषि, निर्माण और वानिकी जैसी भूमि उपयोग श्रेणियों में परिवर्तन और संरक्षित क्षेत्रों के बाहर तीव्रता से भी खतरे में है।

#### 6.6.5.3 ब्राउनफील्ड परियोजनाएं

ब्राउनफील्ड परियोजनाओं के लिए, संबंधित कार्यात्मक वृतिक

i. पारिस्थितिक पर्यावरण के लिए प्रस्तावित प्रभाव आकलन और शमन उपायों के लिए ऑपरेटिंग प्रोजेक्ट (ओं) की ईआईए रिपोर्ट (ओं) का अध्ययन करते हैं
ii. उपयोग किए गए पूर्वानुमान मॉडल या सॉफ्टवेयर की सत्यता की जांच करते हैं, अनुमान और धारणाएं, और किए गए पारिस्थितिक पर्यावरणीय प्रभाव आकलन की सटीकता और पूर्णता, और नियोजित नियंत्रण और शमन उपायों का प्रदर्शन मूल्यांकन, प्रस्तावित परियोजना के लिए एकत्र की गई आधारभूत पारिस्थितिक पर्यावरणीय जानकारी का उपयोग करते हुए प्रचालन तमक परियोजना के लिए शुरू किया गया संरक्षण कार्यक्रम
iii. ऊपर दिए गए i और ii पर अवलोकनों का दस्तावेजीकरण करें, और नीचे iv के लिए इन पर विचार करें।
iv. उपर्युक्त iii को ध्यान में रखते हुए ग्रीनफील्ड परियोजनाओं के लिए उपर्युक्त वर्णित पद्धति का अनुसरण करते हुए प्रस्तावित परियोजना के लिए एक पारिस्थितिक प्रभाव आकलन करें।

#### 6.6.5.4 प्रभाव का महत्व

ऊपर वर्णित पारिस्थितिक प्रभावों को महत्वपूर्ण माना जा सकता है यदि पारिस्थितिक प्रभाव आकलन से पता चलता है, उदाहरण के लिए:

क) दुर्लभ, खतरे वाली या लुप्तप्राय प्रजातियों का दिखना
ख) खाद्य श्रृंखला में भूमिका निभाने वाली प्रजातियों की संख्या में कमी
ग) आवासों का क्षरण या विनाश, विशेष रूप से कार्यात्मक और संसाधन मूल्य वाले
घ) किसी भी आवास का विखंडन
ङ) प्रजातियों और आवासों की विविधता में कमी
च) पारिस्थितिक स्थिरता में गड़बड़ी या कमी, यानी पर्यावरणीय तनाव का सामना करने के लिए पारिस्थितिकी तंत्र की क्षमता

आकलन किए गए प्रभावों के महत्व को सार्वजनिक परामर्श करके और वृतिक निर्णय का उपयोग करके अधिक दृढ़ता से स्थापित किया जा सकता है।

### 6.6.5.5 शमन उपाय

आकलन किए गए पारिस्थितिक प्रभावों के लिए शमन उपायों का प्रस्ताव करने के लिए "कोई शुद्ध जैव विविधता हानि नहीं" या "जैव विविधता बहाली" के मूल सिद्धांत का पालन करने की आवश्यकता है। आकलन किए गए महत्वपूर्ण प्रभावों के आधार पर, स्थान, पैमाने, संयंत्र खाका, प्रौद्योगिकी और शेड्यूलिंग सहित परियोजना विकल्पों पर विचार करने की आवश्यकता है। परियोजना के प्रत्येक जीवनचक्र चरण में पारिस्थितिक पर्यावरण के लिए शमन उपायों को परिहार, न्यूनीकरण, बहाली और मुआवजे की प्राथमिकता के क्रम में सुझाया गया है जैसा कि नीचे दिखाया गया है:

i. परियोजना संरचना और निर्माण प्रथाओं से संबंधित उपायों द्वारा *प्रभाव से बचाव*, जैसे:
   क. उचित संयंत्र खाका
   ख. परियोजना के पूर्व-निर्माण के साथ-साथ निर्माण जीवनचक्र चरणों में गतिविधियों के समय निर्धारण जैसे उचित ऑन-साइट उपाय
   ग. उचित बाड़ लगाकर या उनकी सुरक्षा के लिए पर्याप्त अवरोध लगाकर निर्माण और परिवहन से संबंधित गतिविधियों से संवेदनशील स्थलों, प्रजातियों और आवासों को अलग करना
   घ. निर्माण गतिविधियों से बचना या वनस्पतियों और जीवों के फूलों और प्रजनन के मौसम के दौरान ऐसी गतिविधियों को करते समय विशेष देखभाल करना। क्रमशः और विशेष रूप से अधिसूचित और स्थानीय दुर्लभ, खतरे वाली या लुप्तप्राय प्रजातियों के लिए पक्षिजात के घोंसले और प्रवासी मौसम
   ङ. ऐसे प्रवासी गलियारों में उपयुक्त परिवहन प्रबंधन द्वारा वन्यजीव प्रवासी गलियारों को अबाधित छोड़ना
   च. बांधों जैसी परियोजनाओं के डाउनस्ट्रीम में पर्याप्त धारा प्रवाह बनाए रखना।

ii. इस तरह के उपायों द्वारा *प्रभाव को कम करना*:
   क. उचित आवास प्रबंधन
   ख. रैखिक परियोजनाओं के लिए अंडरपास, पुलिया, या ह्यूम पाइप जैसे अंतर-कनेक्शन प्रदान करना, जो आम तौर पर आवास विखंडन का कारण बनते हैं
   ग. व्यक्तिगत दुर्लभ, खतरे वाली या लुप्तप्राय प्रजातियों का प्रत्यारोपण
   घ. जीवों का स्थानांतरण
   ङ. प्राकृतिक या अर्ध-प्राकृतिक आवासों के पुनर्निर्माण के माध्यम से साइट पर निवास स्थान की बहाली

iii. आवास और प्रजातियों का *क्षतिपूर्ति पर प्रभाव* का मूल्यांकन करने के लिए उपयुक्त पद्धतियों का उपयोग प्रत्याशित हैं जिनकी बाधित या खो जाने की उम्मीद है, और इसके लिए समयबद्ध कार्यक्रम विकसित कर रहे हैं:

क. ऑन-साइट या ऑफ-साइट प्रतिपूरक वनस्पति या जंगल, अधिमानतः देशी प्रजातियों के साथ

ख. कृत्रिम आवासों का निर्माण

iv. *पारिस्थितिकि बहाली* जिसे या तो प्रभाव मुआवजे के एक हिस्से के रूप में माना जा सकता है या अलग से:

क. पारिस्थितिकि बहाली उपाय, जो आम तौर पर खनन, तेल और गैस की खोज और उत्पादन जैसी परियोजनाओं के संचालन चरण को पूरा करने के बाद किए जाते हैं। ठोस अपशिष्ट लैंडफिल में प्रगतिशील विकास या निर्माण शामिल हो सकता है

- घास के मैदान
- भूनिर्माण
- वनीकरण
- जल निकाय
- कृत्रिम आवास

ख. ओपन-कास्ट खनन परियोजनाओं में खनन जैसी गतिविधियों के प्रगतिशील समापन पर प्राकृतिक या अर्ध-प्राकृतिक पारिस्थितिक तंत्र का चरण-वार पुनर्निर्माण

शमन उपायों को मुख्य रूप से यह सुनिश्चित करने की आवश्यकता है कि एक पारिस्थितिकी तंत्र में खाद्य श्रृंखला अपरिवर्तित रहे ताकि उच्च जानवर विकसित और समृद्ध हों। यह अध्ययन क्षेत्र में पारिस्थितिकी तंत्र की स्थिरता का एक संकेतक होगा।

#### 6.6.5.6 पारिस्थितिक प्रभाव आकलन का आउटपुट

एक विशिष्ट पारिस्थितिक प्रभाव आकलन अध्ययन के आउटपुट में निम्नलिखित शामिल हैं:

i. मुख्य क्षेत्र में परियोजना स्थल विकास और निर्माण जैसी परियोजना से संबंधित गतिविधियों के कारण प्रजातियों और आवासों के नुकसान का पूर्वानुमान या आकलन, और प्रभाव से बचने या प्रभाव को कम करने के लिए प्रस्तावित विशिष्ट शमन उपाय

ii. उन प्रमुख घटकों पर चर्चा जो महत्वपूर्ण परिवर्तनों से गुजरने की संभावना रखते हैं, और जिसके परिणामस्वरूप विशिष्ट पारिस्थितिक तंत्र पर प्रतिकूल प्रभाव पड़ता है, और प्रभावों को कम करने के लिए प्रस्तावित विशिष्ट शमन उपाय

iii. वायु गुणवत्ता, शोर स्तर, जल संसाधन और जल गुणवत्ता, मृदा की गुणवत्ता और विशिष्ट प्रजातियों और आवासों पर भूमि उपयोग/भूमि आच्छादन, प्रभावों का अनुमान और उनके संरक्षण के लिए प्रस्तावित विशिष्ट शमन उपायों में परिवर्तन के कारण पारिस्थितिक प्रभावों पर चर्चा

iv. अध्ययन क्षेत्र में दुर्लभ, लुप्तप्राय और खतरे वाली प्रजातियों के साथ-साथ आवासों की सुरक्षा के लिए प्रस्तावित विशिष्ट शमन उपाय, जिन्हें आधारभूत परिदृश्य की स्थापना के तहत सूचीबद्ध किया गया था, और आधार मानचित्रों पर मैप किया गया था
v. साइट पर या ऑफ-साइट प्रतिपूरक वनस्पति और वनीकरण उपायों का सुझाव दिया, अधिमानतः देशी प्रजातियों के साथ
vi. परियोजना के विभिन्न जीवनचक्र चरणों में पारिस्थितिक बहाली उपायों का सुझाव दिया, उदाहरण के लिए विनिर्माण, ऊर्जा और बुनियादी ढांचा क्षेत्रों की परियोजनाओं के निर्माण के बाद, और ओपन-कास्ट खनन और ठोस अपशिष्ट लैंडफिल जैसी परियोजनाओं के संचालन के बाद

### 6.6.6 *सामाजिक प्रभाव आकलन और न्यूनीकरण उपाय*

एक परियोजना के सामाजिक प्रभाव लोगों द्वारा प्रत्यक्ष या अप्रत्यक्ष रूप से अनुभव किए गए या माने जाने वाले गैर-भौतिक प्रभाव हैं। यह माना जा सकता है कि सामाजिक मुद्दे अन्य पर्यावरणीय मुद्दों की तुलना में संभावित रूप से अधिक विवादास्पद हैं। एक सामाजिक प्रभाव आकलन को परिणाम-उन्मुख दृष्टिकोण के बजाय अधिक प्रक्रिया-उन्मुख माना जाता है, और यह मुख्य रूप से परिवर्तन के प्रबंधन की एक प्रक्रिया है। एक सामाजिक प्रभाव आकलन अनिवार्य रूप से निम्नलिखित का मूल्यांकन करता है:

क) कुछ भी जो व्यक्तियों, समुदायों या समाजों को प्रभावित करने वाले सामाजिक, आर्थिक और पर्यावरणीय पहलुओं को बदलता है:
ख) मानदंडों, मूल्यों और विश्वासों में परिवर्तन
ग) परियोजना के कारण होने वाले परिवर्तनों के बारे में लोगों की धारणा
घ) व्यक्तियों द्वारा अनुभव किए गए मनोवैज्ञानिक और स्वास्थ्य प्रभाव
ङ) समुदायों द्वारा अनुभव किए गए सामाजिक और सांस्कृतिक प्रभाव
च) सोसाइटी द्वारा अनुभव किए गए संस्थागत और वित्तीय प्रभाव

यह देखते हुए कि एक बड़ी परियोजना में आम तौर पर पर्यावरण के भौतिक-रासायनिक, जैविक और सामाजिक घटकों में कई प्रकार के परिवर्तनों को बनाने और प्रेरित करने की क्षमता होती है, सामाजिक प्रभावों के लिए सुझाए गए शमन उपायों को विस्तृत करने की आवश्यकता है:

क. परिवर्तन के प्रबंधन का महत्वपूर्ण पहलू, और
ख. परियोजना के नियोजन चरण से प्रभावी सामुदायिक भागीदारी सुनिश्चित करने और सुविधाजनक बनाने के लिए एक तंत्र

### 6.6.6.1 प्रभाव पहचान

निम्नलिखित प्रकार के सामाजिक प्रभावों (UNEP 2002) की पहचान करने की आवश्यकता है:

i. जनसांख्यिकीय प्रभावों सहित
   क. जनसंख्या—संख्या और विशेषताओं में परिवर्तन जैसे लिंग अनुपात, आयु संरचना, इन- और आउटमाइग्रेशन दर, आदि, और
   ख. सामाजिक सेवाओं, अस्पताल के बिस्तरों, स्कूलों, आवास आदि के लिए परिणामी मांग।
ii. सांस्कृतिक प्रभावों में परिवर्तन शामिल हैं
   क. साझा रीति-रिवाजों, परंपराओं और मूल्य प्रणालियों जैसे भाषा, पोशाक, धार्मिक मान्यताओं और अनुष्ठानों
   ख. पुरातात्विक, ऐतिहासिक और सांस्कृतिक कलाकृतियों, और
   ग. धार्मिक या अनुष्ठान महत्व के साथ संरचनाएं और पर्यावरणीय विशेषताएं
iii. सामुदायिक प्रभावों में
   क. सामाजिक संरचनाओं, संगठनों और रिश्तों में परिवर्तन, और
   ख. सामंजस्य, स्थिरता, पहचान और सेवाओं के प्रावधान पर उनके साथ प्रभाव शामिल हैं।
iv. सामाजिक-मनोवैज्ञानिक प्रभावों में
   क. जीवन और कल्याण की व्यक्तिगत गुणवत्ता में परिवर्तन, सुरक्षा या अपनेपन की भावना, और
   ख. सुविधाओं या खतरों की धारणा

### 6.6.6.2 प्रभाव आकलन

OECD (2007, 2010) ने पर्यावरण और सामाजिक प्रभाव आकलन के लिए प्रक्रियाओं को प्रकाशित किया है। (2002) ने जलवायु परिवर्तन प्रभाव आकलन में सामाजिक-आर्थिक वायदा का वर्णन किया है। World Bank (1995, 1996) इस बात की वकालत करता है कि सामाजिक प्रभावों की पहचान और आकलन लोगों के साथ घनिष्ठ सहयोग में किया जाना चाहिए, जिसमें सभी हितधारक शामिल हों। एक सामाजिक प्रभाव आकलन में अनिवार्य रूप से मनुष्यों पर सभी प्रभावों का मूल्यांकन शामिल है और जिन तरीकों से लोग और समुदाय अपने सामाजिक-आर्थिक, सांस्कृतिक और बायोफिज़िकल पर्यावरण के साथ परस्पर क्रिया करते हैं। विभिन्न स्तरों पर इस प्रकार के सामाजिक और आर्थिक प्रभावों का अनुमान लगाने और विस्तार से आकलन करने की आवश्यकता है:

i. व्यक्तिगत और घरेलू स्तर:
   क) स्वास्थ्य और प्रजनन क्षमता का कम स्तर
   ख) मानसिक स्वास्थ्य, तनाव, चिंता में कमी
   ग) व्यक्तिगत सुरक्षा, जोखिम

घ) आर्थिक स्थिति का बिगड़ना
ङ) जीवन के तरीके में व्यवधान
च) सामाजिक नेटवर्क का विघटन
छ) घनत्व और भीड़
ज) पर्यावरणीय सुविधा मूल्य में कमी

ii. समुदाय और संस्थागत स्तर:
क) अपराध, हिंसा
ख) मानव अधिकारों का उल्लंघन
ग) भौतिक और सामाजिक बुनियादी ढांचे की पर्याप्तता
घ) सांस्कृतिक अखंडता
ङ) अधिकार, और संसाधनों तक पहुँच
च) असमानता
छ) आर्थिक समृद्धि
ज) निर्णय लेने की प्रक्रिया में सामुदायिक भागीदारी

सामाजिक प्रभावों के अनुमान के लिए सामाजिक प्रक्रियाओं और चर की पूरी समझ की आवश्यकता होती है, जो उनके समाजशास्त्रीय संदर्भ में सामाजिक और आर्थिक प्रभावों का कारण बन सकते हैं या जन्म दे सकते हैं। इनमें निम्न शामिल हो सकते हैं:

क. यदि परियोजना में भूमि अधिग्रहण शामिल है तो लोगों का पुनर्वास और पुनर्स्थापन, स्थानीय लोगों का विस्थापन, निजी संपत्ति और खेतों और वृक्षारोपण जैसी परिसंपत्तियों की हानि, और आजीविका के स्रोतों की हानि, और अन्य अप्रत्यक्ष नुकसान
ख. नियोजित प्रवासियों और अन्य विकास के कारण परियोजना स्थल पर आबादी में वृद्धि
ग. विभिन्न गतिविधियों को करने के लिए परियोजना स्थल पर मौसमी श्रमिकों की उपस्थिति, परिणामस्वरूप कभी-कभी भीड़ और स्थानीय संसाधनों पर दबाव पड़ता है
घ. प्रवासी आबादी की संस्कृति और स्थानीय आबादी पर इसका प्रभाव
ङ. व्यवसाय और स्थानीय लोगों की आजीविका के स्रोतों में परिवर्तन

#### 6.6.6.3 ब्राउनफील्ड परियोजनाएं

ब्राउनफील्ड परियोजनाओं के लिए, संबंधित कार्यात्मक वृतिक

i. प्रस्तावित सामाजिक प्रभाव आकलन और शमन उपायों के लिए परिचालन परियोजनाओं की ईआईए रिपोर्ट(ओं) का अध्ययन करें
ii. प्रस्तावित परियोजना के लिए एकत्र की गई आधारभूत सामाजिक-पर्यावरणीय जानकारी का उपयोग करते हुए, पूर्वानुमानों, अनुमानों और अनुमानों की सत्यता की जांच करें, और किए गए

सामाजिक-पर्यावरणीय प्रभाव आकलन की सटीकता और पूर्णता की जांच करें, और नियोजित शमन उपायों के प्रदर्शन मूल्यांकन, और परिचालन परियोजना के लिए किए गए पुनर्वास और पुनर्स्थापन कार्यक्रम की जांच करें।

iii. उपरोक्त i और ii पर टिप्पणियों का दस्तावेजीकरण करें, और नीचे दिए गए iv के लिए इन पर विचार करें

iv. उपर्युक्त iii को ध्यान में रखते हुए ग्रीनफील्ड परियोजनाओं के लिए ऊपर वर्णित पद्धति का अनुसरण करते हुए प्रस्तावित परियोजना के लिए एक सामाजिक प्रभाव आकलन करना

#### 6.6.6.4 प्रभाव का महत्व

सामाजिक प्रभावों पर लोगों की धारणाएं और दृष्टिकोण, जो व्यापक रूप से भिन्न होने की उम्मीद है, ठीक से प्रलेखित हैं। अनुमानित प्रभावों की व्यापक श्रृंखला को इन प्रभावों के विचारों पर रैंक किया गया है कि क्या ये प्रभाव:

i. लोगों को स्वीकार्य हैं
ii. उनकी स्वीकृति के लिए शमन की आवश्यकता है
iii. उनके लिए अस्वीकार्य हैं

अस्वीकार्य पाए गए प्रभावों को महत्वपूर्ण माना जाएगा, और इसके कारणों को रिपोर्ट में वर्णित किया गया है। प्रभावों को महत्वपूर्ण नहीं माना जा सकता है यदि सहमत बजट के भीतर उन्हें कम करने की क्षमता है। तथापि, ऐसे प्रभावों से निपटने की संस्थागत क्षमता, न्यूनीकरण की लागत और सहमत समय-सीमा में शमन उपायों का कार्यान्वयन महत्वपूर्ण विचार होगा। सामाजिक और आर्थिक प्रभाव आकलन पर विश्व बैंक (1996) के दिशानिर्देशों में यह पता लगाना आवश्यक है कि क्या परियोजना है:

क. समुदाय के लिए स्वीकार्य
ख. समाज के भीतर आम तौर पर न्यायसंगत
ग. भविष्य के लिए टिकाऊ

जब उपरोक्त स्थितियों में से किसी का भी पता नहीं लगाया जा सकता है या पता लगाने में कुछ अनिश्चितता है, तो प्रभावों को महत्वपूर्ण माना जाएगा और परियोजना पर पुनर्विचार की आवश्यकता होगी।

#### 6.6.6.5 प्रभाव न्यूनीकरण

किसी दिए गए जनसंख्या में, विभिन्न समूहों को अलग-अलग सीमा तक विभिन्न प्रकार के सामाजिक प्रभावों का अनुभव होने की संभावना है। यह सुनिश्चित किया जाना है कि प्रमुख हितधारकों पर ऋणात्मक प्रभावों को उपयुक्त रूप से कम किया जाए। समाज में वंचित और सबसे कमजोर व्यक्तियों

और समूहों के हितों की सुरक्षा के लिए विशेष शमन उपायों का सुझाव दिया जाना चाहिए, जिनके प्रतिकूल रूप से प्रभावित होने की अधिकतम संभावना है।

सामाजिक प्रभाव आकलन के लिए दिशानिर्देशों और सिद्धांतों पर अंतर-संगठनात्मक समिति (ICGPSIA 1994, 2003) ने सुझाव दिया कि सामाजिक प्रभावों के लिए शमन उपायों की आवश्यकता है:

i. महत्वपूर्ण प्रभावों से बचने के लिए परियोजना को संशोधित करने या यहां तक कि इसे छोड़ने जैसे विकल्पों पर विचार करें
ii. प्रभावों को कम करने, सुधारने या कम करने के लिए परियोजना के उपयुक्त संरचना या संचालन पर विचार करें।
iii. प्रभावों की क्षतिपूर्ति के लिए वैकल्पिक सुविधाएं, संसाधन और अवसर प्रदान करना

परियोजना प्रभावित व्यक्तियों (पीएपी) के लिए पुनर्वास और पुनर्स्थापन कार्रवाई कार्यक्रम (आर एंड आरएपी) तैयार करना आवश्यक है, यह सुनिश्चित करते हुए कि यह लागू नियमों (MORD 2014) की आवश्यकताओं का अनुपालन करता है। बाह्य वित्त पोषित परियोजनाओं के लिए, आर एंड आरएपी के लिए परियोजना वित्तपोषण एजेंसियों के दिशानिर्देशों (ADB 1998, WCD 2000) का पालन किया जाता है, जो एक योजना-आधारित या लक्ष्य-आधारित कार्यक्रम (एएसआई 2010) होना चाहिए, जिसमें निम्नलिखित घटक शामिल हैं:

क. कौशल निर्माण और प्रशिक्षण
ख. परियोजना में रोजगार
ग. आय सृजन कार्यक्रम और सामाजिक उद्यमिता
घ. एक प्रभावी संस्थागत ढांचा
ङ. पीएपी की पात्रता में पारदर्शिता
च. निर्माण के साथ-साथ कार्रवाई कार्यक्रम के कार्यान्वयन में पीएपी की भागीदारी

बड़े बांध, सिंचाई और अवसंरचनात्मक परियोजनाओं (लेरर और स्कडडर 1999, ब्रौन और टिल्ट 2009) के लिए पर्यावरणीय और सामाजिक प्रभाव आकलन में एक व्यापक स्वास्थ्य घटक की आवश्यकता होती है ताकि वेक्टर जनित रोगों, जैसे शिस्टोसोमियासिस, और पानी और खाद्य सुरक्षा में परिवर्तन, संचारी रोगों में वृद्धि और सामाजिक व्यवधान सहित सार्वजनिक स्वास्थ्य मुद्दों को संबोधित किया जा सके।

#### 6.6.6.6 सांस्कृतिक प्रभाव

सांस्कृतिक विरासत को उन संसाधनों के रूप में परिभाषित किया गया है (World Bank 2014) जिन्हें लोग स्वामित्व से स्वतंत्र रूप से, अपने लगातार विकसित मूल्यों, विश्वासों, ज्ञान और परंपराओं के

प्रतिबिंब और अभिव्यक्ति के रूप में पहचानते हैं। परियोजना से संबंधित किसी भी गतिविधि के कारण सांस्कृतिक संसाधनों पर संभावित प्रभावों की पहचान करने की आवश्यकता है। परियोजना के किसी भी जीवनचक्र चरण में नीचे दिखाए गए किसी भी कारण, कारक के कारण किसी भी ऐतिहासिक, पुरातात्विक, धार्मिक, भूवैज्ञानिक, या पर्यावरणीय संसाधनों के शारीरिक रूप से प्रभावित, क्षतिग्रस्त या नष्ट होने की संभावना होने की संभावना होने पर प्रभावों को प्रत्यक्ष और महत्वपूर्ण माना जाएगा:

i. उत्खनन
ii. कंपन
iii. कण पदार्थ, गैसीय उत्सर्जन, या प्रदूषण के फैलाने वाले स्रोत
iv. वाहनों की आवाजाही और वाहनों का उत्सर्जन

#### 6.6.6.7 सांस्कृतिक प्रभावों का शमन

सांस्कृतिक प्रभावों के लिए शमन उपायों में आम तौर पर शामिल हैं:

i. परियोजना को स्थानांतरित करना या फिर से संरचना करना, प्रभाव से बचने के लिए संयंत्र खाका और/या अवसंरचनात्मक सुविधाओं को संशोधित करना।
ii. विशेष रूप से निर्माण चरण में सांस्कृतिक संसाधनों को अलग करना, और प्रभाव को कम करने के लिए पुनर्वास, बहाली और रखरखाव जैसे संरक्षण और सुरक्षा उपाय प्रदान करना।
iii. सांस्कृतिक संसाधनों को किसी अन्य स्थान पर स्थानांतरित करना यदि वह लागू नियमों के तहत अनुमेय है, और स्थानीय आबादी के लिए स्वीकार्य है

#### 6.6.6.8 सामाजिक आवश्यकताओं का आकलन

एक सामाजिक जरूरतों का आकलन, जिसे परियोजनाओं के लिए बेहद महत्वपूर्ण माना जाता है, विशेष रूप से विकासशील और अल्प-विकसित अर्थव्यवस्थाओं में, मुख्य रूप से उनकी शारीरिक और सामाजिक जरूरतों पर स्थानीय आबादी की राय इकट्ठा करना और लोगों, विशेष रूप से युवाओं की आकांक्षाओं पर जानकारी एकत्र करना शामिल है। इसके पीछे उद्देश्य यह है कि स्थानीय आबादी भी समृद्ध हो और लोगों के जीवन की गुणवत्ता में सुधार हो, जबकि परियोजना स्थानीय संसाधनों का उपयोग करती है और परियोजना प्रस्तावक को परियोजना से लाभ होता है। सामाजिक जरूरतों का आकलन करने के लिए, उचित पद्धतियों को नियोजित किया जाना चाहिए, और हितधारकों के विभिन्न समूहों के साथ अलग-अलग परामर्श आयोजित किए जाते हैं। एकत्र की गई जानकारी की गहन जांच के बाद, लोगों की सामाजिक आवश्यकताओं और आकांक्षाओं को पूरा करने के लिए विशिष्ट उपाय प्रस्तावित किए जाते हैं। दूसरों के बीच, सुझाए गए उपायों में शामिल हो सकते हैं:

क. व्यक्तियों के लिए कौशल विकास, और स्थानीय आबादी के रोजगार के लिए अवसरों को बढ़ाने के मूल उद्देश्य के साथ समुदाय के लिए उद्यमिता विकास और क्षमता निर्माण कार्यक्रम

ख. लोगों के आय स्तर को बढ़ाने के लिए अवसर प्रदान करने का साधन

ग. मौजूदा भौतिक और सामाजिक अवसंरचनात्मक सुविधाओं का उन्नयन

घ. अतिरिक्त सुविधाएं प्रदान करना, विशेष रूप से विभिन्न स्तरों पर शिक्षा के लिए, सार्वजनिक स्वास्थ्य देखभाल, सांस्कृतिक गतिविधियों के लिए समर्थन, आदि।

आकलित सामाजिक आवश्यकताओं की पूर्ति के लिए परियोजना प्रस्तावक की प्रतिबद्धता के साथ, यह उम्मीद की जाती है कि स्थानीय आबादी द्वारा प्रस्तावित परियोजना की स्वीकृति बेहतर होगी, और यह दीर्घकालिक रूप से उनके जीवन की गुणवत्ता को बढ़ाने में योगदान देगा।

#### 6.6.6.9 सामाजिक-आर्थिक प्रभाव आकलन का आउटपुट

सामाजिक प्रभाव आकलन के आउटपुट में आम तौर पर निम्नलिखित शामिल होते हैं:

i. सामाजिक-आर्थिक प्रभावों का आकलन और प्रस्तावित विशिष्ट शमन उपाय

ii. सांस्कृतिक प्रभाव और प्रभावों को रोकने के लिए विशिष्ट शमन उपाय

iii. स्थानीय आबादी से प्रतिक्रिया और सुझाव प्राप्त करने के लिए फोकस समूह चर्चा और संघर्ष समाधान प्रयासों सहित सार्वजनिक भागीदारी के रिकॉर्ड

iv. परियोजना से प्रभावित व्यक्तियों का विवरण और भूमि खोने वाले भूमि मालिकों के लिए विशिष्ट मुआवजा पैकेज, और उनके पुनर्वास और पुनर्स्थापन के लिए एक समयबद्ध कार्यक्रम

v. परियोजना द्वारा सृजित किए जाने वाले रोजगार के अवसरों का विवरण - प्रत्यक्ष और अप्रत्यक्ष - विभिन्न कौशल सेटों के लिए अनुमानित है, विशेष रूप से स्थानीय व्यक्तियों के लिए।

vi. एक सामाजिक जरूरतों का आकलन और इसकी पूर्ति के लिए सुझाए गए कार्यक्रम

### *6.6.7 जोखिम आकलन*

जोखिम आकलन का उद्देश्य जोखिमों का आकलन करना और प्रक्रिया सुरक्षा के उपायों का सुझाव देना है, अनिवार्य रूप से खतरों, खतरनाक पदार्थों और गतिविधियों से जुड़ी घटनाओं से जोखिम की अनुपस्थिति, आमतौर पर चरम परिस्थितियों में।

#### 6.6.7.1 जोखिम क्षमता की पहचान

परियोजना से संबंधित गतिविधियों से आकस्मिक रिलीज की प्राथमिक जोखिम चिंताएं विषाक्तता और ज्वलनशीलता हैं। खतरे की क्षमता को आम तौर पर निम्नलिखित विचारों के आधार पर पहचाना जाता है:

क. खतरनाक पदार्थों के गुण और प्रस्तावित इन्वेंट्री स्तर, चाहे वह विषाक्त, ज्वलनशील, विस्फोटक, या फीडस्टॉक और ईंधन के रूप में उपयोग किया जाता है, और/या विनिर्माण प्रक्रियाओं में उत्पादित होता है

ख. सामान्य और साथ ही असामान्य परिचालन, स्टार्ट-अप और शटडाउन और आकस्मिक परिदृश्यों के तहत दबाव, तापमान और प्रवाह की प्रक्रिया संचालन और परिचालन स्थितियां

ग. खतरनाक पदार्थों के भंडारण की स्थिति जब परियोजना संचालित नहीं हो रही है

घ. परियोजना गतिविधियाँ और प्रथाएं परिवहन, लोडिंग, और अनलोडिंग, भंडारण और प्रसंस्करण सहित परियोजना के प्रत्येक जीवनचक्र चरण में अपनाया गया

ङ. संचालन में और उत्सर्जन, रिसाव और स्पिल आदि के लिए अपनाया गया नियंत्रण तंत्र।

कुछ विशिष्ट परियोजनाओं और/या गतिविधियों की जोखिम क्षमता के कुछ उदाहरण नीचे दिए गए हैं:

i. पेट्रोलियम शोधन और गैस प्रसंस्करण, पेट्रोरसायन निर्माण, तटवर्ती और अपतटीय टर्मिनलों, भंडारण, सॉल्वैंट्स, और ज्वलनशील पदार्थों को ले जाने वाली क्रॉस-कंट्री पाइपलाइनों जैसे हाइड्रोकार्बन हैंडलिंग और प्रसंस्करण में आग और विस्फोट के अंतर्निहित संभावित खतरे हैं।

ii. कीटनाशकों और सिंथेटिक कार्बनिक रसायनों में जहरीले उत्सर्जन या रिलीज के अंतर्निहित संभावित खतरे हैं।

iii. धातुकर्म प्रक्रियाएं, जिनमें उच्च तापमान और तरल धातुएं शामिल हैं, जलने और विषाक्त उत्सर्जन के संभावित खतरे हैं।

iv. तेल और गैस उत्पादन और भूमिगत कोयला खनन में विस्फोट और आग के खतरों की क्षमता है।

v. उच्च तापमान प्रवाह के तहत संचालन से जुड़ी परियोजनाएं, और दबाव में उत्सर्जन, विस्फोट और आग के अंतर्निहित संभावित खतरे हैं।

vi. निर्माण और इंजीनियरिंग परियोजनाओं में संभावित यांत्रिक और विद्युत संबंधी खतरे हैं।

#### 6.6.7.2 विशिष्ट परियोजनाओं की पहचान

विभिन्न स्रोतों से कुछ विशिष्ट रिलीज और प्रत्येक ऐसी रिलीज के लिए होने वाली घटनाओं को नीचे हाइलाइट किया गया है:

1. तरल भंडारण पोत या पाइपलाइन से रिसाव
   - i. छोटा छिद्र, जिसके परिणामस्वरूप
     - क. तरल जेट
     - ख. वाष्प जेट
     - ग. तरल की चमक
     - घ. चमकती तरल से एरोसोल का गठन, आदि।
   - ii. एक बर्तन का बड़ा छेद या टूटना, जिसके परिणामस्वरूप
     - क. वाष्प बादल
     - ख. उबलते तरल से वाष्प

   विभिन्न परिदृश्यों के तहत होने वाली संभावित घटनाएं नीचे दी गई हैं।

i. रिसाव:
   क. जेट फायर
   ख. फ्लैश फायर क्लाउड
   ग. वाष्प बादल विस्फोट (VCE)
   घ. विषाक्त बादल
ii. भंडारण पोत या पाइपलाइन जो आग के संपर्क में आ रही है या नष्ट हो रही है:
   क. पोत का भौतिक विस्फोट
   ख. प्रलयकारी विस्फोट से फ्लैश फायर क्लाउड
   ग. प्रलयकारी विस्फोट से वाष्प बादल विस्फोट
   घ. प्रलयकारी विस्फोट से विषाक्त बादल
   ङ. उबलते तरल विस्तार वाष्प विस्फोट (BLEVE)
   च. आग का गोला

2. रिसाव और अतिप्रवाह से तरल पूल के परिणामस्वरूप हो सकता है
   i. उबलते तरल पूल
   ii. वाष्पशील तरल पदार्थों का वाष्पीकरण
   iii. अपेक्षाकृत गैर-वाष्पशील तरल पदार्थों का वाष्पीकरण
   iv. बहुघटक तरल मिश्रण

   तरल पूल से होने वाली संभावित घटनाएं हैं
   क) पूल फायर
   ख) फ्लैश फायर क्लाउड
   ग) वाष्प बादल विस्फोट
   घ) विषाक्त बादल
   ङ) विषाक्त धुएं का दहन
3. दबाव वाहिकाओं से उत्प्लावन और घने-गैस जेट रिलीज के परिणामस्वरूप फैलाव होता है, जो मौसम संबंधी स्थितियों से प्रभावित होता है, और संभावित व्युत्क्रमण के साथ होता है।
4. कम वेग वाली घनी-गैस रिलीज के परिणामस्वरूप फैलाव होता है, जो मौसम संबंधी स्थितियों से प्रभावित होता है, और रिलीज के स्रोत के पास उच्च जमीनी स्तर की गैस सांद्रता के साथ।

विभिन्न प्रकार की रिलीज के दौरान होने वाली घटनाओं के विशिष्ट अनुक्रम नीचे हाइलाइट किए गए हैं:

i. ज्वलनशील रिलीज
   क. उत्सर्जन
   ख. तरल पदार्थ का वाष्पीकरण
   ग. वायु प्रवाह

घ. गैस फैलाव

ङ. इग्निशन

च. फ्लैश फायर या वाष्प बादल विस्फोट

ii. विषाक्त रिलीज

क. उत्सर्जन

ख. तरल पदार्थ का वाष्पीकरण

ग. वायु प्रवाह

घ. गैस फैलाव

लोगों या संपत्ति पर रिलीज का प्रभाव किसी घटना के परिणाम की तीव्रता पर निर्भर करेगा। विशिष्ट परिणाम घटनाओं को नीचे चित्रित किया गया है:

i. थर्मल विकिरण

क. तापमान-दूरी फ़ंक्शन

ii. विस्फोट

क. अतिदाब

ख. आवेग

iii. विषाक्त सांद्रता

क. खुराक

ख. सांद्रता-समय समारोह

### 6.6.7.3 जोखिम आकलन

परिवेशी हवा में आकस्मिक रिलीज से दूषित पदार्थों का फैलाव और इसके प्रभाव या प्रभाव क्षेत्र मौसम संबंधी स्थितियों और रिलीज की मात्रा, दर और विशेषताओं पर निर्भर करता है। अध्याय 4 में वर्णित उपयुक्त वायु फैलाव मॉडलिंग तकनीकों का उपयोग विभिन्न परिचालन परिदृश्यों और मौसम संबंधी स्थितियों के तहत खतरे के संभावित स्रोतों से रिलीज के लिए प्रभाव क्षेत्रों का अनुमान करने के लिए किया जाता है।

जोखिम आकलन में अनिवार्य रूप से जोखिम की पहचान, जोखिम मूल्यांकन, चाहे गुणात्मक या मात्रात्मक रूप से, जोखिम शमन और जोखिम तैयारी शामिल है। एक विशिष्ट जोखिम आकलन प्रक्रिया (मन्नान 2005) में निम्नलिखित कार्य शामिल हैं:

i. प्रक्रिया और संयंत्र का विस्तृत विवरण प्राप्त करना

ii. खतरों की पहचान

iii. कमजोर लक्ष्यों (रिसेप्टर्स) की पहचान

iv. खतरनाक घटनाओं और स्रोत शर्तों का विकास

v. वृद्धि परिदृश्यों का विकास
vi. परिणामों का अनुमान
vii. आवृत्तियों का अनुमान
viii. जोखिम आकलन
ix. न्यूनीकरण उपायों की पहचान
x. निर्णय लेने की प्रक्रिया

जोखिम में दो आयाम होते हैं, अर्थात् संभावना और परिणाम। समीकरण का उपयोग करके जोखिम का अनुमान लगाया जाता है:

जोखिम = घटना की आवृत्ति (संभावना) x घटना की गंभीरता (परिणाम)

मात्रात्मक जोखिम आकलन के लिए, खतरों या आकस्मिक स्थितियों की घटना की संभावना या संभावना या आवृत्ति के मूल्य आम तौर पर साहित्य से प्राप्त किए जाते हैं। जहरीली गैसों या वाष्पों के उत्सर्जन, आग या विस्फोट जैसी दुर्घटनाओं की गंभीरता का अनुमान विभिन्न परिदृश्यों के लिए किया जाता है, जैसे अधिकतम विश्वसनीय दुर्घटना परिदृश्य, और विभिन्न मौसम संबंधी स्थितियों के तहत सबसे खराब स्थिति। ऐसी घटना के परिणाम हो सकते हैं

क) मृत्यु या चोट
ख) पर्यावरण के विभिन्न घटकों का संदूषण
ग) परियोजना की सीमाओं के भीतर और उससे भी आगे संपत्ति का नुकसान, जिससे संचालन बंद हो गया और मानव-घंटों का नुकसान हुआ।

आकस्मिक परिदृश्यों के लिए परिणाम मानचित्रण, आधार मानचित्रों पर किया जाता है और स्रोत से अलग-अलग दूरी पर अनुमानित उत्सर्जन, विषाक्तता के स्तर या तापमान को प्लॉट करके, आइसो-सांद्रता या आइसो-तापमान आकृति तैयार की जाती है। तदनुसार विभिन्न परिदृश्यों के अंतर्गत भेद्य क्षेत्रों को निरूपित किया जाता है।

गुणात्मक जोखिम आकलन के लिए सुरक्षा मैट्रिक्स, या सुरक्षा संकेतक जो मुख्य रूप से प्रस्तावित परियोजना से जोखिम धारणाओं को इंगित करते हैं, डॉव फायर एंड एक्सप्लोजन इंडेक्स के रूप में व्यक्त किए जाते हैं। तालिका 6-4 में जोखिम मैट्रिक्स 1-6 के पैमाने पर घटना की संभावना या आवृत्ति के गुणन और 1-6 के पैमाने पर परिणामों की गंभीरता के रूप में जोखिम को दर्शाता है। जोखिम मैट्रिक्स में उच्च मूल्य एक उच्च जोखिम को प्रकट करते हैं।

### तालिका 6.4 जोखिम मैट्रिक्स

| परिणाम की तीव्रता | घटना की संभावना | | | | | |
|---|---|---|---|---|---|---|
| | | सुदूर | दुर्लभ | संभावित | अधिक संभावित | अक्सर |
| नगण्य (Negligible) | 1 | 2 | 3 | 4 | 5 | 6 |
| न्यून (Low) | 2 | 4 | 6 | 8 | 10 | 12 |
| मध्यम (Moderate) | 3 | 6 | 9 | 12 | 15 | 18 |
| तीव्र (Severe) | 4 | 8 | 12 | 16 | 20 | 24 |
| अधिक तीव्र (Very Severe) | 5 | 10 | 15 | 20 | 25 | 30 |
| आपत्तिजनक (Catastrophic) | 6 | 12 | 18 | 24 | 30 | 36 |

| संभावना की रैंकिंग | | तीव्रता की रैंकिंग | |
|---|---|---|---|
| ***रैंकिंग*** | ***घटना की संभावना की परिभाषा*** | ***रैंकिंग*** | ***परिणाम की तीव्रता की परिभाषा*** |
| 1 | Improbable (असंभव) | 1 | नगण्य |
| 2 | Remote (सुदूर) | 2 | न्यून |
| 3 | Rare (दुर्लभ) | 3 | मध्यम |
| 4 | Likely (संभावित) | 4 | तीव्र |
| 5 | Very likely (अधिक संभावित) | 5 | अधिक तीव्र |
| 6 | Frequent (अक्सर) | 6 | आपत्तिजनक |

#### 6.6.7.4 ब्राउनफील्ड परियोजनाएं

*ब्राउनफील्ड परियोजनाओं* के लिए, संबंधित कार्यात्मक वृतिक

i. अनुमानित या अनुमानित जोखिमों के लिए परिचालन परियोजना (ओं) की ईआईए रिपोर्ट और जोखिम प्रबंधन रिपोर्ट और सुझाए गए जोखिम शमन उपायों और जोखिम प्रबंधन कार्यक्रम का अध्ययन करें।

ii. जोखिम का पूर्वानुमान, अनुमान और मान्यताओं के लिए उपयोग किए जाने वाले पूर्वानुमान मॉडल या सॉफ़्टवेयर की सत्यता की जांच करें, और ऑपरेटिंग प्रोजेक्ट (ओं) के लिए किए गए जोखिम आकलन की सटीकता और पूर्णता की जांच करें।

iii. प्रस्तावित परियोजना के लिए एकत्र की गई आधारभूत जानकारी का उपयोग करते हुए, ऑपरेटिंग प्रोजेक्ट (परियोजनाओं) के लिए प्रदर्शन मूल्यांकन का संचालन करना

   क. नियोजित नियंत्रण और जोखिम शमन उपाय

ख. आयोजित मॉक ड्रिल सहित जोखिम की तैयारी
ग. आंतरिक और बाहरी सुरक्षा ऑडिट रिपोर्ट के निष्कर्षों पर की गई कार्रवाई
घ. जोखिम प्रबंधन कार्यक्रम का कार्यान्वयन

iv. उपरोक्त i, ii और iii पर टिप्पणियों का दस्तावेजीकरण करें, और इन्हें नीचे v के लिए विचार करें
v. उपरोक्त iv को ध्यान में रखते हुए ग्रीनफील्ड परियोजनाओं के लिए ऊपर वर्णित पद्धति का पालन करते हुए प्रस्तावित परियोजना के लिए जोखिम आकलन करना

### 6.6.7.5 जोखिम न्यूनीकरण उपाय

परियोजना के प्रत्येक जीवनचक्र चरण के लिए जोखिम शमन उपायों को प्राथमिकता के क्रम में सुझाया जाना चाहिए, जैसे जोखिम की रोकथाम, जोखिम में कमी, जोखिम नियंत्रण, जोखिम कवर, और आपातकालीन तैयारी जैसा कि नीचे दिखाया गया है।

i. परियोजना संरचना में उपायों को अपनाकर जोखिम की *रोकथाम या जोखिम से बचाव* जैसे
   क. उपयुक्त तकनीक
   ख. हल्के ऑपरेटिंग पैरामीटर
   ग. स्वाभाविक रूप से सुरक्षित संरचना
   घ. सुरक्षित प्रक्रियाएं और पदार्थ
ii. परियोजना के विस्तृत संरचना में उपायों को अपनाकर *जोखिम में कमी* जैसे
   क. प्रक्रियाओं और संचालन में उपयुक्त और विश्वसनीय स्वचालन, इंटरलॉक्स, प्रक्रिया नियंत्रण और इंस्ट्रूमेंटेशन को अपनाना
   ख. उचित राहत उपकरण प्रदान करना
   ग. "कम से कम व्यावहारिक" (एएलएआरपी)
   घ. खतरे संभावित पदार्थों की सूची को कम करना
iii. इस तरह के उपायों को अपनाकर *जोखिम नियंत्रण*
   क. संयंत्र खाका में संशोधन
   ख. खतरे संभावित पदार्थों और संचालन के लिए अलगाव और संलग्नक
   ग. ऑन-साइट और ऑफ-साइट आपातकालीन तैयारी योजनाएं
iv. बीमा पॉलिसियों जैसे पर्याप्त जोखिम कवर उपाय

हाइड्रोकार्बन से जुड़े बड़े पैमाने पर परियोजनाओं और परियोजनाओं के लिए, आम तौर पर, अतिरिक्त अध्ययनों के तहत एक अलग विस्तृत अध्ययन "जोखिम आकलन और आपातकालीन तैयारी योजना" पर अनिवार्य है। परियोजना की सीमाओं के भीतर जोखिम नियंत्रण के लिए *ऑन-साइट आपातकालीन तैयारी योजना* जोखिम प्रबंधन का एक अभिन्न अंग है। बड़ी परियोजनाओं को एक *ऑफ-साइट आपातकालीन तैयारी योजना* का हिस्सा होना आवश्यक है, अनिवार्य रूप से एक आपदा प्रबंधन

योजना, जिसे स्थानीय प्रशासन द्वारा एक बड़े क्षेत्र में जोखिम प्रबंधन के लिए तैयार और कार्यान्वित किया जाता है जिसमें कई अलग-अलग प्रकार की गतिविधियां और अन्य परियोजनाएं मौजूद हैं और अधिक प्रस्तावित हैं। आपदा प्रबंधन योजना का उद्देश्य किसी भी स्रोत से उत्पन्न होने वाले जोखिमों को शामिल और प्रबंधित करके नुकसान को कम करना है, जिनके परिणाम पूर्व-निरूपित क्षेत्र में संबंधित परियोजना सीमाओं से परे आकस्मिक या सबसे खराब स्थिति के तहत महसूस किए जाते हैं। विशिष्ट ऑफ-साइट आपातकालीन तैयारी क्षेत्र में अग्नि निविदाओं, संचार और परिवहन नेटवर्क जैसी सामान्य सुविधाओं को ध्यान में रखती है, और परियोजना अधिकारियों, स्थानीय प्रशासन, पुलिस और स्वास्थ्य देखभाल एजेंसियों के बीच घनिष्ठ समन्वय पर जोर देती है। योजना को आपदा प्रबंधन अधिनियम (एनडीएमए 2005) के ढांचे का पालन करना चाहिए।

#### 6.6.7.6 जोखिम आकलन का आउटपुट

जोखिम आकलन के आउटपुट में आम तौर पर शामिल हैं:

i. खतरों, और खतरनाक पदार्थों की पहचान और उचित परिश्रम उनके इन्वेंट्री के साथ, जिसमें इन-प्रोसेस के साथ-साथ भंडारण भी शामिल है
ii. प्रचालन स्थितियों, एक्सोथर्मिक प्रतिक्रियाओं, सामग्री हैंडलिंग पद्धतियों, प्रक्रिया नियंत्रण और/अथवा उपस्करों की खराबी, उपकरण में प्रदान किए गए बाईपास लूप आदि सहित जोखिम संभावित स्थितियों की पहचान करना
iii. विभिन्न रिसाव या फैलाव परिदृश्यों के तहत सांद्रता या तापमान आकृति का मानचित्रण, और आधार मानचित्रों पर मौसम संबंधी स्थितियां, और प्रभाव दूरी का चित्रण
iv. एक जोखिम मैट्रिक्स
v. अधिकतम विश्वसनीय दुर्घटना के साथ-साथ सबसे खराब स्थिति के तहत एक जोखिम आकलन
vi. विशिष्ट जोखिम रोकथाम उपाय
vii. विशिष्ट जोखिम कम करने के उपाय
viii. एक ऑन-साइट आपातकालीन तैयारी कार्यक्रम
ix. क्षेत्र की मौजूदा ऑफ-साइट आपातकालीन योजना में परिकल्पित भूमिका

## 6.7 लियोपोल्ड मैट्रिक्स का उपयोग करके पर्यावरणीय प्रभाव मूल्यांकन: एक चित्रण

अध्याय 4 में वर्णित लियोपोल्ड मैट्रिक्स (लियोपोल्ड एवं अन्य 1971) का उपयोग करते हुए, किसी दिए गए स्थान पर एक काल्पनिक बड़े पत्तन और बंदरगाह परियोजना के पर्यावरणीय प्रभावों का मूल्यांकन करने के लिए निम्नलिखित चरणों को चित्रित किया गया है:

1. प्रत्येक *गतिविधि* और प्रभाव पैदा करने की इसकी *क्षमता* को इसके *परिमाण* और *महत्व* के संदर्भ में व्यक्त किया जाता है
2. परस्पर क्रिया का *परिमाण* इसकी तीव्रता या पैमाना है
   क) "*परिमाण*" का पैमाना 1 से 5 तक होता है; 5 सबसे बड़े परिमाण का प्रतिनिधित्व करता है, और 1 सबसे छोटा, और 3 के पास एक मान मध्यवर्ती विस्तार के प्रभावों का प्रतिनिधित्व करता है
   ख) परस्पर क्रिया के "*परिमाण*" के लिए संख्यात्मक मान का कार्यभार प्रत्याशित प्रभावों से संबंधित तथ्यों के उद्देश्य मूल्यांकन पर आधारित है।
3. परस्पर क्रिया का *महत्व* इसके सार्थकता से संबंधित है, या प्रत्याशित प्रभाव के संभावित परिणामों का आकलन है
   क) "*महत्व*" का पैमाना 1 से 10 तक होता है; 10 एक बहुत ही महत्वपूर्ण परस्पर क्रिया का प्रतिनिधित्व करते हैं, और 1 अपेक्षाकृत कम
   ख) "*महत्व*" के लिए संख्यात्मक महत्व मूल्य का कार्यभार *व्यक्तिपरक निर्णय* पर आधारित है
   ग) महत्व कारक से गुणा पंक्तियों और स्तंभों की संख्या का योग प्रभाव आकलन में अंतर्दृष्टि प्रदान करता है।
4. *प्रभाव के पैमाने* का उपयोग किसी प्रभाव की घटना की संभावना का वर्णन करने के लिए किया जाता है, जो कम से मध्यवर्ती से उच्च संभावना तक होता है
   क) प्रभाव पैमाने के उच्च मूल्य *अपरिवर्तनीय* प्रभावों से जुड़े होते हैं जबकि निम्न मूल्य लाभकारी (+) या हानिकारक (-) प्रभावों से जुड़े संभावित प्रत्यावर्तन को संदर्भित करते हैं।
5. परियोजना गतिविधि से उत्पन्न होने वाले प्रभावों के आधार पर सकारात्मक और ऋणात्मक मूल्यों के साथ प्रभाव स्कोर या *परिमाण* 0 से 5 तक होता है
   क) प्रत्येक घटक के स्कोर को *महत्व कारक* से गुणा किया जाना है और कुल स्कोर उत्पादों के योग से प्राप्त किया जाता है।
6. प्रभाव के परिमाण की गंभीरता मानदंड **तालिका 6.5** में दिए गए हैं।
7. मैट्रिक्स स्कोर के आधार पर प्रभाव मूल्यांकन की स्कोर रेंज **तालिका 6.6** में दी गई है।
8. किसी स्थान पर प्रस्तावित काल्पनिक बड़े पत्तन और बंदरगाह परियोजना के लिए प्रभाव मूल्यांकन मैट्रिक्स को **तालिका 6.7** में चित्रित किया गया है।
9. प्रभाव मूल्यांकन मैट्रिक्स से गणना किया गया कुल स्कोर है – 423

**तालिका 6.5 प्रभावों के परिमाण के लिए तीव्रता मानदंड**

| क. सं. | श्रेणी | श्रेणी का विवरण | प्रभाव | |
|---|---|---|---|---|
| | | | प्रतिकूल | लाभकारी |
| 1 | कोई प्रभाव नहीं | _ | 0 | 0 |
| 2 | कोई असराहनीय प्रभाव नहीं | अल्पकालिक, प्रतिवर्ती | -1 | 1 |
| 3 | सार्थक प्रभाव | दीर्घकालिक, प्रतिवर्ती | -2 | 2 |
| 4 | मुख्य प्रभाव | कम सीमा तक अपरिवर्तनीय | -3 | 3 |
| 5 | उच्च प्रभाव | मध्यम सीमा तक अपरिवर्तनीय | -4 | 4 |
| 6 | स्थायी प्रभाव | तीव्र अपरिवर्तनीय प्रभाव | -6 | 6 |

**तालिका 6.6 लाभकारी और प्रतिकूल प्रभावों के लिए स्कोर रेंज**

| ख. सं. | कुल स्कोर | परिणाम |
|---|---|---|
| 1 | +ve/-ve | लाभकारी प्रभाव/प्रतिकूल प्रभाव |
| 2 | 0-300 | सराहनीय लाभकारी प्रभाव/प्रतिकूल प्रभाव नहीं |
| 3 | 300-600 | सराहनीय लेकिन प्रतिवर्ती प्रतिकूल प्रभाव है<br>शमन उपायों की आवश्यकता है |
| 4 | 600-900 | महत्वपूर्ण प्रतिकूल प्रभाव है: अधिकांश प्रभाव प्रतिवर्ती है<br>शमन उपाय महत्वपूर्ण हैं |
| 5 | 900-1200 | प्रमुख प्रतिकूल प्रभाव हैं: अधिकांश प्रभाव प्रतिवर्ती है<br>वैकल्पिक साइट चयन पर विचार किया जाना चाहिए |
| 6 | >1200 | स्थायी अपरिवर्तनीय प्रतिकूल प्रभाव<br>परियोजना के विकल्पों की तलाश की जानी चाहिए |

**तालिका 6.7** में प्रभाव मूल्यांकन से पता चलता है कि प्रस्तावित परियोजना के कारण पर्यावरण पर सराहनीय लेकिन प्रतिवर्ती प्रतिकूल प्रभाव पड़ेगा, और पर्यावरणीय विचारों से परियोजना को स्वीकार्य बनाने के लिए उपयुक्त शमन उपायों की आवश्यकता है।

*यह देखा जा सकता है कि लियोपोल्ड मैट्रिक्स पर्यावरणीय प्रभाव आकलन के पाठ का सार है।*

## तालिका 6.7 प्रभाव आकलन मैट्रिक्स

Table 6.7 Impact Evaluation Matrix

| | Action causing Impact → | | CONSTRUCTION PHASE | | | | | | OPERATION PHASE | | | | | |
|---|---|---|---|---|---|---|---|---|---|---|---|---|---|---|
| | | | Construction Activities- Off Shore | Construction Activities- On Shore | Capital Dredging | Traffic Movement | Machineries operation | Labor camps | Shipping | Cargo Handling | Maintenance Dredging | Road Traffic | Sewage & MSW Generation | |
| | Environmental Attributes ↓ | Scale of Magnitude → | 1 2 3 4 5 | 1 2 3 4 5 | 1 2 3 4 5 | 1 2 3 4 5 | 1 2 3 4 5 | 1 2 3 4 5 | 1 2 3 4 5 | 1 2 3 4 5 | 1 2 3 4 5 | 1 2 3 4 5 | 1 2 3 4 5 | Impact Score |
| | | Scale of Importance ↓ | Low High | Low High | Low High | Low High | Low High | Low High | Low High | Low High | Low High | Low High | Low High | |
| PHYSICAL | Land Use | 10 | | -3 | | | | -1 | | | | | | -40 |
| | Marine Water Quality | 9 | -2 | | -2 | | | | | | -1 | | -1 | -54 |
| | Sediment Quality | 6 | -1 | | -2 | | | | | | -1 | | | -24 |
| | Air Quality | 7 | | -2 | -1 | -1 | -1 | | -1 | -1 | -1 | -1 | | -63 |
| | Noise level | 7 | -2 | -1 | -2 | -1 | -1 | | -1 | -1 | -1 | -1 | | -77 |
| BIOLOGICAL | Aquatic Life | 10 | -1 | -1 | -3 | | | | -1 | | -1 | | -1 | -80 |
| | Mangrove | 10 | | -2 | | | | | | | | | | -20 |
| | Terrestial Habitat | 8 | | -1 | | | | -1 | | | | -1 | | -24 |
| SOCIAL | Water Supply | 5 | | | | | | -1 | | | | | | -5 |
| | Power usage | 5 | -1 | -1 | -1 | | | -1 | -1 | -1 | -1 | | | -35 |
| | Employment | 6 | 1 | 1 | 1 | 1 | | 2 | 3 | 2 | 1 | 2 | | 84 |
| | Occupational Health | 7 | -1 | -1 | | | -1 | | | -1 | | -1 | | -35 |
| | Safety | 10 | -1 | -1 | | | -1 | | | -1 | | -1 | | -50 |
| | | | | | | | | | | | | | TOTAL SCORE | -423 |

## 6.8 अतिरिक्त अध्ययन

परियोजना के प्रकार और आकार और प्रस्तावित परियोजना स्थल की पर्यावरणीय सेटिंग के आधार पर, एक विशिष्ट ईआईए अध्ययन करने के अलावा, टीओआर में उल्लिखित या परियोजना वित्तपोषण एजेंसियों द्वारा आवश्यक माने जाने वाले कुछ विशिष्ट और विस्तृत अध्ययन किए जा सकते हैं। कुछ विशिष्ट अध्ययन जिनकी आवश्यकता हो सकती है, उन्हें नीचे हाइलाइट किया गया है:

1. अधिसूचित भूकंपीय क्षेत्रों में या उसके पास प्रस्तावित विशिष्ट प्रमुख परियोजनाओं, जैसे बांधों, जलाशयों, बिजली उत्पादन, विनिर्माण और अवसंरचनात्मक अध्ययनों के लिए *भूकंपीय अध्ययन*
2. पेट्रोलियम रिफाइनरियों, पेट्रोकेमिकल्स, हाइड्रोकार्बन और सॉल्वैंट्स हैंडलिंग, भंडारण और क्रॉस-कंट्री पाइपलाइनों, तेल और गैस की खोज, उत्पादन और परिवहन, भूमिगत कोयला खनन, रासायनिक और पेट्रोकेमिकल उद्योगों के लिए औद्योगिक क्षेत्रों या सम्पदा आदि के माध्यम से परिवहन जैसी कुछ विशिष्ट परियोजनाओं के लिए विस्तृत *जोखिम आकलन अध्ययन*
3. बंदरगाहों, बंदरगाहों और संबद्ध अवसंरचनात्मक सुविधाओं, बंदरगाह-आधारित टर्मिनलों, शिपयार्ड, जहाज तोड़ने, अपतटीय तेल और गैस की खोज, उत्पादन और परिवहन, हाइड्रोकार्बन के परिवहन के लिए उप-पाइपलाइनों, अपतटीय खनन, अपतटीय या बार्ज-माउंटेड बिजली उत्पादन, और मनोरंजक सुविधाओं, तट-आधारित विनिर्माण और बिजली उत्पादन जैसे विशिष्ट परियोजनाओं के लिए *समुद्री पर्यावरण आकलन अध्ययन*, जिसमें समुद्री जल का सेवन और/या अपशिष्ट जल निपटान शामिल है आदि।
4. बांध, सिंचाई, खनन, बड़े विनिर्माण और बिजली उत्पादन जैसी विशिष्ट परियोजनाओं के लिए *जल-भूविज्ञान अध्ययन* भूजल संसाधनों, बुनियादी ढांचे आदि का उपयोग करने का प्रस्ताव करते हैं।
5. कोई अन्य विशिष्ट अध्ययन

भले ही इस तरह के अध्ययन आम तौर पर विशेष एजेंसियों या संस्थानों को सौंपे जाते हैं, उनकी महत्वपूर्णता के आधार पर, ईआईए टीम लीडर यह सुनिश्चित करने के लिए प्रासंगिक विशेषज्ञता रखने वाले एक स्वतंत्र तीसरे पक्ष को भी शामिल कर सकता है:

क) टीओआर में निर्दिष्ट के अनुसार अध्ययन किया जाता है

ख) गुणवत्ता आश्वासन विशिष्ट पर्यावरणीय आधारभूत स्थितियों को स्थापित करने के लिए डेटा इकट्ठा करने में बनाया जाता है, और प्रभाव आकलन के लिए उपयोग की जाने वाली कार्यप्रणाली

ग) रिपोर्ट स्पष्ट रूप से पर्यावरणीय मुद्दों पर प्रकाश डालती है और पर्यावरणीय प्रबंधन कार्यक्रम के लिए उपयुक्त विशिष्ट शमन उपायों और सिफारिशों का सुझाव देती है

घ) ईआईए में शामिल करने के लिए एक संघनित रूप में विस्तृत रिपोर्ट से प्रासंगिक जानकारी निकाली जाती है। रिपोर्ट करें और इसे पर्यावरणीय प्रबंधन कार्यक्रम के साथ एकीकृत करें, जबकि विस्तृत रिपोर्ट संलग्न है।

इनमें से कुछ अध्ययनों की कुछ विशिष्ट विशेषताओं को संक्षेप में नीचे वर्णित किया गया है:

### *I. जोखिम आकलन*

जोखिम आकलन एक ईआईए रिपोर्ट का एक अभिन्न अंग है जैसा कि अध्याय 5 और इस अध्याय में वर्णित है। हालांकि, प्रसंस्करण, उत्पादन, हैंडलिंग, परिवहन, भंडारण और/या पदार्थों के उपयोग से जुड़ी परियोजनाओं के लिए, जिनमें उच्च जोखिम क्षमता है, टीओआर आम तौर पर एक अलग विस्तृत जोखिम आकलन अध्ययन आयोजित करने के लिए निर्दिष्ट करता है। ऐसे पदार्थों में शामिल हो सकते हैं:

i. हाइड्रोकार्बन
ii. विस्फोटक
iii. ज्वलनशील पदार्थ
iv. विषाक्त पदार्थ

ये पदार्थ आम तौर पर खनन, तेल और गैस की खोज, और उत्पादन, पेट्रोलियम रिफाइनरियों, गैस प्रसंस्करण, पेट्रोकेमिकल्स, पेट्रोलियम उत्पादों के लिए भंडारण टर्मिनल, तेल, गैस और पेट्रोलियम उत्पादों के परिवहन के लिए क्रॉस-कंट्री पाइपलाइनों, कीटनाशकों, विस्फोटक, सॉल्वैंट्स और विषाक्त उत्पादों सहित कार्बनिक रसायनों, क्लोर-क्षार, उर्वरकों, डिस्टिलरीज आदि जैसी परियोजनाओं से जुड़े होते हैं। जोखिम आकलन अध्ययनों को उच्च जोखिम वाली संभावित गतिविधियों जैसे कुछ अवसंरचनात्मक परियोजनाओं में शामिल व्यापक ब्लास्टिंग, तरल धातुओं की हैंडलिंग, बड़े टन भार सामग्री हैंडलिंग आदि के लिए भी निर्दिष्ट किया जा सकता है।

मात्रात्मक जोखिम आकलन अध्ययन करने में विशेषज्ञता और संसाधन रखने वाली एक एजेंसी या संस्थान, लागू विनियमों, उपलब्ध दिशानिर्देशों, प्रासंगिक कोड, तकनीकों और जोखिम का अनुमान के लिए सॉफ्टवेयर सहित उपकरण, और सर्वोत्तम इंजीनियरिंग और पर्यावरण प्रथाओं (बीईईपी) के साथ पूर्ण परिचितता इस तरह के अध्ययन को करने के लिए लगी हुई है। परियोजना के प्रत्येक जीवनचक्र चरण में मानव, वनस्पतियों, जीवों और पर्यावरण के विभिन्न घटकों पर अल्पकालिक और दीर्घकालिक जोखिमों का आकलन किया जाना आवश्यक है, जिसमें स्मारकों, परिदृश्य, इमारतों और संरचनाओं जैसे अजैविक घटक शामिल हैं। अध्ययन में निम्नलिखित को शामिल करने की आवश्यकता है:

i. परिवहन, हैंडलिंग, तरल पदार्थों के हस्तांतरण, भंडारण और प्रसंस्करण के साथ-साथ परिचालन स्थितियों और रखरखाव सहित सभी परियोजना से संबंधित गतिविधियों की पहचान

ii. प्रक्रियाओं की विस्तृत प्रवाह पत्रकों, पाइपिंग और उपकरण आरेखों के आधार पर खतरों की पहचान, और जोखिम और संचालन अध्ययन (एचएजेडओपी), दोष वृक्ष विश्लेषण, या सामान्य और असामान्य संचालन, आकस्मिक परिदृश्यों, और संयंत्र स्टार्ट-अप, शटडाउन और गैर-परिचालन स्थितियों के लिए घटना वृक्ष विश्लेषण जैसी तकनीकों का उपयोग करके लाइन आरेख
iii. प्रासंगिक प्रामाणिक स्रोतों से आकस्मिक स्थितियों और इसी तरह के संचालन में विफलताओं की संभावना या आवृत्ति पर डेटा का संकलन
iv. प्रासंगिक और मान्य मॉडल या सॉफ्टवेयर का उपयोग करके, और आधारभूत पर्यावरणीय स्थितियों की स्थापना के तहत एकत्र की गई मौसम संबंधी जानकारी का उपयोग करते हुए, उपरोक्त ii में वर्णित विभिन्न स्थितियों के तहत ऐसी घटनाओं या विफलताओं की घटना के परिणामों की गंभीरता का पूर्वानुमान
v. उचित मॉडल का उपयोग करके मात्रात्मक जोखिम आकलन
vi. जोखिम की रोकथाम, जोखिम में कमी और परिणाम शमन के लिए व्यापक प्रक्रिया नियंत्रण और उपकरण सहित परियोजना संरचना में विशिष्ट उपायों को शामिल करने की सिफारिशें स्वीकार्य स्तर तक
vii. ऑन-साइट आपातकालीन प्रतिक्रिया कार्यक्रम सहित प्रक्रिया सुरक्षा प्रबंधन के रूप में जोखिम तैयारी कार्यक्रम को शामिल करने की सिफारिशें, बड़े क्षेत्र की ऑफ-साइट आपातकालीन योजना में भूमिका पर स्पष्टता के साथ संबंधित अधिकारियों के साथ निकट समन्वय, जिसे आपदा प्रबंधन योजना, क्षेत्र में पारस्परिक सहायता तंत्र भी कहा जाता है, आदि।
viii. एएसएमई और एएसटीएम जैसे प्रासंगिक कोडों के अनुरूप सर्वोत्तम इंजीनियरिंग प्रथाओं पर सिफारिशें, और पेट्रोलियम अधिनियम, संबंधित एजेंसियों के दिशानिर्देशों, जैसे अमेरिकी पेट्रोलियम संस्थान, पेट्रोलियम संरक्षण और अनुसंधान एजेंसी, और तेल उद्योग सुरक्षा निदेशालय, और बीमा कंपनियों जैसे लागू नियमों की आवश्यकताओं का अनुपालन
ix. परियोजना, संचालन और संबद्ध कर्मियों, और ठेकेदारों और उप ठेकेदारों, आवधिक निरीक्षण, नियमित सुरक्षा लेखा परीक्षा और मॉक ड्रिल आदि के प्रशिक्षण के चल रहे तंत्र। जोखिम प्रबंधन के अभिन्न घटकों के रूप में; आदि।

मौजूदा गतिविधियों के विस्तार या विविधीकरण से जुड़ी ब्राउनफील्ड परियोजनाओं के लिए, प्रस्तावित परियोजना के लिए जोखिम आकलन परिचालन परियोजना (परियोजनाओं) के लिए निम्नलिखित के उचित परिश्रम से पहले किया जाता है:

क) प्रचलित प्रक्रिया सुरक्षा प्रबंधन प्रणाली
ख) परिणाम विश्लेषण पहले किया गया था
ग) प्रभाव या कमजोर क्षेत्रों का अनुमान पहले किया गया था
घ) आपातकालीन प्रतिक्रिया योजना

ङ) आंतरिक और साथ ही बाहरी सुरक्षा ऑडिट रिपोर्ट, और निष्कर्षों पर की गई कार्रवाई
च) निकट चूक के रिकॉर्ड
छ) दुर्घटनाओं पर की गई जांच के रिकॉर्ड
ज) सांविधिक प्राधिकारियों के आवधिक निरीक्षणों के दौरान उनकी टिप्पणियां और की गई कार्रवाई
झ) आयोजित प्रशिक्षण कार्यक्रमों और मॉक ड्रिल के रिकॉर्ड
ञ) क्षेत्र में ऑफ-साइट आपातकालीन प्रतिक्रिया प्रबंधन प्राधिकरण के साथ संचार और समन्वय का प्रचलित तंत्र; आदि।

उचित जांच-पड़ताल करने के बाद,

i. उपर्युक्त 1–10 टिप्पणियों का दस्तावेजीकरण किया गया है
ii. ग्रीनफील्ड परियोजनाओं के लिए दिशानिर्देशों का पालन करते हुए, ऊपर वर्णित 1 और जोखिम आकलन और मौसम संबंधी जानकारी पर एकत्र की गई आधारभूत जानकारी को ध्यान में रखते हुए प्रस्तावित गतिविधियों के लिए जोखिम आकलन किया जाता है।
iii. जोखिम शमन उपायों को इस तरह से प्रस्तावित किया जाता है कि इन्हें मौजूदा जोखिम शमन और ऑन-साइट आपातकालीन तैयारी योजना के साथ एकीकृत किया जाता है।

उपर्युक्त के आधार पर, यह आशा की जाती है कि समग्र रूप से परियोजना परिसर के लिए जोखिम प्रबंधन पर एक व्यापक दस्तावेज सामने आएगा, जिसमें मौजूदा और प्रस्तावित गतिविधियों को शामिल किया जाएगा।

### *II. समुद्री पर्यावरण आकलन*

तटीय और अपतटीय परियोजनाओं में तटवर्ती, तटीय और अपतटीय संरचनाओं, जेटी, समुद्र तल पर पाइपलाइनों, ब्रेकवाटर, ड्रेजिंग (पूंजी के साथ-साथ रखरखाव), पेट्रोलियम उत्पादों की अपतटीय हैंडलिंग, तरल पदार्थों के तटवर्ती हैंडलिंग और भंडारण, शिपिंग, जहाजों के बंकरिंग, बिल्ज और गिट्टी निपटान, मछली लैंडिंग और प्रसंस्करण सुविधाओं सहित कई गतिविधियां शामिल हो सकती हैं। अपशिष्ट जल उपचार सुविधाएं आदि। इस तरह की गतिविधियों में तटीय और समुद्री पर्यावरण में असंख्य परिवर्तन करने की क्षमता है। ऐसी गतिविधियों के प्रभाव का आकलन व्यापक समुद्री पर्यावरण से संबंधित अध्ययनों को करके किया जाता है, आमतौर पर इस तरह की परियोजनाओं के लिए

i. पत्तन और बंदरगाह
ii. प्रमुख मछली पकड़ने के बंदरगाह
iii. पेट्रोलियम उत्पादों, सॉल्वैंट्स और रसायनों के भंडारण और हैंडलिंग के लिए तटवर्ती टर्मिनल
iv. तट-आधारित विनिर्माण और बिजली परियोजनाएं
v. पर्यटन और मनोरंजन
vi. अपतटीय अन्वेषण और तेल और गैस का उत्पादन

vii. बिजली उत्पादन, आवासीय, वाणिज्यिक और अवकाश/मनोरंजन जैसी बजरा माउंटेड अपतटीय परियोजनाएं
viii. पेट्रोलियम उत्पादों के अपतटीय हैंडलिंग के लिए एकल बिंदु मूरिंग
ix. परिवहन के लिए उप-समुद्री पाइपलाइन, संचार के लिए केबल, आदि।
x. उपचारित औद्योगिक अपशिष्ट जल के निपटान के लिए समुद्री आउटफॉल, और उपचारित सीवेज
xi. समुद्री जल का सेवन
xii. समुद्र तल से खनिजों का निष्कर्षण या खनन
xiii. समुद्र या खाड़ियों पर पुल
xiv. समुद्र तल पर सुरंगें।

यह सराहना की जा सकती है कि ईआईए की तरह समुद्री पर्यावरणीय प्रभाव आकलन में आधारभूत स्थितियों की स्थापना, प्रभावों की पहचान, का अनुमान और प्रभावों का आकलन, विशिष्ट शमन उपायों का प्रस्ताव और तटीय और समुद्री पारिस्थितिकी तंत्र के लिए एक पर्यावरणीय निगरानी कार्यक्रम सहित एक पर्यावरणीय प्रबंधन कार्यक्रम शामिल है। इस तरह के विशेष अध्ययन एक एजेंसी या संस्थान को सौंपे जाते हैं, जिसके पास समुद्र विज्ञान, समुद्री रसायन विज्ञान और समुद्री जीव विज्ञान में आवश्यक संसाधन और विशेषज्ञता है, और तटीय विनियमन क्षेत्रों, और अंतर्राष्ट्रीय सम्मेलनों जैसे लागू राष्ट्रीय नियमों की समझ है, जैसे जहाजों से प्रदूषण की रोकथाम के लिए अंतर्राष्ट्रीय सम्मेलन (1983), जिसे एमएआरपीओएल कहा जाता है, और व्हेल और डुगोंग जैसे विशिष्ट समुद्री जीवों के संरक्षण पर अंतर्राष्ट्रीय सम्मेलन, और अंतर्राष्ट्रीय समुद्री संगठन द्वारा जारी दिशानिर्देश।

टीओआर के आधार पर, विस्तृत समुद्री संबंधित अध्ययन निम्नलिखित पहलुओं को शामिल कर सकते हैं:

i. समुद्र तट का भूविज्ञान और भू-आकृति विज्ञान
ii. ज्वार, लहरों और धाराओं के समुद्र विज्ञान और हाइड्रोडायनामिक पहलू, और बाथमेट्री
iii. तलछट परिवहन
iv. तटरेखा में परिवर्तन
v. समुद्री जल की गुणवत्ता
vi. समुद्री प्रदूषण, और तेल रिसाव का मॉडलिंग
vii. मैंग्रोव, कोरल, समुद्री घास, मछली, मोलस्क आदि जैसे पारिस्थितिक संसाधनों पर प्रभाव।
viii. मछली पकड़ने वाले समुदायों पर सामाजिक-आर्थिक प्रभाव; आदि।

तेल रिसाव और समुद्री आउटफॉल के माध्यम से समुद्र में निर्वहन के कारण समुद्री जल के संदूषण का अनुमान विभिन्न महासागरीय स्थितियों के तहत किया जाता है। तटीय और समुद्री पर्यावरण, जैसे समुद्र

तटों, कोरल, मैंग्रोव और अन्य वनस्पतियों के आकस्मिक संदूषण और प्राथमिक उत्पादकता, यानी फाइटोप्लांकटन और जूप्लांकटन, बेंथोस, मछली और अन्य समुद्री जीवों आदि के आकस्मिक संदूषण सहित प्रभाव। मॉडलिंग सहित उपयुक्त तकनीकों को अपनाकर किया जाता है। एस्टुरीन पारिस्थितिकी के लिए एक प्रभाव आकलन विशेष रूप से माना जाता है क्योंकि एक्चुअरी समुद्री जीवों के लिए प्रजनन और स्पॉनिंग ग्राउंड प्रदान करते हैं, और समुद्री उत्पादकता में योगदान करते हैं। समुद्री जल में अपशिष्ट और अनुपचारित अपशिष्ट जल के रिसाव, रिसाव और निर्वहन से बचने, कम करने और नियंत्रित करने के लिए सुझाए गए शमन उपायों को परियोजना के संरचना और परिचालन विशेषताओं में शामिल करने की आवश्यकता है।

तटीय और समुद्री परियोजनाओं या कार्यकलापों, विशेषकर मछुआरा समुदायों, जो सर्वाधिक असुरक्षित हैं, के सामाजिक-आर्थिक प्रभावों का आकलन समुदाय के परामर्श से किया जाना है और यह सुनिश्चित करने के लिए उपयुक्त शमन उपायों का प्रस्ताव किया जाना है कि उनकी आजीविका पर प्रतिकूल प्रभाव न पड़े। पर्यावरणीय प्रबंधन कार्यक्रम में बेहतर मछली लैंडिंग सुविधाओं के प्रावधान, मछली और अन्य समुद्री उत्पादों के भंडारण, जल आपूर्ति और स्वच्छता सुविधाओं और अन्य सामाजिक कल्याण उपायों जैसे अतिरिक्त उपायों को भी प्रस्तावित किया जा सकता है ताकि ऐसे समुदायों को अपने जीवन की गुणवत्ता में सुधार करने में मदद मिल सके।

तटीय और समुद्री जल और अन्य समुद्री संसाधनों के लिए एक पर्यावरणीय प्रबंधन कार्यक्रम प्रस्तावित किया जाना है जिसमें निम्नलिखित तंत्र शामिल हैं:

i. स्पिल और रिसाव के नियंत्रण के लिए विभिन्न प्रकार के कार्गो के लोडिंग, अनलोडिंग, ट्रांसफर, स्टोरेज और परिवहन के लिए मानक संचालन प्रक्रियाओं और प्रथाओं का पालन करना
ii. ballast का उपचार, और बिल्ज और ड्रेजड सामग्री का निपटान
iii. तेल रिसाव, मालवाहक जहाजों की ग्राउंडिंग, आग आदि के लिए आपातकालीन प्रतिक्रिया
iv. मूंगा, समुद्री कछुए, खारे पानी के मगरमच्छ और डुगोंग और मैंग्रोव जैसी लुप्तप्राय और दुर्लभ प्रजातियों का संरक्षण
v. समुद्री संसाधनों और समुद्री मापदंडों के लिए आवधिक पर्यावरणीय निगरानी कार्यक्रम; आदि।

### *III. जल-भूविज्ञान अध्ययन*

जल विज्ञान, जल पर्यावरण का एक अभिन्न अंग, आमतौर पर एक विशिष्ट ईआईए में माना जाता है। हालांकि, नीचे दी गई परियोजनाओं या गतिविधियों के लिए हाइड्रोजियोलॉजी पर व्यापक अध्ययन की आवश्यकता हो सकती है, सतह के साथ-साथ भूजल शासन पर उनके संभावित प्रभावों को देखते हुए:

i. बांध, जलाशय, सिंचाई, और पनबिजली
ii. जल-गहन परियोजनाएं
iii. भूमिगत खनन

iv. भूमिगत सुरंगें और परिवहन के लिए बुनियादी ढांचा
v. भूजल का दोहन, विशेष रूप से तटीय क्षेत्रों में
vi. खतरनाक कचरे के लिए उपचार, भंडारण और निपटान सुविधाएं, और नगरपालिका अपशिष्ट लैंडफिल, आदि।
vii. नदियों को आपस में जोड़ना और मोड़ना; आदि।

इस तरह के अध्ययनों में आमतौर पर सतह के साथ-साथ भूजल संसाधनों, वाटरशेड, जलभृत संचरण, परियोजना के लिए जल निष्कर्षण के कारण जल संतुलन में परिवर्तन का पूर्वानुमान, कुओं और भूजल तालिका पर प्रभाव, अपशिष्ट जल और लीचेट के अंतःस्त्रवण के कारण भूजल प्रदूषण का मॉडलिंग, और उसके प्रभाव, तटीय क्षेत्रों के पास खारे पानी की घुसपैठ शामिल है। जलभराव और संबंधित प्रभाव, आदि।

## 6.9 पर्यावरणीय प्रभावों का सारांश

यह महसूस करने की आवश्यकता है कि पर्यावरण के विभिन्न घटकों पर प्रभावों के बीच अंतर्संबंध और एक मजबूत सहसंबंध है। इसलिए, इस अध्याय में वर्णित पर्यावरण के प्रत्येक घटक पर प्रभाव आकलन करते समय प्रभावों को एकीकृत करना आवश्यक है। उदाहरण के लिए

i. वायु प्रभाव और जल प्रभाव
ii. जल प्रभाव और मृदा, भूदृश्य, पारिस्थितिक और सामाजिक प्रभाव
iii. मृदा, भूमि उपयोग/भूदृश्य प्रभाव, और पारिस्थितिक और सामाजिक प्रभाव
iv. पारिस्थितिक प्रभाव और सामाजिक प्रभाव

**तालिका 6.8 प्रभाव आकलन का सारांश**

| पर्यावरणीय घटक/प्रभाव प्रकार | वायु | शोर | जल | जल मृदा, भूमि, और भूदृश्य | पारिस्थितिकी | सामाजिक-आर्थिक, सांस्कृतिक | कोई अन्य |
|---|---|---|---|---|---|---|---|
| **निर्माण चरण** | | | | | | | |
| प्रकृति | | | | | | | |
| परिमाण/ तीव्रता | | | | | | | |
| सीमा/स्थान | | | | | | | |
| समय | | | | | | | |
| अवधि | | | | | | | |

| पर्यावरणीय घटक/प्रभाव प्रकार | वायु | शोर | जल | जल मृदा, भूमि, और भूदृश्य | पारिस्थितिकी | सामाजिक-आर्थिक, सांस्कृतिक | कोई अन्य |
|---|---|---|---|---|---|---|---|
| संभावना | | | | | | | |
| प्रत्यावर्तन (रिवर्सबिलिटी) | | | | | | | |
| महत्व प्रसार | | | | | | | |
| **ऑपरेशन चरण** | | | | | | | |
| **पोस्ट-ऑपरेशन चरण** | | | | | | | |

प्रत्येक जीवनचक्र चरण में पर्यावरण के विभिन्न घटकों पर परियोजना के पर्यावरणीय प्रभाव, जैसा कि ऊपर वर्णित है, को **तालिका 6.8** में चित्रित एक सारणीबद्ध रूप में अलग से सारांशित किया गया है, ताकि ईआईए अध्ययन की त्वरित समीक्षा की सुविधा मिल सके।

## संदर्भ


ADB, Asian Development Bank. 1993. *Environmental Assessment Requirements and Environmental Review Procedures of the Asian Development Bank*. Manila: Office of the Environment, Industry and Environment, Asian Development Bank.

ADB, एशियन विकास बैंक, 1993, एशियन विकास बैंक की पर्यावरणीय आकलन आवश्यकताएँ और पर्यावरण समीक्षा प्रक्रियाएँ। मनीला: पर्यावरण, उद्योग और पर्यावरण कार्यालय, एशियन विकास बैंक।

ADB, Asian Development Bank. 1998. *Handbook on Resettlement: A Guide to Good Practice*. Manila: Office of the Environment, Industry and Environment, Asian Development Bank.

ADB, एशियन विकास बैंक, 1998, हैंडबुक ऑन रिसेटलमेंट: ए गाइड टू गुड प्रैक्टिस। मनीला: पर्यावरण, उद्योग और पर्यावरण कार्यालय, एशियन विकास बैंक।

APHA, American Public Health Association. 1998 *Standard Methods for the Examination of Water and Wastewater*. 20th edn. Washington, D.C: American Public Health Association.

APHA, अमेरिकन पब्लिक हेल्थ एसोसिएशन, 1998, जल और अपशिष्ट जल की जांच के लिए मानक तरीके। 20वां संस्करण, वाशिंगटन, डी.सी: अमेरिकन पब्लिक हेल्थ एसोसिएशन।

ASI, Anthropological Survey of India. 2010. *Social Impact Assessment: Draft Module*. Kolkata: Anthropological Survey of India.

ASI, भारतीय मानव विज्ञान सर्वेक्षण, 2010, सामाजिक प्रभाव आकलन: ड्राफ्ट मॉड्यूल। कोलकाता: भारतीय मानव विज्ञान सर्वेक्षण।

Barrowcliffe, R. 1992. "Air Quality Monitoring." *Environmental Policy and Practice* **1**(4): 3–26.

बैरोक्लिफ, आर. 1992, "वायु गुणवत्ता निगरानी।" पर्यावरण नीति और अभ्यास 1(4): 3-26।

Bear, J., and A. Verruijt. 1987. *Modeling Groundwater Flow and Pollution*. Dordrecht: Springer.

बियर, जे., और ए. वेरुइज्ट, 1987, भूजल प्रवाह और प्रदूषण की मॉडलिंग। डॉर्ड्रेक्ट: स्प्रिंगर।

Berkhout, F., J. Hertin, and A. Jordan. 2002. "Socio-Economic Futures in Climate Change Impact Assessment." *Global Environmental Change* **12**(2): 83–95.

बर्खौट, एफ., जे. हर्टिन, और ए. जॉर्डन, 2002, "जलवायु परिवर्तन प्रभाव आकलन में सामाजिक-आर्थिक भविष्य।" वैश्विक पर्यावरण परिवर्तन 12(2): 83-95.

Biodiversity Indices. n.d. Shannon and Simpson indices. Accessed May 1, 2015. www.protectingusnow.org.

जैव विविधता सूचकांक। एन.डी. शैनन और सिम्पसन सूचकांक। 1 मई 2015 को एक्सेस किया गया। www.protectingusnow.org.

Braun, Y. A., and B. Tilt. 2009. "Social Impacts of Large Dam Projects: A Comparison of International Case Studies and Implications for Best Practice." *Journal of Environmental Management* **90**(3): S249-S257.

ब्रौन, वाई.ए., और बी. टिल्ट, 2009, "बड़े बांध परियोजनाओं के सामाजिक प्रभाव: सर्वोत्तम अभ्यास के लिए अंतर्राष्ट्रीय केस अध्ययन और निहितार्थ की तुलना।" पर्यावरणीय प्रबंधन जर्नल 90(3): एस249- एस257।

Brower, J. J., and J. H. Zar. 1998. *Field and Laboratory Methods for General Ecology*. Iowa: W.M.C. Brown Company Publishers.

ब्राउनर, जे. जे., और जे. एच. ज़ार, 1998, सामान्य पारिस्थितिकी के लिए क्षेत्र और प्रयोगशाला पद्धतियाँ। आयोवा: डब्ल्यू.एम.सी. ब्राउन कंपनी प्रकाशक।

BS 6472:1984. *Technical Guidance to Assess Human Response to Vibration*.

*BS 6472:1984, कंपन के प्रति मानवीय प्रतिक्रिया का आकलन करने के लिए तकनीकी मार्गदर्शन।*

BS 6472-1:2008. *Guide to Evaluation of Human Exposure to Vibration*.

BS 6472-1:2008, कंपन के प्रति मानव एक्सपोज़र के मूल्यांकन हेतु मार्गदर्शिका।

Canter, L. W. 1996. *Environmental Impact Assessment*. 2nd edn. New York: McGraw-Hill.

कैंटर, एल.डब्ल्यू. 1996, पर्यावरणीय प्रभाव आकलन। दूसरा संस्करण, न्यूयॉर्क: मैकग्रा- हिल।

CPCB, Central Pollution Control Board. 2003. *Guidelines for Ambient Air Quality Monitoring*. Delhi: Central Pollution Control Board.

CPCB, केंद्रीय प्रदूषण नियंत्रण बोर्ड, 2003, परिवेशी वायु गुणवत्ता निगरानी के लिए दिशानिर्देश। दिल्ली: केंद्रीय प्रदूषण नियंत्रण बोर्ड।

CPCB, Central Pollution Control Board. 2008. *Guidelines for Water Quality Management*. Delhi: Central Pollution Control Board.

CPCB, केंद्रीय प्रदूषण नियंत्रण बोर्ड, 2008, जल गुणवत्ता प्रबंधन के लिए दिशानिर्देश। दिल्ली: केंद्रीय प्रदूषण नियंत्रण बोर्ड।

CPCB, Central Pollution Control Board. 2011. *Guidelines for the Measurement of Ambient Air Pollutants: Guidelines for Manual Sampling and Analyzes*. Volume1. Delhi: Central Pollution Control Board.

CPCB, केंद्रीय प्रदूषण नियंत्रण बोर्ड, 2011, परिवेशी वायु प्रदूषकों के मापन के लिए दिशानिर्देश: मैन्युअल सैंपलिंग और विश्लेषण के लिए दिशानिर्देश। वॉल्यूम 1, दिल्ली: केंद्रीय प्रदूषण नियंत्रण बोर्ड।

Edwards, J. 2010. *Ecology, Field Studies and the Scientific Methods- Literacy Strategies for the Science Classroom*. North Carolina: National Science Foundation.

एडवर्ड्स, जे, 2010, पारिस्थितिकी, क्षेत्र अध्ययन और वैज्ञानिक तरीके- विज्ञान कक्षा के लिए साक्षरता रणनीतियाँ। उत्तरी कैरोलिना: राष्ट्रीय विज्ञान फाउंडेशन।

Gontier M., B. Balfors, and U. Mortberg. 2006. "Biodiversity in Environmental Assessment- Current Practices and Tools for Prediction." *Environmental Impact Assessment Review* **26**: 268–286.

गोंटियर एम., बी. बाल्फ़ोर्स, और यू. मोर्टबर्ग, 2006, "पर्यावरणीय आकलन में जैव विविधता- पूर्वानुमान के लिए वर्तमान अभ्यास और उपकरण।" पर्यावरणीय प्रभाव आकलन समीक्षा 26: 268-286।

ICGPSIA, Inter-organizational Committee on Guidelines and Principles for Social Impact Assessment. 1994. "Guidelines and Principles for Social Impact Assessment." *Impact Assessment* **12**(2): 107–152.

ICGPSIA, सामाजिक प्रभाव आकलन के लिए दिशानिर्देशों और सिद्धांतों पर अंतर-संगठनात्मक समिति, 1994, "सामाजिक प्रभाव आकलन के लिए दिशानिर्देश और सिद्धांत।" प्रभाव आकलन 12(2): 107-152.

ICGPSIA, Inter-organizational Committee on Guidelines and Principles for Social Impact Assessment. 2003. "Guidelines and Principles for Social Impact Assessment in the USA." *Impact Assessment and Project Appraisal* **21**(3): 231–250.

ICGPSIA, सामाजिक प्रभाव आकलन के लिए दिशानिर्देशों और सिद्धांतों पर अंतर-संगठनात्मक समिति, 2003, "संयुक्त राज्य अमेरिका में सामाजिक प्रभाव आकलन के लिए दिशानिर्देश और सिद्धांत।" प्रभाव आकलन और परियोजना मूल्यांकन 21(3): 231-250.

IARI, Agricultural Research Institute. 1999. *Soil, Water Analysis Method Manual*. New Delhi: Indian Council of Agricultural Research.

IARI, कृषि अनुसंधान संस्थान, 1999, मृदा, जल विश्लेषण विधि मैनुअल। नई दिल्ली: भारतीय कृषि अनुसंधान परिषद।

IHME, Institute for Health Metrics and Evaluation. 2018. *Findings From the GBD Study 2017*. Seattle, WA: Institute for Health Metrics and Evaluation.

IHME, स्वास्थ्य मेट्रिक्स और मूल्यांकन संस्थान, 2018, GBD अध्ययन 2017 से निष्कर्ष। सिएटल, WA: स्वास्थ्य मेट्रिक्स और मूल्यांकन संस्थान।

IRD, Irrigation Research and Development. 2009. *Laboratory Testing Procedure for Soil and Water Sample Analysis*. Pune: Water Resources Department, Govt of Maharashtra.

IRD, सिंचाई अनुसंधान एवं विकास, 2009, मृदा और पानी के नमूने के विश्लेषण के लिए प्रयोगशाला परीक्षण प्रक्रिया। पुणे: जल संसाधन विभाग, महाराष्ट्र सरकार।

ISO 2631-1:1997. *Mechanical Vibration and Shock-Evaluation of Human Exposure to Whole-body Vibration*. https://www.iso.org/standard/7612.html.

ISO 2631-1:1997, यांत्रिक कंपन और झटका- पूरे शरीर के कंपन के प्रति मानव एक्सपोज़र का मूल्यांकन। https://www.iso.org/standard/7612.html.

IUCN, International Union for Conservation of Nature. 2004. *Red List of Threatened Species*. Accessed Jan 23, 2016. http://www.redlist.org.

IUCN, प्रकृति संरक्षण के लिए अंतर्राष्ट्रीय संघ, 2004, संकटग्रस्त प्रजातियों की लाल सूची। 23 जनवरी 2016 को एक्सेस किया गया। http://www.redlist.org.

Izsak, J., and L. Papp. 2000. "A Link Between Ecological Diversity Indices and Measures of Biodiversity." *Ecological Monitoring* **130**(1): 151–156.

इज़्साक, जे., और एल. पप्प, 2000, "पारिस्थितिकी विविधता सूचकांकों और जैव विविधता के माप के बीच एक कड़ी।" पारिस्थितिक निगरानी 130(1): 151-156.

Krebs, C. J. 1999. *Ecological Methodology*. 2nd edn. New York: Addison Wesley Longman.

क्रेब्स, सी.जे. 1999, पारिस्थितिक पद्धति। दूसरा संस्करण, न्यूयॉर्क: एडिसन वेस्ले लॉन्गमैन।

Leopold, L. B., F. E. Clarke, B. B. Manshaw, and J. R. Balsley. 1971. *A Procedure for Evaluating Environmental Impacts*. U.S. Geological Survey Circular no. 645, Washington, D.C.: Government Printing Office.

लियोपोल्ड, एल.बी., एफ.ई. क्लार्क, बी.बी. मैनशॉ, और जे.आर. बाल्स्ले, 1971, पर्यावरणीय प्रभावों के मूल्यांकन के लिए एक प्रक्रिया। अमेरिकी भूवैज्ञानिक सर्वेक्षण परिपत्र संख्या. 645, वाशिंगटन, डी.सी.: सरकारी मुद्रण कार्यालय।

Lerer, L. B., and T. Scudder. 1999. "Health Impacts of Large Dams." *Environmental Impact Assessment Review* **19**(2):113–123.

लेरर, एल.बी., और टी. स्कडर, 1999, "बड़े बांधों का स्वास्थ्य पर प्रभाव।" पर्यावरणीय प्रभाव आकलन समीक्षा 19(2):113– 123.

Liu, David H. F., B. G. Liptak, and P. P. Bouis. 1997. *Environmental Engineers' Handbook*. 2nd edn. New York: Lewis Publishers.

लियू, डेविड एच. एफ., बी. जी. लिप्टक, और पी. पी. बौइस, 1997, पर्यावरण इंजीनियरों की पुस्तिका। दूसरा संस्करण, न्यूयॉर्क: लुईस पब्लिशर्स।

Mannan, D. S. 2005. *Lee's Loss Prevention in the Process Industries*. Oxford: Elsevier Butterworth-Heinemann.

मन्नान, डी.एस. 2005, प्रोसेस इंडस्ट्रीज में ली की हानि रोकथाम। ऑक्सफोर्ड: एल्सेवियर बटरवर्थ- हेनमैन।

Metcalf & Eddy. 2003. *Wastewater Engineering, Treatment and Reuse*. 4th edn. New York: McGraw-Hill.

मेटकाफ और एडी, 2003, अपशिष्ट जल इंजीनियरिंग, उपचार और पुन: उपयोग। चौथा संस्करण, न्यूयॉर्क: मैकग्रा- हिल।

MOEF, Ministry of Environment and Forests. 1975. *The Water (Prevention and Control of Pollution) Rules*. New Delhi: Ministry of Environment and Forests.

एमओईएफ, पर्यावरण और वन मंत्रालय, 1975, जल (प्रदूषण की रोकथाम और नियंत्रण) नियम। नई दिल्ली: पर्यावरण और वन मंत्रालय।

MOEF, Ministry of Environment and Forests. 1988. *The Environment (Protection) Rules*. MOEF. New Delhi: Ministry of Environment and Forests.

एमओईएफ, पर्यावरण और वन मंत्रालय, 1988, पर्यावरण (संरक्षण) नियम। एमओईएफ, नई दिल्ली: पर्यावरण और वन मंत्रालय।

MOEF, Ministry of Environment and Forests. 1995. *The Wildlife (Protection) Rules*. New Delhi: Ministry of Environment and Forests.

एमओईएफ, पर्यावरण और वन मंत्रालय, 1995, वन्यजीव (संरक्षण) नियम। नई दिल्ली: पर्यावरण और वन मंत्रालय।

MOEF, Ministry of Environment and Forests. 1998. *The Environment (Protection) Amendment Rules*. New Delhi: Ministry of Environment and Forests.

एमओईएफ, पर्यावरण और वन मंत्रालय।, 1998, पर्यावरण (संरक्षण) संशोधन नियम। नई दिल्ली: पर्यावरण और वन मंत्रालय।

MOEF, Ministry of Environment and Forests. 2000a. *The Noise Pollution (Regulation and Control) Rules*. New Delhi: Ministry of Environment and Forests.

एमओईएफ, पर्यावरण और वन मंत्रालय, 2000a, ध्वनि प्रदूषण (विनियमन और नियंत्रण) नियम। नई दिल्ली: पर्यावरण और वन मंत्रालय।

MOEF, Ministry of Environment and Forests. 2006. *Environmental Impact Assessment Notification*. New Delhi: Ministry of Environment and Forests.

एमओईएफ, पर्यावरण और वन मंत्रालय, 2006, पर्यावरणीय प्रभाव आकलन अधिसूचना। नई दिल्ली: पर्यावरण और वन मंत्रालय।

MOEF, Ministry of Environment and Forests. 2009. *National Ambient Air Quality Standards Notification*. New Delhi: Ministry of Environment and Forests.

एमओईएफ, पर्यावरण और वन मंत्रालय, 2009, राष्ट्रीय परिवेशी वायु गुणवत्ता मानक अधिसूचना। नई दिल्ली: पर्यावरण और वन मंत्रालय।

MOEF, Ministry of Environment and Forests. 2012. *The Environment (Protection) Amendment Rules*. New Delhi: Ministry of Environment and Forests.

एमओईएफ, पर्यावरण और वन मंत्रालय, 2012, पर्यावरण (संरक्षण) संशोधन नियम। नई दिल्ली: पर्यावरण और वन मंत्रालय।

MOEF, Ministry of Environment and Forests. 2014. *The Environment (Protection) Amendment Rules*. New Delhi: Ministry of Environment and Forests.

एमओईएफ, पर्यावरण और वन मंत्रालय, 2014, पर्यावरण (संरक्षण) संशोधन नियम। नई दिल्ली: पर्यावरण और वन मंत्रालय।

MOEF, Ministry of Environment and Forests. 2020. *Draft Environmental Impact Assessment Notification*. New Delhi: Ministry of Environment and Forests.

एमओईएफ, पर्यावरण और वन मंत्रालय, 2020, मसौदा पर्यावरणीय प्रभाव आकलन अधिसूचना। नई दिल्ली: पर्यावरण और वन मंत्रालय।

MOLE, Ministry of Labor and Employment. 1987. *The Factories (Amendment) Act*. Ministry of Labor and Employment. New Delhi: Ministry of Labor and Employment.

एम.ओ.एल.इ, श्रम और रोजगार मंत्रालय, 1987, कारखाना (संशोधन) अधिनियम, श्रम और रोजगार मंत्रालय। नई दिल्ली: श्रम और रोजगार मंत्रालय।

MORD, Ministry of Rural Development. 2014. *Right to Fair Compensation and Transparency in Land Acquisition, Rehabilitation and Resettlement Rules*. New Delhi: Ministry of Rural Development.

एमओआरडी, ग्रामीण विकास मंत्रालय, 2014, भूमि अधिग्रहण, पुनर्वास और पुनर्स्थापन नियमों में उचित मुआवजे और पारदर्शिता का अधिकार। नई दिल्ली: ग्रामीण विकास मंत्रालय।

NDMA, National Disaster Management Authority. 2005. *Disaster Management Act*. New Delhi: Government of India.

एनडीएमए, राष्ट्रीय आपदा प्रबंधन प्राधिकरण, 2005, आपदा प्रबंधन अधिनियम। नई दिल्ली: भारत सरकार।

OECD, Organization for Economic Cooperation and Development. 2004. *Key Environmental Indicators*. Paris: Environment Directorate, Organization for Economic Cooperation and Development.

ओईसीडी, आर्थिक संगठन सहयोग एवं विकास, 2004, प्रमुख पर्यावरण संकेतक। पेरिस: पर्यावरण निदेशालय, आर्थिक सहयोग और विकास संगठन।

OECD, Organization for Economic Cooperation and Development. 2007. *Environmental and Social Assessment procedures*. Paris: Environment Directorate, Organization for Economic Cooperation and Development.

ओईसीडी, आर्थिक संगठन सहयोग एवं विकास, 2007, पर्यावरण और सामाजिक आकलन प्रक्रियाएँ। पेरिस: पर्यावरण निदेशालय, आर्थिक सहयोग और विकास संगठन।

OECD, Organization for Economic Cooperation and Development. 2010. Guidance on Sustainability Impact Assessment. Paris: Environment Directorate, Organization for Economic Cooperation and Development.

ओईसीडी, आर्थिक संगठन सहयोग एवं विकास, 2010, स्थिरता प्रभाव आकलन पर मार्गदर्शन। पेरिस: पर्यावरण निदेशालय, आर्थिक सहयोग और विकास संगठन।

OSHA. n.d. OSHA Permissible exposure limits. Accessed July 6, 2019.

OSHA, एन. डी. OSHA अनुमेय एक्सपोज़र सीमाएँ। 6 जुलाई, 2019 को एक्सेस किया गया। https://www.chemsafetypro.com/Topics/USA/OSHA_PELs_Permissible_Exposure_Limits.html.

Petts, J., ed. 1999. *Handbook of Environmental Impact Assessment*. London: Blackwell Science.

पेट्स, जे., एड. 1999, हैंडबुक ऑफ़ एनवायर्नमेंटल इंपैक्ट एसेसमेंट। लंदन: ब्लैकवेल विज्ञान।

Ramesh, K. 2008. "A Review of Study Designs and Data Collection Protocols for Wildlife Research." *J. Sci. Trans. Environ. Technol* **2**(2): 57–70.

रमेश, के. 2008, "ए रिव्यू ऑफ़ स्टडी डिजाइंस ऐंड डेटा कलेक्शन प्रोटोकॉल्स फॉर वाइल्डलाइफ रिसर्च।" जे, विज्ञान, ट्रांस, पर्यावरण, तकनीक 2(2): 57-70.

Shannon, C. E., and W. Weaver. 1948. "A Mathematical Theory of Communication." *The Bell System Technical Journal* **27**: 379–423, and 623–656.

शैनन, सी.ई., और डब्ल्यू. वीवर, 1948, "ए मैथमेटिकल थ्योरी ऑफ कम्युनिकेशन।" द बेल सिस्टम टेक्निकल जर्नल 27: 379-423, और 623-656।

Shannon, C. E., and Weaver W. 1963. *A Mathematical Theory of Communication*. Urbana: University of Illinois Press.

शैनन, सी.ई., और वीवर डब्ल्यू, 1963, ए मैथमेटिकल थ्योरी ऑफ कम्युनिकेशन। अर्बाना: इलिनोइस विश्वविद्यालय प्रेस।

Simpson, E. H. 1949. "Measurement of Diversity." *Nature* **163**: 688.

सिम्पसन, ई.एच. 1949. "मेजरमेंट ऑफ़ डायवर्सिटी।" नेचर 163: 688.

Singh, D., P. K. Chhonkar, and B. S. Dwivedi. 2005. *Manual on Soil, Plant and Water Analysis*. New Delhi: Westville Publishing House.

सिंह, डी., पी.के. छोंकर, और बी.एस. द्विवेदी, 2005, मृदा, मैनुअल ऑन सोल, प्लांट ऐंड वाटर एनालिसिस। नई दिल्ली: वेस्टविले पब्लिशिंग हाउस।

Stack Height Calculator. n.d. Accessed April 4, 2016. https://Envitrans.com/stackheight.php.

स्टैक हाइट कैलकुलेटर। एन.डी. 4 अप्रैल 2016 को एक्सेस किया गया। https://Envitrans.com/stackheight.php.

Student Handout 1A. n.d. *How to Calculate Biodiversity.* Accessed May 4, 2015. www.protectingusnow.org.

स्टूडेंट हैंडआउट 1ए. एन.डी. हाउ टू कैलकुलेट बायोडायवर्सिटी। 4 मई 2015 को एक्सेस किया गया। www.protectingusnow.org.

TRC, Taranaki Regional Council. 2009. *Regional Air Quality Plan for Taranaki: Determination of Chimney Heights*. Stratford: Taranaki Regional Council.

टीआरसी, तारानाकी क्षेत्रीय परिषद, 2009, तारानाकी के लिए क्षेत्रीय वायु गुणवत्ता योजना: चिमनी की ऊंचाई का निर्धारण। स्ट्रैटफ़ोर्ड: तारानाकी क्षेत्रीय परिषद।

UNEP, United Nations Environment Program. 2002. *Environmental Impact Assessment Training Resource Manual*. 2nd edn. Geneva: Division of Technology, Industry and Economics, United Nations Environment Program.

यूएनईपी, संयुक्त राष्ट्र पर्यावरण कार्यक्रम, 2002, एनवायर्नमेंटल इंपैक्ट एसेसमेंट ट्रेनिंग रिसोर्स मैनुअल। दूसरा संस्करण, जिनेवा: प्रौद्योगिकी, उद्योग और अर्थशास्त्र प्रभाग, संयुक्त राष्ट्र पर्यावरण कार्यक्रम।

US EPA, United States Environmental Protection Agency. 1995. *Compilation of Air pollution Emission Factors*. 5th edn. Research Triangle Park: Office of Air and Radiation, United States Environmental Protection Agency.

यूएस ईपीए, यूनाइटेड स्टेट्स पर्यावरण संरक्षण एजेंसी, 1995, कंपाइलेशन ऑफ़ एयर पॉल्यूशन एमिशन फैक्टर्स, 5वां संस्करण, अनुसंधान त्रिभुज पार्क: वायु और विकिरण कार्यालय, संयुक्त राज्य पर्यावरण संरक्षण एजेंसी।

Wathern, P., ed. 1988. *Environmental Impact Assessment: Theory and Practice*. London: Unwin Hyman.

वाथर्न, पी., एड. 1988, एनवायर्नमेंटल इंपैक्ट एसेसमेंट: थ्योरी एंड प्रैक्टिस। लंदन: अनविन हाइमन।

WCD, World Commission on Dams. 2000. *Displacement, Resettlement, Rehabilitation, Reparation, and Development*. WCD Thematic Review Social Issues I.3. Cape Town: Secretariat of the World Commission on Dams.

डब्ल्यूसीडी, बांधों पर विश्व आयोग, 2000, विस्थापन, पुनर्वास, पुनर्वास, क्षतिपूर्ति और विकास। डब्ल्यूसीडी विषयगत समीक्षा सामाजिक मुद्दे 1.3. केप टाउन: बांधों पर विश्व आयोग का सचिवालय।

Westman, W. E. 1985. *Ecology, Impact Assessment and Environmental Planning*. Toronto: John Wiley & Sons.

वेस्टमैन, डब्ल्यू. ई. 1985, इकोलॉजी, इंपैक्ट एसेसमेंट एंड एनवायर्नमेंटल प्लानिंग। टोरंटो: जॉन विली एंड संस।

WHO, World Health Organization. 1995. *Update and Revision of the Air Quality Guidelines for Europe*. Copenhagen: Regional Office for Europe, World Health Organization.

डब्ल्यूएचओ, विश्व स्वास्थ्य संगठन, 1995, अपडेट एंड रिवीजन ऑफ़ द एयर क्वालिटी गाइडलाइंस फॉर यूरोप। कोपेनहेगन: यूरोप के लिए क्षेत्रीय कार्यालय, विश्व स्वास्थ्य संगठन।

WHO, World Health Organization? 1999. *Monitoring Ambient Air Quality for Health Impact Assessment*. WHO Regional Publications European Series no. 85. Copenhagen: Regional Office for Europe, World Health Organization.

डब्ल्यू. एच.ओ., विश्व स्वास्थ्य संगठन? 1999, मॉनिटरिंग एंबिएंट एयर क्वालिटी फॉर हेल्थ इंपैक्ट एसेसमेंट। डब्ल्यूएचओ क्षेत्रीय प्रकाशन यूरोपीय श्रृंखला संख्या। 85. कोपेनहेगन: यूरोप के लिए क्षेत्रीय कार्यालय, विश्व स्वास्थ्य संगठन।

WHO, World Health Organization. 2002. *World Health Report: Reducing Risks, Promoting Healthy Life*. Geneva: World Health Organization.

डब्ल्यूएचओ, विश्व स्वास्थ्य संगठन, 2002, विश्व स्वास्थ्य रिपोर्ट: जोखिम कम करना, स्वस्थ जीवन को बढ़ावा देना। जिनेवा: विश्व स्वास्थ्य संगठन।

WHO, World Health Organization. 2010. *Guidelines for Indoor Air Quality: Selected Pollutants*. Copenhagen: Regional Office for Europe, World Health Organization.

डब्ल्यूएचओ, विश्व स्वास्थ्य संगठन, 2010, गाइडलाइंस फॉर इंडोर एयर क्वालिटी : सिलेक्टेड पॉल्यूटैंट्स। कोपेनहेगन: यूरोप के लिए क्षेत्रीय कार्यालय, विश्व स्वास्थ्य संगठन।

World Bank. 1995. *Environmental Assessment Challenges and Good Practices*. Technical Paper no. 18. Washington, DC: Environment Department, World Bank.

विश्व बैंक, 1995, पर्यावरणीय आकलन चुनौतियाँ और अच्छी प्रथाएँ। टेक्निकल पेपर नं. 18. वाशिंगटन, डीसी: पर्यावरण विभाग, विश्व बैंक।

World Bank. 1996. *World Bank Participation Sourcebook*. Paper no. 19. Washington, DC: Environment Department, World Bank.

विश्व बैंक, 1996, वर्ल्ड बैंक पार्टिसिपेशन सोर्सबुक। पेपर नं. 19. वाशिंगटन, डीसी: पर्यावरण विभाग, विश्व बैंक।

World Bank. 2014. *Environmental and Social Framework; Setting Standards for Sustainable Development*. Draft for Consultation. Washington, D.C.: Environment Department, World Bank.

विश्व बैंक, 2014, एनवायर्नमेंटल एंड सोशल फ्रेमवर्क; सेटिंग स्टैंडर्ड्स फॉर सस्टेनेबल डेवलपमेंट। परामर्श हेतु ड्राफ्ट। वाशिंगटन, डी.सी.: पर्यावरण विभाग, विश्व बैंक।

अध्याय 7

# पर्यावरणीय प्रबंधन कार्यक्रम

पहले के अध्यायों में प्रस्तावित परियोजना के संभावित पर्यावरणीय परिणामों पर विचार करते हुए उसके संपूर्ण जीवनचक्र में पर्यावरणीय प्रभाव आकलन (EIA) की प्रक्रिया का वर्णन किया गया है, जिसमें उस परियोजना की योजना, डिजाइन, निर्माण, संचालन और संचालन के बाद के चरण शामिल हैं। ईआईए परिणामों को समझने के लिए एक ईआईए फॉलो-अप (मॉरिसन-सॉन्डर्स एंड आर्ट्स 2004ए, 2004बी) को भी प्रभाव मूल्यांकन की इस प्रक्रिया के साथ एकीकृत करने की आवश्यकता है। पर्यावरणीय प्रबंधन योजना की निगरानी और समीक्षा के माध्यम से एक व्यापक पर्यावरणीय प्रबंधन प्रणाली के साथ ईआईए (पर्डिकौलिस *एट ऑल*. 2012, हॉलैंड्स और पालफ्रामन 2014) को एकीकृत करने का मूल्य और महत्व परियोजना जीवनचक्र मॉडल (DEAT 2004बी) का उपयोग करके चित्रित किया गया है। ईआईए अनुवर्ती शब्द का प्रयोग विभिन्न ईआईए गतिविधियों के लिए एकछत्र शब्द के रूप में किया जाता है, जैसे किसी परियोजना या योजना के पर्यावरणीय प्रदर्शन की निगरानी, मूल्यांकन, प्रबंधन और संचार (आर्ट्स एंड नूटेबूम 2001, आर्ट्स *एट ऑल*. 2001, मॉरिसन-सॉन्डर्स एंड आर्ट्स 2004बी, मॉरिसन-सॉन्डर्स *एट ऑल*. 2007)। ईआईए फॉलो-अप को आवश्यक माना जाता है कि वह

i. सुनिश्चित करें कि पर्यावरण अनुमोदन के नियम और शर्तें पूरी की गई हैं
ii. सुनिश्चित करें कि सुझाए गए व्यावहारिक, किफायती और सफल होने की संभावना वाले शमन उपायों को लागू किया गया है (KISS 2013)
iii. विकासात्मक परियोजनाओं के पर्यावरणीय प्रभावों और शमन उपायों की प्रभावशीलता की निगरानी करना
iv. पर्यावरणीय ऑडिट के आधार पर धारणीय पर्यावरणीय प्रबंधन की निगरानी करना
v. नियंत्रण, प्रबंधन, ज्ञान को बढ़ाना और परियोजना की स्वीकृति को वैध बनाना
vi. भविष्य के ईआईए अनुप्रयोगों और शमन उपायों को मजबूत करना (IAIA 1999)

भले ही ईआईए फॉलो-अप अनिवार्य रूप से निर्णय के उपरांत (आर्ट्स एंड नूटेबूम 1999) गतिविधियों के एक सेट से मिलकर बनता है, यानी पर्यावरण अनुमोदन गतिविधियों के अनुदान के बाद, ईआईए फॉलो-अप प्रक्रिया में पर्यावरण की मांग करते समय डिज़ाइन की गई गतिविधियों की एक श्रृंखला शामिल है। एक परियोजना के लिए अनुमोदन (झा-ठाकुर *एट ऑल*. 2009)। "पर्यावरणीय प्रबंधन योजना" (ईएमपी), की साहित्य में उपयोग किए जाने वाली शब्दावली ईआईए अनुवर्ती के डिजाइन के समान, भारतीय ईआईए प्रक्रिया (MOEF 2006) में उपयोग की जाती है, और ईआईए के लिए

दिशानिर्देशों की एक विस्तृत श्रृंखला में भी (विश्व बैंक 1999ए, यूएनईपी 2002, ADB 2003, ऑस्ट्रेलिया का राष्ट्रमंडल 2014) और साहित्य में भी (ब्रू और ली 1996, जॉर्ज 2000, टिंकर एट *ऑल*. 2005)।

एक पर्यावरणीय प्रबंधन योजना, परियोजना संचालन नियमावली का एक अभिन्न अंग (IEMA 2008, 2015, 2016), आवश्यक है-

i. रोकथाम और नियंत्रण, और प्रतिपूरक और उपचारात्मक उपायों (USAID 2005) को शामिल करके एक पर्यावरणीय रूप से उपयुक्त डिजाइन प्राप्त करने के लिए
ii. ईआईए परिणामों पर परामर्श और बातचीत के लिए आधार तैयार करना
iii. जवाबदेही को बढ़ावा देने के लिए एक उपकरण के रूप में (शाह 2009)

इसे इस तरह से तैयार किया जाना चाहिए कि यह परियोजना की प्रगति के रूप में उपलब्ध नई जानकारी और विवरण के साथ इसे अद्यतन करने की अनुमति देने वाले लाइव दस्तावेज़ के रूप में कार्य करे। परियोजना के प्रत्येक चरण में प्रत्येक श्रेणी के लिए निगरानी संकेतक, और पुनर्वास कार्य योजना (AfDB 2001), शमन उपायों और परिणामों के कार्यान्वयन, यानी प्रभावशीलता की पुष्टि करने के लिए पर्यावरणीय प्रबंधन कार्यक्रम (EMPg) इस में शामिल हैं। एक ईएमपीजी में शिकायत और घटना की अधिसूचना और उसकी प्रक्रिया, निवासियों के साथ संचार और संपर्क, और पूर्व और बाद के अनुमोदन चरणों के बीच पर्यावरण बहाली सम्मिलित हैं (BMG 2015)।

*एक योजना, जिसमें एक लंबी समय सीमा में प्राप्त किए जाने वाले उद्देश्यों का एक सेट शामिल है और उसके कार्यक्रमों के लिए संदर्भ निर्धारित करना वैचारिक, दार्शनिक और/या कुछ हद तक अमूर्त हो सकता है, जबकि परियोजना के कार्यान्वयन के दौरान एक परियोजना प्रस्तावक की सुविधा के लिए एक कार्यक्रम में कार्य बिंदुओं और कार्यान्वयन के तंत्र का वर्णन करने की अपेक्षा की जाती है। इस प्रकार, ईआईए रिपोर्ट में आमतौर पर अपनाए गए ईएमपी के स्थान पर "पर्यावरणीय प्रबंधन कार्यक्रम" (राथी 2017) शब्दावली का उपयोग किया जाता है।* पाठ में साहित्य को संदर्भित करने के अतिरिक्त पर्यावरणीय प्रबंधन कार्यक्रम (ईएमपीजी) शब्दावली का उपयोग किया है। EMPg की अवधारणा और इसके महत्व का वर्णन अध्याय 5 में किया गया है।

## 7.1 ईएमपीजी के उद्देश्य

ईएमपीजी का मुख्य उद्देश्य एक रोड मैप का सुझाव देना है जो स्वीकार्य सीमा के भीतर पर्यावरणीय प्रभावों का प्रबंधन सुनिश्चित करे और पर्यावरण में वृद्धि करे। एक विशिष्ट रोड मैप में आमतौर पर निम्नलिखित के लिए तंत्र शामिल होते हैं:

i. एक पर्यावरणीय प्रबंधन प्रकोष्ठ के रूप में एक प्रशासनिक ढांचे की स्थापना, और इसके कामकाज के लिए प्रणालियों और प्रक्रियाओं की स्थापना

ii. विभिन्न पर्यावरणीय घटकों के लिए सुझाए गए शमन उपायों का कार्यान्वयन और परियोजना कार्यान्वयन के साथ-साथ अतिरिक्त अध्ययनों में सुझाए गए उपाय
iii. नियमित पर्यावरणीय निगरानी, वास्तविक और अनुमानित प्रभावों के बीच विचलन का निर्धारण करने के लिए निगरानी जानकारी का उपयोग करना, और प्रदान किए गए शमन उपायों का प्रदर्शन मूल्यांकन
iv. परियोजना संचालन के अभिन्न अंग के रूप में कार्यान्वित शमन उपायों का संचालन सुनिश्चित करना
v. अवशिष्ट प्रभावों और अतिरिक्त प्रभावों का प्रबंधन जो अस्थिर स्थिति में संचालन के दौरान हो सकता है, विशेष रूप से स्टार्ट-अप, शटडाउन के दौरान, और विनिर्माण और ऊर्जा उत्पादन परियोजनाओं के मामले में प्रक्रिया अपसेट और गैर-परिचालन स्थितियों के दौरान
vi. पर्यावरण वृद्धि उपायों की पहचान और कार्यान्वयन
vii. ईएमपीजी की आवधिक लेखापरीक्षा
viii. प्रबंधन द्वारा ईएमपीजी की समय-समय पर समीक्षा की जाती है ताकि यह सुनिश्चित किया जा सके कि यह प्रभावी और अद्यतन बना रहे
ix. आंतरिक और बाहरी दोनों हितधारकों को रिपोर्ट करना

## 7.2 ईएमपीजी का दायरा

एक ईएमपीजी का दायरा, एक तदानुकूल दस्तावेज जो किसी दिए गए स्थान पर किसी दिए गए प्रोजेक्ट के लिए तैयार की जाय, ईआईए रिपोर्ट के लिए बहुत विशिष्ट है, आमतौर पर इसमें शामिल कार्यक्रम हैं:

क. अवशिष्ट प्रभाव प्रबंधन सहित पर्यावरणीय प्रभाव
ख. पर्यावरणीय निगरानी
ग. पर्यावरण अनुपालन प्रबंधन
घ. प्राकृतिक संसाधन संरक्षण
ङ. स्थानीय आबादी का कल्याण
च. पर्यावरण संवर्द्धन

ईआईए रिपोर्ट में ईएमपीजी की सीमा और विस्तार निम्नलिखित पर निर्भर करता है-

i. परियोजना क्षेत्र, परियोजना का प्रकार और आकार
ii. परियोजना स्थान और उसके आसपास की पर्यावरणीय विन्यास
iii. परियोजना जीवनचक्र में शामिल चरण
iv. प्रस्तावित निर्माण पद्धति अपनाना
v. अवधि और अनुसूची

vi. टीओआर, आदि।

यह माना जा सकता है कि समान आकार वाली और समान तकनीक का प्रयोग करने वाली लेकिन अलग-अलग स्थानों पर स्थापित किसी परियोजना का समान ईएमपीजी नहीं हो सकता है। उदाहरण के लिए, किसी दिए गए आकार की कोयला आधारित थर्मल पावर परियोजना के लिए एक ईएमपीजी और उसकी तकनीक को नियोजित करना एक तटीय स्थान, एक शुष्क क्षेत्र, बागों के आसपास, या एक शहरी समूह में प्रस्तावित हो तो भिन्न होगा। इसके अलावा, बांध, सिंचाई, एकीकृत स्टील, पेट्रोलियम रिफाइनरी और पेट्रोकेमिकल कॉम्प्लेक्स जैसी बड़ी ग्रीनफील्ड परियोजना के लिए ईएमपीजी, और कोयला आधारित बड़े थर्मल पावर संयंत्र, छोटे बांध, द्वितीयक स्टील या एक औद्योगिक एस्टेट/पार्क में प्रस्तावित ब्राउनफील्ड परियोजना की तुलना में बहुत विस्तृत होंगे। फिर भी, ऊपर हाइलाइट की गई मूलभूत सुविधाओं को प्रत्येक ईएमपीजी में प्रतिबिंबित करने की आवश्यकता है।

पर्यावरणीय प्रभावों पर मसौदा रिपोर्ट तैयार करने और निर्दिष्ट पर्यावरणीय घटकों के लिए शमन उपायों का सुझाव देने के बाद, प्रत्येक कार्यात्मक वृत्तिक, संबंधित पर्यावरणीय घटकों के लिए प्रस्तावित ईएमपीजी पर विवरण तैयार करता है। EIA टीम लीडर इस तरह के विवरणों को संकलित करता है, उनका मिलान करता है, और EIA रिपोर्ट और एक एकीकृत EMPg का मसौदा तैयार करता है। ईएमपीजी को तब ईआईए रिपोर्ट के मसौदे में कार्यात्मक वृत्तिकों के परामर्श से अंतिम रूप दिया जाता है। प्रस्तावित विकासात्मक गतिविधियों से उत्पन्न होने वाली बाहयताओं को आंतरिक बनाने में परियोजना प्रस्तावक को सुविधा प्रदान करने वाले पहलुओं को विशेष रूप से ईएमपीजी में ऊपर उल्लिखित सामान्य दायरे के अतिरिक्त शामिल किया जाता है। EMPg अध्याय में सामान्य विवरण के बजाय विशिष्ट को यथासंभव व्यापक और संक्षिप्त रखा जाता है, और अन्य विवरण संलग्न किए जाते हैं।

## 7.3 ईएमपीजी की संरचना

EMPg (फ्लोरोइउ 2012) की तैयारी के लिए कोई मानक प्रारूप नहीं है। हालांकि, ADB (2011, 2017) द्वारा एक ईएमपीजी चेकलिस्ट और संस्थागत व्यवस्था और जिम्मेदारियों का वर्णन किया गया है, और निगरानी कार्यक्रम का एक टेम्पलेट, बेबी (2011) के द्वारा सुझाया गया है। प्रारूप को उन परिस्थितियों को ध्यान में रखते हुए तैयार करने की आवश्यकता है जिनमें ईएमपीजी विकसित किया जा रहा है और उन विशिष्ट आवश्यकताओं को पूरा करने के लिए जिसके लिए इसे डिजाइन किया गया है। EMPg को इस तरह से तैयार करने की आवश्यकता है कि इसका उपयोग करना आसान हो, और योजना के संदर्भ स्पष्ट रूप से और आसानी से पहचाने जाने योग्य हों (विश्व बैंक 1999b, CSIR 2002, DEAT 2004a)।

विश्व बैंक (1999c) के अनुसार, निम्नलिखित पहलुओं को आमतौर पर EMPg के भीतर संबोधित किया जाना चाहिए:

क) प्रभावों का सारांश
ख) शमन उपायों का वर्णन
ग) निगरानी कार्यक्रम का विवरण
घ) संस्थागत व्यवस्था
ङ) कार्यान्वयन अनुसूची और रिपोर्टिंग प्रक्रिया
च) लागत का अनुमान

UNEP (2002) द्वारा सुझाए गए एक ईएमपीजी में निम्नलिखित सामग्री है:

i. परियोजना जीवनचक्र के विभिन्न चरणों के लिए अनुमानित परियोजना से संबंधित गतिविधियों के महत्वपूर्ण प्रभावों का सारांश
ii. सुझाए गए संबंधित शमन उपायों का विवरण
iii. के लिए लागू प्रासंगिक वैधानिक आवश्यकताओं के अनुपालन पर एक बयान
iv. सेल का प्रशासनिक ढांचा जो EMPg को लागू करेगा
v. सुझाए गए शमन उपायों के कार्यान्वयन को सुनिश्चित करने के लिए जिम्मेदारियों का आवंटन
vi. अवशिष्ट प्रभावों के लिए एक प्रबंधन कार्यक्रम
vii. सुझाए गए उपायों और अन्य कार्यों के कार्यान्वयन की एक अनुसूची
viii. पूंजी और आवर्ती व्यय की आवश्यकता
ix. एक आकस्मिक योजना जब प्रभाव अनुमान से अधिक हो
x. ईएमपीजी की रखवाली, निगरानी, ऑडिटिंग और संशोधन के लिए एक कार्यक्रम

ADB (2003) ने पूर्ण ईएमपीजी के लिए निम्नलिखित सामग्री का सुझाव दिया:

क) संभावित प्रभावों का सारांश
ख) नियोजित शमन उपायों का विवरण
ग) नियोजित पर्यावरणीय निगरानी का विवरण
घ) नियोजित सार्वजनिक परामर्श प्रक्रिया का विवरण
ङ) शमन उपायों और निगरानी आवश्यकताओं के कार्यान्वयन के लिए जिम्मेदारियों और अधिकारियों का विवरण
च) रिपोर्टिंग और समीक्षा के लिए जिम्मेदारियों का विवरण
छ) स्टाफिंग चार्ट, परियोजना टीम के विभिन्न सदस्यों द्वारा भागीदारी के प्रस्तावित कार्यक्रम, और विभिन्न सरकारी एजेंसियों की गतिविधियों और इनपुट सहित एक कार्य योजन
ज) एक पर्यावरणीय जिम्मेदारी की खरीद योजना
झ) विस्तृत लागत अनुमान
ञ) प्रतिक्रिया और समायोजन के लिए तंत्र

## 7.4 ईएमपीजी का कवरेज

यह माना जा सकता है कि एक परियोजना के लिए एक "कार्य योजना" (फ्लोरोइड 2012), या "पर्यावरण शमन" या "पर्यावरणीय प्रबंधन योजना" (विश्व बैंक 1999ए) में कार्यान्वयन और संचालन के दौरान किए जाने वाले उपायों का एक सेट शामिल है, जो प्रतिकूल पर्यावरणीय प्रभावों को हटाना, ऑफ्सेट या कम करता है जिससे वह स्वीकार्य स्तर तक आ सके इसलिए, एक विशिष्ट ईएमपीजी को निम्नलिखित बातों को स्पष्ट रूप से सामने लाना चाहिए:

1. निम्न सभी का सारांश
   - क) स्थापित महत्वपूर्ण प्रतिकूल पर्यावरणीय प्रभावों का
   - ख) विवरणों और तकनीकी विवरणों जैसे डिजाइन, उपकरण विवरण और संचालन प्रक्रियाओं के साथ संबंधित विशिष्ट, यथार्थवादी और कार्यान्वयन योग्य शमन उपायों का
   - ग) लगातार, समय-समय पर, या आकस्मिकताओं की स्थिति में प्रत्येक में कौन से शमन उपाय लागू या आवश्यक होंगे, उन स्थितियों का
2. संस्थागत व्यवस्थाएँ जिसमे
   - i. पर्यावरणीय प्रबंधन सेल का प्रशासनिक ढांचा जिसे सुझाए गए शमन उपायों के कार्यान्वयन और संचालन को सुनिश्चित करने की समग्र जिम्मेदारी सौंपी जाएगी
   - ii. शमन उपायों को पूरा करने के लिए जिम्मेदारियों का असाइनमेंट, जैसे:
     - क. कार्यान्वयन की निगरानी
     - ख. संचालन, पर्यवेक्षण, प्रवर्तन और उपचारात्मक कार्रवाई
     - ग. विभिन्न कर्मियों का प्रशिक्षण, इत्यादि
3. परियोजना के एक हिस्से के रूप में किए जाने वाले उपायों का कार्यान्वयन, समग्र परियोजना कार्यान्वयन अनुसूची के साथ चरणबद्ध और समन्वित, तथा परियोजना संचालन मैनुअल के अभिन्न अंग के रूप में मानक संचालन प्रक्रियाओं का उपयोग करके इनको संचालित करना
4. पर्यावरणीय प्रभाव के अनुमानों में अनिश्चितता को संबोधित करने के लिए एक विशिष्ट कार्यक्रम, विशेष रूप से मध्यम और उच्च अनिश्चितता रेटिंग (निकोलाइसेन और फिशर 2016) के साथ यह सुनिश्चित करने के लिए कि अनिश्चितता न्यूनतम हो
5. अवशिष्ट प्रभावों के प्रबंधन के लिए कार्यक्रम
6. ईएमपीजी से संबंधित गतिविधियों पर निगरानी और आंतरिक और बाह्य रिपोर्टिंग के लिए प्रक्रियाएं
   - क. उन स्थितियों का शीघ्र पता लगाना सुनिश्चित करें जिन्हे एक विशेष शमन उपाय की आवश्यकता होती हैं
   - ख. प्रत्येक शमन उपाय की प्रगति और प्रदर्शन पर जानकारी प्रदान करें

7. अनुमानित लागत का विवरण, पूंजी की आवश्यकता और EMPg को लागू करने और बनाए रखने के लिए आवर्ती व्यय, दोनों ही परियोजना लागत का अभिन्न अंग माने जाने चाहिए
8. समय-समय पर पर्यावरणीय ऑडिट के लिए एक कार्यक्रम, EMPg का ऑडिट, नियमित समीक्षा (DEAT 2004c) और मौजूदा और संभावित पर्यावरणीय मुद्दों की पहचान करने के लिए EMPg को अपडेट करना, और लागू नियामक आवश्यकताओं के अनुपालन के लिए आवश्यक कार्रवाई का निर्धारण करना एवं मात्रात्मक और लेखापरीक्षा योग्य प्रदर्शन लक्ष्य और परिणाम प्राप्त करना (EPA 1995, 2013)।

## 7.5 ग्रीनफील्ड परियोजनाओं के लिए ईएमपीजी के घटक

परियोजना के प्रकार और आकार, और परियोजना के स्थान और उसके आसपास की पर्यावरणीय विन्यास के आधार पर, एक विशिष्ट ईएमपीजी में परियोजना के विभिन्न चरणों में निम्नलिखित बुनियादी घटक शामिल हो सकते हैं:

1. प्रशासनिक ढांचा
2. पर्यावरणीय प्रभाव प्रबंधन कार्यक्रम
3. पर्यावरणीय निगरानी कार्यक्रम
4. पर्यावरणीय अनुपालन प्रबंधन कार्यक्रम
5. पर्यावरणीय संवर्धन कार्यक्रम

इसके अलावा, परियोजना के प्रकार और आकार के आधार पर, इसके अतिरिक्त निम्नलिखित घटकों को भी शामिल करना पड़ सकता है:

1. परिवहन और यातायात प्रबंधन कार्यक्रम
2. पुनर्वास और पुनर्स्थापन (आर एंड आर) कार्यक्रम
3. आपदा प्रबंधन कार्यक्रम
4. पर्यावरणीय सुधारात्मक कार्यक्रम
5. सामाजिक विकास कार्यक्रम
6. ईएमपीजी की ऑडिट, समीक्षा और अद्यतन
7. संसाधन संरक्षण कार्यक्रम
8. दक्षता सुधार कार्यक्रम
9. जनसंपर्क, जन जागरूकता, शिकायतों के निवारण का तंत्र; आदि।

### *7.5.1 प्रशासनिक ढाँचा*

किसी भी कार्यक्रम के कार्यान्वयन के लिए, प्रत्येक श्रेणीबद्ध स्तर पर भूमिकाओं और जिम्मेदारियों पर स्पष्टता के साथ एक सुपरिभाषित प्रशासनिक ढांचे की आवश्यकता होती है। इस तरह के एक

प्रशासनिक ढांचे को पर्यावरणीय प्रबंधन सेल (EMC) (राथी 2016) के रूप में जाना जाता है। एशियाई विकास बैंक और विश्व बैंक द्वारा इस तरह के ढांचे के लिए उपयोग की जाने वाली शब्दावली क्रमशः पर्यावरणीय प्रबंधन कार्यालय (ADB 2003) और संस्थागत व्यवस्था (विश्व बैंक 1999a) हैं। एक EMC में प्रशासनिक और जनसंपर्क वृत्तिकों सहित पर्यावरण वृत्तिकों, प्रयोगशाला तकनीशियनों और गैर-तकनीकी कर्मियों को शामिल करने की आवश्यकता है।

बदलते कार्य प्रोफ़ाइल के कारण किसी संगठन में EMC का आकार परियोजना के प्रत्येक जीवनचक्र चरण में भिन्न होगा। EMC को सीधे परियोजना से ही ईआईए अनुवर्ती की समग्र जिम्मेदारी सौंपी जाती है। परियोजना जीवनचक्र के वैचारिक चरण में निर्माण पूर्व विस्तृत डिजाइन, निर्माण, संचालन और संचालन के बाद के चरणों के माध्यम से EIA फॉलो-अप करती है। ईएमसी के प्रमुख कार्यों में निम्नलिखित शामिल हैं:

i. यह सुनिश्चित करना कि EMPg घटकों को मान्यता दी गई है और परियोजना के डिजाइन, विस्तृत इंजीनियरिंग और निर्माण में शामिल किया गया है, परियोजना के साथ-साथ लागू किया गया है और परियोजना के किसी भी अन्य घटकों की तरह परिचालन किया गया है
ii. मानक संचालन प्रक्रिया तैयार करना
iii. ईएमपीजी से संबंधित मामलों पर ठेकेदारों और उप-ठेकेदारों के लिए दिशानिर्देश तैयार करना, इस बात को ध्यान में रखते हुए कि साइट विकास, निर्माण और सुविधाओं की स्थापना जैसे आमतौर पर ठेकेदार कुछ विशिष्ट गतिविधियों को करने के लिए उप-ठेकेदारों को नियुक्त करते हैं जिन्हे, परियोजना कार्यान्वयन के कार्य सौंपे गए और जिन्हें पर्यावरणीय प्रबंधन से संबंधित पहलुओं की पर्याप्त समझ सम्भवतः नहीं हो सकती है, विशेष रूप से विकासशील और अल्प-विकसित अर्थव्यवस्थाओं में
iv. उपरोक्त दिशानिर्देशों का पालन सुनिश्चित करने के लिए एक पर्यवेक्षण ढांचा विकसित करना
v. प्रदान किए गए शमन उपायों की प्रभावकारिता का मूल्यांकन करना और मौजूदा प्रणालियों में सुधार का सुझाव देना, और समय-समय पर आवश्यक पूरक या अतिरिक्त नियंत्रण उपाय
vi. ईएमपीजी की प्रभावशीलता और प्रासंगिकता के लिए आवधिक ऑडिट और प्रबंधन समीक्षा के लिए एक पर्यावरणीय निगरानी तंत्र विकसित करना
vii. एक उपयुक्त पर्यावरण नीति तैयार करने में परियोजना संगठन के शीर्ष प्रबंधन को सुविधा प्रदान करना
viii. परियोजना संगठन के लिए एक पर्यावरणीय प्रबंधन प्रक्रिया विकसित करना, जिसके परिणामस्वरूप पर्यावरणीय प्रबंधन प्रणाली (EPA 2013) को नियत समय में अपनाया जा सके
ix. पर्यावरणीय निगरानी संकेतक विकसित करना (लोचनर 2005)
x. पर्यावरणीय प्रदर्शन संकेतक विकसित करना (लोचनर 2005)

xi. संसाधन उपयोग और उत्पन्न अपशिष्ट भार की निगरानी करना, अर्थात् उत्पादन या सेवा की प्रति इकाई अपशिष्ट उत्पादन

xii. प्रदूषकों की निगरानी और जांच, और विभिन्न प्रक्रियाओं और गतिविधियों से उत्पन्न प्रदूषण भार

xiii. उत्पादों और/या प्रक्रियाओं में परिचालन विविधताओं के पर्यावरणीय प्रभावों पर ऑपरेशन सेल को सलाह देना

xiv. आंतरिक और बाहरी हितधारकों के लिए आवधिक रिपोर्ट तैयार करना

xv. संगठन के पर्यावरणीय प्रदर्शन पर आवधिक रिपोर्ट तैयार करना, और जीआरआई मानकों का पालन करते हुए एक धारणीय रिपोर्टिंग प्रणाली विकसित करना

EMPg के प्रशासनिक ढांचे के लिए निम्नलिखित पहलुओं का वर्णन किया गया है:

क) EMC की संरचना या जो भी शब्दावली परियोजना प्रस्तावक द्वारा उपयोग की जानी है, साथ ही परियोजना जीवनचक्र के प्रत्येक चरण में पदानुक्रम में विभिन्न स्तरों पर जिम्मेदारियों के साथ (इस उद्देश्य के लिए, EIA टीम लीडर, संगठन चार्ट और मानव का उल्लेख कर सकता है) परियोजना संगठन की संसाधन विकास नीतियां)

ख) सौंपी गई जिम्मेदारियों के निर्वहन के लिए EMC की स्थापना

ग) पर्यावरणीय निगरानी से संबंधित कार्य करने या उसकी देखरेख के लिए एक तंत्र

घ) पर्यावरण अनुमोदन से जुड़ी शर्तों का पालन करने और अनुपालन सुनिश्चित करने के लिए, आवश्यक कार्रवाई बिंदुओं को शामिल करने के लिए, पर्यावरणीय अनुमोदन प्राप्त करने के लिए, पहले तैयार किए गए EMPg को संशोधित करने का एक तंत्र

ङ) ईएमसी के मूल्यांकन का एक तंत्र और एक निष्पादन लेखापरीक्षा; इसे और अधिक प्रभावी और कुशल बनाने के लिए इसकी संरचना और / या कार्य के दायरे में संशोधनों को शामिल करना

च) ईएमसी के लिए ढांचागत सुविधाएं स्थापित करने में शामिल पूंजीगत लागत और इसके कामकाज के लिए वार्षिक आवर्ती व्यय का अनुमान

छ) पर्यावरणीय अनुमोदन की शर्तों और लागू पर्यावरणीय नियमों, और परियोजना के पर्यावरणीय प्रदर्शन के अनुपालन पर आंतरिक और बाह्य रिपोर्टिंग का एक तंत्र

*एक अच्छे प्रबंधन अभ्यास के अंग के रूप में, EMC को संगठनात्मक पदानुक्रम में ऑपरेशन सेल से कार्यात्मक रूप से स्वतंत्र होने और सीधे शीर्ष प्रबंधन (राथी 2016) के लिए जिम्मेदार होने की सिफारिश की जा सकती है।*

### *7.5.2 पर्यावरणीय प्रभाव प्रबंधन*

एक पर्यावरणीय प्रभाव प्रबंधन कार्यक्रम को स्पष्ट समझ के साथ प्रस्तावित करने की आवश्यकता है कि किसी भी गतिविधि को करने की निचली रेखा लागू नियामक व्यवस्था के अनुपालन को सुनिश्चित कर रही है। एक आदर्श पर्यावरणीय प्रभाव प्रबंधन कार्यक्रम (EIMPg) में निम्नलिखित तत्व होते हैं:

i. महत्वपूर्ण प्रभावों और शमन उपायों का सारांश (फ्लोरोइड 2012) द्वारा जो परियोजना के प्रत्येक जीवनचक्र चरण में प्रत्येक प्रभाव के लिए अलग से प्रस्तावित किया गया

ii. उपर्युक्त शमन उपायों में से प्रत्येक उपाय के साथ कार्यान्वयन और संचालन का एक तंत्र

   क. कार्यान्वयन के लिए एक समय सीमा

   ख. आवश्यक धन का अनुमान

   ग. कार्यान्वयन और संचालन के लिए प्राथमिक जिम्मेदारी सौंपना, तथा हर स्तर पर पर्यवेक्षण के लिए भी

अवशिष्ट प्रभाव प्रबंधन

अवशिष्ट प्रभावों से निपटने के लिए गहन निगरानी सहित एक विस्तृत कार्यक्रम तैयार करने की आवश्यकता है, अर्थात् वे प्रभाव जो विस्तृत डिजाइन के साथ-साथ मानक संचालन प्रक्रियाओं में सुझाए गए शमन उपायों को शामिल करने और सर्वोत्तम इंजीनियरिंग प्रथाओं और सर्वोत्तम पर्यावरणीय प्रथाओं को अपनाने के बाद भी बने रहते हैं। अवशिष्ट प्रभाव प्रबंधन में मुआवजा शामिल हो सकता है, या तो एक बार के आधार पर या लंबी अवधि के लिए।

*यह जानने की आवश्यकता है कि ईआईए प्रस्तावित परियोजना के प्रारंभिक जीवनचक्र चरण में तैयार किया जाता है जब परियोजना पर विस्तृत जानकारी उपलब्ध होने की संभावना नहीं होती है। इस प्रकार, पर्यावरणीय प्रभावों का आकलन, महत्वपूर्ण प्रभाव स्थापित, और अवशिष्ट प्रभावों की समीक्षा और परियोजना के विस्तृत इंजीनियरिंग और पूर्व-संचालन चरणों में EMC द्वारा अद्यतन करने की आवश्यकता है। इसके अलावा, EMC यह सुनिश्चित करता है कि शमन नियंत्रण उपायों को किस स्तर पर परियोजना डिजाइन का अभिन्न अंग माना जाए।*

EIMPg के कार्यान्वयन और संचालन में निम्नलिखित के लिए तंत्र शामिल हैं:

i. नियंत्रण उपायों सहित सुझाए गए शमन उपायों के समावेश की निगरानी करना, विशिष्ट वायु प्रदूषण नियंत्रण उपकरण, अपशिष्ट जल उपचार सुविधाएं, पृथक्करण, भंडारण, उपचार, परिवहन, विभिन्न प्रकार के कचरे के लिए परिवहन, और निपटान सुविधाएं आदि, और परियोजना के विस्तृत डिजाइन में जोखिम न्यूनीकरण उपाय

ii. खरीद, स्थापना एवं संचालन के लिए समग्र परियोजना के साथ ऐसे नियंत्रण उपायों के एकीकरण की निगरानी करना ताकि यह सुनिश्चित किया जा सके कि ये अन्य परिचालन सुविधाओं से अलग नहीं हैं और ये अन्य सुविधाओं के साथ चालित हैं

iii. नियंत्रण उपायों के लिए मानक संचालन प्रक्रियाएं तैयार करना और सामान्य, असामान्य और आपातकालीन परिदृश्यों के लिए प्रत्येक जीवनचक्र चरण में परियोजना के प्लांट स्टार्ट-अप, शटडाउन के अंतर्गत भी, और बंद रहने की शर्त पर भी नियंत्रण उपाय के लिए ऑपरेटिंग मैनुअल (लोचनर 2005, मैग्नॉक्स नॉर्थ 2009) में उनके समावेश की निगरानी करना

iv. नियंत्रण उपायों के परिचालन पहलुओं पर परिचालन कर्मियों का प्रशिक्षण
v. वास्तविक प्रभावों और अनुमानित प्रभावों में विचलन को मापना
vi. नियमित रूप से ऐसे नियंत्रण उपायों का प्रदर्शन मूल्यांकन करना, जैसे चक्रवात, बैग फिल्टर और ईएसपी जैसे धूल नियंत्रण उपकरण की प्रभावशीलता और दक्षता को मापना, गैसीय उत्सर्जन नियंत्रण उपाय जैसे स्क्रबर, ध्वनि क्षीणन और नियंत्रण उपकरण जैसे साइलेंसर और मफलर, चरण-वार अपशिष्ट जल (प्राथमिक, द्वितीयक और तृतीयक) के उपचार जैसी प्रक्रियाएं, इत्यादि
vii. पूरक या अतिरिक्त नियंत्रण उपायों की आवश्यकता की पहचान, और जहां आवश्यक हो, उनका डिजाइन, खरीद एवं उपयोग मे समावेश
viii. एक अवशिष्ट प्रभाव प्रबंधन कार्यक्रम तैयार करना और उसके कार्यान्वयन की देखरेख करना
ix. मानव या पशु स्वास्थ्य पर किसी भी प्रतिकूल प्रभाव के लिए क्षतिपूर्ति कार्यक्रम तैयार करना, उदाहरण: फसलों, वृक्षारोपण संरचनाए या आकस्मिक उत्सर्जन, रिसाव, या फैल से होने वाली क्षति
x. किसी अन्य उपकरण और मशीनरी की तरह इन नियंत्रण उपायों की नियमित, या भविष्य में रखरखाव की निगरानी करना

प्रत्येक नियंत्रण उपाय की पूंजीगत लागत और आवर्ती लागत का अनुमान लगाया जाना चाहिए और दिखाया जाना चाहिए। हालांकि, जैसा कि अध्याय 5 में वर्णित है, निवारक शमन उपायों के लिए व्यापक रूप से स्वीकृत सर्वोत्तम इंजीनियरिंग और पर्यावरण प्रथाओं, और मानक प्रदूषण नियंत्रण उपायों की प्रक्रिया के बेहतर प्रदर्शन के लिए और नियामक आवश्यकताओं के अनुपालन के लिए परियोजना डिजाइन का अभिन्न अंग माना जाता है, जो कि किसी भी गतिविधि को करने के लिए नीचे की रेखा है। इस प्रकार, इन लागतों को अलग से अनुमानित करने और प्रदूषण नियंत्रण लागत के एक अलग शीर्षक के अंतर्गत दिखाए जाने की आवश्यकता नहीं है, यह देखते हुए कि अच्छी पर्यावरणीय प्रबंधन प्रथाएं भी पर्यावरणीय प्रबंधन को परियोजना लागत का एक अभिन्न अंग और पार्सल मानती हैं। हालांकि, इन शमन उपायों के पूरक के लिए अतिरिक्त नियंत्रण उपायों की लागत और अवशिष्ट प्रभाव प्रबंधन के लिए लागत का अनुमान लगाया जा सकता है और लेखांकन उद्देश्यों के लिए अलग से वर्गीकृत किया जा सकता है।

EIMPg, जिसमें कार्यक्रमों का एक सेट शामिल है, को परियोजना जीवनचक्र के प्रत्येक चरण के लिए अलग से तैयार करने की आवश्यकता होती है, जिसमें पूर्व-निर्माण और निर्माण शामिल है, जब कई ठेकेदार और उप-ठेकेदार साइट पर काम करना शुरू करते हैं, तथा संचालन और संचालन के बाद के चरण। इनमे विकास परियोजना के विभिन्न जीवनचक्र चरणों के लिए नीचे वर्णित कई कार्यक्रम शामिल हैं।

### 7.5.2.1 पूर्व-निर्माण चरण

पारिस्थितिक, ऐतिहासिक, पुरातात्विक और सांस्कृतिक विरासत जैसे संसाधनों के लिए सुझाए गए प्रभाव और विशिष्ट और उपयुक्त सुरक्षात्मक उपायों को भूमि उपयोग परिवर्तनों के साथ परियोजनाओं के पूर्व-निर्माण चरण में आम तौर पर सामना की जाने वाली निम्नलिखित विशिष्ट गतिविधियों के लिए संक्षेप में प्रस्तुत किया गया है:

i. भूमि का सर्वेक्षण
ii. भूकंपीय सर्वेक्षण
iii. खनिज संसाधनों, तेल और गैस, भूजल आदि का पूर्वेक्षण
iv. परियोजना स्थल विकास
v. परियोजना स्थल पर संसाधन जुटाना
vi. परियोजना से संबंधित गतिविधियों को सुविधाजनक बनाने के लिए सामान्य संसाधनों, सुविधाओं और उपयोगिताओं का स्थानांतरण; आदि

पर्यावरणीय प्रभाव प्रबंधन कार्यक्रम का वर्णन किया गया है जिसमें पूर्व-निर्माण चरण की गतिविधियों से स्थानीय प्रभावों के लिए सुझाए गए सुरक्षात्मक उपायों के तंत्र शामिल हैं।

### 7.5.2.2 निर्माण चरण

एक परियोजना के निर्माण चरण के लिए पर्यावरणीय प्रभाव प्रबंधन कार्यक्रम, जिसमें श्रम शिविरों से संबंधित प्रबंधन कार्यक्रम शामिल हैं, ठेकेदारों और उप-ठेकेदारों के कर्मियों को प्रशिक्षण, पारिस्थितिकी, तलछट, वायु गुणवत्ता, ध्वनि, अपशिष्ट जल, ठोस अपशिष्ट, निर्माण सामग्री, परिवहन, और यातायात, आदि नीचे वर्णित हैं। यह माना जा सकता है कि इनमें से कुछ कार्यक्रमों में स्पष्ट कारणों से कुछ ओवरलैप है क्यों कि प्रभावकारी कारक एक से अधिक पर्यावरणीय घटकों को प्रभावित करते हैं, और परस्पर जुड़े हुए हैं।

#### A1. श्रम शिविर प्रबंधन कार्यक्रम

परियोजना के आकार और परियोजना स्थल की निकटता में भौतिक और सामाजिक अवसंरचनात्मक सुविधाओं की उपलब्धता के आधार पर, श्रम शिविर प्रबंधन कार्यक्रम में इसके लिए तंत्र शामिल हो सकते हैं:

i. निर्माण चरण में समायोजित किए जाने वाले श्रम बल का अनुमान
ii. शिविर के लिए स्थान (स्थानों) की पहचान
iii. पानी की आपूर्ति, खाना पकाने के लिए ईंधन, प्रावधान, स्वच्छता, सीवेज और ठोस अपशिष्ट प्रबंधन, मनोरंजन, सुरक्षा और बचाव, स्वास्थ्य देखभाल, परिवहन आदि सहित बुनियादी सुविधाओं का निर्माण और प्रबंधन

## A2. ठेकेदारों और उप-ठेकेदारों के कर्मियों के लिए प्रशिक्षण कार्यक्रम

विभिन्न स्तरों पर ठेकेदारों और उप-ठेकेदारों के कर्मियों के लिए प्रशिक्षण कार्यक्रमों के विषयों में पर्यावरण और सुरक्षा से संबंधित विषय शामिल हो सकते हैं, जैसे निर्माण और संबंधित गतिविधियों के लिए प्रासंगिक लागू नियम, अच्छे पर्यावरणीय अभ्यास, पर्यावरणीय प्रभाव, शमन क्रियाएं, पर्यावरणीय निगरानी, पर्यावरणीय प्रबंधन और व्यावसायिक सुरक्षा और स्वास्थ्य। प्रशिक्षण कार्यक्रम में इसके लिए तंत्र शामिल हो सकते हैं:

i. प्रशिक्षण आवश्यकताओं की पहचान करना
ii. प्रशिक्षुओं का समूह बनाना
iii. प्रशिक्षकों की पहचान करना
iv. विभिन्न स्तरों पर विभिन्न समूहों के लिए प्रशिक्षण पाठ्यक्रमों का डिजाइन और वितरण
v. प्रशिक्षण और पुन: प्रशिक्षण के लिए कैलेंडर तैयार करना
vi. उपरोक्त गतिविधियों का पर्यवेक्षण
vii. ऐसे पाठ्यक्रमों की प्रभावशीलता की निगरानी करना
viii. उपरोक्त गतिविधियों का दस्तावेजीकरण

## A3. पारिस्थितिक प्रबंधन कार्यक्रम

पारिस्थितिक प्रभाव प्रबंधन कार्यक्रम में परियोजना के निर्माण चरण में आकलन किए गए महत्वपूर्ण प्रभावों के लिए सुझाए गए संक्षिप्त शमन उपायों के लिए कार्यान्वयन और संचालन तंत्र शामिल हो सकते हैं।

i. एक उपयुक्त संयंत्र लेआउट की तैयारी, अलगाव और गतिविधि क्षेत्र में और/या उसके आसपास के महत्वपूर्ण आवासों की सुरक्षा, आवासों का स्थानांतरण, और वनस्पति और आश्रित जीवों के नुकसान को कम करने के लिए महत्वपूर्ण प्रजातियों के पुनर्रोपण जैसे उपायों की निगरानी करना, जिसे कोर जोन में गतिविधियों के लिए परिमाणित किया गया था
ii. नुकसान के लिए एक प्रतिपूरक कार्यक्रम तैयार करना
iii. निर्माण गतिविधियों का निर्धारण करते समय संवेदनशील और दुर्लभ जीवों की प्रजनन अवधि, वनस्पतियों के फूलने के मौसम और फसल पैटर्न को ध्यान में रखते हुए
iv. निर्माण संबंधी गतिविधियों से निकलने वाले अपशिष्ट जल के कारण पानी मे बढ़े हुए आविलता से जलीय और/या समुद्री उत्पादकता, कोरल आदि के लिए सुरक्षा उपाय

## A4. तलछट प्रबंधन कार्यक्रम

तलछट प्रबंधन कार्यक्रम में नष्ट हुई मृदा के लिए कार्यान्वयन और संचालन तंत्र शामिल हो सकते हैं, और साइट विकास गतिविधियों से उत्पन्न ढीली मृदा का परिवहन और परिवहन और वनस्पति, घास

और पृथ्वी को हटाने से क्षमता कम हो जाती है, जिससे नालियां बंद हो जाती हैं, और बढ़ जाती हैं प्राप्त जल निकायों की आविलता, जैसे:

i. कटाव नियंत्रण के उपाय जैसे खुदाई की गई मिट्टी का उपयुक्त संचालन, भंडारण और निपटान, बिना पक्की सतहों पर वनस्पति आवरण का विकास, और भूनिर्माण
ii. रिवरफ्रंट या सीफ्रंट पर प्रस्तावित गतिविधियों से प्राकृतिक जल निकासी प्रणालियों, नदी के किनारों और तटरेखाओं की सुरक्षा
iii. खुले में सामग्री के उचित भंडारण, मौजूदा जल निकासी पैटर्न को अपरिवर्तित रखते हुए, अच्छी हाउसकीपिंग आदि जैसे उपायों से जल निकायों द्वारा प्रदूषण फैलाव का नियंत्रण।

### A5. वायु गुणवत्ता और शोर प्रबंधन कार्यक्रम

1. वायु गुणवत्ता और शोर प्रबंधन कार्यक्रमों में वायु उत्सर्जन, शोर और धूल और गंध के उपद्रव को नियंत्रित करने के लिए कार्यान्वयन और संचालन तंत्र शामिल हो सकते हैं, जो निर्माण संबंधी गतिविधियों के कारण पड़ोस में मानव निवास, वनस्पतियों और जीवों को प्रभावित करते हैं।
   i. निर्माण गतिविधियों की घेराबंदी
   ii. यदि क्षेत्र में पानी की कमी नहीं है तो धूल दमन के लिए पानी का छिड़काव
   iii. वाहनों की आवाजाही पर नियंत्रण
   iv. वाहनों की आवाजाही के लिए डामर सड़क बनाना
   v. गतिविधियों का उचित निर्धारण

### A6. अपशिष्ट जल कार्यक्रम

अपशिष्ट जल प्रबंधन कार्यक्रम में इसके लिए तंत्र शामिल हो सकते हैं

i. निर्माण गतिविधियों से अपशिष्ट जल का संग्रह टैंक में जमा करना, और *प्राकृतिक जल धाराओं* में स्पष्ट सतह पर तैरने वाले निर्गत अपशिष्ट का निर्वहन
ii. कैंटीन, कार्यालयों और अन्य स्रोतों से अपशिष्ट जल का उचित उपचार सुनिश्चित करना और *प्राकृतिक जलमार्गों* में निपटान करना

### A7. ठोस अपशिष्ट प्रबंधन

ठोस अपशिष्ट प्रबंधन कार्यक्रम में इनके लिए तंत्र शामिल हो सकते हैं:

i. विभिन्न स्रोतों से ठोस कचरे का उचित ढेर लगाना और भंडारण करना
ii. गुड हाउसकीपिंग
iii. भूमि उपयोग/लैंड कवर वृत्तकों द्वारा पहचाने गए निचले इलाकों में स्थानीय अधिकारियों और स्थानीय आबादी के परामर्श से निष्क्रिय ठोस कचरे का निपटान

iv. उपयोग किए गए लुब्रिकेटिंग ऑयल जैसे खतरनाक कचरे का निपटान लागू विनियमों में निर्धारित अधिकृत विक्रेताओं द्वारा

### A8. निर्माण सामग्री प्रबंधन कार्यक्रम

एक विकासात्मक परियोजना के निर्माण में निर्माण और निर्माण सामग्री, पानी और बिजली का उपयोग किया जाता है। इनके अधिग्रहण में साइट पर या ऑफ-साइट रेत, मिट्टी, मलबे, पत्थर और पानी जैसी सामग्रियों की निकासी शामिल हो सकती है। इन सामग्रियों को परियोजना स्थल तक पहुँचाने में शामिल गतिविधियों में निम्नलिखित शामिल हो सकते हैं:

i. रेत और मिट्टी को हटाना या निकालना
ii. मलबे का खनन या उत्खनन
iii. मलबे या पत्थरों को कुचलना
iv. संबंधित साइटों पर इन सामग्रियों को संभालना और जमा करना
v निर्माण स्थल पर इन सामग्रियों का परिवहन
vi. निर्माण स्थल पर इन सामग्रियों को संभालना और जमा करना
vii. पहचाने गए स्रोतों से पानी की निकासी या निष्कर्षण, चाहे सतह या भूमिगत, और साइट पर परिवहन
viii. साइट पर निर्माण जल के भंडारण और प्रबंधन के लिए एक सुविधा का निर्माण करना
ix. या तो पास के पावर ग्रिड से निर्माण शक्ति की व्यवस्था करना या डीजल जनरेटिंग सेट का उपयोग करके स्रोत पर उत्पादन करना; आदि

निर्माण सामग्री प्रबंधन के लिए एक विस्तृत कार्यक्रम की आवश्यकता, विशेष रूप से प्रमुख परियोजनाओं जैसे उपनगर, क्षेत्र विकास, थर्मल पावर, और बुनियादी ढांचा परियोजनाओं जैसे राजमार्गों, बांधों, हवाई अड्डों और बंदरगाहों के लिए, जो बड़ी मात्रा में निर्माण सामग्री जैसे ईट और सिमेन्ट का उपयोग करते हैं। इस तरह के कार्यक्रम मे यह वर्णन करने की जरूरत है कि

i. कैसे और कहाँ से इन्हें प्राप्त किया जाएगा भले ही ठेकेदारों और/या उप-ठेकेदारों को अध्ययन क्षेत्र के भीतर या बाहर आने वाले स्थानों से इनकी व्यवस्था करने के लिए कहा जाए
ii. ऐसी सामग्रियों को हटाने के कारण होने वाले निम्नलिखित प्रमुख परिवर्तनों से उत्पन्न होने वाले प्रभावों के लिए न्यूनीकरण उपायों को लागू और संचालित किया जाएगा:
    क. स्थानीय भूमि उपयोग/भूमि आच्छादन और भूदृश्य
    ख. उत्खनन और अपरदन के कारण मृदा की गुणवत्ता
    ग. तलछट परिवहन और प्रदूषण के फैलाव स्रोतों के कारण जल निकायों की जल गुणवत्ता, मिट्टी के कटाव और तलछट परिवहन से निकटता से जुड़ी हुई है
    घ. जल निकासी पैटर्न

ङ. आवास प्रकार और संबंधित वनस्पति, मृदा की विशेषताओं और जल निकासी के साथ निकटता से संबंधित

iii. यह सुनिश्चित किया जाएगा कि निर्माण जल के लिए उपयोग किए जाने वाले स्रोत मौजूदा उपयोगों के साथ-साथ पानी के उपयोगकर्ताओं आदि के संदर्भ में जल संसाधनों पर प्रतिकूल प्रभाव नहीं डालेंगे।

परियोजना से संबंधित गतिविधियों का एक समग्र पर्यावरणीय दृष्टिकोण लिया जाना आवश्यक है, भले ही निर्माण सामग्री और पानी के स्रोत अध्ययन क्षेत्र से बाहर स्थित हों या ठेकेदारों को इन वस्तुओं की खरीद के लिए कहा गया हो। तदनुसार, एक प्रस्तावित पर्यावरणीय प्रभाव प्रबंधन कार्यक्रम में यह सुनिश्चित करने के लिए तंत्र शामिल करने की आवश्यकता है कि परिवहन और निर्माण गतिविधियों को इस तरह से शुरू किया जाए

i. संवेदनशील आवासों को उपयुक्त रूप से अलग किया जाए और स्रोत पर निकाले गए सामग्री के निष्कर्षण, प्रबंधन और भंडारण, और साइट पर परिवहन जैसी गतिविधियों की सुरक्षित किया जाए
ii. निष्कर्षण के बाद उत्तरोत्तर भूनिर्माण किया जाए
iii. पौधों और फसलों के फूलों के मौसम, जीव-जंतुओं के प्रजनन काल, पक्षियों के प्रजनन काल, वन्य जीवों के प्रवास आदि को ध्यान में रखा जाए

### A9. परिवहन और यातायात प्रबंधन कार्यक्रम

निर्माण चरण में बड़ी मात्रा में सामग्री को साइट पर ले जाने की आवश्यकता होती है, और ट्रक, ट्रेलर, रोड टैंकर, अर्थमूविंग उपकरण, यात्री वाहन, निर्माण के परिवहन, आदि का एक बेड़ा आमतौर पर खुदाई, निर्माण सामग्री और पानी, जनशक्ति, उपकरण और मशीनरी, और निर्माण संबंधित गतिविधियों के लिए नियोजित किया जाता है। ऐसे स्थान पर प्रस्तावित बड़ी ग्रीनफील्ड परियोजनाओं के लिए जहां पर्याप्त डामर या कंक्रीट सड़कों, आवास सुविधाओं और अन्य सुविधाओं के रूप में अच्छी तरह से विकसित भौतिक बुनियादी ढांचा नहीं है, परियोजना स्थल की निकटता में तंत्र को निम्नलिखित पहलुओं के लिए प्रस्तावित करने की आवश्यकता है:

i. परिवहन मार्गों की पहचान
ii. समय, गति, हॉर्न, बंद या ढके हुए वाहनों में सामग्री परिवहन, साइट पर हैंडलिंग और भंडारण आदि के संबंध में सामग्री और जनशक्ति के परिवहन पर ठेकेदारों के लिए दिशानिर्देशों की तैयारी और कार्यान्वयन, यह सुनिश्चित करने के लिए कि परिवहन गलियारे और आसपास की आबादी परियोजना स्थल के वाहनों की आवाजाही, कच्ची सड़कों से धूल, यातायात की भीड़, वाहनों के उत्सर्जन, शोर, जल निकासी पैटर्न में परिवर्तन आदि के कारण असुविधा नहीं हो।

iii. सड़कों को बिछाने, मौजूदा सड़कों को मजबूत करने या अपग्रेड करने, बाईपास सड़कों, सतहों को पक्का करने आदि की आवश्यकता वाले हिस्सों की पहचान करना।
iv. ठेकेदारों द्वारा नियोजित प्रथाओं की निगरानी
v. परिवेशी वायु गुणवत्ता, ध्वनि स्तर, धूल उपद्रव, आदि की निगरानी।
vi. पार्किंग, ईंधन भरना और वाहनों का रखरखाव
vii. जनता की शिकायतों के निवारण के लिए तंत्र; आदि।

#### 7.5.2.3 निर्माण के बाद का चरण

निर्माण के बाद का चरण, जो कुछ हद तक संचालन चरण के प्रारंभिक भाग के साथ ओवरलैप हो सकता है, उसमे मुख्य रूप से निम्नलिखित के लिए तंत्र युक्त पर्यावरणीय प्रभाव प्रबंधन कार्यक्रम की आवश्यकता है:

i. परियोजना स्थल की पारिस्थितिक बहाली और पुनर्वास
ii. श्रम शिविरों और अन्य अस्थायी संरचनाओं को ध्वस्त करना
iii. उधार क्षेत्रों की बहाली निर्माण के लिए निकाली गई रेत, पृथ्वी, मिट्टी, धातु, आदि।
iv. ऊपरी मृदा का पुन: उपयोग; आदि।

उपरोक्त के लिए EIMPg नीचे 7.5.2.5 में वर्णित कुछ परियोजनाओं के लिए दी गई EIMPg के समान है और जो परियोजना जीवनचक्र के बाद के संचालन चरण के लिए है।

#### 7.5.2.4 संचालन चरण

एक परियोजना के संचालन चरण के लिए EIMPg में वायु गुणवत्ता, ठोस अपशिष्ट, अपशिष्ट जल, शोर और कंपन, परिवहन और यातायात, व्यावसायिक स्वास्थ्य, आदि के लिए प्रबंधन कार्यक्रम शामिल है। जैसा कि पहले बताया गया है, EMC यह सुनिश्चित करता है कि शमन उपायों को कार्यक्रम का अभिन्न अंग माना जाए। परियोजना के लिए हालांकि, लागू पर्यावरणीय नियमों का अनुपालन सुनिश्चित करने के लिए, EMC को ऐसे नियंत्रण उपायों के परिचालन पहलुओं पर ऑपरेशन सेल के साथ समन्वय करने की आवश्यकता है।

##### B1. वायु गुणवत्ता प्रबंधन

महत्वपूर्ण वायु पर्यावरणीय प्रभावों के लिए सुझाए गए शमन उपायों के आधार पर, एक विशिष्ट वायु गुणवत्ता प्रबंधन कार्यक्रम में इसके लिए तंत्र शामिल हो सकते हैं:

i. समग्र वायु गुणवत्ता प्रबंधन कार्यक्रम की देखरेख करना
ii. वांछित स्तरों के भीतर वायु उत्सर्जन सुनिश्चित करने के लिए नियंत्रण उपायों के संचालन की देखरेख करना
iii. नियोजित प्रत्येक नियंत्रक उपाय का आवधिक प्रदर्शन मूल्यांकन

iv. किसी भी अतिरिक्त या पूरक नियंत्रण उपायों की आवश्यकता की पहचान करना, जहां आवश्यक हो, उन्हें डिजाइन करना, खरीदना और शामिल करना
v. वायु उत्सर्जन की रोकथाम और न्यूनीकरण के उपाय करना; आदि।

**B2. ठोस अपशिष्ट प्रबंधन**

महत्वपूर्ण ठोस अपशिष्ट से संबंधित भूमि पर्यावरणीय प्रभावों के लिए सुझाए गए शमन उपायों के आधार पर, एक विशिष्ट ठोस अपशिष्ट प्रबंधन कार्यक्रम में इसके लिए तंत्र शामिल हो सकते हैं:

i. समग्र अपशिष्ट (खतरनाक और साथ ही गैर-खतरनाक) प्रबंधन कार्यक्रम की देखरेख करना
ii. कुछ अनुकूल अपशिष्टों के पृथक्करण या मिश्रण की निगरानी करना, और अपशिष्टों के लक्षण का वर्णन
iii. किसी भी अतिरिक्त या पूरक उपायों की आवश्यकता की पहचान करना, और बेहतर उपचार विकल्प, कुछ कचरे से कुछ मूल्यवान वस्तुओं को पुनर्प्राप्त करने के लिए उन्हें डिजाइन करना, खरीदना और शामिल करना
iv. किन्ही विशिष्ट प्रकार के कचरे और अपशिष्ट निपटान स्थलों के लिए अधिकृत विक्रेताओं की पहचान करना
v. ठोस अपशिष्ट न्यूनीकरण के लिए उपाय करना; आदि।

**B3. जल और अपशिष्ट जल प्रशोधन, और निपटान कार्यक्रम**

महत्वपूर्ण अपशिष्ट जल और जल संसाधनों से संबंधित पर्यावरणीय प्रभाव (एवं सुझाए गए शमन उपाय) एक विशिष्ट प्रबंधन कार्यक्रम के लिए निम्न तंत्र शामिल कर सकते हैं:

i. समग्र जल और अपशिष्ट जल प्रबंधन कार्यक्रम की देखरेख करना
ii. जल निकासी, जल वितरण और उपयोग की दक्षता की देखरेख करना
iii. अपशिष्ट जल नेटवर्क, अपशिष्ट जल प्रशोधन सुविधा और उपचारित अपशिष्ट जल के निपटान की देखरेख करना
iv. नियोजित प्रत्येक नियंत्रण उपाय का आवधिक प्रदर्शन मूल्यांकन
v. किसी भी अतिरिक्त या पूरक नियंत्रण उपायों की आवश्यकता की पहचान करना, ऐसे उपायों को डिजाइन करना, खरीदना और संमलित करना, और अलग-अलग धाराओं का केंद्रीय अपशिष्ट जल सुविधा के लिए बेहतर वैकल्पिक प्रशोधन
vi. अपर्याप्त रूप से उपचारित अपशिष्ट जल या नियामक मानकों को पूरा नहीं करने वाला उपचारित अपशिष्ट जल को गार्ड तालाब से वापस संबंधित प्रशोधन इकाई में भेजने के प्रावधान को सुनिश्चित करना
vii. जल संरक्षण के साथ-साथ अपशिष्ट जल को कम करने के उपाय करना; आदि।

### B4. शोर और कंपन प्रबंधन कार्यक्रम

महत्वपूर्ण शोर और कंपन संबंधी प्रभावों के लिए सुझाए गए शमन उपायों के आधार पर, एक विशिष्ट प्रबंधन कार्यक्रम में इसके लिए तंत्र शामिल हो सकते हैं:

i. समग्र शोर और कंपन प्रबंधन कार्यक्रम की देखरेख करना
ii. नियोजित प्रत्येक शोर क्षीणन उपाय का आवधिक प्रदर्शन व मूल्यांकन
iii. प्रदान किए गए अन्य शोर और कंपन क्षीणन उपायों की निगरानी करना, जैसे परियोजना के चारों ओर भूनिर्माण, स्रोत और रिसेप्टर्स के बीच खाइयां बनाने के लिए, मीडिया में असंतोष या कंपन के प्रसार का मार्ग आदि।

शोर बाधाओं को ध्यान में रखते हुए, अर्थात् शोर के स्रोतों और रिसेप्टर्स के बीच राजमार्गों या रेलवे के दोनों ओर भौतिक बाधाएं, शोर के प्रसार के मार्ग में बाधा के रूप में कार्य करने के लिए खुले में, परियोजना परिसर के बाहर, या फिर रेल या सड़क परियोजनाओं के "उपयोग के अधिकार" कॉरिडोर, में स्थापित की जाती हैं। कार्यक्रम में यह वर्णन करने की आवश्यकता है कि पहचान किए गए स्थानों पर उचित रूप से डिज़ाइन किए गए शोर अवरोधों को कैसे स्थापित, संरक्षित और रखरखाव किया जाएगा, और समय-समय पर उनकी प्रभावशीलता की निगरानी की जाएगी।

### B5. परिवहन और यातायात प्रबंधन कार्यक्रम

पेट्रोलियम रिफाइनरियों, पेट्रोकेमिकल्स, उर्वरक, सीमेंट, धातुकर्म, चीनी और क्लोर-क्षार जैसी कुछ परियोजनाओं और बंदरगाहों में बड़ी मात्रा में फीडस्टॉक, ईंधन, उत्पाद और/या अपशिष्ट, कार्गो आदि का परिवहन शामिल है। उदाहरण के लिए, एक विशिष्ट सीमेंट परियोजना पॉज़ोलाना सीमेंट के उत्पादन के लिए क्लिंकर उत्पादन की 1 मिलियन मीट्रिक टन/वर्ष (एमएमटीपीए) की क्षमता रखने के लिए सालाना 3.6 एमएमटीपीए से अधिक सामग्री के परिवहन की आवश्यकता होती है, अर्थात् 11,000 एमटीपीडी (लगभग), जैसा कि **तालिका 7.1** में दिखाया गया है। कई बार, इन सामग्रियों की एक महत्वपूर्ण मात्रा को सड़कों पर ले जाना पड़ सकता है। इस प्रकार, कार्यक्रम को उपयुक्त परिवहन मार्गों और परियोजना परिसर के बाहर भी आवश्यक भौतिक बुनियादी ढांचे का पता लगाने की आवश्यकता है।

**तालिका 7.1 एक विशिष्ट सीमेंट संयंत्र में सामग्री का परिवहन (1 एमएमटीपीए क्षमता)**

| सामग्री | मात्रा (लगभग), एमटीपीडी |
|---|---|
| चूना पत्थर | 4,200 |
| बॉक्साइट, मिट्टी, रेत, जिप्सम | 300 |
| कोयला | 600 |
| फ्लाई ऐश, स्लैग | 900 |
| सीमेंट | 3700 |

| | |
|---|---|
| *अन्य सामग्री | Bulk |
| पैकेजिंग सामग्री, बैग | 740,00 नंबर |
| कैप्टिव 50 मेगावाट बिजली संयंत्र के लिए कोयला | 1,000 |
| कुल | 10,700+ |

* तेल और स्नेहक, मशीनरी के पुर्जे और स्टोर, भट्ठा रेफ्रेक्ट्रीज और ग्राइंडिंग मीडिया सहित

इसके अलावा, परियोजना परिसर के भीतर ट्रकों और सड़क के टैंकरों की सुचारू आवाजाही के लिए, कार्यक्रम को प्रदान करने और बनाए रखने के लिए तंत्र शामिल करने की आवश्यकता है, जैसे:

i. एक आवंटित पक्की पार्किंग की जगह
ii. पक्की आंतरिक सड़कें
iii. धूल संग्रह और/या दमन
iv. ईंधन भरने की सुविधा
v. रखरखाव की सुविधा
vi. ड्राइवरों और सहायकों के लिए पानी, स्वच्छता, भोजन और आश्रय जैसी बुनियादी सुविधाएं

### B6. व्यावसायिक स्वास्थ्य प्रबंधन कार्यक्रम

भले ही एक ईआईए से आमतौर पर परिवेशी पर्यावरण पर पर्यावरणीय प्रभावों अर्थात् प्रस्तावित परियोजना के लिए बाहरी प्रभावों पर विचार करने की अपेक्षा की जाती है,यह भी हो सकता है EIMPg में व्यावसायिक स्वास्थ्य संबंधी पहलुओं पर विचार करने के लिए अच्छा अभ्यास, विशेष रूप से थोक ठोस पदार्थों, खतरनाक सामग्रियों, और हानिकारक पदार्थों के संचालन, प्रसंस्करण या भंडारण से संबंधित परियोजनाओं के लिए, और/या सुविधा या संचालन जिसमें धूल और/या धुआं बनने की क्षमता हो। इस तरह के पदार्थों और संचालनों में व्यावसायिक स्वास्थ्य संबंधी मुद्दों को बनाने या काम के माहौल में कर्मियों या यहां तक कि कुछ मामलों में आस-पास की आबादी के लिए बीमारियों का कारण बनने की क्षमता होती है। व्यावसायिक स्वास्थ्य से संबंधित पहचाने गए संभावित मुद्दों के आधार पर, एक विशिष्ट व्यावसायिक और स्वास्थ्य प्रबंधन कार्यक्रम में इसके लिए निम्न तंत्र सम्मिलित हो सकते हैं:

i. काम के माहौल में खतरनाक पदार्थों, धूल, धुएं या धुएं के स्रोतों और सांद्रता, शोर या तापमान के स्तर की समीक्षा करना
ii. साहित्य (OSHA 2011) और लागू विनियमों (MOLE 1987) मे उल्लिखित पदार्थों के संकट की सीमा स्तर के आधार पर संभावित व्यावसायिक स्वास्थ्य खतरों की पहचान
iii. कर्मचारियों और अन्य लोगों के स्वास्थ्य की आवधिक जांच, जिनके प्रभावित होने की संभावना है या तो इन-हाउस सुविधाएं स्थापित करके या अन्य अस्पतालों के साथ उपयुक्त व्यवस्था करके
iv. उपरोक्त पर सुधारात्मक और निवारक कार्रवाई करना और रिकॉर्ड रखना

v. संचालन में स्वचालन जैसे उपाय प्रदान करने के लिए ऑपरेशन सेल के साथ समन्वय करना ताकि खतरनाक कार्य स्टेशनों पर हर समय कर्मियों की भौतिक उपस्थिति से जहाँ तक संभव हो, बचा जा सके और या यह सुनिश्चित करने के लिए कि कोई भी व्यक्ति लगातार धुएं के संपर्क में न रहे, लंबी अवधि के लिए गर्मी, शोर या कंपन को न्यूनतम किया जा सके
vi. अच्छे काम के माहौल की स्थिति सुनिश्चित करना
vii. अच्छी हाउसकीपिंग सुनिश्चित करना

### B7. जोखिम प्रबंधन कार्यक्रम

आकलन किए गए जोखिमों के लिए सुझाए गए जोखिम न्यूनीकरण उपायों के आधार पर, एक विशिष्ट जोखिम प्रबंधन कार्यक्रम में निम्न तंत्र शामिल हो सकते हैं:

i. यह सुनिश्चित करना कि एक उपयुक्त प्रक्रिया सुरक्षा प्रबंधन प्रणाली मौजूद है जिसका कड़ाई से पालन किया जाएगा
ii. समय-समय पर आंतरिक और साथ ही तीसरे पक्ष के सुरक्षा ऑडिट और प्रबंधन की समीक्षा करना
iii. एक ऑन-साइट आपातकालीन कार्यक्रम की तैयारी व स्थापित करना
iv. प्रभाव या जोखिम आकलन, अप्रत्याशित घटनाओं और अप्रत्याशित स्थितियों में किसी भी कमी के लिए एक आकस्मिक कार्यक्रम की स्थापना करना, जिसके परिणाम, परियोजना की सीमाओं से परे हों
v. ऑफ-साइट आपातकालीन तैयारियों का प्रबंधन करने वाले प्राधिकरण के साथ समन्वय सुनिश्चित करना
vi. समय-समय पर मॉक ड्रिल का आयोजन करना
vii. पर्याप्त बीमा कवर सुनिश्चित करना
viii. यह सुनिश्चित करना कि जोखिम आकलन अध्ययन की सिफारिशें परियोजना संचालन और रखरखाव मैनुअल के साथ एकीकृत हैं और धार्मिक रूप से पालन की जाती हैं

### B8. आपातकाल और परिणाम कम करने का कार्यक्रम

परियोजना सुविधाओं और परिचालन प्रक्रियाओं को विशेष रूप से आपातकालीन घटनाओं को कम करने और ऐसी घटनाओं के होने की स्थिति में उनके परिणामों को कम करने के लिए डिज़ाइन करने की आवश्यकता है। कार्यक्रम के लिए उपायों पर निम्न की स्पष्ट जानकारी शामिल करने की आवश्यकता है:

i. आपात स्थिति की रोकथाम
ii. आपात स्थिति की परिधि को कम करना

iii. विशिष्ट, अतिरिक्त के साथ स्वीकार्य जोखिम स्तर तक आपात स्थिति के परिणामों को कम करना तथा इंजीनियरिंग के साथ-साथ केंद्रीकृत नियंत्रण तंत्र की कुशलता में सुधार के लिए प्रबंधकीय उपाय करना

### B9. परियोजना कर्मियों के लिए चल रहे प्रशिक्षण कार्यक्रम

प्रशिक्षण कार्यक्रम में इनके लिए तंत्र शामिल हो सकते हैं:

i. विभिन्न स्तरों पर कर्मियों की प्रशिक्षण आवश्यकताओं की पहचान करना
ii. प्रशिक्षकों की पहचान करना
iii. प्रशिक्षण पाठ्यक्रमों की डिजाइनिंग और वितरण
iv. कर्मियों के प्रशिक्षण और पुन: प्रशिक्षण के लिए एक कैलेंडर तैयार करना
v. उपरोक्त गतिविधियों का पर्यवेक्षण
vi. इन पाठ्यक्रमों की प्रभावशीलता की निगरानी करना और पाठ्यक्रमों को नया स्वरूप देना
vii. उपरोक्त गतिविधियों का दस्तावेजीकरण

### 7.5.2.5 पोस्ट-ऑपरेशन चरण

यह इस पर निर्भर करता है कि

i. परियोजना के पोस्ट-ऑपरेशन जीवनचक्र चरण में शामिल गतिविधियाँ क्या है, जैसे बाँधना, पारिस्थितिक बहाली, डीकमीशनिंग, या विध्वंस
ii. पोस्ट ऑपरेशन के बाद के चरण की सीमा और अवधि
iii. पर्यावरणीय प्रभावों का आकलन, और
iv. शमन उपायों का सुझाव

निर्माण और संचालन जीवनचक्र चरणों के लिए पर्यावरणीय प्रभाव प्रबंधन कार्यक्रमों के लिए ऊपर वर्णित कई तंत्र, संभवतः कुछ संशोधनों के साथ, परियोजना के संचालन के बाद के जीवनचक्र चरण के लिए भी लागू हो सकते हैं। उदाहरण के लिए,

i. बाँधना : हवा की गुणवत्ता, शोर, निर्माण सामग्री, और परिवहन और यातायात प्रबंधन के लिए EIMPg की आवश्यकता होती है
ii. पारिस्थितिक बहाली और पुनर्वास: निर्माण सामग्री, परिवहन और यातायात और वायु गुणवत्ता प्रबंधन के लिए EIMPg की आवश्यकता होती है
iii. डीकमीशनिंग: शोर, परिवहन और यातायात, ठोस अपशिष्ट और साइट बहाली प्रबंधन के लिए EIMPg की आवश्यकता होती है
iv. विध्वंस: वायु गुणवत्ता, शोर, ठोस अपशिष्ट, परिवहन और यातायात, और साइट बहाली प्रबंधन के लिए EIMPg की आवश्यकता; आदि।

### *7.5.3 पर्यावरणीय निगरानी*

प्रत्येक कार्यात्मक वृत्तिक निर्धारित किए गए पर्यावरण घटक के लिए परियोजना जीवनचक्र के प्रत्येक चरण में पर्यावरणीय निगरानी कार्यक्रम का सुझाव देता है और ईआईए टीम लीडर कार्यात्मक वृत्तिकों के परामर्श से पर्यावरण के सभी घटकों के लिए एक समेकित कार्यक्रम में इन्हें एकीकृत करता है। पर्यावरणीय निगरानी कार्यक्रम में परियोजना के जीवनचक्र के प्रत्येक चरण में निगरानी शामिल है, जिसमें पूर्व-निर्माण गतिविधियों जैसे खनिजों की संभावना और तेल और गैस परियोजनाओं के लिए भूकंपीय सर्वेक्षण, निर्माण, संचालन और पोस्ट-ऑपरेशन शामिल हैं। तेल और गैस की खोज और उत्पादन, विनिर्माण और ऊर्जा उत्पादन जैसी परियोजनाओं को बंद करना, खतरनाक कचरे और नगरपालिका अपशिष्ट प्रबंधन सुविधाओं के लिए सुरक्षित लैंडफिल सुविधाओं जैसी परियोजनाओं को बंद करना, खनन परियोजनाओं की बहाली, और उपनगर, पुलों और सड़कों जैसी बुनियादी ढांचागत परियोजनाओं को तोड़ना परियोजना के प्रत्येक जीवनचक्र चरण के लिए कार्यक्रम को अलग से वर्णित करने की आवश्यकता है क्योंकि इसमें शामिल गतिविधियाँ और लागू पर्यावरणीय नियम अलग-अलग होने की संभावना है, जिनमे प्रत्येक के लिए एक अलग प्रकार और व्यापकता के पर्यावरणीय निगरानी की आवश्यकता होती है।

#### 7.5.3.1 पर्यावरणीय निगरानी कौन करता है?

जब परियोजना संगठन इन-हाउस पर्यावरणीय निगरानी करने का निर्णय लेता है, तो पर्यावरणीय प्रबंधन सेल के भीतर एक अच्छी तरह से परिभाषित और समर्पित समूह जिसे पर्यावरणीय निगरानी समूह के रूप में जाना जाता है, इसकी योजना बनाने और निगरानी करने की जिम्मेदारी सौंपी जाती है।

प्रलेखित पर्यावरणीय निगरानी प्रोटोकॉल के बाद विभिन्न पर्यावरणीय घटकों का जब पर्यावरणीय निगरानी कार्य को आउटसोर्स करने का निर्णय लिया जाता है, तो पर्यावरणीय निगरानी समूह आउटसोर्स एजेंसी द्वारा किए जा रहे कार्यों की योजना और निरीक्षण करता है। यह भी संभावना है कि कुछ पर्यावरणीय घटकों के लिए पर्यावरणीय निगरानी का एक हिस्सा इन-हाउस किया जाता रहे और शेष आउटसोर्स किया जाता है। उपकरणों और उपकरणों की खरीद के लिए पूंजी की आवश्यकता, और आवश्यक ढांचागत सुविधाओं के विकास के साथ-साथ पर्यावरणीय निगरानी सुविधा के संचालन और रखरखाव के लिए आवर्ती व्यय का अनुमान लगाया जाता है और जो विवरण कार्यक्रम में वर्णित होता हैं।

#### 7.5.3.2 पर्यावरणीय निगरानी की परिधि

किसी परियोजना के प्रत्येक जीवनचक्र चरण में पर्यावरणीय निगरानी का परिधि अलग-अलग होती है। निगरानी के उद्देश्य के आधार पर, अर्थात् लागू विनियमों के अनुसार उत्सर्जन, निर्वहन और निपटान के लिए अनुपालन निगरानी, या प्रक्रियाओं के प्रदर्शन मूल्यांकन के साथ-साथ नियोजित नियंत्रण उपाय, पर्यावरण के प्रत्येक पहलू की विशेषता के लिए निम्नलिखित तंत्र का वर्णन किया गया है:

i. मापदंडों की निगरानी
ii. नमूनाकरण या निगरानी का स्थान
iii. नमूनाकरण या निगरानी की आवृत्ति या आवधिकता
iv. नमूना पद्धति
v. नमूना संरक्षण के लिए पद्धति
vi. दूर स्थित प्रयोगशाला में नमूना परिवहन के लिए पद्धति
vii. विश्लेषणात्मक तरीकों को अपनाना

उपरोक्त के आधार पर, निम्नलिखित अनुमानित और वर्णित हैं:

i. निगरानी और माप के लिए उपकरणों, उपकरणों और अन्य बुनियादी सुविधाओं की आवश्यकता
ii. उपभोग सामग्रियों की आवश्यकता
iii. जनशक्ति की आवश्यकता
iv. सुविधाओं के आवास के लिए आवश्यक स्थान
v. पूंजी के साथ-साथ आवर्ती खर्चों के लिए धन की आवश्यकता

#### 7.5.3.3 अनुपालन से संबंधित पर्यावरणीय निगरानी

पर्यावरण अनुमोदन प्रदान करते समय सक्षम प्राधिकारी द्वारा निर्धारित निगरानी शर्तों के आधार पर, और प्रदूषण नियंत्रण बोर्ड द्वारा "संचालित करने की सहमति" के पत्र में लगाए गए अनुपालन निगरानी में प्रत्येक पर्यावरणीय घटकों के विशिष्ट पैरामीटर निम्नानुसार शामिल हो सकते हैं:

1. पर्यावरण के भौतिक-रासायनिक पहलुओं में निम्नलिखित शामिल हैं:

   *निर्माण चरण*

   i. परिवेशी वायु गुणवत्ता
   ii. परिवेश शोर का स्तर
   iii. उपयोग किए गए जल संसाधनों का स्वास्थ्य
   iv. डिस्चार्ज किए गए अपशिष्ट जल की मात्रा और विशेषताएं
   v. निपटाए गए ठोस कचरे की मात्रा और विशेषताएं
   vi. मृदा की विशेषताएं
   vii. मिट्टी का कटाव और परिणामी तलछट परिवहन
   viii. तटीय और/या समुद्री जल की गुणवत्ता के लिए निगरानी किए जाने वाले किसी विशिष्ट पैरामीटर

   *संचालन चरण*

   i. प्रत्येक ढेर से वायु उत्सर्जन और पलायक उत्सर्जन के स्रोत
   ii. परिवेशी वायु गुणवत्ता और कार्य वातावरण

iii. परिवेश मे शोर का स्तर
iv. शोषित जल संसाधन (संसाधनों) का स्वास्थ्य, चाहे सतह हो या भूमिगत जल और जल संसाधनों, जल उपलब्धता, जल तालिका, आदि की विशेषताओं के संबंध में।
v. गार्ड तालाब से छोड़े गए उपचारित अपशिष्ट जल की मात्रा और विशेषताएं
vi. परियोजना से उपचारित अपशिष्ट जल प्राप्त करने वाले जल निकायों की विशेषताएं
vii. सतही जल पर फैला हुआ प्रदूषण और सतही और भूजल संसाधनों की गुणवत्ता
viii. उत्पन्न खतरनाक और अन्य कचरे की मात्रा और विशेषताएं, अनुकूलता, भंडारण की स्थिति, परिवहन और निपटान
ix. अपशिष्ट जल उपचार सुविधाओं, भंडारण टैंकों, जलाशयों, और खुले भंडारण, ठोस और खतरनाक अपशिष्ट प्रबंधन सुविधाओं, ओवरबर्डन डंप आदि जैसे संभावित स्रोतों से मिट्टी और भूजल में प्रदूषकों के रिसाव का पता लगाने और अनुमान लगाने के लिए भूजल की गुणवत्ता
x. मृदा, तटीय और/या समुद्री जल की गुणवत्ता, आदि जैसे किसी विशिष्ट पैरामीटर की निगरानी की जानी चाहिए
xi. पर्यावरण लेखा परीक्षा, सुरक्षा लेखा परीक्षा और ऊर्जा लेखा परीक्षा

*सुरक्षित लैंडफिल सुविधाओं जैसी परियोजनाओं के लिए पोस्ट-ऑपरेशन*

i. सुविधा के आसपास सैंपलिंग बोरवेल स्थापित करके भूजल की निगरानी
ii. लीचेट मात्रा और विशेषताएँ
iii. सुविधा के आसपास परिवेशी वायु गुणवत्ता

2. उपग्रह इमेजरी और ग्राउंड-ट्रूथिंग का उपयोग करके भूमि उपयोग/लैंड कवर परिवर्तन
3. उपरोक्त के आधार पर जल निकासी और अप्रवाह पैटर्न
4. पारिस्थितिक निगरानी: स्थलीय, जलीय और समुद्री, और विशिष्ट पारिस्थितिक संकेतक
5. विशिष्ट सामाजिक संकेतकों सहित सामाजिक निगरानी, और आर एंड आर, रोजगार सृजन, भौतिक और सामाजिक ढांचागत विकास आदि पर परियोजना प्रस्तावक द्वारा की गई प्रतिबद्धताओं की पूर्ति, सामाजिक आवश्यकताओं के आकलन आदि में पहचान की गई।

### 7.5.3.4 प्रदर्शन मूल्यांकन से संबंधित पर्यावरणीय निगरानी

परियोजना के प्रकार और आकार के आधार पर, पर्यावरणीय निगरानी में प्रदर्शन के मूल्यांकन को सुविधाजनक बनाने के लिए निम्नलिखित विशेषताओं या विशिष्ट मापदंडों को शामिल किया जा सकता है, अर्थात् अपनाए गए नियंत्रण उपायों की प्रभावशीलता और दक्षता और नियोजित उपचार प्रक्रियाएं:

i. स्थानीय मौसम विज्ञान, जिसमें निरंतर आधार पर तापमान, आर्द्रता, हवा का वेग, वर्षा, बादल आदि शामिल हैं
ii. प्रत्येक वायु प्रदूषण नियंत्रण उपकरण से पहले और बाद में वायु उत्सर्जन या गैसीय धाराओं का लक्षण वर्णन, जिसमें प्रवाह वेग, तापमान, $PM_{2.5}$, $PM_{10}$, $NO_x$, $SO_2$, CO, $CO_2$, और कोई अन्य पैरामीटर शामिल हैं
iii. प्रत्येक स्रोत पर अपनाए गए नियंत्रण उपायों के बाद शोर का स्तर
iv. प्रत्येक उद्देश्य के लिए पानी का उपयोग करता है
v. प्रत्येक स्रोत या गतिविधि से उत्पन्न अपशिष्ट जल की मात्रा और विशेषताएं, चरण-वार अपशिष्ट जल उपचार प्रक्रियाएं, और उनके अकार्बनिक, कार्बनिक और जैविक सामग्री के लिए गार्ड तालाब से छोड़ने वाले अपशिष्ट जल
vi. प्रत्येक स्रोत, भंडारण की स्थिति, उपचार, परिवहन और खतरनाक एवं अन्य कचरे के निपटान से उत्पन्न कचरे की मात्रा और विशेषताएं
vii. पर्यावरण लेखा परीक्षा, सुरक्षा लेखा परीक्षा, ऊर्जा लेखा परीक्षा, जल लेखा परीक्षा, अपशिष्ट जल लेखा परीक्षा, संसाधन उपयोग लेखा परीक्षा, अपशिष्ट लेखा परीक्षा, आदि।

#### 7.5.3.5 पर्यावरणीय निगरानी के लिए आवश्यकताएँ

एक विशिष्ट पर्यावरणीय निगरानी कार्यक्रम की बुनियादी आवश्यकताओं को पूरा करने के लिए निम्नलिखित तंत्रों पर विशेष ध्यान देने की आवश्यकता है:

i. नियमित और आवधिक पारंपरिक निगरानी के अलावा विधिवत पहचाने गए महत्वपूर्ण भौतिक-रासायनिक मापदंडों की वास्तविक समय (रियल टाइम/ऑनलाइन) मे निगरानी, परियोजना के आकार और प्रकार और परियोजना के स्थान और उसके आसपास की संवेदनशीलता पर निर्भर करती है
ii. EMC द्वारा विकसित पारिस्थितिक और सामाजिक संकेतकों की निगरानी के लिए मानक पद्धतियों को नियोजित करना और पर्यावरणीय अनुमोदन शर्तों में निर्दिष्ट पारिस्थितिक और सामाजिक घटकों से संबंधित अन्य पहलू
iii. उन स्थानों पर संबंधित मापदंडों की सांद्रता में वृद्धिशील परिवर्तनों का पता लगाना जहाँ पर्यावरणीय आधारभूत निगरानी की गई थी
iv. APHA के अनुसार या पर्यावरणीय निगरानी समूह और/या आउटसोर्स एजेंसी द्वारा विभिन्न मापदंडों के लिए लागू विनियमों में निर्दिष्ट के अनुसार मानक नमूनाकरण और विश्लेषणात्मक तरीकों को नियोजित करना
v. अच्छी प्रयोगशाला प्रथाओं को अपनाना, जिसमें एक इन-हाउस और/या आउटसोर्स प्रयोगशाला द्वारा प्रयोगशाला मैनुअल तैयार करना और प्रयोगशाला मान्यता एजेंसी की आवश्यकताओं का अनुपालन करना शामिल है, उदाहरण के लिए मशीनों और उपकरणों, उपभोग सामग्रियों,

विश्लेषणात्मक विधियों, नमूना संरक्षण, और विनाश, प्रयोगशाला सुरक्षा, कुशल तकनीशियनों आदि के अंशांकन के लिए प्रयोगशालाओं के लिए राष्ट्रीय प्रत्यायन बोर्ड

vi. नमूना विवरण, विश्लेषणात्मक रिपोर्ट, डेटा प्रतिनिधित्व, और आंतरिक के साथ-साथ बाहरी हितधारकों के लिए रिपोर्ट तैयार करने के सहित निगरानी सूचना का प्रलेखन

vii. समय-समय पर इनपुट, उत्पाद-मिश्रण, प्रक्रियाओं आदि में होने वाले परिवर्तनों और इस तरह की विविधताओं के निहितार्थ पर उचित संचार सुनिश्चित करने के लिए पर्यावरणीय निगरानी समूह, EMC और परियोजना संगठन की प्रक्रिया नियंत्रण प्रयोगशाला के बीच घनिष्ठ समन्वय उत्सर्जन और निर्वहन

viii. तत्काल सुधारात्मक कार्रवाई करने के लिए निगरानी के दौरान कुछ मापदंडों में पाए गए किसी भी विचलन पर ऑपरेशन सेल को समय पर प्रतिक्रिया प्रदान करना

ix. ईएमसी तूफान, चक्रवात, लू, शीत लहर, भारी वर्षा आदि जैसी घटनाओं पर संबंधित एजेंसियों द्वारा किए गए मौसम के पूर्वानुमान पर ऑपरेशन सेल और प्रबंधन को एक सलाह जारी करता है।

एक पर्यावरणीय निगरानी कार्यक्रम का परिणाम आम तौर पर एक तालिका के रूप में प्रस्तुत किया जाता है, जैसा कि **तालिका 7.2** में दिखाया गया है।

**तालिका 7.2 पर्यावरणीय निगरानी कार्यक्रम का आउटपुट**

| पर्यावरणीय घटक | परियोजना जीवनचक्र चरण | पैरामीटर | स्थान | आवृत्ति और अवधि | जिम्मेदारी |
|---|---|---|---|---|---|
| वायु गुणवत्ता-परिवेश | पूर्व निर्माण, निर्माण परिचालन ऑपरेशन के बाद | लागू नियमों के अनुसार $PM_{10}$, $PM_{2.5}$ जैसे गुणवत्ता पैरामीटर निर्दिष्ट करें, विशिष्ट परियोजना-संबंधित पैरामीटर, यदि कोई हो | स्थान/ रिसेप्टर निर्दिष्ट करें | उल्लिखित करना | उल्लिखित करना |
| वायु गुणवत्ता-स्टैक | परिचालन | लागू नियमों के अनुसार गुणवत्ता पैरामीटर निर्दिष्ट करें, विशिष्ट परियोजना-संबंधित पैरामीटर, यदि कोई हो | विभिन्न स्टैक निर्दिष्ट करें | उल्लिखित करना | उल्लिखित करना |

| **पर्यावरणीय घटक** | **परियोजना जीवनचक्र चरण** | **पैरामीटर** | **स्थान** | **आवृत्ति और अवधि** | **जिम्मेदारी** |
|---|---|---|---|---|---|
| शोर स्तर<br>कंपन स्तर | पूर्व निर्माण,<br>निर्माण<br>कार्यवाही<br>ऑपरेशन के बाद | शोर स्तर,<br>शोर बाधाएं,<br>खाइयों | प्रमुख शोर स्रोत, निर्दिष्ट करें रिसेप्टर्स),<br>रेल/सड़क मार्ग का अधिकार गलियारा | उल्लिखित करना | उल्लिखित करना |
| जल की मात्रा एवं गुणवत्ता-खपत | निर्माण<br>कार्यवाही<br>ऑपरेशन के बाद | प्रवाह दर,<br>टीडीएस, कठोरता, सिलिका जैसे गुणवत्ता पैरामीटर निर्दिष्ट करें | सेवन स्रोत निर्दिष्ट करें | उल्लिखित करना | उल्लिखित करना |
| जल की मात्रा एवं गुणवत्ता-अपशिष्ट जल | कार्यवाही | प्रवाह दर,<br>लागू नियमों के अनुसार पीएच, एसएस, बीओडी जैसे गुणवत्ता पैरामीटर निर्दिष्ट करें विशिष्ट परियोजना-संबंधित पैरामीटर, यदि कोई हो | निर्वहन धारा,<br>जलराशि प्राप्त करना | उल्लिखित करना | उल्लिखित करना |
| भूजल | कार्यवाही<br>ऑपरेशन के बाद | जल स्तर,<br>गुणवत्ता पैरामीटर निर्दिष्ट करें,<br>विशिष्ट परियोजना-संबंधित पैरामीटर, यदि कोई हो | अच्छी तरह से स्थान निर्दिष्ट करें,<br>अपशिष्ट जल उपचार सुविधा के आसपास सहित,<br>अपशिष्ट प्रबंधन सुविधाएं | उल्लिखित करना | उल्लिखित करना |
| मृदा /भूमि | निर्माण<br>कार्यवाही<br>ऑपरेशन के बाद | लवणता, सरंध्रता जैसे गुणवत्ता पैरामीटर निर्दिष्ट करें,<br>खतरनाक,<br>औद्योगिक, घरेलू, | प्रभावित क्षेत्रों के आधार पर निर्दिष्ट करें | उल्लिखित करना | उल्लिखित करना |

| **पर्यावरणीय घटक** | **परियोजना जीवनचक्र चरण** | **पैरामीटर** | **स्थान** | **आवृत्ति और अवधि** | **जिम्मेदारी** |
|---|---|---|---|---|---|
| | | बायोमेडिकल, ई-, निर्माण कचरे की मात्रा, उत्पन्न (निर्दिष्ट करें) और निपटान का तरीका | | | |
| भूमि उपयोग | निर्माण<br>कार्यवाही<br>ऑपरेशन के बाद | भूमि उपयोग,<br>जल निकासी पैटर्न | प्रभावित क्षेत्रों के आधार पर निर्दिष्ट करें | उल्लिखित करना | उल्लिखित करना |
| पारिस्थितिकी | ऑपरेशन के बाद<br>पूर्व निर्माण<br>निर्माण<br>कार्यवाही<br>ऑपरेशन के बाद | उल्लिखित करना<br>प्रजातीय विविधता, महत्वपूर्ण आवास | कोर जोन, बफर जोन | उल्लिखित करना | उल्लिखित करना |
| सामाजिक-आर्थिक | निर्माण<br>आपरेशनल | संकेतक निर्दिष्ट करें | कोर जोन, बफर जोन | उल्लिखित करना | उल्लिखित करना |
| पर्यावरणीय प्रदर्शन | कार्यवाही<br>ऑपरेशन के बाद निर्माण | संकेतक निर्दिष्ट करें<br>संसाधन उपयोग में कमी, कार्बन पदचिह्न, जल तटस्थता | संयंत्र परिसर | सतत् प्रक्रिया | उल्लिखित करना |

## पर्यावरणीय निगरानी का महत्व

यह मानना आवश्यक है कि परियोजना संचालन के पर्यावरणीय प्रदर्शन का मूल्यांकन करने और कई पहलुओं की जांच करने के लिए नियमित और मेहनती पर्यावरणीय निगरानी करना बेहद मूल्यवान है:

i. लागू नियमों के अनुपालन की स्थिति और मान्यता एजेंसियों की आवश्यकताओं का पता लगाना
ii. अवशिष्ट पर्यावरणीय प्रभावों का आकलन
iii. संचयी पर्यावरणीय प्रभावों का आकलन
iv. परियोजना जीवन चक्र के विभिन्न चरणों में विभिन्न पर्यावरणीय घटकों पर महत्वपूर्ण प्रभाव के लिए नियोजित शमन उपायों की प्रभावकारिता और पर्याप्तता का मूल्यांकन
v. जहां आवश्यक हो, अतिरिक्त या पूरक शमन कार्यों द्वारा कार्यान्वित शमन उपायों के प्रदर्शन में सुधार करना
vi. उत्सर्जन के विभिन्न मापदण्डों मे मापे गए मूल्यों और अनुमानित मूल्यों में अंतर के मूल्यांकन के साथ-साथ दी गई शर्तों के अंतर्गत निर्वहन
vii. पर्यावरणीय निगरानी कार्यक्रम और ईएमपीजी में उपयुक्त संशोधनों को शामिल करना
viii. वायु प्रभाव के अनुमान के लिए माने जाने वाले स्रोत उत्सर्जन की सटीकता का मूल्यांकन करना
ix. संज्ञान मे ली गई मान्यताओं की वैधता का मूल्यांकन
x. पर्यावरणीय प्रभाव के अनुमान के लिए नियोजित पूर्वानुमान उपकरण (उपकरणों) की प्रयोज्यता और उपयुक्तता की पुष्टि करना
xi. पर्यावरण में जारी की जा रही प्रदूषण सूची का आकलन
xii. कार्बन उत्सर्जन का आकलन
xiii. निर्धारित प्रारूपों में संबंधित एजेंसियों को रिपोर्ट करना - आंतरिक और साथ ही बाहरी -
xiv. संसाधन संरक्षण और अन्य सक्रिय उपायों को डिजाइन और कार्यान्वित करना
xv. GRI के अंतर्गत धारणीयता पर रिपोर्ट तैयार करना
xvi. भविष्य में ऑडिट एवं जांच को सक्षम करना
xvii. परियोजना और परियोजना संगठन के समग्र पर्यावरणीय प्रदर्शन को बढ़ाना

एक परियोजना संगठन के लिए, पर्यावरणीय निगरानी एक प्रकार से दोहरे उद्देश्य को पूरा करती है, यानि

क. अनुपालन निगरानी, यह संज्ञान मे लेते हुए कि किसी भी गतिविधि को करने के लिए सबसे महत्वपूर्ण है कि प्रत्येक लागू पर्यावरण विनियमन के सभी प्रावधानों का हर समय अनुपालन सुनिश्चित हो
ख. परिचालन सुविधाओं, प्रणालियों या तंत्रों और प्रथाओं का मूल्यांकन करके, परियोजना संगठन के पर्यावरणीय प्रदर्शन को मापना, जो पर्यावरणीय प्रदर्शन में सुधार के लिए एक अहम आवश्यकता है

**पर्यावरणीय निगरानी सूचना का महत्व**

एक अवधि के दौरान एकत्र की गई प्रलेखित पर्यावरणीय निगरानी जानकारी विभिन्न हितधारकों के लिए नीचे हाइलाइट किए गए कई तरीकों से उपयोगी हो सकती है:

i. उपरोक्त ii, iii, iv, vi, viii, ix, और x पर दी गई जानकारी EIA परामर्शदाता संगठन को उनके भविष्य के EIA अध्ययनों में अत्यधिक लाभान्वित कर सकती है
   क. अनुमानित डेटा के सत्यापन के आधार पर बेहतर समझ विकसित करना
   ख. पर्यावरणीय प्रभाव पूर्वानुमानों को बेहतर बनाने के लिए उपयुक्त पूर्वानुमान उपकरणों का उपयोग करना
   ग. प्रभाव पूर्वानुमानों को यथार्थ के करीब लाने के लिए प्रभावी शमन उपायों का सुझाव देना

ii. समय-समय पर एकत्र किए गए डेटा के सार्वजनिक डोमेन में उपलब्ध कराए जाने से पारदर्शिता में सुधार और परियोजना की विश्वसनीयता स्थापित करने में मदद मिलना जो बड़े पैमाने पर जनता के साथ संगठन, और परियोजना संगठन और उसके प्रस्तावक की छवि को बढ़ाए

iii. समय के साथ एकत्र की गई जानकारी डेटा बैंक के रूप में काम कर सकती है, द्वितीयक डेटा का स्रोत जिसका उपयोग भविष्य में अध्ययन क्षेत्र में प्रस्तावित परियोजनाओं के लिए पर्यावरणीय आधारभूत स्थितियों को स्थापित करने में किया जा सकता है

iv. पर्यावरण के विभिन्न पहलुओं पर शोध करना

v. क्षेत्रीय पर्यावरणीय आकलन, क्षमता अध्ययन, रणनीतिक पर्यावरणीय आकलन आदि जैसे अध्ययन आयोजित करना

पर्यावरणीय निगरानी कार्यक्रम में आवधिक पर्यावरणीय निगरानी और डेटा का प्रलेखन शामिल है, इसलिए, ईआईए रिपोर्ट में ईएमपीजी एक आवश्यक, महत्वपूर्ण और अभिन्न अंग है।

### *7.5.4 पर्यावरणीय अनुपालन प्रबंधन*

पर्यावरणीय अनुपालन प्रबंधन कार्यक्रम उन प्रणालियों का वर्णन करता है जो संघीय, राज्य और स्थानीय सहित लागू पर्यावरणीय नियमों के अनुपालन का आश्वासन देती हैं। परियोजना प्रस्तावक से एक लिखित प्रतिबद्धता प्राप्त करने के अलावा कि परियोजना संगठन किसी भी लागू पर्यावरणीय नियमों का उल्लंघन नहीं करेगा, कार्यक्रम में निम्नलिखित के लिए सिस्टम शामिल हैं:

i. लागू पर्यावरणीय नियमों, नियमों, मानकों, और अन्य आवश्यकताओं जैसे अंतर्राष्ट्रीय सम्मेलनों के अनुपालन के लिए आवश्यक अनुमतियों और अनुमोदनों का पता लगाना, लागू नियमों की अद्यतन प्रतियों की खरीद और न्यायालयों के प्रासंगिक आदेश, मौजूदा नियमों में संशोधन और समय-समय पर अधिसूचित नए नियम, आदि

ii. प्राप्त अनुमतियों और स्वीकृतियों की वैधता और नवीनीकरण के लिए समय पर आवेदनों की निगरानी करना

iii. माप और नियंत्रण के लिए अतिरिक्त या नए उपकरणों को नियोजित करने की आवश्यकता की पहचान करना, जैसे प्रदूषक स्तरों का पता लगाने के लिए उच्च परिशुद्धता उपकरण और महत्वपूर्ण मापदंडों की निगरानी के लिए ऑनलाइन सिस्टम
iv. उत्सर्जन और डिस्चार्ज पर कड़ी निगरानी सुनिश्चित करना, और अनुमेय सीमा से पहले ऑपरेशन सेल को अलर्ट जारी करना
v. एक परियोजना संगठन की पर्यावरण नीति बनाना, संसाधन संरक्षण को शामिल करना, और रोकथाम की समय-समय पर इसकी समीक्षा करने के प्रावधान के साथ पदानुक्रम अपशिष्ट प्रबंधन, स्रोत पर कमी, पुन: उपयोग, रीसायकल, पुनर्प्राप्ति, पाइप उपचार और निपटान का अंत, आदि
vi. सर्वोत्तम पर्यावरण प्रथाओं की बेंचमार्किंग और उन्हें लगन से अपनाना
vii. कर्मियों के कौशल का निरंतर उन्नयन
viii. मानक संचालन प्रक्रियाओं का पालन सुनिश्चित करना
ix. नियामक एजेंसियों और आस-पड़ोस के लोग के साथ संचार उन्हें आश्वस्त करने के लिए कि लागू पर्यावरण नियमों के लिए पर्यावरण अनुपालन आश्वासन का एक मजबूत तंत्र मौजूद है और संगठन अपने अनुपालन ढांचे के भीतर काम कर रहा है
x. समय-समय पर पर्यावरण अनुपालन निगरानी, तृतीय-पक्ष ऑडिट और प्रबंधन समीक्षा
xi. पर्यावरण अनुपालन से संबंधित पहलुओं पर आंतरिक और साथ ही बाहरी रिपोर्टिंग जैसे पर्यावरण अनुपालन निगरानी के निष्कर्ष, और पुनरावृत्ति से बचने के लिए सुधारात्मक कार्रवाई और निवारक कार्रवाई के साथ गैर-अनुपालन की स्थिति; आदि।

### *7.5.5 पर्यावरणीय वृद्धि कार्यक्रम*

परियोजना के प्रकार और आकार, और परियोजना स्थल और उसके आसपास की पर्यावरणीय विन्यास के आधार पर, नीचे वर्णित के अनुसार कई पर्यावरणीय वृद्धि कार्यक्रम प्रस्तावित किए जा सकते हैं-

#### 7.5.5.1 ऊपरी मृदा प्रबंधन

ऊपरी मृदा प्रबंधन के कार्यक्रम में निम्नलिखित के लिए तंत्र या पद्धतियां शामिल हैं:

i. अलग-अलग स्थानों से उखाड़ी गई या उत्खनित की जाने वाली ऊपरी मृदा का अनुमान
ii. ऊपरी मृदा को हटाना
iii. इसके परिवहन के लिए बाहरी प्राप्तकर्ताओं की पहचान
iv. परियोजना स्थल पर या उसके पास इसका संरक्षण और भंडारण
v. परियोजना के निर्माण चरण के पूरा होने के समय तक इसका उपयोग कैसे और कहाँ किया जाएगा
vi. उपरोक्त गतिविधियों के लिए जिम्मेदारी सौंपना
vii. धन की आवश्यकता आदि का अनुमान लगाना

### 7.5.5.2 हरित पट्टी का विकास

कुछ नियामक व्यवस्थाओं के अंतर्गत हरित पट्टी का विकास अनिवार्य है। भारत में एक परियोजना को पर्यावरणीय स्वीकृति प्रदान करते समय (MOEF 2006), देशी वृक्ष प्रजातियों के साथ परियोजना क्षेत्र के 33% के बराबर क्षेत्र में एक हरित पट्टी विकसित करने की एक मानक शर्त लगाई जाती है। इसके अलावा, ग्रीन बेल्ट को अन्य बातों के साथ-साथ परियोजना की पूरी परिधि को कवर करने की आवश्यकता है। इस शर्त का अनुपालन करने के लिए, निम्नलिखित के लिए तंत्र युक्त हरित पट्टी के विकास पर एक उपयुक्त कार्यक्रम प्रस्तावित है:

i. स्रोत-उन्मुख दृष्टिकोण का पालन करते हुए विनिर्माण और ऊर्जा उत्पादन परियोजनाओं के लिए परियोजना की सीमाओं की आंतरिक परिधि के चारों ओर प्रस्तावित हरित पट्टी की चौड़ाई का निर्धारण
ii. औद्योगिक और शहरी परिसरों के चारों ओर प्रस्तावित हरित पट्टी की चौड़ाई का निर्धारण करना जहाँ वायु उत्सर्जन के कई स्रोत आम तौर पर मिश्रित क्षेत्र भूमि में एक रिसेप्टर-उन्मुख दृष्टिकोण के साथ है
iii. लगाई जाने वाली प्रजातियों का चयन
iv. लगाए जाने वाले पेड़ों और झाड़ियों की संख्या का आकलन
v. आधार मानचित्र पर रिक्ति और पंक्तियों की संख्या दिखाते हुए वृक्षारोपण लेआउट का मानचित्रण
vi. पौधरोपण कार्यक्रम तैयार करना
vii. वृक्षारोपण का संरक्षण
viii. वृक्षारोपण के विकास की निगरानी और उत्तरजीविता दर का पता लगाना
ix. पौधारोपण
x. विभिन्न मौसमों में पानी की आवश्यकता का आकलन और प्रावधान करना
xi. हरित पट्टी के विकास और रख-रखाव के लिए पूंजी और आवर्ती धन दोनों की आवश्यकता का अनुमान

आमतौर पर वृक्षारोपण के प्रकार और प्रजातियों के चयन में निम्नलिखित बातों का ध्यान रखा जाता है:

i. अध्ययन क्षेत्र में मौजूदा स्वदेशी प्रजातियों और किस्मों के प्रकार
ii. प्रचलित कृषि-जलवायु परिस्थितियाँ
iii. मृदा के प्रकार
iv. अनुमानित वायु उत्सर्जन का प्रकार और परियोजना से उत्पन्न मात्र का स्तर और आसपास के अन्य विकास
v. सदाबहार प्रजातियां लेकिन मोनोकल्चर प्रजातियों से बचना
vi. यूकेलिप्टस जैसे भूजल स्तर को कम करने वाले वृक्षारोपण से बचना

vii. परियोजना से ग्रीनहाउस गैस उत्सर्जन की सूची का पूर्वानुमान और वृक्षारोपण से प्राप्त कार्बन पृथक्करण
viii. गैर-मानसून अवधि के दौरान इन बागानों में उपयोग के लिए उपचारित अपशिष्ट जल की उपलब्धता और विशेषताएं; आदि।

यह चेतावनी दी जाती है कि परियोजना की सीमाओं के भीतर परिदृश्य वृक्षारोपण, और सड़क के किनारे और मध्य वृक्षारोपण, हरित पट्टी के विकास की मूल अवधारणा में फिट नहीं होते हैं, भले ही ये परियोजना स्थल को हरा-भरा बनाते हैं। इसके अलावा, भले ही परियोजना परिसर की सीमा के साथ वृक्षारोपण परियोजना उसके आस-पड़ोस के बीच एक बफर के रूप में कार्य करता है और उनके पर्यावरणीय लाभ हैं, इसके लिए वृक्षारोपण को पर्यावरणीय प्रभाव शमन उपायों के रूप में प्रस्तुत नहीं किया जा सकता, उदाहरण के लिए:

i. विनिर्माण और ऊर्जा उत्पादन परियोजनाओं से उत्सर्जन और शोर से उत्पन्न वायु गुणवत्ता पर पर्यावरणीय प्रभाव
ii. उत्पन्न उपचारित अपशिष्ट जल के लिए एक सिंक के रूप में कार्य करना
iii. निर्माण संबंधी गतिविधियों के कारण मृदा पर प्रभाव पड़ना
iv. साइट के विकास और अन्य गतिविधियों के कारणभूमि उपयोग में परिवर्तन, मृदा का क्षरण, प्रदूषण के विसरित स्रोत, वायु उत्सर्जन, आदि के कारण पारिस्थितिकी और जैव विविधता पर प्रभाव पड़ना

उपरोक्त कारणों की व्याख्या इस प्रकार की जा सकती है:

i. विनिर्माण और ऊर्जा उत्पादन परियोजनाओं से वायु उत्सर्जन संचालन चरण के प्रारंभ होने पर शुरू होता है जबकि रोपित प्रजातियों के विकास में समय लगता है
ii. घनत्व और वृक्षारोपण की ऊंचाई बिंदु स्रोत बिखरे हुए ढेरों से उत्सर्जन को रोकने में सक्षम नहीं हो सकती है
iii. अनुमानित प्रभाव क्षेत्र परियोजना परिसर से बाहर हो सकता है, यानी परिचालन ढेर से जारी प्रदूषकों की जमीनी स्तर की सांद्रता वहाँ पाई जा सकती है जो स्थान परियोजना की सीमाओं से बाहर हैं जबकि हरित पट्टी परियोजना की सीमा के भीतर विकसित की गई है
iv. वांछित वायु प्रदूषक प्रतिरोधी पौधों की प्रजातियों के विकास के लिए स्थानीय कृषि-जलवायु परिस्थितियां अनुकूल नहीं हो सकती हैं
v. वृक्षारोपण के लिए पानी की आवश्यकता मौसम के साथ बदलती रहती है, शायद परियोजना से उत्पन्न उपचारित अपशिष्ट जल से बहुत कम
vi. पारिस्थितिक तंत्र लंबी अवधि में विकसित होते हैं

हालांकि, सड़क परियोजनाओं के मामले में सड़क के दोनों ओर वनस्पति, कणों को बनाए रखने और कुछ हद तक शोर को कम करने में मदद करती है। इसके अलावा, उस भूमि को हरित करने का प्रस्ताव देना जिस पर परियोजना प्रस्तावक का कोई नियंत्रण नहीं है, काल्पनिक प्रतीत होता है जब तक कि परियोजना का आकार बहुत बड़ा न हो और परियोजना प्रस्तावक को हरित करने का उत्तरदायित्व न दिया गया हो, उदाहरण के लिए मैंग्रोव वृक्षारोपण अंतर-ज्वारीय क्षेत्रों में किया जाना है, जो एक पत्तन और बंदरगाह परियोजना के परियोजना प्रस्तावक की सीमाओं से परे हैं। हरित पट्टी विकास के लिए दिशानिर्देशों (CPCB 2000) का पालन किया जा सकता है।

#### 7.5.5.3 वर्षा जल संचयन और पानी का एक नया स्रोत बनाना

यह महसूस किया जा रहा है कि कई जगहों पर पानी की उपलब्धता कम होती जा रही है और इसके और भी बद्तर होने का अनुमान लगाया जा रहा है। कई अध्ययनों से पता चला है कि पानी की मांग और आपूर्ति के बीच की खाई चौड़ी हो रही है और कई जगहों पर भूजल स्तर नीचे जा रहा है। इस प्रकार, अनुमानित जलग्रहण क्षेत्र के आधार पर वर्षा जल संचयन कार्यक्रम प्रस्तावित है। इस तरह के कार्यक्रम को लागू करने के लिए उपलब्ध दिशानिर्देशों (CGWB 2007) का उपयोग किया जा सकता है। परियोजना स्थल की स्थितियों के आधार पर, एकत्रित वर्षा जल को या तो सतही जलाशयों या भूमिगत भंडारण टैंकों में भंडारण के लिए प्रस्तावित किया जा सकता है गहरे बोर कुओं का प्रत्यक्ष उपयोग अथवा इनके माध्यम से भूजल पुनर्भरण किया जा सकता है।

छत के वर्षा जल को सतही जल से अलग करने की जरूरत है, और छत के पानी के संग्रह को केवल तभी प्रस्तावित किया जाना चाहिए जब परियोजना-विशिष्ट और अन्य दूषित पदार्थों की छत पर बैठने की संभावना से इनकार किया गया हो। उदाहरण के लिए, सीमेंट, मिट्टी के पात्र, रसायन आदि बनाने वाली परियोजनाओं से छत के पानी का संग्रह उचित नहीं है।

परियोजना संचालन और अन्य उपयोगों में जल संरक्षण उपायों को अपनाने के लिए तंत्र, रिसाव और वाष्पीकरण के कारण होने वाले नुकसान को कम करने के लिए नियंत्रण उपाय भी शामिल हैं। एक प्रबुद्ध परियोजना समर्थक लक्षित समय सीमा में जल तटस्थ होने का लक्ष्य रखता है।

#### 7.5.5.4 संसाधन संरक्षण

संसाधन संरक्षण के लिए अपनाए जाने वाले तंत्र मे एक परियोजना संगठन का एक चालित उद्देश्य शामिल किया गया है ताकि प्रासंगिक चल रहे कार्यक्रमों को निम्नलिखित कई पहलुओं पर ध्यान केंद्रित करके विनिर्माण और ऊर्जा परियोजनाओं के धारणीय विकास की ओर धीरे-धीरे कदम बढ़ाने के लिए तैयार किया जा सके:

i. स्वच्छतर उत्पादन (राथी 2003)
ii. प्राकृतिक संसाधनों के उपयोग में कमी

iii. उत्पादन/उत्पादन की प्रति इकाई फीडस्टॉक, उपयोगिताओं और अन्य उत्पादक सामग्रियों की खपत में कमी
iv. अपशिष्ट न्यूनीकरण (राथी 2009)
v. कार्बन पदचिह्न में कमी
vi. निहित सुरक्षा
vii. गुड हाउसकीपिंग

EMC को इन कार्यक्रमों की देखरेख की समग्र जिम्मेदारी सौंपी गई है, जो ऑपरेशन सेल द्वारा डिजाइन और कार्यान्वित करते है तथा प्रयासों और उपलब्धियों का दस्तावेजीकरण करते हैं।

### 7.5.5.5 दक्षता सुधार कार्यक्रम

यह सुनिश्चित करने के लिए एक कार्यक्रम प्रस्तावित किया गया है कि संचालन के साथ-साथ ईएमसी कर्मी संसाधन संरक्षण, स्वच्छ प्रौद्योगिकियों, पर्यावरण प्रौद्योगिकियों, सर्वोत्तम प्रथाओं, आदि में हो रहे नए विकास के बारे में खुद को अवगत रखें। कर्मियों के कौशल में निरंतर वृद्धि की जा सके। परियोजना संगठन की प्रबंधन नीति की एक अंतर्निहित विशेषता, और एक प्रशिक्षण की आवश्यकता का आकलन विभिन्न स्तरों पर कर्मियों के वार्षिक मूल्यांकन का एक अभिन्न तत्व बन सकता है। ईएमसी को पहचान किए गए प्रशिक्षण कार्यक्रमों का वार्षिक कैलेंडर तैयार करने और उन्हें आयोजित करने और/या उनकी देखरेख करने की समग्र जिम्मेदारी सौंपी गई है। मान्यता प्राप्त विषयों पर प्रशिक्षण कार्यक्रम, अर्थात् पर्यावरण संरक्षण, संसाधन संरक्षण, पर्यावरण प्रौद्योगिकियां, सर्वोत्तम प्रथाएं, अच्छी हाउसकीपिंग, सुरक्षा आदि का संचालन या तो आंतरिक और/या बाहरी एजेंसियों की सहायता से किया जा सकता है। प्रवीणता सुधार कार्यक्रम को किताबों, पत्रिकाओं, सॉफ्टवेयर, आदि के रूप में प्रासंगिक साहित्य की खरीद के साथ पूरक करने की आवश्यकता है।

### 7.5.5.6 पारिस्थितिक वृद्धि कार्यक्रम

परियोजना स्थल को परियोजना के पूरा होने के दौरान और बाद में मुख्य क्षेत्र में जल निकासी पैटर्न, प्रदूषण के फैलने वाले स्रोतों और पारिस्थितिकी तंत्र के संबंध में आमतौर पर बहुत ही अशांत स्थिति में छोड़ दिया जाता है।

i. परियोजना का निर्माण चरण
ii. खनन, और तेल और गैस की खोज और उत्पादन जैसी परियोजनाओं के संचालन के बाद का चरण
iii. परियोजनाओं के डीकमीशनिंग और विध्वंस चरण

आसपास के परिदृश्य सुविधाओं को ध्यान में रखते हुए, लागू नियमों (MOC 2013) और सर्वोत्तम प्रथाओं द्वारा साइट की पारिस्थितिक बहाली और पुनर्वास की आवश्यकता होती है।

इसके अलावा, वनीकरण, भूनिर्माण, विकास और कृत्रिम आवासों के रखरखाव, परियोजना स्थल और अन्य क्षेत्रों की हरियाली आदि के माध्यम से पारिस्थितिक वृद्धि के लिए एक तंत्र भी कार्यक्रम में शामिल है।

#### 7.5.5.7 पुनर्वास और पुनर्स्थापन कार्यक्रम

बांधों, राजमार्गों, रेलवे, और बड़े निर्माण और ऊर्जा जैसी परियोजनाओं के लिए, जिनमे भूमि अधिग्रहण और लोगों का विस्थापन शामिल है, लागू नियमों या आवश्यकताओं के अनुसार पुनर्वास और पुनर्स्थापन (आर एंड आर) योजना के कार्यान्वयन के लिए विश्व बैंक जैसी फंडिंग एजेंसियों, और परियोजना से प्रभावित व्यक्तियों के परामर्श से एक व्यापक कार्यक्रम तैयार किया जाता है। इस बात की सराहना की जानी चाहिए कि यह कार्यक्रम जटिल और संवेदनशील है क्योंकि विस्थापित मनुष्यों पर उनकी सामाजिक, सांस्कृतिक और आर्थिक आवश्यकताओं के संबंध में इसके परिणाम होते हैं।

#### 7.5.5.8 सामाजिक विकास

सामाजिक प्रभाव मूल्यांकन में शामिल सामाजिक आवश्यकताओं के आकलन के आधार पर, एक कार्यक्रम तैयार किया जाता है जिसका उद्देश्य स्थानीय आबादी की सामाजिक आवश्यकताओं को पूरा करना है। अन्य बातों के अलावा, कार्यक्रम में शिक्षा, कौशल वृद्धि, स्वास्थ्य देखभाल, जल आपूर्ति, स्वच्छता, ठोस अपशिष्ट प्रबंधन, सड़कें, परिवहन, मनोरंजन, सांस्कृतिक गतिविधियों, खेलकूद आदि के लिए भौतिक और सामाजिक ढांचागत सुविधाओं के विकास के लिए तंत्र शामिल किये जाते हैं। कार्यक्रम में जन सुनवाई का तंत्र भी शामिल है जो परियोजना प्रस्तावक द्वारा की गई प्रतिबद्धताओं की पूर्ति सुनिश्चित करेगा। उपरोक्त के अलावा, अध्ययन क्षेत्र में रहने वाले लोगों के लिए प्रासंगिक संयुक्त राष्ट्र के कुछ सतत् विकास लक्ष्यों (SDG 2015) को प्राप्त करने में कुछ योगदान देने के कार्यक्रमों को भी शामिल किया जा सकता है। संक्षेप में, कार्यक्रम व्यापक समुदाय की सामाजिक भलाई के सुधार को लक्षित करता है।

#### 7.5.5.9 जनसंपर्क कार्यक्रम

परियोजना के आकार और उसके पास-पड़ोस के आधार पर, बाहरी हितधारकों के साथ बातचीत और संपर्क के लिए एक अच्छा संचार नेटवर्क स्थापित करने के लिए एक उपयुक्त जनसंपर्क कार्यक्रम तैयार करने और संचालित करने के लिए एक जनसंपर्क टीम को EMC के साथ जोड़ा जा सकता है ताकि उन्हें परियोजना में विश्वास दिलाया जा सके। परियोजना संगठन के निम्नलिखित पहलू:

i. पर्यावरण अनुपालन
ii. प्रभाव प्रबंधन प्रथाओं में पारदर्शिता
iii. सहमत कार्यक्रम के अनुसार आर एंड आर का कार्यान्वयन

iv. सामाजिक आवश्यकता आकलन रिपोर्ट में पहचानी गई परियोजनाओं या गतिविधियों का कार्यान्वयन
v. मुआवजे से जुड़े मामले
vi. एक बार जब परियोजना संगठन मुनाफा कमाना शुरू कर दे तो कॉर्पोरेट सामाजिक उत्तरदायित्व के अंतर्गत गतिविधियों का कार्यान्वयन; आदि।

उपरोक्त के अतिरिक्त, कार्यक्रम में विशेष रूप से स्थानीय आबादी के लिए निम्नलिखित पहलुओं को शामिल किया जा सकता है:

i. परियोजना से संबंधित गतिविधियों पर आवधिक पर्यावरण जागरूकता
ii. परियोजना परिसर का आवधिक दौरा
iii. आपदा प्रबंधन योजना के अंतर्गत मॉक ड्रिल
iv. परियोजना से संबंधित आशंकाओं और शिकायतों को दूर करने के लिए तंत्र
v. सामाजिक आवश्यकताओं से संबंधित प्रतिबद्धताओं की पूर्ति पर प्रतिक्रिया प्राप्त करने के लिए तंत्र

जनसंपर्क कार्यक्रम से लंबे समय में परियोजना संगठन की छवि को बढ़ाने और स्थानीय आबादी के निरंतर समर्थन को आश्वस्त करने में मदद मिलती है।

## 7.6 ब्राउनफील्ड परियोजनाओं के लिए ईएमपीजी

ब्राउनफील्ड परियोजना के लिए, निम्नलिखित दस्तावेजों की समीक्षा की जाती है:

i. ईआईए रिपोर्ट जिसमें मौजूदा परियोजना (परियोजनाओं) के लिए भौतिक-रासायनिक, जैविक और सामाजिक घटकों के लिए पर्यावरणीय निगरानी कार्यक्रमों सहित पर्यावरणीय प्रबंधन कार्यक्रमों पर एक अध्याय शामिल हो
ii. परियोजना संचालन मैनुअल
iii. पर्यावरणीय निगरानी कार्यक्रम सहित प्रचलित ईएमपीजी
iv. EMPg के लिए ऑडिट और समीक्षा रिपोर्ट
v. पर्यावरण लेखा परीक्षा, ऊर्जा लेखा परीक्षा और सुरक्षा लेखा परीक्षा रिपोर्ट

उपरोक्त दस्तावेजों के आधार पर, EMC और परिचालन परियोजना (परियोजनाओं) के कर्मियों के साथ चर्चा, और परियोजना सुविधाओं का दौरा। प्रचलित EMPg मे उचित सावधानी बरती जाती है और निम्नलिखित का अवलोकन किया जाता है:

i. ईएमसी के कामकाज विशेष रूप से इसकी भूमिकाओं और जिम्मेदारियों, मानक संचालन प्रक्रियाओं, प्रशिक्षण, क्षमता निर्माण, आदि के संबंध।

ii. लागू पर्यावरण, स्वास्थ्य और सुरक्षा संबंधी नियमों के अनुपालन की स्थिति
iii. विभिन्न कार्यक्रमों के लिए प्रचलित प्रणालियों की प्रभावशीलता, जैसे पर्यावरणीय प्रभाव प्रबंधन, पर्यावरण अनुपालन प्रबंधन, पर्यावरणीय निगरानी और जोखिम प्रबंधन, और उनकी पर्याप्तता
iv. अवशिष्ट प्रभाव प्रबंधन कार्यक्रम
v. आवधिक लेखापरीक्षा, प्रबंधन समीक्षा और ईएमपीजी का अद्यतनीकरण
vi. किसी भी अप्रत्याशित घटनाओं और अप्रत्याशित स्थितियों के लिए आकस्मिकता कार्यक्रम
vii. विभिन्न प्रजातियों के विकास, उत्तरजीविता दर, पुनर्रोपण प्रयासों और निगरानी प्रणालियों सहित मौजूदा हरित पट्टी की स्थिति
viii. पर्यावरण संवर्द्धन और सामाजिक विकास के लिए विभिन्न कार्यक्रमों की स्थिति
ix. जनसंपर्क कार्यक्रम की प्रभावशीलता
x. ईएमपीजी के अंतर्गत प्रत्येक कार्यक्रम पर किया गया वार्षिक व्यय और कुल बजट
xi. ऊपर वर्णित ग्रीनफील्ड परियोजनाओं के लिए ईएमपीजी के तत्वों के आधार पर ईएमपीजी में कमियां
xii. QMS 9001, EMS 14001, OH&S ISO 45001, EnMS ISO 50001, आदि के अंतर्गत मौजूदा परिचालन सुविधा की प्रमाणन स्थिति।
xiii. पर्यावरण नीति और परियोजना संगठन द्वारा प्राप्त मान्यताएँ; आदि।

उपरोक्त टिप्पणियों के आधार पर, और ऊपर वर्णित ग्रीनफील्ड परियोजना के लिए पर्यावरणीय प्रबंधन कार्यक्रम तैयार करने के दिशा-निर्देशों के आधार पर, परियोजना परिसर के लिए एक व्यापक और एकीकृत पर्यावरणीय प्रबंधन कार्यक्रम प्रस्तावित है, जिसमें मौजूदा परियोजना (परियोजनाएं) भी शामिल हैं। प्रस्तावित के रूप में, यह सुनिश्चित करते हुए कि मौजूदा सुविधाओं और जनशक्ति का समुचित उपयोग किया जाता है।

## 7.7 ईएमपीजी में लचीलापन

ईआईए रिपोर्ट में प्रस्तावित ईएमपीजी को पूर्ण सत्य नहीं माना जाना चाहिए। यह सुनिश्चित करने के लिए कि EMPg नई और बदलती पारिस्थितियों के अनुकूल ढाल जाए और लचीला और गतिशील हो, इसमें समय-समय पर समीक्षा और संशोधन के अधीन होने के लिए एक अंतर्निहित तंत्र होना चाहिए। EMPg की आवधिक लेखापरीक्षा और प्रबंधन समीक्षा के लिए एक उपयुक्त तंत्र यह सुनिश्चित कर सकता है कि इसे प्रासंगिक और प्रभावी बने रहने के लिए उपयुक्त रूप से संशोधित किया गया है, और उभरती जरूरतों को पूरा करता है। निम्नलिखित पर विचार करते हुए EMPg में लचीलापन महत्वपूर्ण है:

i. ईआईए रिपोर्ट में ईएमपीजी परियोजना जीवन चक्र के प्रारंभिक चरण में तैयार किया गया था जबकि उस समय परियोजना डिजाइन और अन्य विवरणों को अंतिम रूप नहीं दिया गया होगा

ii. देखे गए वास्तविक पर्यावरणीय प्रभाव अनुमानित पर्यावरणीय प्रभावों से भिन्न हो सकते हैं और इसलिए कार्यान्वित शमन उपाय प्रभावी या पर्याप्त नहीं हो सकते हैं

iii. जलवायु परिवर्तन स्थानीय मौसम विज्ञान को प्रभावित करते हैं और इसलिए अनुमानित वायु पर्यावरणीय प्रभाव-स्थानिक के साथ-साथ लौकिक हो सकते है और एक आवधिक पुन: परीक्षा की आवश्यकता होती है

iv. समय-समय पर व्यावसायिक चक्रों द्वारा आवश्यक क्षमता, उत्पाद-मिश्रण, इनपुट की गुणवत्ता आदि में भिन्नता के कारण परियोजना की परिचालन विशेषताएं बदल सकती है

v. परियोजना स्थल और अध्ययन क्षेत्र के आसपास विकास जारी है, और पड़ोस की आबादी बढ़ती जा रही है

vi. विनियामक आवश्यकताएं एक अवधि में बदलती हैं और इसलिए लागू नियम अधिक कठोर हो सकते हैं और/या नए नियम प्रभावी हो सकते हैं

vii. निरंतर सुधार की आवश्यकता; आदि।

किस आवृत्ति और सीमा तक EMPg की समीक्षा और अद्यतन की जाना चाहिए वह परियोजना के प्रकार और आकार, परियोजना स्थल की बदलती पर्यावरणीय विन्यास और परियोजना के जीवनचक्र चरण पर निर्भर करेगी। कुछ परियोजना क्षेत्रों के ईएमपीजी को निर्माण चरण में अधिक और कुछ अन्य परियोजना क्षेत्रों के संचालन चरण में बार-बार समीक्षा की आवश्यकता हो सकती है। उदाहरण के लिए, इनका ईएमपीजी

i. एक बुनियादी ढांचागत परियोजना जैसे राजमार्ग या क्षेत्रीय विकास उन्मुख परियोजना का निर्माण चरण के दौरान अधिक बार समीक्षा करने की आवश्यकता होती है जिस समय प्रमुख पर्यावरणीय प्रभाव महसूस किए जाते हैं

ii. खनन, विनिर्माण, या ताप विद्युत क्षेत्र से संबंधित एक बड़ी ग्रीनफील्ड परियोजना को उसके संचालन चरण के दौरान अधिक बार समीक्षा करने की आवश्यकता होती है जिस समय प्रमुख पर्यावरणीय प्रभाव महसूस किए जाते हैं।

विस्तृत, व्यापक और अद्यतन ईएमपीजी एक परियोजना संगठन को आंतरिक पर्यावरणीय प्रदर्शन मानकों को स्थापित करने और गुणवत्ता, पर्यावरण, व्यावसायिक स्वास्थ्य और सुरक्षा, ऊर्जा प्रणालियों, आदि के लिए एक अवधि के लिए उपयुक्त प्रबंधन प्रणाली अपनाने में सुविधा प्रदान करता है।

## 7.8 परियोजना प्रस्तावक की प्रतिबद्धता

यह दोहराए जाने की आवश्यकता है कि एक ईएमपीजी किसी दिए गए स्थान पर एक नियोजित परियोजना के लिए विशिष्ट है, न कि सामान्य जिसे किसी भी स्थान पर किसी भी प्रकार की परियोजना के लिए प्रस्तावित किया जा सकता है। इस बात की सराहना की जा सकती है कि परियोजना के विभिन्न जीवनचक्र चरणों में ईएमपीजी का हिस्सा बनने वाले कार्यक्रम, जो ऊपर चर्चा के अनुसार परियोजना के

कार्यान्वयन और संचालन से सीधे जुड़े हुए हैं, परियोजना प्रस्तावक द्वारा प्राथमिकता के आधार पर कार्यान्वित किए जाते हैं। हालांकि, धारणीय विकास के उद्देश्य को प्राप्त करने के लिए, परियोजना के पर्यावरणीय प्रदर्शन में सुधार करने की आवश्यकता है, विशेष रूप से बड़ी परियोजनाओं के परियोजना प्रस्तावक, निम्नलिखित पहलुओं पर पर्याप्त विचार करें:

i. सामाजिक प्रभाव आकलन के अंतर्गत किए गए, सामाजिक आवश्यकताओं के आकलन को कैसे आगे बढ़ाया जाएगा
ii. जल संरक्षण सहित संसाधन संरक्षण उपायों जैसे सक्रिय कार्यक्रम और परियोजना को पानी के साथ-साथ कार्बन न्यूट्रल बनाने के अंतिम उद्देश्य के साथ कार्बन पदचिन्ह में कमी, यानी शून्य (शुद्ध) पानी की खपत और शून्य (शुद्ध) कार्बन उत्सर्जन
iii. आपातकालीन या आपदा प्रबंधन के लिए तैयारियों को ध्यान में रखते हुए जोखिम आकलन में प्राप्त जानकारी को केंद्र मे रखकर परियोजना कर्मियों को अच्छी तरह से प्रशिक्षित और पुन: प्रशिक्षित करना, और आसपास के लोगों को समय-समय पर परियोजना से संबंधित गतिविधियों के बारे में अच्छी तरह से सूचित करना

*उपरोक्त को ध्यान में रखते हुए, परियोजना प्रस्तावक की एक औपचारिक प्रतिबद्धता विशेष रूप से निम्नलिखित पहलुओं के संबंध में इसे और अधिक सार्थक बनाने के लिए प्रस्तावित ईएमपीजी के प्रारूप ईआईए रिपोर्ट के हिस्से के रूप में प्राप्त करने की आवश्यकता है:*

i. पर्यावरण अनुमोदन की प्रत्येक शर्तों का अनुपालन सुनिश्चित करने के लिए आवश्यक उपायों को शामिल करके सक्षम प्राधिकारी से पर्यावरणीय अनुमोदन प्राप्त करने पर EMPg को संशोधित करना
ii. परियोजना के प्रारंभिक जीवनचक्र चरण में एक ईएमसी के रूप में एक प्रशासनिक संरचना स्थापित करना ताकि शमन उपायों को परियोजना के डिजाइन में और उसके पूरे जीवनचक्र में आत्मसात किया जा सके
iii. निम्नलिखित के लिए परियोजना जीवनचक्र के प्रत्येक चरण में कठोर प्रणालियाँ स्थापित करना:
    क) पर्यावरणीय प्रभाव प्रबंधन
    ख) पर्यावरण अनुपालन प्रबंधन
    ग) पर्यावरणीय निगरानी
    घ) आपदा प्रबंधन
    ङ) ईएमपीजी की प्रासंगिकता और "लाइव" रखने के लिए ईएमपीजी और प्रबंधन समीक्षा की आवधिक लेखापरीक्षा
iv. पर्यावरण वृद्धि और सामाजिक विकास कार्यक्रमों को लागू करना
v. सहमत समय सीमा में ईएमपीजी के कार्यान्वयन के लिए आवश्यक धन का आवंटन करना और इसे चालित रखना; आदि।

उपरोक्त उद्देश्य के लिए, ईआईए टीम लीडर सहमति प्राप्त करने के लिए परियोजना प्रस्तावक को मसौदा ईआईए रिपोर्ट भेजता है।

EMPg चैप्टर पर शीर्ष प्रबंधकों की प्रतिबद्धता, इसके लिए

i. अंतर्वस्तु/सामग्री
ii. प्रस्तावित बजट, और
iii. कार्यान्वयन तंत्र और अनुसूची

*परियोजना प्रस्तावक को प्रस्तावित ईएमपीजी के कार्यान्वयन और संचालन पर एक औपचारिक घोषणा देने की सलाह दी जाती है। घोषणा की प्रतिबद्धता को ईआईए रिपोर्ट के मसौदे में शामिल किया गया है ताकि सार्वजनिक सुनवाई से पहले ही यह जनता के लिए जांच के लिए सुलभ हो सके। जबकि इस तरह की लिखित घोषणा प्रस्तावित परियोजना की सार्वजनिक स्वीकृति प्राप्त करने में मदद करेगी, यह प्रतिबद्ध समय सीमा में ईआईए रिपोर्ट के मसौदे में शामिल पर्यावरणीय प्रबंधन कार्यक्रम के विभिन्न घटकों के कार्यान्वयन के लिए परियोजना प्रस्तावक की जवाबदेही भी स्थापित करेगी। यह प्रस्तावित परियोजना को पर्यावरणीय स्वीकृति प्रदान करने पर विचार करते हुए सक्षम प्राधिकारी के विश्वास स्तर को बढ़ाने में भी मदद करेगा।*

## 7.9 ईआईए और ईएमपीजी का कार्यान्वयन

EMPg द्वारा शामिल कई पहलुओं को ध्यान में रखते हुए, यह स्वीकार किया जा सकता है कि EMPg दस्तावेज़ का शेल्फ-जीवन परियोजना जीवनचक्र जितना लंबा है, EIA रिपोर्ट के विपरीत, जो संदर्भ उद्देश्य के लिए आवश्यक हो सकता है, केवल एक बार पर्यावरणीय अनुमोदन प्राप्त करने के बाद प्रस्तावित परियोजना। ईएमपीजी, हालांकि शुरू में एक ईआईए रिपोर्ट के एक भाग के रूप में तैयार किया गया था, इसके लिए एक अंतर्निर्मित समीक्षा तंत्र की आवश्यकता होती है जिससे यह आवधिक ऑडिट के अधीन हो ताकि यह एक "लाइव" दस्तावेज़ के रूप में कार्य करे और इसे उपलब्धता के साथ अद्यतन करने की अनुमति दी जा सके । नई जानकारी या विवरण और बाद के प्रत्येक विकास चरण में भी। *इसे देखते हुए, EMPg को एक अलग दस्तावेज़ के रूप में तैयार किया जा सकता है जो पर्यावरणीय प्रबंधन सेल के लिए एक मैनुअल (राथी 2016) के रूप में उपयोग के लिए उपलब्ध हो सके।*

एक ईआईए परामर्श संगठन (राथी 2019) की जिम्मेदारी और जवाबदेही कई गुना बढ़ सकती है यदि ईआईए का संचालन करने और ईआईए रिपोर्ट तैयार करने के अलावा एक निश्चित अवधि में ईएमपीजी के कार्यान्वयन को भी इसके कार्यक्षेत्र में शामिल किया जाए। यह एक निश्चित वर्षों के लिए इसके संचालन और रखरखाव के साथ-साथ एक बुनियादी ढांचा परियोजना के निर्माण के लिए एक अनुबंध के समान है। इस तरह की व्यवस्था से यह सुनिश्चित होगा कि ईआईए परामर्शदाता संगठन प्रस्तावित

विकास परियोजना का ईआईए अधिक तत्परता से करेगा, और ईआईए रिपोर्ट में पर्याप्त और व्यावहारिक शमन उपायों का प्रस्ताव देगा। इसके अलावा, इसे निम्नलिखित पर प्रतिक्रिया प्राप्त करने का अवसर मिलेगा:

i. किए गए कार्य की पूर्णता
ii. ईआईए में की गई मान्यताओं की उपयुक्तता
iii. प्रयुक्त अनुमान तकनीकों और उपकरणों की उपयुक्तता
iv. नियोजित तकनीकों और उपकरणों तथा अपनाई गई मान्यताओं का सत्यापन
v. सुझाए गए शमन उपायों की पर्याप्तता इस विचार व संभावना के साथ कि ये व्यवहार्य, व्यावहारिक, सस्ती और सफल होंगी (किस 2013)
vi. EMPg का औचित्य

*इस तरह के पुनरावृत्त सीखने से ईआईए परामर्शदाता-संगठन विशेषज्ञता विकसित करेंगे, और ईआईए आयोजित करने में अपने कौशल को सुदृढ करने में मदद करेंगे। इस तरह के तंत्र से पर्यावरण नियोजन सहित पर्यावरणीय प्रबंधन के संबंध में समर्थन व निर्णय लेने के (निकोलाइसेन और फिशर 2016) ज्ञान में सुधार होगा, पर्यावरणीय प्रभाव पूर्वानुमान की अनिश्चितता को कम करेगा, और ईआईए की गुणवत्ता में निरंतर सुधार को सक्षम करने मे एक लंबा मार्ग प्रशस्त करेगा (राथी 2019) तथा एक अवधि में बेहतर गुणवत्ता वाली ईआईए रिपोर्ट प्राप्त करेगा। इसके अतिरिक्त यह इस दर्शन के अनुरूप है कि पर्यावरणीय आकलन प्रभावों का पूर्वानुमान एक बार पर नहीं वरन् एक सतत जांच, निरंतर ईआईए और अनुकूलक पारिस्थितिकी तंत्र प्रबंधन पर आधारित होनी चाहिए (वाल्टर्स एंड हॉलिंग 1990)।*

## संदर्भ

ADB, Asian Development Bank. 2003. *Environmental Assessment Guidelines.* Manila: Office of Environment, Industry and Environment, Asian Development Bank.

ADB, एशियन डेवलपमेंट बैंक, 2003, एनवायर्नमेंटल असेसमेंट गाइडलाइंस, मनीला: ऑफिस ऑफ़ एनवायर्नमेंट, इंडस्ट्री एंड एनवायरमेंट, एशियन डेवलपमेंट बैंक

ADB, Asian Development Bank. 2011. "Afghanistan Regional Airports Rehabilitation Project." Manila: Office of Environment, Asian Development Bank. Accessed Feb 26, 2018.

ADB, एशियन डेवलपमेंट बैंक 2011 "अफगानिस्तान रीजनल एयरपोर्ट रिहैबिलिटेशन प्रोजेक्ट", मनीला: ऑफिस ऑफ़ एनवायर्नमेंट एशियन डेवलपमेंट बैंक, अभिगमन 26 फरवरी 2018 https://www.adb.org/sites/default/files/project-document/64375/37136-afg.

ADB, Asian Development Bank. 2017. "Updated EMP Mekong (Vietnam) Sub-Region Corridor Towns Development Project." Manila: Office of Environment, Asian Development Bank. Accessed Feb 26, 2018.

ADB, एशियन डेवलपमेंट बैंक, 2017, "अपडेटेड EMP मेंकोंग (वियतनाम) सब-रीजन कॉरिडोर टाउन डेवलपमेंट प्रोजेक्ट, मनीला: ऑफिस ऑफ़ एनवायर्नमेंट एशियन डेवलपमेंट बैंक अभिगमन 26 फरवरी 2018 https://www.adb.org/sites/default/files/project-documents/46443/46443-004-emp-en_1.pdf.

AfDB, African Development Bank Group. 2001. "Guidelines Environmental and Social Assessment Procedures Basics." Abidjan: Compliance & Safeguards Division (ORQR.3), African Development Bank. Accessed Feb 26, 2018.

AfDB, अफ्रीकन डेवलपमेंट बैंक ग्रुप, 2001, "गाइडलाइंस एनवायर्नमेंटल एंड सोशल असेसमेंट प्रोसीजर्स बेसिक", अबिदजन: कंप्लायंस एंड सेफगार्ड डिविजन (ORQR.3) अफ्रीकन डेवलपमेंट बैंक, अभिगमन 26 फरवरी, 2018 https://www.afdb.org/fileadmin/uploads/afdb/Documents/Generic-documents/ESAP%20Basics%20Guidelines.

Arts, J., and S. Nooteboom. 1999. "Environmental Impact Assessment Monitoring and Auditing." In *Handbook of Environmental Impact Assessment*. Volume 1, 229–251, edited by J. Petts. Cornwall: Blackwell Science.

आर्ट्स, जे., और एस. नूटेबूम 1999, "एनवायर्नमेंटल इंपैक्ट एसेसमेंट मॉनिटरिंग एंड एडिटिंग" पर्यावरणीय प्रभाव आकलन की पुस्तिका में, खंड 1, 229-251, जे. पेट्स द्वारा संपादित। कॉर्नवाल: ब्लैकवेल साइंस।

Arts, J., P. Caldwell, and A. Morrison-Saunders. 2001. "Environmental Impact Assessment Follow-up: Good Practice and Future Directions." Findings from a Workshop at the IAIA 2000 Conference. *Impact Assessment and Project Appraisal* **19**(3): 175–185.

आर्ट्स, जे., पी. कैल्डवेल, और ए. मॉरिसन-सॉन्डर्स, 2001, "एनवायर्नमेंटल इंपैक्ट एसेसमेंट फॉलो अप गुड प्रैक्टिस एंड फ्यूचर डायरेक्शन" IAIA 2000 सम्मेलन में एक कार्यशाला के निष्कर्ष, प्रभाव आकलन और परियोजना मूल्यांकन 19(3): 175-185, DOI:10.3152/147154601781767014.

Baby, S. 2011. *Approach in Developing Environmental Management Plan*. Proceedings of 2nd International Conference on Environmental Engineering and Applications. IPCBEE Vol. 17. Singapore: IACSIT Press.

बेबी, एस. 2011, पर्यावरणीय प्रबंधन योजना विकसित करने में दृष्टिकोण, पर्यावरण इंजीनियरिंग और अनुप्रयोगों पर दूसरे अंतर्राष्ट्रीय सम्मेलन की कार्यवाही, IPCBEE वॉल्यूम। सिंगापुर: IACSIT प्रेस.

BMG, Banks Mining Group. 2015. "Highthorn Surface Mine EMP Draft." Accessed Dec 8, 2017.

BMG, बैंक्स माइनिंग ग्रुप, 2015. "हाईथॉर्न सरफेस माइन ईएमपी ड्राफ्ट," 8 दिसंबर, 2017 को एक्सेस किया गया। http://www.banksgroup.co.uk/core/uploads/Appendix-15-Draft-Environmental-Management-Plan-1.pdf.

Brew, D., and N. Lee. 1996. "Reviewing the Quality of Donor Agency Environmental Assessment Guidelines." *Project Appraisal* **11**(2): 79–84.

ब्रू, डी., और एन. ली, 1996, "दाता एजेंसी पर्यावरणीय मूल्यांकन दिशानिर्देशों की गुणवत्ता की समीक्षा",परियोजना मूल्यांकन 11(2): 79-84.

CGWB, Central Groundwater Board. 2007. *Manual on Artificial Recharge of Groundwater*. New Delhi: Central Groundwater Board.

CGWB, केंद्रीय भूजल बोर्ड, 2007, भूजल बोर्ड के कृत्रिम रिचार्ज पर नियमावली, नई दिल्ली: केंद्रीय भूजल बोर्ड

Commonwealth of Australia. 2014. *Environmental Management Plan Guidelines*. Canberra: Department of Environment.

आस्ट्रेलिया का कौमनवेल्थ, 2014, एनवायर्नमेंटल मैनेजमेंट प्लान गाइडलाइंस, कैनबरा: डिपार्टमेंट ऑफ एनवायरमेंट

CPCB, Central Pollution Control Board. 2000. *Guidelines for Developing Greenbelts*. PROBES/75/1999-2000. Delhi: Central Pollution Control Board.

CPCB, केंद्रीय प्रदूषण नियंत्रण बोर्ड, 2000, ग्रीनबेल्ट विकसित करने के लिए दिशानिर्देश। दिल्ली: केंद्रीय प्रदूषण नियंत्रण बोर्ड।

CSIR, Council of Scientific and Industrial Research (S Africa). 2002. *Guidelines for Standardized Environmental Management Plans*. CSIR Report No.: ENV-P-C 2002-032. Pretoria: DWAF, Directorate Social and Ecological Services.

CSIR, वैज्ञानिक और औद्योगिक अनुसंधान परिषद (एस अफ्रीका), 2002, मानकीकृत पर्यावरणीय प्रबंधन सामाजिक और पारिस्थितिक सेवाओं के लिए दिशानिर्देश योजनाएं. सीएसआईआर रिपोर्ट संख्या: ईएनवी-पी-सी 2002-032. प्रिटोरिया: डीडब्ल्यूएएफ, निदेशालय

DEAT, Department of Environmental Affairs and Tourism. 2004a. *Environmental Management Plans*. Integrated Environmental Management Information Series 12. Pretoria: Department of Environmental Affairs and Tourism.

DEAT, डिपार्टमेंट ऑफ़ एनवायर्नमेंटल अफेयर्स एंड टूरिज्म 2004a, एनवायर्नमेंटल मैनेजमेंट प्लांस, इंटीग्रेटेड एनवायर्नमेंटल मैनेजमेंट इनफार्मेशन सीरीज 12, प्रिटोरिया: डिपार्टमेंट ऑफ़ एनवायर्नमेंटल अफेयर्स एंड टूरिज्म

DEAT, Department of Environmental Affairs and Tourism. 2004b. *Linking EIAs and Environmental Management Systems*. Integrated Environmental Management Information Series 20. Pretoria: Department of Environmental Affairs and Tourism.

DEAT, पर्यावरण मामले और पर्यटन विभाग। 2004बी, EIAs और पर्यावरणीय प्रबंधन प्रणालियों को जोड़ना, एकीकृत पर्यावरणीय प्रबंधन सूचना श्रृंखला 20, प्रिटोरिया: पर्यावरण मामले और पर्यटन विभाग।

DEAT, Department of Environmental Affairs and Tourism. 2004c. *Environmental Auditing*. Integrated Environmental Management Information Series 14. Pretoria: Department of Environmental Affairs and Tourism.

DEAT, पर्यावरण मामले और पर्यटन विभाग, 2004सी, पर्यावरण लेखा-परीक्षण, एकीकृत पर्यावरणीय प्रबंधन सूचना श्रृंखला 14, प्रिटोरिया: पर्यावरण मामले और पर्यटन विभाग

EPA, Environment Protection Authority. 1995. *Environmental Management Systems, Best Practice Environmental Management in Mining*. Canberra: Department of the Environment.

EPA, पर्यावरण संरक्षण प्राधिकरण 1995, पर्यावरणीय प्रबंधन प्रणाली, खनन में सर्वोत्तम अभ्यास पर्यावरणीय प्रबंधन, कैनबरा: पर्यावरण विभाग।

EPA, Environment Protection Authority. 2013. *Environmental Guidelines for Preparation of an Environment Management Plan*. Canberra: Environment, Planning and Sustainable Development Directorate, Environment Protection Authority.

EPA, पर्यावरण संरक्षण प्राधिकरण, 2013, पर्यावरणीय प्रबंधन योजना की तैयारी के लिए पर्यावरण दिशानिर्देश, कैनबरा: पर्यावरण, योजना और सतत विकास निदेशालय, पर्यावरण संरक्षण प्राधिकरण।

Floroiu, R. 2012. "Environmental (and Social) Impact Assessment Instrument." Presentation in World Bank Safeguard Workshop Training held in May-June 2012. Accessed Mar 15, 2018.

फ्लोरोइउ, आर. 2012, " एनवायर्नमेंटल (एंड सोशल) इंपैक्ट एसेसमेंट इंस्ट्रूमेंट" मई-जून 2012 में आयोजित विश्व बैंक सुरक्षा कार्यशाला प्रशिक्षण में प्रस्तुति। 15 मार्च, 2018 को एक्सेस किया गया। https://slideplayer.com/slide/8055387/.

George, C. 2000. "Environmental Monitoring, Management and Auditing." In *Environmental Assessment in Developing and Transitional Countries: Principles, Methods and Practice*, edited by N. Lee, and C. George. Chichester: John Wiley and Sons.

जॉर्ज, सी. 2000. "पर्यावरणीय निगरानी, प्रबंधन और ऑडिटिंग" विकासशील और संक्रमणकालीन देशों में पर्यावरणीय मूल्यांकन में: सिद्धांत, तरीके और अभ्यास, एन. ली और सी. जॉर्ज द्वारा संपादित, चिचेस्टर: जॉन विली एंड संस।

Hollands, R., and L. Palframan. 2014. "EIA and EMS Integration: Not Wasting the Opportunity." *Impact Assessment and Project Appraisal* **32**(1): 43–54.

हॉलैंड्स, आर., और एल. पालफ्रामन 2014, "EIA और EMS एकीकरण: "नाट वेस्टिंग द ऑपच्यरुनिटी" प्रभाव आकलन और परियोजना मूल्यांकन 32(1): 43-54.

IAIA, International Association for Impact Assessment. 1999. *Principles of Environmental Impact Assessment Best Practice*. Fargo: International Association for Impact Assessment and IEA.

IAIA, इंटरनेशनल एसोसिएशन फॉर इम्पैक्ट असेसमेंट, 1999, पर्यावरणीय प्रभाव आकलन के सिद्धांत सर्वोत्तम अभ्यास, फ़ार्गो: इंटरनेशनल एसोसिएशन फ़ॉर इम्पैक्ट असेसमेंट और IEA

IEMA, Institute of Environmental Management and Assessment. 2008. *Environmental Management Plans*. Practitioner Vol 12. Lincoln: Institute of Environmental Management and Assessment.

IEMA, पर्यावरणीय प्रबंधन और मूल्यांकन संस्थान, 2008, पर्यावरणीय प्रबंधन योजनाएँ, प्रैक्टिशनर खंड 12, लिंकन: पर्यावरणीय प्रबंधन और मूल्यांकन संस्थान,

IEMA, Institute of Environmental Management and Assessment. 2015. *EIA Guide to Shaping Quality Development*. Lincoln: Institute of Environmental Management and Assessment.

IEMA, पर्यावरणीय प्रबंधन और मूल्यांकन संस्थान, 2015, गुणवत्ता विकास को आकार देने के लिए ईआईए गाइड, लिंकन: पर्यावरणीय प्रबंधन और मूल्यांकन संस्थान।

IEMA, Institute of Environmental Management and Assessment. 2016. *Environmental Impact Assessment Guide to Delivering Quality Development*. Lincoln: Institute of Environmental Management and Assessment.

IEMA, पर्यावरणीय प्रबंधन और मूल्यांकन संस्थान, 2016. गुणवत्तापूर्ण विकास प्रदान करने के लिए पर्यावरणीय प्रभाव आकलन मार्गदर्शिका, लिंकन: पर्यावरणीय प्रबंधन और मूल्यांकन संस्थान।

Jha-Thakur, U., T. B. Fischer, A. Rajvanshi. 2009. "Reviewing Design Stage of Environmental Impact Assessment Follow-Up: Looking at the Open-Cast Coal Mines in India." *Impact Assessment and Project Appraisal* **27**(1): 33–44.

झा-ठाकुर, यू., टी.बी. फिशर, ए. राजवंशी, 2009, "पर्यावरणीय प्रभाव आकलन अनुवर्ती के डिजाइन चरण की समीक्षा: भारत में ओपन-कास्ट कोयला खदानों को देखते हुए" प्रभाव आकलन और परियोजना मूल्यांकन 27(1): 33-44.

Kiss, A. 2013. "Environmental Safeguard Instruments." Presentation in World Bank Safeguards Training Workshop held in May 2013. Accessed Aug 9, 2018.

किस, ए. 2013, "पर्यावरण सुरक्षा उपकरण" मई 2013 में आयोजित, विश्व बैंक सुरक्षा प्रशिक्षण कार्यशाला में प्रस्तुति 9 अगस्त, 2018 को एक्सेस किया गया। http://web.worldbank.org/archive/website01419/web/images/envsafeg.ppt.

Lochner, P. 2005. *Guideline for Environmental Management Plans*. CSIR Report No ENV-S-C 2005-053.

लोचनर, पी. 2005, पर्यावरणीय प्रबंधन योजनाओं के लिए दिशानिर्देश, CSIR रिपोर्ट संख्या ENV-S-C 2005-053

Magnox North Ltd. 2009. *Environmental Management Plan for Oldbury Power Station*. BS35 1RQ (2). Oldbury Naite: Magnox North Ltd. Accessed Feb 26, 2018.

मैग्नॉक्स नॉर्थ लिमिटेड 2009, ओल्डबरी पावर स्टेशन के लिए पर्यावरणीय प्रबंधन योजना, बीएस35 1आरक्यू (2), ओल्डबरी नाइट: मैग्नॉक्स नॉर्थ लिमिटेड 26 फरवरी, 2018 को एक्सेस किया गया। http://ipcbee.com/vol17/48-L40000.pdf.

MOC, Ministry of Coal. 2013. *Guidelines for Preparation of Mining Closure Plan*. New Delhi: Ministry of Coal.

MOC, कोयला मंत्रालय, 2013, खनन बंद करने की योजना तैयार करने के लिए दिशानिर्देश, नई दिल्ली: कोयला मंत्रालय।

MOEF, Ministry of Environment and Forests. 2006. *Environmental Impact Assessment Notification*. New Delhi: Ministry of Environment and Forests.

MOEF, पर्यावरण और वन मंत्रालय, 2006, पर्यावरणीय प्रभाव आकलन अधिसूचना, नई दिल्ली: पर्यावरण और वन मंत्रालय

MOLE, Ministry of Labor and Employment. 1987. *The Factories (Amendment) Act*. New Delhi: Ministry of Labor and Employment.

MOLE, श्रम और रोजगार मंत्रालय, 1987, कारखाना (संशोधन) अधिनियम। नई दिल्ली: श्रम और रोजगार मंत्रालय।

Morrison-Saunders A., and J. Arts. 2004a. "Exploring the Dimensions of EIA Follow-Up." Presented at *IAIA'04 Impact Assessment for Industrial Development. Whose Business is it?* 24–30. 24th Annual Meeting of IAIA held in Vancouver.

मॉरिसन-सॉन्डर्स ए., और जे. आर्ट्स, 2004ए, "EIA फॉलो-अप के आयामों की खोज।" औद्योगिक विकास के लिए IAIA'04 प्रभाव आकलन में प्रस्तुत किया गया। यह किसका व्यवसाय है? 24-30. IAIA की 24वीं वार्षिक बैठक वैंकूवर में आयोजित हुई।

Morrison-Saunders A., and J. Arts (Ed.). 2004b. *Assessing Impact: Handbook of EIA and SEA Follow-up*. London: Earthscan.

मॉरिसन-सॉन्डर्स ए., और जे. आर्ट्स (एड.), 2004बी, प्रभाव का आकलन: ईआईए और एसईए अनुवर्ती की पुस्तिका, लंदन: अर्थस्कैन.

Morrison-Saunders A., R. Marshall, and J. Arts. 2007. *EIA Follow-up International Best Practice Principles*. Special Publication Series no. 6. Fargo: International Association for Impact Assessment.

मॉरिसन-सॉन्डर्स ए., आर. मार्शल, और जे. आर्ट्स, 2007, EIA अनुवर्ती अंतर्राष्ट्रीय सर्वोत्तम अभ्यास सिद्धांत, विशेष प्रकाशन शृंखला क्रमांक.6, फार्गो इंटरनेशनल एसोसिएशन फॉर इंपैक्ट एसेसमेंट

Nicolaisen M., and Thomas B. Fischer. 2016. "Editorial. Special Issue on Ex-Post Evaluation of Environmental Assessment." *Journal of Environmental Assessment Policy and Management* **18**(1): 1601001–4.

निकोलाइसेन एम., और थॉमस बी. फिशर, 2016, "संपादकीय, पर्यावरणीय मूल्यांकन के पूर्व-पोस्ट मूल्यांकन पर विशेष अंक।" जर्नल ऑफ़ एनवायर्नमेंटल असेसमेंट पॉलिसी एंड मैनेजमेंट 18(1): 1601001-4।

Perdicoulis A., B. Durning, and L. Palframan. 2012. *Furthering EIA- Towards a Seamless Connection Between EIA and EMS*. Cheltenham: Edward Elgar.

पेर्डिकौलिस ए., बी. डर्निंग, और एल. पालफ्रामन, 2012, EIA को आगे बढ़ाना - EIA और EMS के बीच एक निर्बाध कनेक्शन की ओर, चेल्टनहैम: एडवर्ड एल्गर।

Rathi, A. K. A. 2003. "Promotion of Cleaner Production for Industrial Pollution Abatement in Gujarat (India)." *Journal of Cleaner Production* **11**(5): 583–590.

राथी, ए.के.ए. 2003. "प्रमोशन ऑफ़ क्लीनर प्रोडक्शन फॉर इंडस्ट्रियल पॉल्यूशन अवेटमेंट इन गुजरात (इंडिया)" जर्नल ऑफ़ क्लीनर प्रोडक्शन 11(5): 583-590।

Rathi, A. K. A. 2009. "Hazardous Waste Management." In *Current Trends in Engineering Practice*. Vol II, 528-547, edited by S. Anand. New Delhi: Narosa Publishing House.

राथी, ए.के.ए. 2009, "खतरनाक अपशिष्ट प्रबंधन।" इंजीनियरिंग प्रैक्टिस में वर्तमान रुझान में, खंड II, 528-547, एस. आनंद द्वारा संपादित, नई दिल्ली: नरोसा पब्लिशिंग हाउस।

Rathi, A. K. A. 2016. *Environmental Impact Assessment: A Practical Guide for Professional Practice*. Ahmedabad: Akar Unlimited.

राथी, ए.के.ए. 2016, पर्यावरणीय प्रभाव आकलन: व्यावसायिक अभ्यास के लिए एक व्यावहारिक मार्गदर्शिका, अहमदाबाद: आकार अनलिमिटेड.

Rathi, A. K. A. 2017. "Evaluation of Project-Level Environmental Impact Assessment and SWOT Analysis of EIA Process in India." *Environmental Impact Assessment Review* **67**: 31–39.

राथी, ए.के.ए. 2017. "भारत में परियोजना-स्तरीय पर्यावरणीय प्रभाव आकलन और EIA प्रक्रिया का SWOT विश्लेषण का मूल्यांकन" पर्यावरणीय प्रभाव आकलन समीक्षा 67: 31-39।

Rathi, A. K. A. 2019. "Development of Environmental Management Program in Environmental Impact Assessment Reports and Evaluation of its Robustness: An Indian Case study." *Impact Assessment and Project Appraisal* **37**(5): 421–436.

राथी, ए.के.ए. 2019, "पर्यावरणीय प्रभाव आकलन रिपोर्ट और इसकी मजबूती के मूल्यांकन में पर्यावरणीय प्रबंधन कार्यक्रम का विकास: एक भारतीय केस अध्ययन" प्रभाव आकलन और परियोजना मूल्यांकन 37(5): 421-436

SDG, UN Sustainable Development Goals. 2015. Accessed Oct 3, 2018.

संयुक्त राष्ट्र सतत विकास लक्ष्य। 2015. 3 अक्टूबर, 2018 को अभिगमन किया गया। https://www.un.org/sustainabledevelopment/sustainable-development-goals/.

Shah, A. 2009. "Environmental Management Plan." Accessed Dec 8, 2017.

शाह, ए. 2009. "पर्यावरणीय प्रबंधन योजना।" 8 दिसंबर, 2017 को एक्सेस किया गया। https://drshahpak.weebly.com/uploads/5/6/3/3/5633102/eia7-emp.ppt.

Tinker, L., D. Cobb, A. Bond, and M. Cashmore. 2005. "Impact Mitigation in Environmental Impact Assessment: Paper Promises or the Basis of Consent Conditions?" *Impact Assessment and Project Appraisal* **23**(4): 265–280.

टिंकर, एल., डी. कॉब, ए. बॉन्ड, और एम. कैशमोर 2005, "पर्यावरणीय प्रभाव आकलन में प्रभाव शमन: कागजी वादे या सहमति शर्तों का आधार?" प्रभाव आकलन और परियोजना मूल्यांकन 23(4): 265-280|

UNEP, United Nations Environment Program. 2002. Environmental Impact Assessment Training Resource Manual. 2nd edn. Geneva: Division of Technology, Industry and Economics, United Nations Environment Program.

यूएनईपी, संयुक्त राष्ट्र पर्यावरण कार्यक्रम, 2002, एनवायर्नमेंटल इंपैक्ट एसेसमेंट ट्रेनिंग रिसोर्स मैन्युअल, दूसरा संस्करण. जिनेवा: प्रौद्योगिकी, उद्योग और अर्थशास्त्र प्रभाग, संयुक्त राष्ट्र पर्यावरण कार्यक्रम।

OSHA, United States Occupational Safety and Health Administration. 2011. *OSHA's Right to Know Hazardous Chemicals*. Washington, D.C.: Hazardous Materials Centre, Occupational Safety and Health Administration.

OSHA, संयुक्त राज्य अमेरिका व्यावसायिक सुरक्षा और स्वास्थ्य प्रशासन, 2011, OSHA's का खतरनाक रसायनों को जानने का अधिकार, वाशिंगटन, डी.सी.: खतरनाक सामग्री केंद्र, व्यावसायिक सुरक्षा और स्वास्थ्य प्रशासन।

USAID, U.S. Agency for International Development. 2005. "ENCAP EA-ESD Course: Basic Concepts for EIA Environmental Mitigation and Monitoring." Accessed Dec 8, 2017.

USAID अंतर्राष्ट्रीय विकास के लिए अमेरिकी एजेंसी, 2005. "एनकैप ईए-ईएसडी पर्यावरण शमन और निगरानी के लिए कोर्स" 8 दिसंबर, 2017 को एक्सेस किया गया http://slideplayer.com/slide/6008565/.

Walters, C., and C. S. Holling. 1990. "Large-Scale Management Experiments and Learning by Doing." *Ecology* **71**: 2060–2068.

वाल्टर्स, सी., और सी.एस. हॉलिंग, 1990, "बड़े पैमाने पर प्रबंधन प्रयोग और करके सीखना" पारिस्थितिकी 71: 2060-2068।

World Bank. 1999a. *Environmental Assessment Sourcebook*. Washington, D.C.: Environment Department, World Bank.

विश्व बैंक, 1999, पर्यावरणीय आकलन स्रोत पुस्तिका, वाशिंगटन, डी.सी.: पर्यावरण विभाग, विश्व बैंक।

World Bank. 1999b. *Environmental Management Plans*. Environmental Assessment Sourcebook update no. 25. Washington, DC: Environment Department, World Bank.

विश्व बैंक, 1999b, एनवायर्नमेंटल मैनेजमेंट प्लांस, एनवायर्नमेंटल असेसमेंट सोर्सबुक अपडेट नंबर 25, वॉशिंगटन, डीसी: एनवायरमेंट डिपार्मेंट विश्व बैंक

World Bank. 1999c. *Environmental Management Plan*. OP 4.01. Annex C. Accessed Mar 7, 2018.

विश्व बैंक, 1999c, एनवायर्नमेंटल मैनेजमेंट प्लान ओपी 4.01 एनेक्स C, 7 मार्च 2018 को अभिगमन किया गया https://policies.worldbank.org/sites/ppf3/PPFDocuments/3903Operational%20 Manual%20-%20OP%204.pdf.

# अध्याय 8

# पर्यावरणीय प्रभाव आकलन रिपोर्ट का मसौदा तैयार करना

पर्यावरणीय प्रभाव आकलन (ईआईए) टीम लीडर सौंपे गए पर्यावरण घटक(ओं) पर प्रत्येक कार्यात्मक वृत्तिक से प्राप्त रिपोर्टों को संकलित करता है और अतिरिक्त/विशेष अध्ययनों पर विशेष एजेंसियां, इन रिपोर्टों का मिलान करती हैं, और एक ईआईए रिपोर्ट का मसौदा तैयार करती हैं। यह आवश्यक है कि मसौदा ईआईए रिपोर्ट सभी मामलों में पूर्ण हो और अच्छी गुणवत्ता वाली ईआईए रिपोर्ट की आवश्यकताओं को पूरा करती हो। यह अध्याय ईआईए टीम के नेतृत्वकर्ता के लिए एक पूर्ण, व्यापक और अच्छी गुणवत्ता वाली ईआईए रिपोर्ट तैयार करने में उपयोगी होगा जो ईआईए के उद्देश्यों की पूर्ति करता हो।

## 8.1 ईआईए रिपोर्ट का मसौदा तैयार करने के चरण

एक विशिष्ट ईआईए रिपोर्ट की तैयारी का प्रवाह चार्ट **चित्र 8.1** में चित्रित किया गया है और प्रक्रिया संक्षेप में निम्नानुसार वर्णित है:

i. जैसा कि अध्याय 6 में चर्चा की गई है, सभी कार्यात्मक वृत्तिक ईआईए टीम लीडर को सौंपे गए विशिष्ट पर्यावरण घटक (ओं) से संबंधित अपनी मसौदा रिपोर्ट प्रस्तुत करते हैं, जिसमें निम्नलिखित जानकारी होती है:
   क. अध्ययन क्षेत्र की आधारभूत पर्यावरण सेटिंग्स
   ख. परियोजना के प्रत्येक जीवनचक्र चरण के लिए मूल्यांकन किए गए पर्यावरणीय प्रभाव
   ग. निर्धारित किये गये महत्वपूर्ण प्रभाव
   घ. प्रत्येक महत्वपूर्ण प्रभाव के लिए प्रस्तावित विशिष्ट शमन उपाय
   ङ. पर्यावरणीय निगरानी कार्यक्रम
   च. पर्यावरणीय प्रबंधन कार्यक्रम (ईएमपीजी) के लिए इनपुट

ii. ईआईए टीम लीडर अतिरिक्त / विशेष अध्ययनों पर रिपोर्ट प्राप्त करता है, जो टीओआर के अनुसार विशेष संस्थानों या एजेंसियों को सौंपा गया है

iii. ईआईए टीम लीडर एक मसौदा रिपोर्ट के रूप में पर्यावरण के विभिन्न घटकों या उप-घटकों पर प्राप्त उपरोक्त रिपोर्टों को संकलित, मिलान और एकीकृत करता है। मसौदा ईआईए रिपोर्ट इस तरह

से तैयार की गई है कि यह ईआईए के प्रति एक समग्र, निर्बाध और व्यापक दृष्टिकोण को दर्शाती है, और प्रासंगिक अध्याय (ओं) में प्रत्येक अतिरिक्त /विशेष अध्ययन की मुख्य विशेषताओं को शामिल करती है। रिपोर्ट का मसौदा तैयार करते समय, ईआईए टीम लीडर यह सुनिश्चित करता है कि मसौदा ईआईए रिपोर्ट के प्रत्येक अध्याय में निम्नलिखित विशेषताए हों :

क. एकरूपता

ख. स्थिरता

ग. पूर्णता

घ. भाषा का सुचारू प्रवाह, और

ङ. तार्किक अनुक्रमण और निरंतरता

iv. मसौदा ईआईए रिपोर्ट की संरचना उस एजेंसी की आवश्यकताओं को पूरा करती है जिसके लिए इसे तैयार किया जा रहा है

v. प्रत्येक टीओआर का अनुपालन एक सारणीबद्ध रूप में तैयार किया जाता है, जो मसौदा ईआईए रिपोर्ट के संबंधित अनुभागों को संदर्भ प्रदान करता है

vi. कार्यात्मक वृत्तिक को संकलित मसौदा ईआईए रिपोर्ट और टीओआर के अनुपालन की समीक्षा करने के लिए कहा जाता है, यह सुनिश्चित करने के लिए कि उनके दृष्टिकोण स्पष्ट रूप से और वास्तव में परिलक्षित होते हैं, तथा उनके संबंधित योगदानों पर ध्यान केंद्रित किया गया है।

vii. कार्यात्मक वृत्तिक से प्राप्त प्रतिक्रिया पर विचार करने के बाद, ईआईए टीम लीडर मसौदा ईआईए रिपोर्ट को अंतिम रूप देता है

viii. ईआईए टीम लीडर मसौदा ईआईए रिपोर्ट का एक कार्यकारी सारांश तैयार करता है, जिसे आम तौर पर रिपोर्ट के प्रथम अध्याय के पूर्व रखा जाता है। कार्यकारी सारांश मसौदा ईआईए रिपोर्ट की विस्तृत सामग्री पर सख्ती से आधारित है, और यह एक संक्षिप्त सारांश देता है जो वास्तव में निम्नलिखित पहलुओं को दर्शाता है जो मसौदा ईआईए रिपोर्ट में विस्तार से मान्य होता है:

क. प्रोजेक्ट साइट की सेटिंग्स

ख. परियोजना संक्षेप, विशिष्ट परियोजना से संबंधित गतिविधियों को उजागर करना जो प्रमुख / महत्वपूर्ण पर्यावरणीय प्रभाव पैदा करने की क्षमता रखते हैं

ग. आधारभूत पर्यावरण सेटिंग्स

घ. निर्धारित महत्वपूर्ण प्रभाव

ङ. सुझाए गए शमन उपाय

च. पर्यावरणीय निगरानी, अवशिष्ट प्रभाव, पर्यावरण अनुपालन, पर्यावरणीय वृद्धि, और मुआवजे से संबंधित पहलुओं के लिए पर्यावरणीय प्रबंधन कार्यक्रम

ix. *कार्यकारी सारांश* इस तरह से लिखा गया है कि यह एक स्टैंड-अलोन दस्तावेज़ के रूप में काम कर सकता है, यानी यह मसौदा ईआईए रिपोर्ट के मुख्य पहलुओं को संक्षेप में किसी भी सामग्री का संदर्भ दिए बिना उजागर करता है, फिर चाहे वह मसौदा ईआईए रिपोर्ट का पाठ, मानचित्र, आंकड़े या तालिकाएं हों

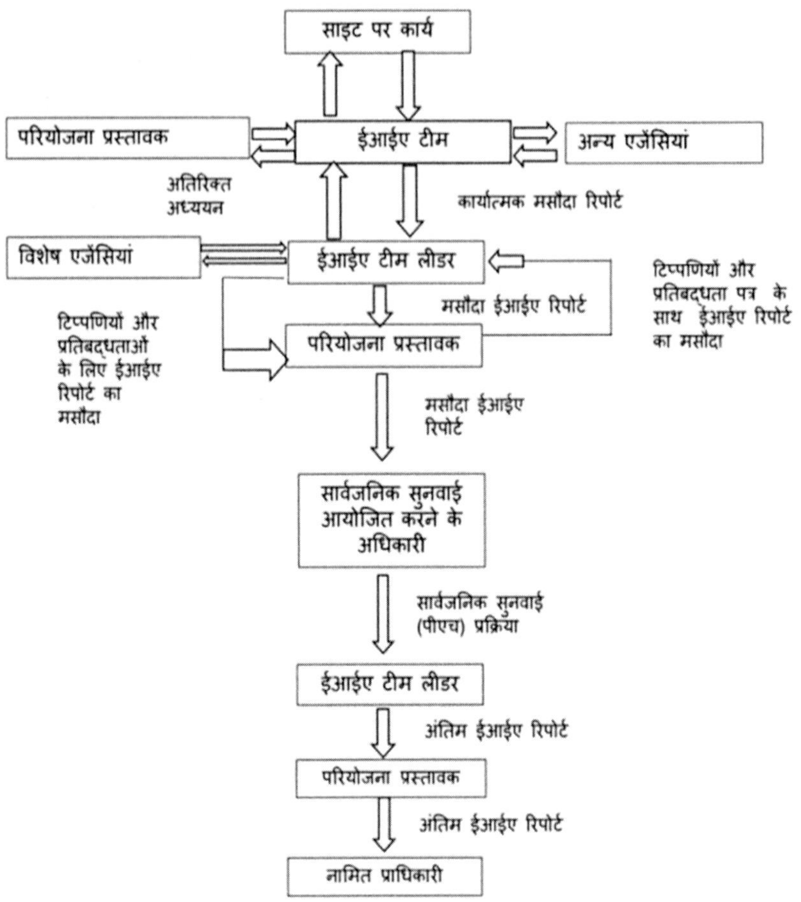


**चित्र 8.1 ईआईए रिपोर्ट प्रवाह चार्ट**

## 8.2 ईआईए रिपोर्ट के मसौदे से लेकर समीक्षा/आकलन तक के चरण

मसौदा ईआईए रिपोर्ट परियोजना प्रस्तावक को विशेष रूप से परिचय, परियोजना विवरण, विकल्पों पर विचार और पर्यावरणीय प्रबंधन कार्यक्रम के अध्यायों पर प्रतिक्रिया और टिप्पणियां प्राप्त करने के लिए भेजी जाती है। परियोजना प्रस्तावक को मसौदा रिपोर्ट भेजने का उद्देश्य यह है की वो यह

i. सुनिश्चित करें कि परियोजना के बारे में तथ्यात्मक जानकारी मसौदा ईआईए रिपोर्ट में साथ मे ली गई है

ii. परियोजना प्रस्तावक से एक औपचारिक प्रतिबद्धता प्राप्त करें कि आवश्यक धन के लिए पर्याप्त प्रावधान किया जाएगा और परियोजना के साथ पर्यावरणीय प्रबंधन कार्यक्रम लागू किया जाएगा

iii. परियोजना प्रस्तावक द्वारा मसौदा ईआईए रिपोर्ट के स्वामित्व की पुष्टि करना, हालांकि यह ईआईए परामर्श संगठन द्वारा तैयार किया जाता है

इस प्रकार, सामान्य रूप से मसौदा ईआईए रिपोर्ट और विशेष रूप से प्रस्तावित पर्यावरणीय प्रबंधन कार्यक्रम के लिए *परियोजना प्रस्तावक के समर्थन* पर विचार किया जाता है

1. परियोजना प्रस्तावक से प्राप्त टिप्पणियों पर विचार करते समय, यह उम्मीद की जाती है कि ईआईए टीम लीडर सामने लाए गए महत्वपूर्ण पर्यावरणीय प्रभावों और उजागर किए गए पर्यावरणीय मुद्दों में से किसी को कम करने में परियोजना प्रस्तावक के किसी भी दबाव के आगे नहीं झुकेंगे। एक सच्चे वृत्तिक के रूप में, ईआईए टीम लीडर न तो परियोजना प्रस्तावक या किसी अन्य हितधारक के हितों से प्रभावित होता है और न ही निर्देशित होता है। उन्हें स्पष्ट होना चाहिए कि परियोजना प्रस्तावक वह ग्राहक है जो प्रस्तावित परियोजना के साथ आगे बढ़ने के लिए पर्यावरणीय अनुमोदन प्राप्त करने के लिए निर्धारित संरचना में ईआईए अध्ययन और ईआईए रिपोर्ट तैयार करने का काम करता है, और वृत्तिक शुल्क के भुगतान के लिए प्रतिबद्ध है। ईआईए रिपोर्ट का प्रमुख ग्राहक सक्षम प्राधिकारी है जिसके द्वारा ऐसी रिपोर्ट तैयार करने को अनिवार्य किया है और उसे ईआईए रिपोर्ट की समीक्षा करने और ईआईए रिपोर्ट के आधार पर पर्यावरणीय अनुमोदन देने का एवं निर्णय लेने का अधिकार है।
2. परियोजना प्रस्तावक की टिप्पणियों और टिप्पणियों पर उचित विचार करने के बाद, ईआईए टीम लीडर मसौदा ईआईए रिपोर्ट को अंतिम रूप देता है और अंतिम मसौदा परियोजना प्रस्तावक को भेजता है। सार्वजनिक परामर्श (MOEF 2006, 2020) के लिए अनिवार्य प्रक्रियात्मक आवश्यकताओं के आधार पर, परियोजना प्रस्तावक सार्वजनिक सुनवाई करने के लिए अधिकृत एजेंसी को अंतिम मसौदा ईआईए रिपोर्ट भेजता है।
3. ईआईए टीम लीडर स्थानीय लोगों को प्रस्तावित परियोजना और इसके निहितार्थों को समझने में मदद करने के लिए अंतिम मसौदा ईआईए रिपोर्ट के कार्यकारी सारांश का स्थानीय भाषा में अनुवाद करने की व्यवस्था करता है। परियोजना प्रस्तावक की ओर से, ईआईए टीम लीडर को सार्वजनिक सुनवाई समिति और जनता के सामने अंतिम ईआईए रिपोर्ट के मसौदे पर एक प्रस्तुति देने और उठाए गए प्रश्नों पर आवश्यक जानकारी और स्पष्टीकरण प्रदान करने के लिए कहा जा सकता है।
4. *सार्वजनिक सुनवाई* आयोजित होने के बाद, ईआईए टीम लीडर
   i. सार्वजनिक सुनवाई का संचालन करने वाली एजेंसी से सार्वजनिक सुनवाई की कार्यवाही प्राप्त करता है, और सार्वजनिक सुनवाई में लाए गए मुद्दों का सारांश तैयार करता है, और परियोजना प्रस्तावक द्वारा प्रत्येक मुद्दे पर दी गई प्रतिबद्धता को सारणीबद्ध कर उस पर करने वाली आवस्यक कार्यवाही को प्रमुखता से दिखलाता है।

ii. एक सारणीबद्ध रूप में अन्य हितधारकों द्वारा संप्रेषित दृष्टिकोण या टिप्पणियों को सारांशित करता है

5. उपरोक्त के आधार पर, ईआईए टीम लीडर आवश्यक परिवर्तनों और अतिरिक्त जानकारी को सम्मिलित करके अंतिम मसौदा ईआईए रिपोर्ट को अपडेट करता है और अंतिम ईआईए रिपोर्ट तैयार करता है। *अंतिम मसौदा ईआईए रिपोर्ट और अंतिम ईआईए रिपोर्ट के बीच का अंतर* इन रिपोर्टों की सामग्री व पृष्ठों से स्पष्ट रूप से दृष्टिगोचर होना चाहिए।
6. अंतिम ईआईए रिपोर्ट परियोजना प्रस्तावक को भेजी जाती है, जो ईआईए रिपोर्ट के मालिक के रूप में, प्रस्तावित परियोजना के लिए पर्यावरणीय अनुमोदन प्राप्त करने के लिए आवश्यक प्रतियों के साथ सक्षम प्राधिकारी को प्रस्तुत करता है।
7. ईआईए टीम लीडर परियोजना प्रस्तावक को आवश्यक समर्थन प्रदान करता है, ईआईए समीक्षा प्राधिकरण और / या सक्षम प्राधिकारी को एक प्रस्तुति देता है, और इसके मूल्यांकन के लिए ईआईए रिपोर्ट पर अपेक्षित जानकारी और / या स्पष्टीकरण देता है।

## 8.3 प्रलेखन की आवश्यकता

ईआईए रिपोर्ट, जो प्रस्तावित परियोजना को पर्यावरणीय अनुमोदन प्रदान करने का आधार बनती है, को इसकी उपयोगिता और विश्वसनीयता का प्रदर्शन करने की आवश्यकता है, भले ही इसने एक अच्छी तरह से सूचित निर्णय लेने में निर्णय कर्ताओ को सुविधाजनक बनाने के अपने मूल उद्देश्य को पूरा किया हो। इसलिए, यह आवश्यक है कि उपयोग की जाने वाली जानकारी और ईआईए अध्ययन में नियोजित पद्धतियों को उचित रूप से प्रलेखित किया जाए:

i. परियोजना से संबंधित गतिविधियों के लिए नियामक आवश्यकताओं की प्रयोज्यता का पता लगाना, और पर्यावरणीय निगरानी सहित शमन उपायों और पर्यावरणीय प्रबंधन कार्यक्रम का प्रस्ताव करते समय पर्यावरण अनुपालन सुनिश्चित करना
ii. विभिन्न स्रोतों से द्वितीयक/ सेकन्डेरी डेटा एकत्र करना और पर्यावरणीय आधारभूत स्थितियों को स्थापित करने के लिए उसका मिलान करना और / या प्राथमिक डेटा उत्पन्न करना।
iii. संभावित पर्यावरणीय प्रभावों को चिन्हित करना
iv. पर्यावरण के विभिन्न घटकों पर पर्यावरणीय प्रभावों का पूर्वानुमान और आकलन
v. पर्यावरणीय प्रभावों के महत्व को स्थापित करना
vi. संकट/जोखिम आकलन करना
vii. महत्वपूर्ण पर्यावरणीय प्रभावों और जोखिमों के लिए शमन उपायों को प्रस्तावित करना
viii. विकल्पों की पहचान, चयन और विचार करना

ix. परियोजना के प्रत्येक जीवनचक्र चरण के लिए पर्यावरणीय प्रबंधन कार्यक्रम की तैयारी, जिसमें प्रभाव प्रबंधन, अवशिष्ट प्रभाव प्रबंधन, पर्यावरण अनुपालन प्रबंधन, जोखिम प्रबंधन, पर्यावरणीय निगरानी और अनिश्चितता में कमी, सम्मिलित हैं; आदि।

ईआईए परामर्श संगठन द्वारा पालन की जाने वाली गुणवत्ता प्रबंधन प्रणाली में प्रलेखित स्थापित प्रक्रियाओं के अनुसार तैयार और बनाए गए ऐसे रिकॉर्ड, भविष्य के संदर्भ, लेखा परीक्षा या जांच के लिए आवश्यक हो सकते हैं। निम्नलिखित पर विचार करते हुए उचित प्रलेखन के महत्व को भी समझा जा सकता है और इसपर बल दिया जा सकता है:

i. समय-समय पर नए और अधिक कठोर पर्यावरणीय नियम बनाए और लागू किए गए, जिससे प्रदान किए गए शमन उपायों के उन्नयन की आवश्यकता होती है।
ii. ईआईए परामर्श संगठन, सक्षम प्राधिकारी, साथ ही परियोजना प्रस्तावक का दायित्व, ग्रीन ट्रिब्यूनल और न्यायालयों के प्रति जवाबदेही है।
iii. सूचना का अधिकार अधिनियम के तहत जनता को सूचना प्रदान करना एक के लिए सक्षम प्राधिकारी का दायित्व है।
iv. स्वास्थ्य के बारे में लगातार बढ़ती सार्वजनिक चिंताएं, और अपने नागरिकों की भलाई के लिए सरकार की प्रतिबद्धता।
v. पर्यावरण, ऊर्जा, प्रक्रिया सुरक्षा, व्यावसायिक स्वास्थ्य, मानक संचालन प्रक्रियाओं, कार्य प्रथाओं, आदि के लिए आवधिक लेखा परीक्षा होना।
vi. एक बड़ी दुर्घटना के बाद की गई जांच; आदि।

## 8.4 अच्छी गुणवत्ता वाली ईआईए रिपोर्ट की मुख्य विषय सामग्री

### *8.4.1 एक अच्छी गुणवत्ता वाली ईआईए रिपोर्ट की आवश्यकता*

ईआईए अध्ययन का संचालन करते समय, इस तथ्य को स्वीकार करना आवश्यक है कि ईआईए रिपोर्ट, ईआईए परामर्श संगठन द्वारा निर्णयकर्ताओं के लिए तैयार की जाती है जो किसी भी तरह से और ईआईए अध्ययन के किसी भी चरण में शामिल नहीं हैं। इसके अलावा, वित्त, समय और मानव प्रयासों सहित कई संसाधनों को ईआईए अध्ययन के लिए कार्यालय, पुस्तकालय, क्षेत्र और प्रयोगशाला में बहुत सारे संपूर्ण लेग वर्क और काम करने और ईआईए रिपोर्ट तैयार करने के लिए निर्देशित किया जाता है। हालांकि, ईआईए रिपोर्ट की समीक्षा या आकलन करने वालों को परियोजना और/या साइट के विवरण से परिचित होने की संभावना नहीं है, और प्रस्तावित परियोजना पर राय बनाई जा सके जिससे ईआईए रिपोर्ट की पूरी तरह से समीक्षा करना व उसको निर्णय के लिए पर्याप्त समय नहीं हो सकता है। विकासशील देशों में अक्सर लोकतांत्रिक शासन संरचना है, तथा जहां सरकारों के विकास विभागों के पास आम तौर पर जनता के लिए तेजी से आर्थिक विकास और रोजगार सृजन के लिए बहुत भारी एजेंडा होता है जिसके परिणामस्वरूप सार्वजनिक और साथ ही निजी क्षेत्रों द्वारा कई विकास

परियोजनाओं का निर्माण होता है जो पर्यावरणीय अनुमोदन प्राप्त करने के लिए प्रस्तावित हैं। लोगों की आकांक्षाओं ने अपने निर्वाचित प्रतिनिधियों पर बिना किसी समय के अपने क्षेत्रों में विकास परियोजनाओं को मंजूरी देने और लागू करने के लिए दबाव डाला जा सकता है। यह देश में पर्यावरण अनुमोदन तंत्र पर भारी दबाव डालता है और सक्षम प्राधिकारी को पर्यावरणीय अनुमोदन प्रदान करने पर त्वरित निर्णय लेने की आवश्यकता हो जाती है।

इसलिए, यह वांछनीय होगा कि ईआईए परामर्श संगठन एक अच्छी गुणवत्ता वाली ईआईए रिपोर्ट तैयार करे जो व्यापक और आत्म-व्याख्यात्मक लेकिन संक्षिप्त और कडक हो। ईआईए टीम लीडर को यह तय करते समय विवेकपूर्ण होना चाहिए कि ईआईए रिपोर्ट के मुख्य पाठ का हिस्सा क्या होगा और अनुलग्नकों में क्या जाएगा। इसके अलावा, इन मुद्दों को संबोधित करने के लिए प्रस्तावित प्रासंगिक और महत्वपूर्ण पर्यावरणीय मुद्दों और कार्यान्वयन योग्य उपायों को स्पष्ट रूप से सामने लाने और मुख्य पाठ में इस तरह से प्रतिनिधित्व करने की आवश्यकता है जो आसानी से समीक्षा प्राधिकरण का ध्यान आकर्षित करे।

### *8.4.2 एक अच्छी गुणवत्ता वाली ईआईए रिपोर्ट*

अच्छी गुणवत्ता वाली ईआईए रिपोर्ट के लिए दिशानिर्देश अल-मेबायध *एट ऑल*. (2015) द्वारा सुझाए गए हैं, और एक अच्छे ईआईए के गुणों को सूचीबद्ध किया गया है (EC 2001)। एक बार ईआईए विनियमन अधिसूचित होने के बाद, ईआईए प्रणाली की प्रभावशीलता अनिवार्य रूप से इसकी प्रभावकारिता पर निर्भर करती है:

क. ईआईए परामर्श संगठन परियोजना प्रस्तावकों की ओर से ईआईए रिपोर्ट तैयार करते हैं।

ख. सक्षम प्राधिकारी पर्यावरणीय अनुमोदन प्रदान करने की समीक्षा और निर्णय लेते हैं।

ग. परियोजना के प्रत्येक जीवनचक्र चरण में पर्यावरणीय प्रबंधन कार्यक्रमों को लागू करने और संचालित करने वाले परियोजना प्रस्तावक होते हैं।

घ. ईआईए फॉलो-अप में एजेंसियां लगी हैं।

ईआईए रिपोर्ट की गुणवत्ता ईआईए प्रणाली को प्रभावी बनाने (कामिजो और हुआंग 2016) और अच्छे निर्णय लेने में महत्वपूर्ण भूमिका निभाती है। इस पुस्तक का मुख्य उद्देश्य ईआईए परामर्श संगठनों की क्षमता निर्माण करना है ताकि उन्हें अच्छी गुणवत्ता वाली ईआईए रिपोर्ट तैयार करने में सक्षम बनाया जा सके, जो ईआईए प्रणाली को मजबूत करने के लिए आवश्यक है। लेखक ने खनन, तेल और गैस अन्वेषण, थर्मल पावर, मेटलर्जिकल, सीमेंट, पेट्रोलियम रिफाइनरियों, पेट्रोकेमिकल्स, कार्बनिक रसायन, उर्वरक, वस्त्र प्रसंस्करण, डिस्टिलरी, हाइड्रोकार्बन परिवहन, पेट्रोलियम टर्मिनलों, हवाई अड्डों, बंदरगाहों, राजमार्गों, औद्योगिक संपदाओं सहित विभिन्न क्षेत्रों से संबंधित परियोजनाओं के लिए भारत में विभिन्न ईआईए परामर्श संगठनों द्वारा तैयार दो सौ से अधिक ईआईए रिपोर्टों की समीक्षा की। अपशिष्ट प्रबंधन सुविधाएं, सामान्य अपशिष्ट जल उपचार सुविधाएं और उपनगर। यह देखा गया कि

ईआईए की कई रिपोर्ट अधूरी थीं और कई पहलुओं को संबोधित करने में कमी थीं, और कई पहलुओं की अपर्याप्त कवरेज थी, जिन्हें ईआईए रिपोर्ट (राथी 2017, 2019) के लिए अनिवार्य माना जाता है।

### *8.4.3 ग्रीनफील्ड परियोजनाएं*

एक विशिष्ट ईआईए रिपोर्ट की सामान्य संरचना और सामग्री अध्याय 5 में वर्णित है। एक अच्छी गुणवत्ता वाली ईआईए रिपोर्ट में मुख्य सामग्री और विशेषताओं की एक विस्तृत श्रृंखला को शामिल करने की आवश्यकता है, जिसे ईआईए रिपोर्ट (राथी 2016) की गुणवत्ता बढ़ाने के लिए आवश्यक माना जाता है। इन्हें बुनियादी सिद्धांतों और परिचालन सिद्धांतों (IAIA 1999) के अनुरूप निम्नानुसार हाइलाइट किया गया है:

1. ईआईए रिपोर्ट के शीर्ष कवर पेज से पता चलता है:
   i. रिपोर्ट का प्रकार: चाहे वह "मसौदा ईआईए रिपोर्ट" या "अंतिम ईआईए रिपोर्ट" हो
   ii. ईआईए अध्ययन शुरू होने और ईआईए रिपोर्ट के पूरा होने की तारीखें
   iii. ईआईए परामर्श संगठन की गुणवत्ता प्रबंधन प्रणाली के अनुरूप ईआईए रिपोर्ट की विशिष्ट पहचान संख्या, जिससे दस्तावेजों और रिकॉर्ड को नियंत्रित किया जा सके
   iv. प्रस्तावित परियोजना का शीर्षक इसकी क्षमता या आकार और स्थान के साथ
   v. परियोजना प्रस्तावक और ईआईए परामर्श संगठन के नाम।
2. ईआईए टीम लीडर, कार्यात्मक पेशेवरों, और ईआईए अध्ययन में लगे सलाहकारों या सलाहकारों के नाम विशेष पर्यावरण घटक (ओं) और हस्ताक्षरों के विशिष्ट पहलू (ओं) में उनके योगदान के साथ, ईआईए टीम लीडर द्वारा विधिवत प्रमाणित और ईआईए परामर्श संगठन के मुख्य कार्यकारी अधिकारी द्वारा समर्थित प्रमाण पत्र अपेक्षित है।
3. ईआईए टीम लीडर से अध्ययन कार्यान्वित किये जाने का प्रमाण पत्र और ईआईए रिपोर्ट। ईआईए प्रक्रिया के लिए ईआईए परामर्श संगठन द्वारा अपनाई गई मजबूत गुणवत्ता प्रबंधन प्रणाली के बाद तैयार की गई है, और उपयोग किए गए डेटा और भविष्यवाणियों की प्रासंगिकता, प्रामाणिकता और स्थिरता सुनिश्चित करने के लिए प्रासंगिक पद्धतियों को अपनाया गया है और यह ईआईए रिपोर्ट पूरी है।
4. परियोजना के साथ-साथ पर्यावरणीय निगरानी सहित प्रस्तावित पर्यावरणीय प्रबंधन कार्यक्रम के कार्यान्वयन, संचालन और रखरखाव पर परियोजना प्रस्तावक से एक प्रतिबद्धता पत्र, और आवश्यक धन के लिए प्रावधान कराने की आवश्यक्ता है।
5. मानक शब्दावली का उपयोग पूरे समय किया गया है।
6. व्याकरण की और वर्तनी की गलतियों के बिना, पूरी रिपोर्ट में भाषा का एक सहज प्रवाह, उपयोग किए गए काल (tenses) में स्थिरता बनाए रखना, और निष्पक्ष और पेशेवर तरीके से लिखा जाना चाहिये।
7. ईआईए रिपोर्ट के भीतर उचित संदर्भों का उपयोग जिससे पुनरावृत्ति से बचाव हो।

8. ईआईए रिपोर्ट में विभिन्न स्थानों पर उपयोग किए गए डेटा में स्थिरता बनाए रखना चाहिए।
9. अंतिम ईआईए रिपोर्ट का सामग्री पृष्ठ स्पष्ट रूप से अंतिम मसौदा ईआईए रिपोर्ट में किए गए संपादन को सामने लाता है।
10. परियोजना प्रस्तावक द्वारा प्रदान किए गए आंकड़ों और सूचनाओं पर उचित जांच-पड़ताल की जाती है।
11. ईआईए रिपोर्ट की संरचना उस प्राधिकरण या एजेंसी द्वारा निर्दिष्ट आवश्यकताओं को पूरा करती है जिसके लिए ईआईए रिपोर्ट तैयार की गई है।
12. संक्षिप्त और कडक ईआईए रिपोर्ट, पूर्ण और व्यापक होने के बावजूद, इसके सहायक विवरण एक अलग खंड में संलग्न या संकलित किये जाते हैं।
13. प्रत्येक अध्याय में कवरेज की उचित सीमा और गहराई है, इस पूरी समझ के साथ कि "पर्यावरणीय प्रभाव मूल्यांकन और शमन उपाय" अध्याय एक ईआईए रिपोर्ट के केंद्र में है, और "पर्यावरणीय प्रबंधन कार्यक्रम" अध्याय पर्यावरणीय प्रबंधन के लिए एक ऑपरेटिव मैनुअल है, और अन्य अध्यायों में इन दो अध्यायों की तैयारी के लिए आवश्यक प्रासंगिक और पर्याप्त सहायक जानकारी होती है।
14. डेटा, सूचना, अवलोकन, निष्कर्ष, आदि की प्रस्तुति, प्रत्येक अध्याय में इस तरह से बनाया जाता है कि अधिक ग्राफिकल, सचित्र और सारणीबद्ध प्रतिनिधित्व (इस क्रम में), और मानचित्र और प्रवाह चार्ट हो ताकि जहां तक संभव हो लंबे ग्रंथों से बचा जा सके।
15. कार्यकारी सारांश किसी भी ईआईए रिपोर्ट में पहले अध्याय के पूर्व रखा जाता है। चूंकि एक कार्यकारी सारांश को एक स्टैंड-अलोन दस्तावेज़ के रूप में भी काम करने की उम्मीद है और हितधारकों को वितरित किया जाना है, इसलिए इसमें ईआईए रिपोर्ट (राथी 2018) की सामग्री का कोई संदर्भ शामिल नहीं है। इसके अलावा, यह किसी भी शब्दजाल का उपयोग किए बिना सरल, गैर-तकनीकी भाषा में इस तरह से तैयार किया जाता है कि यह उन लोगों द्वारा भी आसानी से समझा जाता है जिनके पास ईआईए अध्ययन में कोई विशेषज्ञता नहीं है। यह अधिकांश हितधारकों के लिए स्थानीय भाषा में अनुवादित है। कार्यकारी सारांश तालिकाओं, ग्राफ़, मानचित्रों और आरेखों की मदद से हितधारकों के एक व्यापक वर्ग के लिए ईआईए रिपोर्ट की जटिल सामग्री को संक्षिप्त, सरल और सटीक रूप से (सैडलर और मैककेब 2002) वर्णित किया जाता है, जो ईआईए अध्ययन के प्रमुख निष्कर्षों और निम्नलिखित की संक्षिप्त जानकारी पर प्रकाश डालता है:
    i. परियोजना की आवश्यक विशेषताएं, और साइट और अध्ययन क्षेत्र की महत्वपूर्ण और अद्वितीय पर्यावरणीय विशेषताएं
    ii. विकल्पों पर विचार किया गया (राथी 2017) https://www.wbcsd.org/Projects/Cement-स्थिरता-पहल/संसाधन/दिशानिर्देश-पर्यावरण-और-सामाजिक-प्रभाव-मूल्यांकन-ईएसआईए के लिए

iii. संदर्भ की शर्तें (TOR)

iv. प्रमुख पर्यावरणीय मुद्दे और इन मुद्दों को हल करने के प्रस्ताव (लोहानी और अन्य 1997), और लागू नियमों के अनुपालन को प्राप्त करने के प्रस्ताव

v. विवादास्पद मुद्दे और सार्वजनिक परामर्श के परिणाम (राथी 2016)

vi. पर्यावरणीय प्रभाव कथन एक स्पष्ट और संघनित रूप में जहाँ सम्मिलित हैं:

 क. अध्ययन क्षेत्र में पर्यावरण के विभिन्न घटकों का वर्तमान मे परिदृश्य

 ख. मूल्यांकन किए गए महत्वपूर्ण पर्यावरणीय प्रभाव, सुझाए गए शमन उपाय, और अवशिष्ट प्रभावों का प्रबंधन

 ग. अतिरिक्त/विशेष अध्ययनों के निष्कर्षों का सार

 घ. पर्यावरणीय प्रबंधन कार्यक्रम जिसमें एक पर्यावरणीय प्रबंधन तंत्र, पर्यावरणीय प्रभाव प्रबंधन, पर्यावरणीय निगरानी, और परियोजना के विभिन्न जीवनचक्र चरणों में पर्यावरणीय अनुपालन प्रबंधन, पर्यावरण और सामाजिक वृद्धि, और ईएमपीजी और प्रबंधन समीक्षा की आवधिक लेखा परीक्षा संमलित है।

vii. कोई अन्य महत्वपूर्ण मामले (सैंडलर और मैककेबे 2002) जो पर्यावरणीय अनुमोदन देने के निर्णय पर असर डाल सकते हैं।

viii. ईआईए अध्ययन का समग्र निष्कर्ष: पर्यावरण पर प्रभाव, प्रस्तावित शमन उपायों को लागू करने के बाद भी अवशिष्ट प्रभाव, प्राकृतिक संसाधनों की हानि, प्राकृतिक संसाधनों की दीर्घकालिक वृद्धि, आदि।

16. परिचय अध्याय में निम्नलिखित विवरण शामिल हैं:

 i. ईआईए अध्ययन क्यों किया गया।

 ii. परियोजना प्रस्तावकों और परियोजना के बारे में पृष्ठभूमि की जानकारी।

 iii. प्रस्तावित परियोजना की आवश्यकता, और क्षेत्र के साथ-साथ देश के लिए इसका महत्व।

 iv. ईआईए रिपोर्ट का व्यापक कवरेज।

 v. क्षेत्र को उजागर करने वाला देशीय मानचित्र, उप-क्षेत्र को उजागर करने वाले क्षेत्र का मानचित्र, परियोजना स्थान को उजागर करने वाले उप-क्षेत्र का मानचित्र, और परियोजना स्थान की प्रमुख योजना

 vi. ऐतिहासिक पृष्ठभूमि, और भूवैज्ञानिक, बायोफिज़िकल और सामाजिक विशेषताओं सहित साइट के पर्याप्त विवरण के साथ एक व्यापक संक्षिप्त दृश्य, यह देखते हुए कि ये पहलू ईआईए अध्ययन का आधार निर्धारित करते हैं, और

 क. एक टोही सर्वेक्षण और पर्यावरण आधारभूत अध्ययन करते समय कैप्चर किए गए अध्ययन क्षेत्र की मुख्य सामान्य और अनूठी विशेषताएं, साथ ही जीपीएस-सक्षम कैमरे से ली गई तस्वीरें

ख. अध्ययन क्षेत्र में वर्तमान की गतिविधियां, और अद्यतन मानचित्रों के साथ समर्थित भूमि उपयोग/भूमि कवर विवरण जैसे सर्वेक्षण मानचित्र (संशोधन की तिथियां), कम से कम मानसून पूर्व और बाद के मौसमों को शामिल करने के लिए अलग-अलग समय-सीमा में लिए गए गूगल अर्थ प्रो, या तिथियों के साथ नवीनतम उपग्रह चित्र

vii. अक्षांशों और देशांतर के साथ कोर जोन और बफर जोन और क्षेत्रों को दिखाते हुए एक प्रामाणिक और अद्यतन आधार मानचित्र पर अध्ययन क्षेत्र की परिभाषा और चित्रण

viii. जीपीएस-सक्षम कैमरों से ली गई तस्वीरों के साथ समर्थित उपलब्ध बुनियादी भौतिक और सामाजिक ढांचे की मौजूदा स्थिति

ix. टीओआर का बिंदुवार अनुपालन एक सारणीबद्ध रूप में जिसमें अंतिम ईआईए रिपोर्ट के संबंधित अनुभागों, पैराग्राफ या पृष्ठों का संदर्भ दिया गया हो, जहां इनके अनुपालन के लिए संबोधित किया गया है। सक्षम प्राधिकारी द्वारा आसान पहुँच के लिए ऐसी तालिका को परिचय से पहले रखा जा सकता है

x. टीओआर में निर्धारित अतिरिक्त अध्ययन करने में लगे पेशेवरों और संगठनों के नाम तथा ईआईए अध्ययन में योगदान देने वाले कोई भी अन्य विशिष्ट कार्य का नाम

xi. प्रत्येक पर्यावरणीय घटक के लिए पर्यावरणीय आधारभूत डेटा संग्रह और उत्पादन के प्रारंभ और पूरा होने के स्पष्ट उल्लेख के साथ ईआईए अध्ययन क्रियान्वित करने की अवधि

xii. पर्यावरणीय मुद्दों की पहचान, प्रभाव पूर्वानुमान, प्रभावों के महत्व की स्थापना और लागू विनियमों के अनुपालन को सुनिश्चित करने के लिए प्रस्तावित शमन उपायों के लिए उपयोग की जाने वाली पद्धतियां (विधिवत उल्लिखित)

xiii. व्यवहार्य परियोजना विकल्पों का चयन और तुलना, और अंतिम निर्णय पर पहुंचने की विधि

xiv. पर्यावरणीय प्रबंधन कार्यक्रम

17. परियोजना विवरण अध्याय में निम्नलिखित विवरण शामिल हैं:

i. परियोजना की क्षमता या आकार

ii. उपयोग की जाने वाली प्रस्तावित तकनीक, जिसमें उल्लेख किया गया है कि क्या यह व्यावसायिक रूप से सिद्ध है

iii. प्रस्तावित परियोजना के प्रत्येक जीवनचक्र चरण में संभावित परिवर्तन वाले प्रमुख परियोजना-संबंधित और संबद्ध गतिविधियां, जिन्हें प्रवाह आरेख या प्रवाह चार्ट के रूप में दर्शाया गया है

iv. परियोजना की निर्माण अनुसूची

v. निर्माण सामग्री, पानी, बिजली और जनशक्ति की आवश्यकता

vi. परियोजना संचालन एवं जीवनचक्र के चरणों में विभिन्न परियोजना-संबंधित गतिविधियों और जनशक्ति के लिए पानी, ऊर्जा, अन्य उपयोगिताएँ और उनके स्रोतों की आवश्यकताएँ

vii. विनिर्माण प्रक्रिया और अन्य प्रक्रियाओं के लिए सामग्री संतुलन, चाहे निरंतर अथवा बैच, हर चरण में उत्पन्न सभी इनपुट, मध्यवर्ती और उत्पादों और अपशिष्टों को दर्शाती इन पदार्थों की प्रस्तावित सूची तथा उत्पाद सोर्सिंग / निकासी
viii. प्रत्येक जीवनचक्र चरण में प्रयोग की गई सामग्री, हैंडलिंग, भंडारण और परिवहन
ix. अपशिष्ट जल और अपशिष्ट (खतरनाक, ई-अपशिष्ट, और अन्य अपशिष्ट) उत्पन्न होने की मात्रा और विशेषताएं, उपचार पद्धतियां और निपटान का तरीका
x. दैनिक या वार्षिक आधार पर वायु उत्सर्जन, अपशिष्ट जल और ठोस और अर्ध-ठोस अपशिष्ट के रूप में प्रत्येक जीवनचक्र चरण में परियोजना से उत्सर्जित और डिस्चार्ज किए जाने वाले प्रत्येक प्रदूषक का प्रदूषक भार (टन भार)
xi. इसी तरह की समरूपी परियोजनाओं के पर्यावरणीय प्रभावों की समीक्षा; आदि।

18. मौजूदा पर्यावरण विवरण के अध्याय मे निम्नलिखित जानकारी सम्मिलित हैं:
i. सरकारी मौसम विज्ञान विभाग के प्रामाणिक स्रोतों से एकत्र किए गए ऐतिहासिक मौसम संबंधी डेटा, परियोजना स्थल के लिए प्रासंगिक, प्रवृत्ति विश्लेषण, और प्राप्त डेटा की व्याख्या, तथा उत्पन्न डेटा
ii. अध्ययन क्षेत्र में मौजूदा गतिविधियां, प्रमुख संसाधन और प्रदूषण के स्रोत
iii. वह अवधि जिसके दौरान प्रत्येक पर्यावरणीय घटक के लिए प्राथमिक डेटा उत्पादन किया गया था
iv. भौतिक-रासायनिक घटकों पर डेटा के संग्रह और प्राप्त डेटा के पर्यावरणीय प्रवृत्ति विश्लेषण के लिए अपनाई गई कार्यप्रणाली
v. टीओआर और परियोजना-विशिष्ट मापदंडों में निर्दिष्ट भौतिक-रासायनिक मापदंडों की निगरानी के लिए अपनाई गई कार्यप्रणाली (संदर्भों के साथ) जिनके पर्यावरणीय प्रभावों का मूल्यांकन किया जाना है
vi. प्रत्येक पैरामीटर के लिए निगरानी स्थानों के चयन का औचित्य
vii. जहां कहीं भी किसी पैरामीटर की सांद्रता को डिटेक्शन सीमा से नीचे(बीडीएल) बताया जाता है, वहां निर्दिष्ट न्यूनतम डिटेक्शन सीमा
viii. एकत्रित और सृजित आंकड़ों के सत्यापन और सत्यापन के लिए अपनाई गई प्रक्रियाएं
ix. अध्ययन क्षेत्र के लिए प्रासंगिक पारिस्थितिक, सामाजिक-आर्थिक, सांस्कृतिक और दृश्य घटकों पर जानकारी के संग्रह के लिए अपनाई गई पद्धतियां (संदर्भों के साथ) और जिनका उपयोग प्रभाव आकलन, पर्यावरणीय प्रबंधन कार्यक्रम का प्रस्ताव और प्राप्त डेटा के प्रवृत्ति विश्लेषण के लिए किया जाना है
x. पारिस्थितिक और सामाजिक-आर्थिक जानकारी प्राप्त करने के लिए क्षेत्र जांच के लिए अपनाई गई पद्धतियां

xi. आधार मानचित्रों पर प्रत्येक पर्यावरणीय घटक के लिए आधारभूत निगरानी स्थानों का मानचित्रण

xii. सूचना के स्रोतों का उल्लेख करते हुए सारणीबद्ध और/या ग्राफिकल रूप में द्वितीयक डेटा का प्रतिनिधित्व

xiii. सारणीबद्ध या ग्राफिकल रूप में संबंधित लागू विनियमों (विधिवत् उल्लिखित) के अनुसार सम्बद्ध अनुमेय मूल्यों के साथ प्रत्येक पैरामीटर के निगरानी किए गए आधारभूत मूल्यों का प्रतिनिधित्व

xiv. प्रासंगिक पारिस्थितिक और सामाजिक डेटा का सारणीबद्ध और/या ग्राफिकल रूप में प्रतिनिधित्व, सूचना के स्रोतों का उल्लेख करते हुए अध्ययन क्षेत्र के लिए विधिवत मान्य, न कि जिला, राज्य या बड़े क्षेत्र के लिए

xv. विभिन्न स्रोतों से एकत्र किए गए द्वितीयक डेटा की व्याख्या और मिलान, और निगरानी या क्षेत्र जांच द्वारा उत्पन्न प्राथमिक डेटा; आदि।

19. वैकल्पिक विचार के अध्याय में निम्नलिखित सम्मिलित हैं:

i. परियोजना डिजाइन, साइट, प्रौद्योगिकी, कार्यान्वयन, संचालन, और / या कोई परियोजना विकल्प नहीं हो उसके लिए उचित विकल्प उत्पन्न करने हेतु उपयोग मे लाई जाने वाली कार्यप्रणाली

ii. विकल्पों के तुलनात्मक मूल्यांकन के लिए उपयोग की जाने वाली पद्धतियां

iii. चयनित विकल्प का औचित्य

20. प्रभाव आकलन और शमन उपाय के अध्याय में निम्नलिखित विवरण सम्मिलित हैं:

i. प्रभाव पहचान के लिए अपनाई गई पद्धतियां, सिद्धांतों का विस्तृत वर्णन की अपेक्षा संदर्भ देना

ii. प्रभाव पूर्वानुमान या आकलन और मूल्यांकन अथवा आकलन के लिए अपनाई गई पद्धतियां, सिद्धांतों का विस्तार से वर्णन करने के बजाय संदर्भ देना

iii. उन संसाधनों का विवरण जो परिवर्तन के लिए अतिसंवेदनशील हैं या प्रभावित होने की क्षमता रखते हैं

iv. समाशोधन, समतलीकरण, उत्खनन, भंडारण, परिवहन संबंधी गतिविधियां, निर्माण संबंधी गतिविधियां आदि के कारण कोर-ज़ोन वनस्पतियों और आश्रित जीवों, अन्य जीवों और उनके आवासों के नुकसान का आकलन

v. निम्नलिखित का अनुमान:

क. निर्माण के लिए आवश्यक प्राकृतिक सामग्रियों की मात्रा, अर्थात् पत्थर, समुच्चय, मिट्टी और रेत, और उनके स्रोतों की पहचान

ख. पहचान किए गए स्रोतों से परियोजना स्थल तक इन सामग्रियों के निष्कर्षण, भंडारण और परिवहन के प्रभाव

ग. निर्माण चरण में परियोजना स्थल पर ईंटों, सीमेंट, इस्पात और उपकरणों सहित परियोजना से संबंधित सामग्रियों के परिवहन का प्रभाव

vi. एक जल संतुलन आरेख जो सभी उपयोगकर्ताओं और उपकरणों को/से सभी इनलेट और आउटलेट धाराओं, वाष्पीकरण द्वारा हानि और रिसाव को दर्शाता है

vii. अपशिष्ट जल शोधन सुविधा के अभिन्न अंग के रूप में गार्ड तालाब सुनिश्चित करना

viii. वृक्षारोपण और लॉन के लिए उपचारित अपशिष्ट जल का उपयोग, और अन्य अनुप्रयोग, इसकी मात्रा और विशेषताओं के आधार पर, और मानसून में निपटान तंत्र

ix. टाउनशिप और निर्माण परियोजनाओं से उत्पन्न विभिन्न प्रकार के ठोस कचरे की पहचान जिसमें घरेलू अपशिष्ट (सूखा और गीला), उपयोग किए गए इंजन तेल और स्नेहक तेल, ई-अपशिष्ट, और निर्माण मलबे और अधिशेष निर्माण सामग्री सहित खतरनाक अपशिष्ट, मात्रा का अनुमान, और परियोजना परिसर के भीतर उपयुक्त भंडारण स्थानों और निपटान स्थल की पहचान

x. ईंधन सूची, उत्सर्जन और राख उत्पादन का आकलन करने के लिए प्रस्तावित जीवाश्म ईंधन के अनुमानित और अंतिम विश्लेषण पर विचार

xi. कोर-ज़ोन में भूमि उपयोग/भूमि आवरण में परिवर्तन का पूर्वानुमान और प्रभाव आकलन

xii. भौतिक बुनियादी ढांचे के विकास पर विचार करते हुए बफर-ज़ोन में भूमि उपयोग/भूमि कवर का पूर्वानुमान, और क्षेत्र में प्रेरित तथा संबद्ध विकास का प्रभाव आकलन

xiii. भू-दृश्य (लैंडस्केप) में परिवर्तन का पूर्वानुमान

xiv. जल निकासी पैटर्न में परिवर्तन के कारण प्रभावों का आकलन

xv. संचालन चरण में फीडस्टॉक, उत्पादों, उपयोगिताओं और कचरे के परिवहन, हैंडलिंग और भंडारण से उत्पन्न होने वाले प्रभावों का पूर्वानुमान या अनुमान

xvi. अस्थिर उत्सर्जन के स्रोतों को चिन्हित करना तथा ऐसे उत्सर्जन की हैंडलिंग, परिवहन,भंडारण, रिसाव और प्रभाव आकलन

xvii. जोखिम आकलन के लिए हैंडलिंग, भंडारण और ईंधन के प्रकार पर विचार, चाहे कृषि-अपशिष्ट, जीवाश्म ईंधन (कोयला, तरल या गैसीय), हो या कोई अन्य

xviii. उन स्थानों पर हवा, पानी और भूमि सहित पर्यावरण के भौतिक-रासायनिक घटकों पर प्रभाव आकलन जहां पर्यावरणीय आधारभूत निगरानी की गई

xix. वनस्पतियों, जीवों और पक्षीवृंद सहित पर्यावरण के सामाजिक और अजैविक घटकों के साथ पारिस्थितिकी और जैव विविधता पर प्रभाव आकलन, और उन स्थानों पर परियोजना से संबंधित गतिविधियों का भौतिक-रासायनिक मापदंडों में अनुमानित परिवर्तन जहां क्षेत्रीय जांच की गई

xx. परियोजना के बाद के चरण में विध्वंस, विघटन, या विघटन से संबंधित गतिविधियों और परिवहन के प्रभाव का आकलन

xxi. प्रत्येक पर्यावरणीय घटक का आकलन किए गए प्रभावों को महत्व देने के लिए उपयोग की जाने वाली पद्धतियों के साथ महत्वपूर्ण प्रभावों का निर्धारण

xxii. पर्याप्त आकार के संबंधित आधार मानचित्रों पर वायु प्रदूषकों के अनुमानित सांद्रता स्तरों का मानचित्रण, जैसे ए 3 आकार ताकि संबंधित मापदंडों और रिसेप्टर्स के बेसलाइन एकाग्रता मूल्यों जैसे विवरणों को स्पष्ट रूप से दर्शाया जा सके

xxiii. आधार मानचित्रों पर आघात योग्य क्षेत्रों में आकलन किए गए प्रभावों का मानचित्रण और रिसेप्टर्स पर प्रभाव का आकलन

xxiv. अतिरिक्त/विशेष अध्ययनों में लाए गए प्रभाव, और सुझाए गए विशिष्ट शमन उपाय

xxv. सामाजिक और सांस्कृतिक प्रभाव आकलन, जिसमें मनुष्यों पर सभी प्रभावों का आकलन और वे रूप शामिल हैं जिनमें लोग और समुदाय अपने बायोफिज़िकल, सांस्कृतिक और सामाजिक-आर्थिक परिवेश के साथ बातचीत करते हैं

xxvi. विशिष्ट शमन उपाय सुझाए जाए, सामान्य नहीं, जिससे यह सुनिश्चित हो की प्रत्येक महत्वपूर्ण प्रभाव के अनुरूप ही प्रभाव से बचने, आवश्यक, उचित या उपयुक्त शमन उपायों जैसे शब्दों का उपयोग किया गया है न की न्यूनतमीकरण, नियंत्रण और मुआवजे के पदानुक्रम में पर्याप्त

xxvii. रोजगार क्षमता का आकलन, प्रत्यक्ष और अप्रत्यक्ष, स्थानीय आबादी के कौशल मानचित्रण को ध्यान में रखते हुए, अर्थात उपलब्ध स्थानीय कौशल, प्रवीणता का स्तर, और विभिन्न परियोजना से संबंधित गतिविधियों के लिए आवश्यक कौशल

xxviii. स्थानीय आबादी का एक सामाजिक आवश्यकता आकलन

xxix. यह निष्कर्ष निकालने का औचित्य कि "कोई प्रभाव नहीं" होगा या प्रभाव "महत्वहीन" होंगे

xxx. पर्यावरण के विभिन्न घटकों पर पर्यावरणीय प्रभावों का एकीकरण **चित्र 2.3** में दर्शाया गया है। विभिन्न प्रभावों के बीच मजबूत संबंधों पर विचार करते हुए, उदाहरण के लिए मिट्टी, परिदृश्य, पारिस्थितिकी और स्थानीय लोगों पर जल गुणवत्ता और जल संसाधनों का प्रभाव, स्थानीय आबादी की स्थायी आजीविका पर जैव विविधता संसाधनों के नुकसान का प्रभाव (National Environment Commission, 2011), आदि।

21. *पर्यावरणीय निगरानी कार्यक्रम* अध्याय, या तो एक अलग अध्याय या *पर्यावरणीय प्रबंधन कार्यक्रम अध्याय* के हिस्से के रूप में, निम्नलिखित को सम्मिलित करता है:

    i. परियोजना कार्यान्वयन, प्रचालन, तत्पश्चात लागू विनियमों के साथ पर्यावरणीय अनुपालन के लिए निगरानी का ब्यौरा

        क. पूर्व-निर्दिष्ट भौतिक-रासायनिक, जैविक और सामाजिक मापदंडों की निगरानी और माप के लिए स्थानों का चयन, अधिमानतः वही जहां बेसलाइन निगरानी या क्षेत्र जांच की गई

ख. प्रत्येक पैरामीटर की निगरानी की आवृत्ति

ग. नमूनाकरण, नमूना संरक्षण और परिवहन, और विश्लेषण के लिए कार्यप्रणाली

ii. परियोजना के प्रत्येक जीवनचक्र चरण में पर्यावरणीय निगरानी कार्यक्रम को लागू करने और संचालित करने की जिम्मेदारी सौंपने वाले निगरानी प्रकोष्ठ की प्रशासनिक संरचना, और पूंजी के साथ-साथ आवर्ती व्यय के लिए धन की आवश्यकता का आकलन

iii. डेटा प्रतिनिधित्व, रिपोर्टिंग, आदि का तंत्र

iv. परिचालन नियंत्रण के लिए विनिर्माण और ऊर्जा परियोजनाओं के लिए गुणवत्ता नियंत्रण और केंद्रीय प्रयोगशाला के साथ पर्यावरणीय निगरानी के एकीकरण का तंत्र

v. प्रदर्शन (उपलब्धि) मूल्यांकन के लिए निगरानी पर विवरण, अधिमानतः संकेतकों के रूप में दर्शाया गया; आदि।

22. *पर्यावरणीय प्रबंधन कार्यक्रम* अध्याय में निम्नलिखित जानकारी सम्मिलित है:

i. पर्यावरणीय प्रभाव प्रबंधन, अवशिष्ट प्रभाव प्रबंधन, पर्यावरणीय प्रभाव पूर्वानुमान अनिश्चितता में कमी (निकोलाइसेन और फिशर 2016), पर्यावरणीय निगरानी, पर्यावरणीय अनुपालन प्रबंधन, और पर्यावरणीय और सामाजिक वृद्धि के लिए आवश्यक समय सीमा और अनुमानित धन के साथ पर्यावरणीय और सामाजिक वृद्धि सहित पर्यावरणीय प्रबंधन कार्यक्रम (ईएमपीजी) को लागू करने, संचालित करने और बनाए रखने की जिम्मेदारी रखने वाले सेल की प्रशासनिक संरचना तथा इन कार्यक्रमों में से प्रत्येक के लिए समयबद्धता, अनुमानित धन और आवर्ती व्यय

ii. भूकंपीय, हाइड्रोजियोलॉजिकल, जोखिम आकलन और/या समुद्री पर्यावरणीय आकलन सहित अतिरिक्त/विशेष अध्ययनों से उत्पन्न होने वाली कार्रवाइयों का एकीकरण

iii. परियोजना प्रभावित व्यक्तियों के लिए आर एंड आर कार्यक्रम

iv. विशिष्ट पर्यावरणीय प्रबंधन कार्यक्रम जैसे

क. शीर्ष मृदा प्रबंधन

ख. मृदा अपरदन एवं मृदा अवक्रमण प्रबंधन

ग. परिवहन और यातायात प्रबंधन

घ. निर्माण अपशिष्ट प्रबंधन

ङ. बड़ी मात्रा में गैर-खतरनाक औद्योगिक अपशिष्टों, राख आदि का प्रबंधन

च. व्यावसायिक स्वास्थ्य और सुरक्षा प्रबंधन

छ. तेल रिसाव प्रबंधन

ज. परियोजना सीमा की आंतरिक परिधि के साथ ग्रीन बेल्ट विकास की चौड़ाई, प्रस्तावित प्रजातियों, वृक्षारोपण अंतराल, वृक्षारोपण अनुसूची, और पूंजी के साथ-साथ आवर्ती व्यय के लिए धन की आवश्यकता को दर्शाने वाला मानचित्र

v. सामाजिक उत्थान कार्यक्रम जैसे सामाजिक आवश्यकता आकलन रिपोर्ट पर आधारित कार्यक्रम व्यावसायिक प्रशिक्षण और उद्यमिता विकास कार्यक्रमों के माध्यम से कौशल सुधार और विकास के माध्यम से रोजगार के अवसरों को बढ़ाना, और स्थानीय आबादी के लिए संयुक्त राष्ट्र के धारणीय विकास लक्ष्यों (SDG 2015) को प्राप्त करने में योगदान

vi. स्वच्छ उत्पादन, कुछ अन्य सुविधाओं में अपशिष्ट का उपयोग, जल संचयन इत्यादि सहित संसाधन संरक्षण उपाय

vii. कार्बन फुटप्रिंट में कमी, कृत्रिम आवासों के निर्माण, हरियाली और भूनिर्माण आदि के उपाय

viii. समरूपी संगठन के साथ तुलना के मानदंडों के एक सेट के परस्पर परियोजना संगठन के पर्यावरणीय प्रदर्शन को मापने, विश्लेषण करने और मूल्यांकन करने के लिए तंत्र, अर्थात बेंचमार्किंग

ix. ईएमपीजी की आवधिक लेखा परीक्षा, प्रबंधन समीक्षा और समय-समय पर संशोधन का तंत्र

x. विभिन्न स्तरों पर कार्यरत व्यक्तियों के ज्ञान के उन्नयन के लिए आवधिक प्रशिक्षण कार्यक्रम

xi. जनता और बाहरी अधिकारियों के साथ पारस्परिक संबंधों का तंत्र; आदि।

### *8.4.4 ब्राउनफील्ड परियोजनाएं*

ब्राउनफील्ड परियोजनाओं के लिए, परियोजना परिसर के लिए एक व्यापक पर्यावरणीय प्रबंधन कार्यक्रम (राथी 2016), जिसमें ग्रीनफील्ड परियोजनाओं के लिए ऊपर वर्णित मुख्य सामग्री और विशेषताओं को शामिल किया गया है, और ऑपरेटिंग सुविधा पर निम्नलिखित जानकारी तैयार करने की आवश्यकता है:

i. निम्नलिखित जानकारी के साथ "मौजूदा पर्यावरण का विवरण" अध्याय:
   - क. उत्पन्न पर्यावरणीय निगरानी डेटा
   - ख. परिचालित परियोजना से प्राप्त निगरानी की सूचना के साथ उपर्युक्त (क) की तुलना

ii. निम्नलिखित जानकारी के साथ "पर्यावरणीय प्रभाव आकलन और शमन" अध्याय:
   - क. आकलन किए गए पर्यावरणीय प्रभावों की उचित जांच, और पूर्वानुमान / आकलन के लिए उपयोग किए जाने वाले मॉडल या सॉफ्टवेयर
   - ख. भविष्यवाणियों में ली गई मान्यताओं की विश्वसनीयता
   - ग. क्रियान्वित किए गए ईआईए की सटीकता और पूर्णता (मापदंडों के वर्तमान में मापे गए मूल्यों और पूर्व मे की गई पूर्वानुमान के आधार पर)
   - घ. नियोजित नियंत्रण और अन्य शमन उपायों का मूल्यांकन व निष्पादन

iii. निम्नलिखित जानकारी के साथ "पर्यावरणीय प्रबंधन कार्यक्रम" अध्याय:
   क. लागू पर्यावरण नियमों का अनुपालन
   ख. पर्यावरणीय निगरानी कार्यक्रम की प्रभावकारिता और निष्पादन
   ग. ईएमपीजी और अन्य कार्यक्रमों की प्रभावकारिता और निष्पादन
   घ. परियोजना प्रस्तावक द्वारा की गई प्रतिबद्धताओं की पूर्ति की स्थिति, और पर्यावरणीय एवं सामाजिक वृद्धि कार्यक्रम
   ङ. ईएमपीजी (पर्यावरण, सुरक्षा, ऊर्जा, पानी, आदि) की लेखा परीक्षा रिपोर्टों पर अवलोकन, और प्रबंधन समीक्षा; आदि।

ऊपर हाइलाइट की गई अच्छी गुणवत्ता वाली ईआईए रिपोर्ट की विशेषताओ को ईआईए टीम के नेतृत्व कर्ता के लिए सुनिश्चित करने में एक चेकलिस्ट के रूप में भी काम करती हैं कि यह, इससे पहले कि इसे ईआईए परामर्श संगठन द्वारा परियोजना प्रस्तावक को अग्रेषित किया जाए अंतिम ईआईए रिपोर्ट पूर्ण, व्यापक और आत्म-व्याख्यात्मक है, जो इसे इसके मूल्यांकन और पर्यावरणीय अनुमोदन के अनुदान के लिए समीक्षा प्राधिकरण को प्रस्तुत करना है। यह ईआईए समीक्षा प्रक्रिया में एक चेकलिस्ट भी बना सकता है। एक अच्छी गुणवत्ता वाली ईआईए रिपोर्ट भी नामित प्राधिकरण को विश्वास दिलाती है कि अच्छी तरह से सूचित निर्णय लेने के लिए उस पर भरोसा किया जा सकता है।

## 8.5 अनुलग्नक और परिशिष्ट

जैसा कि पहले चर्चा की गई है, एक व्यापक और कड़क ईआईए रिपोर्ट होना वांछनीय है जिसे आसानी से संभाला जा सकता है और पूरी तरह से समीक्षा की जा सकती है। सार्वजनिक सुनवाई की कार्यवाही, विभिन्न एजेंसियों से प्राप्त अनुमतियां और अनुमोदन, और ब्राउनफील्ड परियोजनाओं के मामले में अनुपालन से संबंधित रिकॉर्ड, ईआईए रिपोर्ट में संलग्न किए जा सकते हैं अथवा एक अलग खंड में संकलित किए जा सकते हैं। स्रोतों के संदर्भों के साथ प्राप्त द्वितीयक जानकारी, उत्पन्न प्राथमिक डेटा, विस्तृत सामग्री संतुलन, अतिरिक्त/विशेष अध्ययन, आदि के साथ विनिर्माण प्रक्रिया के प्रासंगिक सहायक दस्तावेज और रिकॉर्ड ईआईए रिपोर्ट के पाठ में संलग्न किया जा सकता है। अन्य दस्तावेजी साक्ष्य जैसे फील्ड मॉनिटरिंग लॉग शीट, विश्लेषणात्मक रिपोर्ट, संबंधित अधिकारियों से परियोजना प्रस्तावक द्वारा प्राप्त अनुमति जैसे भूजल के उपयोग पर भूजल बोर्ड, बंदरगाह सुविधाओं के उपयोग के लिए समुद्री प्राधिकरण, वन भूमि पर गतिविधियों के लिए वन विभाग, ब्राउनफील्ड परियोजनाओं के मामले में राज्य प्रदूषण नियंत्रण बोर्ड से संचालित करने की सहमति, इत्यादि एक अलग खंड में संकलित किए जाएँ जैसा कि नीचे चर्चा की गई है।

### *8.5.1 सार्वजनिक परामर्श से संबंधित*

इनमें सम्मिलित हैं:

i. जन सुनवाई के कार्यवृत्त या कार्यवाही, और अधिकृत एजेंसी, अर्थात् राज्य प्रदूषण नियंत्रण बोर्ड (MOEF2006) से प्राप्त जन सुनवाई का वीडियोग्राफ
ii. प्रस्तावित परियोजना और इसके ईआईए पर अन्य हितधारकों से प्राप्त टिप्पणियों का संकलन

### *8.5.2 अन्य दस्तावेजी साक्ष्य*

अन्य रिकॉर्ड और साक्ष्य में निम्नलिखित को भी शामिल किया जा सकता है :

1. परियोजना प्रस्तावक से प्राप्त विवरण और संदर्भ रिकॉर्ड, अर्थात्:
   i. परियोजना प्रस्तावक और परियोजना के बारे में जानकारी, जैसे
      क. परियोजना प्रस्तावक की पृष्ठभूमि और अन्य व्यवसाय
      ख. कॉर्पोरेट नीतियां और प्राप्त मान्यताएं
      ग. परियोजना पूर्व व्यवहार्यता रिपोर्ट और विस्तृत परियोजना रिपोर्ट
      घ. परियोजना स्थान मानचित्र
      ङ. प्रस्तावित परियोजना से संबंधित सुविधाओं की आरेख योजना
      च. परियोजना कार्यान्वयन अनुसूची
      छ. विस्तृत सामग्री और प्रक्रिया प्रवाह शीट, प्रवाह चार्ट, और सामग्री संतुलन
      ज. उपयोगिताओं की आवश्यकता और सोर्सिंग
      झ. सुरक्षा डेटा शीट जिनमे संभावित खतरे का फीडस्टॉक, मध्यवर्ती उत्पाद और उत्पादों के लिए सामग्री, और इनमें से प्रत्येक की प्रस्तावित सूची हो।
   ii. सिंचाई विभाग, भूजल बोर्ड, औद्योगिक एस्टेट, सार्वजनिक खतरनाक अपशिष्ट प्रबंधन सुविधा, सार्वजनिक अपशिष्ट जल उपचार सुविधा, सीमेंट संयंत्रों में पारंपरिक ईंधन के साथ परियोजना से उत्पन्न होने वाले खतरनाक कचरे का सह-भस्मीकरण, उपयोग किए गए तेलों के लिए खतरनाक अपशिष्ट रीसाइक्लर, संबंधित प्राधिकरणों या एजेंसियों से प्राप्त अनुमोदन और सहमति पत्र, आदि।
   iii. ब्राउनफील्ड परियोजनाओं के लिए अतिरिक्त विवरण और संदर्भ रिकॉर्ड, जैसे:
      क. राज्य प्रदूषण नियंत्रण बोर्ड से प्राप्त संचालन और प्राधिकरण के लिए सहमति
      ख. परिचालित सुविधाओं की पर्यावरणीय अनुपालन स्थिति
      ग. परिचालन सुविधा के लिए पर्यावरणीय निगरानी की जानकारी
      घ. मानक संचालन प्रक्रियाओं की स्थिति

ङ. ऑडिट रिपोर्ट से निष्कर्ष, जैसे सुरक्षा लेखा परीक्षा रिपोर्ट, पर्यावरण ऑडिट रिपोर्ट, पर्यावरण अनुमोदन की स्थिति, पर्यावरणीय प्रबंधन कार्यक्रम लेखा परीक्षा, और प्रबंधन समीक्षा

च. परिचालित सुविधा का प्रमाण विवरण अर्थात् आईएसओ 9001 के अनुसार पर्यावरणीय प्रबंधन प्रणालियां क्यूएमएस, आईएसओ 14001 के, 45001 के अनुसार व्यावसायिक स्वास्थ्य और सुरक्षा इत्यादि।

2. टोही सर्वेक्षण, क्षेत्रीय दौरे और सार्वजनिक बातचीत के दौरान *अध्ययन क्षेत्र के लिए एकत्र* की गई जानकारी, द्वितीयक डेटा एकत्रीकरण, और उत्पन्न पर्यावरणीय आधारभूत डेटा, अर्थात्:

i. भारतीय मौसम विज्ञान विभाग जैसे स्रोतों से मौसम संबंधी डेटा

ii. परिवेशी वायु गुणवत्ता निगरानी का डेटा (Ambient Air Quality)

iii. मौसम संबंधी डेटा

iv. परिवेशी ध्वनि (Ambient Noise) डेटा की निगरानी

v. भूजल बोर्ड, सिंचाई और जल संसाधन विभाग, अनुसंधान संस्थानों, विश्वविद्यालय विभागों और प्रासंगिक साहित्य जैसे स्रोतों से पानी की उपलब्धता और जल गुणवत्ता से संबंधित पहलुओं पर हाइड्रोजियोलॉजिकल डेटा

vi. जल संसाधनों और पानी की गुणवत्ता पर निगरानी का डेटा

vii. कृषि विभाग, अनुसंधान संस्थानों, विश्वविद्यालय विभागों और प्रासंगिक साहित्य स्रोत्र जैसे मिट्टी और फसलों से संबंधित डेटा

viii. मृदा विशेषताओं और फसलों पर निगरानी का डेटा

ix. भारतीय वनस्पति सर्वेक्षण, वन विभाग, अनुसंधान संस्थानों, विश्वविद्यालय विभागों और प्रासंगिक साहित्य जैसे स्रोतों से पेड़ों, झाड़ियों, लताएँ और घास सहित पुष्प-संबंधी जानकारी

x. स्थलीय जानवरों, मछलियों और अन्य समुद्री जीव, और पक्षीवृंद - स्वदेशी और प्रवासी - और भारतीय प्राणी सर्वेक्षण, भारतीय वन्यजीव संस्थान, समुद्री और जलीय मत्स्य पालन पर काम करने वाले संस्थान, अनुसंधान संस्थान, विश्वविद्यालय विभाग और प्रासंगिक साहित्य स्त्रोत से प्राप्त आवास सहित जीवों से संबंधित जानकारी

xi. आर्द्रभूमि और आवास सहित स्थलीय, जलीय और समुद्री पारिस्थितिक तंत्र के लिए पक्षीवृंद सहित वनस्पतियों और जीवों के विभिन्न पहलुओं पर क्षेत्रीय जांच डेटा

xii. भारतीय भूवैज्ञानिक सर्वेक्षण, खनन विभाग, अनुसंधान संस्थानों, विश्वविद्यालय विभागों और प्रासंगिक साहित्य जैसे स्रोतों से प्राप्त भूवैज्ञानिक डेटा

xiii. नवीनतम जनगणना रिकॉर्ड, जिला, राज पत्रित, अनुसंधान संस्थानों, विश्वविद्यालय विभागों और प्रासंगिक साहित्य स्रोतों से जनसंख्या, जनसांख्यिकीय पैटर्न, रोजगार और व्यवसाय के साथ गांवों और कस्बों की संख्या पर सामाजिक-आर्थिक माध्यमिक डेटा

xiv. घरेलू एवं ग्रामीण क्षेत्रों की जांच से एकत्र की गई भौतिक और सामाजिक आर्थिक-संबंधित जानकारी स्तर पर बुनियादी ढांचे, सार्वजनिक विचार-विमर्श, समूह चर्चा, आदि

xv. स्थान और तिथि के साथ नवीनतम उपग्रह चित्रों, नवीनतम सर्वेक्षण मानचित्रों और संशोधन की तारीखों के साथ तटीय मानचित्रों, जीपीएस-सक्षम कैमरे से ली गई साइट तस्वीरों और तस्वीरों को लेने की तारीख और समय आदि के आधार पर अध्ययन क्षेत्र के लिए भूमि उपयोग/भूमि कवर डेटा, और जमीनी सच्चाई का अध्ययन

xvi. अति महत्वपूर्ण पर्यावरणीय मुद्दे: अतीत, वर्तमान, और जो स्थानीय आबादी द्वारा परिकल्पित तथा चिन्हित किये गए हैं

xvii. किए गए क्षेत्रीय अध्ययनों के आधार पर यातायात से संबंधित जानकारी; आदि

3. अन्य *संदर्भ रिकॉर्ड* जैसे
   i. लागू पर्यावरणीय विनियम
   ii. समरूपी परियोजनाओं और पर्यावरणीय मुद्दों पर साहित्य उपलब्ध
   iii. सर्वेक्षण मानचित्र, मानक, दिशानिर्देश, मानदंड, मॉडल, सॉफ्टवेयर, मानक संदर्भ, जनगणना रिपोर्ट, आदि ईआईए के लिए उपयोग किये जाते हैं
   iv. विशिष्ट एजेंसियों द्वारा तैयार किए गए अतिरिक्त/विशेष अध्ययनों, अनुसंधान एवं विकास योजनाओं, इत्यादि की रिपोर्ट
   v. संदर्भित साहित्य

जानकारी के पैमाने के आधार पर, अनुलग्नकों का संकलन एक अलग खंड में प्रस्तुत किया जा सकता है, जो जब भी आवश्यक हो, संदर्भ या सत्यापन के लिए आसानी से उपलब्ध हो।

## 8.6 ईआईए गुणवत्ता में निरंतर सुधार

भौगोलिक सूचना प्रणाली (जीआईएस) एक कंप्यूटर-आधारित डेटाबेस (सहजाबी 2004) या सॉफ्टवेयर हैं जो सभी प्रकार की भौतिक-रासायनिक, जैविक, पारिस्थितिक, पर्यावरणीय और भूविज्ञानी जानकारी को समाहित और प्रस्तुत करते हैं। जीआईएस एक समग्र पर्यावरणीय प्रणाली का दृष्टिकोण देता है, समग्र ईआईए प्रक्रिया में सुधार करता है, और मैपिंग रणनीतियों (घरेहबागी और स्कॉट-यंग 2018) प्रदान करता है। ईआईए रिपोर्ट, विशेष रूप से बड़ी परियोजनाओं के लिए, जीआईएस वातावरण में तैयार की गई स्थानिक, गैर-स्थानिक व अन्य जानकारी, प्रभावों की पहचान, संभावित प्रभावों के स्थानिक वितरण का विश्लेषण (जोर्डन, एनडी), और आसानी से संशोधन की प्रस्तुति और विश्लेषण की सुविधा प्रदान करता है।

ईआईए परामर्श संगठन के भीतर ईआईए अध्ययनों के लिए गुणवत्ता आश्वासन का यह एक मजबूत आंतरिक तंत्र है और ईआईए रिपोर्टों की सहकर्मी समीक्षा की प्रणाली से लगातार ईआईए रिपोर्टों की गुणवत्ता में सुधार करने में मदद करता है। यह जनता के साथ-साथ ईआईए रिपोर्टों के समीक्षकों को भी डेटा मे अधिक आत्मविश्वास देता है।

## संदर्भ

Al-Mebayedh, H., R. Al-Othman, M. Al-Shammari, and M. Al-Khareji, 2015. "Guideline to Review the Environmental Impact Assessment (EIA) Report." In *Proceedings of the World Congress on New Technologies (NewTech 2015)* held at Barcelona July 15-17, 2015. Paper no. 204.

अल-मेबायध, एच., आर. अल-ओथमान, एम. अल-शम्मारी, और एम. अल-खरेजी, 2015, "पर्यावरणीय प्रभाव आकलन (ईआईए) रिपोर्ट की समीक्षा करने के लिए दिशानिर्देश।" 15-17 जुलाई, 2015 को बार्सिलोना में आयोजित नई प्रौद्योगिकियों पर विश्व कांग्रेस (न्यूटेक 2015) की कार्यवाही में, पेपर संख्या 204.

EC, European Communities. 2001. *Guidance on EIA: EIS Review*. Luxembourg: Office for Official Publications of the European Communities.

EC, यूरोपियन समुदाय, 2001, गाइडेंस ऑन EIA: EIS रिव्यू, लक्जमबर्ग: यूरोपियन के आधिकारिक प्रकाशन का कार्यालय समुदाय

IAIA, International Association for Impact Assessment. 1999. *Principles of Environmental Impact Assessment Best Practices*. IAIA International Headquarters, Fargo, USA in Cooperation with Institute of Environmental Assessment (IEA), Lincoln.

IAIA, इंटरनेशनल एसोसिएशन फॉर इम्पैक्ट असेसमेंट, 1999, पर्यावरणीय प्रभाव आकलन के सिद्धांत का सर्वोत्तम अभ्यास, पर्यावरणीय मूल्यांकन संस्थान (IEA), लिंकन के सहयोग से IAIA अंतर्राष्ट्रीय मुख्यालय, फ़ार्गो, यूएसए।

Kamijo, Tetsuya, and G. Huang. 2016. "Improving the Quality of Environmental Impact Assessment Reports: Effectiveness of Alternatives Analysis and Public Involvement in JICA Supported Projects." *Impact Assessment and Project Appraisal* **34**(2): 143–151.

कामिजो, तेत्सुया, और जी. हुआंग, 2016, "पर्यावरणीय प्रभाव आकलन रिपोर्ट की गुणवत्ता में सुधार: जेआईसीए समर्थित परियोजनाओं में वैकल्पिक विश्लेषण और सार्वजनिक भागीदारी की प्रभावशीलता" प्रभाव आकलन और परियोजना मूल्यांकन 34(2): 143-151।

Lohani, B., J. W. Evans, H. Ludwig, R. R. Everitt, R. A. Carpenter, and S. L. Tu. 1997. *Environmental Impact Assessment for Developing Countries in Asia- Overview*. Manila: Office of the Environment, Asian Development Bank.

लोहानी, बी., जे. डब्ल्यू. इवांस, एच. लुडविग, आर. आर. एवरिट, आर. ए. कारपेंटर, और एस. एल. तु. 1997, एशिया में विकासशील देशों के लिए पर्यावरणीय प्रभाव आकलन- अवलोकन, मनीला: पर्यावरण कार्यालय, एशियाई विकास बैंक।

MOEF, Ministry of Environment and Forests. 2006. *Environmental Impact Assessment Notification*. New Delhi: Ministry of Environment and Forests.

MOEF, पर्यावरण और वन मंत्रालय, 2006, पर्यावरणीय प्रभाव आकलन अधिसूचना, नई दिल्ली: पर्यावरण और वन मंत्रालय।

MOEF, Ministry of Environment and Forests. 2020. *Draft Environmental Impact Assessment Notification*. New Delhi: Ministry of Environment and Forests.

MOEF,पर्यावरण और वन मंत्रालय, 2020, मसौदा पर्यावरणीय प्रभाव आकलन अधिसूचना, नई दिल्ली: पर्यावरण और वन मंत्रालय।

National Environment Commission. 2011. *Environment Management Tools and Techniques- A Learning Experience*. Thimpu: National Environment Commission Secretariat (Bhutan).

राष्ट्रीय पर्यावरण आयोग, 2011, पर्यावरणीय प्रबंधन उपकरण और तकनीक- एक सीखने का अनुभव, थिम्पू: राष्ट्रीय पर्यावरण आयोग सचिवालय (भूटान)।

Nicolaisen, M., and T. B. Fischer. 2016. "Editorial. Special Issue on Ex-Post Evaluation of Environmental Assessment." *Journal of Environmental Assessment Policy and Management* **18**(1): 1601001–4

निकोलाइसेन, एम., और टी.बी. फिशर, 2016, "एडिटोरियल स्पेशल इश्यू ओं एक्सपोज्ड इवैल्यूएशन का एनवायर्नमेंटल एसेसमेंट" जर्नल ऑफ़ एनवायर्नमेंटल असेसमेंट पॉलिसी एंड मैनेजमेंट 18(1): 1601001-4।

Rathi, A. K. A. 2016. *Environmental Impact Assessment: A Practical Guide for Professional Practice*. Ahmedabad: Akar Unlimited.

राथी, ए.के.ए. 2016, पर्यावरणीय प्रभाव आकलन: व्यावसायिक अभ्यास के लिए एक व्यावहारिक मार्गदर्शिका, अहमदाबाद: अकर अनलिमिटेड.

Rathi, A. K. A. 2017. "Evaluation of Project-Level Environmental Impact Assessment and SWOT Analysis of EIA Process in India." *Environmental Impact Assessment Review* **67**: 31–39.

राथी, ए.के.ए. 2017, "भारत में परियोजना-स्तरीय पर्यावरणीय प्रभाव आकलन और EIA प्रक्रिया का SWOT विश्लेषण का मूल्यांकन", पर्यावरणीय प्रभाव आकलन समीक्षा 67: 31-39।

Rathi, A. K. A. 2018. "How Robust is Executive Summary in an Environmental Impact Assessment Report for Decision-making: An Indian Case Study." *Current World Environment* **13** (Special issue): 4–10.

राथी, ए.के.ए. 2018, "निर्णय लेने के लिए पर्यावरणीय प्रभाव आकलन रिपोर्ट में कार्यकारी सारांश कितना मजबूत है: एक भारतीय केस स्टडी" वर्तमान विश्व पर्यावरण 13 (विशेष अंक): 4-10.

Rathi, A. K. A. 2019. "Development of Environmental Management Program in Environmental Impact Assessment Reports and Evaluation of its Robustness: An Indian Case Study." *Impact Assessment and Project Appraisal* **37**(5): 421–436.

राथी, ए.के.ए. 2019, "पर्यावरणीय प्रभाव आकलन रिपोर्ट और इसकी मजबूती के मूल्यांकन में पर्यावरणीय प्रबंधन कार्यक्रम का विकास: एक भारतीय केस स्टडी", प्रभाव आकलन और परियोजना मूल्यांकन 37(5): 421-436।

Sadler, B., and M. McCabe. 2002. *Environmental Impact Assessment Training Resource Manual*. Geneva: Division of Technology, Industry and Economics, United Nations Environment Program.

सैडलर, बी., और एम. मैककेबे, 2002, पर्यावरणीय प्रभाव आकलन प्रशिक्षण संसाधन मैनुअल, जिनेवा: प्रौद्योगिकी, उद्योग और अर्थशास्त्र प्रभाग, संयुक्त राष्ट्र पर्यावरण कार्यक्रम

SDG, UN Sustainable Development Goals. 2015. "17 Goals to Transform Our World." Accessed Oct 3, 2018.

SDG, संयुक्त राष्ट्र सतत विकास लक्ष्य, 2015, "17 गोल्स टू ट्रांसफॉर्म आवर वर्ल्ड" अभिगमन 3 अक्टूबर, 2018 https://www.un.org/sustainabledevelopment/sustainable-development-goals/.

अध्याय 9

# पर्यावरणीय प्रभाव आकलन: केस स्टडीज

कुछ विशिष्ट विकास परियोजनाओं के पर्यावरणीय प्रभाव आकलन से संबंधित पहलुओं को इस अध्याय में केस स्टडीज से उजागर किया गया है। यह उम्मीद की जाती है कि पाठक इन केस स्टडीज से पर्यावरणीय प्रभाव आकलन (ईआईए) का व्यापक परिप्रेक्ष्य प्राप्त करेंगे। इस अध्याय को पढ़ने से पहले, पूर्व के अध्यायों का अच्छी तरह से अध्ययन करना पाठक के हित में होगा। एक विशिष्ट परियोजना के लिए ईआईए रिपोर्ट तैयार करने के इच्छुक एक वृतिक को यह समझने की आवश्यकता है कि इस अध्याय में चर्चा की गई केस स्टडीज केवल आम तौर पर सामना किए जाने वाले विशिष्ट प्रमुख पर्यावरणीय मुद्दों और इसे कम करने की आवश्यकता को दर्शाती है। वास्तविक पर्यावरणीय मुद्दे साइट की पर्यावरणीय सेटिंग्स और परियोजना के प्रकार पर निर्भर करेंगे, विशेष रूप से इसके डिजाइन, आकार और नियोजित होने के लिए प्रस्तावित तकनीक के विषय में। जैसा कि पहले अध्यायों में वर्णित है, ईआईए और महत्वपूर्ण प्रभावों की स्थापना को किसी विशेष साइट पर प्रस्तावित परियोजना के लिए पूरी तरह से पूरा करने की आवश्यकता है, इसके बाद महत्वपूर्ण पर्यावरणीय प्रभावों में से प्रत्येक के लिए विशिष्ट शमन उपायों का सुझाव दिया जाता है, और पर्यावरणीय प्रबंधन कार्यक्रम (EMPg) इसे लागू करने और संचालित करने में परियोजना प्रस्तावक की सहायता करने के लिए है। तत्पश्चात्, समय-समय पर इसकी लेखा परीक्षा करना।

परियोजना के लिए पर्यावरणीय प्रभाव, शमन उपाय और ईएमपीजी परियोजना जीवनचक्र के प्रत्येक चरण के लिए ईआईए रिपोर्ट में अलग से वर्णित हैं। हालांकि, यह सराहना की जा सकती है कि कभी-कभी, किसी परियोजना के विभिन्न चरणों के बीच एक स्पष्ट सीमा खींचना मुश्किल हो सकता है। उदाहरण के लिए, निर्माण और संचालन एक निश्चित अवधि के लिए एक साइट पर एक साथ चल सकता है, विशेष रूप से चरण-वार लागू की गई बड़ी परियोजनाओं के मामले में, और एक ही साइट पर प्रस्तावित विस्तार और विविधीकरण परियोजनाएं।

निम्नलिखित प्रमुख परियोजनाओं के लिए ईआईए से संबंधित केस स्टडीज को इस अध्याय में उजागर किया गया है:

1. थर्मल पावर
2. खनन
3. तेल और गैस की खोज और उत्पादन
4. पत्तन और बंदरगाह

5. क्षेत्र विकास और निर्माण
6. पेट्रोकेमिकल
7. रासायनिक और संबद्ध
8. सीमेंट
9. पेट्रोलियम उत्पादों के लिए क्रॉस-कंट्री पाइपलाइन

भारत में विकास परियोजनाओं पर लागू पर्यावरणीय विनियम **तालिका 1.1** में सूचीबद्ध हैं। उपर्युक्त परियोजनाओं के लिए केस स्टडीज में, उपयोग किए गए स्क्रीनिंग मानदंड लागू विनियमन (MOEF 2006) पर आधारित हैं। मसौदा अधिसूचना (MOEF 2020) को अंतिम रूप दिए जाने और एक नई अधिसूचना जारी होने के बाद स्क्रीनिंग मानदंड बदल जाएंगे।

उपयोग किए जाने वाले स्क्रीनिंग मानदंड ईआईए अध्ययन के समय लागू विनियमन पर आधारित होना चाहिए। यह भी माना जा सकता है कि निम्नलिखित जैसे कारकों का विभिन्न पर्यावरणीय घटकों पर एक बड़ा असर और प्रभाव पड़ता है:

i. परियोजना संगठन का पर्यावरणीय प्रबंधन दर्शन
ii. आयोजित ईआईए की गुणवत्ता
iii. नियोजित की जाने वाली प्रस्तावित तकनीक और प्रथाएँ
iv. निर्माण और संचालन चरणों में अपनाई जाने वाली प्रथाएँ
v. लागू नियमों का प्रभावी प्रवर्तन
vi. अध्ययन क्षेत्र में प्रबुद्ध जनता; आदि।

## 9.1 ताप विद्युत परियोजनाएं (*कोयला खनन को छोड़कर गैर-गड्ढे प्रमुख*)

### *9.1.1 भारतीय संदर्भ में लागू विनियम/दिशानिर्देश*

I. लागू ईआईए विनियमों (MOEF 2006) के अनुसार, ग्रीनफील्ड के साथ-साथ ब्राउनफील्ड थर्मल पावर प्रोजेक्ट्स (टीपीपी) को पूर्व पर्यावरणीय मंजूरी प्राप्त करने की आवश्यकता होती है। स्क्रीनिंग मानदंड परियोजनाओं को निम्नानुसार वर्गीकृत करते हैं:

   i. श्रेणी ए - जिनकी क्षमता

      क) 500 मेगावाट और उससे अधिक (कोयला, लिग्नाइट, नेफ्था, और गैस आधारित)

      ख) 50 मेगावाट और उससे अधिक (बायोमास आधारित को छोड़कर अन्य सभी ईंधन)

      ग) >20 मेगावाट (नगरपालिका ठोस, गैर-खतरनाक अपशिष्ट-आधारित)

   ii. श्रेणी बी* -

      क. >50 और < 500 मेगावाट (कोयला, लिग्नाइट, नेफ्था, और गैस आधारित)

ख. <50 मेगावाट > 5 मेगावाट (बायोमास और नगरपालिका ठोस गैर-खतरनाक अपशिष्ट-आधारित को ईंधन छोड़कर अन्य सभी)

ग. <20 मेगावाट >15 मेगावाट (नगरपालिका ठोस गैर-खतरनाक अपशिष्ट-आधारित)

घ. >15 मेगावाट (बायोमास आधारित)

*सामान्य शर्तें लागू होती हैं, अर्थात श्रेणी बी परियोजना को श्रेणी ए परियोजना के रूप में माना जाएगा यदि यह सीमा से 5 किमी के भीतर पूर्ण या आंशिक रूप से स्थित है।

क) वन्यजीव (संरक्षण) अधिनियम, 1972 के तहत अधिसूचित संरक्षित क्षेत्र

ख) केंद्रीय प्रदूषण नियंत्रण बोर्ड द्वारा समय-समय पर अधिसूचित गंभीर रूप से प्रदूषित क्षेत्र

ग) अधिसूचित पर्यावरण-संवेदनशील क्षेत्र

घ) अंतर-राज्य या अंतर्राष्ट्रीय सीमाएं

iii. निम्नलिखित प्रकार के ताप विद्युत संयंत्रों को ईआईए अधिसूचना के प्रावधानों में छूट दी गई है:

क. 15% तक कोयला, लिग्नाइट/पेट्रोलियम उत्पादों जैसे सहायक ईंधन का उपयोग करके बायोमास या गैर-खतरनाक नगरपालिका ठोस अपशिष्ट पर आधारित <15 मेगावाट

ख. अपशिष्ट ताप बॉयलर किसी भी सहायक ईंधन के बिना

II. *टीपीपी के लिए साइट चयन दिशानिर्देश* निर्दिष्ट करते हैं कि ऐसी परियोजनाओं का पता लगाया जा सकता है

i. एक महानगरीय शहर, राष्ट्रीय उद्यान और वन्यजीव अभयारण्य की बाहरी परिधि के 25 किमी से परे, और पारिस्थितिक रूप से संवेदनशील क्षेत्र जैसे उष्णकटिबंधीय वन, बायोस्फीयर रिजर्व, महत्वपूर्ण झीलें और कोरल से समृद्ध तटीय क्षेत्र

ii. पुरातात्विक, ऐतिहासिक, सांस्कृतिक, धार्मिक और पर्यटक महत्व के स्थानों के 10 किमी से परे

iii. नदी प्रणाली के बाढ़ मैदान से 500 मीटर के बाद आगे

क) स्टैक निकटतम हवाई अड्डे के रनवे तक पहुचनें वाली फ़नल के भीतर नहीं गिरना चाहिए

ख) गैर-वनीय और गैर- कृषि प्रधान भूमि का उपयोग संयंत्र और फ्लाइ ऐश निपटान के लिए किया जाना चाहिए

III. टीपीपी पर लागू *अन्य प्रमुख नियमों* में शामिल हैं

i. वायु (प्रदूषण निवारण और नियंत्रण) अधिनियम, नियम और संशोधन, 1981, 1982, 1983, 1987

ii. तटीय विनियमन क्षेत्र अधिसूचना और संशोधन, 2008, 2011, 2019 कोयला हैंडलिंग के लिए तटवर्ती/ अपतटीय सुविधाओं और समुद्री जल में पानी का सेवन/ निर्वहन
iii. निर्माण और विध्वंस अपशिष्ट प्रबंधन नियम, 2016
iv. पर्यावरण (संरक्षण) अधिनियम और नियम, और संशोधन, 1986, 2019
v. विस्फोटक अधिनियम और नियम, और संशोधन, 1884, 2008, 2019
vi. ई-कचरा (प्रबंधन और हैंडलिंग) नियम, 2011, 2018
vii. कारखाना अधिनियम, और संशोधन, 1948, 1987, 2016
viii. फ्लाई ऐश अधिसूचना, और संशोधन, 2009, 2015, 2016
ix. खतरनाक और अन्य अपशिष्ट (प्रबंधन और सीमा पार आंदोलन) नियम, 2016
x. भारतीय बॉयलर अधिनियम, और संशोधन, 1923, 2017
xi. राष्ट्रीय परिवेशी वायु गुणवत्ता मानक, 2009
xii. ध्वनि प्रदूषण (विनियमन और नियंत्रण) नियम, और संशोधन, 2000, 2006, 2010
xiii. ठोस अपशिष्ट प्रबंधन नियम, 2000, 2016
xiv. विद्युत अधिनियम, 2003
xv. जल (प्रदूषण निवारण और नियंत्रण) अधिनियम, नियम और संशोधन, 1974, 1977, 1978, 1988
xvi. जल (प्रदूषण निवारण एवं नियंत्रण) उपकर अधिनियम, नियम एवं संशोधन, 1977, 2003

### *9.1.2 क्षेत्रीय संक्षिप्त विवरण*

थर्मल पावर प्लांट आमतौर पर जीवाश्म ईंधन का उपयोग करते हैं जैसे

i. कोयला, लिग्नाइट
ii. प्राकृतिक गैस
iii. फर्नेस ऑयल
iv. डीजल

छोटे तापीय पावर प्लांट भी ईंधन का उपयोग कर सकते हैं जैसे

i. इनकार-व्युत्पन्न ईंधन
ii. खोई
iii. कृषि अवशेष

एक विशिष्ट भाप टरबाइन में 35% (लगभग) की थर्मल दक्षता होती है। एक विशिष्ट टीपीपी में 2300 किलोकैलोरी/किलोवाट-घंटा (kcal/kWh) की सकल संयंत्र ताप दर होती है और 90% के संयंत्र लोड फैक्टर पर 5200 मीट्रिक टन (mt)/MW की कोयले की आवश्यकता होती है, 3500 kcal/kg के रूप में उपयोग किए जाने वाले विशिष्ट कोयले के सकल कैलोरिफिक मूल्य को ध्यान में रखते हुए, राख की

मात्रा 40%, निश्चित C 28%, वाष्पशील पदार्थ 22%, C 35.5%, और H 2.34%। भारतीय कोयले का उपयोग करके टीपीपी में उत्पन्न राख, अनुमानित 1.5 एमएमटीपीए (लगभग)/1000 मेगावाट बिजली एक प्रमुख पर्यावरणीय मुद्दा है। एक गैस टरबाइन में भाप टरबाइन की तुलना में उच्च थर्मल दक्षता होती है। संयुक्त चक्र टीपीपी में गैस के साथ-साथ भाप टर्बाइन दोनों होते हैं। गर्म गैसों और एक्सोथर्मिक गर्मी के रूप में थर्मल प्रक्रिया से उपलब्ध गर्मी का उपयोग भाप पैदा करने के लिए अपशिष्ट से प्राप्त गर्मी द्वारा बॉयलरों में भी किया जा सकता है।

पल्वराइज्ड कोयले का उपयोग करके भाप उत्पादन के लिए उच्च राख युक्त जीवाश्म ईंधन के कुशल उपयोग के लिए भस्मक प्रौद्योगिकियों में कई विकास हुए हैं। इनमें शामिल हैं:

i. विभिन्न द्रवीकृत बिस्तर दहन (एफबीसी) प्रौद्योगिकियां, जैसे वायुमंडलीय एफबीसी, परिसंचारी एफबीसी, दबाव एफबीसी, दबाव परिसंचारी एफबीसी, आदि। दबाव युक्त दहन थर्मल दक्षता को 40-45% तक बढ़ाता है।
ii. संश्लेषण गैस का उत्पादन करने के लिए कोयला गैसीकरण प्रौद्योगिकियों को भी नियोजित किया जा रहा है जिसका उपयोग संयुक्त चक्र के लिए प्राकृतिक गैस के स्थान पर किया जा सकता है, यानी एक गैस टरबाइन के बाद भाप टरबाइन।
iii. उच्च भाप मापदंडों वाली सुपरक्रिटिकल प्रौद्योगिकी में स्टार्ट-अप का समय कम पाया जाता है, और पारंपरिक रूप से उपयोग की जाने वाली सबक्रिटिकल तकनीक की तुलना में 2-4% अधिक दक्षता होती है, जिसके परिणामस्वरूप 4-5% कोयले की बचत होती है और इस प्रकार कम विशिष्ट भाप खपत के कारण $CO_2$ उत्सर्जन और ठंडा पानी की आवश्यकता 8-10% तक कम हो जाती है।
iv. सुपरक्रिटिकल मापदंडों के साथ एफबीसी को प्रसारित करना, कोयले के कुशल उपयोग और $SO_2$ और $NO_x$ के उत्सर्जन में कमी के लिए पसंदीदा तकनीकी विकल्प माना जाता है।

*आम तौर पर, टीपीपी अपने कर्मियों के लिए टाउनशिप का भी प्रस्ताव करते हैं। इस प्रकार, टाउनशिप का प्रभाव, परियोजना का एक अभिन्न अंग होने के नाते, टीपीपी के साथ भी विचार करने की आवश्यकता है।*

### *9.1.3 संक्षिप्त परियोजना विवरण*

बॉयलर में जलने वाला ईंधन डिमिनरलाइज्ड पानी को उच्च दबाव वाली भाप में परिवर्तित करता है। भाप का उपयोग भाप टरबाइन को चलाने के लिए किया जाता है जो बिजली का उत्पादन करने के लिए जनरेटर से जुड़ा होता है। दहन के गर्म गैसीय उत्पाद, यानी फ्लू गैस, जिसमें $CO_2$, $SO_2$ और $NO_x$ होते हैं, एक स्टैक के माध्यम से वायुमंडल में उत्सर्जित होते हैं। फ्लू गैस में फ्लाई ऐश भी होता है, जिनमें से अधिकांश को स्टैक से पहले स्थापित इलेक्ट्रोस्टैटिक प्रेसिपिटेटर (ईएसपी) में गिरफ्तार किया जाता है। फ्लाई ऐश को साइलो में स्थानांतरित किया जाता है और जहां तक संभव हो सूखे रूप में उपयोग किया

जाता है, और अप्रयुक्त फ्लाई ऐश को राख निपटान क्षेत्र में घोल के रूप में निपटाया जाता है। बॉयलर से नीचे की राख को आम तौर पर घोल के रूप में राख तालाबों में निपटाया जाता है। फ्लाई ऐश से नीचे की राख का विशिष्ट अनुपात 3-4 है।

जीवाश्म ईंधन का उपयोग करने वाले एक विशिष्ट टीपीपी में शामिल हैं

i. भाप पैदा करने वाले उपकरण (बॉयलर)
ii. एक भाप टरबाइन
iii. एक जनरेटर
iv. एक ईंधन भंडारण और तैयारी सुविधा
v. एक जल उपचार संयंत्र
vi. शीतलन जल परिसंचरण प्रणाली
vii. राख हैंडलिंग और भंडारण सुविधा
viii. अन्य संबद्ध सुविधाएं

प्राकृतिक गैस का उपयोग करने वाले एक विशिष्ट टीपीपी में शामिल हैं

i. एक दहन कक्ष
ii. एक गैस टरबाइन
iii. एक जनरेटर
iv. एक जल उपचार संयंत्र
v. शीतलन जल परिसंचरण प्रणाली
vi. अन्य संबद्ध सुविधाएं

फीडस्टॉक के रूप में कोयले का उपयोग करते हुए एक विशिष्ट परिचालन टीपीपी में प्रमुख गतिविधियों/संचालन में शामिल हैं:

i. कोयले का परिवहन, हैंडलिंग और भंडारण
ii. कोयले का चूर्णीकरण और इसका भंडारण
iii. विखनिजीकृत जल का उत्पादन करने के लिए जल उपचार
iv. बॉयलर में उच्च दबाव भाप उत्पन्न करने के लिए कोयले का दहन
v. एक जनरेटर के साथ युग्मित एक भाप टरबाइन
vi. शीतलन जल परिसंचरण के साथ संघनित भाप से गर्मी को हटाना
vii. ईएसपी जैसे वायु प्रदूषण नियंत्रण उपकरणों के माध्यम से फ्लू गैस उत्सर्जन।
viii. शुष्क रूप में फ्लाई ऐश का संग्रह, हैंडलिंग, भंडारण और निपटान
ix. राख तालाबों में नीचे की राख का संग्रह, हैंडलिंग, भंडारण और निपटान

x. जल उपचार संयंत्र से अपशिष्ट जल का उपचार और उपयोग/निपटान, बॉयलर से विस्फोट, और शीतलन टॉवर

थर्मल पावर प्लांट में गैसीय और कण पदार्थ के रूप में प्रमुख वायु प्रदूषण पैदा करने की क्षमता है

क) जीवाश्म ईंधन का दहन

ख) राख का उत्पादन, हैंडलिंग, भंडारण और परिवहन

ग) बड़ी मात्रा में ठोस जीवाश्म ईंधन का परिवहन, हैंडलिंग और भंडारण

टर्बाइन, पंप और पंखे जैसी घूर्णन मशीनरी उच्च स्तर के शोर का कारण बनती है। जीवाश्म ईंधन और राख की हैंडलिंग और भंडारण में भूमि को नीचा दिखाने की क्षमता है।

### *9.1.4 पर्यावरणीय आधारभूत स्थितियों की स्थापना*

टीपीपी के लिए मानक TOR MOEF (2015) द्वारा दिया गया है। सक्षम प्राधिकारी आम तौर पर परियोजना प्रस्तावक द्वारा प्रस्तावित टीओआर को देता है या अनुमोदित करता है। आम तौर पर, परियोजना स्थल के आसपास 10 किमी के दायरे को ऐसी परियोजनाओं के लिए एक अध्ययन क्षेत्र माना जाता है। प्राथमिक डेटा संग्रह के लिए, विभिन्न मापदंडों के लिए उचित औचित्य के साथ नमूना स्थानों का चयन करने के बाद, नमूनाकरण, नमूना संरक्षण, विश्लेषणात्मक प्रयोगशाला में नमूना परिवहन और विश्लेषण पर प्रोटोकॉल का सावधानीपूर्वक पालन करने की आवश्यकता है। प्राथमिक और द्वितीयक डेटा की गुणवत्ता को हर स्तर पर प्रलेखित और आश्वस्त करने की आवश्यकता है। पहिया को फिर से शुरू करने के बजाय, विभिन्न मापदंडों की निगरानी के लिए मानक दिशानिर्देशों का पालन करना समझदारी होगी। सभी टीओआर का अनुपालन करना आवश्यक है।

### *9.1.5 प्रभाव और शमन उपाय*

नीचे चर्चा की गई परियोजना से संबंधित गतिविधियों के आधार पर परियोजना के निर्माण के साथ-साथ संचालन चरणों में प्रमुख पर्यावरणीय प्रभावों की परिकल्पना की जाती है। निर्माण चरण में साइट-विशिष्ट मुद्दों को उपयुक्त रूप से संबोधित करने की आवश्यकता है। अपने जीवन चक्र के अंत में परियोजना को बंद करने पर मुख्य रूप से उभरती अर्थव्यवस्थाओं में लगातार बढ़ती बिजली की मांग को पूरा करने के लिए परिकल्पित बिजली संयंत्रों के आवधिक आधुनिकीकरण और विस्तार का कारण नहीं माना जाता है।

संभावित प्रभाव पैदा करने वाले कारकों पर चर्चा की जाती है लेकिन ये केवल उदाहरण हैं। प्रत्येक प्रभाव के खिलाफ उल्लिखित शमन उपाय भी विशिष्ट और उदाहरणात्मक हैं। प्रभावों का स्थल-विशिष्ट स्थितियों और परियोजना-विशिष्ट गतिविधियों के आधार पर लगन से आकलन करने की आवश्यकता है, और उपयुक्त तकनीकों/मॉडलों और इसी तरह की परियोजनाओं से प्राप्त अनुभव का उपयोग करके

मात्रा निर्धारित की जानी चाहिए। पहचान किए गए महत्वपूर्ण प्रभावों में से प्रत्येक के लिए विशिष्ट शमन उपायों का सुझाव देने और नियामक आवश्यकताओं का अनुपालन सुनिश्चित करने की आवश्यकता है।

निर्माण चरण

जीवाश्म ईंधन आधारित बड़े ग्रीनफील्ड टीपीपी की निर्माण अवधि 3-4 साल तक हो सकती है। इस दौरान, निर्माण चरण में पर्यावरणीय प्रभावों को अस्थायी और अनदेखा नहीं माना जा सकता है। परियोजना स्थल हमेशा पूरी तरह से बदल जाता है क्योंकि परियोजना और अवसंरचनात्मक विकास के लिए कई गतिविधियां शुरू की जाती हैं, जैसे:

i. साइट विकास: उत्खनन, काटने, समतलीकरण, कॉम्पैक्टिंग, आदि।
ii. सामग्री, मशीनरी और कर्मियों का परिवहन, हैंडलिंग और भंडारण
iii. केबल बिछाना
iv. पाइपलाइन बिछाना
v. सड़कों का निर्माण
vi. भवनों का निर्माण
vii. उपकरण की नींव का निर्माण
viii. संरचनाओं और उपकरणों का निर्माण
ix. उपकरणों की संस्थापना/निर्माण; आदि।

निर्माण चरण में चिंता के विशिष्ट पर्यावरणीय मुद्दों में निम्नलिखित शामिल हो सकते हैं:

I. भूमि
   i. भूमि उपयोग में परिवर्तन क्योंकि निर्दिष्ट उपयोग की भूमि को अन्य उपयोग में परिवर्तित किया जा सकता है, उदाहरण के लिए कृषि या वन भूमि को औद्योगिक उपयोग में परिवर्तित किया जा रहा है
   ii. भूमि आवरण को सीधे प्रभावित करने वाली वनस्पतियों की सफाई, वनस्पतियों और आश्रित जीवों की हानि, बायोमास की हानि, आवासों की हानि, मिट्टी का ढीला होना, आदि।
   iii. जल निकासी पैटर्न में परिवर्तन से कुछ क्षेत्रों में बाढ़ आ जाती है
   iv. जलमार्गों के माध्यम से मिट्टी का कटाव और तलछट परिवहन, जिससे जलमार्गों और जल निकायों की गाद निकलती है
   v. श्रम शिविरों और कार्यालयों से निर्माण अपशिष्ट और घरेलू कचरे सहित ठोस कचरे के निपटान के कारण भूमि अनुत्पादक हो रही है; आदि।

II. वायु गुणवत्ता
   i. साइट के विकास, उत्खनन और निर्माण-संबंधी गतिविधियों से परिवेशी हवा में कण पदार्थ जिसमें निर्माण, निर्माण सामग्री का परिवहन, और कच्ची सड़कों पर वाहनों की आवाजाही शामिल है
   ii. वाहनों और निर्माण में शक्ति डीजी सेट के उपयोग से गैसीय उत्सर्जन

III. शोर और कंपन
   i. अर्थमूविंग उपकरण और अन्य वाहनों की आवाजाही
   ii. डीजी सेट
   iii. निर्माण से संबंधित गतिविधियां

IV. जल संसाधन और गुणवत्ता
   i. सतह या भूजल से पानी की सोर्सिंग के कारण जल संसाधनों की कमी
   ii. तलछट परिवहन और सीवेज के निपटान के कारण आस-पास के स्रोतों की पानी की गुणवत्ता में गिरावट
   iii. जल निकासी पैटर्न में परिवर्तन के कारण स्थिर अपशिष्ट जल पूल जिससे गंध, मच्छरों का प्रजनन, भूमिगत जल के नीचे के संसाधनों का संदूषण आदि होता है।

V. पारिस्थितिकी
   i. वनस्पति की सफाई और कटाई के कारण कोर ज़ोन में प्रजातियों और आवासों का प्रत्यक्ष नुकसान
   ii. परिवहन और अन्य अवसंरचनात्मक विकास के कारण बफर जोन में वनस्पतियों और जीवों की प्रजातियों में परिवर्तन
   iii. पर्यावासों का विनाश/संशोधन
   iv. शोर और कंपन के कारण पक्षीजात सहित जीवों पर प्रभाव
   v. तलछट परिवहन और प्रदूषण के प्रसार स्रोतों के कारण टर्बिडिटी के कारण जलीय बायोटा पर प्रभाव; आदि।

VI. सामाजिक
   i. लोगों का विस्थापन
   ii. भूस्वामी और अधिग्रहित भूमि पर निर्भर अन्य लोगों की आजीविका का नुकसान (परियोजना प्रभावित व्यक्ति)
   iii. संभावित सड़क जाम और दुर्घटनाएं
   iv. वाहनों की आवाजाही, धूल और गैसीय उत्सर्जन, शोर और गंध से जनता के लिए उपद्रव / स्वास्थ्य खतरे
   v. कौशल उपलब्धता के आधार पर मैनुअल और कुशल नौकरियों के लिए स्थानीय आबादी के लिए रोजगार की संभावना।

vi. निर्माण सामग्री और अन्य वस्तुओं की आपूर्ति के लिए अवसर
vii. परिवहन और संबद्ध गतिविधियों का विकास
viii. स्थानीय बाजारों का विकास
ix. अचल संपत्ति विकास को बढ़ावा देना
x. अचल संपत्ति की कीमतों में वृद्धि
xi. क्षेत्र में भौतिक और सामाजिक बुनियादी ढांचे के विकास और सुधार के संदर्भ में परियोजना से स्थानीय आबादी की अपेक्षाएं; आदि।

VII. जोखिम और व्यावसायिक स्वास्थ्य खतरे
i. सड़कों पर दुर्घटनाएं
ii. अर्थमूविंग उपकरण, क्रेन, रिग्स, निर्माण उपकरण और अन्य वाहनों से चोटें
iii. ऊंचाई से वस्तुओं का गिरना और गिरना
iv. वेल्डिंग से जलना; आदि।

निर्माण चरण में विशिष्ट प्रभाव पैदा करने वाले कारकों को संगत संभावित शमन उपायों के साथ **तालिका 9.1** में सूचीबद्ध किया गया है। फिर भी-

i. निर्माण के विभिन्न चरणों के दौरान प्रभावों को उचित तकनीकों का उपयोग करके निर्धारित करने की आवश्यकता है, और समान परियोजनाओं से प्राप्त अनुभव
ii. संबंधित विशिष्ट शमन उपायों को अपनाए जाने के लिए प्रस्तावित निर्माण पद्धतियों और स्थल की स्थितियों के आधार पर विस्तृत करने की आवश्यकता है; इनकी निम्न रेखांकित स्तर के अनुसार -
क. लागू विनियमों का अनुपालन
ख. कम से कम व्यावसायिक खतरे
ग. स्थानीय आबादी पर कम से कम असुविधा और उपद्रव और प्रभाव

**तालिका 9.1 ताप विद्युत परियोजनाओं के निर्माण चरण के दौरान विशिष्ट प्रमुख पर्यावरणीय मुद्दे/प्रभाव और तदनुरूपी न्यूनीकरण उपाय**

| *पर्यावरणीय मुद्दे/प्रभाव पैदा करने वाले कारक/प्रभाव* | *सुझाए गए शमन उपाय* |
|---|---|
| I. भूमि<br>i. कोर के साथ-साथ बफर जोन में एलयू/एलसी में परिवर्तन<br>ii. जल निकासी पैटर्न में परिवर्तन<br>iii. भूमि क्षरण | I. भूमि<br>i. परंतु परिवर्तन अपरिहार्य है, फिर भी<br>• परिवर्तनों और उनके परिणामों का अनुमान करना |

| *पर्यावरणीय मुद्दे/प्रभाव पैदा करने वाले कारक/प्रभाव* | *सुझाए गए शमन उपाय* |
|---|---|
| 1. निर्माण से संबंधित गतिविधियाँ<br>2. भवन निर्माण सामग्री और कचरे का भंडारण<br>3. रिसाव<br>4. ठोस अपशिष्ट निपटान | • गतिविधियों की उपयुक्त योजना और निष्पादन द्वारा परिवर्तनों को कम करने के लिए विशिष्ट उपाय<br>• परिणामों को यथासंभव कम करने के लिए विशिष्ट उपाय<br>• डिजाइन के अभिन्न अंग परिदृश्य के अनुरूप रखें<br>ii. परिवर्तन अपरिहार्य है, किन्तु,<br>• नागरिक और संबद्ध कार्यों को डिजाइन करते समय मौजूदा रूपरेखा और जल निकासी पर विचार करें<br>• मौजूदा जल निकासी पैटर्न में कम से कम बदलाव के लिए विशिष्ट उपाय<br>• बरसाती पानी की नालियाँ<br>iii. प्रस्ताव<br>• उत्खनन और निर्माण के लिए सुप्रथाएं<br>• निकली हुई मिट्टी और निर्माण सामग्री का निर्दिष्ट क्षेत्रों मे भंडारण<br>• ढका हुआ परिवहन<br>• अपशिष्ट संग्रह, भंडारण, उपचार और निपटान तंत्र |
| II. मृदा<br>i. ऊपरी मृदा<br>ii. मृदा अपरदन<br>iii. मृदा अवक्रमण | II. मृदा<br>i. ऊपरी मृदा को हटाना, भंडारण और पुन: उपयोग<br>ii. निर्दिष्ट परिवहन/यातायात मार्ग<br>• खुली सतहों और ढीली पड़ी धरती पर फुटपाथ बनाना और घास लगाना<br>iii. स्पिल प्रबंधन<br>• सुप्रथाएं |

| *पर्यावरणीय मुद्दे/प्रभाव पैदा करने वाले कारक/प्रभाव* | *सुझाए गए शमन उपाय* |
|---|---|
| III. पारिस्थितिकी<br>i. कोर के साथ-साथ क्षेत्रों में वानस्पतिक प्रजातियों और आवासों का नुकसान<br>ii. फूलों की प्रजातियों पर निर्भर जीवों की प्रजातियाँ और आवासों का नुकसान/विस्थापन हो रहा है<br>iii. जीवों की प्रजातियों की हानि/विस्थापन<br>iv. उत्सर्जन और शोर से प्रभावित पक्षी | III. पारिस्थितिकी<br>i. वनस्पति :<br>• वृक्षारोपण और घास की कटाई को कम करना, उखड़े हुए पेड़ों का प्रत्यारोपण<br>• वनस्पतियों और जीवों के नुकसान की गणना, और विशिष्ट मुआवजे के उपाय<br>• दुर्लभ प्रजातियों/पर्यावासों की रक्षा के लिए एकांतवास जैसे विशिष्ट उपाय<br>• साइट गतिविधियों के लिए फूलों वाले मौसम से बचें<br>ii. उपरोक्त i पर निर्भर जीव<br>• अपरिहार्य, परंतु, ऊपर i से कम करना<br>• कृत्रिम आवासों का निर्माण<br>iii. जीव-जंतु:<br>• साइट गतिविधियों के लिए प्रजनन के मौसम से बचें<br>• पूर्व-चिन्हित क्षेत्रों में शोर और वाहनों की आवाजाही पर नियंत्रण<br>• रात के समय काम करने से बचें<br>• आवासों की सुरक्षा/स्थानांतरण के लिए विशिष्ट उपाय<br>iv. पक्षी:<br>• विशेष रूप से पूर्व-चिन्हित किए गए क्षेत्रों में शोर और वाहनों की आवाजाही पर नियंत्रण।<br>• गतिविधियों मे शोर को कम करें<br>• रात के समय काम करने से बचें |

| *पर्यावरणीय मुद्दे/प्रभाव पैदा करने वाले कारक/प्रभाव* | *सुझाए गए शमन उपाय* |
|---|---|
| IV. SE<br>i. लोगों से भूमि अधिग्रहण के मामले में लोगों का विस्थापन<br>ii. अधिग्रहित भूमि पर कृषि उपज की हानि<br>iii. विस्थापित व्यक्तियों की आजीविका का नुकसान<br>iv. उत्सर्जन से कृषि और बागवानी पर प्रभाव<br>v. लोगों के इनबाउंड प्रवास के कारण स्थानीय आबादी पर प्रभाव<br>vi. वाहनों की आवाजाही, उत्सर्जन और शोर के कारण प्रभाव<br>vii. स्थानीय लोगों की अपेक्षाएं/आकांक्षाएं<br>viii. अनियोजित प्रेरित विकास और अचल संपत्ति विकास | IV. SE<br>i. परियोजना प्रभावित व्यक्तियों के परामर्श से तैयार किए गए आर एंड आर कार्यक्रम को लागू करना<br>ii. खड़ी फसलों की कटाई के बाद साइट गतिविधियां शुरू करना<br>iii. विस्थापित व्यक्तियों को रोजगार और छोटे अनुबंधों के लिए अवसर<br>iv. उत्सर्जन के लिए विशिष्ट नियंत्रण उपाय<br>v. पलायन करने वाले कामगारों को सुरक्षा के साथ-साथ आवास और मूलभूत सुविधाएं प्रदान करना।<br>vi. वाहनों की आवाजाही, उत्सर्जन और शोर पर विशिष्ट नियंत्रण उपाय और यातायात के लिए गांव बाईपास मार्ग<br>vii. साइट विकास और निर्माण संबंधी गतिविधियों के लिए स्थानीय कौशल उपलब्धता और आवश्यक कौशल का आकलन करना, और नौकरियों के लिए स्थानीय व्यक्तियों को प्राथमिकता देना<br>• अल्पकालिकगहन व्यावसायिकता प्रदान करके कौशल विकास कार्यक्रमों को तैयार करना और कार्यान्वित करना<br>• उपयुक्त और इच्छुक स्थानीय आबादी को उनकी रोजगार क्षमता में सुधार करने के लिए प्रशिक्षण और उद्यमिता विकास पाठ्यक्रम, और उन्हें सामग्री और सेवाओं के सेवा प्रदाता बनने के लिए प्रोत्साहित करना<br>viii. नियोजित विकास के लिए स्थानीय स्व-सरकारों और अन्य एजेंसियों को सहायता प्रदान करना। |

| *पर्यावरणीय मुद्दे/प्रभाव पैदा करने वाले कारक/प्रभाव* | *सुझाए गए शमन उपाय* |
|---|---|
| V. वायु प्रदूषण<br>i. वाहन उत्सर्जन: धुआं, गैसीय, और पीएम<br>ii. साइट गतिविधियों और निर्माण सामग्री की हैंडलिंग और भंडारण से PM उत्सर्जन<br>iii. डीजी सेट से उत्सर्जन | V. वायु प्रदूषण<br>i. वाहनों की आवाजाही, वाहनों से उत्सर्जन और शोर और सड़कों के निर्माण पर विशिष्ट नियंत्रण उपाय<br>ii. सामग्री के निर्माण, और लोडिंग और अनलोडिंग के लिए अच्छी प्रथाएं<br>• पूर्व-निर्दिष्ट क्षेत्रों में भंडारण<br>• साइट गतिविधियों और भंडारण के आसपास बाड़े / बाधाएं<br>iii. अच्छी तरह से डिज़ाइन किया गया स्टैक, और क्लीनर ईंधन का उपयोग करें |
| VI. शोर<br>i. वाहन<br>ii. निर्माण मशीनरी<br>iii. गतिविधियाँ | VI. शोर<br>i. वाहनों का रखरखाव<br>ii. मानक मशीनरी<br>iii. अच्छी निर्माण पद्धतियां और उपयुक्त बाड़े/बाधाएं<br>• रात के समय अधिक शोर उत्पन्न करने वाली गतिविधियों, वाहनों की आवाजाही और मशीनरी के संचालन से बचें |
| VII. जल<br>i. जल की सोर्सिंग के कारण जल संसाधनों (भूजल/सतही जल) में कमी<br>ii. जल भंडारण से रिसाव<br>iii. निर्माण गतिविधियों से स्लरी डिस्चार्ज<br>iv. सीवेज और ग्रेवाटर डिस्चार्ज<br>v. स्थानीय हाइड्रोलॉजिकल चक्र में परिवर्तन<br>vi. अपवाह प्रवाह से सतही/भूजल प्रदूषण और प्रदूषण के फैलाव स्रोत | VII. जल<br>i. जल की मांग और प्रस्तावित स्रोतों की स्थिरता का अनुमान लगाना और विस्तृत हाइड्रोजियोलॉजिकल रिपोर्ट की सिफारिशों को लागू करना<br>ii. जल के संरक्षण और अन्य क्षेत्रों, विशेष रूप से जलभराव वाले क्षेत्रों में रिसाव से बचने के लिए विशिष्ट अभेद्य परत<br>iii. निर्वहन को नियंत्रित करने के लिए विशिष्ट उपाय<br>iv. स्थानीय स्थलाकृति और जल तालिका पर आधारित विशिष्ट प्रणालियां |

| *पर्यावरणीय मुद्दे/प्रभाव पैदा करने वाले कारक/प्रभाव* | *सुझाए गए शमन उपाय* |
|---|---|
| | v. जल की नियंत्रित सोर्सिंग, नियंत्रित निर्वहन, जल निकासी पैटर्न को बनाए रखना<br>vi. अच्छी सामग्री हैंडलिंग और भंडारण प्रणाली, मौजूदा जल निकासी, मिट्टी के कटाव नियंत्रण और उचित बरसाती पानी की नालियों में कम से कम बदलाव |
| VIII. श्रम शिविर<br>i. आवास, पानी, खाना पकाने के ईंधन, जल निकासी और स्वच्छता सुविधाएँ, अपशिष्ट निपटान, मनोरंजन आदि जैसी बुनियादी सुविधाओं की आवश्यकता। | VIII. श्रम शिविर<br>i. सुरक्षा के साथ-साथ नामित स्थानों पर बुनियादी सुविधाओं का प्रावधान |

कार्रवाई का चरण

प्रचलित ताप विद्युत संयंत्र में की जाने वाली प्रमुख गतिविधियों/प्रचालनों में शामिल हैं:

i. रेल, सड़क या जलमार्ग द्वारा कोयला परिवहन, हैंडलिंग और स्टॉकयार्ड में भंडारण
ii. कोयले का परिवहन, पुल्वराइजिंग और भंडारण
iii. बॉयलर को कोयला फ़ीड
iv. बॉयलर को एयर फीड
v. जल स्रोत और भंडारण
vi. बॉयलर को जल उपचार संयंत्र संचालन, भंडारण और विखनिजीकृत जल फ़ीड
vii. भाप नेटवर्क की हैंडलिंग
viii. फ्लाई ऐश और बॉटम ऐश का फ्लाई ऐश हैंडलिंग, भंडारण और निपटान
ix. भाप टरबाइन ऑपरेशन
x. शीतलन जल नेटवर्क की हैंडलिंग
xi. बॉयलर ट्यूबों की आवधिक सफाई
xii. बॉयलर और कूलिंग टॉवर ब्लोडाउन का संग्रह, उपचार और पुन: उपयोग
xiii. उपकरणों का रखरखाव
xiv. उत्पादित विद्युत का पारेषण
xv. पानी की व्यवस्था: कर्मियों के लिए पीने, धोने
xvi. कैंटीन सेवाएं
xvii. सीवेज का संग्रह, उपचार और निपटान

xviii. प्रयुक्त स्नेहन तेलों और अन्य अपशिष्टों जैसे खतरनाक कचरे का संग्रह और निपटान
xix. पर्यावरणीय निगरानी
xx. एक पर्यावरणीय प्रबंधन कार्यक्रम का कार्यान्वयन और निगरानी

ऑपरेशन चरण के दौरान चिंता के विशिष्ट पर्यावरणीय मुद्दों में निम्नलिखित शामिल हो सकते हैं:

I. भूमि
   i. निरंतर विकास और सुविधाओं में सुधार पर विचार करते हुए निर्माण चरण में उल्लिखित चिंताएं
   ii. सुविधाओं और प्रेरित विकास जैसी अवसंरचनात्मक सुविधाओं के विकास पर विचार करते हुए बफर जोन में एलयू/एलसी में परिवर्तन
   iii. प्रयुक्त स्नेहन तेलों और रखरखाव अपशिष्ट जैसे खतरनाक कचरे का निपटान
   iv. नीचे की राख, अप्रयुक्त फ्लाई ऐश, जल उपचार कीचड़, प्रयुक्त रेजिन, अन्य ठोस अपशिष्ट, तेल और स्नेहक का फैलाव, तरल ईंधन, कोयला और राख, और उपनगर से अपशिष्ट, आदि का निपटान। भूमि को अनुत्पादक बनाना

II. वायु गुणवत्ता
   i. फ्लू गैस: $SO_2$, NOx और CO (अपूर्ण दहन के मामले में), $CO_2$, और पार्टिकुलेट मैटर (PM)
   ii. $SO_2$ और $NO_x$ के कारण लंबी दूरी और ट्रांसबाउंडरी एसिड जमाव।
   iii. कोयले के परिवहन, हैंडलिंग, भंडारण और पुल्वराइजेशन से पीएम
   iv. राख के परिवहन, हैंडलिंग और भंडारण से पीएम।
   v. अन्य सामग्रियों का परिवहन
   vi. वाहनों की आवाजाही से PM और गैसीय उत्सर्जन
   vii. संयंत्र के उपकरणों और पाइपिंग से रिसाव, और कोयला, राख और अन्य सामग्रियों की हैंडलिंग और परिवहन से धूल
   viii. पारा, आर्सेनिक, कैडमियम, वैनेडियम और निकल जैसी भारी धातुओं, हाइड्रोजन फ्लोराइड जैसे हलाइड यौगिकों, अदहन हाइड्रोकार्बन और अन्य वीओसी जैसे पदार्थों का उत्सर्जन कम मात्रा में होता है, लेकिन उनकी विषाक्तता और/या दृढ़ता (IFC 2008) के कारण पर्यावरण पर महत्वपूर्ण प्रभाव पड़ता है, जो खतरनाक अपशिष्ट सहित ईंधन के प्रकार और गुणवत्ता पर निर्भर करता है।

III. शोर और कंपन
   i. ऑपरेटिंग उपकरण
   ii. संयंत्र गतिविधियाँ
   iii. स्टीम वेंटिंग
   iv. वाहनों की आवाजाही

IV. जल संसाधन और गुणवत्ता

i. सतह या भूजल स्रोतों से पानी की सोर्सिंग के कारण जल संसाधनों की कमी

ii. आस-पास के जल संसाधनों की जल गुणवत्ता में गिरावट किसके कारण होती है?

क. संयंत्र और टाउनशिप से सीवेज सहित अपशिष्ट जल का निपटान

ख. खुले भंडारों से सामग्री का ले जाना

ग. तेल और स्नेहक का रिसाव

घ. सतही अपवाह/प्रदूषण को जलधाराओं और जल निकायों में फैलाना।

iii. निचले इलाकों के तालाबों में ठहरा हुआ जल और जल निकासी मार्ग बदलने से बदबू और मच्छरों का प्रजनन होता है

V. पारिस्थितिकी

i. LC, जल निकासी पैटर्न, मिट्टी और पानी की गुणवत्ता, PM, और शोर और कंपन स्तर में परिवर्तन के कारण वनस्पतियों और जीवों पर प्रभाव

ii. परिवहन नेटवर्क और अन्य बुनियादी ढांचे के विकास, प्रेरित विकास, वाहनों की आवाजाही और उत्सर्जन, और आवासों के विनाश/संशोधन के कारण बफर जोन में वनस्पतियों और जीवों पर प्रभाव

iii. PM और गैसीय उत्सर्जन के कारण वनस्पति की वृद्धि का अवरुद्ध होना

iv. प्रदूषण के निर्वहन और फैलाने वाले स्रोतों से जलीय बायोटा पर प्रभाव

VI. सामाजिक

i. परिवेशी वायु में गैसीय उत्सर्जन और PM के कारण आबादी और राहगीरों के बीच स्वास्थ्य संबंधी समस्याएं

ii. गैसीय और PM उत्सर्जन के कारण कृषि उत्पादन में कमी, और LU/LC में परिवर्तन

iii. संयंत्र और टाउनशिप में मैनुअल और कुशल नौकरियों के लिए स्थानीय आबादी के कौशल के आधार पर रोजगार की संभावना

iv. सामग्री और सेवाओं की आपूर्ति के लिए स्थानीय आबादी के लिए अवसर

v. परिवहन और संबद्ध सुविधाओं का विकास

vi. स्थानीय बाजारों का विकास

vii. अचल संपत्ति के विकास को और बढ़ावा देना, और अचल संपत्ति की कीमतों में वृद्धि

viii. सीएसआर से संबंधित गतिविधियों से स्थानीय आबादी के लिए लाभ

ix. रोजगार, भौतिक और सामाजिक बुनियादी ढांचे के विकास और प्रत्यक्ष लाभ के लिए स्थानीय आबादी की बढ़ती अपेक्षाएं

VII. जोखिम और व्यावसायिक स्वास्थ्य खतरे

i. कोयला, तरल ईंधन, रसायनों की हैंडलिंग और भंडारण: क्लोरीन, एसिड और क्षार

ii. सड़क दुर्घटनाएं

iii. घूर्णन उपकरण और सामग्री हैंडलिंग सिस्टम से चोटें
iv. ऊंचाई से वस्तुओं का गिरना और गिरना
v. भाप रिसाव और गर्म सतहों से जलना
vi. बॉयलर हाउस और स्टीम नेटवर्क, टर्बाइन हाउस और कोयला मिलों जैसे कार्यस्थल क्रमशः उच्च तापमान, शोर और धूल वाले होते हैं

VIII. तटीय और समुद्री पर्यावरण: बंदरगाहों और बंदरगाहों का केस स्टडी, नीचे 9.3, संदर्भित किया जा सकता है।

टीपीपी के संचालन चरण में विशिष्ट प्रभाव पैदा करने वाले कारकों को संगत संभावित शमन उपायों के साथ **तालिका 9.2** में सूचीबद्ध किया गया है। हालांकि,

i. प्रभावों को उपयुक्त मॉडलों और समान परियोजनाओं से प्राप्त अनुभव का उपयोग करके विभिन्न परिचालन परिदृश्यों के तहत परिमाणित करने की आवश्यकता है।
ii. तदनुरूपी विशिष्ट शमन उपायों का विस्तृत ब्यौरा दिए जाने की आवश्यकता है; सबसे खराब स्थिति में भी लागू नियमों का अनुपालन सबसे खराब स्थिति में भी सबसे बड़ी बात है।

**तालिका 9.2 ताप विद्युत संयंत्रों के प्रचालन चरण के दौरान विशिष्ट प्रमुख पर्यावरणीय मुद्दे/प्रभाव तथा तदनुरूपी न्यूनीकरण उपाय**

| *पर्यावरणीय मुद्दे/प्रभाव पैदा करने वाले कारक/प्रभाव* | *शमन उपाय के सुझाव* |
|---|---|
| 1. वायु पर्यावरण<br>i. फ्लू गैस के ढेर से PM, $SO_2$, $NO_x$, CO उत्सर्जन<br>ii. फ्लू गैसों में Hg और अन्य भारी धातुएं जैसे As, Cr, Ni, Co, Pb और Cd<br>iii. राख हैंडलिंग और भंडारण से PM<br>iv. फ्लाई ऐश साइलो, राख निपटान क्षेत्रों व परिवहन से PM<br>v. कोयला भंडारण यार्ड से कोयले की धूल<br>vi. कन्वेयर ट्रांसफर पॉइंट्स से कोयले की धूल, कोयला अनलोडिंग और कोयला भंडारन क्षेत्र, कोयले का पीसना<br>vii. कोयला परिवहन<br>viii. ग्रीनहाउस गैस उत्सर्जन, $CO_2$ | 1. वायु पर्यावरण<br>i. उत्सर्जन नियंत्रण उपाय जैसे<br>*दहन के पूर्व*<br>• फ्लाई ऐश, Hg और S की मात्रा को कम करने के लिए कोयला परिष्करण<br>• S की मात्रा को कम करने के लिए कोयले का डीसल्फराइजेशन<br>*दहन के समय*<br>• $SO_2$ को कम करने के लिए चूना पत्थर को जोड़ना<br>• ईंधन के पूर्ण दहन को सुनिश्चित करने के लिए अतिरिक्त हवा को नियंत्रित करना<br>• $NO_x$ उत्सर्जन में कमी के लिए उन्नत निम्न $NO_x$ बर्नर |

| *पर्यावरणीय मुद्दे/प्रभाव पैदा करने वाले कारक/प्रभाव* | *शमन उपाय के सुझाव* |
|---|---|
| | • $NO_x$ को कम करने के लिए भट्टी के लिए हवाई अड्डों के साथ ओवर-फायर एयर सिस्टम<br>• कोयले से चलने वाले द्रवीकृत बिस्तर दहन बॉयलरों में चूने (CaO) या चूना पत्थर का उपयोग एकीकृत डीसल्फराइजेशन के लिए, निष्कासन दक्षता 80-90% तक प्राप्त करने के लिए<br>*दहन के उपरांत*<br>• PM उत्सर्जन को <$50mg/Nm^3$ तक कम करने के लिए ईएसपी<br>• फ्लू गैस में $SO_2$ को कम करने के लिए फ्लू गैस डिसल्फराइजेशन।<br>ii. भारी धातुओं को स्थिर करने के लिए फ्लू गैस स्टैक में सक्रिय कार्बन का इंजेक्शन<br>iii. ईएसपी से फ्लाई ऐश का राख साइलो से हॉपर्स द्वारा एकत्रित करने के लिए वातिक स्थानांतरण<br>iv. राख साइलो पर धूल संग्रह प्रणाली/फिल्टर, तिरपाल से ढके ट्रकों और ट्रकों में लोड करते समय पानी के छिड़काव के साथ फ्लाई ऐश की कंडीशनिंग<br>v. हवा की दिशाओं को ध्यान में रखते हुए कोयला भंडारण परिवृत्त<br>vi. कोयले की धूल और मीथेन जैसी गैसों के लिए कोयला बंकरों पर प्रदान की गई धूल संग्रह प्रणाली, और एकत्रित धूल बंकर या बेल्ट कन्वेयर को लौटाना<br>vii. तिरपाल से ढके वाहन |

| ***पर्यावरणीय मुद्दे/प्रभाव पैदा करने वाले कारक/प्रभाव*** | ***शमन उपाय के सुझाव*** |
|---|---|
| | viii. अपरिहार्य, परंतु, ईंधन के रूप में प्राकृतिक गैस और बायोमास का उपयोग द्वारा कमी<br>• लाभकारी अनुप्रयोग के लिए $CO_2$ की पुनः प्राप्ति |
| 2. शोर और कंपन वातावरण<br>i. भाप टरबाइन जनरेटर (एसटीजी) से शोर<br>ii. घूर्णन उपकरण: क्रशर, पीसने के उपकरण, कंप्रेसर, पंखे, पंप<br>iii. ट्रांसफार्मर, सर्किट ब्रेकर<br>iv. दहन प्रेरित<br>v. प्रवाह-प्रेरित<br>vi. भाप सुरक्षा राहत वाल्व<br>vii. बॉयलर कालिख उड़ना<br>viii. घूर्णन उपकरण से कंपन | 2. शोर और कंपन वातावरण<br>i. एसटीजी का एक बंद इमारत में स्थित होना<br>ii. विशिष्ट ध्वनिक आवास/ परिवृत<br>iii. से v. मैग्नेटो-इलेक्ट्रिक सिस्टम, प्लाज्मा एक्ट्यूएटर आदि का प्रावधान<br>vi. विशिष्ट नियंत्रण प्रणाली, निकास पाइप पर छिद्र<br>vii. कालिख उड़ाने के लिए कम दबाव वाले सेन्टईफऊगल कंप्रेसर का उपयोग, यह मानते हुए कि सफाई चक्र कुछ मिनटों का छोटा क्रम है, और ईंधन की गुणवत्ता के आधार पर बॉयलर कालिख उड़ाने का प्रासंगिक संचालन, और सुप्रथाओं को अपनाना<br>viii. कंपन को नियंत्रित करने के लिए विशिष्ट नींव और माउंटिंग जैसे अच्छे डिजाइन और इंजीनियरिंग अभ्यास |
| 3. जल पर्यावरण<br>i. संसाधनों की कमी<br>ii. जल भूविज्ञान में परिवर्तन (भारी मात्रामें जल की आवश्यकताको ध्यान में रखते हुए में, लगभग 1000 मेगावाट के लिए 150 बिलियन किलोलीटर / घंटा)<br>iii. यदि समुद्र या नदी से समुद्री/जलीय जीव मिले | 3. जल पर्यावरण<br>i. बारहमासी/ सतत् स्रोत<br>ii. विशिष्ट सतत् स्रोत (ओं), और अतिरिक्त हाइड्रोजियोलॉजिकल रिपोर्ट की सिफारिशों को लागू करना<br>iii. प्रवेश पाइपिंग मे उपयुक्त छन्नियाँ,ज्वारीय चक्रों को ध्यान मे रखना |

| *पर्यावरणीय मुद्दे/प्रभाव पैदा करने वाले कारक/प्रभाव* | *शमन उपाय के सुझाव* |
|---|---|
| iv. अम्लीय वर्षा<br>v. अपशिष्ट जल<br>1. तलिए राख हैंडलिंग सिस्टम<br>2. राख के पानी का रिसाव<br>3. जल शोधन संयंत्र<br>4. बॉयलर और कूलिंग टॉवर से नीचे गिरना<br>5. एयरप्रीहेटर की धुलाई का जल<br>6. संयंत्र धुलाई का जल<br>7. फर्श की धुलाई और उपकरण निकाशी<br>8. फ्लू गैस डिसल्फराइजेशन।<br>9. प्रयोगशाला<br>10. कैंटीन<br>11. धुलाई का धूसरा जल<br>12. सीवेज<br>vi. अपवाह<br>1) कोयला ढेर क्षेत्र अपवाह<br>2) संयंत्र परिसर से सतही अपवाह<br>vii. तूफानी पानी<br>viii. गर्म पानी के निर्वहन के कारण थर्मल प्रदूषण | iv. ऊपर दिए गए iमें उल्लिखित $SO_2$ और $NO_x$ के नियंत्रण के लिए विशिष्ट उपाय<br>v. अपशिष्ट जल<br>1. राख तालाब में निर्देशित राख घोल, को तल मे बैठने देना और स्वस्थ पानी का पुनः नवीनिकरण<br>2. राख निपटान क्षेत्र मे एक अभेद्य परत का होना जिससे राख के पानी और वर्षा जल के रिसाव को रोका जा सके<br>3. से 9. गुणवत्ता के आधार पर अपशिष्ट जल को अलग, एकत्र और बेअसर किया जाता है, और इसको पूरा करने, धूल दमन, राख की हैंडलिंग इत्यादि रीसाइक्लिंग के लिए उपयोग किया जाता है।<br>10. से 12. घरेलू सीवेज के उपचार के लिए अच्छी तरह से डिज़ाइन किया गया सीवेज ट्रीटमेंट प्लांट, तथा उपनगर से प्राप्त उपचारित अपशिष्ट जल का कुछ हद तक पुन: उपयोग किया जा सकता है-<br>• शौचालय: फ्लशिंग के लिए दोहरी नलसाजी प्रणाली<br>• गैर-मानसून अवधि में संयंत्र परिसर और उपनगर में हरित बेल्ट का विकास और हरा-भरा करना |

| *पर्यावरणीय मुद्दे/प्रभाव पैदा करने वाले कारक/प्रभाव* | *शमन उपाय के सुझाव* |
|---|---|
| | vi. अपवाह प्रबंधन<br>i. से ii. उपयुक्त संयंत्र लेआउट और जल निकासी<br>• अपवाह संग्रहण प्रणाली, निपटान, विशुद्धीकरण, स्वस्थ जल की रीसाइक्लिंग/ पुन: उपयोग<br>vii. स्टॉर्मवाटर एकत्रीकरण एवं निपटान नेटवर्क<br>viii. ठंडा तालाब और भंडारण<br>• मल्टी-पोर्ट डिफ्यूज़र के माध्यम से जल निकाय में गहराई में निर्वहन |
| 4. भूमि<br>i. कोयला परिवहन, रिसाव, हैंडलिंग और भंडारण, राख हैंडलिंग, राख तालाब और राख निपटान से PM के कारण भूमि क्षरणका होना<br>ii. फ्लाई ऐश के साथ-साथ तलहटी की राख में Hg और अन्य भारी धातुजैसे As, Cr, Ni, Co, Pb, और Cd<br>iii. स्टैक से PM का जमाव, कोयला हैंडलिंग, तैयारी और भंडारण, कच्चे मार्गों पर वाहनों की आवाजाही। | 4. भूमि<br>i. वायु पर्यावरण के तहत चर्चा किए गए विशिष्ट धूल नियंत्रण उपायों का आवश्यकतानुसार उपयोग<br>ii. वायु और जल पर्यावरण के तहत चर्चा किए गए विशिष्ट नियंत्रण उपाय<br>iii. स्रोत पर विशिष्ट धूल नियंत्रण उपाय<br>• सड़कों का निर्माण<br>• परिभाषित यातायात मार्ग<br>• सतहों का निर्माण |
| 5. ठोस अपशिष्ट<br>i. फ्लाई ऐश: ईएसपी के पहले चरण से प्राप्त मोटे फ्लाई ऐश (आमतौर पर उत्पन्न राख का >70% होता है, >5% कार्बन)<br>ii. बॉयलर स्लैग और तलहट राख, (तरलित संस्तर दहन से उत्पन्न तलीय राख)<br>iii. जल संशोधन संयंत्र का गाद कूलिंग टॉवर का गाद<br>iv. सीवेज ट्रीटमेंट प्लांट का गाद एफजीडी का | 5. ठोस अपशिष्ट<br>i. ईंटों के निर्माण में उपयोग(ऊष्मा मान में कार्बन का योगदान)<br>• लागू नियमों का पालन करते हुए फ्लाई ऐश का उपयोग<br>ii. उपयुक्त उपयोग<br>iii. लागू विनियमों का पालन करते हुए निपटान<br>iv. लागू विनियमों का पालन करते हुए निपटान |

| ***पर्यावरणीय मुद्दे/प्रभाव पैदा करने वाले कारक/प्रभाव*** | ***शमन उपाय के सुझाव*** |
|---|---|
| गाद (वहाँ, जहां एफजीडी नियोजित है, न कि भारतीय कोयला,जिसमें आम तौर पर <0.5% सल्फर होता है)<br>v. फर्श की सफाई और विभिन्न स्रोतों से उत्सर्जित धूल<br>vi. उपनगर और कार्यालय का घरेलू अपशिष्ट<br>vii. खतरनाक अपशिष्ट: अपशिष्ट तेल, उपकरणरखरखाव से तेल अपशिष्ट, कार्यशाला से तेल अपशिष्ट | v. मीथेन उत्पादन के लिए पाचन और ईंधन के रूप में कैंटीन और उपनगरों में इसका उपयोग<br>vi. सल्फ्यूरिक एसिड, उर्वरक संयंत्रों में उपयोग<br>vii. सूखी झाड़ू, संग्रह और पुन: उपयोग<br>viii. कचरे का पृथक्करण:<br>• जैविक अपशिष्ट खाद या बायोगैस उत्पादन के लिए उपयोग<br>• घरेलू अपशिष्ट, और ई-अपशिष्ट और बायोमेडिकल अपशिष्ट जैसे अन्य कचरे को लागू नियमों का पालन करते हुए प्रबंधित करना<br>ix. लागू विनियमों का पालन करते हुए अधिकृत रीसाइक्लर्स (विधिवत चिन्हित) |
| 6. पारिस्थितिकी<br>i. LU/LC, मृदा, जल निकासी पैटर्न और जल गुणवत्ता में परिवर्तन, और PM, एवं शोर और कंपन के स्तर में वृद्धि के कारण वनस्पतियों और जीवों पर प्रभाव<br>ii. परिवहन नेटवर्क और अन्य बुनियादी ढांचे के विकास और वाहनों की आवाजाही से उत्सर्जन के कारण बफर जोन में वनस्पतियों और जीवों पर प्रभाव<br>iii. PM और वाहनों के उत्सर्जन के कारण वनस्पति की वृद्धि में अवरोध | 6. पारिस्थितिकी<br>i. PM, शोर और कंपन, जल निकासी और जल गुणवत्ता के लिए विशिष्ट नियंत्रण उपाय<br>• वनस्पतियों और जीवों के नुकसान की गणना, और विशिष्ट मुआवजे के उपाय<br>ii. वाहनों के उत्सर्जन के लिए विशिष्ट नियंत्रण उपाय<br>• वनस्पतियों और जीवों के नुकसान की गणना, और मुआवजे के उपाय<br>iii. PM और वाहन उत्सर्जन के लिए विशिष्ट नियंत्रण उपाय |

| *पर्यावरणीय मुद्दे/प्रभाव पैदा करने वाले कारक/प्रभाव* | *शमन उपाय के सुझाव* |
|---|---|
| 7. SE<br>1. परिवेशी हवा में गैसीय उत्सर्जन और PM के कारण आस-पास की आबादी और राहगीरों के बीच स्वास्थ्य संबंधी समस्याएं<br>2. उत्सर्जन, LU/LC में परिवर्तन के कारण कृषि उत्पादन में कमी<br>3. कौशल के आधार पर संयंत्र और उपनगर में मैनुअल और कुशल नौकरियों के लिए स्थानीय आबादी के लिए रोजगार की संभावना<br>4. स्थानीय आबादी के लिए सामग्री और सेवाओं की आपूर्ति करने का अवसर<br>5. परिवहन और सहायक सुविधाओं का विकास<br>6. स्थानीय बाजारों का विकास<br>7. प्रेरित विकास, अचल संपत्ति के विकास को और बढ़ावा देना, और अचल संपत्ति की कीमतों में वृद्धि<br>8. भौतिक और सामाजिक बुनियादी ढांचे के विकास के संदर्भ में स्थानीय आबादी की बढ़ती अपेक्षाएं | 7. SE<br>i. स्टैक और पलायनशील उत्सर्जन से गैसीय उत्सर्जन तथा PM के लिए विशिष्ट नियंत्रण उपाय<br>ii. उत्सर्जन नियंत्रण के लिए विशिष्ट उपाय<br>• कृषि उपज का अनुमान और क्षति की पूर्ति में कमी<br>iii. से vi. स्थानीय आबादी के लिए लाभकारी<br>vii. अपरिहार्य, विकास की योजना बनाना, भूस्वामियों के लिए लाभकारी, अचल संपत्ति की कीमतों में अनिवार्य वृद्धि है<br>viii. स्थानीय व्यक्तियों को शामिल करते हुए विकास के लिए दीर्घकालिक कार्यक्रम, और लागू नियमों का पालन करते हुए सीएसआर कार्यक्रम |
| 8. जोखिम<br>i. ईंधन से आग और विस्फोट<br>ii. बॉयलर, गैस टरबाइन, जनरेटर, पावर ट्रांसफार्मर, विद्युत प्रणालियों, तरल ईंधन हैंडलिंग और भंडारण में आग<br>iii. गैसीकरण प्रणाली में विस्फोट<br>iv. कोयले की धूल मे विस्फोट<br>v. क्लोरीन की विषाक्त रिलीज (आकस्मिक) | 8. जोखिम<br>i. से viii. जोखिम आकलन जिसमें खतरे की पहचान और आकलन, और रिसाव, इन्वेंट्री और मौसम संबंधी स्थितियों के विभिन्न परिदृश्यों के तहत परिणाम विश्लेषण और प्रासंगिक मॉडल का उपयोग करके परिणामों और कमजोर प्रभाव क्षेत्र का पूर्वानुमान<br>• निर्माण, स्थापना, संचालन और रखरखाव के माध्यम से डिजाइन के लिए सुप्रथाओं को अपनाने से लेकर विशिष्ट जोखिम शमन उपाय |

| ***पर्यावरणीय मुद्दे/प्रभाव पैदा करने वाले कारक/प्रभाव*** | ***शमन उपाय के सुझाव*** |
|---|---|
| | • ऑन-साइट के साथ-साथ ऑफ-साइट आपातकालीन प्रतिक्रिया कार्यक्रम |
| 9. व्यावसायिक स्वास्थ्य (कार्य क्षेत्र) से संबंधित जैसे<br>• घूर्णन उपकरण, और वेल्डिंग से चोटें<br>• स्विच गियर और अन्य स्रोतों से बिजली के खतरे<br>• गर्म सतहों से और वेल्डिंग के दौरान जलना<br>• उच्च तापमान से संपर्क<br>• उच्च शोर से संपर्क<br>• कोयले की धूल के उच्च स्तर से संपर्क<br>• शारीरिक रूप से गिरना | 9. कारखाना अधिनियम जैसे लागू नियमों का पालन करते हुए व्यावसायिक स्वास्थ्य (कार्य क्षेत्र) से संबंधित उपायों में शामिल हैं<br>• एक अच्छा कार्य परिवेश<br>• प्राथमिक चिकित्सा सुविधाएं<br>• श्रमिक उपयुक्त मास्क<br>• व्यक्तिगत सुरक्षा उपकरण, आदि उपकरणों के उपयोग को सुनिश्चित करने केसिस्टम के साथ |

### *9.1.6 अतिरिक्त अध्ययन*

टीओआर में निर्दिष्ट अध्ययन आयोजित किए जाने की आवश्यकता है। प्रस्तावित टीपीपी के आकार और फीडस्टॉक, जलाशय, ट्रांसफार्मर और बिजली निकासी के लिए स्विचयार्ड और कार्यरत कर्मियों के लिए टाउनशिप के परिवहन और भंडारण सहित संबद्ध अवसंरचनात्मक विकास को ध्यान में रखते हुए, भूमि और पानी जैसे प्राकृतिक संसाधनों की आवश्यकता बड़ी हो सकती है। साइट के आधार पर, निम्नलिखित से संबंधित विशेष अध्ययन की भी आवश्यकता हो सकती है:

i. पुनर्वास और पुनर्स्थापन (आर एंड आर)
ii. जल भूविज्ञान
iii. पारिस्थितिकी और जैव विविधता
iv. सामाजिक-आर्थिक पहलू
v. जोखिम आकलन और आपदा प्रबंधन
vi. समुद्री पर्यावरणीय प्रबंधन

### *9.1.7 पर्यावरणीय निगरानी कार्यक्रम*

यह अध्याय 7 में चर्चा किए गए दर्शन के आधार पर तैयार किया जा सकता है। इसमें मुख्य रूप से निगरानी शामिल है:

i. NAAQS में निर्दिष्ट मापदंडों के लिए परिवेशी वायु गुणवत्ता, जैसे $PM_{10}$, $PM_{2.5}$, $NO_x$, और $SO_2$, और अन्य (MOEF 2009)।

ii. शोर, जल संसाधन और उनकी गुणवत्ता, भूजल स्तर और गुणवत्ता, मिट्टी की विशेषताएं, आदि उन स्थानों पर जहां आधारभूत पर्यावरणीय स्थितियों को स्थापित करने के लिए निगरानी की गई थी।
iii. विशेष अध्ययनों की सिफारिशों, पारिस्थितिकी के लिए पर्यावरणीय संकेतकों, सामाजिक और आर्थिक पहलुओं आदि से उत्पन्न होने वाले मुद्दे।

भौतिक-रासायनिक, पारिस्थितिक और सामाजिक मापदंडों की निगरानी की आवृत्ति को पर्यावरणीय अनुमोदन शर्तों और संचालन के लिए सहमति में निर्धारित शर्तों का पालन करने की आवश्यकता है। एक उदाहरणात्मक पर्यावरणीय निगरानी कार्यक्रम नीचे वर्णित है, जिसे साइट की स्थितियों और नियामक आवश्यकताओं के आधार पर ठीक करने की आवश्यकता है।

निर्माण चरण

i. *परिवेशी वायु गुणवत्ता (एएक्यू)*: निर्माण क्षेत्र और आस-पास के गांवों में $PM_{10}$, $PM_{2.5}$, $SO_2$, $NO_x$, CO और हाइड्रोकार्बन के लिए लगातार 24 घंटे के लिए साप्ताहिक, जहां बेसलाइन निगरानी की गई थी।
ii. *शोर*: निर्माण क्षेत्र और आस-पास के गांवों में जहां बेसलाइन निगरानी की गई थी, वहां साप्ताहिक, लगातार 24 घंटे के लिए
iii. *मिट्टी की गुणवत्ता*: निर्माण क्षेत्र और आस-पास के गांवों में संरचना और विशेषताओं के लिए मासिक जहां बेसलाइन निगरानी की गई थी।
iv. *जलीय और समुद्री पानी*: बेसलाइन स्थानों पर भौतिक-रासायनिक मापदंडों के लिए मासिक निगरानी
v. *भूमिगत जल*: बेसलाइन स्थानों पर भौतिक-रासायनिक मापदंडों के लिए मासिक निगरानी
vi. *समुद्री पारिस्थितिकी*: बेसलाइन स्थानों पर फाइटोप्लांकटन, जूप्लांकटन और बेंथोस के लिए मासिक निगरानी

कार्रवाई का चरण

i. *एएक्यू*: $PM_{10}$, $PM_{2.5}$, $SO_2$, $NO_x$, सामग्री हैंडलिंग, भंडारण और वाहन पार्किंग क्षेत्र में CO, संयंत्र परिसर में एक स्थान, सुरक्षा द्वार और आस-पास के स्थानों में बेसलाइन निगरानी स्थानों के लिए मासिक, लगातार 24 घंटे के लिए
ii. *स्टैक मॉनिटरिंग*: हर स्टैक के लिए लगातार
iii. *शोर*: साप्ताहिक, कोयला हैंडलिंग और वाहन पार्किंग क्षेत्र में लगातार 24 घंटे के लिए, और कोयला मिल, बॉयलर, टरबाइन, कूलिंग टॉवर, सुरक्षा गेट, और आस-पास के स्थानों में बेसलाइन निगरानी स्थानों पर

iv. *मिट्टी की गुणवत्ता*: संयंत्र परिसर और आस-पास के स्थानों में संरचना और विशेषताओं के लिए वार्षिक और आकस्मिक परिदृश्यों के तहत जहां आधारभूत निगरानी की गई थी।
v. *जलीय और समुद्री जल*: आकस्मिक परिदृश्य और बेसलाइन स्थानों पर भौतिक-रासायनिक मापदंडों के लिए मासिक निगरानी
vi. *भूमिगत जल*: आकस्मिक परिदृश्य और बेसलाइन स्थानों पर भौतिक-रासायनिक मापदंडों के लिए मासिक निगरानी
vii. *जलीय और समुद्री पारिस्थितिकी*: पहले वर्ष में आकस्मिक परिदृश्य और त्रैमासिक और फिर बेसलाइन स्थानों पर फाइटोप्लांकटन, जूप्लांकटन और बेंथोस के लिए वार्षिक निगरानी।

### *9.1.8 पर्यावरणीय प्रबंधन कार्यक्रम*

पर्यावरणीय प्रबंधन कार्यक्रम (ईएमपीजी) अध्याय 7 में चर्चा किए गए दर्शन के आधार पर तैयार करने की आवश्यकता है। अन्य कार्यक्रमों के अलावा, निम्नलिखित ईएमपीजी को कार्यान्वयन के लिए जिम्मेदारी और समय सीमा, पूंजी की अनुमानित आवश्यकता के साथ-साथ आवर्ती निधियों और ईएमपीजी की आवधिक निगरानी और लेखा परीक्षा के स्पष्ट उल्लेख के साथ कवर करने की आवश्यकता है:

i. संविदा और ठेकेदारों के कर्मियों का प्रशिक्षण और उनके काम की निगरानी
ii. ऊपरी मृदा प्रबंधन
iii. निर्माण अपशिष्ट प्रबंधन
iv. निर्माण सामग्री प्रबंधन
v. कोयला हैंडलिंग और भंडारण प्रबंधन तटीय जल में कोयले के रिसाव की रोकथाम सुनिश्चित करना, और कोयला टर्मिनल पर, बंदरगाह पर और साइट पर कोयले के परिवहन के दौरान परिवेशी हवा में धूल उत्सर्जन।
vi. साइट पर कोयला हैंडलिंग और भंडारण प्रबंधन, परिवेशी हवा, रिसाव और आग और विस्फोटों में कोयले की धूल और धूल उत्सर्जन के बहने की रोकथाम सुनिश्चित करना
vii. फ्लाई ऐश हैंडलिंग, स्टोरेज और उपयोग प्रबंधन, स्पष्ट रूप से संभावित उपयोगकर्ताओं को निर्दिष्ट करना जो फ्लाई ऐश और बॉटम ऐश के उपयोग के लिए प्रतिबद्ध हैं।
viii. सामग्री और कर्मियों के परिवहन के लिए परिवहन और यातायात प्रबंधन जिसमें पेयजल, स्वच्छता, ड्राइवरों और क्लीनरों के लिए कैंटीन और प्रतीक्षा सुविधाएं, परिवहन वाहनों के लिए ईंधन की सुविधा और पार्किंग जैसी बुनियादी सुविधाएं प्रदान करना शामिल है।
ix. प्रणालियों के परिचालन और निवारक रखरखाव का तंत्र, जो आम तौर पर आधुनिक संयंत्रों के लिए अच्छे इंजीनियरिंग अभ्यास के अभिन्न अंग हैं; इनमें प्रोसेस कंट्रोल, ऑटोमेशन, डस्ट कंट्रोल सिस्टम, शोर और वाइब्रेशन कंट्रोल उपाय, ऑनलाइन मॉनिटरिंग, लीक डिटेक्शन, आदि शामिल हैं।

x. ऑन-साइट और ऑफ-साइट आपातकालीन (आपदा) प्रबंधन

xi. वर्षा जल संचयन और जल संरक्षण

xii. आर एंड आर जैसे विशेष अध्ययनों की उत्पन्न सिफारिशों पर कार्रवाई

xiii. पक्की सड़कों की नियमित सूखी सफाई, भंडारण और सामग्री हैंडलिंग क्षेत्रों और उनके पुनर्चक्रण, सतहों के फुटपाथ, धूल को कम करने के लिए कच्ची सतहों पर घास का रोपण, ठोस अपशिष्ट उत्पादन और तलछट परिवहन सहित अच्छी हाउसकीपिंग

xiv. चिन्हित प्रजातियों के चरण-वार वृक्षारोपण सहित हरियाली और हरित पट्टी का विकास

xv. संयंत्र भवनों के साथ-साथ टाउनशिप को डिजाइन करते समय ग्रीन बिल्डिंग अवधारणा का कार्यान्वयन, खाना पकाने, हीटिंग और सामान्य प्रकाश व्यवस्था के लिए सौर ऊर्जा का उपयोग, आदि।

xvi. टाउनशिप सीवेज और ठोस अपशिष्ट प्रबंधन

xvii. संयंत्र कर्मियों के लिए चल रहे प्रशिक्षण कार्यक्रम

xviii. पर्यावरण संवर्धन कार्यक्रम जैसे

क) कार्बन फुटप्रिंट को कम करके ग्रीनहाउस गैसों में कमी, $NH_3$ जैसे सॉल्वैंट्स द्वारा फ्लू गैस से $CO_2$ का अवशोषण, और पुनर्प्राप्त $CO_2$ का उपयोग

ख) शून्य अपशिष्ट निपटान और शून्य तरल अपशिष्ट निर्वहन प्राप्त करने के लिए अपशिष्ट न्यूनीकरण

ग) कृत्रिम आवासों का निर्माण; आदि।

**तालिका 9.1** और **तालिका 9.2** की भी समीक्षा करने की आवश्यकता है ताकि यह सुनिश्चित किया जा सके कि सुझाए गए ईएमपीजी में सभी पहलू शामिल हैं। इसके अलावा, ईएमपीजी को अपने आवधिक लेखा परीक्षा, शीर्ष प्रबंधन द्वारा समीक्षा और अद्यतन करने के लिए तंत्र शामिल करने की आवश्यकता है।

## 9.2 खनन

### *9.2.1 भारतीय संदर्भ में लागू विनियम/दिशानिर्देश*

1. एमओईएफ (2006) के अनुसार, ग्रीनफील्ड के साथ-साथ ब्राउनफील्ड खनन परियोजनाओं को पूर्व पर्यावरणीय मंजूरी प्राप्त करने की आवश्यकता होती है। स्क्रीनिंग मानदंड परियोजनाओं को निम्नानुसार वर्गीकृत करते हैं:

   i. श्रेणी ए:

      क) जिनके पास 50 हेक्टेयर (कोयले के लिए 150 हेक्टेयर) और उससे अधिक का खनन पट्टा क्षेत्र है

      ख) एस्बेस्टस खनन

ii. श्रेणी बी*: जिनके पास 5 हेक्टेयर और उससे अधिक का खनन पट्टा क्षेत्र है लेकिन <50 हेक्टेयर (कोयले के लिए <150 हेक्टेयर)

iii. निम्नलिखित प्रकार की खनन परियोजनाओं को ईआईए अधिसूचना के प्रावधानों से छूट दी गई है:

क. खनिजों की पूर्वेक्षण

ख. खनन पट्टा क्षेत्र का <5 हेक्टेयर

* सामान्य शर्तें लागू होती हैं, यानी संवेदनशील स्थानों और क्षेत्राधिकार सीमाओं से दूरी से संबंधित

2. यह स्वीकार किया जाना चाहिए कि खनिजों का खनन और तेल और गैस की खोज उन क्षेत्रों में की जानी चाहिए जहां प्रमुख संसाधन उपलब्ध हैं। इस प्रकार, स्थान का चयन करने के लिए विकल्प नहीं हो सकते हैं। इसके अलावा, *यह देखा गया है कि कई खनिज उन क्षेत्रों में उपलब्ध हैं जो जैव विविधता में समृद्ध हैं*।

3. खनन पर लागू *प्रमुख नियमों* में शामिल हैं

i. वायु (प्रदूषण निवारण और नियंत्रण) अधिनियम, नियम और संशोधन, 1981, 1982, 1983, 1987

ii. जैव विविधता अधिनियम, नियम, 2002, 2004

iii. कोयला खान (संरक्षण और विकास) संशोधन अधिनियम, 1985, 2020

iv. तटीय विनियमन क्षेत्र अधिसूचना, और संशोधन, 2008, 2011, 2019

v. निर्माण और विध्वंस अपशिष्ट प्रबंधन नियम, 2016

vi. पर्यावरण (संरक्षण) अधिनियम और नियम, और संशोधन, 1986, 1991, 2019

vii. विस्फोटक अधिनियम, 1884, 2018, 2019

viii. ई-अपशिष्ट प्रबंधन नियम, और संशोधन 2011, 2018

ix. वन (संरक्षण) अधिनियम और नियम, और संशोधन, 1980, 1981, 2003, 2018

x. ग्रेनाइट संरक्षण और विकास नियम, 1999

xi. खतरनाक और अन्य अपशिष्ट (प्रबंधन और सीमा पार आंदोलन) नियम, 2016

xii. भारतीय वन अधिनियम, और संशोधन, 1927, 1984, 2017, 2019

xiii. खनिज रियायत नियम, 1960, 2016

xiv. खनिज संरक्षण और विकास नियम, 1988

xv. खान और खनिज (विनियमन और विकास) अधिनियम, और संशोधन, 1957, 1984, 2016

xvi. खान बचाव नियम, 1985

xvii. खान नियम, 1955

xviii. राष्ट्रीय परिवेशी वायु गुणवत्ता मानक, 2009

xix. राष्ट्रीय वन नीति (संशोधित), 1988
xx. ध्वनि प्रदूषण (विनियमन और नियंत्रण) नियम, और संशोधन, 2000, 2006, 2010
xxi. पेट्रोलियम और प्राकृतिक गैस नियम, 1948, 2002
xxii. पशु क्रूरता निवारण अधिनियम, नियम, 1960, 1978, 2001, 2017
xxiii. पौध किस्म और कृषक अधिकार संरक्षण अधिनियम, 2001
xxiv. ठोस अपशिष्ट प्रबंधन नियम, 2016
xxv. खान अधिनियम, 1952
xxvi. जल (प्रदूषण निवारण और नियंत्रण) अधिनियम, नियम और संशोधन, 1974, 1978, 2003
xxvii. वन्यजीव (संरक्षण) अधिनियम, नियम और संशोधन, 1972, 1973, 1991, 1995, 2002, 2014

### *9.2.2 क्षेत्रीय संक्षिप्त विवरण*

खनन पृथ्वी की परत से मूल्यवान खनिजों या धातुओं, कोयला, तेल शेल, रत्न, चूना पत्थर, और मिट्टी जैसे अन्य भूवैज्ञानिक सामग्रियों का निष्कर्षण है (https://en.wikipedia.org/wiki/Dimension_stonegravel)। व्यापक अर्थों में खनन में किसी भी गैर-नवीकरणीय संसाधन जैसे पेट्रोलियम, प्राकृतिक गैस या यहां तक कि पानी का निष्कर्षण शामिल है। कुछ खनन परियोजनाओं में खनिज अयस्क परिष्करण सुविधाएं भी शामिल हो सकती हैं जैसे कि प्रयोक्ता उद्योग को भेजने से पहले अयस्क को उन्नयन/संकेन्द्रित करने के लिए गड्ढे में झाग फ्लोटेशन और स्क्रीनिंग जैसी विधियों का उपयोग करके अयस्क की पेराई, पीसने और प्रसंस्करण करना।

एक विशिष्ट खनन परियोजना में शामिल हैं

i. खान विकास, खनन कार्यों को शुरू करने के लिए आवश्यक आवश्यक सुविधाओं का निर्माण करके साइट को विकसित करने के लिए एक प्रारंभिक चरण
ii. खनन कार्यों में निम्नलिखित शामिल हैं
    क. बोल्डर और चट्टानों को तोड़ने के लिए बुलडोजर, हथौड़ों और ड्रिल जैसे ड्रिल की मदद से खुदाई।
    ख. छोटे/गहरे छेदों में डेटोनेटर/विस्फोटकों का उपयोग करके विस्फोट करना।
    ग. फावड़े, क्रेन और ट्रकों का उपयोग करके ऊपरी मिट्टी, अतिभार, चट्टानों, निम्न श्रेणी के अयस्क और अयस्क की हैंडलिंग, भंडारण और परिवहन
    घ. सड़क टैंकरों का उपयोग करके पानी का परिवहन
iii. खनन गतिविधि के पूरा होने पर खनन किए गए क्षेत्र का पुनर्ग्रहण।

*खनन तकनीकों* को दो सामान्य उत्खनन प्रकारों में वर्गीकृत किया जा सकता है:

क. सतह (ओपन-कास्ट) खनन

ख. उप-सतह (भूमिगत) खनन

कभी-कभी यह दोनों तरीकों का संयोजन हो सकता है।

*सतह खनन*, जो एक अधिक सामान्य अभ्यास है, सतह वनस्पति, गंदगी और चट्टान की परतों को हटाकर / अलग करके किया जाता है, यानी दबे हुए अतिभारी जमा अयस्क तक पहुंचने के लिए। सतह खनन की तकनीकों में आमतौर पर शामिल हैं:

i. *खुले गड्ढे खनन*, जो जमीन में एक खुले गड्ढे से सामग्री की वसूली है
ii. *उत्खनन*, खुले गड्ढे वाले खनन के समान, सिवाय इसके कि यह रेत, पत्थर और मिट्टी को संदर्भित करता है
iii. *पट्टी खनन*, जिसमें नीचे अयस्क जमावों / सीमों को प्रकट करने के लिए सतह की परतों को अलग करना शामिल है
iv. *माउंटेन-टॉप रिमूवल*, आमतौर पर कोयला खनन से जुड़ा होता है, जिसमें गहराई पर अयस्क जमा तक पहुंचने के लिए पहाड़ की चोटी को हटाना शामिल होता है।

*उप-सतह खनन (भूमिगत खनन)* में दबे हुआ अयस्क जमाव तक पहुंचने के लिए पृथ्वी में सुरंग या शाफ्ट खोदना शामिल है। अयस्क और अपशिष्ट चट्टान को क्रमशः प्रसंस्करण और निपटान के लिए सुरंगों और शाफ्ट के माध्यम से सतह पर लाया जाता है। उप-सतह खनन को उपयोग किए जाने वाले एक्सेस शाफ्ट के प्रकार, निष्कर्षण विधि और जमा खनिज तक पहुंचने के लिए उपयोग की जाने वाली तकनीक द्वारा वर्गीकृत किया जा सकता है:

i. क्षैतिज पहुँच सुरंगों का उपयोग करके बहाव खनन।
ii. तिरछे ढलान वाले एक्सेस शाफ्ट का उपयोग करके ढलान खनन।
iii. ऊर्ध्वाधर पहुँच शाफ्ट का उपयोग करके शाफ्ट खनन।

लिफ्ट का उपयोग आम तौर पर उप-सतह खनन में किया जाता है

i. खनिकों को खदान के अंदर और बाहर ले जाना
ii. मशीनरी को अंदर और बाहर ले जाना
iii. चट्टान और अयस्क को बाहर ले जाना

कठोर और नरम चट्टान संरचनाओं में खनन के लिए विभिन्न तकनीकों की आवश्यकता होती है।

आम तौर पर, बड़ी खनन परियोजनाएं भी अपने कर्मियों के लिए टाउनशिप का प्रस्ताव करती हैं। परियोजना का अभिन्न अंग होने के नाते टाउनशिप के प्रभावों पर भी खनन परियोजना के साथ विचार करने की आवश्यकता है। यह देखते हुए कि खनन क्षेत्र अक्सर जंगलों में आते हैं, खदानों से सटे

टाउनशिप के लिए प्रमुख वन भूमि से बचा जा सकता है। यदि दूरी संचारी है तो टाउनशिप को जंगल के बाहर भी प्रस्तावित किया जा सकता है।

*सतह खनन* में शामिल *विशिष्ट पर्यावरणीय मुद्दों* में निम्नलिखित शामिल हैं:

1. LU/LC में परिवर्तन
2. वनों की कटाई
3. मृदा अपरदन
4. सिंकहोल का निर्माण
5. जैव विविधता की हानि
6. मिट्टी, भूजल और सतही जल का संदूषण
7. वायु उत्सर्जन
8. कोयले की आग का उत्सर्जन, जो वर्षों तक रह सकता है
9. सौंदर्यशास्त्र

अपशिष्ट

खनन बड़ी मात्रा में अपशिष्ट उत्पन्न करता है, जिसे टेलिंग कहा जाता है, जो विषाक्त हो सकता है और जल निकायों को प्रदूषित करने की क्षमता रखता है। बांध और रोकथाम सुविधाओं जैसी संरचनाओं को इस तरह से नियोजित, डिजाइन और संचालित करने की आवश्यकता है कि पूरे खनन चक्र (आईएफसी 2007 ए) में भू-तकनीकी जोखिमों और पर्यावरणीय प्रभावों का उचित मूल्यांकन और प्रबंधन किया जा सके।

जल प्रदूषण

खान जल निकासी, जलीय निष्कर्षण, और अन्य खनन प्रक्रियाओं से उत्पादित पानी की बड़ी मात्रा As, Pb और Cd जैसी भारी धातुओं के विघटन और परिवहन और जमीन और सतह के पानी के संदूषण की क्षमता को बढ़ाती है। खान स्थलों पर पानी के प्रवाह को नियंत्रित करने और निगरानी करने के लिए उपयोग की जाने वाली तकनीकों में शामिल हो सकते हैं:

i. डायवर्सन सिस्टम
ii. रोकथाम तालाब
iii. भूजल पंपिंग सिस्टम
iv. उप-सतह जल निकासी प्रणाली
v. उप-सतह बाधाएं; आदि।

दूषित पानी को आम तौर पर एक उपचार सुविधा में पंप किया जाता है। रेत खनन और बजरी खनन पृथ्वी की सतह में बड़े गड्ढे और दरारें पैदा कर सकते हैं। कभी-कभी, खनन इतना गहरा हो सकता है कि यह भूजल, झरनों, भूमिगत कुओं और जल स्तर को प्रभावित करता है।

## जैव विविधता

साइट के बड़े पैमाने पर शोषण, खान-अपशिष्ट, और पर्यावरण को दूषित करने वाले अवशिष्ट के कारण मूल निवास स्थान का विनाश और कठोर संशोधन क्षेत्र में https://en.wikipedia.org/wiki/Biodiversity सूक्ष्म जीवों, मैक्रो-जीवों, वनस्पति और जानवरों पर एक बड़ा प्रभाव डाल सकता है। pH और मृदा के तापमान में परिवर्तन, क्षेत्रीय समुदायों, विशेष रूप से स्थानिक प्रजातियों को परेशान करता है, और निवास स्थान संशोधन का कारण बनता है। खनन गतिविधि के अंत के बाद भी प्रतिकूल प्रभाव अक्सर लंबे समय तक महसूस किए जाते हैं।

## जलीय पारिस्थितिकी

प्रत्यक्ष विषाक्तता के अलावा, तब जोखिम अधिक होता है जब दूषित पदार्थ तलछट में गतिशील होते हैं या जल निकायों में जैव उपलब्ध होते हैं। सूक्ष्म जीव, मैक्रो-जीव, साथ ही मछली, pH और तापमान में परिवर्तन से प्रभावित होते हैं।

## स्थलीय पारिस्थितिकी

पौधे प्रत्यक्ष विषाक्तता से प्रभावित हो सकते हैं। पीएच में परिवर्तन के माध्यम से मिट्टी का अम्लीकरण प्रजातियों में कमी का कारण बन सकता है। संदूषक सूक्ष्म जीवों को संशोधित या परेशान कर सकते हैं, जो पोषक तत्वों की उपलब्धता को संशोधित करता है और क्षेत्र में वनस्पति के नुकसान का कारण बनता है। यहां तक कि पुनः प्राप्त आवासों में, पौधों की प्रजातियों की विविधता निर्विवाद क्षेत्रों की तुलना में अधिक नहीं हो सकती है। आवास विनाश के कारण, सूक्ष्म जीव नष्ट हो जाते हैं और जानवरों को साइट से पलायन करने के लिए मजबूर किया जाता है। जानवरों को खनन उत्पादों और अवशिष्ट द्वारा सीधे जहर भी दिया जा सकता है।

## कृषि

खेती की गई फसलों की उपज कम हो सकती है। पौधे आम तौर पर भारी धातुओं को जमा करते हैं, जो फलों और सब्जियों के माध्यम से मानव प्रणाली में मिल जाते हैं, जिससे समय के साथ भारी धातुओं के जैव संचय के कारण स्वास्थ्य समस्याएं होती हैं।

## भूमिगत कोयला खनन से विशिष्ट खतरे

भूमिगत खनन में भूमि धंसना और खानों में बाढ़ आना विशिष्ट जोखिम हैं। व्यावसायिक खतरों में घुटन, गैस विषाक्तता, छत का गिरना और गैस विस्फोट शामिल हो सकते हैं। खतरनाक गैसों का निर्माण, जिसे नम के रूप में जाना जाता है, निम्नानुसार स्वास्थ्य के लिए खतरा पैदा कर सकता है:

i. काली डैम्प $CO_2$ और $N_2$ का मिश्रण घुटन का कारण बन सकता है; एनोक्सिक स्थिति, उदाहरण के लिए संक्षारण के परिणामस्वरूप संलग्न स्थानों में ऑक्सीजन की कमी होती है।

ii. नमी के बाद: काली डैम्प के समान, नमी के बाद CO, $CO_2$ और $N_2$ होते हैं, जो खदान विस्फोट के बाद बनते हैं
iii. फायर डैम्प: ज्यादातर मीथेन, एक अत्यधिक ज्वलनशील गैस, 5-15% की सान्द्रता की सीमा में विस्फोट करती है, और 25% की सान्द्रता के स्तर पर श्वांस अवरोध का कारण बनती है। फायर डैम्प विस्फोट बहुत अधिक खतरनाक कोयले की धूल विस्फोट को ट्रिगर कर सकते हैं, जो पूरे गड्ढे को घेर सकते हैं:
iv. बदबूदार डैम्प: $H_2S$ की सड़े हुए अंडे की गंध वाली हवा में विस्फोट हो सकता है और यह बहुत विषाक्त भी है।
v. सफेद डैम्प: CO युक्त जहरीली हवा है, यहां तक कि कम सांद्रता पर भी

ईआईए की आवश्यकता के अलावा, खनन नियम निम्नलिखित की आवश्यकता को अनिवार्य करते हैं:

क) एक खनन योजना
ख) एक पर्यावरणीय प्रबंधन योजना
ग) खान बंद करने की योजना
घ) प्रचालन के दौरान और बंद होने के बाद पर्यावरणीय निगरानी

### *9.2.3 संक्षिप्त परियोजना विवरण*

#### 9.2.3.1 लौह अयस्क, चूना पत्थर और कोयले जैसे खनिजों का सतही खनन

9.2.2 को संदर्भित किया जा सकता है। ओपन-कास्ट खनन में मोटे तौर पर निम्नलिखित गतिविधियां शामिल हैं:

i. बेंचों को मैन्युअल रूप से खोलना
ii. अयस्क में बेंचों को पार्श्व दिशा के साथ-साथ गहराई में आगे बढ़ाना
iii. स्वस्थाने (in situ) और कठोर पैच के लिए विभिन्न पहलुओं पर की गई ड्रिलिंग और ब्लास्टिंग
iv. खदान के मुखों से पत्थरों को वांछित आकार में तोड़ना और आकार के अनुसार अलग से ढेर करना
v. काम करने वाले मुख के 15-20 मीटर के भीतर खनिज युक्त अस्वीकारों (अयस्क सामग्री के वांछित स्तर से कम और 10 मिमी आकार से कम वाले फाइंस) का ढेर
vi. ट्रकों/टिपरों का उपयोग करके उपरोक्त का भंडारण और परिवहन ऑफ-ग्रेड डंपों तक
vii. चेहरे के 50 मीटर के भीतर चेहरे से उत्पन्न कचरे का ढेर
viii. ट्रकों/टिप्परों द्वारा कचरे के ढेर तक उपरोक्त का परिवहन

### 9.2.3.2 लौह अयस्क और कोयले जैसे खनिजों का भूमिगत खनन

9.2.2 को संदर्भित किया जा सकता है। भूमिगत खनन में आमतौर पर निम्नलिखित गतिविधियां शामिल होती हैं:

i. खान विकास
ii. खुदाई से पहले अयस्क सीम का विखंडन, आमतौर पर विस्फोटकों का उपयोग करके ड्रिल और ब्लास्ट तकनीकों द्वारा। लॉन्गवॉल खनन निरंतर खनन उपकरण का उपयोग करता है, जिसे पूर्व ब्लास्टिंग की आवश्यकता नहीं होती है।
iii. बड़ी मात्रा में खदान के पानी को सतह पर पंप करना
iv. उत्खनित सामग्री का सतह पर परिवहन, आम तौर पर कन्वेयर द्वारा। लोडिंग फावड़े या कन्वेयर का उपयोग अयस्क को भंडारण से पिट हेड प्रोसेसिंग प्लांट तक ले जाने के लिए किया जाता है।
v. अयस्क से अपशिष्ट को हटाने और वांछित आकार के अयस्क का उत्पादन करने के लिए अयस्क तैयारी गतिविधियां, आमतौर पर क्रशिंग, स्क्रीनिंग और धुलाई संचालन द्वारा; धुलाई, आमतौर पर भारी मध्यम पृथक्करण द्वारा किया जाता है जिसमें गुरुत्वाकर्षण एक चिपचिपा माध्यम में बसता है, आमतौर पर पानी में मैग्नेटाइट या फेरोसिलिकॉन का निलंबन होता है
vi. अयस्क का भंडारण और सतह की युक्तियों में खराबी
vii. रेल या सड़क मार्ग से प्रयोक्ताओं को अयस्क का परिवहन
viii. भूमिगत कार्यस्थलों में धूल, डीजल उत्सर्जन, विस्फोटक खदान गैस और उच्च तापमान को ध्यान में रखते हुए, एक अच्छी गुणवत्ता वाले कार्य वातावरण को सुनिश्चित करने के लिए एक विस्तृत खदान वेंटिलेशन सिस्टम प्रदान किया जाता है।

### 9.2.3.3 तेल और गैस अन्वेषण और उत्पादन परियोजना

**तटवर्ती**

परियोजना-पूर्व गतिविधियों में साइट की तैयारी और पहुँच सड़कों को मजबूत करना शामिल है। तेल और गैस के लिए प्रत्येक खोजपूर्ण कुएं को आम तौर पर 100 मीटर x 100 मीटर (लगभग) की भूमि की आवश्यकता होती है, जिसे आमतौर पर पट्टे पर लिया जाता है। प्रारंभिक चरण में, ड्रिलिंग रिग और अन्य मशीनरी को साइट पर ले जाने की आवश्यकता होती है, जिससे आवश्यक बुनियादी ढांचे के निर्माण और उन्नयन की आवश्यकता होती है।

तेल और गैस, और कोयला-बेड मीथेन की खोज और उत्पादन में मुख्य रूप से निम्नलिखित चरण शामिल हैं:

i. तेल/गैस के लिए अनुकूल भूगर्भीय परिस्थितियों वाले क्षेत्रों की पहचान

ii. पहचाने गए ब्लॉकों में हाइड्रोकार्बन बियरिंग की उपलब्धता पर डेटा संग्रह के लिए भूकंपीय सर्वेक्षण
iii. पहचान की गई संरचनाओं में हाइड्रोकार्बन की घटना को सत्यापित करने, भंडारों का परिमाणीकरण करने और इसकी वाणिज्यिक व्यवहार्यता का मूल्यांकन करने के लिए खोजपूर्ण ड्रिलिंग
iv. हाइड्रोकार्बन युक्त जलाशयों को निरूपित करने और हाइड्रोकार्बन के वाणिज्यिक उत्पादन के लिए पर्याप्त संख्या में कुओं की खुदाई के लिए ड्रिलिंग का विकास
v. ड्रिल किए गए कुओं से तेल और/या गैस का उत्पादन
vi. पृथक तेल कुओं के मामले में पाइपलाइनों या सड़क टैंकरों द्वारा समूह एकत्रीकरण स्टेशनों को तेल/गैस का परिवहन।
vii. उपयोगकर्ताओं को पाइपिंग करने से पहले, संरचना के आधार पर तेल/गैस का प्रसंस्करण
viii. डीकमीशनिंग और रिग डिमोबिलाइजेशन, परित्यक्त स्थापना(ओं) को हटाना, और भंडार समाप्त होने के बाद साइट को उसकी मूल स्थिति में बहाल करना और पुनर्वास।

अन्वेषण और उत्पादन की आवश्यकता

i. ड्रिलिंग के लिए शक्ति रिग ऑपरेशन, जो डीजी सेट से उत्पन्न किया जा सकता है
ii. ड्रिलिंग प्रक्रिया को सुविधाजनक बनाने के लिए पानी, और घरेलू और स्वच्छता उद्देश्यों के लिए
iii. परिवहन के लिए वाहनों की आवाजाही
    क. बिजली उत्पादन के लिए ईंधन
    ख. ड्रिलिंग के लिए एडिटिव्स
    ग. जनशक्ति

**अपतट**

अपतटीय अन्वेषण और उत्पादन में निम्नलिखित शामिल हैं:

i. भूकंपीय अन्वेषण
ii. सीबेड पर खोजपूर्ण और उत्पादन ड्रिलिंग
iii. विकास और उत्पादन सुविधाएं
iv. तेल/गैस के परिवहन के लिए अपतटीय पाइपलाइन बिछाना
v. तेल/गैस का अपतटीय परिवहन
vi. उपचार और निपटान के लिए तटवर्ती क्षेत्रों में अपशिष्ट और अपशिष्ट जल परिवहन
vii. तेल/गैस का तटवर्ती भंडारण
viii. उपयोगकर्ताओं को पाइपिंग से पहले तेल/गैस का तटवर्ती प्रसंस्करण
ix. अपतटीय प्रतिष्ठानों को निष्क्रिय करना

#### 9.2.3.4 कोल-बेड मीथेन अन्वेषण और उत्पादन परियोजनाएं

9.2.3.3 को संदर्भित किया जा सकता है। एक भूवैज्ञानिक गठन के भीतर होने वाले कोल-बेड मीथेन (सीबीएम), जमीन के स्तर से नीचे 500-2000 मीटर की गहराई पर पाया जा सकता है। यदि अन्वेषण के दौरान मीथेन की व्यावसायिक रूप से व्यवहार्य मात्रा पाई जाती है, तो उसी कुएं का उपयोग कोल-बेड मीथेन उत्पादन के लिए किया जाता है। विकास-सह-उत्पादन कुओं को सतह खंड के लिए कम क्षमता वाले रिग्स और कोयला-असर वाले खंड के लिए उच्च क्षमता वाले रिग्स के संयोजन का उपयोग करके ड्रिल किया जाता है। ड्रिलिंग प्रक्रिया में ड्रिलिंग बिट तक ड्रिल स्ट्रिंग्स के माध्यम से ड्रिलिंग द्रव/कीचड़ को पंप करना शामिल है, जो ड्रिल पाइप-आवरण एन्यूलस से सतह पर लौटता है। ड्रिल कटिंग और ठोस पदार्थों को अलग करने के बाद, द्रव/कीचड़ परिसंचरण प्रणाली में वापस आ जाता है। आम तौर पर, पानी आधारित कीचड़ का उपयोग अन्वेषण कुएं की ड्रिलिंग के लिए किया जाता है, और हवा-पानी या वायु-फोम-पानी का उपयोग उत्पादन कुएं ड्रिलिंग में किया जाता है। अलग किए गए ड्रिल कटिंग को एचडीपीई-लाइन वाले गड्ढों में संग्रहीत किया जाता है।

संबंधित गतिविधियों में सड़कों, भंडारगृहों, साइट कार्यालय भवनों, अन्य उपयोगिता संरचनाओं, एक सीमेंटिंग कार्यक्रम और अच्छी तरह से मूल्यांकन (अच्छी तरह से लॉगिंग और अच्छी तरह से परीक्षण) का निर्माण शामिल है। उत्पादन के दौरान बुनियादी कार्यों में उत्पादित पानी से कोयले की परतों को हटाने के दौरान उत्पन्न सीबीएम को अलग करना, पाइपलाइनों के माध्यम से गैस को उपचार के लिए समूह एकत्रीकरण स्टेशनों में ले जाना और गैस को बॉटलिंग और वितरण के लिए मुख्य कंप्रेसर स्टेशन तक ले जाना या उपयोगकर्ताओं को पाइप द्वारा शामिल करना है।

एक बार ड्रिलिंग पूरी हो जाने के बाद, साइट का रिग डिमोबिलाइजेशन, बहाली और पुनर्वास किया जाता है।

### *9.2.4 पर्यावरणीय आधारभूत स्थितियों की स्थापना*

खनन परियोजनाओं के लिए मानक टीओआर MOEF (2015) द्वारा दिए गए हैं। 9.1.4 को संदर्भित किया जा सकता है। अन्य बातों के अलावा, प्रस्तावित भूवैज्ञानिक अध्ययनों से भारी धातुओं जैसे परियोजना-विशिष्ट जल प्रदूषकों की पहचान करने और आधारभूत स्थितियों की स्थापना में शामिल करने की आवश्यकता है।

### *9.2.5 प्रभाव और शमन उपाय*

निर्माण चरण में साइट-विशिष्ट मुद्दों को उपयुक्त रूप से संबोधित करने की आवश्यकता है।

#### 9.2.5.1 खनिज परियोजनाओं का सतही खनन

9.1.5 को संदर्भित किया जा सकता है। सतही खनन परियोजनाओं के प्रभावों को निर्माण चरण के लिए **तालिका 9.3** और संचालन चरण के लिए **तालिका 9.4** में रेखांकित किया गया है।

**तालिका 9.3 सतही खनन परियोजनाओं के निर्माण चरण के दौरान विशिष्ट प्रमुख पर्यावरणीय मुद्दे/प्रभाव और तदनुरूपी न्यूनीकरण उपाय**

| *पर्यावरणीय मुद्दे/प्रभाव को पैदा करने वाले कारक/प्रभाव* | *सुझाव दिए जाने वाले शमन उपाय* |
|---|---|
| तालिका 9.1 को संदर्भित किया जा सकता है | |
| 1. भूमि<br>i. लोगों का विस्थापन यदि उनके द्वारा रहने या आजीविका के लिए भूमि पर कब्जा कर लिया गया है<br>ii. एलसी और जल निकासी पैटर्न में परिवर्तन<br>iii. कोर जोन में भूमि क्षरण किसके कारण होता है?<br>1. ऊपरी मिट्टी<br>2. मृदा अपरदन<br>3. पारिस्थितिकी की हानि | 1. भूमि<br>i. आर एंड आर कार्यक्रम का निर्माण और कार्यान्वयन<br>ii. अपरिहार्य; हालांकि, गतिविधियों को इस तरह से नियोजित किया जाना चाहिए कि परिवर्तन कम से कम हों, और क्षतिपूर्ति की जाए, जल निकासी के लिए माला नेटवर्क का प्रावधान<br>iii. अपरिहार्य; हालांकि, गतिविधियों को इस तरह से योजनाबद्ध किया जाना चाहिए कि गिरावट कम से कम हो<br>1. हटाने, स्टैकिंग और पुन: उपयोग सहित शीर्ष मृदा प्रबंधन के लिए कार्यक्रम<br>2. केवल निर्धारित क्षेत्रों में मिट्टी का काम, ढीली मिट्टी पर घास का रोपण, सतहों को पक्का करना<br>3. हानि न्यूनीकरण, हानि की गणना और क्षतिपूत के लिए विशिष्ट उपाय |
| 2. वायु<br>i. खदान की तैयारी के लिए साइट समाशोधन और साइट विकास गतिविधियों के कारण पीएम।<br>ii. डीजी सेट (एस) और वाहनों की आवाजाही से PM, $SO_2$ और $NO_X$ | 2. वायु<br>i. कम से कम करने और नियंत्रित करने के लिए अच्छी प्रथाओं को अपनाना<br>ii. उपयुक्त स्टैक ऊंचाई, वाहन रखरखाव और यातायात प्रबंधन |
| 3. जल और अपशिष्ट जल<br>i. भूमि समाशोधन और मिट्टी के कार्यों से अपवाह के कारण जल निकायों का गाद और प्रदूषण | 3. जल और अपशिष्ट जल<br>i. मृदा अपरदन को कम करना<br>• तलछट के निपटान के लिए तालाबों को निर्देशित जल निकासी |

| *पर्यावरणीय मुद्दे/प्रभाव को पैदा करने वाले कारक/प्रभाव* | *सुझाव दिए जाने वाले शमन उपाय* |
|---|---|
| | • मौजूदा जल निकासी पैटर्न को बनाए रखना |
| 4. पारिस्थितिकी<br>i. पेड़ों, झाड़ियों, जड़ी-बूटियों, लताओं, घासों, और अन्य वनस्पतियों की स्थानिक और लुप्तप्राय प्रजातियों और इन पर निर्भर जीवों का नुकसान, वनस्पति और वन निकासी के कारण बड़े जानवरों का विस्थापन<br>ii. सांप और नेवले जैसे स्थानिक, लुप्तप्राय अकशेरुकी जीवों और उनके आवासों और प्रवासी जीवों पर प्रभाव | 4. पारिस्थितिकी<br>i. अपरिहार्य; हालांकि, गतिविधियों की उपयुक्त योजना के माध्यम से नुकसान को कम करना।<br>क) लुप्तप्राय और अद्वितीय प्रजातियों के संरक्षण के लिए विशिष्ट उपाय<br>ख) नुकसान और मुआवजे की गणना करें<br>ग) कृत्रिम आवासों का निर्माण<br>ii. अपरिहार्य; हालांकि, गतिविधियों की उपयुक्त योजना के माध्यम से नुकसान को कम करना।<br>iii. अलगाव/बाड़ लगाकर संकटापन्न और अद्वितीय प्रजातियों और पर्यावासों के संरक्षण के लिए विशिष्ट उपाय<br>iv. कृत्रिम आवासों का निर्माण |
| 5. श्रम शिविर<br>i. आवास, पानी, खाना पकाने के ईंधन, जल निकासी और स्वच्छता सुविधाओं, अपशिष्ट निपटान आदि जैसी बुनियादी सुविधाओं की आवश्यकता। | 5. श्रम शिविर<br>i. बुनियादी सुविधाओं और सुरक्षा का प्रावधान |
| 6. सामाजिक-आर्थिक<br>i. कोर जोन में रहने वाले लोगों का विस्थापन<br>ii. इनबाउंड माइग्रेशन | 6. सामाजिक-आर्थिक<br>i. आर एंड आर कार्यक्रम का निर्माण और कार्यान्वयन<br>ii. आजीविका के अवसरों पर विचार करना अपरिहार्य |

**तालिका 9.4 खनन परियोजनाओं के संचालन चरण के दौरान प्रमुख पर्यावरणीय मुद्दे/प्रभाव और तदनुरूपी न्यूनीकरण उपाय**

| ***पर्यावरणीय मुद्दे/प्रभाव पैदा करने वाले कारक/प्रभाव*** | ***सुझाव दिए जाने वाले शमन उपाय*** |
|---|---|
| तालिका 9.3 को संदर्भित किया जा सकता है | |
| 1. वायु<br>i. यंत्रीकृत खनन में शामिल उपकरणों से वायु उत्सर्जन, इंटीग्रल कंप्रेसर के साथ ड्रिल, हाइड्रोलिक उत्खनन, डंपर, पेलोडर, टिपर के साथ डोजर, डीवाटरिंग पंप, रॉक ब्रेकर और स्प्रिंकलर के साथ टैंकर<br>ii. ड्रिलिंग और ब्लास्टिंग जैसी गतिविधियों से होने वाले क्षणिक उत्सर्जन के कारण PM<br>iii. उत्खनन से होने वाला भगोड़ा उत्सर्जन, ऊपरी मिट्टी, ओवरबर्डन और अयस्कों का प्रबंधन, हॉल रोड पर परिवहन, ओवरबर्डन (ओबी), अयस्कों आदि का ढेर लगाना।<br>iv. यातायात<br>v. डीजी सेट और वाहनों की आवाजाही से PM, $SO_2$ और $NO_x$ | 1. वायु<br>i. क्रशिंग/पीसने वाली इकाइयों में धूल निष्कर्षण और दमन प्रणाली सहित विशिष्ट स्रोत नियंत्रण उपाय<br>ii. गीली ड्रिलिंग<br>• स्फोटनकरने से पहले पानी का छिड़काव<br>• नियंत्रित ब्लास्टिंग/ स्फोटन<br>• रात्रि मेंऔर तेज़ हवा वाली अवधि के दौरान ब्लास्टिंग से बचना<br>iii. फ़र्श को पक्की सड़क बनाना<br>• डंप का स्थिरीकरण<br>• नियमित रूप से धूल का दमन, उत्खनन क्षेत्र, सामग्री प्रबंधन और भंडारण क्षेत्रमें खदानों से निकलने वाली सड़कों पर, जलके छिड़काव और शुष्क कुहासे प्रणाली द्वारा<br>iv. पक्की सड़ककी सतह/सड़कों की मेटलिंग<br>• भौतिक वस्तुओं को तिरपाल कवर केसाथ ले जाना<br>• 250mm का स्वतंत्र बोर्ड प्रदान चेसिस पर रिसावरोकने केलिए<br>• ओवरलोडिंग पर नियंत्रण<br>• परिवहन और यातायात प्रबंधन रफ्तार का निर्दिष्टप्रतिबंध सुनिश्चित करना<br>v. उपयुक्त स्टैक ऊंचाई, वाहन रखरखाव, और यातायात प्रबंधन |

| *पर्यावरणीय मुद्दे/प्रभाव पैदा करने वाले कारक/प्रभाव* | *सुझाव दिए जाने वाले शमन उपाय* |
|---|---|
| 2. शोर और कंपन<br>i. ब्लास्टिंग से शोर और कंपन (सीमित अवधि के लिए आवेग शोर)<br>ii. ऊपरांके तहत उल्लिखित डीजी सेट औरयांत्रिकउपकरण<br>iii. अन्य गतिविधियाँ जैसेड्रिलिंग, क्रशिंग, पिसाई<br>iv. सामग्री हैंडलिंग, उपकरण, और यातायात के लिए उपयोगीवाहन | 2. शोर और कंपन<br>i. नियंत्रित ब्लास्टिंग, केवल दिन के दौरान मफ़ल ब्लास्टिंग, गैर-विद्युत (विलंब प्रकार) डेटोनेटर उपयोग करते हुए वहाँ जमीन की कंपन यथासंभवकम करें, जहाँ तक संभव हो विस्फोटित फ़्यूज़ से बचना, मशीनीकृत खानों के लिए डीप होल ब्लास्टिंग का उपयोग करना<br>ii. और iii. विशिष्ट स्रोतनियंत्रण के उपायका प्रावधान जिसमे परिवृत्त और नियमितरखरखावसम्मिलित हैं<br>• गीली ड्रिलिंग<br>• लंबे समय तक कार्यरत कर्मियों कोउच्च शोर स्तर के संपर्क से रक्षा के लिए प्लग/शोर मफ्स का प्रावधान<br>iv. रखरखाव, यातायातप्रबंध |
| 3. जल और अपशिष्ट जल<br>i. भूमिगत स्रोतों से जल का स्रोत क्षेत्रीय जलविज्ञान को प्रभावित करता है<br>ii. भारी मिट्टी खोदने वाली मशीनरी और वाहनों से निकलने वाला तेल और ग्रीस<br>• खदान, कार्यशाला, और अयस्कउपकार/कोयलावाशरीसे निकलने वाला अपशिष्ट जल<br>• सतही अपवाह, ओबी डंप और भंडार से अपवाह, क्षरितमृदा से उपवाह, जिससे तलछट और पोषक तत्वों का परिवहन, गाद जमाव और जलमार्गों और सतही जल निकायों में प्रदूषण होता है<br>iii. स्वच्छता, कैंटीन | 3. जल और अपशिष्ट जल<br>i. मेंविस्तृतअनुशंसित हाइड्रोजियोलॉजिकल अध्ययन के अनुसार पानी की मात्रा का स्रोत बनाना<br>ii. जल निकासी नेटवर्क की योजना इस प्रकार बनाएं कि मौजूदा जल निकासी पैटर्न में/मामूली परिवर्तन न हो<br>• गारलैंड नालियां, ओबी डंप के चारों ओर दीवारों को बनाए रखना, कैच पिट के माध्यम से सतही अपवाह को मोड़ना<br>• तलछट को व्यवस्थित करने के लिए अपवाह और अवसादन टैंकों का संग्रह, तेल और ग्रीस को हटाना, अतिप्रवाह की पहचान करना और साफ पानीको चिन्हित जलाशयों मैं प्रवाहित करना |

| *पर्यावरणीय मुद्दे/प्रभाव पैदा करने वाले कारक/प्रभाव* | *सुझाव दिए जाने वाले शमन उपाय* |
|---|---|
| iv. खदान सेनिकला जलजो अम्लीय हो सकता है, और विषैला पदार्थों युक्त होता है<br>v. यूजी जल गुणवत्ता खनन जल के लिए औरसतही अपवाह रिसाव | • यदि साफ पानी की गुणवत्ता कृषि के लिए उपयुक्त है तो सिंचाई के लिए उपयोग करें<br>iii. मलजल उपचार संयंत्र<br>iv. खदान सेनिकासी जल का उपचार<br>v. रिसाव से बचने के लिए खनन जल का उपयुक्त संग्रहण, भंडारण और परिवहन |
| 4. ठोस अपशिष्ट<br>i. खोदी गई मिट्टी, ओवरबर्डन से युक्त अपशिष्ट<br>ii. दुर्बल/निम्न श्रेणी का अयस्क | 4. ठोस अपशिष्ट<br>i. भंडारण और खनन बंद करने में उपयोग के लिए उपयुक्त डंप<br>ii. निम्न-/उप-ग्रेड अयस्क की बिक्री |
| 5. भूवैज्ञानिक परिवर्तन<br>i. भूवैज्ञानिक गठन में परिवर्तन | 5. भूवैज्ञानिक परिवर्तन<br>i. विस्तृत भूवैज्ञानिक रिपोर्ट की सिफ़ारिशों का कार्यान्वयनऔर खनन योजना |
| 6. परिस्थितिकी<br>i. वन्यजीवों के प्रवासी गलियारे परिवहन गतिविधियों से परेशानहोते हैं | 6. परिस्थितिकी<br>i. उपयुक्त परिवहन नेटवर्क ताकि प्रवासी गलियारे अप्रभावित रहें |
| 7. सामाजिक-आर्थिक<br>i. वाहनों की आवाजाही के कारण शोर, धूल और धुआं का उपद्रव<br>ii. प्रवासियों की आमद<br>iii. रोज़गार: प्रत्यक्षऔर अप्रत्यक्ष | 7. सामाजिक-आर्थिक<br>i. वायु, शोर और कंपनके अंतर्गत बताए गए विशिष्ट उपायों का कार्यान्वयन<br>• बाईपास सड़कें का निर्माण<br>ii. विस्तृत से मूल्यांकन प्रतिवेदन की सिफ़ारिशों का कार्यान्वयन<br>iii. उत्पन्न होने वाले रोजगार का अनुमान लगाएं: प्रत्यक्ष और अप्रत्यक्ष रूप से विशेष रूप से स्थानीय आबादी के लिए<br>• उपलब्ध कौशल और आवश्यक कौशल पर विचार करते हुए कौशल विकास कार्यक्रम लागू करें |
| 8. जोखिम<br>i. खदान के मुहाने और भूस्खलन पर ढलान की विफलता | 8. जोखिम<br>• जोखिम मूल्यांकन रिपोर्ट में विशिष्ट जोखिम शमन उपायों के कार्यान्वयन की गई सिफारिशें |

| *पर्यावरणीय मुद्दे/प्रभाव पैदा करने वाले कारक/प्रभाव* | *सुझाव दिए जाने वाले शमन उपाय* |
|---|---|
| ii. विस्फोटकों को संभालने और ब्लास्टिंग ऑपरेशन के दौरान दुर्घटनाएँ<br>iii. आकस्मिक आग का लगना, कोयला फेस, कोयला स्टॉकयार्ड, ओबी डंप, डीजल और तेल भंडारण और मैगजीन के पास, आदि-<br>iv. भारी उपकरण/मशीनरी के संचालन और रखरखाव के दौरान दुर्घटनाएँ<br>v. खदान सैलाब<br>vi. बिजली के झटके<br>vii. गिरना<br>viii. सड़क दुर्घटनाएं | • आपातकालीन प्रतिक्रिया औरआपदा प्रबंधनकार्यक्रम<br>• स्वास्थ्य देखभाल सुविधाओं का प्रावधान |
| 9. भूमिगत खनन विशिष्ट जोखिम<br>i. खनिकों का भूमिगत दुर्घटनाओं और $PM_{10}$ और $PM_{2.5}$ के हानिकारक स्तरों, $CH_4$, CO, $CO_2$, $SO_2$ और $NO_x$ जैसी गैसों, शोर और कंपन, तापमान और रेडियोधर्मिता के संपर्क मैं व्यावसायिक स्वास्थ्य और सुरक्षा<br>ii. धंसाव के कारण खनिकों का दबना और क्षतिग्रस्त संरचनाएँ, इमारतें, बुनियादी ढाँचा, कृषि भूमि और जल निकासी प्रणालियाँ<br>iii. आग और विस्फोट | 9. भूमिगत खनन-विशिष्ट जोखिम<br>i. वायु गुणवत्ता के लिए उपयुक्त वेंटिलेशन सिस्टम और थर्मल स्थितियां, व्यक्तिगत सुरक्षा उपकरणों का प्रावधान<br>ii. उचित खान विकास और अच्छी खनन प्रथाएँ<br>iii. शीघ्र पता लगाने का प्रावधान और चेतावनी प्रणाली<br>• विस्तृत जोखिम मूल्यांकन रिपोर्ट की सिफारिशों का कार्यान्वयन, और समय-समय पर आग के खतरे के आकलन का प्रस्ताव |

#### 9.2.5.2 भूमिगत खनन परियोजनाएं

9.1.5, और **तालिका 9.3 और 9.4** को संदर्भित किया जा सकता है। भूमिगत खनन में प्रमुख जोखिम की संभावना है।

i. भूमिगत दुर्घटनाओं और $PM_{10}$ और $PM_{2.5}$ के हानिकारक स्तर, $CH_4$, CO, $CO_2$, $SO_2$ और NOX, शोर और कंपन, तापमान और रेडियोधर्मिता के हानिकारक स्तर के संपर्क में आने से खनिकों के स्वास्थ्य और सुरक्षा के लिए

ii. धंसाव के परिणामस्वरूप खनिक दफन हो गए, और संरचनाओं, भवनों, बुनियादी ढांचे, कृषि भूमि और जल निकासी प्रणालियों को नुकसान पहुंचा।

### 9.2.5.3 तेल और गैस अन्वेषण और उत्पादन परियोजना

**तटवर्ती**

9.1.5 और **तालिका 9.3** को संदर्भित किया जा सकता है। एक कुएं के लिए भूमि की आवश्यकता आम तौर पर छोटी होती है और निर्माण चरण से ड्रिलिंग चरण में पर्यावरणीय प्रभाव आम तौर पर अल्पकालिक, प्रकृति में अस्थायी होते हैं, और इसमें लोगों का विस्थापन शामिल नहीं हो सकता है। वेलहेड सुविधाओं को इस तरह से नियोजित करने की आवश्यकता है कि बस्तियों से बचा जा सके। इन परियोजनाओं के प्रभावों को **तालिका 9.5** में दर्शाया गया है।

**तालिका 9.5 तेल और गैस अन्वेषण और उत्पादन परियोजनाओं के संचालन चरण के दौरान विशिष्ट प्रमुख पर्यावरणीय मुद्दे / प्रभाव और तदनुरूपी शमन उपाय**

| *पर्यावरणीय कारक/प्रभाव को उत्पन्न करने वाले मुद्दे/प्रभाव* | *सुझाव दिए जाने वाले शमन उपाय* |
|---|---|
| तालिका 9.4 का संदर्भ लिया जा सकता है | |
| 1. वायु<br>i. शक्ति स्रोतों (अक्सरडीजी सेट) और वाहन आवाजाही से वायु उत्सर्जन<br>ii. कुओं से गैस का प्रवाह के रूप में हाइड्रोकार्बनउत्सर्जन, अन्वेषण/उत्पादन परीक्षण के दौरान जगमगाती हुई संबंधित गैस (अल्पकालिक: 3-4 की सामान्य अवधिदिन) | 1. वायु<br>i. डीजी सेट पर उपयुक्त स्टैक की ऊंचाई, नियमित वाहनों का रखरखाव<br>ii. फ्लेयर स्टैक का प्रावधान |
| 2. शोर और कंपन<br>i. डीजी सेट से शोर<br>ii. ड्रिलिंग ऑपरेशन,वाहनों की आवाजाही, डेटा लॉगिंग, आदि | 2. शोर और कंपन<br>i. बाड़े प्रदान करना<br>ii. दिन के समय संचालन, नियमित रखरखाव, निम्न स्तर के शोर उत्पन्न करने के लिए विद्युत रिग की तैनाती |
| 3. पानी<br>i. अपशिष्ट जल को संसाधित करना<br>ii. घरेलू सीवेज<br>iii. अपशिष्ट गड्ढा से निक्षालन के कारण भूजल | 3. पानी<br>i. गाद परिसंचरण को सुनिश्चित करेंके साथ ही एक बंद लूप मे गादका मिट्टी के टैंकों के लिए वापसी जाना, किया |

| *पर्यावरणीय कारक/प्रभाव को उत्पन्न करने वाले मुद्दे/प्रभाव* | *सुझाव दिए जाने वाले शमन उपाय* |
|---|---|
| में प्रदूषण<br>• अनुचित आवरण औरकुओं का सीमेंटीकरण<br>iv. साइट जल, ईंधन के आकस्मिक रिसाव, स्नेहक, औररसायन निकासी, भंडारण क्षेत्र, वाहन,और मशीनरीसे भूजल का संदूषण | गयाड्रिलिंग कार्यवाही के अंत मे अवशिष्ट(अनुपयोगी) गाद को पंक्तिबद्ध अपशिष्ट गड्ढे मे छोड़ देना<br>• अपशिष्ट जल उपचार अवसादन-सह-जमावट और निपटान द्वारा स्पष्टीकरण प्रदान करना, और सौर वाष्पीकरण के लिए उपचारित अपशिष्ट जल को पंक्तिबद्ध गड्ढे में मार्गदर्शन करना<br>ii. सेप्टिक टैंक के बाद सोखने वाले गड्ढे<br>iii. अपशिष्ट गड्ढे के लिए लाइनर प्रणाली इस तरह से है कि ड्रिल कटिंग और खर्च किए गए गाद के लीचेट को अपना रास्ता नहीं मिलता है<br>• मानसून ऋतुमें ड्रिलिंग से बचें<br>iv. मानसून के मौसम के दौरान ड्रिलिंग से बचने के लिए स्टॉर्मवाटर सिस्टम का उपयुक्त डिजाइन<br>• उपयुक्त डिजाइनरिसाव/रिसाव को रोकने के लिए रासायनिक और डीजल भंडारण क्षेत्रों के चारों ओर उचित बांध<br>• आकस्मिक रिसाव के लिए विशिष्ट स्पिल प्रबंधन योजना |
| 4. अपशिष्ट<br>i. खतरनाक अपशिष्ट का उत्पादन: ड्रिल काटना और रसायनयुक्त गाद को ड्रिलिंग करना<br>ii. चिकनाई वाले तेलों का प्रयोग करना | 4. अपशिष्ट<br>i. चट्टान की कटिंग, शेल, रेत और गाद के टुकड़ों को वापस मिट्टी से अलग करना, और उसका उपयुक्त निपटान<br>ii. सुप्रथाओं का पालन करते हुए अपशिष्ट निपटान की प्रक्रिया<br>ii. अधिकृत रेसाइकलर्स |

| *पर्यावरणीय कारक/प्रभाव को उत्पन्न करने वाले मुद्दे/प्रभाव* | *सुझाव दिए जाने वाले शमन उपाय* |
|---|---|
| 5. जोखिम<br>i. ड्रिलिंग ऑपरेशन<br>ii. डीजी सेट के लिए ईंधन<br>iii. आकस्मिक रिसाव, गैस का निकालना परिणाम स्वरूप आगके झटके और विस्फोट<br>iv. तेल और गैस का पाइपलाइन परिवहन, औरगैस के लिए सी.बी.एमप्रसंस्करण: जेट फायर की संभावनाऔर विस्फोट के कारणरिसाव औरपाइपिंग का टूटना | 5. जोखिम<br>i. प्रमाणित और अनुभवी ड्रिलर्स द्वारा लागू नियमों का सख्ती से पालन करते हुए ड्रिलिंग करना<br>ii. उपयुक्त भंडारण और रोकथाम बांध<br>iii. निर्धमन के मामले में उपकरण और कर्मियों की सुरक्षा के लिए विभिन्न वर्गों को ड्रिल करते समय उपयुक्त रेटिंग के निर्धमन निरोधक से लैस रिग<br>• आकस्मिक रिसाव के लिए विशिष्ट नियंत्रण उपाय<br>iv. जोखिम मूल्यांकन रिपोर्ट में अनुशंसित विशिष्ट जोखिम शमन उपाय |

**अपतट**

अपतटीय तेल और गैस विकास (IFC2015) परियोजनाओं से जुड़े संभावित पर्यावरणीय मुद्दों में शामिल हैं:

i. वायु उत्सर्जन
ii. अपशिष्ट जल का निस्तारण
iii. ठोस और तरल अपशिष्ट प्रबंधन
iv. शोर उत्पादन (पानी के नीचे सहित)
v. तेल रिसाव
vi. समुद्री पारिस्थितिकी
vii. मछुआरों के लिए सामाजिक-आर्थिक पहलू

अपतटीय गतिविधियों से उत्पन्न अपशिष्ट जल, ठोस और तरल कचरे को उपयुक्त उपचार और निपटान के लिए तट पर लाने की आवश्यकता है।

### 9.2.5.4 कोल-बेड मीथेन परियोजना

9.1.5 को संदर्भित किया जा सकता है। **तालिका 9.3** और **तालिका 9.5** को कोल-बेड मीथेन अन्वेषण और उत्पादन परियोजनाओं से प्रभावों के लिए संदर्भित किया जा सकता है।

### *9.2.6 अतिरिक्त अध्ययन*

9.1.6 को संदर्भित किया जा सकता है। जोखिम मूल्यांकन और आपदा प्रबंधन अध्ययन किसके लिए आवश्यक हैं?

i. भूमिगत खनन
ii. उत्पादन कुओं से ब्लोआउट, जिससे परिवेशी हवा में मीथेन की रिहाई होती है
iii. तेल और गैस की खोज और उत्पादन (तटवर्ती और साथ ही अपतटीय), समूह एकत्रीकरण स्टेशन तक परिवहन, और प्रसंस्करण सुविधा / उपयोगकर्ताओं के लिए प्रसंस्करण और परिवहन
iv. कोल-बेड मीथेन अन्वेषण और उत्पादन, समूह एकत्रीकरण स्टेशन तक परिवहन, प्रसंस्करण, संपीड़ित और बॉटलिंग /
v. भूमि धंसना
vi. तेल रिसाव
vii. समुद्री पर्यावरण

### *9.2.7 पर्यावरणीय निगरानी कार्यक्रम*

9.1.7 को संदर्भित किया जा सकता है। $PM_{10}$, $PM_{2.5}$, और $CH_4$, $CO_2$, $SO_2$, और $NO_x$ सहित गैसों के लिए इनडोर वायु गुणवत्ता और भूमिगत खानों के लिए तापमान की निरंतर ऑनलाइन निगरानी की आवश्यकता है। अपतटीय खनन के लिए पानी की गुणवत्ता और समुद्री पारिस्थितिकी निगरानी की आवश्यकता होती है।

### *9.2.8 पर्यावरणीय प्रबंधन कार्यक्रम*

9.1.8 को संदर्भित किया जा सकता है। खनन-विशिष्ट ईएमपीजी को निम्नलिखित को कवर करने की आवश्यकता है:

1. साइट बहाली

**बंद करना/साइट की बहाली**

लागू विनियमों के प्रावधानों के अनुपालन में खान बंद करने में निम्नलिखित शामिल हैं:

i. खनन किए गए क्षेत्र का ओवरबर्डन को वापस भरकर पुनर्ग्रहण करना, और ऊपरी मिट्टी के साथ समतल और टॉपिंग करना जिसे हटा दिया गया था और अलग से ढेर लगाया गया था।
ii. उपयुक्त वृक्षारोपण और जल निकायों/जलाशयों के निर्माण द्वारा खनन किए गए और अशांत क्षेत्रों का पुनर्वास
iii. तेल/गैस और सीबीएम के अन्वेषण/उत्पादन के पूरा होने के बाद स्थल का पुनरूद्धार

प्रगतिशील खदान बंद करने की योजना अधिमानतः बनाई जा सकती है। खदान बंद करने के मानदंडों को धंसाव, डंप और अन्य संरचनाओं की भौतिक स्थिरता, रासायनिक स्थिरता और पर्यावरणीय संसाधनों की जैविक स्थिरता आदि को ध्यान में रखना होगा।

**डीकमीशनिंग के बाद साइट बहाली**

तेल और गैस, और सीबीएम अन्वेषण/डीकमीशनिंग पर साइट की बहाली के लिए, एक विशिष्ट ईएमपीजी को शामिल करने की आवश्यकता है:

i. कुओं को बंद करना और निलंबित करना, यदि उनका उपयोग बाद में उत्पादन के लिए किया जाएगा (निलंबित कुओं के लिए)
ii. सीमेंट प्लग की एक श्रृंखला का उपयोग करके सीलिंग (कुएं को बंद करने के लिए)
iii. ड्रिलिंग रिग और संबंधित उपकरणों सहित सभी वेलहेड उपकरणों का डी-मोबिलाइजेशन
iv. अपशिष्ट गड्ढे को बंद करना
v. आवासीय शिविरों, कार्यालयों, संरचनाओं, बाड़ और गेट जैसे सभी संबंधित बुनियादी ढांचे को नष्ट करना
vi. सभी सामग्री को साइट से बाहर ले जाना
vii. साइट को बहाल करना और किसी भी मलबे को हटाना

2. ठोस अपशिष्ट प्रबंधन

कार्यक्रम को शामिल करने की आवश्यकता है

i. बाद के चरण में भूमि सुधार के लिए खनन से हटाए गए ओवरबर्डन, अपशिष्ट चट्टान और उप-ग्रेड अयस्क का भंडारण।
ii. सक्रिय डंपिंग साइट में घास, झाड़ियों और लताओं जैसी अस्थायी और तेजी से बढ़ने वाली वनस्पतियों को उगाकर अतिभारित डंप का स्थिरीकरण
iii. बारिश के दौरान पानी की धुलाई को रोकने के लिए डंप के पैर की अंगुली और / या परिधि के साथ एक अवधारण दीवार/बांध के निर्माण द्वारा डंप का संरक्षण
iv. डंप को कम करने के लिए अपशिष्ट प्रबंधन
    क. खनन क्षेत्रों और क्रशर के लिए ढुलाई सड़कों के निर्माण में कचरे का उपयोग करना
    ख. आंशिक खनन के बाद मिट्टी की एक साथ बैकफिलिंग और ओवरबर्डन
v. विभिन्न मशीनरी से उत्पन्न लुब्रिकेटिंग तेलों और लागू विनियमों का पालन करते हुए रख-रखाव अपशिष्ट और निपटान युक्त तेल और तेल जैसे खतरनाक अपशिष्टों का भंडारण
vi. उच्च श्रेणी के अयस्कों के साथ मिश्रण करने या बेचने के लिए सीमांकित क्षेत्र में निम्न श्रेणी के अयस्कों का अलग से ढेर लगाना

vii. तेल और गैस के मामले में ड्रिल कटिंग, ड्रिलिंग मिट्टी, खतरनाक और अन्य अपशिष्ट निपटान, और सीबीएम अन्वेषण/उत्पादन

### 3. सतही जल प्रबंधन

कार्यक्रम में अपवाह न्यूनीकरण और प्रबंधन को शामिल करने की आवश्यकता है

i. अतिभारित डंप के चारों ओर उचित ऊंचाई की दीवारों का निर्माण करना
ii. अतिभारित डंपों की उचित ढलान बनाए रखना
iii. तलछटों के निपटान के लिए चेक डैम और टेलिंग तालाबों/अवसादन टैंकों में निर्देशित चैनलों के माध्यम से सतह अपवाह एकत्र करने के लिए ओवरबर्डन डंप, खनिज भंडारण क्षेत्रों और खदानों के आसपास उचित आकार की नालियों को माला पहनाना ताकि यह सुनिश्चित किया जा सके कि आस-पास के जल निकायों में गाद जमा न हो
iv. अवसादन टैंकों से साफ पानी का निपटान/पुन: उपयोग, इसकी गुणवत्ता सुनिश्चित करने के बाद, प्राकृतिक जलमार्गों में या कृषि के लिए यदि यह गुणवत्ता मानकों को पूरा करता है
v. तालाबों के आसपास के क्षेत्रों को हरा-भरा करना

### 4. पारिस्थितिक प्रबंधन

पारिस्थितिक प्रबंधन कार्यक्रम को शामिल करने की आवश्यकता है

i. नामित वन्यजीव वार्डन के परामर्श से एक वन्यजीव प्रबंधन कार्यक्रम
ii. एक वृक्षारोपण कार्यक्रम जिसमें क्षेत्रों की पहचान, वृक्ष प्रजातियों के प्रकार, पेड़ों की संख्या, और वृक्षारोपण के लिए समय सीमा, और खनन के लिए गैर-आरक्षित वन भूमि के लिए वन विभाग के परामर्श से एक प्रतिपूरक वनीकरण योजना शामिल है।
iii. निकटवर्ती वन की सुरक्षा सुनिश्चित करने के लिए सुरक्षा क्षेत्र (बफर जोन) के रूप में खनन पट्टा क्षेत्र के चारों ओर 15 मीटर बेल्ट का प्रावधान और प्रबंधन
iv. प्रवासियों को खाना पकाने/गर्म करने के ईंधन का प्रावधान ताकि वे आसपास के क्षेत्रों में पेड़ों को न काटें और पारिस्थितिकी को नुकसान न पहुंचाएं

### 5. सामाजिक-आर्थिक प्रबंधन

किए गए सामाजिक जरूरतों के आकलन अध्ययन और साइट-प्रासंगिक संयुक्त राष्ट्र के सतत विकास लक्ष्यों के आधार पर, स्थानीय आबादी के लिए विशिष्ट कार्यक्रमों को प्रस्तावित करने की आवश्यकता है जैसे

i. रोजगार में सुधार के लिए कौशल विकास
ii. शैक्षिक और स्वास्थ्य देखभाल सुविधाओं का सृजन

iii. सड़कों, जल आपूर्ति और स्वच्छता सहित स्थानीय बुनियादी ढांचे का निर्माण
iv. नागरिक सुविधाओं में सुधार

6. व्यावसायिक स्वास्थ्य और सुरक्षा

यह देखते हुए कि खनिक संभावित रूप से त्वचा रोगों और श्वसन रोगों, जैसे एस्बेस्टोसिस, सिलिकोसिस, और फेफड़ों के रोगों जैसे कई व्यावसायिक स्वास्थ्य खतरों का सामना कर सकते हैं, खान सुरक्षा महानिदेशालय और भारतीय खान ब्यूरो के प्रावधानों को ध्यान में रखते हुए उपयुक्त व्यावसायिक स्वास्थ्य और सुरक्षा कार्यक्रमों का प्रस्ताव करने की आवश्यकता है।

7. जोखिम मूल्यांकन और आपदा प्रबंधन

जोखिम प्रबंधन और आपदा प्रबंधन कार्यक्रमों को संभावित जोखिमों के लिए तैयार करने की आवश्यकता है, जैसे:

i. खदान के किनारों पर ढलान की विफलता और भूस्खलन
ii. विस्फोटकों और विस्फोट संचालन की हैंडलिंग के दौरान दुर्घटनाएं
iii. पत्रिका की तोड़फोड़
iv. कोयले के चेहरे, कोयला भंडार यार्ड, ओवरबर्डन डंप, डीजल और तेल भंडारण, और पत्रिका के पास दुर्घटनावश आग लगना, आदि।
v. भूमिगत कोयले की आग
vi. खान जलप्लावन
vii. तेल/गैस कुओं से अच्छी तरह से निकलना और फैलना; आदि।

8. उचित खनन विधियों को अपनाकर, सहायता प्रदान करके, और रेत के साथ प्रगतिशील भराव करके धंसाव प्रबंधन, यहां तक कि सतह खनन में भी जहां आमतौर पर धंसने की उम्मीद नहीं की जाती है।

9. खनन किए गए क्षेत्र की परिधि में, अत्यधिक बोझ वाले डंप और टाउनशिप के आसपास ग्रीन बेल्ट का विकास

**तालिका 9.3, 9.4** और **9.5** की भी समीक्षा करने की आवश्यकता है ताकि यह सुनिश्चित किया जा सके कि सुझाए गए ईएमपीजी में सभी पहलू शामिल हैं। इसके अलावा, ईएमपीजी को अपने आवधिक लेखा परीक्षा, शीर्ष प्रबंधन द्वारा समीक्षा और अद्यतन करने के लिए तंत्र शामिल करने की आवश्यकता है।

## 9.3 पत्तन और बंदरगाह

### *9.3.1 भारतीय संदर्भ में लागू विनियम/दिशानिर्देश*

I. एमओईएफ (2006) के अनुसार, ग्रीनफील्ड और ब्राउनफील्ड पत्तन और बंदरगाह परियोजनाओं को पूर्व पर्यावरणीय मंजूरी प्राप्त करने की आवश्यकता है। स्क्रीनिंग मानदंड परियोजनाओं को निम्नानुसार वर्गीकृत करते हैं:

   i. श्रेणी ए:

   5 एमएमटीपीए और उससे अधिक कार्गो हैंडलिंग क्षमता (मछली पकड़ने के बंदरगाहों को छोड़कर)

   ii. श्रेणी बी:

   क) 5 एमएमटीपीए से कम कार्गो हैंडलिंग क्षमता

   ख) 10,000 एमटीपीए और उससे अधिक मछली हैंडलिंग क्षमता

II. पत्तन और बंदरगाहों के स्थान में सीमित विकल्प हो सकते हैं, गहरे ड्राफ्ट, शांत समुद्र (कम धाराओं), और भीतरी इलाकों के साथ कनेक्टिविटी की बुनियादी आवश्यकता को ध्यान में रखते हुए। पत्तन, बंदरगाहों और शिपिंग पर लागू अन्य प्रमुख नियमों में शामिल हैं:

*भारतीय*

   i. वायु (प्रदूषण निवारण और नियंत्रण) अधिनियम, नियम और संशोधन, 1981, 1982, 1983, 1987

   ii. बंदरगाह सुविधाओं, पत्तन, तटीय संरक्षण उपायों और समुद्री जल में पानी के सेवन/निर्वहन के निर्माण के लिए तटीय विनियमन क्षेत्र अधिसूचना, और संशोधन, 1991, 2008, 2011, 2019।

   iii. निर्माण और विध्वंस अपशिष्ट प्रबंधन नियम, 2016

   iv. पर्यावरण (संरक्षण) अधिनियम और नियम, और संशोधन, 1986, 1991, 2019

   v. विस्फोटक अधिनियम, नियम और संशोधन, 1884, 2008, 2019

   vi. ई-कचरा (प्रबंधन और हैंडलिंग) नियम, 2011, 2018

   vii. वन (संरक्षण) अधिनियम और नियम, और संशोधन, 1980, 1981, 2003, 2017

   viii. खतरनाक और अन्य अपशिष्ट (प्रबंधन और सीमा पार आंदोलन) नियम, 2016

   ix. भारतीय बंदरगाह अधिनियम, 1908

   x. खतरनाक रासायनिक नियमों का निर्माण, भंडारण और आयात, 1989, 1994, 2000

   xi. समुद्री मत्स्य पालन (विनियमन और प्रबंधन) अधिनियम, 2019

   xii. राष्ट्रीय परिवेशी वायु गुणवत्ता मानक, 2009

   xiii. ध्वनि प्रदूषण (विनियमन और नियंत्रण) नियम, और संशोधन, 2000, 2006, 2010

xiv. खतरनाक सूक्ष्म जीवों आनुवंशिक रूप से इंजीनियर जीवों और कोशिकाओं के निर्माण, उपयोग, आयात, निर्यात और भंडारण के नियम, 1989

xv. ठोस अपशिष्ट प्रबंधन नियम, 2000, 2016

xvi. महापत्तन न्यास अधिनियम, 1963

xvii. जल (प्रदूषण निवारण और नियंत्रण) अधिनियम, नियम और संशोधन, 1974, 1977, 1978, 1988, 2003

xviii. तटीय जल के लिए जल गुणवत्ता मानक, 1998

*अन्तर्राष्ट्रीय*

i. जहाजों से प्रदूषण की रोकथाम के लिए अंतर्राष्ट्रीय सम्मेलन (MARPOL), 1992

ii. अंतर्राष्ट्रीय समुद्री खतरनाक सामान कोड (आईएमडीजी-कोड), और संशोधन, 2004, 2014

iii. समुद्र के कानून पर संयुक्त राष्ट्र सम्मेलन (UNCLOS), 1982

### *9.3.2 क्षेत्रीय संक्षिप्त विवरण*

बंदरगाह जहाजों/जहाजों की बर्थिंग, कार्गो की लोडिंग और अनलोडिंग, यात्रियों के आरोहण और उतरने, और शिपिंग उद्योग के लिए संबद्ध और आकस्मिक सेवाओं की सुविधा प्रदान करके शिपिंग की सुविधा प्रदान करते हैं। बंदरगाहों के विकास, निर्माण, संचालन और रखरखाव के लिए बड़े निवेश, उच्च प्रौद्योगिकी और कुशल / प्रशिक्षित मानव शक्ति की आवश्यकता होती है (थॉमस 2015)। भारत में, बंदरगाहों को इस प्रकार वर्गीकृत किया गया है:

i. प्रमुख बंदरगाह, जो भारत सरकार के अनन्य नियंत्रण में हैं

ii. गैर-प्रमुख बंदरगाह, जो संबंधित समुद्री राज्य सरकारों द्वारा बनाए गए नियमों द्वारा शासित होते हैं

बंदरगाहों को माल की आवाजाही को सुविधाजनक बनाने के लिए एक अच्छी रेल, सड़क और /या अंतर्देशीय जलमार्ग कनेक्टिविटी की आवश्यकता होती है। बंदरगाहों पर संभाला जाने वाला कार्गो विभिन्न प्रकार का हो सकता है जैसे:

i. कोयला, कोक, उर्वरक, खाद्यान्न, धातुकर्म अयस्क, मिट्टी, नमक आदि जैसे सूखे बल्क।

ii. कच्चे तेल, पेट्रोलियम उत्पादों, तरलीकृत प्राकृतिक गैस (एलएनजी), तरलीकृत पेट्रोलियम गैस (एलपीजी), सॉल्वैंट्स, तरल रसायनों, आदि जैसे तरल बल्क।

iii. कंटेनर

iv. सामान्य कार्गो जैसे वेस्टपेपर, स्टील और तांबे के तैयार उत्पाद, सफेद सामान, उपभोक्ता वस्तुएं, मशीनरी, और सब्जियों और फलों आदि जैसे खराब होने वाली वस्तुएं, आदि।

v. मछली और अन्य समुद्री उत्पाद; आदि।

बंदरगाहों में जहाज निर्माण, जहाज की मरम्मत और सूखी डॉक सुविधाएं भी हो सकती हैं। एक बंदरगाह में तटवर्ती, तटीय और अपतटीय सुविधाएं शामिल हैं। इन्हें आम तौर पर चरण-वार विकसित किया जाता है और एक अवधि में बर्थ को जोड़ा या बढ़ाया जाता है। पोर्ट के लिए मूल साइट चयन मानदंड में कई पहलुओं पर विचार करना शामिल है:

i. भूकंपीय ज़ोनिंग
ii. सूखा उपलब्ध और ज्वारीय स्थितियां
iii. धाराओं और ब्रेकवाटर की आवश्यकता
iv. तटीय भूमि का पुनर्ग्रहण
v. ड्रेजिंग आवश्यकताएं: पूंजी और रखरखाव
vi. मूंगा, मैंग्रोव, मडफ्लैट्स, फाइटोप्लांकटन, बेंथोस और समुद्री जीवन सहित स्थलीय, तटीय और समुद्री पारिस्थितिक तंत्र
vii. आस-पास के क्षेत्रों में मछली पकड़ना और मछली पकड़ने के बंदरगाह और लैंडिंग सुविधाएं

उपलब्ध मसौदे के आधार पर, एक बंदरगाह को गहरे पानी के बंदरगाह के रूप में विकसित किया जा सकता है, और ज्वारीय स्थितियों के आधार पर, जहाजों को किसी भी समय या उच्च ज्वारीय परिस्थितियों के दौरान ही रखा जा सकता है। पूर्ण विकसित बंदरगाहों के अलावा, परियोजना प्रस्तावकों द्वारा अपने फीडस्टॉक और/या उत्पादों की आवाजाही को सुविधाजनक बनाने के लिए समर्पित कैप्टिव जेटी स्थापित की जा सकती है।

### *9.3.3 संक्षिप्त परियोजना विवरण*

प्रस्तावित बंदरगाह का आकार, संभाले जाने वाले कार्गो का प्रकार, टन भार और कनेक्टिविटी विवरण निर्दिष्ट करने की आवश्यकता है। अनुसरण किए गए साइट चयन मानदंडों पर संक्षेप में चर्चा की जा सकती है।

निर्माण चरण में शामिल प्रमुख गतिविधियों में आम तौर पर शामिल हैं:

i. भूमि का पुनर्ग्रहण
ii. ब्रेकवाटर का निर्माण
iii. पूंजी ड्रेजिंग
iv. तटीय सुरक्षा उपाय
v. साइट विकास
vi. जेटी का निर्माण
vii. तटवर्ती सुविधाओं अर्थात् प्लेटफार्मों, भवनों, गोदामों और कार्यशालाओं का निर्माण कैप्टिव विद्युत संयंत्र की स्थापना आदि।

एक बंदरगाह के संचालन चरण में अनिवार्य रूप से सामग्री हैंडलिंग, परिवहन, माल का भंडारण, और संबद्ध/सहायक संचालन शामिल हैं। प्रमुख गतिविधियों में आम तौर पर शामिल हैं:

i. जहाजों की आवाजाही और बर्थिंग
ii. जहाजों से या तो जेटी पर या अपतटीय नौकाओं में या पाइपलाइनों के माध्यम से कार्गो का लोडिंग/अनलोडिंग
iii. क्रेन और अन्य सामग्री हैंडलिंग उपकरणों का उपयोग करके कार्गो की हैंडलिंग और भंडारण
iv. रेलवे या सड़कों के माध्यम से विभिन्न प्रकार के सामानों की हैंडलिंग और परिवहन, जिसमें कई ट्रक और टैंकर शामिल हैं
v. कैप्टिव पावर प्लांट का संचालन
vi. रखरखाव और मरम्मत सुविधाएं

### *9.3.4 पर्यावरणीय आधारभूत स्थितियों की स्थापना*

पत्तन और बंदरगाह परियोजनाओं के लिए मानक टीओआर MOEF (2015) द्वारा दिया गया है। 9.1.4 को भी संदर्भित किया जा सकता है। एक बंदरगाह के लिए अध्ययन क्षेत्र में भूमि-वार्ड और समुद्र-वार्ड दोनों क्षेत्र शामिल होंगे। इस प्रकार, स्थलीय, तटीय और समुद्री पारिस्थितिक तंत्र के लिए पर्यावरणीय आधारभूत स्थितियों को स्थापित करने की आवश्यकता है, जिसमें मडफ्लैट्स और एक्चुअरीज भी हो सकते हैं।

### *9.3.5 प्रभाव और न्यूनीकरण उपाय*

9.1.5 को संदर्भित किया जा सकता है। निर्माण चरण में साइट-विशिष्ट मुद्दों को उपयुक्त रूप से संबोधित करने की आवश्यकता है। निर्माण के साथ-साथ संचालन चरणों में तटवर्ती और अपतटीय गतिविधियों से परिकल्पित विशिष्ट प्रभावों पर नीचे चर्चा की गई है। परियोजना को इसके जीवन चक्र के अंत में चालू करने पर विचार नहीं किया जाता है क्योंकि उभरती अर्थव्यवस्थाओं द्वारा वैश्विक व्यापार के हिस्से को बढ़ाने के लिए आमतौर पर बंदरगाहों का आवधिक आधुनिकीकरण और विस्तार किया जाता है।

#### निर्माण चरण

एक विशिष्ट बड़े ग्रीनफील्ड बंदरगाह परियोजना के लिए 3-4 साल की निर्माण अवधि को ध्यान में रखते हुए, निर्माण चरण में पर्यावरणीय प्रभावों को अस्थायी और उपेक्षित नहीं माना जा सकता है। निर्माण चरण में चिंता के विशिष्ट पर्यावरणीय मुद्दों को तालिका 9.1 में उजागर किया गया है। बंदरगाह निर्माण के लिए विशिष्ट निर्माण चरण में विशिष्ट प्रभाव पैदा करने वाले कारकों को संबंधित शमन उपायों के साथ तालिका 9.6 में उजागर किया गया है।

कार्रवाई का चरण

पत्तन और बंदरगाह के संचालन चरण में विशिष्ट प्रभाव पैदा करने वाले कारकों को संबंधित शमन उपायों के साथ **तालिका 9.7** में उजागर किया गया है। **तालिका 9.2** को भी संदर्भित किया जा सकता है।

**तालिका 9.6 पत्तन और बंदरगाह परियोजनाओं के निर्माण चरण के दौरान विशिष्ट प्रमुख पर्यावरणीय मुद्दे / प्रभाव और संबंधित शमन उपाय**

| ***पर्यावरणीय मुद्दे/प्रभाव कारक/प्रभाव*** | ***शमन उपाय के सुझाव*** |
|---|---|
| तालिका 9.1 और तालिका 9.3 का संदर्भ लिया जा सकता है | |
| *I. ऑफ-साइट* | |
| खदानों से चट्टानों और पत्थरों जैसी निर्माण सामग्री की ब्लास्टिंग, साइजिंग, भंडारण, परिवहन और हैंडलिंग जैसी गतिविधियाँ<br>i. शोर, कंपन<br>ii. वायु उत्सर्जन: PM और गैसीय<br>iii. भूमि<br>iv. LU/LC<br>v. पानी | i. नियंत्रित ब्लास्टिंग<br>• वाहनों का नियमित रखरखाव<br>ii. क्रशर पर धूल संग्रह प्रणाली<br>• संचालन क्षेत्रके आसपासबाड़े/बैरिकेड्स<br>• बंद वाहनपरिवहन/सामग्रीके लिए तिरपाल से ढक देना<br>iii. परिवहन के दौरान रिसाव नियंत्रण<br>iv. कार्य क्षेत्र की योजना इस तरह से बनाई जानी चाहिए कि जल निकासी पैटर्न में कम से कम बदलाव सुनिश्चित हो<br>v. आस-पास के जलमार्गों और जल निकायों में तलछट परिवहन को कम करने के लिए अपवाह में तलछट का संग्रह और निपटान |
| *ii. तटवर्ती* | |
| 1. निर्माण श्रमिक:श्रमिक शिविर<br>i. पानी के उपयोग<br>ii. अपशिष्ट जल और ठोस अपशिष्ट का उत्पन्न<br>iii. व्यावसायिक स्वास्थ्य और सुरक्षा<br>iv. प्रवास: सांस्कृतिक और संसाधन पर दवाब | 1. श्रमिक शिविर, विधिवत पृथक<br>• आवासीय इकाइयों के लिए सुरक्षा का प्रावधान<br>i. से iii. जल आपूर्ति, स्वच्छता, खाना पकाने के लिए ईंधन, ठोस अपशिष्ट संग्रह, प्राथमिक स्वास्थ्य सेवाओं और मनोरंजन सहित बुनियादी सुविधाओं का प्रावधान<br>iv. विस्तृत SE मूल्यांकन रिपोर्ट की सिफारिशों का कार्यान्वयन |

| *पर्यावरणीय मुद्दे/प्रभाव कारक/प्रभाव* | *शमन उपाय के सुझाव* |
|---|---|
| 2. भूमि का पुनर्ग्रहण<br>i. सामग्री का तट पर डंपिंग<br>ii. मूंगों औरबेन्थोस की गाद<br>iii. खाड़ियां में पानी की गुणवत्ता<br>iii. तटीय क्षेत्र में जल की आविलता<br>iv. भू-गति उपकरण, वाहनीय चाल | 2. भूमि का पुनर्ग्रहण<br>i. तटीय आकृति विज्ञान में परिवर्तन एक सीमित क्षेत्र में अपरिहार्य है; हालांकि, न्यूनीकरण और नियंत्रण के लिए विशिष्ट उपाय<br>ii. कोरल वाले क्षेत्रों में पुनर्ग्रहण से बचें<br>iii. समुद्री जीवों के प्रजनन, प्रजनन और प्रजनन पर विचार करते हुए मुहानों में और उसके आसपास गड़बड़ी से बचने के लिए विशिष्ट उपाय<br>iv. आविलता का बढ़ना अपरिहार्य है;डंपिंग और इसकी अवधि को कम करने और नियंत्रित करने के लिए विशिष्ट उपाय<br>v. उत्सर्जन और शोर नियंत्रण के लिए विशिष्ट उपाय |
| 3. तटीय सुरक्षा सहित निर्माण गतिविधियाँके उपाय<br>i. शोर, वायु उत्सर्जन:PM और गैसीय<br>ii. पानी का उपयोग<br>iii. तेल का रिसावऔरचिकना पदार्थ: तटीय जल की गुणवत्ता<br>iv. सतही अपवाह: मिट्टीकटाव, तलछट परिवहन, घुटनपानीस्ट्रीम/चैनल,तटीय क्षेत्र में आविलता<br>v. खाड़ियों में पानी की गुणवत्ता | 3. निर्माण गतिविधियाँ<br>i. से iv. समुद्री जल को मार्गदर्शन देने से पहले निर्माण क्षेत्र से अपशिष्ट जल और अपवाह के संग्रह और उपचार के लिए विशिष्ट नियंत्रण उपाय<br>v. मुहानों में पानी के निर्वहन और अपवाह पर नियंत्रण |
| 4. मडफ्लैट, मैंग्रोव, समुद्री घास, मूंगा,पक्षिजात, और समुद्रीबायोटा सहिततटीय और समुद्रीपारिस्थितिकी तंत्र | 4. वायु उत्सर्जन और शोर के नियंत्रण हेतु विशिष्ट उपाय<br>• तटीय और समुद्री जल की गुणवत्ता के नियंत्रण के लिए विशिष्ट उपाय |
| 5. मछली पकड़ने की कमी से मछुआरों की चिंता | 5. वायु उत्सर्जन और शोर के नियंत्रण के लिए विशिष्ट उपाय, और समुद्री जल में निर्वहन (ताकि तटीय और समुद्री जल की गुणवत्ता अपरिवर्तित रहे) |

| *पर्यावरणीय मुद्दे/प्रभाव कारक/प्रभाव* | *शमन उपाय के सुझाव* |
|---|---|
| | • मछली उतरने का प्रावधानऔर अन्य सुविधाओं के लिएमछली पकड़ने का कल्याण समुदाय |
| *iii. अपतटीय (तटीय)* | |
| 1. कातरंग-रोधोंका निर्माण<br>i. पानी की गुणवत्ता, समुद्री जल में आविलता<br>ii. खाड़ियां में पानी की गुणवत्ता<br>iii. तटीय कटाव औरतटरेखा में परिवर्तन<br>2. घाटों का निर्माण<br>i. पानी की गुणवत्ता,तटीय क्षेत्र के जलआविलता<br>ii. तटीय कटाव औरतटरेखा में परिवर्तन<br>iii. खाड़ियोंमें पानी की गुणवत्ता<br>3. प्रमुख तलकर्षण<br>i. पानी की गुणवत्ता:समुद्री जल में आविलता<br>ii. पादप प्लवक<br>iii. स्वस्थ तटवर्ती आवासों का क्षरण, घुमावदार क्षेत्र में बेंथोस का नुकसान और समुद्र तल में परिवर्तन, और तलछट से ढके होने से बेंथोस का क्षरण<br>iv. तलकर्षण औरतलकर्षण सामग्री के निपटान के कारण तलछट परिवहन पैटर्न में परिवर्तन<br>v. मछली प्रवासन<br>vi. तैलीय अपशिष्ट, स्वच्छताअपशिष्ट पदार्थ, मल-मूत्रड्रेजिंग उपकरण:पानी की गुणवत्ता<br>vii. मछलियों, व्हेल और डुगोंग की आवाजाही पर तलकर्षण, बार्ज और नौकाओं के इंजन से शोर<br>viii. मुहाना | 1. ब्रेकवाटर का निर्माण<br>i. पानी की गुणवत्ता में गिरावट अपरिहार्य;हालाँकि, निर्माण अवधि में कमी और सुप्रथाओं का पालन करने जैसे न्यूनीकरण के लिए विशिष्ट उपाय<br>ii. प्रजनन क्षेत्रों और मछली पकड़ने के मैदानों के करीब के क्षेत्रों में निर्माण से बचने के लिए विशिष्ट उपाय<br>iii. धाराओं और लहरों की कार्रवाई के तहत मिट्टी या मिट्टी/रेत मिश्रण के कटाव, परिवहन और जमाव के लिए MIKE2, मड ट्रांसपोर्ट मॉडल (MT) जैसे मॉडल का उपयोग करके पूर्वानुमान की गई<br>• परिवर्तनों को न्यूनतम करने के लिए विशिष्ट उपाय<br>2. ऊपर दिए 1. के जैसे<br>3. प्रमुख तलकर्षण<br>i. तलकर्षण की अवधि के दौरान पानी की गुणवत्ता में गिरावट अपरिहार्य है, अवधि को कम करना<br>ii. सीमित क्षेत्र में तलकर्षण के दौरान पानी में आविलता फाइटोप्लांकटन पर प्रभाव अपरिहार्य है, अवधि को कम किया जाना चाहिए<br>iii. घुमावदार क्षेत्र में नुकसान और गिरावट अपरिहार्य है; तलकर्षण के लिए समुद्री कछुए, प्रवाल और समुद्री घास क्षेत्रों से बचना चाहिए |

| *पर्यावरणीय मुद्दे/प्रभाव कारक/प्रभाव* | *शमन उपाय के सुझाव* |
|---|---|
| | iv. तलकर्षण और तलकर्षण सामग्री के निपटान के लिए MIKE PA जैसे मॉडल का उपयोग करके अनुमान लगाना<br>• गहरे समुद्र में घुमावदार सामग्री का निपटान<br>• कोरल और बेंथोस को तलछट से बचाने के लिए अन्य विशिष्ट उपाय<br>v. तलकर्षण के दौरान अस्थायी प्रवास अपरिहार्य है<br>vi. तयकार्यक्रम के अनुसार तटवर्ती सुविधाओं में संग्रह और निपटान के लिए विशिष्ट उपाय<br>vii. कुछ अस्थायी प्रवास अपरिहार्य है, शोर को कम करने के लिए विशिष्ट उपाय<br>viii. मुहाने के पास तलकर्षण और तलकर्षण सामग्री के निपटान से बचा जाना चाहिए |
| 4. तटीय और समुद्री पारिस्थितिकी तंत्र सहित मडफ्लैट,मैं ग्रोव, मूंगा एवं अन्य समुद्रीबायोटास, और पक्षिजात | 4. ऊपर तटवर्ती 4 को संदर्भित किया जा सकता है |
| .5 मछली पकड़ने की संख्या में कमी पर मछुआरे की चिंता | 5. ऊपर तटवर्ती 5को संदर्भित किया जा सकता है |

## तालिका 9.7 पत्तन, बंदरगाहों और टर्मिनलों के संचालन चरण के दौरान विशिष्ट प्रमुख पर्यावरणीय मुद्दे/प्रभाव और संबंधित शमन उपाय

| *पर्यावरण मुद्दे/प्रभावों को उत्पन्न करने वाले कारक/प्रभाव* | *शमन उपाय के सुझाव* |
|---|---|
| तालिका 9.2 और तालिका 9.6 का संदर्भ लिया जा सकता है | |
| 1. वायु<br>i. PM उत्सर्जन से सामग्री हैंडलिंग और भंडारण | 1. वायु<br>i. सुप्रथाएँ, और PM नियंत्रण के लिए विशिष्ट उपाय जैसे बंद सिस्टम और संलग्न भंडारण |

| *पर्यावरण मुद्दे/प्रभावों को उत्पन्न करने वाले कारक/प्रभाव* | *शमन उपाय के सुझाव* |
|---|---|
| ii. PM, $SO_2$, $NO_x$, VOC, और हाइड्रोकार्बन से उत्सर्जन जहाज, सामग्री संभालना, भंडारण, और वाहनों की आवाजाही | ii. सुप्रथाएँ और PM, गैसीय उत्सर्जन के नियंत्रण के लिए विशिष्ट उपाय |
| 2. शोर<br>i. जहाज के इंजन, सामग्री हैंडलिंग उपकरण, और वाहनों की आवाजाही | 2. शोर<br>i. मानक कम शोर उपकरण और नियमित रखरखाव<br>• शोर के नियंत्रण के लिए विशिष्ट उपाय |
| 3. पानी<br>निस्सरण के कारण तटीय और समुद्री जल का संदूषण<br>i. जहाज अपशिष्ट जल, पानी आदि के रूप में कार्गो जहाज।<br>ii. गिट्टी, बंकरिंग, तेल/पेट्रोलियम उत्पादों का रिसाव<br>iii. तटवर्ती: अपवाह, सीवेज और ठोस अपशिष्ट<br>iv. सामग्री हैंडलिंग के दौरान कार्गो फैलता है | 3. पानी<br>i. यह सुनिश्चित करने के लिए विशिष्ट उपाय कि कार्गो जहाज समुद्री जल में किसी भी जहाज के अपशिष्ट, पानी और ठोस कचरे का निपटान न करें<br>• MARPOL के प्रावधानों का पालन, उदाहरण के लिए, गिट्टी के पानी और सीवेज के लिए जहाज पर उपचार करने के लिए जहाज<br>ii. आकस्मिक परिदृश्यों के तहत तेल रिसाव प्रबंधन कार्यक्रम के अनुसार तेल रिसाव शमन उपाय<br>iii. तट पर विशिष्ट नियंत्रण उपाय<br>iv. परिचालन की सुप्रथाएं और स्पिल नियंत्रण उपाय |
| 4. ठोस अपशिष्ट<br>i. विशिष्ट कार्गो का खतरनाक अपशिष्ट<br>ii. सामग्री हैंडलिंगऔर अन्य उपकरण से प्रयुक्त तेल और तैलीय अपशिष्ट<br>iii. जहाजों से निकलने वाला कचरा: तैलीयगाद, पैकेजिंग<br>iv. झाड़ू लगाने से अपशिष्ट<br>v. घरेलू कचरा | 4. ठोस अपशिष्ट<br>तालिका 9.2 का संदर्भ लिया जा सकता है |

| *पर्यावरण मुद्दे/प्रभावों को उत्पन्न करने वाले कारक/प्रभाव* | *शमन उपाय के सुझाव* |
|---|---|
| vi. कार्यालय और जहाज़ से ई-कचरा | |
| 5. पारिस्थितिकी तटीय और समुद्री पारिस्थितिकी तंत्र जिसमें मडफ्लैट्स, मैंग्रोव, कोरल, अन्य समुद्री बायोटा और पक्षिजात शामिल हैं | 5. पारिस्थितिकी: तालिका 9.6 हो सकती है वायु उत्सर्जन और शोर के नियंत्रण के लिए विशिष्ट उपाय<br>• तटीय और समुद्री जल की गुणवत्ता का नियंत्रण<br>• जलीय प्रणाली की पोषक अर्थव्यवस्था के लिए विशिष्ट उपाय, जो तलछट के अप्रभावित रहने से शासित होते हैं |
| 6. SE<br>मछली पकड़ने की संख्या में कमी पर मछुआरे की चिंता | 6. SE: तालिका 9.6 का संदर्भ लिया जा सकता है<br>वायु उत्सर्जन और शोर, और तटीय और समुद्री जल की गुणवत्ता के नियंत्रण के लिए विशिष्ट उपाय<br>• मछुआरों के लिए विशिष्ट सामाजिक कल्याण उपाय |
| 7. जोखिम<br>i. दुर्घटनाएं: सामग्री हैंडलिंग उपकरण और वाहनों की आवाजाही<br>ii. कार्गो की हैंडलिंग और भंडारण से आग और विस्फोट, जैसे, कोयला, कोयले की धूल, सल्फर धूल, सॉल्वैंट्स और पेट्रोलियम उत्पाद।<br>iii. पात्रों की टक्कर/ग्राउंडिंग<br>iv. तेल का रिसाव | 7. जोखिम<br>• विशेष जोखिम मूल्यांकन रिपोर्ट में की गई सिफारिश के अनुसार बंदरगाह क्षेत्र में डिजाइन, स्थापना, संचालन और रखरखाव और शिपिंग के लिए सुप्रथाओं को अपनाने से लेकर आपदा प्रबंधन योजना सहित जोखिम शमन उपायों का कार्यान्वयन |
| 8. तलकर्षण (ड्रेजिंग) कारखरखाव | 8. तालिका 9.6 में "प्रमुख तलकर्षण" को संदर्भित किया जा सकता है |

### *9.3.6 अतिरिक्त अध्ययन*

9.1.6 को संदर्भित किया जा सकता है। तटीय खंड की पर्यावरणीय सेटिंग्स के आधार पर, निम्नलिखित विशेष अध्ययनों की आवश्यकता हो सकती है:

i. आर एंड आर
ii. रेल और सड़क द्वारा कनेक्टिविटी सहित परिवहन और यातायात प्रबंधन
iii. जल विज्ञान
iv. बाथमेट्री, समुद्र विज्ञान और भूकंपीय प्रोफाइलिंग
v. तटीय तलछट परिवहन और समुद्र तट प्रतिक्रिया के लिए माइक 21 एचडी जैसे मॉडलों का उपयोग करते हुए तटीय हाइड्रोडायनामिक्स, अर्थात क्षरण या अभिवृद्धि के कारण तटीय बहाव के कारण तटरेखा परिवर्तन, प्रस्तावित संरचनाओं के कारण चैनल में अवसादन, डंपिंग स्थलों पर घुमावदार सामग्री का फैलाव आदि।
vi. तेल रिसाव प्रबंधन
vii. तटीय और समुद्री पर्यावरण
viii. मछुआरा समुदाय की चिंताएं और कल्याण

## *9.3.7 पर्यावरणीय निगरानी कार्यक्रम*

9.1.7 को संदर्भित किया जा सकता है। एक उदाहरणात्मक पर्यावरणीय निगरानी कार्यक्रम नीचे दिया गया है, जिसे साइट की स्थितियों और वैधानिक आवश्यकताओं के आधार पर ठीक करने की आवश्यकता है।

निर्माण चरण

*AAQ:* साप्ताहिक, निर्माण क्षेत्र और आस-पास के गांवों में $PM_{10}$, $PM_{2.5}$, $SO_2$, $NO_x$, CO, और हाइड्रोकार्बन के लिए लगातार 24 घंटे के लिए जहां बेसलाइन निगरानी की गई थी

*शोर:* निर्माण क्षेत्र और आस-पास के गांवों में साप्ताहिक जहां बेसलाइन निगरानी की गई थी

*समुद्री जल:* बेसलाइन स्थानों पर भौतिक-रासायनिक मापदंडों के लिए मासिक निगरानी

*तलछट की गुणवत्ता:* आधारभूत स्थानों पर संरचना और विशेषताओं के लिए मासिक निगरानी

*समुद्री पारिस्थितिकी:* बेसलाइन स्थानों पर फाइटोप्लांकटन, जूप्लांकटन और बेंथोस के लिए मासिक निगरानी

कार्रवाई का चरण

*AAQ:* सामग्री हैंडलिंग, भंडारण और वाहन पार्किंग क्षेत्र में $PM_{10}$, $PM_{2.5}$, $SO_2$, $NO_x$, CO, और हाइड्रोकार्बन के लिए मासिक निगरानी, लगातार 24 घंटे के लिए

*शोर:* जेटी, सामग्री हैंडलिंग और वाहन पार्किंग क्षेत्र में साप्ताहिक निगरानी

*समुद्री जल:* आकस्मिक परिदृश्य, और बेसलाइन स्थानों पर भौतिक-रासायनिक मापदंडों के लिए हर बार प्री-मानसून और पोस्ट-मानसून निगरानी

*तलछट की गुणवत्ता:* आधारभूत स्थानों पर संरचना और विशेषताओं के लिए वार्षिक निगरानी

*समुद्री पारिस्थितिकी:* आकस्मिक परिदृश्य, और पहले वर्ष में त्रैमासिक और फिर बेसलाइन स्थानों पर फाइटोप्लांकटन, जूप्लांकटन और बेंथोस के लिए वार्षिक निगरानी

### *9.3.8 पर्यावरणीय प्रबंधन कार्यक्रम*

9.1.8 को संदर्भित किया जा सकता है। दूसरों के बीच, एक विशिष्ट ईएमपीजी को निम्नलिखित कार्यक्रमों को कवर करने की आवश्यकता है:

*निर्माण पूर्व और निर्माण चरण*

1. खदानों (निर्माण सामग्री की सोर्सिंग) प्रबंधन जिसमें विस्फोट, ड्रिलिंग, सामग्री हैंडलिंग, परिवहन और सामग्री के भंडारण से धूल, शोर और कंपन शामिल है
2. स्रोत से स्थल तक निर्माण सामग्री का परिवहन
3. निर्माण जल और विद्युत की सोर्सिंग
4. सिविल और संरचनात्मक कार्यों के लिए निर्माण पद्धति
5. श्रम शिविरों का प्रबंधन
6. (पूंजी) ड्रेजिंग प्रबंधन में शामिल हैं:
    i. ड्रेजिंग विधियों का उपयोग किया जाना है
    ii. नामित अपतटीय क्षेत्रों/तटीय क्षेत्रों में धारीदार सामग्री की डंपिंग
    iii. उत्सर्जन और शोर
    iv. ड्रेजिंग उपकरण से प्रयुक्त तेल
    v. समुद्री जीवन के लिए संवेदनशील क्षेत्रों की पहचान करना, अर्थात् भोजन, प्रजनन, कैल्विंग और स्पॉनिंग क्षेत्र
    vi. प्रजनन मौसम, आंदोलन मार्ग, और संवेदनशील प्रजातियों के आधार
    vii. गाद पर्दे (आईएफसी 2007 बी) जैसी तकनीकों का उपयोग करके तलछट के पुन: निलंबन से जलीय जीवन पर प्रभाव
7. मछुआरों की चिंताओं को दूर करना ताकि यह सुनिश्चित किया जा सके कि उनकी आजीविका प्रभावित न हो, मछली उतारने की सुविधाओं जैसी अवसंरचनात्मक सुविधाओं में सुधार किया जाए और उनके कल्याण और सामाजिक उत्थान के लिए एक कार्य योजना बनाई जाए

*ऑपरेटिंग चरण*

1. थोक कार्गो (जैसे कोयला, कोक, सल्फर, उर्वरक) प्रबंधन जिसमें कण और गैसीय उत्सर्जन का नियंत्रण, और हैंडलिंग उपकरणों से शोर, संरक्षित / संलग्न / बैरिकेड भंडारण, प्रमुख हवा की दिशा को ध्यान में रखते हुए शामिल हैं
2. परिवहन और यातायात प्रबंधन, तटवर्ती और अपतटीय दोनों
3. बिल्जवाटर और स्लॉप तेल प्रबंधन
4. तेल और तैलीय मलों, अपशिष्ट कार्गो, स्पिल और रिसाव सहित विभिन्न प्रकार के अपशिष्टों के संग्रह और निपटान सहित अपशिष्ट प्रबंधन
5. विशिष्ट कार्गो के लंबे समय तक संपर्क से उत्पन्न होने वाले मुद्दों के लिए व्यावसायिक स्वास्थ्य और सुरक्षा प्रबंधन, कार्गो के आकस्मिक जोखिम, और काम की चोटों
6. ड्रेजिंग प्रबंधन जिसमें ड्रेजिंग विधियों का उपयोग किया जाना है, नामित अपतटीय क्षेत्रों या तटीय क्षेत्रों में ड्रेजिंग सामग्री की डंपिंग, उत्सर्जन और शोर, और ड्रेजिंग उपकरणों से उपयोग किए गए तेल
7. आपातकालीन प्रतिक्रिया की तैयारी, विचार
   i. कोयला, कोयले की धूल, सल्फर धूल, सॉल्वैंट्स, पेट्रोलियम उत्पादों आदि की हैंडलिंग और भंडारण से आग और विस्फोट
   ii. तेल रिसाव
   iii. जहाजों की टक्कर/ग्राउंडिंग
   iv. चक्रवात, सुनामी और बाढ़ जैसी प्राकृतिक आपदाएं; आदि।

**तालिका 9.6** और **तालिका 9.7** की भी समीक्षा करने की आवश्यकता है ताकि यह सुनिश्चित किया जा सके कि सुझाए गए ईएमपीजी में सभी पहलू शामिल हैं। इसके अलावा, ईएमपीजी को अपने आवधिक लेखा परीक्षा, शीर्ष प्रबंधन द्वारा समीक्षा और अद्यतन के तंत्र को शामिल करने की आवश्यकता है।

## 9.4 क्षेत्र विकास और निर्माण परियोजनाएं

### *9.4.1 भारतीय संदर्भ में लागू विनियम/दिशानिर्देश*

MOEF (2006) के अनुसार, ग्रीनफील्ड और ब्राउनफील्ड क्षेत्र विकास और निर्माण परियोजनाओं (एडीसीपी) को पूर्व पर्यावरणीय मंजूरी प्राप्त करने की आवश्यकता है। स्क्रीनिंग मानदंड ऐसी परियोजनाओं को निम्नानुसार वर्गीकृत करते हैं:

i. श्रेणी ए

क. >500 हेक्टेयर क्षेत्र वाले औद्योगिक एस्टेट और कम से कम एक उद्योग श्रेणी बी में आता है

ख. कम से कम एक उद्योग के साथ औद्योगिक एस्टेट श्रेणी ए में आते हैं, चाहे उनका क्षेत्रफल कुछ भी हो

ii. श्रेणी बी

क. <500 हेक्टेयर क्षेत्र वाले औद्योगिक एस्टेट और कम से कम एक उद्योग श्रेणी बी में आता है

ख. >500 हेक्टेयर क्षेत्र वाले औद्योगिक एस्टेट और कोई उद्योग श्रेणी ए या बी में नहीं आता है

ग. औद्योगिक सम्पदा जिसका क्षेत्रफल कितना है? <500 हेक्टेयर और श्रेणी ए या बी में आने वाले किसी भी उद्योग का प्रस्ताव नहीं करने वाले किसी भी उद्योग को ईआईए अधिसूचना के प्रावधानों से छूट दी जाएगी। हालांकि, इन्हें टाउनशिप और क्षेत्र विकास परियोजनाओं के रूप में माना जाएगा, जैसे कि नीचे

घ. 50 हेक्टेयर और उससे अधिक के क्षेत्र को कवर करने वाली टाउनशिप और क्षेत्र विकास परियोजनाएं, और/या 1,50,000 वर्ग मीटर और उससे अधिक का निर्मित क्षेत्र

ङ. भवन और निर्माण परियोजनाएं 20,000 >के निर्मित क्षेत्र लेकिन 150,000 वर्ग मीटर क्षेत्र <प्रस्तावित हैं

iii. क्षेत्र विकास परियोजनाओं के लिए स्थल चयन भूमि उपयोग योजना पर निर्भर करता है। औद्योगिक सम्पदा का स्थान आम तौर पर मानदंडों के आधार पर तय किया जाता है जिसमें प्राकृतिक संसाधनों की उपलब्धता जैसे भूमि और पानी, निकटता, और प्रमुख शहरी क्षेत्रों और बंदरगाहों से कनेक्टिविटी, और सरकार द्वारा दिए गए प्रोत्साहन शामिल हैं। औद्योगिक क्षेत्रों के स्थान का चयन इस तरह से किया जाता है कि कम से कम दूरी हो

iv. पारिस्थितिक रूप से संवेदनशील क्षेत्रों और शहरी समूह की परिधि से 10 किमी रखा गया है 500 मीटर (न्यूनतम) से

क. उच्चतम उच्च ज्वार रेखा

ख. नदी प्रणालियों का बाढ़ मैदान या संशोधित बाढ़ मैदान जो अपस्ट्रीम में बांधों से प्रभावित होता है या बाढ़ नियंत्रण प्रणालियों द्वारा प्रभावित होता है

ग. राजमार्ग और रेलवे

v. एडीसीपी पर लागू अन्य प्रमुख नियमों में शामिल हैं

क. तटीय विनियमन क्षेत्र अधिसूचना, और संशोधन, 1991, 2008, 2011, 2019

ख. निर्माण और विध्वंस अपशिष्ट प्रबंधन नियम, 2016

ग. रासायनिक दुर्घटनाओं के लिए आपातकालीन योजना, तैयारी और प्रतिक्रिया नियम, 1996

घ. ई-अपशिष्ट प्रबंधन नियम, और संशोधन, 2011, 2019

ङ. स्थानीय स्वशासन/नगर निकाय/नगरपालिका विनियम

च. मॉडल क्षेत्रीय और नगर नियोजन और विकास कानून, 1985, और टाउन एंड कंट्री प्लानिंग पर राज्य अधिनियमों में प्रावधान

छ. मोटर वाहन (संशोधन) अधिनियम, 1988, 2019

ज. राष्ट्रीय परिवेशी वायु गुणवत्ता मानक, 2009

झ. राष्ट्रीय राजमार्ग अधिनियम, और संशोधन, 1956, 2017

ञ. ठोस अपशिष्ट प्रबंधन नियम, 2000, 2016

### *9.4.2 क्षेत्रीय संक्षिप्त विवरण*

क्षेत्र विकास और निर्माण परियोजनाओं में आम तौर पर एक बड़ा क्षेत्र और पर्याप्त निर्माण शामिल होता है। ऐसी परियोजनाओं में, सामान्य रूप से, निम्न शामिल हो सकते हैं:

i. औद्योगिक क्षेत्र, जिनमें अलग-अलग शब्दावली हो सकती है जैसे

   क. बहु-क्षेत्रीय उद्योगों के लिए औद्योगिक संपदा, औद्योगिक समूह, औद्योगिक क्षेत्र, विशेष आर्थिक क्षेत्र, विशेष निवेश क्षेत्र, निर्यात प्रसंस्करण क्षेत्र, विकास केंद्र और पारिस्थितिकी-औद्योगिक पार्क

   ख. औद्योगिक पार्क जैसे वस्त्र पार्क, भेषज पार्क, सूचना प्रौद्योगिकी पार्क, जैव प्रौद्योगिकी पार्क, खाद्य प्रसंस्करण पार्क, लॉजिस्टिक पार्क आदि। एक विशिष्ट क्षेत्र के लिए समर्पित

ii. इमारतों और बड़े निर्माण के लिए

   क. आवासीय क्षेत्र/परिसर, वाणिज्यिक परिसर, होटल, कार्यालय आदि।

   ख. आवासीय या औद्योगिक टाउनशिप, जो थर्मल पावर, सीमेंट या बंदरगाहों जैसी प्रमुख परियोजनाओं के साथ प्रस्तावित होने पर संबंधित विकास परियोजना का एक अभिन्न अंग बन सकते हैं

   ग. संस्थागत क्षेत्र जैसे शिक्षा या स्वास्थ्य देखभाल परिसर, थीम पार्क, मनोरंजक क्षेत्र आदि।

औद्योगिक क्षेत्र परियोजनाओं को स्थिरता की अवधारणा का पालन करने की आवश्यकता है। टिकाऊ औद्योगिक क्षेत्रों के लिए गुणवत्ता मानदंड सुझाए गए हैं (जीआईजेड, एनडी) इस तरह के घटकों के संबंध में:

i. आर्थिक गुणवत्ता, जैसे रोजगार, निवेश और कर राजस्व

ii. तकनीकी गुणवत्ता, जैसे नवीकरणीय ऊर्जा, पर्यावरण-कुशल परिवहन, व्यापार बुनियादी ढांचा और संयुक्त सेवाएं

iii. पर्यावरण की गुणवत्ता, जैसे प्रदूषण, जलवायु परिवर्तन, संसाधन दक्षता और आपदा जोखिम

iv. सामाजिक गुणवत्ता, उदाहरण के लिए लिंग पहलू

v. प्रक्रिया की गुणवत्ता, जैसे प्रबंधन संरचनाएं, सेवा वितरण, और सार्वजनिक-निजी भागीदारी

### *9.4.3 संक्षिप्त परियोजना विवरण*

एडीसीपी के प्रकार के आधार पर, चाहे एक औद्योगिक क्षेत्र, टाउनशिप या इमारत, कुछ गतिविधियां भिन्न हो सकती हैं। सामान्य तौर पर, बड़े क्षेत्र विकास परियोजनाओं में कुछ विशिष्ट गतिविधियां निम्नानुसार शामिल होती हैं:

i. समतलीकरण और साइट निकासी सहित साइट विकास

ii. सामान्य अवसंरचनात्मक सुविधाओं का निर्माण
   - क. सड़कें
   - ख. बिजली उत्पादन या इसकी सोर्सिंग और वितरण
   - ग. जल स्रोत, परिवहन, भंडारण, उपचार और वितरण
   - घ. सीवेज और अपशिष्ट जल संग्रह, उपचार और निपटान
   - ङ. खतरनाक अपशिष्ट प्रबंधन, और नगरपालिका अपशिष्ट प्रबंधन सहित ठोस अपशिष्ट
   - च. अग्निशमन सुविधाओं सहित आपदा प्रबंधन सुविधाएं
   - छ. प्रयोगशाला
   - ज. पुस्तकालय
   - झ. कैंटीन
   - ञ. संचार नेटवर्क, आदि।

iii. निर्माण
   - क. अलग-अलग उद्योग/संस्थान/परिवार के लिए संरचनाएं और भवन
   - ख. जल संचयन संरचनाएं
   - ग. शैक्षिक सुविधाओं, स्वास्थ्य देखभाल सुविधाओं, सामुदायिक हॉल, क्लब, शॉपिंग कॉम्प्लेक्स, रेस्तरां, खेल और मनोरंजन सुविधाओं सहित सामाजिक बुनियादी ढांचा
   - घ. परियोजना के प्रबंधन के लिए सुविधाएं

iv. विकास
   - क. लॉन और बगीचे
   - ख. ग्रीन बेल्ट
   - ग. वृक्षारोपण

### *9.4.4 पर्यावरणीय आधारभूत स्थितियों की स्थापना*

औद्योगिक सम्पदा, टाउनशिप और भवन परियोजनाओं के लिए मानक टीओआर MOEF (2015) द्वारा दिए गए हैं। 9.1.4 को भी संदर्भित किया जा सकता है। आम तौर पर, परियोजना स्थल के आसपास 10 किमी के दायरे को ऐसी सभी परियोजनाओं के लिए अध्ययन क्षेत्र माना जाता है। हालांकि, बड़े निर्माण और टाउनशिप (उद्योगों के बिना) के मामले में प्रभाव क्षेत्र <5 किमी और भवन

परियोजनाओं के मामले में <1 किमी हो सकता है। इस प्रकार टीओआर को मामला-दर-मामला आधार पर दिया जा सकता है, इस पर विचार करते हुए

i. स्थानीय पर्यावरणीय मुद्दों की गंभीरता
ii. क्या एडीसीपी एक नगरपालिका क्षेत्र के भीतर या ग्रामीण क्षेत्र में प्रस्तावित है

### *9.4.5 प्रभाव और न्यूनीकरण उपाय*

9.1.5 को संदर्भित किया जा सकता है। परियोजना के निर्माण चरण में साइट-विशिष्ट मुद्दों को उपयुक्त रूप से संबोधित करने की आवश्यकता है। सामान्य तौर पर, कई प्रमुख पर्यावरणीय मुद्दे विभिन्न प्रकार के एडीसीपी के लिए आम होंगे लेकिन अलग-अलग पैमाने और गंभीरता के साथ। सामान्य भौतिक और साथ ही सामाजिक अवसंरचनात्मक सुविधाओं और खतरों और जोखिमों के प्रकार के प्रावधान का पैमाना भी भिन्न होगा। उदाहरण के लिए

1. साइट विकास, उत्खनन, निर्माण, अवसंरचनात्मक विकास, वाहनों की आवाजाही, आदि से संबंधित प्रमुख गतिविधियां और संबंधित पर्यावरणीय मुद्दे ऐसी सभी परियोजनाओं के लिए आम हैं, लेकिन गंभीरता की अलग-अलग डिग्री के साथ
2. ऐसी परियोजनाओं की बुनियादी विशेषताओं को ध्यान में रखते हुए, कुछ विशिष्ट प्रमुख पर्यावरणीय मुद्दे होंगे, जिन्हें नीचे चर्चा किए गए विशिष्ट और अतिरिक्त पर्यावरणीय प्रबंधन कार्यक्रमों का सुझाव देकर संबोधित किया जाना आवश्यक है:
    i. औद्योगिक संपदा परियोजनाएं
        क. खतरनाक अपशिष्ट प्रबंधन
        ख. नगरपालिका और अन्य अपशिष्ट प्रबंधन
        ग. जल स्रोत, उपचार और वितरण
        घ. अपशिष्ट जल उपचार और निपटान
        ङ. यातायात और पार्किंग प्रबंधन
        च. आपदा प्रबंधन
        छ. हरित और हरित पट्टी विकास
        ज. सामान्य सुविधाएं/सहायक सुविधाएं प्रबंधन
    ii. भवन और बड़ी निर्माण परियोजनाएं
        क. जल सोर्सिंग और वितरण
        ख. नगरपालिका ठोस अपशिष्ट प्रबंधन
        ग. ई-अपशिष्ट प्रबंधन
        घ. सीवेज उपचार और उपचारित सीवेज का पुनर्चक्रण
        ङ. वाहन यातायात और पार्किंग
        च. लिफ्ट के कारण जोखिम

छ. जल संचयन

ज. ग्रीन बिल्डिंग अवधारणा

झ. हरित और हरित पट्टी विकास

ञ. सामान्य सुविधाएं / सहायक सुविधाओं का प्रबंधन

ट. शहरी हीट आइलैंड प्रभाव प्रबंधन

एडीसीपी में संबोधित किए जाने वाले प्रमुख पर्यावरणीय मुद्दे, विशेष रूप से श्रेणी ए औद्योगिक सम्पदा के लिए, हैं, **तालिका 9.8** और **तालिका 9.9** में दर्शाया गया है। इनमें से कुछ मुद्दे प्रासंगिक नहीं हो सकते हैं या इमारतों और बड़ी निर्माण परियोजनाओं के मामले में गंभीरता की समान डिग्री हो सकती है।

### *9.4.6 अतिरिक्त अध्ययन*

9.1.6 को संदर्भित किया जा सकता है। पर निर्भर करता है

1. प्रस्तावित क्षेत्र विकास परियोजना का आकार
2. प्रस्तावित उद्योगों का प्रकार
3. कैप्टिव विद्युत उत्पादन, जल आपूर्ति, अपशिष्ट जल उपचार, अपशिष्ट प्रबंधन, आपदा प्रबंधन आदि जैसी सामान्य अवसंरचनात्मक सुविधाओं का प्रस्ताव, विशेष अध्ययन की आवश्यकता हो सकती है, उदाहरण के लिए -
   i. आर एंड आर
   ii. रेल और सड़क द्वारा कनेक्टिविटी सहित परिवहन और यातायात से संबंधित पहलू
   iii. जोखिम आकलन
   iv. जल विज्ञान
   v. पारिस्थितिकी और जैव विविधता
   vi. तटीय और समुद्री पर्यावरण

### *9.4.7 पर्यावरणीय निगरानी कार्यक्रम*

9.4.7.1 को संदर्भित किया जा सकता है। जबकि प्रत्येक औद्योगिक परियोजना और औद्योगिक एस्टेट में प्रत्येक सामान्य अवसंरचनात्मक सुविधा का अपना पर्यावरणीय निगरानी कार्यक्रम होगा, संपत्ति के भीतर विभिन्न स्थानों पर और अध्ययन क्षेत्र में जहां बेसलाइन निगरानी की गई थी, वहां पूरे औद्योगिक एस्टेट के लिए पर्यावरणीय निगरानी भी प्रस्तावित करने की आवश्यकता है। निर्माण चरण में उदाहरणात्मक पर्यावरणीय निगरानी 9.1.7 में दी गई हो सकती है। औद्योगिक एस्टेट के संचालन चरण के लिए, पर्यावरणीय निगरानी निम्नानुसार प्रस्तावित की जा सकती है:

**तालिका 9.8 प्रमुख क्षेत्र विकास और निर्माण परियोजनाओं के निर्माण पूर्व और निर्माण चरण के दौरान विशिष्ट प्रमुख पर्यावरणीय मुद्दे/प्रभाव और तदनुरूपी शमन उपाय**

<table>
<tr><th>पर्यावरण कारक/प्रभाव को उत्पन्न करने वाले मुद्दे/प्रभाव</th><th>सुझाए गए शमन उपाय</th></tr>
<tr><td colspan="2">तालिका 9.1, तालिका 9.3 और तालिका 9.6 का संदर्भ लिया जा सकता है</td></tr>
<tr><td colspan="2">I. पूर्व-निर्माण चरण</td></tr>
<tr><td>1. SE<br>i. उन मामलों में निवासियों का विस्थापन जहां लोग उस भूमि पर रह रहे थे जिसे अधिग्रहित किया जाना प्रस्तावित है<br>ii. कृषि, पशुपालन आदि पर निर्भर होने की स्थिति में लोगों की आजीविका के स्रोतों की हानि और उनकी भूमि का अधिग्रहण किए जाने का प्रस्ताव है<br>iii. नौकरियों के लिए स्थानीय लोगों की उम्मीदें</td><td>1. SE<br>i. भूमि अधिग्रहण करते समय मुआवजा पैकेज तैयार करना और लागू करना, अधिमानतः पारस्परिक सहमति के आधार पर, लागू विनियमों का अनुपालन करना<br>ii. R&Rकार्यक्रम का कार्यान्वयन<br>• किसानों को खड़ी फसलों की कटाई के लिए अतिरिक्त समय देना, यदि कोई हो<br>iii. स्थानीय कौशल उपलब्धता और साइट विकास और निर्माण से संबंधित गतिविधियों के लिए आवश्यक कौशल का सर्वेक्षण करना, और नौकरियों के लिए स्थानीय व्यक्तियों को प्राथमिकता देना<br>• लघु अवधि के गहन व्यावसायिक प्रशिक्षण और उद्यमिता विकास पाठ्यक्रम प्रदान करके कौशल विकास कार्यक्रम उपयुक्त और इच्छुक स्थानीय आबादी के लिएतैयारकरना और कार्यान्वित करना</td></tr>
<tr><td colspan="2">II. ढांचागत विकास और निर्माण चरण</td></tr>
<tr><td>1. भूमि<br>i. कोर और बफर जोन में भूमि का क्षरण इनके कारण होता है<br>1. उत्खनित सामग्री की खुदाई, भंडारण और निपटान</td><td>1. भूमि<br>i. अवक्रमण, हालांकि, गिरावट को कम करने के लिए विशिष्ट उपाय अपरिहार्य हैं<br>1. उत्खनित सामग्री की मात्रा का आकलन, और मौजूदा जल</td></tr>
</table>

| ***पर्यावरण कारक/प्रभाव को उत्पन्न करने वाले मुद्दे/प्रभाव*** | ***सुझाए गए शमन उपाय*** |
|---|---|
| 2. ऊपरी मृदा की हैंडलिंग और स्टैकिंग, निर्माण सामग्री और निर्माण और विध्वंस कचरे का हैंडलिंग और भंडारण<br>3. वाहनों की गतिविधियाँ | निकासी पैटर्न को प्रभावित किए बिना भराव/समतलीकरण के लिए निचले इलाकों की पहचान करना<br>2. ऊपरी मृदा सहित विभिन्न सामग्रियों के स्टैकिंग/भंडारण के लिए विशिष्ट स्थानों का आवंटन<br>• सुप्रथाएँ<br>3. वाहनों की आवाजाही के लिएमार्गों की पहचान |
| 2. मृदा<br>i. मृदा हटाने वाले उपकरणों द्वारा मृदा की खुदाई और संघनन के कारण मृदा का क्षरण और भूमि की सतह का संशोधन<br>ii. साइट के विकास, अवसंरचनात्मक विकास और निर्माण के दौरान ऊपरी मृदा का क्षरण | 2. मृदा<br>i. क्षरण कुछ हद तक अपरिहार्य है, परंतु, सुप्रथाओं द्वारा न्यूनतम किया जाए<br>• अपवाह प्रबंधन के लिए क्षेत्र की रूपरेखा पर विचार करते हुए विशिष्ट उपाय जैसे तालाबों में अपवाह का संग्रह करना ताकि यह सुनिश्चित किया जा सके कि अपरदित मृदा किसी भी जल निकायों में नहीं ले जाई जा सके<br>• कच्ची सतहों पर फुटपाथ<br>• नरम मृदा पर घास लगाना<br>• सड़कों का निर्माण<br>ii. निर्माण के बाद ऊपरी मृदा को हटाने, भंडारण और उपयोग के लिए शीर्ष मृदा प्रबंधन कार्यक्रम का कार्यान्वयन |
| 3. LU/LC<br>i. प्रेरित विकास के कारण कोर के साथ-साथ बफर जोन में भूमि उपयोग/भूमि कवर में परिवर्तन<br>ii. मौजूदा जल निकासी नमूने में परिवर्तन<br>iii परिदृश्य और स्थलाकृति में परिवर्तन | 3. LU/LC<br>i. परिवर्तन अपरिहार्य है यदि कृषि भूमि को गैर-कृषि उद्देश्यों के लिए परिवर्तित करने का प्रस्ताव है, और साइट विकास और निर्माण प्रस्तावित है<br>• कोर जोन में LU/LC में परिवर्तन का अनुमान, और विशिष्ट उपाय |

| *पर्यावरण कारक/प्रभाव को उत्पन्न करने वाले मुद्दे/प्रभाव* | *सुझाए गए शमन उपाय* |
|---|---|
| | • अनुमानित प्रेरित वृद्धि और विशिष्ट उपायों के कारण बफर जोन में LU/LC में परिवर्तन का अनुमान<br>ii. स्टॉर्मवाटर नेटवर्क की सुविधाओं और डिजाइन के उपयुक्त लेआउट द्वारा जल निकासी पैटर्न में परिवर्तन को इस तरह से कम करें कि बदले हुए जल निकासी पैटर्न से बाढ़, जलधाराओं की गाद और फैलने वाले स्रोतों से जल निकायों का प्रदूषण न हो<br>• परिवर्तन अपरिहार्य है, संभावित परिवर्तनों का अनुमान करें<br>• उपयुक्त योजना, डिजाइन और लेआउट द्वारा परिवर्तन को कम करने के लिए विशिष्ट उपाय |
| 4. श्रमिक शिविर<br>i. श्रमिकों का प्रवास: सांस्कृतिक मुद्दे, सुरक्षा<br>ii. पानी, ईंधन और चारे जैसे स्थानीय संसाधनों पर तनाव<br>iii. सीवेज और ठोस अपशिष्ट उत्पन्न<br>iv. व्यावसायिक स्वास्थ्य | 4. श्रमिक शिविर: एक उपयुक्त स्थान श्रमिक शिविरों के लिए<br>i. सुरक्षा के साथ-साथ श्रमिक शिविरों को अलग-थलग करना, अस्थायी आवास इकाइयों को बनाना और उन्हें स्थानीय रीति-रिवाजों और संस्कृति से अवगत कराना<br>ii. खाना पकाने के लिए जल और ईंधन जैसी बुनियादी सुविधाओं का प्रावधान<br>iii. स्वच्छता और ठोस अपशिष्ट संग्रह का प्रावधान<br>iv. यदि यह आस-पास के शहरों से बहुत दूर है तो प्राथमिक स्वास्थ्य सेवाओं और मनोरंजन का प्रावधान |

| *पर्यावरण कारक/प्रभाव को उत्पन्न करने वाले मुद्दे/प्रभाव* | *सुझाए गए शमन उपाय* |
|---|---|
| 5. पारिस्थिकी<br>i. LU/LC में परिवर्तन के कारण कोर जोन में वनस्पतियों और संबंधित जीवों की हानि<br>ii. बफर जोन पर प्रभाव | 5. पारिस्थिकी<br>i. संभावित नुकसान की गणना, और मुआवजे के लिए कार्यक्रम<br>• दुर्लभ और निकट लुप्तप्राय, और अद्वितीय प्रजातियों की रक्षा के लिए विशिष्ट उपाय, यदि कोई हो<br>ii. बफर जोन में वनस्पतियों और जीवों की सुरक्षा के लिए विशिष्ट उपाय |
| 6. वायु<br>$SO_2$, $NO_x$, VOCs, और $PM_{10}$ और $PM_{2.5}$ जैसे प्रदूषकों के उत्सर्जन के कारण वायु की गुणवत्ता<br>i. डीजी सेट<br>ii. गर्म डामर मिश्रण योजना<br>iii. पृथ्वी की गतिविधियाँ और कच्ची सतह पर अन्यवाहन की आवाजाही<br>iv. निर्माण सामग्री, ऊपरी मृदा, खुदाई की गई मृदा, आदि, की खुदाई एवं हैंडलिंग और भंडारण से पलायित धूल उत्सर्जन | 6. वायु<br>चारों ओर अस्थायी परिवृत्त प्रदान करके निर्माण स्थल पर बैरिकेडिंग करना, और स्रोत पर नियंत्रण के लिए विशिष्ट उपाय<br>i. उपयुक्त स्टैक की ऊंचाई एवं साफ ईंधन<br>ii. उपयुक्त स्थान और विशिष्ट वायु प्रदूषण नियंत्रण उपायों का समावेश<br>iii. प्रमुख साइट का काम शुरू होने से पहले सड़कें बनाना<br>iv. नरम मृदा पर घास लगाना, कच्ची सतहों का निर्माण<br>• अच्छी निर्माण प्रथाएं, पानी का छिड़काव |
| 7. शोर और कंपन<br>वाहनों की आवाजाही, निर्माण मशीनरी, डीजी सेट और गतिविधियों से शोर और कंपन के स्तर में वृद्धि | 7. शोर और कंपन<br>i. चारों ओर अस्थायी परिवृत्त प्रदान करके निर्माण स्थल पर बैरिकेडिंग करना<br>• मशीनरी और वाहनों की आवधिक सर्विसिंग<br>• रात के समय काम करने से बचना |
| 8. जल और अपशिष्ट जल<br>i. निर्माण और काम करने वाले कर्मियों के लिए सतही जल निकायों या भूजल संसाधनों से पानी की निकासी के कारण जल संसाधनों पर तनाव<br>ii. निर्माण स्थलों से सीवेज उत्पादन | 8. जल और अपशिष्ट जल<br>i. विभिन्न स्रोतों से जल की उपलब्धता पर उचित जांच-पड़ताल करने के बाद तैयार की गई विस्तृत हाइड्रोजियोलॉजिकल रिपोर्ट की सिफारिशों का कार्यान्वयन |

| *पर्यावरण कारक/प्रभाव को उत्पन्न करने वाले मुद्दे/प्रभाव* | *सुझाए गए शमन उपाय* |
|---|---|
| | • जल संरक्षण के लिए विशिष्ट उपाय<br>• जल की उपलब्धता कम होने पर गर्मियों के दौरान निर्माण कार्य पर प्रतिबंध<br>ii. मृदा की विशेषताओं, स्थलाकृति और जल निकायों को ध्यान में रखते हुए सीवेज और स्लज का संग्रह, उपचार और निपटान |
| 9. ठोस अपशिष्ट<br>i. निर्माण और संबद्ध गतिविधियों, निर्माण मलबे से ठोस अपशिष्ट उत्पन्न | 9. ठोस अपशिष्ट<br>i. मात्रा का आकलन, निचले इलाकों की पहचान<br>• ठोस अपशिष्ट प्रबंधन कार्यक्रम का कार्यान्वयन |
| 10. SE<br>i. स्थानीय संसाधनों पर तनाव<br>ii. कामगारों और कुशल व्यक्तियों का इनबाउंड प्रवास<br>iii. प्रस्तावित औद्योगिक संपदा की जरूरतों को पूरा करने के लिए बुनियादी सुविधाओं के उन्नयन सहित यातायात से संबंधित मुद्दों के कारण स्थानीय आबादी के लिए उपद्रव और असुविधा<br>iv. सामान्य रूप से विभिन्न श्रेणियों में और विशेष रूप से स्थानीय निवासियों के लिए रोजगार सृजन, कौशल उपलब्धता पर निर्भर करता है | 10. SE<br>i. संसाधनों के पूरक के लिए विशिष्ट उपाय<br>ii. माल और सेवाओं की आपूर्ति के माध्यम से अतिरिक्त कमाई के लिए व्यावसायिक अवसर प्रदान करने वाले स्थानीय आबादी और उद्यमियों के लिए इनबाउंड माइग्रेशन फायदेमंद है<br>• उद्यमियों के लिए आसपास के क्षेत्रों में आवास, वाणिज्यिक, शिक्षा, स्वास्थ्य देखभाल और संबंधित सुविधाओं को विकसित करने का अवसर<br>• कुछ समय में क्षेत्र का समग्र विकास/समृद्धि<br>iii. यातायात और काम के घंटों का विनियमन, वाहनों की आवाजाही के लिए डामर बाईपास सड़कों का |

| *पर्यावरण कारक/प्रभाव को उत्पन्न करने वाले मुद्दे/प्रभाव* | *सुझाए गए शमन उपाय* |
|---|---|
| | प्रावधान, गति नियंत्रण, ड्राइवरों और सहायकों के लिए बुनियादी सुविधाओं का प्रावधान<br>iv. रोजगार सृजन और स्थानीय आबादी के लिए फायदेमंद व्यापार के अवसर |

कार्रवाई का चरण

*AAQ*: मासिक और आकस्मिक परिदृश्य, $PM_{10}$, $PM_{2.5}$, $SO_2$, $NO_x$, CO, और हाइड्रोकार्बन के लिए लगातार 24 घंटे तक एस्टेट के भीतर निर्दिष्ट स्थानों पर, एस्टेट की परिधि में, और आसपास के क्षेत्रों में जहां बेसलाइन निगरानी की गई थी

*शोर*: मासिक, लगातार 24 घंटे के लिए उन्हीं स्थानों पर जहां AAQ प्रस्तावित है

*मिट्टी की गुणवत्ता*: औद्योगिक एस्टेट और आसपास के क्षेत्रों में दो स्थानों पर संरचना और विशेषताओं के लिए वार्षिक और आकस्मिक परिदृश्यों के तहत जहां आधारभूत निगरानी की गई थी

*जल*

*सतही जल*:

क. प्रवेश बिंदुओं पर जल संसाधन (ओं) की उपलब्धता (स्तर/प्रवाह दर) के लिए मासिक निगरानी
ख. जल सेवन बिंदुओं, और अन्य प्रमुख जल निकायों पर विशिष्ट मापदंडों की गुणवत्ता के लिए मासिक निगरानी
ग. आकस्मिक परिदृश्य, और उस बिंदु पर विशिष्ट मापदंडों की गुणवत्ता के लिए साप्ताहिक जहां उद्योगों/सामान्य अपशिष्ट जल उपचार सुविधा से उपचारित अपशिष्ट जल को जल निकाय में छोड़ दिया जाता है
घ. उपचारित अपशिष्ट जल प्राप्त करने वाले जल निकाय के गुणवत्ता, विशिष्ट मापदंडों के लिए द्वि-वार्षिक और आकस्मिक परिदृश्य

*भूमिगत जल*: आकस्मिक परिदृश्य, और पानी और अपशिष्ट जल के विशिष्ट मापदंडों के स्तर और गुणवत्ता के लिए मासिक निगरानी

*समुद्री*: आकस्मिक परिदृश्य, और बेसलाइन स्थानों पर भौतिक-रासायनिक मापदंडों के लिए हर प्री-मानसून और पोस्ट-मानसून में एक बार निगरानी

*जलीय पारिस्थितिकी*: पहले वर्ष में आकस्मिक परिदृश्य और त्रैमासिक और फिर बेसलाइन स्थानों पर फाइटोप्लांकटन, जूप्लांकटन और बेंथोस के लिए वार्षिक निगरानी।

**तालिका 9.9 प्रमुख क्षेत्र विकास और निर्माण परियोजनाओं के संचालन चरण के दौरान विशिष्ट प्रमुख पर्यावरणीय मुद्दे/प्रभाव और तदनुरूपी शमन उपाय।**

| ***पर्यावरणीय मुद्दे/प्रभाव उत्पन्न करने वाले कारक/प्रभाव*** | ***सुझाए गए शमन उपाय*** |
|---|---|
| तालिका 9.2 और तालिका 9.7 का संदर्भ लिया जा सकता है | |
| 1. वायु<br>$SO_2$, $NO_x$, VOCs और $PM_{10}$ और $PM_{2.5}$ जैसे गैसीय प्रदूषकों का उत्सर्जन<br>i. औद्योगिक गतिविधियाँ<br>ii. सामान्य पर्यावरणीय ढांचागत सुविधाएं<br>iii. भंडारण, मालगोदाम, परिवहन और वाहनों की आवाजाही | 1. वायु<br>i. प्रत्येक औद्योगिक इकाई को अपनी गतिविधियों से वायु प्रदूषण को नियंत्रित करने के लिए विशिष्ट नियंत्रण उपाय करने होंगे<br>ii. प्रत्येक ऑपरेटर को विशिष्ट नियंत्रण उपाय करने होंगे<br>iii. आंतरिक डामर सड़कें, फुटपाथ, सामान्य भंडारण,<br>मालगोदाम, और यातायात प्रबंधन |
| 2. शोर और कंपन<br>i. औद्योगिक गतिविधि<br>ii. वाहनों की आवाजाही | 2. शोर और कंपन<br>i. प्रत्येक औद्योगिक इकाई को विशिष्ट नियंत्रण उपाय करने होंगे<br>ii. क्षेत्र में प्रतिबंधित प्रवेश (चारों ओर चारदीवारी के साथ), यातायात क्षेत्र में प्रबंधन |
| 3. यातायात<br>i. माल और लोगों के परिवहन के कारण वाहनों की आवाजाही में वृद्धि | 3. यातायात<br>i. क्षेत्र और उसके फीडर मार्गों के लिए उपयुक्त यातायात प्रबंधन कार्यक्रम |
| 4. जल और अपशिष्ट जल<br>i. सतही जल निकायों और/या भूजल संसाधनों से उद्योगों/निवासियों के लिए बड़ी मात्रा में पानी की आपूर्ति और जल विज्ञान में परिवर्तन के कारण जल संसाधनों की खींच<br>ii. अपशिष्ट जल और सीवेज उत्पाद<br>iii. अपवाह | 4. जल और अपशिष्ट जल<br>i. पानी की आवश्यकता का उचित अनुमान लगाना और दीर्घावधि में पानी की उपलब्धता के आधार पर स्थल का चयन करना, उद्योगों के विस्तार और बफर जोन में प्रेरित विकास के कारण लगातार बढ़ती मांग पर भी विचार करना |

| *पर्यावरणीय मुद्दे/प्रभाव उत्पन्न करने वाले कारक/प्रभाव* | *सुझाए गए शमन उपाय* |
|---|---|
| | • विस्तृत हाइड्रोजियोलॉजिकल रिपोर्ट की सिफारिशों का कार्यान्वयन<br>• अतिरिक्त जल संसाधन विकसित करने का कार्यक्रम<br>ii. अपशिष्ट जल संग्रह नेटवर्क, एक सामान्य सुविधा में उपचार, और जल निकायों को प्रदूषित किए बिना वैधानिक आवश्यकताओं को पूरा करने वाला निपटान, कृषि गतिविधियों और स्थानीय आबादी<br>• सीवेज संग्रह नेटवर्क, उपचार, बायोगैस का उत्पादन, उपचारित सीवेज का पुन: उपयोग और मानसून के दौरान उपयुक्त निपटान<br>iii. आंतरिक सड़कों के किनारे तूफ़ानीपानी की नालियां<br>• यह सुनिश्चित करने के लिए समय-समय पर निगरानी की जानी चाहिए कि औद्योगिक अपशिष्ट जल तूफ़ानी पानी नालों में न बहे |
| 5. ठोस अपशिष्ट<br>i. औद्योगिक और संबद्ध गतिविधियों से हानिकारक अपशिष्ट उत्पादन, जिसमें प्रयुक्त तेल, पैकेजिंग सामग्री, कार्यशाला और रखरखाव अपशिष्ट, और अपशिष्ट जलस्लज।<br>ii. औद्योगिक और संबद्ध गतिविधियों से ठोस अपशिष्ट उत्पादन, जल उपचार संयंत्र स्लज<br>iii. घरेलू ठोस अपशिष्ट उत्पादन<br>iv. ई-कचरा, बैटरी, और बायोमेडिकल और अन्य अपशिष्ट | 5. ठोस अपशिष्ट<br>i. प्रत्येक औद्योगिक इकाई को उसके द्वारा उत्पन्न खतरनाक कचरे के लिए विशिष्ट उपाय करने होंगे<br>• परिवहन के लिए उपयुक्त संग्रहण तंत्र<br>• सामान्य उपचार, भंडारण और निपटान सुविधा (टीएसडीएफ), भस्मीकरण, या अन्य सुविधाएं<br>• चिन्हित अधिकृत पुनर्चक्रणकर्ताओं को निपटान |

| *पर्यावरणीय मुद्दे/प्रभाव उत्पन्न करने वाले कारक/प्रभाव* | *सुझाए गए शमन उपाय* |
|---|---|
| | ii. प्रत्येक औद्योगिक इकाई को लागू नियमों के अनुसार उसके द्वारा उत्पन्न औद्योगिक कचरे के लिए विशिष्ट उपाय करने होंगे<br>• उपचार और निपटान के लिए सामान्य सुविधाओं तक परिवहन के लिए संग्रह तंत्र<br>iii. घरेलू अपशिष्ट पृथक्करण,यदि परियोजना गैर-नगरपालिका क्षेत्र में स्थित है, तो एक सामान्य सुविधा में संग्रहण, उपचार और प्रबंधन के लिए प्रणाली<br>• अन्यथा, नगरपालिका सुविधा तक परिवहन<br>iv. प्रत्येक औद्योगिक इकाई को लागू नियमानुसार निपटान करना होगा<br>• अन्यथा, सामान्य सुविधाएं बनाएं |
| 6. SE<br>i. श्रमिकों और प्रशिक्षित व्यक्तियों के प्रवास की वजह से उद्योगों के लिए सेस्थानीय संसाधनों पर तनाव।<br>ii. उद्योगी गतिविधियों और वाहन चलन से उत्पन्न उत्सर्जन और दुर्गंध के कारण पड़ोसी निवासियों के स्वास्थ्य पर प्रभाव।<br>iii. सामान्य रूप में विभिन्न श्रेणियों में और खासकर स्थानीय निवासियों में रोजगार उत्पादन जैसे प्रबंधकीय,पर्यवेक्षी, तकनीशियन, सुरक्षा कर्मी, चालक, घरेलू काम आदि के लिए।<br>iv. भौतिक बुनियादी संरचना, शैक्षणिक और स्वास्थ्य सेवाओं की विकास | 6. SE<br>i. स्थानीय स्वशासन को सलाह देकर योजनाबद्ध तरीके से आवासीय, वाणिज्यिक और सामाजिक बुनियादी सुविधाओं के विकास को सुविधाजनक बनाना<br>• उद्यमियों के लिए व्यवसाय के अवसर<br>ii. प्रत्येक औद्योगिक इकाई को प्रयोज्य नियमों के अनुसार अपनी उत्सर्जन और दुर्गन्ध के लिए विशेष नियंत्रण उपाय अपनाने की आवश्यकता होती है<br>• उद्योगों के प्रकार के आधार पर समय-समय पर आसपास के |

| ***पर्यावरणीय मुद्दे/प्रभाव उत्पन्न करने वाले कारक/प्रभाव*** | ***सुझाए गए शमन उपाय*** |
|---|---|
| v. स्थानीय लोगों के लिए अतिरिक्त/वैकल्पिक आय स्रोतों के विकास के लिए अवसर<br>vi. रियल एस्टेट (अचल सम्पत्ति) गतिविधियों का विकास, रियल एस्टेट की कीमतों में वृद्धि | निवासियों की स्वास्थ्य केंद्र में स्वास्थ्य जांच की जाती है<br>iii. प्रत्येक औद्योगिक इकाई और ढांचागत सुविधा को नौकरियों के लिए स्थानीय आबादी को प्राथमिकता देने के लिए प्रेरित किया जाना चाहिए<br>• स्थानीय आबादी द्वारा प्रत्यक्ष और अप्रत्यक्ष रोजगार सृजन स्वागत किया जाएगा<br>iv. स्थानीय आबादी के लिए फायदेमंद, सामाजिक उत्थान के लिए समन्वित/सामान्य सीएसआर कार्यक्रम<br>v. कौशल विकास और उद्यमिता विकास के लिए सामान्य प्रशिक्षण सुविधाएं<br>vi. स्थानीय स्वशासन संगठनों के साथ संलग्न होकर योजनाबद्ध विकास को सुविधाजनक बनाना।<br>• जमीन मालिकों और बिल्डरों के लिए फायदेमंद |
| 7. परिस्थितिकी<br>तालिका 9.2 का संदर्भ लिया जा सकता है | 7. परिस्थितिकी<br>तालिका 9.2 का संदर्भ लिया जा सकता है |
| 8. जोखिम<br>i. बड़े पैमाने पर विषाक्त उत्सर्जन (आकस्मिक)<br>ii. बड़ी आग और विस्फोट | 8. जोखिम<br>प्रत्येक उद्योग के ऑन-साइट आपातकालीन तैयारी कार्यक्रमों पर विचार करते हुए, एक ऑफ-साइट आपातकालीन तैयारी कार्यक्रम की सामान्य ढांचागत सुविधाएं तैयार करना<br>• सर्वसुविधायुक्त आपदा प्रबंधन केन्द्र |

| *पर्यावरणीय मुद्दे/प्रभाव उत्पन्न करने वाले कारक/प्रभाव* | *सुझाए गए शमन उपाय* |
|---|---|
| 9. हीट-आइलैंड<br>i. क्षेत्र में उच्च तापमान (स्थानीयकृत)। | 9. हीट आइलैंड प्रभाव<br>i. अपरिहार्य, परंतु प्रत्येक उद्योग द्वारा उपयुक्त अल्बेडो (छत पर परावर्तन) के साथ हरित भवन डिजाइन द्वारा प्रभाव को कम करना<br>• विशिष्ट ऊर्जा संरक्षण और जागरूकता उपाय<br>• क्षेत्र को हरा-भरा बनाना और हरित पट्टी का विकास करना |

### *9.4.8 पर्यावरणीय प्रबंधन कार्यक्रम*

9.1.8 को संदर्भित किया जा सकता है। प्रस्तावित कुछ न्यूनीकरण उपायों के कारण आवश्यक किसी भी ईएमपीजी के लिए **तालिका 9.8** और **तालिका 9.9** की भी समीक्षा किए जाने की आवश्यकता है।

जबकि औद्योगिक एस्टेट में प्रत्येक परियोजना और प्रत्येक सामान्य अवसंरचनात्मक सुविधा का अपना ईएमपीजी होगा, पूरे औद्योगिक एस्टेट को कवर करने के लिए अपने ईएमपीजी की भी आवश्यकता होती है:

1. निर्माण सामग्री और मलबा प्रबंधन
2. जल निकासी और तूफानी पानी संग्रह, उपचार और निपटान
3. परिवेशी वायु गुणवत्ता प्रबंधन
4. जल स्रोत, परिवहन और वितरण, अपशिष्ट जल के संग्रह और परिवहन नेटवर्क और कचरे के परिवहन और निपटान जैसी सामान्य सुविधाओं का पर्यावरणीय प्रबंधन
5. यातायात और पार्किंग प्रबंधन विशेष रूप से ज्वलनशील और खतरनाक सामानों के परिवहन वाले भारी वाहनों के लिए
6. क्षेत्र को हरा-भरा करना और हरित पट्टी का विकास
7. पारिस्थितिकी-औद्योगिक क्षेत्र अवधारणा का कार्यान्वयन
8. आपदा प्रबंधन से लैस
   क. आवश्यक उपकरणों के साथ केंद्रीय नियंत्रण कक्ष
   ख. फायर स्टेशन
   ग. प्रमुख उद्योगों और स्थानीय स्वशासन के बीच पारस्परिक सहायता तंत्र (एक दूसरे की सुविधाओं को साझा करने के लिए)
   घ. सामान्य चिकित्सा सुविधाएं और पड़ोसी अस्पतालों के साथ टाई-अप; आदि।
9. सामुदायिक जागरूकता कार्यक्रम और आवधिक मॉक ड्रिल

## 9.5 रासायनिक और संबंधित परियोजनाएं

### *9.5.1 भारतीय संदर्भ में लागू विनियम/दिशानिर्देश*

1. एमओईएफ (2006) के अनुसार, ग्रीनफील्ड के साथ-साथ ब्राउनफील्ड रासायनिक और संबद्ध परियोजनाओं को पूर्व पर्यावरणीय मंजूरी प्राप्त करने की आवश्यकता है। स्क्रीनिंग मानदंड परियोजनाओं को निम्नानुसार वर्गीकृत करते हैं:
   1) श्रेणी ए
      i. पेट्रोलियम शोधन परियोजनाएं
      ii. 250,000 एमटीपीए और उससे अधिक की क्षमता वाली कोक ओवन परियोजनाएं
      iii. अधिसूचित औद्योगिक क्षेत्र के बाहर स्थित क्लोर-क्षार परियोजनाएं या 300 एमटीपीडी और उससे अधिक की क्षमता वाली परियोजनाएं
      iv. सोडा ऐश
      v. रासायनिक उर्वरक
      vi. कीटनाशक (तकनीकी ग्रेड) और कीटनाशक-विशिष्ट मध्यवर्ती
      vii. पेट्रोकेमिकल परिसर
      viii. अधिसूचित औद्योगिक क्षेत्र के बाहर स्थित पेट्रोकेमिकल आधारित प्रसंस्करण
      ix. अधिसूचित औद्योगिक क्षेत्र के बाहर स्थित सिंथेटिक कार्बनिक रासायनिक परियोजनाएं
      x. 30 किलोलीटर प्रति दिन (केएलडी) और उससे अधिक की क्षमता वाले शीरे या गैर-गुड़ पर आधारित डिस्टिलरीज
      xi. लुगदी और कागज (कैप्टिव लुगदी निर्माण पर आधारित)
      xii. रेयॉन
   2) श्रेणी बी*
      i. 25,000 एमटीपीए और उससे अधिक लेकिन < 250,000 एमटीपीए की क्षमता वाली कोक ओवन परियोजनाएं
      ii. क्लोर-क्षार परियोजनाएं अधिसूचित औद्योगिक क्षेत्र के अंदर स्थित हैं और जिनकी क्षमता <300 एमटीपीडी है
      iii. अधिसूचित औद्योगिक क्षेत्र में स्थित पेट्रोकेमिकल आधारित प्रसंस्करण
      iv. अधिसूचित औद्योगिक क्षेत्र में स्थित सिंथेटिक कार्बनिक रासायनिक परियोजनाएं
      v. डिस्टिलरीज, गैर-शीरा-आधारित जिसकी क्षमता <30 केएलडी है
      vi. एकीकृत पेंट
      vii. कागज जिसमें लुगदी निर्माण शामिल नहीं है
      viii. रेयान के अलावा मानव निर्मित फाइबर

      * सामान्य शर्तें लागू होती हैं

2. रासायनिक उद्योगों के लिए उपयोग किए जाने वाले सामान्य स्थान संबंधी मानदंडों में पानी की उपलब्धता, उपचारित अपशिष्ट जल का निपटान, और/या खतरनाक अपशिष्ट प्रबंधन, अपशिष्ट जल उपचार और आपदा प्रबंधन के लिए सामान्य सुविधाएं शामिल हैं।
3. रासायनिक उद्योगों पर लागू अन्य प्रमुख नियमों में शामिल हैं
    i. वायु (प्रदूषण निवारण और नियंत्रण) अधिनियम, नियम और संशोधन, 1981, 1982, 1983, 1987
    ii. तटीय विनियमन जोन अधिसूचना, और संशोधन, 1991, 2008, 2011, 2019 समुद्री जल में अपशिष्ट जल के जल सेवन/निर्वहन के लिए तटवर्ती/अपतटीय सुविधाओं के लिए
    iii. निर्माण और विध्वंस अपशिष्ट प्रबंधन नियम, 2016
    iv. आपातकालीन योजना, तैयारी और रासायनिक दुर्घटनाओं के प्रति प्रतिक्रिया नियम, 1996
    v. पर्यावरण (संरक्षण) अधिनियम और नियम, और संशोधन, 1986, 1991, 2019
    vi. पर्यावरण (सिटिंग इंडस्ट्रीज) नियम, 1999
    vii. ई-अपशिष्ट प्रबंधन नियम, और संशोधन 2011, 2018
    viii. विस्फोटक अधिनियम, और संशोधन, 1884, 2008, 2019
    ix. कारखाना अधिनियम, और संशोधन, 1948, 1987, 2016
    x. खतरनाक और अन्य अपशिष्ट (प्रबंधन और सीमा पार आंदोलन) नियम, 2016
    xi. भारतीय बॉयलर अधिनियम, और संशोधन, 1923, 2017
    xii. कीटनाशक अधिनियम, 1968, 2019
    xiii. खतरनाक रासायनिक नियमों का निर्माण, भंडारण और आयात, 1989, 1994, 2000
    xiv. राष्ट्रीय परिवेशी वायु गुणवत्ता मानक, 2009
    xv. ध्वनि प्रदूषण (विनियमन और नियंत्रण) नियम, और संशोधन, 2000, 2006, 2010
    xvi. तेल उद्योग सुरक्षा निदेशालय (ओआईएसडी) दिशानिर्देश
    xvii. पेट्रोलियम अधिनियम, नियम, 1934, 2002
    xviii. पेट्रोलियम और प्राकृतिक गैस नियम, 1948, 2002
    xix. ठोस अपशिष्ट प्रबंधन नियम, 2016
    xx. स्थैतिक और मोबाइल दबाव जहाजों (अनफायर्ड) नियम, 1981, 2016
    xxi. गैस सिलेंडर नियम, और संशोधन, 2004, 2016
    xxii. जल (प्रदूषण निवारण और नियंत्रण) अधिनियम, नियम और संशोधन, 1974, 1977, 1978, 1988, 2003

### *9.5.2 क्षेत्रीय संक्षिप्त विवरण*

रासायनिक प्रक्रिया उद्योग में कार्बनिक और अकार्बनिक रासायनिक उत्पादों की एक विस्तृत श्रृंखला शामिल है, जैसे:

1. पेट्रोलियम रिफाइनिंग उत्पाद जैसे नेफ्था, गैसोलीन, डीजल, ईंधन, ल्यूब-स्टॉक और पेट्रोलियम कोक
2. पेट्रोकेमिकल्स और डाउनस्ट्रीम उत्पाद जैसे एथिलीन, प्रोपलीन, बेंजीन, उर्वरक, मेथनॉल, और पॉलिमर, मानव निर्मित फाइबर, डिटर्जेंट और सॉल्वेंट्स के लिए फीडस्टॉक।
3. क्लोर-क्षार और सोडा ऐश जैसे समुद्री-आधारित उत्पाद
4. अम्ल
5. शराब और शराब आधारित उत्पाद
6. थोक दवाएं (सक्रिय दवा सामग्री), रंजक, वर्णक, कीटनाशक
7. पेंट, सिंथेटिक रेजिन
8. पॉलिएस्टर, नायलॉन और रेयान जैसे मानव निर्मित फाइबर
9. लुगदी और कागज
10. सिरेमिक; आदि।

रासायनिक उद्योग ने खतरनाक उत्सर्जन और निर्वहन के कारण एक बुरी प्रतिष्ठा अर्जित की है जो हवा, जल संसाधनों और मिट्टी को दूषित करते हैं, जिससे मानव और पर्यावरण के स्वास्थ्य को प्रभावित किया जाता है। हालांकि, यह महसूस किया जा सकता है कि रसायन दिन-प्रतिदिन के जीवन में योगदान देकर महत्वपूर्ण भूमिका निभाते हैं।

क) खाद्य उत्पादन और उसके संरक्षण में वृद्धि (उर्वरक और कीटनाशक)
ख) स्वास्थ्य देखभाल (जीवन रक्षक दवाएं और सौंदर्य प्रसाधन)
ग) कपड़े (मानव निर्मित फाइबर और औद्योगिक कपड़े)
घ) भवन, स्वच्छता और सजावटी सामग्री
ङ) साक्षरता, यात्रा, संचार, मनोरंजन और आराम के लिए बुनियादी बिल्डिंग ब्लॉक

रासायनिक और संबद्ध उत्पादों, यानी फीडस्टॉक के लिए बुनियादी बिल्डिंग ब्लॉक, आमतौर पर पेट्रोलियम, समुद्री, कृषि या बायोमास संसाधनों से प्राप्त होते हैं। रासायनिक निर्माण प्रक्रियाएं पानी-गहन हो सकती हैं और इसमें हवा, पानी, मिट्टी, विषाक्त और गंधयुक्त उत्सर्जन, और तरल पदार्थ और ठोस पदार्थों के रूप में खतरनाक निर्वहन को प्रदूषित करने की क्षमता होती है। रासायनिक उद्योग के उत्पादों को मोटे तौर पर वर्गीकृत किया जा सकता है

i. *थोक मात्रा में रसायिनिक वस्तु*, जो आम तौर पर निरंतर प्रक्रियाओं का उपयोग करके बड़ी मात्रा में उत्पादित होते हैं; इनमें अमोनिया, मेथनॉल, एथिलीन, पीवीसी, अकार्बनिक एसिड और क्लोर-क्षार शामिल हैं।
ii. *परिसकृत (विशेषता) रसायन*, जो आम तौर पर बैच प्रक्रियाओं का उपयोग करके कम मात्रा में उत्पादित होते हैं; इनमें थोक दवाएं (सक्रिय दवा सामग्री), कीटनाशक (तकनीकी-ग्रेड सक्रिय तत्व), और रंजक और वर्णक शामिल हैं।
iii. *प्रदर्शक रसायन*, जो आम तौर पर बैच प्रक्रियाओं का उपयोग करके कम मात्रा में उत्पादित होते हैं; इनमें जल उपचार, तेल-क्षेत्र, कागज और चमड़े के रसायन, ईंधन के लिए योजक, स्नेहक, प्लास्टिक और रबर, चिपकने वाला, पेंट और खाद्य संरक्षक शामिल हैं।

*विनिर्माण प्रक्रियाओं* में आम तौर पर शामिल होते हैं

i. इकाई संचालन (भौतिक परिवर्तनों को शामिल करते हुए) जैसे मिश्रण, आसवन, अवशोषण, सोखना, निष्कर्षण, झिल्ली पृथक्करण और यांत्रिक संचालन
ii. यूनिट प्रक्रियाएं (रासायनिक परिवर्तनों को शामिल करते हुए) जैसे क्लोरीनीकरण, सल्फोनेशन, नाइट्रेशन, एसिटिलीकरण और अल्काइलेशन

सामान्य रूप से प्रक्रियाओं में विभिन्न दबाव और तापमान स्थितियों के तहत प्रतिक्रियाएं शामिल होती हैं, इसके बाद शुद्धिकरण के लिए पृथक्करण प्रक्रियाएं होती हैं। सामान्य रूप से ठीक रसायनों में बहु-चरण प्रतिक्रियाएं शामिल होती हैं, जिसमें 50-60% के क्रम के वांछित उत्पाद की समग्र उपज होती है। यह कई मध्यवर्ती, साइड-प्रोडक्ट्स और उप-उत्पादों के उत्पादन को इंगित करता है, जिनमें से कुछ पुनर्प्राप्त किए जाते हैं, जबकि इनमें से कई वाष्पशील सॉल्वैंट्स के साथ उत्सर्जित होते हैं, पानी जैसे सॉल्वैंट्स के साथ या ठोस रूप में निर्वहन करते हैं। पाइपिंग नेटवर्क का उपयोग सामग्री हस्तांतरण के लिए किया जाता है। उद्योग में दबाव और तापमान की विभिन्न स्थितियों के तहत कई उत्पादों का परिवहन, हैंडलिंग और भंडारण शामिल है। इनमें से कई उत्पाद ज्वलनशील, अस्थिर और विषाक्त हो सकते हैं, स्वास्थ्य और पर्यावरणीय खतरों का कारण बन सकते हैं, जिससे विस्तृत जोखिम प्रबंधन कार्यक्रमों की आवश्यकता होती है। रासायनिक उद्योग में उपयोग किए जाने वाले विशिष्ट उपकरणों में शामिल हैं:

i. भंडारण टैंक
ii. रिएक्टर
iii. पंप और कंप्रेसर
iv. हीट एक्सचेंजर्स
v. भट्टियां
vi. स्तंभ: आसवन, और अवशोषण।
vii. आकार घटाने उपकरण

viii. पैकेजिंग मशीनरी
ix. अपशिष्ट जल उपचार संयंत्र
x. एक बॉयलर, डिमिनरलाइज्ड वॉटर प्लांट, अक्रिय गैस जनरेटर, कूलिंग टॉवर, अपशिष्ट गर्मी बॉयलर जैसे उपयोगिता उपकरण
xi. डीजी सेट जैसी कैप्टिव विद्युत उत्पादन सुविधाएं

### *9.5.3 संक्षिप्त परियोजना विवरण*

#### 9.5.3.1 पेट्रोकेमिकल्स

पेट्रोकेमिकल्स पेट्रोलियम या प्राकृतिक गैस से उत्पादित रसायन हैं और आमतौर पर तीन समूहों में विभाजित किए जा सकते हैं:

i. ईथेन, एथिलीन, प्रोपेन, प्रोपलीन, ब्यूटेन और ब्यूटाइलीन जैसे एलिफैटिक्स
ii. साइक्लोहेक्सेन, साइक्लोहेक्सेन डेरिवेटिव और एरोमैटिक्स, जैसे, बेंजीन, टोल्यूनि, जाइलीन और नेफ्थलीन जैसे साइक्लो-एलिफैटिक्स
iii. अमोनिया, अमोनियम सल्फेट, अमोनियम नाइट्रेट, नाइट्रिक एसिड और सल्फर जैसे अकार्बनिक

एक पेट्रोकेमिकल कॉम्प्लेक्स में प्राकृतिक गैस ($C_2^+$) या नेफ्था जैसे फीडस्टॉक के थर्मल क्रैकिंग द्वारा रासायनिक उद्योग के लिए एथिलीन, प्रोपलीन, ब्यूटिलीन, बेंजीन, टोलुईन और जाइलीन जैसे बुनियादी बिल्डिंग ब्लॉक का उत्पादन करने के लिए एक क्रैकर होता है। क्रैकर्स के अन्य उत्पादों में हाइड्रोजन, ईंधन गैस, पायरोलिसिस गैसोलीन, कार्बन ब्लैक फीडस्टॉक आदि शामिल हैं। पेट्रोकेमिकल कॉम्प्लेक्स में आम तौर पर वांछित उत्पाद-मिश्रण के आधार पर डाउनस्ट्रीम इकाइयां होती हैं, जैसे उत्पादों का उत्पादन करने के लिए

क) एथिलीन से एलएलडीपीई, एचडीपीई, एथिलीन ग्लाइकॉल, पॉलीइथाइलीन टेरेफ्थेलेट, और पीवीसी
ख) प्रोपलीन से पीपी, आइसोप्रोपिल अल्कोहल, फिनोल और ब्यूटेनॉल
ग) बेंजीन से एलएबी, कैप्रोलैक्टम, और स्टाइलिन
घ) पीटीए, और जाइलीन से थैलिक एनहाइड्राइड

होने वाली बुनियादी प्रतिक्रियाओं में क्रैकिंग या पायरोलिसिस, एल्काइलेशन, हाइड्रोजनीकरण, हाइड्रोक्रैकिंग, पोलीमराइजेशन, आइसोमेराइजेशन और सुधार शामिल हैं।

रेडिएंट कॉइल्स पर कार्बन बिल्ड-अप को हटाने के लिए क्रैकिंग भट्टियों को समय-समय पर डिकोड करने से महत्वपूर्ण कण उत्सर्जन और कार्बन मोनोऑक्साइड पैदा होता है। वीओसी उत्सर्जन भंडारण टैंक, दबाव राहत उपकरणों, ऑफ-विनिर्देश सामग्री के आविष्कार, डीप्रेशराइजिंग और रखरखाव के लिए उपकरणों के शुद्धिकरण आदि से उत्पन्न होते हैं। पेट्रोकेमिकल संयंत्रों से वीओसी उत्सर्जन सहित

उत्सर्जन के उच्च स्तर (IFC 2007 सी), संयंत्र स्टार्ट-अप और शटडाउन, प्रक्रिया गड़बड़ी और आपात स्थिति के दौरान अपेक्षित हैं जब प्रक्रियाएं स्थिर-राज्य मोड में काम नहीं करती हैं।

#### 9.5.3.2 थोक दवाएं (सक्रिय दवा सामग्री)

थोक दवा चिकित्सीय समूहों में एनाल्जेसिक/एंटी-इंफ्लेमेटरी, एंटीबैक्टीरियल/एंटी-इंफेक्टिव, कार्डियो-वैस्कुलर/मूत्रवर्धक, एंटी-डायबिटिक, श्वसन पथ और एंटी-एलर्जी, खांसी की उम्मीद करने वाले, एंटी-एमेटिक्स, एंटी-डायरिया/एंटी-अमीबिक, गैस्ट्रोइंटेस्टाइनल/एंथेल्मिटिक्स, एंटी-फंगल, एंटी-मलेरिया, नेत्र संबंधी तैयारी, ओरल रिहाइड्रेशन नमक, गर्भनिरोधक और विटामिन/खनिज शामिल हैं। ये बहुत जटिल अणु हैं।

थोक दवा उत्पादन के लिए, होने वाली बुनियादी प्रतिक्रियाओं में अल्काइलेशन, ऑक्सीकरण, सल्फोनेशन, नाइट्रेशन, हैलोजन, कार्बोक्सिलेशन, एस्टरीफिकेशन, एमिनेशन और साइक्लाइजेशन शामिल हैं। विनिर्माण प्रक्रियाओं में अक्सर बहु-चरण बैच प्रतिक्रियाओं में कई कच्चे माल का उपयोग शामिल होता है। वांछित उत्पादों की पैदावार आम तौर पर कम होती है जिससे कच्चे माल और मध्यवर्ती की पर्याप्त मात्रा अवांछित उप-उत्पादों या साइड-उत्पादों में परिवर्तित हो जाती है। उत्पादों को आसवन, अवशोषण, निष्कर्षण, सोखना और झिल्ली निस्पंदन जैसी पृथक्करण प्रक्रियाओं का उपयोग करके शुद्ध किया जाता है। सॉल्वैंट्स का उपयोग अक्सर प्रतिक्रियाओं और शुद्धिकरण के लिए किया जाता है। इस प्रकार उत्पादित थोक औषधियों का उपयोग अंतिम उत्पादों के फार्मूलेशन के लिए किया जाता है जो पाउडर, टैबलेट, कैप्सूल, तरल, मलहम आदि के रूप में हो सकते हैं।

बहु उद्देशीय बैच उपकरण के दिए गए सेट में बड़ी संख्या में थोक दवाओं का उत्पादन अक्सर किया जाता है। किसी भी संदूषण से बचने के लिए, एक उत्पाद से दूसरे उत्पाद पर स्विच करने से पहले पूरे सिस्टम की पूरी तरह से सफाई की जाती है। थोक दवाओं के निर्माण के लिए नियोजित रासायनिक संश्लेषण अवशेषों, तरल पदार्थ और ठोस पदार्थों के रूप में बड़ी मात्रा में अपशिष्ट जल और खतरनाक अपशिष्ट (IFC 2007 डी) का सह-उत्पादन करता है।

i. खर्च किए गए सॉल्वैंट्स, अप्रयुक्त अभिकारक, मध्यवर्ती, एसिड और क्षार
ii. जलीय या विलायक शराब
iii. अभी भी नीचे
iv. जहरीले संदूषक और भारी धातु अपशिष्ट
v. अकार्बनिक लवण, कार्बनिक उप-उत्पाद, और धातु परिसरों वाले केक को फ़िल्टर करें
vi. किण्वन प्रक्रियाओं से माइसेलिया, फिल्टर मीडिया और पोषक तत्वों युक्त ठोस, मध्यवर्ती, अवशिष्ट उत्पाद, और फिल्टर केक खर्च किए गए
vii. प्रयोगशालाओं से निकलने वाला अपशिष्ट

viii. ऑफ-विनिर्देश उत्पादों को पैकेजिंग के लिए स्वीकार नहीं किया जाता है, और बाजार से वापस किए गए समाप्त उत्पाद

#### 9.5.3.3 कीटनाशक (तकनीकी-ग्रेड या सक्रिय-ग्रेड सामग्री)

कीटनाशक अनिवार्य रूप से फसल संरक्षण रसायन हैं, जिन्हें कृषि रसायन भी कहा जाता है, हालांकि इनमें से कुछ का उपयोग सार्वजनिक स्वास्थ्य उद्देश्यों के लिए भी किया जाता है, उदाहरण के लिए मलेरिया और पीले बुखार और कृन्तकों जैसी बीमारियों को नियंत्रित करने के लिए। कीटनाशकों में कीटनाशक, हर्बिसाइड्स (खरपतवारनाशी), कवकनाशी, जीवाणुनाशक और कृंतकनाशक शामिल हैं। ये बहुत जटिल अणु हैं। विकासशील देशों में कीटनाशक सक्रिय अवयवों की एक विस्तृत श्रृंखला का उपयोग किया जाता है, जैसे:

i. कीटनाशक
   - क) ऑर्गेनो-फॉस्फोरस, जैसे डिमेथोएट, फोरेट, मोनोक्रोटोफॉस, डाइक्लोरवोस, मैलाथियान और मिथाइल पैराथियन
   - ख) सिंथेटिक पाइरेथ्रोइड्स, जैसे साइपरमेथ्रिन, डेल्टामेथ्रिन और फेनवेलरेट
   - ग) प्राकृतिक पदार्थों से प्राप्त जैव-कीटनाशक

   निम्नलिखित कीटनाशकों में से कुछ का उपयोग कम हो रहा है:
   - क. कार्बामेट्स और डाइथायोकार्बामेट्स, जैसे कार्बोफ्यूरन, कार्बारिल, ज़िरम, और बेंथियोकार्ब
   - ख. क्लोरोफेनॉक्सी यौगिक, अर्थात् 2, 4-डी
   - ग. ऑर्गेनोक्लोरिन, अर्थात् डाइकोफोल और इंडोसल्फान

ii. हर्बिसाइड्स, अर्थात् ग्लाइफोसेट, ब्यूटाक्लोर, आइसोप्रोटूरॉन

कीटनाशक सक्रिय तत्वों को आवेदन के लिए सॉल्वेंट्स, इमल्सीफायर और अकार्बनिक आधारों के साथ तैयार किया जाता है। कीटनाशक सक्रिय अवयवों के उत्पादन के लिए उपयोग किए जाने वाले फीडस्टॉक में फिनोल, नाइट्रोक्लोरोबेंजीन, फास्फोरस, फास्फोरस सल्फाइड, फॉस्फोरस क्लोराइड,फास्फोरस ऑक्साइड, क्लोरीन, ब्रोमीन, सल्फर, क्षार और एसिड जैसे रसायनों की एक विस्तृत श्रृंखला शामिल है। फॉर्मूलेशन उत्पादों के लिए एडिटिव्स में इमल्सीफायर, सॉल्वेंट्स और कैल्शियम कार्बोनेट और सोपस्टोन जैसे अकार्बनिक भराव शामिल हैं।

कीटनाशक सक्रिय अवयवों के उत्पादन में होने वाली बुनियादी प्रतिक्रियाओं में अल्काइलेशन, ऑक्सीकरण, संलयन, सल्फोनेशन, नाइट्रेशन, हैलोजन, कार्बोक्सिलेशन, एसिटिलीकरण, एस्टरीफिकेशन, एमिनेशन और साइक्लाइजेशन शामिल हैं। कीटनाशक सक्रिय सामग्री के उत्पादन के लिए उपयोग की जाने वाली विनिर्माण प्रक्रियाएं और उपकरण थोक दवाओं के लिए उपयोग किए जाने वाले समान हैं, जिसमें कई कच्चे माल, बहु-चरण बैच प्रतिक्रियाएं और एक बहुउद्देशीय सुविधा में शुद्धिकरण प्रक्रियाएं शामिल हैं। कीटनाशक निर्माण प्रक्रियाओं की विशिष्ट विशेषताएं बहुत जहरीले

मध्यवर्ती और उत्पादों का उत्पादन है, साथ ही बड़ी मात्रा में विषाक्त अपशिष्ट जल और खतरनाक अपशिष्ट (IFC 2007 ई) के रूप में:

i. वायु उत्सर्जन
ii. रासायनिक संश्लेषण प्रक्रियाओं से संसाधित अपशिष्ट जल से अवशेष और छानना, खर्च किए गए एसिड, क्षार, सॉल्वेंट्स, उत्पादों, विषाक्त पदार्थों और धातुओं से दूषित
iii. कपड़े फिल्टर का उपयोग किया, और सक्रिय कार्बन खर्च किया
iv. पैकेजिंग अपशिष्ट
v. अपशिष्ट जल उपचार प्रक्रियाओं से सूखा कीचड़
vi. प्रयोगशालाओं से निकलने वाला कचरा
vii. किण्वन (जैव-कीटनाशक निर्माण) और रासायनिक प्रक्रियाओं से केक को फ़िल्टर करें
viii. किण्वन प्रक्रियाओं से मध्यवर्ती, अकार्बनिक लवण, कार्बनिक उप-उत्पाद, धातु परिसर उप-उत्पाद, अवशिष्ट उत्पाद और पोषक तत्वों से युक्त ठोस पदार्थों की प्रक्रिया
ix. ऑफ-विनिर्देश उत्पादों को पैकेजिंग के लिए स्वीकार नहीं किया जाता है, और समाप्त उत्पाद बाजार से लौटा दिया जाता है

#### 9.5.3.4 क्लोर-क्षार

क्लोर-क्षार में कास्टिक सोडा (सोडियम हाइड्रॉक्साइड), कास्टिक पोटाश (पोटेशियम हाइड्रॉक्साइड), सोडा ऐश (सोडियम कार्बोनेट), और क्लोरीन जैसे उत्पाद शामिल हैं। कास्टिक सोडा और क्लोरीन को झिल्ली प्रौद्योगिकी का उपयोग करके नमक से समवर्ती रूप से उत्पादित किया जाता है। शुद्ध नमक समाधान का इलेक्ट्रोलिसिस, यानी ब्राइन एनोड पर क्लोरीन और कैथोड पर सोडियम हाइड्रॉक्साइड के साथ हाइड्रोजन का उत्पादन करता है। कास्टिक फ्लेक्स के उत्पादन के लिए 30-35% सांद्रता का सोडियम हाइड्रॉक्साइड 50% या उससे अधिक तक केंद्रित होता है। नमी को हटाने के लिए हाइड्रोजन को ठंडा किया जाता है और नमकीन और कास्टिक सोडा को संलग्न किया जाता है और हाइड्रोजनीकरण प्रतिक्रियाओं के लिए फीडस्टॉक के रूप में या ईंधन के रूप में इस्तेमाल किया जा सकता है। क्लोरीन को सल्फ्यूरिक एसिड के साथ ठंडा और सुखाया जाता है ताकि नमी के निशान को हटाया जा सके, संपीड़ित किया जा सके, और टोनर्स में बोतलबंद किया जा सके। कुछ उद्योग हाइड्रोजन और क्लोरीन की प्रतिक्रिया करके हाइड्रोक्लोरिक एसिड का उत्पादन करते हैं। हाइड्रोजन और क्लोरीन की हैंडलिंग और भंडारण खतरे पैदा करता है।

सोडा ऐश (सोडियम कार्बोनेट) का उत्पादन फीडस्टॉक के रूप में नमक, चूना पत्थर और कोक का उपयोग करके किया जाता है। संतृप्त नमकीन आमतौर पर चूना-सोडा उपचार द्वारा शुद्ध किया जाता है। शुद्ध नमकीन तब अमोनिया गैस से संतृप्त होता है और कार्बन डाइऑक्साइड के साथ प्रतिक्रिया करता है। उत्पादित सोडियम बाइकार्बोनेट को अमोनियम क्लोराइड से अवक्षेपित किया जाता है और धोया

जाता है, और सोडियम कार्बोनेट बनाने के लिए कैल्सीनकिया जाता है। कैलसिनयुक्त चूना पत्थर का उपयोग अमोनियम क्लोराइड से अमोनिया को पुनर्प्राप्त करने के लिए किया जाता है, जिसे मेकअप अमोनिया के साथ पुनर्नवीनीकरण किया जाता है, और कैल्शियम क्लोराइड को उप-उत्पाद के रूप में उत्पादित किया जाता है। अमोनिया और उच्च तापमान कैल्सीनेशन की हैंडलिंग से खतरा पैदा होता है।

### *9.5.4 पर्यावरणीय आधारभूत स्थितियों की स्थापना*

रासायनिक और संबद्ध उत्पादों के लिए मानक टीओआर MOEF (2015) द्वारा दिए गए हैं। 9.1.4 को संदर्भित किया जा सकता है। क्लोरीन, हाइड्रोक्लोरिक एसिड, अमोनिया, विनाइल क्लोराइड मोनोमर और हाइड्रोजन सल्फाइड जैसे परियोजना-विशिष्ट वायु और जल प्रदूषकों को प्रस्तावित विनिर्माण प्रक्रियाओं से पहचाना जाना चाहिए और टीओआर में निर्दिष्ट मापदंडों के अलावा आधारभूत स्थितियों को स्थापित करने के लिए शामिल किया जाना चाहिए।

### *9.5.5 प्रभाव और न्यूनीकरण उपाय*

9.1.5 को संदर्भित किया जा सकता है। परियोजना के निर्माण चरण में साइट-विशिष्ट मुद्दों को उपयुक्त रूप से संबोधित करने की आवश्यकता है। एक पेट्रोकेमिकल कॉम्प्लेक्स की निर्माण अवधि 3-4 साल, स्टैंड-अलोन पेट्रोकेमिकल डाउनस्ट्रीम, और क्लोर-क्षार के लिए 2-3 साल और ठीक रासायनिक परियोजनाओं के लिए 1-2 साल हो सकती है। निर्माण के दौरान जिन पर्यावरणीय मुद्दों को संबोधित करने की आवश्यकता है, उन पर 9.1.5 में चर्चा की गई है। एक कैप्टिव थर्मल पावर प्लांट भी हो सकता है, जिसकी चर्चा 9.1 में की गई है। एक पेट्रोकेमिकल कॉम्प्लेक्स में विभिन्न दबाव और तापमान स्थितियों के तहत कई ज्वलनशील उत्पादों की हैंडलिंग और परिवहन शामिल है। ऑपरेशन चरण में प्रमुख पर्यावरणीय मुद्दों पर नीचे चर्चा की गई है।

इसमें शामिल प्रमुख पर्यावरणीय मुद्दों को प्रस्तावित शमन उपायों के साथ **तालिका 9.10** में रेखांकित किया गया है।

#### 9.5.5.1 पेट्रोकेमिकल्स

ज्वलनशील पदार्थों की हैंडलिंग और भंडारण के कारण पेट्रोकेमिकल्स में बहुत अधिक खतरे की क्षमता होती है। इस प्रकार, संचालन, रिसाव, इन्वेंट्री और मौसम संबंधी स्थितियों के विभिन्न परिदृश्यों के तहत परिणामों का आकलन करने और उचित मॉडल का उपयोग करके प्रभाव / कमजोर क्षेत्रों का पूर्वानुमान करने के लिए एक विस्तृत जोखिम आकलन किया जाना चाहिए। जोखिम शमन उपायों में, दूसरों के बीच, शामिल हैं:

1. अंतर्निहित जोखिम निवारण उपायों को अपनाना
2. डिजाइन, निर्माण, स्थापना और संचालन में अच्छी प्रथाओं को अपनाना
3. उत्सर्जन को कम करने के लिए हाइड्रोकार्बन भंडारण के लिए फ्लोटिंग छत टैंक प्रदान करना

4. उपयुक्त राहत सुरक्षा प्रणालियां प्रदान करना
5. ऑनलाइन डिटेक्टर, अलार्म और स्वचालित स्प्रिंकलर/पानी के पर्दे जैसे रिसाव का पता लगाने वाली प्रणाली स्थापित करना

**तालिका 9.10 पेट्रोकेमिकल परियोजनाओं के संचालन चरण के दौरान विशिष्ट प्रमुख पर्यावरणीय मुद्दे /प्रभाव और तदनुरूपी शमन उपाय**

| *पर्यावरणीय मुद्दे/प्रभाव उत्पन्न करने वाले कारक/प्रभाव* | *शमन उपायों का सुझाव* |
|---|---|
| तालिका 9.2 और तालिका 9.7 का संदर्भ लिया जा सकता है | |
| 1. *प्राकृतिक संसाधन*<br>i. सीमित बैटरी संयंत्र के लिए आवश्यक भूमि का छेत्रफल, कैप्टिव बिजली संयंत्र के लिए सुविधाएं और ऑफ साइट सुविधाये, प्रसाधन अपशिष्ट सुविधाये, उपनगर, हरित पट्टी, पाइपलाइने और परिवहन के गलियारे, आदि।<br>ii. अधिक मात्रा मे प्रक्रिया संयंत्र के लिए आवश्यकता, कैप्टिव बिजली संयंत्र, भाप उत्पादन, शीतलन, अग्निशमक तैयारियां एवं पीने और प्रसाधन, और हरियाली एवं हरित पट्टी की कॉम्प्लेक्स एवं उपनगर हेतु आवशयकताएँ | 1. *प्राकृतिक संसाधन*<br>i. अपरिहार्य।<br>तालिका 9.1 और 9.8 का संदर्भ लें<br>ii. जल गहन परियोजनाओं के लिए अपरिहार्य<br>• पानी की आवशयकता न्यूनतम करे और स्त्रोतों का चयन इस प्रकार से किया जाए की जल निकासी के साथ स्रोत सूखे नहीं और नाही पानी की गुणवत्ता मे कमी आए<br>• सभी विशिष्ट उपायों का कार्यान्वयन जिनकी अनुशंसा विस्तारित जल विज्ञान प्रतिवेदन मे दी गई |
| 2. *हवा की गुणवत्ता*<br>i. प्रक्रिया संयंत्र'उत्सर्जन जैसे, पटाखे, क्लोर-क्षार औरडाउनस्ट्रीम इकाइयाँ जैसे एलएलडीपीई, पीपी, PVC एथीलीन ग्लैकोल -ऑफ औरविशिष्ट गैसें<br>ii. पीवीसी संयंत्र के भस्म से उत्सर्जन<br>iii प्रक्रिया में गड़बड़ी और प्रक्रिया उपकरण से निकलने वालीवेंट गैसों के कारण अन्य बिंदु स्रोतों से उत्सर्जन I इन गैसों का उच्च तापमान, जो लगभग 7000°C के क्रम में | 2. *हवा की गुणवत्ता*<br>i. स्रोत नियंत्रण के लिए विशिष्ट उपाय<br>• वाष्प का पुनर्चक्रण और पुनर्प्राप्ति<br>• उपयुक्त वायुप्रदूषण नियंत्रणउपकरण<br>ii. भस्मक का डिजाइन के पैमाने के अनुसार संचालन, ऑपरेटिंगतापमान औरनिवास समय<br>• क्लोरीनयुक्त कार्बनिक पदार्थ के भस्मीकरण के नियंत्रण के लिए |

| *पर्यावरणीय मुद्दे/प्रभाव उत्पन्न करने वाले कारक/प्रभाव* | *शमन उपायों का सुझाव* |
|---|---|
| होता है, जिनमें अधजले हुए हाइड्रोकार्बन और विशिष्ट रसायनिक पदार्थों के साथ नष्ट नहीं हुए हाइड्रोकार्बन, VOCs, NOx, $SO_2$, CO, $CO_2$ और जल वाष्प शामिल हो सकते हैं, और PM भी।<br>v. सामग्री प्रबंधन<br>vi. भंडारण टैंक वेंट<br>vii. सुरक्षा राहत वाल्व<br>viii. वाहनों की आवाजाही<br>ix. प्रक्रिया उपकरण और पाइपिंग से रिसाव | विशिष्ट उपाय जिससे डाइऑक्सिन को नियंत्रित किया जा सके<br>iii. अपरिहार्य, एक बंद पाइपिंग सिस्टम के माध्यम से विभिन्न स्रोतों का अंतर्संबंध और ईंधन गैस की प्राप्ति के लिए शुद्ध गैस प्रणाली द्वारा रूटिंग<br>• फ्लेयरिंग के लिए स्टैक को फ्लेयर करना<br>• फ्लेयर स्टैक की उपयुक्त ऊंचाई और स्थान<br>• फीडस्टॉक का गुणवत्ता नियंत्रण<br>• प्रक्रियाके उतार-चढ़ाव को कम करने के लिए प्रक्रिया को नियंत्रण मे करने के लिए प्रक्रिया<br>iv. अपरिहार्य स्थिति मे प्राकृतिक गैस अथवा ईंधन जिसमे कम मात्रा मे सलफर हो उसका अस्थायी संचालन के लिए उपयोग<br>v. सामग्री लोड एवं उतराई के लिए सुपप्रथाएं<br>• भंडारण टैंक/प्रक्रिया वाहिकाओं के वेंट को भरते समय वातावरण में उत्सर्जन को कम करने के लिए उपयुक्त रूप से जोड़ा जाना चाहिए।<br>vi. फ्लोटिंग रूफ टैंक का उपयोग किया जाना चाहिए।<br>• तापमान कम करने और इसके फलस्वरूप वाष्पीकरण को कम करने के लिए छत के नीचे टैंक रखे जाते हैं। |

| *पर्यावरणीय मुद्दे/प्रभाव उत्पन्न करने वाले कारक/प्रभाव* | *शमन उपायों का सुझाव* |
|---|---|
| | vii. सुरक्षा राहत वाल्व के निकासों को तरल पदार्थ के लिए युक्त किया जाता है।<br>viii. परिवहन और यातायात नियंत्रण, उपयुक्त वाहन, उचित रखरखाव<br>x. पंप और कंप्रेसर पर दोहरी यांत्रिक सील और पाइपिंग में उचित सील और गास्केट।<br>• निवारक रखरखाव |
| 3. *अपशिष्ट जल*<br>i. प्रक्रिया संयंत्र<br>ii. डुलाई<br>iii. स्वच्छता<br>iv. बॉयलर का फटना<br>v. शीतलन टॉवर का टूटना<br>vi. खनिजरहित जल संयंत्र<br>vii. अपवाह | 3. *अपशिष्ट जल*<br>i. अपशिष्ट जल की विशेषताओं पर आधारित अपशिष्ट जल धाराओं का पृथक्करण, अपशिष्ट जल का आंशिक उपचार के पश्चात उनको एक बंद नाली से केन्द्रीय अपशिष्ट जल उपचार केंद्र उपचार सुविधा मे प्रवाह कर देना<br>ii. फर्श और उपकरणों के धुलाई से संग्रिहत होने वाला अपशिष्ट जल का बंद नाली के द्वारा अपशिष्ट जल उपचार केंद्र मे पहुचना<br>iii. अवायवीय पाचन अथवा मीथेन गैस का प्रयोग ईंधन के रूप मे करने हेतु अलग सीवेज उपचार प्लांट, अथवा औद्योगिकी अपशिष्ट जल का सिवेज के साथ मिश्रण<br>iv. से vi. RO प्रणाली से रीसाइक्लिंग के लिएपानी का उपचार<br>• विशिष्टसंकेंद्रितधारा का उपचार/निपटान<br>vii. तूफान के पानी की निकासीका संपूर्ण जटिल नेटवर्क अथवा विक्रय से पूर्व निपटान टैंक की ओर निर्देशित |

| *पर्यावरणीय मुद्दे/प्रभाव उत्पन्न करने वाले कारक/प्रभाव* | *शमन उपायों का सुझाव* |
|---|---|
| 4. *अपशिष्ट*<br>*जोखिमी अपशिष्ट*<br>i. टारी अवशेष/भारीतल<br>ii. व्यय किया गया उत्प्रेरक, सक्रिय कार्बन, आयन एक्सचेंज रेजिन, आदि।<br>iii. अपशिष्ट पानीउपचार संयंत्र का गाद<br>iv. क्लोरीनयुक्त जैविक प्रदार्थ<br>v. प्रयुक्त/ख़र्च किए गए तेल<br>vi. अपशिष्ट पानी से स्लोप तेल का उत्पादन<br>vii. भस्मक की राख<br>viii. भंडारण टैंकों का गाद, तेल दूषित सामग्री, और तैलीयगाद, रखरखाव से उत्पादितअपशिष्ट<br>ix. खर्च की गई कास्टिक सामग्री<br>x. अपशिष्ट कोक<br>xi. इस्तेमाल की जा चुकी पैकेजिंग जैसे कि बैरल, कंटेनर, पॉली बैग, आदि<br>xii. छलकन<br>*अन्य अपशिष्ट*<br>i. पॉलिमर अपशिष्ट पेलेट्स/ चादरें<br>ii. पॉलिमर संयंत्रों के फर्श काकचरा<br>iii. जल उपचारगाद<br>iv. कमजोर एल्युमिना, आणविक चलनी, आदि<br>v. कैंटीन अपशिष्ट<br>vi. ई-अपशिष्ट और अन्य कचरा<br>vii. प्रयुक्त/क्षतिग्रस्त उपकरण, पाइपिंग, बिजली एवं इलेक्ट्रानिक्स निर्माण अपशिष्ट, इत्यादि<br>viii. लकड़ी के पेलेट्स, ग्लास वुल, अपशिष्ट पैकेज़िंग सामग्री, इत्यादि।<br>i. में द्वितीयक ईंधन के रूप में उपयोग करें सीमेंट भट्टियां जलाए जाने | 4. *अपशिष्ट*<br>*जोखिमी अपशिष्ट*<br>i. सीमेंट भस्मीकरण भट्टियों में द्वितीयक ईंधन के रूप में उपयोगी<br>ii. सक्रियकार्बन और खर्च हुए उत्प्रेरकों का पुनर्जनन<br>• टीएसडीएफ को भेजा जाने वाला आयन-विनिमयरेजिन<br>iii. TSDF<br>• एनोरोबिक डाइजेशन से मीथेन उत्पादन में इस्तेमाल करने के लिए<br>iv. भस्मीकरण ध्यानपूर्वक किया जाए जिससे डाइऑक्सिन का उतपादन न हो/डाइऑक्सिननियंत्रण<br>v. अधिकृत पुनर्चक्रणकर्ता<br>vi. ईंधन के रूप में उपयोग<br>vii. टीएसडीएफ<br>viii. सीमेंट भट्टियां में द्वितीयक ईंधन<br>ix. टीएसडीएफ<br>x. ईंधन के रूप में उपयोग<br>xi. अधिकृत विक्रेता<br>xii. स्पिल प्रबंधन कार्यक्रम का कार्यान्वयन<br>*अन्य अपशिष्ट*<br>i. प्लास्टिक पुनर्चक्रणकर्ता<br>ii. प्लास्टिक पुनर्चक्रणकर्ता<br>iii. सैनिटरी लैंडफिल<br>iv. टीएसडीएफ<br>v. केंचुआ खाद निर्माण<br>vi. लागू नियमके अंतर्गत निपटान<br>vi. द्वितीयक धातुई उपकरण<br>viii. अधिकृत विक्रेता |

| *पर्यावरणीय मुद्दे/प्रभाव उत्पन्न करने वाले कारक/प्रभाव* | *शमन उपायों का सुझाव* |
|---|---|
| ii. खर्च का पुनर्जनन उत्प्रेरक और सक्रिय कार्बन<br>• खर्च आयन-विनिमय रेजिन को भेजा जाना हैटीएसडीएफ<br>iii. टीएसडीएफ<br>• एनोरोबिक डाइजेशन मीथेन का उत्पादन करने के लिए इस्तेमाल के लिए<br>iv. थर्मल गिरावट द्वारा नियति के साथ भस्मीकरण ध्यान रखें कि डाइऑक्सिन न होबनता/डाइऑक्सिननियंत्रण | |
| 5. *जोखिम* (सामान्य के अतिरिक्त विशिष्ट खतरे की संभावना विद्यमानोंकेमिकल उद्योग, पेट्रोकेमिकल जिनमे उच्च स्तरिएखतरे की आशंका है, उदाहरण के लिए इनमे पहला है<br>i. विस्फोटप्रक्रिया संयंत्र से जेट फायर, फ़्लैश फायर औरवाष्प बादलकेविस्फोट अर्थात, पटाखा और डाउनस्ट्रीम इकाइयाँ जैसे एलएलडीपीई/एचडीपीई, पीपी, और पीवीसी सेमीथेन का उत्सर्जन, से ईथेन, प्रोपेन, ब्यूटेन, ईथीलीन, प्रोपलीन वहाइड्रोजन प्रक्रिया इकायियों मे रिसाव के कारण, स्थानातरण पाइपलाइंस, बड़ी मात्रा मे ज्वलनशील और कम फ्लैश पॉइंट वाले हाइड्रोकार्बन की कच्ची सामग्री, मध्यवर्ती और तैयार उत्पाद की हैंडिलिंग और भंडारण<br>ii. बेंजीन, एथिलीन, प्रोपलीन, द्रवीकृतगैस, हाइड्रोजनीकृतगैसोलीन का भंडारण टैंकस से रिसाव/अतिप्रवाह के कारण आकस्मिक टूट से निकासी के कारण पूल में आग | 5. *जोखिम*<br>i. जोखिम आकलन रिपोर्ट मे की गई जोखिम आकलन का क्रियान्वयन (जिसमे खतरा पहचानना एवं परिणाम विश्लेषण विभिन्न परिदृश्यों मे रिसाव, सूची, और मौसम का पूर्वानुमान प्रभाव/असुरक्षित ज़ोन में प्रासांगिक मॉडल के उपयोग से<br>• विशिष्ट जोखिम शमन उपाय, डिजाइन, निर्माण एवं संचालन एयर रखरखाव के अच्छे अभ्यासों को अपनाते हुए<br>• ऑन-साइट और ऑफ-साइट आपातकालीन तत्परता कार्यक्रम (आपदा प्रबंधन योजना) |

| *पर्यावरणीय मुद्दे/प्रभाव उत्पन्न करने वाले कारक/प्रभाव* | *शमन उपायों का सुझाव* |
|---|---|
| iii. हैंडलिंग और भंडारण के दौरान रिसाव से क्लोरीन का विषैला उत्सर्जन<br>iv. बड़ी तादाद मे ज्वलनशील सामग्रियों का विभिन्न दबाव और तापमान की स्थितिओ मे परिवहन<br>v. पौडेरीकृतपॉलीमर रेसीन मे धूल का विस्फोट हैंडिलिंग और भंडारण के कारण | |

### 9.5.5.2 थोक दवाएं (सक्रिय दवा सामग्री)

9.5.5.1 और **तालिका 9.10** को संदर्भित किया जा सकता है। थोक दवाएं जटिल अणु हैं, जिन्हें तोड़ना मुश्किल है। इसमें शामिल प्रमुख पर्यावरणीय मुद्दों के प्रस्तावित शमन उपायों को **तालिका 9.11** में रेखांकित किया गया है।

**तालिका 9.11 रासायनिक और संबद्ध परियोजनाओं के संचालन चरण के दौरान विशिष्ट प्रमुख पर्यावरणीय मुद्दे /प्रभाव और तदनुरूपी शमन उपाय**

| *पर्यावरणीय मुद्दे/प्रभाव उत्पन्न करने वाले कारक/प्रभाव* | *शमन उपाय के सुझाव* |
|---|---|
| तालिका 9.2 और तालिका 9.10 का संदर्भ लिया जा सकता है | |
| **थोक औषधियाँ (सक्रिय औषधीय सामग्री)** | |
| I. बड़ी मात्रा में जटिल प्रकृति के अपशिष्ट जल का उत्पादन जिसमें टीडीएस, सॉल्वैंट्स और अक्खड़ सीओडी का उच्च स्तर होता है, जिसे पारंपरिक उपचार विधियों का उपयोग करके वांछित स्तर तक उपचारित करना अक्सर मुश्किल होता है।<br>1. खतरनाक अपशिष्ट<br>i. पृथक्करण/शुद्धिकरण प्रक्रियाओं के अवशेषों सहित खतरनाक अपशिष्ट का उत्पादन | 1. अपशिष्ट<br>i. सीओडी और टीडीएस के आधार पर अपशिष्ट जल धाराओं का पृथक्करण, और विभिन्न धाराओं का अलग-अलग उपचार<br>• कंडेनसेट रिकवरी के साथ बहु-प्रभाव बाष्पीकरण कर्ताओं में उच्च टीडीएस युक्त धाराओं का वाष्पीकरण, और टीएसडीएफ (TSDF) में नमक निवर्तन |

| *पर्यावरणीय मुद्दे/प्रभाव उत्पन्न करने वाले कारक/प्रभाव* | *शमन उपाय के सुझाव* |
|---|---|
| 2. वायु<br>i. प्रक्रियाओं और भंडारण से विलायक उत्सर्जन<br>ii. विशेष रूप से किण्वन से जुड़ी प्रक्रियाओं से आने वाली गंध<br>3. जोखिम<br>i. सॉल्वैंट्स और रसायनों के संभावित खतरे | 2. खतरनाक अपशिष्ट<br>i. टीएसडीएफ(TSDF) में भस्मीकरण/निवर्तन के लिए खतरनाक कचरे का पृथक्करण<br>3. वायु<br>i. एक बंद प्रणाली में हैंडलिंग, पंपों पर यांत्रिक सील, उचित सीलिंग और पाइपिंग में गास्केट<br>• वाष्पीकरण हानि को कम करने के लिए त्वचा के तापमान (त्वक् ताप) को कम करने के लिए एक शेड के नीचे भंडारण टैंक<br>• पुनर्चक्रण/बिक्री के लिए तनु विलायकों का संवर्धन<br>• कुशल विलायक से वसूली शुद्धिकरण प्रक्रियाएँ<br>• तनु का संवर्धन के लिए विलायक पुनर्चक्रण/बिक्री<br>• सॉल्वैंट्स के प्रबंधन के लिए अच्छे अभ्यास<br>ii. गंध नियंत्रण के लिए विशिष्ट उपाय जैसे सक्रिय कार्बन पर सोखना, जैव-फिल्टर पर कार्बनिक यौगिकों का क्षरण<br>4. जोखिम<br>i. तालिका 9.2 और तालिका 9.10 का उल्लेख किया जा सकता है |
| **कीटनाशक (कीटनाशक सक्रिय तत्व)** | |
| 1. व्यावसायिक स्वास्थ्य<br>i. कच्चे माल, मध्यवर्ती और उत्पादों की विषाक्तता<br>ii. संयंत्र कर्मियों और खेतों में कीटनाशकों का प्रयोग करने वालों का व्यावसायिक स्वास्थ्य | 1. व्यावसायिक स्वास्थ्य<br>i. पदार्थों की विशेषताओं के कारण अंतर्निहित<br>ii. मानव शरीर- आंखों, नाक और त्वचा के संपर्क से बचने के लिए विशिष्ट उपाय जैसे उपयुक्त प्रक्रिया नियंत्रण और |

| *पर्यावरणीय मुद्दे/प्रभाव उत्पन्न करने वाले कारक/प्रभाव* | *शमन उपाय के सुझाव* |
|---|---|
| 2. पानी<br>i. बड़ी मात्रा में जटिल अपशिष्ट जल का उत्पादन, जिसमें विषाक्त पदार्थ होते हैं और इसमें सॉल्वैंट्स, टीडीएस और अड़ियल सीओडी का उच्च स्तर होता है, जिसे पारंपरिक उपचार का उपयोग करके वांछित स्तर तक उपचार करना अक्सर मुश्किल होता है।<br>3. खतरनाक अपशिष्ट<br>i. पृथक्करण/शुद्धिकरण प्रक्रियाओं के अवशेषों सहित खतरनाक अपशिष्ट का उत्पादन<br>4. जोखिम<br>पदार्थों, सॉल्वैंट्स, सल्फर, फॉस्फोरस और रसायनों की विषाक्तता से संभावित खतरे<br>5. वायु<br>i. वीओसी, रिएक्टरों से गैसीय उत्सर्जन, प्रसंस्करण, हैंडलिंग, भंडारण टैंक<br>ii. प्रसंस्करण पाउडर से कण उत्सर्जन<br>iii. गंध | संचालन में स्वचालन, और व्यक्तिगत सुरक्षा उपकरण<br>2. पानी<br>i. सीओडी (COD) और टीडीएस (TDS) के आधार पर अपशिष्ट जल धाराओं का पृथक्करण और विभिन्न धाराओं का अलग-अलग उपचार<br>• अपशिष्ट जल से विषाक्त पदार्थों को हटाना/निष्कासन जैसे स्रोत पर साइनाइड विनाश<br>• टीएसडीएफ में कंडेनसेट रिकवरी और नमक अपवहन के साथ बहु-प्रभाव वाष्पीकरण कर्ताओं में उच्च टीडीएस युक्त धाराओं का वाष्पीकरण<br>3. खतरनाक अपशिष्ट<br>i. टीएसडीएफ में खर्च किए गए सॉल्वैंट्स, एसिड और क्षार, आसवन अवशेष, भस्मीकरण और निपटान के लिए प्रयुक्त पैकेजिंग सामग्री सहित खतरनाक कचरे का पृथक्करण<br>4. जोखिम<br>i. तालिका 9.2 और तालिका 9.10 का उल्लेख किया जा सकता है<br>5. वायु: 3 (खतरनाक अपशिष्ट)को थोक दवाओं के अंतर्गत संदर्भित किया जा सकता है<br>i. बंद प्रणालियाँ, पुनर्प्राप्ति और पुनर्चक्रण के लिए पात्रों पर ठंडे जल युक्त कंडेनसर<br>• सॉल्वैंट्स वेंट आपस में जुड़े हुए और वाष्प के अवशोषण/अधिशोषण के लिए उपयुक्त<br>ii. विशिष्ट धूल संग्रहण प्रणालियाँ |

| *पर्यावरणीय मुद्दे/प्रभाव उत्पन्न करने वाले कारक/प्रभाव* | *शमन उपाय के सुझाव* |
|---|---|
| | iii. विशिष्ट गंध नियंत्रणतरीके |
| **क्लोर - क्षार** | |
| 1. ठोस अपशिष्ट<br>i. ब्राइन शोधन से प्राप्त आणविक लवणों से युक्त स्लज<br>2. अपशिष्ट<br>i. बड़ी मात्रा में अपशिष्ट जल जिसमें मुख्य रूप से अकार्बनिक लवण हैं<br>3. जोखिम<br>i. हाइड्रोजन, क्लोरीन और क्षार के प्रबंधन और भंडारण से संभावित खतरे रिसाव के कारण<br>ii. इलेक्ट्रोलाइज़र के विद्युतीय खतरे | 1. ठोस अपशिष्ट<br>i. जलशोधित स्लज का निपटानएकचिन्हित उपयुक्त स्थल पर<br>2. अपशिष्ट<br>i. अपशिष्ट जल का उपयुक्त उपचार<br>3. जोखिम<br>i. जोखिम आकलन रिपोर्ट में की गई सिफ़ारिशों का कार्यान्वयन |

#### 9.5.5.3 कीटनाशक (सक्रिय ग्रेड सामग्री)

9.5.5.1 और तालिका 9.10 को संदर्भित किया जा सकता है। कीटनाशक बहुत जहरीले और जटिल अणु होते हैं, जिन्हें तोड़ना मुश्किल होता है। इसमें शामिल प्रमुख पर्यावरणीय मुद्दों को प्रस्तावित शमन उपायों के साथ तालिका 9.11 में रेखांकित किया गया है।

#### 9.5.5.4 क्लोर-क्षार

9.5.5.1 और तालिका 9.10 को संदर्भित किया जा सकता है। इसमें शामिल प्रमुख पर्यावरणीय मुद्दों को प्रस्तावित शमन उपायों के साथ तालिका 9.11 में रेखांकित किया गया है।

### *9.5.6 अतिरिक्त अध्ययन*

9.1.6 को संदर्भित किया जा सकता है। प्रस्तावित परियोजना के आकार और विकसित की जाने वाली अवसंरचनात्मक सुविधाओं को ध्यान में रखते हुए, इस पर विशेष अध्ययन की आवश्यकता हो सकती है।

i. जोखिम आकलन और आपदा प्रबंधन
ii. आर एंड आर
iii. जल विज्ञान
iv. रेल और सड़क द्वारा कनेक्टिविटी सहित परिवहन और यातायात से संबंधित
v. उपचारित अपशिष्ट जल के मामले में तटीय और समुद्री पर्यावरण को समुद्र में छोड़ने का प्रस्ताव है

### *9.5.7 पर्यावरणीय निगरानी कार्यक्रम*

9.1.7 को संदर्भित किया जा सकता है। क्लोरीन, हाइड्रोक्लोरिक एसिड, अमोनिया, विनाइल क्लोराइड मोनोमर और हाइड्रोजन सल्फाइड जैसे पहचाने गए परियोजना-विशिष्ट वायु और जल प्रदूषकों को भी समग्र पर्यावरणीय निगरानी कार्यक्रम में शामिल करने की आवश्यकता है।

### *9.5.8 पर्यावरणीय प्रबंधन कार्यक्रम*

जोखिम और आपदा प्रबंधन के अलावा कुछ रासायनिक और संबद्ध परियोजनाओं के लिए विशिष्ट ईएमपीजी पर नीचे चर्चा की गई है:

#### 9.5.8.1 पेट्रोकेमिकल्स

9.1.8 को संदर्भित किया जा सकता है। ईएमपीजी को विशेष रूप से शामिल करने की आवश्यकता है

i. संसाधन संरक्षण और अपशिष्ट न्यूनीकरण के लिए चल रही स्वच्छ उत्पादन प्रथाओं को अपनाना

ii. व्यावसायिक स्वास्थ्य और सुरक्षा प्रबंधन सहित
   - क. सभी कर्मचारियों की आवधिक स्वास्थ्य जांच
   - ख. जोखिम-विशिष्ट जांच और स्वास्थ्य की ट्रैकिंग
   - ग. परिसर में कार्यरत संविदा कर्मियों की आवधिक चिकित्सा जांच
   - घ. इन-हाउस आपातकालीन चिकित्सा देखभाल सुविधाएं, उपयोग किए गए और उत्पादित रसायनों के लिए एंटीडोट्स के साथ चौबीसों घंटे उपलब्ध हैं
   - ङ. आसपास के क्षेत्रों में प्रमुख अस्पतालों के साथ टाई-अप
   - च. स्वास्थ्य रिकॉर्ड का रखरखाव

iii. आवधिक ऊर्जा और पर्यावरण ऑडिट, आंतरिक और बाहरी दोनों

iv. आवधिक सुरक्षा ऑडिट, आंतरिक और बाहरी दोनों।

v. दुर्घटनाओं की रोकथाम/न्यूनीकरण के लिए रिपोर्टिंग, जांच और सिफारिशों के कार्यान्वयन के लिए एक प्रणाली

vi. परिवहन और यातायात प्रबंधन

vii. एक ऑन-साइट आपातकालीन तैयारी कार्यक्रम सहित
   - क) निम्नलिखित का प्रावधान और यह सुनिश्चित करना कि इन्हें अच्छी स्थिति में रखा जाता है और हमेशा चालू रहते हैं:
   - ख) एव्यक्तिगत सुरक्षा उपकरण सहित पहचाने गए उपकरण और सुविधाएं
   - ग) पानी के पर्दे
   - घ) अग्नि जल प्रणाली
   - ङ) सहायक उपकरण के साथ फायर हाइड्रेंट नेटवर्क

च) फायर टेंडर और सूखे रासायनिक पाउडर और कार्बन डाइऑक्साइड जैसी सामग्री सहित अग्निशमन उपकरण

छ) आईएसओ 45000 के अनुसार अच्छी तरह से अपनाई गई प्रणालियां

ज) एक संचार नेटवर्क

झ) संयंत्र कार्मिकों का आवधिक प्रशिक्षण

ञ) संविदा कर्मियों के लिए आवधिक जागरूकता कार्यक्रम

ट) आवधिक मॉक ड्रिल

viii. ऑफ-साइट आपातकालीन तैयारी (आपदा प्रबंधन) कार्यक्रम सहित

क) एक केंद्रीय नियंत्रण कक्ष

ख) प्रमुख उद्योगों और स्थानीय स्वशासन के बीच एक पारस्परिक सहायता तंत्र (एक दूसरे की सुविधाओं को साझा करने के लिए)

ग) आस-पास के समुदाय के लिए आवधिक जागरूकता कार्यक्रम

घ) समुदाय के लिए आवधिक मॉक ड्रिल

#### 9.5.8.2 थोक दवाएं (सक्रिय दवा सामग्री)

9.5.8.1 को संदर्भित किया जा सकता है। दूसरों के बीच, ईएमपीजी को विशेष रूप से शामिल करने की आवश्यकता है:

i. विलायक संरक्षण सहित विलायक प्रबंधन
ii. अभियान-आधारित उत्पादन (उत्पाद स्विच-ओवर)
iii. ऑफ-ग्रेड और समाप्त उत्पादों का प्रबंधन
iv. गंध प्रबंधन
v. परिवहन और यातायात प्रबंधन

#### 9.5.8.3 कीटनाशक (सक्रिय ग्रेड सामग्री)

9.5.8.1 और 9.5.8.2 को संदर्भित किया जा सकता है। दूसरों के बीच, ईएमपीजी को विशेष रूप से शामिल करने की आवश्यकता है

i. व्यावसायिक स्वास्थ्य प्रबंधन
ii. अभियान-आधारित उत्पादन (उत्पाद स्विच-ओवर)
iii. विषाक्त अपशिष्ट प्रबंधन
iv. गंध प्रबंधन
v. ऑफ-ग्रेड और समाप्त उत्पादों का प्रबंधन
vi. परिवहन और यातायात प्रबंधन

#### 9.5.8.4 क्लोर-क्षार

9.5.8.1 को संदर्भित किया जा सकता है। ईएमपीजी को विशेष रूप से शामिल करने की आवश्यकता है

i. जोखिम और आपदा प्रबंधन
ii. व्यावसायिक स्वास्थ्य प्रबंधन
iii. नमक और चूना पत्थर प्रबंधन
iv. परिवहन और यातायात प्रबंधन

## 9.6 सीमेंट (चूना पत्थर खनन को छोड़कर)

### *9.6.1 भारतीय संदर्भ में लागू विनियम/दिशानिर्देश*

I. एमओईएफ (2006) के अनुसार, ग्रीनफील्ड के साथ-साथ ब्राउनफील्ड सीमेंट परियोजनाओं को पूर्व पर्यावरणीय मंज़ूरी प्राप्त करने की आवश्यकता होती है। स्क्रीनिंग मानदंड सीमेंट परियोजनाओं को निम्नानुसार वर्गीकृत करते हैं:
   1. श्रेणी ए
      i. एक एमएमटीपीए और उससे अधिक की क्षमता वाले
   2. श्रेणी बी
      i. जिनकी क्षमता एक एमएमटीपीए से कम है
      ii. स्टैंड-अलोन पीसने की इकाइयाँ

II. सीमेंट परियोजनाएं आम तौर पर चूना पत्थर की खानों की निकटता में प्रस्तावित हैं। इस प्रकार, वैकल्पिक स्थान सीमित हैं।

III. सीमेंट परियोजनाओं पर लागू अन्य नियमों में शामिल हैं
   1. वायु (प्रदूषण निवारण और नियंत्रण) अधिनियम, नियम और संशोधन, 1981, 1982, 1983, 1987
   2. निर्माण और विध्वंस अपशिष्ट प्रबंधन नियम, 2016
   3. पर्यावरण (संरक्षण) अधिनियम और नियम, और संशोधन, 1986, 1991, 2019
   4. ई-अपशिष्ट प्रबंधन नियम, और संशोधन, 2011, 2018
   5. कारखाना अधिनियम, और संशोधन, 1948, 1987, 2016
   6. खतरनाक और अन्य अपशिष्ट (प्रबंधन और सीमा पार आंदोलन) नियम, 2016
   7. राष्ट्रीय परिवेशी वायु गुणवत्ता मानक, 2009
   8. ध्वनि प्रदूषण (विनियमन और नियंत्रण) नियम, और संशोधन, 2000, 2006, 2010
   9. ठोस अपशिष्ट प्रबंधन नियम, 2000, 2016

10. जल (प्रदूषण निवारण और नियंत्रण) अधिनियम, नियम और संशोधन, 1974, 1977, 1978, 1988, 2003

चूना पत्थर और खनन की आवश्यकता वाले अन्य फीडस्टॉक के लिए खनन से संबंधित नियमों पर 9.2.1 में चर्चा की गई है।

### *9.6.2 क्षेत्रीय संक्षिप्त विवरण*

खनन से संबंधित पहलुओं के लिए, 9.2 को संदर्भित करने की आवश्यकता है। निर्माण के लिए उपयोग किए जाने वाले मूल प्रकार के सीमेंट हैं:

1. साधारण पोर्टलैंड सीमेंट (ओपीसी), अनिवार्य रूप से जिप्सम के साथ क्लिंकर पीसकर निर्मित
2. पोर्टलैंड पॉज़ोलाना सीमेंट (पीपीसी), अनिवार्य रूप से जिप्सम के साथ क्लिंकर पीसकर और फ्लाई ऐश और ब्लास्ट फर्नेस स्लैग जैसी अन्य सामग्रियों के साथ मिश्रण करके उत्पादित किया जाता है

सीमेंट विनिर्माण के लिए निम्नलिखित प्रमुख फीडस्टॉक की आवश्यकता होती है:

1. चूना पत्थर जैसी गणनात्मक सामग्री
2. सिलिका जैसी सिलिसियस सामग्री
3. मिट्टी, बॉक्साइट, लौह ऑक्साइड आदि।
4. ईंधन, आम तौर पर कोयले या लिग्नाइट के रूप में
5. द्वितीयक ईंधन जैसे अपशिष्ट-व्युत्पन्न ईंधन और खतरनाक अपशिष्ट जैसे रिफाइनरियों और पेंट से कीचड़, सॉल्वेंट्स और रासायनिक उद्योगों से अप्रयुक्त अपशिष्ट, अपशिष्ट/ प्रयुक्त तेल, टायर, अपशिष्ट जल से कीचड़ (द्वितीयक) उपचार, आदि, कैलोरी मान होना
6. जिप्सम

चूना पत्थर की खानों के कारण सीमेंट संयंत्र अक्सर दूरदराज के स्थानों में स्थित होते हैं। इस प्रकार, काम करने वाले कर्मियों के लिए एक टाउनशिप आमतौर पर परियोजना के एक भाग के रूप में प्रस्तावित है। इसके अलावा, सीमेंट संयंत्रों की ऊर्जा-गहन प्रकृति को ध्यान में रखते हुए, कैप्टिव बिजली उत्पादन को भी एक आवश्यक अभिन्न घटक माना जाता है। एक सामान्य 1 एमएमटीपीए सीमेंट संयंत्र को 10 मेगावाट बिजली की आवश्यकता होती है। इस वजह से, सीमेंट परियोजनाओं को आम तौर पर चूना पत्थर खनन, परिवहन, आकार, विभिन्न फीडस्टॉक और ठोस ईंधन के भंडारण, क्लिंकर निर्माण, पीसने, पैकेजिंग, सीमेंट के भंडारण, पैकेजिंग सामग्री और स्टोर, बिजली उत्पादन, विद्युत उप-स्टेशनों, कार्यशालाओं और उपकरणों के लिए भंडारण यार्ड, और परिवहन वाहनों और पार्किंग की आवाजाही के लिए भूमि के बड़े ट्रैक का अधिग्रहण करने की आवश्यकता होती है।

आधुनिक समय के सीमेंट संयंत्र प्री-हीटिंग और प्री-कैल्सीनेशन के 5-6 चरणों के साथ शुष्क तकनीक का उपयोग करते हैं, और आम तौर पर प्रति क्षैतिज भट्टे में 1 एमएमटीपीए से अधिक क्लिंकर का उत्पादन करने की क्षमता रखते हैं। सीमेंट परियोजनाओं के विस्तृत इंजीनियरिंग डिजाइन में विभिन्न चरणों में प्रक्रिया नियंत्रण के लिए उन्नत उपकरण और इष्टतम परिचालन स्थितियों, इष्टतम ऊर्जा उपयोग और अपशिष्ट न्यूनीकरण सुनिश्चित करने के लिए कई गतिविधियों का स्वचालन शामिल है। सीमेंट उत्पादन से $CO_2$ उत्पादन को आम तौर पर 1 टन/टन के रूप में लिया जाता है। सीमेंट उद्योगों में ढेर और पलायक उत्सर्जन से गैसीय और कण पदार्थ के रूप में वायु प्रदूषण पैदा करने की क्षमता है। पलायक उत्सर्जन के नियंत्रण के लिए दिशानिर्देश सुझाए गए हैं (CPCB 2007)।

### *9.6.3 संक्षिप्त परियोजना विवरण*

विनिर्माण (निरंतर) प्रक्रिया (शुष्क प्रक्रिया) में निम्नलिखित प्रमुख संचालन और प्रक्रियाएं शामिल हैं:

i. खदानों से चूना पत्थर का परिवहन करना, और इसे क्रशर में कुचलना और आम तौर पर ऊर्ध्वाधर रोलर मिलों में पीसना

ii. मिट्टी, सिलिका, बॉक्साइट (एल्यूमिना के स्रोत के रूप में), लौह ऑक्साइड, धातु स्लैग, लाल मिट्टी, फ्लाई ऐश, आदि सहित अन्य फीडस्टॉक को पल्वराइज करना। आम तौर पर पीसने के उपकरण में

iii. जमीन और पल्वराइज्ड फीडस्टॉक का भंडारण

iv. उपरोक्त सामग्रियों और कच्चे भोजन के परिवहन को स्टैकर रिक्लेमर में मिलाना।

v. ठोस ईंधन का पुनर्निर्माण: मिलों में कोयला या लिग्नाइट

vi. कई (5-6) चरणों में पूर्व-हीटिंग और कच्चे माल की पूर्व-गणना

vii. भट्ठे में ठोस पुल्वराइज्ड ईंधन का उपयोग करके, आम तौर पर, पूर्व-कैलक्लाइंड फीड के साथ प्रति-धारा का उपयोग करके, जिसके परिणामस्वरूप भट्ठे में >1400 डिग्री सेल्सियस के तापमान पर क्लिंकराइजेशन होता है। (कैल्सीनेशन में होने वाली प्राथमिक प्रक्रियाओं में चूना पत्थर का अपघटन शामिल है, यानी कैल्शियम कार्बोनेट कैल्शियम ऑक्साइड और सीओ 2 में, और मिट्टी और अन्य सामग्रियों में मौजूद जटिल यौगिक एल्यूमीनियम और सिलिका, $Al_2O_3$ और $SiO_2$ के ऑक्साइड में)।

viii. गर्मी को ठीक करते समय शीतलन क्लिंगर, यानी फ्यूज्ड सामग्री

ix. क्लिंकर का भंडारण

x. ओपीसी का उत्पादन करने के लिए आमतौर पर बॉल मिलों (सीमेंट मिलों) में जिप्सम को क्लिंकर और पीसने के साथ मिश्रित करना

xi. वैकल्पिक रूप से, जिप्सम और अन्य अवयवों जैसे फ्लाई ऐश, और ब्लास्ट फर्नेस, फास्फोरस भट्टी, या सीसा-जस्ता से स्लैग को क्लिंकर के साथ मिलाना, इसके बाद पीसना, आमतौर पर बॉल मिलों (सीमेंट मिलों) में पीपीसी का उत्पादन करने के लिए।

xii. साइलो में बारीक पिसे हुए सीमेंट का भंडारण
xiii. जंबो बैग में सीमेंट पैक करना और थोक सीमेंट भेजना
xiv. वैकल्पिक रूप से, मानक बैग में सीमेंट की पैकिंग/बैगिंग
xv. गोदाम में सीमेंट की थैलियों का भंडारण
xvi. सड़क, रेल परिवहन नेटवर्क और/या जलमार्ग द्वारा सीमेंट की बोरियों को लोड करना और भेजना
xvii. यदि आवश्यक हो तो स्टैंड-अलोन पीसने वाली इकाइयों में क्लिंकर की लोडिंग और प्रेषण

सीमेंट निर्माण में ढेर से प्रमुख वायु प्रदूषण (पार्टिकुलेट मैटर) के साथ-साथ बड़ी मात्रा में ठोस फीडस्टॉक और जीवाश्म ईंधन के परिवहन, हैंडलिंग, भंडारण और प्रसंस्करण और सीमेंट के हैंडलिंग, भंडारण और परिवहन के कारण भगोड़े उत्सर्जन का कारण बनने की क्षमता है।

### *9.6.4 पर्यावरणीय आधारभूत स्थितियों की स्थापना*

सीमेंट परियोजनाओं के लिए मानक टीओआर MOEF (2015) द्वारा दिया गया है। 9.1.4 को भी संदर्भित किया जा सकता है।

### *9.6.5 प्रभाव और न्यूनीकरण उपाय*

9.1.5 को संदर्भित किया जा सकता है। निर्माण चरण में साइट-विशिष्ट मुद्दों को उपयुक्त रूप से संबोधित करने की आवश्यकता है। गतिविधियों के आधार पर, निर्माण के दौरान आम तौर पर परिकल्पित प्रभावों के साथ-साथ संचालन चरणों पर नीचे चर्चा की गई है। परियोजना को उसके जीवन चक्र की समाप्ति पर निष्क्रिय करने पर विचार नहीं किया जाता है क्योंकि मुख्य रूप से उभरती अर्थव्यवस्थाओं में अवसंरचनात्मक विकास के लिए सीमेंट संयंत्रों का आवधिक आधुनिकीकरण और विस्तार किया जाता है।

निर्माण चरण

यह देखते हुए कि एक ग्रीनफील्ड सीमेंट परियोजना की निर्माण अवधि 2-3 वर्ष हो सकती है, निर्माण चरण में पर्यावरणीय प्रभावों को अस्थायी और उपेक्षित नहीं माना जा सकता है। निर्माण चरण में विशिष्ट प्रभाव पैदा करने वाले कारक, जो तालिका 9.1 में सूचीबद्ध हैं, संबंधित शमन उपायों के साथ-साथ सीमेंट परियोजनाओं पर भी लागू होते हैं।

कार्रवाई का चरण

तालिका 9.2 को संदर्भित किया जा सकता है। सीमेंट भट्टे, उनके दृढ़ता से क्षारीय वातावरण और उच्च लौ तापमान के कारण, उपयोग किए गए सॉल्वैंट्स, अपशिष्ट तेल, उपयोग किए गए टायर, अपशिष्ट प्लास्टिक और पॉलीक्लोराइनेटेड बाइफिनाइल (पीसीबी), समाप्त ऑर्गेनोक्लोरीन कीटनाशकों और अन्य क्लोरीनयुक्त सामग्री सहित कार्बनिक रासायनिक अपशिष्ट जैसे उच्च कैलोरी मूल्य अपशिष्ट ईंधन का उपयोग करने में सक्षम हैं। अपशिष्ट ईंधन के उपयोग में VOC, पॉलीक्लोराइनेटेड डाई-डाइऑक्सिन

और डाई-फ्यूरान, हाइड्रोजन फ्लोराइड, हाइड्रोजन क्लोराइड, और विषाक्त धातुओं और उनके यौगिकों (आईएफसी 2007 एफ) का उत्सर्जन करने की क्षमता है। सीमेंट संयंत्रों के प्रचालन चरण में चिंता के विशिष्ट पर्यावरणीय मुद्दों को सारणी 9-12 में रेखांकित किया गया है।

### *9.6.6 अतिरिक्त अध्ययन*

9.1.6 को संदर्भित किया जा सकता है। प्रस्तावित सीमेंट संयंत्र के आकार और फीडस्टॉक, कोयला और सीमेंट, कैप्टिव पावर प्लांट, सीमेंट लोडिंग टर्मिनल और जेटी और काम करने वाले कर्मियों के लिए टाउनशिप के परिवहन और भंडारण सहित संबद्ध अवसंरचनात्मक विकास की आवश्यकता को ध्यान में रखते हुए, भूमि और पानी की आवश्यकता बड़ी हो सकती है। साइट के आधार पर, विशेष अध्ययन की आवश्यकता हो सकती है, उदाहरण -

i. आर एंड आर
ii. जल भूविज्ञान
iii. पारिस्थितिकी और जैव विविधता
iv. समुद्री पर्यावरण
v. द्वितीयक ईंधन का उपयोग

**तालिका 9.12 सीमेंट संयंत्रों के प्रचालन चरण के दौरान विशिष्ट प्रमुख पर्यावरणीय मुद्दे/प्रभाव तथा तदनुरूपी न्यूनीकरण उपाय**

| *पर्यावरण मुद्दे/प्रभाव उत्पन्न करने वाले कारक/प्रभाव* | *शमन उपाय के सुझाव* |
|---|---|
| तालिका 9.2 का संदर्भ लिया जा सकता है | |
| 1. वायु<br>i. $NO_x$, $SO_2$, $PM_{2.5}$ और $PM_{10}$ युक्त भट्ठा उत्सर्जन<br>ii. VOCs, PCB, डाइऑक्सिन और फ्यूरान जब द्वितीयक ईंधन उपयोग किया जाता है<br>iii. $PM_{2.5}$ और $PM_{10}$ पीसने से, पूर्व कैल्सीनेशन, कैल्सीनेशन, और क्लिंकरीकरण प्रक्रियाएं<br>iv. कोयला यातायात, रख-रखाव, भंडारण और पीसना, और सीमेंट पीसना | 1. वायु<br>i. उतार-चढ़ाव से बचाने के लिए और भत्ते के स्थिर संचालन के लिए और उपकरणीकरण प्रक्रिया से बचने के लिए स्थिर के लिए भट्टे का संचालन<br>• उत्सर्जित गैसों मे $SO_2$ की मात्रा आमतौर पे चिंता का विषय नहीं क्यूंकी तंत्र का दिसल्फराइज़ेशन इसमे नीहीत है अर्थात चूना पत्थर का परिवर्तन CaO में जो 5-6 चरणों में पूर्व कैल्सीफिकेशन मे कुशलता पूर्वक परिवर्तित हो रहा है और |

| *पर्यावरण मुद्दे/प्रभाव उत्पन्न करने वाले कारक/प्रभाव* | *शमन उपाय के सुझाव* |
|---|---|
| v. कन्वेयर सेपलायक उत्सर्जन, उपकरण में रिसाव, सामग्री का निर्वहन, साइलो, सीमेंट की पैकेजिंग/बैगिंग<br>vi. धूल उत्सर्जन का पलायन: सामग्री का परिवहन, वाहनों का आवागमन | क्लिनकर में बचे हुए $SO_2$ से जिप्सम का उतपादन करता है (जब तक की ईंधन मे बहुत अधिक मात्रा मे सल्फर हो)<br>ii. द्वितीयक ईंधन के लक्षण और उनका मिश्रण प्राथमिक ईंधन के साथ एक नियंत्रित संचालन<br>• मूल डिजाइन में बैग फ़िल्टर क्रशर पर दिए जाते हैं और रॉ मिलों, परेकल्कीनर्स भट्टियों और क्लीनकर कूलर मे<br>iv. आम तौर पर मूल डिज़ाइनESP अथवा बैग फ़िल्टर प्रदान करता है कोएला और सिमेन्ट मिलों पर<br>• कोएले व अन्य संसाधनों के भंडारण छेत्र की सुरक्षा पवन बाधकों के प्रावधान जो दीवारों के रूप में होते हैं हवा की दिशा के अनुसार<br>v. धूल संग्रहण हुड सहित और मामूली नकारात्मक दबाव सामग्री वितरण बिंदुओं कॉनवेयर निर्वहन बिन्दु, सिलॉस एवं पैकिजींग/ बैगिंग<br>vi. जल छिड़काव<br>• घास लगाना, पक्की सड़क बनाना<br>• डामर/सीमेंट की सड़कें बनान न्यूनतम धूल के लिए |
| 2. शोर और कंपन:<br>i. तोड़ना, पीसई संचालन: कच्चामिल, कोयला मिल, सीमेंट मिल<br>ii. शक्तिप्लांट की टरबाइन, डीजी सेट<br>iii. घूर्णन उपकरण<br>iv. वाहनों का आवागमन | 1. शोर और कंपन<br>अच्छी इंजीनियरिंग के अभ्यासों को अपनाना जैसे<br>i. शोर और धूल भरे संचालों के लिए अलग से परिवृत्त<br>ii. तापीय योजना की टर्बाइन और डग सेट्स के लिए परीवर्त्त |

| ***पर्यावरण मुद्दे/प्रभाव उत्पन्न करने वाले कारक/प्रभाव*** | ***शमन उपाय के सुझाव*** |
|---|---|
| | iii. ध्वनिक आवास/परिवृत्त, निवारक रखरखाव<br>iv. नियंत्रित आवागमन, यातायात नियंत्रण, नियमित रखरखाव |
| 3. जल संसाधन और गुणवत्ता:<br>सीमेंटनिर्माण प्रक्रिया में जल की आवशयकता नहीं है<br>बियरिंग को ठंडा, ढुलाई और पीने के लिए जल की आवशयकता<br>तालिका 9.2का संदर्भ लिया जाए | 3. पानी<br>तालिका 9.2 का संदर्भ लिया जा सकता है |
| 4. ठोस अपशिष्ट<br>i. विभिन्न स्रोतों से रिसाव, लीकेज और फर्शकचरा<br>ii. मलजल प्रबंधपौधे का कीचड़<br>iii. घरेलू कचरा, ई कचरा, और बायोमेडिकल कचराबस्ती से और कार्यालय | 4. ठोस अपशिष्ट<br>i. नियमित ड्राई स्वीपिंग औरपुन: उपयोग<br>ii. अवायवीय पाचन द्वारा मीथेन उत्पादन कैंटीन और घर-परिवार में ईंधन उपयोग के लिए<br>iii. कचरे का पृथक्करण, अवायवीय पाचन, और बायोगैस उत्पादन जैविक खाद बनाना<br>• ई-कचरा जैसे अपशिष्ट और बायोमेडिकल अपशिष्ट का प्रबंधन लागू नियमों का पालन करके |
| 5. व्यावसायिक स्वास्थ्य<br>i. शोर और धूल युक्त कार्यस्थल जैसे कृशर्स, सिमेन्ट मिल, कोल मिल, और पैकेजिंग / बैगिंग<br>तालिका 9.2 का संदर्भ ले | 5. व्यावसायिक स्वास्थ्य<br>i. उपयुक्त श्रमिकों के साथ मास्क व अन्य व्यक्तिगत सुरक्षा उपकरण संचालन कर्ता के लिए<br>• नियमित स्वस्थ्य जांच जिसमे फेफड़ों के कार्य स्तर की जांच उन श्रमिकों के लिए जो अधिक धूल के संपर्क मे हैं<br>तालिका 9.2 का संदर्भ लिया जा सकता है |

### *9.6.7 पर्यावरणीय निगरानी कार्यक्रम*

9.1.7 को संदर्भित किया जा सकता है। अन्य मापदंडों के अलावा, पीसीबी और डाइऑक्सिन को स्टैक गैसों में निगरानी करने की आवश्यकता होती है यदि खतरनाक अपशिष्ट और दूषित तेलों / सॉल्वैंट्स जैसे द्वितीयक ईंधन का उपयोग किया जाता है।

### *9.6.8 पर्यावरणीय प्रबंधन कार्यक्रम*

दूसरों के बीच, ईएमपीजी को विशेष रूप से कवर करने की आवश्यकता है:

i. व्यावसायिक स्वास्थ्य प्रबंधन
ii. परिवहन और यातायात प्रबंधन
iii. हैंडलिंग, भंडारण और उपयोग, उत्सर्जन की निगरानी और अच्छी प्रथाओं सहित द्वितीयक ईंधन का प्रबंधन

9.1.8 को संदर्भित किया जा सकता है। तालिका 9.12 की भी समीक्षा करने की आवश्यकता है ताकि यह सुनिश्चित किया जा सके कि सुझाए गए ईएमपीजी में सभी पहलुओं को शामिल किया गया है। इसके अलावा, ईएमपीजी को अपने आवधिक लेखा परीक्षा, शीर्ष प्रबंधन द्वारा समीक्षा और अद्यतन के तंत्र को शामिल करने की आवश्यकता है।

## 9.7 पेट्रोलियम उत्पादों के लिए क्रॉस-कंट्री पाइपलाइनें

### *9.7.1 भारतीय संदर्भ में लागू विनियम/दिशानिर्देश*

1. एमओईएफ (2006) के अनुसार, ग्रीनफील्ड के साथ-साथ ब्राउनफील्ड पाइपलाइन परियोजनाओं को पूर्व पर्यावरणीय मंजूरी प्राप्त करने की आवश्यकता होती है। स्क्रीनिंग मानदंड राष्ट्रीय उद्यानों, अभयारण्यों, प्रवाल भित्तियों और एलएनजी टर्मिनलों सहित पारिस्थितिक रूप से संवेदनशील क्षेत्रों से गुजरने वाली तेल और गैस परिवहन पाइपलाइन परियोजनाओं को श्रेणी ए के तहत वर्गीकृत करते हैं।
2. दो स्थानों के बीच क्रॉस-कंट्री पाइपलाइन के लिए वैकल्पिक संरेखण करना संभव हो सकता है
3. पेट्रोलियम उत्पादों और पेट्रोलियम टर्मिनल परियोजनाओं के लिए क्रॉस-कंट्री पाइपलाइनों पर लागू अन्य प्रमुख विनियमों/दिशानिर्देशों में शामिल हैं
   i. वायु (प्रदूषण निवारण और नियंत्रण) अधिनियम, नियम और संशोधन, 1981, 1982, 1983, 1987
   ii. तटवर्ती/अपतटीय पाइपलाइनों के लिए तटीय विनियमन जोन अधिसूचना, और संशोधन, 1991, 2008, 2011, 2019

iii. रासायनिक दुर्घटनाओं के लिए आपातकालीन योजना, तैयारी और प्रतिक्रिया नियम, 1996
iv. पर्यावरण (संरक्षण) अधिनियम, नियम और संशोधन, 1986, 1991, 2019
v. विस्फोटक अधिनियम, नियम और संशोधन, 1884, 2008, 2019
vi. वन (संरक्षण) अधिनियम और नियम, और संशोधन, 1980, 1981, 2003, 2018
vii. खतरनाक और अन्य अपशिष्ट (प्रबंधन और सीमा पार आंदोलन) नियम, 2016
viii. खतरनाक रासायनिक नियमों का निर्माण, भंडारण और आयात, 1989, 1994, 2000
ix. राष्ट्रीय परिवेशी वायु गुणवत्ता मानक, 2009
x. ध्वनि प्रदूषण (विनियमन और नियंत्रण) नियम, और संशोधन, 2000, 2006, 2010
xi. तेल उद्योग सुरक्षा निदेशालय (ओआईएसडी) दिशानिर्देश
xii. पेट्रोलियम अधिनियम, नियम 1934, 2002
xiii. पेट्रोलियम और खनिज, पाइपलाइन (भूमि में उपयोग के अधिकार का अधिग्रहण) अधिनियम, 1962 और संशोधन
xiv. स्थैतिक और मोबाइल दबाव जहाजों (अनफायर्ड) नियम, 1981, 2016
xv. जल (प्रदूषण निवारण और नियंत्रण) अधिनियम, नियम और संशोधन, 1974, 1977, 1978, 1988, 2003
xvi. वन्यजीव (संरक्षण) अधिनियम, नियम और संशोधन, 1972, 1973, 1991, 1995, 2002, 2014

### *9.7.2 क्षेत्रीय संक्षिप्त विवरण*

क्रॉस-कंट्री पाइपलाइन परियोजना क्षेत्र में बंदरगाह क्षेत्र या भीतरी इलाकों में स्थित पेट्रोलियम उत्पादों के भंडारण के लिए टर्मिनल शामिल हो सकते हैं, और उपयोगकर्ताओं को उच्च दबाव गैस सहित पेट्रोलियम उत्पादों के परिवहन के लिए विभिन्न इलाकों से गुजरने वाली लंबी दूरी की क्रॉस-कंट्री पाइपलाइनें शामिल हो सकती हैं। पेट्रोलियम उत्पादों का पाइपलाइन परिवहन रेल / सड़क परिवहन की तुलना में अधिक किफायती, सुरक्षित और पर्यावरण के अनुकूल पाया गया है। तरलीकृत प्राकृतिक गैस (एलएनजी) टर्मिनल विशेष जहाजों के माध्यम से तरलीकृत प्राकृतिक गैस आयात करने के लिए स्थापित किए जाते हैं। एक विशिष्ट एलएनजी टर्मिनल की क्षमता 5 एमएमटीपीए हो सकती है। ऐसे टर्मिनल पर होने वाले विशिष्ट संचालन में शामिल हैं

क) जलयानों/पार्सलों से एलएनजी (क्रायोजेनिक परिस्थितियों में तरल) उतारना
ख) पाइपलाइनों के माध्यम से भंडारण टैंकों में एलएनजी का हस्तांतरण
ग) एलएनजी का आर-एलएनजी (पुन: गैसीकृत एलएनजी) में पुनर्गैसीकरण
घ) पाइपलाइनों के माध्यम से उपभोक्ताओं को संपीड़ित आर-एलएनजी का परिवहन

ये परिचालन रिफाइनरी/पेट्रोकेमिकल परिसर में होने वाले प्रचालनों के समान हैं। गैस टरबाइन जनरेटर का उपयोग करके कैप्टिव बिजली उत्पादन भी ऐसी परियोजनाओं का हिस्सा हो सकता है।

### *9.7.3 संक्षिप्त परियोजना विवरण*

गैस कुओं के आधार पर, एलएनजी में लगभग 90% की मीथेन सामग्री हो सकती है, और उच्च घटते क्रम में ईथेन, प्रोपेन और ब्यूटेन हो सकते हैं। एलएनजी टर्मिनल पर विशिष्ट उपकरण में शामिल हैं

i. बड़े भंडारण टैंक, आमतौर पर क्रायोजेनिक परिस्थितियों में एलएनजी के भंडारण के लिए डबल-दीवार वाले
ii. पंप और कंप्रेसर
iii. जलमग्न दहन वेपोराइज़र
iv. एक नाइट्रोजन गैस जनरेटर
v. एक गैस आधारित बिजली संयंत्र
vi. एक अग्निशमन प्रणाली

कच्चे तेल/पेट्रोलियम टर्मिनल पर विशिष्ट उपकरणों में शामिल हैं

i. बड़े (वायुमंडलीय) भंडारण टैंक
ii. पंप, बूस्टर पंप, ब्लोअर और कंप्रेसर
iii. वेंट गैस संग्रह और वसूली प्रणाली
iv. फ्लेयर स्टैक
v. अग्निशमन उपकरण

एक टर्मिनल में शामिल गतिविधियां रिफाइनरी या पेट्रोकेमिकल कॉम्प्लेक्स के समान होती हैं लेकिन बहुत कम पैमाने पर। एक विशिष्ट क्रॉस-कंट्री पाइपलाइन परियोजना में प्रमुख गतिविधियों को नीचे हाइलाइट किया गया है।

निर्माण चरण

1. साइट समाशोधन और ग्रेडिंग
2. ट्रेंचिंग
3. पाइप झुकना
4. स्ट्रिंगिंग (क्रेन की मदद से लेपित पाइपलाइन लगाना)
5. पाइप वेल्डिंग
6. परीक्षण/रेडियोग्राफी
7. कोटिंग वेल्ड जोड़
8. उत्खनित पृथ्वी को वापस भरना

9. एपीआई दिशानिर्देशों और प्रासंगिक एएसएमई कोड का पालन करते हुए पाइपलाइन मार्ग पर कुछ अंतराल पर कैथोडिक संरक्षण स्टेशनों, ब्लॉक वाल्व स्टेशनों और बूस्टर पंपिंग स्टेशनों का निर्माण

पाइपलाइन को उपयुक्त रूप से एंटीकोरोसिव कोटिंग्स के साथ लेपित किया जाता है, लपेटा जाता है, और कम से कम एक मीटर के मिट्टी कवर के साथ एक खाई में दफन किया जाता है। बैकफिलिंग, कॉम्पैक्टिंग और समतलीकरण के बाद, और ऊपरी मिट्टी को बहाल करने के बाद, कृषि जैसी सामान्य सतह गतिविधियां फिर से शुरू हो सकती हैं।

कार्रवाई का चरण

क) बूस्टर पंप का संचालन
ख) पाइपलाइन मार्ग पर गश्त
ग) एक केंद्रीय नियंत्रण कक्ष में स्थापित पर्यवेक्षी नियंत्रण और डेटा अधिग्रहण प्रणाली (एससीएडीए) जैसी प्रणालियों की मदद से रिसाव सहित संचालन की निगरानी करना

### *9.7.4 पर्यावरणीय आधारभूत स्थितियों की स्थापना*

पाइपलाइन परियोजनाओं के लिए मानक टीओआर MOEF (2015) द्वारा दिया गया है। 9.1.4 को संदर्भित किया जा सकता है। अध्ययन क्षेत्र में आधारभूत स्थितियों को स्थापित करते समय हाइड्रोकार्बन और हाइड्रोजन सल्फाइड जैसे विशिष्ट वायु और जल प्रदूषकों को भी शामिल करने की आवश्यकता है - टर्मिनल, बूस्टर स्टेशनों के आसपास और पाइपलाइन मार्ग के साथ।

### *9.7.5 प्रभाव और न्यूनीकरण उपाय*

9.1.5, 9.3.5 और 9.5.5 को संदर्भित किया जा सकता है। क्रॉस-कंट्री पाइपलाइन परियोजनाओं में शामिल प्रमुख पर्यावरणीय मुद्दों को प्रस्तावित शमन उपायों के साथ तालिका 9.13 में उजागर किया गया है। तरलीकृत और साथ ही पुन: गैसीकृत और संपीड़ित प्राकृतिक गैस, और पेट्रोलियम उत्पादों में उनकी ज्वलनशील विशेषताओं के कारण उच्च स्तर की खतरे की संभावना है। इस प्रकार, ऐसे उत्पादों के भंडारण, हैंडलिंग और परिवहन के लिए एक विस्तृत जोखिम आकलन किए जाने की आवश्यकता है ताकि संचालन, रिसाव, इन्वेंट्री और मौसम संबंधी स्थितियों के विभिन्न परिदृश्यों के तहत परिणामों का आकलन किया जा सके, और उचित मॉडल का उपयोग करके अनुमानित प्रभाव/कमजोर क्षेत्र। जोखिम शमन उपायों में, दूसरों के बीच, शामिल हो सकते हैं

i. अंतर्निहित जोखिम रोकथाम उपाय
ii. डिजाइन, निर्माण, स्थापना, संचालन और रखरखाव में अच्छी प्रथाएं
iii. राहत सुरक्षा प्रणालियां
iv. ऑनलाइन डिटेक्टरों और अलार्म सहित रिसाव का पता लगाने वाली प्रणाली

**तालिका 9.13 क्रॉस-कंट्री पाइपलाइनों के लिए विशिष्ट प्रमुख पर्यावरणीय मुद्दे/प्रभाव और संबंधित शमन उपाय**

| *पर्यावरण मुद्दे/प्रभाव उत्पन्न करने वाले कारक/प्रभाव* | *शमन उपाय के सुझाव* |
|---|---|
| निर्माण चरण<br>तालिका 9.1, तालिका 9.6 और तालिका 9.8 का संदर्भ लिया जा सकता है | |
| पेट्रोलियम उत्पादों के लिए टर्मिनल | तालिका 9.1, तालिका 9.6, और तालिका 9.8 का उल्लेख लिया जा सकता है |
| क्रॉस-कंट्री पाइपलाइन | |
| 1. भूमि<br>i. भूमि अधिग्रहण आरओयू और आरओडब्ल्यू के लिए<br>ii. समाशोधन, ग्रेडिंग, ट्रेंचिंग: फसलों की हानि<br>iii. ऊपरी मृदा ट्रेन्चिंग के दौरान<br>iv. उत्खनन और खोदी गई धरती<br>v. कैथोडिकसुरक्षा स्टेशन, ब्लॉकवाल्व स्टेशन,और बूस्टरपम्पिंग स्टेशन का निर्माण<br>vi. एलयू/एलसी परिवर्तन<br>2. परिस्थितिकी<br>i. वन/संवेदनशील पारिस्थितिकी तंत्र<br>ii. जलीय पारिस्थितिकी तंत्र में वृद्धि के कारण गंदगी<br>3. जल और अपशिष्ट जल<br>i. मैलापन में वृद्धिमार्गीय नहरों और नदियाँ, औरसमुद्री जलके कारण जबकि पाइपलाइन नदी/समुद्र तल के नीचे बिछाई गई है<br>4. वायु<br>i. ट्रेंचिंग, पाइपवेल्डिंग, पाइप मिट्टी मे दबाना जैसे निर्माड़ से $NO_x$, $SO_2$, $PM_{2.5}$, और $PM_{10}$ | 1. भूमि<br>i. आरओयू के लिए भूमि, थोड़े समय के लिए अस्थायी रूप से आवश्यक निर्माण और पाइपलाइन बिछाने के लिए, जिसे ऊपरी मृदा के साथ बहाल करके भूस्वामियों को मूल उपयोग जैसे कृषि के लिए सौंपना<br>ii. नुकसान का अनुमान और मुआवज़ा<br>iii. बैकफ़िलिंग के बाद भंडारण और पुन: उपयोग<br>iv. उत्खनन इस तरह से कि ढलान स्थिरता मे कमी ना हो<br>• प्रगतिशील बैकफ़िलिंग मे मिट्टी का उपयोग पाइपलाइनों को दबाने,संघनन और लेवलिंग के लिए<br>• निचले इलाकों को चिन्हित करना एवं अतिरिक्त मिट्टी का बिना मौजूदा जल निकासी एवं भूदृश्य को प्रभावित किए निपटान करना<br>• अच्छा निर्माण आचरण<br>• निर्माण की अवधि मे कमी |

| *पर्यावरण मुद्दे/प्रभाव उत्पन्न करने वाले कारक/प्रभाव* | *शमन उपाय के सुझाव* |
|---|---|
| 5. शोर और कंपन<br>i. वाहनों की आवाजाही, धरती खोदने के उपकरण<br>6. SE<br>i. निर्माण की गई भूमि पर फसलों का नुकसान<br>ii. आरओयू, आरओडब्लू के लिए पट्टा अवधि किराया देना, | v. तालिका 9.1 को किसी विशिष्ट निर्माण के लिए संदर्भित किया जा सकता है<br>vi. नगण्य परिवर्तन<br>2. परिस्थितिकी<br>i. जंगल से बचने के लिए उपयुक्त मार्ग, खतरे मे प्रजातियाँ और आवास एवं अद्वितीय पारिस्थितिकी तंत्र<br>• न्यूनतम कटाई करने के लिए पेड़ों का संरेखण<br>• नुकसान और मुआवज़े को बताना<br>ii. जल का उल्लेख किया जा सकता है<br>3. जल और अपशिष्ट जल<br>i. सूखे मौसम मे निर्माण, मॉनसून के समय से बचाव<br>• अस्थायी रूप से समुद्र मे मैलापन बढ़ना<br>• पारंपरिक उत्खनन के स्थान पर मैलापन वेधन/क्षैतिज दिशात्मक ड्रिलिंग/रैडीअल ड्रिलिंग जैसी तकनीकों का उपयोग करके मैलापन न्यूनतम करना<br>4. वायु<br>i. निर्माण क्षेत्र में कम समय के लिए प्रभाव, नगण्यप्रभाव<br>• निर्माण अवधि को छोटा रखे<br>5. शोर और कंपन<br>i. कम समय तकप्रभाव निर्माण क्षेत्र तक सीमित रखने के लिए, नगण्यप्रभाव<br>• निर्माण अवधि को छोटा करें<br>6. SE<br>i. नुकसान और मुआवज़े का अनुमान लगाना |

| *पर्यावरण मुद्दे/प्रभाव उत्पन्न करने वाले कारक/प्रभाव* | *शमन उपाय के सुझाव* |
|---|---|
| | ii. लीज रेंट भूस्वामियों के लिए लाभकारी<br>• बहाली के बाद साइट का निर्माण और कमीशन |
| *संचालन चरण* | |
| पेट्रोलियम उत्पादों के लिए टर्मिनल | तालिका 9.7 और तालिका 9.10 का संदर्भ लें |
| क्रॉस-कंट्री पाइपलाइन | तालिका 9.7 और तालिका 9.10का संदर्भ लें |
| 1. जल और अपशिष्ट जल<br>i. स्टेशनों पर पानी की आवश्यकता<br>ii. अपशिष्ट जल उत्पादन<br>iii. चिकने तेलों का रिसाव<br>2. शोर और कंपन<br>i. बूस्टर पंप<br>3. जोखिम<br>i. आकस्मिक रिसाव<br>ii. तोड़-फोड़ | 1. जल और अपशिष्ट जल<br>i. नगण्य परिवर्तन<br>ii. उपचार औरनिपटान<br>iii. उपयुक्त परिवृत्त<br>2. शोर और कंपन<br>i. उपयुक्त बाड़े<br>3. जोखिम<br>i. विशिष्ट आपदा प्रबंधन कार्यवाही जिसकी अनुशंसा एक आपदा प्रबंधन योजना की जोखिम आकलन रिपोर्ट में की गई है<br>• SCADA निगरानी औरनियंत्रण प्रणाली पाइपलाइन में रिसाव पता लगाने के लिएऔर स्वचालित द्रव प्रवाह को बंद करने के लिए<br>ii. पाइपलाइन मार्ग पर नियमित गश्त लगाते हुए लाइनवॉकर |

### *9.7.6 अतिरिक्त अध्ययन*

9.1.6 को संदर्भित किया जा सकता है। प्रस्तावित टर्मिनल के आकार और पाइपलाइन के मार्ग को ध्यान में रखते हुए, विशेष अध्ययन की आवश्यकता हो सकती है, उदाहरण के लिए,

i. उपयोग का अधिकार (आरओयू) और राइट ऑफ वे (आरओडब्ल्यू) अध्ययन
ii. जोखिम आकलन और आपदा प्रबंधन

बंदरगाह आधारित टर्मिनलों के मामले में तटीय और समुद्री पर्यावरण, और समुद्र तल पर प्रस्तावित पाइपलाइनें।

### *9.7.7 पर्यावरणीय निगरानी कार्यक्रम*

9.1.7, 9.3.7 और 9.5.7 को संदर्भित किया जा सकता है। हाइड्रोकार्बन और हाइड्रोजन सल्फाइड जैसे पहचाने गए परियोजना-विशिष्ट वायु और जल प्रदूषकों को समग्र पर्यावरणीय निगरानी कार्यक्रम में शामिल करने की आवश्यकता है।

### *9.7.8 पर्यावरणीय प्रबंधन कार्यक्रम*

दूसरों के बीच, ईएमपीजी को विशेष रूप से कवर करने की आवश्यकता है:

i. जोखिम आकलन और आपदा प्रबंधन
ii. रिसाव का पता लगाने वाली प्रणाली जैसे एससीएडीए और रिसाव का पता लगाने पर पाइपलाइन के एक विशेष खंड में द्रव प्रवाह का स्वचालित रूप से बंद होना।
iii. तोड़फोड़ और इसके परिणामों को रोकने के लिए पाइपलाइन मार्ग की गश्त

9.5.8 को संदर्भित किया जा सकता है। तालिका 9.13 की भी समीक्षा करने की आवश्यकता है ताकि यह सुनिश्चित किया जा सके कि सुझाए गए ईएमपीजी में सभी पहलू शामिल हैं। इसके अलावा, ईएमपीजी को अपने आवधिक लेखा परीक्षा, शीर्ष प्रबंधन द्वारा समीक्षा और अद्यतन करने के लिए तंत्र शामिल करने की आवश्यकता है।

*उपर्युक्त केस स्टडीज से यह स्वीकार किया जा सकता है कि ईआईए टीम लीडर को उस परियोजना क्षेत्र/परियोजना की पूरी समझ होनी चाहिए जिसके लिए ईआईए रिपोर्ट तैयार की जानी है। कुछ अनुभवी वृतिकों को शामिल करना, जिनके पास इस तरह की परियोजना के संचालन में अनुभव है, यह सुनिश्चित करने में मदद करेगा कि परियोजना से संबंधित कोई भी प्रमुख गतिविधि, चाहे निरंतर हो या आवधिक, पर्यावरणीय प्रभावों के आकलन से छूट न जाए। यह अवशिष्ट प्रभाव प्रबंधन सहित एक उचित पर्यावरणीय प्रबंधन कार्यक्रम तैयार करने में भी सहायता करेगा।*

## संदर्भ

CPCB, Central Pollution Control Board. 2007. Assessment of Fugitive Emissions & Development of Environmental Guidelines for Control of Fugitive Emissions in Cement Manufacturing Industries. Delhi: Central Pollution Control Board.

सीपीसीबी, सेंट्रल पॉल्यूशन कंट्रोल बोर्ड, 2007, असेसमेंट ऑफ़ फुजिटिव एमिशंस एंड डेवलपमेंट ऑफएनवायर्नमेंटल गाइडलाइंस फॉर कंट्रोल ऑफ फुजीटिव एमिशन्स इन सीमेंट मैन्युफैक्चरिंग इंडस्ट्री, दिल्ली:सेंट्रल पॉल्यूशन कंट्रोल बोर्ड।

GIZ. n.d. Sustainable Industrial Areas. Accessed Jan 12, 2016. www.giz/de/fachexpertise/download/giz.2014.

जीआईजेड, एन. डी.सस्टेनेबल इंडस्ट्रियल एरिया, एक्सेसेड जनवरी 12, 2016. www.giz/de/fachexpertise/download/giz.2014.

IFC, International Finance Corporation. 2007a. Environmental, Health, and Safety Guidelines for Mining. Washington, D.C.: International Finance Corporation, World Bank Group.

आईएफसी, इंटरनेशनल फाइनेंस कॉर्पोरेशन, 2007ए एनवायर्नमेंटल,हेल्थ एंड सेफ्टी गाइडलाइंस फॉरमाइनिंग. वॉशिंगटन डीसी: इंटरनेशनल फाइनेंस कॉर्पोरेशन, वर्ल्ड बैंक ग्रुप।

IFC, International Finance Corporation. 2007b. Environmental, Health, and Safety Guidelines for Ports, Harbors, and Terminals. Washington, D.C.: International Finance Corporation, World Bank Group.

आईएफसी, इंटरनेशनल फाइनेंस कॉर्पोरेशन, 2007बी, एनवायर्नमेंटल हेल्थ एंड सेफ्टी गाइडलाइंस फॉरपोर्ट्स, हार्बर्स, एंड टर्मिनल. वॉशिंगटन डीसी:इंटरनेशनल फाइनेंस कॉर्पोरेशन, वर्ल्ड बैंक ग्रुप।

IFC, International Finance Corporation. 2007c. Environmental, Health, and Safety Guidelines fo rLarge Volume Petroleum-Based Organic Chemicals Manufacturing. Washington, D.C.: International Finance Corporation, World Bank Group.

आईएफसी, इंटरनेशनल फाइनेंस कॉर्पोरेशन 2007सी. एनवायर्नमेंटल हेल्थ एंड सेफ्टी गाइडलाइंस फॉर लार्जवॉल्यूम पेट्रोलियम बेस्ड ऑर्गेनिक केमिकल्स मैन्युफैक्चरिंग. वॉशिंगटन डीसी; इंटरनेशनल फाइनेंस कॉर्पोरेशन,वर्ल्ड बैंक ग्रुप।

IFC, International Finance Corporation. 2007d. Environmental, Health, and Safety Guidelines for Pharmaceuticals and Biotechnology Manufacturing. Washington, D.C.: International Finance Corporation, World Bank Group.

आईएफसी, इंटरनेशनल फाइनेंस कॉर्पोरेशन 2007डी. एनवायर्नमेंटल हेल्थ एंड सेफ्टी गाइडलाइंस फॉरफार्मास्यूटिकल्स एंड बायोटेक्नोलॉजी मैन्युफैक्चरिंग. वॉशिंगटन डीसी; इंटरनेशनल फाइनेंस कॉर्पोरेशन, वर्ल्डबैंक ग्रुप।

IFC, International Finance Corporation. 2007e. Environmental, Health, and Safety Guidelines for Pesticide Manufacturing, Formulation, and Packaging. Washington, D.C.: International Finance Corporation, World Bank Group.

आईएफसी, इंटरनेशनल फाइनेंस कॉरपोरेशन, 2007ई। एनवायर्नमेंटल, हेल्थ, एंड सेफ्टी गाइडलाइंस फॉरपेस्टीसाइड मैन्युफैक्चरिंग,फॉर्मुलेशन, एंड पैकेजिंग । वॉशिंगटन, डी. सी.: इंटरनेशनल फाइनेंस कॉरपोरेशन,वर्ल्ड बैंक ग्रुप।

IFC, International Finance Corporation. 2007f. Environmental, Health, and Safety Guidelines for Cement and Lime Manufacturing. Washington, D.C.: International Finance Corporation, World Bank Group.

आईएफसी, इंटरनेशनल फाइनेंस कॉरपोरेशन, 2007एफ। एनवायर्नमेंटल, हेल्थ, एंड सेफ्टी गाइडलाइंस फॉरसीमेंट एंड लाइम मैन्युफैक्चरिंग। वॉशिंगटन, डी. सी.: इंटरनेशनल फाइनेंस कॉरपोरेशन, वर्ल्ड बैंक ग्रुप।

IFC, International Finance Corporation. 2008. Environmental, Health, and Safety Guidelines for Thermal Power Plants. Washington, D.C.: International Finance Corporation, World Bank Group.

आईएफसी, इंटरनेशनल फाइनेंस कॉरपोरेशन, 2015। एनवायर्नमेंटल, हेल्थ, एंड सेफ्टी गाइडलाइंस फॉरथर्मल पॉवर प्लांट्स। वॉशिंगटन, डी. सी.: इंटरनेशनल फाइनेंस कॉरपोरेशन, वर्ल्ड बैंक ग्रुप।

IFC, International Finance Corporation. 2015. Environmental, Health, and Safety Guidelines for Offshore Oil and Gas Development. Washington, D.C.: International Finance Corporation, World Bank Group.

आईएफसी, इंटरनेशनल फाइनेंस कॉरपोरेशन, 2015। एनवायर्नमेंटल, हेल्थ, एंड सेफ्टी गाइडलाइंस फॉरऑफशोर ऑयल एंड गैस डेवलपमेंट। वॉशिंगटन, डी. सी.: इंटरनेशनल फाइनेंस कॉरपोरेशन, वर्ल्ड बैंक ग्रुप।

MOEF, Ministry of Environment and Forests. 2006. Environmental Impact Assessment Notification. New Delhi: Ministry of Environment and Forests.

एमओइएफ, मिनिस्ट्री ऑफ एनवायर्नमेंटल एंड फॉरेस्ट, 2006। एनवायर्नमेंटल इंपैक्ट एसेसमेंट नोटिफिकेशन। न्यू दिल्ली: मिनिस्ट्री ऑफ एनवायर्नमेंट एंड फॉरेस्ट्स।

MOEF, Ministry of Environment and Forests. 2015. Standard Terms of Reference (TOR) for EIA/EMP Report for Projects/Activities Requiring Environmental Clearance Under EIA Notification, 2006. New Delhi: Ministry of Environment and Forests.

एमओइएफ, मिनिस्ट्री ऑफ एनवायर्नमेंटल एंड फॉरेस्ट, 2015। स्टैंडर्ड टर्म्स ऑफ रेफरेंस (टीओआर) फॉरईआईए/ ईएमपी रिर्पोट फॉर प्रोजेक्ट्स/एक्टिविटीज रिक्वायरिंग एनवायर्नमेंटल क्लियरेंस अंडर इआईए नोटिफिकेशन, 2006। न्यू दिल्ली:मिनिस्ट्री ऑफ एनवायर्नमेंट एंड फॉरेस्ट्स।

MOEF, Ministry of Environment and Forests. 2020. Draft Environmental Impact Assessment Notification. New Delhi: Ministry of Environment and Forests.

एमओइएफ, मिनिस्ट्री ऑफ एनवायर्नमेंट एंड फॉरेस्ट, 2020। ड्राफ्ट एनवायर्नमेंटल इंपैक्ट एसेसमेंटनोटिफिकेशन। न्यू दिल्ली: मिनिस्ट्री ऑफ एनवायर्नमेंट एंड फॉरेस्ट्स।

Thomas, P.V. 2015. "Laws Applicable to the Ports." Accessed Dec 13, 2015. www.academia.edu.

थॉमस, पी. वी. 2015, "लॉज एप्लीकेबल टू द पोर्ट्स"। एक्सेस्ड दिसंबर 13, 2015।

अध्याय 10

# पर्यावरणीय प्रभाव आकलन रिपोर्ट की समीक्षा

पर्यावरणीय प्रभाव आकलन (ईआईए) रिपोर्ट की समीक्षा परियोजना प्रस्तावकों और सक्षम प्राधिकारी से प्राप्त पर्यावरणीय मंजूरी देने का निर्णय लेना, चार-चरणों के ईआईए प्रक्रिया का तीसरा चरण (पेट्स 1999) है जिसकी चर्चा अध्याय 3 में की गई है। ईआईए समीक्षा का मूल उद्देश्य है यह निर्धारित करना कि क्या ईआईए रिपोर्ट

i. पूर्ण है
ii. इसकी विषय सामग्री सही और व्यापक है
iii. प्रस्तावित परियोजना के लिए पर्यावरणीय स्वीकृति प्रदान करने के संबंध में सुविचारित निर्णय लेने का आधार बन सकती है

## 10.1 ईआईए समीक्षा के उद्देश्य

ईआईए की समीक्षा के प्रमुख उद्देश्य (सैडलर 1996, UNEP 2002) हैं:

i. यह निर्धारित करना कि प्रदान की गई जानकारी पूर्ण, व्यापक और ईआईए के उद्देश्यों को पूरा करती है
ii. विश्लेषण की विश्वसनीयता निर्धारित करना, अथार्त् यह जानना कि दी गई जानकारी वैज्ञानिक ज्ञान के मानक विधियों के अनुरूप है
iii. ईआईए रिपोर्ट की पर्याप्तता और गुणवत्ता का आकलन करना
iv. निर्णय लेने के लिए सूचना की प्रासंगिकता और पर्याप्तता निर्धारित करना, अथार्त् महत्वपूर्ण पर्यावरणीय प्रभावों को स्पष्ट रूप से हाइलाइट किया गया है और विशिष्ट शमन उपायों का स्पष्ट रूप से वर्णन किया गया है
v. आकलन करना कि हितधारक को पर्याप्त अवसर प्रदान किया गया था, और उनकी चिंताओं और टिप्पणियों को ईआईए रिपोर्ट में मान्यता के साथ ठीक से संबोधित किया गया है
vi. ईआईए रिपोर्ट में सूचना के अंतराल और कमियों की पहचान करना

ईआईए रिपोर्ट की व्यापकता का आधार (UNEP 2002) इन पर निर्धारित है:

i. स्कोपिंग की उपलब्धि
ii. परियोजना के प्रत्येक जीवनचक्र चरण में प्रभावी भविष्यवाणियों की विश्वसनीयता और सटीकता
iii. वह मापदंड जिन्हें प्रभाव महत्व स्थापित करने के लिए उपयोग किया गया
iv. विकल्पों की पहचान और विश्लेषण
v. प्रस्तावित शमन उपायों की प्रभावकारिता
vi. प्रस्तावित पर्यावरणीय प्रबंधन कार्यक्रम की परियोजना के प्रत्येक जीवनचक्र चरण में प्रभावशीलता
vii. सार्वजनिक और अन्य हितधारक की भागीदारी की विधा

## 10.2 ईआईए समीक्षा का अनुप्रयोग

यूँ तो ईआईए समीक्षा, ईआईए प्रक्रिया का एक अभिन्न घटक है, किन्तु यह एक उपकरण भी है

क) ईआईए प्रक्रिया में गुणवत्ता नियंत्रण और आश्वासन का (EIA केंद्र 1995, सूमो विश्वविद्यालय 2006)
ख) EIA रिपोर्ट और EIA प्रक्रिया की गुणवत्ता में वृद्धि करने हेतु
ग) सक्षम प्राधिकारी को विश्वस्त करने के लिए
घ) ईआईए प्रक्रिया की विश्वसनीयता में सुधार लाने के लिए
ङ) ईआईए प्रक्रिया की निष्पक्षता को मजबूती प्रदान करने हेतु
च) ईआईए प्रक्रिया में जनता का विश्वास उत्पन्न करने हेतु

## 10.3 ईआईए रिपोर्ट की समीक्षा कौन करता है?

यद्यपि सक्षम प्राधिकारी की प्रमुख जिम्मेदारी है ईआईए समीक्षा का संचालन करना फिर भी समीक्षा उस तक सीमित नहीं रह सकती है। वस्तुतः ईआईए की समीक्षा को अलग-अलग हितधारकों द्वारा किए जाने की आवश्यकता होती है, अर्थात्

i. **परियोजना प्रस्तावक:** ईआईए रिपोर्ट के मालिक के रूप में, परियोजना प्रस्तावक को ईआईए रिपोर्ट के मसौदे की समीक्षा करने की आवश्यकता है जिसके पूर्व की गई ईआईए रिपोर्ट को सार्वजनिक सुनवाई करने के लिए एजेंसी को भेजा जाए। समीक्षा में अनिवार्य रूप से प्रमुख पहलुओं को शामिल किया जाता है, जैसे, क्या परियोजना से संबंधित गतिविधियों पर वर्णित जानकारी सही है, प्रभावों का ठीक से विश्लेषण किया गया है, एवं सुझाए गए शमन उपाय तथा पर्यावरणीय प्रबंधन कार्यक्रम तकनीकी रूप से व्यवहार्य और कार्यान्वयन योग्य है। आंतरिक अथवा सहकर्मियों के

माध्यम से संलग्नित वृतकों जिनकी विशेषज्ञता स्थापित है और जिन्हें इस तरह की परियोजनाओं पर ईआईए रिपोर्ट तैयार करने की योग्यता हो उनके द्वारा समीक्षा की जा सकती है।

ii. **हितधारकों द्वारा:** वह परियोजनाएँ जो अनिवार्य रूप से सार्वजनिक सुनवाई के घेरे में आती हैं उन्हे जनता और उसमे रुचि लेने वाले तथा प्रभावित पक्षों, ईआईए रिपोर्ट का कार्यकारी सारांश को समीक्षा करने का अवसर प्रदान किया जाता है जिससे वह अतिरिक्त जानकारी और स्पष्टीकरण दे सके एवं सार्वजनिक सुनवाई में टिप्पणियाँ कर सकें। अन्य हितधारक लिखित रूप में अपनी टिप्पणियों को व्यक्त कर सकते हैं। हितधारकों से प्राप्त टिप्पणियों को अंतिम ईआईए रिपोर्ट में शामिल कर सक्षम अधिकारी द्वारा सत्यापित किया जाता है। हितधारकों द्वारा ईआईए समीक्षा, ईआईए प्रक्रिया में पारदर्शिता और जवाबदेही सुनिश्चित करने हेतु अति महत्वपूर्ण है (UNEP 2002)।

iii. **सहकर्मी समीक्षा (पीयर समीक्षा):** सहकर्मी समीक्षा USEPA (2000) द्वारा वर्णित उन योग्य व्यक्तियों अथवा संगठन द्वारा की गई समीक्षा है जो उन लोगों से स्वतंत्र हैं जिन्होंने यह अध्ययन किया है। सहकर्मियों के पास सामूहिक तौर पर समकक्ष तकनीकी विशेषज्ञता होती है। सहकर्मी समीक्षा का उद्देश्य, ईआईए अध्ययन में उपयोग की जाने वाली पद्धतियों की विश्वसनीयता और गुणवत्ता को स्वतंत्र रूप से प्राप्त निष्कर्षों से पुष्टि करना है। सहकर्मी समीक्षा धारणाएं, गणना, बहिर्वेशन, विकल्पों की व्याख्या, पद्धति, स्वीकृति मानदंड, और निष्कर्ष जिसका उपयोग आकलन के आधार के रूप में प्रयोग किया जाता है, और सहायक दस्तावेज (USEPA 2000) इन सबका एक विस्तृत आकलन है। सहकर्मी समीक्षा ईआईए परामर्श संगठन, परियोजना प्रस्तावक, या सक्षम प्राधिकारी के द्वारा प्रारंभ कराई जा सकती है

iv. **सक्षम प्राधिकारी:** ऊपर 10.1 में वर्णित प्रमुख उद्देश्यों के आधार पर ईआईए रिपोर्ट की पर्याप्तता तथा ठोस आधार के अनुरूप सक्षम प्राधिकारी समीक्षा करता है व निर्णय देता है। नीचे वर्णित ईआईए समीक्षा का कदम-वार अनुपालन किया जा सकता है।

v. **परियोजना वित्तपोषण एजेंसी:** परियोजना वित्त पोषण एजेंसी, जैसे विश्व बैंक, एशियाई विकास बैंक, बहुपक्षीय वित्तपोषण एजेंसी अथवा बैंक भी ईआईए की समीक्षा करता है जिससे यह सुनिश्चित हो कि उसकी सुरक्षा नीतियां और प्रक्रियाएं इसका अनुपालन कर रही हैं, और दी गई जानकारी पर्याप्त, सटीक एवं व्यापक है, जिससे कोई भी पर्यावरणीय जोखिम का ध्यान रखा जा सके।

## 10.4 ईआईए समीक्षा के चरण

ईआईए समीक्षा दो व्यापक चरणों में की जा सकती है:

i. एक प्रारंभिक समीक्षा यह सुनिश्चित करने के लिए कि ईआईए रिपोर्ट कानूनी ढांचे के अनुरूप है और लागू विनियमन की प्रक्रियात्मक आवश्यकताएं, सहित निम्नलिखित को पूरा करता है
   क. निर्धारित संरचना और सामग्री को पूरा करता हो

- ख. दिशानिर्देशों और मानदंडों को पूरा करता हो
- ग. सभी टीओआर को संबोधित करता हो
- घ. एक संक्षिप्त गैर-तकनीकी कार्यकारी के सारांश का समावेश हो

ii. यह सुनिश्चित करने के लिए एक तकनीकी समीक्षा कि ईआईए वैज्ञानिक और तकनीकी रूप से पर्याप्त और सुदृढ़ है (DEAT 2004), अर्थात् यह
- क. सक्षम रूप से निष्पादित किया गया हो, यानी उपयुक्त पद्धति और मानदंड का उपयोग प्रासंगिक डेटा एकत्र और उत्पन्न करने के लिए किया गया हो एवं प्रभावों की पहचान और पूर्वानुमान, तथा मुख्य मुद्दों को कवर किया गया हो।
- ख. मान्यता प्राप्त गुणवत्ता आवश्यकताओं को पूरा करता हो, अर्थात अच्छे अभ्यास के सिद्धांतों का पालन करता हो, प्रभाव मूल्यांकन अच्छे विज्ञान पर आधारित हो, और यथार्थवादी धारणाओं, सटीक प्रभाव विश्लेषण, निष्करृष, और पर्याप्त रूप से आकलन और दस्तावेजों से समर्थित हो।
- ग. ठीक से प्रस्तुत और प्रलेखित हो।

## 10.5 ईआईए समीक्षा के लिए मानदंड

ईआईए समीक्षा क्रियान्वित करने के लिए उपयोग किए जाने वाले सरल मानदंड (सैडलर 1996, UNEP 2002) के अंतर्गत

i. ईआईए के लिए कानूनी आवश्यकताओं के अनुरूप, पर्यावरण मानक और दिशानिर्देश
ii. प्रमुख मुद्दों के कवरेज की उपयुक्तता
iii. नियोजित विधियों की उपयुक्तता
iv. पर्यावरणीय प्रभाव विश्लेषण में विश्वसनीयता और पर्याप्तता
v. प्रभाव प्रबंध के लिए सुझाए गए उपायों की पर्याप्तता
vi. प्रभाव प्रबंधन के लिए कार्रवाई कार्यक्रम की पर्याप्तता और पर्यावरण प्रदर्शन आकलन
vii. निर्णय लेने के लिए आधार प्रदान करने के संदर्भ में क्रियाशीलता

## 10.6 ईआईए समीक्षा क्रियान्वित करना

ईआईए समीक्षा, अनिवार्य रूप से एक व्यापक तकनीकी समीक्षा है जो, एक व्यक्ति या वृत्तिकों की एक समिति द्वारा किया जाता है जिनके पास ईआईए प्रैक्टिशनर के स्तर की विशेषज्ञता है (लोहानी एट *ऑल*. 1997) जो यह

i. निर्धारित करें कि सभी टीओआर उपयुक्त रूप से ईआईए रिपोर्ट मैं संबोधित किए गए हैं

ii. सुनिश्चित करें कि प्रत्येक अध्याय एवं पर्यावरण के प्रत्येक प्रमुख घटक के लिए पर्याप्त और अनुपातिक रूप से आवश्यक सूचना उपलब्ध कराई गई है
iii. सुनिश्चित करें कि जानकारी एक व्यापक, सुलभ, और पठनीय रूप में प्रदान की गई है
iv. पुष्टि करें कि ईआईए प्रक्रिया और प्रभाव आकलन के लिए बुनियादी और साथ ही परिचालन सिद्धांत (IAIA 1999) एवं सर्वोत्तम प्रथाओं को प्रभावी ढंग से नियोजित किया गया है
v. आकलन करें कि रिपोर्ट में प्रासंगिक और सटीक जानकारी शामिल हैं जो निर्णय के लिए एक ठोस आधार प्रदान करता है
vi. सुनिश्चित करें कि प्रभावित लोगों और इच्छुक पार्टियों के विचार और चिंताओं पर विचार किया गया है
vii. इस पर निर्णय लें कि ईआईए पर्याप्त है अच्छी तरह से सूचित निर्णय लेने के लिए
viii. परियोजना प्रस्तावक को निर्णय संप्रेषित करने के लिए पर्यावरणीय अनुमोदन के लिए नियम और शर्तें तैयार करें (राथी 2022)।

सामान्यतः, ईआईए रिपोर्ट की विस्तृत समीक्षा इन पर निर्भर करेगी:

क) EIA समीक्षा क्रियान्वित करने के लिए उपलब्ध समय और संसाधन
ख) परियोजना का प्रकार और आकार
ग) परियोजना स्थान की संवेदनशीलता
घ) इच्छुक स्थानीय लोग एवं प्रभावितों से प्रतिरोध

### *10.6.1 ईआईए की प्रभावशीलता*

कई शोधकर्ताओं ने ईआईए की प्रभावशीलता विषय पर काम किया है। इसके आयाम और प्रक्रियात्मक, मूल रूप, ट्रांसएक्टिव, और मानक पहलू में साहित्य में सारांश उपलब्ध हैं। इसकी बहुआयामी और एकीकृत अध्ययन की अधिक आवश्यकता को लूमिस और डिज़ीडज़िक (2018) ने पहचाना। लिहेन *एट ऑल.* (2018) ने ईआईए की प्रभावशीलता की वैचारिक समझ व शासनीय तंत्र को मुख्य रूप से आर्ट्स *एट ऑल.* (2012) द्वारा विकसित मॉडल पर प्रस्तुत किया।

प्रभाव आकलन प्रक्रिया की प्रभावशीलता को मापने के लिए आकलन प्रक्रियाओं की संकल्पना मानदंडों के साहित्य-आधारित ढांचे के आधार पर विकसित है (चंचीतप्रीचा और बॉन्ड 2013)। बॉन्ड *एट ऑल.* (2017) ने इसके आयामों को परिभाषित किया जिससे ईआईए प्रणालियों की प्रभावशीलता, आकलन और वृत्तिक नियंत्रण तंत्र द्वारा प्रदर्शन में सुधार ला सके।

### *10.6.2. ईआईए समीक्षा आयोजित करने की कार्यप्रणाली*

आमतौर पर उपयोग किए जाने वाले ईआईए समीक्षा विधियाँ (UNEP 2002) हैं:

i. सामान्य चेकलिस्ट

ii. परियोजना-विशिष्ट चेकलिस्ट
iii. समीक्षा पैकेज
iv. विशेषज्ञ और मान्यता प्राप्त सहकर्मी समीक्षक
v. ईआईए प्रक्रिया के लिए प्रभावशीलता समीक्षा ढांचे की समीक्षा (सैडलर 1996)

ईआईए के लिए अभ्यास (IAIA 1999), और ईआईए के उद्देश्यों एक औपचारिक पद्धति के अभाव में, एक ईआईए समीक्षा का आधार ईआईए के लिए बुनियादी और ऑपरेटिंग सिद्धांत हो सकते हैं। ईआईए रिपोर्ट की समीक्षा करने के लिए दिशानिर्देश अलमेबायेध *एट ऑल*. (2015) द्वारा दिया गया है। चेकलिस्ट-आधारित विधियों की गंभीर रूप से समीक्षा पोडर और लुक्की (2011) द्वारा की गई हैं। दो सबसे व्यापक रूप से उपयोग किए जाने वाले ईआईए समीक्षा के तरीके, पर्यावरण वक्तव्य समीक्षा पैकेज (ली *एट ऑल*. 1999) और ईआईए पर मार्गदर्शन: ईआईएस समीक्षा (EC 2001) हैं। ईआईएस समीक्षा चेकलिस्ट ईआईए की पर्याप्तता के आकलन करने के लिए डिज़ाइन की गई है, यानी निर्णय लेने या ईआईए की गुणवत्ता का आकलन करने के लिए दी गई जानकारी पर्याप्त अथवा अपर्याप्त है।

सामान्य चेकलिस्ट में अंतर्निहित सीमाएं हैं, उदाहरण के लिए, सूचना की गुणवत्ता को ध्यान में रखना, अनिश्चितता, भविष्यवाणियों की संभावनाएं, विकल्पों पर विचार, और सार्वजनिक भागीदारी।

ईआईए समीक्षाओं के लिए निम्नलिखित तीन चरण सुझाए गए हैं (UNEP 2002):

i. टीओआर ईआईए रिपोर्ट में कमियों की पहचान, मार्गदर्शन, और मानदंड, एवं अनुभव के आधार पर करना
ii. ईआईए रिपोर्ट में कमियों पर ध्यान केंद्रित करना, व उन महत्वपूर्ण कमियों को उजागर करना जो निर्णय लेने में सीधे बाधक हैं
iii. सिफारिश करें कि कमियां कैसे और कब दूर हो जिससे सूचित निर्णय और परियोजना कार्यान्वयन किया जा सके
    क. बहुत गंभीर कमियों के मामले में, ईआईए समीक्षकों को इसके बारे में एक बयान तैयार करने की आवश्यकता है कि ईआईए रिपोर्ट में कम या गलत जानकारी अथवा / और / या अतिरिक्त जानकारी की आवश्यकता है, और परियोजना प्रस्तावक से एक पूरक रिपोर्ट या फिर एक नई ईआईए की रिपोर्ट तैयार करने को कहे।
    ख. यदि पाई गई कमियां बहुत गंभीर नहीं हैं, तो ईआईए समीक्षक ईआईए रिपोर्ट आवश्यक या उसके अनुलग्कों में जानकारी की तलाश कर सकते हैं या फिर परियोजना प्रस्तावक से समीक्षा मूल्यांकन के समय माँग सकते हैं।
    ग. उन मामलों में जहां आवश्यक जानकारी सुगमता से उपलब्ध नहीं है और परियोजना प्रस्तावक को जानकारी इकट्ठा करने के लिए प्रयास करने की आवश्यकता है, जिसमें समय

लग सकता है, तब इसमें पाई गई कमियों की निगरानी, कार्यान्वयन और संचालन परियोजना के चरणों में उपयुक्त सुधारात्मक उपाय की शर्तों के साथ पर्यावरण अनुमोदन के लिए शामिल किया जा सकता है।

भारतीय ईआईए विनियमन (MOEF 2006) के अनुसार, ईआईए समीक्षा विशेषज्ञ आकलन समितियों द्वारा की जाती है, संघीय स्तर और राज्य स्तर पर राज्य विशेषज्ञ आकलन समितियों द्वारा संशोधित विनियमन (MOEF 2020)। जिला स्तर पर जिला आकलन समितियों को जोड़ने का प्रस्ताव करता है ईआईए (राथी 2021) की समीक्षा के लिए भारत में कोई विशिष्ट पद्धति का उपयोग नहीं किया जाता है। तदर्थ तरीकों का उपयोग किया जाता है और मौखिक टिप्पणियां बैठक में समिति के सदस्यों द्वारा दी जाती हैं। जिसमें कई ईआईए रिपोर्टों को मूल्यांकन के लिए शामिल किया जाता है। अंतिम निर्णय निम्नलिखित अथवा "नो गो" के रूप मे लिया जाता है जो प्राय: "गो" ही होता है जो समग्र व्यक्तिपरक विचार पर आधारित है।

ईआईए समीक्षा की तदर्थ विधि में, समीक्षा के मानदंड, और ईआईए की विभिन्न विशेषताओं के सापेक्ष महत्व का उपयोग नहीं किया जाता है, जिससे समीक्षा आउटपुट में व्यक्तिपरकता पैदा होती है। अंतर-व्यक्तिगत समीक्षकों के निर्णयों में परिवर्तनशीलता, उनके शैक्षिक पृष्ठभूमि में अंतर, कार्य अनुभव, ईआईए प्रक्रिया का ज्ञान, बौद्धिक क्षमताएं, इत्यादि भी कारण हो सकते हैं (पाँडर और लुक्की 2011)।

### *10.6.3 ईआईए रिपोर्ट की समीक्षा करना*

परिवर्तनशीलता को कम करने और समीक्षा प्रक्रिया को प्रभावी बनाने के लिए, **चित्र 10.1** में दर्शाया गया दो-स्तरीय चेकलिस्ट-आधारित ईआईए समीक्षा को अपनाया जा सकता है। पहले चरण में, ईआईए समीक्षा हो सकती है इसमें, 8.4 में हाइलाइट की गई अच्छी गुणवत्ता वाली ईआईए रिपोर्ट की मुख्य सामग्री और टीओआर के संदर्भ में अनुरूपता के लिए ईआईए रिपोर्ट की जांच करना शामिल है (MOEF 2006, 2020)। दूसरे चरण में प्रदान की गई जानकारी की गुणवत्ता, रिपोर्ट और निकाले गए निष्कर्ष का आकलन करना शामिल हो सकता है। एक उपयुक्त रेटिंग पैमाने का उपयोग जैसे 0 से 5 का मूल्यांकन के लिए किया जा सकता है।

ईआईए समीक्षा का पहला चरण सक्षम प्राधिकारी का तकनीकी सचिवालय और दूसरा मूल्यांकन समिति के प्रत्येक सदस्य द्वारा कार्यात्मक क्षेत्र की विशेषज्ञता के अनुरूप किया जा सकता है। ईआईए समीक्षा प्रक्रिया के चरण 1 और 2 के लिए चेकलिस्ट सुझाव क्रमशः **बॉक्स 10.1** और **10.2** में दिए गए हैं।

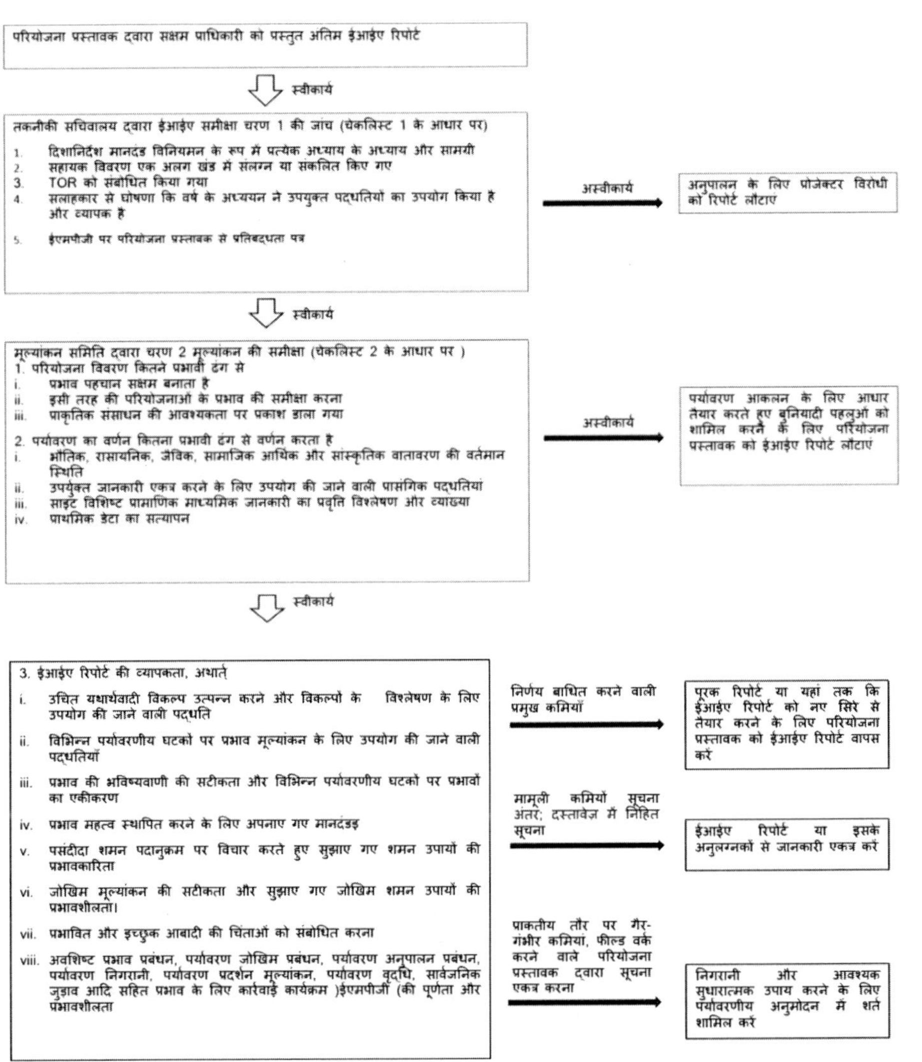


## चित्र 10.1 ईआईए की समीक्षा विधि

## बॉक्स 10.1 चेकलिस्ट 1 बुनियादी आवश्यकताओं की अनुरूपता की जांच

1. अध्याय और ईआईए रिपोर्ट के प्रत्येक अध्याय की सामग्री लागू विनियमन में निर्धारित आवश्यकताओं को पूरा करती हो
2. सहायक विवरण संलग्न या एक अलग खंड में संकलित हो
3. मानक शब्दावली का उपयोग
4. ईआईए परामर्श संगठन से प्रमाण पत्र, कि

i. ईआईए अध्ययन किया गया है और ईआईए रिपोर्ट मजबूत गुणवत्ता प्रबंधन प्रणाली के जो ईआईए परामर्श संगठन द्वारा अपनाई गई ईआईए प्रक्रिया, और टीओआर को संबोधित करते हुए है उसके अनुसार तैयार की गई है

ii. प्रासंगिक पद्धतियों को अपनाया गया है, जिससे प्रासंगिकता, प्रामाणिकता, और डेटा की स्थिरता तथा भविष्यवाणियां सुनिश्चित की गई।

iii. ईआईए रिपोर्ट पूरी है, नियामक आवश्यकताओं को पूरा करती है।

5. परियोजना प्रस्तावक से प्रतिबद्धता पत्र परियोजना के कार्यान्वयन, परिचालन और प्रस्तावित पर्यावरणीय प्रबंधन कार्यक्रम का रखरखाव जिसमें परियोजना के साथ-साथ पर्यावरण की निगरानी, और आवश्यक धन के लिए प्रावधान करना हो

6. डेटा, सूचना, अवलोकन, निष्कर्ष आदि की प्रस्तुति जैसे ग्राफिकल, सचित्र और सारणीबद्ध प्रतिनिधित्व में बनाया गया (इस क्रम में), और नक्शे और प्रवाह चार्ट, यथासंभव लंबे ग्रंथों से बचाव करें

7. टीओआर का एक सारणीबद्ध रूप में बिंदु-वार अनुपालन तथा उस से संबंधित अनुभागों, अनुच्छेदों या पृष्ठों का संदर्भ ईआईए रिपोर्ट में वहाँ हो जहां अनुपालन के लिए प्रत्येक को संबोधित किया गया है

**बॉक्स 10.2 चेकलिस्ट 2 परियोजना जीवनचक्र के प्रत्येक चरण के लिए सूचना की व्यापकता का आकलन**

**ग्रीनफील्ड परियोजनाएं**

1. सामान्य

i. उपयोग की जाने वाली भाषा और डेटा में स्थिरता

ii. संक्षिप्त और कुरकुरा ईआईए रिपोर्ट, व्यापक होने के साथ-साथ सहायक विवरण एक अलग में संलग्न या संकलित किया गया है आयतन

iii. प्रत्येक अध्याय में कवरेज की आनुपातिक सीमा और गहराई

iv. स्टैंड-अलोन गैर-तकनीकी कार्यकारी सारांश की व्यापकता

v. परियोजना प्रस्तावक द्वारा प्रदान किये गये डेटा और सूचना पर उचित परिश्रम किया गया

2. परिचय

i. ईआईए अध्ययन का उद्देश्य, परियोजना प्रस्तावक की पृष्ठभूमि की जानकारी और प्रस्तावित परियोजना की क्षेत्र के साथ-साथ देश के लिए आवश्यकता और महत्व

ii. स्थल का समग्र संक्षिप्त दृश्य, ऐतिहासिक पृष्ठभूमि, भूवैज्ञानिक, बायोफिज़िकल और सामाजिक विशेषताएं

iii. अध्ययन क्षेत्र की परिभाषा और चित्रण एक प्रामाणिक आधार मानचित्र के साथ जिस पर अक्षांश और देशांतर दिए गए हो

iv. उपलब्ध बुनियादी ढांचे की स्थिति - भौतिक एवं सामाजिक तस्वीरों के साथ

v. ईआईए अध्ययन आयोजित करने की अवधि

3. परियोजना विवरण

i. उपयोग की जाने वाली प्रस्तावित तकनीक, क्या व्यावसायिक रूप से सिद्ध है

ii. प्रमुख परियोजना-संबंधित और संबद्ध गतिविधियाँ, परियोजना के प्रत्येक जीवनचक्र चरण, में अलग-अलग आरेख या प्रवाह चार्ट द्वारा दर्शाया गया है

iii. परियोजना की निर्माण अनुसूची

iv. निर्माण सामग्री सहित संसाधन की आवश्यकता, जल, ऊर्जा, अन्य उपयोगिताएँ और जनशक्ति, और उनको प्राप्त करना

v. प्रक्रियाओं के लिए सामग्री संतुलन, निरंतर अथवा बैच में, सभी इनपुट, मध्यवर्ती उत्पाद तथा उत्पादों को दिखाते हुए, और हर चरण में उत्पन्न अपशिष्ट, और प्रस्तावित इन पदार्थों की सूची और सोर्सिंग / निकासी

vi. सामग्री हैंडलिंग, भंडारण और परिवहन प्रथाएं

vii. अपशिष्ट जल और अपशिष्ट की मात्रा और विशेषताएं:खतरनाक, ई-अपशिष्ट और अन्य अपशिष्ट, उपचार प्रणाली और निष्पादन के तरीके

viii. उत्सर्जित प्रत्येक प्रदूषक का प्रदूषक भार (टन भार) और वायु उत्सर्जन, अपशिष्ट जल, और ठोस व अर्ध-ठोस अपशिष्ट, आदि।

ix. इस परियोजना के समान की परियोजनाओं के पर्यावरणीय प्रभावों की समीक्षा; इत्यादि।

4. विद्यमान पर्यावरण का विवरण

i. मौजूदा गतिविधियाँ, प्रमुख संसाधन, और अध्ययन क्षेत्र में प्रदूषण के स्रोत

ii. प्रत्येक पर्यावरणीय घटक के लिए प्राथमिक डेटा के उत्पादन की अवधि

iii. iii विभिन्न मापदंडों की जांच के लिए स्थान या क्षेत्र के चयन और निगरानी का औचित्य

iv. संग्रह और उत्पादन के लिए अपनाई गई पद्धतियां जिसमे परियोजना-विशिष्ट मापदंडों, प्रवृत्ति विश्लेषण सहित प्रासंगिक डेटा विश्लेषण, परियोजना स्थल के लिए प्रासंगिक भौतिक-रासायनिक, जैविक, सामाजिक आर्थिक, सांस्कृतिक और दृश्य पर्यावरणीय घटकों के लिए डेटा की व्याख्या

v. एकत्रित एवं उत्पन्न किए गए डेटा में उपयोग की जाने वाली पद्धति का सत्यापन एवं पुष्टि

vi. प्रत्येक के निगरानी किए गए आधारभूत मूल्यों का प्रतिनिधित्व भौतिक-रासायनिक मापदंडों के लिए पैरामीटर नियमों के अनुसार संगत अनुमेय मूल्यों के साथ संबंधित लागू नियम, और इस आधार पर मानचित्र पर चित्रित

vii. प्रासंगिक पारिस्थितिक और सामाजिक डेटा का प्रतिनिधित्व, जो अध्ययन क्षेत्र के लिए विधिवत मान्य हो, और आधारित नक्शे पर उसका मानचित्रण

viii. उन संसाधनों का विवरण जो परिवर्तन के लिए अतिसंवेदनशील हैं या प्रभावित होने की संभावना है

5. विकल्पों पर विचार

i. उचित विकल्प उत्पन्न करने के लिए उपयोग की जाने वाली पद्धतियां, परियोजना डिजाइन, साइट, तकनीकी, कार्यान्वयन, संचालन, और / या कोई परियोजना विकल्प नहीं हो

ii. विकल्पों के तुलनात्मक आकलन के लिए उपयोग की जाने वाली पद्धतियां

iii. चयनित विकल्प का औचित्य

6. प्रभाव आकलन और शमन उपाय

   i. प्रभाव पहचान के लिए अपनाई गई पद्धतियां, पूर्वानुमान या आकलन, और मूल्यांकन
   ii. वनस्पतियों और आश्रित जीवों, अन्य जीव, और उनके आवास के नुकसान का आकलन
   iii. परियोजना स्थल से पहचाने गए स्रोतों से संसाधनों का परिवहन एवं निष्कर्षण, भंडारण, और भंडारण के प्रभावों का आकलन
   iv. जल संतुलन आरेख की व्याख्या जो सभी सभी उपयोगकर्ताओं और उपकरणों से को दर्शाती है इनलेट और आउटलेट स्ट्रीम
   v. उपचारित अपशिष्ट जल और उसके निपटान तंत्र का मानसून में उपयोग
   vi. विभिन्न प्रकार के ठोस अपशिष्ट की पहचान विभिन्न स्रोत, मात्राओं का अनुमान, परियोजना के भीतर परिसर में उपयुक्त भंडारण स्थानों की पहचान, उपचार और निपटान तंत्र
   vii. कोर में भूमि उपयोग/भूमि आवरण में परिवर्तन का पूर्वानुमान और भौतिक विकास पर विचार करते हुए बफर जोन का बुनियादी ढांचा, तथा प्रेरित और संबद्ध विकास
   viii. परिदृश्य में परिवर्तन का पूर्वानुमान
   ix. जल निकासी में परिवर्तन के कारण प्रभावों का आकलन
   x. फीडस्टॉक का परिवहन, हैंडलिंग और भंडारण, उत्पाद, उपयोगिताओं और अपशिष्ट से उत्पन्न होने वाले प्रभावों का पूर्वानुमान/अनुमान
   xi. उत्सर्जन के अस्थिर स्रोतों की पहचान सहित हैंडलिंग, परिवहन, भंडारण, रिसाव, और प्रभाव आकलन
   xii. भौतिक-रासायनिक घटकों पर हवा, पानी और भूमि सहित ऐसे स्थान जहां पर्यावरणीय आधारभूत निगरानी की गई थी उन पर पर्यावरणीय प्रभाव आकलन
   xiii. पारिस्थितिकी एवं जैव विविधता पर प्रभाव का आकलन जिसमें वनस्पति, जीव-जन्तु, पर्यावरण के सामाजिक एवं अजैविक घटकों पर परियोजना-संबंधित गतिविधियों का असर एवं उन भौतिक-रासायनिक मापदंडों में परिवर्तन जहां फील्ड जांच की गई वह सम्मिलित है
   xiv. प्रत्येक पर्यावरणीय घटक पर महत्वपूर्ण प्रभाव स्थापित करने के लिए उपयोग की जाने वाली पद्धतियां
   xv. वायु के अनुमानित सांद्रता स्तरों का मानचित्रण पर्याप्त आकार के संबंधित आधार मानचित्रों पर प्रदूषक बेसलाइन सांद्रता मूल्यों के साथ संबंधित पैरामीटर और रिसेप्टर्स के साथ
   xvi. संवेदनशील क्षेत्रों का पूर्वानुमान और मानचित्रण, बेसलाइन और आधार मानचित्रों पर अनुमानित जानकारी और रिसेप्टर्स
   xvii. सामाजिक और सांस्कृतिक प्रभाव आकलन, जिसमें मनुष्य सम्मिलित है। मानव पर सभी प्रभावों का आकलन बायोफिज़िकल, सांस्कृतिक और सामाजिक-आर्थिक परिवेश जिनमें व्यक्ति और समुदाय एक दूसरे से बातचीत करते हैं
   xviii. सुझाए गए विशिष्ट शमन उपाय, निम्नलिखित के अनुरूप प्रभाव के पदानुक्रम में प्रत्येक महत्वपूर्ण प्रभाव परिहार, न्यूनीकरण, नियंत्रण और मुआवजा

xix. प्रत्यक्ष और साथ ही अप्रत्यक्ष, कौशल मानचित्रण को ध्यान में रखते हुए स्थानीय जनसंख्या, यानी उपलब्ध स्थानीय कौशल का प्रवीणता स्तर, और विभिन्न परियोजना से संबंधित कौशल के लिए आवश्यक कौशल गतिविधियों द्वारा रोजगार क्षमता का आकलन

xx. सामाजिक आवश्यकताओं का आकलन

xxi. पर्यावरण के घटकों के विभिन्न प्रभावों के बीच के संबंध को मजबूत मानते हुए, विभिन्न पर्यावरणीय प्रभावों का एकीकरण

xxii. यह निष्कर्ष निकालने के लिए औचित्य(ओं) कि "कोई प्रभाव नहीं होगा" या प्रभाव "महत्वहीन" होंगे

7. पर्यावरणीय निगरानी कार्यक्रम, या तो एक अलग रूप में अध्याय या "पर्यावरणीय प्रबंधन कार्यक्रम" के अध्याय का हिस्सा

   i. पर्यावरण अनुपालन के लिए निगरानी पर लागू नियम का विवरण, जिनमें सम्मिलित हैं

      क. स्थान, अधिमानतः वहीं जहां बेसलाइन भौतिक-रासायनिक, जैविक और सामाजिक मापदंडों की निगरानी की गई, और आवृत्ति

      ख. नमूनाकरण की कार्यप्रणाली, नमूने का संरक्षण और परिवहन, एवं विश्लेषण

   ii. निगरानी सेल की प्रशासनिक संरचना कार्यान्वयन और संचालन के लिए जिम्मेदार पर्यावरणीय निगरानी कार्यक्रम, और अनुमान पूंजी और आवर्ती के लिए धन की आवश्यकता तथा व्यय

   iii. डेटा प्रतिनिधित्व और रिपोर्टिंग का तंत्रप्रदर्शन आकलन के लिए निगरानी पर विवरण और सूचकांक के रूप में प्रतिनिधित्व; आदि।

   iv. कार्यान्वयन आकलन एवं सूचकों के रूप में दर्शाने हेतु की गई निगरानी का विवरण

8. पर्यावरणीय प्रबंधन कार्यक्रम

   i. सेल की प्रशासनिक संरचना जो कार्यान्वयन, परिचालन और रखरखाव के लिए जिम्मेदार है। इसमें पर्यावरणीय प्रबंधन कार्यक्रम (ईएमपीजी) शामिल हैं पर्यावरणीय प्रभाव प्रबंधन के लिए कार्यक्रमों की संख्या, अवशिष्ट प्रभाव प्रबंधन, पर्यावरणीय प्रभाव पूर्वानुमान में अनिश्चितता व कमी, पर्यावरणीय निगरानी, पर्यावरण अनुपालन प्रबंधन, और पर्यावरण और सामाजिक वृद्धि के साथ-साथ पूंजी के लिए आवश्यक परियोजना और अनुमानित धन और इन कार्यक्रमों में से प्रत्येक के लिए आवर्ती व्यय

   ii. अतिरिक्त/विशेष अध्ययन से उत्पन्न होने वाली कार्रवाइयों का एकीकरण, जोखिम आकलन और समुद्री पर्यावरणीय आकलन

   iii. परियोजना प्रभावित व्यक्तियों के लिए अनुसंधान एवं विकास कार्यक्रम

   iv. विशिष्ट पर्यावरणीय प्रबंधन कार्यक्रम जैसे

      क. शीर्ष मृदा प्रबंधन

      ख. मृदा अपरदन एवं मृदा अवक्रमण प्रबंधन

      ग. परिवहन और यातायात प्रबंधन

      घ. निर्माण अपशिष्ट प्रबंधन

      ङ. बड़ी मात्रा में गैर-खतरनाक औद्योगिक अपशिष्ट, राख, आदि का प्रबंधन

च. व्यावसायिक स्वास्थ्य और सुरक्षा प्रबंधन

छ. तेल रिसाव प्रबंधन

ज. ग्रीन बेल्ट विकास, परियोजना की आंतरिक परिधि पर सीमा के साथ चौड़ाई दिखाते हुए

v. सामाजिक उत्थान कार्यक्रम जिनमें कार्य योजना सम्मिलित हैं सामाजिक आवश्यकताओं का आकलन रिपोर्ट जैसे कौशल विकास के माध्यम से रोजगार के अवसर बढाना, व्यावसायिक प्रशिक्षण के माध्यम से सुधार और उद्यमिता विकास कार्यक्रम से स्थानीय आबादी के लिए विकास लक्ष्य, और संयुक्त राष्ट्र के सतत लक्ष्य को प्राप्त करने में योगदान करना

vi. स्वच्छता सहित संसाधन संरक्षण उपाय, कुछ अन्य सुविधाओं में अपशिष्ट का, उपयोग, जल संचयन, आदि।

vii. कार्बन फुटप्रिंट को कम करने के उपाय, कृत्रिम आवासों का निर्माण, हरियाली, और भूनिर्माण, आदि।

viii. मापने, विश्लेषण करने और मूल्यांकन करने के लिए तंत्र मानदंडों के एक सेट के खिलाफ पर्यावरणीय प्रदर्शन जैसे बेंचमार्किंग

ix. ईएमपीजी की आवधिक लेखा परीक्षा के लिए तंत्र, प्रबंधन की समीक्षा, और इसका संशोधन

x. विभिन्न स्थानों व स्तरों पर कामकों के लिए आवधिक प्रशिक्षण कार्यक्रम

xi. जनता और बाहरी अधिकारियों के साथ अनुबंध बनाने का तंत्र आदि।

**ब्राउनफील्ड परियोजनाएं**

1. पर्यावरण के लिए व्यापक पर्यावरणीय प्रबंधन कार्यक्रम परियोजना परिसर एक पूरे के रूप में, सुविधाओं को शामिल करता है

2. ग्रीनफील्ड परियोजनाओं के लिए ऊपर वर्णित ऑपरेटिंग सुविधा के बारे में जानकारी, अर्थात्:

   i. पर्यावरणीय प्रभाव का पूर्व में आकलन किया गया हो और शमन उपाय लागू किए गए

      क) आकलन किए गए पर्यावरणीय प्रभावों का उचित अद्ध्यवसाय, और इसके पूर्वानुमान/अनुमान के लिए उपयोग किए जाने वाले मॉडल या सॉफ्टवेयर

      ख) भविष्यवाणियों में ली गई मान्यताओं की विश्वसनीयता

      ग) क्रियान्वित ईआईए की सटीकता और पूर्णता (मापदंडों के वर्तमान में मापे गए मूल्यों के आधार पर एवं वह जिनका पूर्वानुमान पूर्व मे की गई)

      घ) नियंत्रण और अन्य शमन उपायों जिनका उपयोग किया गया उनका प्रदर्शन एवं शमन आकलन

   ii. विद्यमान पर्यावरणीय प्रबंधन कार्यक्रम:

      क) लागू पर्यावरण नियमों का अनुपालन

      ख) पर्यावरणीय निगरानी कार्यक्रम की प्रभावकारिता और प्रदर्शन

      ग) ईएमपीजी की प्रभावकारिता और प्रदर्शन

      घ) परियोजना प्रस्तावक द्वारा की गई प्रतिबद्धताओं की पूर्ति की स्थिति, और पर्यावरण और सामाजिक पर्यावरणीय वृद्धि कार्यक्रम

      ङ) ईएमपीजी के लिए लेखा परीक्षा रिपोर्ट पर टिप्पणियां, पर्यावरण, सुरक्षा, ऊर्जा, पानी, आदि, और प्रबंधन की समीक्षा; आदि।

## संदर्भ

Arts, J., H. A. C. Runhaar, T. B. Fischer, U. Jha-Thakur, F. V. Laerhoven, P. P. J. Driessen, V. Onyango. 2012. "The effectiveness of EIA as an instrument for environmental governance: reflecting on 25 years of EIA practice in the Netherlands and the UK." *J. Environmental Assessment and Policy Management* 14: 1250025.

आर्ट्स जे. एच. ए. सी. रूनहार, टी. बी. फीचर, यू. झा – ठाकुर, एफ. वी. लीरहोवेन, पी. पी. जे. ड्राइसेन, वी. ओन्यांगो 2012. "द इफेक्टिव नेस ऑफ ईआईए एज एन इंस्ट्रूमेंट फॉर एनवायर्नमेंट गवर्नेंस; रिफ्लेक्टिंग ऑन 25 ईयर ऑफ़ एआईए प्रैक्टिस इन नीदरलैंड एंड यूके, "जे. एनवायर्नमेंटल असेसमेंट एंड पॉलिसी मैनेजमेंट 14: 1250025

Al-Mebayedh, H., R. Al-Othman, M. Al-Shammari, and M. Al-Khareji, 2015. "Guideline to Review the Environmental Impact Assessment (EIA) Report." In *Proceedings of the World Congress on New Technologies (NewTech 2015)* held at Barcelona, July 15-17, 2015. Paper no. 204.

अल मेबायेध, एच आर. अल ओथमैन, एम. अल शम्मरी, एंड एम. अल खरेजी, 2015 " गाइडलाइन टू रिव्यू द इन्वायरनमेंटल इंपैक्ट असेसमेंट (ईआइए) रिपोर्ट." इन प्रोसीडींग ऑफ़ थे वर्ल्ड कांग्रेस ऑन न्यू टेक्नोलॉजीज (न्यू टेक 2015) हेल्ड इन बार्सिलोना, जुलाई 15-17, 2015, पेपर नम्बर 204।

Bond, A., T. B. Fischer, and J. Fothergill. 2017. "Progressing Quality Control in Environmental Impact Assessment Beyond Legislative Compliance: An Evaluation of the IEMA EIA Quality Mark Certification Scheme." *Environmental Impact Assessment Review* **63**: 160–171.

बॉन्ड ए, टी बी फीचर एंड जे. फोथरगिल 2017. "प्रोग्रेसिंग क्वालिटी कंट्रोल इन एनवायर्नमेंटल इंपैक्ट असेसमेंट बियोंड लेजिस्लेटिव कंप्लायंस; एन इवेल्यूएशन ऑफ आईईएमए क्वालिटी मार्क सर्टिफिकेशन स्कीम." एनवायर्नमेंटल इंपैक्ट असेसमेंट रिव्यू 63: 160 – 171।

Chanchitpricha C., and A. Bond. 2013. "Conceptualizing the Effectiveness of Impact Assessment Processes." *Environmental Impact Assessment Review* 43: 65–72.

चंचीतप्रीचा सी, एंड ए. बॉन्ड, 2013. "कंसेप्चुअलाइजिंग द इफेक्टिवनेस ऑफ इंपैक्ट असेसमेंट प्रोसेसेस." एनवायर्नमेंटल इंपैक्ट असेसमेंट रिव्यू 43, 65 – 72।

DEAT, Department of Environmental Affairs and Tourism. 2004. *Review in EIA*. Integrated Environmental Management. Information Series 13. Pretoria: Department of Environmental Affairs and Tourism.

डी. ई. ए. टी., डिपार्मेंट ऑफ एनवायर्नमेंटल अफेयर्स एंड टूरिज्म 2004 रिव्यू इन इआईए, इंटीग्रेटेड एनवायर्नमेंटल मैनेजमेंट इंफॉर्मेशन सीरीज 13, प्रिटोरिया; डिपार्टमेंट ऑफ एनवायर्नमेंटल अफेयर्स एंड टूरिज्म.

EC, European Communities. 2001. *Guidance on EIA: EIS Review*. Luxembourg: Office for Official Publications of the European Communities.

ईसी, यूरोपियन कम्यूनिटीज. 2001. गाइडेंस ऑन ईआईए: ईआईएस रिव्यू लक्जमबर्ग: ऑफिस फॉर ऑफिशियल पब्लिकेशंस ऑफ द यूरोपियन कम्यूनिटीज़।

EIA Centre. 1995. *Reviewing Environmental Impact Statements*. EIA Leaflet Series, Leaflet II. Manchester: EIA Centre, University of Manchester.

ईआईए सेंटर. 1995. रिवायविंग एनवायर्नमेंटल इंपैक्ट स्टेटमेंट्स. ईआईए लीफलेट सीरीज, लीफलेट II. मैनचेस्टर।

IAIA, International Association for Impact Assessment. 1999. *Principles of Environmental Impact Assessment Best Practices*. In Cooperation with Institute of Environmental Assessment (IEA), Lincoln. Fargo: IAIA International Headquarters.

ईआईए सेंटर, यूनिवर्सिटी ऑफ मैनचेस्टर. आईएआईए, इंटरनेशनल एसोसिएशन फॉर इंपैक्ट असेसमेंट. 1999. प्रिंसिपल्स ऑफ एनवायर्नमेंटल इंपैक्ट असेसमेंट बेस्ट प्रैक्टिसेज. इन कॉरपोरेशन विथ इंस्टीट्यूट ऑफ एनवायर्नमेंटल असेसमेंट (ईआईए) लिंकन. फार्गो: आईएआइए इंटरनेशनल हेडक्वार्टर्स।

Lee, N., R. Colley, J. Bonde, and J. Simpson. 1999. "Reviewing the Quality of Environmental Statements and Environmental Appraisals." Accessed Feb 2, 2016. http://www.sed.man.ac.uk/planning/research/publications/wp/eia/documents/OP24PA RTB. pdf.

ली, एन. आर. कॉले, जे. बोंडे, एंड जे सिंपसन. 1999. "रिवायविंग द क्वालिटी ऑफ एनवायर्नमेंटल असेसमेंट एंड एनवायर्नमेंटल अप्रेजल्स." एक्सेस्ड फरवरी 2, 2016 http://www.sed.man.ac.uk/planning/research/publications/wp/eia/documents/OP24PARTB.pdf.

Lohani, B., J. W. Evans, R. R. Everitt, H. Ludwig, R. A. Carpenter, and S. L. Tu. 1997. *Environmental Impact Assessment for Developing Countries in Asia- Overview*, vol. 1. Manila: Office of the Environment, Asian Development Bank.

लोहानी, बी. जे. डबल्यू. इवान्स, आर. आर. एवरिट, एच. लुडविग, आर. ए कारपेंटर, एंड एस. एल. टू. 1997. एनवायर्नमेंटल इंपैक्ट असेसमेंट फॉर डेवोलपिंग कंट्रीज इन एशिया - ओवरव्यू, वॉल्यूम 1. मनीला: ऑफिस ऑफ द एनवायर्नमेंट एशिया डेवलपमेंट बैंक।

Loomis, J. J., and M. Dziedzic. 2018. "Evaluating EIA systems' effectiveness: A State of the Art." *Environmental Impact Assessment Review* 68: 29-37.

लोमिस जे. जे., एंड एम ड्जीडजिक. 2018. "इवेलुएटिंग ईआईए सिस्टम 'इफेक्टिवनेस: ए स्टेट ऑफ द आर्ट." एनवायर्नमेंट इंपैक्ट असेसमेंट: रिव्यू 68: 29 – 37।

Lyhne, I., F. Laerhoven, M. Cashmore, and H. Runhaar. 2017. "Theorising EIA Effectiveness: A Contribution based on the Danish System." *Environmental Impact Assessment Review* 62: 240-249.

लाइन, आई. एफ. लारहोवें, एम. कैशमोर एंड एच. रूनहार. 2017. "थियोराइजिंग ईआईए इफेक्टिवनेस: ए कंट्रीब्यूशन बेस्ड ऑन द डैनिश सिस्टम." एनवायर्नमेंटल इंपैक्ट असेसमेंट रिव्यू 62: 240 - 249।

MOEF, Ministry of Environment and Forests. 2006. *Environmental Impact Assessment Notification*. New Delhi: Ministry of Environment and Forests.

एमओईएफ, मिनिस्ट्री ऑफ एनवायर्नमेंट एंड फॉरेस्ट. 2006.एनवायर्नमेंटल इंपैक्ट असेसमेंट नोटिफिकेशन. न्यू दिल्ली: मिनिस्ट्री ऑफ एनवायर्नमेंट एंड फॉरेस्ट।

MOEF, Ministry of Environment and Forests. 2020. *Draft Environmental Impact Assessment Notification*. New Delhi: Ministry of Environment and Forests.

एमओईएफ, मिनिस्ट्री ऑफ एनवायर्नमेंट एंड फॉरेस्ट. 2020. ड्राफ्ट एनवायर्नमेंटल इंपैक्ट असेसमेंट नोटिफिकेशन. न्यू दिल्ली: मिनिस्ट्री ऑफ एनवायर्नमेंट एंड फॉरेस्ट।

Petts, J., ed. 1999. *Handbook of Environmental Impact Assessment*. London: Blackwell Science.

पेट्स, जे. एड. 1999. हैंडबुक ऑफ एनवायर्नमेंटल इंपैक्ट असेसमेंट. लंदन: ब्लैकवेल साइंस।

Põder, T., and T. Lukki. 2011. "A critical review of checklist-based evaluation of environmental impact statements." *Impact Assessment and Project Appraisal* 29(1): 27–36.

पॉडर, टी., एंड टी. लुकी. 2011. " ए क्रिटिकल रिव्यू एंड चेकलिस्ट - बेस्ड इवेल्यूएशन ऑफ एनवायर्नमेंटल इंपैक्ट स्टेटमेंट." इंपैक्ट असेसमेंट एंड प्रोजेक्ट अप्रेजल 29(1): 27-36।

Rathi, A.K.A. 2021. "The Need for a Robust Review System to Improve the Quality of Environmental Impact Statements: An Indian Case Study Analysis." *Environmental Protection* Research 1(1): 38–49.

राथी, ए.के.ए. 2022. " द नीड फॉर ए रोबस्ट रिव्यू सिस्टम टू इंप्रूव द क्वालिटी ऑफ एनवायर्नमेंटल इंपैक्ट स्टेटमेंट: एन इंडियन केस स्टडी एनालिसिस." एनवायर्नमेंटल प्रोटेक्शन रिसर्च 1(1): 38 -49।

Rathi, A.K.A. 2022. "Do the Environmental Approval Conditions Enable the Best Practice EIA Follow-up and Hence Strengthen the EIA System? An Indian Case Study Analysis." *Macro Management & Public Policies*. 4(2): 10–19.

राथी, ए.के.ए. 2022. " डू द एनवायर्नमेंटल अप्रूवल कंडीशन इनेबल द बेस्ट प्रैक्टिस ईआईए फॉलो अप एंड हेंस स्ट्रेंगथेन द ईआईए सिस्टम? एंड इंडियन केस स्टडी एनालिसिस. " मैक्रो मैनेजमेंट एंड पब्लिक पॉलिसीज. 4(2): 10-19।

Sadler, B. 1996. *Environmental Assessment in a Changing World*. Final Report of the International Study of the Effectiveness of Environmental Assessment. Ottawa: International Association for Impact Assessment and Canadian Environmental Assessment Agency.

सैडलर, बी. 1996. एनवायर्नमेंटल असेसमेंट इन ए चेंजिंग वर्ल्ड. फाइनल रिपोर्ट ऑफ द इंटरनेशनल स्टडी ऑफ इफेक्टिवनेस ऑफ एनवायर्नमेंटल असेसमेंट. ओटावा: इंटरनेशनल एसोसिएशन फॉर इंपैक्ट असेसमेंट एंड कैनेडियन एनवायर्नमेंटल असेसमेंट एजेंसी।

Sumo University. 2006. "Role and Purpose of the EIA Review Process." EIA Course Module. Accessed May 20, 2020. http://www.raymondsumouniversity.com/eia-local/page104.htm.

सुमो यूनिवर्सिटी. 2006. "रोल एंड पर्पज ऑफ द ईआईए रिव्यू प्रोसेस." ईआईए कोर्स मॉड्यूल. एक्सेसेड मई 20, 2020। http://www.raymondsumouniversity.com/eia-local/page104.htm

UNEP, United Nations Environment Program. 2002. *Environmental Impact Assessment Training Resource Manual*, 2nd edn. Geneva: Division of Technology, Industry and Economics, United Nations Environment Program.

यूएनईपी, यूनाइटेड नेशंस एनवायर्नमेंट प्रोग्राम. 2002. एनवायर्नमेंटल इंपैक्ट असेसमेंट ट्रेनिंग रिसोर्स मैनुअल, 2वीं ईडीएन. जेनेवा: डिविजन ऑफ टेक्नोलॉजी, इंडस्ट्री एंड इकोनॉमिक्स, यूनाइटेड नेशंस एनवायर्नमेंट प्रोग्राम।

US EPA, U.S. Environmental Protection Agency. 2000. *Peer Review Handbook*, 2nd edn. EPA Document no. 100-B-00-001. Washington, D.C.: The United States Environment Protection Agency.

यूएस ईपीए, यूएस एनवायर्नमेंटल प्रोटेक्शन एजेंसी. 2000 पियर रिव्यू हैंडबूक, 2वीं एडीएन. ईपीए डॉक्यूमेंट नंबर 100 - बी - 00 - 001. वॉशिंगटन, डीसी: द यूनाइटेड स्टेट्स एनवायर्नमेंट प्रोटेक्शन एजेंसी

अध्याय 11

# रणनीतिक पर्यावरणीय आकलन (एसईए) का परिचय

भले ही पर्यावरणीय प्रभाव आकलन (ईआईए) पिछले पांच दशकों में किसी न किसी रूप में व्यवहार में रहे हैं, लेकिन इस बात पर बहस चल रही है कि क्या ईआईए ने धारणीय (सतत्) विकास को बढ़ावा देने और संसाधन उपयोग को अनुकूलित करने के वांछित उद्देश्यों को प्राप्त किया है। उभरती अर्थव्यवस्थाओं में, ईआईए को आमतौर पर विनिर्माण आधार और अवसंरचनात्मक सुविधाओं का निर्माण /विस्तार करके आर्थिक विकास प्राप्त करने में एक बाधा माना जाता है। अनिवार्य ईआईए प्रक्रिया का संभवतः अनिवार्य रूप से भावना की तुलना में अधिक अक्षरश: पालन किया जाता है, क्योंकि परियोजना प्रस्तावक ईआईए के निष्कर्षों से किसी भी लाभ की परिकल्पना नहीं करता है। रणनीतिक पर्यावरणीय आकलन नब्बे के दशक में मुख्य रूप से परियोजना स्तर से पहले किए गए निर्णयों के पर्यावरणीय प्रभावों को संबोधित करने के लिए उभरा, खासकर जब गरीबी उन्मूलन की चुनौतियों (UNCED 1992) का जवाब दिया गया और पर्यावरण को क्षरण से बचाया गया।

रणनीतिक पर्यावरणीय आकलन (एसईए) एक रणनीतिक ढांचा है जो विकासात्मक पहलुओं से संबंधित नीतियों, योजनाओं या कार्यक्रमों को बनाते समय लंबी समय सीमा में पर्यावरण के साथ-साथ स्थिरता के मुद्दों को ध्यान में रखता है। दूसरे शब्दों में, एसईए नीतियों, योजनाओं या कार्यक्रमों को तैयार करते समय पर्यावरणीय मुद्दों को एकीकृत करने का इरादा रखता है। "रणनीतिक" एक विशेषता है जो दीर्घकालिक उद्देश्यों के लिए रणनीतियों से संबंधित सोच, दृष्टिकोण और कार्यों के तरीकों को योग्य बनाती है (पार्टिडारियो 2012)। रणनीतिक पहल में नीति निर्माण, योजना और कार्यक्रम विकास प्रक्रियाओं के बीच मजबूत संबंध हैं, जिनमें से सभी में दीर्घकालिक दृष्टि और उद्देश्य हैं। रणनीतिक रूप से, पर्यावरण विकास के लिए स्थितियां निर्धारित करने में मदद करता है, और एसईए आकलन करता है कि क्या यह स्थितियां विकास प्रक्रियाओं में विचारणीय हैं।

## 11.1 एक एसईए क्या है?

अधिकांश वृतिक एसईए को निर्णय लेने की प्रक्रिया (जैसे ईआईए) के बजाय निर्णय-सहायता के रूप में देखते हैं, और नीति निर्माण चक्र के विभिन्न चरणों को लचीले ढंग से लागू करने के लिए एक उपकरण

के तौर पर देखते हैं (दलाल-क्लेटन और सैडलर 1999)। एक एसईए को विभिन्न तरीकों से परिभाषित किया गया है (DEAT 2004), जो निम्नलिखित विभिन्न समझ को दर्शाता है:

i. एक एसईए को एक नीति, योजना, या कार्यक्रम और उसके विकल्पों के पर्यावरणीय प्रभावों का आकलन करने, आकलन के निष्कर्षों पर एक लिखित रिपोर्ट तैयार करने और सार्वजनिक रूप से जवाबदेह निर्णय लेने में निष्कर्षों का उपयोग करने की औपचारिक, व्यवस्थित और व्यापक प्रक्रिया के रूप में परिभाषित किया जा सकता है (थेरिवेल *एट ऑल*. 1992)।
ii. एक एसईए को मोटे तौर पर रणनीतिक योजना और नीति निर्माण में पर्यावरणीय आकलन के रूप में वर्णित किया गया है (ओर्टोलानो और शेफर्ड 1995)
iii. एसईए प्रस्तावित नीति, योजना या कार्यक्रम की पहल के पर्यावरणीय परिणामों के आकलन के लिए एक व्यवस्थित प्रक्रिया है ताकि यह सुनिश्चित किया जा सके कि आर्थिक और सामाजिक विचारों में बराबर निर्णय लेने के लिए इन्हें जल्द से जल्द उचित चरण में पूरी तरह से शामिल कर उचित रूप से संबोधित किया जा सके (सैडलर और वेरहीम 1996)
iv. एक एसईए एक प्रस्तावित रणनीतिक निर्णय, नीति, योजना, कार्यक्रम, कानूनी भाग, या प्रमुख योजना (DEAT 1998) के पर्यावरणीय प्रभावों का आकलन करने की एक प्रक्रिया है।
v. एक एसईए रणनीतिक निर्णय लेने में धारणीयता की अवधारणा को एकीकृत करने की एक प्रक्रिया है (CSIR 2000)
vi. एसईए स्वास्थ्य सहित संभावित पर्यावरण का आकलन है, जिसमें एक पर्यावरण रिपोर्ट के दायरे का निर्धारण और इसकी तैयारी, सार्वजनिक भागीदारी और परामर्श करना, और परामर्श के परिणामों को ध्यान में रखना शामिल है (UNECE 2012)

एक एसईए निर्णय लेने की प्रक्रियाओं के रणनीतिक घटकों पर लागू होता है

क) सार्वजनिक नीतियां
ख) खण्डीय विकास योजनाएं और कार्यक्रम
ग) क्षेत्रीय विकास योजनाएं और कार्यक्रम
घ) प्रमुख निवेश परियोजनाएं जिनके दीर्घकालिक रणनीतिक उद्देश्य हों, जैसे कि किसी देश के भीतरी इलाकों में नई परिवहन परियोजनाएं, नए अंतरराष्ट्रीय हवाई अड्डे, औद्योगिक गलियारे, सौर, पवन या ज्वारीय ऊर्जा का उपयोग करके नवीकरणीय ऊर्जा उत्पादन, आदि।

रणनीतिक पहल के कुछ उदाहरण नीचे दिए गए हैं:

i. बेरोजगारी के मुद्दों को संबोधित करने के लिए विनिर्माण आधार को व्यापक बनाकर एक विकासशील देश में एक औद्योगिक रणनीति
ii. ग्रामीण क्षेत्रों के विद्युतीकरण के लिए एक विकासशील देश में ऊर्जा उत्पादन, पारेषण और वितरण रणनीति

iii. किसी देश के सकल घरेलू उत्पाद को बढ़ाने के लिए एक पर्यटन रणनीति
iv. अंतर्राष्ट्रीय व्यापार में हिस्सेदारी बढ़ाने के लिए एक तटीय विकास रणनीति
v. बढ़ती जनसंख्या की जरूरतों को पूरा करने के लिए अतिरिक्त जल संसाधनों को विकसित करने के लिए एक नदी बेसिन विकास रणनीति
vi. गरीब जनता के लिए आश्रय के मुद्दों को संबोधित करने के लिए एक विकासशील देश में आवास रणनीति

नीति, योजना और कार्यक्रम को वुड और डीजेडोर (1992) द्वारा निम्नानुसार परिभाषित किया गया है:

i. एक *नीति* को एक प्रेरणा और मार्गदर्शन के रूप में परिभाषित किया जा सकता है जो सरकार की कार्रवाई के क्रम को तर्कसंगत बनाता है, उदाहरण के लिए हवाई या सड़क से रेलयात्री यातायात में बदलाव और बढ़ावा देने के लिए एक हाई-स्पीड रेलवे नेटवर्क का विकास (यानी एक नीति बताती है कि क्या किया जाना है और योजनाओं के लिए संदर्भ निर्धारित करता है)
ii. एक *योजना* नीति लागू करने के लिए एक समय सीमा के साथ जुड़े प्रस्तावित कार्यों का एक सेट हो सकता है, उदाहरण के लिए (मोटे तौर पर) रेलवे नेटवर्क को कब और कहाँ लागू किया जाएगा (यानी योजना व्यापक समय सीमा का वर्णन करती है और यह कैसे किया जाना है, और कार्यक्रमों के लिए संदर्भ निर्धारित करता है)
iii. एक *कार्यक्रम* को परियोजनाओं के एक सेट के रूप में परिभाषित किया जा सकता है जो योजना के उद्देश्यों के भौगोलिक और अस्थायी डिजाइन मानदंडों को निर्दिष्ट करता है, उदाहरण के लिए लक्षित समय में विशेष शहरों को जोड़ने के लिए उच्च गति ट्रैक विकसित करने के लिए कई परियोजनाएं (यानी कार्यक्रम विवरण देता है कि यह कहां और कब किया जाना है और परियोजनाओं के लिए संदर्भ निर्धारित करता है)

उपरोक्त से यह देखा जा सकता है कि रणनीतिक प्रकृति वाली योजनाएं और कार्यक्रम

i. आम तौर पर भविष्य के लिए एक दृष्टि से प्रेरित होती हैं
ii. दृष्टि के अनुरूप दीर्घकालिक रणनीतिक उद्देश्य निहित होती हैं
iii. वांछित उद्देश्यों को प्राप्त करने के लिए नीतियों के रूप में रणनीतियों को परिभाषित करती हैं
iv. भविष्य के विकास के लिए एक व्यापक और एकीकृत ढांचा निर्धारित करती हैं
v. सूत्रीकरण के साथ-साथ कार्यान्वयन में भी लचीली होती हैं

एसईए के प्रमुख प्रकार (बकले 1994 ए) निम्नानुसार हो सकते हैं:

i. नीति: मौजूदा नीतियों या प्रस्तावित परिवर्तनों का पर्यावरणीय आकलन
ii. मुद्दा-आधारित: एक निर्दिष्ट पर्यावरणीय मुद्दे से संबंधित कारकों का आकलन
iii. भौगोलिक: क्षेत्रीय और राष्ट्रीय पर्यावरण योजना और आकलन
iv. अस्थायी: सामाजिक और आर्थिक परिवर्तन के लिए पर्यावरण नियोजन और आकलन

v. तकनीकी: तकनीकी नवाचार के लिए पर्यावरणीय आकलन
vi. क्षेत्रीय: विनिर्माण, ऊर्जा और बुनियादी ढांचे जैसे पूरे क्षेत्र के लिए वैकल्पिक विकास विकल्पों के लिए पर्यावरणीय आकलन
vii. जेनेरिक-प्रोजेक्ट: समरूपी परियोजनाओं के लिए ईआईए दस्तावेज व फ्रेमवर्क

एसईए (पेट्स 1999) के सबसे अधिक अपनाए गए रूप हैं:

i. रणनीतिक ईए
ii. नीति प्रभाव आकलन
iii. क्षेत्रीय ईए
iv. सेक्टोरल ईए
v. पर्यावरणीय अवलोकन
vi. प्रोग्रामेटिक ईए

एसईए का समग्र उद्देश्य यह सुनिश्चित करना है कि पर्यावरणीय मुद्दों को व्यापक रूप से विकास नीति निर्माण और योजना (दलाल-क्लेटन और सैडलर 2005) के शुरुआती चरणों में मान्यता दी जाएगी। एसईए को व्यापक रूप से अंतरराष्ट्रीय विकास एजेंसियों (OECD 2006, UNEP 2009, विश्व बैंक 2011) द्वारा बढ़ावा दिया जाता है।

## 11.2 एसईए का क्रमानुगत विकास

एसईए बड़े पैमाने पर ईआईए सिद्धांतों, प्रक्रियाओं और प्रक्रियाओं के विस्तार के रूप में विकसित हुआ है, जिसमें बायोफिज़िकल प्लानिंग और पॉलिसी एनालिसिस (UNECE 2012) से इनपुट लेते हैं। एसईए के विकास में योगदान देने वाले विकसित देशों में प्रमुख कानूनी और नीतिगत मील के पत्थर क्रमानुगत क्रम में नीचे हाइलाइट किए गए हैं:

1. 1970: संयुक्त राज्य अमेरिका राष्ट्रीय पर्यावरण नीति अधिनियम (1969): पर्यावरणीय प्रभाव विवरण
2. मध्य-1970: कनाडा (1974-1977) और ऑस्ट्रेलिया (1975-1977) में प्रमुख प्रस्तावों की सार्वजनिक पूछताछ और पर्यावरण समीक्षा: नीतिगत मुद्दों पर विचार
3. 1978: पर्यावरण गुणवत्ता परिषद द्वारा जारी राष्ट्रीय पर्यावरण नीति अधिनियम विनियम: प्रोग्रामेटिक पर्यावरणीय प्रभाव विवरण
4. 1986: नीदरलैंड पर्यावरणीय प्रबंधन अधिनियम (संशोधित 1994): राष्ट्रीय योजनाएं और कार्यक्रम
5. 1989:
    - ऑस्ट्रेलिया: संसाधन आकलन आयोग अधिनियम: संसाधन नीति के मुद्दे

- विश्व बैंक: परिचालन निर्देश 4.00 (संशोधित 1991 और 1999): खण्डीय और क्षेत्रीय पर्यावरणीय आकलन

6. 1990: कनाडा: नीति और कार्यक्रम के लिए पर्यावरणीय आकलन प्रक्रिया
7. 1991:
   - न्यूजीलैंड: संसाधन प्रबंधन अधिनियम: नीति, योजना और नियामक कार्यों के संयोजन के लिए स्थिरता कानून
   - यूनाइटेड किंगडम: नीति आकलन और पर्यावरण पर गाइड (अच्छे अभ्यास मार्गदर्शन 1994 द्वारा अद्यतन, 1997 संशोधित और 1998 में अपडेट किया गया)
   - एक ट्रांसबाउंड्री संदर्भ में पर्यावरणीय प्रभाव आकलन पर सम्मेलन (एस्पू कन्वेंशन) 1997: नीतियों, योजनाओं और कार्यक्रमों के लिए ईआईए के सिद्धांत
8. 1992:
   - ईसीई: ईआईए नीतियों, योजनाओं और कार्यक्रमों का एक पायलट अध्ययन
   - हांगकांग: नीति के पर्यावरणीय निहितार्थ
   - चेक पर्यावरणीय प्रभाव आकलन अधिनियम: अवधारणाओं की एक विस्तृत श्रृंखला (यानी नीतियों, रणनीतियों, योजनाओं और कार्यक्रमों) के लिए एसईए
9. 1993:
   - डेनमार्क: सरकारी बिलों और अन्य प्रस्तावों का पर्यावरणीय आकलन (संशोधित 1995 और 1998): संसद में विधायी मसौदा
   - यूरोपीय आयोग: आंतरिक संचार द्वारा विधायी कार्यक्रम का पर्यावरणीय आकलन : आयोग द्वारा विधायी प्रस्ताव
10. 1994:
    - नॉर्वे: प्रशासनिक आदेश द्वारा श्वेत पत्रों और सरकारी प्रस्तावों का आकलन: पर्यावरण के लिए प्रासंगिक प्रावधान
    - स्लोवाकिया: पर्यावरणीय प्रभाव आकलन अधिनियम: बुनियादी विकास नीतियों और विधायी प्रस्तावों का आकलन जो पर्यावरण पर प्रतिकूल प्रभाव डालते हैं
11. 1995: नीदरलैंड: कैबिनेट निर्देश द्वारा पर्यावरण परीक्षण: विधायी मसौदा
12. 1996: यूरोपीय आयोग: कुछ योजनाओं और कार्यक्रमों के प्रभावों के आकलन पर प्रस्ताव (COM (96) 511, COM (99) 73 द्वारा संशोधित), तत्पश्चात् एसईए निर्देश
13. 1998:
    - फिनलैंड: सैद्धांतिक निर्णय विधायी प्रस्तावों के पर्यावरणीय प्रभाव आकलन पर दिशानिर्देश
    - सूचना तक पहुँच पर सम्मेलन, निर्णय लेने में सार्वजनिक भागीदारी और पर्यावरणीय मामलों में न्याय तक पहुँच (आरहस कन्वेंशन): योजनाओं, कार्यक्रमों और नीतियों में सार्वजनिक भागीदारी

- रणनीतिक पर्यावरणीय आकलन (ईसीई/सीईपी/56) पर ईसीई क्षेत्र के पर्यावरण मंत्रियों द्वारा घोषणा: एसईए को "प्राथमिकता के तौर पर" पूरा करना

14. 1999:
    - ऑस्ट्रेलिया: पर्यावरण संरक्षण और जैव विविधता संरक्षण अधिनियम: नीतियों, योजनाओं और कार्यक्रमों का एसईए
    - फिनलैंड: पर्यावरणीय प्रभाव आकलन प्रक्रिया पर अधिनियम: नीति, योजनाएं और कार्यक्रम
    - यूनाइटेड किंगडम: क्षेत्रीय योजना मार्गदर्शन के स्थिरता आकलन पर एक अच्छे अभ्यास गाइड के लिए प्रस्ताव (2005 में क्षेत्रीय स्थानिक रणनीतियों और स्थानीय विकास दस्तावेजों की स्थिरता आकलन द्वारा प्रतिस्थापित)
15. 2001:
    - यूरोपीय परिषद और संसद: एसईए निर्देश (2001/42 / ईसी)
    - फ्रांस: परिवहन योजनाओं और कार्यक्रमों का एसईए
16. 2002:
    - प्रभाव आकलन आयोग द्वारा संचार (COM (2002) 276 अंतिम), आगे की रिपोर्ट SEC (2004) 1377
    - ऑस्ट्रिया: पर्यावरणीय प्रभावों के महत्व का आकलन: एसईए में स्क्रीनिंग दृष्टिकोण और मानदंड
17. 2003:
    - एस्पू कन्वेंशन के लिए एसईएस पर प्रोटोकॉल
    - स्कॉटलैंड: विकास योजनाओं का पर्यावरणीय आकलन
    - यूरोपीय आयोग: निर्देश 2001/42 / ईसी का कार्यान्वयन: एसईए निर्देश की आवश्यकताओं पर मार्गदर्शन
18. 2004: आयरलैंड: एसईए निर्देश का कार्यान्वयन
19. 2005:
    - यूनाइटेड किंगडम: रणनीतिक पर्यावरणीय आकलन निर्देश के लिए एक व्यावहारिक गाइड
    - चेक गणराज्य: नीति स्तर पर रणनीतिक पर्यावरणीय आकलन
    - हांगकांग: रणनीतिक पर्यावरणीय आकलन मैनुअल
    - बवेरिया (जर्मनी): पर्यावरण रिपोर्ट तैयार करने के लिए प्रारंभिक दिशानिर्देश
    - यूरोपीय आयोग: एसईए मैनुअल - परिवहन बुनियादी ढांचे की योजनाओं और कार्यक्रमों के रणनीतिक पर्यावरणीय आकलन पर एक स्रोत पुस्तक
    - ऑस्ट्रिया: रणनीतिक पर्यावरणीय आकलन

- प्रभाव आकलन के लिए अंतर्राष्ट्रीय एसोसिएशन: प्राग में एसईए पर अंतर्राष्ट्रीय अनुभव और परिप्रेक्ष्य पर सम्मेलन

20. 2006: ग्रीनिंग क्षेत्रीय विकास कार्यक्रम नेटवर्क, एसईए पर हैंडबुक, रणनीतिक पर्यावरणीय आकलन लागू करना: विकास सहयोग के लिए अच्छे अभ्यास का मार्गदर्शन
21. 2010: एसईए पर प्रोटोकॉल

## 11.3 एसईए की अवधारणाएं

एसईए की अवधारणा का मतलब प्रस्तावित योजनाओं, नीतियों या कार्यक्रमों के पर्यावरणीय प्रभावों का प्रतिक्रियात्मक रूप से आकलन करना नहीं है, परन्तु यह इनके बारे में अग्र सक्रिय है:

i. नीति, योजना या कार्यक्रम की पहल में शामिल वैकल्पिक दृष्टि और विकास के इरादों का आकलन करना, प्रासंगिक बायोफिज़िकल, आर्थिक, सामाजिक और राजनीतिक विचारों का पूर्ण एकीकरण सुनिश्चित करना (पार्टिडारियो 1999)
ii. एक निर्णय-केंद्रित दृष्टिकोण जो संस्थागत संदर्भ पर अधिक ध्यान देता है और निर्णय लेने की प्रक्रिया के सभी चरणों में पर्यावरणीय विचारों को एकीकृत करने का प्रयास करता है (निल्सन और डाल्कमैन 2001)
iii. चयनित "रणनीतिक निर्णयों" को प्रभावित करके रणनीतिक परिवर्तन को सुविधाजनक बनाना (चेर्प *एट ऑल*. 2007)।

रणनीतिक दृष्टिकोण (किरचॉफ *एट ऑल*. 2016) में शामिल हैं:

i. मध्यम अवधि के लक्ष्यों और अल्पकालिक कार्यों के लिए दीर्घकालिक दृष्टि का संयोजन
ii. विकास के लिए एकीकृत दृष्टिकोण व विभिन्न क्षेत्रों के मध्य पारस्परिक क्रिया
iii. पारस्परिक रूप से सहायक नीतियों और शासन के लिए विभिन्न स्तरों पर बातचीत - राष्ट्रीय, क्षेत्रीय और स्थानीय
iv. विभिन्न हितधारकों, जैसे सरकार, उद्योग, समुदाय, गैर-सरकारी संगठनों आदि के बीच एक प्रामाणिक गठबंधन।

रणनीतिक दृष्टिकोण के साथ एसईए यह उत्पन्न कर सकता है

क) नीतिगत प्राथमिकताएं
ख) दीर्घकालिक सलाहकार और संचार तंत्र
ग) प्रतिबंधों सहित विकास के लिए शर्तें

एसईए के लिए एक नीति, संस्थागत, एकीकृत और रणनीतिक उन्मुख दृष्टिकोण के आधार पर, एसईए रणनीतिक सोच मॉडल अच्छे एसईए अभ्यास के लिए निम्नलिखित प्रमुख बयान स्थापित करता है:

i. एसईए धारणीय प्रक्रियाओं का एक रणनीतिक सुविधा प्रदाता है
ii. एसईए कुछ प्रासंगिक मुद्दों पर ध्यान केंद्रित करना सुनिश्चित करता है जो मायने रखते हैं
iii. एसईए मुख्य रूप से नीति निर्माण और योजनाओं के निर्माण जैसी वैचारिक प्रक्रियाओं के साथ काम करता है, न कि परिणामों के साथ
iv. एसईए रणनीतिक प्रकृति के निर्णयों पर लागू होता है और निर्णय लेने के संबंध में रणनीतिक रूप से उपयोग किया जाता है

दक्षिण अफ्रीकी सिद्धांतों पर आधारित एसईए (CSIR 1996, 2000):

i. धारणीयता की अवधारणा से प्रेरित
ii. जो पर्यावरण योजनाओं और कार्यक्रमों के विकास पर अवसरों और बाधाओं की पहचान करता है
iii. पर्यावरणीय गुणवत्ता के स्तर या स्वीकार्य परिवर्तन की सीमाएं निर्धारित करता है
iv. एक लचीली प्रक्रिया है जो योजना और क्षेत्रीय विकास चक्र के अनुकूल है
v. एक रणनीतिक प्रक्रिया है, जो योजना या कार्यक्रम की अवधारणा से शुरू होती है
vi. पर्यावरणीय आकलन और प्रबंधन के लिए एक स्तरीय (उच्च स्तर पर निर्णय जो निचले स्तर पर अन्य निर्णयों के लिए दिए गए संदर्भ को प्रभावित और निर्धारित करते हैं) दृष्टिकोण का हिस्सा है
vii. एक सहभागी प्रक्रिया है
viii. वैकल्पिक परिदृश्यों के संदर्भ में सेट किया गया है
ix. पूर्वोपाय और निरंतर सुधार की अवधारणाओं को शामिल करता है
x. पर्यावरणीय प्रक्रियाओं के व्यापक संदर्भ में दायरे को परिभाषित करता है

## 11.4 एसईए और ईआईए

ईआईए और एसईए के बीच तुलना **तालिका 11.1** और **तालिका 11.2** में दी गई है। जबकि परियोजना स्तर ईआईए ज्यादातर प्रतिक्रियाशील होते हैं, संकीर्ण दायरे के साथ जल्दबाजी में तैयार किए जाते हैं, और एक परियोजना के जीवनचक्र में बहुत बाद में लेते हैं, वहीं एसईए रणनीतिक मुद्दों और विकल्पों का विश्लेषण करता है (पार्टिडारियो 2000, गिब्सन 2005)। एसईए और ईआईए के बीच मूल अंतर "एसईए नीतियों, योजनाओं और कार्यक्रमों पर लागू होता है, और ईआईए परियोजनाओं पर लागू होता है" (पार्टिडारियो 2012) तक सीमित नहीं है। मतभेद आवेदन के दायरे से बहुत आगे जाते हैं। जबकि एसईए अक्सर ईआईए की तरह पद्धतिगत रूप से व्यवहार करता है और इसलिए, अक्सर ईआईए-आधारित एसईए के रूप में जाना जाता है, फिर भी एसईए और ईआईए के बीच अंतर हैं। साथ ही, एसईए और ईआईए का एक दूसरे से जुड़ाव और संबंध हैं। अतः, एसईए और ईआईए के बीच संबंधों को स्पष्ट रूप से समझने की आवश्यकता है। सामान्य तौर पर, जबकि ईआईए एसईए

दिशानिर्देशों के कार्यान्वयन के लिए नियोजित उपकरणों में से एक है, वहीं एसईए निम्न के लिए दिशानिर्देश तैयार करता है-

i. योजना, अर्थात् एक स्थायी भविष्य के लिए प्रक्रियाओं में आवश्यक कार्यों की प्रत्याशा
ii. प्रबंधन, अर्थात् उद्देश्यों द्वारा संचालित प्रक्रियाओं का प्रशासन
iii. निगरानी, अर्थात् आवधिक अनुवर्ती, और प्रक्रियाओं की समीक्षा

**तालिका 11.1 ईआईए और एसईए – बल की तुलना**

| *क्रम सं.* | *ईआईए* | *एसईए* |
|---|---|---|
| 1 | एक विकास प्रस्ताव के प्रति प्रतिक्रियाशील | अग्र सक्रिय और विकास प्रस्तावों को सूचित करता है |
| 2 | पर्यावरण और सामाजिक-आर्थिक स्थितियों पर प्रस्तावित विकास के प्रभाव का आकलन करने के लिए उपयोग किया जाता है | विकास के अवसरों और बाधाओं पर मौजूदा पर्यावरणीय और सामाजिक-आर्थिक स्थितियों के प्रभाव का आकलन करने के लिए उपयोग किया जाता है |
| 3 | एक विशिष्ट परियोजना से संबंधित | विकास के प्रदेशों, क्षेत्रों या खण्डों से संबंधित |
| 4 | परियोजना-विशिष्ट प्रभावों की पहचान करने में सक्षम बनाता है | एक ढांचे के विकास को सक्षम बनाता है जिसके खिलाफ सकारात्मक और नकारात्मक प्रभावों को मापा जा सकता है |
| 5 | एक अच्छी तरह से परिभाषित प्रारंभ और अंत है और समयकाल में एक विशेष बिंदु पर एक विशिष्ट निर्णय को सूचित करने पर केंद्रित है | समय के साथ निरंतर निर्णय लेने को सूचित करने के लिए एक धारणीय ढांचे के विकास के उद्देश्य से एक प्रक्रिया है |
| 6 | नकारात्मक प्रभावों के शमन और सकारात्मक प्रभावों की वृद्धि पर केंद्रित है | पर्यावरणीय गुणवत्ता और सामाजिक-आर्थिक स्थितियों के एक चुने हुए स्तर को बनाए रखने पर केंद्रित है (उदाहरण के लिए, स्थिरता उद्देश्यों और स्वीकार्य परिवर्तन की सीमाओं की पहचान के माध्यम से) |
| 7 | एक संकीर्ण परिप्रेक्ष्य है और इसमें उच्च स्तर का विवरण शामिल है | एक व्यापक परिप्रेक्ष्य है और इसमें एक दृष्टि और समग्र ढांचा प्रदान करने के लिए निम्न स्तर का विवरण शामिल है |

**स्रोत:** *सीएसआईआर 1996 से अनुकूलित*

**तालिका 11.2 ईआईए और एसईए के मौलिक अंतर**

| *क्रम सं.* | *तत्वों* | *ईआईए* | *एसईए* |
|---|---|---|---|
| 1 | परिप्रेक्ष्य | लघु और मध्यम अवधि में निष्पादन | रणनीतिक और दीर्घकालिक |
| 2 | प्रक्रिया | असतत, ठोस हस्तक्षेप प्रस्तावों से प्रेरित | चक्रीय और निरंतर |
| 3 | लक्ष्य | जानता है कि भविष्य क्या होगा, पिछली घटनाओं की भविष्यवाणियों के आधार पर संभावित प्रभावों का पूर्वानुमान लगाता है | एक वांछनीय भविष्य बनाने में मदद करता है; यह भविष्य को जानने का प्रयास नहीं है। |
| 4 | कार्य के इरादों की स्पष्टता | अपेक्षाकृत सटीक, और डेटा यथोचित रूप से उपलब्ध हैं या फील्डवर्क के माध्यम से एकत्र किया जा सकता है | अस्पष्ट, अनिश्चितता की एक बड़ी मात्रा है और डेटा हमेशा काफी अपर्याप्त होते हैं |
| 5 | अनुवर्ती | परियोजना या विस्तृत योजनाओं के निर्माण और कार्यान्वयन के माध्यम से कार्यान्विन किया जाता है | नीतियों, योजनाओं, कार्यक्रमों और परियोजनाओं की तैयारी और विकास के माध्यम से कार्यान्विन किया जाता है |
| 6 | कार्यान्वयन | एक बार उनकी व्यवहार्यता की गारंटी होने पर, ईआईए की आवश्यकता वाली परियोजनाओं को आम तौर पर लागू किया जाता है | यदि योजनाओं और कार्यक्रमों में स्थापित कार्यों को लागू नहीं किया जा सकता हो तो, रणनीति को कभी भी व्यवहार में नहीं लाया जा सकता है |

**स्रोत:** *"पार्टिडारियो" 2012 से अनुकूलित*

## 11.5 एसईए के घटक

निम्नलिखित घटक (पार्टिडारियो 2012) एसईए में योगदान करते हैं:

i. **तकनीकी घटक:** भविष्यवाणियों में अनिश्चितता को कम करने के लिए विशेष ज्ञान और विशिष्ट अध्ययनों और विकल्पों और प्राथमिकताओं की पहचान करने के लिए उन्नत विश्लेषणात्मक उपकरणों पर विचार करता है

ii. **प्रक्रिया घटक:** स्थिरता, लचीलापन और अनुकूलनशीलता सुनिश्चित करने के लिए पूरे निर्णय चक्र में एसईए और निर्णय तंत्र के बीच चल रही बातचीत सुनिश्चित करता है

iii. **संस्थागत घटक:** किसी भी स्तर पर निर्णय लेने के लिए संस्थागत संदर्भ को सुनिश्चित करने के लिए एक संस्थागत घटक बुनियादी है

iv. **संचार और अनुबंध घटक:** विशेषज्ञता जुटाने, हितधारकों के साथ नेटवर्किंग और सार्वजनिक भागीदारी सुनिश्चित करने के लिए महत्वपूर्ण है

उदाहरणों के साथ एसईए के लिए रणनीतिक सोच मॉडल (पार्टिडारियो 2012) में निहित प्रमुख संरचनात्मक तत्व नीचे दिए गए हैं:

1. "आकलन का उद्देश्य, उदाहरण के लिए इनके लिए रणनीति
    i. ऊर्जा नीति में विद्युत उत्पादन के लिए फीडस्टॉक
    ii. नवीकरणीय ऊर्जा की हिस्सेदारी में वृद्धि
    iii. तटीय विकास
    iv. अर्ध-शुष्क क्षेत्र में जल प्रबंधन
    v. भूमि उपयोग में बड़े बदलाव
2. विकास के लिए प्रेरक बल, उदाहरण
    i. प्राकृतिक संसाधन
    ii. प्रौद्योगिकी
    iii. जनसंख्या
    iv. जनसांख्यिकी
    v. सामाजिक-आर्थिक मुद्दे
    vi. न्यून प्रति व्यक्ति आय
    vii. प्राकृतिक आपदाएं
3. पर्यावरण और धारणीयता के मुद्दे, उदाहरण
    i. पर्यावरण संसाधन प्रबंधन
    ii. जलवायु परिवर्तन
    iii. ऊर्जा उत्पादन
    iv. पर्यावरण की गुणवत्ता
    v. जनजातीय क्षेत्रों का विकास
    vi. विरासत और सांस्कृतिक मुद्दे
    vii. बढ़ती आबादी और उनका भरण-पोषण
4. रणनीतिक संदर्भ, ढांचा, नीति, योजना, और कार्यक्रम उन्मुखता और लक्ष्य प्रदान करता है
5. महत्वपूर्ण निर्णय कारक, उदाहरण
    i. जलवायु परिवर्तन
    ii. जैव विविधता
    iii. प्राकृतिक और सांस्कृतिक संसाधन
    iv. प्राकृतिक और तकनीकी संकट
    v. बढ़ती आबादी के लिए आजीविका
    vi. अर्थव्यवस्था की प्रतिस्पर्धात्मकता

6. जवाबदेही, पारदर्शिता, अखंडता, दक्षता और नेतृत्व से संबंधित सिद्धांतों के माध्यम से शासकीय ढांचा
   i. संस्थागत ढांचे की स्थापना और इसके कामकाज
   ii. गैर-सरकारी संगठनों की भागीदारी
   iii. सार्वजनिक परामर्श तंत्र
7. नीति या योजना जैसे रणनीतिक विकल्प
8. अवसर और संकट
9. रणनीति के कार्यान्वयन और इसकी प्रभावशीलता, और आवश्यकतानुसार संशोधनों के दौरान होने वाले परिवर्तनों की समीक्षा करते हुए आगे की कार्रवाई करना।

## 11.6 एसईए का महत्व

एसईए को महत्वपूर्ण माना जाता है (पार्टिडारियो 1999, CSIR 2000, IAIA 2002) क्योंकि-

i. निर्णय लेने के उच्च स्तरों, जैसे नीति निर्माण और योजना प्रक्रियाओं पर एक एकीकृत दृष्टिकोण को शामिल करके धारणीयता की चुनौतियों को बढ़ावा देता है और समझने में मदद करता है
ii. एक रणनीतिक निर्णय लेने के परिप्रेक्ष्य का समर्थन करता है जो विकास की स्थिति को सक्षम करता है
iii. विकास विकल्पों पर पहचान और भागीदारी दृष्टिकोण की सुविधा प्रदान करता है और विकास को एक स्थायी मार्ग का पालन करने में मदद करने के लिए दिशानिर्देश प्रदान करता है
iv. योजनाकारों, निर्णयकर्ताओं और प्रभावित जनता को रणनीतिक निर्णयों की स्थिरता के बारे में सूचित करता है, लोकतांत्रिक निर्णय लेने की प्रक्रिया सुनिश्चित करता है, और इस तरह निर्णयों की मजबूती और विश्वसनीयता को बढ़ाता है
v. राजनीतिक इच्छा को प्रोत्साहित करता है, पारंपरिक सोच में व्यवहार परिवर्तन को प्रोत्साहित करता है, और रणनीतिक निर्णय लेने की संस्कृति को विकसित करता है

उच्च स्तरों पर, एसईए मौलिक पहलुओं से संबंधित पर्यावरण पर विचार करने की सुविधा प्रदान करता है जैसे

क) विकास की आवश्यकता
ख) आवश्यक विकास का प्रकार
ग) किन क्षेत्रों में विकास की आवश्यकता है

इस प्रकार, एसईए से प्राप्त होने वाले पर्यावरणीय लाभों की क्षमता ईआईए की तुलना में बहुत अधिक है। योजनाओं और कार्यक्रमों के संदर्भ में एसईए द्वारा जोड़े गए निम्न मूल्य भी शामिल हो सकते हैं:

i. परियोजना चरण की तुलना में उच्च स्तर पर विकल्पों और विकल्पों की एक विस्तृत श्रृंखला पर विचार करने का अवसर
ii. किसी व्यक्तिगत परियोजना के डिजाइन या स्थान के बजाय किसी विकास के रूप और स्थान पर विचार करने की क्षमता चाहे खण्डीय हो या किसी क्षेत्र में
iii. परियोजना स्तर की तुलना में योजनाओं और कार्यक्रमों की सीमाओं के भीतर संचयी और बड़े पैमाने पर प्रभावों को संबोधित करने की क्षमता में वृद्धि
iv. प्रासंगिक रणनीतियों, नीतियों, कार्यों और प्रतिबद्धताओं के साथ योजना और कार्यक्रम के उद्देश्यों और विकल्पों की धारणीयता को संबोधित करने के माध्यम से सतत विकास को सुविधाजनक बनाना
v. उच्च स्तरों पर व्यापक पर्यावरणीय मुद्दों पर विचार करके एक पदानुक्रमित (योजना, कार्यक्रम और परियोजना स्तर) निर्णय लेने की प्रक्रिया का पालन करके परियोजना स्तर ईआईए को सुव्यवस्थित और मजबूत करना

एसईए प्रक्रिया नीति, योजना और कार्यक्रम के विकास में पारदर्शिता, जवाबदेही और सार्वजनिक भागीदारी को मजबूत करती है, विशेष रूप से विकासशील देशों में, और इसके प्रभावी कार्यान्वयन से सतत विकास के लिए एक रोड मैप तैयार करने में मदद मिलती है (अलशुवैखाट 2005)। एक उचित रूप से कार्यान्वित एसईए प्रक्रिया से अपेशित है

i. एक व्यापक पर्यावरण संरक्षण प्रदान करना
ii. योजनाओं और कार्यक्रमों को तैयार करने की गुणवत्ता में सुधार करना
iii. निर्णय लेने की दक्षता और गुणवत्ता में वृद्धि करना
iv. विकास के लिए वैकल्पिक अवसरों पर विचार करना
v. व्यापक परिप्रेक्ष्य और समय पर निर्णय पर विचार करके महंगी गलतियों को रोकने में मदद करना
vi. भागीदारी प्रदान करना और शासन को मजबूत करना
vii. द्विपक्षीय और बहुपक्षीय सहयोग को सुविधाजनक बनाना

## 11.7 एसईए प्रक्रिया की विशेषताएं

एक अच्छी गुणवत्ता वाली एसईए प्रक्रिया (IAIA 2002) से अपेक्षा -

i. रणनीतिक निर्णयों की धारणीयता के बारे में सूचित करें
   क. योजनाओं और कार्यक्रमों के सूत्रकार
   ख. निर्णयकर्ता
   ग. प्रभावित जनता
ii. सर्वोत्तम वैकल्पिक विकास के चयन की सुविधा

iii. लोकतांत्रिक निर्णय लेने की प्रक्रिया सुनिश्चित करना

जबकि उपरोक्त पहलू निर्णय लेने की प्रक्रिया और निर्णयों की विश्वसनीयता को बढ़ाते हैं, ये अधिक लागत और समय प्रभावी परियोजना स्तर ईआईए को भी जन्म देते हैं। एसईए प्रक्रिया में निम्नलिखित विशेषताओं की आवश्यकता होती है:

1. एकीकृत,
   i. सतत विकास की उपलब्धि के लिए प्रासंगिक सभी रणनीतिक निर्णयों का उचित पर्यावरणीय आकलन सुनिश्चित करना
   ii. बायोफिज़िकल, सामाजिक और आर्थिक पहलुओं के अंतर्संबंधों को संबोधित करना
   iii. प्रासंगिक खण्डों और (सीमा पार) क्षेत्रों में नीतियों का पालन करना, और ईआईए और निर्णय लेने को यथोचित समक्ष लाना
2. धारणीयता के नेतृत्व में,
   i. समग्र सतत विकास रणनीति में योगदान करते हुए विकास विकल्पों और वैकल्पिक प्रस्तावों की पहचान की सुविधा प्रदान करना (UNCED 1992)
3. केंद्रित,
   i. विकास योजना और निर्णय लेने के लिए पर्याप्त, विश्वसनीय और उपयोग करने योग्य जानकारी प्रदान करना
   ii. सतत विकास के प्रमुख मुद्दों पर ध्यान केंद्रित करना
   iii. निर्णय लेने की प्रक्रिया की विशेषताओं को अनुकूलित करना
   iv. इसे लागत और समय प्रभावी बनाना
4. जवाबदेही, जो
   i. रणनीतिक निर्णय लेने के लिए अग्रणी एजेंसियों की जिम्मेदारी है
   ii. व्यावसायिकता, कठोरता, निष्पक्षता, और संतुलन के साथ किया जाता है
   iii. स्वतंत्र जांच और सत्यापन के अधीन हो
   iv. दस्तावेज जो यह सही ठहराते हैं कि निर्णय लेने में धारणीयता के मुद्दों को किस प्रकार ध्यान में रखा गया
5. सहभागी,
   i. निर्णय लेने की प्रक्रिया के दौरान इच्छुक और प्रभावित सार्वजनिक और सरकारी निकायों को सूचित और शामिल करें
   ii. प्रलेखन और निर्णय लेने में उनके इनपुट और चिंताओं को स्पष्ट रूप से संबोधित करें
   iii. स्पष्ट, आसानी से समझी जाने वाली सूचना की आवश्यकताओं, और सभी प्रासंगिक जानकारी तक पर्याप्त पहुँच सुनिश्चित करें

6. पुनरावृत्ति,
   i. निर्णय लेने की प्रक्रिया को प्रभावित करने और भविष्य की योजना को प्रेरित करने के लिए आकलन परिणामों की उपलब्धता सुनिश्चित करें जो समग्र सतत विकास रणनीति में योगदान देता है
   ii. एक रणनीतिक निर्णय को लागू करने के वास्तविक प्रभावों पर पर्याप्त जानकारी प्रदान करें ताकि यह तय किया जा सके कि उस निर्णय में संशोधन किया जाना चाहिए या नहीं और भविष्य के निर्णयों के लिए एक आधार प्रदान हो

एक सफल एसईए की मूल विशेषताओं (ICON 2001) को संक्षेप में निम्नानुसार दिया जा सकता है:

i. यह केवल विकल्पों के बजाय वैकल्पिक विकल्पों के प्रभावों का आकलन करता है
ii. यह एक पारदर्शी प्रक्रिया है जो पर्यावरणीय विचारों को उजागर करने की अनुमति देती है
iii. यह एक व्यवस्थित प्रक्रिया है जो एक सामान्य रिपोर्टिंग ढांचे में विभिन्न संस्थानों को शामिल करता है
iv. नीति निर्माताओं, विशेषज्ञों और जनता के व्यापक क्रॉस-सेक्शन सहित हितधारकों की व्यापक भागीदारी है
v. प्रासंगिक और सही आधारभूत डेटा का व्यापक उपयोग और आकलन की जानकारी का प्रसार है
vi. आकलन प्रक्रिया और इसकी विषय-वस्तु के तीसरे पक्ष के लेखा परीक्षा द्वारा जवाबदेही सुनिश्चित की जाती है
vii. यह सभी हितधारकों के लिए एक विकसित, भागीदारी और शिक्षाप्रद प्रक्रिया है, जिसमें हितधारक निर्णय लेने वाले को प्रभावित कर सकते हैं, और निर्णयकर्ता नीति, योजना या कार्यक्रम के रणनीतिक आयामों के बारे में जागरूकता बढ़ाने में सहयोग करते है
viii. यह एक धारणीय और पुनरावृत्ति प्रक्रिया है जिसमें नीति के कार्यान्वयन के परिणामों को नियमित रूप से ध्यान में रखा जाता है
ix. यह गुणात्मक और मात्रात्मक दोनों उच्च गुणवत्ता और कठोर आकलन पद्धतियों का उपयोग करता है
x. इसे एकीकरण की प्रक्रिया के अंत के बजाय एक प्रारंभ के रूप में माना जाता है और आगे मार्गदर्शन और प्रशिक्षण विकसित करने के लिए उत्प्रेरक के रूप में उपयोग किया जाता है
xi. एसईए रिपोर्टों के आकलन और अनुमोदन के लिए एक संस्थागत ढांचा है

## 11.8 एसईए के लिए उपकरण

एसईए के लिए निम्नलिखित उपकरण नियोजित हैं:

i. औपचारिक और अनौपचारिक चेकलिस्ट
ii. प्रभावों और संघर्षों या तालमेल के मैट्रिक्स

iii. सामूहिक विशेषज्ञ निर्णय: डेल्फी तकनीक
iv. ओवरले मैपिंग और जीआईएस
v. प्रवृत्ति विश्लेषण और बहिर्वेशन
vi. निर्णय वृक्ष और प्रभाव नेटवर्क
vii. भविष्य वक्ता और सिमुलेशन मॉडलिंग
viii. परिदृश्य-निर्माण
ix. जीवनचक्र आकलन (एलसीए)
x. लागत-लाभ विश्लेषण (CBA)
xi. बहु-मानदंड विश्लेषण (एमसीए)

ये विश्लेषणात्मक उपकरण (UNECA 2012) इन्हें करने में मददगार हैं-

क) संदर्भ और आधार रेखा का विश्लेषण
ख) मुद्दों और प्रभावों की पहचान
ग) प्रभावों का आकलन
घ) विकास में योगदान का आकलन
ङ) विकल्पों की तुलना

पर्यावरणीय प्रभावों का आकलन आम तौर पर डीपीएसआईआर दृष्टिकोण का पालन करके किया जाता है, अर्थात:

i. प्रेरक बल: अंतर्निहित कारक जो विभिन्न प्रासंगिक चर (वेरियेबल) को प्रभावित करते हैं
ii. दबाव संकेतक: चर जो सीधे पर्यावरणीय समस्याओं का कारण बन सकते हैं या हो सकते हैं
iii. राज्य संकेतक: पर्यावरण की वर्तमान स्थिति
iv. प्रभाव संकेतक: राज्य के परिवर्तनों का अंतिम प्रभाव
v. प्रतिक्रिया: सामाजिक वातावरण सहित पर्यावरण पर किसी भी महत्वपूर्ण प्रतिकूल प्रभाव को यथासंभव पूरी तरह से रोकना, कम करना और ऑफसेट करना

नीति स्तर पर पर्यावरण (ICON 2001) को अलग-अलग सीमा तक एकीकृत करने में निम्नलिखित उपकरणों का उपयोग किया जाता है:

1. रणनीतिक पर्यावरणीय आकलन
2. एकीकृत पर्यावरणीय आकलन
3. रणनीतिक पर्यावरणीय विश्लेषण
4. ई-टेस्ट
5. पर्यावरणीय आकलन/लेखा परीक्षा
6. धारणीयता आकलन

7. ग्रीन अकाउंटिंग
8. पर्यावरणीय प्रबंधन प्रणाली
9. पर्यावरणीय संकेतक
10. पर्यावरणीय निगरानी और रिपोर्टिंग
11. जन भागीदारी, शिक्षा और जागरूकता
12. पर्यावरणीय अर्थशास्त्र

लंबी अवधि में ईआईए अभ्यास से प्राप्त अनुभव एसईए प्रक्रियाओं को बेहतर बनाने में भी उपयोगी है। उदाहरण के लिए, विभिन्न स्थानों पर कुछ समय में क्रियान्वित कई परियोजना-स्तरीय ईआईए से प्राप्त दृष्टि और उचित सावधानी, खनन, थर्मल पावर, कार्बनिक रसायनों, बंदरगाहों, बांधों, राजमार्गों और पर्यटन जैसी पर्यावरणीय प्रबंधन कार्यक्रम परियोजनाओं के कार्यान्वयन, और उनके परिणाम की प्रभावशीलता पर एक अच्छी अंतर्दृष्टि प्रदान कर सकते है जैसे-

क) नियोजित प्रक्रियाएं
ख) पालन की जाने वाली प्रथाएं
ग) प्रयोग में लाए गए पर्यावरण संरक्षण उपाय
घ) स्थानीय आबादी के लिए सामाजिक-आर्थिक विकास; आदि।

इस तरह का विश्लेषण क्षेत्रीय एसईए में सुधार करने में बहुत उपयोगी साबित होगा।

## 11.9 एसईए को व्यवहार में लाना

एसईए के प्रोटोकॉल (UNECE 2003) पर हस्ताक्षरकर्ताओं की सहमति थी कि

क. खनन, परिवहन, क्षेत्रीय विकास, अपशिष्ट प्रबंधन, जल प्रबंधन, दूरसंचार, पर्यटन, शहर और देश नियोजन और भूमि उपयोग सहित कृषि, वानिकी, मत्स्य पालन, ऊर्जा और उद्योग के लिए तैयार की गई योजनाओं और कार्यक्रमों के लिए एसईए करें।
ख. सूचीबद्ध परियोजनाओं के लिए भविष्य की विकास सहमति के लिए रूपरेखा निर्धारित करें

संचयी पर्यावरणीय आकलन और एसईए (बकले 1994 बी) को अपनाने में तकनीकी बाधाएं के बजाय अधिक राजनीतिक, कानूनी और आर्थिक बाधाएं हैं। निम्नलिखित पांच प्रमुख समस्या की पहचान, उपयुक्त अभ्यास और पर्यावरणीय आकलन के निष्पादन पर बाधाओं (सैडलर 1996) के रूप में की गई थी, जो एसईए पर समान रूप से लागू होती हैं:

i. व्यवहार: समर्थक और विकास एजेंसियां ईए का विरोध करती हैं या दरकिनार करती हैं या इसे औपचारिक या संकीर्ण तकनीकी अभ्यास के रूप में लागू करती हैं

ii. संरचनात्मक: ईए निर्णय लेने के साथ पर्याप्त रूप से एकीकृत नहीं है, विशेष रूप से परियोजना तैयारी चरण में या अन्य सहायक नीति, योजना और नियामक प्रक्रियाओं के साथ
iii. संस्थागत: ईए का दायरा बहुत संकीर्ण रूप से परिभाषित है या इस तरह से लागू किया गया है कि सामाजिक, स्वास्थ्य कारक और संचयी प्रभाव अपर्याप्त रूप से कवर किए गए हैं
iv. प्रक्रियात्मक: ईए प्रक्रिया का अपर्याप्त मार्गदर्शन और असंगत प्रवर्तन है जिससे निष्पक्षता, समयबद्धता और दक्षता के बारे में "उपयोगकर्ता" को शिकायतें होती हैं
v. तकनीकी: पर्यावरणीय प्रभाव बयानों की गुणवत्ता, प्रभाव भविष्यवाणियों की सटीकता, और शमन उपायों की उपयुक्तता अक्सर अत्यधिक परिवर्तनशील होती है, जो कि अपेक्षाकृत परिपक्व और उन्नत ईए प्रणालियों में भी दिखलाई देती है

संचयी और साथ ही एसईए अध्ययनों में पहचाने गए उपरोक्त और कई अन्य मुद्दों को योजनाओं और कार्यक्रमों (UNECE 2012) के लिए एसईए की प्रक्रिया में संबोधित किया जा सकता है, जिसमें निम्नलिखित चरण सम्मिलित हैं:

i. पर्यावरण रिपोर्ट की सामग्री निर्धारित करने के लिए स्कोपिंग
ii. पर्यावरण रिपोर्ट तैयार करना
iii. जन भागीदारी
iv. पर्यावरण और स्वास्थ्य अधिकारियों के साथ परामर्श
v. सीमा पार परामर्श
vi. योजना या कार्यक्रम को अपनाने पर निर्णय
vii. प्रभावों की निगरानी

भले ही एसईए की समझ और दायरे में मतभेद हैं, लेकिन एसईए (UNECE 2012) के बुनियादी सिद्धांतों पर कुछ हद तक सहमति है और इसके प्रभावी अनुप्रयोग के लिए क्या करने की आवश्यकता है इन पर विचार करते हुए, एसईए को

i. संबंधित एजेंसी द्वारा किया जाना चाहिए जो प्रस्ताव शुरू करता है और योजना या कार्यक्रम के लिए जिम्मेदार है
ii. निर्णय लेने की प्रक्रिया में जितनी जल्दी हो सके लागू किया जाए ताकि सभी विकल्प पर विचार हो सके
iii. योजना- या कार्यक्रम बनाने की प्रक्रिया के चरणों में संबंधित प्रमुख मुद्दों पर ध्यान केंद्रित करना ताकि इसे समय पर, लागत प्रभावी और विश्वसनीय तरीके से किया जा सके
iv. विकल्पों की एक विस्तृत श्रृंखला का आकलन करें, यह मानते हुए कि उनका दायरा निर्णय लेने के चरण के साथ भिन्न होगा, और जहां भी संभव हो सबसे अच्छा व्यावहारिक पर्यावरणीय विकल्प की पहचान करें

v. प्रक्रिया की शुरुआत से ही, अच्छी तरह से निर्धारित पारदर्शी प्रक्रियाओं का पालन करते हुए, प्रमुख हितधारकों और जनता के लक्षित समूहों की भागीदारी के लिए उपयुक्त अवसर प्रदान करे
vi. विश्लेषण के लिए उपयुक्त और लागत प्रभावी तरीकों और तकनीकों के साथ किया जाना चाहिए

एसईए (ICON 2001) के कार्यान्वयन के लिए की गई सिफारिशें नीचे पुन: प्रस्तुत की गई हैं:

1. "निर्णय लेने के सबसे सर्वाधिक रणनीतिक स्तरों पर एसईए को लागू करना:
    i. ईआईए-प्रेरित या नीति आकलन -प्रेरित एसईए, भले ही केवल आंशिक हो, परन्तु विकास के लिए एक उपयोगी प्रारंभिक बिंदु प्रदान कर सकता है जो बाद में अधिक व्यापक और एकीकृत एसईए हो सकता है
    ii. नीति निर्माण स्तरों पर एसईए में लचीलेपन की आवश्यकता है, और एसईए प्रक्रिया की अनुकूलता के लिए मौजूदा रणनीतिक प्रक्रियाओं की जांच की जानी चाहिए
    iii. एसईए को संगठनों और सरकारी विभागों के भीतर दृष्टिकोण और संस्कृति को बदलने के साधन के रूप में बढ़ावा दिया जाना चाहिए
    iv. एसईए के दायरे को अनावश्यक रूप से बाधित नहीं किया जाना चाहिए, अन्यथा यह सख्ती से रणनीतिक नहीं होगा। रणनीतिक आकलन के लिए विकल्प, वैकल्पिक व्यवस्था और आवश्यक प्रश्न एक पूर्वनिहित शर्त हैं। एसईए को नीति और निर्णय लेने की प्रक्रिया में यथाशीघ्र शुरू करना चाहिए और उपयुक्त विकल्पों को निर्णायक स्तर पर प्रक्रिया में लेना चाहिए
    v. प्रयासों को उचित संचार प्रक्रियाओं और नेटवर्क स्थापित करने और परिवर्तन के लिए इंजन लगाने पर केंद्रित किया जाना चाहिए
2. एकीकरण की प्रभावशीलता को बढ़ावा देना:
    i. निर्णय लेने में पर्यावरण के एकीकरण को बढ़ावा देने में मदद करने के लिए एसईए के लिए एक स्तरीय दृष्टिकोण अपनाया जाना चाहिए
    ii. लेखा परीक्षा, निगरानी और गुणवत्ता नियंत्रण किसी भी एसईए प्रक्रिया का एक अभिन्न घटक होना चाहिए
    iii. एकीकरण की प्रभावशीलता को केवल अल्पकालिक उत्पादन और परिणाम उपायों के बजाय दीर्घकालिक उत्पादकता व परिणामों में मापा जाना चाहिए
3. सार्वजनिक और हितधारक भागीदारी:
    i. अच्छे एसईए को पारदर्शी और भागीदारी प्रक्रियाओं और निर्णयों की आवश्यकता होती है
    ii. हितधारकों और जनता को यथासंभव रणनीतिक रूप से सोचने के लिए प्रोत्साहित किया जाना चाहिए, ताकि अधिक संकीर्ण विचारों द्वारा एसईए को 'अपहरण' से बचने में मदद मिल सके

4. एसईए और धारणीयता आकलन :
   i. एसईए और धरणीयता आकलन को पूरक के रूप में देखा जाना चाहिए, न कि एक दूसरे के विकल्प के रूप में
   ii. जहां यह उद्देश्यों के नेतृत्व वाले आकलन के साथ आधारभूत जानकारी लाता है, वहाँ एसईए व्यापक धरणीयता आकलन को मजबूत कर सकता है
   iii. एसईए के भीतर किन सामाजिक-आर्थिक प्रभावों को शामिल किस हद तक किया जाए और क्यों इन कारणों को स्पष्ट किया जाना चाहिए
5. उपक्रम एसईए:
   i. किसी भी एसईए के समन्वय और वितरण के लिए जिम्मेदार एक नामित, वरिष्ठ व्यक्ति होना चाहिए और किसी भी एसईए प्रक्रिया के संचार के लिए भी एक नामित व्यक्ति जिम्मेदार होना चाहिए।
   ii. किसी भी एसईए या व्यापक आकलन में विशेषज्ञों की 'सही टीम के निर्माण' पर जोर देने की आवश्यकता है
   iii. आधारभूत जानकारी की गुणवत्ता में सुधार के लिए अधिक प्रयास की आवश्यकता है जिसके खिलाफ नीतियों और विकल्पों का आकलन किया जा सकता है
   iv. नीतियों के व्यापक अनुप्रयोग के लिए योजना और कार्यक्रम स्तर पर एसईए निर्देश (CEC 2001) के कार्यान्वयन से सबक लिया जाना चाहिए
6. मार्गदर्शन और प्रशिक्षण:
   i. एसईए को आगे ले जाने के लिए मार्गदर्शन और प्रशिक्षण आवश्यक है
   ii. 'संस्थागत स्मृति' को बढ़ावा देने और बनाए रखने के लिए सरकारी विभागों और संगठनों के भीतर तंत्र विकसित करने की आवश्यकता है
   iii. सर्वाधिक रणनीतिक नीति स्तरों पर एसईए को पूरा करने के लिए मार्गदर्शन विकसित किया जाना चाहिए''

एसईए अब 50 से अधिक देशों (फिशर 2014) में एक औपचारिक आवश्यकता है, और एक उपकरण के रूप में एसईए को औपचारिक रूप से या अनौपचारिक रूप से 60 से अधिक देशों में लागू किया जा रहा है (टेटलो और हनुश 2012)। एक केस स्टडी (व्हाइट एंड नोबल 2013) में, एसईए प्रक्रिया में सर्वोत्तम प्रथाओं को अपनाने जैसे भागीदारी, विकल्पों पर विचार और प्रभाव आकलन का सबूत दिया गया। परन्तु विचार किए गए विकल्पों के प्रकार, और प्रभाव आकलन और अनुवर्ती के दृष्टिकोण में परिवर्तनशीलता पाई गई। इसके अतिरिक्त, एसईए ने योजना के दौरान संचार में सुधार करने और निम्नस्तरिय निर्णय लेने की सूचना देने में महत्वपूर्ण योगदान दिया। यूरोपीय संघ अपनी एसईए आवश्यकताओं (EU, 2019) में बदलाव पर विचार कर रहा है।

मॉरिसन-सॉन्डर्स *एट ऑल*. (2015), और वैन डोरेन *एट ऑल*. (2013) ने बताया कि एसईए करने से इनमें मदद मिल सकती है

i. योजना बनाने में तेजी
ii. योजना में सार्वजनिक भागीदारी में सुधार
iii. पर्यावरणीय प्रभावों में कमी लाना; आदि।

थेरिवेल और गोंजालेज (2020) ने एसईए में शामिल लागतों और मौद्रिक लाभों की एक श्रृंखला पर चर्चा की जो वर्षों के साथ-साथ दशकों में अर्जित होती है, अर्थात् एसईए की पूरी अवधि में, और यह निष्कर्ष निकाला कि एसईए के लाभ इसकी लागतों से कहीं अधिक हो सकते हैं।

एसईए में शामिल (अल्पकालिक) लागतों में शामिल हैं-

क) पर्यावरण रिपोर्ट तैयार करना
ख) परामर्श लागत
ग) एसईए रिपोर्ट तैयार करने के बाद की लागत जिसमें अंतिम योजना में हितधारक प्रतिक्रिया का जवाब देता है और एकीकरण शामिल है
घ) न्यूनीकरण उपायों की लागत
ङ) एसईए निगरानी की लागत

एसईए से प्राप्त होने वाले (दीर्घकालिक लाभ) में शामिल हैं

i. पर्यावरणीय संकट/लागत में कमी
ii. तेजी से योजना अनुमोदन, अधिक कानूनी निश्चितता
iii. बेहतर योजना कार्यान्वयन
iv. सुव्यवस्थित परियोजना अनुमोदन
v. क्षमता निर्माण में बढ़ावा, पूर्वानुमान और आकलन मॉडल का विकास, निर्णय लेने में अधिक जवाबदेही, वैधता और पारदर्शिता, और धारणीय विकास लक्ष्यों को प्राप्त करने के लिए समर्थन जैसे कई अमूर्त लाभ (मॉरिसन-सॉन्डर्स *एट ऑल*. 2020)।

एसईए के प्रमुख लाभार्थी जनता और पर्यावरण हैं। उन पहलुओं की बेहतर समझ जो उच्चतम एसईए लाभ और सर्वोत्तम लाभ-लागत अनुपात की ओर ले जाते हैं, एसईए अभ्यास (थेरिवेल और गोंजालेज 2020) को बेहतर बनाने में भी मदद कर सकते हैं।

## 11.10 एसईए और विकासशील देश

यह देखा जा सकता है कि एसईए मुख्य रूप से परियोजना-स्तरीय ईआईए प्रदर्शन और विकास परियोजनाओं की गुणवत्ता में सुधार से जुड़ी चिंताओं के कारण विकसित हुआ है। एसईए परियोजना

स्तर से पहले या ऊपर किए गए निर्णयों के पर्यावरणीय प्रभावों को संबोधित करता है। ईआईए में अपनाई जाने वाली परियोजना-आधारित दृष्टिकोण के विपरीत, एसईए एक नीति-आधारित दृष्टिकोण है। यह गतिविधि-आधारित प्रक्रिया के बजाय संसाधन-आधारित प्रक्रिया है, जो सतत विकास की चुनौतियों के जवाब में उभर रही है। यह पारंपरिक प्रतिक्रियाशील दृष्टिकोण के खिलाफ एक रणनीतिक सक्रिय दृष्टिकोण का पालन करता है। एसईए को वैचारिक चरण से ही निर्णय लेने की प्रक्रिया में अधिक इंटरैक्टिव और एकीकृत होने की आवश्यकता है।

उभरती अर्थव्यवस्थाओं को यह समझने की जरूरत है कि एसईए धारणीयता सुनिश्चित करने के लिए एक मूल्यवान उपकरण है, और त्वरित आर्थिक विकास की योजना बनाते समय उन्हें इसकी सबसे अधिक आवश्यकता होती है। पर्यावरण क्षरण और संसाधनों की कमी किसी देश में दीर्घकालिक भविष्य के विकास के लिए बाधाएं हैं। कुशल संसाधन उपयोग दीर्घकाल में सतत विकास के लिए महत्वपूर्ण है, रणनीतिक सोच के साथ-साथ रणनीतिक पर्यावरणीय मुद्दों को संबोधित करने की योजना बनाना आवश्यक है। एसईए को संसाधनों की उपलब्धता के आधार पर देश में विभिन्न क्षेत्रों में संतुलित विकास, और खण्डों और क्षेत्रों में सीमित संसाधनों के आवंटन जैसे कुछ मुद्दों को हल करने के लिए एक साधन के रूप में नियोजित किया जा सकता है, और निर्णय लेने में अधिक सार्वजनिक भागीदारी और पारदर्शिता के माध्यम से संसाधनों के कुशल उपयोग को सुनिश्चित करने में मदद करने के लिए (लैम *एट ऑल.* 2016)।

विकासशील देश शुरू में एसईए के एक नियोजित-ईआईए रूप पर विचार कर सकते हैं। विकास अनुसंधान पर काम करने वाले संस्थान भारत में सर्वोच्च नीति निर्माण थिंक टैंक नीति आयोग जैसे संस्थानों के सहयोग से पर्यावरण नीतियों, योजनाओं और कार्यक्रमों पर शोध करने की अपनी क्षमता विकसित कर सकते हैं। इसके अलावा, रक्षा, परिवहन, ऊर्जा, जल संसाधन, उद्योग, पर्यटन, शहरी विकास और वित्त सहित कुछ सरकारी मंत्रालयों में पर्यावरण नीति प्रकोष्ठ स्थापित किए जा सकते हैं (राथी 2016) नीतियों, योजनाओं और कार्यक्रमों पर उनके निर्णयों की जांच करने के लिए। इस तरह की पहल, जो शुरू करने के लिए एक स्वैच्छिक अभ्यास के रूप में शुरू की गई है, एसईए की स्वीकार्यता और इसके सफल कार्यान्वयन को आगे बढ़ाने में एक लंबा रास्ता तय कर सकती है। एक अच्छी तरह से स्थापित कानूनी ढांचे के आधार पर एसईए के संचालन के लिए अनिवार्य आवश्यकता, एसईए प्रक्रिया में आगे के विकास और इसकी सामग्री में सुधार की उम्मीद है, जिसके परिणामस्वरूप एक अवधि में अधिक स्वीकार्य और प्रभावी एसईए रिपोर्ट होगी। यह परियोजना-स्तरीय ईआईए प्रक्रिया की प्रभावशीलता को भी उन्नत करेगा।

इसके अतिरिक्त, एसईए पर शिक्षण और अनुसंधान, उभरती अर्थव्यवस्थाओं में एसईए के महत्व को पहचानने के लिए एक लंबा रास्ता तय कर सकता है। प्रभाव आकलन से संबंधित अनुसंधान प्रभाव आकलन अभ्यास को प्रभावित कर सकता है यदि यह साक्ष्य-आधारित निष्कर्षों और सिफारिशों को सामने लाता है जो प्रथाओं, निर्णय लेने और सतत विकास के उद्देश्य से कार्यों की सुविधा प्रदान करते

हैं। केस स्टडी, अनुभवों और परिणामों, प्रभाव आकलन प्रक्रिया और पद्धतियों, नियामक पहलुओं, आदि का आकलन करके प्रभाव आकलन सिद्धांत और अभ्यास (फिशर और नोबल 2015) के बीच के संबंधों को मजबूत करने पर ध्यान केंद्रित करने वाले अनुसंधान उपयोगी होंगे और उनके मान्यता प्राप्त होने की संभावना है और वह पर्यावरणीय शासन व समर्थन प्राप्त करने में महत्वपूर्ण भूमिका निभाएंगे।

## संदर्भ


Alshuwaikhat, H. 2005. "Strategic Environmental Assessment Can Help Solve Environmental Impact Assessment Failures in Developing Countries." *Environmental Impact Assessment Review* **25**(4): 307–317.

अलाहुवैखत, एच. 2005, "स्ट्रेटेजिक एनवायर्नमेंटल असेसमेंट कैन हेल्प सॉल्व एनवायर्नमेंटल इंपैक्ट एसेसमेंट फेलियर्स इन डेवलपिंग कंट्रीज।" एनवायर्नमेंटल इंपैक्ट एसेसमेंट रिव्यू 25(4): 307–317।

Buckley, R. C. 1994a. "Strategic Environmental Impact Assessment." *Environmental and Planning Law Journal* **11**: 166–168.

बक्ले, आर. सी. 1994b, "स्ट्रेटेजिक एनवायर्नमेंटल इंपैक्ट एसेसमेंट।" एनवायर्नमेंटल एंड प्लानिंग लॉ जर्नल 11: 166–168।

Buckley, R. C. 1994b. "Cumulative Environmental Impacts: Problems, Policy and Planning Law." *Environmental and Planning Law Journal* **11**: 344–347.

बक्ले, आर. सी. 1994b, "कम्युलेटिव एनवायर्नमेंटल इंपैक्टस: प्रॉब्लम्स, पॉलिसी एंड प्लानिंग लॉ।" एनवायर्नमेंटल एंड प्लानिंग लॉ जर्नल 11: 344–347।

Cherp, A., A. Watt, and V. Vinichenko. 2007. "SEA and Strategy Formation Theories-from Three Ps to Five Ps." *Environmental Impact Assessment Review* **27**: 624–644.

चर्प, ए., ए., वॉट, एंड वी. विनिचेंको, 2007। "सी एंड। स्ट्रेटजी फॉर्मेशन थ्योरीज – फ्रॉम श्री Paisa टू फाइव पैसा।" एनवायर्नमेंटल इंपैक्ट असेसमेंट रिव्यू 27: 624–644

CEC, Commission of the European Communities. 2001. Directive 2001/42/EC.

सी ई सी, कमिशन ऑफ द यूरोपियन कम्युनिटीज, 2001। डायरेक्टिव 2001/42/इसी।

CSIR, Council for Scientific and Industrial Research. 1996. *Strategic Environmental Assessment: A Primer*. Stellenbosch: Council for Scientific and Industrial Research.

सी एस आई आर, काउंसिल फॉर साइंटिफिक एंड इंडस्ट्रियल रिसर्च, 1996। स्ट्रेटेजिक एनवायर्नमेंटल असेसमेंट: अ प्राइमर। स्टेलेंबोस्क: काउंसिल फॉर साइंटिफिक एंड इंडस्ट्रियल रिसर्च।

CSIR, Council for Scientific and Industrial Research. 2000. *Strategic Environmental Assessment in South Africa - Guideline Document.* Stellenbosch: Council for Scientific and Industrial Research.

सी एस आई आर, काउंसिल फॉर साइंटिफिक एंड इंडस्ट्रियल रिसर्च, 2000। स्ट्रेटेजिक एनवायर्नमेंटल असेसमेंट इन साउथ अफ्रीका – गाइडलाइन डॉक्यूमेंट। स्टेलेंबोस्क: काउंसिल फॉर साइंटिफिक एंड इंडस्ट्रियल रिसर्च।

Dalal-Clayton, B., and B. Sadler. 1999. *Strategic Environmental Assessment: A Rapidly Evolving Approach*. Environmental Planning Issues no. 18. London: International Institute for Environment and Development.

डलाल –क्लायटों, बी., एंड बी. सैडलर, 1995। स्ट्रेटेजिक एनवायर्नमेंटल असेसमेंट: अ रैपिडली इवोल्विंग अप्रोच। एनवायर्नमेंटल प्लानिंग इश्यूज नंबर 18, लंदन: इंटरनेशनल इंस्टीट्यूट फॉर एनवायर्नमेंट एंड डेवलपमेंट।

Dalal-Clayton, B., and B. Sadler. 2005. *Strategic Environmental Assessment: A Sourcebook and Reference Guide to International Experience*. London: Earthscan.

डलाल –क्लायटों, बी., एंड बी. सैडलर, 2005। स्ट्रेटेजिक एनवायर्नमेंटल असेसमेंट: अ सोर्सबुक एंड रेफरेंस गाइड टू इंटरनेशनल एक्सपीरियंस, लंदन: अर्थस्कैन।

DEAT, Department of Environmental Affairs and Tourism. 1998. *White Paper on Environmental Management Policy for South Africa*. Pretoria: Department of Environmental Affairs and Tourism, Government of South Africa.

डीइएटी, डिपार्टमेंट ऑफ़ एनवायर्नमेंटल अफेयर्स एंड टूरिज्म, 1998। व्हाइट पेपर ऑन एनवायर्नमेंटल मैनेजमेंट पॉलिसी फॉर साउथ अफ्रीका। प्रिटोरिया: डिपार्टमेंट ऑफ़ एनवायर्नमेंटल अफेयर्स एंड टूरिज्म, गवर्नमेंट ऑफ साउथ अफ्रीका।

DEAT, Department of Environmental Affairs and Tourism. 2004. *Strategic Environmental Assessment*. Integrated Environmental Management Information Series 10. Pretoria: Department of Environmental Affairs and Tourism, Government of South Africa.

डिट, डिपार्टमेंट ऑफ़ एनवायर्नमेंटल अफेयर्स एंड टूरिज्म, 2004। स्ट्रेटेजिक एनवायर्नमेंटल असेसमेंट, इंटीग्रेटेड एनवायर्नमेंटल मैनेजमेंट इंफोरेमशन सीरीज 10. प्रिटोरिया: डिपार्टमेंट ऑफ़ एनवायर्नमेंटल अफेयर्स एंड टूरिज्म, गवर्नमेंट ऑफ साउथ अफ्रीका।

EU, European Union. 2019. "Study to Support the REFIT Evaluation of Directive 2001/42/EC on the Assessment of the Effects of Certain Plans and Programmes on the Environment (SEA Directive)." Accessed June 10, 2020. https://ec.europa.eu/environment/eia/sea-refit.htm.

ईयू, यूरोपियन यूनियन, 2019। "स्टडी टू सपोर्ट द रिफिट इवेलुएशन ऑफ डायरेक्टिव 2001/42/इ सी ऑन द असेसमेंट ऑफ द इफेक्ट्स ऑफ सर्टेन प्लान्स एंड प्रोग्राम्स ऑन द एनवायरमेंट (सी डायरेक्टिव)।" एक्सेसेड जून 10, 2020।

Fischer, Thomas B. 2014. "Health and Strategic Environmental Assessment." In *Health Impact Assessments*, edited by R. Fehr, M. Martuzzi, J. Nowacki, and F. Viliani. WHO, EUPHA and IAIA.

फिशर, थॉमस बी. 2014, "हेल्थ एंड स्ट्रेटेजिक एनवायर्नमेंटल असेसमेंट। "इन हेल्थ इंपैक्ट असेसमेंट, एडिटेड बाय आर. फेहर, एम. मार्टुजी, जा. नोवाकी, एंड एफ. विलानी। डडबल्यूएयू, ईयूपीएचए एंड आईएआईए।

Fischer, T. B., and B. F. Noble. 2015. "Impact Assessment Research: Achievements, Gaps and Future Directions." *Journal of Environmental Assessment Policy and Management* **17**(1): 1501001.

फिशर, टी. बी., एंड बी. एफ. नोबल, 2015. "इंपैक्ट असेसमेंट रिसर्च" जर्नल ऑफ़ एनवायर्नमेंटल असेसमेंट पॉलिसी एंड मैनेजमेंट 17(1): 1501001।

Gibson, R. B., S. Holtz, J. Tansey, G. Whitelaw, and S. Hassan. 2005. *Sustainability Assessment: Criteria, Processes and Applications*. London: Earthscan.

गिब्सन, आर. बी. होल्ट्ज, जे. टांसे, जी. व्हाइटलॉ, एंड एस. हसन. 2005. सस्टेनेबिलिटी असेसमेंट: क्राइटेरिया, प्रोसेसेस एंड एप्लीकेशंस। लंदन: अर्थस्कैन।

González, A., P. Gazzola, V. Onyango. 2020. "The Mutualism of Strategic Environmental Assessment and Sustainable Development Goals." Environmental Impact Assessment Review. **82**:106383.

गोंजालेज, ए. पी. गज्जोला, वी. ओनयांगो, 2020। "द म्यूटुलिज्म ऑफ स्ट्रेटेजिक एनवायर्नमेंटल असेसमेंट एंड सस्टेंबल डेवलपमेंट गोल्स।" एनवायर्नमेंटल इंपैक्ट असेसमेंट रिव्यू। 82: 106383।

IAIA, International Association for Impact Assessment. 2002. "Performance Criteria for Strategic Environmental Assessment." Accessed June 3, 2016. www.iaia.org.

आईएआईए, इंटरनेशनल एसोसिएशन फॉर इंपैक्ट असेसमेंट, 2002. "परफॉर्मेंस क्राइटेरिया फॉर स्ट्रेटेजिक एनवायर्नमेंटल असेसमेंट।" एक्सीसेड जून 3, 2016. डबल्यू डबल्यू डबल्यू, आईएआईए.ऑर्गेनाइजेशन।

ICON, Imperial College Consultants Ltd. 2001. *SEA and Integration of the Environment into Strategic Decision-Making*. Final Report, volume 1. Prepd. for The European Commission. London: Imperial College Consultants Ltd.

आइकॉन, इंपीरियल कॉलेज कंसोल्टेंट्स लिमिटेड, 2001। सी एंड इंटीग्रेशन ऑफ द एनवायरमेंट इनटू स्ट्रेटेजिक डिसीजन –मेकिंग। फाइनल रिपोर्ट, वॉल्यूम 1, प्रेप्ड. फॉर द यूरोपियन कमीशन। लंदन: इंपीरियल कॉलेज कंसोल्टेंट्स लिमिटेड।

Kirchhoff, D., D. McCarthy, D. D. Crandall, L. McDowell, and G. Whitelaw. 2016. "A Policy Window Opens: SEA in York Region, Canada." In *Progress in Environmental Assessment Policy, and Management Theory and Practice*, edited by Thomas B. Fischer, 27–48. London: Imperial College Press.

किरचॉफ, डी., डी. एमसीकार्थी, डी. डी. क्रैंडल, एल. मैकडॉवेल, एंड जी. व्हाइटलॉ. 2016. "ए पॉलिसी विंडो ओपन्स: सी इन यॉर्क रीजन, कनाडा।" इन प्रोग्रेस इन एनवायरमेंट असेसमेंट पॉलिसी, एंड मैनेजमेंट थ्योरी एंड प्रैक्टिस, एडिटेड बाय थॉमस बी. फिशर, 27–48. लंदन: इंपीरियल कॉलेज प्रेस।

Lam, Kin-Che, Y. D. Chen, J. Wu. 2016. "Strategic Environmental Assessment in China: Opportunities, Issues and Challenges." In *Progress in Environmental Assessment Policy, and Management Theory and Practice*, edited by Thomas B. Fischer, 9–26. London: Imperial College Press.

लाम, किन–ची, वाई. डी. चेन, जे. वु. 2016. "स्ट्रेटेजिक एनवायर्नमेंटल असेसमेंट इन चाइना: ऑपर्च्युनिटीज, इश्यूज एंड चैलेंजेस।" इन प्रोग्रेस इन एनवायर्नमेंटल असेसमेंट पॉलिसी एंड मैनेजमेंट थ्योरी एंड प्रैक्टिस, एडिटेड बाय थॉमस बी. फिशर, 9– 26. लंदन : इंपीरियल कॉलेज प्रेस।

Morrison-Saunders, A., A. Bond, J. Pope, F. Retief. 2015. "Demonstrating the Benefits of Impact Assessment for Proponents." Impact Assessment and Project Appraisal **33**(2):108-115.

मॉरिसन – सौंडर्स, ए., ए., बॉन्ड. जे. पोप, एफ. रिटीफ. 2015. "डेमोनस्ट्रेटिंग द बेनिफिट्स ऑफ इंपैक्ट असेसमेंट फॉर प्रोपोनेंट्स." इंपैक्ट असेसमेंट एंड प्रोजेक्ट अप्रेजल 33(2): 108–115।

Morrison-Saunders, A., L. E. Sanchez, F. Retief, J. Sinclair, M. Doelle, M. Jones, J. A. Wessels, J. Pope. 2019. "Gearing up Impact Assessment as a Vehicle for Achieving the UN Sustainable Development Goals." Impact Assessment and Project Appraisal.10.1080/14615517.2019.1677089.

मॉरिसन – सैंड्रा, ए., L., E. सांचेज, एफ. रिटीफ, जे. सिंक्लेयर, एम. डोले, एम. जॉन्स, जे. A. वेसल्स, जे. पोप. 2019. "गियरिंग अप इंपैक्ट असेसमेंट एस ए व्हीकल फॉर अचीविंग द अन सस्टेनेबल डेवलपमेंट गोल्स." इंपैक्ट असेसमेंट एंड प्रोजेक्ट अप्रेजल. 10. 1080/1465517. 2019. 1677089।

Nilsson, M., and H. Dalkmann. 2001. "Decision-making and Strategic Environmental Assessment." *Journal of Environmental Assessment Policy and Management* **3**(3): 305–327.

नील्सन, एम., एंड एच. डालकमान. 2001. "डिसीजन–मेकिंग एंड स्ट्रेटेजिक एनवायर्नमेंटल असेसमेंट." जर्नल ऑफ़ एनवायरनमेटल असेसेंट पॉलिसी एंड मैनेजमेंट 3(3) : 305–327।

OECD, Organization for Economic Cooperation and Development. 2006. *Good Practice Guide on Applying Strategic Environmental Assessment in Development Cooperation*. Paris: Organization for Economic Cooperation and Development.

ओसीइडी, ऑर्गेनाइजेशन फॉर इकोनॉमिक कोऑपरेशन एंड डेवलपमेंट. 2006. गुड प्रैक्टिस गाइड ऑन अप्लाइंग स्ट्रेटेजिक एनवायर्नमेंटल असेसमेंट इन डेवलपमेंट कोऑपरेशन. पेरिस: ऑर्गेनाइजेशन फॉर इकोनॉमिक कोऑपरेशन एंड डेवलपमेंट।

Ortolano, L., and A. Shepherd. 1995. "Environmental Impact Assessment." In *Environmental and Social Impact Assessment*, edited by F. Vanclay, and D. Bronstein. New York: Wiley.

आर्टोलेनो, एल., एंड ए. शेफर्ड. 1995. "एनवायर्नमेंटल एंड सोशल इंपैक्ट असेसमेंट", इन एनवायर्नमेंटल एंड सोशल इंपैक्ट असेसमेंट, एडिटेड बाय एफ. वैंकले, एंड डी. ब्रोनस्टी. न्यू यॉर्क: विले।

Partidário, M. R. 1999. "Strategic Environmental Assessment- Principles and Potential." In *Handbook of Environmental Impact Assessment*, edited by Judith Petts. London: Blackwell.

पार्टीडेरियो, एम. R. 1999. "स्ट्रेटेजिक एनवायर्नमेंटल असेसमेंट – प्रिंसिपल्स एंड पोटेंशियल." इन हैंडबुक ऑफ एनवायर्नमेंटल इंपैक्ट असेसमेंट, एडिटेड बाय जूडिथ पैट्स. लंदन: ब्लैकवेल।

Partidário, M. R. 2000. "Elements of a SEA Framework - Improving the Added Value of SEA." *Environmental Impact Assessment Review* **20**(6): 647–663.

पार्टीडेरियो, एम. R. 2000. "एलिमेंट्स ऑफ अ सी फ्रेमवर्क – इंप्रूविंग द एडेड वैल्यू ऑफ सी." एनवायर्नमेंटल इंपैक्ट असेसमेंट रिव्यू 20(6): 647– 663।

Partidário, M. R. 2012. *Strategic Environmental Assessment Better Practice Guide*. Lisbon: Portuguese Environment Agency and Redes Energéticas Nacionais.

पार्टीडेरियो, एम. आर. 2012. स्ट्रेटेजिक एनवायर्नमेंटल असेसमेंट बैटर प्रैक्टिस गाइड. लिस्बन: पोर्तगिस एनवायरनमेट एजेंसी एंड रिडेज एनर्जेटिकस नेशनेस.

Petts, Judith, ed. 1999. *Handbook of Environmental Impact Assessment*. London: Blackwell Science.

पैट्स, जूडिथ, एड. 1999. हैंडबुक ऑफ एनवायर्नमेंटल इंपैक्ट असेसमेंट. लंदन: ब्लैकवेल साइंस।

Sadler, B. 1996. *Environmental Assessment in a Changing World: Evaluating Practice to Improve Performance*. Final report of the International Study of Effectiveness of Environmental Assessment. Ottawa: International Association for Impact Assessment and Canadian Environmental Assessment Agency.

सैडलर, बी 1996. एनवायर्नमेंटल असेसमेंट इन अ चेंजिंग वर्ल्ड:इवेलिएटिंग प्रैक्टिस टू इंप्रूव परफॉर्मेंस. फाइनल रिपोर्ट ऑफ द इंटरनेशनल स्टडी ऑफ इफेक्टिवनेस ऑफ एनवायर्नमेंटल असेसमेंट ओटावा: इंटरनेशनल एसोसिएशन फॉर इंपैक्ट असेसमेंट एंड कैनेडियन एनवायर्नमेंटल असेसमेंट एजेंसी।

Rathi, A. K. A. 2016. *Environmental Impact Assessment: A Practical Guide for Professional Practice*. Ahmedabad: Akar Unlimited.

राथी, ए. के. ए. 2016. एनवायर्नमेंटल इंपैक्ट असेसमेंट: अ पप्रैक्टिकल गाइड फॉर प्रोफेशनल प्रैक्टिस. अहमदाबाद: अकर अनलिमिटेड।

Sadler, B., and R. Verheem. 1996. *Strategic Environmental Assessment: Status, Challenges and Future Directions*. The Netherlands: Ministry of Housing, Spatial Planning and the Environment.

सेडलर, बी., एंड आर. वरहीम. 1996. स्ट्रेटेजिक एनवायर्नमेंटल असेसमेंट: स्टेटस, चैलेंजेस एंड फ्यूचर डायरेक्शंस. द नीदरलैंड्स: मिनिस्ट्री ऑफ हाउसिंग, स्पेशियल प्लानिंग एंड द एनवायर्नमेंट।

Tetlow, M. F., M. Hanusch. 2012. Strategic Environmental Assessment: The State of the Art. *Impact Assessment and Project Appraisal* **30**(1): 15–24.

टैटलो, एम. एफ., हनुस्च. 2012. स्ट्रेटेजिक एनवायर्नमेंटल असेसमेंट: द स्टेट ऑफ द आर्ट. इंपैक्ट असेसमेंट एंड प्रोजेक्ट अप्रेजल 30(1): 15– 24।

Therivel, R., E. Wilson, S. Thompson, D. Heaney, and D. Pritchard. 1992. *Strategic Environmental Assessment*. London: Earthscan.

थेरिवल, आर., ई. विल्सन, एस. थॉम्पसन, डी. हेनी, एंड डी. प्रिट्चर्ड, 1992. स्ट्रेटेजिक एनवायर्नमेंटल असेसमेंट. लंदन: अर्थस्कैन।

Therivel, R., and A. González. 2020. "Is SEA Worth it? Short-term Costs v. Long-term Benefits of Strategic Environmental Assessment." *Environmental Impact Assessment Review* 83: 106411.

थेरिवेल, आर., एंड ए. गोंजालेज 2020. "इज सी वर्थ इट? शॉर्ट–टर्म कॉस्ट्स वी. लॉन्ग टर्म बेनिफिट्स ऑफ स्ट्रेटेजिक एनवायर्नमेंटल असेसमेंट." एनवायर्नमेंटल इंपैक्ट असेसमेंट रिव्यू 83:106411।

UNCED, United Nations Conference on Environment and Development. 1992. *Agenda 21, as Adopted by the Plenary Session in Rio de Janeiro on June 14, 1992*. New York: United Nations.

यूएनसीईडी, यूनाइटेड नेशंस कांफ्रेंस ऑन एनवायर्नमेंट एंड डेवलपमेंट. 1992. एजेंडा 21, ऐज एडोप्टेड बाय द प्लेनरी सेशन इन रियो डी जनेरियो ऑन जून 14, 1992. न्यू यॉर्क: यूनाइटेड नेशंस.

UNECE, United Nations Economic Commission for Europe. 2003. *Protocol on Strategic Environmental Assessment to the UNECE Convention on EIA in Transboundary Context*, held at Kiev. Approved by Decision 2008/871/EC, OJ L 308, p. 33. Nov 11, 2008.

यूनाइटेड नेशंस इकोनॉमिक कमीशन फॉर यूरोप 2003. प्रोटोकॉल ऑन स्ट्रेटेजिक एनवायर्नमेंटल असेसमेंट ऑन ईआईए इन ट्रांसबाउंड्री कांटेक्ट, हेल्ड एट कीव. अप्रूव्ड बाई डिसीजन 2008/871/ईसी, ओजे एल 308, पी.33 नवंबर 11, 2008।

UNECE, United Nations Economic Commission for Europe. 2012. *Resource Manual to Support Application of the Protocol on Strategic Environmental Assessment*. Geneva: United Nations Economic Commission for Europe, United Nations.

यूएनईसीई, यूनाइटेड नेशंस इकोनॉमिक कमीशन फॉर यूरोप.2012. रिसोर्स मैन्युअल टू सपोर्ट ऑन स्ट्रेटेजिक एनवायर्नमेंटल असेसमेंट. जेनेवा: यूनाइटेड नेशंस इकोनॉमिक कमीशन फॉर यूरोप, यूनाइटेड नेशंस।

UNEP, United Nations Environmental Program. 2009. *Integrated Assessment: Mainstreaming Sustainability into Policy-making: A Guidance Manual*. Geneva: United Nations Environmental Program.

यूएनईपी, यूनाइटेड नेशंस एनवायर्नमेंटल प्रोग्राम. 2009. इंटीग्रेटेड असेसमेंट: मेनस्ट्रीमिंग सस्टेंबिलिटी इनटू पॉलिसी मेकिंग: अ गाइडेंस मैनुअल. जेनेवा: यूनाइटेड नेशंस एनवायर्नमेंटल प्रोग्राम।

van Doren, D., P. P. J. Driessen, B. Schijf, H. A. C. Runhaar. 2013. "Evaluating the substantive effectiveness of SEA: towards a better understanding." *Environmental Impact Assessment Review* 38: 120-130.

वान डारेन, डी., पी. पी. जे.ड्राइजेन, बी. सिफ, एच. ए. सी. रनहार. 2013. "इवेलुएटिंग द सब्सटेंटिव इइफेक्टिनेस ऑफ सी: टुवर्ड्स अ बेटर अंडरस्टैंडिंग." एनवायर्नमेंटल इंपैक्ट असेसमेंट रिव्यू 38: 120-130।

White, L. N., and B. F. Noble. 2013. "Strategic Environmental Assessment Best Practice Process Elements and Outcomes in the International Electricity Sector." *Journal of Environmental Assessment Policy and Management* 15(2): 1340001.

व्हाइट, एल. एन., एंड बी. एफ. नोबल. 2013। स्ट्रेटेजिक एनवायर्नमेंटल असेसमेंट बेस्ट प्रैक्टिस प्रोसेस एलिमेंट्स एंड आउटकम्स इन द इंटरनेशनल इलेक्ट्रिसिटी सेक्टर." जर्नल ऑफ एनवायर्नमेंट असेसमेंट पॉलिसी एंड मैनेजमेंट 15(2): 1340001।

Wood, C., and M. Djeddour. 1992. "Strategic Environmental Assessment: Environmental Assessment of Policies, Plans and Programs." *Impact Assessment Bulletin* 10(1): 3–21.

वुड, सी., एंड एम. डीजेडर. 1992. "स्ट्रेटेजिक एनवायर्नमेंटल असेसमेंट: एनवायर्नमेंटल असेसमेंट ऑफ पॉलिसीज, प्लान्स एंड प्रोग्राम्स." इंपैक्ट असेसमेंट बुलेटिन 10(1): 3–21।

World Bank. 2011. *Strategic Environmental Assessment in Policy and Sector Reform. Washington*, DC: World Bank.

वर्ल्ड बैंक. 2011. स्ट्रेटेजिक एनीवायरमेंटल असेसमेंट इन पॉलिसी एंड सेक्टर रिफॉर्म. वॉशिंगटन, डीसी: वर्ल्ड बैंक।